Mecânica para Engenharia
Dinâmica

Volume 2

Nona Edição

gen
Grupo
Editorial
Nacional

Mecânica para Engenharia Dinâmica

Volume 2

Nona Edição

J.L. MERIAM

L.G. KRAIGE

Virginia Polytechnic Institute and State University

J.N. BOLTON

Bluefield State College

Tradução

Leydervan de Souza Xavier, D. C.

(Apêndices A a D, Problemas e Respostas dos Problemas)

Professor Titular do Departamento de Ciências Aplicadas
(Departamento de Ensino Superior) do Centro Federal de
Educação Tecnológica Celso Suckow da Fonseca – Cefet/RJ

Luiz Claudio de Queiroz Faria

(Capítulos 1 a 8 e Problemas)

Revisão Técnica

Leydervan de Souza Xavier, D.C.

Professor Titular do Departamento de Ciências Aplicadas
(Departamento de Ensino Superior) do Centro Federal de
Educação Tecnológica Celso Suckow da Fonseca – Cefet/RJ

- Data do fechamento do livro: 20/12/2021

- **Atendimento ao cliente: (11) 5080-0751 | faleconosco@grupogen.com.br**

- Traduzido de
  ENGINEERING MECHANICS, VOLUME 2: DYNAMICS, SI VERSION, NINTH EDITION

  ISBN: 978-1-1196-5039-3

  LTC | Livros Técnicos e Científicos Editora Ltda.
  Uma editora integrante do GEN | Grupo Editorial Nacional
  Travessa do Ouvidor, 11
  Rio de Janeiro – RJ – 20040-040
  www.grupogen.com.br

- Capa: Wendy Lai/Wiley
- Imagem de capa: © Mint Images/Getty Images
- Editoração eletrônica: IO Design

- Ficha catalográfica

CIP-BRASIL. CATALOGAÇÃO NA PUBLICAÇÃO
SINDICATO NACIONAL DOS EDITORES DE LIVROS, RJ

M532m
9. ed.
v. 2

Meriam, J. L. (James L.)

Mecânica para engenharia : dinâmica / J. L. Meriam, L. G. Kraige, J. N. Bolton ; tradução Luiz Claudio de Queiroz Faria ; tradução e revisão técnica Leydervan de Souza Xavier. - 9. ed. - Rio de Janeiro : LTC, 2022.
: il. ; 28 cm.

Tradução de: Engineering mechanics : dynamics
Apêndice
Inclui índice
ISBN 978-85-216-3782-0

1. Engenharia mecânica. I. Kraige, L. G. (L. Glenn). II. Bolton, J. N. (Jeffrey N.). III. Faria, Luiz Claudio de Queiroz. IV. Xavier, Leydervan de Souza. V. Título.

21-72550 CDD: 621
CDU: 621

Camila Donis Hartmann - Bibliotecária - CRB-7/6472

Introdução

Esta série de livros-texto foi iniciada em 1951 pelo falecido Dr. James L. Meriam. Naquela época, estes livros representaram uma transformação revolucionária no ensino de Mecânica para a graduação. Tornaram-se os principais livros-texto pelas décadas seguintes, assim como modelos para outros textos de Engenharia Mecânica que surgiram posteriormente. Publicada com títulos ligeiramente diferentes antes das primeiras edições de 1978, esta série sempre se caracterizou por ter uma organização lógica, apresentação clara e rigorosa da teoria, exemplos de problemas instrutivos e rica coleção de problemas da vida real, todos com ilustrações de elevado padrão. Além das versões em unidades do sistema inglês, os livros foram publicados em versões SI e traduzidos para muitos idiomas. Coletivamente, esses livros representam um padrão internacional para os textos de graduação em Mecânica.

As inovações e contribuições do Dr. Meriam (1917–2000) no campo da Engenharia Mecânica não podem ser subestimadas. Ele foi um dos principais educadores de Engenharia da segunda metade do século XX. Dr. Meriam obteve seu bacharelado (B.E.), mestrado (M. Eng.) e doutorado (Ph.D.) pela Yale University. Logo cedo, adquiriu experiência industrial na Pratt and Whitney Aircraft e na General Electric Company. Durante a Segunda Guerra Mundial, serviu na Guarda Costeira dos EUA. Foi Professor da University of California, em Berkeley, Decano de Engenharia na Duke University, Professor da California Polytechnic State University, em San Luis Obispo, e Professor Visitante na University of California, em Santa Barbara, aposentando-se em 1990. O Professor Meriam sempre colocou grande ênfase no ensino, e essa característica foi reconhecida por seus alunos em todos os lugares em que lecionou. Ele recebeu diversos prêmios de ensino, incluindo o Benjamin Garver Lamme Award, que é o mais importante prêmio anual de âmbito nacional da American Society of Engineering Education (ASEE).

Dr. L. Glenn Kraige, coautor da série *Mecânica para Engenharia* desde o início dos anos 1980, também forneceu contribuições significativas para a educação em Mecânica. Dr. Kraige obteve o bacharelado (B.S.), mestrado (M.S.) e doutorado (Ph.D.) na University of Virginia, com ênfase em Engenharia Aeroespacial e, atualmente, é Professor Emérito de Ciências da Engenharia e Mecânica na Virginia Polytechnic Institute and State University. Durante os meados dos anos 1970, tive o prazer de presidir a banca de pós-graduação do Professor Kraige e tenho particular orgulho pelo fato de ele ter sido o primeiro dos meus cinquenta e quatro orientandos de doutorado. O Professor Kraige foi convidado pelo Professor Meriam a se juntar a ele e, com isso, garantir que o legado de excelência na autoria de livros-texto de Meriam fosse levado adiante para futuras gerações de engenheiros.

Além de suas amplamente reconhecidas pesquisas e publicações no campo da dinâmica aeroespacial, o Professor Kraige dedicou sua atenção ao ensino da Mecânica tanto nos níveis introdutórios como nos avançados. Sua destacada atuação no ensino tem sido profusamente reconhecida, o que o levou a receber prêmios de ensino em níveis de departamento, faculdade, universidade, além de prêmios em níveis estadual, regional e nacional. Esses prêmios incluem o Outstanding Educator Award from the State Council of Higher Education for the Commonwealth of Virginia. Em 1996, a Divisão de Mecânica da ASEE concedeu-lhe o Archie Higdon Distinguished Educator Award. A Carnegie Foundation for the Advancement of Teaching e o Council for Advancement and Support of Education conferiram-lhe, em 1997, a distinção de Professor do Ano da Virginia. Em seus cursos, o Professor Kraige valoriza o desenvolvimento de capacidade analítica, juntamente com o aprofundamento do discernimento físico e da razão crítica em Engenharia. Desde o início dos anos 1980, trabalhou no projeto de *softwares* para computadores pessoais visando aperfeiçoar o processo de ensino/aprendizagem em Estática, Dinâmica, Resistência dos Materiais e áreas especializadas de Dinâmica e Vibrações.

Dr. Jeffrey N. Bolton, Professor Associado de Engenharia Mecânica e Tecnologia e Diretor de Ensino Digital no Bluefield State College, continua como coautor nesta edição. Dr. Bolton recebeu o seu bacharelado (B.S.), mestrado (M.S.) e doutorado (Ph.D.) em Engenharia Mecânica da Virginia Polytechnic Institute and State University. Suas áreas de atuação em pesquisa incluem o balanceamento automático de rotores em suportes elásticos com seis graus de liberdade. Ele também possui vasta experiência em ensino, inclusive na Virginia Tech, onde recebeu o Sporn Teaching Award for Engineering Subjects, cuja escolha é efetuada primordialmente pelos alunos. Em 2014, o Professor Bolton recebeu o Outstanding Faculty Award do Bluefield State College. Foi selecionado como o Professor do Ano de 2016 da West Virginia pela Faculty Merit Foundation. Ele possui a incomum habilidade de estabelecer níveis elevados de rigor e desempenho em sala de aula e ao mesmo tempo desenvolver um excelente relacionamento com os seus alunos.

A nona edição de *Mecânica para Engenharia* mantém o padrão elevado estabelecido pelas edições anteriores e acrescenta novos recursos de ajuda e estímulo aos estudantes, além de conter uma vasta coleção de problemas interessantes e instrutivos. O corpo docente e os alunos privilegiados em ensinar ou aprender através da série Meriam/Kraige/Bolton *Mecânica para Engenharia* irão se beneficiar de várias décadas de investimento por três educadores altamente talentosos. Seguindo o padrão das edições anteriores, este livro-texto destaca a aplicação da teoria em situações reais de Engenharia e, nesta importante tarefa, ele continua sendo o melhor.

JOHN L. JUNKINS
Distinguished Professor de Engenharia Aeroespacial
Titular da Cátedra Royce E. Wisebaker '39
de Inovação em Engenharia
Texas A&M University
College Station, Texas

Prefácio

A Engenharia Mecânica constitui a base e a estrutura para a maior parte dos ramos da Engenharia. Muitos dos temas em diversas áreas, como Civil, Mecânica, Aeroespacial e Engenharia Agronômica e, obviamente, a Engenharia Mecânica em si, se baseiam em assuntos de Estática e Dinâmica. Mesmo em uma área como a Engenharia Elétrica, profissionais, em uma situação prática, ao considerarem os componentes elétricos de um dispositivo robótico ou um processo de fabricação, podem ter que lidar primeiramente com a mecânica envolvida.

Assim, a sequência da Engenharia Mecânica é crucial em currículos de Engenharia. Não apenas esta sequência é necessária por si, mas os cursos de Engenharia Mecânica também servem para solidificar a compreensão, pelo estudante, de outros temas importantes, incluindo matemática aplicada, física e representação gráfica. Além disso, esses cursos servem como ambientes excelentes para fortalecer a habilidade de resolução de problemas.

Filosofia

O objetivo fundamental do estudo da Engenharia Mecânica é desenvolver a capacidade de prever os efeitos de forças e movimentos enquanto se desenvolvem as funções criativas de projeto de Engenharia. Essa capacidade requer mais do que o simples conhecimento dos princípios físicos e matemáticos da Mecânica; também é necessária a habilidade de visualizar configurações físicas em termos de materiais reais, restrições verdadeiras e limitações práticas que regem o comportamento de máquinas e estruturas. Um dos principais objetivos em um curso de Mecânica é ajudar o estudante a desenvolver essa habilidade de visualização, que é vital para a formulação dos problemas. De fato, a construção de um modelo matemático significativo é frequentemente uma experiência mais importante do que a sua solução. O progresso máximo é alcançado quando os princípios e suas limitações são aprendidos juntos no contexto da aplicação em Engenharia.

Frequentemente na apresentação da Mecânica existe uma tendência de que os problemas sejam principalmente utilizados como um veículo para ilustrar a teoria, em vez de desenvolver a teoria com o objetivo de resolver problemas. Quando a primeira visão é predominante, os problemas tendem a ficar exageradamente idealizados e sem relação com a Engenharia, tornando os exercícios maçantes, acadêmicos e desinteressantes. Esse enfoque priva o estudante da valiosa experiência da formulação de problemas e, portanto, de descobrir a necessidade e o significado da teoria. O segundo tipo de visão proporciona, de longe, o motivo mais forte para o aprendizado da teoria, e leva a um melhor equilíbrio entre teoria e aplicação. O papel crucial desempenhado pelo interesse e o propósito em fornecer o motivo mais forte possível para o aprendizado não pode ser enfatizado em excesso.

Além disso, como educadores em Mecânica, devemos reforçar a compreensão de que, na melhor das hipóteses, a teoria só pode aproximar o mundo real da Mecânica, em vez da visão de que o mundo real se aproxima da teoria. Essa diferença de filosofia é, na verdade, básica e distingue a *engenharia* da Mecânica da *ciência* da Mecânica.

Ao longo das últimas décadas ocorreram diversas tendências inadequadas no ensino de Engenharia. Primeiramente, a ênfase nos significados geométrico e físico dos pré-requisitos matemáticos parece haver diminuído. Em segundo lugar, houve uma redução significativa e mesmo a eliminação do ensino da representação gráfica que, no passado, fortalecia a visualização e a representação de problemas em Mecânica. Em terceiro lugar, com a evolução do nível matemático de nosso tratamento da Mecânica, ocorreu uma tendência de permitir que a manipulação da notação em operações vetoriais mascarasse ou substituísse a visualização geométrica. A Mecânica é, inerentemente, um assunto que depende da percepção geométrica e física e deveríamos aumentar nossos esforços para desenvolver essa habilidade.

Uma nota especial sobre o uso de computadores se faz necessária. A experiência na formulação de problemas, em que o raciocínio e o julgamento são desenvolvidos, é muito mais importante para o estudante do que o exercício de manipulação para chegar à solução. Por essa razão, o uso do computador deve ser cuidadosamente controlado. As atividades de construção de diagramas de corpo livre e de formulação das equações que regem o problema são mais bem desenvolvidas com lápis e papel. Por outro lado, existem situações nas quais a *solução* das equações que regem o problema pode ser obtida e apresentada de uma forma melhor através do uso do computador. Problemas para resolução com auxílio do computador devem ser genuínos no sentido de que existe uma condição de projeto ou de criticalidade a ser encontrada, em vez de problemas "braçais" nos quais algum parâmetro é variado sem uma razão aparente, a não ser forçar o uso artificial do computador. Esses pensamentos foram considerados durante o desenvolvimento dos problemas a serem resolvidos com o auxílio do computador na nona edição. A fim de se reservar tempo adequado para a formulação de problemas, sugere-se que seja atribuído ao estudante apenas um número limitado de problemas para resolução com auxílio de computador.

Como em edições anteriores, esta nona edição de *Mecânica para Engenharia* foi escrita tendo como base a filosofia apresentada. Ela é direcionada prioritariamente para o primeiro curso de Engenharia em Mecânica, normalmente ensinado no segundo ano de estudo. *Mecânica para Engenharia* é um livro escrito em estilo ao mesmo tempo conciso e amigável. A principal ênfase está nos princípios e métodos básicos, não em uma infinidade de casos especiais. Um grande esforço tem sido feito para mostrar a coesão das relativamente poucas ideias fundamentais e a grande variedade de problemas que essas poucas ideias resolverão.

Organização

A divisão lógica entre dinâmica da partícula (Parte I) e dinâmica de corpo rígido (Parte II) foi preservada, com cada parte tratando a Cinemática antes da Cinética. Esse arranjo promove um progresso rápido e profundo em dinâmica de corpo rígido com o auxílio prévio de uma introdução abrangente à dinâmica de partículas.

No Capítulo 1 são estabelecidos os conceitos fundamentais necessários para o estudo de Dinâmica.

O Capítulo 2 trata da cinemática do movimento da partícula em diferentes sistemas de coordenadas, assim como os tópicos de movimento relativo e restringido.

O Capítulo 3, sobre cinética da partícula, se concentra nos três métodos básicos: força-massa-aceleração (Seção A), trabalho-energia (Seção B) e impulso-quantidade de movimento (Seção C). Os tópicos especiais sobre impacto, movimento de força central e movimento relativo estão reunidos em uma seção especial de aplicações (Seção D) e servem como material opcional a ser abordado de acordo com a preferência do professor e o tempo disponível. Com essa organização, a atenção do estudante é mais fortemente direcionada para as três abordagens básicas da Cinética.

O Capítulo 4, sobre sistemas de partículas, é uma extensão dos princípios do movimento para uma única partícula e desenvolve as relações gerais que são fundamentais para a compreensão moderna da Dinâmica. Esse capítulo também inclui os tópicos de fluxo de massa constante e de massa variável, que podem ser considerados como material opcional.

No Capítulo 5, sobre a cinemática de corpos rígidos em movimento plano, em que as equações de velocidade relativa e aceleração relativa são encontradas, a ênfase é colocada juntamente na solução pela geometria vetorial e na solução pela álgebra vetorial. Essa dupla abordagem serve para reforçar o significado da matemática vetorial.

No Capítulo 6, sobre a cinética de corpos rígidos, há uma grande ênfase sobre as equações básicas que governam todas as categorias de movimento plano. Ênfase especial também foi dada à formação da equivalência direta entre forças e binários reais aplicados e suas $m\bar{a}$ e $\bar{I}\alpha$ resultantes. Dessa forma, a versatilidade do princípio da quantidade de movimento é enfatizada, e o estudante é encorajado a pensar diretamente em termos de efeitos dinâmicos resultantes.

O Capítulo 7, que pode ser considerado opcional, fornece uma introdução básica à Dinâmica em três dimensões que é suficiente para resolver muitos dos problemas mais comuns de espaço-movimento. Para os estudantes que mais tarde prosseguirem em trabalhos mais avançados na dinâmica, o Capítulo 7 fornecerá uma base sólida. O movimento giroscópico com precessão estacionária é tratado de duas maneiras. A primeira abordagem faz uso da analogia entre a relação de vetores de força e quantidade de movimento linear e a relação de vetores de momento e quantidade de movimento angular. Com esse tratamento, o estudante pode compreender o fenômeno giroscópico de precessão estacionária e manipular a maior parte dos problemas de Engenharia sobre giroscópios sem um estudo detalhado da dinâmica tridimensional. A segunda abordagem emprega as equações mais gerais de quantidade de movimento para rotação tridimensional em que todas as componentes da quantidade de movimento são levadas em consideração.

O Capítulo 8 é dedicado ao tópico de vibrações. A cobertura de todo o capítulo será particularmente útil para estudantes de Engenharia cuja única exposição a vibrações será adquirida no curso básico de dinâmica.

Momentos e produtos de inércia de massa são apresentados no Apêndice B. O Apêndice C contém uma breve revisão de tópicos selecionados de matemática elementar, bem como algumas técnicas numéricas que o estudante deve estar preparado para usar nos problemas resolvidos com auxílio do computador. Tabelas úteis de constantes físicas, centroides e momentos de inércia estão incluídas no Apêndice D.

Características Pedagógicas

A estrutura básica deste livro-texto consiste em uma seção que trata rigorosamente do assunto específico em questão, a qual é seguida por um ou mais exemplos de problemas. Para a nona edição, todos os problemas propostos foram movidos para um capítulo especial de Problemas, localizado após o Apêndice D e próximo ao final do livro. Existe uma Revisão ao final de cada capítulo, que resume os principais pontos desse capítulo, e uma seção de Problemas de Revisão dentro do capítulo de Problemas do Estudante.

Problemas

Os 124 Exemplos de Problema estão dispostos em páginas próprias especialmente diagramadas. As soluções de problemas, típicos de dinâmica são apresentadas em detalhe. Além disso, notas explicativas e de alerta (Dicas Úteis) são numeradas e relacionadas com a apresentação principal.

Existem 1277 exercícios propostos. Os conjuntos de problemas são divididos em *Problemas Introdutórios* e *Problemas Representativos*. A primeira seção consiste em problemas simples e sem dificuldades, destinados a ajudar o estudante a ganhar confiança com o novo assunto, enquanto a maioria dos problemas da segunda seção é de dificuldade e extensão médias. Os problemas estão geralmente organizados em ordem de dificuldade crescente. Exercícios mais difíceis aparecem próximos ao final dos *Problemas Representativos* e são marcados com o símbolo ▶. Os *Problemas para Resolução com Auxílio do Computador*, marcados com um asterisco, aparecem em uma seção especial na conclusão do capítulo dos Problemas. As respostas para todos os problemas são dadas em um capítulo especial próximo ao final do livro.

As unidades SI são usadas em todo o livro, exceto em um número limitado de áreas introdutórias nas quais as unidades inglesas são mencionadas com o propósito de generalização e de comparação com as unidades SI.

Uma característica notável da nona edição, assim como de todas as edições anteriores, é a riqueza de problemas interessantes e importantes que são aplicáveis a projetos de engenharia. Independentemente de serem ou não identificados de forma direta como tal, virtualmente todos os problemas lidam com princípios e procedimentos inerentes ao projeto e à análise de estruturas de engenharia e de sistemas mecânicos.

Ilustrações

É importante destacar que as ilustrações são utilizadas de forma consistente para a identificação das grandezas empregadas na obra.

Todos os elementos fundamentais de ilustrações técnicas que têm sido parte essencial desta série de livros-texto em *Mecânica para Engenharia* foram mantidos. Os autores desejam de reafirmar a convicção que um alto padrão de ilustração é crítico para qualquer trabalho escrito na área de mecânica.

Características Especiais

Mantivemos os seguintes recursos marcantes das edições anteriores:

- A ênfase principal nas equações de trabalho-energia e impulso-quantidade de movimento está agora na forma da ordem no tempo, tanto para partículas no Capítulo 3 quanto para corpos rígidos no Capítulo 6.
- Colocamos nova ênfase nos diagramas de impulso-quantidade de movimento em três partes, tanto para partículas quanto para corpos rígidos. Esses diagramas estão bem integrados com a forma da ordem no tempo das equações de impulso-quantidade de movimento.
- Dentro dos capítulos, são incluídas fotografias com o objetivo de fornecer uma conexão adicional com situações reais nas quais a estática desempenha um papel principal.
- Todos os Exemplos de Problemas estão dispostos em páginas especialmente diagramadas para rápida identificação.
- Todas as partes de teoria são constantemente revisadas de modo a maximizar o rigor, clareza, legibilidade e nível de acessibilidade.
- As áreas de Conceitos-chave dentro da apresentação da teoria estão especialmente marcadas e destacadas.
- As Revisões do Capítulo estão destacadas e apresentam tópicos resumidos.

Agradecimentos

Um reconhecimento especial é devido ao Dr. A. L. Hale, que trabalhou anteriormente na Bell Telephone Laboratories, pela sua contínua contribuição na forma de sugestões valiosas e na revisão precisa do manuscrito. Dr. Hale prestou serviços semelhantes em todas as versões anteriores desta série de livros de Mecânica, desde os anos 1950. Fez a revisão de todos os aspectos dos livros, incluindo todos os textos e figuras, novos e antigos, desenvolveu uma solução independente para cada novo exercício e forneceu aos autores sugestões e correções necessárias às soluções. Dr. Hale é reconhecido por ser extremamente preciso em seu trabalho, e seu conhecimento refinado da língua inglesa é uma grande vantagem, que ajuda cada usuário deste livro-texto.

Gostaríamos de agradecer aos professores do Department of Engineering Science and Mechanics da VPI&SU, que oferecem regularmente sugestões construtivas. Entre eles, Saad A. Ragab, Norman E. Dowling, Michael W. Hyer (já falecido), J. Wallace Grant e Jacob Grohs. Destacamos que Scott L. Hendricks foi especialmente eficaz e preciso em sua extensa revisão do manuscrito. Agradecemos a Michael Goforth, do Bluefield State College, pela sua significativa contribuição para os materiais suplementares do livro-texto. Nosso reconhecimento a Nathaniel Greene, da Bloomfield State University of Pennsylvania, pela sua cuidadosa leitura e sugestões para aprimoramento.

As contribuições da equipe da John Wiley & Sons, Inc. refletem o elevado grau de competência profissional e são devidamente reconhecidas. Entre os membros da equipe, citamos a Editora Executiva Linda Ratts, a Editora Associada de Desenvolvimento Adria Gattino, a Assistente Editorial Adriana Alecci, o Editor de Produção Sênior Ken Santor, a Designer Sênior Wendy Lay e o Editor de Fotografia Sênior Billy Ray. Desejamos agradecer especialmente os esforços de produção de longa data de Christine Cervoni, da Camelot Editorial Services, LLC, assim como a edição de Helen Walden. Os talentosos ilustradores da Lachina continuam a manter um elevado padrão de excelência nas ilustrações.

Finalmente, desejamos destacar a contribuição extremamente significativa de nossas famílias, pela paciência e suporte ao longo das muitas horas da preparação dos manuscritos. Em particular Dale Kraige, que administrou a produção do manuscrito para a nona edição e foi peça-chave na checagem de todos os estágios das provas.

Estamos extremamente satisfeitos por participar do prolongamento do tempo de duração desta série de livros-texto para além da marca de sessenta e cinco anos. No interesse de fornecer a você o melhor material educacional possível nos próximos anos, encorajamos e agradecemos todos os comentários e sugestões.

L. Glenn Kraige

Blacksburg, Virginia

Princeton, West Virginia

Material Suplementar

Este livro conta com os seguintes materiais suplementares:

- Exemplos Resolvidos: amostras de problemas para os Capítulos 1 a 8 (restrito a docentes cadastrados).
- Ilustrações da obra em formato de apresentação (restrito a docentes cadastrados).

O acesso ao material suplementar é gratuito. Basta que o leitor se cadastre e faça seu *login* em nosso *site* (www.grupogen.com.br), clicando em GEN-IO, no *menu* superior do lado direito.

O acesso ao material suplementar online fica disponível até seis meses após a edição do livro ser retirada do mercado.

Caso haja alguma mudança no sistema ou dificuldade de acesso, entre em contato conosco (gendigital@grupogen.com.br).

GEN-IO (GEN | Informação Online) é o ambiente virtual de aprendizagem do GEN | Grupo Editorial Nacional

Sumário

PARTE 1

Dinâmica de Partículas

CAPÍTULO 1

Introdução à Dinâmica

A Estação Espacial Internacional Canadarm2 agarra o Veículo de Transferência Kounotori2 H-II quando ele se aproxima da estação em 2011.

VISÃO GERAL DO CAPÍTULO

1/1 História e Aplicações Modernas

A Dinâmica é aquele ramo da Mecânica que trata do movimento dos corpos sob a ação de forças. O estudo da Dinâmica na Engenharia geralmente segue o estudo da Estática, que trata dos efeitos das forças sobre os corpos estacionários. A Dinâmica tem duas partes distintas: a *cinemática*, que é o estudo do movimento sem referência às forças que causam o movimento, e a *cinética*, que relaciona a ação das forças sobre os corpos aos seus movimentos resultantes. Uma compreensão aprofundada da Dinâmica fornecerá uma das ferramentas mais úteis e poderosas para análise em engenharia.

História da Dinâmica

A Dinâmica é um assunto relativamente recente comparado à Estática. O início de uma compreensão racional da Dinâmica é atribuído a Galileu (1564-1642), que fez observações cuidadosas sobre corpos em queda livre, movimento em um plano inclinado e movimento pendular. Ele foi o grande responsável por trazer uma abordagem científica para a investigação de problemas físicos. Galileu estava continuamente sob severas críticas por se recusar a aceitar as crenças consolidadas de sua época, tais como as filosofias de Aristóteles que sustentavam, por exemplo, que corpos pesados caem mais rapidamente do que corpos leves. A falta de meios precisos para a medição do tempo foi uma grande desvantagem para Galileu, e outros desenvolvimentos na Dinâmica aguardavam a invenção do relógio de pêndulo por Huygens em 1657.

Galileu Galilei

Retrato de Galileu Galilei (1564-1642) (óleo sobre tela), Sustermans, Justus (1597-1681) (escola de) / Galleria Palatina, Florença, Itália/ Bridgeman Art Library.

Newton (1642-1727), guiado pelo trabalho de Galileu, foi capaz de fazer uma formulação precisa das leis do movimento e, portanto, de colocar a Dinâmica sobre uma base sólida. A famosa obra de Newton foi publicada na primeira edição de seu *Principia*,* que é geralmente reconhecida como uma das maiores entre todas as contribuições registradas para o conhecimento. Além de declarar as leis que regem o movimento de uma partícula, Newton foi o primeiro a formular corretamente a lei da gravitação universal. Embora sua descrição matemática fosse precisa, ele sentiu que o conceito de transmissão remota de força gravitacional sem o auxílio de um meio era uma noção absurda. Após a época de Newton, contribuições importantes para a mecânica foram feitas por Euler, D'Alembert, Lagrange, Laplace, Poinsot, Coriolis, Einstein e outros.

Aplicações da Dinâmica

Desde que máquinas e estruturas passaram a operar com altas velocidades e acelerações consideráveis, tornou-se necessário fazer cálculos baseados nos princípios da Dinâmica em vez dos da Estática. O rápido desenvolvimento tecnológico da atualidade exige uma aplicação crescente dos princípios da Mecânica, particularmente da Dinâmica. Esses princípios são básicos para a análise e projeto de estruturas em movimento, para estruturas estáticas sujeitas a cargas de impacto, para dispositivos robóticos, para sistemas de controle automático, para foguetes, mísseis e espaçonaves, para veículos de transporte terrestre e aéreo, para balística de elétrons em dispositivos elétricos, e para máquinas de todos os tipos, como turbinas, bombas, motores alternativos, guinchos, máquinas-ferramentas etc.

Os estudantes com interesses em uma ou mais destas e muitas outras atividades precisarão aplicar constantemente os princípios fundamentais da Dinâmica.

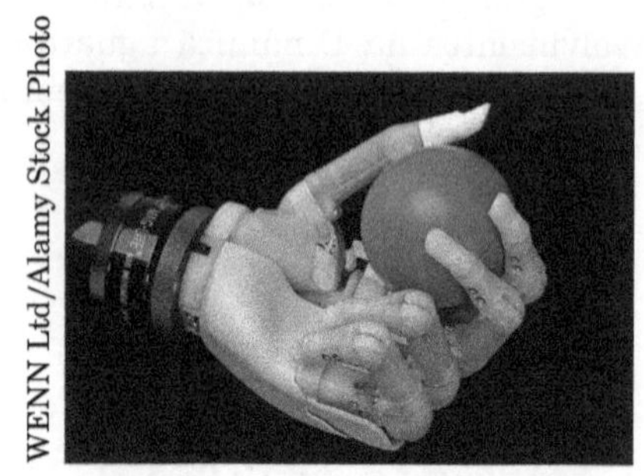

WENN Ltd/Alamy Stock Photo

Mão artificial

1/2 Conceitos Básicos

Os conceitos básicos de mecânica foram apresentados na Seção 1/2 do *Vol. 1 Estática*. Eles são resumidos a seguir junto com comentários adicionais de especial relevância para o estudo da Dinâmica.

Espaço é a região geométrica ocupada pelos corpos. A posição no espaço é determinada em relação a algum sistema de referência geométrico por meio de medidas lineares e angulares. O quadro básico de referência para as leis da mecânica newtoniana é o *sistema inercial primário* ou *quadro astronômico de referência*, que é um conjunto imaginário de eixos retangulares que se supõe não ter translação ou rotação no espaço. As medidas mostram que as leis da mecânica newtoniana são válidas para esse sistema de referência desde que todas as velocidades envolvidas sejam desprezíveis em relação à velocidade da luz, que é de 300.000 km/s ou 186.000 mi/s. As medições feitas com respeito a esta referência são ditas absolutas, e esse sistema de referência pode ser considerado "fixo" no espaço.

Um sistema de referência preso à superfície da Terra tem um movimento um tanto complicado no sistema primário, e uma correção para as equações básicas da mecânica deve ser aplicada para as medições feitas em relação ao referencial da Terra. No cálculo das trajetórias de foguete e de voo espacial, por exemplo, o movimento absoluto da Terra passa a ser um parâmetro importante. Na maioria dos problemas de engenharia envolvendo máquinas e estruturas que permanecem na superfície da Terra, as correções são extremamente pequenas e podem ser desprezadas. Nesses problemas as leis da Mecânica podem ser aplicadas diretamente com medidas feitas em relação à Terra, e em um sentido prático essas medidas serão consideradas *absolutas*.

Tempo é uma medida da sucessão de eventos e é considerado uma quantidade absoluta na mecânica newtoniana.

Massa é a medida quantitativa da inércia ou resistência à mudança de um corpo. A massa também pode ser considerada como a quantidade de matéria em um corpo, bem como a propriedade que dá origem à atração gravitacional.

Força é a ação vetorial de um corpo sobre outro. As propriedades das forças foram cuidadosamente tratadas no *Vol. 1 Estática*.

Uma **partícula** é um corpo de dimensões negligenciáveis. Quando as dimensões de um corpo são irrelevantes para a descrição de seu movimento ou da ação de forças sobre ele, o corpo pode ser tratado como uma partícula. Um avião, por exemplo, pode ser tratado como uma partícula para a descrição de sua trajetória de voo.

Um **corpo rígido** é um corpo cujas mudanças de forma são insignificantes em comparação com as dimensões gerais do corpo ou com as mudanças na posição do corpo como um todo. Como exemplo da hipótese de rigidez, o pequeno movimento de flexão da ponta da asa de um avião voando através de ar turbulento não tem claramente nenhuma consequência na descrição do movimento do avião como um todo ao longo de sua trajetória de voo. Para esse propósito, então, o tratamento do avião como um corpo rígido é uma aproximação aceitável. Por outro lado, se precisarmos examinar as tensões internas na estrutura da asa devidas à mudança das cargas dinâmicas, então as características de deformação da estrutura teriam que ser examinadas, e para esse propósito o avião não poderia mais ser considerado um corpo rígido.

Vetor e **escalar** são quantidades que foram amplamente tratadas no *Vol. 1 Estática*, e sua diferença já deve

* As fórmulas originais de Sir Isaac Newton podem ser encontradas na tradução de seu *Principia* (1687), revisado por F. Cajori, University of California Press, 1934.

estar perfeitamente clara. As quantidades escalares são impressas em tipo itálico de face clara, e os vetores são apresentados em negrito. Assim, *V* denota a intensidade escalar do vetor **V**. É importante que utilizemos uma marca de identificação, como um sublinhado $\underline{V}$, para que todos os vetores escritos à mão tomem o lugar da designação em negrito na impressão. Para dois vetores não paralelos lembramos, por exemplo, que $\mathbf{V_1} + \mathbf{V_2}$ e $V_1 + V_2$ têm dois significados totalmente diferentes.

Presumimos que você esteja familiarizado com a geometria e a álgebra dos vetores através do estudo prévio da Estática e da Matemática. Os estudantes que precisarem rever esses tópicos encontrarão um breve resumo deles no Apêndice C junto com outras relações matemáticas que encontram uso frequente na Mecânica. A experiência tem mostrado que a geometria da Mecânica é frequentemente uma fonte de dificuldades para os alunos. A Mecânica, por sua própria natureza, é geométrica, e os estudantes devem ter isso em mente quando revisarem sua matemática. Além da álgebra vetorial, a Dinâmica requer o uso do cálculo vetorial, e os elementos essenciais desse tema serão desenvolvidos no texto à medida que forem necessários.

A Dinâmica envolve o uso frequente de derivadas no tempo, tanto de vetores como de escalares. Como uma notação abreviada, um ponto sobre um símbolo será frequentemente usado para indicar uma derivada em relação ao tempo. Assim, $\dot{x}$ significa dx/dt e $\ddot{x}$ significa d^2x/dt^2.

1/3 Leis de Newton

As três leis do movimento de Newton, apresentadas na Seção 1/4 do *Vol. 1 Estática*, são reapresentadas aqui devido ao seu significado especial para a Dinâmica. Na terminologia moderna, elas são:

> ***Lei I.*** Uma partícula permanece estacionária ou continua a se mover com velocidade uniforme (em linha reta com uma velocidade constante) se não houver forças fora do equilíbrio agindo sobre ela.
>
> ***Lei II.*** A aceleração de uma partícula é proporcional à força resultante que atua sobre ela e tem a mesma direção e sentido desta força.*
>
> ***Lei III.*** As forças de ação e reação entre os corpos em interação são iguais em módulo, opostas no sentido, e colineares.

*Para alguns é preferível interpretar a segunda lei de Newton com o significado de que a força resultante que atua sobre uma partícula é proporcional à taxa de variação no tempo da quantidade de movimento da partícula e que esta variação se dá na direção e sentido da força. Ambas as formulações são igualmente corretas quando aplicadas a uma partícula de massa constante.

Estas leis foram verificadas por incontáveis medições físicas. As duas primeiras leis são válidas para medições feitas em um sistema de referência absoluto, mas estão sujeitas a alguma correção quando o movimento é medido em relação a um sistema de referência com aceleração, tal como um fixado à superfície da Terra.

A segunda lei de Newton constitui a base para a maior parte da análise em Dinâmica. Para uma partícula de massa *m* sujeita a uma força resultante **F**, a lei pode ser apresentada como

$$\boxed{\mathbf{F} = m\mathbf{a}} \tag{1/1}$$

em que **a** é a aceleração resultante medida em um referencial não acelerado. A primeira lei de Newton é uma consequência da segunda lei, pois não há aceleração quando a força é zero, e assim a partícula ou está em repouso ou está se movendo com velocidade constante. A terceira lei constitui o princípio de ação e reação com o qual você deve estar completamente familiarizado com o seu trabalho em Estática.

1/4 Unidades

O Sistema Internacional de unidades métricas (SI) é definido e utilizado no *Vol. 2 Dinâmica*. Em certas áreas introdutórias, as unidades americanas são mencionadas para fins de comparação e completude. A conversão numérica de um sistema para o outro será frequentemente necessária na prática de engenharia ainda por alguns anos. Para se familiarizar com cada sistema, é necessário pensar diretamente nesse sistema. A familiaridade com o novo sistema não pode ser obtida simplesmente através da conversão dos resultados numéricos do sistema antigo.

As tabelas que definem as unidades SI e dão conversões numéricas entre as unidades usuais do sistema americano e as unidades SI estão incluídas na Tabela D/5 do Anexo D.

As quatro grandezas fundamentais da mecânica, e suas unidades e símbolos para os dois sistemas, estão resumidas na tabela a seguir:

Grandeza	Símbolo Dimensional	Unidades SI			Unidades usuais do sistema americano		
			Unidade	Símbolo		Unidade	Símbolo
Massa	M	Unidades de base	quilograma	kg		slug	—
Comprimento	L	Unidades de base	metro	m	Unidades de base	pé	ft
Tempo	T	Unidades de base	segundo	s	Unidades de base	segundo	sec
Força	F		newton	N	Unidades de base	libra	lb

O quilograma-padrão americano no National Bureau of Standards.

Como mostrado na tabela, no SI as unidades de massa, comprimento e tempo são tomadas como unidades de base, e as unidades de força são derivadas da segunda lei de Newton, Eq. 1/1. No sistema usual americano, as unidades de força, comprimento e tempo são unidades de base e as unidades de massa são derivadas da segunda lei de movimento.

O sistema SI é chamado de sistema *absoluto* porque o padrão para a unidade de base quilograma (um cilindro de platina-irídio mantido no International Bureau of Standards perto de Paris, França) é independente da atração gravitacional da Terra. Por outro lado, o sistema usual nos EUA é denominado sistema *gravitacional* porque o padrão para a unidade de base libra (o peso de uma massa-padrão localizada ao nível do mar e a uma latitude de 45°) requer a presença do campo gravitacional da Terra. Esta distinção é fundamental entre os dois sistemas de unidades.

Em unidades SI, por definição, um newton é a força que dará a um quilograma de massa uma aceleração de um metro por segundo ao quadrado. No sistema americano usual, uma massa de 32,1740 libras (1 slug) terá uma aceleração de um pé por segundo ao quadrado, quando submetida a uma força de uma libra. Assim, para cada sistema temos a partir de Eq. 1/1

Unidades SI	Unidades usuais do sistema americano
$(1 \text{ N}) = (1 \text{ kg})(1 \text{ m/s}^2)$	$(1 \text{ lb}) = (1 \text{ slug})(1 \text{ pés/s}^2)$
$\text{N} = \text{kg} \cdot \text{m/s}^2$	$\text{slug} = \text{lb} \cdot \text{s}^2/\text{pés}$

Em unidades SI, o quilograma deve ser utilizado *exclusivamente* como uma unidade de massa e *nunca* de força. Infelizmente, no sistema gravitacional MKS (metro, quilograma, segundo), que tem sido usado em alguns países há muitos anos, o quilograma tem sido comumente utilizado tanto como unidade de força quanto como unidade de massa.

Nas unidades usuais americanas, a libra infelizmente é utilizada tanto como unidade de força (lbf) quanto como unidade de massa (lbm). O uso da unidade lbm é especialmente predominante na especificação das propriedades térmicas de líquidos e gases. A lbm é a quantidade de massa que pesa 1 lbf sob condições-padrão (a uma latitude de 45° e ao nível do mar). A fim de evitar a confusão que seria causada pelo uso de duas unidades para massa (slug e lbm), neste livro-texto usaremos quase exclusivamente a unidade slug para massa. Essa prática torna a Dinâmica muito mais simples do que se a lbm fosse utilizada. Além disso, essa abordagem nos permite usar o símbolo lbf para significar sempre a libra-força.

Grandezas adicionais usadas na mecânica e suas unidades de base equivalentes serão definidas conforme forem introduzidas nos capítulos que se seguem. Entretanto, para facilidade de referência, essas quantidades estão listadas em um lugar na Tabela D/5 do Apêndice D.

Organizações profissionais estabeleceram diretrizes detalhadas para o uso consistente de unidades SI, e estas diretrizes foram seguidas ao longo deste livro. As essenciais estão resumidas na Tabela D/5 do Apêndice D, e você deve observar estas regras cuidadosamente.

1/5 Gravitação

A lei da gravitação de Newton, que rege a atração mútua entre corpos, é

$$F = G\frac{m_1 m_2}{r^2} \tag{1/2}$$

em que F = a força mútua de *atração* entre duas partículas
G = uma constante universal chamada *constante de gravitação*
m_1, m_2 = as massas das duas partículas
r = a distância entre os centros das partículas

O valor da constante gravitacional obtida dos dados experimentais é $G = 6{,}673(10^{-11})\ \text{m}^3/(\text{kg} \cdot \text{s}^2)$. Exceto para algumas aplicações espaciais, a única força gravitacional de grandeza apreciável na engenharia é a força devida à atração da Terra. Foi apresentado no *Vol. 1 Estática*, por exemplo, que cada uma de duas esferas de ferro de 100 mm de diâmetro é atraída pela Terra com uma força gravitacional de 37,1 N, que é chamada de seu *peso*, mas a força de atração mútua entre elas se estiverem apenas se tocando é de apenas 0,0000000951 N.

Como a atração gravitacional ou peso de um corpo é uma força, ela deve ser sempre expressa em unidades de força, newtons (N) em unidades SI e libra-força (lbf) em Unidades usuais americanas. Para evitar confusão, a palavra "peso" neste livro será restrita para significar a força de atração gravitacional.

Efeito da Altitude

A força de atração gravitacional da Terra sobre um corpo depende da posição do corpo em relação à Terra. Se a

Terra fosse uma esfera homogênea perfeita, um corpo com uma massa de exatamente 1 kg seria atraído para a Terra por uma força de 9,825 N na superfície da Terra, 9,822 N a uma altitude de 1 km, 9,523 N a uma altitude de 100 km, 7,340 N a uma altitude de 1000 km, e 2,456 N a uma altitude igual ao raio médio da Terra, 6371 km. Assim, a variação na atração gravitacional de foguetes e naves espaciais de altitude elevada torna-se uma consideração importante.

Cada objeto que cair em um vácuo a uma determinada altura perto da superfície da Terra terá a mesma aceleração g, independentemente de sua massa. Este resultado pode ser obtido combinando as Eqs. 1/1 e 1/2 e cancelando o termo que representa a massa do objeto que cai. Esta combinação dá

$$g = \frac{Gm_T}{R^2}$$

em que m_T é a massa da Terra e R é o raio da Terra.* A massa m_T e o raio médio R da Terra foram encontrados através de medições experimentais como sendo de $5{,}976(10^{24})$ kg e $6{,}371(10^6)$ m, respectivamente. Esses valores, juntamente com o valor de G já citado, quando substituídos na expressão para g, dão um valor médio de $g = 9{,}825$ m/s^2.

A variação de g com altitude é facilmente determinada a partir da lei gravitacional. Se g_0 representa a aceleração absoluta devido à gravidade ao nível do mar, o valor absoluto a uma altitude h é

$$g = g_0 \frac{R^2}{(R+h)^2}$$

em que R é o raio da Terra.

* É possível provar que a Terra, quando encarada como uma esfera com uma distribuição simétrica de massa em torno do seu centro, pode ser considerada uma partícula com toda sua massa concentrada em seu centro.

Efeito da Rotação da Terra

A aceleração devida à gravidade, determinada pela lei gravitacional, é a aceleração que seria medida a partir de um conjunto de eixos cuja origem está no centro da Terra, mas que não gira com a Terra. Com respeito a esses eixos "fixos", então, esse valor pode ser chamado valor *absoluto* de g. Como a Terra gira, a aceleração de um corpo em queda livre, medida a partir de uma posição fixada à superfície da Terra, é ligeiramente menor que o valor absoluto.

Valores precisos da aceleração gravitacional medida em relação à superfície da Terra são responsáveis pelo fato de que a Terra é um esferoide oblato girando com achatamento nos polos. Esses valores podem ser calculados com um alto grau de precisão a partir da Fórmula Internacional de Gravidade de 1980, que é

$$g = 9{,}780\ 327(1 + 0{,}005\ 279\ \text{sen}^2\gamma + 0{,}000\ 023\ \text{sen}^4 + \cdots)$$

em que γ é a latitude e g é expressa em metros por segundo ao quadrado. A fórmula é baseada em um modelo elipsoidal da Terra e também é responsável pelo efeito da rotação da Terra.

A aceleração absoluta devida à gravidade, determinada para a Terra sem estar girando, pode ser calculada a partir dos valores relativos para com uma boa aproximação, adicionando $3{,}382(10^{-2})\cos^2\gamma$ m/s^2, o que elimina o efeito da rotação da Terra. A variação tanto dos valores absolutos quanto dos relativos de g com latitude é mostrada na Fig. 1/1 para condições ao nível do mar.*

Valor-padrão de *g*

O valor-padrão adotado internacionalmente para a aceleração gravitacional em relação à Terra em rotação no nível do mar e a uma latitude de 45° é 9,806 65 m/s^2 ou

* Você poderá obter estas relações para uma terra esférica depois de estudar o movimento relativo no Capítulo 3.

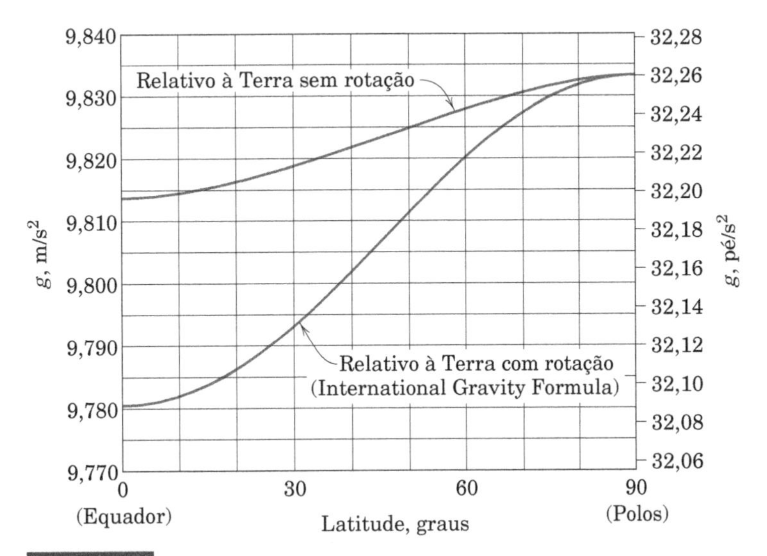

FIGURA 1/1

32,1740 pé/s^2. Esse valor difere muito pouco do que é obtido pela avaliação da Fórmula de Internacional da Gravidade para $\gamma = 45°$. A razão para a pequena diferença é que a Terra não é exatamente elipsoidal, como se supõe no desenvolvimento da Fórmula Internacional da Gravidade.

A proximidade de grandes massas de terra e as variações na densidade da crosta terrestre também influenciam o valor local de g por uma quantidade pequena, mas detectável. Em quase todas as aplicações de engenharia perto da superfície da Terra, podemos desprezar a diferença entre os valores absolutos e relativos da aceleração gravitacional, e o efeito das variações locais. Os valores de 9,81 m/s^2 em unidades SI e 32,2 pé/s^2 em unidades usuais americanas são utilizados para o valor de g no nível do mar.

Peso Aparente

A atração gravitacional da Terra sobre um corpo de massa m pode ser calculada a partir dos resultados de uma simples experiência gravitacional. O corpo pode cair livremente em um vácuo, e sua aceleração absoluta é medida. Se a força gravitacional de atração ou o verdadeiro peso do corpo é W, então, porque o corpo cai com uma aceleração absoluta g, a Eq. 1/1 fornece

$$\boxed{\mathbf{W} = m\mathbf{g}} \qquad (1/3)$$

O *peso aparente* de um corpo como o determinado por uma balança de molas, calibrada para ler a força correta e fixada à superfície da Terra, será ligeiramente inferior ao seu peso verdadeiro. A diferença é devida à rotação da Terra. A relação entre o peso aparente e a aceleração aparente ou relativa devida à gravidade leva ainda ao valor correto da massa. O peso aparente e a aceleração relativa devidos à gravidade são, naturalmente, as quantidades medidas em experimentos realizados na superfície da Terra.

1/6 Dimensões

Uma determinada dimensão, como o comprimento, pode ser expressa em várias unidades diferentes, como metros, milímetros ou quilômetros. Portanto, uma *dimensão* é diferente de uma *unidade*. O *princípio da homogeneidade dimensional* estabelece que todas as relações físicas devem ser homogêneas em termos dimensionais, ou seja, as dimensões de todos os termos em uma equação devem ser as mesmas. É costume usar os símbolos L, M, T e F para representar comprimento, massa, tempo e força, respectivamente. Em unidades SI a força é uma quantidade derivada e a partir de Eq. 1/1 tem as dimensões de massa vezes aceleração ou

$$F = ML/T^2$$

Um uso importante do princípio da homogeneidade dimensional é verificar a exatidão dimensional de alguma relação física derivada. Podemos derivar a seguinte expressão para a velocidade v de um corpo de massa m que é movido do repouso uma distância horizontal x por uma força F:

$$Fx = \frac{1}{2}mv^2$$

em que $\frac{1}{2}$ é um coeficiente adimensional resultante da integração. Esta equação é correta em termos dimensionais porque a substituição de L, M, e T fornece

$$[MLT^{-2}][L] = [M][LT^{-1}]^2$$

A homogeneidade dimensional é uma condição necessária para a exatidão de uma relação física, mas não é suficiente, pois é possível construir uma equação que seja correta em termos dimensionais, mas que não represente uma relação correta. Deve-se fazer uma verificação dimensional da resposta a cada problema cuja solução seja feita de forma simbólica.

1/7 Solução de Problemas em Dinâmica

O estudo da Dinâmica diz respeito à compreensão e descrição dos movimentos dos corpos. Esta descrição, que é em grande parte matemática, permite fazer previsões do comportamento dinâmico. Um processo de raciocínio duplo é necessário na formulação desta descrição. É necessário pensar tanto em termos da situação física quanto da descrição matemática correspondente. Esta transição repetida do pensamento entre o físico e o matemático é necessária na análise de cada problema.

Uma das maiores dificuldades encontradas pelos estudantes é a incapacidade de fazer esta transição livremente. Você deve reconhecer que a formulação matemática de um problema físico representa uma descrição ou modelo ideal e restritivo que se aproxima, mas nunca coincide com a situação física real.

Na Seção 1/8 do *Vol. 1 Estática*, discutimos extensivamente a abordagem para resolver problemas em estática. Supomos, portanto, que você está familiarizado com esta abordagem, que resumiremos aqui enquanto aplicada à Dinâmica.

Aproximação em Modelos Matemáticos

A construção de um modelo matemático idealizado para um determinado problema de engenharia exige sempre que sejam feitas aproximações. Algumas dessas aproximações podem ser matemáticas, enquanto outras serão físicas. Por exemplo, muitas vezes é necessário desprezar pequenas distâncias, ângulos ou forças em comparação com grandes distâncias, ângulos ou forças. Se a mudança na velocidade de um corpo com o tempo for quase uniforme, então uma soma de aceleração constante pode ser justificada. Um intervalo de movimento que não pode ser facilmente descrito em sua totalidade é frequentemente dividido em pequenos incrementos, cada um dos quais podendo ser aproximado.

Como outro exemplo, o efeito retardador do atrito sobre o movimento de uma máquina pode muitas vezes ser negligenciado se as forças de atrito forem pequenas em comparação com as outras forças aplicadas. Entretanto, essas mesmas forças de atrito não podem ser desprezadas se o objetivo da investigação for determinar a diminuição da eficiência da máquina devido ao processo de atrito. Assim, o tipo de suposições que você faz depende de quais informações são desejadas e da precisão necessária.

Você deve estar constantemente alerta para as várias suposições exigidas na formulação de problemas reais. A capacidade de compreender e fazer uso das suposições adequadas ao formular e resolver problemas de engenharia é certamente uma das características mais importantes de um engenheiro bem-sucedido.

Aliado ao desenvolvimento dos princípios e ferramentas analíticas necessárias para a Dinâmica moderna, um dos principais objetivos deste livro é promover muitas oportunidades para desenvolver a capacidade de formular bons modelos matemáticos. Uma forte ênfase é dada a uma ampla gama de problemas práticos que não apenas exigem que você aplique a teoria, mas também forçam você a fazer suposições relevantes.

Aplicação dos Princípios Básicos

O assunto da Dinâmica é baseado em uma quantidade surpreendentemente pequena de conceitos e princípios fundamentais que, contudo, podem ser estendidos e aplicados a uma ampla gama de condições. O estudo da Dinâmica é valioso em parte porque proporciona experiência no raciocínio a partir dos fundamentos. Esta experiência não pode ser obtida apenas pela memorização das equações cinemáticas e dinâmicas que descrevem vários movimentos. Ela deve ser obtida pela exposição a uma grande variedade de situações-problema que requerem a escolha, uso e extensão de princípios básicos para atender as condições dadas.

Ao descrever as relações entre as forças e os movimentos que elas produzem, é essencial definir claramente o sistema ao qual um princípio deve ser aplicado. Em alguns momentos, uma única partícula ou um corpo rígido é o sistema a ser isolado, enquanto em outros momentos dois ou mais corpos tomados em conjunto constituem o sistema.

A definição do sistema a ser analisado é esclarecida através da construção de seu ***diagrama de corpo livre***. Esse diagrama consiste em um contorno fechado da fronteira externa do sistema. Todos os corpos que entram em contato e exercem forças sobre o sistema, mas que não fazem parte dele, são removidos e substituídos por vetores que representam as forças que estes exercem sobre o sistema isolado. Dessa forma, fazemos uma clara distinção entre a ação e a reação de cada força, e todas as forças sobre e externas ao sistema são contabilizadas. Presumimos que você esteja familiarizado com a técnica de desenhar diagramas de corpo livre a partir de seu estudo anterior em estática.

Soluções Numéricas *versus* Soluções Literais

Ao aplicar as leis da Dinâmica, podemos usar valores numéricos das quantidades envolvidas, ou podemos usar símbolos algébricos e deixar a resposta como uma fórmula literal. Quando usamos valores numéricos, as grandezas de todas as quantidades expressas em suas unidades particulares ficam evidentes em cada etapa do cálculo. Esta abordagem é útil quando precisamos conhecer a grandeza de cada termo.

Conceitos-Chave Método de Ataque

Um método de abordagem eficaz é essencial na solução de problemas de dinâmica, assim como para todos os problemas de engenharia. O desenvolvimento de bons hábitos na formulação de problemas e na representação de suas soluções será um bem inestimável. Cada solução deve proceder com uma sequência lógica de passos, desde a hipótese até a conclusão. A seguinte sequência de passos é útil na construção de soluções para os problemas.

1. Formule o problema:
   (*a*) Especifique os dados fornecidos.
   (*b*) Especifique o resultado desejado.
   (*c*) Especifique suas hipóteses e aproximações.

2. Desenvolva a solução:
   (*a*) Desenhe os diagramas necessários, e inclua os sistemas de coordenadas que são apropriados para o problema em questão.
   (*b*) Especifique os princípios que devem ser aplicados à sua solução.
   (*c*) Faça seus cálculos.
   (*d*) Certifique-se de que seus cálculos sejam consistentes com a precisão justificada pelos dados.
   (*e*) Certifique-se de que você utilizou unidades consistentes ao longo de seus cálculos.
   (*f*) Certifique-se de que suas respostas sejam razoáveis em termos de módulos, direções, senso comum etc.
   (*g*) Tire conclusões.

A disposição de seu trabalho deve ser limpa e ordenada. Isso ajudará seu processo de pensamento e permitirá que outros entendam seu trabalho. A disciplina de fazer um trabalho ordenado o ajudará a desenvolver habilidade na formulação e análise de problemas. Os problemas que parecem complicados a princípio muitas vezes se tornam claros quando você os aborda com lógica e disciplina.

A solução literal, entretanto, tem várias vantagens em relação à solução numérica:

1. O uso de símbolos ajuda a direcionar a atenção na conexão entre a situação física e sua descrição matemática relacionada.
2. Uma solução literal permite fazer uma verificação dimensional em cada passo, enquanto a homogeneidade dimensional não pode ser verificada, quando utilizamos apenas valores numéricos.
3. Podemos usar uma solução literal repetidamente para obter respostas para o mesmo problema com unidades diferentes ou valores numéricos diferentes.

Assim, a facilidade com ambas as formas de solução é essencial, e você deve praticar cada uma delas ao tentar solucionar o problema.

No caso de soluções numéricas, repetimos do *Vol. 1 Estática* nossa convenção para a exibição dos resultados. Todos os dados fornecidos são considerados exatos, e os resultados são exibidos genericamente com três algarismos significativos, a menos que o dígito principal seja um, caso em que quatro algarismos significativos são exibidos. Uma exceção a essa regra ocorre na área de mecânica orbital, em que as respostas geralmente recebem um número significativo adicional devido à necessidade de maior precisão nessa disciplina.

Métodos de Solução

As soluções para as várias equações da Dinâmica podem ser obtidas em uma de três maneiras.

1. Obter uma solução analítica direta através de cálculo manual, utilizando tanto símbolos algébricos como valores numéricos. Podemos resolver a grande maioria dos problemas dessa forma.
2. Obter soluções gráficas para certos problemas, como a determinação de velocidades e acelerações de corpos rígidos em movimento relativo bidimensional.
3. Solucionar o problema por computador. Uma série de problemas no *Vol. 2 Dinâmica* é assinalada como Problemas para *Resolução com Auxílio de Computador*. Eles aparecem no final dos conjuntos de Problemas de Revisão e foram selecionados para ilustrar o tipo de problema para o qual a solução por computador oferece uma vantagem distinta.

A escolha do método de solução mais conveniente é um aspecto importante da experiência a ser adquirida a partir dos problemas propostos. Enfatizamos, entretanto, que a experiência mais importante na aprendizagem da mecânica está na formulação de problemas, que se distingue da solução deles em si.

1/8 Revisão do Capítulo

Este capítulo introduziu os conceitos, definições e unidades utilizadas na Dinâmica e forneceu uma visão geral da abordagem utilizada para formular e resolver problemas em dinâmica. Agora que você terminou este capítulo, você deve ser capaz de fazer o seguinte:

1. Enunciar as leis do movimento de Newton.
2. Realizar cálculos usando unidades SI e unidades usuais americanas.
3. Expressar a lei da gravitação e calcular o peso de um objeto.
4. Discutir os efeitos da altitude e da rotação da Terra sobre a aceleração devida à gravidade.
5. Aplicar o princípio da homogeneidade dimensional a uma determinada relação física.
6. Descrever a metodologia utilizada para formular e resolver problemas de dinâmica.

Fasttailwind/Shutterstock

Logo após a decolagem, há uma multidão de eventos dinâmicos críticos ocorrendo para este jato.

EXEMPLO DE PROBLEMA 1/1

O módulo de carga útil de um ônibus espacial tem uma massa de 50 kg e repousa sobre a superfície da Terra a uma latitude de 45° norte.

(*a*) Determine o peso do módulo sobre a superfície da Terra, tanto em newtons como em libras-força, e sua massa em slugs.

(*b*) Agora suponha que o módulo seja levado a uma altitude de 300 quilômetros acima da superfície da Terra e ali liberado sem velocidade em relação ao centro da Terra. Determine seu peso sob essas condições, tanto em newtons como em libras-força.

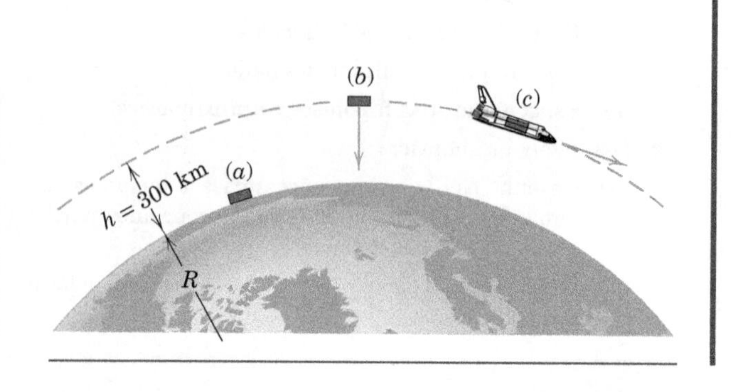

EXEMPLO DE PROBLEMA 1/1 *(continuação)*

(*c*) Finalmente, suponha que o módulo seja fixado dentro do compartimento de carga de um ônibus espacial. O ônibus está em uma órbita circular a uma altitude de 300 quilômetros acima da superfície da Terra. Determine o peso do módulo, tanto em newtons como em libras, sob estas condições.

Para o valor da aceleração da gravidade no nível de superfície em relação à Terra girando, use g = 9,80665 m/s² (32,1740 pés/s²). Para o valor absoluto relativo à Terra sem girar, use g = 9,825 m/s² (32.234 pés/s²). Arredonde todas as respostas usando as regras deste livro-texto.

Solução. (*a*) A partir do relacionamento 1/3, temos:

$[W = mg]$ $\qquad W = (50 \text{ kg})(9{,}80665 \text{ m/s}^2) = 490 \text{ N}$ ① *Resp.*

Aqui utilizamos a aceleração da gravidade em relação à Terra em rotação, porque essa é a condição do módulo na parte *(a)*. Repare que estamos utilizando mais algarismos significativos na aceleração da gravidade do que normalmente será exigido neste livro-texto (9,81 m/s2 e 32,2 ft/s2 normalmente será suficiente).

Na tabela de fatores de conversão que consta na Tabela D/5 do Apêndice D, vemos que 4,4482 newtons é igual a 1 libra-força. Assim, o peso do módulo em libras é:

$$W = 490 \text{ N} \left[\frac{1 \text{ lb}}{4{,}4482 \text{ N}}\right] = 110{,}2 \text{ lb}$$ ② *Resp.*

Finalmente, sua massa em slugs é:

$[W = mg]$ $$m = \frac{W}{g} = \frac{110{,}2 \text{ lb}}{32{,}1740 \text{ ft/s}^2} = 3{,}43 \text{ slugs}$$ ③ *Resp.*

Como outro caminho para o último resultado, podemos converter a massa de quilogramas para slugs. Novamente usando a Tabela D/5, temos:

$$m = 50 \text{ kg} \left[\frac{1 \text{ slug}}{14{,}594 \text{ kg}}\right] = 3{,}43 \text{ slugs}$$

Lembramos que 1 lbm é a quantidade de massa que sob condições-padrão tem um peso de 1 lbf. Raramente nos referimos à unidade de massa no sistema americano lbm nesta série de livros-texto, mas preferimos usar o slug para massa. O uso exclusivo do slug, ao invés do uso desnecessário de duas unidades para massa, demonstrará ser eficaz e simples em unidades no sistema americano.

(*b*) Começamos calculando a aceleração absoluta da gravidade (em relação à terra sem estar girando) a uma altitude de 300 quilômetros.

$$\left[g = g_0 \frac{R^2}{(R+h)^2}\right] \qquad g_h = 9{,}825 \left[\frac{6371^2}{(6371+300)^2}\right] = 8{,}96 \text{ m/s}^2$$

O peso a uma altitude de 300 km é, então,

$$W_h = mg_h = 50(8{,}96) = 448 \text{ N}$$ *Resp.*

Agora convertemos W_h para a unidade em libras

$$W_h = 448 \text{ N} \left[\frac{1 \text{ lb}}{4{,}4482 \text{ N}}\right] = 100{,}7 \text{ lb}$$ *Resp.*

DICAS ÚTEIS

① Nossa calculadora indica um resultado de 490,3325... newtons. Usando as regras de exibição de algarismos significativos usadas neste livro-texto, arredondamos o resultado escrito para três algarismo significativos, ou 490 newtons. Se o resultado numérico tivesse começado com o dígito 1, teríamos arredondado a resposta exibida para quatro algarismos significativos.

② Uma boa prática em conversão de unidades é multiplicar por um fator, como $\left[\frac{1 \text{ lb}}{4{,}4482 \text{ N}}\right]$, que tem o valor 1 porque o numerador e o denominador são equivalentes. Certifique-se de que o cancelamento das unidades deixa as unidades desejadas – aqui as unidades de N são canceladas, deixando as unidades desejadas de lb.

③ Note que estamos usando um resultado previamente calculado (110,2 lbf). Devemos ter certeza de que, quando um número calculado for necessário nos cálculos subsequentes, ele será obtido na calculadora com total precisão (110,2316 . . .). Se necessário, os números devem ser armazenados em um registro de armazenamento da calculadora e depois retirados do registro, quando necessário. Não devemos simplesmente digitar 110,2 em nossa calculadora e proceder à divisão por 32,1740 – esta prática resultará em perda de acurácia numérica. Algumas pessoas gostam de colocar uma pequena indicação do registro de armazenamento utilizado na margem direita do papel de trabalho, diretamente ao lado do número armazenado.

EXEMPLO DE PROBLEMA 1/1 (*continuação*)

Como solução alternativa à parte *(b)*, podemos usar a lei universal da gravitação de Newton. Em unidades SI,

$$\left[F = \frac{Gm_1m_2}{r^2}\right] \qquad W_h = \frac{Gm_em}{(R+h)^2} = \frac{[6{,}673(10^{-11})][5{,}976(10^{24})][50]}{[(6371+300)(1000)]^2}$$

$$= 448 \text{ N}$$

que coincide com nosso resultado anterior. Observamos que o peso do módulo quando a uma altitude de 300 km é de cerca de 90% de seu peso no nível da superfície – *não* é sem peso. Estudaremos os efeitos desse peso sobre o movimento do módulo no Capítulo 3.

(*c*) O peso de um objeto (a força de atração gravitacional) não depende do movimento do objeto. Assim, as respostas para a parte (*c*) são as mesmas que para a parte *(b)*.

$$W_h = 448 \text{ N} \quad \text{ou} \quad 100{,}7 \text{ lb}$$ *Resp.*

Este Exemplo de Problema serviu para eliminar certas concepções errôneas comuns e persistentes. Primeiro, só porque um corpo é elevado a uma altitude típica de um ônibus espacial, ele não se torna sem peso. Isso é verdade, quer o corpo seja liberado sem velocidade em relação ao centro da Terra, esteja dentro do ônibus espacial em órbita, ou esteja em sua própria trajetória arbitrária. E em segundo lugar, a aceleração da gravidade não é zero em tais altitudes. A única maneira de reduzir tanto a aceleração da gravidade quanto o peso correspondente de um corpo a zero é levar o corpo a uma distância infinita da Terra.

CAPÍTULO 2

Cinemática de Partículas

VISÃO GERAL DO CAPÍTULO

Sean Cayton/The Image Works

Mesmo que este carro mantenha uma velocidade constante ao longo da estrada sinuosa, ele acelera lateralmente, e esta aceleração deve ser considerada no projeto do carro, dos seus pneus e da própria pista.

2/1 Introdução

A cinemática é o ramo da Dinâmica que descreve o movimento dos corpos sem referência às forças que causam o movimento ou que são geradas como resultado do movimento. A cinemática é frequentemente descrita como a "geometria do movimento". Algumas aplicações da cinemática em engenharia incluem o projeto de excêntricos, engrenagens, uniões mecânicas e outros elementos de máquina para controlar ou produzir determinados movimentos desejados e o cálculo de trajetórias de voo para aeronaves, foguetes e naves espaciais. Um conhecimento prático completo de cinemática é um pré-requisito para a cinética, que é o estudo das relações entre o movimento e as forças correspondentes que causam ou acompanham o movimento.

Movimento de uma Partícula

Iniciamos nosso estudo da cinemática discutindo, primeiramente neste capítulo, os movimentos de pontos ou partículas. Uma partícula é um corpo cujas dimensões físicas são tão pequenas em comparação com o raio de curvatura de sua trajetória que podemos tratar o movimento de uma partícula como o de um ponto. Por exemplo, a envergadura da asa de um avião de transporte a jato entre Los Angeles e Nova York não tem nenhuma importância em comparação com o raio de curvatura de sua trajetória de voo e, portanto, o tratamento do avião como uma partícula ou ponto é uma aproximação aceitável.

Podemos descrever o movimento de uma partícula de várias maneiras, e a escolha da forma mais conveniente ou apropriada depende muito da experiência e de como os dados são fornecidos. Vamos adquirir uma visão geral dos vários métodos desenvolvidos neste capítulo recorrendo à Fig. 2/1, que mostra uma partícula P deslocando-se ao longo de uma trajetória genérica no espaço. Se a partícula estiver confinada a um caminho especificado, como no caso de uma conta deslizando ao longo de um arame fixo, dizemos que o seu movimento é *com restrição* (ou limitado). Se não houver guias físicas, dizemos que o movimento é *sem restrição* (não limitado). Uma pequena pedra amarrada à ponta de um fio e rodopiada em um círculo é submetida a um movimento com restrição até que o fio se rompa, depois do que, instantaneamente seu movimento passa a ser sem restrição.

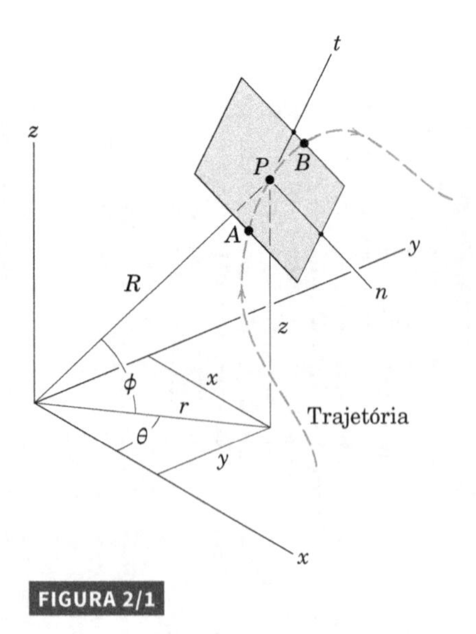

FIGURA 2/1

Escolha de Coordenadas

A posição da partícula P em qualquer instante t pode ser descrita especificando-se suas coordenadas retangulares* x, y, z, suas coordenadas cilíndricas r, θ, z, ou suas coordenadas esféricas R, θ, ϕ. O movimento de P também pode ser descrito por medidas ao longo da tangente t e da normal n à curva. A direção de n está no plano local da curva.† Estas duas últimas medidas são chamadas *variáveis de trajetória*.

O movimento de partículas (ou de corpos rígidos) pode ser descrito usando coordenadas medidas a partir de eixos de referência fixos (análise de *movimento absoluto*) ou usando coordenadas medidas a partir de eixos de referência móveis (análise de *movimento relativo*). Ambas as descrições serão desenvolvidas e aplicadas nos artigos que se seguem.

Com esta imagem conceitual da descrição do movimento de partículas em mente, restringimos nossa atenção na primeira parte deste capítulo ao caso do *movimento plano* em que todo o movimento ocorre ou pode ser representado como ocorrendo em um único plano. Uma grande parte dos movimentos de máquinas e estruturas na Engenharia pode ser representada como movimento plano. Mais adiante, no Capítulo 7, é apresentada uma introdução ao movimento tridimensional. Iniciamos nossa discussão do movimento plano com o *movimento retilíneo*, que é o movimento ao longo de uma linha reta, e o seguimos com uma descrição do movimento ao longo de uma curva plana.

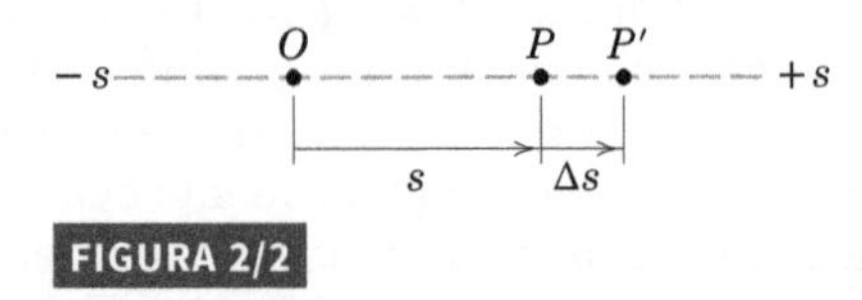

FIGURA 2/2

*Muitas vezes chamadas de coordenadas *cartesianas*, batizadas em homenagem a René Descartes (1596-1650), um matemático francês que foi um dos inventores da geometria analítica.

† Esse plano é chamado de plano *osculador*, que vem da palavra latina *osculari* que significa "beijar". O plano que contém P e os dois pontos A e B, um de cada lado de P, torna-se o plano osculador à medida que as distâncias entre os pontos se aproximam de zero.

2/2 Movimento Retilíneo

Considere uma partícula P movendo-se ao longo de uma linha reta, Fig. 2/2. A posição de P em qualquer instante t pode ser especificada por sua distância s medida a partir de algum ponto de referência O conveniente fixado na linha. No instante $t + \Delta t$ a partícula passou para P' e sua coordenada passa a ser $s + \Delta s$. A mudança na coordenada de posição durante o intervalo Δt é chamada de *deslocamento* Δs da partícula. O deslocamento seria negativo se a partícula se movesse no sentido negativo de s.

Velocidade e Aceleração

A velocidade média da partícula durante o intervalo Δt é o deslocamento dividido pelo intervalo de tempo ou $v_{\text{méd}} = \Delta s/\Delta t$. Como Δt fica menor e se aproxima de zero no limite, a velocidade média se aproxima da *velocidade instantânea* da partícula, que é $v = \lim_{\Delta t \to 0} \dfrac{\Delta s}{\Delta t}$ ou

$$v = \frac{ds}{dt} = \dot{s} \tag{2/1}$$

Assim, a velocidade é a taxa de variação no tempo da coordenada de posição s. A velocidade é positiva ou negativa dependendo de o deslocamento correspondente ser positivo ou negativo.

A aceleração média da partícula durante o intervalo Δt é a variação de sua velocidade dividida pelo intervalo de tempo ou $a_{\text{méd}} = \Delta v/\Delta t$. Conforme Δt fica menor e se aproxima de zero no limite, a aceleração média aproxima-se da aceleração instantânea da partícula, que é $a = \lim_{\Delta t \to 0} \dfrac{\Delta v}{\Delta t}$ ou

$$a = \frac{dv}{dt} = \dot{v} \quad \text{ou} \quad a = \frac{d^2s}{dt^2} = \ddot{s} \tag{2/2}$$

A aceleração é positiva ou negativa, dependendo se a velocidade está aumentando ou diminuindo. Note que a aceleração seria positiva se a partícula tivesse uma velocidade negativa, a qual estaria se tornando menos negativa. Se a partícula estiver diminuindo a velocidade, diz-se que a partícula está *desacelerando*.

Velocidade e aceleração são na verdade grandezas vetoriais, como veremos para o movimento curvilíneo a partir da Seção 2/3. Para o movimento retilíneo nesta seção, em que a direção do movimento é dada pela trajetória em linha reta, o sentido do vetor ao longo do trajeto é descrito por um sinal de mais ou menos. Em nosso tratamento do movimento curvilíneo, levaremos em conta as mudanças na direção dos vetores de velocidade e aceleração, assim como as mudanças em se módulo.

Eliminando o tempo dt entre Eq. 2/1 e a primeira das Eqs. 2/2, obtemos uma equação diferencial relativa ao deslocamento, velocidade e aceleração.* Esta equação é

$$\boxed{v\,dv = a\,ds} \quad \text{ou} \quad \boxed{\dot{s}\,d\dot{s} = \ddot{s}\,ds} \qquad (2/3)$$

As equações 2/1, 2/2 e 2/3 são as equações diferenciais para o movimento retilíneo de uma partícula. Os problemas no movimento retilíneo envolvendo variações finitas nas variáveis de movimento são resolvidos pela integração dessas equações diferenciais básicas. As coordenadas de posição s, a velocidade v e a aceleração a são grandezas algébricas, de modo que seus sinais, positivos ou negativos, devem ser cuidadosamente observados. Note que os sentidos positivos para v e a são os mesmos do sentido positivo para s.

Este velocista será submetido a uma aceleração retilínea até atingir sua velocidade final.

Interpretações Gráficas

A interpretação das equações diferenciais que governam o movimento retilíneo é consideravelmente esclarecida pela representação gráfica das relações entre s, v, a, e t. A Fig. 2/3a é um gráfico esquemático da variação de s com t do tempo t_1 até t_2 para um determinado movimento retilíneo. Ao construir a tangente à curva em qualquer instante de tempo t, obtemos a inclinação, que é a velocidade $v = ds/dt$. Assim, a velocidade pode ser determinada em todos os pontos da curva e representada em relação ao tempo correspondente, como mostrado na Fig. 2/3b. Da mesma forma, a inclinação dv/dt da curva v-t em qualquer instante dá a aceleração naquele instante, e a curva a-t pode, portanto, ser representada como na Fig. 2/3c.

Assim, a velocidade pode ser determinada em todos os pontos da curva e representada em relação ao tempo correspondente, como mostrado na Fig. 2/3b. Da mesma forma, a inclinação dv/dt da curva v-t em qualquer instante dá a aceleração naquele instante, e a curva a-t pode, portanto, ser representada como na Fig. 2/3c.

Vemos, agora na Fig. 2/3b, que a área sob a curva v-t durante o tempo dt é $v\,dt$, que pela Eq. 2/1 é o deslocamento ds. Consequentemente, o deslocamento líquido da partícula durante o intervalo de t_1 a t_2 é a área correspondente sob a curva, que é

$$\int_{s_1}^{s_2} ds = \int_{t_1}^{t_2} v\,dt \quad \text{ou} \quad s_2 - s_1 = (\text{área sob a curva } v\text{-}t)$$

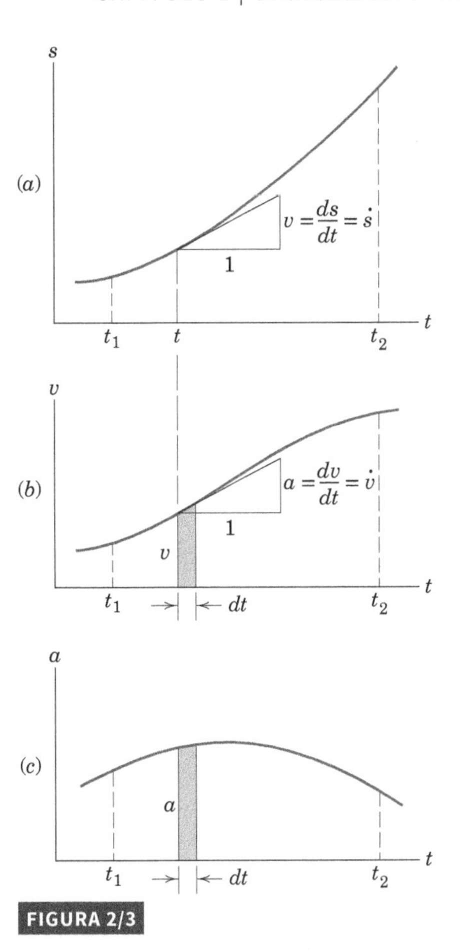

FIGURA 2/3

Da mesma forma, a partir da Fig. 2/3c vemos que a área sob a curva a-t durante o tempo dt é $a\,dt$, que, de acordo com a primeira da Eqs. 2/2, é dv. Assim, a variação da velocidade entre t_1 e t_2 é a área correspondente sob a curva, que é

$$\int_{v_1}^{v_2} dv = \int_{t_1}^{t_2} a\,dt \quad \text{ou} \quad v_2 - v_1 = (\text{área sob a curva } a\text{-}t)$$

Observe duas relações gráficas adicionais. Quando a aceleração a é representada em função da coordenada de posição s, Fig. 2/4a, a área sob a curva durante um

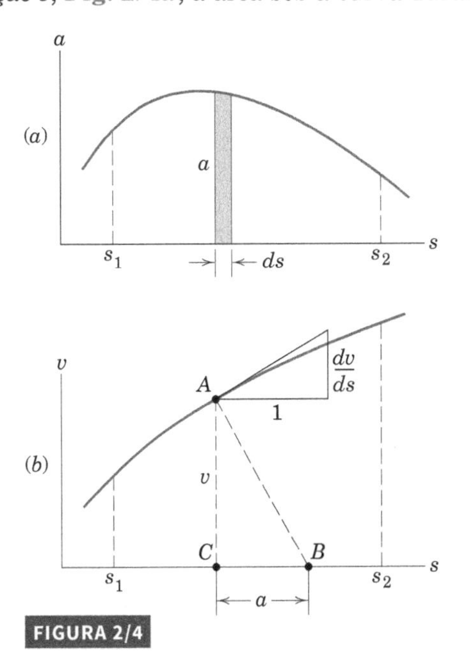

FIGURA 2/4

* As quantidades diferenciais podem ser multiplicadas e divididas exatamente da mesma forma que outras quantidades algébricas.

deslocamento ds é a ds, que, de acordo com a Eq. 2/3, é $v\,dv = d(v^2/2)$. Assim, a área sob a curva entre as coordenadas de posição s_1 e s_2 é

$$\int_{v_1}^{v_2} v\,dv = \int_{s_1}^{s_2} a\,ds \text{ ou } \frac{1}{2}(v_2{}^2 - v_1{}^2) = (\text{área sob a curva } a\text{-}s)$$

Quando a velocidade v é representada como uma função da coordenada de posição s, Fig. 2/4*b*, a inclinação da curva em qualquer ponto A é dv/ds. Ao construir a normal AB à curva neste ponto, vemos, pelos triângulos semelhantes, que $\overline{CB}/v = dv/ds$. Assim, de Eq. 2/3, $\overline{CB} = v(dv/ds) = a$, a aceleração. É necessário que os eixos das coordenadas de velocidade e posição tenham as mesmas escalas numéricas para que a aceleração lida na escala de coordenadas de posição em metros (ou pés), digamos, represente a aceleração real em metros (ou pés) por segundo ao quadrado.

As representações gráficas descritas são úteis não somente na visualização das relações entre os vários laços quantitativos de movimento, mas também na obtenção de resultados aproximados por integração ou diferenciação gráfica. Este último caso ocorre quando a falta de conhecimento da relação matemática impede sua expressão como uma função matemática explícita que pode ser integrada ou diferenciada. Os dados experimentais e os movimentos que envolvem relações descontínuas entre as variáveis são muitas vezes analisados graficamente.

Conceitos-Chave Integração Analítica

Se a coordenada de posição s é conhecida para todos os valores do tempo t, então a diferenciação matemática ou gráfica sucessiva em relação a t dá a velocidade v e a aceleração a. Em muitos problemas, entretanto, a relação funcional entre a coordenada de posição e o tempo é desconhecida, e devemos determiná-la pela integração sucessiva a partir da aceleração. A aceleração é determinada pelas forças que atuam sobre os corpos em movimento e é calculada a partir das equações da cinética discutidas nos capítulos subsequentes. Dependendo da natureza das forças, a aceleração pode ser especificada como uma função do tempo, velocidade ou coordenada de posição, ou como uma função combinada dessas quantidades. O procedimento para integrar a equação diferencial em cada caso é indicado como segue.

(a) Aceleração constante. Quando a é constante, a primeira das Eqs. 2/2 e 2/3 pode ser integrada diretamente. Para simplificar com $s = s_0$, $v = v_0$, e $t = 0$ designado no início do intervalo, então para um intervalo de tempo t as equações integradas resultam em

$$\int_{v_0}^{v} dv = a\int_0^t dt \qquad \text{ou} \qquad v = v_0 + at$$

$$\int_{v_0}^{v} v\,dv = a\int_{s_0}^{s} ds \qquad \text{ou} \qquad v^2 = v_0{}^2 + 2a(s - s_0)$$

A substituição da expressão integrada para v na Eq. 2/1 e a integração com respeito a t gera

$$\int_{s_0}^{s} ds = \int_0^t (v_0 + at)\,dt \qquad \text{ou} \qquad s = s_0 + v_0 t + \frac{1}{2}at^2$$

Essas relações são necessariamente restritas ao caso especial em que a aceleração é constante. Os limites de integração dependem das condições iniciais e finais, que para um determinado problema podem ser diferentes daquelas aqui utilizadas. Pode ser mais conveniente, por exemplo, começar a integração em algum instante especificado t_1 em vez de $t = 0$.

> Cuidado: As equações anteriores foram integradas apenas para aceleração constante. Um erro comum é usar essas equações para problemas envolvendo aceleração variável, em que elas não se aplicam.

(b) Aceleração dada como uma função do tempo, $a = f(t)$. A substituição da função pela primeira das Eqs. 2/2 dá $f(t) = dv/dt$. A multiplicação por dt separa as variáveis e permite a integração. Assim

$$\int_{v_0}^{v} dv = \int_0^t f(t)\,dt \qquad \text{ou} \qquad v = v_0 + \int_0^t f(t)\,dt$$

A partir desta expressão integrada para v em função de t, a coordenada de posição s é obtida pela integração da Eq. 2/1, que, por sua vez, será

$$\int_{s_0}^{s} ds = \int_0^t v\,dt \qquad \text{ou} \qquad s = s_0 + \int_0^t v\,dt$$

Se a integral indefinida for empregada, as condições finais são usadas para estabelecer as constantes de integração. Os resultados são idênticos aos obtidos com o uso da integral definida.

Se desejado, o deslocamento s pode ser obtido por uma solução direta da equação diferencial de segunda ordem $\ddot{s} = f(t)$ obtido pela substituição de $f(t)$ na segunda das Eqs. 2/2.

(c) Aceleração dada como função da velocidade, $a = f(v)$. A substituição da função na primeira das Eqs. 2/2 fornece $f(v) = dv/dt$, o que permite separar as variáveis e a sua integração. Assim,

$$t = \int_0^t dt = \int_{v_0}^{v} \frac{dv}{f(v)}$$

Esse resultado fornece t em função de v. Então seria necessário resolver para v em função de t para que a Eq. 2/1 possa ser integrada para obter as coordenadas de posição s em função de t.

Outra abordagem é substituir a função $a = f(v)$ na primeira das Eqs. 2/3, fornecendo $v\,dv = f(v)\,ds$. As variáveis podem agora ser separadas e a equação pode ser integrada na forma

$$\int_{v_0}^{v} \frac{v\,dv}{f(v)} = \int_{s_0}^{s} ds \qquad \text{ou} \qquad s = s_0 + \int_{v_0}^{v} \frac{v\,dv}{f(v)}$$

Note que esta equação fornece s em termos de v sem referência explícita a t.

(d) Aceleração dada como função do deslocamento, $a = f(s)$. Substituindo a função na Eq. 2/3 e integrando, obtém-se a forma

$$\int_{v_0}^{v} v\,dv = \int_{s_0}^{s} f(s)\,ds \quad \text{ou} \quad v^2 = v_0{}^2 + 2\int_{s_0}^{s} f(s)\,ds$$

Em seguida, resolvemos para v obtendo $v = g(s)$, uma função de s. Agora podemos substituir ds/dt por v, separar variáveis, e integrar na forma

$$\int_{s_0}^{s} \frac{ds}{g(s)} = \int_0^t dt \quad \text{ou} \quad t = \int_{s_0}^{s} \frac{ds}{g(s)}$$

que fornece t em função de s. Finalmente, podemos reorganizar para obter s em função de t.

Em cada um dos casos anteriores, quando a aceleração varia de acordo com alguma relação funcional, a possibilidade de resolver as equações por integração matemática direta dependerá da forma da função. Nos casos em que a integração é excessivamente difícil, a integração por métodos gráficos, numéricos ou computadorizados pode ser utilizada.

EXEMPLO DE PROBLEMA 2/1

A coordenada de posição de uma partícula que confinada a se mover ao longo de uma linha reta é dada por $s = 2t^3 - 24t + 6$, em que s é medido em metros a partir de uma origem conveniente e t é em segundos. Determinar (*a*) o tempo necessário para que a partícula alcance uma velocidade de 72 m/s a partir de sua condição inicial em $t = 0$, (*b*) a aceleração da partícula quando $v = 30$ m/s, e (*c*) o deslocamento da partícula durante o intervalo de $t = 1$ s a $t = 4$ s.

Solução. A velocidade e aceleração são obtidas por diferenciação sucessiva de s em relação ao tempo. Desse modo,

$$[v = \dot{s}] \qquad v = 6t^2 - 24 \text{ m/s}$$

$$[a = \dot{v}] \qquad a = 12t \text{ m/s}^2$$

(*a*) Substituindo $v = 72$ m/s na expressão para v fornece $72 = 6t^2 - 24$, a partir do que $t = \pm 4$ s. A raiz negativa descreve uma solução matemática para t antes do início do movimento, portanto essa raiz não tem nenhum interesse físico. ① Assim, o resultado desejado é

$$t = 4 \text{ s} \qquad \textit{Resp.}$$

(*b*) Substituindo $v = 30$ m/s na expressão para v obtemos $30 = 6t^2 - 24$, cuja raiz positiva é $t = 3$ s, e a aceleração correspondente é

$$a = 12(3) = 36 \text{ m/s}^2 \qquad \textit{Resp.}$$

(*c*) O deslocamento durante o intervalo especificado é

$$\Delta s = s_4 - s_1 \quad \text{ou}$$

$$\Delta s = [2(4^3) - 24(4) + 6] - [2(1^3) - 24(1) + 6]$$

$$= 54 \text{ m} \qquad \textit{Resp.}$$

que representa o avanço da partícula ao longo do eixo s desde a posição que ocupava em $t = 1$ s até a sua posição em $t = 4$ s. ②

Para ajudar a visualizar o movimento, os valores de s, v, e a são representados contra o tempo t, como mostrado na figura. Como a área sob a curva v-t representa o deslocamento, vemos que o deslocamento de $t = 1$ s para $t = 4$ s é a área positiva $\Delta s_{2\text{-}4}$ menos a área negativa $\Delta s_{1\text{-}2}$. ③

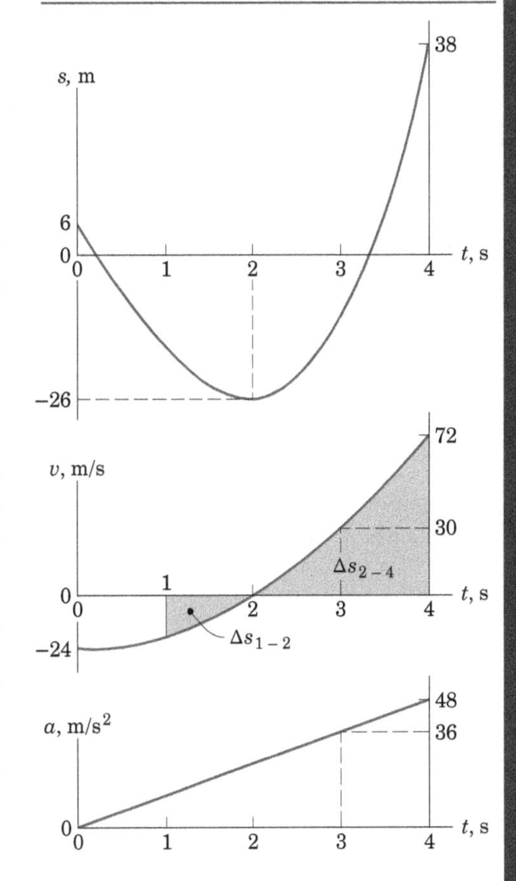

DICAS ÚTEIS

① Fique atento à escolha adequada do sinal quando tomar uma raiz quadrada. Quando a situação exige apenas uma resposta, a raiz positiva nem sempre é aquela que você precisa.

② Observe atentamente a distinção entre *s* itálico para a coordenada de posição e s vertical para os segundos.

③ Observe nos gráficos que os valores para v são as inclinações ($\dot{s}$) da curva s-t e que os valores para a são as inclinações ($\dot{v}$) da curva v-t. *Sugestão*: Integre $v\,dt$ para cada um dos dois intervalos e verifique a resposta para Δs. Mostre que a distância total percorrida durante o intervalo $t = 1$ s a $t = 4$ s é de 74 m.

EXEMPLO DE PROBLEMA 2/2

Uma partícula se move ao longo do eixo x com uma velocidade inicial $v_x = 50$ m/s na origem quando $t = 0$. Durante os primeiros 4 segundos ela não tem aceleração, e em seguida sofre a ação de uma força retardadora que lhe confere uma aceleração constante $a_x = -10$ m/s^2. Calcule a velocidade e a coordenada x da partícula para as condições de $t = 8$ s e $t = 12$ s e encontre a coordenada x positiva máxima alcançada pela partícula. ①

Solução. A velocidade da partícula após $t = 4$ s é calculada a partir de

$$\left[\int dv = \int a\,dt\right] \qquad \int_{50}^{v_x} dv_x = -10\int_4^t dt \qquad v_x = 90 - 10t \text{ m/s} \quad ②$$

e é representada como mostrado na figura. Nos instantes de tempo especificados, as velocidades são

$$t = 8 \text{ s}, \qquad v_x = 90 - 10(8) = 10 \text{ m/s}$$

$$t = 12 \text{ s}, \qquad v_x = 90 - 10(12) = -30 \text{ m/s} \qquad \textit{Resp.}$$

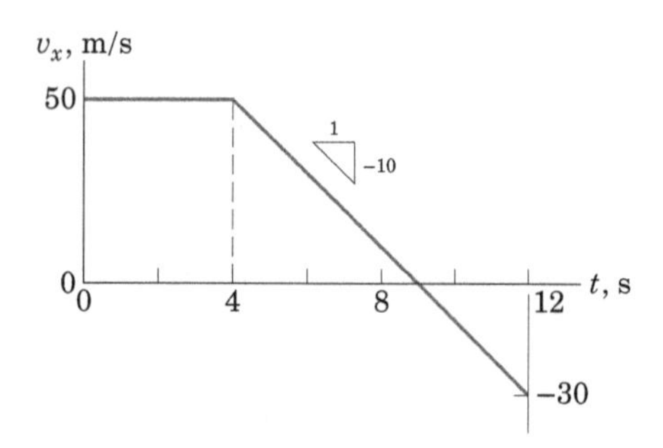

A coordenada x da partícula em qualquer momento superior a 4 segundos é a distância percorrida durante os primeiros 4 segundos mais a distância percorrida após a descontinuidade na aceleração ter ocorrido. Assim,

$$\left[\int ds = \int v\,dt\right] \qquad x = 50(4) + \int_4^t (90 - 10t)\,dt = -5t^2 + 90t - 80 \text{ m}$$

Para os dois instantes de tempo especificados,

$$t = 8 \text{ s}, \qquad x = -5(8^2) + 90(8) - 80 = 320 \text{ m}$$

$$t = 12 \text{ s}, \qquad x = -5(12^2) + 90(12) - 80 = 280 \text{ m} \qquad \textit{Resp.}$$

A coordenada x para $t = 12$ s é menor que a para $t = 8$ s já que o movimento está na direção negativa de x após $t = 9$ s. A máxima coordenada positiva de x é, então, o valor de x para $t = 9$ s que é

$$x_{\text{máx}} = -5(9^2) + 90(9) - 80 = 325 \text{ m} \qquad \textit{Resp.}$$

Estes deslocamentos são vistos como as áreas positivas líquidas sob o gráfico v-t até os valores de t em questão. ③

DICAS ÚTEIS

① Aprenda a ser flexível com símbolos. A coordenada da posição x é tão válida quanto s.

② Note que integramos para um tempo t genérico e em seguida substituímos valores específicos.

③ Mostre que a distância total percorrida pela partícula nos 12 s é 370 m.

EXEMPLO DE PROBLEMA 2/3

A corrediça montada sobre molas se move na guia horizontal com atrito desprezível e tem uma velocidade v_0 no sentido s ao cruzar a posição média em que $s = 0$ e $t = 0$. As duas molas juntas exercem uma força retardadora do movimento do cursor, o que lhe confere uma aceleração proporcional ao deslocamento, mas dirigida de forma oposta e igual a $a = -k^2s$, na qual k é constante. (A constante é arbitrariamente elevada ao quadrado para conveniência futura no formato das expressões.) Determine as expressões para o deslocamento s e velocidade v como funções do tempo t.

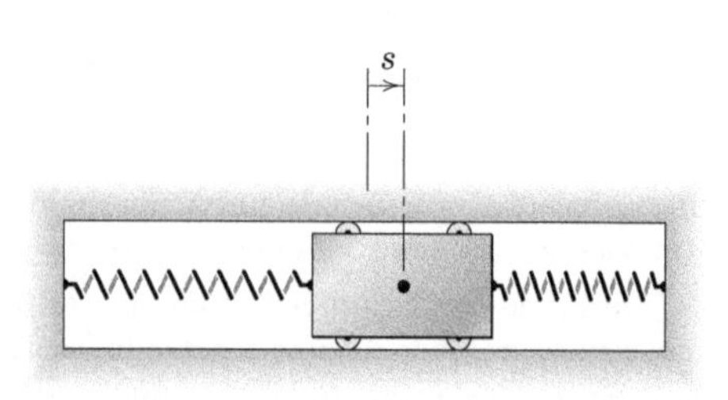

Solução I. Como a aceleração é especificada em termos de deslocamento, a relação diferencial $v\,dv = a\,ds$ pode ser integrada. Assim,

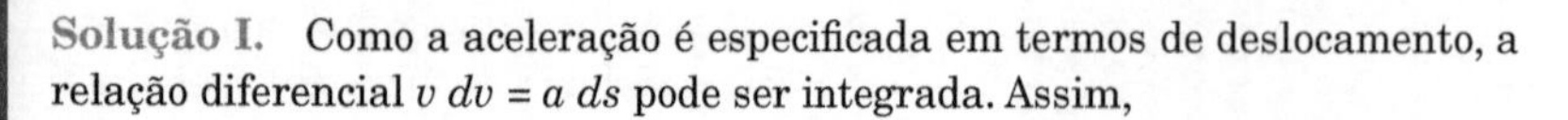

$$\int v\,dv = \int -k^2 s\,ds + C_1 \text{ uma constante, ou } \frac{v^2}{2} = -\frac{k^2s^2}{2} + C_1 \quad ①$$

Quando $s = 0$, $v = v_0$, de modo que $C_1 = v_0^2/2$, e a velocidade se torna

$$v = +\sqrt{v_0^2 - k^2s^2}$$

DICAS ÚTEIS

① Utilizamos aqui uma integral indefinida e avaliamos a constante de integração. Para praticar, obtenha os mesmos resultados usando a integral definida com os limites apropriados.

EXEMPLO DE PROBLEMA 2/3 (*continuação*)

O sinal positivo do radical é usado quando v é positiva (no sentido positivo de s). Esta última expressão pode ser integrada através da substituição de $v = ds/dt$. Assim,

$$\int \frac{ds}{\sqrt{v_0{}^2 - k^2s^2}} = \int dt + C_2 \text{ uma constante, ou } \frac{1}{k}\,\text{sen}^{-1}\frac{ks}{v_0} = t + C_2 \quad ②$$

② Mais uma vez tente aqui a integral definida como anteriormente.

Com a condição de $t = 0$ quando $s = 0$, a constante de integração se torna $C_2 = 0$, e podemos resolver a equação para s de modo que

$$s = \frac{v_0}{k}\,\text{sen}\,kt \qquad \textit{Resp.}$$

A velocidade é $v = \dot{s}$, que resulta

$$v = v_0 \cos kt \qquad \textit{Resp.}$$

Solução II. Uma vez que $a = \ddot{s}$, a relação pode ser escrita de imediato como

$$\ddot{s} + k^2 s = 0$$

Esta é uma equação diferencial linear comum de segunda ordem, cuja solução é bem conhecida e é

$$s = A\,\text{sen}\,Kt + B\cos Kt$$

em que A, B, e K são constantes. A substituição desta expressão na equação diferencial mostra que ela satisfaz a equação, desde que $K = k$. A velocidade é $v = \dot{s}$, que resulta

$$v = Ak\cos kt - Bk\,\text{sen}\,kt$$

A condição inicial $v = v_0$ quando $t = 0$ requer que $A = v_0/k$, e a condição $s = 0$ quando $t = 0$ gera $B = 0$. Assim, a solução é

$$s = \frac{v_0}{k}\,\text{sen}\,kt \qquad \text{e} \qquad v = v_0\cos kt \quad ③ \qquad \textit{Resp.}$$

③ Esse movimento é chamado de *movimento harmônico simples* e é característico de todas as oscilações em que a força restauradora, e, portanto, a aceleração, é proporcional ao deslocamento, mas de sinal oposto.

EXEMPLO DE PROBLEMA 2/4

Um cargueiro se move a uma velocidade de 8 nós quando seus motores são repentinamente parados. ① Se, são necessários 10 minutos para o cargueiro reduzir sua velocidade para 4 nós, determine e faça um gráfico da distância s em milhas náuticas movimentadas pelo navio e sua velocidade v em nós como funções do tempo t durante esse intervalo. A desaceleração do navio é proporcional ao quadrado de sua velocidade, de modo que $a = -kv^2$.

DICAS ÚTEIS

① Lembre-se de que um nó é a velocidade de uma milha náutica (6072 ft = 1852 m) por hora. Trabalhe diretamente nas unidades de milhas náuticas e horas.

Solução. As velocidades e o tempo são fornecidos, portanto podemos substituir a expressão de aceleração diretamente na definição básica $a = dv/dt$ e integrar. Assim

$$-kv^2 = \frac{dv}{dt} \qquad \frac{dv}{v^2} = -k\,dt \qquad \int_8^v \frac{dv}{v^2} = -k\int_0^t dt$$

$$-\frac{1}{v} + \frac{1}{8} = -kt \qquad v = \frac{8}{1 + 8kt} \quad ②$$

② Escolhemos integrar para um valor genérico de v e seu tempo t correspondente de forma que obtemos a variação de v com t.

Agora substituímos os limites finais de $v = 4$ nós e $t = \frac{10}{60} = \frac{1}{6}$ hora e obtemos

$$4 = \frac{8}{1 + 8k(1/6)} \qquad k = \frac{3}{4}\,\text{mi}^{-1} \qquad v = \frac{8}{1 + 6t} \qquad \textit{Resp.}$$

EXEMPLO DE PROBLEMA 2/4 *(continuação)*

A velocidade é representada em função do tempo, como mostrado na figura.

A distância é obtida pela substituição da expressão para v na definição $v = ds/dt$ e pela integração. Deste modo,

$$\frac{8}{1+6t} = \frac{ds}{dt} \qquad \int_0^t \frac{8\,dt}{1+6t} = \int_0^s ds \qquad s = \frac{4}{3}\ln(1+6t) \qquad \textit{Resp.}$$

A distância s também é representada contra o tempo como mostrado na figura, e vemos que o navio se deslocou uma distância $s = \frac{4}{3}\ln(1+\frac{6}{6}) = \frac{4}{3}\ln 2 =$ 0,924 mi (náutica) durante os 10 minutos.

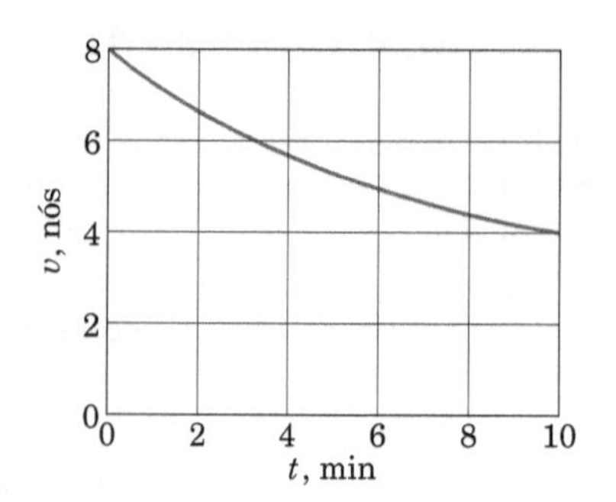

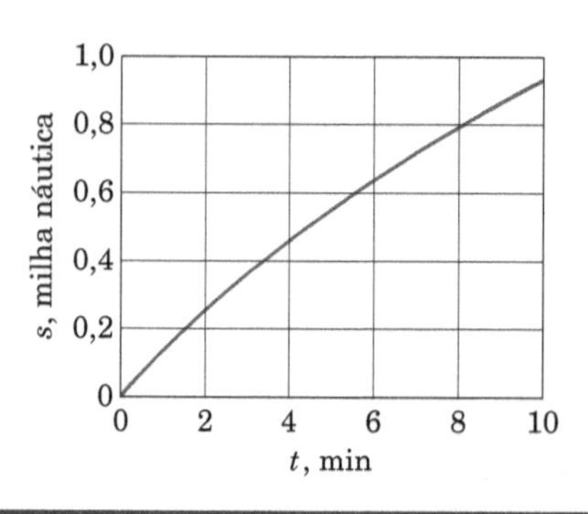

2/3 Movimento Curvilíneo Plano

Vamos agora tratar o movimento de uma partícula ao longo de uma trajetória curva que permanece em um único plano. Esse movimento é um caso especial de um movimento tridimensional mais geral introduzido na Seção 2/1 e ilustrado na Fig. 2/1. Se fizermos o plano de movimento ser o plano x-y, por exemplo, então as coordenadas z e ϕ da Fig. 2/1 serão ambas zero, e R torna-se o mesmo que r. Conforme mencionado anteriormente, a maioria dos movimentos de pontos ou partículas encontrada na prática de Engenharia pode ser representada como movimento plano.

Antes de prosseguir com a descrição do movimento plano curvilíneo em um sistema de coordenadas específico qualquer, vamos primeiro utilizar a análise vetorial para descrever o movimento, uma vez que os resultados serão independentes de qualquer sistema de coordenadas particular. O que se segue nesta seção constitui um dos conceitos mais básicos em Dinâmica, isto é, a *derivada no tempo de um vetor*. Muitas análises em Dinâmica utilizam a taxa de variação no tempo de grandezas vetoriais. Sugerimos enfaticamente, portanto, que você domine este tópico desde o princípio, pois você vai ter a oportunidade de utilizá-lo frequentemente.

Considere agora o movimento contínuo de uma partícula ao longo de uma curva plana como representado na Fig. 2/5. No instante de tempo t a partícula está na posição A, que é determinada pelo *vetor posição* $\mathbf{r}$ medido a partir de alguma origem fixa conveniente O. Se o módulo, a direção e o sentido de $\boldsymbol{r}$ são conhecidos no instante t, então a posição da partícula é completamente especificada. No tempo $t + \Delta t$, a partícula está em A', localizada pelo vetor posição $\mathbf{r} + \Delta\mathbf{r}$. Observamos, é claro, que esta combinação é uma adição vetorial e não adição escalar. O *deslocamento* da partícula durante o intervalo de tempo Δt é o vetor $\Delta\mathbf{r}$ que representa a mudança vetorial de posição e é claramente independente da escolha da origem. Se uma origem fosse escolhida em algum local diferente, a posição O do

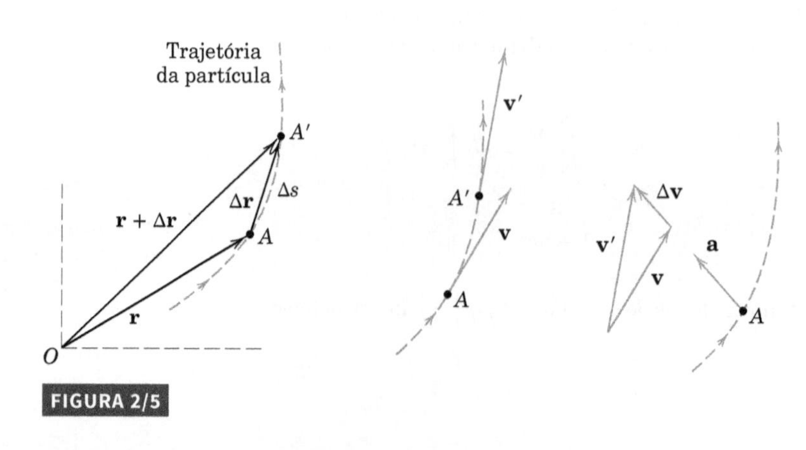

FIGURA 2/5

vetor $\mathbf{r}$ seria alterada, mas $\Delta\mathbf{r}$ não sofreria alterações. A *distância* realmente percorrida pela partícula ao longo do caminho de A a A' é o comprimento escalar Δs medido ao longo da trajetória. Assim, fazemos a distinção entre o vetor deslocamento $\Delta\mathbf{r}$ e a distância escalar Δs.

Velocidade

A *velocidade média* da partícula entre A e A' é definida como $\mathbf{v}_{\text{méd}}$ $\Delta\mathbf{r}/\Delta t$, que é um vetor cuja direção é aquela de $\Delta\mathbf{r}$ e cuja intensidade é o módulo de $\Delta\mathbf{r}$ dividido por Δt. A velocidade escalar média de uma partícula entre A e A' é o quociente escalar $\Delta s/\Delta t$. Evidentemente, o módulo da velocidade média e a velocidade escalar média se aproximam um do outro conforme o intervalo Δt diminui e A e A' tornam-se mais próximos.

A *velocidade instantânea* $\mathbf{v}$ da partícula é definida como o valor limite da velocidade média quando o intervalo de tempo tende a zero. Deste modo,

$$\mathbf{v} = \lim_{\Delta t \to 0} \frac{\Delta\mathbf{r}}{\Delta t}$$

Observamos que a direção de $\Delta\mathbf{r}$ se aproxima da tangente à trajetória quando Δt tende a zero e, portanto, a velocidade $\mathbf{v}$ é sempre um vetor tangente à trajetória.

Estendemos agora a definição básica de derivada de uma grandeza escalar para incluir uma grandeza vetorial e escrevemos

$$\boxed{\mathbf{v} = \frac{d\mathbf{r}}{dt} = \dot{\mathbf{r}}} \qquad (2/4)$$

A derivada de um vetor é, ela própria, um vetor que possui tanto um módulo quanto uma direção. O módulo de $\mathbf{v}$ é chamado de *velocidade escalar* e é o escalar

$$v = |\mathbf{v}| = \frac{ds}{dt} = \dot{s}$$

Neste ponto fazemos uma distinção cuidadosa entre o *módulo da derivada* e a *derivada do módulo*. O módulo da derivada pode ser escrito em qualquer uma das várias formas $|d\mathbf{r}/dt| = |\dot{\mathbf{r}}| = \dot{s} = |\mathbf{v}| = v$ e representa o módulo da velocidade, ou a velocidade escalar, da partícula. Por outro lado, a derivada do módulo é escrita $d|\mathbf{r}|/dt = dr/dt = \dot{r}$ e representa a taxa em que o comprimento do vetor posição $\mathbf{r}$ está variando. Assim, estas duas derivadas têm dois significados completamente diferentes, e devemos ser extremamente cuidadosos para diferenciar um do outro em nosso raciocínio e em nossa notação. Por essa e outras razões, recomendamos que você adote uma notação consistente para a representação manuscrita de todas as grandezas vetoriais para distingui-las das grandezas escalares. Pela simplicidade o sublinhado $\underline{v}$ é recomendado. Outros símbolos manuscritos, tais como $\vec{v}$, $\underset{\sim}{v}$ e $\hat{v}$ são utilizados algumas vezes.

Com o conceito de velocidade estabelecido como um vetor, nós voltamos à Fig. 2/5 e identificamos a velocidade da partícula em A pelo vetor tangente $\mathbf{v}$ e a velocidade em A' pela tangente em $\mathbf{v}'$. Evidentemente, existe uma variação vetorial na velocidade durante o intervalo de tempo Δt. A velocidade $\mathbf{v}$ em A adicionada (vetorialmente) à variação $\Delta\mathbf{v}$ deve ser igual à velocidade em A', então podemos escrever $\mathbf{v}' - \mathbf{v} = \Delta\mathbf{v}$. A inspeção do diagrama vetorial mostra que $\Delta\mathbf{v}$ depende tanto da variação no módulo (comprimento) de $\mathbf{v}$ quanto da variação na direção de $\mathbf{v}$. Essas duas variações são características fundamentais da derivada de um vetor.

Aceleração

A *aceleração média* da partícula entre A e A' é definida como $\Delta\mathbf{v}/\Delta t$, que é um vetor cuja direção é aquela de $\Delta\mathbf{v}$. O módulo dessa aceleração média é o módulo de $\Delta\mathbf{v}$ dividido por Δt.

A *aceleração instantânea* $\mathbf{a}$ da partícula é definida como o valor limite da aceleração média quando o intervalo de tempo tende a zero. Desse modo,

$$\mathbf{a} = \lim_{\Delta t \to 0} \frac{\Delta\mathbf{v}}{\Delta t}$$

Pela definição de derivada, por conseguinte, escrevemos

$$\boxed{\mathbf{a} = \frac{d\mathbf{v}}{dt} = \dot{\mathbf{v}}} \qquad (2/5)$$

Quando o intervalo Δt torna-se menor e tende a zero, a direção da variação $\Delta\mathbf{v}$ se aproxima da variação diferencial $d\mathbf{v}$ e, consequentemente, de $\mathbf{a}$. A aceleração $\mathbf{a}$, então, inclui os efeitos tanto da variação no módulo de $\mathbf{v}$ quanto da variação na direção de $\mathbf{v}$. É evidente que, em geral, a direção da aceleração de uma partícula em movimento curvilíneo não é nem tangente à trajetória nem normal à trajetória. Observamos, entretanto, que a componente da aceleração que é normal à trajetória aponta em direção ao centro de curvatura da trajetória.

Visualização do Movimento

Uma abordagem complementar para a visualização da aceleração é apresentada na Fig. 2/6, na qual os vetores de posição para três posições arbitrárias sobre a trajetória da partícula são apresentados com propósito ilustrativo. Existe um vetor velocidade tangente à trajetória correspondente a cada vetor posição, e a relação é $\mathbf{v} = \dot{\mathbf{r}}$. Se esses vetores velocidade agora são desenhados a partir de algum ponto arbitrário C, uma curva, chamada

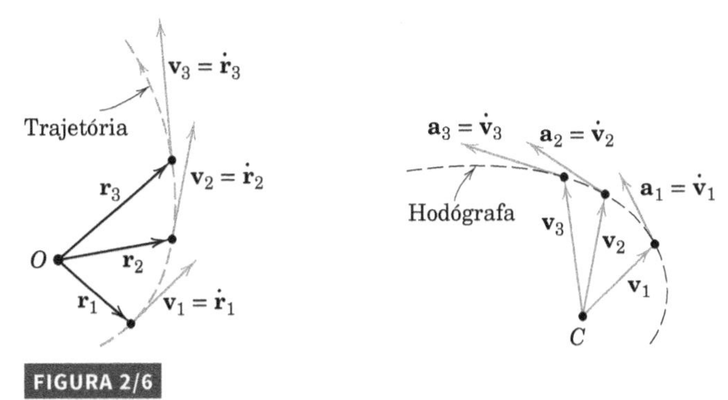

FIGURA 2/6

hodógrafa, é formada. As derivadas desses vetores velocidade serão os vetores aceleração $\mathbf{a} = \dot{\mathbf{v}}$ que são tangentes à hodógrafa. Vemos que a aceleração tem a mesma relação com a velocidade que a velocidade tem com o vetor posição.

A representação geométrica das derivadas do vetor posição **r** e do vetor velocidade **v** na Fig. 2/5 pode ser usada para descrever a derivada de qualquer vetor em relação a t ou em relação a qualquer outra variável escalar. Agora que utilizamos as definições de velocidade e aceleração para introduzir o conceito de derivada de um vetor, é importante estabelecer as regras para a diferenciação de grandezas vetoriais.

Essas regras são as mesmas para a diferenciação de grandezas escalares, exceto para o caso do produto vetorial em que a ordem dos termos deve ser preservada. Essas regras estão contempladas na Seção C/7 do Apêndice C e devem ser revisadas neste momento.

Três diferentes sistemas de coordenadas são comumente usados para descrever as relações vetoriais para o movimento curvilíneo de uma partícula em um plano: coordenadas retangulares, coordenadas normal e tangencial, e coordenadas polares. Uma importante lição a ser aprendida a partir do estudo desses sistemas de coordenadas é a escolha apropriada de um sistema de referência para um determinado problema. Essa escolha é usualmente revelada pela maneira na qual o movimento é gerado ou pela forma com que os dados sejam especificados. Cada um dos três sistemas de coordenadas será agora desenvolvido e ilustrado.

2/4 Coordenadas Retangulares (*x-y*)

Este sistema de coordenadas é particularmente útil para a descrição de movimentos em que as componentes x e y da aceleração são geradas ou determinadas independentemente. O movimento curvilíneo resultante é então obtido pela combinação vetorial das componentes x e y do vetor posição, velocidade e aceleração.

Representação Vetorial

A trajetória da partícula na Fig. 2/5 é mostrada novamente na Fig. 2/7 juntamente com os eixos x e y. O vetor

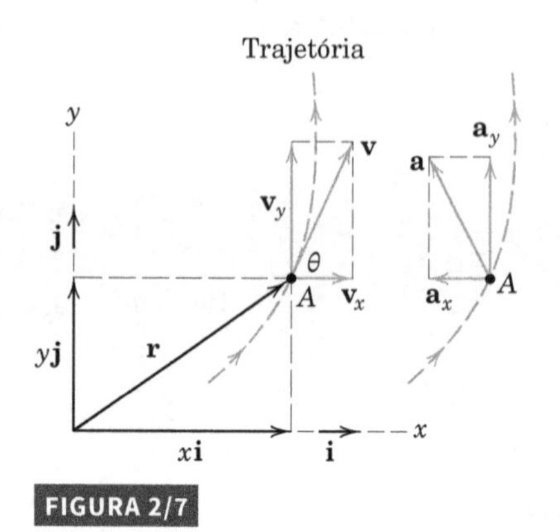

FIGURA 2/7

posição **r**, a velocidade **v**, e a aceleração **a** da partícula como desenvolvido na Seção 2/3 são representados na Fig. 2/7 juntamente com as suas componentes x e y. Com a ajuda dos vetores unitários **i** e **j**, podemos escrever os vetores **r**, **v** e **a** em termos de suas componentes x e y. Deste modo,

$$\begin{aligned} \mathbf{r} &= x\mathbf{i} + y\mathbf{j} \\ \mathbf{v} &= \dot{\mathbf{r}} = \dot{x}\mathbf{i} + \dot{y}\mathbf{j} \\ \mathbf{a} &= \dot{\mathbf{v}} = \ddot{\mathbf{r}} = \ddot{x}\mathbf{i} + \ddot{y}\mathbf{j} \end{aligned} \tag{2/6}$$

À medida que diferenciamos em relação ao tempo, observamos que as derivadas no tempo dos vetores unitários são zero porque o seu módulo e direção permanecem constantes. Os valores escalares das componentes de **v** e **a** são simplesmente $v_x = \dot{x}$, $v_y = \dot{y}$ e $a_x = \dot{v}_x = \ddot{x}$, $a_y = \dot{v}_y = \ddot{y}$ (Como desenhado na Fig. 2/7, a_x é no sentido negativo de x, de forma que $\ddot{x}$ seria um número negativo.)

Conforme observado anteriormente, a direção da velocidade é sempre tangente à trajetória, e a partir da figura é evidente que

$$v^2 = v_x{}^2 + v_y{}^2 \qquad v = \sqrt{v_x{}^2 + v_y{}^2} \qquad \tan\theta = \frac{v_y}{v_x}$$

$$a^2 = a_x{}^2 + a_y{}^2 \qquad a = \sqrt{a_x{}^2 + a_y{}^2}$$

Se o ângulo θ é medido no sentido anti-horário a partir do eixo do x até **v** para a configuração dos eixos mostrada, então podemos também observar que $dy/dx = \tan\theta = v_y/v_x$.

Se as coordenadas x e y são conhecidas independentemente como funções do tempo, $x = f_1(t)$ e $y = f_2(t)$, então para qualquer valor do tempo podemos combiná-las para obter **r**. Do mesmo modo, combinamos suas primeiras derivadas $\dot{x}$ e $\dot{y}$ para obter **v** e suas segundas derivadas $\ddot{x}$ e $\ddot{y}$ para obter **a**. Por outro lado, se as componentes a_x e a_y da aceleração são dadas como funções do tempo, podemos integrar cada uma delas separadamente em relação ao tempo, uma vez para obter v_x e v_y e novamente para obter $x = f_1(t)$ e $y = f_2(t)$. A eliminação do tempo t entre estas duas últimas equações paramétricas resulta na equação da trajetória curva $y = f(x)$.

A partir da discussão apresentada podemos ver que a representação em coordenadas retangulares do movimento curvilíneo é apenas a superposição das componentes de dois movimentos retilíneos simultâneos nas direções x e y. Portanto, tudo o que foi explicado na Seção 2/2 sobre movimento retilíneo pode ser aplicado separadamente para o movimento x e para o movimento y.

Movimento de um Projétil

Uma aplicação importante da teoria cinemática bidimensional é o problema do movimento de um projétil. Para um primeiro tratamento do assunto, desprezamos o arrasto aerodinâmico e a curvatura e rotação da Terra, e vamos supor que a variação de altitude é suficientemente pequena de modo que a aceleração devida à gravidade

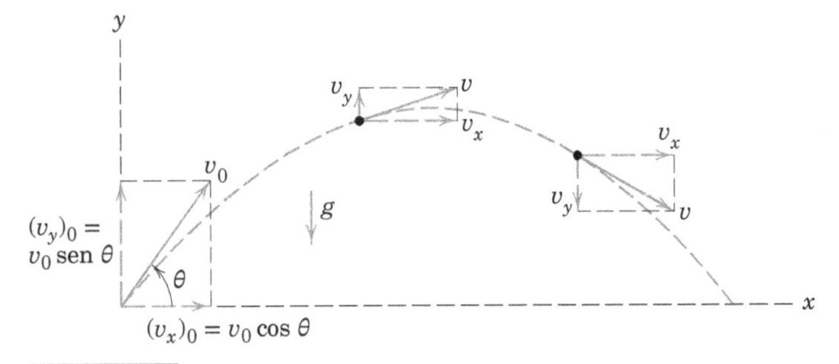

FIGURA 2/8

pode ser considerada constante. Com essas hipóteses, as coordenadas retangulares são convenientes para a análise da trajetória.

Para os eixos mostrados na Fig. 2/8, as componentes da aceleração são

$$a_x = 0 \qquad a_y = -g$$

A integração dessas acelerações segue os resultados obtidos anteriormente na Seção 2/2*a* para aceleração constante e fornece

$$v_x = (v_x)_0 \qquad v_y = (v_y)_0 - gt$$

$$x = x_0 + (v_x)_0 t \qquad y = y_0 + (v_y)_0 t - \frac{1}{2}gt^2$$

$$v_y{}^2 = (v_y)_0{}^2 - 2g(y - y_0)$$

Em todas essas expressões, o subscrito zero denota condições iniciais, frequentemente tomadas como aquelas no lançamento em que, para o caso ilustrado, $x_0 = y_0 = 0$. Note que a grandeza g é tomada como positiva ao longo deste texto.

Podemos ver que os movimentos x e y são independentes para as condições simples do projétil em consideração. A eliminação do tempo t entre as equações para o deslocamento x e y mostra que a trajetória é parabólica (veja o Exemplo de Problema 2/6). Se introduzíssemos uma força de arrasto que depende da velocidade ao quadrado (por exemplo), então os movimentos x e y seriam acoplados (interdependentes), e a trajetória não seria parabólica.

Quando o movimento do projétil envolve grandes velocidades e altitudes elevadas, para a obtenção de resultados precisos devemos levar em conta a forma do projétil, a variação de g com a altitude, a variação da massa específica do ar com a altitude, e a rotação da Terra. Estes fatores introduzem uma considerável complexidade nas equações do movimento, e a integração numérica das equações de aceleração é normalmente necessária.

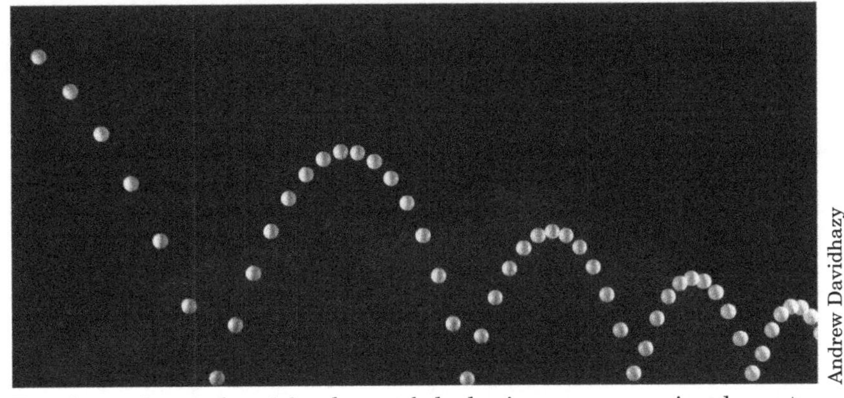

Esta fotografia estroboscópica de uma bola de pingue-pongue quicando mostra não só a natureza parabólica da trajetória, mas também o fato de que a velocidade é menor perto do ápice.

EXEMPLO DE PROBLEMA 2/5

O movimento curvilíneo de uma partícula é definido por $v_x = 50 - 16t$ e $y = 100 - 4t^2$, em que v_x é em metros por segundo, y é em metros, e t é em segundos. Também é conhecido que $x = 0$ quando $t = 0$. Faça um gráfico da trajetória da partícula e determine a sua velocidade e aceleração quando a posição $y = 0$ é atingida.

Solução. A coordenada x é obtida pela integração da expressão para v_x e a componente x da aceleração é obtida por meio da diferenciação de v_x. Assim,

EXEMPLO DE PROBLEMA 2/5 (*continuação*)

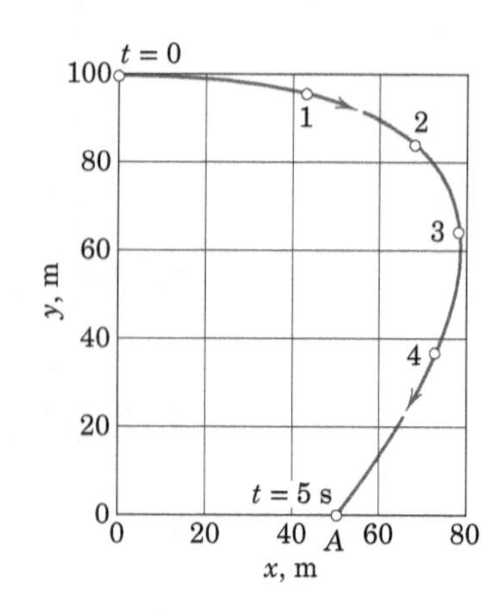

$$\left[\int dx = \int v_x\, dt\right] \qquad \int_0^x dx = \int_0^t (50 - 16t)\, dt \qquad x = 50t - 8t^2 \text{ m}$$

$$[a_x = \dot{v}_x] \qquad a_x = \frac{d}{dt}(50 - 16t) \qquad a_x = -16 \text{ m/s}^2$$

As componentes y da velocidade e da aceleração são

$$[v_y = \dot{y}] \qquad v_y = \frac{d}{dt}(100 - 4t^2) \qquad v_y = -8t \text{ m/s}$$

$$[a_y = \dot{v}_y] \qquad a_y = \frac{d}{dt}(-8t) \qquad a_y = -8 \text{ m/s}^2$$

Calculamos agora os valores correspondentes de x e y para vários valores de t e representamos no gráfico de x *versus* y para obter a trajetória como mostrado na figura.

Quando $y = 0$, $0 = 100 - 4t^2$, então $t = 5$ s. Para esse valor do tempo, temos

$$v_x = 50 - 16(5) = -30 \text{ m/s}$$

$$v_y = -8(5) = -40 \text{ m/s}$$

$$v = \sqrt{(-30)^2 + (-40)^2} = 50 \text{ m/s}$$

$$a = \sqrt{(-16)^2 + (-8)^2} = 17{,}89 \text{ m/s}^2$$

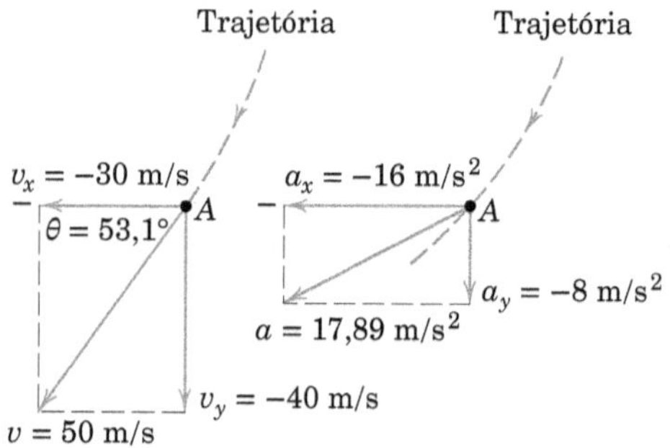

As componentes de velocidade e aceleração e suas resultantes são mostradas nos diagramas isolados para o ponto A, em que $y = 0$. Assim, para esta condição podemos escrever

$$\mathbf{v} = -30\mathbf{i} - 40\mathbf{j} \text{ m/s} \qquad \textit{Resp.}$$

$$\mathbf{a} = -16\mathbf{i} - 8\mathbf{j} \text{ m/s}^2 \qquad \textit{Resp.}$$

DICA ÚTIL

Observamos que o vetor velocidade situa-se ao longo da tangente à trajetória como deveria, mas que o vetor aceleração não é tangente à trajetória. Note especialmente que o vetor aceleração tem uma componente que aponta em direção ao interior da trajetória curva. Concluímos do nosso diagrama na Fig. 2/5 que é impossível para a aceleração ter uma componente que aponte em direção ao exterior da curva.

EXEMPLO DE PROBLEMA 2/6

Uma equipe de estudantes de Engenharia projeta uma catapulta de tamanho médio que lança esferas de aço de 4 kg. A velocidade de lançamento é $v_0 = 24$ m/s, o ângulo de lançamento é $\theta = 35°$ acima da horizontal, e a posição de lançamento é 2 m acima do nível do solo. Os estudantes usam um campo de atletismo com uma inclinação adjacente limitada por uma cerca com 2,4 m de altura, conforme mostrado. Determine:

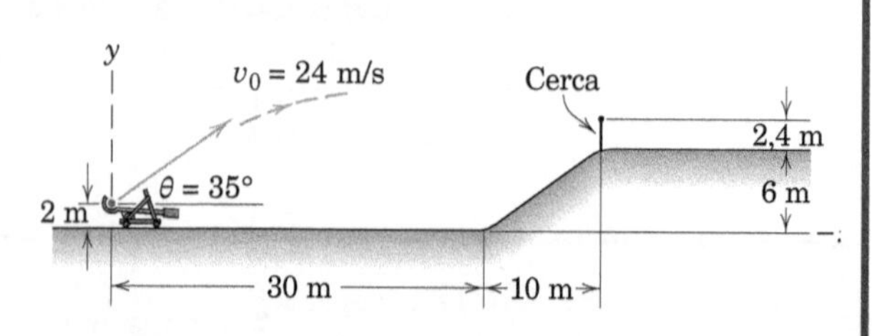

(*a*) o tempo de duração t_f da trajetória.

(*b*) as coordenadas x e y do ponto do primeiro impacto.

(*c*) a altura máxima h acima do nível do solo atingida pela bola.

(*d*) a velocidade (expressa como um vetor) com a qual o projétil atinge o solo (ou a cerca)

Repita a parte (*b*) para uma velocidade de lançamento $v_0 = 23$ m/s.

EXEMPLO DE PROBLEMA 2/6 (*continuação*)

Solução. Fazemos a suposição de que a aceleração da gravidade é constante e desconsideramos o arrasto aerodinâmico. ① Com essas suposições, a massa de 4 kg do projétil se torna irrelevante. Usando o sistema de coordenadas x-y dado, começamos por verificar o deslocamento y na posição horizontal onde está a cerca.

$$[x = x_0 + (v_x)_0 t] \qquad 30 + 10 = 0 + (24 \cos 35°)t \qquad t = 2{,}03 \text{ s}$$

$$[y = y_0 + (v_y)_0 t - \tfrac{1}{2}gt^2]$$

$$y = 2 + 24 \text{ sen } 35°(2{,}03) - \tfrac{1}{2}(9{,}81)(2{,}03)^2 = 9{,}70 \text{ m}$$

(a) Como a coordenada y do topo da cerca é $6 + 2{,}4 = 8{,}4$ m, o projétil ultrapassa a cerca. Agora achamos o tempo da trajetória usando $y = 6$ m:

$$[y = y_0 + (v_y)_0 t - \tfrac{1}{2}gt^2] \quad 6 = 2 \quad 24 \text{ sen } 35°(t_f) - \tfrac{1}{2}(9{,}81)t_f^2 \quad t_f = 2{,}48 \text{ s}$$ *Resp.*

$$[x = x_0 + (v_x)_0 t] \quad x = 0 + 24 \cos 35°(2{,}48) = 48{,}7 \text{ m}$$

(b) Então, o primeiro ponto de contato é $(x,y) = (48{,}7; 6)$ m. *Resp.*

(c) Para a altura máxima:

$$[v_y^2 = (v_y)_0^2 - 2g(y - y_0)] \quad 0^2 = (24 \text{ sen } 35°)^2 - 2(9{,}81)(h-2) \quad h = 11{,}66 \text{ m}$$ ② *Resp.*

(d) Para a velocidade de impacto:

$$[v_x = (v_x)_0] \qquad v_x = 24 \cos 35° = 19{,}66 \text{ m/s}$$

$$[v_y = (v_y)_0 - gt] \qquad v_y = 24 \text{ sen } 35° - 9{,}81(2{,}48) = -10{,}54 \text{ m/s}$$

Então, a velocidade de impacto é $\mathbf{v} = 19{,}66\mathbf{i} - 10{,}54\mathbf{j}$ m/s. *Resp.*

Se $v_0 = 23$ m/s, o tempo para o lançamento até a cerca é de

$$[x = x_0 + (v_x)_0 t] \qquad 30 + 10 = (23 \cos 35°)t \qquad t = 2{,}12 \text{ s}$$

e o valor correspondente de y é

$$[y = y_0 + (v_y)_0 t - \tfrac{1}{2}gt^2] \quad y = 2 + 23 \text{ sen } 35°(2{,}12) - \tfrac{1}{2}(9{,}81)(2{,}12)^2 = 7{,}90 \text{ m}$$

Para a velocidade de lançamento, nós vemos que o projétil atinge a cerca, e o ponto de impacto é

$$(x, y) = (40; 7{,}90) \text{ m}$$ *Resp.*

DICAS ÚTEIS

① Negligenciar o arrasto aerodinâmico é uma suposição fraca para projéteis com velocidades iniciais relativamente altas, grandes tamanhos e baixo peso. No vácuo, uma bola de beisebol lançada com uma velocidade inicial de 30 m/s a 45° acima da horizontal vai viajar aproximadamente 92 m medidos na horizontal. No nível do mar, o alcance da bola de beisebol é de aproximadamente 60 m, enquanto uma bola de praia comum nas mesmas condições alcançaria aproximadamente 3 m.

② Como uma abordagem alternativa, poderíamos achar o tempo no ápice em que $v_y = 0$, então usar esse tempo na equação do deslocamento em y. Verifique que o ápice da trajetória ocorre ao longo dos 30 m da parte horizontal da pista de atletismo.

2/5 Coordenadas Normal e Tangencial (n-t)

Como mencionamos na Seção 2/1, uma das descrições usuais do movimento curvilíneo utiliza as variáreis de trajetória, que são medidas feitas ao longo da tangente t e da normal n à trajetória da partícula. Estas coordenadas fornecem uma descrição muito natural para o movimento curvilíneo e são frequentemente as mais diretas e convenientes coordenadas a utilizar. As coordenadas n e t são consideradas se deslocando ao longo da trajetória com a partícula, como visto na Fig. 2/9 no lugar em que a partícula avança de A para B para C. O sentido positivo para n em qualquer posição é sempre tomado para o centro de curvatura da trajetória. Conforme visto na Fig. 2/9, o sentido positivo n mudará de um lado da curva para o outro lado quando a curvatura mudar de direção.

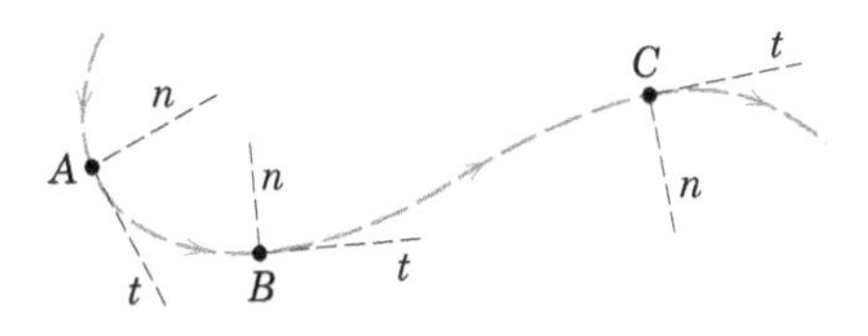

FIGURA 2/9

Velocidade e Aceleração

Utilizaremos agora as coordenadas n e t para descrever a velocidade $\mathbf{v}$ e a aceleração $\mathbf{a}$ que foram introduzidas na Seção 2/3 para o movimento curvilíneo de uma partícula. Para esse objetivo, introduziremos os vetores unitários

$\mathbf{e}_n$ na direção n e $\mathbf{e}_t$ na direção t, como mostrado na Fig. 2/10*a* para a posição da partícula no ponto A sobre sua trajetória. Durante um incremento diferencial de tempo dt, a partícula se desloca de uma distância diferencial ds ao longo da curva de A para A'. Com o raio de curvatura da trajetória nesta posição, designado por ρ, vemos que $ds = \rho d\beta$, em que β está em radianos. É desnecessário considerar a variação diferencial de ρ entre A e A' porque um termo de ordem superior seria introduzido e desapareceria no limite. Assim, o módulo da velocidade pode ser escrito $v = ds/dt = \rho\, d\beta/dt$, e podemos escrever a velocidade como o vetor

$$\mathbf{v} = v\mathbf{e}_t = \rho\dot{\beta}\mathbf{e}_t \tag{2/7}$$

A aceleração $\mathbf{a}$ da partícula foi definida na Seção 2/3 como $\mathbf{a} = d\mathbf{v}/dt$, e observamos da Fig. 2/5 que a aceleração é um vetor que reflete tanto a variação no módulo quanto a variação da direção de $\mathbf{v}$. Agora diferenciamos $\mathbf{v}$ na Eq. 2/7 aplicando a regra ordinária para a diferenciação do produto de um escalar e um vetor* e obtemos

$$\mathbf{a} = \frac{d\mathbf{v}}{dt} = \frac{d(v\mathbf{e}_t)}{dt} = v\dot{\mathbf{e}}_t + \dot{v}\mathbf{e}_t \tag{2/8}$$

* Veja a Seção C/7 do Apêndice C.

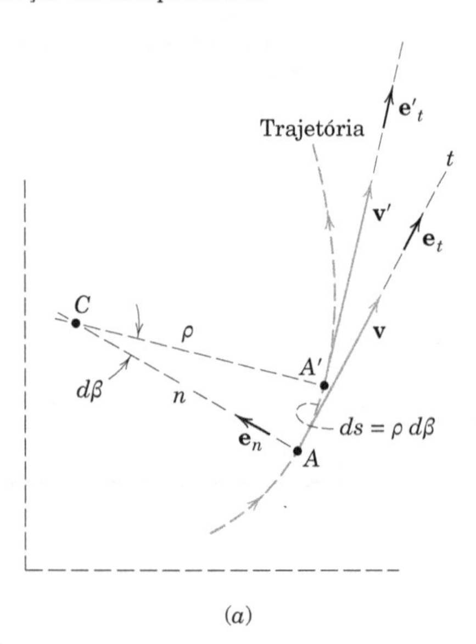

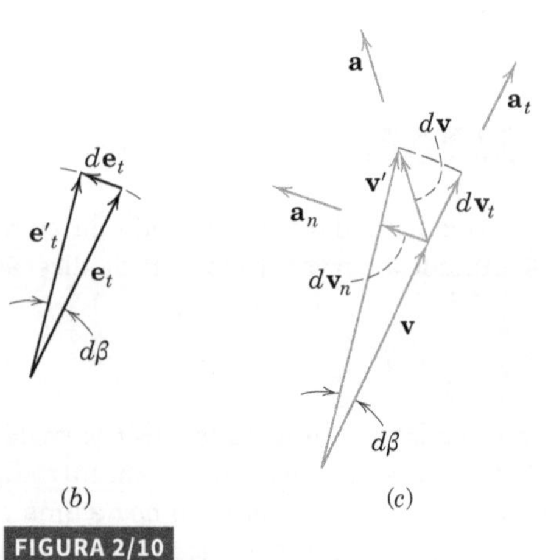

FIGURA 2/10

em que o vetor unitário $\mathbf{e}_t$ possui agora uma derivada não nula porque sua direção varia.

Para encontrar $\dot{\mathbf{e}}_t$ analisamos a variação em $\mathbf{e}_t$ durante um incremento diferencial do movimento quando a partícula se desloca de A para A' na Fig. 2/10*a*. O vetor unitário $\mathbf{e}_t$ varia correspondentemente para $\mathbf{e}'_t$ e o vetor diferença $d\mathbf{e}_t$ é mostrado na parte b da figura. O vetor $d\mathbf{e}_t$ no limite tem um módulo igual ao comprimento do arco $|\mathbf{e}_t|\, d\beta = d\beta$ obtido pelo giro do vetor unitário $\mathbf{e}_t$ através do ângulo $d\beta$ expresso em radianos. A direção de $d\mathbf{e}_t$ é dada por $\mathbf{e}_n$. Assim, podemos escrever $d\mathbf{e}_t = \mathbf{e}_n\, d\beta$. Dividindo por $d\beta$ fornece

$$\frac{d\mathbf{e}_t}{d\beta} = \mathbf{e}_n$$

Dividindo por dt temos $d\mathbf{e}_t/dt = (d\beta/dt)\mathbf{e}_n$, que pode ser escrita

$$\dot{\mathbf{e}}_t = \dot{\beta}\mathbf{e}_n \tag{2/9}$$

Com a substituição da Eq. 2/9 e $\dot{\beta}$ da relação $v = \rho\dot{\beta}$, a Eq. 2/8 para a aceleração torna-se

$$\mathbf{a} = \frac{v^2}{\rho}\mathbf{e}_n + \dot{v}\mathbf{e}_t \tag{2/10}$$

em que

$$a_n = \frac{v^2}{\rho} = \rho\dot{\beta}^2 = v\dot{\beta}$$

$$a_t = \dot{v} = \ddot{s}$$

$$a = \sqrt{{a_n}^2 + {a_t}^2}$$

Ressaltamos que $a_t = \dot{v}$ é a taxa no tempo de mudança da velocidade $\dot{v}$. Finalmente, observamos que $a_t = \dot{v} = d(\rho\dot{\beta})/dt = \rho\ddot{\beta} + \dot{\rho}\dot{\beta}$. No entanto, esta relação não tem muita utilidade porque raramente temos um motivo para calcular $\dot{\rho}$.

As trajetórias desses aviões sugerem fortemente o uso de coordenadas de trajetória como um sistema normal-tangencial.

Interpretação Geométrica

A plena compreensão da Eq. 2/10 só acontece quando vemos claramente a geometria das variações físicas que esta descreve. A Fig. 2/10c mostra o vetor velocidade $\mathbf{v}$ quando a partícula está em A e $\mathbf{v}'$ quando está em A'. A variação vetorial na velocidade é $d\mathbf{v}$, que determina a direção da aceleração $\mathbf{a}$. A componente n de $d\mathbf{v}$ é indicada $d\mathbf{v}_n$, e no limite o seu módulo é igual ao comprimento do arco gerado pelo giro do vetor $\mathbf{v}$ como um raio através do ângulo $d\beta$. Assim, $|d\mathbf{v}_n| = v\,d\beta$ e a componente n da aceleração é $a_n = |d\mathbf{v}_n|/dt = v(d\beta/dt) = v\dot{\beta}$ como antes. A componente t de $d\mathbf{v}$ é indicada $d\mathbf{v}_t$, e seu módulo é simplesmente a variação dv no módulo ou comprimento do vetor velocidade. Por isso, a componente t da aceleração é $a_t = dv/dt = \dot{v} = \ddot{s}$, como antes. Os vetores aceleração resultantes da variação vetorial correspondente na velocidade são mostrados na Fig. 2/10c.

É especialmente importante observar que a componente normal da aceleração a_n é *sempre dirigida para o centro de curvatura C*. A componente tangencial da aceleração, por outro lado, será no sentido t positivo do movimento se o módulo da velocidade v está aumentando e no sentido t negativo se o módulo da velocidade está diminuindo. Na Fig. 2/11 são mostradas representações esquemáticas da variação no vetor aceleração para uma partícula se deslocando de A para B com (a) velocidade aumentando e (b) velocidade diminuindo. Em um ponto de inflexão sobre a curva, a aceleração normal v^2/ρ tende a zero porque ρ se torna infinito.

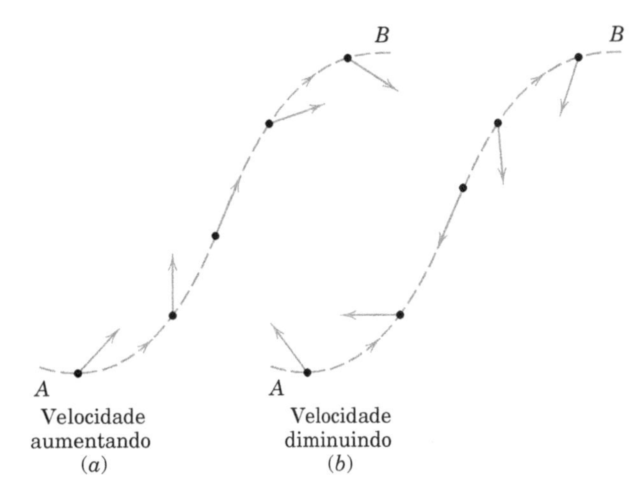

Vetores aceleração para partícula se deslocando de A para B

FIGURA 2/11

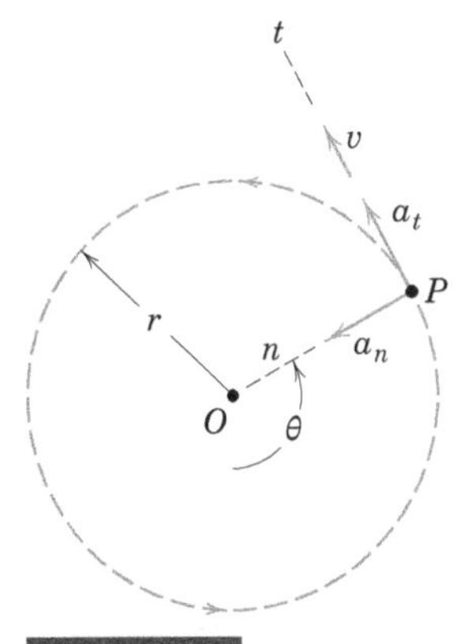

FIGURA 2/12

Movimento Circular

O movimento circular é um caso especialmente importante de movimento curvilíneo plano em que o raio de curvatura ρ torna-se o raio r constante do círculo e o ângulo β é substituído pelo ângulo θ, medido a partir de qualquer referência radial conveniente até OP, Fig. 2/12. As componentes da velocidade e aceleração para o movimento circular de uma partícula P se tornam

$$v = r\dot{\theta}$$

$$a_n = v^2/r = r\dot{\theta}^2 = v\dot{\theta}$$

$$a_t = \dot{v} = r\ddot{\theta}$$

Encontramos uso frequente para as Eqs. 2/10 e 2/11 em Dinâmica, de modo que essas relações e os princípios a elas subjacentes devem ser dominados.

Yauhen_D/Shutterstock

Um exemplo de movimento circular uniforme é esse carro se deslocando com velocidade constante em torno de uma *skidpad* molhada (uma pista circular com cerca de 60 m de diâmetro).

EXEMPLO DE PROBLEMA 2/7

Para antever a depressão e a elevação na estrada, o motorista de um automóvel aplica os freios para produzir uma desaceleração uniforme. Sua velocidade é de 100 km/h na parte inferior A da depressão e de 50 km/h na parte superior C da elevação, que está 120 metros à frente de A na estrada. Se os passageiros experimentam uma aceleração total de 3 m/s^2 em A e se o raio de curvatura da elevação em C é de 150 m, calcule (a) o raio de curvatura ρ em A, (b) a aceleração no ponto B de inflexão e (c) a aceleração total em C.

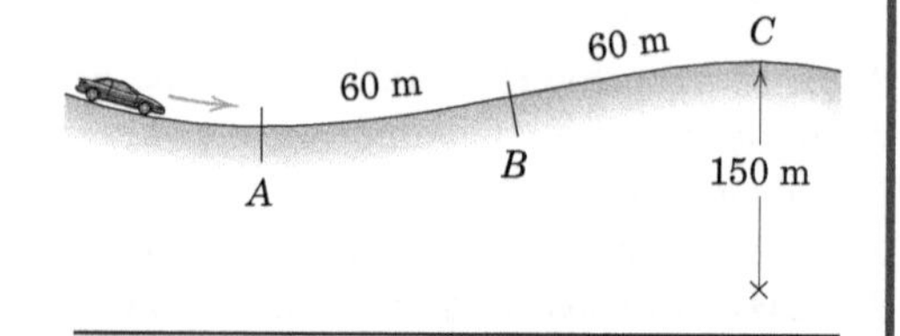

Solução. As dimensões do automóvel são pequenas comparadas com as da trajetória, por essa razão trataremos o automóvel como uma partícula. ① As velocidades são

$$v_A = \left(100\,\frac{\text{km}}{\text{h}}\right)\left(\frac{1\text{ h}}{3600\text{ s}}\right)\left(1000\,\frac{\text{m}}{\text{km}}\right) = 27{,}8 \text{ m/s}$$

$$v_C = 50\,\frac{1000}{3600} = 13{,}89 \text{ m/s}$$

Encontramos a desaceleração constante ao longo da trajetória a partir de

$$\left[\int v\,dv = \int a_t\,ds\right] \qquad \int_{v_A}^{v_C} v\,dv = a_t\int_0^s ds$$

$$a_t = \frac{1}{2s}(v_C{}^2 - v_A{}^2) = \frac{(13{,}89)^2 - (27{,}8)^2}{2(120)} = -2{,}41 \text{ m/s}^2$$

(a) Condição em A. Com a aceleração total fornecida e a_t determinada, podemos facilmente calcular a_n e, então, ρ a partir de

$[a^2 = a_n{}^2 + a_t{}^2]$ $\qquad a_n{}^2 = 3^2 - (2{,}41)^2 = 3{,}19 \qquad a_n = 1{,}785 \text{ m/s}^2$

$[a_n = v^2/\rho]$ $\qquad \rho = v^2/a_n = (27{,}8)^2/1{,}785 = 432 \text{ m}$ *Resp.*

(b) Condição em B. Uma vez que o raio de curvatura é infinito no ponto de inflexão, $a_n = 0$ e

$$a = a_t = -2{,}41 \text{ m/s}^2$$ *Resp.*

(c) Condição em C. A aceleração normal se torna

$[a_n = v^2/\rho]$ $\qquad a_n = (13{,}89)^2/150 = 1{,}286 \text{ m/s}^2$

Com os vetores unitários $\mathbf{e}_n$ e $\mathbf{e}_t$ nas direções n e t, a aceleração pode ser escrita

$$\mathbf{a} = 1{,}286\mathbf{e}_n - 2{,}41\mathbf{e}_t \text{ m/s}^2$$

em que o módulo de **a** é

$[a = \sqrt{a_n{}^2 + a_t{}^2}]$ $\qquad a = \sqrt{(1{,}286)^2 + (-2{,}41)^2} = 2{,}73 \text{ m/s}^2$ *Resp.*

Os vetores aceleração representando as condições em cada um dos três pontos são apresentados para melhor compreensão.

DICA ÚTIL

① Na verdade, o raio de curvatura da estrada difere cerca de 1 m do que é seguido pela trajetória do centro da massa dos passageiros, mas desprezamos essa diferença relativamente pequena.

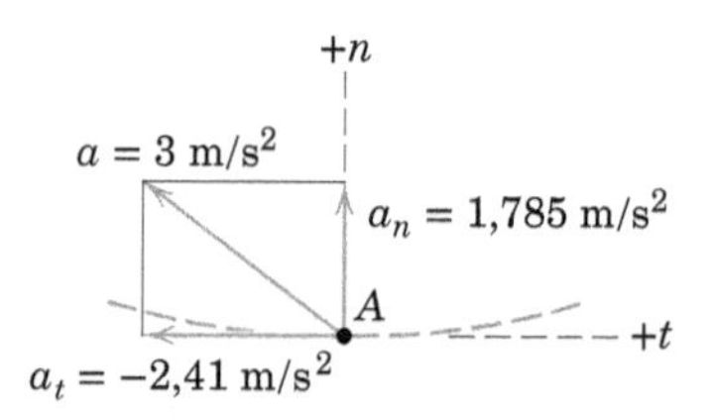

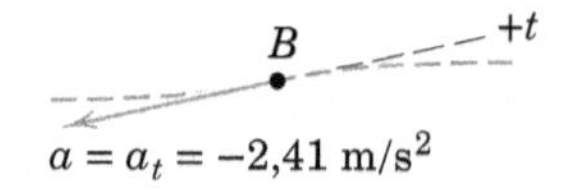

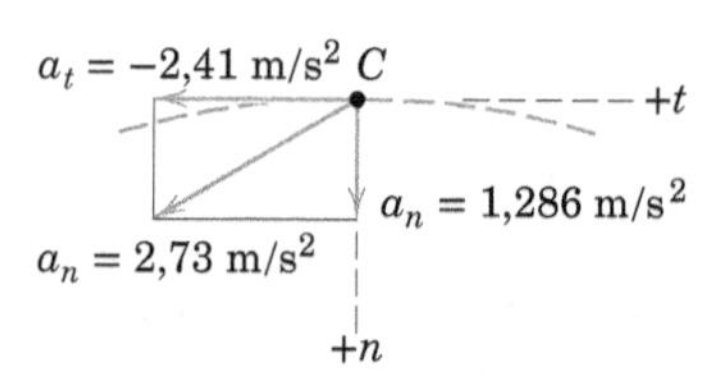

EXEMPLO DE PROBLEMA 2/8

Um determinado foguete mantém uma posição horizontal de seu eixo durante a fase de seu voo com propulsão em grande altitude. O empuxo transmite uma componente de aceleração horizontal de 6 m/s^2, e a componente de aceleração para baixo é a aceleração devida à gravidade naquela altitude, que é $g = 9$ m/s^2. No instante representado, a velocidade do centro de massa G do foguete ao longo

EXEMPLO DE PROBLEMA 2/8 *(continuação)*

da direção 15° de sua trajetória é de 20(10³) km/h. Determine para essa posição (*a*) o raio de curvatura da trajetória de voo, (*b*) a taxa em que o módulo da velocidade v está aumentando, (*c*) a taxa angular $\dot{\beta}$ da linha radial de G para o centro de curvatura C, e (*d*) a expressão vetorial para a aceleração total **a** do foguete.

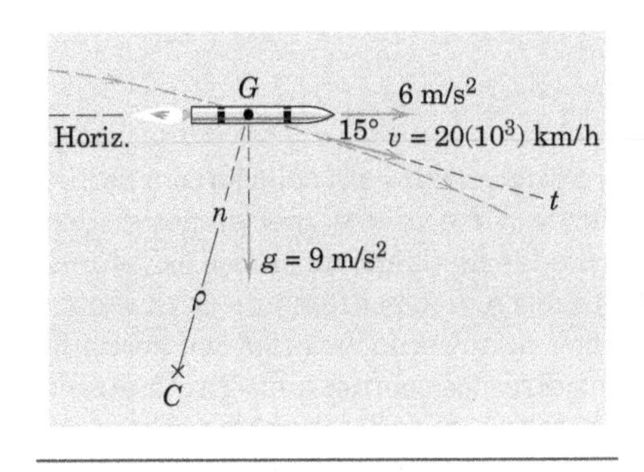

Solução. Observamos que o raio de curvatura aparece na expressão para a componente normal da aceleração, de modo que usaremos coordenadas n e t para descrever o movimento de G. As componentes n e t da aceleração total são obtidas pela decomposição das acelerações horizontal e vertical fornecidas nas suas componentes n e t e, depois, pela combinação delas. ① A partir da figura obtemos

$$a_n = 9 \cos 15° - 6 \operatorname{sen} 15° = 7{,}14 \text{ m/s}^2$$

$$a_t = 9 \operatorname{sen} 15° + 6 \cos 15° = 8{,}12 \text{ m/s}^2$$

(*a*) Podemos agora calcular o raio de curvatura a partir de

$$[a_n = v^2/\rho] \qquad \rho = \frac{v^2}{a_n} = \frac{[20(10^3)/3{,}6]^2}{7{,}14} = 4{,}32(10^6) \text{ m} \quad ② \qquad \textit{Resp.}$$

(*b*) A taxa em que v está aumentando é simplesmente a componente t da aceleração.

$$[\dot{v} = a_t] \qquad \dot{v} = 8{,}12 \text{ m/s}^2 \qquad \textit{Resp.}$$

(*c*) A taxa angular $\dot{\beta}$ da linha GC é função de v e ρ e é dada por

$$[v = \rho\dot{\beta}] \qquad \dot{\beta} = v/\rho = \frac{20(10^3)/3{,}6}{4{,}32(10^6)} = 12{,}85(10^{-4}) \text{ rad/s} \qquad \textit{Resp.}$$

(*d*) Com os vetores unitários $\mathbf{e}_n$ e $\mathbf{e}_t$ para as direções n e t, respectivamente, a aceleração total vem a ser

$$\mathbf{a} = 7{,}14\mathbf{e}_n + 8{,}12\mathbf{e}_t \text{ m/s}^2 \qquad \textit{Resp.}$$

DICAS ÚTEIS

① Como alternativa, poderíamos encontrar a aceleração resultante e, em seguida, decompô-la nas componentes n e t.

② Para converter de km/h em m/s, multiplique por $\dfrac{1000 \text{ m/km}}{3600 \text{ s/h}}$ ou dividida por 3,6, que pode ser facilmente memorizado.

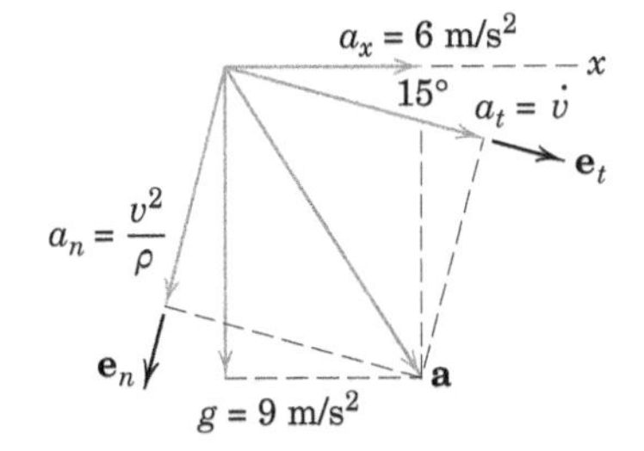

2/6 Coordenadas Polares (*r*-*θ*)

Consideraremos agora a terceira descrição do movimento curvilíneo plano, que são as coordenadas polares nas quais a partícula é localizada pela distância radial r a partir de um ponto fixo e por uma medida angular θ para a linha radial. As coordenadas polares são particularmente úteis quando um movimento é restringido por meio do controle de uma distância radial e de uma posição angular ou quando o movimento sem restrição é observado por medidas de uma distância radial e uma posição angular.

A Fig. 2/13*a* mostra as coordenadas polares r e θ que localizam uma partícula movendo-se sobre uma trajetória curva. Uma linha fixa arbitrária, como o eixo x, é usada como referência para a medida de θ. Os vetores unitários e_r e e_θ são estabelecidos no sentido positivo das direções r e θ, respectivamente. O vetor posição **r** para a partícula em A tem um módulo igual à distância radial r e uma direção especificada pelo vetor unitário e_r. Desse modo, expressamos a localização da partícula em A pelo vetor

$$\mathbf{r} = r\mathbf{e}_r$$

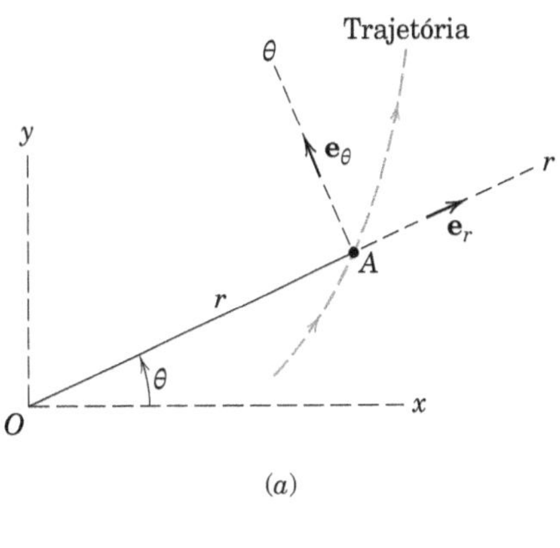

(*a*)

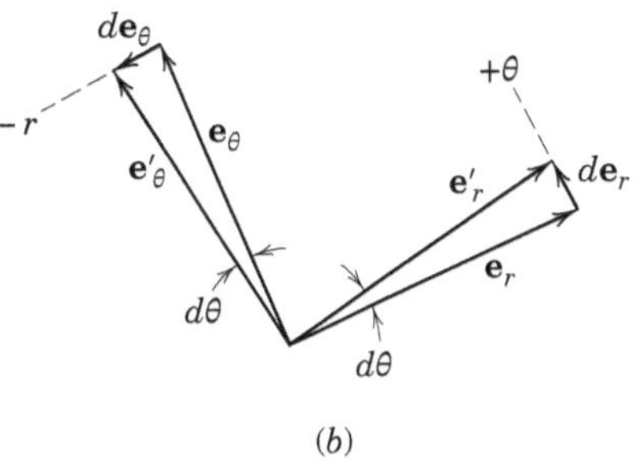

(*b*)

FIGURA 2/13

Derivadas no Tempo de Vetores Unitários

Para diferenciar essa relação com respeito ao tempo para obter $\mathbf{v} = \dot{\mathbf{r}}$ e $\mathbf{a} = \dot{\mathbf{v}}$, precisamos de expressões para as derivadas no tempo de ambos os vetores unitários $\mathbf{e}_r$ e $\mathbf{e}_\theta$. Obtemos $\dot{\mathbf{e}}_r$ e $\dot{\mathbf{e}}_\theta$ exatamente da mesma maneira que derivamos $\dot{\mathbf{e}}_t$ na seção anterior. Durante o intervalo de tempo dt as direções coordenadas giram através do ângulo $d\theta$, e os vetores unitários também giram através do mesmo ângulo de $\mathbf{e}_r$ e $\mathbf{e}_\theta$ para $\mathbf{e}_r'$ e $\mathbf{e}_\theta'$, como mostrado na Fig. 2/13*b*. Observamos que a variação vetorial $d\mathbf{e}_r$ está no sentido positivo da direção θ e que $d\mathbf{e}_\theta$ está no sentido negativo da direção r. Devido a seus módulos no limite serem iguais aos vetores unitários com o raio vezes o ângulo $d\theta$ em radianos, podemos escrevê-los como $d\mathbf{e}_r = \mathbf{e}_\theta\, d\theta$ e $d\mathbf{e}_\theta = -e_r\, d\theta$. Se dividirmos essas equações por $d\theta$, temos

$$\frac{d\mathbf{e}_r}{d\theta} = \mathbf{e}_\theta \qquad \text{e} \qquad \frac{d\mathbf{e}_\theta}{d\theta} = -\mathbf{e}_r$$

Se, por outro lado, dividirmos por dt, temos $d\mathbf{e}_r/dt = (d\theta/dt)\mathbf{e}_\theta$ e $d\mathbf{e}_\theta/dt = -(d\theta/dt)\mathbf{e}_r$, ou simplesmente

$$\dot{\mathbf{e}}_r = \dot{\theta}\mathbf{e}_\theta \qquad \text{e} \qquad \dot{\mathbf{e}}_\theta = -\dot{\theta}\mathbf{e}_r \tag{2/12}$$

Velocidade

Estamos prontos agora para diferenciar $\mathbf{r} = r\mathbf{e}_r$ em relação ao tempo. Usando a regra para diferenciação do produto de um escalar e um vetor, obtemos

$$\mathbf{v} = \dot{\mathbf{r}} = \dot{r}\mathbf{e}_r + r\dot{\mathbf{e}}_r$$

Com a substituição de $\dot{\mathbf{e}}_r$ a partir da Eq. 2/12, a expressão vetorial para a velocidade passa a ser

$$\mathbf{v} = \dot{r}\mathbf{e}_r + r\dot{\theta}\mathbf{e}_\theta \tag{2/13}$$

em que

$$v_r = \dot{r}$$
$$v_\theta = r\dot{\theta}$$
$$v = \sqrt{v_r^{\,2} + v_\theta^{\,2}}$$

A componente na direção r de $\mathbf{v}$ é simplesmente a taxa em que o vetor $\mathbf{r}$ se alonga. A componente na direção θ de $\mathbf{v}$ é devida à rotação de $\mathbf{r}$.

Aceleração

Agora diferenciamos a expressão de $\mathbf{v}$ para obter a aceleração $\mathbf{a} = \dot{\mathbf{v}}$. Observe que a derivada de $r\dot{\theta}\mathbf{e}_\theta$ produzirá três termos, uma vez que todos os três elementos são variáveis. Desse modo,

$$\mathbf{a} = \dot{\mathbf{v}} = (\ddot{r}\mathbf{e}_r + \dot{r}\dot{\mathbf{e}}_r) + (\dot{r}\dot{\theta}\mathbf{e}_\theta + r\ddot{\theta}\mathbf{e}_\theta + r\dot{\theta}\dot{\mathbf{e}}_\theta)$$

Substituindo $\dot{\mathbf{e}}_r$ e $\dot{\mathbf{e}}_\theta$ na Eq. 2/12 e reunindo os termos, temos

$$\mathbf{a} = (\ddot{r} - r\dot{\theta}^2)\mathbf{e}_r + (r\ddot{\theta} + 2\dot{r}\dot{\theta})\mathbf{e}_\theta \tag{2/14}$$

em que

$$a_r = \ddot{r} - r\dot{\theta}^2$$
$$a_\theta = r\ddot{\theta} + 2\dot{r}\dot{\theta}$$
$$a = \sqrt{a_r^{\,2} + a_\theta^{\,2}}$$

Podemos escrever a componente θ de outra forma, como

$$a_\theta = \frac{1}{r}\frac{d}{dt}(r^2\dot{\theta})$$

que pode ser facilmente verificada por meio da realização da diferenciação. Essa forma para a_θ será útil quando tratarmos da quantidade de movimento angular de partículas no próximo capítulo.

Interpretação Geométrica

Os termos na Eq. 2/14 podem ser mais bem compreendidos quando a geometria das variações físicas puder ser vista claramente. Com esse objetivo, a Fig. 2/14*a* foi desenvolvida para mostrar os vetores velocidade e suas componentes r e θ na posição A e na posição A' depois de um movimento infinitesimal. Cada uma dessas componentes sofre uma variação em módulo e direção como mostrado na Fig. 2/14*b*. Nesta figura vemos as seguintes alterações:

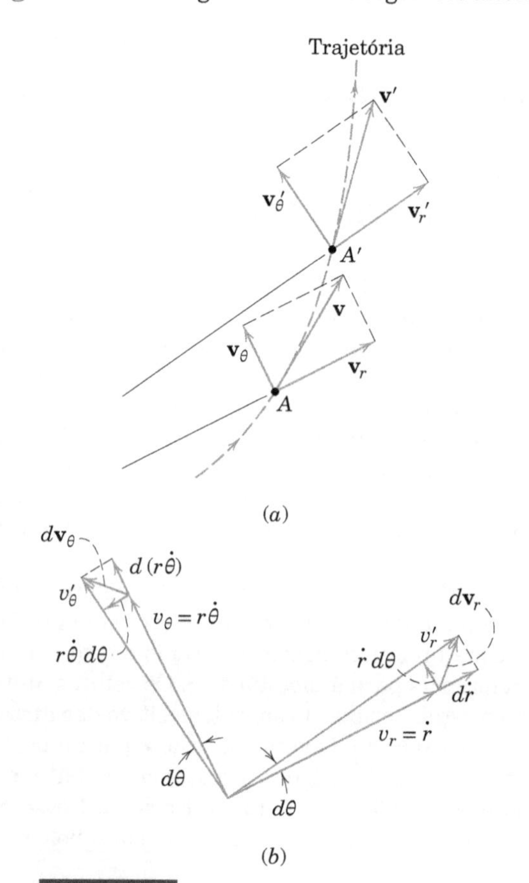

FIGURA 2/14

(a) Variação do Módulo de v_r. Esta variação é simplesmente o aumento no comprimento de v_r ou $dv_r = d\dot{r}$, e o termo correspondente da aceleração é $d\dot{r}/dt = \ddot{r}$ no sentido positivo de r.

(b) Variação da Direção de v_r. O módulo dessa variação é visto a partir da figura como $v_r\, d\theta = \dot{r}\, d\theta$, e sua contribuição para a aceleração vem a ser $\dot{r}\, d\theta/dt = \dot{r}\dot{\theta}$ que é no sentido positivo de θ.

(c) Variação do Módulo de v_θ. Esse termo é a variação no comprimento de $\mathbf{v}_\theta$ ou $d(r\dot{\theta})$, e sua contribuição para a aceleração é $d(r\dot{\theta})/dt = r\ddot{\theta} + \dot{r}\dot{\theta}$ e é no sentido positivo de θ.

(d) Variação da Direção de v_θ. O módulo dessa variação é $v_\theta d\theta = r\dot{\theta}\, d\theta$, e o termo de aceleração correspondente é visto como $r\dot{\theta}(d\theta/dt) = r\dot{\theta}^2$ no sentido negativo de r.

Reunindo os termos obtém-se $a_r = \ddot{r} - r\dot{\theta}^2$ e $a_\theta = r\ddot{\theta} + 2\dot{r}\dot{\theta}$ como feito anteriormente. Vemos que o termo $\ddot{r}$ é a aceleração que a partícula teria ao longo do raio na ausência de uma variação em θ. O termo $-r\dot{\theta}^2$ é a componente normal da aceleração se r fosse constante, como em um movimento circular. O termo $r\ddot{\theta}$ é a aceleração tangencial que a partícula teria se r fosse constante, mas é apenas uma parte da aceleração devido à variação no módulo de $\mathbf{v}_\theta$ quando r é variável. Finalmente, o termo $2\dot{r}\dot{\theta}$ é composto de dois efeitos. O primeiro efeito vem da parcela da variação no módulo $d(r\dot{\theta})$ de v_θ devido à variação em r, e o segundo efeito vem da variação na direção de $\mathbf{v}_r$. O termo $2\dot{r}\dot{\theta}$ representa, portanto, uma combinação de variações e não é tão facilmente compreendido como outros termos da aceleração.

Observe a diferença entre a variação vetorial $d\mathbf{v}_r$ em $\mathbf{v}_r$ e a variação dv_r no módulo de v_r. Do mesmo modo, a variação vetorial $d\mathbf{v}_\theta$ não é a mesma que a variação dv_θ no módulo v_θ. Quando dividimos essas variações por dt para obter expressões para as derivadas, vemos claramente que o módulo da derivada $\|d\mathbf{v}_r/dt\|$ e a derivada do módulo dv_r/dt *não* são iguais. Note também que a_r não é $\dot{v}_r$ e que a_θ não é $\dot{v}_\theta$.

A aceleração total **a** e suas componentes são representadas na Fig. 2/15. Se **a** tem uma componente normal

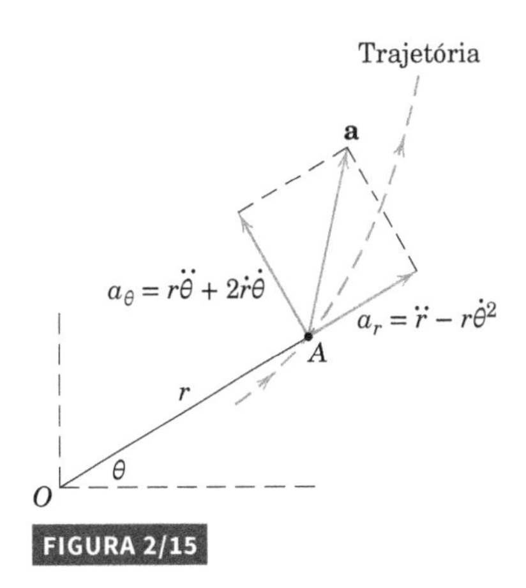

FIGURA 2/15

à trajetória, sabemos da nossa análise das componentes n e t na Seção 2/5 que o sentido da componente n *deve* apontar para o centro de curvatura.

Movimento Circular

Para o movimento em uma trajetória circular com r constante, as componentes das Eqs. 2/13 e 2/14 tornam-se simplesmente

$$v_r = 0 \qquad v_\theta = r\dot{\theta}$$

$$a_r = -r\dot{\theta}^2 \qquad a_\theta = r\ddot{\theta}$$

Essa descrição é a mesma que aquela obtida com componentes n e t, em que as direções θ e t coincidem, mas o sentido positivo de r é no sentido negativo de n. Assim, $a_r = -a_n$ para um movimento circular centrado na origem das coordenadas polares.

As expressões para a_r e a_θ na forma escalar podem ser obtidas também por meio da diferenciação direta das relações coordenadas $x = r\cos\theta$ e $y = r \operatorname{sen}\theta$ para obter $a_x = \ddot{x}$ e $a_y = \ddot{y}$. Cada uma dessas componentes retangulares da aceleração pode então ser decomposta nas componentes r e θ que, quando combinadas, produzirão as expressões de Eq. 2/14.

EXEMPLO DE PROBLEMA 2/9

A rotação do braço com ranhura radial é determinada por $\theta = 0{,}2t + 0{,}02t^3$, em que θ é expresso em radianos e t é expresso em segundos. Simultaneamente, o parafuso no braço movimenta o cursor B e controla sua distância a partir de O de acordo com $r = 0{,}2 + 0{,}04t^2$, em que r é em metros e t é em segundos. Calcule os módulos da velocidade e da aceleração do cursor para o instante em que $t = 3$ s.

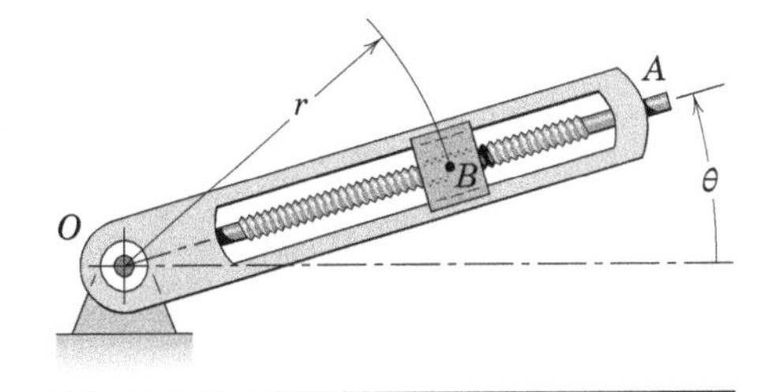

Solução. As coordenadas e suas derivadas no tempo que aparecem nas expressões para a velocidade e aceleração em coordenadas polares são obtidas inicialmente e avaliadas para $t = 3$ s. ①

$r = 0{,}2 + 0{,}04t^2 \qquad r_3 = 0{,}2 + 0{,}04(3^2) = 0{,}56$ m

$\dot{r} = 0{,}08t \qquad \dot{r}_3 = 0{,}08(3) = 0{,}24$ m/s

$\ddot{r} = 0{,}08 \qquad \ddot{r}_3 = 0{,}08$ m/s²

DICA ÚTIL

① Vemos que esse problema é um exemplo de movimento com restrição em que o centro B do cursor é limitado mecanicamente pela rotação do braço ranhurado e pelo acoplamento com o parafuso.

EXEMPLO DE PROBLEMA 2/9 *(continuação)*

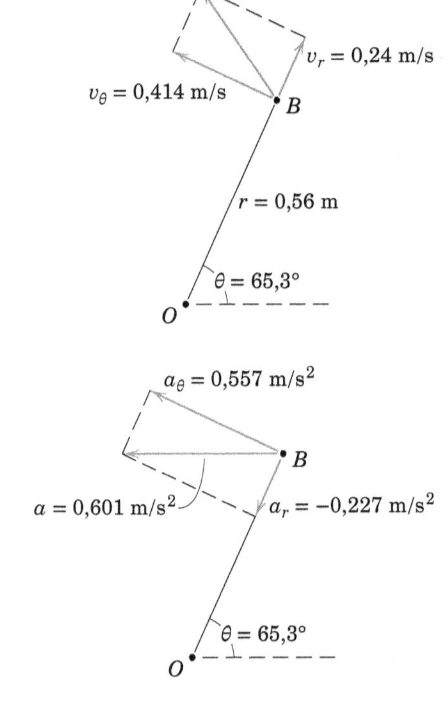

$\theta = 0{,}2t + 0{,}02t^3$ $\quad\theta_3 = 0{,}2(3) + 0{,}02(3^3) = 1{,}14$ rad

$\quad$ ou $\theta_3 = 1{,}14(180°/\pi) = 65{,}3°$

$\dot{\theta} = 0{,}2 + 0{,}06t^2$ $\quad\dot{\theta}_3 = 0{,}2 + 0{,}06(3^2) = 0{,}74$ rad/s

$\ddot{\theta} = 0{,}12t$ $\quad\ddot{\theta}_3 = 0{,}12(3) = 0{,}36$ rad/s²

As componentes da velocidade são obtidas a partir da Eq. 2/13 e para t = 3s:

$[v_r = \dot{r}]$ $\quad v_r = 0{,}24$ m/s

$[v_\theta = r\dot{\theta}]$ $\quad v_\theta = 0{,}56(0{,}74) = 0{,}414$ m/s

$[v = \sqrt{v_r^2 + v_\theta^2}]$ $\quad v = \sqrt{(0{,}24)^2 + (0{,}414)^2} = 0{,}479$ m/s *Resp.*

A velocidade e suas componentes são mostradas para a posição especificada do braço.

As componentes da aceleração são obtidas a partir da Eq. 2/14 e para t = 3 s:

$[a_r = \ddot{r} - r\dot{\theta}^2]$ $\quad a_r = 0{,}08 - 0{,}56(0{,}74)^2 = -0{,}227$ m/s²

$[a_\theta = r\ddot{\theta} + 2\dot{r}\dot{\theta}]$ $\quad a_\theta = 0{,}56(0{,}36) + 2(0{,}24)(0{,}74) = 0{,}557$ m/s²

$[a = \sqrt{a_r^2 + a_\theta^2}]$ $\quad a = \sqrt{(-0{,}227)^2 + (0{,}557)^2} = 0{,}601$ m/s² *Resp.*

A aceleração e suas componentes também são mostradas para a posição do braço em 65,3°.

Representada graficamente na última figura está a trajetória do cursor B ao longo do intervalo de tempo $0 \le t \le 5$ s. Esse gráfico é gerado variando t nas expressões fornecidas para r e θ. A conversão de coordenadas polares para retangulares é fornecida por

$$x = r\cos\theta \qquad y = r\,\mathrm{sen}\,\theta$$

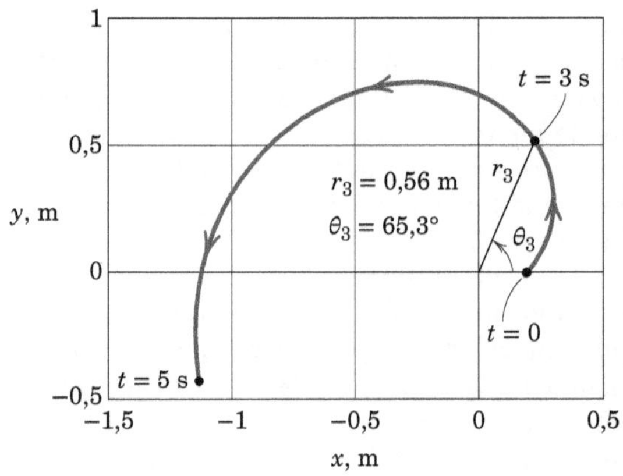

EXEMPLO DE PROBLEMA 2/10

Um radar de rastreamento situa-se no plano vertical da trajetória de um foguete que está se deslocando em um voo sem propulsão acima da atmosfera. Para o instante em que θ = 30°, os dados de rastreamento fornecem r = 8(10⁴) m, $\dot{r}$ = 1200 m/s, e $\dot{\theta}$ = 0,80 grau/s. A aceleração do foguete é devida apenas à atração gravitacional e para sua altitude em particular é 9,20 m/s² verticalmente para baixo. Para essas condições determine a velocidade v do foguete e os valores de $\ddot{r}$ = $\ddot{\theta}$.

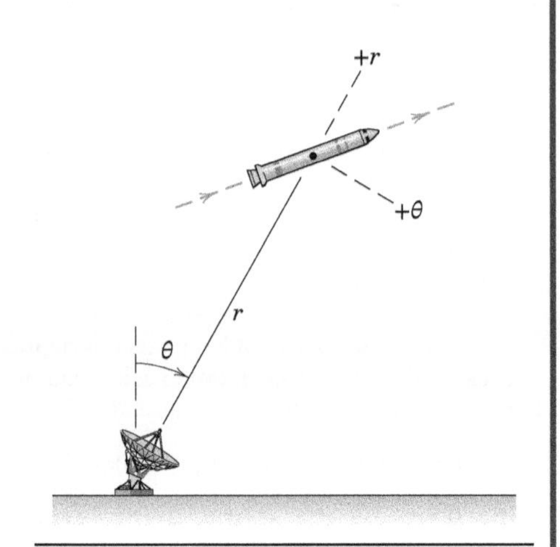

Solução. As componentes da velocidade a partir da Eq. 2/13 são

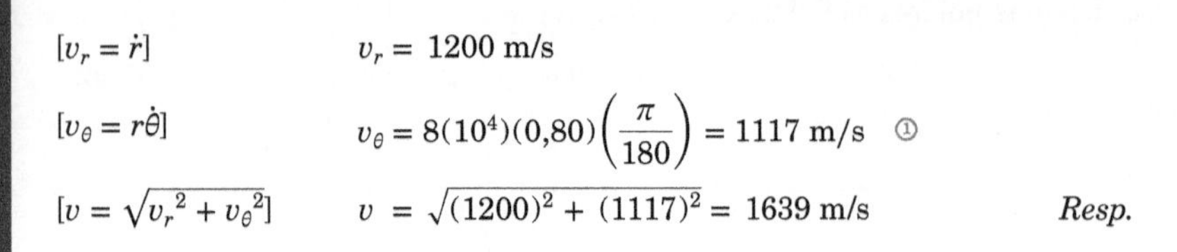

$[v_r = \dot{r}]$ $\quad v_r = 1200$ m/s

$[v_\theta = r\dot{\theta}]$ $\quad v_\theta = 8(10^4)(0{,}80)\left(\dfrac{\pi}{180}\right) = 1117$ m/s ①

$[v = \sqrt{v_r^2 + v_\theta^2}]$ $\quad v = \sqrt{(1200)^2 + (1117)^2} = 1639$ m/s *Resp.*

EXEMPLO DE PROBLEMA 2/10 (*continuação*)

Uma vez que a aceleração total do foguete é $g = 9{,}20$ m/s² para baixo, podemos encontrar facilmente as suas componentes r e θ para a posição dada. Conforme mostrado na figura, estas são

$$a_r = -9{,}20 \cos 30° = -7{,}97 \text{ m/s}^2 \quad ②$$

$$a_\theta = 9{,}20 \text{ sen } 30° = 4{,}60 \text{ m/s}^2$$

Igualamos agora esses valores às expressões das coordenadas polares para a_r e a_θ que contêm as incógnitas $\ddot{r}$ e $\ddot{\theta}$. Assim, a partir da Eq. 2/14

$$[a_r = \ddot{r} - r\dot{\theta}^2] \qquad -7{,}97 = \ddot{r} - 8(10^4)\left(0{,}80\frac{\pi}{180}\right)^2 \quad ③$$

$$\ddot{r} = 7{,}63 \text{ m/s}^2 \qquad \textit{Resp.}$$

$$[a_\theta = r\ddot{\theta} + 2\dot{r}\dot{\theta}] \qquad 4{,}60 = 8(10^4)\ddot{\theta} + 2(1200)\left(0{,}80\frac{\pi}{180}\right)$$

$$\ddot{\theta} = -3{,}61(10^{-4}) \text{ rad/s}^2 \qquad \textit{Resp.}$$

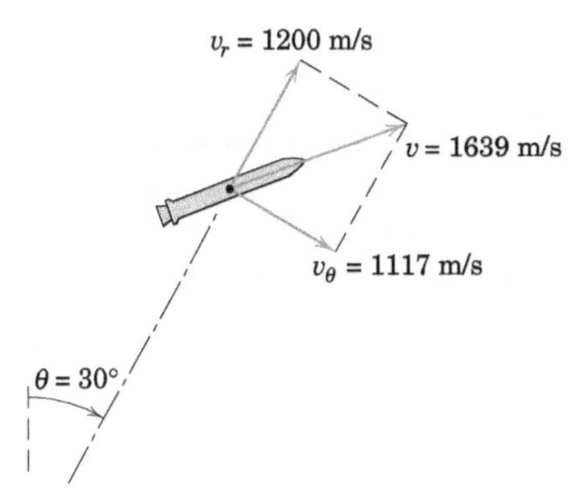

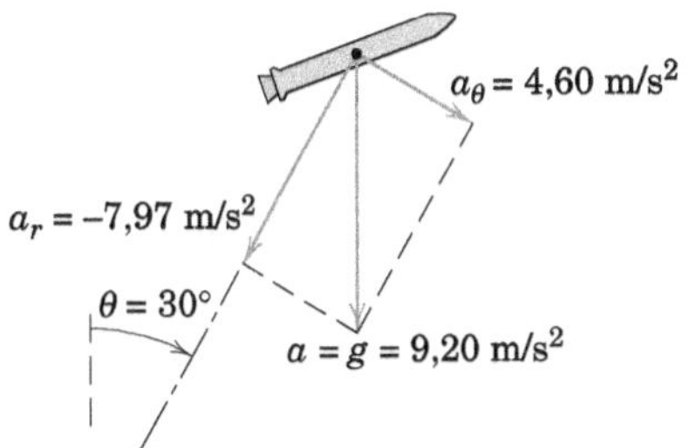

DICAS ÚTEIS

① Observamos que o ângulo θ em coordenadas polares não precisa sempre ser tomado como positivo em um sentido anti-horário.

② Note que a componente r da aceleração é no sentido negativo de r, de modo que recebem um sinal de menos.

③ Devemos ter o cuidado de converter $\dot{\theta}$ de graus/s para rad/s.

2/7 Movimento Curvilíneo Espacial

O caso geral de movimento tridimensional de uma partícula ao longo de uma curva espacial foi introduzido na Seção 2/1 e ilustrado na Fig. 2/1. Três sistemas de coordenadas, retangulares (x-y-z), cilíndricas (r-θ-z) e esféricas (R-θ-ϕ), são comumente utilizados para descrever esse movimento. Esses sistemas são indicados na Fig. 2/16, que também apresenta os vetores unitários para os três sistemas de coordenadas.*

Antes de discorrer sobre o uso desses sistemas de coordenadas, observamos que uma descrição com variáveis de trajetória, utilizando coordenadas n e t, que desenvolvemos na Seção 2/5, pode ser aplicada no plano osculador mostrado na Fig. 2/1. Definimos esse plano como o plano que contém a curva na posição em questão. Vemos que a velocidade **v**, que está ao longo da tangente t à curva, se situa no plano osculador. A aceleração **a** também está no plano osculador. Tal como no caso do movimento plano, ela tem uma componente $a_t = \dot{v}$ tangente à trajetória devido à variação no módulo da velocidade e uma componente $a_n = v^2/\rho$ normal à curva devido à variação na direção da velocidade. Tal como antes, ρ é o raio de curvatura da trajetória no ponto em questão e é medido no plano osculador. Essa descrição do movimento, que é natural e direta para muitos problemas de movimento plano, é inadequada para ser utilizada em movimento espacial porque o plano osculador continuamente muda a sua orientação. Limitaremos nossa atenção, portanto, aos três sistemas de coordenadas fixos mostrados na Fig. 2/16.

*Em uma variação das coordenadas esféricas comumente utilizada, o ângulo θ é substituído pelo seu complemento.

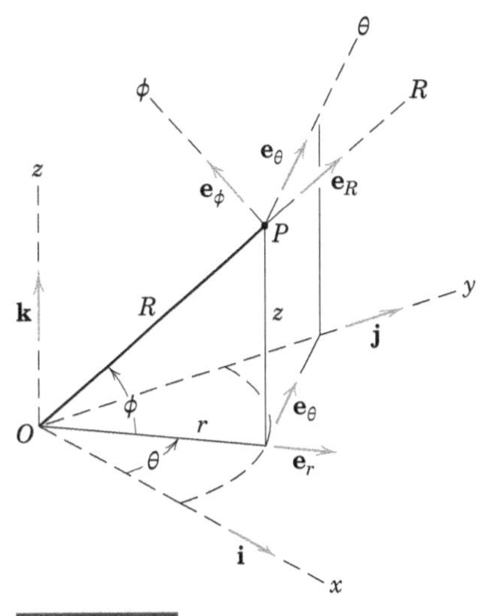

FIGURA 2/16

Coordenadas Retangulares (*x*-*y*-*z*)

A extensão de duas para três dimensões não oferece nenhuma dificuldade especial. Acrescentamos simplesmente a coordenada z e suas duas derivadas no tempo para as expressões bidimensionais das Eqs. 2/6 de modo que o vetor posição $\mathbf{R}$, a velocidade $\mathbf{v}$ e a aceleração $\mathbf{a}$ tornam-se

$$\begin{aligned} \mathbf{R} &= x\mathbf{i} + y\mathbf{j} + z\mathbf{k} \\ \mathbf{v} = \dot{\mathbf{R}} &= \dot{x}\mathbf{i} + \dot{y}\mathbf{j} + \dot{z}\mathbf{k} \\ \mathbf{a} = \dot{\mathbf{v}} = \ddot{\mathbf{R}} &= \ddot{x}\mathbf{i} + \ddot{y}\mathbf{j} + \ddot{z}\mathbf{k} \end{aligned} \qquad (2/15)$$

Note que em três dimensões estamos utilizando $\mathbf{R}$ no lugar de $\mathbf{r}$ para o vetor posição.

Coordenadas Cilíndricas (*r*-*θ*-*z*)

Se compreendermos a descrição de coordenadas polares do movimento plano, então não deverá haver nenhuma dificuldade em coordenadas cilíndricas, porque tudo o que é necessário é a adição da coordenada z e suas duas derivadas no tempo. O vetor posição $\mathbf{R}$ para a partícula em coordenadas cilíndricas é simplesmente

$$\mathbf{R} = r\mathbf{e}_r + z\mathbf{k}$$

Em vez da Eq. 2/13 para movimento plano, podemos escrever a velocidade como

$$\mathbf{v} = \dot{r}\mathbf{e}_r + r\dot{\theta}\mathbf{e}_\theta + \dot{z}\mathbf{k} \qquad (2/16)$$

em que

$$\begin{aligned} v_r &= \dot{r} \\ v_\theta &= r\dot{\theta} \\ v_z &= \dot{z} \\ v &= \sqrt{v_r^2 + v_\theta^2 + v_z^2} \end{aligned}$$

Do mesmo modo, a aceleração é representada adicionando a componente z à Eq. 2/14, que nos dá

$$\mathbf{a} = (\ddot{r} - r\dot{\theta}^2)\mathbf{e}_r + (r\ddot{\theta} + 2\dot{r}\dot{\theta})\mathbf{e}_\theta + \ddot{z}\mathbf{k} \qquad (2/17)$$

em que

$$\begin{aligned} a_r &= \ddot{r} - r\dot{\theta}^2 \\ a_\theta &= r\ddot{\theta} + 2\dot{r}\dot{\theta} = \frac{1}{r}\frac{d}{dt}(r^2\dot{\theta}) \\ a_z &= \ddot{z} \\ a &= \sqrt{a_r^2 + a_\theta^2 + a_z^2} \end{aligned}$$

Enquanto os vetores unitários $\mathbf{e}_r$ e $\mathbf{e}_\theta$ têm derivadas no tempo não nulas devidas às variações nas suas direções, podemos constatar que o vetor unitário $\mathbf{k}$ na direção z permanece fixo em direção e, portanto, tem uma derivada no tempo nula.

Nightman 1965/Shutterstock

Com rotação da base e elevação da escada, as coordenadas esféricas seriam uma boa escolha para determinar a aceleração da extremidade superior da escada de extensão.

Coordenadas Esféricas (*R* – *θ* – *ϕ*)

Coordenadas esféricas R, θ, ϕ são utilizadas quando uma distância radial e dois ângulos são utilizados para indicar a posição de uma partícula, como no caso de medições de radar, por exemplo. A derivação da expressão para a velocidade $\mathbf{v}$ é facilmente obtida, mas a expressão para a aceleração $\mathbf{a}$ é mais complexa devido à geometria agregada. Consequentemente, apenas os resultados serão citados aqui.* Primeiro assinalamos os vetores unitários $\mathbf{e}_R$, $\mathbf{e}_\theta$, $\mathbf{e}_\phi$ como mostrado na Fig. 2/16. Observe que o vetor unitário $\mathbf{e}_R$ está na direção em que a partícula P se moverá caso R aumente, embora θ e ϕ se mantenham constantes. O vetor unitário $\mathbf{e}_\theta$ está na direção em que P se moverá caso θ aumente, enquanto R e ϕ são mantidos constantes. Finalmente, o vetor unitário $\mathbf{e}_\phi$ está na direção em que P se moverá caso ϕ aumente, enquanto R e θ são mantidos constantes. As expressões resultantes para $\mathbf{v}$ e $\mathbf{a}$ são

$$\mathbf{v} = v_R\mathbf{e}_R + v_\theta\mathbf{e}_\theta + v_\phi\mathbf{e}_\phi \qquad (2/18)$$

em que

$$\begin{aligned} v_R &= \dot{R} \\ v_\theta &= R\dot{\theta}\cos\phi \\ v_\phi &= R\dot{\phi} \end{aligned}$$

e

$$\mathbf{a} = a_R\mathbf{e}_R + a_\theta\mathbf{e}_\theta + a_\phi\mathbf{e}_\phi \qquad (2/19)$$

*Para a derivação completa de $\mathbf{v}$ e $\mathbf{a}$ em coordenadas esféricas, veja o livro do primeiro autor *Dinâmica*, 2. ed., 1971, ou Versão SI, 1975 (John Wiley & Sons, Inc.).

em que

$$a_R = \ddot{R} - R\dot{\phi}^2 - R\dot{\theta}^2 \cos^2 \phi$$

$$a_\theta = \frac{\cos \phi}{R} \frac{d}{dt}(R^2\dot{\theta}) - 2R\dot{\theta}\dot{\phi} \operatorname{sen} \phi$$

$$a_\phi = \frac{1}{R} \frac{d}{dt}(R^2\dot{\phi}) + R\dot{\theta}^2 \operatorname{sen} \phi \cos \phi$$

Transformações algébricas lineares entre quaisquer duas das três expressões dos sistemas de coordenadas para velocidade ou aceleração podem ser desenvolvidas. Essas transformações tornam possível expressar a componente de movimento em coordenadas retangulares, por exemplo, se as componentes são conhecidas em coordenadas esféricas, ou vice-versa.* Essas transformações são facilmente manipuladas com a ajuda da álgebra matricial e um programa de computador simples.

*Estas transformações de coordenadas são desenvolvidas e ilustradas no livro do primeiro autor *Dinâmica*, 2. ed., 1971, ou Versão SI, 1975 (John Wiley & Sons, Inc.).

Uma parte do percurso da montanha-russa do parque de diversões é na forma de hélice cujo eixo é horizontal.

EXEMPLO DE PROBLEMA 2/11

O parafuso a partir do repouso recebe uma velocidade de rotação $\dot{\theta}$ que aumenta uniformemente com o tempo t de acordo com $\dot{\theta} = kt$, em que k é uma constante. Determine as expressões para a velocidade v e a aceleração a do centro da esfera A quando o parafuso for girado de uma volta completa a partir do repouso. O passo do parafuso (avanço por rotação) é L.

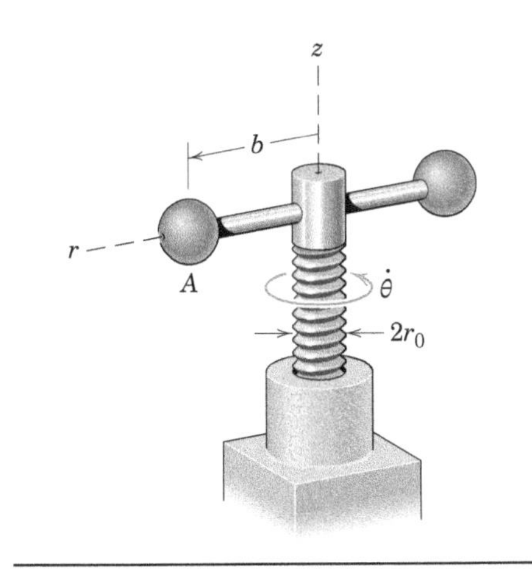

Solução. O centro da esfera A se desloca em uma hélice sobre a superfície cilíndrica de raio b e as coordenadas cilíndricas r, θ, z são claramente indicadas.

Integrando a relação fornecida para θ, obtém-se $\theta = \Delta\theta = \int \dot{\theta}\, dt = \frac{1}{2}kt^2$. Para uma rotação a partir do repouso, temos

$$2\pi = \frac{1}{2}kt^2$$

fornecendo

$$t = 2\sqrt{\pi/k}$$

Desse modo, a velocidade angular em uma volta é

$$\dot{\theta} = kt = k(2\sqrt{\pi/k}) = 2\sqrt{\pi k}$$

EXEMPLO DE PROBLEMA 2/11 (*continuação*)

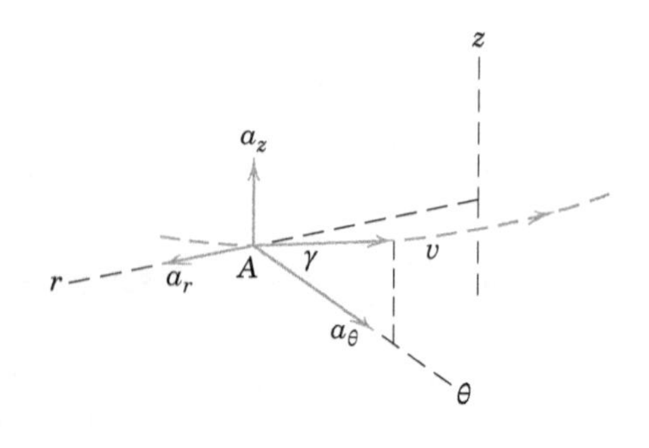

O ângulo de hélice γ da trajetória seguida pelo centro da esfera determina a relação entre as componentes θ e z da velocidade e é dado por tan $\gamma = L/(2\pi b)$.① Agora, a partir da figura, vemos que $v_\theta = v \cos \gamma$. Substituindo $v_\theta = r\dot{\theta} = b\dot{\theta}$, obtida da Eq. 2/16, obtém-se $v = v_\theta/\cos \gamma = b\dot{\theta}/\cos \gamma$. Com o cos γ obtido a partir de tan γ e com $\dot{\theta} = 2\sqrt{\pi k}$, temos para a posição de uma volta ②

$$v = 2b\sqrt{\pi k}\,\frac{\sqrt{L^2 + 4\pi^2 b^2}}{2\pi b} = \sqrt{\frac{k}{\pi}}\sqrt{L^2 + 4\pi^2 b^2} \qquad \textit{Resp.}$$

As componentes da aceleração obtidas da Eq. 2/17 resultam

$$[a_r = \ddot{r} - r\dot{\theta}^2] \qquad a_r = 0 - b(2\sqrt{\pi k})^2 = -4b\pi k \quad ③$$

$$[a_\theta = r\ddot{\theta} + 2\dot{r}\dot{\theta}] \qquad a_\theta = bk + 2(0)(2\sqrt{\pi k}) = bk$$

$$[a_z = \ddot{z} = \dot{v}_z] \qquad a_z = \frac{d}{dt}(v_z) = \frac{d}{dt}(v_\theta \tan \gamma) = \frac{d}{dt}(b\dot{\theta} \tan \gamma)$$

$$= (b \tan \gamma)\ddot{\theta} = b\,\frac{L}{2\pi b}\,k = \frac{kL}{2\pi}$$

Agora combinamos as componentes para obter o módulo da aceleração total, que resulta em

$$a = \sqrt{(-4b\pi k)^2 + (bk)^2 + \left(\frac{kL}{2\pi}\right)^2}$$

$$= bk\sqrt{(1 + 16\pi^2) + L^2/(4\pi^2 b^2)} \qquad \textit{Resp.}$$

DICAS ÚTEIS

① Devemos ser cuidadosos ao dividir o passo L pela circunferência $2\pi b$ e não o diâmetro $2b$ para obter tan γ. Em caso de dúvida, desenrole uma volta da hélice traçada pelo centro da esfera.

② Desenhe um triângulo retângulo e lembre-se de que tan $\beta = a/b$, o cosseno de β torna-se $b/\sqrt{a^2 + b^2}$.

③ O sinal negativo para a_r é consistente com nosso conhecimento prévio de que a componente normal da aceleração é dirigida para o centro de curvatura.

EXEMPLO DE PROBLEMA 2/12

Uma aeronave P decola de A com uma velocidade v_0 de 250 km/h e eleva-se no plano vertical y'-z' no ângulo constante de 15° com uma aceleração ao longo da sua trajetória de voo de 0,8 m/s^2. O progresso do voo é monitorado por radar no ponto O. (*a*) Decomponha a velocidade de P em componentes de coordenadas cilíndricas 60 segundos após a decolagem e encontre $\dot{r}$, $\dot{\theta}$ e $\dot{z}$ para esse instante. (*b*) Decomponha a velocidade de P em componentes de coordenadas esféricas 60 segundos após a decolagem e encontre $\dot{R}$, $\dot{\theta}$ e $\dot{\phi}$ para esse instante.

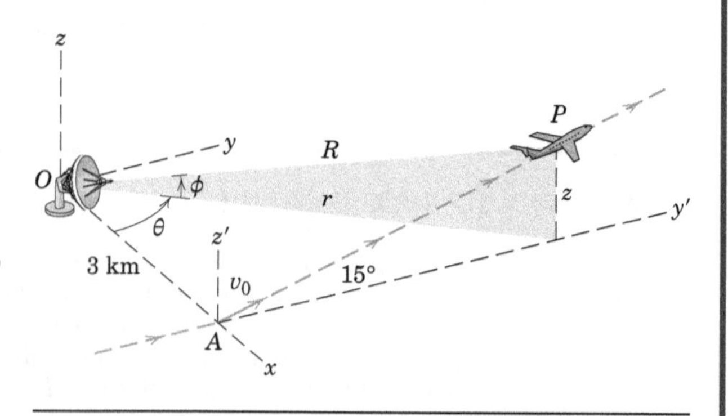

Solução. (*a*) A figura associada mostra os vetores velocidade e aceleração no plano y'-z'. A velocidade de decolagem é

$$v_0 = \frac{250}{3{,}6} = 69{,}4 \text{ m/s}$$

e a velocidade após 60 segundos é

$$v = v_0 + at = 69{,}4 + 0{,}8(60) = 117{,}4 \text{ m/s}$$

A distância s percorrida após a decolagem é

$$s = s_0 + v_0 t + \frac{1}{2}at^2 = 0 + 69{,}4(60) + \frac{1}{2}(0{,}8)(60)^2 = 5610 \text{ m}$$

A coordenada y e o ângulo associado θ são

$$y = 5610 \cos 15° = 5420 \text{ m}$$

$$\theta = \tan^{-1}\frac{5420}{3000} = 61{,}0°$$

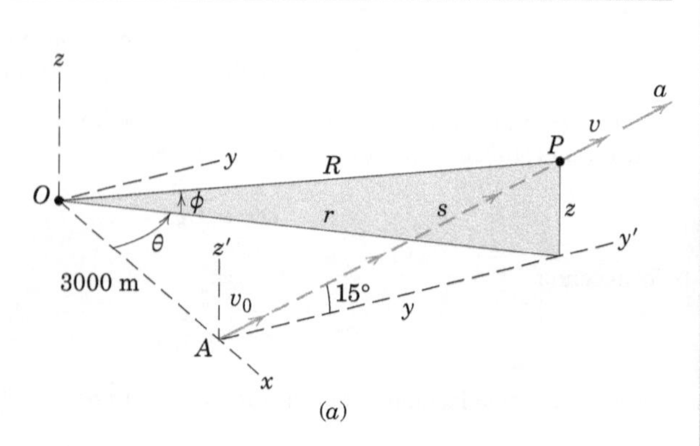

(*a*)

EXEMPLO DE PROBLEMA 2/12 *(continuação)*

A partir da figura (*b*) das projeções *x*-*y* temos

$$r = \sqrt{3000^2 + 5420^2} = 6190 \text{ m}$$

$$v_{xy} = v \cos 15° = 117{,}4 \cos 15° = 113{,}4 \text{ m/s}$$

$$v_r = \dot{r} = v_{xy} \operatorname{sen}\theta = 113{,}4 \operatorname{sen} 61{,}0° = 99{,}2 \text{ m/s} \qquad \textit{Resp.}$$

$$v_\theta = r\dot{\theta} = v_{xy} \cos\theta = 113{,}4 \cos 61{,}0° = 55{,}0 \text{ m/s}$$

então

$$\dot{\theta} = \frac{55{,}0}{6190} = 8{,}88(10^{-3}) \text{ rad/s} \qquad \textit{Resp.}$$

Finalmente, $\dot{z} = v_z = v \operatorname{sen} 15° = 117{,}4 \operatorname{sen} 15° = 30{,}4$ m/s *Resp.*

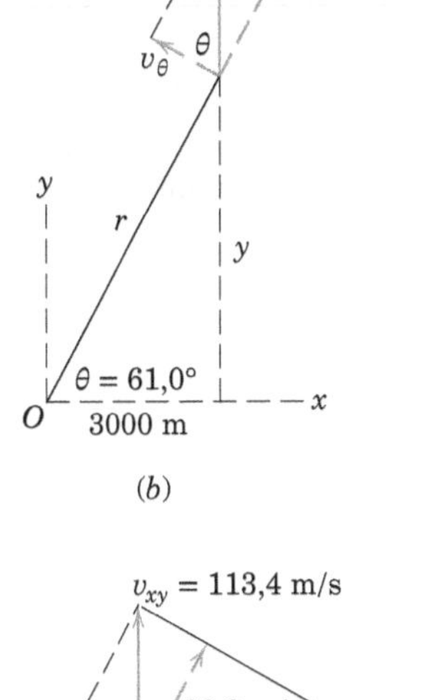

(*b*)

(*b*) Recorra à figura associada (*c*) que mostra o plano *x*-*y* e várias componentes de velocidade projetadas no plano vertical que contém *r* e *R*. Observe que

$$z = y \tan 15° = 5420 \tan 15° = 1451 \text{ m}$$

$$\phi = \tan^{-1}\frac{z}{r} = \tan^{-1}\frac{1451}{6190} = 13{,}19°$$

$$R = \sqrt{r^2 + z^2} = \sqrt{6190^2 + 1451^2} = 6360 \text{ m}$$

A partir da figura,

$$v_R = \dot{R} = 99{,}2 \cos 13{,}19° + 30{,}4 \operatorname{sen} 13{,}19° = 103{,}6 \text{ m/s} \qquad \textit{Resp.}$$

$$\dot{\theta} = 8{,}88(10^{-3}) \text{ rad/s, as in part } (a) \qquad \textit{Resp.}$$

$$v_\phi = R\dot{\phi} = 30{,}4 \cos 13{,}19° - 99{,}2 \operatorname{sen} 13{,}19° = 6{,}95 \text{ m/s}$$

$$\dot{\phi} = \frac{6{,}95}{6360} = 1{,}093(10^{-3}) \text{ rad/s} \qquad \textit{Resp.}$$

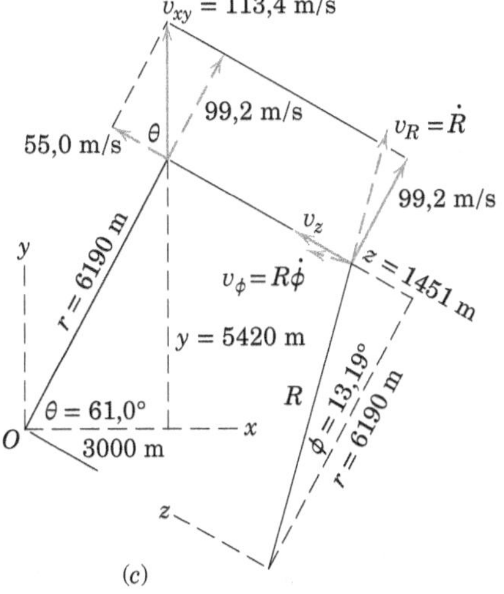

(*c*)

2/8 Movimento Relativo (Eixos com Translação)

Nas seções anteriores deste capítulo, descrevemos o movimento de uma partícula usando coordenadas em relação a eixos de referência fixos. Os deslocamentos, velocidades e acelerações assim determinados são denominados *absolutos*. Nem sempre é possível ou conveniente, no entanto, utilizar um conjunto de eixos fixos para descrever ou para medir o movimento. Além disso, existem muitos problemas em engenharia para os quais a análise do movimento é simplificada pela utilização de medições feitas com relação a um sistema de referência móvel. Essas medidas, quando combinadas com o movimento absoluto do sistema de coordenadas móvel, nos permitem determinar o movimento absoluto em questão. Essa abordagem é chamada análise de *movimento relativo*.

Escolha do Sistema de Coordenadas

O movimento do sistema de coordenadas móvel é especificado com relação a um sistema de coordenadas fixo.

Gert Kromhout/Stocktrek Image/Getty Images, Inc.

Movimento relativo é um problema crítico para o reabastecimento de um avião em pleno voo.

Estritamente falando, na mecânica newtoniana, esse sistema fixo é o sistema inercial primário, que já se presume que não tem nenhum movimento no espaço. Para fins de engenharia, o sistema fixo pode ser tomado como qualquer sistema cujo movimento absoluto é insignificante para o problema em questão. Para a maioria dos problemas de engenharia vinculados à Terra, é suficientemente preciso considerar para o sistema de referência fixo um conjunto de eixos preso a ela, e nesse caso, desprezamos o movimento da Terra. Para o movimento de satélites em redor da Terra, um sistema de coordenadas sem rotação é escolhido com sua origem sobre o eixo de rotação da Terra. Para viagens interplanetárias, um sistema de coordenadas sem rotação fixo no Sol pode ser utilizado. Assim, a escolha do sistema fixo depende do tipo de problema envolvido.

Vamos nos deter, nesta seção, a sistemas de referência móveis que possuem translação, mas que não giram. O movimento medido em sistemas com rotação será discutido na Seção 5/7 do Capítulo 5 sobre cinemática de corpo rígido, no qual essa abordagem encontra uma aplicação particularmente importante. Também vamos nos debruçar, aqui, sobre a análise do movimento relativo para movimento plano.

Representação Vetorial

Considere agora duas partículas A e B que podem ter movimentos curvilíneos distintos em um dado plano ou em planos paralelos, Fig. 2/17. Iremos arbitrariamente fixar a origem de um conjunto de eixos x-y com translação (sem rotação) à partícula B e observar o movimento de A a partir de nossa posição móvel sobre B. O vetor posição de A medido em relação ao referencial x-y é $\mathbf{r}_{A/B} = x\mathbf{i} + y\mathbf{j}$, em que o subscrito "$A/B$" significa "$A$ em relação a B" ou "A com respeito a B". Os vetores unitários ao longo dos eixos x e y são $\mathbf{i}$ e $\mathbf{j}$, e x e y são as coordenadas de A medidas no referencial x-y. A posição absoluta de B é definida pelo vetor $\mathbf{r}_B$ medida a partir da origem dos eixos fixos X-Y. A posição absoluta de A é, portanto, determinada pelo vetor

$$\mathbf{r}_A = \mathbf{r}_B + \mathbf{r}_{A/B}$$

Agora diferenciamos essa equação vetorial uma vez em relação ao tempo para obter velocidades e duas vezes para obter acelerações. Deste modo,

$$\dot{\mathbf{r}}_A = \dot{\mathbf{r}}_B + \dot{\mathbf{r}}_{A/B} \quad \text{ou} \quad \boxed{\mathbf{v}_A = \mathbf{v}_B + \mathbf{v}_{A/B}} \tag{2/20}$$

$$\ddot{\mathbf{r}}_A = \ddot{\mathbf{r}}_B + \ddot{\mathbf{r}}_{A/B} \quad \text{ou} \quad \boxed{\mathbf{a}_A = \mathbf{a}_B + \mathbf{a}_{A/B}} \tag{2/21}$$

Na Eq. 2/20 a velocidade que observamos em A a partir de nossa posição em B fixa nos eixos móveis x-y é $\dot{\mathbf{r}}_{A/B} = \mathbf{v}_{A/B} = \dot{x}\mathbf{i} + \dot{y}\mathbf{j}$. Esse termo é a velocidade de A com relação a B. Da mesma forma, na Eq. 2/21 a aceleração que observamos em A, a partir de nossa posição sem rotação, em B é $\ddot{\mathbf{r}}_{A/B} = \dot{\mathbf{v}}_{A/B} = \ddot{x}\mathbf{i} + \ddot{y}\mathbf{j}$. Esse termo é a aceleração de A com relação a B. Observamos que os vetores unitários $\mathbf{i}$ e $\mathbf{j}$ têm derivadas nulas porque seus sentidos, bem como seus módulos, permanecem inalterados. (Mais adiante, quando discutirmos eixos de referência com rotação, deveremos considerar as derivadas dos vetores unitários quando estes mudam de direção.)

A Eq. 2/20 (ou 2/21) afirma que a velocidade absoluta (ou a aceleração) de A é igual à velocidade absoluta (ou aceleração) de B adicionada, vetorialmente, à velocidade (ou aceleração) de A em relação a B. O termo relativo é a medida da velocidade (ou aceleração) que um observador preso ao sistema de coordenadas móvel x-y faria. Podemos expressar os termos do movimento relativo em qualquer sistema de coordenadas conveniente – retangular, normal e tangencial, ou polar — e as formulações nas seções anteriores podem ser utilizadas para esse propósito. O sistema fixo apropriado das seções anteriores vem a ser o sistema móvel nesta seção.

Considerações Adicionais

A seleção do ponto móvel B para a montagem do sistema de coordenadas de referência é arbitrária. Conforme mostrado na Fig. 2/18, o ponto A poderia ser usado da mesma forma para se fixar o sistema móvel, nesse caso as três equações correspondentes do movimento relativo para posição, velocidade e aceleração são

$$\mathbf{r}_B = \mathbf{r}_A + \mathbf{r}_{B/A} \qquad \mathbf{v}_B = \mathbf{v}_A + \mathbf{v}_{B/A} \qquad \mathbf{a}_B = \mathbf{a}_A + \mathbf{a}_{B/A}$$

Pode-se ver, portanto, que $\mathbf{r}_{B/A} = -\mathbf{r}_{A/B}$, $\mathbf{v}_{B/A} = -\mathbf{v}_{A/B}$, e $\mathbf{a}_{B/A} = -\mathbf{a}_{A/B}$.

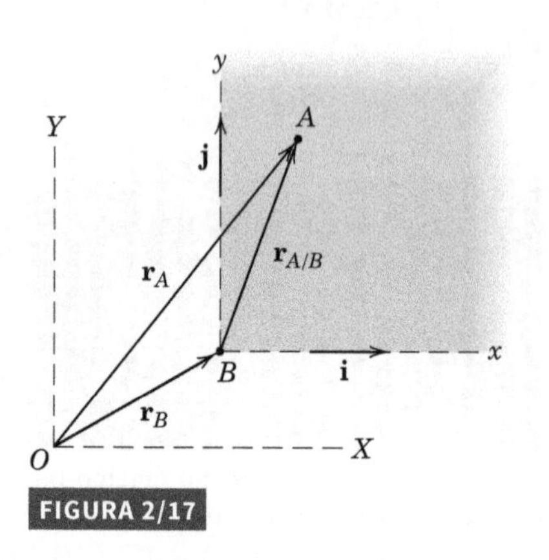

FIGURA 2/17

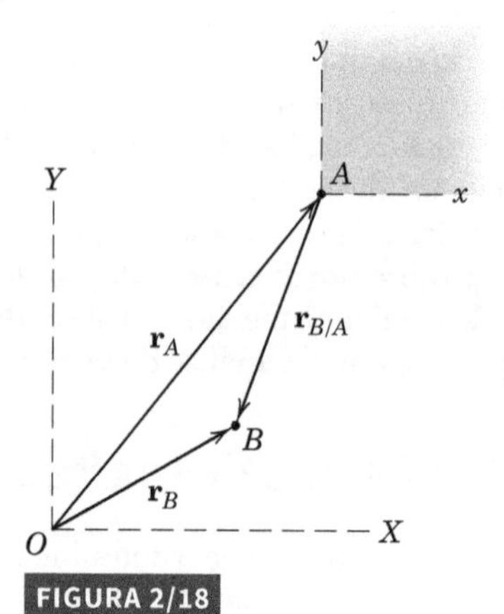

FIGURA 2/18

Na análise de movimento relativo, é importante compreender que a aceleração de uma partícula observada segundo um sistema x-y em translação é a mesma que é observada conforme um sistema X-Y fixo, caso o sistema que se movimenta tenha uma velocidade constante. Essa conclusão amplia a aplicação da segunda lei de Newton (Capítulo 3). Concluímos, consequentemente, que um conjunto de eixos que tem uma velocidade absoluta constante pode ser usado em lugar de um sistema "fixo" para a determinação de acelerações. Um sistema de referência em translação que não tem aceleração é chamado de *sistema inercial*.

EXEMPLO DE PROBLEMA 2/13

Os passageiros do jato de transporte A voando para o leste a uma velocidade de 800 km/h observam um segundo avião a jato B que passa sob o transporte em voo horizontal. Embora o nariz de B esteja apontado na direção nordeste a 45°, o avião B dá a impressão para os passageiros em A de estar se movendo para longe do transporte no ângulo de 60° como mostrado. Determine a velocidade real de B.

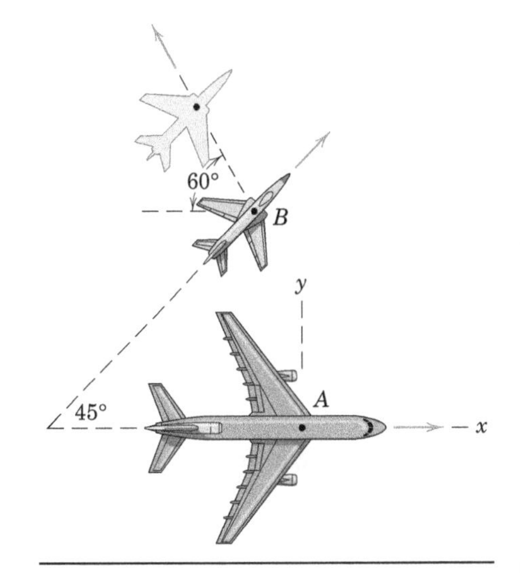

Solução. Os eixos de referência móveis x-y são fixos em A, ponto a partir do qual são feitas as observações relativas. Escrevemos, portanto,

$$\mathbf{v}_B = \mathbf{v}_A + \mathbf{v}_{B/A} \quad ①$$

Em seguida, identificamos as variáveis conhecidas e as incógnitas. A velocidade v_A é dada tanto em módulo quanto em direção. A direção de 60° de $v_{B/A}$, a velocidade que B parece ter para os observadores em movimento em A, é conhecida, e a verdadeira velocidade de B está na direção de 45° em que está se dirigindo. ② As duas incógnitas restantes são os módulos de v_B e $v_{B/A}$. Podemos resolver a equação vetorial de qualquer uma das três maneiras. ③

(I) Gráfica. Começamos a soma vetorial em algum ponto P traçando $\mathbf{v}_A$ em uma escala conveniente e em seguida construímos uma linha através da extremidade de $\mathbf{v}_A$ com a direção conhecida de $\mathbf{v}_{B/A}$. A direção conhecida de $\mathbf{v}_B$ é então traçada através de P, e a interseção C produz a única solução que nos permite completar o triângulo vetorial e determinar os módulos desconhecidos, que são encontrados como

$$v_{B/A} = 586 \text{ km/h} \qquad \text{e} \qquad v_B = 717 \text{ km/h} \qquad \textit{Resp.}$$

(II) Trigonométrica. Um esboço do triângulo vetorial é feito para tornar visível a trigonometria, o que fornece

$$\frac{v_B}{\text{sen } 60°} = \frac{v_A}{\text{sen } 75°} \qquad v_B = 800 \frac{\text{sen } 60°}{\text{sen } 75°} = 717 \text{ km/h} \quad ④ \qquad \textit{Resp.}$$

(III) Álgebra Vetorial. Utilizando os vetores unitários $\mathbf{i}$ e $\mathbf{j}$, expressamos as velocidades na forma vetorial como

$$\mathbf{v}_A = 800\mathbf{i} \text{ km/h} \qquad \mathbf{v}_B = (v_B \cos 45°)\mathbf{i} + (v_B \text{ sen } 45°)\mathbf{j}$$

$$\mathbf{v}_{B/A} = (v_{B/A} \cos 60°)(-\mathbf{i}) + (v_{B/A} \text{ sen } 60°)\mathbf{j}$$

Substituindo essas relações na equação da velocidade relativa e resolvendo separadamente para os termos **i** e **j** obtém-se

$$(\mathbf{i}\text{-termos}) \qquad v_B \cos 45° = 800 - v_{B/A} \cos 60°$$

$$(\mathbf{j}\text{-termos}) \qquad v_B \text{ sen } 45° = v_{B/A} \text{ sen } 60°$$

Resolvendo simultaneamente resultam os módulos desconhecidos das velocidades. ⑤

$$v_{B/A} = 586 \text{ km/h} \qquad \text{e} \qquad v_B = 717 \text{ km/h} \qquad \textit{Resp.}$$

Vale a pena observar a solução deste problema do ponto de vista de um observador em B. Com eixos de referência fixados em B, escreveríamos $\mathbf{v}_A = \mathbf{v}_B + \mathbf{v}_{A/B}$. A velocidade aparente de A, como observado por B, é então $\mathbf{v}_{A/B}$, que é o negativo de $\mathbf{v}_{B/A}$.

DICAS ÚTEIS

① Tratamos cada avião como uma partícula.

② Presumimos que não ocorre desvio lateral devido a vento cruzado.

③ Os estudantes devem se familiarizar com todas as três soluções

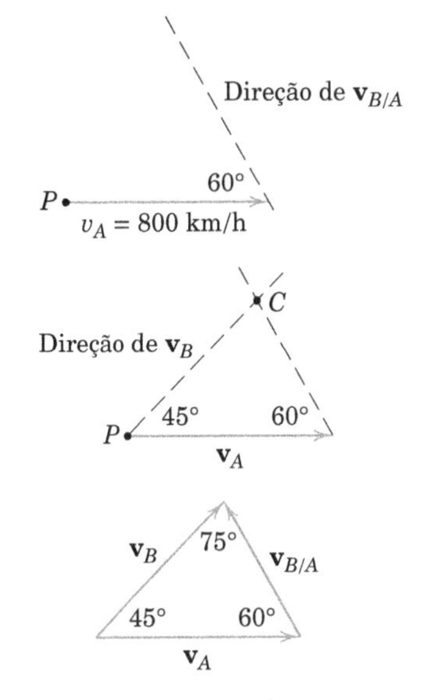

④ Devemos estar preparados para reconhecer a relação trigonométrica adequada, que aqui é a lei de senos.

⑤ Podemos ver que a solução gráfica ou trigonométrica é mais concisa do que a solução pela álgebra vetorial neste problema específico.

EXEMPLO DE PROBLEMA 2/14

O carro A está acelerando na direção de seu movimento na taxa de 1,2 m/s^2. O carro B está contornando uma curva de 150 metros de raio a uma velocidade constante de 54 km/h. Determine a velocidade e a aceleração que o carro B aparenta ter para um observador no carro A, se o carro A tiver atingido uma velocidade de 72 km/h para as posições representadas.

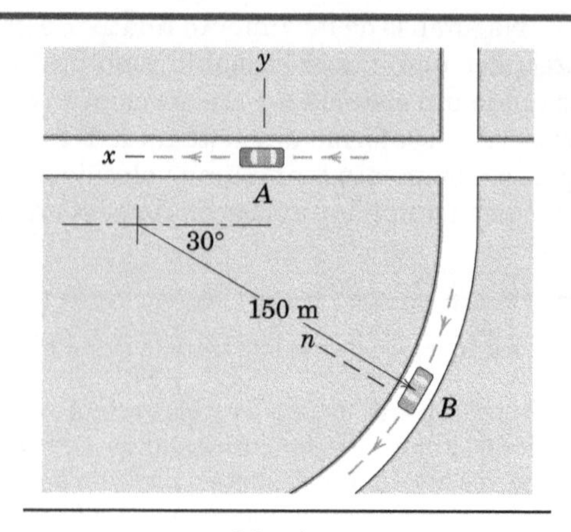

Solução. Escolhemos eixos de referência sem rotação fixos no carro A uma vez que o movimento de B com respeito A é desejado.

Velocidade A equação da velocidade relativa é

$$\mathbf{v}_B = \mathbf{v}_A + \mathbf{v}_{B/A}$$

e as velocidades de A e B para a posição considerada possuem os módulos

$$v_A = \frac{72}{3{,}6} = 20 \text{ m/s} \qquad v_B = \frac{54}{3{,}6} = 15 \text{ m/s}$$

O triângulo dos vetores velocidade é traçado na sequência exigida pela equação, e a aplicação da lei de cossenos e da lei de senos fornece

$$v_{B/A} = 18{,}03 \text{ m/s} \qquad \theta = 46{,}1° \quad ①$$ *Resp.*

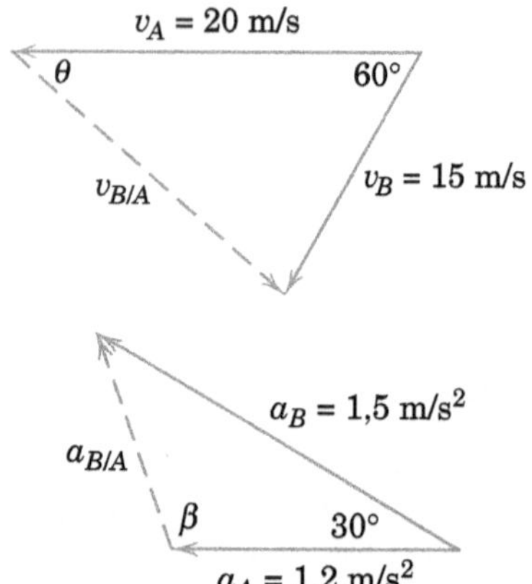

Aceleração A equação da aceleração relativa é

$$\mathbf{a}_B = \mathbf{a}_A + \mathbf{a}_{B/A}$$

A aceleração de A é dada, e a aceleração de B é normal à curva na direção n e tem módulo

$[a_n = v^2/\rho]$ $\qquad a_B = (15)^2/150 = 1{,}5 \text{ m/s}^2$

O triângulo dos vetores aceleração é traçado na sequência exigida pela equação conforme ilustrado. Resolvendo para as componentes x e y de $\mathbf{a}_{B/A}$ obtém-se

$$(a_{B/A})_x = 1{,}5 \cos 30° - 1{,}2 = 0{,}0990 \text{ m/s}^2$$

$$(a_{B/A})_y = 1{,}5 \text{ sen } 30° = 0{,}750 \text{ m/s}^2$$

que resulta $\quad a_{B/A} = \sqrt{(0{,}0990)^2 + (0{,}750)^2} = 0{,}757 \text{ m/s}^2$ *Resp.*

A direção de $\mathbf{a}_{B/A}$ pode ser especificada pelo ângulo β que, pela lei dos senos, vem a ser

$$\frac{1{,}5}{\text{sen } \beta} = \frac{0{,}757}{\text{sen } 30°} \qquad \beta = \text{sen}^{-1}\left(\frac{1{,}5}{0{,}757}0{,}5\right) = 97{,}5° \quad ②$$ *Resp.*

DICAS ÚTEIS

① De outra maneira, poderíamos usar ou uma solução gráfica ou uma solução algébrica vetorial.

② Atenção ao escolher entre os dois valores 82,5° e 180° – 82,5° = 97,5°.

Sugestão: Para ganhar familiaridade com a manipulação das equações vetoriais, sugere-se que o estudante reescreva as equações do movimento relativo na forma $\mathbf{v}_{B/A} = \mathbf{v}_B - \mathbf{v}_A$ e $\mathbf{a}_{B/A} = \mathbf{a}_B - \mathbf{a}_A$ e redesenhe os polígonos vetoriais para se adaptarem com essas relações alternativas.

Cuidado: Até agora só estamos preparados para manipular o movimento relativo a eixos *sem rotação*. Se tivéssemos fixado os eixos de referência rigidamente no carro B, estes girariam com o carro, e descobriríamos que os termos de velocidade e aceleração em relação aos eixos girando *não* são os negativos daqueles medidos a partir dos eixos sem rotação que se deslocam com A. Eixos com rotação serão tratados na Seção 5/7.

2/9 Movimento Restrito de Partículas Conectadas

Algumas vezes os movimentos das partículas estão inter-relacionados devido às restrições impostas por elementos de interligação. Nesses casos, é necessário levar em consideração essas restrições a fim de determinar os respectivos movimentos das partículas.

Um Grau de Liberdade

Considere, inicialmente, o sistema muito simples de duas partículas interconectadas A e B mostrado na Fig. 2/19. Deve ser bastante evidente, por inspeção, que o movimento horizontal de A é o dobro do movimento vertical de B. No entanto, vamos utilizar esse exemplo para ilustrar o método de análise que se aplica para situações mais complexas em que os resultados não podem ser facilmente obtidos por inspeção. O movimento de B é

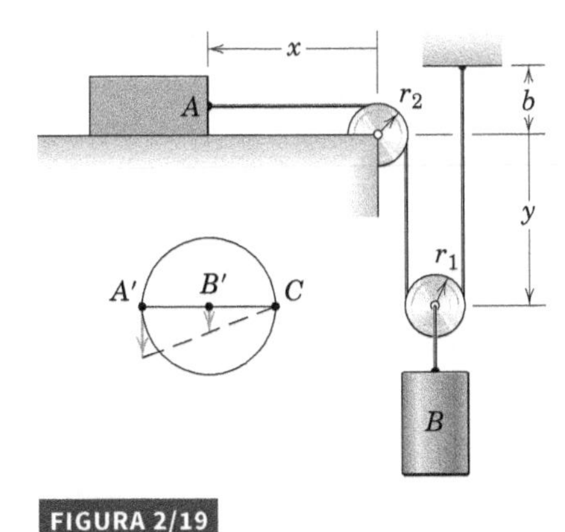

FIGURA 2/19

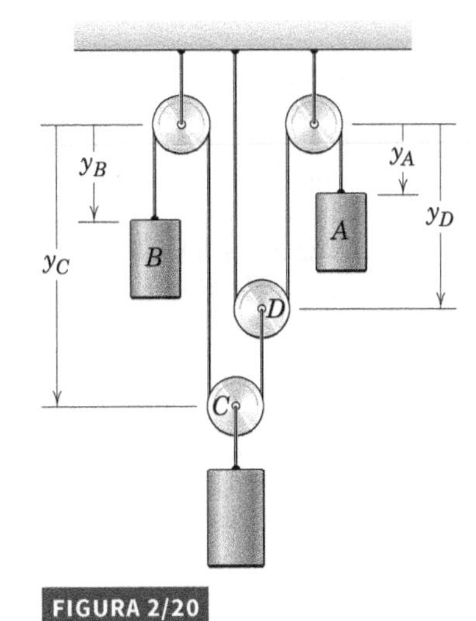

FIGURA 2/20

evidentemente o mesmo que o do centro de sua polia, desse modo estabelecemos as coordenadas de posição x e y medidas a partir de uma referência fixa conveniente. O comprimento total do cabo é

$$L = x + \frac{\pi r_2}{2} + 2y + \pi r_1 + b$$

Com L, r_2, r_1 e b todos constantes, a primeira e a segunda derivadas da equação em relação ao tempo fornece

$$0 = \dot{x} + 2\dot{y} \quad \text{ou} \quad 0 = v_A + 2v_B$$

$$0 = \ddot{x} + 2\ddot{y} \quad \text{ou} \quad 0 = a_A + 2a_B$$

As equações de restrição para a velocidade e a aceleração indicam que, para as coordenadas selecionadas, a velocidade de A deve ter um sinal oposto ao da velocidade de B, e de forma similar para as acelerações. As equações de restrição são válidas para o movimento do sistema em qualquer direção. Enfatizamos que $v_A = \dot{x}$ é positivo para a esquerda e que $v_B = \dot{y}$ é positivo para baixo.

Já que os resultados não dependem dos comprimentos ou raios da polia, devemos ser capazes de analisar o movimento sem considerá-los. Na parte inferior esquerda da Fig. 2/19 é mostrada uma vista ampliada do diâmetro horizontal $A'B'C'$ da polia inferior em um instante de tempo. Evidentemente, A' e A têm movimento de mesmo módulo, como também B e B'. Durante um movimento infinitesimal de A', é fácil observar a partir do triângulo que B' se move metade do que se move A' porque o ponto C, como é um ponto sobre a porção fixa do cabo, não tem nenhum movimento momentaneamente. Assim, com a diferenciação pelo tempo em mente, podemos obter as relações para o módulo da velocidade e da aceleração por inspeção. A polia, na verdade, é uma roda que rola sobre o cabo vertical fixo. (A cinemática de uma roda girando será tratada mais amplamente no Capítulo 5, sobre movimento de corpo rígido.) Diz-se do sistema da Fig. 2/19 que tem *um grau de liberdade*, uma vez que apenas uma variável, ou x ou y, é necessária para especificar as posições de todas as partes do sistema.

Dois Graus de Liberdade

Um sistema com *dois graus de liberdade* é mostrado na Fig. 2/20. Aqui as posições do cilindro inferior e da polia C dependem de especificações independentes das duas coordenadas y_A e y_B. Os comprimentos dos cabos presos aos cilindros A e B podem ser escritos, respectivamente, como

$$L_A = y_A + 2y_D + \text{constante}$$

$$L_B = y_B + y_C + (y_C - y_D) + \text{constante}$$

e suas derivadas no tempo são

$$0 = \dot{y}_A + 2\dot{y}_D \quad \text{e} \quad 0 = \dot{y}_B + 2\dot{y}_C - \dot{y}_D$$

$$0 = \ddot{y}_A + 2\ddot{y}_D \quad \text{e} \quad 0 = \ddot{y}_B + 2\ddot{y}_C - \ddot{y}_D$$

Eliminando os termos em $\dot{y}_D$ e $\ddot{y}_D$ obtém-se

$$\dot{y}_A + 2\dot{y}_B + 4\dot{y}_C = 0 \quad \text{ou} \quad v_A + 2v_B + 4v_C = 0$$

$$\ddot{y}_A + 2\ddot{y}_B + 4\ddot{y}_C = 0 \quad \text{ou} \quad a_A + 2a_B + 4a_C = 0$$

É nitidamente impossível que os sinais de todos os três termos sejam positivos simultaneamente. Assim, por exemplo, se ambos A e B têm velocidades (positivas) para baixo, então C terá uma velocidade (negativa) para cima.

Esses resultados também podem ser encontrados pela inspeção dos movimentos das duas polias em C e D. Para um incremento dy_A (com y_B mantido fixo), o centro de D se desloca para cima de uma quantidade $dy_A/2$, o que provoca um movimento ascendente $dy_A/4$ do centro de C. Para um incremento dy_B (com y_A mantido fixo), o centro de C se desloca para cima de uma distância $dy_B/2$. A combinação dos dois movimentos resulta em um movimento ascendente

$$-dy_C = \frac{dy_A}{4} + \frac{dy_B}{2}$$

de modo que $-v_C = v_A/4 + v_B/2$ como antes. A visualização da verdadeira geometria do movimento é uma habilidade importante.

Um segundo tipo de restrição em que a direção do elemento de conexão varia com o movimento é ilustrado no segundo dos dois exemplos que se seguem.

EXEMPLO DE PROBLEMA 2/15

Na configuração mostrada das polias, o cilindro A tem uma velocidade para baixo de 0,3 m/s. Determine a velocidade de B. Resolva de duas maneiras.

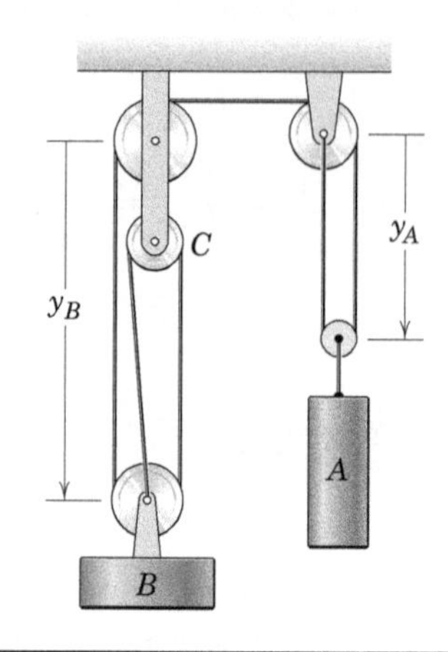

Solução (I). Os centros das polias em A e B são localizados pelas coordenadas y_A e y_B medidas a partir de posições fixas. O comprimento total constante do cabo no sistema de polias é

$$L = 3y_B + 2y_A + \text{constantes}$$

em que as constantes levam em conta os comprimentos fixos de cabo em contato com as circunferências das polias e da separação vertical constante entre as duas polias superiores do lado esquerdo. ① A diferenciação com relação ao tempo fornece

$$0 = 3\dot{y}_B + 2\dot{y}_A$$

A substituição de $v_A = \dot{y}_A = 0{,}3$ m/s e $v_B = \dot{y}_B$ fornece

$$0 = 3(v_B) + 2(0{,}3) \quad \text{ou} \quad v_B = -0{,}2 \text{ m/s} \quad ② \qquad \textit{Resp.}$$

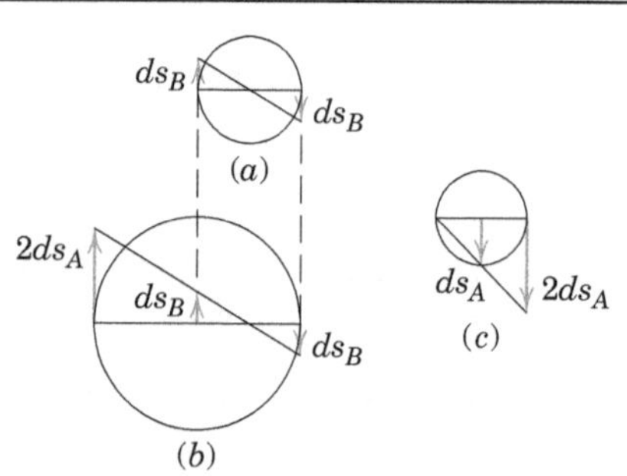

Solução (II). Um diagrama ampliado das polias em A, B e C é apresentado. Durante um movimento diferencial ds_A do centro da polia A, a extremidade esquerda de seu diâmetro horizontal não tem nenhum movimento, uma vez que está presa à parte fixa do cabo. Portanto, a extremidade do lado direito tem um movimento de $2ds_A$ como mostrado. Esse movimento é transmitido para a extremidade do lado esquerdo do diâmetro horizontal da polia em B. Além disso, a partir da polia C com seu centro fixo, vemos que os deslocamentos em cada lado são iguais e opostos. Assim, para a polia B, a extremidade do lado direito do diâmetro tem um deslocamento para baixo igual ao deslocamento para cima ds_B do seu centro. Por inspeção da geometria, concluímos que

$$2ds_A = 3ds_B \quad \text{ou} \quad ds_B = \frac{2}{3}ds_A$$

Dividindo por dt, fornece

$$|v_B| = \frac{2}{3}v_A = \frac{2}{3}(0{,}3) = 0{,}2 \text{ m/s (para cima)} \qquad \textit{Resp.}$$

DICAS ÚTEIS

① Desprezamos as pequenas variações angulares dos cabos entre B e C.

② O sinal negativo indica que a velocidade de B é *para cima*.

EXEMPLO DE PROBLEMA 2/16

O trator A é usado para içar o fardo B com o arranjo de polias apresentado. Se A tem uma velocidade para a frente v_A, determine uma expressão para a velocidade para cima v_B do fardo em termos de x.

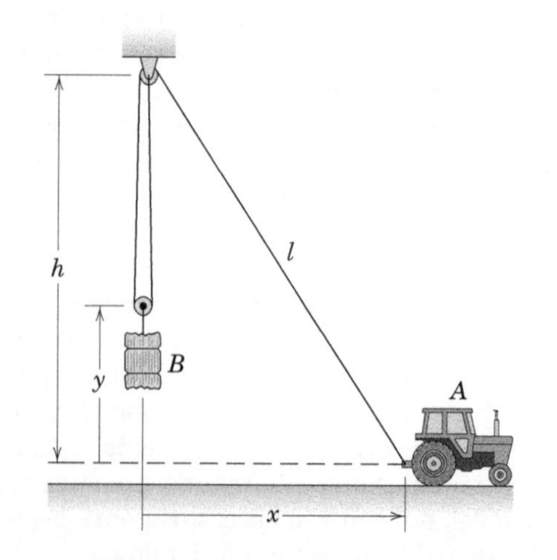

Solução. Designamos a posição do trator pela coordenada x e a posição do fardo pela coordenada y, ambos medidos a partir de um sistema fixo de referência. O comprimento total constante do cabo é

$$L = 2(h - y) + l = 2(h - y) + \sqrt{h^2 + x^2}$$

Derivando-se em relação ao tempo, tem-se

$$0 = -2\dot{y} + \frac{x\dot{x}}{\sqrt{h^2 + x^2}} \quad ①$$

Substituindo $v_A = \dot{x}$ e $v_B = \dot{y}$ fornece

$$v_B = \frac{1}{2}\frac{xv_A}{\sqrt{h^2 + x^2}} \qquad \textit{Resp.}$$

DICA ÚTIL

① A diferenciação da relação para um triângulo retângulo ocorre frequentemente em Mecânica.

1/10 Revisão do Capítulo

No Capítulo 2 desenvolvemos e ilustramos os métodos básicos para a descrição do movimento da partícula. Os conceitos desenvolvidos neste capítulo formam a base para grande parte da Dinâmica, e é importante revisar e dominar esse material antes de prosseguir nos capítulos seguintes.

Definitivamente o conceito mais importante no Capítulo 2 é a derivada no tempo de um vetor. A derivada no tempo de um vetor depende da variação na direção, bem como da variação no módulo. À medida que prosseguirmos em nosso estudo da Dinâmica, precisaremos examinar as derivadas no tempo de outros vetores, além dos de posição e velocidade; e os princípios e procedimentos desenvolvidos no Capítulo 2 serão úteis para esse propósito.

Categorias do Movimento

As seguintes categorias de movimento foram examinadas neste capítulo:

1. Movimento retilíneo (uma coordenada)
2. Movimento curvilíneo plano (duas coordenadas)
3. Movimento curvilíneo espacial (três coordenadas)

Em geral, a geometria de um dado problema nos permite identificar rapidamente a categoria. Uma exceção a essa categorização é encontrada quando somente os módulos das grandezas do movimento medidas ao longo da trajetória são de interesse. Nesse caso, podemos usar uma única coordenada de distância medida ao longo da trajetória curva, juntamente com suas derivadas escalares no tempo fornecendo a velocidade $|\dot{s}|$ e a aceleração tangencial $\ddot{s}$.

O movimento plano é mais fácil de gerar e controlar, especialmente em máquinas, do que o movimento espacial e, assim, uma grande parte dos nossos problemas de movimento está sob as categorias plana curvilínea ou retilínea.

Emprego de Eixos Fixos

Normalmente descrevemos o movimento ou fazemos medições do movimento com respeito a eixos de referência fixos (movimento absoluto) e eixos móveis (movimento relativo). A escolha satisfatória dos eixos fixos depende do problema. Eixos fixados à superfície da Terra são suficientemente "fixos" para a maioria dos problemas de engenharia, embora exceções importantes incluam movimento Terra-satélite e interplanetário, trajetórias precisas de projéteis, navegação e outros problemas. As equações de movimento relativo discutidas no Capítulo 2 estão restritas a eixos de referência com translação.

Escolha de Coordenadas

A escolha das coordenadas é de importância fundamental. Desenvolvemos a descrição do movimento utilizando as seguintes coordenadas:

1. Coordenadas retangulares (cartesianas) (x-y) e (x-y-z)
2. Coordenadas normal e tangencial (n-t)
3. Coordenadas polares (r-θ)
4. Coordenadas cilíndricas (r-θ-z)
5. Coordenadas esféricas (R-θ-ϕ)

Quando as coordenadas não são especificadas, a escolha adequada geralmente depende da forma em que o movimento é gerado ou medido. Assim, para uma partícula que desliza radialmente ao longo de uma barra que gira, as coordenadas polares são as mais adequadas a se utilizar. O rastreamento por radar pede o uso de coordenadas polares ou esféricas. Quando as medidas são feitas ao longo de uma trajetória curva, coordenadas normal e tangencial são indicadas. Um traçador gráfico x-y nitidamente envolve coordenadas retangulares.

A Fig. 2/21 é uma representação combinada das descrições pelas coordenadas x-y, n-t e r-θ da velocidade **v** e

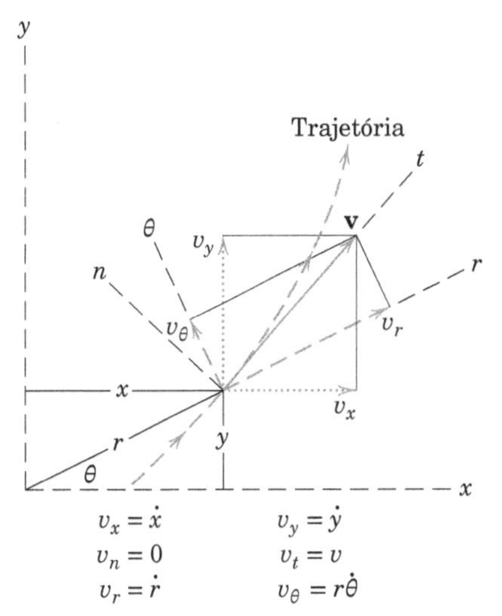

(a) Componentes da velocidade

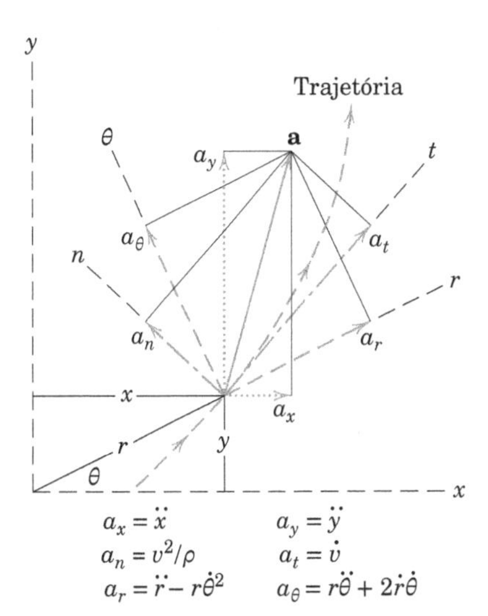

(b) Componentes da aceleração

FIGURA 2/21

da aceleração **a** para um movimento curvilíneo no plano. Frequentemente é necessário mudar a descrição do movimento de um conjunto de coordenadas para outro, e a Fig. 2/21 contém a informação necessária para essa transição.

Aproximações

Elaborar aproximações adequadas é uma das habilidades mais importantes que você pode adquirir. A hipótese de aceleração constante é válida quando as forças que provocam a aceleração não variam apreciavelmente. Quando os dados do movimento são obtidos experimentalmente, devemos utilizar os dados imprecisos para obter a melhor descrição possível, muitas vezes com a ajuda de aproximações gráficas ou numéricas.

Escolha do Método Matemático

Frequentemente temos uma escolha para a solução utilizando álgebra escalar, álgebra vetorial, geometria trigonométrica ou geometria gráfica. Todos esses métodos foram ilustrados, e todos são importantes de serem aprendidos. A escolha do método dependerá da geometria do problema, como os dados do movimento são fornecidos, e a precisão desejada. A Mecânica pela sua própria natureza é geométrica, assim você é encorajado a desenvolver habilidade em esboçar relações vetoriais, tanto como apoio para a descoberta das relações geométricas e trigonométricas adequadas quanto como um meio para resolver as equações vetoriais graficamente. A descrição geométrica é a representação mais direta da grande maioria dos problemas mecânicos.

CAPÍTULO 3

Cinética de Partículas

Os projetistas de atrações de parque de diversões, como esta montanha-russa, não podem confiar, apenas, em princípios de equilíbrio, quando eles desenvolvem especificações para os carros e a estrutura de suporte. A cinética das partículas de cada carro deve ser considerada na estimativa das forças envolvidas para que se possa projetar um sistema seguro.

VISÃO GERAL DO CAPÍTULO

3/1 Introdução

De acordo com a segunda lei de Newton, uma partícula irá acelerar quando submetida a forças não equilibradas. A cinética é o estudo das relações entre as forças não equilibradas e as consequentes alterações no movimento.

No Capítulo 3, estudaremos a cinética das partículas. Este tópico requer que combinemos os nossos conhecimentos sobre as propriedades das forças, que desenvolvemos em Estática, e a cinemática do movimento das partículas há pouco estudada no Capítulo 2. Com a ajuda da segunda lei de Newton, podemos combinar esses dois assuntos e resolver problemas de engenharia que envolvam força, massa e movimento.

As três abordagens gerais para a solução dos problemas de cinética são: (A) aplicação direta da segunda lei de Newton (chamada de método da força-massa-aceleração), (B) uso dos princípios de trabalho e energia, e (C) solução pelos métodos de impulso e quantidade de movimento. Cada abordagem tem suas vantagens e características especiais, e o Capítulo 3 é subdividido nas Seções A, B e C, de acordo com esses três métodos de solução. Além disso, uma quarta seção, Seção D, trata de aplicações especiais e combinações das três abordagens básicas. Antes de continuar, você deve revisar cuidadosamente as definições e conceitos do Capítulo 1, porque esses são fundamentais para os desenvolvimentos a seguir.

SEÇÃO A Força, Massa e Aceleração

3/2 Segunda Lei de Newton

A relação básica entre força e aceleração é encontrada na segunda lei de Newton, Eq. 1/1, cuja verificação é inteiramente experimental. Descreveremos agora o significado fundamental dessa lei ao considerar um experimento ideal no qual se supõe que a força e a aceleração são medidas sem erro. Submetemos uma partícula de massa à ação de uma única força $\mathbf{F}_1$, e medimos a aceleração $\mathbf{a}_1$ da partícula no sistema inercial primário.* A razão F_1/a_1 dos módulos da força e da aceleração será um número C_1 cujo valor depende das unidades utilizadas para a medida da força e da aceleração. Repetimos então o experimento submetendo a mesma partícula a uma força diferente $\mathbf{F}_2$ e medimos a aceleração correspondente $\mathbf{a}_2$. A razão F_2/a_2 dos módulos produzirá novamente um número C_2. O experimento é repetido tantas vezes quanto se desejar.

Tiramos duas conclusões importantes a partir dos resultados desses experimentos. Em primeiro lugar, as razões entre a força aplicada e a aceleração correspondente igualam o *mesmo* número, contanto que as unidades utilizadas para a medição não sejam alteradas nos experimentos. Desse modo,

$$\frac{F_1}{a_1} = \frac{F_2}{a_2} = \cdots = \frac{F}{a} = C, \qquad \text{uma constante}$$

Concluímos que a constante C é uma medida de alguma propriedade invariável da partícula. Essa propriedade é a *inércia* da partícula, que é a *sua resistência à taxa de variação da velocidade*. Para uma partícula com inércia elevada (C grande), a aceleração será pequena para uma determinada força F. Por outro lado, se a inércia é pequena, a aceleração será grande. A massa m é usada como uma medida quantitativa da inércia e, portanto, podemos escrever a expressão $C = km$, em que k é uma constante introduzida para levar em conta as unidades empregadas. Assim, podemos expressar a relação obtida a partir dos experimentos como

$$F = kma \tag{3/1}$$

em que F é o módulo da força resultante agindo sobre a partícula de massa m, e a é o módulo da aceleração resultante da partícula.

A segunda conclusão que tiramos desse experimento ideal é que a aceleração é sempre na direção da força aplicada. Assim, a Eq. 3/1 torna-se uma relação *vetorial* e pode ser escrita

$$\mathbf{F} = km\mathbf{a} \tag{3/2}$$

Embora um experimento real não possa ser realizado na forma ideal descrita, as mesmas conclusões foram tiradas a partir de inúmeras experiências realizadas precisamente. Uma das mais exatas verificações é dada pela previsão correta dos movimentos dos planetas com base na Eq. 3/2.

*O sistema inercial primário ou estrutura astronômica de referência é um conjunto imaginário de eixos de referência que, admite-se, não apresentam translação nem rotação no espaço. Veja a Seção 1/2, Capítulo 1.

Sistema Inercial

Ainda que os resultados do experimento ideal sejam obtidos para medições feitas em relação ao sistema inercial primário "fixo", eles são igualmente válidos para medidas feitas com respeito a qualquer sistema de referência sem rotação que se translada com uma velocidade constante em relação ao sistema primário. A partir de nosso estudo do movimento relativo na Seção 2/8, sabemos que a aceleração medida em um sistema com translação sem nenhuma aceleração é a mesma que a medida no sistema primário. Assim, a segunda lei de Newton é igualmente válida em um sistema não acelerado, de modo que podemos definir um *sistema inercial* como qualquer sistema em que a Eq. 3/2 é verdadeira.

Se o experimento ideal descrito fosse realizado sobre a superfície da Terra e todas as medições fossem realizadas em relação a um sistema de referência preso à Terra, os resultados medidos mostrariam uma ligeira discrepância com aqueles preditos pela Eq. 3/2, porque a aceleração medida não seria a aceleração absoluta correta. A discrepância desapareceria quando introduzíssemos a correção devida às componentes da aceleração da Terra. Essas correções são insignificantes para a maioria dos problemas de engenharia que envolvem movimentos de estruturas e máquinas sobre a superfície da Terra. Nesses casos, as acelerações medidas em relação aos eixos de referência fixados na superfície da Terra podem ser tratadas como "absolutas", e a Eq. 3/2 pode ser aplicada com erro desprezível aos experimentos realizados na superfície da Terra.*

Um número crescente de problemas ocorre, particularmente, nas áreas de projeto de foguetes e de espaçonaves, para os quais as componentes da aceleração da Terra são uma preocupação primordial. Para essa tarefa é essencial que as bases fundamentais da segunda lei de Newton sejam muito bem compreendidas e que as componentes relevantes da aceleração absoluta sejam empregadas.

*Como um exemplo da amplitude do erro introduzido por se negligenciar o movimento da Terra, considere uma partícula que se deixa cair, partindo do repouso (relativo à Terra) de uma altura h acima do solo. Nós podemos mostrar que a rotação da Terra origina uma aceleração para o leste (aceleração de Coriolis) relativa à Terra e, desprezando-se a resistência do ar, que a partícula irá cair a uma distância

$$x = \frac{2}{3}\omega\sqrt{\frac{2h^3}{g}}\cos\gamma$$

a leste do ponto sobre o solo diretamente abaixo daquele a partir do qual foi largada. A velocidade da Terra é $\omega = 0{,}729(10^{-4})$ rad/s, e a latitude, norte ou sul, é γ. Em uma latitude de 45° e para uma altura de 200 m, o deslocamento para leste seria $x = 43{,}9$ mm.

Antes de 1905 as leis da mecânica newtoniana haviam sido verificadas por inúmeras experiências físicas e foram consideradas na descrição definitiva do movimento dos corpos. O conceito de *tempo*, considerado uma grandeza absoluta na teoria newtoniana, recebeu uma interpretação fundamentalmente diferente na teoria da relatividade publicada por Einstein em 1905. O novo conceito exigia uma total reformulação das leis aceitas da Mecânica. A teoria da relatividade foi submetida ao ridículo no início, mas foi verificada por experimentos e agora é universalmente aceita pelos cientistas. Embora a diferença entre a mecânica de Newton e a de Einstein seja fundamental, só existe uma diferença em termos práticos nos resultados dados pelas duas teorias quando velocidades da ordem da velocidade da luz (300×10^6 m/s) são encontradas.* Problemas importantes tratando de partículas atômicas e nucleares, por exemplo, exigem cálculos baseados na teoria da relatividade.

Sistemas de Unidades

É usual adotar k igual à unidade na Eq. 3/2, expressando assim a relação na forma usual da segunda lei de Newton

$$\boxed{\mathbf{F} = m\mathbf{a}} \qquad [1/1]$$

Um sistema de unidades para o qual k é unitário é conhecido como um sistema *cinético*. Assim, para um sistema cinético as unidades de força, massa e aceleração não são independentes. Em unidades SI, como explicado na Seção 1/4, as unidades de força (newtons, N) são obtidas por meio da segunda lei de Newton a partir das unidades de base de massa (quilogramas, kg) vezes aceleração (metros por segundo ao quadrado, m/s^2). Assim, N = kg · m/s^2. Esse sistema é conhecido como um *sistema absoluto*, uma vez que a unidade para força é dependente do valor absoluto da massa.

Em unidades americanas habituais, por outro lado, as unidades de massa são derivadas a partir das unidades de força divididas pela aceleração (pés por segundo ao quadrado, ft/s^2). Assim, as unidades de massa são slug = lb-s^2/ft. Esse sistema é conhecido como um sistema *gravitacional*, uma vez que a massa é derivada da força conforme determinada a partir da atração gravitacional.

Para medições feitas em relação à Terra girando, o valor relativo de g deve ser utilizado. O valor internacionalmente aceito de g relativo à Terra ao nível do mar e a uma latitude de 45°, é 9,80665 m/s^2. Exceto quando é necessária uma maior precisão, o valor de 9,81 m/s^2 será utilizado para g. Para medidas em relação à Terra sem estar girando, o valor absoluto de g deve ser usado. Em uma latitude de 45° e no nível do mar, o valor absoluto é 9,8236 m/s^2. A variação no nível do mar em ambos os valores, absoluto e relativo, de g com a latitude é apresentada na Fig. 1/1 da Seção 1/5.

Em unidades americanas usuais, o valor padronizado de g relativo à Terra girando, ao nível do mar e a uma latitude de 45°, é 32,1749 ft/s^2. O valor correspondente relativo à Terra sem girar é 32,2230 ft/s^2.

Unidades de Força e Massa

Precisamos utilizar tanto as unidades SI quanto as unidades usuais do sistema americano, por isso devemos ter um entendimento claro das unidades força e massa corretas em cada sistema. Essas unidades foram explicadas na Seção 1/4, mas será útil ilustrá-las aqui utilizando números simples antes de aplicar a segunda lei de Newton. Considere, inicialmente, o experimento de queda livre como ilustrado na Fig. 3/1*a*,

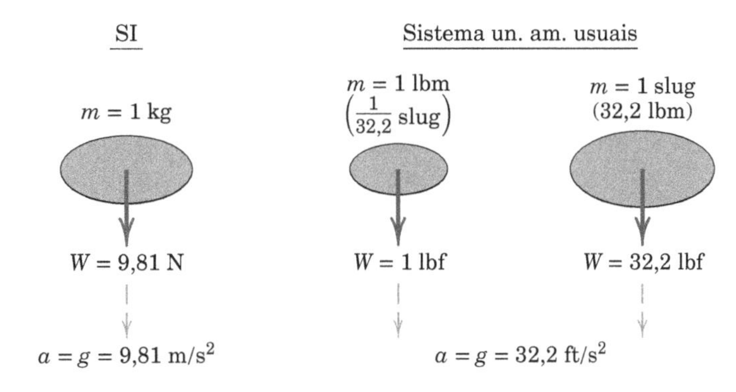

(*a*) Queda livre gravitacional

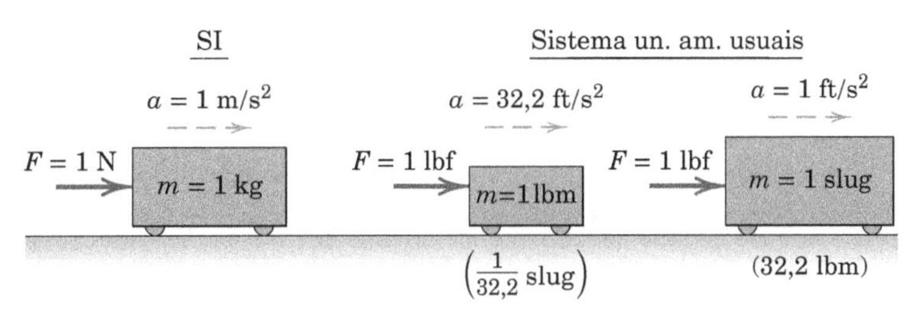

(*b*) Segunda Lei de Newton

FIGURA 3/1

em que liberamos um objeto a partir do repouso próximo à superfície da Terra. Permitimos que ele caia livremente sob a influência da força de atração gravitacional P sobre o corpo. Chamamos essa força o *peso* do corpo. Em unidades SI para uma massa $m = 1$ kg, o peso é $P = 9{,}81$ N, e a correspondente aceleração a para baixo é $g = 9{,}81$ m/s^2. No sistema de unidades americanas habituais, para uma massa $m = 1$ lbm (1/32,2 slug) o peso é $P =$ 1lbf e a aceleração gravitacional correspondente é $g = 32{,}2$ ft/s^2. Para uma massa $m = 1$ slug (32,2 lbm), o peso é $P = 32{,}2$ lbf e a aceleração, naturalmente, é também $g = 32{,}2$ ft/s^2.

Na Fig. 3/1*b* ilustramos as unidades apropriadas com o exemplo mais simples em que aceleramos um objeto de massa m ao longo da horizontal com uma força F. Em unidades SI (um sistema absoluto), uma força $F = 1$ N induz uma massa $m = 1$ kg a acelerar na taxa $a = 1$ m/s^2. Assim, 1 N = 1 kg · m/s^2. No sistema de unidades americanas usuais (um sistema gravitacional), uma força $F = 1$ lbf faz com que uma massa $m = 1$ lbm (1/32,2 slug) acelere a uma taxa $a = 32{,}2$ ft/s^2, enquanto uma força $F = 1$ lbf faz com que uma massa $m = 1$ slug (32,2 lbm) acelere a uma taxa $a = 1$ ft/s^2.

Observamos que nas unidades SI em que a massa é expressa em quilogramas (kg), o peso P do corpo, expresso em newtons (N), é dado por $P = mg$, em que $g =$ 9,81 m/s^2. No sistema de unidades americanas usuais o peso P de um corpo é representado em libras força (lbf) e a massa em slugs (lbf-s^2/ft) é dada por $m = P/g$, em que $g = 32{,}2$ ft/s^2.

No sistema de unidades americanas usuais, falamos frequentemente do peso de um corpo, quando na realidade nos referimos à sua massa. Pode-se especificar corretamente a massa de um corpo em libras (lbm), que deve ser convertida para massa em slugs, antes de ser substituída na segunda lei de Newton. Na ausência de outras indicações em contrário, a libra (lb) é usada normalmente como uma unidade de força (lbf).

3/3 Equação do Movimento e Solução de Problemas

Quando uma partícula de massa m é submetida à ação de forças concorrentes $\mathbf{F}_1$, $\mathbf{F}_2$, $\mathbf{F}_3$, ... cuja soma vetorial é $\Sigma\mathbf{F}$, a Eq. 1/1 torna-se

$$\Sigma\mathbf{F} = m\mathbf{a} \tag{3/3}$$

Ao aplicar a Eq. 3/3 para resolver problemas, usualmente a expressamos na forma de componentes escalares com o uso de um dos sistemas de coordenadas desenvolvidos no Capítulo 2. A escolha de um sistema de coordenadas adequado depende do tipo de movimento envolvido e é um passo fundamental na formulação de qualquer problema. A Eq. 3/3, ou qualquer uma das formas em componentes da equação de força-massa-aceleração, é usualmente chamada de *equação do movimento*. A equação do movimento fornece o valor instantâneo da aceleração correspondente aos valores instantâneos das forças que estão agindo.

Dois Tipos de Problemas em Dinâmica

Encontramos dois tipos de problemas ao aplicar a Eq. 3/3. No primeiro tipo, a aceleração da partícula ou é especificada ou pode ser determinada diretamente a partir de condições cinemáticas conhecidas. Determinamos então as forças correspondentes que agem sobre a partícula pela substituição direta na Eq. 3/3. Esse problema é geralmente bastante simples.

No segundo tipo de problema, as forças que agem sobre a partícula são especificadas e devemos determinar o movimento resultante. Se as forças são constantes, a aceleração também é constante e é facilmente encontrada a partir da Eq. 3/3. Quando as forças são funções do tempo, posição, ou velocidade, a Eq. 3/3 torna-se uma equação diferencial que deve ser integrada para determinar a velocidade e o deslocamento.

Problemas desse segundo tipo são frequentemente mais difíceis, uma vez que a integração pode ser difícil de ser realizada, particularmente quando a força é uma função mista de duas ou mais variáveis do movimento. Na prática, frequentemente é necessário recorrer a técnicas de integração aproximadas, tanto numéricas quanto gráficas, especialmente quando dados experimentais estão envolvidos. Os procedimentos para uma integração matemática da aceleração quando esta é uma função das variáveis do movimento foram desenvolvidos na Seção 2/2, e esses mesmos procedimentos se aplicam quando a força é uma função especificada desses mesmos parâmetros, uma vez que força e aceleração diferem apenas pelo fator constante da massa.

Movimento com Restrição e sem Restrição

Existem dois tipos de movimento fisicamente distintos, os dois são descritos pela Eq. 3/3. O primeiro tipo é o movimento *sem restrição* no qual a partícula é livre de guias mecânicas e segue uma trajetória determinada pelo seu movimento inicial e pelas forças que lhe são aplicadas a partir de fontes externas. Um avião ou foguete em voo e um elétron se deslocando em um campo carregado são exemplos de movimento sem restrição.

O segundo tipo é o movimento *com restrição*, no qual a trajetória da partícula é parcial ou totalmente determinada por guias restritivas. Um disco de hóquei no gelo é parcialmente limitado a se deslocar no plano horizontal pela superfície do gelo. Um trem em movimento ao longo de seu trilho e um bloco deslizante movendo-se ao longo de um eixo fixo são exemplos de movimentos mais plenamente restringidos. Algumas das forças que agem sobre uma partícula durante um movimento com restrição podem ser aplicadas a partir de fontes externas, e outras podem ser as reações sobre as partículas das guias restritivas. *Todas as forças*, tanto aplicadas quanto reativas, que agem sobre a partícula devem ser consideradas na aplicação da Eq. 3/3.

A escolha de um sistema de coordenadas apropriado frequentemente se baseia no número e geometria das restrições. Assim, se uma partícula é livre para se mover no espaço, como é o centro de massa do avião ou do foguete em voo livre, diz-se que a partícula tem *três graus de liberdade* uma vez que três coordenadas independentes são necessárias para especificar a posição da partícula em qualquer instante. Todas as três componentes escalares da equação do movimento teriam que ser integradas para obter as coordenadas espaciais como uma função do tempo.

Se uma partícula é limitada a se deslocar ao longo de uma superfície, como é o disco de hóquei ou uma bolinha de gude deslizando sobre a superfície curva de uma tigela, apenas duas coordenadas são necessárias para especificar sua posição, e nesse caso diz-se que ela tem *dois graus de liberdade*. Se uma partícula é limitada a se deslocar ao longo de uma trajetória linear fixa, como é o bloco deslizante ao longo de um eixo fixo, sua posição pode ser especificada pela coordenada medida ao longo do eixo. Nesse caso, a partícula teria apenas *um grau de liberdade*.

3/4 Movimento Retilíneo

Aplicamos agora os conceitos discutidos nas Seções 3/2 e 3/3 para problemas em movimento de partículas, começando com o movimento retilíneo nesta seção e tratando do movimento curvilíneo na Seção 3/5. Em ambas as seções, analisaremos os movimentos de corpos que podem ser tratados como partículas. Essa simplificação é possível enquanto estamos interessados somente no movimento do centro de massa do corpo. Nesse caso podemos tratar as forças como concorrentes no centro de massa. Consideraremos a ação de forças não concorrentes sobre os movimentos de corpos quando discutirmos a cinética de corpos rígidos no Capítulo 6.

Se escolhermos a direção x, por exemplo, como a direção do movimento retilíneo de uma partícula de massa m, a aceleração nas direções y e z será nula e as componentes escalares da Eq. 3/3 tornam-se

$$\begin{aligned} \Sigma F_x &= ma_x \\ \Sigma F_y &= 0 \qquad (3/4) \\ \Sigma F_z &= 0 \end{aligned}$$

Conceitos-Chave Diagrama de Corpo Livre

Quando se aplica qualquer uma das equações de movimento força-massa-aceleração, devem-se considerar corretamente *todas* as forças agindo sobre a partícula. As únicas forças que podemos desprezar são aquelas cujos módulos são desprezíveis em comparação com outras forças agindo, tais como as forças de atração mútua entre duas partículas comparadas com sua atração por um corpo celeste como a Terra. O vetor soma $\Sigma\mathbf{F}$ da Eq. 3/3 significa a soma vetorial de *todas* as forças que agem *sobre* a partícula em questão. Da mesma forma, o somatório da força escalar correspondente em qualquer uma das componentes de direção significa a soma das componentes de *todas* as forças agindo *sobre* a partícula naquela direção específica.

A única forma confiável de considerar correta e consistentemente cada força é *isolar* a partícula em consideração de *todos* os corpos que a tocam e influenciam e substituir os corpos removidos pelas forças que estes exercem sobre a partícula isolada. O *diagrama de corpo livre* resultante é o meio pelo qual cada força, conhecida e desconhecida, que age sobre a partícula é representada e então levada em consideração. Somente após essa etapa essencial ter sido concluída você deve escrever a equação apropriada ou as equações de movimento.

O diagrama de corpo livre cumpre o mesmo objetivo essencial para a Dinâmica que tem em Estática. Esse objetivo é simplesmente estabelecer um *método completamente confiável* para a avaliação correta da resultante de todas as forças reais que agem sobre a partícula ou corpo em questão. Na Estática essa resultante é igual a zero, enquanto em Dinâmica isso é equiparado ao produto da massa e da aceleração. Quando usar a forma vetorial da equação do movimento, lembre-se de que ela representa várias equações escalares e que cada equação deve ser satisfeita.

O uso cuidadoso e consistente do *método do diagrama de corpo livre* é a *mais importante lição isolada* a ser aprendida no estudo da Engenharia Mecânica. Ao desenhar um diagrama de corpo livre, indique claramente os eixos de coordenadas e seus sentidos positivos. Ao escrever as equações de movimento, certifique-se de que todas as adições de força estão consistentes com a escolha desses sentidos positivos. Como uma ajuda para a identificação das forças externas que agem sobre o corpo em análise, essas forças são mostradas como vetores em negrito, com linha espessa, nas ilustrações deste livro. Os Exemplos 3/1 a 3/5 na próxima seção contêm cinco diagramas de corpo livre. Você deve estudá-los para perceber como os diagramas são construídos.

Na resolução de problemas, você pode estar curioso para saber como começar e qual a sequência de passos a seguir para chegar à solução. Essa dificuldade pode ser minimizada pela formação do hábito de primeiro reconhecer alguma relação entre a grandeza desconhecida desejada no problema e outras grandezas, conhecidas e desconhecidas; então determinar relações adicionais entre essas incógnitas e outras grandezas, conhecidas e desconhecidas. Finalmente, estabelecer a dependência com os dados originais e desenvolver o procedimento para a análise e cálculo. Uns poucos minutos despendidos organizando o plano de ação por meio do reconhecimento da dependência de uma grandeza sobre outra será um tempo bem gasto e normalmente evitará tatear no escuro pela resposta com cálculos irrelevantes.

Para os casos em que não temos a liberdade de escolher uma direção coordenada ao longo do movimento, teríamos, em geral, todas as três componentes da equação

$$\Sigma F_x = ma_x$$
$$\Sigma F_y = ma_y \qquad (3/5)$$
$$\Sigma F_z = ma_z$$

em que a aceleração e a força resultante são dadas por

$$\mathbf{a} = a_x\mathbf{i} + a_y\mathbf{j} + a_z\mathbf{k}$$
$$a = \sqrt{a_x^2 + a_y^2 + a_z^2}$$
$$\Sigma\mathbf{F} = \Sigma F_x\mathbf{i} + \Sigma F_y\mathbf{j} + \Sigma F_z\mathbf{k}$$
$$|\Sigma\mathbf{F}| = \sqrt{(\Sigma F_x)^2 + (\Sigma F_y)^2 + (\Sigma F_z)^2}$$

Koji Sasahara/AP Images

Esta imagem de um teste de colisão entre automóveis sugere que ocorreram acelerações e forças associadas bem grandes por todo o sistema de dois carros. Os bonecos também estão submetidos a forças grandes, primariamente, pelas restrições dos cintos de segurança nos ombros e nos assentos.

EXEMPLO DE PROBLEMA 3/1

Um homem de 75 kg está em pé sobre uma balança de mola em um elevador. Durante os três primeiros segundos do movimento a partir do repouso, a tração T no cabo de elevação é 8300 N. Encontre a leitura R da balança em newtons durante esse intervalo de tempo e a velocidade v ascendente do elevador no final dos três segundos. A massa total do elevador, do homem e da balança é 750 kg.

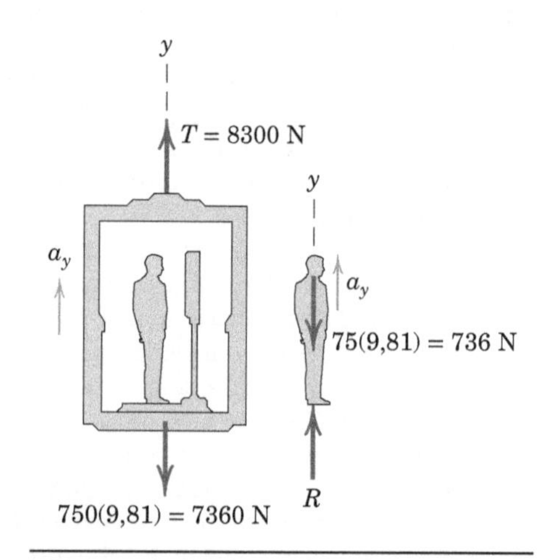

Solução. A força registrada pela balança e a velocidade, ambas dependem da aceleração do elevador, que é constante durante o intervalo para o qual as forças são constantes. A partir do diagrama de corpo livre do elevador, da balança e do homem em conjunto, a aceleração é encontrada como

$[\Sigma F_y = ma_y]$ $\qquad 8300 - 7360 = 750a_y \qquad a_y = 1{,}257 \text{ m/s}^2$

A balança lê a força para baixo exercida sobre ela pelos pés do homem. A reação R igual e oposta a essa ação é mostrada no diagrama de corpo livre do homem isolado, juntamente com o seu peso, e a equação do movimento para ele fornece

$[\Sigma F_y = ma_y]$ $\qquad R - 736 = 75(1{,}257) \qquad R = 830 \text{ N}$ ① *Resp.*

A velocidade atingida no final dos três segundos é

$[\Delta v = \int a\, dt]$ $\qquad v - 0 = \int_0^3 1{,}257\, dt \qquad v = 3{,}77 \text{ m/s}$ *Resp.*

DICA ÚTIL

① Se a balança fosse calibrada em quilogramas, ela indicaria 830/9,81 = 84,6 kg que, evidentemente, não é a sua massa verdadeira já que a medida foi feita em um sistema não inercial (acelerado). *Sugestão*: refaça esse problema em unidades americanas usuais.

EXEMPLO DE PROBLEMA 3/2

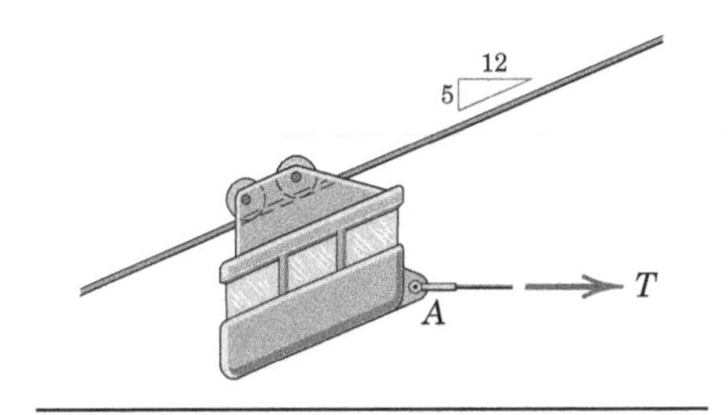

Um pequeno carro de inspeção com uma massa de 200 kg corre ao longo do cabo elevado fixo e é controlado pelo cabo preso em A. Determine a aceleração do carro quando o cabo de controle está horizontal e sob uma tração T = 2,4 kN. Calcule também a força F total exercida pelo cabo de sustentação sobre as rodas.

Solução. O diagrama de corpo livre do carro e das rodas considerados em conjunto e tratados como uma partícula revela a tração T de 2,4 kN, o peso $P = mg = 200(9{,}81) = 1962$ N, e a força F exercida sobre o conjunto das rodas pelo cabo.

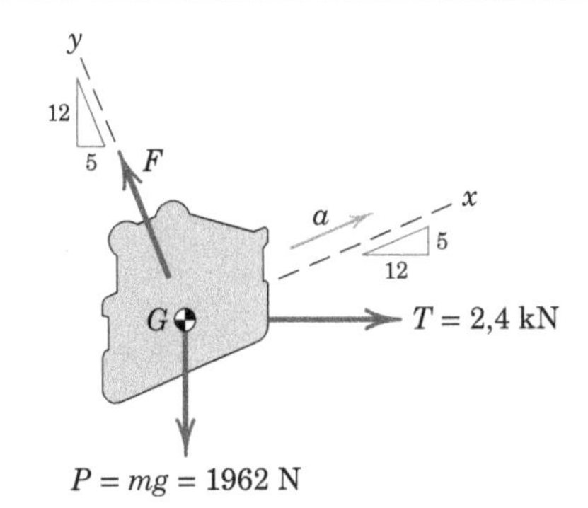

O carro está em equilíbrio na direção y uma vez que não há aceleração nessa direção. Desse modo,

$$[\Sigma F_y = 0] \qquad F - 2{,}4\left(\tfrac{5}{13}\right) - 1{,}962\left(\tfrac{12}{13}\right) = 0 \qquad F = 2{,}73 \text{ kN} \qquad \textit{Resp.}$$

Na direção x a equação do movimento fornece ①

$$[\Sigma F_x = ma_x] \qquad 2400\left(\tfrac{12}{13}\right) - 1962\left(\tfrac{5}{13}\right) = 200a \qquad a = 7{,}30 \text{ m/s}^2 \qquad \textit{Resp.}$$

DICA ÚTIL

① Escolhendo nossos eixos coordenados ao longo e normal à direção da aceleração, somos capazes de resolver as duas equações de forma independente. Seria de mesma forma se x e y fossem escolhidos como horizontal e vertical?

EXEMPLO DE PROBLEMA 3/3

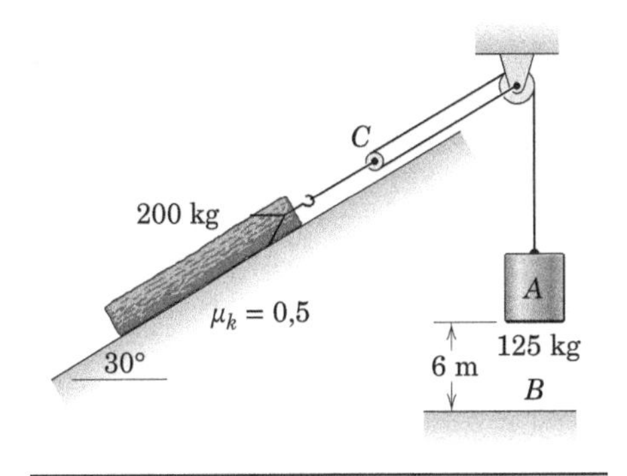

O bloco de concreto A de 125 kg é liberado a partir do repouso na posição mostrada e puxa a tora de 200 kg para cima na rampa com 30°. Se o coeficiente de atrito dinâmico entre a tora e a rampa é 0,5 determine a velocidade do bloco quando este atinge o solo em B.

Solução. Os movimentos da tora e do bloco A são nitidamente dependentes. Embora a essa altura já deva ser evidente que a aceleração da tora para cima da inclinação é metade da aceleração de A para baixo, podemos provar isso formalmente. O comprimento total constante do cabo é $L = 2s_C + s_A$ + constante, em que a constante leva em conta as partes do cabo alojadas em torno das polias. ① Diferenciando duas vezes em relação ao tempo fornece $0 = 2\ddot{s}_C + \ddot{s}_A$, ou

$$0 = 2a_C + a_A$$

Admitimos aqui que as massas das polias são desprezíveis e que giram com atrito desprezível. Com essas hipóteses o diagrama de corpo livre da polia C revela o equilíbrio de força e momento. Assim, a tração no cabo preso à tora é duas vezes aquela aplicada ao bloco. Observe que as acelerações da tora e do centro da polia C são idênticas.

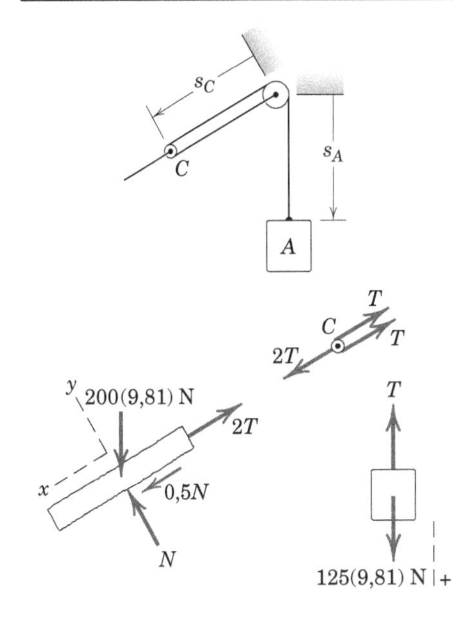

O diagrama de corpo livre da tora mostra a força de atrito $\mu_k N$ para o movimento de subida no plano. O equilíbrio da tora na direção y fornece

$$[\Sigma F_y = 0] \qquad N - 200(9{,}81)\cos 30° = 0 \qquad N = 1699 \text{ N} \qquad ②$$

e sua equação do movimento na direção x fornece

$$[\Sigma F_x = ma_x] \qquad 0{,}5(1699) - 2T + 200(9{,}81)\,\text{sen}\,30° = 200a_C$$

Para o bloco com sentido positivo para baixo, temos

$$[+\downarrow \Sigma F = ma] \qquad 125(9{,}81) - T = 125a_A \qquad ③$$

EXEMPLO DE PROBLEMA 3/3 (*continuação*)

Resolvendo as três equações em a_C, a_A e T, resulta

$$a_A = 1{,}777 \text{ m/s}^2 \qquad a_C = -0{,}888 \text{ m/s}^2 \qquad T = 1004 \text{ N}$$

Para a queda de 6 m com aceleração constante, o bloco adquire uma velocidade ④

$[v^2 = 2ax]$ $\qquad v_A = \sqrt{2(1{,}777)(6)} = 4{,}62 \text{ m/s}$ *Resp.*

DICAS ÚTEIS

① As coordenadas utilizadas para expressar a relação de restrição cinemática final devem ser consistentes com aquelas utilizadas para as equações cinéticas de movimento.

② Podemos verificar que a tora irá realmente subir a rampa calculando a força no cabo necessária para iniciar o movimento a partir da condição de equilíbrio. Essa força é $2T = 0{,}5N + 200(9{,}81)$ sen $30° = 1831$ N ou $T = 915$ N, que é inferior ao peso 1226 N do bloco A. Assim, a tora irá se mover para cima.

③ Observe o grave erro em presumir que $T = 125(9{,}81)$ N, nesse caso, o bloco A não iria acelerar.

④ Devido às forças nesse sistema permanecerem constantes, as acelerações resultantes também permanecem constantes.

EXEMPLO DE PROBLEMA 3/4

O modelo de projeto para um novo navio tem uma massa de 10 kg e é testado em um tanque de experimentação para determinar a sua resistência ao movimento através da água em diferentes velocidades. Os resultados dos testes são representados no gráfico anexo, e a resistência R pode ser estreitamente aproximada pela curva parabólica tracejada indicada. Se o modelo é liberado quando tem uma velocidade de 2 m/s, determine o tempo t necessário para reduzir sua velocidade para 1 m/s e a cor- respondente distância x percorrida.

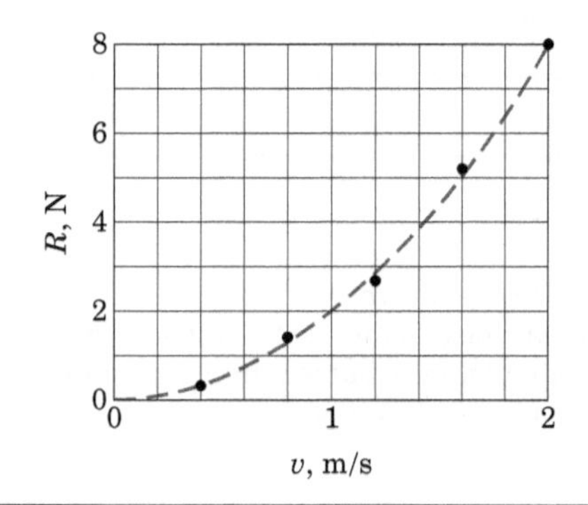

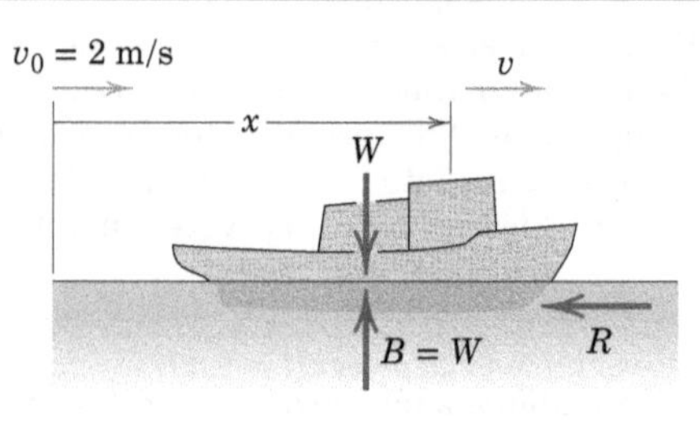

Solução. Aproximamos a relação resistência-velocidade por $R = kv^2$ e encontramos k substituindo $R = 8$ N e $v = 2$ m/s na equação, que fornece $k = 8/2^2 = 2\text{N} \cdot \text{s}^2/\text{m}^2$. Então, $R = 2v^2$.

A única forca horizontal sobre o módulo é R, de modo que

$[\Sigma F_x = ma_x]$ $\qquad -R = ma_x \quad$ ou $\quad -2v^2 = 10\dfrac{dv}{dt}$ ①

Separamos as variáveis e integramos para obter

$$\int_0^t dt = -5\int_2^v \frac{dv}{v^2} \qquad t = 5\left(\frac{1}{v} - \frac{1}{2}\right) \text{ s}$$

Assim, quando $v = v_0/2 = 1$ m/s, o tempo é $t = 5\left(\frac{1}{1} - \frac{1}{2}\right) = 2{,}5$ s. *Resp.*

A distância percorrida durante os 2,5 segundos é obtida pela integração de $v = dx/dt$. Assim, $v = 10/(5 + 2t)$ de modo que

$$\int_0^x dx = \int_0^{2,5} \frac{10}{5+2t}dt \qquad x = \frac{10}{2}\ln(5+2t)\Big|_0^{2,5} = 3{,}47 \text{ m}$$ ② *Resp.*

DICAS ÚTEIS

① Tenha o cuidado de observar o sinal negativo de R.

② *Sugestão*: expresse a distância x após a liberação em termos da velocidade v e veja se você concorda com a relação resultante $x = 5 \ln(v_0/v)$.

EXEMPLO DE PROBLEMA 3/5

A luva de massa m desliza para cima no eixo vertical sob a ação de uma força F de módulo constante, mas de direção variável. Se $\theta = kt$, em que k é uma constante, e se a luva parte do repouso com $\theta = 0$, determine o módulo F da força que resultará na luva chegar ao estado de repouso quando θ atinge $\pi/2$. O coeficiente de atrito dinâmico entre a luva e o eixo é μ_d.

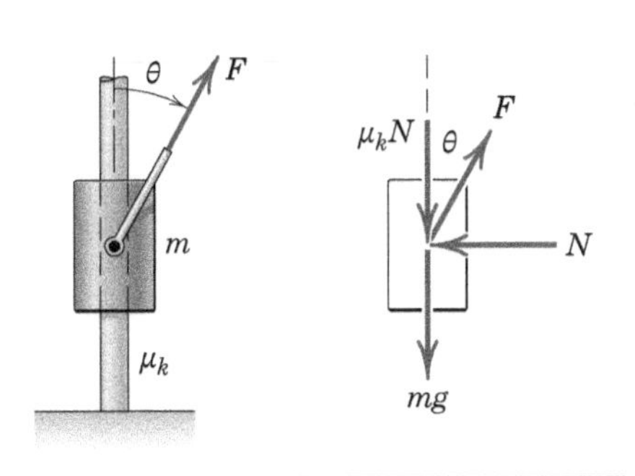

Solução. Após desenhar o diagrama de corpo livre, aplicamos a equação do movimento na direção y para obter

$$[\Sigma F_y = ma_y] \qquad F\cos\theta - \mu_k N - mg = m\frac{dv}{dt} \quad ①$$

em que o equilíbrio na direção horizontal requer $N = F$ sen θ. Substituindo $\theta = kt$ e integrando primeiro entre limites genéricos fornece

$$\int_0^t (F\cos kt - \mu_k F \operatorname{sen} kt - mg)\, dt = m\int_0^v dv$$

que vem a ser

$$\frac{F}{k}[\operatorname{sen} kt + \mu_k(\cos kt - 1)] - mgt = mv$$

Para $\theta = \pi/2$ o tempo torna-se $t = \pi/2k$ e $v = 0$, de modo que

$$\frac{F}{k}[1 + \mu_k(0 - 1)] - \frac{mg\pi}{2k} = 0 \qquad \text{e} \qquad F = \frac{mg\pi}{2(1-\mu_k)} \quad ② \quad \textit{Resp.}$$

DICAS ÚTEIS

① Se θ fosse expresso como uma função do deslocamento vertical y em vez do tempo t, a aceleração se tornaria uma função do deslocamento e poderíamos utilizar $v\,dv = a\,dy$.

② Vemos que os resultados não dependem de k, a taxa na qual a força varia de direção.

Mark Vasey/Getty Images, Inc.

Por causa da inclinação na curva da pista, a força de reação normal fornece a maior parte da aceleração do trenó.

3/5 Movimento Curvilíneo

Voltamos agora a nossa atenção para a cinética de partículas que se deslocam ao longo de trajetórias curvilíneas. Ao aplicar a segunda lei de Newton, Eq. 3/3, no movimento curvilíneo faremos uso das três descrições de coordenadas para a aceleração que desenvolvemos nas Seções 2/4, 2/5 e 2/6.

A escolha de um sistema de coordenadas apropriado depende das condições do problema e é uma das decisões fundamentais a serem tomadas na resolução dos problemas de movimento curvilíneo. Reescrevemos agora a Eq. 3/3 em três formas, cuja escolha depende de qual sistema de coordenadas é mais adequado.

Coordenadas retangulares (Seção 2/4, Fig. 2/7)

$$\boxed{\begin{aligned}\Sigma F_x &= ma_x \\ \Sigma F_y &= ma_y\end{aligned}} \qquad (3/6)$$

em que

$$a_x = \ddot{x} \qquad \text{e} \qquad a_y = \ddot{y}$$

Coordenadas normal e tangencial Seção 2/5, Fig. 2/10)

$$\boxed{\begin{aligned}\Sigma F_n &= ma_n \\ \Sigma F_t &= ma_t\end{aligned}} \qquad (3/7)$$

em que

$$a_n = \rho\dot{\beta}^2 = v^2/\rho = v\dot{\beta}, \qquad a_t = \dot{v}, \qquad \text{e} \qquad v = \rho\dot{\beta}$$

Coordenadas polares Seção 2/6, Fig. 2/15)

$$\Sigma F_r = ma_r \qquad (3/8)$$
$$\Sigma F_\theta = ma_\theta$$

em que

$$a_r = \ddot{r} - r\dot{\theta}^2 \quad \text{e} \quad a_\theta = r\ddot{\theta} + 2\dot{r}\dot{\theta}$$

Na aplicação dessas equações de movimento para um corpo tratado como uma partícula, você deve seguir o procedimento geral estabelecido na seção anterior sobre movimento retilíneo. Após identificar o movimento e escolher o sistema de coordenadas, desenhe o diagrama de corpo livre do corpo. Em seguida, obtenha os somatórios apropriados das forças a partir desse diagrama da forma usual. O diagrama de corpo livre deve estar completo para evitar o somatório incorreto das forças.

Após ter designado os eixos de referência, você deve usar as expressões tanto para as forças quanto para as acelerações as quais sejam consistentes com a designação. Na primeira das Eq. 3/7, por exemplo, o sentido positivo do eixo n é *direcionado* ao centro de curvatura, e assim o sentido positivo do nosso somatório de força ΣF_n também deve ser *direcionado* ao centro de curvatura de modo a concordar com o sentido positivo da aceleração $a_n = v^2/\rho$.

EXEMPLO DE PROBLEMA 3/6

Determine a velocidade máxima v que o bloco deslizante pode ter quando passa pelo ponto A sem que perca o contato com a superfície. Suponha uma ligeira folga no encaixe entre o bloco e as superfícies de restrição.

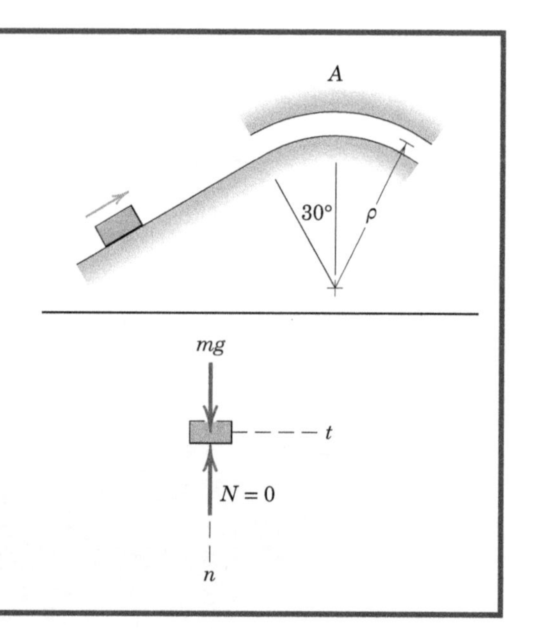

Solução. A condição para a perda de contato é que a força normal N que a superfície exerce sobre o bloco seja zero. Somando as forças na direção normal resulta

$$[\Sigma F_n = ma_n] \qquad mg = m\frac{v^2}{\rho} \qquad v = \sqrt{g\rho} \qquad \textit{Resp.}$$

Se a velocidade em A for menor do que $\sqrt{g\rho}$, então uma força normal para cima exercida pela superfície sobre o bloco poderia existir. Para que o bloco tenha uma velocidade em A que seja maior do que $\sqrt{g\rho}$, algum tipo de restrição, tal como uma segunda superfície curva acima do bloco, teria que ser introduzida para fornecer força adicional para baixo.

EXEMPLO DE PROBLEMA 3/7

Pequenos objetos são liberados a partir do repouso em A e deslizam para baixo na superfície circular lisa de raio R para uma esteira transportadora B. Determine a expressão para a força normal N de contato entre a guia e cada objeto em termos de θ e especifique a velocidade angular correta ω da polia de raio r da esteira transportadora para evitar qualquer deslizamento sobre a esteira quando os objetos são transferidos para o transportador.

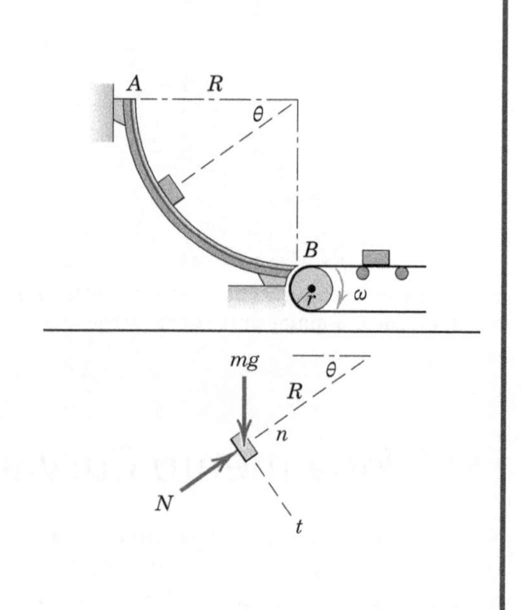

Solução. O diagrama de corpo livre do objeto é mostrado junto com as direções das coordenadas n e t. A força normal N depende da componente n da aceleração que, por sua vez, depende da velocidade. A velocidade será crescente de acordo com a aceleração tangencial a_t. Assim, vamos encontrar a_t inicialmente para qualquer posição em geral.

$$[\Sigma F_t = ma_t] \qquad mg\cos\theta = ma_t \qquad a_t = g\cos\theta$$

Agora podemos encontrar a velocidade por integração ①

$$[v\,dv = a_t\,ds] \qquad \int_0^v v\,dv = \int_0^\theta g\cos\theta\,d(R\theta) \qquad v^2 = 2gR\,\text{sen}\,\theta$$

EXEMPLO DE PROBLEMA 3/7 (*continuação*)

Obtemos a força normal somando as forças no sentido positivo de n, que é o sentido da componente n da aceleração.

$$[\Sigma F_n = ma_n] \qquad N - mg \text{ sen } \theta = m\frac{v^2}{R} \qquad N = 3mg \text{ sen } \theta \qquad \textit{Resp.}$$

A polia da esteira transportadora deve girar na taxa $v = r\omega$ para $\theta = \pi/2$, portanto

$$\omega = \sqrt{2gR}/r \qquad \textit{Resp.}$$

DICA ÚTIL

① É essencial aqui que reconheçamos a necessidade de expressar a aceleração tangencial como uma função da posição, de modo que v possa ser encontrado por meio da integração da relação cinemática $v\,dv = a_t\,ds$, na qual todas as grandezas são medidas ao longo da trajetória.

EXEMPLO DE PROBLEMA 3/8

Um carro de 1500 kg entra em um trecho sinuoso de uma estrada no plano horizontal e diminui a velocidade em uma taxa uniforme a partir de uma velocidade de 100 km/h em A, para uma velocidade de 50 km/h quando passa por C. O raio de curvatura ρ da estrada em A é de 400 metros e em C é de 80 m. Determine a força horizontal total exercida pela estrada sobre os pneus nas posições A, B e C. O ponto B é o ponto de inflexão no qual a curvatura muda de direção.

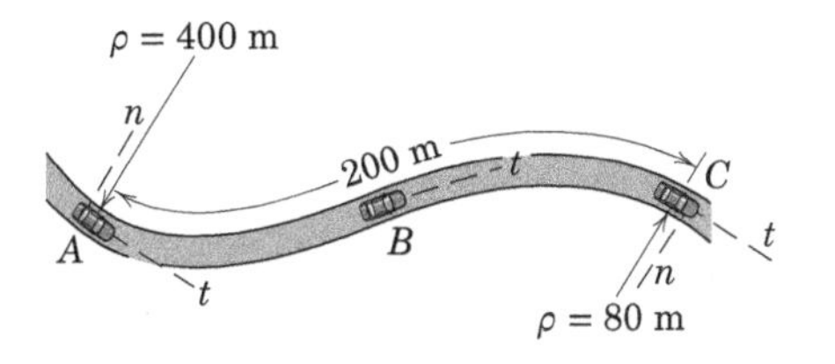

Solução. O carro será tratado como uma partícula de modo que o efeito de todas as forças exercidas pela estrada sobre os pneus será tratado como uma única força. Uma vez que o movimento é descrito ao longo da direção da estrada, coordenadas normal e tangencial serão utilizadas para especificar a aceleração do carro. Determinaremos então as forças a partir das acelerações.

A aceleração tangencial constante é no sentido negativo de t, e seu módulo é dado por

$$[v_C{}^2 = v_A{}^2 + 2a_t\,\Delta s] \qquad a_t = \left|\frac{(50/3{,}6)^2 - (100/3{,}6)^2}{2(200)}\right| = 1{,}447 \text{ m/s}^2 \quad ①$$

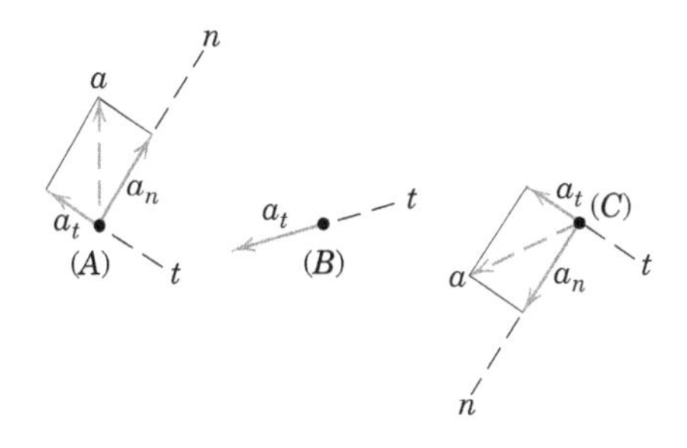

As componentes normais da aceleração em A, B e C são

$$[a_n = v^2/\rho] \qquad \text{Em } A, \quad a_n = \frac{(100/3{,}6)^2}{400} = 1{,}929 \text{ m/s}^2 \quad ②$$

$$\text{Em } B, \quad a_n = 0$$

$$\text{Em } C, \quad a_n = \frac{(50/3{,}6)^2}{80} = 2{,}41 \text{ m/s}^2$$

DICAS ÚTEIS

① Observe o valor numérico do fator de conversão de km/h para m/s de 1000/3600 ou 1/3,6.

② Note que a_n é sempre direcionada para o centro de curvatura.

A aplicação da segunda lei de Newton em ambas as direções n e t no diagrama de corpo livre do carro fornece

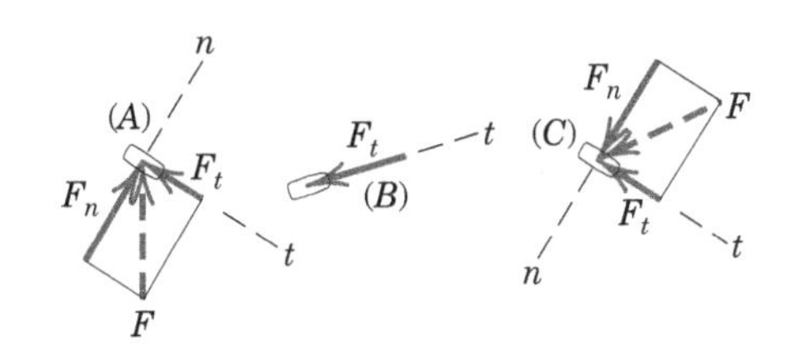

$$[\Sigma F_t = ma_t] \qquad F_t = 1500(1{,}447) = 2170 \text{ N}$$

$$[\Sigma F_n = ma_n] \quad \text{Em } A, \quad F_n = 1500(1{,}929) = 2890 \text{ N} \quad ③$$

$$\text{Em } B, \quad F_n = 0$$

$$\text{Em } C, \quad F_n = 1500(2{,}41) = 3620 \text{ N}$$

③ Note que a direção de F_n deve concordar com aquela de a_n.

Assim, a força horizontal total agindo sobre os pneus vem a ser

$$\text{Em } A, \quad F = \sqrt{F_n{}^2 + F_t{}^2} = \sqrt{(2890)^2 + (2170)^2} = 3620 \text{ N} \qquad \textit{Resp.}$$

$$\text{Em } B, \quad F = F_t = 2170 \text{ N} \qquad \textit{Resp.}$$

$$\text{Em } C, \quad F = \sqrt{F_n{}^2 + F_t{}^2} = \sqrt{(3620)^2 + (2170)^2} = 4220 \text{ N} \quad ④ \qquad \textit{Resp.}$$

④ O ângulo feito por **a** e **F** com a direção da trajetória pode ser calculado caso for desejado.

EXEMPLO DE PROBLEMA 3/9

Calcule o módulo v da velocidade necessária para a nave espacial S se manter em uma órbita circular de altitude 320 km acima da superfície da Terra.

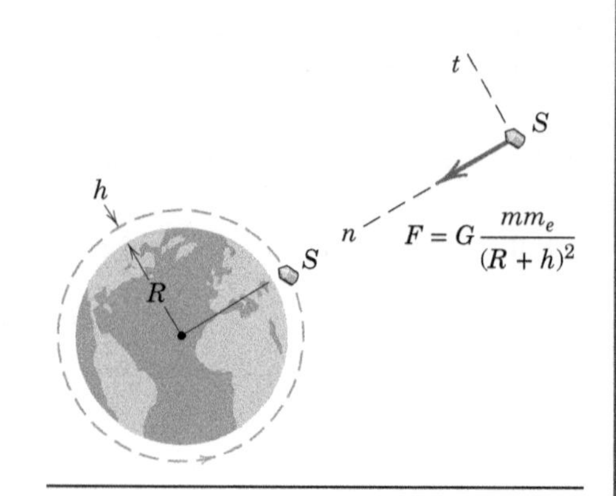

Solução. A única força externa que age sobre a nave espacial é a força de atração gravitacional para a Terra (isto é, o seu peso), como mostrado no diagrama de corpo livre. ① Somando as forças na direção normal resulta

$$[\Sigma F_n = ma_n] \quad G\frac{mm_e}{(R+h)^2} = m\frac{v^2}{(R+h)}, \quad v = \sqrt{\frac{Gm_e}{(R+h)}} = R\sqrt{\frac{g}{(R+h)}}$$

em que a substituição de $gR^2 = Gm_e$ foi introduzida. A substituição de valores fornece

$$v = (6371)(1000)\sqrt{\frac{9,825}{(6371+320)(1000)}} = 7220 \text{ m/s} \qquad \textit{Resp.}$$

DICA ÚTIL

① Repare que, para observações feitas em um sistema de referência inercial, não existe uma grandeza como a "força centrífuga" agindo no sentido negativo de n. Observe também que nem a nave espacial e nem os seus ocupantes são "sem peso", porque o peso em cada caso é dado pela lei da gravitação de Newton. Para essa altitude, os pesos são apenas cerca de 10% menores que os valores na superfície da Terra. Finalmente, o termo "zero-g" também é equivocado. Somente quando fazemos nossas observações em relação a um sistema de coordenadas que possui uma aceleração igual à aceleração gravitacional (como em uma nave espacial em órbita) é que parecemos estar em um ambiente "zero-g". A grandeza que se anula a bordo da nave espacial em órbita é a familiar força normal associada, por exemplo, com um objeto em contato com uma superfície horizontal dentro da nave espacial.

EXEMPLO DE PROBLEMA 3/10

O tubo A gira em torno do eixo vertical O com uma velocidade angular constante $\dot{\theta} = \omega$ e contém um pequeno tampão cilíndrico B de massa m, cuja posição radial é controlada pelo cordão que passa livremente através do tubo e do eixo e é enrolado em torno do tambor de raio b. Determine a tração T no cordão e a componente horizontal F_θ da força exercida pelo tubo sobre o tampão se a velocidade angular constante de rotação do tambor é ω_0 em primeiro lugar na direção do caso (a) e em segundo lugar na direção do caso (b). Despreze o atrito.

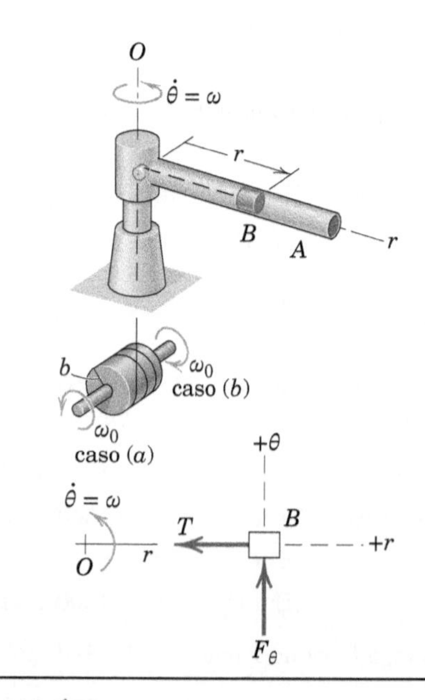

Solução. Com r como variável, usamos a forma em coordenadas polares das equações de movimento, Eqs. 3/8. O diagrama de corpo livre de B é mostrado no plano horizontal e desvenda simplesmente T e F_θ. As equações de movimento são

$$[\Sigma F_r = ma_r] \qquad -T = m(\ddot{r} - r\dot{\theta}^2)$$

$$[\Sigma F_\theta = ma_\theta] \qquad F_\theta = m(r\ddot{\theta} + 2\dot{r}\dot{\theta})$$

Caso (a). Com $\dot{r} = +b\omega_0$, $\ddot{r} = 0$ e $\ddot{\theta} = 0$, as forças resultam

$$T = mr\omega^2 \qquad F_\theta = 2mb\omega_0\omega \qquad \textit{Resp.}$$

Caso (b). Com $\dot{r} = -b\omega_0$, $\ddot{r} = 0$ e $\ddot{\theta} = 0$, as forças resultam

$$T = mr\omega^2 \qquad F_\theta = -2mb\omega_0\omega \text{ ①} \qquad \textit{Resp.}$$

DICA ÚTIL

① O sinal negativo indica que F_θ é no sentido oposto ao que é mostrado no diagrama de corpo livre.

SEÇÃO B Trabalho e Energia

3/6 Trabalho e Energia Cinética

Nas duas seções anteriores, aplicamos a segunda lei de Newton $\mathbf{F} = m\mathbf{a}$ a vários problemas de movimento de partícula para estabelecer a relação instantânea entre a resultante das forças agindo sobre uma partícula e a aceleração resultante da partícula. Quando precisamos determinar a variação na velocidade ou o deslocamento correspondente da partícula, integramos a aceleração calculada utilizando as equações cinemáticas apropriadas.

Existem duas classes gerais de problemas nas quais os efeitos cumulativos das forças não equilibradas agindo sobre uma partícula são de interesse para nós. Esses casos envolvem (1) integração das forças em relação ao deslocamento da partícula e (2) integração das forças com respeito ao tempo em que são aplicadas. Podemos incorporar os resultados dessas integrações diretamente nas equações que regem o movimento de modo que isso se torne desnecessário para resolver diretamente a aceleração. A integração em relação ao deslocamento conduz às equações de trabalho e energia, que são o assunto desta seção. A integração com respeito ao tempo conduz às equações de impulso e quantidade de movimento, discutidas na Seção C.

Definição de Trabalho

Desenvolvemos agora o significado quantitativo do termo "trabalho".* A Fig. 3/2a apresenta uma força $\mathbf{F}$ agindo sobre uma partícula em A que se desloca ao longo da trajetória mostrada. O vetor posição $\mathbf{r}$, medido a partir de alguma origem conveniente O, localiza a partícula quando esta passa pelo ponto A, e $d\mathbf{r}$ é o deslocamento diferencial associado a um movimento infinitesimal de A para A'. O trabalho realizado pela força $\mathbf{F}$ durante o deslocamento $d\mathbf{r}$ é definido como

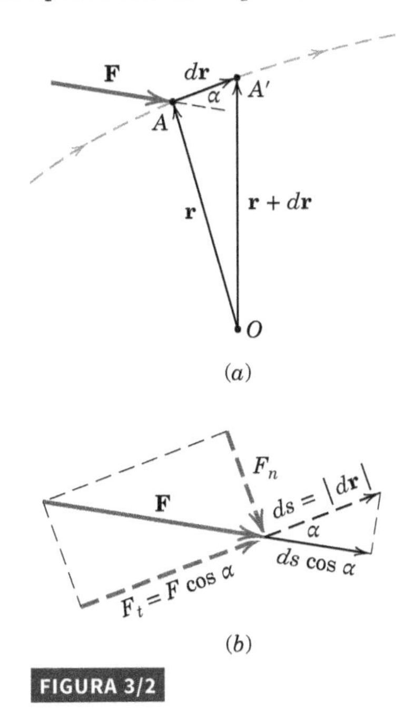

FIGURA 3/2

*O conceito de trabalho também foi apresentado no estudo do trabalho virtual, Capítulo 7, *Vol. 1. Estática*.

$$dU = \mathbf{F} \cdot d\mathbf{r}$$

O módulo desse produto escalar é $dU = F\,ds \cos \alpha$, em que α é o ângulo entre $\mathbf{F}$ e $d\mathbf{r}$ e ds é o módulo de $d\mathbf{r}$. Essa expressão pode ser interpretada como o deslocamento multiplicado pela componente de força $F_t = F \cos \alpha$ na direção do deslocamento, como representado pelas linhas tracejadas na Fig. 3/2b. Alternativamente, o trabalho dU pode ser interpretado como a força multiplicada pela componente de deslocamento $ds \cos \alpha$ na direção da força, como representado pelas linhas cheias na Fig. 3/2b.

Com essa definição de trabalho, deve-se notar que a componente $F_n = F \text{ sen } \alpha$, normal ao deslocamento, não realiza trabalho. Assim, o trabalho dU pode ser escrito como

$$dU = F_t\,ds$$

O trabalho é positivo se a componente F_t que realiza trabalho tem o mesmo sentido do deslocamento, e é negativo, se tem o sentido oposto. Forças que realizam trabalho são denominadas *forças ativas*. Forças de restrição que não realizam trabalho são denominadas *forças reativas*.

Unidades de Trabalho

As unidades SI de trabalho são aquelas da força (N) multiplicada pelo deslocamento (m) ou N · m. Esta unidade recebe o nome especial de *joule* (J), que é definido como o trabalho realizado por uma força de 1 N que age ao longo de uma distância de 1 m no mesmo sentido da força. O uso consistente do joule para trabalho (e energia) em vez das unidades N · m evitará possíveis dúvidas com as unidades de momento de uma força ou de torque, que também são escritos N · m.

No sistema americano de unidades, trabalho tem unidades de ft·lb. Dimensionalmente, trabalho e momento são os mesmos. A fim de distinguir entre as duas grandezas, recomenda-se que o trabalho seja expresso em pés-libras (ft·lb) e o momento em libra-pés (lb·ft). Deve-se notar que o trabalho é um escalar como determinado pelo produto escalar e envolve o produto de uma força e uma distância, ambos medidos ao longo da mesma linha. O momento, por outro lado, é um vetor como determinado pelo produto vetorial e envolve o produto da força e da distância medida perpendicularmente à força.

Cálculo do Trabalho

Durante um movimento finito do ponto de aplicação de uma força, a força realiza uma quantidade de trabalho igual a

$$U = \int_1^2 \mathbf{F} \cdot d\mathbf{r} = \int_1^2 (F_x\,dx + F_y\,dy + F_z\,dz)$$

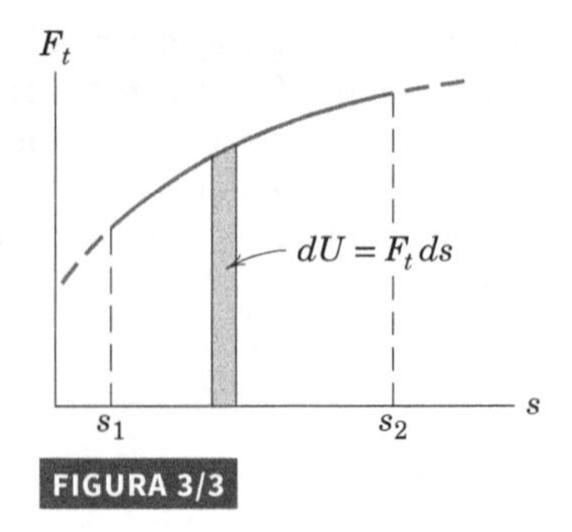

FIGURA 3/3

ou

$$U = \int_{s_1}^{s_2} F_t\,ds$$

A fim de proceder a essa integração, é necessário conhecer as relações entre as componentes de força e suas respectivas coordenadas ou a relação entre F_t e s. Se a relação funcional não é conhecida como uma expressão matemática que pode ser integrada, mas é especificada na forma de dados aproximados ou experimentais, então podemos calcular o trabalho procedendo a uma integração numérica ou gráfica como representado pela área sob a curva de F_t contra s, como mostrado na Fig. 3/3.

Exemplos de Trabalho

Quando o trabalho deve ser calculado, podemos sempre começar com a definição de trabalho, $U = \int \mathbf{F} \cdot d\mathbf{r}$, inserir expressões vetoriais apropriadas para a força $\mathbf{F}$ e para o vetor deslocamento diferencial $d\mathbf{r}$, e efetuar a integração necessária. Com alguma experiência, a realização de cálculos simples, tais como aqueles associados a forças constantes, pode ser efetuada por inspeção. Calcularemos agora formalmente o trabalho associado com três forças que ocorrem frequentemente: forças constantes, forças devidas a molas e pesos.

1. **Trabalho Associado a uma Força Externa Constante.** Considere a força constante $\mathbf{P}$ aplicada ao corpo enquanto este se desloca da posição 1 para a posição 2, Fig. 3/4. Com a força $\mathbf{P}$ e o deslocamento diferencial $d\mathbf{r}$ escritos como vetores, o trabalho realizado sobre o corpo pela força é

$$U_{1\text{-}2} = \int_1^2 \mathbf{F} \cdot d\mathbf{r} = \int_1^2 [(P\cos\alpha)\mathbf{i} + (P\,\text{sen}\,\alpha)\mathbf{j}] \cdot dx\,\mathbf{i}$$

$$= \int_{x_1}^{x_2} P\cos\alpha\,dx = P\cos\alpha(x_2 - x_1) = PL\cos\alpha \qquad (3/9)$$

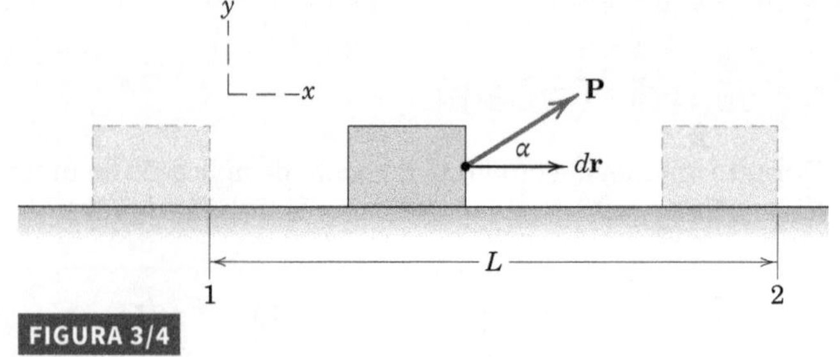

FIGURA 3/4

Como discutido anteriormente, essa expressão para o trabalho pode ser interpretada como a componente de força $P\cos\alpha$ multiplicada pela distância L percorrida. Caso α estivesse entre 90° e 270°, o trabalho seria negativo. A componente de força $P\,\text{sen}\,\alpha$, normal ao deslocamento, não realiza trabalho.

2. **Trabalho Associado a Força de uma Mola.** Consideramos aqui a mola linear comum de rigidez k em que a força necessária para esticá-la ou comprimi-la é proporcional à deformação x, como mostrado na Fig. 3/5*a*. Desejamos determinar o trabalho realizado sobre o corpo pela força da mola enquanto ele sofre um deslocamento arbitrário de uma posição inicial x_1 para uma posição final x_2. A força exercida pela mola sobre o corpo é $F = -kx\mathbf{i}$, como mostrado na Fig. 3/5*b*. A partir da definição de trabalho, temos

$$U_{1\text{-}2} = \int_1^2 \mathbf{F} \cdot d\mathbf{r} = \int_1^2 (-kx\mathbf{i}) \cdot dx\,\mathbf{i} =$$

$$-\int_{x_1}^{x_2} kx\,dx = \frac{1}{2}k(x_1^2 - x_2^2) \qquad (3/10)$$

Se a posição inicial é a de deformação nula da mola de modo que $x_1 = 0$, então o trabalho é negativo para qualquer posição final $x_2 \neq 0$. Isso é verificado observando que, se o corpo começa na posição da mola sem deformação, e então se desloca para a direita, a força da mola é para a esquerda; se o corpo começa em $x_1 = 0$ e, se desloca para a esquerda, a força da mola é para a direita. Por outro lado, se deslocamos a partir de uma posição inicial arbitrária $x_1 \neq 0$, para a posição final sem deformação $x_2 = 0$, vemos que o trabalho é

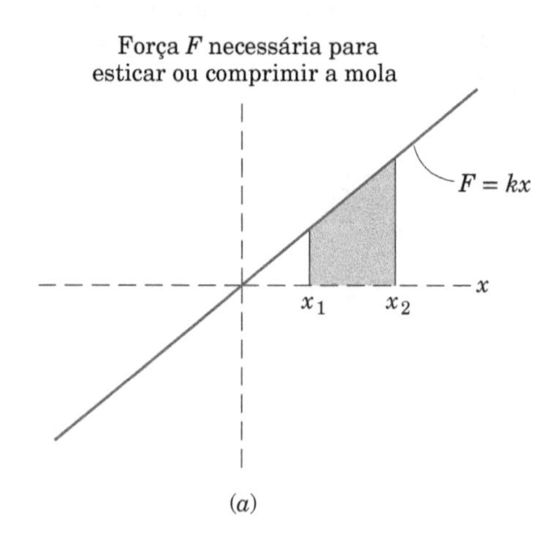

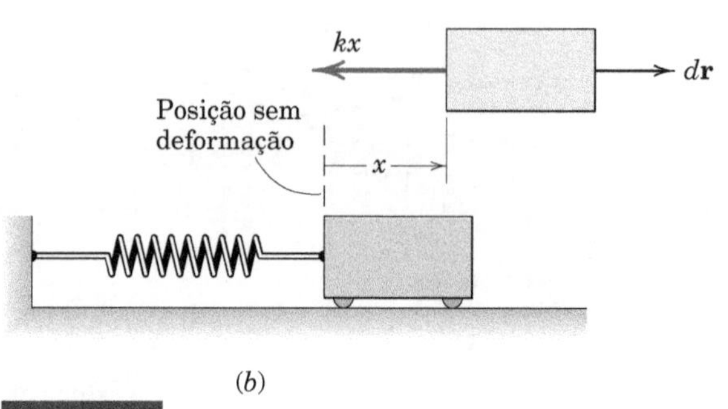

FIGURA 3/5

positivo. Em qualquer movimento em direção à posição da mola sem deformação, a força da mola e o deslocamento têm o mesmo sentido.

No caso *geral*, evidentemente, nem x_1 nem x_2 são zero. O módulo do trabalho é igual à área trapezoidal sombreada da Fig. 3/5*a*. Para calcular o trabalho realizado sobre um corpo pela força de uma mola, deve-se tomar cuidado para garantir que as unidades de k e x sejam consistentes. Se x está em metros, k deve ser em N/m. Além disso, certifique-se de confirmar que a variável x representa uma deformação a partir do comprimento da mola não esticada e *não* o comprimento total da mola.

A expressão $F = kx$ é na verdade uma relação estática que só é verdadeira quando os elementos da mola não têm aceleração. O comportamento dinâmico de uma mola quando sua massa é levada em consideração é um problema bastante complexo que não será tratado aqui. Consideraremos que a massa da mola é pequena quando comparada com as massas de outros componentes em aceleração do sistema, nesse caso a relação linear estática não implicará um erro considerável.

3. **Trabalho Associado ao Peso.** *Caso* (*a*) g = *constante*. Se a variação de altitude é suficientemente pequena para que a aceleração da gravidade g possa ser considerada constante, o trabalho realizado pelo peso mg do corpo mostrado na Fig. 3/6*a* enquanto o corpo é deslocado de uma altitude arbitrária y_1 para uma altitude final y_2 é

$$U_{1\text{-}2} = \int_1^2 \mathbf{F}\cdot d\mathbf{r} = \int_1^2 (-mg\mathbf{j})\cdot(dx\mathbf{i} + dy\mathbf{j})$$

$$= -mg\int_{y_1}^{y_2} dy = -mg(y_2 - y_1) \qquad (3/11)$$

Vemos que o movimento horizontal não contribui para esse trabalho. Observamos também que se o corpo sobe (talvez devido a outras forças não apresentadas), então $(y_2 - y_1) > 0$, e esse trabalho é negativo. Se o corpo cai, $(y_2 - y_1) < 0$, e o trabalho é positivo.

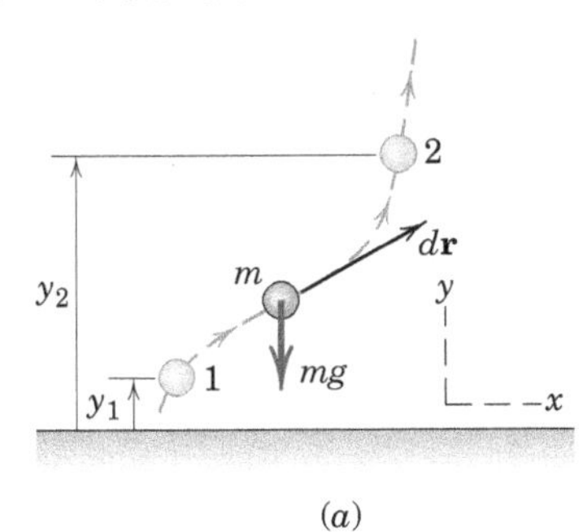

(*a*)

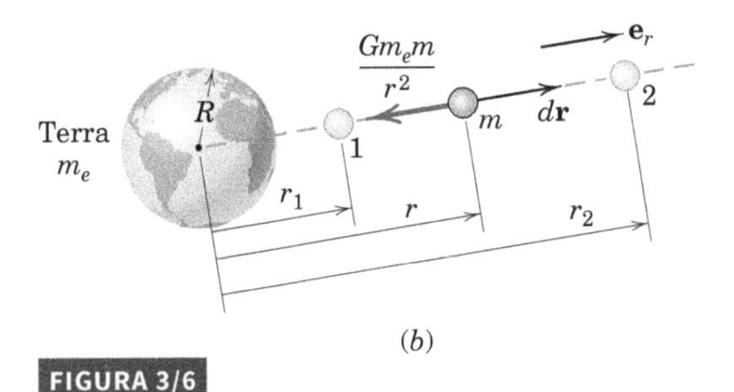

(*b*)

FIGURA 3/6

Caso (*b*) $g \neq$ *constante*. Se grandes variações na altitude ocorrem, então o peso (força gravitacional) não é mais constante. Devemos então utilizar a lei da gravitação (Eq. 1/2) e expressar o peso como uma força variável de módulo $F = \dfrac{Gm_em}{r^2}$ como indicado na Fig. 3/6*b*. Usar a coordenada radial mostrada na figura permite que se expresse o trabalho como

$$U_{1\text{-}2} = \int_1^2 \mathbf{F}\cdot d\mathbf{r} = \int_1^2 \frac{-Gm_em}{r^2}\,\mathbf{e}_r\cdot dr\,\mathbf{e}_r = -Gm_em\int_{r_1}^{r_2}\frac{dr}{r^2}$$

$$= Gm_em\left(\frac{1}{r_2} - \frac{1}{r_1}\right) = mgR^2\left(\frac{1}{r_2} - \frac{1}{r_1}\right) \qquad (3/12)$$

em que a equivalência $Gm_T = gR^2$ foi estabelecida na Seção 1/5, com g representando a aceleração da gravidade na superfície da Terra e R representando o raio da Terra. O estudante deve verificar que se um corpo se eleva para uma altitude mais elevada ($r_2 > r_1$), esse trabalho é negativo, como também foi no caso (*a*). Se o corpo cai para uma altitude inferior ($r_2 < r_1$), o trabalho é positivo. Certifique-se de compreender que r representa uma distância radial a partir do centro da Terra e não uma altitude $h = r - R$ acima da superfície da Terra. Como no caso (*a*), se tivéssemos considerado um deslocamento transversal, além do deslocamento radial mostrado na Fig. 3/6*b*, teríamos concluído que o deslocamento transversal, porque é perpendicular ao peso, não contribui para o trabalho.

Trabalho e Movimento Curvilíneo

Consideramos agora o trabalho realizado sobre uma partícula de massa m, Fig. 3/7, se deslocando ao longo de uma trajetória curva sob a ação da força **F**, que representa a resultante $\Sigma\mathbf{F}$ de todas as forças agindo sobre a partícula. A posição de m é especificada pelo vetor posição **r**, e seu deslocamento ao longo de sua trajetória durante o intervalo de tempo dt é representado pela variação $d\mathbf{r}$ em seu vetor posição. O trabalho realizado por **F** durante um movimento finito da partícula do ponto 1 para o ponto 2 é

$$U_{1\text{-}2} = \int_1^2 \mathbf{F}\cdot d\mathbf{r} = \int_{s_1}^{s_2} F_t\, ds$$

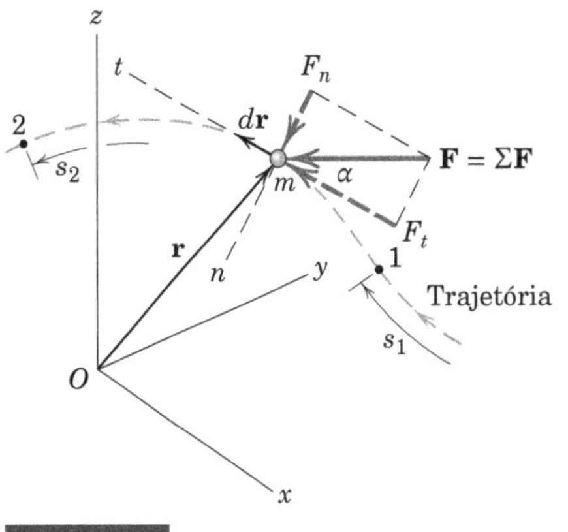

FIGURA 3/7

em que os limites especificam os pontos extremos inicial e final do movimento.

Quando substituímos a segunda lei de Newton $\mathbf{F} = m\mathbf{a}$, a expressão para o trabalho de todas as forças vem a ser

$$U_{1\text{-}2} = \int_1^2 \mathbf{F}\cdot d\mathbf{r} = \int_1^2 m\mathbf{a}\cdot d\mathbf{r}$$

Mas $\mathbf{a} \cdot d\mathbf{r} = a_t\, ds$, em que a_t é a componente tangencial da aceleração de m. Em termos da velocidade v da partícula, a Eq. 2/3 fornece $a_t\, ds = v\, dv$. Assim, a expressão para o trabalho de $\mathbf{F}$ se torna

$$U_{1\text{-}2} = \int_1^2 \mathbf{F}\cdot d\mathbf{r} = \int_{v_1}^{v_2} mv\, dv = \frac{1}{2}m(v_2{}^2 - v_1{}^2) \quad (3/13)$$

em que a integração é realizada entre os pontos 1 e 2 ao longo da curva, pontos nos quais as velocidades têm os módulos v_1 e v_2, respectivamente.

Princípio do Trabalho e Energia Cinética

A *energia cinética* T da partícula é definida como

$$\boxed{T = \frac{1}{2}mv^2} \quad (3/14)$$

e é o trabalho total que deve ser realizado sobre a partícula para levá-la de um estado de repouso para uma velocidade v. A energia cinética T é uma grandeza escalar com as unidades de N · m ou joules (J) em unidades SI e em ft-lbf no sistema de unidades americanas usuais. A energia cinética é *sempre* positiva, independentemente do sentido da velocidade.

A Eq. 3/13 pode ser reescrita como

$$U_{1\text{-}2} = T_2 - T_1 = \Delta T \quad (3/15)$$

que é a *equação de trabalho-energia* para uma partícula. A equação enuncia que o *trabalho total realizado* por todas as forças agindo sobre uma partícula enquanto se move do ponto 1 para o ponto 2 é igual à correspondente *variação na energia cinética* da partícula. Embora T seja sempre positiva, a variação ΔT pode ser positiva, negativa ou zero. Quando escrita nessa forma concisa, a Eq. 3/15 nos mostra que o trabalho sempre resulta em *uma variação* de energia cinética.

De outra maneira, a relação trabalho-energia pode ser expressa como a energia cinética inicial T_1 mais o trabalho realizado $U_{1\text{-}2}$ igual à energia cinética final T_2, ou

$$\boxed{T_1 + U_{1\text{-}2} = T_2} \quad (3/15a)$$

Quando escrito dessa forma, os termos correspondem à sequência natural dos eventos. Evidentemente, as duas formas 3/15 e 3/15*a* são equivalentes.

Vantagens do Método de Trabalho-Energia

Vemos agora, a partir da Eq. 3/15, que uma das principais vantagens do método de trabalho e energia é que este evita a necessidade de calcular a aceleração e conduz diretamente às variações de velocidade como funções das forças que realizam trabalho. Além disso, a equação de trabalho-energia envolve apenas aquelas forças que realizam trabalho e, assim, dão origem a variações no módulo das velocidades.

Consideramos agora um sistema de duas partículas unidas por uma conexão que é sem atrito e incapaz de qualquer deformação. As forças na conexão são iguais e opostas, e seus pontos de aplicação necessariamente têm componentes de deslocamento idênticas na direção das forças. Portanto, o trabalho líquido realizado por essas forças internas é igual a zero durante qualquer movimento do sistema. Assim, a Eq. 3/15 é aplicável a todo o sistema, no qual U_{1-2} é o trabalho total ou líquido realizado sobre o sistema pelas forças externas a ele e ΔT é a variação, $T_2 - T_1$, na energia cinética total do sistema. A energia cinética total é a soma das energias cinética de ambos os elementos do sistema. Portanto vemos que outra vantagem do método de trabalho-energia é que este nos permite analisar um sistema de partículas unidas na forma descrita sem desmembramento do sistema.

A aplicação do método de trabalho-energia exige o isolamento da partícula ou sistema em estudo. Para uma única partícula você deve desenhar um *diagrama de corpo livre* mostrando todas as forças aplicadas externamente. Para um sistema de partículas rigidamente conectadas sem molas, desenhe um *diagrama de forças ativas* mostrando apenas aquelas forças externas que realizam trabalho (forças ativas) sobre todo o sistema.*

Potência

A capacidade de uma máquina é medida pela taxa de variação no tempo em que ela pode realizar trabalho ou fornecer energia. O trabalho total ou a saída de energia não é uma medida dessa capacidade, uma vez que um motor, não importa quão pequeno, pode fornecer uma grande quantidade de energia se lhe for dado tempo suficiente. Por outro lado, uma máquina grande e potente tem que fornecer uma quantidade grande de energia em um curto período de tempo. Assim, a capacidade de uma máquina é calculada por sua potência, que é definida como *a taxa de realização de trabalho no tempo*.

Consequentemente, a potência P desenvolvida por uma força $\mathbf{F}$ que realiza uma quantidade de trabalho U é $P = dU/dt = \mathbf{F} \cdot d\mathbf{r}/dt$. Como $d\mathbf{r}/dt$ é a velocidade v do ponto de aplicação da força, temos

$$\boxed{P = \mathbf{F}\cdot\mathbf{v}} \quad (3/16)$$

*O diagrama de forças ativas foi introduzido no método do trabalho virtual em Estática. Veja o Capítulo 7 do *Vol. 1 Estática*.

A potência é evidentemente uma quantidade escalar, e no SI tem as unidades de N · m/s = J/s. A unidade especial para potência é o *watt* (W), que equivale a um joule por segundo (J/s). No sistema de unidades usuais nos EUA, a unidade para potência mecânica é o *horsepower* (hp). Essas unidades e suas equivalências numéricas são

$$1 \text{ W} = 1 \text{ J/s}$$

$$1 \text{ hp} = 550 \text{ ft-lb/s} = 33.000 \text{ ft-lb/min}$$

$$1 \text{ hp} = 746 \text{ W} = 0{,}746 \text{ kW}$$

A potência que precisa ser gerada por um ciclista depende da velocidade da bicicleta e da força de propulsão exercida pela superfície suportando a roda traseira. A força motora depende da inclinação do terreno sendo vencido.

Eficiência

A razão entre o trabalho realizado *por* uma máquina e o trabalho realizado *sobre* a máquina durante o mesmo intervalo de tempo é denominada *eficiência mecânica* e_m da máquina. Essa definição presume que a máquina opera de maneira uniforme de modo que não haja acúmulo ou esgotamento da energia dentro dela. A eficiência é sempre menor que a unidade, uma vez que todo dispositivo opera com alguma perda de energia, e a energia não pode ser criada dentro da máquina. Em dispositivos mecânicos que envolvem partes móveis, sempre haverá alguma perda de energia devida ao trabalho negativo das forças de atrito dinâmico. Esse trabalho é convertido em energia térmica que, por sua vez, é dissipada para o ambiente. A eficiência mecânica em qualquer instante de tempo pode ser expressa em termos de potência mecânica P por

$$e_m = \frac{P_{\text{saída}}}{P_{\text{entrada}}} \tag{3/17}$$

Além da perda de energia por atrito mecânico, pode haver também perdas de energia elétrica e térmica, caso em que a *eficiência elétrica* e_e e a *eficiência térmica* e_t também estão envolvidas. A *eficiência global* e nesses casos é

$$e = e_m e_e e_t$$

EXEMPLO DE PROBLEMA 3/11

Calcule a velocidade v da caixa de 50 kg quando ela atinge a base da rampa em B se a caixa recebe uma velocidade inicial de 4 m/s para baixo da rampa em A. O coeficiente de atrito dinâmico é 0,30.

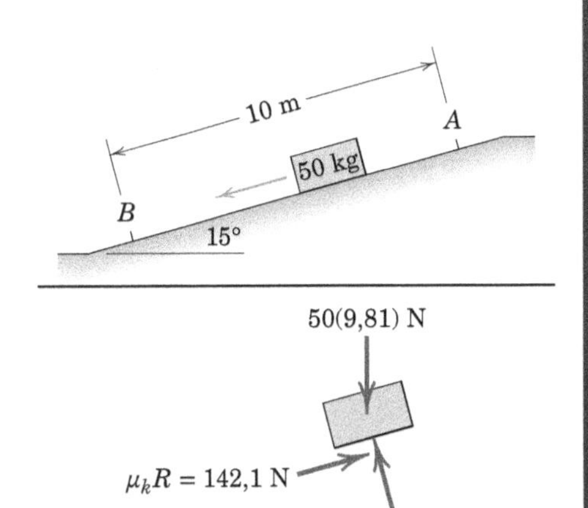

Solução. O diagrama de corpo livre da caixa é desenhado e contém a força normal R e a força de atrito dinâmico F calculada na forma usual. O trabalho realizado pelo peso é positivo, enquanto aquele realizado pela força atrito é negativo. O trabalho total realizado sobre a caixa durante o movimento é

$[U = Fs]$ $\quad U_{1\text{-}2} = 50(9{,}81)(10 \text{ sen } 15°) - 142{,}1(10) = -151{,}9 \text{ J}$ ①

A equação de trabalho e energia fornece

$[T_1 + U_{1\text{-}2} = T_2]$ $\quad \frac{1}{2}mv_1^2 + U_{1\text{-}2} = \frac{1}{2}mv_2^2$

$$\frac{1}{2}(50)(4)^2 - 151{,}9 = \frac{1}{2}(50)v_2^2$$

$$v_2 = 3{,}15 \text{ m/s}$$ *Resp.*

Uma vez que o trabalho líquido realizado é negativo, obtemos uma redução na energia cinética.

DICA ÚTIL

① O trabalho devido ao peso depende apenas da distância *vertical* percorrida.

EXEMPLO DE PROBLEMA 3/12

O caminhão-prancha, que carrega um caixote de 80 kg, parte do repouso e atinge uma velocidade de 72 km/h em uma distância de 75 m em uma estrada horizontal com aceleração constante. Calcule o trabalho realizado pela força de atrito agindo sobre o caixote durante esse intervalo se os coeficientes de atrito estático e dinâmico entre o caixote e a plataforma do caminhão são (*a*) 0,30 e 0,28, respectivamente, ou (*b*) 0,25 e 0,20, respectivamente.

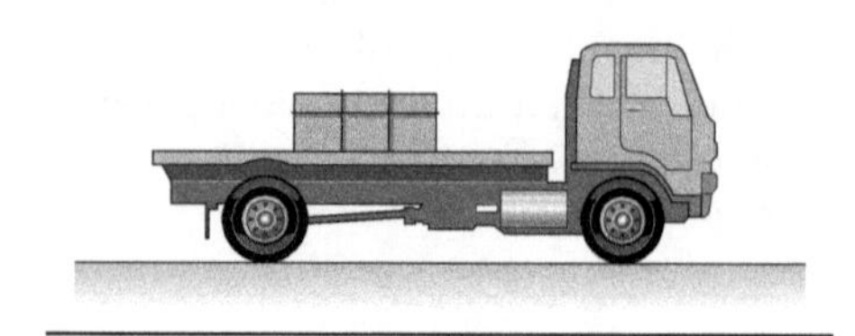

Solução. Se o caixote não desliza sobre a plataforma, sua aceleração será a mesma do caminhão, que é

$[v^2 = 2as]$ $$a = \frac{v^2}{2s} = \frac{(72/3{,}6)^2}{2(75)} = 2{,}67 \text{ m/s}^2$$

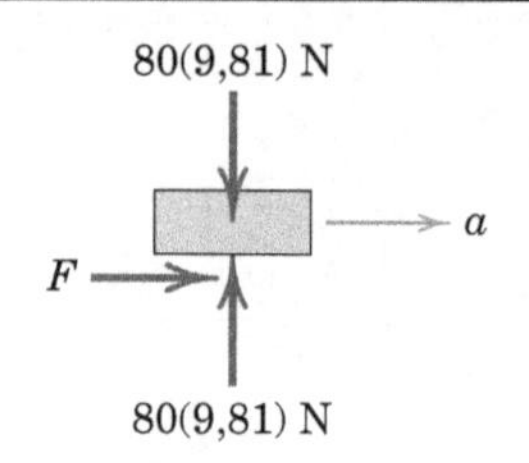

Caso (*a*). Essa aceleração exige uma força de atrito sobre o caixote de

$[F = ma]$ $$F = 80(2{,}67) = 213 \text{ N}$$

que é menor do que o valor máximo possível de $\mu_{est}N = 0{,}30(80)(9{,}81) = 235$ N. Portanto, o caixote não desliza e o trabalho realizado pela força de atrito estático 213 N é ①

$[U = Fs]$ $$U_{1\text{-}2} = 213(75) = 16\,000 \text{ J} \quad \text{ou} \quad 16 \text{ kJ}$$ *Resp.*

Caso (*b*). Para $\mu_{est} = 0{,}25$, a força de atrito máxima possível é 0,25(80)(9,81) = 196,2 N, que é ligeiramente menor do que o valor de 213 N necessário para não deslizar. Portanto, concluímos que o caixote desliza, e a força de atrito é governada pelo coeficiente de atrito dinâmico e é $F = 0{,}20(80)(9{,}81) = 157{,}0$ N. A aceleração torna-se

$[F = ma]$ $$a = F/m = 157{,}0/80 = 1{,}962 \text{ m/s}^2$$

As distâncias percorridas pelo caixote e pelo caminhão são proporcionais a suas acelerações. Assim, o caixote tem um deslocamento de (1,962/2,67)75 = 55,2 m, e o trabalho realizado pelo atrito dinâmico é

$[U = Fs]$ $$U_{1\text{-}2} = 157{,}0(55{,}2) = 8660 \text{ J} \quad \text{ou} \quad 8{,}66 \text{ kJ}$$ ② *Resp.*

DICAS ÚTEIS

① Notamos que as forças de atrito estático não realizam trabalho quando as superfícies em contato estão ambas em repouso. Quando estão em movimento, entretanto, como neste problema, a força de atrito estático atuando sobre o caixote realiza trabalho positivo e aquela que atua sobre a plataforma do caminhão realiza trabalho negativo.

② Este problema mostra que uma força de atrito dinâmico pode realizar trabalho positivo quando a superfície que suporta o objeto e gera a força de atrito está em movimento. Se a superfície de apoio está em repouso, então a força de atrito dinâmico agindo sobre a peça em movimento sempre realiza trabalho negativo.

EXEMPLO DE PROBLEMA 3/13

O bloco de 50 kg em *A* é montado sobre roletes de modo que ele se desloque ao longo da barra fixa horizontal com atrito desprezível sob a ação da força constante de 300 N no cabo. O bloco é liberado a partir do repouso em *A*, com a mola na qual está preso distendida de uma quantidade inicial $x_1 = 0{,}233$ m. A mola possui uma rigidez $k = 80$ N/m. Calcule a velocidade v do bloco quando atinge a posição *B*.

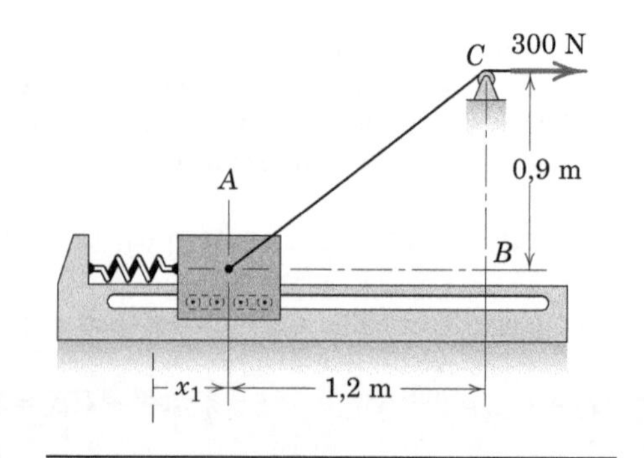

Solução. Supõe-se, inicialmente, que a rigidez da mola é pequena o suficiente para permitir que o bloco alcance a posição *B*. O diagrama de forças ativas para o sistema composto pelo bloco e pelo cabo é mostrado para uma posição genérica. A força da mola $80x$ e a tração 300 N são as únicas forças externas a esse sistema, que realizam trabalho sobre ele. A força exercida sobre o bloco pela barra, o peso do bloco e a reação da pequena polia sobre o cabo não realizam trabalho sobre o sistema e não estão incluídos no diagrama de forças ativas.

EXEMPLO DE PROBLEMA 3/13 (*continuação*)

À medida que o bloco se desloca de $x_1 = 0{,}233$ m para $x_2 = 0{,}233 + 1{,}2 = 1{,}433$ m, o trabalho realizado pela força da mola agindo sobre o bloco é

$$[U_{1\text{-}2} = \tfrac{1}{2}k(x_1{}^2 - x_2{}^2)] \qquad U_{1\text{-}2} = \tfrac{1}{2}\,80[0{,}233^2 - (0{,}233 + 1{,}2)^2] \quad ①$$
$$= -80{,}0 \text{ J}$$

O trabalho realizado sobre o sistema pela força constante de 300 N no cabo é a força multiplicada pelo deslocamento horizontal do cabo sobre a polia C, que é $\sqrt{(1{,}2)^2 + (0{,}9)^2} - 0{,}9 = 0{,}6$ m. Assim, o trabalho realizado é 300(0,6) = 180 J. Aplicamos agora a equação de trabalho-energia ao sistema e obtemos

$$[T_1 + U_{1\text{-}2} = T_2] \qquad 0 - 80{,}0 + 180 = \tfrac{1}{2}(50)v^2 \qquad v = 2{,}00 \text{ m/s} \qquad \textit{Resp.}$$

Fazemos uma observação especial da vantagem para a nossa escolha do sistema. Se o bloco sozinho constituísse o sistema, a componente horizontal da tração no cabo de 300 N sobre o bloco teria de ser integrada ao longo dos 1,2 m do deslocamento. Essa etapa exigiria muito mais esforço do que foi necessário na solução como apresentada. Se houvesse atrito considerável entre o bloco e sua barra de guia, teríamos verificado ser necessário isolar somente o bloco a fim de calcular a força normal variável e, consequentemente, a força de atrito variável. A integração da força de atrito durante o deslocamento seria então necessária para avaliar o trabalho negativo que esta realizaria.

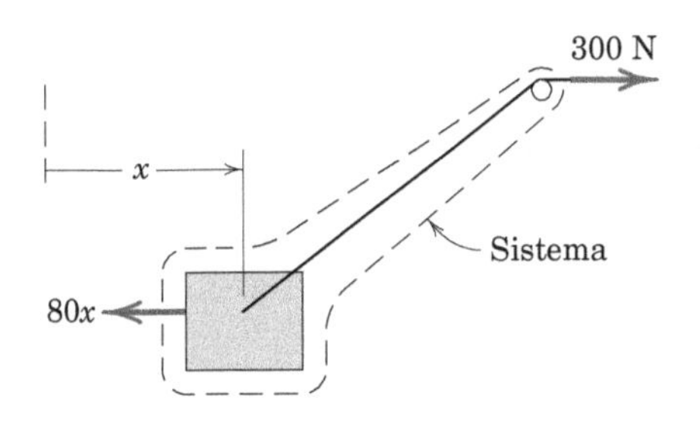

DICA ÚTIL

① Lembre-se de que essa fórmula geral é válida para quaisquer deflexões inicial e final x_1 e x_2 positiva (mola em tração) ou negativa (mola em compressão). No desenvolvimento da expressão do trabalho para a mola, assumimos a mola como linear, que é o caso aqui.

EXEMPLO DE PROBLEMA 3/14

O guincho motorizado A iça a tora de 360 kg para cima do plano inclinado de 30° a uma velocidade constante de 1,2 m/s. Se a potência de saída do guincho é 4 kW, calcule o coeficiente de atrito dinâmico μ_d entre a tora e o plano inclinado. Se a potência é subitamente aumentada para 6 kW, qual é a aceleração instantânea a correspondente da tora?

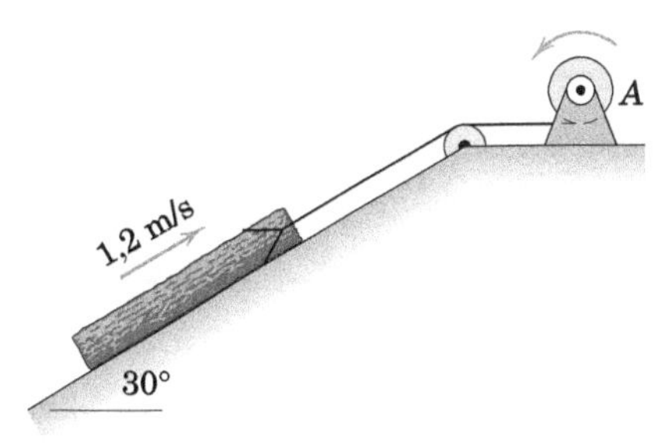

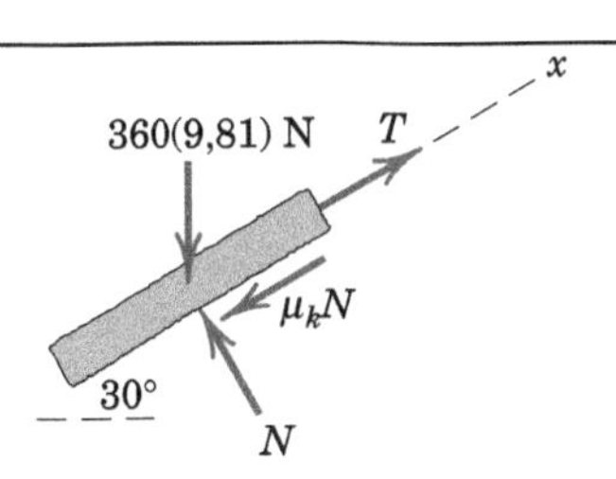

Solução. A partir do diagrama de corpo livre da tora, obtemos $N = 360(9{,}81)$ cos 30° = 3060 N, e a força de atrito dinâmico vem a ser 3060 μ_d. Para velocidade constante, as forças estão em equilíbrio de modo que

$$[\Sigma F_x = 0] \quad T - 3060\mu_k - 360(9{,}81) \text{ sen } 30° = 0 \qquad T = 3060\mu_k + 1766$$

A potência de saída do guincho fornece a tração no cabo

$$[P = Tv] \qquad T = P/v = 4000/1{,}2 = 3330 \text{ N} \quad ①$$

Substituindo T resulta em

$$3330 = 3060\mu_k + 1766 \qquad \mu_k = 0{,}513 \qquad \textit{Resp.}$$

Quando a potência é aumentada, a tração momentânea torna-se

$$[P = Tv] \qquad T = P/v = 6000/1{,}2 = 5000 \text{ N}$$

e a aceleração correspondente é dada por

$$[\Sigma F_x = ma_x] \quad 5000 - 3060(0{,}513) - 360(9{,}81) \text{ sen } 30° = 360a$$

$$a = 4{,}63 \text{ m/s}^2 \quad ② \qquad \textit{Resp.}$$

DICAS ÚTEIS

① Observe a conversão de quilowatts para watts.

② Conforme a velocidade aumentar, a aceleração cairá até a velocidade estabilizar em um valor maior que 1,2 m/s.

EXEMPLO DE PROBLEMA 3/15

Um satélite de massa m é colocado em uma órbita elíptica em torno da Terra. No ponto A, sua distância da Terra é $h_1 = 500$ km e ele tem uma velocidade $v_1 =$ 30.000 km/h. Determine a velocidade v_2 do satélite quando este atinge o ponto B, a uma distância $h_2 = 1200$ km da Terra.

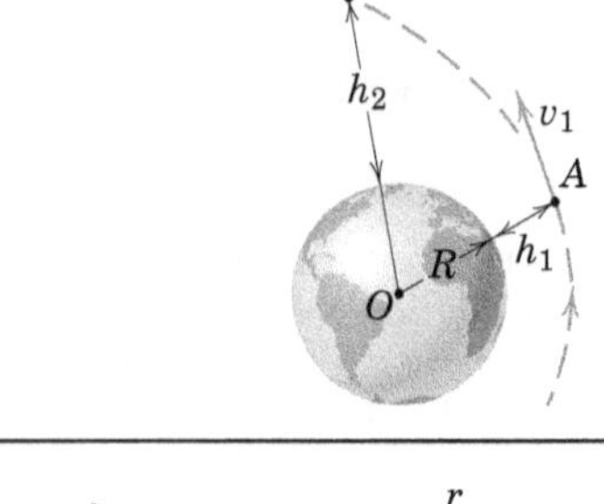

Solução. O satélite está se deslocando fora da atmosfera da Terra de modo que a única força agindo sobre ele é a atração gravitacional da Terra. Para a grande variação em altitude deste problema, não podemos assumir que a aceleração devido à gravidade seja constante. Pelo contrário, devemos usar a expressão para o trabalho, desenvolvida nesta seção, que leva em consideração a variação na aceleração gravitacional com a altitude. Em outras palavras, a expressão para o trabalho leva em consideração a variação do peso $F = \frac{Gmm_e}{r^2}$ com a altitude. Esta expressão para o trabalho é

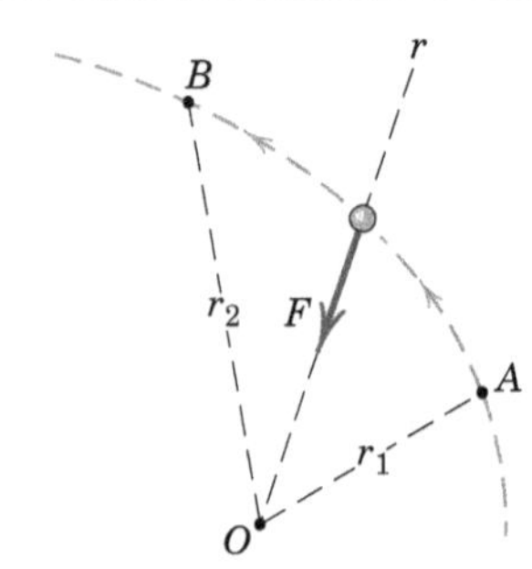

$$U_{1\text{-}2} = mgR^2\left(\frac{1}{r_2} - \frac{1}{r_1}\right)$$

A equação de trabalho-energia $T_1 + U_{1\text{-}2} = T_2$ fornece

$$\frac{1}{2}mv_1^{\,2} + mgR^2\left(\frac{1}{r_2} - \frac{1}{r_1}\right) = \frac{1}{2}mv_2^{\,2} \qquad v_2^{\,2} = v_1^{\,2} + 2gR^2\left(\frac{1}{r_2} - \frac{1}{r_1}\right) \quad ①$$

Substituindo os valores numéricos, temos ②

$$v_2^{\,2} = \left(\frac{30\,000}{3{,}6}\right)^2 + 2(9{,}81)[(6371)(10^3)]^2\left(\frac{10^{-3}}{6371 + 1200} - \frac{10^{-3}}{6371 + 500}\right)$$

$$= 69{,}44(10^6) - 10{,}72(10^6) = 58{,}73(10^6)(\text{m/s})^2$$

$v_2 = 7663$ m/s ou $v_2 = 7663(3{,}6) = 27\,590$ km/h *Resp.*

DICAS ÚTEIS

① Note que o resultado é independente da massa m do satélite.

② Consulte a Tabela D/2, Apêndice D, para encontrar o raio R da Terra.

3/7 Energia Potencial

Na seção anterior sobre trabalho e energia cinética, isolamos uma partícula ou uma combinação de partículas conectadas e determinamos o trabalho realizado por forças gravitacionais, forças de molas e outras forças aplicadas externamente agindo sobre a partícula ou sistema. Fizemos isso para avaliar U na equação de trabalho–energia. Na presente seção introduziremos o conceito de *energia potencial* para tratar o trabalho realizado por forças gravitacionais e por forças de mola. Esse conceito simplificará a análise de vários problemas.

Energia Potencial Gravitacional

Consideramos inicialmente o movimento de uma partícula de massa m nas proximidades da superfície da Terra, em que a atração gravitacional (peso) mg é essencialmente constante, Fig. 3/8*a*. A *energia potencial gravitacional* V_g da partícula é definida como *o trabalho mgh realizado contra o campo gravitacional* para elevar a partícula uma distância h acima de algum plano arbitrário de referência (denominado *datum*), em que V_g é tomada como zero. Assim, escrevemos a energia potencial como

$$\boxed{V_g = mgh} \qquad (3/18)$$

Esse trabalho é denominado energia potencial porque pode ser convertido em energia se a partícula puder realizar trabalho sobre um corpo de suporte enquanto retorna para seu plano de referência original mais baixo. No curso de um nível em $h = h_1$ para um nível mais elevado em $h = h_2$, a variação na energia potencial vem a ser

$$\Delta V_g = mg(h_2 - h_1) = mg\Delta h$$

O trabalho correspondente realizado pela força gravitacional sobre a partícula é $-mg\Delta h$. Assim, o trabalho realizado pela força gravitacional é o contrário da variação na energia potencial.

Quando grandes variações de altitude no campo da Terra são encontradas, Fig. 3/8*b*, a força gravitacional $Gmm_e/r^2 = mgR^2/r^2$ não é mais constante. O trabalho realizado *contra* essa força para mudar a posição radial da partícula de r_1 para r_2 é a variação $(V_g)_2 - (V_g)_1$ na energia potencial gravitacional, que é

$$\int_{r_1}^{r_2} mgR^2\frac{dr}{r^2} = mgR^2\left(\frac{1}{r_1} - \frac{1}{r_2}\right) = (V_g)_2 - (V_g)_1$$

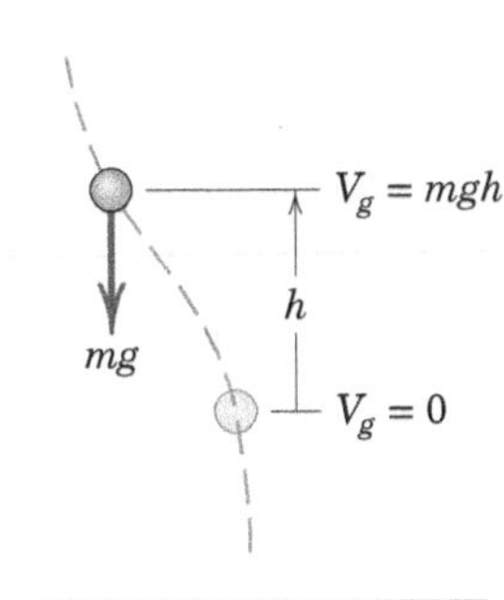

(a)

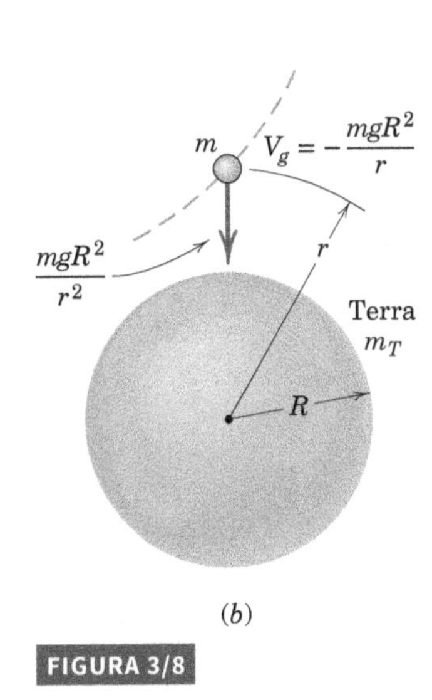

(b)

FIGURA 3/8

Também é comum tomar $(V_g)_2 = 0$ quando $r_2 = \infty$, de modo que com essa posição de referência temos

$$V_g = -\frac{mgR^2}{r} \tag{3/19}$$

No curso de r_1 a r_2, a variação correspondente na energia potencial é

$$\Delta V_g = mgR^2\left(\frac{1}{r_1} - \frac{1}{r_2}\right)$$

que, mais uma vez, é o contrário do trabalho realizado pela força gravitacional. Observamos que a energia potencial de uma partícula depende somente da sua posição, h ou r, e não da trajetória em particular que seguiu para chegar nessa posição.

Energia Potencial Elástica

O segundo exemplo de energia potencial ocorre na deformação de um corpo elástico, tal como uma mola. O trabalho, que é realizado sobre a mola para deformá-la, é armazenado na mola e é denominado *energia potencial elástica* V_e. Essa energia é recuperável sob a forma de trabalho realizado pela mola sobre o corpo preso a sua extremidade móvel durante a liberação da deformação da mola. Para a mola unidimensional linear de rigidez k, que discutimos na Seção 3/6 e que está ilustrada na Fig. 3/5, a força suportada pela mola para qualquer deformação x, de tração ou compressão, a partir de sua posição sem deformação, é $F = kx$. Assim, definimos a energia potencial elástica da mola como o trabalho realizado sobre ela para deformá-la de uma quantidade x, e temos

$$V_e = \int_0^x kx\,dx = \frac{1}{2}kx^2 \tag{3/20}$$

Se a deformação, seja de tração ou de compressão, de uma mola aumenta a partir de x_1 até x_2 durante o movimento, então a variação na energia potencial da mola é o seu valor final menos o seu valor inicial ou

$$\Delta V_e = \frac{1}{2}k(x_2{}^2 - x_1{}^2)$$

que é positivo. Inversamente, se a deformação de uma mola diminui durante o intervalo de movimento, então a variação na energia potencial da mola torna-se negativa. O módulo dessas variações é representado pela área trapezoidal sombreada no diagrama F-x da Fig. 3/5*a*.

Porque a força exercida sobre a mola pelo corpo em movimento é igual e oposta à força F exercida pela mola *sobre* o corpo, resulta que o trabalho realizado sobre a mola é o oposto do trabalho realizado sobre o corpo. Portanto, podemos substituir o trabalho U realizado pela mola sobre o corpo por $-\Delta V_e$, o negativo da variação de energia potencial para a mola, desde que a mola agora esteja incluída dentro do sistema.

Equação de Trabalho-Energia

Com o membro elástico incluído no sistema, modificamos agora a equação de trabalho-energia para levar em consideração os termos de energia potencial. Se $U'_{1\text{-}2}$ representa o trabalho de todas as forças externas, além das forças gravitacionais e forças de molas, podemos escrever a Eq. 3/15 como $U'_{1\text{-}2} + (-\Delta V_g) + (-\Delta V_e) = \Delta T$ ou

$$U'_{1\text{-}2} = \Delta T + \Delta V \tag{3/21}$$

em que ΔV é a variação na energia potencial total, gravitacional mais elástica.

Essa forma alternativa da equação de trabalho-energia frequentemente é muito mais conveniente de usar do que a Eq. 3/15, uma vez que, ao direcionarmos a atenção sobre as posições inicial e final da partícula e sobre os comprimentos inicial e final da mola elástica, consideramos o trabalho tanto da força da gravidade quanto da mola. A trajetória seguida entre essas posições inicial e final não tem nenhuma consequência para a avaliação de ΔV_g e ΔV_e.

Note que a Eq. 3/21 pode ser reescrita na forma equivalente

$$T_1 + V_1 + U'_{1\text{-}2} = T_2 + V_2 \tag{3/21a}$$

Para ajudar a esclarecer a diferença entre a utilização das Eqs. 3/15 e 3/21, a Fig. 3/9 mostra esquematicamente uma partícula de massa m obrigada a se deslocar ao longo de determinada trajetória, sob a ação das forças F_1 e F_2, da força gravitacional $P = mg$, da força da mola F, e da reação normal N. Na Fig. 3/9*b*, a partícula é isolada com seu diagrama de corpo livre. O trabalho realizado por cada uma das forças F_1, F_2, P e força da mola $F = kx$ é avaliado, digamos, de A para B, e igualado com a variação na energia cinética ΔT utilizando a Eq. 3/15. A reação de restrição N, sendo normal à trajetória, não realizará trabalho. A abordagem alternativa é mostrada na Fig. 3/9*c*, na qual a mola está incluída como uma parte do sistema isolado. O trabalho realizado durante o intervalo entre F_1 e F_2 é o termo $U'_{1\text{-}2}$ da Eq. 3/21 com as variações nas energias elástica e potencial gravitacional incluídas no lado da energia na equação.

Verificamos com a primeira abordagem que o trabalho realizado por $F = kx$ pode exigir uma integração um pouco mais complicada para levar em conta as variações no módulo e direção de F quando a partícula se desloca de A para B. Com a segunda abordagem, porém, somente os comprimentos inicial e final da mola são necessários para avaliar ΔV_e. Isso simplifica o cálculo enormemente.

Para problemas em que as únicas forças são gravitacional, elástica, e forças de restrição que não realizam trabalho, o termo U' da Eq. 3/21*a* é nulo, e a equação de energia torna-se

$$T_1 + V_1 = T_2 + V_2 \quad \text{ou} \quad E_1 = E_2 \qquad (3/22)$$

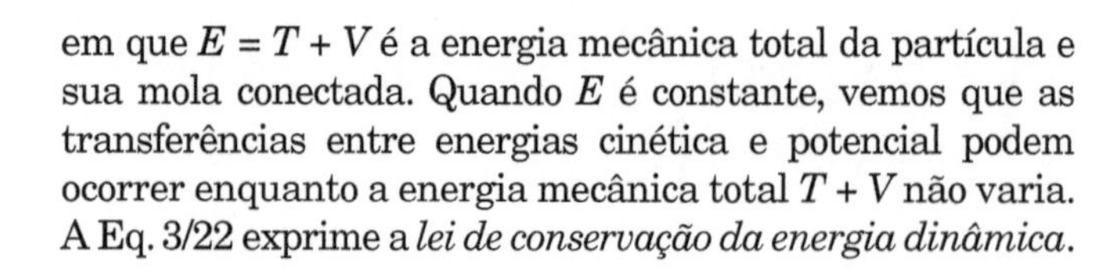

em que $E = T + V$ é a energia mecânica total da partícula e sua mola conectada. Quando E é constante, vemos que as transferências entre energias cinética e potencial podem ocorrer enquanto a energia mecânica total $T + V$ não varia. A Eq. 3/22 exprime a *lei de conservação da energia dinâmica*.

Campos de Força Conservativos*

Observamos que o trabalho realizado contra uma força gravitacional ou uma força elástica depende apenas da variação líquida de posição e não da trajetória particular seguida para atingir a nova posição. Forças com essa característica estão associadas a *campos de força conservativos*, que possuem uma importante propriedade matemática.

Considere um campo de força no qual a força **F** é uma função das coordenadas, Fig. 3/10. O trabalho realizado

*Opcional.

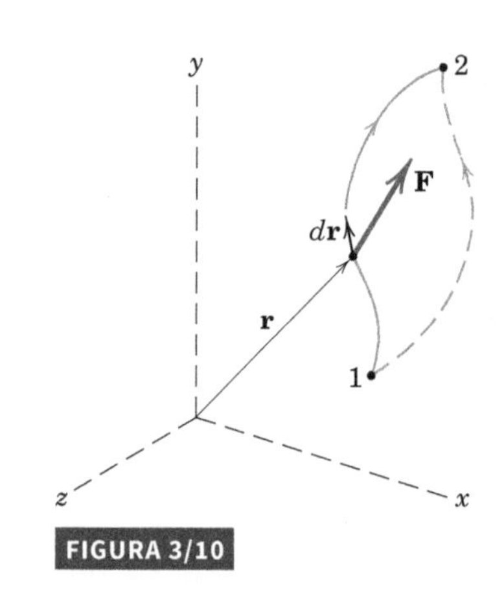

FIGURA 3/10

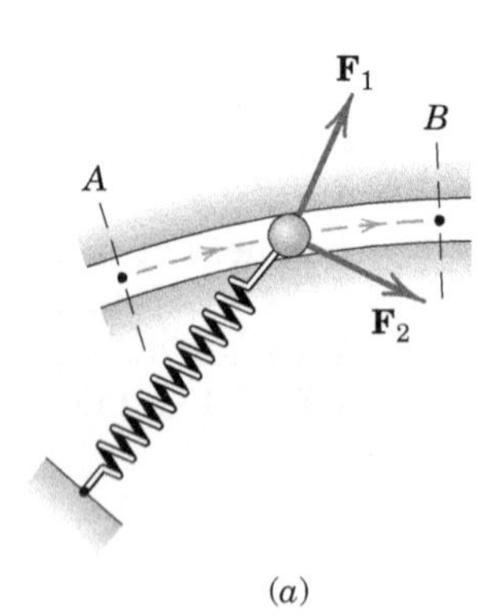

(*a*)

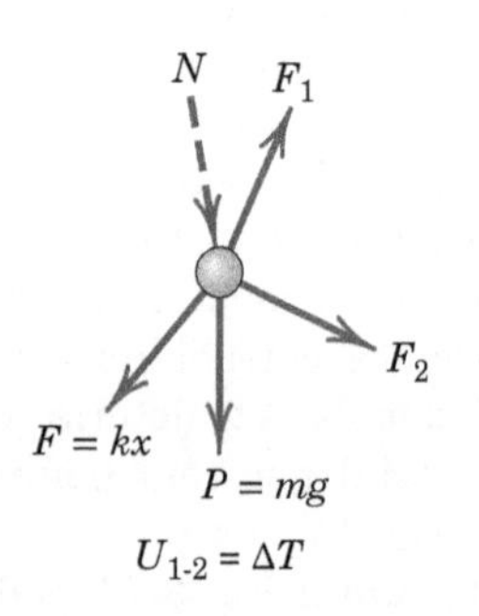

(*b*)

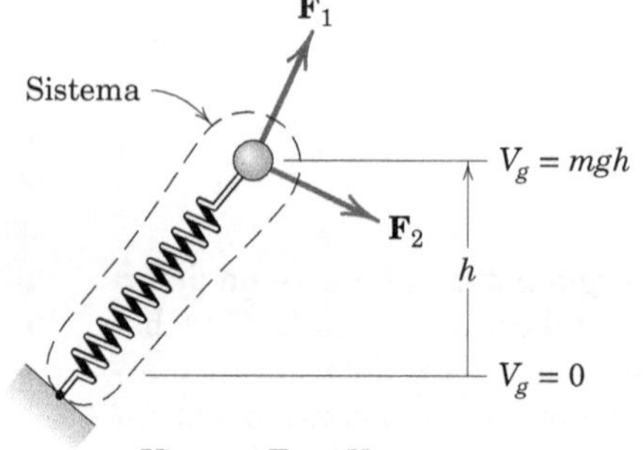

(*c*)

FIGURA 3/9

por **F** durante um deslocamento $d\mathbf{r}$ de seu ponto de aplicação z é $dU = \mathbf{F} \cdot d\mathbf{r}$. O trabalho total realizado ao longo de sua trajetória de 1 a 2 é

$$U = \int \mathbf{F} \cdot d\mathbf{r} = \int (F_x\, dx + F_y\, dy + F_z\, dz)$$

A integral $\int \mathbf{F} \cdot d\mathbf{r}$ é uma integral de linha que depende, em geral, na trajetória particular seguida entre dois pontos quaisquer 1 e 2 no espaço. Se, no entanto, $\mathbf{F} \cdot d\mathbf{r}$ é uma *diferencial exata** $-dV$ de alguma função escalar V das coordenadas, então

$$U_{1\text{-}2} = \int_{V_1}^{V_2} -dV = -(V_2 - V_1) \qquad (3/23)$$

que depende apenas dos pontos extremos do movimento e, que é, portanto, *independente* da trajetória seguida. O sinal negativo antes de dV é arbitrário, mas é escolhido para concordar com a designação usual do sinal da variação de energia potencial no campo gravitacional da Terra.

*Lembre-se de que uma função $d\Phi = P_d x + Q_d y + R_d z$ é uma diferencial exata nas coordenadas x-y-z se

$$\frac{\partial P}{\partial y} = \frac{\partial Q}{\partial x} \qquad \frac{\partial P}{\partial z} = \frac{\partial R}{\partial x} \qquad \frac{\partial Q}{\partial z} = \frac{\partial R}{\partial y}$$

Se V existe, a variação diferencial em V resulta

$$dV = \frac{\partial V}{\partial x}dx + \frac{\partial V}{\partial y}dy + \frac{\partial V}{\partial z}dz$$

A comparação com $-dV = \mathbf{F} \cdot d\mathbf{r} = F_x\, dx + F_y\, dy + F_z\, dz$ produz

$$F_x = -\frac{\partial V}{\partial x} \qquad F_y = -\frac{\partial V}{\partial y} \qquad F_z = -\frac{\partial V}{\partial z}$$

A força também pode ser escrita como o vetor

$$\mathbf{F} = -\nabla V \qquad (3/24)$$

em que o símbolo ∇ representa o operador vetorial "nabla", que é

$$\nabla = \mathbf{i}\frac{\partial}{\partial x} + \mathbf{j}\frac{\partial}{\partial y} + \mathbf{k}\frac{\partial}{\partial z}$$

A quantidade V é conhecida como a *função potencial* e a expressão ∇V é conhecida como *o gradiente da função potencial*.

Quando as componentes de força são deriváveis a partir de um potencial como descrito, a força é chamada de *conservativa*, e o trabalho realizado por **F** entre dois pontos quaisquer é independente da trajetória seguida.

EXEMPLO DE PROBLEMA 3/16

O bloco deslizante de 3 kg é liberado a partir do repouso na posição 1, e desliza com atrito desprezível em um plano vertical ao longo da haste circular. A mola conectada possui uma rigidez de 350 N/m e tem um comprimento não deformado de 0,6 m. Determine a velocidade do bloco deslizante quando passa pela posição 2.

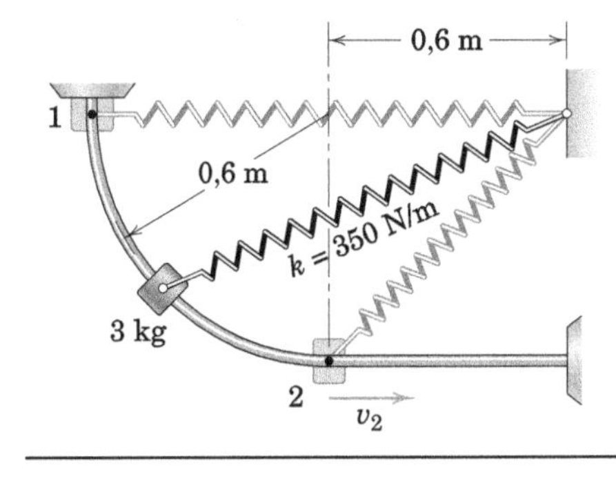

Solução. O trabalho realizado pelo peso e pela força da mola sobre o bloco deslizante será tratado utilizando os métodos de energia potencial. A reação da haste sobre o bloco deslizante é normal ao movimento e não realiza trabalho. Assim, $U'_{1\text{-}2} = 0$. Definimos que o plano de referência está no nível da posição 1, de modo de que as energias potenciais gravitacionais são ①

$$V_1 = 0$$

$$V_2 = -mgh = -3(9{,}81)(0{,}6) = -17{,}66\ \text{J}$$

As energias potenciais elásticas (mola) inicial e final são

$$V_1 = \tfrac{1}{2}kx_1^2 = \tfrac{1}{2}(350)(0{,}6)^2 = 63\ \text{J}$$

$$V_2 = \tfrac{1}{2}kx_2^2 = \tfrac{1}{2}(350)(0{,}6\sqrt{2} - 0{,}6)^2 = 10{,}81\ \text{J}$$

A substituição na equação alternativa de trabalho-energia fornece

$$[T_1 + V_1 + U'_{1\text{-}2} = T_2 + V_2] \qquad 0 + 63 + 0 = \frac{1}{2}(3)v_2^2 - 17{,}66 + 10{,}81$$

$$v_2 = 6{,}82\ \text{m/s} \qquad \textit{Resp.}$$

DICA ÚTIL

① Note que, se avaliássemos o trabalho realizado pela força da mola agindo sobre o bloco deslizante por meio da integral $\int \mathbf{F} \cdot d\mathbf{r}$, ela exigiria um cálculo trabalhoso para levar em conta as variações no módulo da força, juntamente com a variação no ângulo entre a força e a tangente à trajetória. Note ainda que v_2 depende apenas das condições nas extremidades do movimento e não requer o conhecimento da forma da trajetória.

EXEMPLO DE PROBLEMA 3/17

O bloco deslizante de 10 kg se desloca para cima com atrito desprezível sobre a guia inclinada. A mola conectada tem uma rigidez de 60 N/m e é esticada em 0,6 m na posição A, onde o bloco deslizante é liberado a partir do repouso. A força de 250 N é constante e a polia oferece resistência desprezível ao movimento do fio. Calcule a velocidade v_C do bloco deslizante quando ele passa no ponto C.

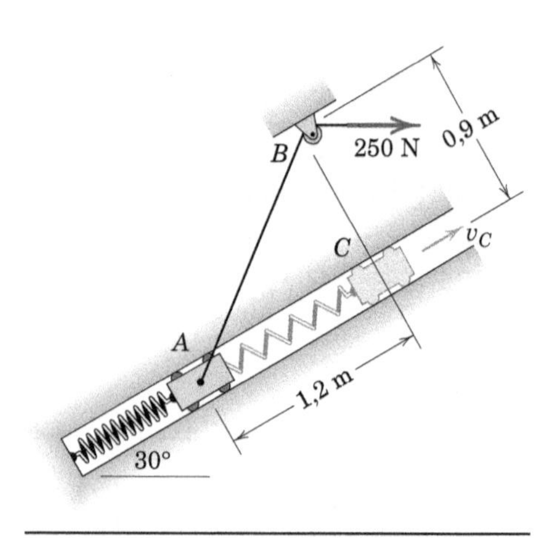

Solução. O bloco deslizante e o fio inextensível juntamente com a mola conectada serão analisados como um sistema, o que permite a utilização da Eq. 3/21*a*. A única força não potencial realizando trabalho sobre esse sistema é a tração de 250 N aplicada ao fio. Enquanto o bloco deslizante se desloca de A para C, o ponto de aplicação da força de 250 N se desloca de uma distância $\overline{AB} - \overline{BC}$ ou 1,5 − 0,9 = 0,6 m.

$$U'_{A\text{-}C} = 250(0{,}6) = 150 \text{ J} \quad ① ②$$

Definimos um plano de referência na posição A, de modo que as energias potenciais gravitacionais inicial e final são

$$V_A = 0 \qquad V_C = mgh = 10(9{,}81)(1{,}2 \text{ sen } 30°) = 58{,}9 \text{ J}$$

As energias potenciais elásticas inicial e final são

$$V_A = \frac{1}{2}kx_A{}^2 = \frac{1}{2}(60)(0{,}6)^2 = 10{,}8 \text{ J}$$

$$V_C = \frac{1}{2}kx_B{}^2 = \frac{1}{2}60(0{,}6 + 1{,}2)^2 = 97{,}2 \text{ J}$$

A substituição na equação alternativa de trabalho–energia, Eq. 3/21*a*, fornece

$$[T_A + V_A + U'_{A\text{-}C} = T_C + V_C] \qquad 0 + 10{,}8 + 150 = \frac{1}{2}(10)v_C{}^2 + 58{,}9 + 97{,}2$$

$$v_C = 0{,}974 \text{ m/s} \qquad \textit{Resp.}$$

DICAS ÚTEIS

① Não hesite em utilizar subscritos adaptados ao problema em questão. Aqui utilizamos A e C em vez de 1 e 2.

② As reações das guias sobre o bloco deslizante são normais à direção do movimento e não realizam trabalho.

EXEMPLO DE PROBLEMA 3/18

O sistema apresentado é liberado a partir do repouso com a barra leve OA na posição vertical indicada. A mola de torção em O está sem deflexão na posição inicial, e exerce um momento restaurador de módulo $k_T\theta$ sobre a barra, em que θ é a deflexão angular da barra no sentido anti-horário. A corda S é presa ao ponto C da barra e desliza sem atrito através de um furo vertical na superfície de suporte. Para os valores $m_A = 2$ kg, $m_B = 4$ kg, $L = 0{,}5$ m e $k_T = 13$ N· m/rad:

(*a*) Determine a velocidade v_A da partícula A quando θ atinge 90°.

(*b*) Represente graficamente v_A como uma função de θ para o intervalo $0 \leq \theta \leq 90°$. Identifique o valor máximo de v_A e o valor de θ para os quais esse máximo ocorre.

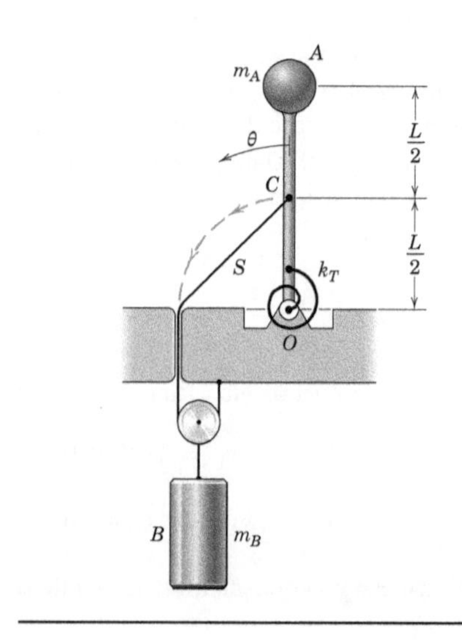

Solução. (*a*) Vamos começar por estabelecer uma relação geral para a energia potencial associada à deflexão de uma mola de torção. Recordando que a variação de energia potencial é o trabalho realizado sobre a mola para deformá-la, escrevemos

$$V_e = \int_0^\theta k_T\theta \, d\theta = \frac{1}{2}k_T\theta^2$$

Precisamos também estabelecer a relação entre v_A e v_B quando $\theta = 90°$. Observando que a velocidade do ponto C é sempre $v_A/2$, e, ainda, que a velocidade do cilindro B é a metade da velocidade do ponto C em $\theta = 90°$, concluímos que em $\theta = 90°$, $v_B = v_A/4$.

EXEMPLO DE PROBLEMA 3/18 *(continuação)*

Estabelecendo planos de referência nas alturas iniciais dos corpos A e B, e com o estado 1 em $\theta = 0$ e o estado 2 em $\theta = 90°$, escrevemos

$[T_1 + V_1 + U'_{1\text{-}2} = T_2 + V_2]$

$$0+0+0 = \frac{1}{2}m_A v_A{}^2 + \frac{1}{2}m_B v_B{}^2 - m_A gL - m_B g\left(\frac{L\sqrt{2}}{4}\right) + \frac{1}{2}k_T\left(\frac{\pi}{2}\right)^2 \quad ①$$

Substituindo valores,

$$0 = \frac{1}{2}(2)v_A{}^2 + \frac{1}{2}(4)\left(\frac{v_A}{4}\right)^2 - 2(9{,}81)(0{,}5) - 4(9{,}81)\left(\frac{0{,}5\sqrt{2}}{4}\right) + \frac{1}{2}(13)\left(\frac{\pi}{2}\right)^2$$

Resolvendo, $v_A = 0{,}794$ m/s *Resp.*

(*b*) Deixamos nossa definição do estado inicial 1 como está, mas agora redefinimos o estado 2 para associá-lo a um valor arbitrário de θ. A partir do diagrama em anexo construído para um valor arbitrário de θ, vemos que a velocidade do cilindro B pode ser escrita como

$$v_B = \frac{1}{2}\left|\frac{d}{dt}(\overline{C'C''})\right| = \frac{1}{2}\left|\frac{d}{dt}\left[2\frac{L}{2}\,\text{sen}\left(\frac{90° - \theta}{2}\right)\right]\right| \quad ②$$

$$= \frac{1}{2}\left|L\left(-\frac{\dot{\theta}}{2}\right)\cos\left(\frac{90° - \theta}{2}\right)\right| = \frac{L\dot{\theta}}{4}\cos\left(\frac{90° - \theta}{2}\right)$$

Finalmente, como $v_A = L\dot{\theta}$, $\quad v_B = \dfrac{v_A}{4}\cos\left(\dfrac{90° - \theta}{2}\right)$

$[T_1 + V_1 + U'_{1\text{-}2} = T_2 + V_2]$

$$0+0+0 = \frac{1}{2}m_A v_A{}^2 + \frac{1}{2}m_B\left[\frac{v_A}{4}\cos\left(\frac{90° - \theta}{2}\right)\right]^2 - m_A gL(1 - \cos\theta)$$

$$- m_B g\left(\frac{1}{2}\right)\left[\frac{L\sqrt{2}}{2} - 2\frac{L}{2}\,\text{sen}\left(\frac{90° - \theta}{2}\right)\right] + \frac{1}{2}k_T\theta^2$$

Após a substituição das quantidades fornecidas, variamos θ para produzir o gráfico de v_A contra θ. O valor máximo de v_A é encontrado como

$(v_A)_{\text{máx}} = 1{,}400$ m/s at $\theta = 56{,}4°$ *Resp.*

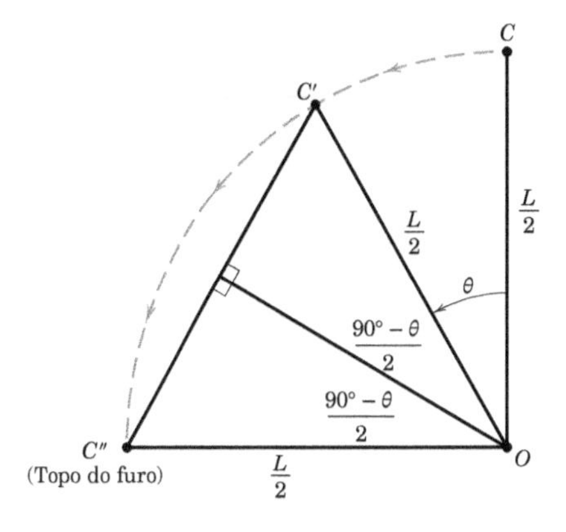

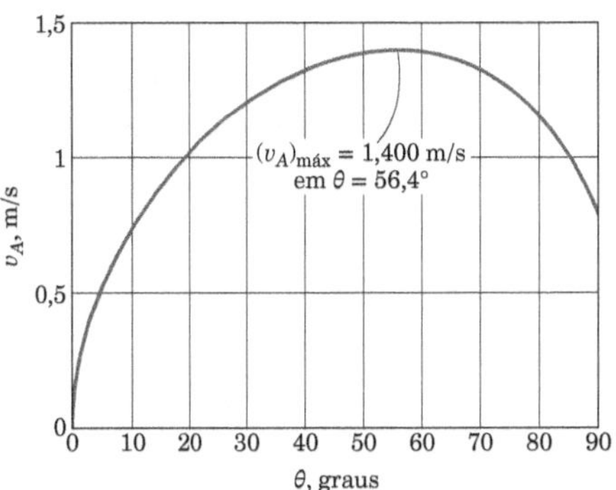

DICAS ÚTEIS

① Observe que a massa B se deslocará para baixo da metade do comprimento da corda inicialmente acima da superfície de suporte. Essa distância para baixo é $\dfrac{1}{2}\left(\dfrac{L}{2}\sqrt{2}\right) = \dfrac{L\sqrt{2}}{4}$.

② Os sinais de valor absoluto corroboram o fato de v_B ser positivo.

SEÇÃO C Impulso e Quantidade de Movimento

3/8 Introdução

Nas duas seções anteriores, concentramos a atenção sobre as equações de trabalho e energia, que são obtidas por meio da integração da equação do movimento $\mathbf{F} = m\mathbf{a}$ com respeito ao deslocamento da partícula. Constatamos que as variações de velocidade poderiam ser expressas diretamente em termos do trabalho realizado ou em termos das variações globais de energia. Nas próximas duas seções, integraremos a equação do movimento em relação ao tempo em vez do deslocamento. Essa abordagem conduz às equações de impulso e quantidade de movimento. Essas equações facilitam enormemente a solução de muitos problemas, nos quais as forças aplicadas agem durante períodos de tempo extremamente curtos (como em problemas de impacto) ou durante intervalos de tempo especificados.

3/9 Impulso Linear e Quantidade de Movimento Linear

Considere novamente o movimento curvilíneo geral no espaço de uma partícula de massa m, Fig. 3/11, em que a partícula é localizada pelo seu vetor posição $\mathbf{r}$ medido a partir de uma origem fixa O. A velocidade da partícula é $\mathbf{v} = \dot{\mathbf{r}}$ e é tangente à sua trajetória (apresentada em linha tracejada). A resultante $\Sigma\mathbf{F}$ de todas as forças sobre m está na

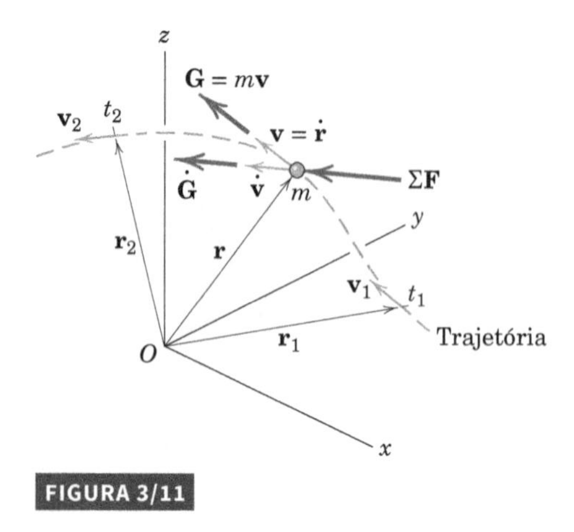

FIGURA 3/11

direção da sua aceleração $\dot{\mathbf{v}}$. Podemos agora escrever a equação básica do movimento para a partícula, Eq. 3/3, como

$$\Sigma \mathbf{F} = m\dot{\mathbf{v}} = \frac{d}{dt}(m\mathbf{v}) \qquad \text{ou} \qquad \boxed{\Sigma \mathbf{F} = \dot{\mathbf{G}}} \qquad (3/25)$$

em que o produto da massa e da velocidade é definido como *a quantidade de movimento linear* $\mathbf{G} = m\mathbf{v}$ da partícula. A Eq. 3/25 estabelece que *a resultante de todas as forças agindo sobre uma partícula é igual à taxa de variação no tempo da sua quantidade de movimento linear*. No SI as unidades para quantidade de movimento linear $m\mathbf{v}$ são kg · m/s, o que também equivale a N · s. Em unidades americanas usuais, as unidades da quantidade de movimento linear $m\mathbf{v}$ são [lbf/(pé/s^2)][pé/s] = lbf-s.

Como a Eq. 3/25 é uma equação vetorial, reconhecemos que, além da igualdade entre os módulos de $\Sigma\mathbf{F}$ e $\dot{\mathbf{G}}$, o sentido da força resultante coincide com o sentido da taxa de variação da quantidade de movimento linear, que é o sentido da taxa de variação da velocidade. A Eq. 3/25 é uma das mais úteis e importantes relações em Dinâmica, e é válida enquanto a massa m da partícula não está variando com o tempo. O caso em que m varia com o tempo é discutido na Seção 4/7 do Capítulo 4.

Agora escrevemos as três componentes escalares da Eq. 3/25 como

$$\Sigma F_x = \dot{G}_x \qquad \Sigma F_y = \dot{G}_y \qquad \Sigma F_z = \dot{G}_z \qquad (3/26)$$

Essas equações podem ser aplicadas independentemente umas das outras.

O Princípio do Impulso-Quantidade de Movimento Linear

Tudo o que fizemos até agora nesta seção foi reescrever a segunda lei de Newton de uma forma alternativa em termos de quantidade de movimento. Mas agora somos capazes de descrever o efeito da força resultante $\Sigma\mathbf{F}$ sobre a quantidade de movimento linear da partícula durante um período finito de tempo simplesmente pela integração da Eq. 3/25 com respeito ao tempo t. Multiplicando a equação por dt se obtém $\Sigma\mathbf{F}\,dt = d\mathbf{G}$, que integramos desde o tempo t_1 até o tempo t_2 para obter

$$\int_{t_1}^{t_2} \Sigma \mathbf{F}\, dt = \mathbf{G}_2 - \mathbf{G}_1 = \Delta \mathbf{G} \qquad (3/27)$$

Aqui, a quantidade de movimento linear no instante de tempo t_2 é $\mathbf{G}_2 = m\mathbf{v}_2$ e a quantidade de movimento linear no instante de tempo t_1 é $\mathbf{G}_1 = m\mathbf{v}_1$. O produto da força e do tempo é definido como *o impulso linear* da força, e a Eq. 3/27 determina que *o impulso linear total sobre m é igual à variação correspondente na quantidade de movimento linear de m*.

De outra maneira, podemos escrever a Eq. 3/27 como

$$\boxed{\mathbf{G}_1 + \int_{t_1}^{t_2} \Sigma \mathbf{F}\, dt = \mathbf{G}_2} \qquad (3/27a)$$

que afirma que a quantidade de movimento linear inicial do corpo adicionada ao impulso linear aplicado a ele é igual à sua quantidade de movimento linear final.

A integral do impulso é um vetor que, em geral, pode implicar variações tanto no módulo quanto na direção durante o intervalo de tempo. Sob essas condições, será necessário expressar $\Sigma\mathbf{F}$ e $\mathbf{G}$ na forma por componentes e, em seguida, combinar as componentes integradas. As componentes da Eq. 3/27*a* são as equações escalares

$$\begin{aligned} m(v_1)_x + \int_{t_1}^{t_2} \Sigma F_x\, dt &= m(v_2)_x \\ m(v_1)_y + \int_{t_1}^{t_2} \Sigma F_y\, dt &= m(v_2)_y \\ m(v_1)_z + \int_{t_1}^{t_2} \Sigma F_z\, dt &= m(v_2)_z \end{aligned} \qquad (3/27b)$$

Essas três equações escalares de impulso-quantidade de movimento são completamente independentes.

Considerando que a Eq. 3/27 enfatiza claramente que o impulso linear externo provoca uma variação na quantidade de movimento linear, a ordem dos termos nas Eqs. 3/27*a* e 3/27*b* corresponde à sequência natural dos eventos. Embora a forma da Eq. 3/27 possa ser melhor para o profissional experiente em Dinâmica, a forma das Eqs. 3/27*a* e 3/27*b* é muito útil para o iniciante.

Introduziremos agora o conceito do *diagrama de impulso-quantidade de movimento*. Uma vez que o corpo a ser analisado tenha sido claramente identificado e isolado, fazemos três desenhos do corpo como mostrado na Fig. 3/12. No primeiro desenho, indicamos a quantidade de movimento inicial $m\mathbf{v}_1$, ou as suas componentes. No segundo desenho ou intermediário, indicamos todos os impulsos lineares externos (ou suas componentes). No desenho final, indicamos a quantidade de movimento linear final $m\mathbf{v}_2$ (ou suas componentes). A descrição das equações de impulso-quantidade de movimento 3/27*b* segue então diretamente desses desenhos, com uma clara correspondência elemento a elemento entre os diagramas e os termos da equação.

Observamos que o diagrama central é muito parecido com um diagrama de corpo livre, com a exceção de que aparecem os impulsos das forças e não as próprias forças. Tal como acontece com o diagrama de corpo livre, é necessário incluir os efeitos de todas as forças que

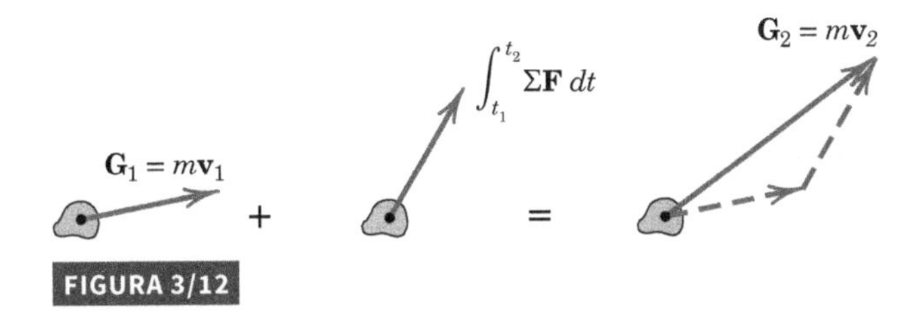

FIGURA 3/12

atuam sobre o corpo, exceto aquelas forças cujos módulos são desprezíveis.

Em alguns casos, certas forças são muito grandes e de curta duração. Essas forças são denominadas *forças impulsivas*. Um exemplo é uma força de impacto acentuado. Frequentemente assumimos que forças impulsivas são constantes durante o seu tempo de duração, de modo que podem ser colocadas de fora da integral de impulso linear. Além disso, frequentemente aceitamos que *forças não impulsivas* podem ser desprezadas em comparação com forças impulsivas. Um exemplo de uma força não impulsiva é o peso de uma bola de beisebol durante a sua colisão com um bastão: o peso da bola (cerca de 1,425 N ou 5 oz) é pequeno em comparação com a força (que pode ser de vários milhares de newtons em módulo) exercida sobre a bola pelo bastão.

Há casos em que uma força agindo sobre uma partícula varia com o tempo em uma forma determinada por medidas experimentais ou por outros meios aproximados. Nesse caso uma integração gráfica ou numérica deve ser realizada. Se, por exemplo, uma força $\boldsymbol{F}$ agindo sobre uma partícula em uma determinada direção varia com o tempo t tal como indicado na Fig. 3/13, então o impulso, $\int_{t_1}^{t_2} F\, dt$ dessa força desde t_1 até t_2 é a área sombreada sob a curva.

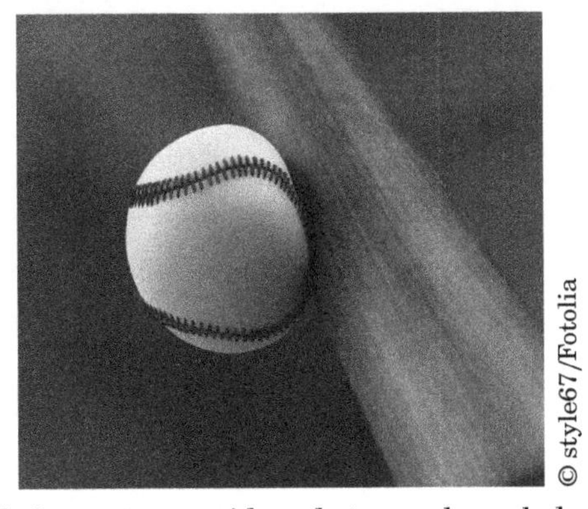

A força de impacto exercida pelo taco sobre a bola de beisebol será, normalmente, muito maior do que o peso da bola.

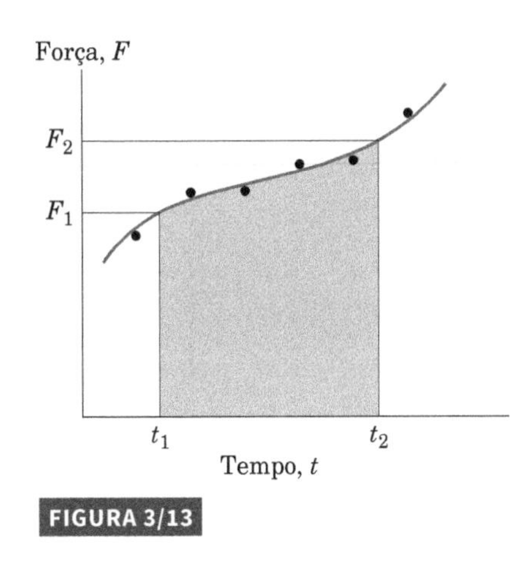

FIGURA 3/13

Conservação da Quantidade de Movimento Linear

Se a força resultante sobre uma partícula é zero durante um intervalo de tempo, vemos que a Eq. 3/25 exige que sua quantidade de movimento linear **G** permaneça constante. Nesse caso, diz-se que a quantidade de movimento linear da partícula é conservada. A quantidade de movimento linear pode ser conservada em uma direção coordenada, tal como x, mas não necessariamente na direção y ou z. Uma análise cuidadosa do diagrama de impulso-quantidade de movimento da partícula revelará se o impulso linear total sobre a partícula em uma determinada direção é zero. Caso seja, a quantidade de movimento linear correspondente se mantém inalterada (conservada) naquela direção.

Considere agora o movimento de duas partículas a e b que interagem durante um intervalo de tempo. Se as forças de interação F e $-$F entre elas são as únicas forças não equilibradas agindo sobre as partículas durante o intervalo, segue-se que o impulso linear sobre a partícula a é o oposto do impulso linear sobre partícula b. Portanto, a partir da Eq. 3/27, a variação na quantidade de movimento linear ΔG_a da partícula a é o oposto da variação ΔG_b na quantidade de movimento linear da partícula b. Então temos $\Delta G_a = -\Delta G_b$ ou $\Delta\ (G_a + G_b) = 0$. Assim, a quantidade de movimento linear total $G = G_a + G_b$ para o sistema das duas partículas permanece constante durante o intervalo, e escrevemos

$$\boxed{\Delta \mathbf{G} = \mathbf{0} \quad \text{ou} \quad \mathbf{G}_1 = \mathbf{G}_2} \qquad (3/28)$$

A Eq. 3/28 expressa *o princípio da conservação da quantidade de movimento linear.*

EXEMPLO DE PROBLEMA 3/19

Uma tenista rebate a bola de tênis com sua raquete quando a bola está no ponto mais alto de sua trajetória, como mostrado. A velocidade horizontal da bola pouco antes do impacto com a raquete é v_1 = 15 m/s e, logo depois do impacto, sua velocidade é v_2 = 21 m/s direcionada no ângulo de 15° como mostrado. Se a bola de 60 g está em contato com a raquete por 0,02 s, determine o módulo da força média **R** exercida pela raquete sobre a bola. Determine também o ângulo β feito por **R** com a horizontal.

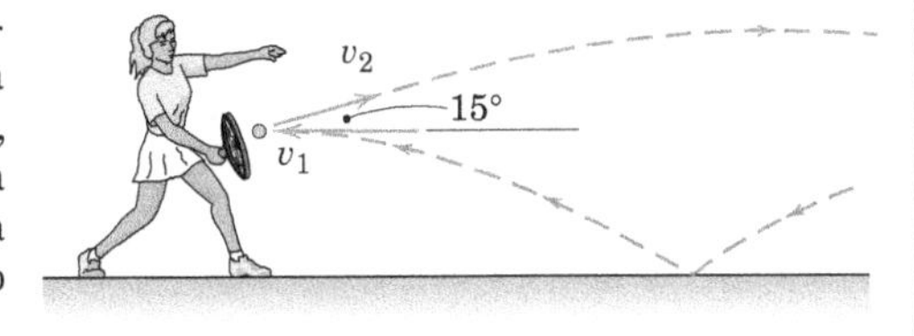

EXEMPLO DE PROBLEMA 3/19 (*continuação*)

Solução. Construímos os diagramas de impulso-quantidade de movimento para a bola como se segue:

$$[m(v_x)_1 + \int_{t_1}^{t_2} \Sigma F_x \, dt = m(v_x)_2]$$

$$-0{,}060(15) + R_x(0{,}02) = 0{,}060(21 \cos 15°) \quad ②$$

$$[m(v_y)_1 + \int_{t_1}^{t_2} \Sigma F_y \, dt = m(v_y)_2]$$

$$0{,}060(0) + R_y(0{,}02) - (0{,}060)(9{,}81)(0{,}02) = 0{,}060(21 \operatorname{sen} 15°)$$

Podemos agora resolver para as forças de impacto como

$$R_x = 105{,}9 \text{ N}$$

$$R_y = 16{,}89 \text{ N}$$

Observamos que a força de impacto R_y = 16,89 N é consideravelmente maior do que o peso da bola 0,060(9,81) = 0,589 N. Desse modo, o peso mg, uma força não impulsiva, poderia ter sido desprezado como pequeno em comparação com R_y. Se tivéssemos desprezado o peso, o valor calculado de R_y seria 16,31 N.

Determinamos agora o módulo e direção de **R** como

$$R = \sqrt{R_x^2 + R_y^2} = \sqrt{105{,}9^2 + 16{,}89^2} = 107{,}2 \text{ N} \qquad \textit{Resp.}$$

$$\beta = \tan^{-1} \frac{R_y}{R_x} = \tan^{-1} \frac{16{,}89}{105{,}9} = 9{,}07° \qquad \textit{Resp.}$$

DICAS ÚTEIS

① Lembre-se de que para os diagramas de impulso-quantidade de movimento, a quantidade de movimento linear inicial está no primeiro diagrama, todos os impulsos lineares externos estão no segundo diagrama, e a quantidade de movimento linear final está no terceiro diagrama.

② Para o impulso linear $\int_{t_1}^{t_2} R_x \, dt$, a força de impacto média R_x é constante, de modo que ela pode ser colocada fora da integral, resultando em $\int_{t_1}^{t_2} dt = R_x(t_2 - t_1) = R_x \Delta t$. O impulso linear na direção y foi tratado de forma semelhante.

EXEMPLO DE PROBLEMA 3/20

Uma partícula de 0,2 kg se desloca no plano vertical y-z (z para cima, y horizontal) sob a ação de seu peso e de uma força **F** que varia com o tempo. A quantidade de movimento linear da partícula em newton-segundos é dada pela expressão $\mathbf{G} = \frac{3}{2}(t^2 + 3)\mathbf{j} - \frac{2}{3}(t^3 - 4)\mathbf{k}$, em que t é o tempo em segundos. Determine **F** e sua intensidade para o instante de tempo em que t = 2.

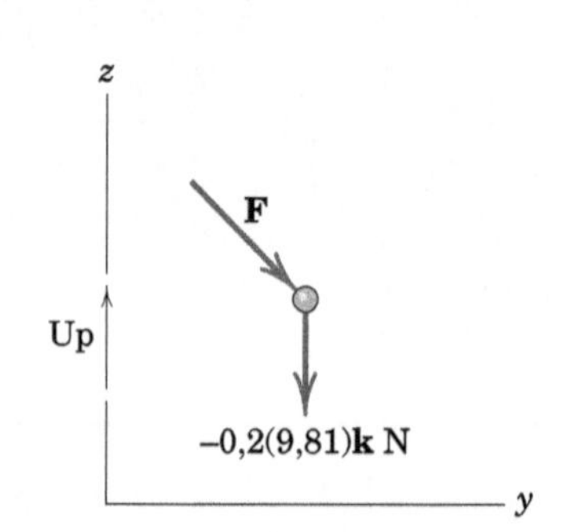

Solução. O peso expresso como um vetor é −0,2(9,81)**k** N. Dessa forma, a equação de força-quantidade de movimento é

$$[\Sigma \mathbf{F} = \dot{\mathbf{G}}] \qquad \mathbf{F} - 0{,}2(9{,}81)\mathbf{k} = \frac{d}{dt}\left[\frac{3}{2}(t^2 + 3)\mathbf{j} - \frac{2}{3}(t^3 - 4)\mathbf{k}\right] \quad ①$$

$$= 3t\mathbf{j} - 2t^2\mathbf{k}$$

Para t = 2 s, $\mathbf{F} = 0{,}2(9{,}81)\mathbf{k} + 3(2)\mathbf{j} - 2(2^2)\mathbf{k} = 6\mathbf{j} - 6{,}04\mathbf{k}$ N *Resp.*

Então, $F = \sqrt{6^2 + 6{,}04^2} = 8{,}51$ N *Resp.*

DICA ÚTIL

① Não se esqueça de que $\Sigma\mathbf{F}$ inclui *todas* as forças externas agindo sobre a partícula, incluindo o peso.

EXEMPLO DE PROBLEMA 3/21

Uma partícula com uma massa de 0,5 kg tem uma velocidade de 10 m/s na direção x no instante de tempo $t = 0$. As forças $\mathbf{F}_1$ e $\mathbf{F}_2$ agem sobre a partícula, e seus módulos variam com o tempo de acordo com o esquema gráfico mostrado. Determine a velocidade $\mathbf{v}_2$ da partícula no final do intervalo de 3 s. O movimento ocorre no plano horizontal x-y.

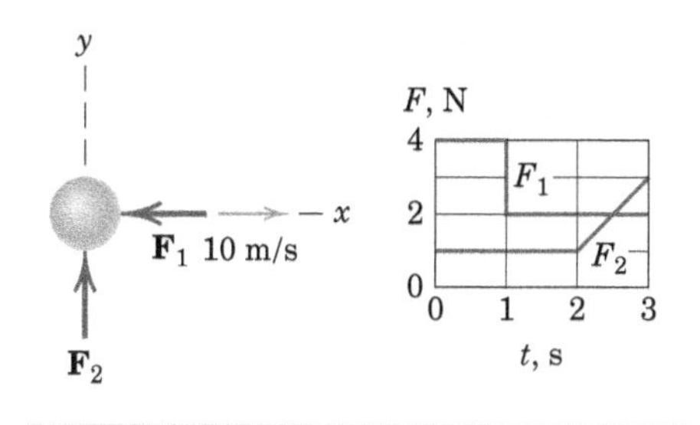

Solução. Inicialmente, construímos os diagramas de impulso-quantidade de movimento, como indicado

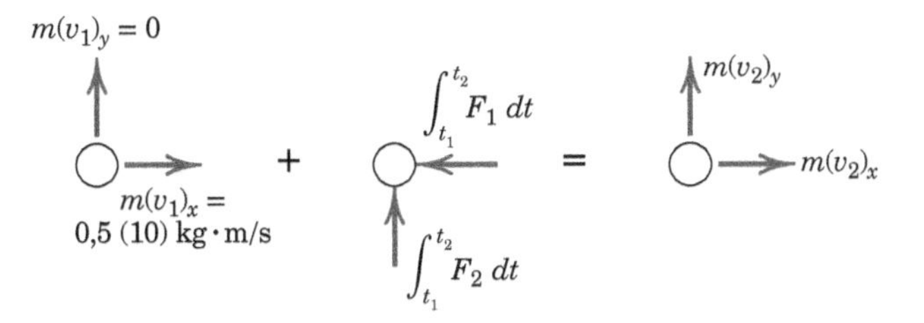

Então, as equações de impulso-quantidade de movimento continuam como

$$[m(v_1)_x + \int_{t_1}^{t_2} \Sigma F_x \, dt = m(v_2)_x] \quad 0{,}5(10) - [4(1) + 2(3 - 1)] = 0{,}5(v_2)_x \quad ①$$

$$(v_2)_x = -6 \text{ m/s}$$

$$[m(v_1)_y + \int_{t_1}^{t_2} \Sigma F_y \, dt = m(v_2)_y] \quad 0{,}5(0) + [1(2) + 2(3 - 2)] = 0{,}5(v_2)_y$$

$$(v_2)_y = 8 \text{ m/s}$$

Então,

$$\mathbf{v}_2 = -6\mathbf{i} + 8\mathbf{j} \text{ m/s} \qquad \text{e} \qquad v_2 = \sqrt{6^2 + 8^2} = 10 \text{ m/s}$$

$$\theta_x = \tan^{-1} \frac{8}{-6} = 126{,}9^\circ \qquad \textit{Resp.}$$

Apesar de não ter sido solicitada, a trajetória da partícula para os primeiros três segundos é desenhada na figura. A velocidade em $t = 3$ s é mostrada junto com suas componentes.

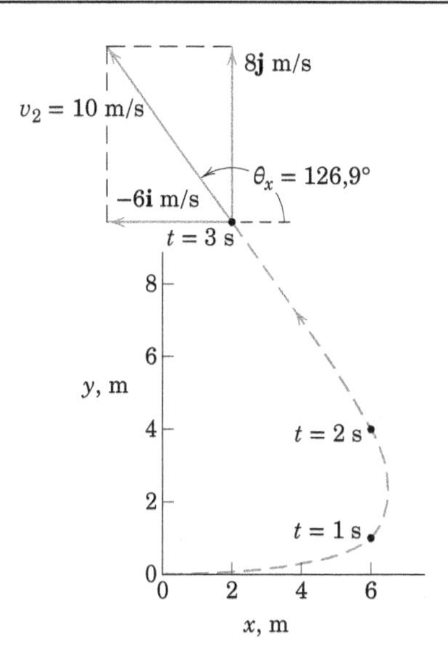

DICA ÚTIL

① O impulso em cada direção é a área correspondente sob o gráfico da força contra o tempo. Note que $\boldsymbol{F}_1$ está no sentido negativo da direção x, por isso seu impulso é negativo.

EXEMPLO DE PROBLEMA 3/22

O elevador de mina carregado com 150 kg está descendo o plano inclinado a 4 m/s quando uma força P é aplicada ao cabo como indicado no instante de tempo $t = 0$. A força P é aumentada uniformemente com o tempo até que atinja 600 N em $t = 4$ s, e após esse tempo permanece constante com esse valor. Calcule (a) o tempo t' no qual o vagonete inverte o seu sentido e (b) a velocidade v do vagonete em $t = 8$ s. Trate o vagonete como uma partícula.

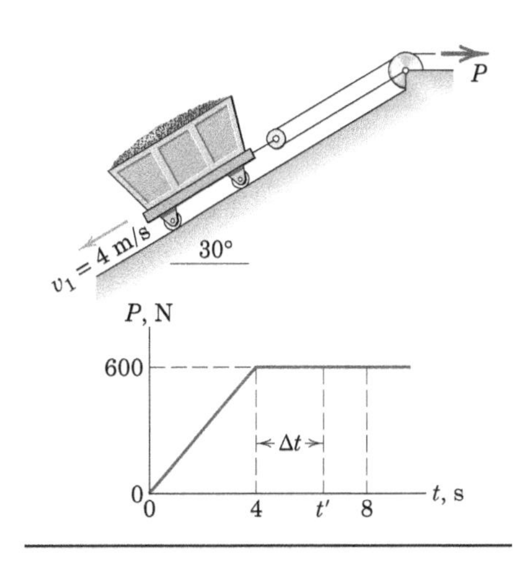

Solução. A variação especificada para P com o tempo é representada graficamente, e os diagramas de impulso-quantidade de movimento do vagonete são desenhados

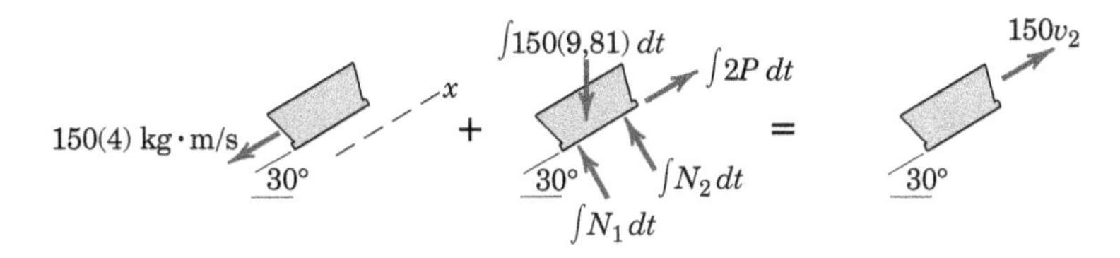

EXEMPLO DE PROBLEMA 3/22 (*continuação*)

Parte (a). O vagonete inverte o sentido quando a sua velocidade se torna nula. Suponhamos que essa condição ocorra em $t = 4 + \Delta t$ s. A equação do impulso-quantidade de movimento aplicada consistentemente na direção positiva de x fornece

$$[m(v_1)_x + \int \Sigma F_x \, dt = m(v_2)_x]$$

$$150(-4) + \frac{1}{2}(4)(2)(600) + 2(600)\Delta t - 150(9{,}81) \text{ sen } 30°(4 + \Delta t) = 150(0) \quad ①$$

$$\Delta t = 2{,}46 \text{ s} \qquad t' = 4 + 2{,}46 = 6{,}46 \text{ s} \qquad \textit{Resp.}$$

Parte (b). Aplicando a equação do impulso-quantidade de movimento a todo o intervalo de 8 s resulta:

$$[m(v_1)_x + \int \Sigma F_x \, dt = m(v_2)_x]$$

$$150(-4) + \frac{1}{2}(4)(2)(600) + 4(2)(600) - 150(9{,}81) \text{ sen } 30°(8) = 150(v_2)_x$$

$$(v_2)_x = 4{,}76 \text{ m/s} \qquad \textit{Resp.}$$

O mesmo resultado é obtido por meio da análise do intervalo de t' até 8 s.

DICA ÚTIL

① O diagrama de impulso-quantidade de movimento nos impede de cometer o erro de usar o impulso de P em vez de $2P$ ou de esquecer o impulso da componente do peso. O primeiro termo do impulso linear é a área triangular da relação P-t para os primeiros 4 s, dobrada devido à força de $2P$.

EXEMPLO DE PROBLEMA 3/23

A bala de 50 g que se desloca a 600 m/s atinge o bloco de 4 kg centralmente e fica alojada dentro dele. Se o bloco desliza sobre um plano horizontal liso com uma velocidade de 12 m/s na direção indicada antes do impacto, determine a velocidade $\mathbf{v}_2$ do bloco e da bala alojada imediatamente após o impacto.

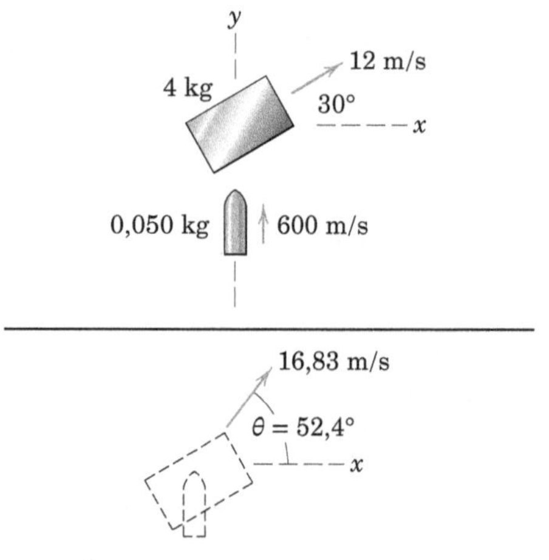

Solução. Uma vez que a força de impacto é interna ao sistema composto pelo bloco e pela bala, e uma vez que não existem outras forças externas agindo sobre o sistema no plano de movimento, segue-se que a quantidade de movimento linear do sistema é conservada. Desse modo,

$$[\mathbf{G}_1 = \mathbf{G}_2] \qquad 0{,}050(600\mathbf{j}) + 4(12)(\cos 30°\mathbf{i} + \text{sen } 30°\mathbf{j}) = (4 + 0{,}050)\mathbf{v}_2 \quad ①$$

$$\mathbf{v}_2 = 10{,}26\mathbf{i} + 13{,}33\mathbf{j} \text{ m/s} \qquad \textit{Resp.}$$

A velocidade final em sua direção é dada por

$$[v = \sqrt{v_x^2 + v_y^2}] \qquad v_2 = \sqrt{(10{,}26)^2 + (13{,}33)^2} = 16{,}83 \text{ m/s} \qquad \textit{Resp.}$$

$$[\tan \theta = v_y/v_x] \qquad \tan \theta = \frac{13{,}33}{10{,}26} = 1{,}299 \qquad \theta = 52{,}4° \qquad \textit{Resp.}$$

DICA ÚTIL

① Trabalhar com a forma vetorial do princípio da conservação da quantidade de movimento linear é evidentemente equivalente a trabalhar com a forma em componentes.

3/10 Impulso Angular e Quantidade de Movimento Angular

Além das equações de impulso linear e quantidade de movimento linear, existe um conjunto paralelo de equações para impulso angular e quantidade de movimento angular. Inicialmente, definimos o termo *quantidade de movimento angular*. A Fig. 3/14*a* mostra uma partícula P de massa m se deslocando ao longo de uma curva no espaço. A partícula é localizada por seu vetor posição $\mathbf{r}$ em relação a uma origem conveniente O de coordenadas fixas x-y-z. A velocidade da partícula é $\mathbf{v} = \dot{\mathbf{r}}$, e sua quantidade de movimento linear é $\mathbf{G} = m\mathbf{v}$. O *momento do vetor quantidade de movimento linear* $m\mathbf{v}$ em torno da origem O é definido como *a quantidade de movimento angular* $\mathbf{H}_O$ de P em torno de O e é dado pela relação do produto vetorial para o momento de um vetor

$$\boxed{\mathbf{H}_O = \mathbf{r} \times m\mathbf{v}} \qquad (3/29)$$

A quantidade de movimento angular é então um vetor perpendicular ao plano A definido por $\mathbf{r}$ e $\mathbf{v}$. O sentido

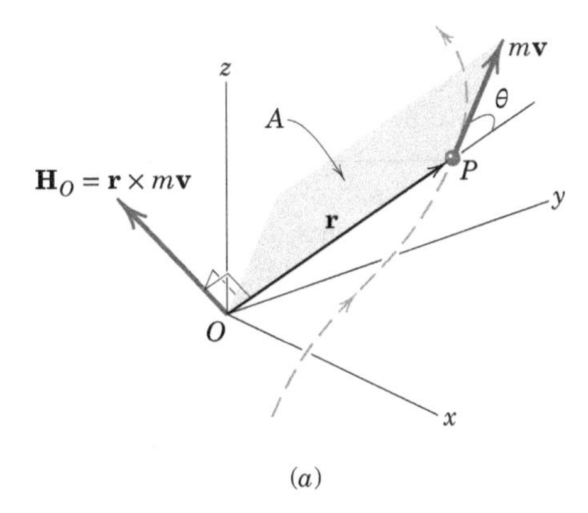

(a)

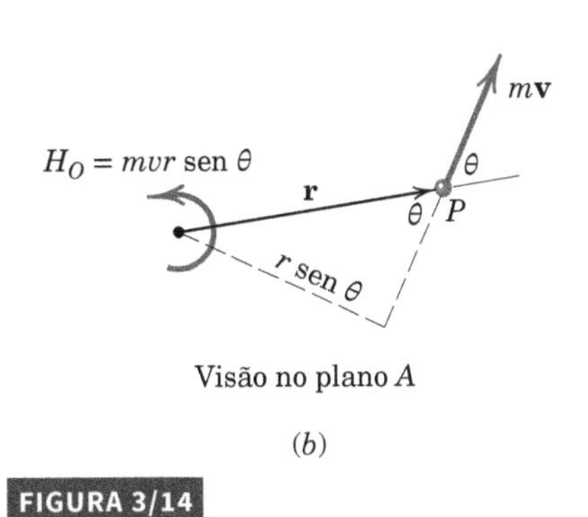

Visão no plano A

(b)

FIGURA 3/14

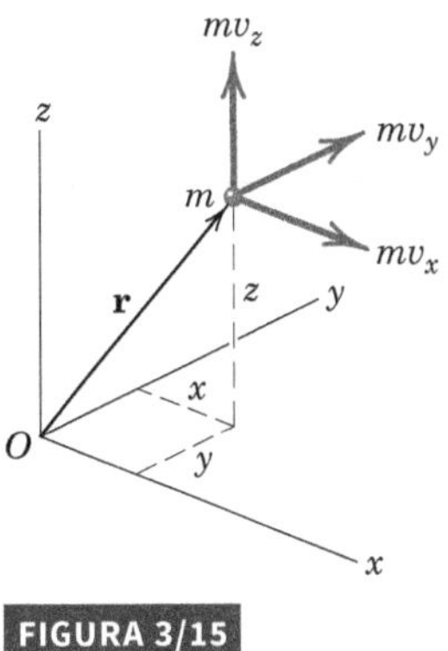

FIGURA 3/15

de $\mathbf{H}_O$ é claramente definido pela regra da mão direita para produtos vetoriais.

As componentes escalares da quantidade de movimento angular podem ser obtidas a partir da expansão

$$\mathbf{H}_O = \mathbf{r} \times m\mathbf{v} = m(v_z y - v_y z)\mathbf{i} + m(v_x z - v_z x)\mathbf{j} + m(v_y x - v_x y)\mathbf{k}$$

$$\mathbf{H}_O = m\begin{vmatrix} \mathbf{i} & \mathbf{j} & \mathbf{k} \\ x & y & z \\ v_x & v_y & v_z \end{vmatrix} \qquad (3/30)$$

tal que

$$H_x = m(v_z y - v_y z) \qquad H_y = m(v_x z - v_z x)$$

$$H_z = m(v_y x - v_x y)$$

Cada uma dessas expressões para a quantidade de movimento angular pode ser facilmente verificada a partir da Fig. 3/15, que mostra as três componentes da quantidade de movimento linear, tomando os momentos dessas componentes em torno dos respectivos eixos.

Para ajudar a visualização da quantidade de movimento angular, mostramos na Fig. 3/14*b* uma representação bidimensional no plano *A* dos vetores mostrados na parte *a* da figura. O movimento é visto no plano *A* definido por **r** e **v**. A intensidade do momento de $m\mathbf{v}$ em torno de *O* é simplesmente a quantidade de movimento linear mv multiplicada pelo braço do momento r sen θ ou mvr sen θ, que é a intensidade do produto vetorial $\mathbf{H}_O = \mathbf{r} \times m\mathbf{v}$.

A quantidade de movimento angular é o momento da quantidade de movimento linear e não deve ser confundida com quantidade de movimento linear. Em unidades SI, a quantidade de movimento angular possui unidades kg · (m/s) · m = kg · m^2/s = N · m · s. No sistema de unidades usuais americanas, a quantidade de movimento angular tem unidades [lbf/(pé/s^2)][pé/s][pé] = lbf-pé-s.

Taxa de Variação da Quantidade de Movimento Angular

Agora estamos prontos para relacionar o momento das forças agindo sobre a partícula *P* à sua quantidade de movimento angular. Se $\Sigma\mathbf{F}$ representa a resultante de *todas* as forças agindo sobre a partícula *P* da Fig. 3/14, o momento $\mathbf{M}_O$ em torno da origem *O* é o produto vetorial

$$\Sigma\mathbf{M}_O = \mathbf{r} \times \Sigma\mathbf{F} = \mathbf{r} \times m\dot{\mathbf{v}}$$

em que a segunda lei de Newton $\Sigma\mathbf{F} = m\dot{\mathbf{v}}$ foi substituída. Agora diferenciamos a Eq. 3/29 em relação ao tempo, utilizando a regra para a diferenciação de um produto vetorial (veja o item 9, Seção C/7, Apêndice C) e obtemos

$$\dot{\mathbf{H}}_O = \dot{\mathbf{r}} \times m\mathbf{v} + \mathbf{r} \times m\dot{\mathbf{v}} = \mathbf{v} \times m\mathbf{v} + \mathbf{r} \times m\dot{\mathbf{v}}$$

O termo $\mathbf{v} \times m\mathbf{v}$ é zero uma vez que o produto vetorial de vetores paralelos é identicamente nulo. Substituindo na expressão para $\Sigma\mathbf{M}_O$ resulta

$$\boxed{\Sigma\mathbf{M}_O = \dot{\mathbf{H}}_O} \qquad (3/31)$$

A Eq. 3/31 afirma que *o momento em torno do ponto fixo O de todas as forças agindo sobre m é igual à taxa de variação no tempo da quantidade de movimento angular de m em torno de O*. Essa relação, sobretudo quando estendida para um sistema de partículas, rígido ou não rígido, fornece uma das ferramentas mais poderosas de análise em Dinâmica.

A Eq. 3/31 é uma equação vetorial com componentes escalares

$$\Sigma M_{O_x} = \dot{H}_{O_x} \qquad \Sigma M_{O_y} = \dot{H}_{O_y} \qquad \Sigma M_{O_z} = \dot{H}_{O_z} \qquad (3/32)$$

O Princípio do Impulso-Quantidade de Movimento Angular

A Eq. 3/31 fornece a relação instantânea entre o momento e a taxa de variação no tempo da quantidade de movimento angular. Para obter o efeito do momento $\Sigma\mathbf{M}_O$ sobre a quantidade de movimento angular da partícula durante um período finito de tempo, integramos a Eq. 3/31 do instante de tempo t_1 até o instante de tempo t_2. Multiplicando a equação por dt se obtém $\Sigma\mathbf{M}_O\,dt = d\mathbf{H}_O$, que integramos para obter

$$\int_{t_1}^{t_2} \Sigma\mathbf{M}_O\,dt = (\mathbf{H}_O)_2 - (\mathbf{H}_O)_1 = \Delta\mathbf{H}_O \qquad (3/33)$$

em que $(\mathbf{H}_O)_2 = \mathbf{r}_2 \times m\mathbf{v}_2$ e $(\mathbf{H}_O)_1 = \mathbf{r}_1 \times m\mathbf{v}_1$. O produto do momento pelo tempo é definido como *impulso angular*, e a Eq. 3/33 estabelece que o *impulso angular total sobre m em torno do ponto fixo O é igual à variação correspondente na quantidade de movimento angular de m em torno de O.*

De outra maneira, podemos escrever Eq. 3/33 como

$$(\mathbf{H}_O)_1 + \int_{t_1}^{t_2} \Sigma\mathbf{M}_O\,dt = (\mathbf{H}_O)_2 \qquad (3/33a)$$

que afirma que a quantidade de movimento angular inicial da partícula adicionada ao impulso angular aplicado a ela é igual à sua quantidade de movimento angular final. As unidades de impulso angular são evidentemente aquelas da quantidade de movimento angular, que são N · m · s ou kg · m²/s em unidades SI e lbf · pé · s em unidades americanas usuais.

Tal como no caso do impulso linear e da quantidade de movimento linear, a equação de impulso angular e quantidade de movimento angular é uma equação vetorial em que variações de direção, bem como de módulo podem ocorrer durante o intervalo de integração. Sob essas condições, é necessário expressar $\Sigma\mathbf{M}_O$ e $\mathbf{H}_O$ na forma por componentes e então combinar as componentes integradas. A componente x da Eq. 3/33a é

$$(H_{O_x})_1 + \int_{t_1}^{t_2} \Sigma M_{O_x}\,dt = (H_{O_x})_2$$

ou

$$m(v_z y - v_y z)_1 + \int_{t_1}^{t_2} \Sigma M_{O_x}\,dt = m(v_z y - v_y z)_2 \qquad (3/33b)$$

em que os índices 1 e 2 se referem aos valores das respectivas grandezas nos instantes de tempo t_1 e t_2. Existem expressões similares para as componentes y e z da equação do impulso-quantidade de movimento angular.

Aplicações em Movimento Plano

As relações anteriores de impulso angular e quantidade de movimento angular foram desenvolvidas em suas formas gerais tridimensionais. A maior parte das aplicações de nosso interesse, porém, pode ser analisada como problemas de movimento plano, nos quais os momentos são tomados em torno de um único eixo normal ao plano de movimento. Nesse caso, a quantidade de movimento angular pode variar em intensidade e sentido, mas a direção do vetor permanece inalterada.

Assim, para uma partícula de massa m se deslocando ao longo de uma trajetória curva no plano x-y, Fig. 3/16, as quantidades de movimento angular em torno de O nos pontos 1 e 2 têm as intensidades $(H_O)_1 = |\mathbf{r}_1 \times m\mathbf{v}_1| = mv_1d_1$ e $(H_O)_2 = |\mathbf{r}_2 \times m\mathbf{v}_2| = mv_2d_2$, respectivamente. Na ilustração ambos $(H_O)_1$ e $(H_O)_2$ são representados no sentido anti-horário de acordo com a direção do momento da quantidade de movimento linear. A forma de escalar da Eq. 3/33a aplicada ao movimento entre os pontos 1 e 2 durante o intervalo de tempo t_1 até t_2 resulta

$$(H_O)_1 + \int_{t_1}^{t_2} \Sigma M_O\,dt = (H_O)_2 \quad \text{ou} \quad mv_1d_1 + \int_{t_1}^{t_2} \Sigma Fr \operatorname{sen}\theta\,dt = mv_2d_2$$

Esse exemplo deve ajudar a esclarecer a relação entre as formas escalar e vetorial das relações de impulso-quantidade de movimento angular.

Considerando que a Eq. 3/33 enfatiza claramente que o impulso angular externo provoca uma variação na quantidade de movimento angular, a ordem dos termos nas Eqs. 3/33a e 3/33b corresponde à sequência natural dos eventos. A Eq. 3/33a é análoga à Eq. 3/27a, tal como a Eq. 3/31 é análoga à Eq. 3/25.

Assim como no caso de problemas de quantidade de movimento linear, encontramos forças *impulsivas* (grande amplitude, curta duração) e *não impulsivas* em problemas de quantidade de movimento angular. O tratamento dessas forças foi discutido na Seção 3/9.

As Eqs. 3/25 e 3/31 não acrescentam nenhuma informação básica nova, uma vez que são apenas formas

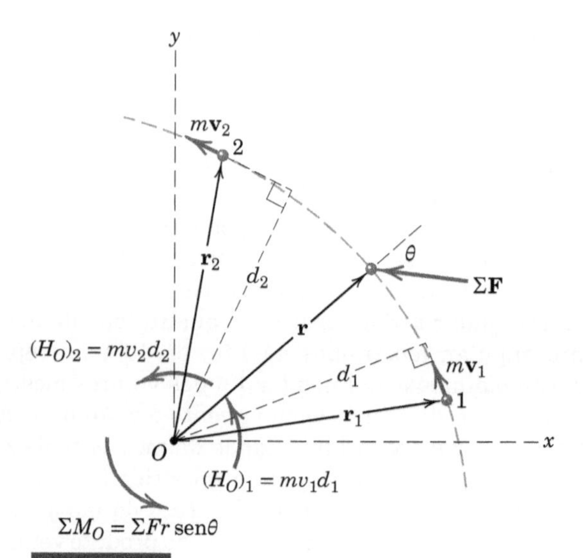

FIGURA 3/16

alternativas da segunda lei de Newton. Descobriremos nos próximos capítulos, entretanto, que as equações de movimento expressas em termos da taxa de variação no tempo da quantidade de movimento são aplicáveis ao movimento de corpos rígidos e não rígidos e proporcionam uma abordagem bastante geral e poderosa para um grande número de problemas. A generalidade plena da Eq. 3/31 normalmente não é necessária para descrever o movimento de uma única partícula ou o movimento plano de corpos rígidos, mas tem uma utilização fundamental na análise do movimento espacial de corpos rígidos introduzida no Capítulo 7.

Conservação da Quantidade de Movimento Angular

Se o momento resultante em torno de um ponto fixo O de todas as forças agindo sobre uma partícula é zero durante um intervalo de tempo, a Eq. 3/31 impõe que a sua quantidade de movimento angular $\mathbf{H}_O$ em torno desse ponto permaneça constante. Nesse caso, diz-se que a quantidade de movimento angular da partícula é *conservada*. A quantidade de movimento angular pode ser conservada em torno de um eixo, mas não em torno de outro eixo. Uma análise atenta do diagrama de corpo livre da partícula revelará se o momento da força resultante sobre a partícula em torno de um ponto fixo é zero, caso em que a quantidade de movimento angular em torno desse ponto permanece inalterada (conservada).

Considere agora o movimento de duas partículas a e b que interagem durante um intervalo de tempo. Se as forças de interação $\mathbf{F}$ e $-\mathbf{F}$ entre elas são as únicas forças não equilibradas agindo sobre as partículas durante o intervalo, quer dizer que os momentos das forças iguais e opostas em torno de qualquer ponto fixo O fora da sua linha de ação são iguais e opostos. Se aplicarmos a Eq. 3/33 à partícula a e em seguida à partícula b e adicionarmos as duas equações, obtemos $\Delta\mathbf{H}_a + \Delta\mathbf{H}_b = \mathbf{0}$ (em que todas as quantidades de movimento angular são referidas ao ponto O). Assim, a quantidade de movimento angular total para o sistema das duas partículas permanece constante durante o intervalo, e escrevemos

$$\boxed{\Delta\mathbf{H}_O = \mathbf{0} \quad \text{ou} \quad (\mathbf{H}_O)_1 = (\mathbf{H}_O)_2} \qquad (3/34)$$

que expressa o *princípio da conservação da quantidade de movimento angular*.

EXEMPLO DE PROBLEMA 3/24

Uma pequena esfera tem a posição e a velocidade indicadas na figura e sofre a ação da força $\boldsymbol{F}$. Determine a quantidade de movimento angular $\mathbf{H}_O$ em torno do ponto O e a derivada no tempo de $\dot{\mathbf{H}}_O$.

Solução. Iniciamos com a definição de quantidade de movimento angular e escrevemos

$$\mathbf{H}_O = \mathbf{r} \times m\mathbf{v}$$
$$= (3\mathbf{i} + 6\mathbf{j} + 4\mathbf{k}) \times 2(5\mathbf{j})$$
$$= -40\mathbf{i} + 30\mathbf{k} \text{ N·m·s} \qquad \textit{Resp.}$$

da Eq. 3/31,

$$\dot{\mathbf{H}}_O = \mathbf{M}_O$$
$$= \mathbf{r} \times \mathbf{F}$$
$$= (3\mathbf{i} + 6\mathbf{j} + 4\mathbf{k}) \times 10\mathbf{k}$$
$$= 60\mathbf{i} - 30\mathbf{j} \text{ N·m} \qquad \textit{Resp.}$$

Tal como acontece com os momentos das forças, o vetor posição deve se estender *do* ponto de referência (O nesse caso) *até a* linha de ação da quantidade de movimento linear $m\mathbf{v}$. Aqui $\mathbf{r}$ segue diretamente até a partícula.

EXEMPLO DE PROBLEMA 3/25

Um cometa está na órbita extremamente excêntrica mostrada na figura. Sua velocidade no ponto mais distante A, que está no limite externo do sistema solar, é $v_A = 740$ m/s. Determine a sua velocidade no ponto B de maior aproximação com o Sol.

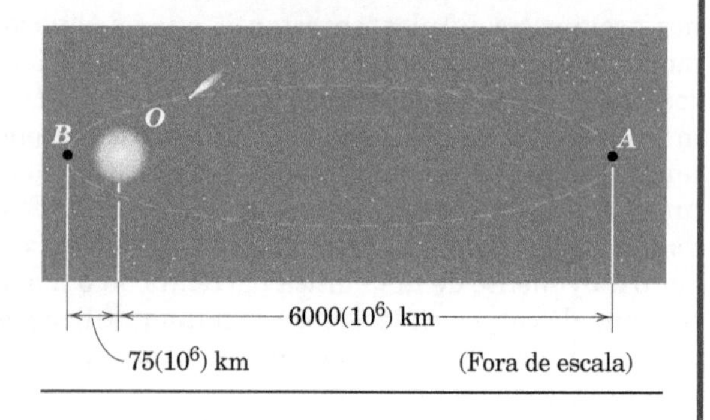

Solução. Como é a única força significativa agindo sobre o cometa, a força gravitacional exercida sobre ele pelo Sol é central (aponta para o centro do Sol O), e a quantidade de movimento angular em torno de O é conservada.

$$(H_O)_A = (H_O)_B$$

$$mr_Av_A = mr_Bv_B$$

$$v_B = \frac{r_Av_A}{r_B} = \frac{6000(10^6)740}{75(10^6)}$$

$$v_B = 59\,200 \text{ m/s} \qquad \textit{Resp.}$$

EXEMPLO DE PROBLEMA 3/26

O conjunto de haste leve e duas massas nas extremidades está estacionário quando é atingido pela queda de um punhado de massa de vidraceiro se deslocando com velocidade v_1, como indicado. A massa de vidraceiro se adere e se desloca com a massa na extremidade direita. Determine a velocidade angular $\dot{\theta}_2$ do conjunto logo após o impacto. A articulação em O é sem atrito, e todas as três massas podem ser consideradas como partículas.

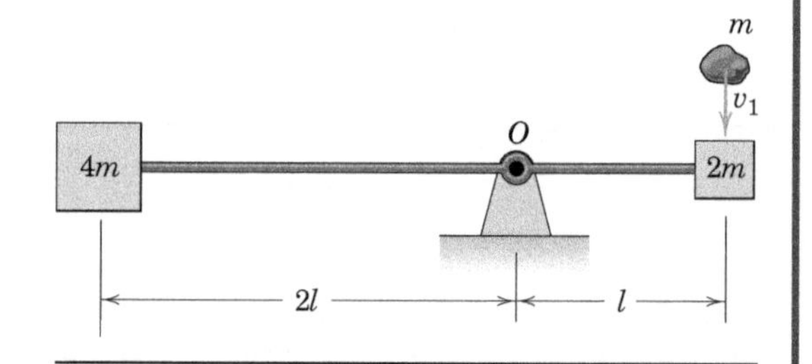

Solução. Se ignorarmos os impulsos angulares associados aos pesos durante o processo de colisão, então a quantidade de movimento angular do sistema em torno de O é conservada durante o impacto.

$$(H_O)_1 = (H_O)_2$$

$$mv_1l = (m + 2m)(l\dot{\theta}_2)l + 4m(2l\dot{\theta}_2)2l$$

$$\dot{\theta}_2 = \frac{v_1}{19l} \text{ horário} \qquad \textit{Resp.}$$

Observe que cada termo da quantidade de movimento angular é escrito na forma mvd, e as velocidades transversais finais são expressas como distâncias radiais multiplicadas pela velocidade angular final comum $\dot{\theta}_2$.

EXEMPLO DE PROBLEMA 3/27

Uma pequena partícula de massa recebe uma velocidade inicial $\mathbf{v}_0$ tangente à borda horizontal de uma cavidade hemisférica lisa em um raio r_0 a partir da linha de centro vertical, como indicado no ponto A. Quando a partícula desliza passando pelo ponto B, uma distância h abaixo de A e uma distância r da linha de centro vertical, sua velocidade $\mathbf{v}$ faz um ângulo θ com a tangente horizontal à cavidade através de B. Determine θ.

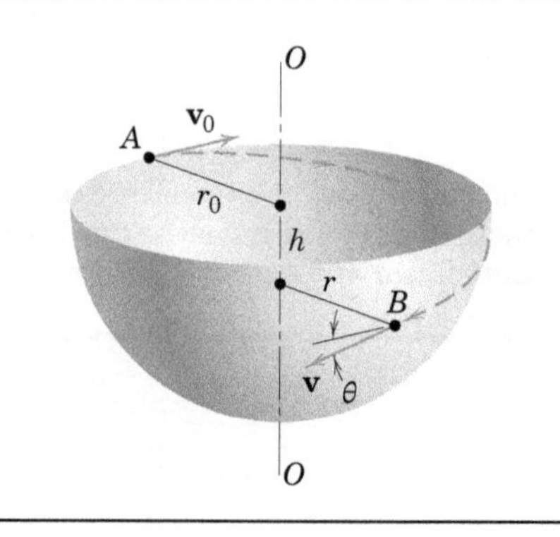

Solução. As forças sobre a partícula são seu peso e a reação normal exercida pela superfície lisa da cavidade. Nenhuma das forças exerce um momento

EXEMPLO DE PROBLEMA 3/27 *(continuação)*

em torno do eixo *O-O*, de modo que a quantidade de movimento angular é conservada em torno desse eixo. Desse modo,

$$[(H_O)_1 = (H_O)_2] \qquad mv_0r_0 = mvr\cos\theta \quad ①$$

Além disso, a energia é conservada de modo que $E_1 = E_2$. Desse modo,

$$[T_1 + V_1 = T_2 + V_2] \qquad \frac{1}{2}mv_0^2 + mgh = \frac{1}{2}mv^2 + 0$$

$$v = \sqrt{v_0^2 + 2gh}$$

Eliminando v e substituindo $r^2 = r_o^2 - h^2$, temos

$$v_0r_0 = \sqrt{v_0^2 + 2gh}\sqrt{r_0^2 - h^2}\cos\theta$$

$$\theta = \cos^{-1}\frac{1}{\sqrt{1 + \frac{2gh}{v_0^2}}\sqrt{1 - \frac{h^2}{r_0^2}}} \qquad \textit{Resp.}$$

DICA ÚTIL

① O ângulo θ é medido no plano tangente à superfície hemisférica em B.

SEÇÃO D Aplicações Especiais

3/11 Introdução

Os princípios e métodos básicos da cinética de partícula foram desenvolvidos e ilustrados nas três primeiras seções deste capítulo. Esse tratamento fez uso direto da segunda lei de Newton, as equações de trabalho e energia, e as equações de impulso e quantidade de movimento. Prestamos uma atenção especial ao tipo de problema para o qual cada uma das abordagens estivesse mais adequada.

Alguns assuntos de interesse específico em cinética de partícula serão brevemente tratados na Seção D:

1. Impacto
2. Movimento com força central
3. Movimento relativo

Esses assuntos envolvem maior extensão e aplicação dos princípios fundamentais da Dinâmica, e seu estudo ajudará a ampliar o seu conhecimento de Mecânica.

3/12 Impacto

Os princípios de impulso e quantidade de movimento têm utilização essencial na descrição do comportamento de corpos em colisão. O *impacto* se refere à colisão entre dois corpos e é caracterizado pela produção de forças de contato relativamente elevadas que atuam durante um intervalo de tempo muito curto. É importante perceber que um impacto é um evento muito complexo que envolve a deformação e recuperação do material e a geração de calor e som. Pequenas variações nas condições de impacto podem ocasionar grandes variações no processo de impacto e consequentemente nas condições imediatamente após o impacto. Por essa razão, devemos ter cuidado em não confiar categoricamente nos resultados dos cálculos de impacto.

Impacto Central Direto

Como uma introdução ao impacto, considere o movimento colinear de duas esferas de massas m_1 e m_2, **Fig. 3/17*a***, se deslocando com velocidades v_1 e v_2. Se v_1 é maior do que v_2, a colisão ocorre com as forças de contato direcionadas ao longo da linha dos centros. Essa condição é chamada de *impacto central direto*.

Em seguida ao contato inicial, ocorre um curto período de aumento da deformação até que a área de contato entre as esferas pare de aumentar. Nesse instante, ambas as esferas, **Fig. 3/17*b***, estão se movendo com a mesma velocidade v_0. Durante o restante do contato, ocorre um período de restauração durante o qual a área de contato diminui até zero. Na condição final mostrada na parte *c* da figura, as

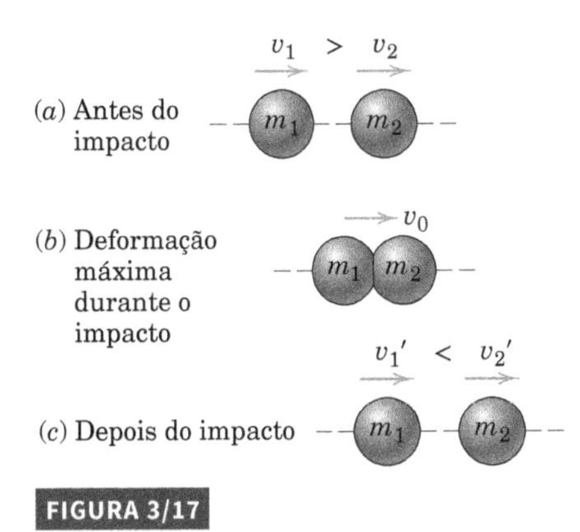

FIGURA 3/17

esferas possuem agora novas velocidades v_1' e v_2', em que v_1' deve ser menor do que v_2'. Todas as velocidades são arbitrariamente consideradas positivas para a direita, de modo que com essa notação escalar uma velocidade para a esquerda receberá um sinal negativo. Se o impacto não é excessivamente forte e se as esferas são bastante elásticas, elas irão recuperar sua forma original após a restauração. Com um impacto mais violento e com corpos menos elásticos, uma deformação permanente poderá ocorrer.

Uma vez que as forças de contato são iguais e opostas durante o impacto, a quantidade de movimento linear do sistema se mantém inalterada, conforme discutido na Seção 3/9. Assim, aplicamos a lei da conservação da quantidade de movimento linear e escrevemos

$$m_1 v_1 + m_2 v_2 = m_1 v_1' + m_2 v_2' \qquad (3/35)$$

Vamos supor que quaisquer forças agindo sobre as esferas durante o impacto, que não sejam as elevadas forças internas de contato, são relativamente pequenas e produzem impulsos desprezíveis em comparação com o impulso associado com cada uma das forças internas de impacto. Além disso, assumimos que nenhuma variação significativa nas posições dos centros de massa ocorre durante a curta duração do impacto.

Coeficiente de Restituição

Para massas e condições iniciais dadas, a equação da quantidade de movimento contém duas incógnitas, v_1' e v_2'. Evidentemente, precisamos de uma relação adicional para encontrar as velocidades finais. Essa relação deve refletir a capacidade de recuperação do impacto dos corpos em contato e pode ser expressa pela razão e da intensidade do impulso de restauração pelo módulo do impulso de deformação. Essa razão é chamada de *coeficiente de restituição*.

Suponha que F_r e F_d representam as intensidades das forças de contato durante os períodos de restauração e deformação, respectivamente, como mostrado na Fig. 3/18. Para a partícula 1, a definição de e juntamente com a equação de impulso-quantidade de movimento fornece

$$e = \frac{\int_{t_0}^{t} F_r\,dt}{\int_0^{t_0} F_d\,dt} = \frac{m_1[-v_1' - (-v_0)]}{m_1[-v_0 - (-v_1)]} = \frac{v_0 - v_1'}{v_1 - v_0}$$

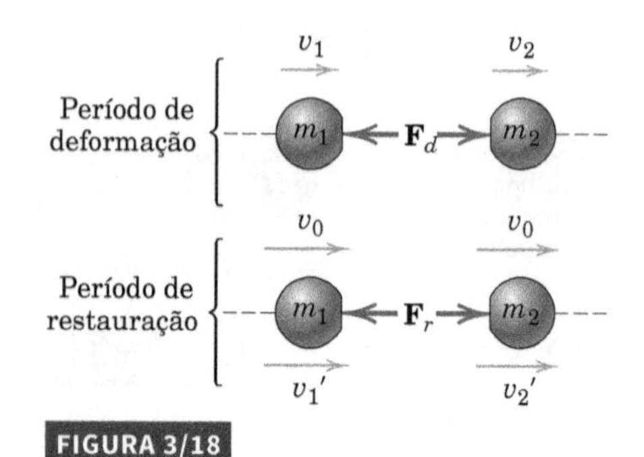

FIGURA 3/18

Da mesma forma para a partícula 2, temos

$$e = \frac{\int_{t_0}^{t} F_r\,dt}{\int_0^{t_0} F_d\,dt} = \frac{m_2(v_2' - v_0)}{m_2(v_0 - v_2)} = \frac{v_2' - v_0}{v_0 - v_2}$$

Nessas equações devemos ter o cuidado em expressar a variação da quantidade de movimento (e, portanto, Δv) na mesma direção do impulso (e, consequentemente, da força). O tempo de deformação é tomado como t_0 e o tempo total de contato é t. Eliminando v_0 entre as duas expressões para e, obtemos

$$e = \frac{v_2' - v_1'}{v_1 - v_2} = \frac{|\text{velocidade relativa de separação}|}{|\text{velocidade relativa de aproximação}|} \qquad (3/36)$$

Se as duas velocidades iniciais v_1 e v_2 e o coeficiente de restituição e são conhecidos, então as Eqs. 3/35 e 3/36 nos fornecem duas equações em termos das duas velocidades finais desconhecidas v_1' e v_2'.

Perda de Energia Durante o Impacto

Os fenômenos de impacto são quase sempre acompanhados por perda de energia, que pode ser calculada pela subtração da energia cinética do sistema logo após o impacto daquela um pouco antes do impacto. A energia é perdida por meio da geração de calor durante a deformação inelástica localizada do material, mediante geração e dissipação de ondas de tensão elástica no interior dos corpos, e da geração de energia sonora.

De acordo com essa teoria clássica de impacto, o valor $e = 1$ significa que a capacidade de recuperação das duas partículas é igual a sua tendência a se deformar. Essa é a condição do *impacto elástico* sem perda de energia. O valor $e = 0$, por outro lado, descreve o *impacto inelástico* ou *plástico* no qual as partículas aderem uma à outra após a colisão, e a perda de energia é máxima. Todas as condições de impacto se situam entre esses dois extremos.

Além disso, deve-se observar que um coeficiente de restituição deve estar associado a *um par* de corpos em contato. O coeficiente de restituição frequentemente é considerado uma constante para determinadas geometrias e uma dada combinação de materiais em contato. Na verdade, este depende da velocidade de impacto e se aproxima da unidade conforme a velocidade de impacto se aproxima de zero como mostrado esquematicamente na Fig. 3/19. Um valor para e tomado de um manual geralmente não é muito confiável.

Impacto Central Oblíquo

Agora estenderemos as relações desenvolvidas para impacto central direto para o caso em que as velocidades inicial e final não são paralelas, Fig. 3/20. Aqui partículas esféricas de massa m_1 e m_2 possuem velocidades iniciais v_1 e v_2 no mesmo plano e se aproximam uma da outra

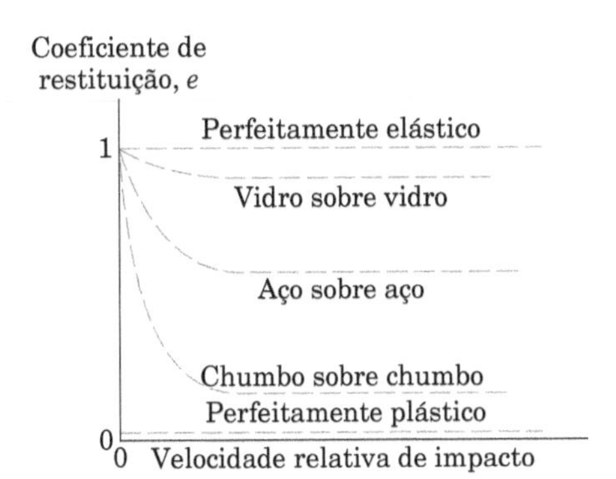

FIGURA 3/19

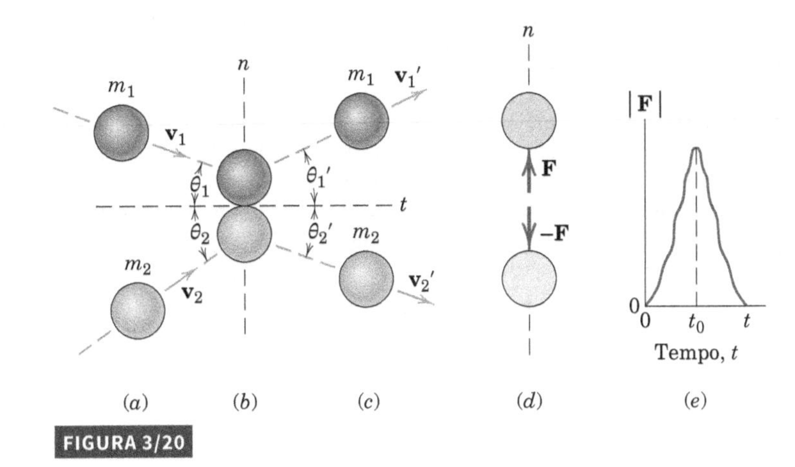

FIGURA 3/20

em um curso de colisão, como mostrado na parte *a* da figura. As direções dos vetores velocidade são medidas a partir da direção tangente às superfícies em contato, Fig. 3/20*b*. Assim, as componentes das velocidades iniciais ao longo dos eixos *t* e *n* são $(v_1)_n = -v_1$ sen θ_1, $(v_1)_t = v_1 \cos\theta_1$, $(v_2)_n = v_2$ sen θ_2, e $(v_2)_t = v_2 \cos\theta_2$. Observe que $(v_1)_n$ é uma grandeza negativa para o sistema de coordenadas em particular e para as velocidades iniciais apresentadas.

As condições finais para o ricochete após a colisão são mostradas na parte *c* da figura. As forças de impacto são **F** e −**F**, como pode ser visto na parte *d* da figura. Variam de zero até seu valor de pico durante a parcela de deformação do impacto e voltam novamente para zero durante o período de restauração, como indicado na parte *e* da figura em que *t* é o intervalo de duração do impacto.

Para determinadas condições iniciais de m_1, m_2, $(v_1)_n$ $(v_1)_t$, $(v_2)_n$ e $(v_2)_t$ haverá quatro incógnitas, isto é, $(v_1')_n$, $(v_1')_t$, $(v_2')_n$ e $(v_2')_t$. As quatro equações necessárias são obtidas da seguinte forma:

(1) A quantidade de movimento do sistema é conservada na direção *n*. Isso fornece

$$m_1(v_1)_n + m_2(v_2)_n = m_1(v_1')_n + m_2(v_2')_n$$

(2) e (3) A quantidade de movimento para cada partícula é conservada na direção *t* uma vez que não há impulso sobre nenhuma partícula na direção *t*. Desse modo,

$$m_1(v_1)_t = m_1(v_1')_t$$

$$m_2(v_2)_t = m_2(v_2')_t$$

(4) O coeficiente de restituição, tal como no caso do impacto central direto, é a razão positiva do impulso de recuperação pelo impulso de deformação. A Eq. 3/36 se aplica, então, às componentes de velocidade na direção *n*. Para a notação adotada na Fig. 3/20, temos

$$e = \frac{(v_2')_n - (v_1')_n}{(v_1)_n - (v_2)_n}$$

Uma vez que as quatro componentes da velocidade final sejam encontradas, os ângulos θ_1' e θ_2'da Fig. 3/20 podem ser facilmente determinados.

O movimento das bolas de sinuca após o impacto é facilmente investigado com os princípios de impacto central direto e oblíquo.

EXEMPLO DE PROBLEMA 3/28

O martelo de um bate-estaca tem uma massa de 800 kg e é liberado a partir do repouso 2 m acima do topo da estaca de 2400 kg. Se o martelo retorna até uma altura de 0,1 m após o impacto com a estaca, calcule (*a*) a velocidade v_p' da estaca imediatamente após o impacto, (*b*) o coeficiente de restituição *e* e (*c*) a perda percentual de energia devido ao impacto.

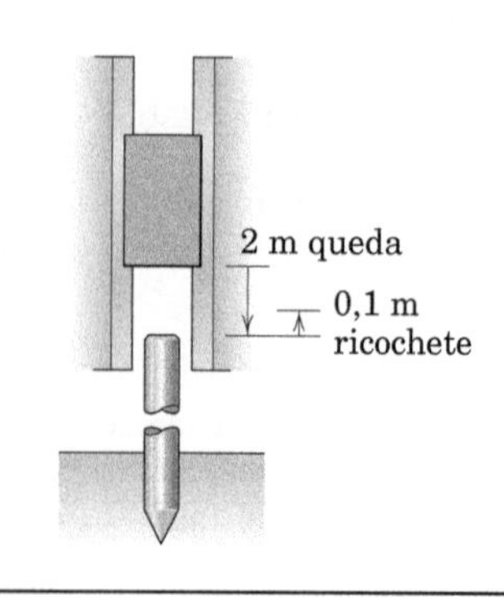

Solução. A conservação da energia durante a queda livre fornece as velocidades inicial e final do martelo a partir de $v = \sqrt{2gh}$. Desse modo,

$$v_r = \sqrt{2(9{,}81)(2)} = 6{,}26 \text{ m/s} \qquad v_r' = \sqrt{2(9{,}81)(0{,}1)} = 1{,}401 \text{ m/s}$$

(*a*) A conservação da quantidade de movimento ($G_1 = G_2$) para o sistema do martelo e da estaca fornece ①

$$800(6{,}26) + 0 = 800(-1{,}401) + 2400v_p' \qquad v_p' = 2{,}55 \text{ m/s} \qquad \textit{Resp.}$$

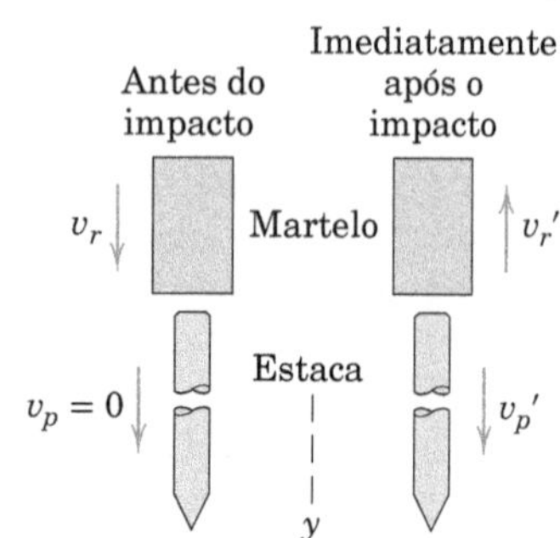

(*b*) O coeficiente de restituição resulta

$$e = \frac{|\text{velocidade relativa de separação}|}{|\text{velocidade relativa de aproximação}|} \qquad e = \frac{2{,}55 + 1{,}401}{6{,}26 + 0} = 0{,}631 \qquad \textit{Resp.}$$

(*c*) A energia cinética do sistema imediatamente antes do impacto é igual à energia potencial do martelo acima da estaca e é

$$T = V_g = mgh = 800(9{,}81)(2) = 15\,700 \text{ J}$$

A energia cinética T' logo após o impacto é

$$T' = \tfrac{1}{2}(800)(1{,}401)^2 + \tfrac{1}{2}(2400)(2{,}55)^2 = 8620 \text{ J}$$

A perda percentual de energia é, portanto,

$$\frac{15\,700 - 8620}{15\,700}(100\%) = 45{,}1\% \qquad \textit{Resp.}$$

DICA ÚTIL

① Os impulsos dos pesos do martelo e da estaca são muito pequenos em comparação com os impulsos das forças de impacto e, desse modo, são desprezados durante o impacto.

EXEMPLO DE PROBLEMA 3/29

Uma esfera é projetada sobre a placa pesada com uma velocidade de 16 m/s segundo um ângulo de 30° mostrado. Se o coeficiente efetivo de restituição é 0,5, calcule a velocidade de ricochete após a colisão v' e seu ângulo θ'.

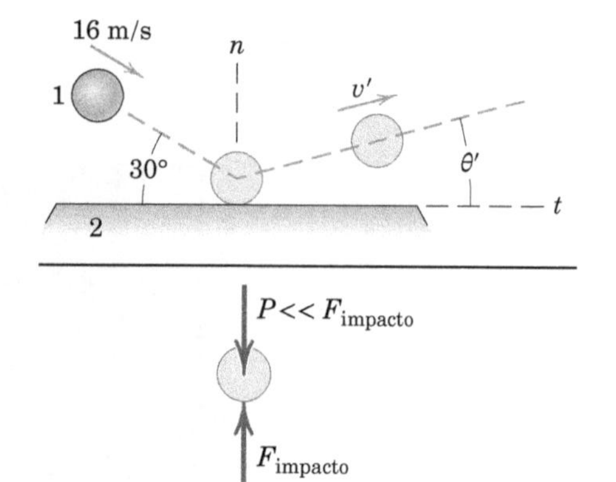

Solução. Seja a esfera designada corpo 1 e a placa corpo 2. A massa da placa pesada pode ser considerada infinita e sua velocidade correspondente após o impacto é zero. O coeficiente de restituição é aplicado às componentes de velocidade normais à placa na direção da força de impacto e fornece

$$e = \frac{(v_2')_n - (v_1')_n}{(v_1)_n - (v_2)_n} \qquad 0{,}5 = \frac{0 - (v_1')_n}{-16 \text{ sen } 30° - 0} \qquad (v_1')_n = 4 \text{ m/s}$$

A quantidade de movimento da esfera na direção *t* não varia, uma vez que, assumindo superfícies lisas, não há nenhuma força atuando sobre a esfera nessa direção. ① Desse modo,

$$m(v_1)_t = m(v_1')_t \qquad (v_1')_t = (v_1)_t = 16 \cos 30° = 13{,}86 \text{ m/s}$$

A velocidade de ricochete após a colisão v' e seu ângulo θ' são então

$$v' = \sqrt{(v_1')_n^{\,2} + (v_1')_t^{\,2}} = \sqrt{4^2 + 13{,}86^2} = 14{,}42 \text{ m/s} \qquad \textit{Resp.}$$

$$\theta' = \tan^{-1}\left(\frac{(v_1')_n}{(v_1')_t}\right) = \tan^{-1}\left(\frac{4}{13{,}86}\right) = 16{,}10° \qquad \textit{Resp.}$$

DICA ÚTIL

① Aqui observamos que para massa infinita não é possível aplicar o princípio da conservação da quantidade de movimento para o sistema na direção *n*. A partir do diagrama de corpo livre da esfera durante o impacto, observamos que o impulso do peso *P* é desprezado, uma vez que *P* é muito pequeno quando comparado com a força de impacto.

EXEMPLO DE PROBLEMA 3/30

A partícula esférica 1 tem uma velocidade $v_1 = 6$ m/s na direção mostrada e colide com a partícula esférica 2 de igual massa e diâmetro e que está inicialmente em repouso. Se o coeficiente de restituição para essas condições é $e = 0{,}6$, determine o movimento resultante de cada partícula após o impacto. Calcule também a perda de energia percentual em razão do impacto.

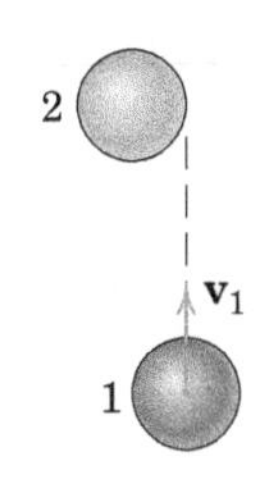

Solução. A geometria no instante do impacto indica que a normal n às superfícies em contato faz um ângulo $\theta = 30°$ com a direção de $\mathbf{v}_1$, como indicado na figura. ① Assim, as componentes das velocidades iniciais são $(v_1)_n = v_1 \cos 30° = 6 \cos 30° = 5{,}20$ m/s, $(v_1)_t = v_1 \text{ sen } 30° = 6 \text{ sen } 30° = 3$ m/s e $(v_2)_n = (v_2)_t = 0$.

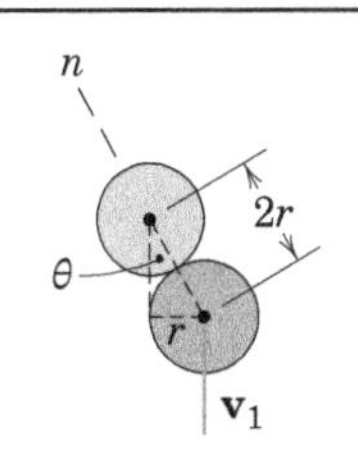

A conservação da quantidade de movimento para o sistema de duas partículas na direção n fornece

$$m_1(v_1)_n + m_2(v_2)_n = m_1(v_1')_n + m_2(v_2')_n$$

Ou, com $m_1 = m_2$,

$$5{,}20 + 0 = (v_1')_n + (v_2')_n \qquad (a)$$

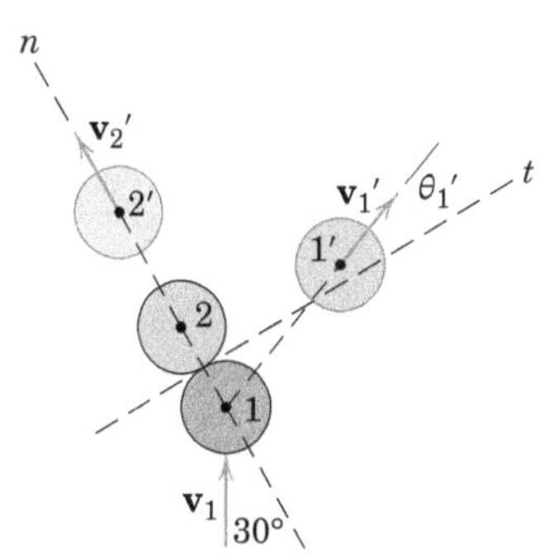

A relação do coeficiente de restituição é

$$e = \frac{(v_2')_n - (v_1')_n}{(v_1)_n - (v_2)_n} \qquad 0{,}6 = \frac{(v_2')_n - (v_1')_n}{5{,}20 - 0} \qquad (b)$$

A solução simultânea das Eqs. a e b fornece ②

$$(v_1')_n = 1{,}039 \text{ m/s} \qquad (v_2')_n = 4{,}16 \text{ m/s}$$

A conservação da quantidade de movimento para cada partícula é válida na direção t porque, assumindo superfícies lisas, não há nenhuma força na direção t. Consequentemente para as partículas 1 e 2, temos

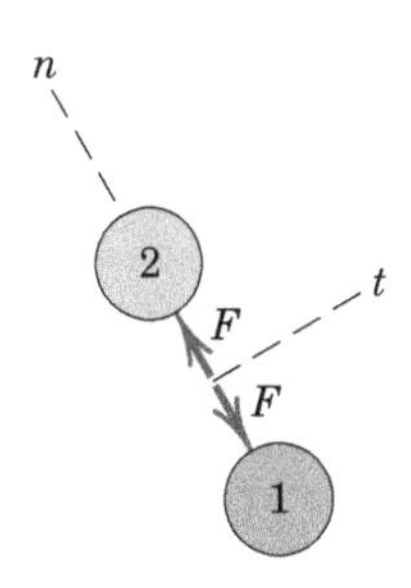

$$m_1(v_1)_t = m_1(v_1')_t \qquad (v_1')_t = (v_1)_t = 3 \text{ m/s}$$

$$m_2(v_2)_t = m_2(v_2')_t \qquad (v_2')_t = (v_2)_t = 0 \text{ ③}$$

As velocidades finais das partículas são

$$v_1' = \sqrt{(v_1')_n^2 + (v_1')_t^2} = \sqrt{(1{,}039)^2 + 3^2} = 3{,}17 \text{ m/s} \qquad \textit{Resp.}$$

$$v_2' = \sqrt{(v_2')_n^2 + (v_2')_t^2} = \sqrt{(4{,}16)^2 + 0^2} = 4{,}16 \text{ m/s} \qquad \textit{Resp.}$$

O ângulo θ' que $\mathbf{v}_1'$ faz com a direção t é

$$\theta' = \tan^{-1}\left(\frac{(v_1')_n}{(v_1')_t}\right) = \tan^{-1}\left(\frac{1{,}039}{3}\right) = 19{,}11° \qquad \textit{Resp.}$$

As energias cinéticas pouco antes e logo após o impacto, com $m = m_1 = m_2$, são

$$T = \frac{1}{2}m_1v_1^2 + \frac{1}{2}m_2v_2^2 = \frac{1}{2}m(6)^2 + 0 = 18m$$

$$T' = \frac{1}{2}m_1v_1'^2 + \frac{1}{2}m_2v_2'^2 = \frac{1}{2}m(3{,}17)^2 + \frac{1}{2}m(4{,}16)^2 = 13{,}68m$$

A perda de energia percentual é então

$$\frac{|\Delta E|}{E}(100\%) = \frac{T - T'}{T}(100\%) = \frac{18m - 13{,}68m}{18m}(100\%) = 24{,}0\% \qquad \textit{Resp.}$$

DICAS ÚTEIS

① Certifique-se de estabelecer as coordenadas n e t que são, respectivamente, normal e tangencial às superfícies em contato. O cálculo do ângulo de 30° é crítico para tudo o que se segue.

② Observe que, apesar de haver quatro equações e quatro incógnitas para o problema-padrão de impacto central oblíquo, apenas um par das equações é acoplado.

③ Observamos que a partícula 2 não tem componente de velocidade inicial ou final na direção t. Por essa razão, sua velocidade final $\mathbf{v}_2'$ está restrita à direção n.

3/13 Movimento com Força Central

Quando uma partícula se desloca sob a influência de uma força direcionada para um centro de atração fixo, o movimento é chamado de *movimento com força central*. O exemplo mais comum de movimento com força central é o movimento orbital de planetas e satélites. As leis que governam esse movimento foram deduzidas a partir da observação dos movimentos dos planetas por J. Kepler (1571–1630). A compreensão do movimento com força central é necessária para projetar foguetes de altitude elevada, satélites da Terra, e veículos espaciais.

Movimento de um Único Corpo

Considere uma partícula de massa m, Fig. 3/21, se deslocando sob a ação da atração gravitacional central

$$F = G\frac{mm_0}{r^2}$$

em que m_0 é a massa do corpo que exerce atração, que é considerado fixo, G é a constante de gravitação universal, e r é a distância entre os centros das massas. A partícula de massa m pode representar a Terra se deslocando em torno do Sol, a Lua se deslocando em torno da Terra, ou um satélite em seu movimento orbital em torno da Terra acima da atmosfera.

O sistema de coordenadas mais conveniente a ser utilizado é o de coordenadas polares no plano do movimento, uma vez que **F** estará sempre no sentido negativo da direção r e que não há força na direção θ.

As Eqs. 3/8 podem ser aplicadas diretamente para as direções r e θ para fornecer

$$-G\frac{mm_0}{r^2} = m(\ddot{r} - r\dot{\theta}^2)$$

$$0 = m(r\ddot{\theta} + 2\dot{r}\dot{\theta}) \qquad (3/37)$$

A segunda das duas equações quando multiplicada por r/m observa-se que passa a ser igual a $d(r^2\dot{\theta})/dt = 0$, que é integrada para obter

$$r^2\dot{\theta} = h, \qquad \text{uma constante} \qquad (3/38)$$

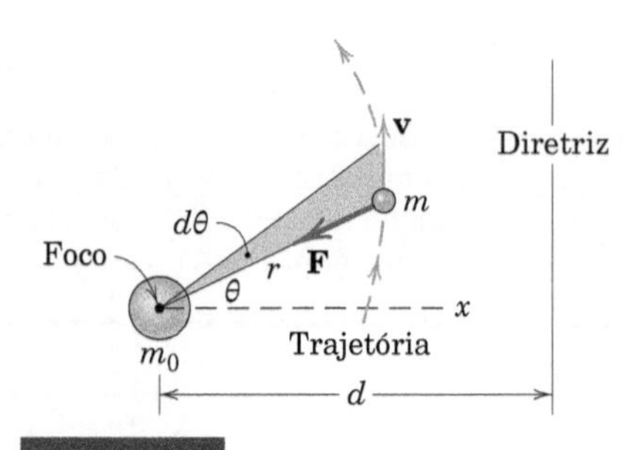

FIGURA 3/21

O significado físico da Eq. 3/38 fica claro quando percebemos que a quantidade de movimento angular $\mathbf{r} \times m\mathbf{v}$ de m em torno de m_0 tem intensidade $mr^2\dot{\theta}$. Assim, a Eq. 3/38 estabelece simplesmente que a quantidade de movimento angular de m em torno de m_0 permanece constante (é conservada). Essa afirmação é facilmente deduzida a partir da Eq. 3/31, que mostra que a quantidade de movimento angular $\mathbf{H}_O$ permanece constante (é conservada) se não houver nenhum momento atuando sobre a partícula em torno de um ponto fixo O.

Observamos que durante o intervalo de tempo dt, o raio vetor percorre uma área, sombreada na Fig. 3/21, igual a $dA = (\frac{1}{2}r)(r\,d\theta)$. Portanto, a taxa em que a área é percorrida pelo raio vetor é $\dot{A} = \frac{1}{2}r^2\dot{\theta}$, que é constante de acordo com a Eq. 3/38. Essa conclusão está expressa na *segunda lei* de Kepler do movimento planetário, que estabelece que as áreas percorridas em tempos iguais são iguais.

A forma da trajetória seguida por m pode ser obtida pela solução da primeira das Eqs. 3/37, com o tempo t eliminado por meio da combinação com a Eq. 3/38. Para esse propósito é útil substituir matematicamente $r = 1/u$. Assim, $\dot{r} = -(1/u^2)\dot{u}$, que a partir da Eq. 3/38 torna-se $\dot{r} = -h(\dot{u}/\dot{\theta})$ ou $\dot{r} = -h(du/d\theta)$. A segunda derivada no tempo é $\ddot{r} = -h(d^2u/d\theta^2)\dot{\theta}$, que, combinando com a Eq. 3/38, torna-se $\ddot{r} = -h^2u^2(d^2u/d\theta^2)$. A substituição na primeira das Eqs. 3/37 fornece agora

$$-Gm_0u^2 = -h^2u^2\frac{d^2u}{d\theta^2} - \frac{1}{u}h^2u^4$$

ou

$$\frac{d^2u}{d\theta^2} + u = \frac{Gm_0}{h^2} \qquad (3/39)$$

que é uma equação diferencial linear não homogênea.

A solução dessa equação conhecida como de segunda ordem pode ser verificada por substituição direta e é

$$u = \frac{1}{r} = C\cos(\theta + \delta) + \frac{Gm_0}{h^2}$$

em que C e δ são as duas constantes de integração. O ângulo de fase δ pode ser eliminado pela escolha do eixo x de forma que r seja mínimo quando $\theta = 0$. Deste modo,

$$\frac{1}{r} = C\cos\theta + \frac{Gm_0}{h^2} \qquad (3/40)$$

Seções Cônicas

A interpretação da Eq. 3/40 requer o conhecimento das equações para seções cônicas. Lembramos que uma seção cônica é formada pelo lugar geométrico de um ponto que se desloca de tal modo que a razão e da sua distância de um ponto (foco) até uma linha (diretriz) é constante. Assim, a partir da Fig. 3/21, $e = r/(d - r\cos\theta)$, que pode ser reescrita como

$$\frac{1}{r} = \frac{1}{d}\cos\theta + \frac{1}{ed} \qquad (3/41)$$

que possui a mesma forma da Eq. 3/40. Portanto, vemos que o movimento de m é ao longo de uma seção cônica com $d = 1/C$ e $ed = h^2/(Gm_0)$, ou

$$e = \frac{h^2 C}{Gm_0} \tag{3/42}$$

Os três casos a serem investigados correspondem a $e < 1$ (elipse), $e = 1$ (parábola) e $e > 1$ (hipérbole). A trajetória para cada um desses casos é mostrada na Fig. 3/22.

Caso 1: elipse ($e < 1$). A partir da Eq. 3/41 deduzimos que r é um mínimo quando $\theta = 0$ e é um máximo quando $\theta = \pi$. Deste modo,

$$2a = r_{\text{mín}} + r_{\text{máx}} = \frac{ed}{1+e} + \frac{ed}{1-e} \qquad \text{ou} \qquad a = \frac{ed}{1-e^2}$$

Com a distância d expressa em termos de a, a Eq. 3/41 e os valores máximo e mínimo de r podem ser escritos como

$$\frac{1}{r} = \frac{1 + e\cos\theta}{a(1-e^2)}$$
$$r_{\text{mín}} = a(1-e) \qquad r_{\text{máx}} = a(1+e) \tag{3/43}$$

Além disso, a relação $b = a\sqrt{1-e^2}$ obtida a partir da geometria da elipse fornece a expressão para o semieixo menor. Vemos que a elipse se torna um círculo com $r = a$ quando $e = 0$. A Eq. 3/43 é uma expressão *da primeira lei* de Kepler, que afirma que os planetas se deslocam em órbitas elípticas em torno do Sol como um foco.

O período τ para a órbita elíptica é a área total A da elipse dividida pela taxa constante $\dot{A}$ em que a área é percorrida. Assim, a partir da Eq. 3/38,

$$\tau = \frac{A}{\dot{A}} = \frac{\pi ab}{\frac{1}{2}r^2\dot{\theta}} \qquad \text{ou} \qquad \tau = \frac{2\pi ab}{h}$$

Podemos eliminar a referência a $\dot{\theta}$ ou h na expressão para τ substituindo na Eq. 3/42 a igualdade $d = 1/C$, as relações geométricas $a = ed/(1-e^2)$ e $b = a\sqrt{1-e^2}$ para a elipse, e a equivalência $Gm_0 = gR^2$. O resultado, após uma simplificação, é

$$\boxed{\tau = 2\pi \frac{a^{3/2}}{R\sqrt{g}}} \tag{3/44}$$

Nessa equação, observe que R é o raio médio do corpo que exerce atração central e g é o valor absoluto da aceleração devida à gravidade na superfície do corpo que exerce atração.

A Eq. 3/44 expressa *a terceira lei* de Kepler do movimento planetário que afirma que o quadrado do período do movimento é proporcional ao cubo do semieixo maior da órbita.

Caso 2: parábola ($e = 1$). As Eqs. 3/41 e 3/42 tornam-se

$$\frac{1}{r} = \frac{1}{d}(1 + \cos\theta) \qquad \text{e} \qquad h^2C = Gm_0$$

O raio vetor se torna infinito quando θ se aproxima de τ, por esta razão a dimensão de a é infinita.

Caso 3: hipérbole ($e > 1$). A partir da Eq. 3/41 vemos que a distância radial r se torna infinita para os dois valores do ângulo polar θ_1 e $-\theta_1$ definidos por $\cos\theta_1 = -1/e$. Apenas o ramo I correspondente a $-\theta_1 < \theta < \theta_1$, Fig. 3/23, representa um movimento fisicamente possível. O ramo II corresponde a ângulos no setor restante (com r negativo). Para esse ramo, r positivos podem ser usados se θ for substituído por $\theta - \pi$ e $-r$ por r. Assim, a Eq. 3/41 se torna

$$\frac{1}{-r} = \frac{1}{d}\cos(\theta - \pi) + \frac{1}{ed} \qquad \text{ou} \qquad \frac{1}{r} = -\frac{1}{ed} + \frac{\cos\theta}{d}$$

Mas essa expressão contradiz a forma da Eq. 3/40 em que Gm_0/h^2 é necessariamente positivo. Consequentemente, o ramo II não existe (exceto para forças repulsivas).

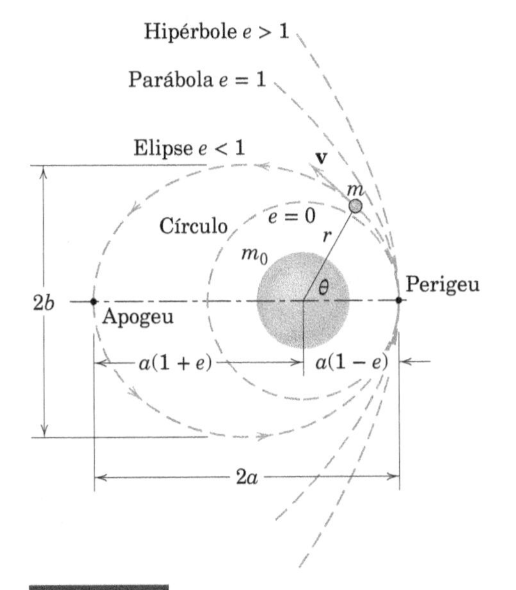

FIGURA 3/22

O Telescópio Espacial James Webb está programado para lançamento em 2018. Desenhado aqui está seu espelho segmentado de 6,5 metros, que é muito maior do que o espelho de 2,4 metros do Telescópio Espacial Hubble. O JWST será localizado no segundo ponto Lagrange (L2) do sistema Terra-Sol, o que significa que ele ficará sempre a cerca de 1,5 milhão de quilômetros da Terra, fora da órbita terrestre.

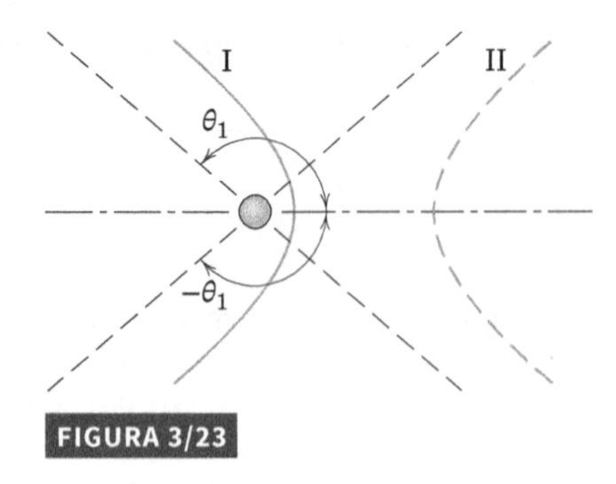

FIGURA 3/23

Análise da Energia

Agora considere as energias da partícula m. O sistema é conservativo, e a energia constante E de m é a soma de suas energia cinética T e energia potencial V. A energia cinética é $T = \frac{1}{2}mv^2 = \frac{1}{2}m(\dot{r}^2 + r^2\dot{\theta}^2)$ e a energia potencial a partir da Eq. 3/19 é $V = -mgR^2/r$.

Lembre-se de que g é a aceleração absoluta devida à gravidade medida na superfície do corpo que exerce atração, R é o raio do corpo que exerce atração e $Gm_0 = gR^2$. Deste modo,

$$E = \frac{1}{2}m(\dot{r}^2 + r^2\dot{\theta}^2) - \frac{mgR^2}{r}$$

O valor constante de E pode ser determinado a partir de seu valor em $\theta = 0$, em que $\dot{r} = 0$, $1/r = C + gR^2/h^2$ a partir da Eq. 3/40, e $r\dot{\theta} = h/r$, a partir da Eq. 3/38. Substituindo isso na expressão para E e simplificando resulta em

$$\frac{2E}{m} = h^2C^2 - \frac{g^2R^4}{h^2}$$

Agora C é eliminado pela substituição da Eq. 3/42, que pode ser escrita como $h^2C = egR^2$, para obter

$$e = +\sqrt{1 + \frac{2Eh^2}{mg^2R^4}} \tag{3/45}$$

O sinal positivo do radical é obrigatório uma vez que, por definição, e é positivo. Vemos agora que, para a

órbita elíptica $e < 1$, E é negativa

órbita parabólica $e = 1$, E é nula

órbita hiperbólica $e > 1$, E é positiva

Essas conclusões, evidentemente, dependem da seleção arbitrária da condição de referência para a energia potencial nula ($V = 0$ quando $r = \infty$).

A expressão para a velocidade v de m pode ser encontrada a partir da equação da energia, que é

$$\frac{1}{2}mv^2 - \frac{mgR^2}{r} = E$$

A energia total E é obtida a partir da Eq. 3/45 pela combinação da Eq. 3/42 e $1/C = d = a(1 - e^2)/e$ para fornecer para a órbita elíptica

$$E = -\frac{gR^2m}{2a} \tag{3/46}$$

A substituição na equação da energia fornece

$$v^2 = 2gR^2\left(\frac{1}{r} - \frac{1}{2a}\right) \tag{3/47}$$

a partir da qual o módulo da velocidade pode ser calculado para uma órbita específica em termos da distância radial r.

Em seguida, combinando as expressões para $r_{mín}$ e $r_{máx}$ correspondentes ao perigeu e ao apogeu, Eq. 3/43, com a Eq. 3/47 resulta um par de expressões para as respectivas velocidades nessas duas posições para a órbita elíptica.

$$\begin{aligned} v_P &= R\sqrt{\frac{g}{a}}\sqrt{\frac{1+e}{1-e}} = R\sqrt{\frac{g}{a}}\sqrt{\frac{r_{máx}}{r_{mín}}} \\ v_A &= R\sqrt{\frac{g}{a}}\sqrt{\frac{1-e}{1+e}} = R\sqrt{\frac{g}{a}}\sqrt{\frac{r_{mín}}{r_{máx}}} \end{aligned} \tag{3/48}$$

Dados numéricos selecionados referentes ao sistema solar estão incluídos no Apêndice D e são úteis na aplicação das relações anteriores a problemas sobre movimento planetário.

Resumo das Hipóteses

A análise anterior é baseada em três hipóteses:

1. Os dois corpos possuem simetria esférica de massa, de maneira que podem ser tratados como se suas massas estivessem concentradas em seus centros, isto é, como se fossem partículas.
2. Não existem outras forças presentes além da força gravitacional que cada massa exerce sobre a outra.
3. A massa m_0 é fixa no espaço.

A hipótese (1) é excelente para corpos que estão distantes do corpo central que exerce atração, o que é o caso para a maioria dos corpos celestes. Um dos problemas pelos quais a hipótese (1) é deficiente é a classe de satélites artificiais nas proximidades de planetas achatados nos polos. Já a respeito da hipótese (2), observa-se que o arrasto aerodinâmico sobre um satélite a baixa altitude da Terra é uma força que normalmente não pode ser ignorada na análise orbital. Para um satélite artificial em uma órbita da Terra, o erro da hipótese (3) é desprezível porque a razão entre a massa do satélite e a da Terra é muito pequena. Por outro lado, para o sistema Terra–Lua, um erro pequeno, porém importante, é introduzido se a hipótese (3) for aplicada — note que a massa lunar é cerca de 1/81 vez a da Terra.

Problema de Dois Corpos com Perturbação

Consideramos agora o movimento das duas massas e permitimos a existência de outras forças, além da atração mútua, estudando o *problema de dois corpos com perturbação*. A Fig. 3/24 apresenta a massa maior m_0, a massa menor m, seus respectivos vetores posição $\mathbf{r}_1$ e $\mathbf{r}_2$ medidos em relação a um referencial inercial, as forças gravitacionais **F** e **–F**, e uma força **P** não provocada por outro corpo que é exercida sobre massa m. A força **P** pode ser causada por arrasto aerodinâmico, pressão solar, a presença de um terceiro corpo, atividades de empuxo no próprio corpo, um campo gravitacional não esférico, ou uma combinação destas e de outras fontes.

A aplicação da segunda lei de Newton para cada massa resulta em

$$G\frac{mm_0}{r^3}\mathbf{r} = m_0\ddot{\mathbf{r}}_1 \qquad \text{e} \qquad -G\frac{mm_0}{r^3}\mathbf{r} + \mathbf{P} = m\ddot{\mathbf{r}}_2$$

Dividindo a primeira equação por m_0, a segunda equação por m, e subtraindo a primeira equação da segunda se obtém

$$-G\frac{(m_0+m)}{r^3}\mathbf{r} + \frac{\mathbf{P}}{m} = \ddot{\mathbf{r}}_2 - \ddot{\mathbf{r}}_1 = \ddot{\mathbf{r}}$$

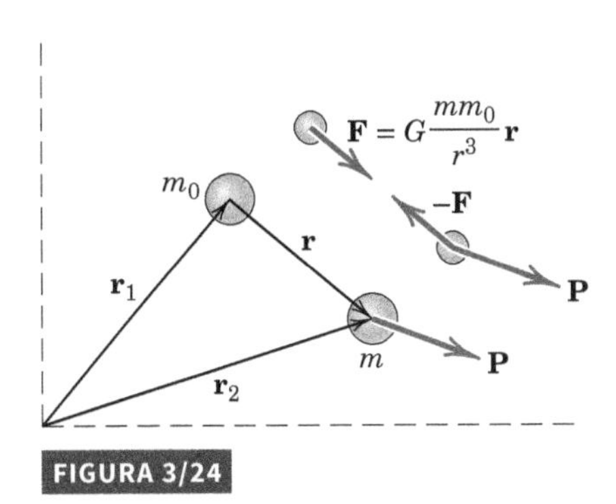

FIGURA 3/24

ou

$$\ddot{\mathbf{r}} + G\frac{(m_0+m)}{r^3}\mathbf{r} = \frac{\mathbf{P}}{m} \qquad (3/49)$$

A Eq. 3/49 é uma equação diferencial de segunda ordem que, quando resolvida, fornece o vetor posição relativa **r** como uma função do tempo. O uso de técnicas numéricas normalmente é necessário para a integração das equações diferenciais escalares que são equivalentes à equação vetorial 3/49, especialmente se **P** não for nulo.

Problema Restrito a Dois Corpos

Se $m_0 >> m$ e $\mathbf{P} = \mathbf{0}$, temos o problema restrito a dois corpos, cuja equação do movimento é

$$\ddot{\mathbf{r}} + G\frac{m_0}{r^3}\mathbf{r} = \mathbf{0} \qquad (3/49a)$$

Com **r** e $\ddot{\mathbf{r}}$ expressos em coordenadas polares, a Eq. 3/49*a* resulta

$$(\ddot{r} - r\dot{\theta}^2)\mathbf{e}_r + (r\ddot{\theta} + 2\dot{r}\dot{\theta})\mathbf{e}_\theta + G\frac{m_0}{r^3}(r\mathbf{e}_r) = \mathbf{0}$$

Quando comparamos os coeficientes de vetores unitários iguais, recuperamos as Eqs. 3/37.

A comparação da Eq. 3/49 (com $\mathbf{P} = \mathbf{0}$) e da Eq. 3/49*a* nos permite relaxar a hipótese de que a massa m_0 é fixa no espaço. Se substituirmos m_0 por $(m_0 + m)$ nas expressões desenvolvidas com a hipótese de m_0 fixo, então obteremos expressões que consideram o movimento de m_0. Por exemplo, a expressão corrigida para o período do movimento elíptico de m em torno de m_0 é, a partir da Eq. 3/44,

$$\tau = 2\pi\frac{a^{3/2}}{\sqrt{G(m_0+m)}} \qquad (3/49b)$$

em que a igualdade $R^2g = Gm_o$ pode ser usada.

EXEMPLO DE PROBLEMA 3/31

Um satélite artificial é lançado a partir do ponto B sobre o Equador por seu foguete de transporte e colocado em uma órbita elíptica com uma altitude de perigeu de 2000 km. Se a altitude de apogeu deve ser 4000 km, calcule (*a*) a velocidade necessária no perigeu v_P e a velocidade correspondente no apogeu v_A, (*b*) a velocidade no ponto C em que a altitude do satélite é de 2500 km, e (*c*) o período τ para uma órbita completa.

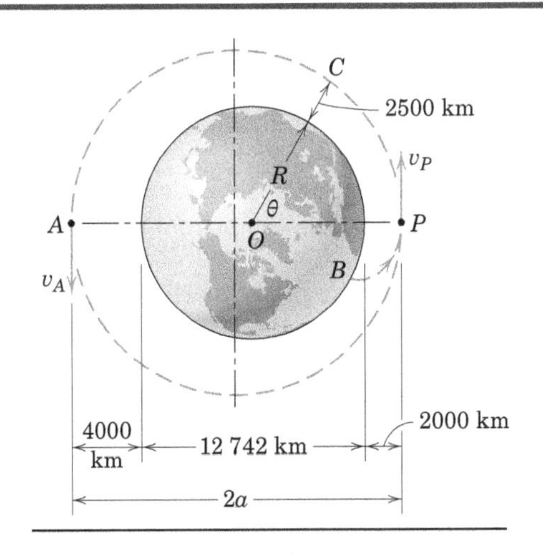

Solução (*a*). As velocidades no perigeu e no apogeu para as altitudes especificadas são dadas pelas Eqs. 3/48, em que

$$r_{\text{máx}} = 6371 + 4000 = 10\,371 \text{ km} \quad ①$$

$$r_{\text{mín}} = 6371 + 2000 = 8371 \text{ km}$$

$$a = (r_{\text{mín}} + r_{\text{máx}})/2 = 9371 \text{ km}$$

EXEMPLO DE PROBLEMA 3/31 (*continuação*)

Desse modo,

$$v_P = R\sqrt{\frac{g}{a}}\sqrt{\frac{r_{max}}{r_{min}}} = 6371(10^3)\sqrt{\frac{9{,}825}{9371(10^3)}}\sqrt{\frac{10\ 371}{8371}}$$

$$= 7261 \text{ m/s} \quad \text{ou} \quad 26\ 140 \text{ km/h} \qquad \textit{Resp.}$$

$$v_A = R\sqrt{\frac{g}{a}}\sqrt{\frac{r_{min}}{r_{max}}} = 6371(10^3)\sqrt{\frac{9{,}825}{9371(10^3)}}\sqrt{\frac{8371}{10\ 371}}$$

$$= 5861 \text{ m/s} \quad \text{ou} \quad 21\ 099 \text{ km/h} \qquad \textit{Resp.}$$

(*b*) Para uma altitude de 2500 km a distância radial a partir do centro da Terra é $r = 6371 + 2500 = 8871$ km. A partir da Eq. 3/47 a velocidade no ponto C resulta

$$v_C{}^2 = 2gR^2\left(\frac{1}{r} - \frac{1}{2a}\right) = 2(9{,}825)[(6371)(10^3)]^2\left(\frac{1}{8871} - \frac{1}{18\ 742}\right)\frac{1}{10^3} \quad ②$$

$$= 47{,}353(10^6)(\text{m/s})^2$$

$$v_C = 6881 \text{ m/s} \quad \text{ou} \quad 24\ 773 \text{ km/h} \qquad \textit{Resp.}$$

(*c*) O período da órbita é dado pela Eq. 3/44, que resulta em

$$\tau = 2\pi\frac{a^{3/2}}{R\sqrt{g}} = 2\pi\frac{[(9371)(10^3)]^{3/2}}{(6371)(10^3)\sqrt{9{,}825}} = 9026 \text{ s} \quad ③$$

$$\text{ou} \quad \tau = 2{,}507 \text{ h} \qquad \textit{Resp.}$$

DICAS ÚTEIS

① O raio médio de 12.742/2 = 6371 km da Tabela D/2 no Apêndice D é utilizado. A aceleração absoluta da gravidade g = 9,825 m/s² da Seção 1/5 também será utilizada.

② É preciso ter cuidado com as unidades. É frequentemente mais seguro trabalhar em unidades de base, metros nesse caso, e converter depois.

③ Devemos observar aqui que o intervalo de tempo entre sucessivas passagens do satélite pelo alto, conforme registrado por um observador sobre o equador, é mais longo do que o período calculado aqui, já que o observador terá se deslocado no espaço devido à rotação da Terra no sentido anti-horário, e tem o ponto de vista de olhar para baixo sobre o polo norte.

3/14 Movimento Relativo

Até este ponto em nosso desenvolvimento da cinética do movimento da partícula, aplicamos a segunda lei de Newton e as equações de trabalho–energia e impulso–quantidade de movimento a problemas em que todas as medidas do movimento foram realizadas com respeito a um sistema de referência que foi considerado fixo. O mais próximo que podemos chegar de um sistema de referência "fixo" é o sistema inercial primário ou referencial astronômico, que é um conjunto imaginário de eixos ligados a estrelas fixas. Todos os outros sistemas de referência então são considerados como possuindo movimento no espaço, incluindo qualquer sistema de referência ligado à Terra em movimento.

No entanto, as acelerações de pontos ligados à Terra quando medidas no sistema primário são muito pequenas e normalmente as desprezamos para a maior parte das medidas na superfície da Terra. Por exemplo, a aceleração do centro da Terra em sua órbita quase circular em torno do Sol considerado fixo é 0,00593 m/s² (ou 0,01946 pé/s²), e a aceleração de um ponto sobre o equador no nível do mar em relação ao centro da Terra considerado fixo é 0,0339 m/s² (ou 0,1113 pé/s²). Evidentemente, essas acelerações são pequenas em comparação com g e com a maioria de outras acelerações significativas em trabalhos de engenharia. Assim, cometemos apenas um pequeno erro quando aceitamos que nossos eixos de referência ligados à Terra são equivalentes a um sistema de referência fixo.

Equação do Movimento Relativo

Consideramos agora uma partícula A de massa m, **Fig. 3/25**, cujo movimento é observado a partir de um conjunto de eixos x-y-z que possuem translação com respeito a um referencial fixo X-Y-Z. Assim, as direções x-y-z permanecerão sempre paralelas às direções X-Y-Z. Vamos adiar a discussão do movimento em relação a um sistema de referência com rotação até as Seções 5/7 e 7/7. A aceleração da origem B de x-y-z é $\mathbf{a}_B$. A aceleração de A quando

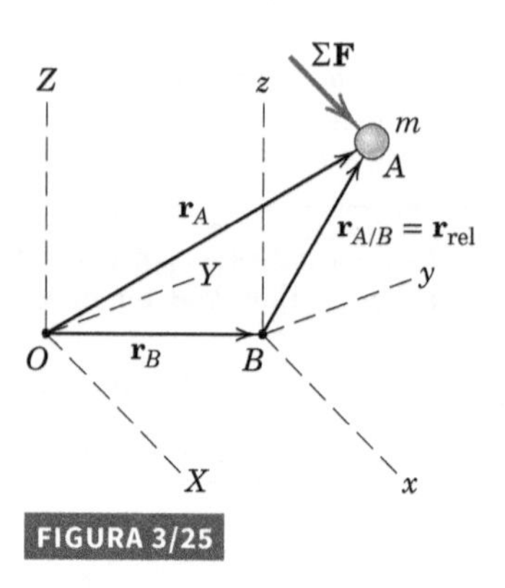

FIGURA 3/25

observada a partir de ou em relação a x-y-z é $\mathbf{a}_{rel} = \mathbf{a}_{A/B} = \ddot{\mathbf{r}}_{A/B}$ e pelo princípio do movimento relativo da Seção 2/8, a aceleração absoluta de A é

$$\mathbf{a}_A = \mathbf{a}_B + \mathbf{a}_{\text{rel}}$$

Desta forma, a segunda lei de Newton $\Sigma\mathbf{F} = m\mathbf{a}_A$ se torna

$$\Sigma\mathbf{F} = m(\mathbf{a}_B + \mathbf{a}_{\text{rel}}) \qquad (3/50)$$

Podemos identificar o somatório das forças $\Sigma\mathbf{F}$, como sempre, por um diagrama de corpo livre completo. Esse diagrama parecerá igual para um observador em x-y-z ou para um em X-Y-Z enquanto somente as forças reais que agem sobre as partículas são representadas. Podemos imediatamente concluir que a segunda lei de Newton não é válida com respeito a um sistema com aceleração, uma vez que $\Sigma\mathbf{F} \neq m\mathbf{a}_{\text{rel}}$.

Princípio de D'Alembert

A aceleração da partícula que medimos a partir de um conjunto fixo de eixos X-Y-Z, Fig. 3/26*a*, é a sua aceleração absoluta $\mathbf{a}$. Nesse caso a relação conhecida $\Sigma\mathbf{F} = m\mathbf{a}$ se aplica. Quando observamos a partícula a partir de um sistema móvel x-y-z preso a ela, como na Fig. 3/26*b*, a partícula necessariamente parece estar estacionária ou em equilíbrio em x-y-z. Assim, o observador que está acelerando com x-y-z conclui que uma força $-m\mathbf{a}$ atua sobre a partícula para equilibrar $\Sigma\mathbf{F}$. Esse ponto de vista, que permite o tratamento de um problema de Dinâmica pelos métodos da Estática, foi uma consequência natural do trabalho de D'Alembert contido em seu *Traité de Dynamique* publicado em 1743.

Essa abordagem corresponde simplesmente a reescrever a equação do movimento como $\Sigma\mathbf{F} - m\mathbf{a} = \mathbf{0}$, a qual assume a forma de um somatório de força nulo se $-m\mathbf{a}$ é tratado como uma força. Essa força fictícia é conhecida como a *força de inércia*, e o estado de equilíbrio artificial criado é conhecido como *equilíbrio dinâmico*. A aparente transformação de um problema de Dinâmica para um de Estática tornou-se conhecida como *princípio de D'Alembert*.

As opiniões variam a respeito da interpretação original do princípio de D'Alembert, mas o princípio na forma em que é geralmente conhecido é considerado, neste livro, como essencialmente de interesse histórico. Esse se desenvolveu quando o conhecimento e a experiência com Dinâmica eram extremamente limitados e foi um recurso para explicar a Dinâmica em termos dos princípios da Estática, que eram mais plenamente compreendidos. Esse pretexto de usar uma situação artificial para descrever uma situação real já não se justifica, pois hoje uma profusão de conhecimentos e experiências em Dinâmica suporta fortemente a abordagem direta de pensar em termos de Dinâmica e não em Estática. É relativamente difícil compreender a longa persistência na aceitação da Estática como uma forma de entender a Dinâmica, sobretudo tendo em vista a pesquisa contínua para o entendimento e a descrição dos fenômenos físicos em sua forma mais direta.

Vamos mencionar apenas um exemplo simples do método conhecido como princípio de D'Alembert. O pêndulo cônico de massa m, Fig. 3/27*a*, está oscilando em um círculo horizontal, com sua linha radial r possuindo uma velocidade angular ω. Na aplicação direta da equação do movimento $\Sigma\mathbf{F} = m\mathbf{a}_n$ na direção n da aceleração, o diagrama de corpo livre na parte b da figura mostra que T sen $\theta = mr\omega^2$. Quando aplicamos a condição de equilíbrio na direção y, $T \cos\theta - mg = 0$, podemos determinar as incógnitas T e θ. Mas se os eixos de referência estão ligados à partícula, ela aparentará estar em equilíbrio em relação a esses eixos. Consequentemente, a força de inércia $-m\mathbf{a}$ deve ser adicionada, o que equivale a imaginar a aplicação de $mr\omega^2$ no sentido oposto à aceleração, como mostrado na parte c da figura. Com esse pseudodiagrama de corpo livre, um somatório de força nulo na direção n fornece T sen $\theta - mrw^2 = 0$ que, evidentemente, nos fornece o mesmo resultado que antes.

Podemos concluir que nenhuma vantagem resulta dessa formulação alternativa. Os autores não recomendam a sua utilização, uma vez que não apresenta nenhuma simplificação e acrescenta uma força inexistente ao diagrama. No caso de uma partícula se deslocando em uma trajetória circular, essa força hipotética de inércia é

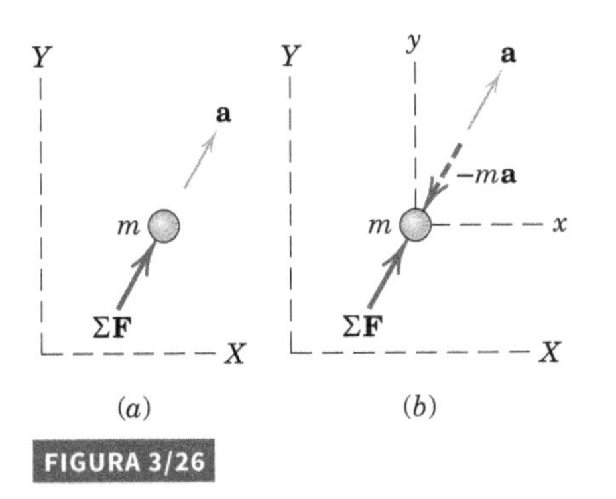

FIGURA 3/26

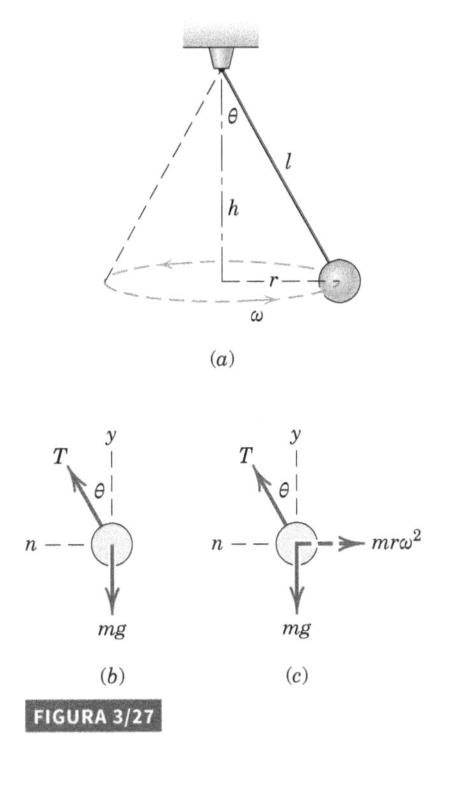

FIGURA 3/27

conhecida como *força centrífuga* uma vez que é direcionada para longe do centro e é contrária ao sentido da aceleração. Você é encorajado a reconhecer que não existe uma força centrífuga real agindo sobre a partícula. A única força verdadeira que pode ser corretamente chamada de centrífuga é a componente horizontal da tração T exercida pela partícula *sobre* o cordão.

Velocidade Constante, Sistemas sem Rotação

Na discussão do movimento de partículas em relação a sistemas de referência móveis, devemos observar o caso especial em que o sistema de referência tem uma velocidade constante e não possui rotação. Se os eixos x-y-z da Fig. 3/25 têm uma velocidade constante, então $\mathbf{a}_B = \mathbf{0}$ e a aceleração da partícula é $\mathbf{a}_A = \mathbf{a}_{\text{rel}}$. Portanto, podemos escrever a Eq. 3/50 como

$$\boxed{\Sigma\mathbf{F} = m\mathbf{a}_{\text{rel}}} \qquad (3/51)$$

relativa a x-y-z que nos diz que a segunda lei de Newton é válida para medidas realizadas em um sistema que se desloca com uma velocidade constante. Tal sistema é conhecido como um sistema inercial ou como um sistema de referência newtoniano. Observadores no sistema móvel e no sistema fixo concordarão, também, sobre a designação da força resultante agindo sobre a partícula a partir de seus diagramas de corpo livre idênticos, desde que se evite o uso de quaisquer das chamadas "forças de inércia".

Vamos examinar agora uma questão paralela a respeito da validade da equação de trabalho-energia e da equação de impulso-quantidade de movimento em relação a um sistema com velocidade constante, sem rotação. Novamente, tomamos os eixos x-y-z da Fig. 3/25 que se deslocam com uma velocidade constante $\mathbf{v}_B = \dot{\mathbf{r}}_B$ em relação aos eixos fixos X-Y-Z. A trajetória da partícula A em relação a x-y-z é governada por $\mathbf{r}_{\text{rel}}$ e é representada esquematicamente na Fig. 3/28. O trabalho realizado por $\Sigma\mathbf{F}$ em relação a x-y-z é $dU_{\text{rel}} = \Sigma\mathbf{F} \cdot d\mathbf{r}_{\text{rel}}$. Mas $\Sigma\mathbf{F} = m\mathbf{a}_A = m\mathbf{a}_{\text{rel}}$ uma vez que $\mathbf{a}_B = \mathbf{0}$. Também $\mathbf{a}_{\text{rel}} \cdot d\mathbf{r}_{\text{rel}} = \mathbf{v}_{\text{rel}} \cdot d\mathbf{v}_{\text{rel}}$ pela mesma razão que $a_t\,ds = v\,dv$ na Seção 2/5 sobre movimento curvilíneo. Dessa forma, temos

$$dU_{\text{rel}} = m\mathbf{a}_{\text{rel}} \cdot d\mathbf{r}_{\text{rel}} = mv_{\text{rel}}\,dv_{\text{rel}} = d(\tfrac{1}{2}mv_{\text{rel}}^2)$$

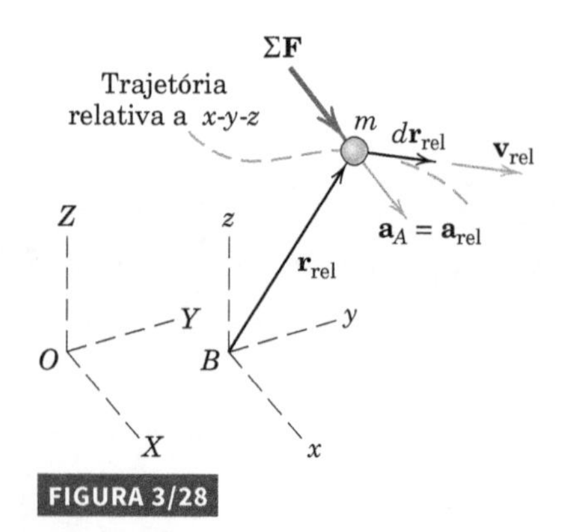

FIGURA 3/28

Definimos a energia cinética em relação a x-y-z como $T_{\text{rel}} = \frac{1}{2}mv_{\text{rel}}^2$, de modo que agora temos

$$\boxed{dU_{\text{rel}} = dT_{\text{rel}}} \quad \text{ou} \quad \boxed{U_{\text{rel}} = \Delta T_{\text{rel}}} \qquad (3/52)$$

que mostra que a equação de trabalho-energia é válida para medidas feitas em relação a um sistema com velocidade constante, sem rotação.

Com relação a x-y-z, o impulso sobre a partícula durante o intervalo de tempo dt é $= \Sigma\mathbf{F}\,dt = m\mathbf{a}_A\,dt = m\mathbf{a}_{\text{rel}}\,dt$. Mas $m\mathbf{a}_{\text{rel}}\,dt = m\,d\mathbf{v}_{\text{rel}} = d(m\mathbf{v}_{\text{rel}})$ de forma que

$$\Sigma\mathbf{F}\,dt = d(m\mathbf{v}_{\text{rel}})$$

Definimos a quantidade de movimento linear da partícula em relação a x-y-z como $\mathbf{G}_{\text{rel}} = m\mathbf{v}_{\text{rel}}$, que fornece $\Sigma\mathbf{F}\,dt = d\mathbf{G}_{\text{rel}}$. Dividindo por dt e integrando resulta

$$\boxed{\Sigma\mathbf{F} = \dot{\mathbf{G}}_{\text{rel}}} \quad \text{e} \quad \boxed{\int \Sigma\mathbf{F}\,dt = \Delta\mathbf{G}_{\text{rel}}} \qquad (3/53)$$

Assim, as equações de impulso-quantidade de movimento para um sistema de referência fixo também são válidas para medidas feitas em relação a um sistema com velocidade constante, sem rotação.

Finalmente, definimos a quantidade de movimento angular relativa da partícula em torno de um ponto em x-y-z, tal como a origem B, como o momento da quantidade de movimento linear relativa. Assim, $(\mathbf{H}_B)_{\text{rel}} = \mathbf{r}_{\text{rel}} \times \mathbf{G}_{\text{rel}}$. A derivada no tempo fornece $(\dot{\mathbf{H}}_B)_{\text{rel}} = \dot{\mathbf{r}}_{\text{rel}} \times \mathbf{G}_{\text{rel}} + \mathbf{r}_{\text{rel}} \times \dot{\mathbf{G}}_{\text{rel}}$. O primeiro termo nada mais é do que $\mathbf{v}_{rel} \times m\mathbf{v}_{rel} = 0$ e o segundo termo se torna $\mathbf{r}_{\text{rel}} \times \Sigma\mathbf{F} = \Sigma\mathbf{M}_B$, o somatório dos momentos em torno de B de todas as forças sobre m. Consequentemente, temos

$$\boxed{\Sigma\mathbf{M}_B = (\dot{\mathbf{H}}_B)_{\text{rel}}} \qquad (3/54)$$

que mostra que a relação momento–quantidade de movimento angular é válida em relação a um sistema com velocidade constante, sem rotação.

Embora as equações de trabalho-energia e impulso-quantidade de movimento sejam válidas com relação a um sistema em translação com uma velocidade constante, as expressões individuais para trabalho, energia cinética e quantidade de movimento diferem entre os sistemas fixo e móvel.
Desse modo,

$$(dU = \Sigma\mathbf{F} \cdot d\mathbf{r}_A) \neq (dU_{\text{rel}} = \Sigma\mathbf{F} \cdot d\mathbf{r}_{\text{rel}})$$

$$(T = \tfrac{1}{2}mv_A^2) \neq (T_{\text{rel}} = \tfrac{1}{2}mv_{\text{rel}}^2)$$

$$(\mathbf{G} = m\mathbf{v}_A) \neq (\mathbf{G}_{\text{rel}} = m\mathbf{v}_{\text{rel}})$$

As Eqs. 3/51 a 3/54 são provas formais da validade das equações newtonianas da cinética em qualquer sistema com velocidade constante, sem rotação. Poderíamos ter previsto estas conclusões a partir do fato que $\Sigma\mathbf{F} = m\mathbf{a}$ depende da aceleração e não da velocidade. Também podemos concluir que não existe um experimento que pode ser conduzido em um sistema com velocidade constante sem rotação (sistema de referência newtoniano), ou relativo a ele, que descubra sua velocidade relativa. Qualquer experimento mecânico alcançará os mesmos resultados em qualquer sistema newtoniano.

Foto de U.S. Navy cortesia de Lockheed Martin por Alexander H Groves

O movimento relativo é um item crítico durante a aterrissagem em porta-aviões.

EXEMPLO DE PROBLEMA 3/32

Um pêndulo simples de massa m e comprimento r está montado sobre o vagão-plataforma, que possui uma aceleração horizontal constante a_0 como mostrado. Se o pêndulo é liberado a partir do repouso em relação ao vagão-plataforma na posição $\theta = 0$, determine a expressão para a tração T na haste leve de suporte para qualquer valor de θ. Encontre também T para $\theta = \pi/2$ e $\theta = \pi$.

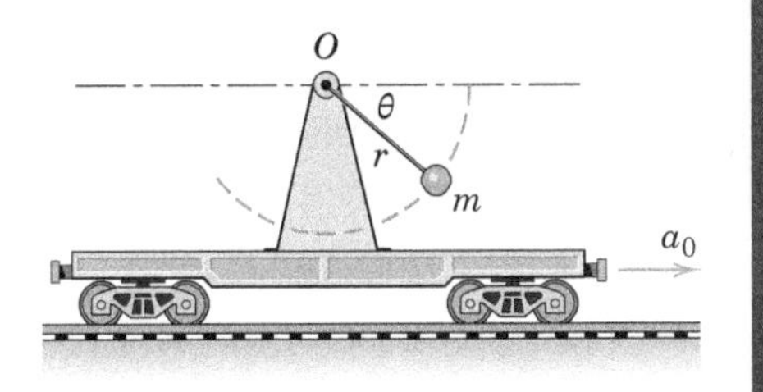

Solução. Vinculamos o nosso sistema de coordenadas móvel x-y ao vagão em translação com origem em O por conveniência. Em relação a esse sistema, as coordenadas n e t são as mais naturais a se usar, uma vez que o movimento é circular em x-y. A aceleração de m é dada pela equação da aceleração relativa

$$\mathbf{a} = \mathbf{a}_0 + \mathbf{a}_{rel}$$

em que $\mathbf{a}_{rel}$ é a aceleração que seria medida por um observador que se desloca com o vagão. Esse mediria uma componente n igual a $r\dot{\theta}^2$ e uma componente t igual a $r\ddot{\theta}$. As três componentes da aceleração absoluta de m são mostradas na vista isolada.

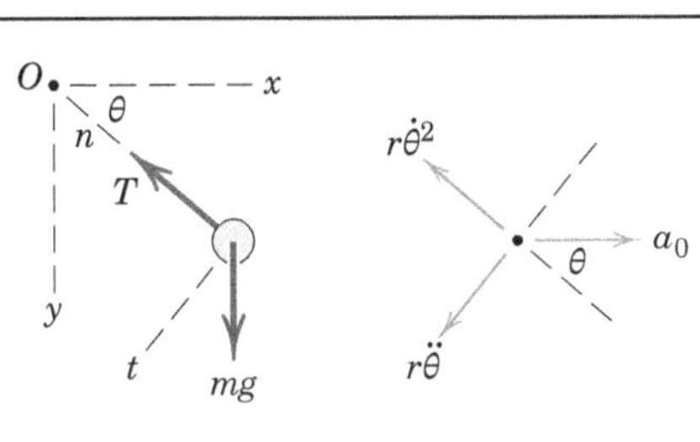

Diagrama de corpo livre

Componentes da aceleração

Primeiro, aplicamos a segunda lei de Newton para a direção t e obtemos

$$[\Sigma F_t = ma_t] \qquad mg \cos\theta = m(r\ddot{\theta} - a_0 \operatorname{sen}\theta) \quad ①$$

$$r\ddot{\theta} = g\cos\theta + a_0 \operatorname{sen}\theta$$

Integrando para obter $\dot{\theta}$ em função de θ, temos

$$[\dot{\theta}\, d\dot{\theta} = \ddot{\theta}\, d\theta] \qquad \int_0^{\dot{\theta}} \dot{\theta}\, d\dot{\theta} = \int_0^{\theta} \frac{1}{r}(g\cos\theta + a_0 \operatorname{sen}\theta)\, d\theta \quad ②$$

$$\frac{\dot{\theta}^2}{2} = \frac{1}{r}\left[g \operatorname{sen}\theta + a_0(1 - \cos\theta)\right]$$

DICAS ÚTEIS

① Escolhemos primeiro a direção t, uma vez que a equação na direção n, que contém a incógnita T, envolverá $\dot{\theta}^2$, incógnita que, por sua vez, é obtida a partir de uma integração de $\dot{\theta}^2$.

② Não deixe de identificar que $\dot{\theta}\, d\dot{\theta} = \ddot{\theta} d\theta$ pode ser obtido a partir de $v\, dv = a_t\, ds$ dividindo por r^2.

EXEMPLO DE PROBLEMA 3/32 (*continuação*)

Aplicamos agora a segunda lei de Newton para a direção n, observando que a componente n da aceleração absoluta é $r\dot{\theta}^2 - a_0 \cos\theta$.

$$[\Sigma F_n = ma_n] \qquad T - mg \text{ sen } \theta = m(r\dot{\theta}^2 - a_0 \cos\theta)$$

$$= m[2g \text{ sen } \theta + 2a_0(1 - \cos\theta) - a_0 \cos\theta]$$

$$T = m[3g \text{ sen } \theta + a_0(2 - 3\cos\theta)] \qquad \textit{Resp.}$$

Para $\theta = \pi/2$ e $\theta = \pi$, temos

$$T_{\pi/2} = m[3g(1) + a_0(2 - 0)] = m(3g + 2a_0) \qquad \textit{Resp.}$$

$$T_\pi = m[3g(0) + a_0(2 - 3[-1])] = 5ma_0 \qquad \textit{Resp.}$$

EXEMPLO DE PROBLEMA 3/33

O vagão-plataforma se desloca com uma velocidade constante v_0 e carrega um guincho que produz uma tração constante P no cabo preso ao carrinho. O carrinho possui uma massa m e se desloca livremente sobre a superfície horizontal partindo do repouso em relação ao vagão-plataforma em $x = 0$, instante no qual $X = x_0 = b$. Aplique a equação de trabalho–energia ao carrinho, inicialmente, como um observador que se desloca com o sistema de referência do vagão e, em seguida, como um observador sobre o solo. Mostre a compatibilidade das duas expressões.

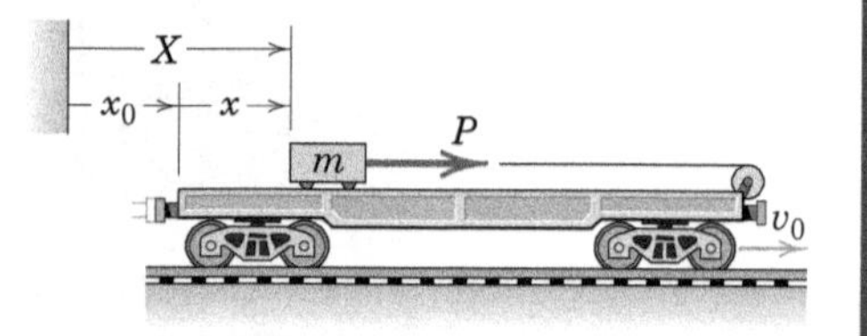

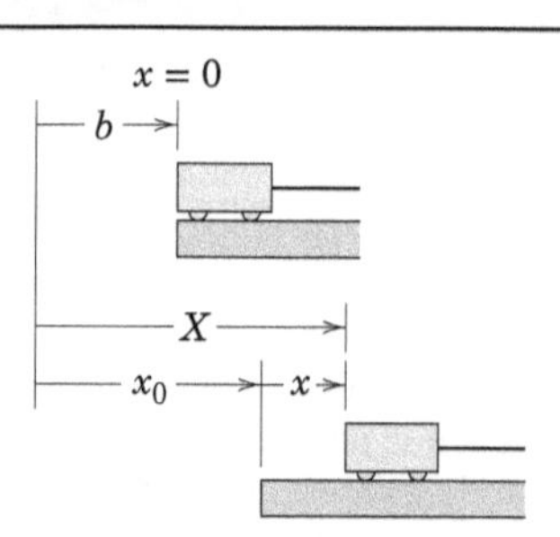

Solução. Para o observador sobre o vagão-plataforma, o trabalho realizado por P é

$$U_{\text{rel}} = \int_0^x P\,dx = Px \qquad \text{para constante } P \quad ①$$

A variação na energia cinética em relação ao vagão é

$$\Delta T_{\text{rel}} = \frac{1}{2}m(\dot{x}^2 - 0)$$

A equação de trabalho-energia para o observador móvel vem a ser

$$[U_{\text{rel}} = \Delta T_{\text{rel}}] \qquad Px = \frac{1}{2}m\dot{x}^2$$

Para o observador no solo, o trabalho realizado por P é

$$U = \int_b^X P\,dX = P(X - b)$$

A variação na energia cinética medida em relação ao solo é

$$\Delta T = \frac{1}{2}m(\dot{X}^2 - v_0^2) \quad ②$$

A equação de trabalho-energia para o observador fixo fornece

$$[U = \Delta T] \qquad P(X - b) = \frac{1}{2}m(\dot{X}^2 - v_0^2)$$

Para conciliar essa equação com aquela para o observador móvel, podemos fazer as seguintes substituições:

$$X = x_0 + x, \qquad \dot{X} = v_0 + \dot{x}, \qquad \ddot{X} = \ddot{x}$$

Então,

$$P(X - b) = Px + P(x_0 - b) = Px + m\ddot{x}(x_0 - b)$$

$$= Px + m\ddot{x}v_0 t = Px + mv_0\dot{x} \quad ③$$

DICAS ÚTEIS

① A única coordenada que o observador em movimento pode medir é x.

② Para o observador no solo, a velocidade inicial do vagão é v_0, assim, sua energia cinética é $\frac{1}{2}mv_0^2$.

③ O símbolo t designa o tempo de movimento de $x = 0$ até $x = x$. O deslocamento $x_0 - b$ do vagão é o produto de sua velocidade v_0 pelo tempo t ou $x_0 - b = v_0 t$. Como a aceleração é constante, a variação da velocidade é igual ao produto da aceleração pelo tempo $\ddot{x}t = \dot{x}$.

EXEMPLO DE PROBLEMA 3/33 *(continuação)*

e

$$\dot{X}^2 - v_0{}^2 = (v_0{}^2 + \dot{x}^2 + 2v_0\dot{x} - v_0{}^2) = \dot{x}^2 + 2v_0\dot{x}$$

A equação de trabalho-energia para o observador fixo fornece agora

$$Px + mv_0\dot{x} = \frac{1}{2}m\dot{x}^2 + mv_0\dot{x}$$

que é simplesmente $Px = \frac{1}{2}m\dot{x}^2$ como inferido pelo observador móvel. Vemos, portanto, que a diferença entre as duas expressões de trabalho-energia é

$$U - U_{\text{rel}} = T - T_{\text{rel}} = mv_0\dot{x}$$

3/15 Revisão do Capítulo

No Capítulo 3, desenvolvemos os três métodos básicos de solução para problemas em cinética de partículas. Essa experiência é fundamental para o estudo da Dinâmica e lança as bases para o estudo posterior da dinâmica de corpos rígidos e não rígidos. Esses três métodos são resumidos da seguinte forma:

1. Aplicação Direta da Segunda Lei de Newton

Primeiro, aplicamos a segunda lei de Newton $\Sigma\mathbf{F} = m\mathbf{a}$ para determinar a relação instantânea entre as forças e a aceleração que elas produzem. Com os fundamentos do Capítulo 2, para a identificação do tipo de movimento e com a ajuda do nosso conhecido diagrama de corpo livre para ter certeza de que todas as forças são levadas em consideração, fomos capazes de solucionar uma grande variedade de problemas utilizando as coordenadas x-y, n-t e r-θ para problemas de movimento plano e coordenadas x-y-z, r-θ-z e R-θ-ϕ para problemas espaciais.

2. Equações de Trabalho-Energia

Em seguida, integramos a equação básica do movimento $\Sigma\mathbf{F} = m\mathbf{a}$ com respeito ao deslocamento e desenvolvemos as equações escalares para trabalho e energia. Essas equações nos permitiram relacionar as velocidades inicial e final ao trabalho realizado durante um intervalo de tempo por forças externas ao sistema definido. Expandimos essa abordagem para incluir a energia potencial, tanto elástica quanto gravitacional. Com essas ferramentas descobrimos que a abordagem de energia é especialmente útil para sistemas conservativos, isto é, sistemas em que a perda de energia devida ao atrito ou outras formas de dissipação é desprezível.

3. Equações de Impulso–Quantidade de Movimento

Finalmente, reescrevemos a segunda lei de Newton na forma de força igual à taxa de variação no tempo da quantidade de movimento linear e momento igual à taxa de variação no tempo da quantidade de movimento angular. Então integramos essas relações com respeito ao tempo e desenvolvemos as equações de impulso e quantidade de movimento. Essas equações foram então aplicadas a intervalos de movimento nos quais as forças eram funções do tempo. Também investigamos as interações entre partículas sob condições nas quais a quantidade de movimento linear é conservada e a quantidade de movimento angular é conservada.

Na seção final do Capítulo 3, empregamos esses três métodos básicos em áreas de aplicação específica como se segue:

1. Verificamos que o método de impulso-quantidade de movimento é conveniente no desenvolvimento das relações que governam o impacto de partículas.
2. Observamos que a aplicação direta da segunda lei de Newton nos permite determinar as propriedades da trajetória de uma partícula sob a atração de uma força central.
3. Finalmente, vimos que todos os três métodos básicos podem ser aplicados ao movimento de partículas em relação a um sistema de referência com translação.

A solução bem-sucedida de problemas em cinética de partículas depende do conhecimento prévio de cinemática de partículas. Além disso, os princípios de cinética de partículas são necessários para analisar sistemas de partículas e corpos rígidos, que são cobertos no restante de *Dinâmica*.

CAPÍTULO 4

Cinética de Sistemas de Partículas

Imagebroker/SuperStock

As forças de interação entre as palhetas rotativas de um motor a jato e o fluido que passa sobre elas são o assunto introduzido neste capítulo.

VISÃO GERAL DO CAPÍTULO

4/1 Introdução

Nos dois capítulos anteriores, aplicamos os princípios da Dinâmica ao movimento de uma partícula. Embora tenhamos nos concentrado fundamentalmente na cinética de uma única partícula no Capítulo 3, mencionamos o movimento de duas partículas, consideradas em conjunto como um sistema, quando discutimos trabalho–energia e impulso–quantidade de movimento.

Nosso próximo grande passo no desenvolvimento da Dinâmica é estender esses princípios, que aplicamos a uma única partícula, para descrever o movimento de um sistema geral de partículas. Essa extensão irá unificar os tópicos restantes de Dinâmica e nos permitirá tratar o movimento tanto de corpos rígidos quanto de sistemas não rígidos.

Lembre-se de que um corpo rígido é um sistema sólido de partículas em que as distâncias entre as partículas permanecem essencialmente invariáveis. Os movimentos globais encontrados em máquinas, veículos terrestres e aéreos, foguetes e espaçonaves, e em muitas estruturas que se movimentam fornecem exemplos de problemas de corpos rígidos. Por outro lado, podemos ter a necessidade de estudar as variações dependentes do tempo na forma de um corpo não rígido, mas sólido, devidas às deformações elásticas ou inelásticas. Outro exemplo de um corpo não rígido é uma massa limitada de partículas líquidas ou gasosas que escoa a uma taxa determinada. São exemplos o ar e o combustível que escoa através da turbina de um motor de avião, os gases da combustão expelidos pelo bocal de um motor de foguete, ou a água que passa através de uma bomba rotativa.

Embora possamos estender as equações do movimento para uma única partícula a um sistema geral de partículas sem muita dificuldade, é difícil compreender a generalidade e o significado desses princípios estendidos sem uma prática considerável do problema. Por essa razão, você deve revisar frequentemente os resultados gerais obtidos nas seções seguintes durante o restante do seu estudo de Dinâmica. Dessa forma, você perceberá como esses princípios mais amplos unificam a Dinâmica.

Conceitos-Chave

4/2 Segunda Lei de Newton Generalizada

Estenderemos agora a segunda lei do movimento de Newton para abranger um sistema de massas genérico que modelamos considerando n partículas de massa limitadas por uma superfície fechada no espaço, Fig. 4/1. Esse invólucro delimitador pode ser, por exemplo, a superfície externa de determinado corpo rígido, a superfície que limita uma parte arbitrária do corpo, a superfície externa de um foguete que contém tanto partículas rígidas quanto em escoamento, ou um volume determinado de partículas de fluido. Em cada caso, o sistema a ser considerado é a massa dentro do envoltório, e essa massa deve ser claramente definida e isolada.

A Fig. 4/1 mostra uma partícula representativa de massa m_i isolada do sistema com as forças $\mathbf{F}_1$, $\mathbf{F}_2$, $\mathbf{F}_3$, ... agindo sobre m_i a partir de fontes *externas* ao invólucro, e as forças $\mathbf{f}_1$, $\mathbf{f}_2$, $\mathbf{f}_3$, ... agindo sobre m_i a partir de fontes *internas* à fronteira do sistema. As forças externas são devidas ao contato com corpos externos ou a efeitos gravitacionais, elétricos, ou magnéticos externos. As forças internas são forças de reação a outras partículas de massa dentro dos limites da fronteira. A partícula de massa m_i é localizada por seu vetor posição $\mathbf{r}_i$ medido a partir da origem não acelerada O de um conjunto de eixos de referência newtoniano.* O centro de massa G do sistema isolado de partículas é localizado pelo vetor posição $\bar{\mathbf{r}}$ que, a partir da definição de centro de massa conforme estudado em Estática, é dado por

$$m\bar{\mathbf{r}} = \Sigma m_i \mathbf{r}_i$$

em que a massa total do sistema é $m = \Sigma m_i$. O sinal de soma Σ representa o somatório $\Sigma_{i=1}^{n}$ de todas as n partículas.

A segunda lei de Newton, Eq. 3/3, quando aplicada a m_i fornece

$$\mathbf{F}_1 + \mathbf{F}_2 + \mathbf{F}_3 + \cdots + \mathbf{f}_1 + \mathbf{f}_2 + \mathbf{f}_3 + \cdots = m_i \ddot{\mathbf{r}}_i$$

em que $\ddot{\mathbf{r}}_i$ é a aceleração de m_i. Uma equação semelhante pode ser escrita para cada uma das partículas do sistema. Se essas equações escritas para *todas* as partículas do sistema são somadas, o resultado é

$$\Sigma\mathbf{F} + \Sigma\mathbf{f} = \Sigma m_i \ddot{\mathbf{r}}_i$$

O termo $\Sigma\mathbf{F}$ vem então a ser a soma vetorial de *todas* as forças agindo sobre todas as partículas do sistema isolado a partir de fontes externas ao sistema, e $\Sigma\mathbf{f}$ vem a ser a soma vetorial de todas as forças sobre todas as partículas produzidas pelas ações e reações internas entre partículas. Esta última soma é identicamente nula, uma vez que todas as forças internas ocorrem em pares de ações e reações iguais e opostas. Diferenciando duas vezes no tempo a equação que define $\bar{\mathbf{r}}$, temos $m\ddot{\bar{\mathbf{r}}} = \Sigma m_i \ddot{\mathbf{r}}_i$, em que m possui derivada no tempo nula, uma vez que a massa não entra ou sai do sistema.* A substituição no somatório das equações de movimento fornece

$$\Sigma\mathbf{F} = m\ddot{\bar{\mathbf{r}}} \qquad \text{ou} \qquad \mathbf{F} = m\bar{\mathbf{a}} \tag{4/1}$$

em que $\bar{\mathbf{a}}$ é a aceleração e $\ddot{\bar{\mathbf{r}}}$ é o centro de massa do sistema.

A Eq. 4/1 é a segunda lei do movimento de Newton generalizada para um sistema de massas e é chamada *a equação do movimento de m*. A equação estabelece que a resultante das forças externas atuando em *qualquer* sistema de massas é igual à massa total do sistema multiplicada pela aceleração do centro de massa. Essa lei exprime o chamado *princípio de movimento do centro de massa*. Observe que $\bar{\mathbf{a}}$ é a aceleração do ponto matemático que representa instantaneamente a posição do centro de massa para as n partículas dadas. Para um corpo não rígido, essa aceleração não precisa representar a aceleração de uma partícula determinada. Observe também que a Eq. 4/1

*Mostrou-se, na Seção 3/14, que qualquer conjunto de eixos sem rotação e sem aceleração constitui um sistema de referência newtoniano no qual os princípios da mecânica newtoniana são válidos.

*Se m é em função do tempo, uma situação mais complexa se desenvolve; essa situação será discutida na Seção 4/7 sobre massa variável.

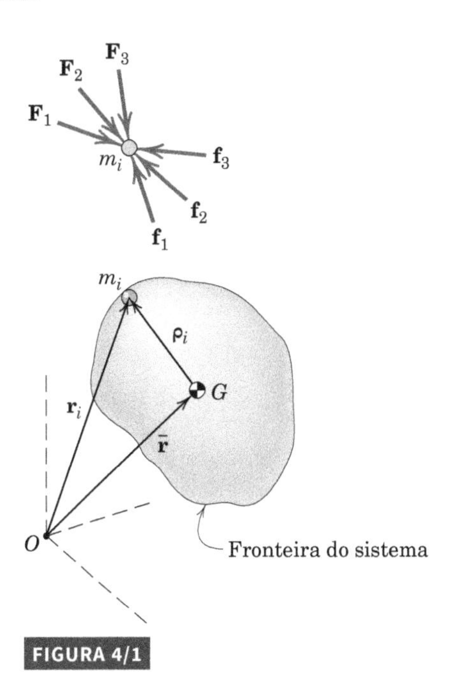

FIGURA 4/1

é válida para cada instante de tempo e que, portanto, é uma relação instantânea. A Eq. 4/1 para o sistema de massas teve que ser provada, já que não pode ser inferida diretamente da Eq. 3/3 para uma partícula isolada.

A Eq. 4/1 pode ser expressa na forma por componentes utilizando coordenadas x-y-z ou qualquer sistema de coordenadas que seja mais conveniente para o problema em questão. Desse modo,

$$\Sigma F_x = m\bar{a}_x \qquad \Sigma F_y = m\bar{a}_y \qquad \Sigma F_z = m\bar{a}_z \qquad (4/1a)$$

Embora a Eq. 4/1, como uma equação vetorial, exija que o vetor aceleração $\bar{\mathbf{a}}$ tenha a mesma direção que a resultante das forças externas $\Sigma\mathbf{F}$, não significa que $\Sigma\mathbf{F}$ necessariamente passe por G. De um modo geral, na verdade, $\Sigma\mathbf{F}$ não passa por G, como será mostrado mais adiante.

4/3 Trabalho-Energia

Na Seção 3/6 desenvolvemos a relação trabalho-energia para uma partícula isolada, e observamos que essa relação se aplica a um sistema de duas partículas conectadas. Considere agora o sistema genérico da Fig. 4/1, em que a relação trabalho-energia para a partícula representativa de massa m_i é $(U_{1\text{-}2})_i = \Delta T_i$. Aqui $(U_{1\text{-}2})_i$ é o trabalho realizado sobre m_i durante um intervalo de movimento por todas as forças $\mathbf{F}_1 + \mathbf{F}_2 + \mathbf{F}_3 + \cdots$ aplicadas a partir de fontes externas ao sistema e por todas as forças $\mathbf{f}_1 + \mathbf{f}_2 + \mathbf{f}_3 + \cdots$ aplicadas a partir de fontes internas ao sistema. A energia cinética de m_i é $T_i = \frac{1}{2}m_i v_i^2$, em que v_i é o módulo da velocidade da partícula $\mathbf{v}_i = \dot{\mathbf{r}}_i$.

Relação Trabalho-Energia

Para o sistema como um todo, o somatório das equações de trabalho-energia escritas para todas as partículas é $\Sigma(U_{1\text{-}2})_i = \Sigma\Delta T_i$, que pode ser representada pelas mesmas expressões das Eqs. 3/15 e 3/15a da Seção 3/6, isto é,

$$\boxed{U_{1\text{-}2} = \Delta T \qquad \text{ou} \qquad T_1 + U_{1\text{-}2} = T_2} \qquad (4/2)$$

em que $U_{1\text{-}2} = \Sigma(U_{1\text{-}2})_i$, o trabalho realizado por todas as forças, externas e internas, sobre todas as partículas, e ΔT é a variação na energia cinética total $T = \Sigma T_i$ do sistema.

Para um corpo rígido ou um sistema de corpos rígidos unidos por conexões ideais sem atrito, nenhum trabalho líquido é realizado pelas forças ou momentos internos de interação nas conexões. Vemos que o trabalho realizado por todos os pares de forças internas, identificados aqui como $\mathbf{f}_i$ e $-\mathbf{f}_i$, em uma conexão típica no sistema, Fig. 4/2, é nulo, uma vez que os seus pontos de aplicação têm componentes idênticas de deslocamento enquanto as forças são iguais, mas opostas. Para essa situação $U_{1\text{-}2}$ vem a ser o trabalho realizado sobre o sistema pelas forças externas somente.

Para um sistema mecânico não rígido que inclui membros elásticos com capacidade de armazenar energia, uma parte do trabalho realizado pelas forças externas é utilizada para variar a energia potencial elástica interna V_e. Além disso, se o trabalho realizado pelas forças gravitacionais é *excluído* do termo de trabalho e é, de outra maneira, contabilizado pelas variações na energia potencial gravitacional V_g, então podemos igualar o trabalho $U'_{1\text{-}2}$ realizado sobre o sistema durante um intervalo de

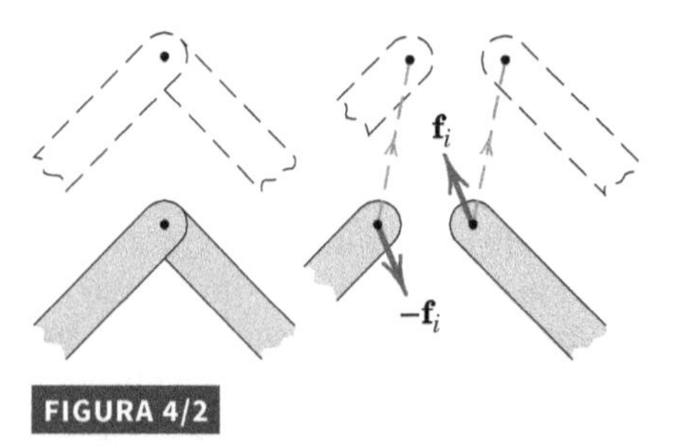

FIGURA 4/2

movimento à variação ΔE na energia mecânica total do sistema. Assim, $U'_{1\text{-}2} = \Delta E$ ou

$$\boxed{U'_{1\text{-}2} = \Delta T + \Delta V} \qquad (4/3)$$

ou

$$\boxed{T_1 + V_1 + U'_{1\text{-}2} = T_2 + V_2} \qquad (4/3a)$$

que são iguais às Eqs. 3/21 e 3/21a. Aqui, como no Capítulo 3, $V = V_g + V_e$ representa a energia potencial total.

Expressão da Energia Cinética

Examinaremos agora a expressão $T = \Sigma\frac{1}{2}m_i v_i^2$ para a energia cinética do sistema de massas mais detalhadamente. Pelo princípio do movimento relativo discutido na Seção 2/8, podemos escrever a velocidade da partícula representativa como

$$\mathbf{v}_i = \bar{\mathbf{v}} + \dot{\boldsymbol{\rho}}_i$$

em que $\bar{\mathbf{v}}$ é a velocidade do centro de massa G e $\dot{\boldsymbol{\rho}}_i$ é a velocidade de m_i com respeito a um sistema de referência com translação se deslocando com o centro de massa G. Lembramos a igualdade $v_i^2 = \mathbf{v}_i \cdot \mathbf{v}_i$ e escrevemos a energia cinética do sistema como

$$\begin{aligned} T &= \Sigma\tfrac{1}{2}m_i\mathbf{v}_i\cdot\mathbf{v}_i = \Sigma\tfrac{1}{2}m_i(\bar{\mathbf{v}} + \dot{\boldsymbol{\rho}}_i)\cdot(\bar{\mathbf{v}} + \dot{\boldsymbol{\rho}}_i) \\ &= \Sigma\tfrac{1}{2}m_i\bar{v}^2 + \Sigma\tfrac{1}{2}m_i|\dot{\boldsymbol{\rho}}_i|^2 + \Sigma m_i\bar{\mathbf{v}}\cdot\dot{\boldsymbol{\rho}}_i \end{aligned}$$

Como $\dot{\boldsymbol{\rho}}_i$ é medido a partir do centro de massa, $\Sigma m_i\boldsymbol{\rho}_i = \mathbf{0}$ e o terceiro termo é $\bar{\mathbf{v}}\cdot\Sigma m_i\dot{\boldsymbol{\rho}}_i = \bar{\mathbf{v}}\cdot\frac{d}{dt}\Sigma(m_i\boldsymbol{\rho}_i) = 0$. Além disso, $\Sigma\frac{1}{2}m_i\bar{v}^2 = \frac{1}{2}\bar{v}^2\Sigma m_i = \frac{1}{2}m\bar{v}^2$. Portanto, a energia cinética total se torna

$$\boxed{T = \tfrac{1}{2}m\bar{v}^2 + \Sigma\tfrac{1}{2}m_i|\dot{\boldsymbol{\rho}}_i|^2} \qquad (4/4)$$

Essa equação expressa o fato de que a energia cinética total de um sistema de massas é igual à energia cinética de translação do centro de massa do sistema como um todo, acrescida da energia cinética devida ao movimento de todas as partículas em relação ao centro de massa.

4/4 Impulso–Quantidade de Movimento

Desenvolveremos agora os conceitos de quantidade de movimento e impulso aplicados a um sistema de partículas.

Quantidade de Movimento Linear

A partir da nossa definição na Seção 3/8, a quantidade de movimento linear da partícula representativa do sistema descrito na Fig. 4.1 é $\mathbf{G}_i = m_i\mathbf{v}_i$ em que a velocidade de m_i é $\mathbf{v}_i = \dot{\mathbf{r}}_i$.

A quantidade de movimento linear do sistema é definida como a soma vetorial das quantidades de movimento linear de todas as suas partículas, ou $\mathbf{G} = \Sigma m_i\mathbf{v}_i$. Substituindo a relação da velocidade relativa $\mathbf{v}_i = \bar{\mathbf{v}} + \dot{\boldsymbol{\rho}}_i$ e novamente observando que $\Sigma m_i\boldsymbol{\rho}_i = m\bar{\boldsymbol{\rho}} = \mathbf{0}$, obtemos

$$\mathbf{G} = \Sigma m_i(\bar{\mathbf{v}} + \dot{\boldsymbol{\rho}}_i) = \Sigma m_i\bar{\mathbf{v}} + \frac{d}{dt}\Sigma m_i\boldsymbol{\rho}_i$$

$$= \bar{\mathbf{v}}\,\Sigma m_i + \frac{d}{dt}(\mathbf{0})$$

ou

$$\boxed{\mathbf{G} = m\bar{\mathbf{v}}} \qquad (4/5)$$

Assim, a quantidade de movimento linear de qualquer sistema de massa constante é o produto da massa e da velocidade de seu centro de massa.

A derivada no tempo de $\mathbf{G}$ é $m\dot{\bar{\mathbf{v}}} = m\bar{\mathbf{a}}$ que, de acordo com a Eq. 4/1, é a força externa resultante que atua sobre o sistema. Assim temos,

$$\boxed{\Sigma\mathbf{F} = \dot{\mathbf{G}}} \qquad (4/6)$$

que possui a mesma forma que Eq. 3/25 para uma única partícula. A Eq. 4.6 afirma que a resultante das forças externas sobre qualquer sistema de massas é igual à taxa de variação no tempo da quantidade de movimento linear do sistema. Essa é uma forma alternativa da segunda lei do movimento generalizada, Eq. 4/1. Como foi observado no final da última seção, $\Sigma\mathbf{F}$, em geral, não passa pelo centro de massa G. No desenvolvimento da Eq. 4/6, diferenciamos em relação ao tempo e admitimos que a massa total é constante. Dessa forma, a equação não se aplica a sistemas cuja massa varia com o tempo.

Quantidade de Movimento Angular

Determinaremos agora a quantidade de movimento angular de nosso sistema de massas genérico em torno do ponto fixo O, em torno do centro de massa G, e em torno de um ponto arbitrário P, mostrado na Fig. 4/3, que pode ter uma aceleração $\mathbf{a}_P = \ddot{\mathbf{r}}_P$.

Em Torno de um Ponto Fixo O. A quantidade de movimento angular do sistema de massas em torno do ponto O, fixo no sistema de referência newtoniano, é definida como a soma vetorial dos momentos das quantidades de movimento linear em torno de O de todas as partículas do sistema e é

$$\mathbf{H}_O = \Sigma(\mathbf{r}_i \times m_i\mathbf{v}_i)$$

A derivada no tempo do produto vetorial é $\dot{\mathbf{H}}_O = \Sigma(\dot{\mathbf{r}}_i \times m_i\mathbf{v}_i) + \Sigma(\mathbf{r}_i \times m_i\dot{\mathbf{v}}_i)$. O primeiro somatório desaparece, uma vez que o produto vetorial de dois vetores paralelos é nulo. O segundo somatório é $\Sigma(\mathbf{r}_i \times m_i\mathbf{a}_i) = \Sigma(\mathbf{r}_i \times \mathbf{F}_i)$ que é a soma vetorial dos momentos em torno de O de todas as forças atuando sobre todas as partículas do sistema. Esse somatório de momentos $\Sigma\mathbf{M}_O$ representa apenas os momentos das forças externas ao sistema, uma vez que as forças internas cancelam umas às outras e seus momentos somam zero. Desse modo, o somatório do momento é

$$\boxed{\Sigma\mathbf{M}_O = \dot{\mathbf{H}}_O} \qquad (4/7)$$

que possui a mesma forma da Eq. 3/31 para uma partícula isolada.

A Eq. 4/7 estabelece que o vetor momento resultante em torno de qualquer ponto fixo de todas as forças externas em qualquer sistema de massas é igual à taxa de variação no tempo da quantidade de movimento angular do sistema em torno do ponto fixo. Tal como no caso da quantidade de movimento linear, a Eq. 4/7 não se aplica quando a massa total do sistema está variando com o tempo.

Em Torno do Centro de Massa G. A quantidade de movimento angular do sistema de massas em torno do centro de massa G é o somatório dos momentos das quantidades de movimento linear em torno de G de todas as partículas e é

$$\mathbf{H}_G = \Sigma\boldsymbol{\rho}_i \times m_i\dot{\mathbf{r}}_i \qquad (4/8)$$

Podemos escrever a velocidade absoluta $\dot{\mathbf{r}}_i$ como $(\dot{\bar{\mathbf{r}}} + \dot{\boldsymbol{\rho}}_i)$, de modo que $\mathbf{H}_G$ resulta

$$\mathbf{H}_G = \Sigma\boldsymbol{\rho}_i \times m_i(\dot{\bar{\mathbf{r}}} + \dot{\boldsymbol{\rho}}_i) = \Sigma\boldsymbol{\rho}_i \times m_i\dot{\bar{\mathbf{r}}} + \Sigma\boldsymbol{\rho}_i \times m_i\dot{\boldsymbol{\rho}}_i$$

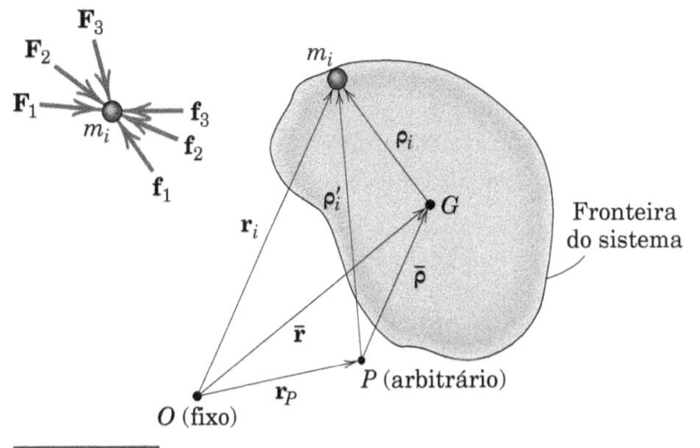

FIGURA 4/3

O primeiro termo do lado direito dessa equação pode ser reescrito como $-\dot{\bar{\mathbf{r}}} \times \Sigma m_i \rho_i$, que é nulo porque $\Sigma m_i \rho_i = \mathbf{0}$ pela definição de centro de massa. Assim, temos

$$\mathbf{H}_G = \Sigma \rho_i \times m_i \dot{\rho}_i \qquad (4/8a)$$

A expressão da Eq. 4/8 é denominada *quantidade de movimento angular absoluta* porque a velocidade absoluta $\dot{\mathbf{r}}_i$ é utilizada. A expressão da Eq. 4/8*a* é denominada *quantidade de movimento angular relativa* porque a velocidade relativa $\dot{\rho}_i$ é utilizada. Com o centro de massa G como referência, as quantidades de movimento angular absoluta e relativa podem ser verificadas como idênticas. Veremos que essa identidade não é válida para um ponto de referência arbitrário P; não há distinção para um ponto de referência fixo O.

Diferenciando a Eq. 4/8 em relação ao tempo se obtém

$$\dot{\mathbf{H}}_G = \Sigma \dot{\rho}_i \times m_i(\dot{\bar{\mathbf{r}}} + \dot{\rho}_i) + \Sigma \rho_i \times m_i \ddot{\mathbf{r}}_i$$

O primeiro somatório é expandido como $\Sigma \dot{\rho}_i \times m_i \dot{\bar{\mathbf{r}}} + \Sigma \dot{\rho}_i \times m_i \dot{\rho}$. O primeiro termo pode ser reescrito como $-\dot{\bar{\mathbf{r}}} \times \Sigma m_i \dot{\rho}_i = -\dot{\bar{\mathbf{r}}} \times \frac{d}{dt} \Sigma m_i \rho_i$ que é nulo a partir da definição de centro de massa. O segundo termo é nulo porque o produto vetorial de vetores paralelos é zero. Com $\mathbf{F}_i$ representando a soma de todas as forças externas que atuam sobre m_i e $\mathbf{f}_i$ a soma de todas as forças internas que atuam sobre m_i, o segundo somatório pela segunda lei de Newton vem a ser $\Sigma \rho_i \times (\mathbf{F}_i + \mathbf{f}_i) = \Sigma \rho_i \times \mathbf{F}_i = \Sigma \mathbf{M}_G$, o somatório de todos os momentos externos em torno do ponto G. Lembre-se de que a soma de todos os momentos internos $\Sigma \rho_i \times \mathbf{f}_i$ é nula. Dessa forma, ficamos apenas com

$$\boxed{\Sigma \mathbf{M}_G = \dot{\mathbf{H}}_G} \qquad (4/9)$$

em que podemos usar tanto a quantidade de movimento angular absoluta quanto a relativa.

As Eqs. 4/7 e 4/9 são duas das mais poderosas das equações de governo em dinâmica e se aplicam a qualquer sistema de massa constante — rígido ou não rígido.

Em Torno de um Ponto Arbitrário P. A quantidade de movimento angular em torno de um ponto arbitrário P (que pode ter uma aceleração $\ddot{\mathbf{r}}_P$) será expressa agora com a notação da Fig. 4/3. Desse modo,

$$\mathbf{H}_P = \Sigma \rho_i' \times m_i \dot{\mathbf{r}}_i = \Sigma(\bar{\rho} + \rho_i) \times m_i \dot{\mathbf{r}}_i$$

O primeiro termo pode ser escrito como $\bar{\rho} \times \Sigma m_i \dot{\mathbf{r}}_i = \bar{\rho} \times \Sigma m_i \mathbf{v}_i = \bar{\rho} \times m\bar{\mathbf{v}}$. O segundo termo é $\Sigma \rho_i \times m_i \dot{\mathbf{r}}_i = \mathbf{H}_G$. Desse modo, reorganizando temos

$$\boxed{\mathbf{H}_P = \mathbf{H}_G + \bar{\rho} \times m\bar{\mathbf{v}}} \qquad (4/10)$$

A Eq. 4/10 determina que a quantidade de movimento angular absoluta em torno de qualquer ponto P é igual à quantidade de movimento angular em torno de G acrescida do momento em torno de P da quantidade de movimento linear $m\bar{\mathbf{v}}$ do sistema considerado concentrado em G.

Faremos agora uso do princípio dos momentos desenvolvido em nosso estudo de Estática em que representamos um sistema de forças por uma força resultante passando através de um ponto qualquer, por exemplo G, e um binário correspondente. A Fig. 4/4 representa as resultantes dos esforços externos que atuam sobre o sistema expressas em termos da força resultante $\Sigma \mathbf{F}$ que passa através de G e o binário correspondente $\Sigma \mathbf{M}_G$. Verificamos que a soma dos momentos em torno de P de todas as forças externas ao sistema deve ser igual ao momento das suas resultantes.

Portanto, podemos escrever

$$\Sigma \mathbf{M}_P = \Sigma \mathbf{M}_G + \bar{\rho} \times \Sigma \mathbf{F}$$

que, pelas Eqs. 4/9 e 4/6, torna-se

$$\boxed{\Sigma \mathbf{M}_P = \dot{\mathbf{H}}_G + \bar{\rho} \times m\bar{\mathbf{a}}} \qquad (4/11)$$

A Eq. 4/11 nos permite escrever a equação do momento em torno de qualquer centro conveniente de momento P e é facilmente visualizada com o auxílio da Fig. 4/4. Essa equação forma uma base rigorosa para grande parte de nossa abordagem da cinética de corpo rígido no plano do Capítulo 6.

Podemos também desenvolver relações semelhantes para a quantidade de movimento utilizando a quantidade de movimento em relação a P. Assim, a partir da Fig. 4/3

$$(\mathbf{H}_P)_{\text{rel}} = \Sigma \rho_i' \times m_i \dot{\rho}_i'$$

em que $\dot{\rho}_i'$ é a velocidade de m_i em relação a P. Com a substituição de $\rho_i' = \bar{\rho} + \rho_i$ e $\dot{\rho}_i' = \dot{\bar{\rho}} + \dot{\rho}_i$ podemos escrever

$$(\mathbf{H}_P)_{\text{rel}} = \Sigma \bar{\rho} \times m_i \dot{\bar{\rho}} + \Sigma \bar{\rho} \times m_i \dot{\rho}_i + \Sigma \rho_i \times m_i \dot{\bar{\rho}} + \Sigma \rho_i \times m_i \dot{\rho}_i$$

O primeiro somatório é $\bar{\rho} \times m\bar{\mathbf{v}}_{\text{rel}}$. O segundo somatório é $\bar{\rho} \times \frac{d}{dt} \Sigma m_i \rho_i$ e o terceiro somatório é $-\dot{\bar{\rho}} \times \Sigma m_i \rho_i$, em que ambos são zero pela definição do centro de massa. O quarto somatório é $(\mathbf{H}_G)_{rel}$. Reorganizando, temos

$$(\mathbf{H}_P)_{\text{rel}} = (\mathbf{H}_G)_{\text{rel}} + \bar{\rho} \times m\bar{\mathbf{v}}_{\text{rel}} \qquad (4/12)$$

em que $(\mathbf{H}_G)_{\text{rel}}$ é o mesmo que $\mathbf{H}_G$ (veja as Eqs. 4/8 e 4/8a). Note a semelhança entre as Eqs. 4/12 e 4/10.

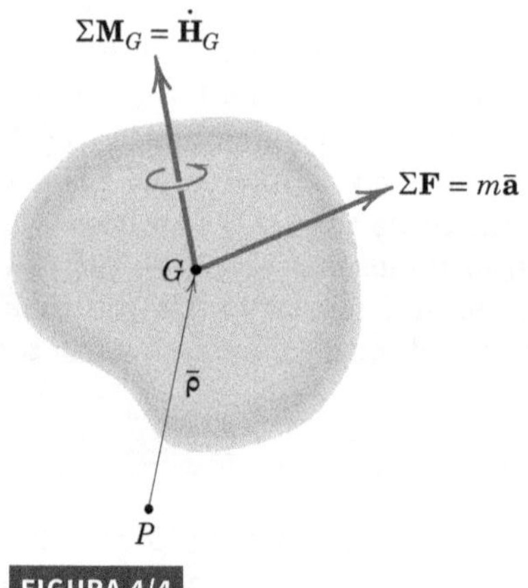

FIGURA 4/4

A equação do momento em torno de P agora pode ser expressa em termos da quantidade de movimento angular em relação a P. Diferenciamos a definição $(\mathbf{H}_P)_{rel} = \Sigma \rho_i' \times m_i \dot{\rho}_i'$ com relação ao tempo e fazemos a substituição $\ddot{\mathbf{r}}_i = \ddot{\mathbf{r}}_P + \ddot{\rho}_i'$ para obter

$$(\dot{\mathbf{H}}_p)_{rel} = \Sigma \dot{\rho}_i' \times m_i \dot{\rho}_i' + \Sigma \rho_i' \times m_i \ddot{\mathbf{r}}_i - \Sigma \rho_i' \times m_i \ddot{\mathbf{r}}_P$$

O primeiro somatório é identicamente nulo, e o segundo somatório é a soma $\Sigma \mathbf{M}_P$ dos momentos de todas as forças externas em torno de P. O terceiro somatório vem a ser $\Sigma \rho_i' \times m_i \mathbf{a}_P = -\mathbf{a}_P \times \Sigma m_i \rho_i' = -\mathbf{a}_P \times m\bar{\rho} = \bar{\rho} \times m\mathbf{a}_P$. Substituindo e reorganizando os termos, obtém-se

$$\boxed{\Sigma \mathbf{M}_P = (\dot{\mathbf{H}}_P)_{rel} + \bar{\rho} \times m\mathbf{a}_P} \qquad (4/13)$$

A forma da Eq. 4/13 é conveniente quando um ponto P cuja aceleração é conhecida é utilizado como um centro de momento. A equação se reduz à forma mais simples

$$\Sigma \mathbf{M}_P = (\dot{\mathbf{H}}_P)_{rel} \text{ se} \begin{cases} 1.\ \mathbf{a}_P = \mathbf{0} \text{ (equivalente à Eq. 4/7)} \\ 2.\ \bar{\rho} = \mathbf{0} \text{ (equivalente à Eq. 4/9)} \\ 3.\ \bar{\rho} \text{ e } \mathbf{a}_P \text{ são paralelos } (\mathbf{a}_P \text{ orientado} \\ \quad \text{para ou se afastando de } G) \end{cases}$$

4/5 Conservação da Energia e da Quantidade de Movimento

Sob determinadas condições usuais, não há nenhuma variação líquida na energia mecânica total de um sistema durante um intervalo de movimento. Sob outras condições, não há nenhuma variação líquida na quantidade de movimento de um sistema. Essas condições são tratadas separadamente a seguir.

Conservação da Energia

Um sistema de massas é dito *conservativo* se não perde energia em virtude de forças de atrito internas que realizam trabalho negativo ou em virtude de membros inelásticos que dissipam energia durante a execução de ciclos. Se nenhum trabalho é realizado sobre um sistema conservativo durante um intervalo de movimento por forças externas (além da gravidade ou de outras forças potenciais), então nenhuma das energias do sistema é perdida. Para esse caso $U_{1\text{-}2}' = 0$ e podemos escrever a Eq. 4/3 como

$$\boxed{\Delta T + \Delta V = 0} \qquad (4/14)$$

ou

$$\boxed{T_1 + V_1 = T_2 + V_2} \qquad (4/14a)$$

que expressa a *lei de conservação de energia dinâmica*. A energia total $E = T + V$ é uma constante, então $E_1 = E_2$. Essa lei vale, apenas, no caso ideal em que o atrito associado à energia cinética é suficientemente pequeno para ser desprezado.

Conservação da Quantidade de Movimento

Se, para determinado intervalo de tempo, a força externa resultante $\Sigma\mathbf{F}$ agindo sobre um sistema de massas conservativo ou não conservativo é nula, a Eq. 4/6 exige que $\dot{\mathbf{G}} = \mathbf{0}$, de modo que durante esse intervalo

$$\boxed{\mathbf{G}_1 = \mathbf{G}_2} \qquad (4/15)$$

que expressa o *princípio da conservação da quantidade de movimento linear*. Assim, na ausência de um impulso externo, a quantidade de movimento linear de um sistema se mantém inalterada.

Da mesma forma, se o momento resultante em torno de um ponto fixo O ou em torno do centro de massa G de todas as forças externas em qualquer sistema de massas é nulo, a Eq. 4/7 ou 4/9 exige, respectivamente, que

$$\boxed{(\mathbf{H}_O)_1 = (\mathbf{H}_O)_2 \quad \text{ou} \quad (\mathbf{H}_G)_1 = (\mathbf{H}_G)_2} \qquad (4/16)$$

Essas relações exprimem o *princípio da conservação da quantidade de movimento angular* para um sistema de massas genérico na ausência de um impulso angular. Assim, se não houver um impulso angular em torno de um ponto fixo (ou em torno do centro de massa), a quantidade de movimento angular do sistema em torno do ponto fixo (ou em torno do centro de massa) permanece inalterada. Ambas as equações são válidas individualmente, uma sem a outra.

Provamos na Seção 3/14 que as leis básicas da mecânica newtoniana são válidas para medidas feitas em relação a um conjunto de eixos que possuem uma velocidade constante de translação. Assim, as Eqs. 4/1 até 4/16 são válidas desde que todas as grandezas sejam expressas em relação aos eixos em translação.

As Eqs. 4/1 até 4/16 estão entre as mais importantes das leis básicas desenvolvidas da Mecânica. Neste capítulo desenvolvemos essas leis para o sistema mais geral de massa constante para estabelecer a generalidade dessas leis. Aplicações comuns dessas leis são sistemas de massa definida, tais como sólidos rígidos e não rígidos e certos sistemas fluidos, que serão discutidos nas seções seguintes. Estude atentamente essas leis e compare-as com as suas formas mais restritas encontradas anteriormente no Capítulo 3.

O princípio da cinética de sistemas de partículas forma a base para o estudo das forças associadas com equipamento para pulverização de água deste barco de combate a incêndio.

EXEMPLO DE PROBLEMA 4/1

O sistema de quatro partículas tem massa, posição, velocidade e força externa atuante indicadas para cada partícula. Determine $\bar{\mathbf{r}}, \dot{\bar{\mathbf{r}}}, \ddot{\bar{\mathbf{r}}}, T, \mathbf{G}, \mathbf{H}_O, \dot{\mathbf{H}}_O, \mathbf{H}_G$ e $\dot{\mathbf{H}}_G$.

Solução. A posição do centro de massa do sistema é

$$\bar{\mathbf{r}} = \frac{\Sigma m_i \mathbf{r}_i}{\Sigma m_i} = \frac{m(2d\mathbf{i} - 2d\mathbf{j}) + 2m(d\mathbf{k}) + 3m(-2d\mathbf{i}) + 4m(d\mathbf{j})}{m + 2m + 3m + 4m} \quad ①$$

$$= d(-0{,}4\mathbf{i} + 0{,}2\mathbf{j} + 0{,}2\mathbf{k}) \qquad \textit{Resp.}$$

$$\dot{\bar{\mathbf{r}}} = \frac{\Sigma m_i \dot{\mathbf{r}}_i}{\Sigma m_i} = \frac{m(-v\mathbf{i} + v\mathbf{j}) + 2m(v\mathbf{j}) + 3m(v\mathbf{k}) + 4m(v\mathbf{i})}{10m}$$

$$= v(0{,}3\mathbf{i} + 0{,}3\mathbf{j} + 0{,}3\mathbf{k}) \qquad \textit{Resp.}$$

$$\ddot{\bar{\mathbf{r}}} = \frac{\Sigma \mathbf{F}}{\Sigma m_i} = \frac{F\mathbf{i} + F\mathbf{j}}{10m} = \frac{F}{10m}(\mathbf{i} + \mathbf{j}) \qquad \textit{Resp.}$$

$$T = \Sigma \frac{1}{2} m_i v_i^2 = \frac{1}{2}[m(\sqrt{2}v)^2 + 2mv^2 + 3mv^2 + 4mv^2] = \frac{11}{2}mv^2 \qquad \textit{Resp.}$$

$$\mathbf{G} = (\Sigma m_i)\dot{\bar{\mathbf{r}}} = 10m(v)(0{,}3\mathbf{i} + 0{,}3\mathbf{j} + 0{,}3\mathbf{k}) = mv(3\mathbf{i} + 3\mathbf{j} + 3\mathbf{k}) \qquad \textit{Resp.}$$

$$\mathbf{H}_O = \Sigma \mathbf{r}_i \times m_i \dot{\mathbf{r}}_i = \mathbf{0} - 2mvd\mathbf{i} + 3mv(2d)\mathbf{j} - 4mvd\mathbf{k} \quad ②$$

$$= mvd(-2\mathbf{i} + 6\mathbf{j} - 4\mathbf{k}) \qquad \textit{Resp.}$$

$$\dot{\mathbf{H}}_O = \Sigma \mathbf{M}_O = -2dF\mathbf{k} + Fd\mathbf{j} = Fd(\mathbf{j} - 2\mathbf{k}) \qquad \textit{Resp.}$$

Para $\mathbf{H}_G$ usamos a Eq. 4/10:

$$[\mathbf{H}_G = \mathbf{H}_O + \bar{\boldsymbol{\rho}} \times m\bar{\mathbf{v}}] \quad ③$$

$$\mathbf{H}_G = mvd(-2\mathbf{i} + 6\mathbf{j} - 4\mathbf{k}) - d(-0{,}4\mathbf{i} + 0{,}2\mathbf{j} + 0{,}2\mathbf{k}) \times 10mv(0{,}3\mathbf{i} + 0{,}3\mathbf{j} + 0{,}3\mathbf{k}) = mvd(-2\mathbf{i} + 4{,}2\mathbf{j} - 2{,}2\mathbf{k}) \qquad \textit{Resp.}$$

Para $\dot{\mathbf{H}}_G$, poderíamos utilizar a Eq. 4/9 ou Eq. 4/11 com P substituindo O. Usando o último, obtemos

$$[\dot{\mathbf{H}}_G = \Sigma \mathbf{M}_O - \bar{\boldsymbol{\rho}} \times m\bar{\mathbf{a}}]$$

$$\dot{\mathbf{H}}_G = Fd(\mathbf{j} - 2\mathbf{k}) - d(-0{,}4\mathbf{i} + 0{,}2\mathbf{j} + 0{,}2\mathbf{k}) \times 10m\left(\frac{F}{10m}\right)(\mathbf{i} + \mathbf{j}) \quad ④$$

$$= Fd(0{,}2\mathbf{i} + 0{,}8\mathbf{j} - 1{,}4\mathbf{k}) \qquad \textit{Resp.}$$

DICAS ÚTEIS

① Todos os somatórios são realizados de $i = 1$ a 4 e todos são calculados segundo a ordem de numeração das massas na figura fornecida.

② Por causa da geometria simples, os produtos vetoriais são realizados por inspeção.

③ Usar a Eq. 4/10 com P substituído por O é mais prático do que usar a Eq. 4/8 ou 4/8a. A variável m em Eq. 4/10 é a massa total, que é $10m$ neste exemplo. A quantidade $\bar{\rho}$ na Eq. 4/10, com P sendo substituído por O, é $\bar{\mathbf{r}}$.

④ Nós reconhecemos novamente que $\bar{\rho} = \bar{\mathbf{r}}$ aqui e que a massa do sistema é $10m$.

EXEMPLO DE PROBLEMA 4/2

Cada uma das três esferas possui uma massa m e está soldada à estrutura rígida com ângulos iguais de massa desprezível. O conjunto está em repouso sobre uma superfície horizontal lisa. Se uma força $\mathbf{F}$ é aplicada repentinamente a uma barra conforme indicado, determine (a) a aceleração do ponto O e (b) a aceleração angular $\ddot{\theta}$ da estrutura.

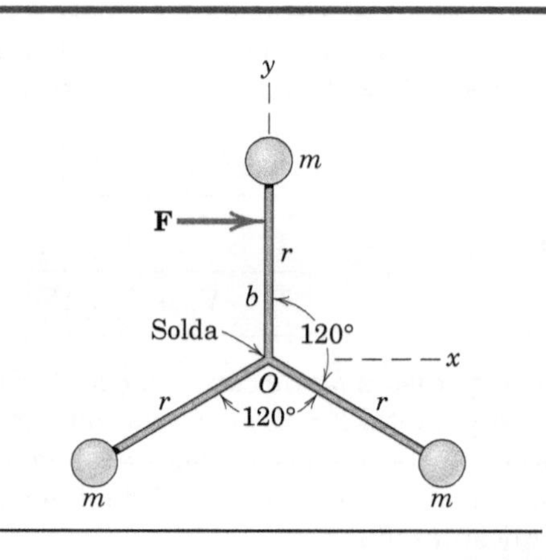

Solução (a). O ponto O é o centro de massa do sistema das três esferas, de forma que a sua aceleração é dada pela Eq. 4/1

$$[\Sigma \mathbf{F} = m\bar{\mathbf{a}}] \qquad F\mathbf{i} = 3m\bar{\mathbf{a}} \qquad \bar{\mathbf{a}} = \mathbf{a}_O = \frac{F}{3m}\mathbf{i} \quad ① \qquad \textit{Resp.}$$

EXEMPLO DE PROBLEMA 4/2 (*continuação*)

(***b***) Determinamos $\dot{\theta}$ a partir do princípio do momento, Eq. 4/9. Para encontrar $\mathbf{H}_G$ verificamos que a velocidade de cada esfera em relação ao centro de massa O é medida nos eixos sem rotação x-y é $r\dot{\theta}$ em que $\dot{\theta}$ é a velocidade angular comum dos raios. A quantidade de movimento angular do sistema em torno de O é o somatório dos momentos das quantidades de movimento linear relativos como mostrado pela Eq. 4/8, sendo então expressa por

$$H_O = H_G = 3(mr\dot{\theta})r = 3mr^2\dot{\theta}$$

A Eq. 4/9 fornece agora

$$[\Sigma\mathbf{M}_G = \dot{\mathbf{H}}_G] \qquad Fb = \frac{d}{dt}(3mr^2\dot{\theta}) = 3mr^2\ddot{\theta} \quad \text{então} \quad \ddot{\theta} = \frac{Fb}{3mr^2} \quad ②$$

Resp.

DICAS ÚTEIS

① Verificamos que o resultado depende apenas do módulo e da direção de **F** e não de b, que localiza a linha de ação de **F**.

② Embora $\dot{\theta}$ inicialmente seja zero, precisamos da expressão para $H_O = H_G$ para obtermos $\dot{H}_G$. Observamos também que $\ddot{\theta}$ independe do movimento de O.

EXEMPLO DE PROBLEMA 4/3

Considere as mesmas condições do Exemplo 4/2, exceto que os raios são livremente articulados em O e, portanto, não constituem um sistema rígido. Explique a diferença entre os dois problemas.

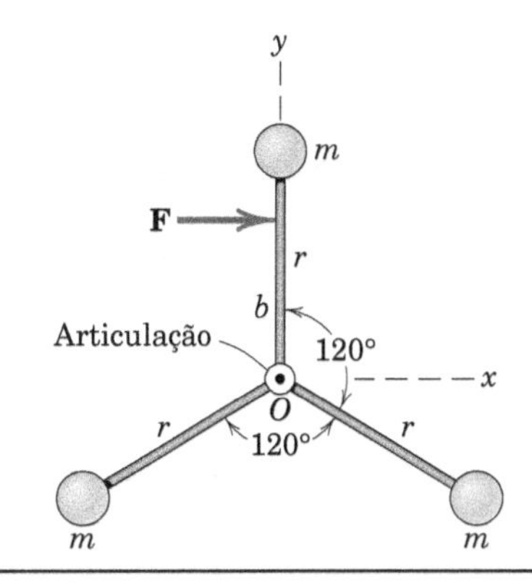

Solução. A segunda lei de Newton generalizada é válida para qualquer sistema de massas, de modo que a aceleração do centro de massa G é a mesma do Exemplo 4/2, ou seja,

$$\bar{\mathbf{a}} = \frac{F}{3m}\mathbf{i}$$

Resp.

Embora G coincida com O no instante representado, o movimento da articulação O não é o mesmo que o movimento de G, já que O não permanecerá como o centro de massa quando os ângulos entre os raios variarem.

Tanto ΣM_G quanto $\dot{H}_G$ possuem os mesmos valores para os dois problemas no instante representado. No entanto, os movimentos angulares dos raios nesse problema são todos diferentes e não são facilmente determinados. ①

DICA ÚTIL

① O sistema apresentado poderia ser desmembrado e as equações de movimento escritas para cada uma das partes, com as incógnitas eliminadas uma a uma. Ou poderia ser empregado um método mais sofisticado, utilizando as equações de Lagrange. (Veja o primeiro autor de *Dinâmica, 2. ed.* Versão SI, 1975, para uma discussão dessa abordagem.)

EXEMPLO DE PROBLEMA 4/4

Uma cápsula com uma massa de 20 kg é disparada a partir do ponto O, com uma velocidade u = 300 m/s no plano vertical x-z na inclinação indicada. Quando atinge o topo de sua trajetória em P, ela explode em três fragmentos A, B e C. Imediatamente após a explosão, observa-se o fragmento A subir verticalmente uma distância de 500 m acima de P, e verifica-se que o fragmento B possui uma velocidade horizontal $\mathbf{v}_B$ e que, finalmente, cai no ponto Q. Quando recuperados, constata-se que as massas dos fragmentos A, B e C são de 5, 9 e 6 kg, respectivamente. Calcule a velocidade que o fragmento C terá imediatamente após a explosão. Despreze a resistência atmosférica.

EXEMPLO DE PROBLEMA 4/4 (*continuação*)

Solução. A partir do nosso conhecimento de movimento de um projétil, o tempo necessário para a cápsula atingir P e sua elevação vertical é

$$t = u_z/g = 300(4/5)/9{,}81 = 24{,}5 \text{ s}$$

$$h = \frac{u_z^2}{2g} = \frac{[(300)(4/5)]^2}{2(9{,}81)} = 2940 \text{ m}$$

A velocidade de A tem intensidade

$$v_A = \sqrt{2gh_A} = \sqrt{2(9{,}81)(500)} = 99{,}0 \text{ m/s}$$

Inicialmente sem componente z de velocidade, o fragmento B precisa de 24,5 s para retornar ao solo. Por isso, sua velocidade horizontal, que se mantém constante, é

$$v_B = s/t = 4000/24{,}5 = 163{,}5 \text{ m/s}$$

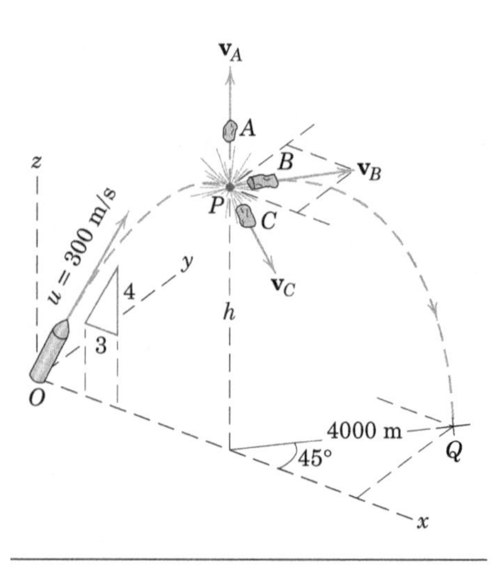

Uma vez que a força da explosão é interna ao sistema da cápsula e de seus três fragmentos, a quantidade de movimento linear do sistema permanece inalterada durante a explosão. Desse modo,

$$[\mathbf{G}_1 = \mathbf{G}_2] \qquad m\mathbf{v} = m_A\mathbf{v}_A + m_B\mathbf{v}_B + m_C\mathbf{v}_C \quad ①$$

$$20(300)(\tfrac{3}{5})\mathbf{i} = 5(99{,}0\mathbf{k}) + 9(163{,}5)(\mathbf{i}\cos 45° + \mathbf{j}\text{ sen } 45°) + 6\mathbf{v}_C$$

$$6\mathbf{v}_C = 2560\mathbf{i} - 1040\mathbf{j} - 495\mathbf{k}$$

$$\mathbf{v}_C = 427\mathbf{i} - 173{,}4\mathbf{j} - 82{,}5\mathbf{k} \text{ m/s} \quad ②$$

$$v_C = \sqrt{(427)^2 + (173{,}4)^2 + (82{,}5)^2} = 468 \text{ m/s} \qquad \textit{Resp.}$$

DICAS ÚTEIS

① A velocidade $\mathbf{v}$ da cápsula no topo de sua trajetória é, evidentemente, a componente horizontal constante de sua velocidade inicial $\mathbf{u}$, que resulta $u(3/5)$.

② Notamos que o centro de massa dos três fragmentos enquanto ainda em voo continua a seguir a mesma trajetória que a cápsula teria seguido caso não tivesse explodido.

EXEMPLO DE PROBLEMA 4/5

O carrinho A de 16 kg se desloca horizontalmente em sua guia com uma velocidade de 1,2 m/s e carrega dois conjuntos de esferas e hastes leves que giram em torno de um eixo em O no carrinho. Cada uma das quatro esferas possui uma massa de 1,6 kg. O conjunto sobre a face frontal gira no sentido anti-horário a uma velocidade de 80 rpm, e o conjunto sobre a face posterior gira no sentido horário a uma velocidade de 100 rpm. Para o sistema como um todo, calcule (a) a energia cinética T, (b) o módulo G da quantidade de movimento linear, e (c) o módulo H_O da quantidade de movimento angular em torno do ponto O.

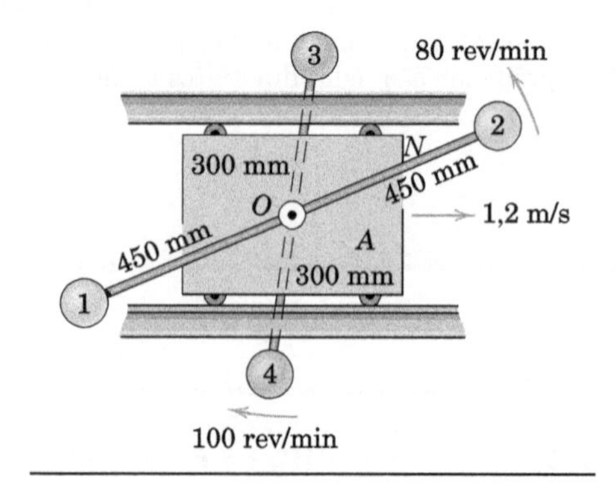

Solução (*a*) Energia Cinética. As velocidades das esferas com respeito a O são

$$[|\dot{\boldsymbol{\rho}}_i| = v_{\text{rel}} = r\dot{\theta}] \qquad (v_{\text{rel}})_{1,2} = 0{,}450\,\frac{80(2\pi)}{60} = 3{,}77 \text{ m/s}$$

$$(v_{\text{rel}})_{3,4} = 0{,}300\,\frac{100(2\pi)}{60} = 3{,}14 \text{ m/s}$$

A energia cinética do sistema é dada pela Eq. 4/4. A parcela devida à translação é

$$\tfrac{1}{2}m\bar{v}^2 = \frac{1}{2}[16 + 4(1{,}6)](1{,}2^2) = 16{,}13 \text{ J} \quad ①$$

DICAS ÚTEIS

① Note que a massa m é a massa total, do carrinho e das quatro esferas, e que $\bar{v}$ é a velocidade do centro de massa O, que é a velocidade do carrinho.

EXEMPLO DE PROBLEMA 4/5 (*continuação*)

A parte da energia cinética devida à rotação depende das velocidades relativas ao quadrado e é

$$\Sigma \frac{1}{2} m_i |\dot{\boldsymbol{\rho}}_i|^2 = 2\left[\frac{1}{2}\,1{,}6\,(3{,}77)^2\right]_{(1,2)} + 2\left[\frac{1}{2}\,1{,}6(3{,}14)^2\right]_{(3,4)} \quad ②$$

$$= 22{,}7 + 15{,}79 = 38{,}5 \text{ J}$$

② Note que o sentido da rotação, horário ou anti-horário, não faz nenhuma diferença no cálculo da energia cinética, que depende do quadrado da velocidade.

A energia cinética total é

$$T = \frac{1}{2} m\bar{v}^2 + \Sigma \frac{1}{2} m_i |\dot{\boldsymbol{\rho}}_i|^2 = 16{,}13 + 38{,}5 = 54{,}7 \text{ J} \qquad \textit{Resp.}$$

(b) **Quantidade de movimento linear.** A quantidade de movimento linear do sistema é, pela Eq. 4/5, a massa total multiplicada por v_O, a velocidade do centro de massa. Desse modo,

$$[\mathbf{G} = m\bar{\mathbf{v}}] \qquad G = [16 + 4(1{,}6)](1{,}2) = 26{,}9 \text{ kg}\cdot\text{m/s} \quad ③ \qquad \textit{Resp.}$$

③ Há uma tentação de se ignorar a contribuição das esferas, já que as suas quantidades de movimento linear em relação a O em cada par estão em sentidos opostos e se cancelam. No entanto, cada esfera possui também uma componente de velocidade $\bar{\mathbf{v}}$ e, consequentemente, uma componente de quantidade de movimento $m_i\,\bar{\mathbf{v}}$.

(c) **Quantidade de movimento angular em torno de O.** A quantidade de movimento angular em torno de O é devida aos momentos das quantidades de movimento linear das esferas. Tomando o sentido anti-horário como positivo, temos

$$H_O = \Sigma|\mathbf{r}_i \times m_i\mathbf{v}_i|$$

$$H_O = [2(1{,}6)(0{,}450)(3{,}77)]_{(1,2)} - [2(1{,}6)(0{,}300)(3{,}14)]_{(3,4)} \quad ④$$

$$= 5{,}43 - 3{,}02 = 2{,}41 \text{ kg}\cdot\text{m}^2\text{/s} \qquad \textit{Resp.}$$

④ Ao contrário do caso da energia cinética, em que o sentido de rotação era irrelevante, a quantidade de movimento angular é uma grandeza vetorial e o sentido da rotação deve ser considerado.

4/6 Escoamento Permanente de Massa

A relação da quantidade de movimento desenvolvida na Seção 4/4 para um sistema de massas genérico nos fornece uma forma direta para analisar a ação de um fluxo de massa onde uma variação da quantidade de movimento ocorre. A dinâmica de um fluxo de massa é de grande importância para a descrição de todos os tipos de máquinas de fluxo, incluindo turbinas, bombas, bocais, motores a jato, que aspiram ar, e foguetes. O tratamento do fluxo de massa nesta seção não pretende tomar o lugar de um estudo da mecânica dos fluidos, mas apenas apresentar os princípios básicos e as equações da quantidade de movimento que encontram utilização importante em mecânica dos fluidos e no escoamento de massa em geral, seja na forma líquida, gasosa ou granular.

Um dos casos mais importantes de fluxo de massa ocorre em condições de escoamento permanente em que a taxa em que a massa entra em determinado volume é igual à taxa em que a massa deixa o mesmo volume. O volume em questão pode ser contido por um invólucro rígido, fixo ou móvel, tal como o bocal de um avião a jato ou de um foguete, o espaço entre as palhetas de uma turbina a gás, o volume dentro da carcaça de uma bomba centrífuga, ou o volume no interior da curva de um tubo através da qual um fluido está escoando a uma taxa constante. O projeto de tais máquinas de fluxo depende da análise das forças e dos momentos associados com as variações correspondentes da quantidade de movimento da massa que está escoando.

Análise do Escoamento através de um Recipiente Rígido

Considere um recipiente rígido, mostrado em corte na Fig. 4/5*a*, no qual a massa flui em um escoamento permanente na taxa m' através da seção de entrada com área A_1. A massa sai do recipiente através da seção de saída com área A_2 na mesma taxa, de modo que não haja acumulação ou diminuição da massa total dentro do recipiente durante o período de observação. A velocidade do fluxo que entra é $\mathbf{v}_1$ normal a A_1 e a do fluxo que sai é $\mathbf{v}_2$ normal a A_2. Se ρ_1 e ρ_2 são as respectivas massas específicas dos dois fluxos, a conservação de massa exige que

$$\rho_1 A_1 v_1 = \rho_2 A_2 v_2 = m' \qquad (4/17)$$

Para a descrição das forças que atuam, isolamos ou a massa de fluido no interior do recipiente ou o recipiente inteiro e o fluido dentro dele. Usamos a primeira abordagem se as forças entre o recipiente e o fluido devem ser descritas, e adotamos a segunda abordagem quando as forças externas ao recipiente são desejadas.

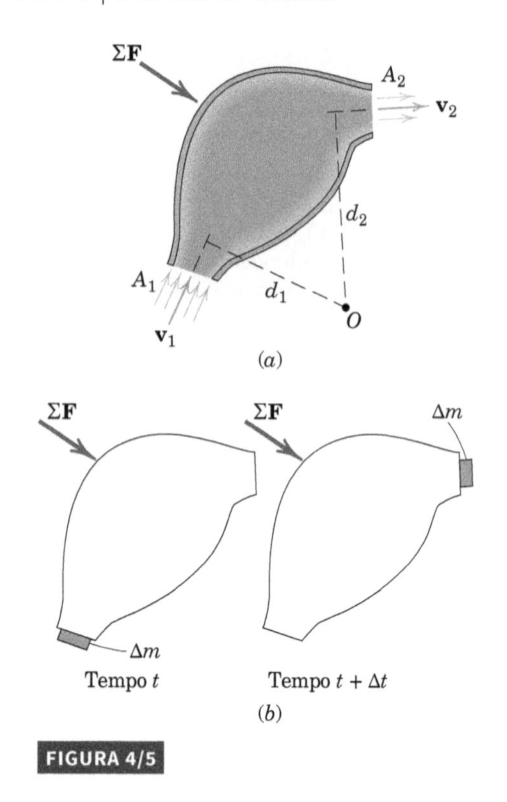

FIGURA 4/5

Essa última situação é o nosso principal interesse, nesse caso, o *sistema isolado* é composto da estrutura fixa do recipiente e do fluido dentro dele em determinado instante de tempo. Esse isolamento é descrito por um diagrama de corpo livre da massa dentro de um volume fechado definido pela superfície externa do recipiente e as superfícies de entrada e saída. Devemos levar em consideração todas as forças aplicadas *externamente* a esse sistema, e na Fig. 4/5*a* a soma vetorial desse sistema de forças externas é indicada por $\Sigma\mathbf{F}$. Estão incluídos em $\Sigma\mathbf{F}$:

1. as forças exercidas sobre o recipiente nos pontos de sua fixação a outras estruturas, incluindo fixações em A_1 e A_2, caso existam,
2. as forças que atuam sobre o fluido no interior do recipiente em A_1 e A_2 devidas à alguma pressão estática que exista no fluido nessas posições, e
3. o peso do fluido e da estrutura, caso sejam significativos.

A resultante $\Sigma\mathbf{F}$ de todas essas forças externas deve ser igual a $\dot{\mathbf{G}}$ a taxa de variação no tempo da quantidade de movimento linear do sistema isolado. Essa afirmação resulta da Eq. 4/6, que foi desenvolvida na Seção 4/4 para quaisquer sistemas de massa constante, rígido ou não rígido.

Análise Incremental

A expressão para $\dot{\mathbf{G}}$ pode ser obtida por uma análise incremental. A Fig. 4/5*b* ilustra o sistema no instante de tempo t quando a massa do sistema é aquela do recipiente, a massa no seu interior, e um incremento Δm prestes a entrar durante o intervalo de tempo Δt. No instante de tempo $t + \Delta t$ a mesma massa total é aquela do recipiente, a massa no seu interior, e um incremento igual Δm que deixa o recipiente no intervalo de tempo Δt. A quantidade de movimento linear do recipiente e da massa no seu interior entre as duas seções A_1 e A_2 se mantém inalterada durante Δt de modo que a variação na quantidade de movimento do sistema no intervalo de tempo Δt é

$$\Delta\mathbf{G} = (\Delta m)\mathbf{v}_2 - (\Delta m)\mathbf{v}_1 = \Delta m(\mathbf{v}_2 - \mathbf{v}_1)$$

Dividindo por Δt e tomando o limite se obtém $\dot{\mathbf{G}} = m'\Delta t$, em que

$$m' = \lim_{\Delta t \to 0}\left(\frac{\Delta m}{\Delta t}\right) = \frac{dm}{dt}$$

Desse modo, pela Eq. 4/6

$$\boxed{\Sigma\mathbf{F} = m'\Delta\mathbf{v}} \qquad (4/18)$$

A Eq. 4/18 estabelece a relação entre a força resultante sobre um sistema com escoamento permanente e a taxa de escoamento de massa e o incremento de velocidade vetorial correspondentes.*

De modo alternativo, podemos notar que a taxa de variação no tempo da quantidade de movimento linear é a diferença vetorial entre a taxa em que a quantidade de movimento linear deixa o sistema e a taxa em que a quantidade de movimento linear entra no sistema. Assim, podemos escrever $\dot{\mathbf{G}} = m'\mathbf{v}_2 - m'\mathbf{v}_1 = m'\Delta\mathbf{v}$, que coincide com o resultado anterior.

*Devemos ter atenção para não interpretar *dm/dt* como a derivada no tempo da massa do sistema isolado. Essa derivada é nula, uma vez que a massa do sistema é constante para um processo em escoamento permanente. Para evitar confusão, o símbolo m' em vez de *dm/dt* é usado para representar a taxa de escoamento permanente de massa.

As pás de um helicóptero transmitem uma quantidade de movimento descendente para uma coluna de ar, criando assim as forças necessárias para pairar e manobrar.

Podemos observar agora uma das poderosas aplicações de nossa equação geral de força-quantidade de movimento que desenvolvemos para qualquer sistema de massas. O nosso sistema inclui aqui um corpo que é rígido (o invólucro estrutural para o escoamento) e partículas que estão em movimento (o escoamento). Pela definição da fronteira do sistema, no qual a massa em seu interior é constante para condições de escoamento permanente, podemos utilizar a generalidade da Eq. 4/6. No entanto, devemos ter muito cuidado para levar em consideração *todas* as forças externas agindo *sobre* o sistema, as quais se tornam evidentes quando o diagrama de corpo livre está correto.

Quantidade de Movimento Angular em Sistemas com Escoamento Permanente

Uma formulação semelhante é obtida para o caso da quantidade de movimento angular em sistemas com escoamento permanente. O momento resultante de todas as forças externas em torno de algum ponto fixo O sobre o sistema ou fora dele, Fig. 4/5a, é igual à taxa de variação no tempo da quantidade de movimento angular do sistema em torno de O. Esse fato foi estabelecido na Eq. 4/7 que, para o caso de escoamento permanente em um único plano, torna-se

$$\Sigma M_O = m'(v_2 d_2 - v_1 d_1) \qquad (4/19)$$

Quando as velocidades dos fluxos de entrada e saída não estão no mesmo plano, a equação pode ser escrita na forma vetorial como

$$\boxed{\Sigma \mathbf{M}_O = m'(\mathbf{d}_2 \times \mathbf{v}_2 - \mathbf{d}_1 \times \mathbf{v}_1)} \qquad (4/19a)$$

em que $\mathbf{d}_1$e $\mathbf{d}_2$ são os vetores posição para os centros de A_1 e A_2 a partir da referência fixa O. Em ambas as relações, o centro de massa G pode ser utilizado alternativamente como um centro de momento em virtude da Eq. 4/9.

As Eqs. 4/18 e 4/19a são relações muito simples que possuem um importante uso na descrição de comportamentos relativamente complexos de fluidos. Observe que essas equações relacionam forças *externas* às variações resultantes na quantidade de movimento e são independentes da trajetória do escoamento e das variações da quantidade de movimento *internas* ao sistema.

A análise anterior também pode ser aplicada a sistemas que se deslocam com velocidade constante observando que as relações básicas $\Sigma \mathbf{F} = \dot{\mathbf{G}}$ e $\Sigma \mathbf{M}_O = \dot{\mathbf{H}}_O$ ou $\Sigma \mathbf{M}_G = \dot{\mathbf{H}}_G$ se aplicam a sistemas se deslocando com velocidade constante como discutido nas Seções 3/12 e 4/4. A única restrição é que a massa no interior do sistema permaneça constante com respeito ao tempo.

Três modelos da análise de escoamento permanente de massa são apresentados nos exemplos a seguir, os quais ilustram a aplicação dos princípios incorporados nas Eqs. 4/18 e 4/19a.

Dan Barnes/Getty Images, Inc.

Os princípios de escoamento permanente de massa são críticos para o projeto deste *hovercraft*.

EXEMPLO DE PROBLEMA 4/6

A palheta lisa apresentada desvia o fluxo aberto de fluido com área de seção transversal A, massa específica ρ, e velocidade v. (a) Determine as componentes de força R e F necessárias para manter a palheta em uma posição fixa. (b) Encontre as forças quando a palheta recebe uma velocidade constante u menor do que v e na direção de v.

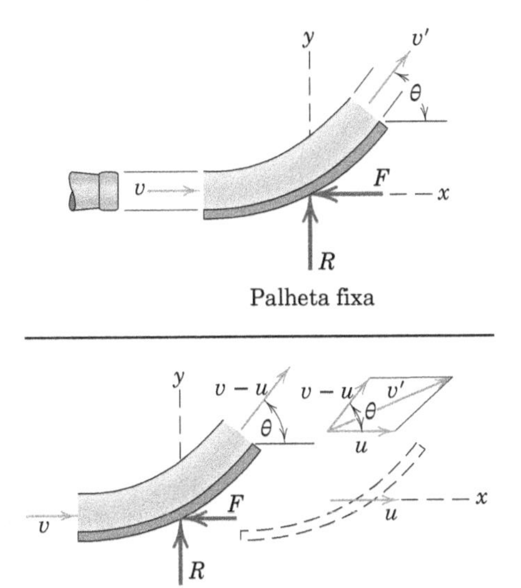

Solução Parte (a). O diagrama de corpo livre da palheta juntamente com a porção de fluido submetida à variação na quantidade de movimento é mostrado. A equação da quantidade de movimento pode ser aplicada ao sistema isolado para a variação no movimento em ambas as direções x e y. Com a palheta parada, o módulo da velocidade de saída v' é igual ao da velocidade de entrada v com o atrito do fluido desprezado. As variações nas componentes de velocidade são então

$$\Delta v_x = v' \cos\theta - v = -v(1 - \cos\theta) \quad ①$$

e

$$\Delta v_y = v' \operatorname{sen}\theta - 0 = v \operatorname{sen}\theta$$

EXEMPLO DE PROBLEMA 4/6 (*continuação*)

A taxa de escoamento da massa é $m' = \rho A v$, e substituindo na Eq. 4/18, resulta

$[\Sigma F_x = m' \Delta v_x]$ $\qquad -F = \rho A v[-v(1 - \cos\theta)]$

$$F = \rho A v^2 (1 - \cos\theta) \qquad \textit{Resp.}$$

$[\Sigma F_y = m' \Delta v_y]$ $\qquad R = \rho A v[v \operatorname{sen}\theta]$

$$R = \rho A v^2 \operatorname{sen}\theta \qquad \textit{Resp.}$$

Parte (b) No caso da palheta móvel, a velocidade final v' do fluido após sair é a soma vetorial da velocidade u da palheta mais a velocidade do fluido em relação à palheta $v - u$. Essa combinação é apresentada no diagrama de velocidades à direita da figura para as condições de saída. A componente x de v'é a soma das componentes de suas duas partes, desse modo $v'_x = (v - u)\cos\theta + u$. A variação da velocidade na direção x do escoamento é

$$\Delta v_x = (v - u)\cos\theta + (u - v) = -(v - u)(1 - \cos\theta)$$

A componente y de v' é $(v - u)$ sen θ, de modo que a variação da velocidade na direção y do escoamento é Δv_y 5$(v - u)$ sen θ.

A taxa de escoamento da massa m' é a massa submetida à variação na quantidade de movimento por unidade de tempo. Essa taxa é a massa que flui sobre a palheta por unidade de tempo e não a taxa de emissão a partir do bocal. Desse modo,

$$m' = \rho A(v - u)$$

O princípio do impulso–quantidade de movimento da Eq. 4/18 aplicado nos sentidos positivos das direções coordenadas fornece

$[\Sigma F_x = m' \Delta v_x]$ $\qquad -F = \rho A(v - u)[-(v - u)(1 - \cos\theta)]$ ②

$$F = \rho A(v - u)^2 (1 - \cos\theta) \qquad \textit{Resp.}$$

$[\Sigma F_y = m' \Delta v_y]$ $\qquad R = \rho A(v - u)^2 \operatorname{sen}\theta \qquad$ *Resp.*

DICAS ÚTEIS

① Cuidado com os sinais algébricos quando utilizar a Eq. 4/18. A variação em v_x é o valor final menos o valor inicial medido no sentido positivo da direção x. Também devemos ter cuidado em escrever $-F$ para ΣF_x.

② Observe que para valores dados de u e v, o ângulo para força máxima F é $\theta = 180°$.

EXEMPLO DE PROBLEMA 4/7

Para a palheta móvel do Exemplo 4/6, determine a velocidade ótima u da palheta para a geração de potência máxima pela ação do fluido sobre a palheta.

Solução. A força R mostrada na figura referente ao Exemplo 4/6 é normal à velocidade da palheta, por essa razão não realiza nenhum trabalho. O trabalho realizado pela força F mostrada é negativo, mas a potência desenvolvida pela força (reação a F) exercida pelo fluido sobre a palheta móvel é

$[P = Fu]$ $\qquad P = \rho A(v - u)^2 u(1 - \cos\theta)$

A velocidade da palheta para potência máxima de uma única palheta no escoamento é descrita por

$\left[\dfrac{dP}{du} = 0\right]$ $\qquad \rho A(1 - \cos\theta)(v^2 - 4uv + 3u^2) = 0$

$$(v - 3u)(v - u) = 0 \qquad u = \frac{v}{3} \text{ ①} \qquad \textit{Resp.}$$

A segunda solução $u = v$ fornece uma condição de mínimo para potência nula. Um ângulo $\theta = 180°$ inverte completamente o escoamento e, evidentemente, produz tanto a força máxima quanto a potência máxima para qualquer valor de u.

DICA ÚTIL

① Esse resultado se aplica somente a uma palheta isolada. No caso de múltiplas palhetas, tais como as palhetas no disco de uma turbina, a taxa em que o fluido escoa dos bocais é a mesma taxa em que o fluido está sofrendo uma variação da quantidade de movimento. Assim, $m' = \rho A v$ em vez de $\rho A(v - u)$. Com esta alteração, o valor ótimo de u resulta ser $u = v/2$.

EXEMPLO DE PROBLEMA 4/8

O bocal deslocado possui uma área de descarga A em B e uma área de entrada A_0 em C. Um líquido entra no bocal com uma pressão estática manométrica p através do tubo fixo e escoa do bocal com uma velocidade v na direção mostrada. Se a massa específica constante do líquido é ρ, escreva expressões para a tração T, o cortante Q, e o momento fletor M no tubo em C.

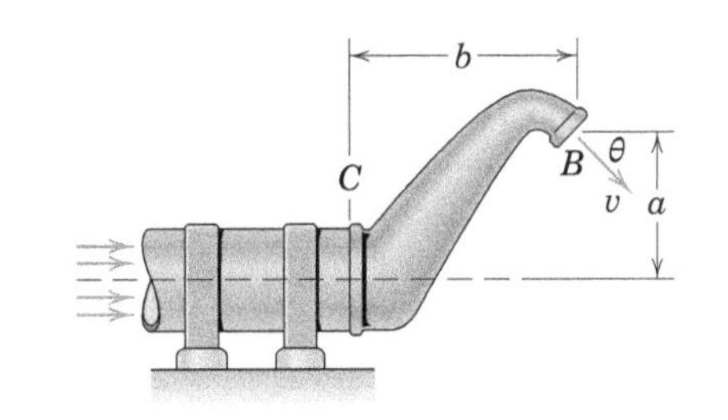

Solução. O diagrama de corpo livre do bocal e do fluido no seu interior mostra a tração T, o cortante Q, e o momento fletor M agindo sobre o flange do bocal onde ele se prende ao tubo fixo. A força pA_0, sobre o fluido no interior do bocal, devida à pressão estática, é uma força externa adicional.

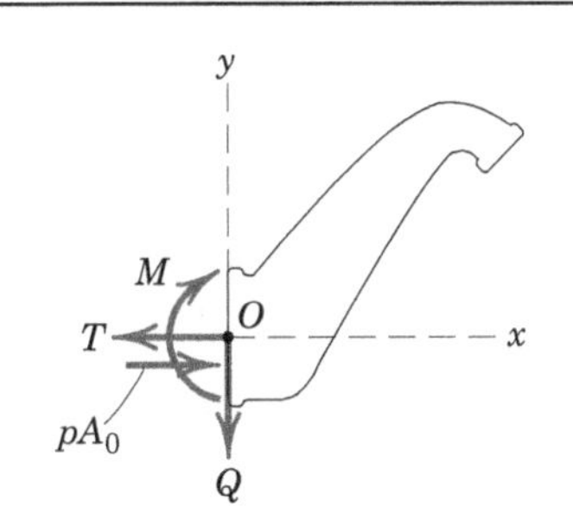

A continuidade do escoamento com massa específica constante exige que

$$Av = A_0 v_0$$

em que v_0 é a velocidade do fluido na entrada do bocal. O princípio da quantidade de movimento da Eq. 4/18 aplicado ao sistema nas duas direções coordenadas fornece

$[\Sigma F_x = m'\Delta v_x]$ $\qquad pA_0 - T = \rho Av(v\cos\theta - v_0)$ ①

$$T = pA_0 + \rho Av^2\left(\frac{A}{A_0} - \cos\theta\right) \qquad \textit{Resp.}$$

$[\Sigma F_y = m'\Delta v_y]$ $\qquad -Q = \rho Av(-v \operatorname{sen}\theta - 0)$ ①

$$Q = \rho Av^2 \operatorname{sen}\theta \qquad \textit{Resp.}$$

O princípio do momento da Eq. 4/19 aplicado no sentido horário fornece

$[\Sigma M_O = m'(v_2d_2 - v_1d_1)]$ $\qquad M = \rho Av(va\cos\theta + vb\operatorname{sen}\theta - 0)$

$$M = \rho Av^2(a\cos\theta + b\operatorname{sen}\theta) \quad ② \qquad \textit{Resp.}$$

DICAS ÚTEIS

① Mais uma vez, tenha cuidado em observar os sinais algébricos corretos dos termos em ambos os lados das Eqs. 4/18 e 4/19.

② As forças e o momento que atuam sobre o tubo são iguais e opostos àqueles indicados atuando sobre o bocal.

EXEMPLO DE PROBLEMA 4/9

Um avião, cujo motor a jato aspira ar, possui massa total m e está voando a uma velocidade constante v, consome ar na taxa de massa m'_a e descarrega gás queimado na taxa de massa m'_g com uma velocidade u em relação ao avião. O combustível é consumido na taxa constante m'_f. As forças aerodinâmicas totais agindo sobre o avião são: a sustentação S, normal à direção de voo, e o arrasto A, oposto ao sentido de voo. Qualquer força devida à pressão estática ao longo das superfícies de admissão e de escape é assumida como incluída em A. Escreva a equação para o movimento do avião e identifique o empuxo E.

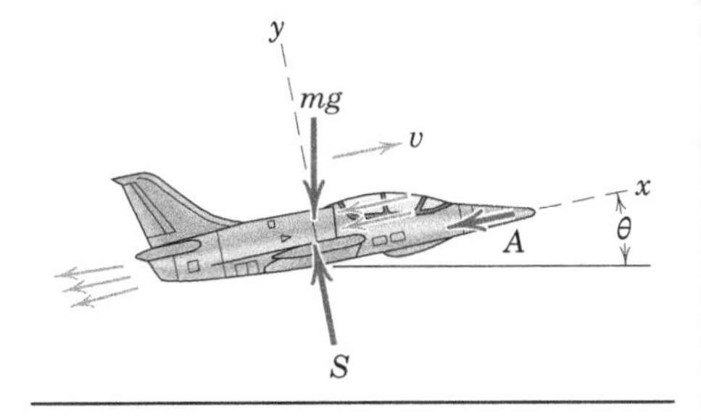

Solução. O diagrama de corpo livre do avião em conjunto com o ar, o combustível e o gás de escape no seu interior é fornecido e apresenta apenas o peso, e as forças de sustentação, e de arrasto conforme definidas. ① Fixamos os eixos x-y ao avião e aplicamos a equação da quantidade de movimento em relação ao sistema móvel. ②

O combustível será tratado como um escoamento permanente que entra no avião sem velocidade em relação ao sistema e que sai com uma velocidade relativa u na corrente de gases de escape. Aplicamos agora a Eq. 4/18 em relação aos eixos de referência e tratamos os escoamentos de ar e de combustível separadamente. Para o escoamento de ar, a variação de velocidade na direção x em relação ao sistema móvel é

$$\Delta v_a = -u - (-v) = -(u - v) \quad ③$$

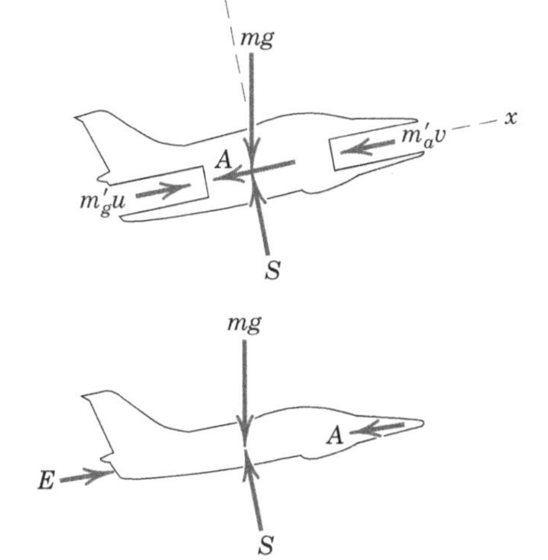

EXEMPLO DE PROBLEMA 4/9 (*continuação*)

e, para o escoamento de combustível a variação na direção x da velocidade em relação a x-y é

$$\Delta v_f = -u - (0) = -u$$

Dessa forma, temos

$$[\Sigma F_x = m'\Delta v_x] \qquad -mg \text{ sen } \theta - D = -m_a'(u - v) - m_f'u$$
$$= -m_g'u + m_a'v$$

em que a substituição $m_g' = m_a' + m_f'$ foi realizada. Trocando os sinais resulta

$$m_g'u - m_a'v = mg \text{ sen } \theta + D$$

que é a equação de movimento do sistema.

Se alterarmos as fronteiras do nosso sistema para expor as superfícies interiores nas quais o ar e o gás atuam, teremos o modelo de simulação apresentado, em que o ar exerce uma força $m_a'v$ sobre o interior da turbina e o gás de escape reage contra as superfícies interiores com a força $m_g'u$.

O modelo normalmente utilizado é mostrado no diagrama final, em que o efeito líquido das variações da quantidade de movimento do ar e da descarga é substituído por um empuxo simulado

$$T = m_g'u - m_a'v \quad ④ \qquad \textit{Resp.}$$

aplicado ao avião por uma suposta fonte externa.

Como m_f' é geralmente apenas 2% ou menos de m_a' podemos usar a aproximação $m_g' \cong m_a'$ e expressar o empuxo como

$$T \cong m_g'(u - v) \qquad \textit{Resp.}$$

Analisamos o caso de velocidade constante. Embora os nossos princípios newtonianos geralmente não sejam válidos em relação a eixos com aceleração, será mostrado que podemos usar a equação $F = ma$ para o modelo proposto e escrever $E - mg$ sen $\theta - A = m\dot{v}$ com praticamente nenhum erro.

DICAS ÚTEIS

① Note que a fronteira do sistema atravessa o escoamento de ar na entrada da tomada de ar e através de corrente de gases de escape no bocal.

② Podemos utilizar eixos móveis em translação com velocidade constante. Veja as Seções 3/14 e 4/2.

③ Deslocando-nos com o avião, observamos o ar entrando em nosso sistema com uma velocidade $-v$ medida no sentido positivo da direção x e saindo do sistema com uma velocidade na direção x de $-u$. O valor final menos o inicial fornece a expressão mencionada, isto é, $-u - (-v) = -(u - v)$.

④ Verificamos agora que o "empuxo", na realidade, não é uma força externa ao avião como um todo mostrado na primeira figura, mas pode ser modelado como uma força externa.

4/7 Massa Variável

Na Seção 4/4 estendemos as equações do movimento de uma partícula para incluir um sistema de partículas. Essa extensão conduziu às expressões bastante gerais $\Sigma\mathbf{F} = \dot{\mathbf{G}}$, $\Sigma\mathbf{M}_O = \dot{\mathbf{H}}_O$ e $\Sigma\mathbf{M}_G = \dot{\mathbf{H}}_G$, que são as Eqs. 4/6, 4/7 e 4/9, respectivamente. Em seus desenvolvimentos, os somatórios foram determinados sobre um conjunto fixo de partículas, de modo que a massa do sistema a ser analisado era constante.

Na Seção 4/6 esses princípios de quantidade de movimento foram estendidos nas Eqs. 4/18 e 4/19*a* para descrever a ação de forças sobre um sistema definido por um volume geométrico através do qual passa um escoamento permanente de massa. Portanto, a quantidade de massa no interior desse volume era constante em relação ao tempo e assim pudemos utilizar as Eqs. 4/6, 4/7 e 4/9. Quando a massa no interior da fronteira de um sistema sob consideração não é constante, as relações anteriores já não são válidas.*

*Na mecânica relativista, a massa é verificada ser uma função da velocidade, e sua derivada no tempo tem um significado diferente daquele da mecânica newtoniana.

Equação do Movimento

Desenvolveremos agora a equação para o movimento linear de um sistema cuja massa varia com o tempo. Considere inicialmente um corpo que adquire massa pela coleta e absorção de uma quantidade de material que está escoando, Fig. 4/6*a*. A massa do corpo e sua velocidade em qualquer instante são m e v, respectivamente. A quantidade de material é considerada estar se movendo no mesmo sentido que m com uma velocidade constante v_0 menor que v. Em virtude da Eq. 4/18, a força exercida por m sobre as partículas no escoamento para acelerá-las a partir de uma velocidade v_0 para uma velocidade maior v é $R = m'(v - v_0) = \dot{m}u$, em que a taxa de crescimento de m no tempo é $m' = \dot{m}$ e em que u é o módulo da velocidade relativa com que as partículas se aproximam de m. Além de R, todas as outras forças agindo sobre m na direção do seu movimento são designadas por ΣF. A equação do movimento de m a partir da segunda lei de Newton é, portanto, $\Sigma F - R = m\dot{v}$ ou

$$\boxed{\Sigma F = m\dot{v} + \dot{m}u} \qquad (4/20)$$

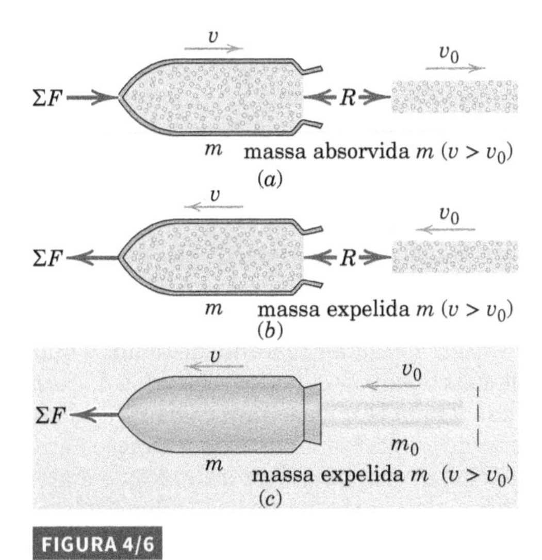

FIGURA 4/6

Da mesma forma, se o corpo perde massa expelindo-a para trás de modo que sua velocidade v_0 é menor do que v, Fig. 4/6*b*, a força R necessária para desacelerar as partículas a partir de uma velocidade v para uma velocidade menor v_0 é $R = m'(-v_0 - [-v]) = m'(v - v_0)$. Mas $m' = -\dot{m}$, uma vez que m está diminuindo. Além disso, a velocidade relativa com a qual as partículas deixam m é $u = v - v_0$. Assim, a força R se torna $R = -\dot{m}u$. Se ΣF indica a resultante de todas as outras forças agindo sobre m na direção de seu movimento, a segunda lei de Newton exige que $\Sigma F + R = m\dot{v}$ ou

$$\Sigma F = m\dot{v} + \dot{m}u$$

que é a mesma relação que para o caso em que m está ganhando massa. Podemos, portanto, usar a Eq. 4/20 como a equação do movimento de m, quer esteja ganhando ou perdendo massa.

Um equívoco comum na utilização da equação de força-quantidade de movimento é o de expressar o somatório parcial das forças ΣF como

$$\Sigma F = \frac{d}{dt}(mv) = m\dot{v} + \dot{m}v$$

O Super Scoopers é um avião de combate a incêndio, capaz de coletar rapidamente água de um lago deslizando sobre a superfície, com apenas um coletor montado no fundo que entra na água. A massa dentro dos limites do contorno da aeronave varia durante a operação de coleta, bem como durante a operação de despejo exibida.

Dessa expansão, vemos que a diferenciação direta da quantidade de movimento linear fornece a força ΣF *apenas* quando o corpo capta massa, inicialmente em repouso, ou quando descarta massa, que é abandonada com velocidade absoluta zero. Em ambos os casos, $v_0 = 0$ e $u = v$.

Abordagem Alternativa

Podemos também obter a Eq. 4/20 por uma diferenciação direta da quantidade de movimento a partir da relação básica $\Sigma F = \dot{G}$, contanto que um sistema adequado com massa total constante seja escolhido. Para ilustrar essa abordagem, selecionamos o caso em que m está perdendo massa e usamos a Fig. 4/6*c*, que mostra o sistema de m e uma porção arbitrária m_0 do escoamento da massa expelida. A massa desse sistema é $m + m_0$ e é constante.

Supõe-se que o escoamento da massa expelida se mova, sem perturbação, uma vez separado de m, e a única força externa a todo o sistema é ΣF que é aplicada diretamente a m como antes. A reação $R = -\dot{m}u$ é interna ao sistema e não é mostrada como uma força externa sobre o sistema. Com massa total constante, o princípio da quantidade de movimento $\Sigma F = \dot{G}$ é aplicável e temos

$$\Sigma F = \frac{d}{dt}(mv + m_0v_0) = m\dot{v} + \dot{m}v + \dot{m}_0v_0 + m_0\dot{v}_0$$

Evidentemente, $\dot{m}_0 = -\dot{m}$, e a velocidade da massa expelida com relação a m é $u = v - v_0$. Além disso $\dot{v}_0 = 0$ uma vez que m_0 se desloca sem perturbação e sem aceleração quando livre de m. Assim, a relação se torna

$$\Sigma F = m\dot{v} + \dot{m}u$$

e é idêntica ao resultado da formulação anterior, Eq. 4/20.

Aplicação à Propulsão de Foguetes

O caso em que m está perdendo massa é evidentemente descritivo da propulsão de um foguete. A Fig. 4/7*a* mostra um foguete que sobe verticalmente, cujo sistema é a massa no interior do volume definido pela superfície externa do foguete e o plano de saída através do bocal. Externo a esse sistema, o diagrama de corpo livre exibe os valores instantâneos da atração gravitacional mg, resistência aerodinâmica R, e a força pA devida à pressão estática média p através do plano de saída do bocal de área A. A taxa de escoamento de massa é $m' = -\dot{m}$. Desse modo, podemos escrever a equação de movimento do foguete, $\Sigma F = m\dot{v} + \dot{m}u$, como $pA - mg - R = m\dot{v} + \dot{m}u$, ou

$$m'u + pA - mg - R = m\dot{v} \qquad (4/21)$$

A Eq. 4/21 é da forma "$\Sigma F = ma$" em que o primeiro termo em "ΣF" é o empuxo $E = m'u$. Dessa maneira, o foguete pode ser simulado como um corpo ao qual um empuxo externo E é aplicado, Fig. 4/7*b*, e o problema pode então ser analisado como qualquer outro problema do tipo $F = ma$, com a exceção de que m é uma função do tempo.

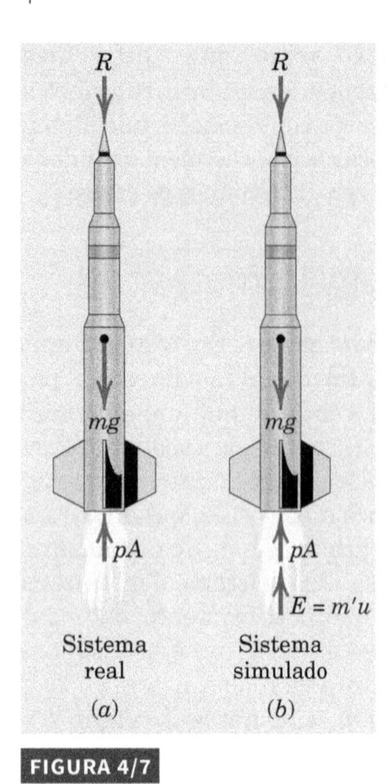

FIGURA 4/7

Observe que, durante as fases iniciais do movimento quando o módulo da velocidade v do foguete é menor que a velocidade relativa de exaustão u, a velocidade absoluta v_0 dos gases de exaustão será direcionada para trás. Por outro lado, quando o foguete atinge uma velocidade v cujo módulo é maior do que u, a velocidade absoluta v_0 dos gases de exaustão será direcionada para a frente. Para determinada taxa de escoamento de massa, o empuxo do foguete E depende apenas da velocidade relativa de exaustão u e não do módulo ou do sentido da velocidade absoluta v_0 dos gases de exaustão.

Na abordagem anterior de corpos cuja massa varia com o tempo, admitimos que todos os elementos da massa m do corpo estavam em movimento com a mesma velocidade v em qualquer instante de tempo e que as partículas de massa adicionadas ou expelidas do corpo eram submetidas a uma transição brusca de velocidade ao entrar ou sair do corpo. Portanto, essa variação de velocidade foi modelada como uma descontinuidade matemática. Na verdade, essa variação na velocidade não pode ser descontínua, ainda que a transição possa ser rápida. No caso de um foguete, por exemplo, a variação de velocidade ocorre continuamente no espaço entre a zona de combustão e o plano de saída do bocal de exaustão. Uma análise mais geral* da dinâmica de massa variável remove essa restrição de variação descontínua de velocidade e introduz uma pequena correção na Eq. 4/20.

* Para o desenvolvimento das equações que descrevem o movimento geral de um sistema de massa dependente do tempo, ver Seção. 53 do livro *Dynamics*, 2ª Edição, Versão SI, 1975, John Wiley & Sons, Inc, do primeiro autor.

EXEMPLO DE PROBLEMA 4/10

A extremidade de uma corrente de comprimento L e massa ρ por unidade de comprimento que está empilhada sobre uma plataforma é levantada verticalmente com uma velocidade constante v por uma força variável P. Encontre P como uma função da altura x da extremidade acima da plataforma. Encontre também a energia perdida durante a elevação da corrente.

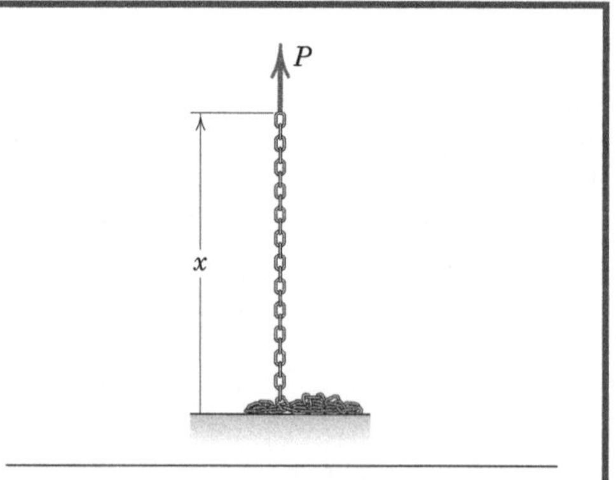

Solução I (Abordagem de Massa Variável). A Eq. 4/20 será utilizada e aplicada à parte móvel da corrente com comprimento x que está ganhando massa. O somatório de forças ΣF inclui todas as forças que atuam sobre a parte móvel exceto aquela força exercida pelas partículas que estão sendo anexadas. A partir do diagrama temos

$$\Sigma F_x = P - \rho g x$$

A velocidade é constante de modo que $\dot{v} = 0$. A taxa de aumento da massa é $\dot{m} = \rho v$, e a velocidade relativa com que as partículas que são anexadas se introduzem na parte móvel é $u = v - 0 = v$. Assim, a Eq. 4/20 se torna

$[\Sigma F = m\dot{v} + \dot{m}u]$ $\quad P - \rho g x = 0 + \rho v(v) \quad P = \rho(gx + v^2)$ ① *Resp.*

Vemos agora que a força P é composta por duas partes, $\rho g x$, que é o peso da parte móvel da corrente, e ρv^2, que é a força adicional necessária para variar a quantidade de movimento dos elos sobre a plataforma de uma condição de repouso para uma velocidade v.

Solução II (Abordagem de Massa Constante). O princípio do impulso e da quantidade de movimento para um sistema de partículas expresso pela Eq. 4/6 será aplicado a toda a corrente, considerada como o sistema de massa constante. O diagrama de corpo livre do sistema mostra a força desconhecida P, o peso total de todos os elos $\rho g L$, e a força $\rho g(L - x)$ exercida pela plataforma

DICAS ÚTEIS

① O modelo da Fig. 4/6*a* mostra a massa sendo adicionada à extremidade na frente da parte móvel. Com a corrente, a massa é adicionada à extremidade posterior, mas o resultado é o mesmo.

EXEMPLO DE PROBLEMA 4/10 (*continuação*)

sobre os elos que estão em repouso sobre ela. A quantidade de movimento do sistema em qualquer posição é $G_x = \rho xv$ e a equação da quantidade de movimento fornece

$$\left[\Sigma F_x = \frac{dG_x}{dt}\right] \quad P + \rho g(L - x) - \rho gL = \frac{d}{dt}(\rho xv) \quad P = \rho(gx + v^2) \text{ ②} \qquad \textit{Resp.}$$

Mais uma vez verifica-se que a força P é igual ao peso da porção da corrente que está fora da plataforma acrescida do termo adicional que considera a taxa de aumento no tempo da quantidade de movimento da corrente.

Perda de Energia. Cada elo sobre a plataforma adquire sua velocidade bruscamente através de um impacto com o elo acima desse, que o levanta da plataforma. A sucessão de impactos dá origem a uma perda de energia ΔE (trabalho negativo $-\Delta E$), de modo que a equação de trabalho-energia se torna

$U'_{1\text{-}2} = \int P\,dx - \Delta E = \Delta T + \Delta V_g$, em que ③

$$\int P\,dx = \int_0^L (\rho gx + \rho v^2)dx = \frac{1}{2}\rho gL^2 + \rho v^2 L$$

$$\Delta T = \frac{1}{2}\rho Lv^2 \qquad \Delta V_g = \rho gL\frac{L}{2} = \frac{1}{2}\rho gL^2$$

Substituindo na equação de trabalho-energia, obtém-se

$$\frac{1}{2}\rho gL^2 + \rho v^2 L - \Delta E = \frac{1}{2}\rho Lv^2 + \frac{1}{2}\rho gL^2 \qquad \Delta E = \frac{1}{2}\rho Lv^2 \qquad \textit{Resp.}$$

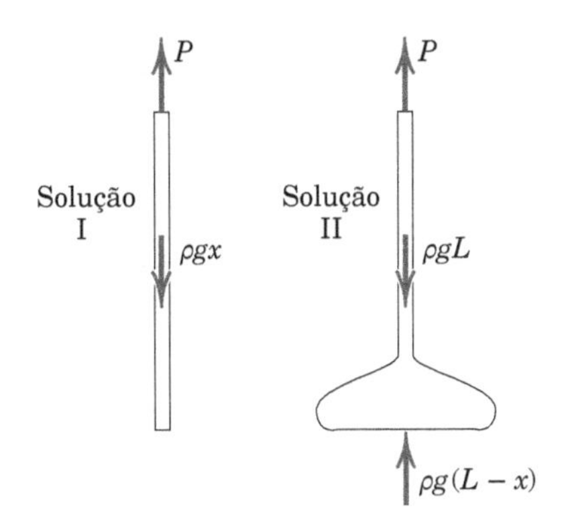

② Precisamos ter muito cuidado para não usar $\Sigma F = \dot{G}$ para um sistema cuja massa está variando. Assim, consideramos a corrente inteira como o sistema, uma vez que sua massa é constante.

③ Note que $U'_{1\text{-}2}$ inclui o trabalho realizado pelas forças internas inelásticas, tais como as forças de impacto entre os elos, onde esse trabalho é convertido em perda de energia térmica e acústica ΔE.

EXEMPLO DE PROBLEMA 4/11

Substitua a corrente de elos do Exemplo 4/10 por uma corda flexível, porém inextensível ou por uma corrente do tipo usado em bicicleta com comprimento L e massa ρ por unidade de comprimento. Determine a força P necessária para elevar a extremidade da corda com uma velocidade constante v e determine a reação R correspondente entre o rolo e a plataforma.

Solução. O diagrama de corpo livre do rolo e da porção móvel da corda é mostrado na figura da esquerda. Por causa de alguma resistência à flexão e algum movimento lateral, a transição do repouso para a velocidade vertical v ocorre durante um segmento considerável da corda. ① No entanto, assumimos inicialmente que todos os elementos que se deslocam possuem a mesma velocidade, de modo que a Eq. 4/6 para o sistema fornece

$$\left[\Sigma F_x = \frac{dG_x}{dt}\right] \qquad P + R - \rho gL = \frac{d}{dt}(\rho xv) \qquad P + R = \rho v^2 + \rho gL \text{ ②}$$

Assumimos também que todos os elementos do rolo da corda estão em repouso sobre a plataforma e que não transmitem nenhuma força para a plataforma, além do seu peso, de forma que $R = \rho g(L - x)$. A substituição na relação anterior fornece

$$P + \rho g(L - x) = \rho v^2 + \rho gL \qquad \text{ou} \qquad P = \rho v^2 + \rho gx$$

que é o mesmo resultado daquele para a corrente no Exemplo 4/10. O trabalho total realizado sobre a corda por P vem a ser

$$U'_{1\text{-}2} = \int P\,dx = \int_0^x (\rho v^2 + \rho gx)\,dx = \rho v^2 x + \frac{1}{2}\rho gx^2$$

A substituição na equação do trabalho–energia fornece

$$[U'_{1\text{-}2} = \Delta T + \Delta V_g] \qquad \rho v^2 x + \frac{1}{2}\rho gx^2 = \Delta T + \rho gx\frac{x}{2} \qquad \Delta T = \rho xv^2$$

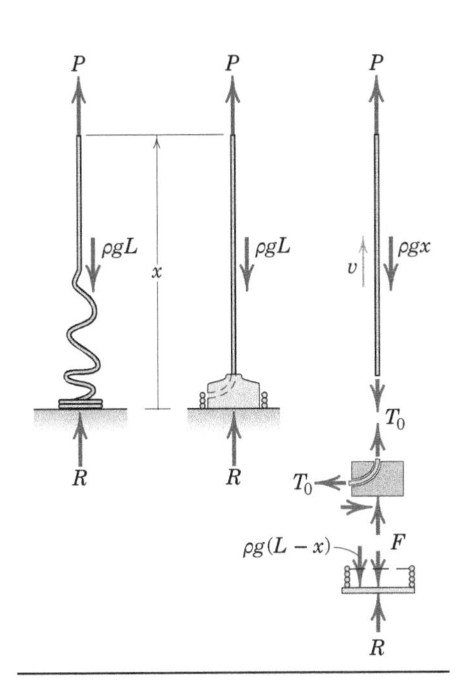

DICAS ÚTEIS

① A flexibilidade perfeita não permitiria qualquer resistência à flexão.

② Lembre-se de que v é constante e igual a $\dot{x}$. Observe também que essa mesma relação se aplica à corrente do Exemplo 4/10.

EXEMPLO DE PROBLEMA 4/11 *(continuação)*

que é o dobro da energia cinética $\frac{1}{2}\rho x v^2$ do movimento vertical. Portanto, uma quantidade igual de energia cinética não é levada em consideração. ③ Essa conclusão em grande medida contradiz a hipótese de movimento unidimensional na direção x.

A fim de introduzir um modelo unidimensional que mantenha a propriedade de inextensibilidade prescrita para a corda, é necessário impor uma restrição física na base para guiar a corda na passagem para o movimento vertical e, ao mesmo tempo, preservar uma transição suave do repouso para a velocidade de subida v sem perda de energia. ④ Essa guia está incluída no diagrama de corpo livre da corda inteira na figura do meio e é representada esquematicamente no diagrama de corpo livre no meio da figura do lado direito.

Para um sistema conservativo, a equação de trabalho–energia fornece

$$[dU' = dT + dV_g] \qquad P\,dx = d(\tfrac{1}{2}\rho x v^2) + d\left(\rho g x \frac{x}{2}\right) \quad ⑤$$

$$P = \tfrac{1}{2}\rho v^2 + \rho g x$$

A substituição na equação do impulso-quantidade de movimento $\Sigma F_x = \dot{G}_x$, fornece

$$\tfrac{1}{2}\rho v^2 + \rho g x + R - \rho g L = \rho v^2 \qquad R = \tfrac{1}{2}\rho v^2 + \rho g(L - x)$$

Apesar de essa força, que excede o peso em $\frac{1}{2}\rho v^2$ não ser realista experimentalmente, ela está presente no modelo idealizado.

O equilíbrio da seção vertical exige

$$T_0 = P - \rho g x = \tfrac{1}{2}\rho v^2 + \rho g x - \rho g x = \tfrac{1}{2}\rho v^2$$

Porque é necessária uma força de ρv^2 para variar a quantidade de movimento dos elementos da corda, a guia restritiva deve equilibrar a força $F = \frac{1}{2}\rho v^2$ que, por sua vez, é transmitida para a plataforma.

③ Esse termo adicional de energia cinética, não levado em consideração, é exatamente igual à energia perdida pela corrente durante o impacto de seus elos.

④ Essa guia restritiva pode ser visualizada como um recipiente de massa desprezível girando dentro do rolo com uma velocidade angular v/r e conectado à plataforma através de seu eixo. Conforme gira, ele alimenta a corda a partir de uma posição em repouso até uma velocidade ascendente v, como indicado na figura associada.

⑤ Note que o centro de massa da seção de comprimento x está a uma distância $x/2$ acima da base.

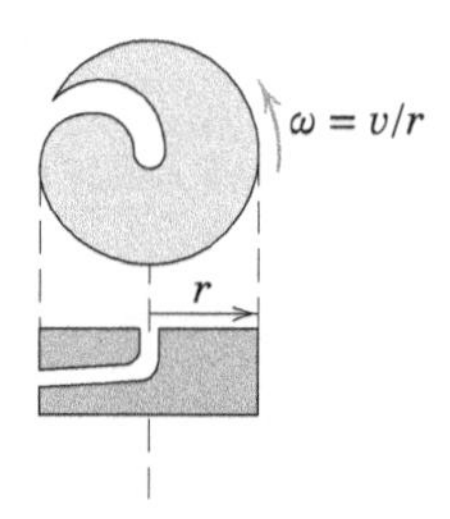

EXEMPLO DE PROBLEMA 4/12

Um foguete de massa total inicial m_0 é lançado verticalmente para cima a partir do Polo Norte e acelera até o combustível, que queima a uma taxa constante, se esgotar. A velocidade relativa ao bocal dos gases de exaustão tem um valor constante u, e o bocal descarrega a pressão atmosférica durante todo o voo. Se a massa residual da estrutura do foguete e dos equipamentos é m_b após a queima total ocorrer, determine a expressão para a velocidade máxima atingida pelo foguete. Despreze a resistência atmosférica e a variação da gravidade com a altitude.

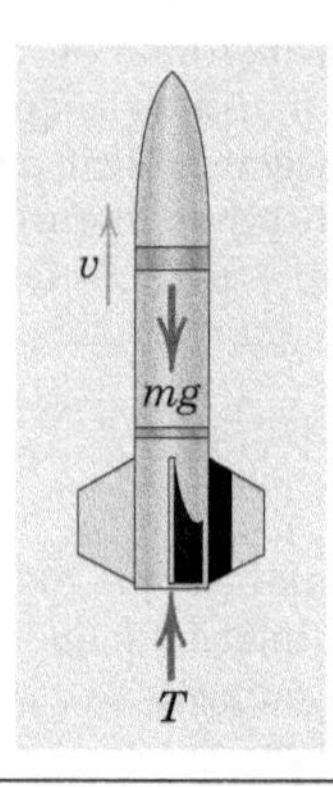

Solução I (Solução por $F = ma$). Adotamos a abordagem ilustrada na Fig. 4/7*b* e consideramos o empuxo como uma força externa sobre o foguete. Desprezando a contrapressão p através do bocal e a resistência R atmosférica, a Eq. 4/21 ou a segunda lei de Newton fornece ①

$$T - mg = m\dot{v}$$

Mas o empuxo é $T = m'u = -\dot{m}u$, de modo que a equação do movimento se torna

$$-\dot{m}u - mg = m\dot{v}$$

Multiplicando por dt, dividindo por m, e reorganizando resulta

$$dv = -u\,\frac{dm}{m} - g\,dt$$

DICAS ÚTEIS

① Desprezar a resistência atmosférica não é uma hipótese ruim para uma primeira aproximação, enquanto a velocidade do foguete em ascensão for menor na parte densa da atmosfera, e maior na região de atmosfera rarefeita. O mesmo acontece para uma altitude de 320 km: a aceleração devida à gravidade é 91% do valor na superfície da Terra.

EXEMPLO DE PROBLEMA 4/12 *(continuação)*

que agora está em uma forma que pode ser integrada. A velocidade v correspondente ao tempo t é dada pela integração

$$\int_0^v dv = -u\int_{m_0}^{m} \frac{dm}{m} - g\int_0^t dt$$

ou

$$v = u \ln \frac{m_0}{m} - gt$$

Uma vez que o combustível é queimado na taxa constante $m' = -\dot{m}$, a massa em qualquer instante de tempo t é $m = m_0 + \dot{m}t$. Se m_b representa a massa do foguete quando ocorre a queima total, então o tempo para a queima total vem a ser $t_b = (m_b - m_0)/\dot{m} = (m_0 - m_b)/(-\dot{m})$. Esse instante de tempo fornece a condição para a velocidade máxima, que é

$$v_{\text{máx}} = u \ln \frac{m_0}{m_b} + \frac{g}{\dot{m}}(m_0 - m_b) \quad ②$$ *Resp.*

② O lançamento vertical a partir do Polo Norte é adotado apenas para se eliminar qualquer complicação devida à rotação da Terra na caracterização da trajetória absoluta do foguete.

A grandeza $\dot{m}$ é um número negativo uma vez que a massa diminui com o tempo.

Solução II (Solução por Massa Variável). Se usarmos a Eq. 4/20, então $\Sigma F = -mg$ e a equação se torna

$$[\Sigma F = m\dot{v} + \dot{m}u] \qquad -mg = m\dot{v} + \dot{m}u$$

Mas $\dot{m}u = -m'u = -T$ de modo que a equação do movimento vem a ser

$$T - mg = m\dot{v}$$

que é a mesma desenvolvida na *Solução I*.

4/8 Revisão do Capítulo

Neste capítulo ampliamos os princípios da dinâmica do movimento de uma partícula de massa isolada para o movimento de um sistema geral de partículas. Esse sistema pode tomar a forma de um corpo rígido, um corpo sólido não rígido (elástico), ou um grupo de partículas separadas e não conectadas, tais como aquelas em uma massa delimitada de partículas líquidas ou gasosas. A seguir estão resumidos os resultados principais do Capítulo 4.

1. Desenvolvemos a forma generalizada da segunda lei de Newton, que é expressa como o *princípio de movimento do centro de massa*, Eq. 4/1 na Seção 4/2. Esse princípio estabelece que a soma vetorial das forças externas que atuam sobre qualquer sistema de partículas de massa é igual à massa total do sistema multiplicada pela aceleração do centro de massa.
2. Na Seção 4/3, estabelecemos um *princípio de trabalho–energia* para um sistema de partículas, Eq. 4/3*a*, e mostramos que a energia cinética total do sistema é igual à energia de translação do centro de massa acrescida da energia devida ao movimento das partículas em relação ao centro de massa.
3. A resultante das forças externas agindo sobre qualquer sistema é igual à taxa de variação no tempo da quantidade de movimento linear do sistema, Eq. 4/6 na Seção 4/4.
4. Para um ponto fixo O e para o centro de massa G, o vetor momento resultante de todas as forças externas em torno do ponto é igual à taxa de variação no tempo da quantidade de movimento angular em torno do ponto, Eq. 4/7 e Eq. 4/9 na Seção 4/4. O princípio para um ponto arbitrário P, Eqs. 4/11 e 4/13, possui um termo adicional e consequentemente não segue a forma das equações para O e G.
5. Na Seção 4/5 desenvolvemos a *lei de conservação da energia dinâmica*, que se aplica a um sistema no qual o atrito interno cinético é desprezível.
6. A *conservação da quantidade de movimento linear* se aplica a um sistema na ausência de um impulso linear externo. Do mesmo modo, a *conservação da quantidade de movimento angular* se aplica quando não há um impulso angular externo.

7. Para aplicações que envolvam escoamento permanente de massa, desenvolvemos uma relação, Eq. 4/18 na Seção 4/6, entre a força resultante sobre um sistema, a taxa de escoamento de massa correspondente, e a variação na velocidade do fluido desde a entrada até a saída.
8. A análise da quantidade de movimento angular no escoamento permanente de massa resultou na Eq. 4/19*a* na Seção 4/6, que é uma relação entre o momento resultante de todas as forças externas em torno de um ponto fixo *O* sobre o sistema ou fora dele, a taxa de escoamento de massa, e as velocidades de entrada e de saída.
9. Finalmente, na Seção 4/7 desenvolvemos a equação do movimento linear para sistemas de massa variável, Eq. 4/20. Exemplos usuais de tais sistemas são foguetes e correntes e cordas flexíveis.

Os princípios desenvolvidos neste capítulo nos permitem tratar o movimento de ambos os corpos rígidos e não rígidos de uma forma unificada. Além disso, os desenvolvimentos nas Seções 4/2–4/5 servirão para estabelecer uma base rigorosa para a abordagem da cinética de corpo rígido nos Capítulos 6 e 7.

PARTE 2

Dinâmica dos Corpos Rígidos

CAPÍTULO 5

Cinemática Plana de Corpos Rígidos

Thor Jorgen Udvang/Shutterstock

A cinemática de corpo rígido descreve as relações entre os movimentos lineares e angulares dos corpos sem considerar as forças e os momentos associados a esses movimentos. Os projetos de engrenagens, cames, elementos de ligação e muitas outras peças móveis de máquinas são, em grande parte, problemas de cinemática.

VISÃO GERAL DO CAPÍTULO

5/1 Introdução

No Capítulo 2, sobre cinemática de partículas, desenvolvemos as relações que regem o deslocamento, a velocidade e a aceleração de pontos enquanto esses se deslocam ao longo de trajetórias retas ou curvas. Em cinemática de corpo rígido usamos essas mesmas relações, mas devemos também levar em consideração o movimento rotacional do corpo. Dessa forma, a cinemática de corpo rígido envolve tanto deslocamentos, velocidades e acelerações lineares quanto angulares.

Precisamos descrever o movimento dos corpos rígidos por duas importantes razões. Primeiro, necessitamos frequentemente gerar, transmitir ou controlar certos movimentos pela utilização de cames, engrenagens e mecanismos de vários tipos. Devemos aqui analisar o deslocamento, a velocidade e a aceleração do movimento para determinar a geometria de projeto das peças mecânicas. Além disso, como resultado do movimento gerado, podem ser desenvolvidas forças que devem ser levadas em consideração no projeto das peças.

Segundo, devemos muitas vezes determinar o movimento de um corpo rígido causado pelas forças aplicadas a ele. O cálculo do movimento de um foguete sob a influência de seu empuxo e atração gravitacional é um exemplo desse problema.

Devemos aplicar os princípios de cinemática do corpo rígido em ambas as situações. Este capítulo abrange a cinemática do movimento de corpo rígido que pode ser analisada como ocorrendo em um único plano. No Capítulo 7 apresentaremos uma introdução à cinemática do movimento em três dimensões.

Hipótese de Corpo Rígido

No capítulo anterior definimos um *corpo rígido* como um sistema de partículas para o qual as distâncias entre as partículas permanecem inalteradas. Assim, se cada partícula desse corpo é localizada por um vetor de posição a partir de eixos de referência presos e girando com o corpo, não haverá variação em nenhum vetor posição enquanto medido a partir desses eixos. Isto é, evidentemente, um caso ideal, uma vez que todos os materiais sólidos variam de forma até certo ponto em que forças são aplicadas a eles.

No entanto, se os movimentos associados às mudanças na forma são muito pequenos em comparação com os movimentos do corpo como um todo, então a hipótese de rigidez geralmente é aceitável. Os deslocamentos devidos à trepidação da asa de uma aeronave, por exemplo, não afetam a descrição do percurso de voo da aeronave como um todo e, portanto, a hipótese de corpo rígido é evidentemente aceitável. Por outro lado, se o problema é descrever, em função do tempo, as tensões internas na asa devido à sua trepidação, então os movimentos relativos das partes da asa não podem ser desprezados, e a asa não pode ser considerada um corpo rígido. Neste e nos dois próximos capítulos, quase todo material é baseado na hipótese de rigidez.

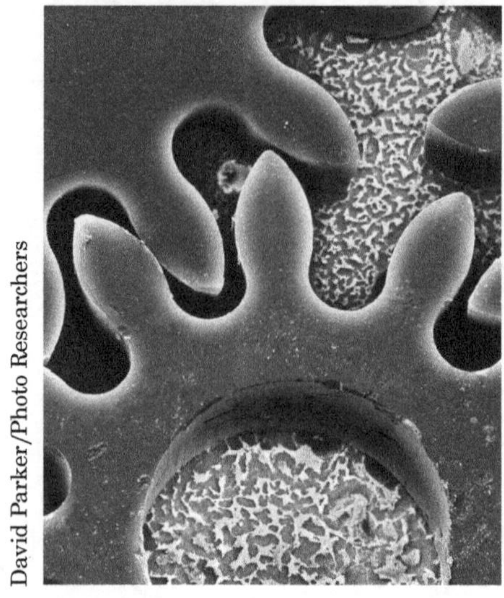

David Parker/Photo Researchers

Essa microengrenagem de níquel possui apenas 150 micra ($150(10^{-6})$ m) de espessura e tem aplicação potencial em robôs microscópicos.

Movimento Plano

Um corpo rígido executa um movimento plano quando todas as partes do corpo se movem em planos paralelos. Por conveniência, geralmente consideramos o *plano de movimento* como o plano que contém o centro de massa, e tratamos o corpo como uma placa fina cujo movimento está limitado ao plano da placa. Essa idealização descreve adequadamente uma categoria muito grande de movimentos de corpo rígido encontrados em Engenharia.

O movimento plano de um corpo rígido pode ser dividido em várias categorias, conforme representado na Fig. 5/1.

A translação é definida como qualquer movimento em que cada linha no corpo permanece paralela à sua posição original em todos os instantes de tempo. Na translação *não existe rotação de nenhuma linha no corpo.* Na *translação retilínea*, parte *a* da Fig. 5/1, todos os pontos no corpo se deslocam em linhas paralelas retas. Na *translação curvilínea*, parte *b*, todos os pontos se deslocam sobre curvas congruentes. Observamos que, em cada um dos dois casos de translação, o movimento do corpo é completamente definido pelo movimento de qualquer ponto no corpo, uma vez que todos os pontos possuem o mesmo movimento. Desse modo, nosso estudo anterior do movimento de um ponto (partícula) no Capítulo 2 permite-nos descrever completamente a translação de um corpo rígido.

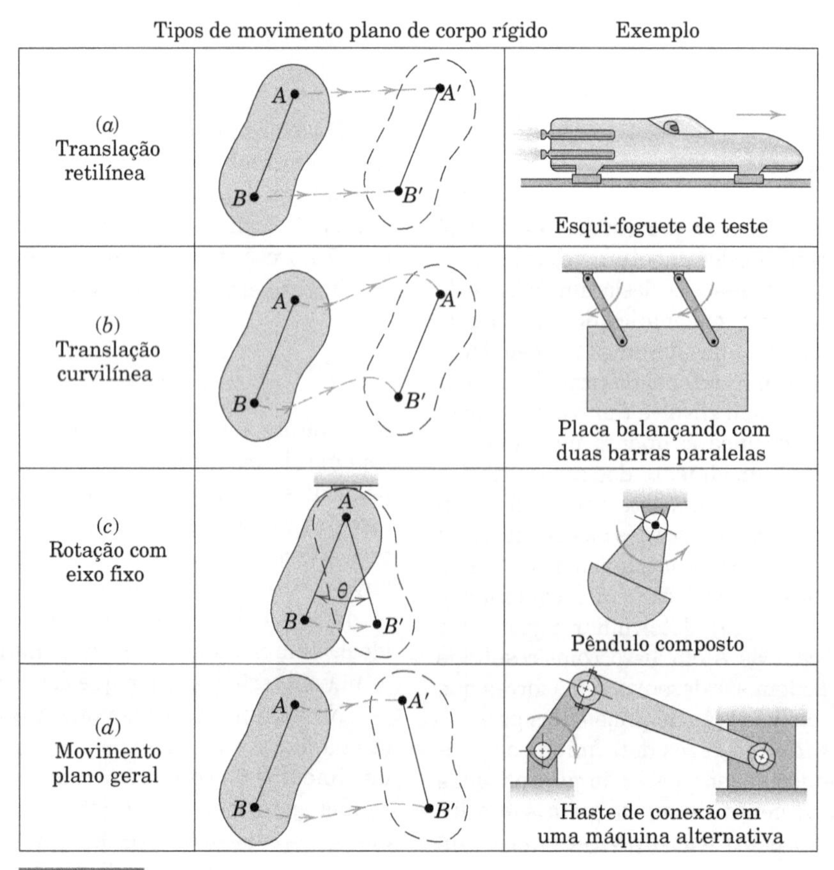

FIGURA 5/1

Rotação em torno de um eixo fixo, parte *c* da Fig. 5/1, é o movimento angular em torno do eixo, onde todas as partículas em um corpo rígido se deslocam em trajetórias circulares em torno do eixo de rotação, e todas as linhas no corpo que são perpendiculares ao eixo de rotação (incluindo aquelas que não passam através do eixo) giram através do mesmo ângulo ao mesmo tempo. Novamente, nossa discussão no Capítulo 2 sobre o movimento circular de um ponto nos permite descrever o movimento de um corpo rígido em rotação, que é tratado na próxima seção.

Movimento plano geral de um corpo rígido, parte *d* da Fig. 5/1, é uma combinação de translação e de rotação. Utilizaremos os princípios do movimento relativo abordados na Seção 2/8 para descrever o movimento plano geral.

Note que, em cada um dos exemplos citados, as trajetórias reais de todas as partículas do corpo estão projetadas sobre o único plano de movimento conforme representado em cada figura.

A análise do movimento plano de corpos rígidos é realizada tanto diretamente pelo cálculo dos deslocamentos absolutos e suas derivadas no tempo a partir da geometria envolvida quanto utilizando os princípios do movimento relativo. Cada método é importante e útil e será abordado, por sua vez, nas seções que se seguem.

5/2 Rotação

A rotação de um corpo rígido é descrita por seu movimento angular. A Fig. 5/2 mostra um corpo rígido que está girando enquanto é submetido a um movimento plano no plano da figura. As posições angulares de quaisquer duas linhas 1 e 2 fixadas no corpo são indicadas por θ_1 e θ_2 medidos a partir de qualquer direção de referência fixa conveniente. Como o ângulo β é invariável, a relação $\theta_2 = \theta_1 + \beta$ após a diferenciação em relação ao tempo fornece $\dot{\theta}_2 = \dot{\theta}_1$ e $\ddot{\theta}_2 = \ddot{\theta}_1$ ou, durante um intervalo finito, $\Delta\theta_2 = \Delta\theta_1$. Desse modo, *todas as linhas em um corpo rígido no seu plano de movimento possuem o mesmo deslocamento angular, a mesma velocidade angular e a mesma aceleração angular.*

Observe que o movimento angular de uma linha depende apenas de sua posição angular em relação a qualquer referência arbitrária fixa e das derivadas no tempo do deslocamento. O movimento angular não exige a presença de um eixo fixo, normal ao plano de movimento, em torno do qual a linha e o corpo giram.

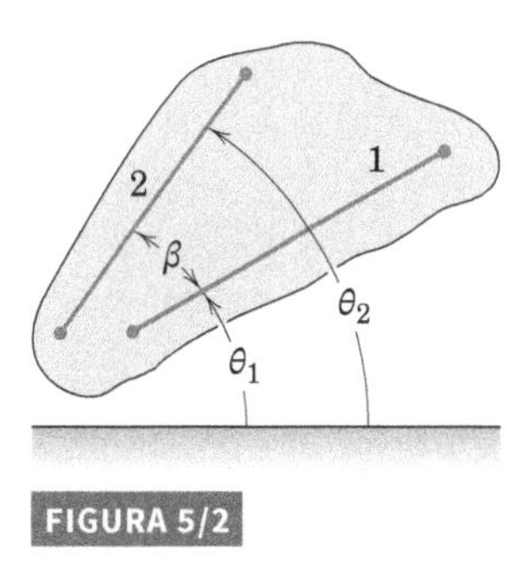

FIGURA 5/2

Conceitos-Chave Relações de Movimento Angular

A velocidade angular ω e a aceleração angular α de um corpo rígido no plano de rotação são, respectivamente, a primeira e a segunda derivadas no tempo da coordenada de posição angular θ de qualquer linha no plano de movimento do corpo. Essas definições fornecem.

$$\omega = \frac{d\theta}{dt} = \dot{\theta}$$

$$\alpha = \frac{d\omega}{dt} = \dot{\omega} \quad \text{ou} \quad \alpha = \frac{d^2\theta}{dt^2} = \ddot{\theta} \tag{5/1}$$

$$\omega\, d\omega = \alpha\, d\theta \quad \text{ou} \quad \dot{\theta}\, d\dot{\theta} = \ddot{\theta}\, d\theta$$

A terceira relação é obtida por meio da eliminação de dt das duas primeiras. Em cada uma dessas relações, o sentido positivo para ω e α, horário ou anti-horário, é o mesmo que foi escolhido para θ. As Eqs. 5/1 devem ser reconhecidas como análogas às equações definidas para o movimento retilíneo de uma partícula, expressas pelas Eqs. 2/1, 2/2 e 2/3. De fato, todas as relações que foram descritas para o movimento retilíneo na Seção 2/2 se aplicam ao caso de rotação em um plano se as grandezas lineares s, v e a são substituídas por suas respectivas grandezas angulares equivalentes θ, ω e α. Conforme avançarmos mais na dinâmica de corpo rígido, descobriremos que as analogias entre as relações para o movimento linear e angular são quase que completas em toda a cinemática e cinética. Essas relações são importantes de se reconhecer, pois ajudam a demonstrar a simetria e a unidade encontradas em toda a Mecânica.

Para rotação com aceleração angular *constante*, as integrais das Eqs. 5/1 se tornam

$$\omega = \omega_0 + \alpha t$$

$$\omega^2 = \omega_0{}^2 + 2\alpha(\theta - \theta_0)$$

$$\theta = \theta_0 + \omega_0 t + \frac{1}{2}\alpha t^2$$

Aqui, θ_0 e ω_0 são os valores da coordenada de posição angular e velocidade angular, respectivamente, em $t = 0$, e t é o tempo de duração do movimento considerado. Você deve ser capaz de efetuar essas integrações facilmente, pois elas são completamente análogas às equações correspondentes para o movimento retilíneo com aceleração constante abordado na Seção 2/2.

As relações gráficas descritas para s, v, a e t nas Figs. 2/3 e 2/4 podem ser usadas para θ, ω e α simplesmente pela substituição dos símbolos correspondentes. Você deve esboçar essas relações gráficas para rotação plana. Os procedimentos matemáticos para obtenção da velocidade e do deslocamento retilíneo, a partir da aceleração retilínea, podem ser aplicados à rotação simplesmente substituindo as grandezas lineares por suas grandezas angulares correspondentes.

Rotação em Torno de um Eixo Fixo

Quando um corpo rígido gira em torno de um eixo fixo, todos os pontos além daqueles sobre o eixo se deslocam em círculos concêntricos em torno do eixo fixo. Desse modo, para o corpo rígido na Fig. 5/3 girando em torno de um eixo fixo normal ao plano da figura através de O, um ponto qualquer tal como A se desloca em um círculo de raio r. A partir da discussão anterior na Seção 2/5, você já deve estar familiarizado com as relações entre o movimento linear de A e o movimento angular da linha normal a sua trajetória, que também é o movimento angular do corpo rígido. Com a notação $\omega = \dot{\theta}$ e $\alpha = \dot{\omega} = \ddot{\theta}$ para a velocidade angular e a aceleração angular do corpo, respectivamente, temos as Eqs. 2/11, reescritas como

$$\begin{aligned} v &= r\omega \\ a_n &= r\omega^2 = v^2/r = v\omega \\ a_t &= r\alpha \end{aligned} \tag{5/2}$$

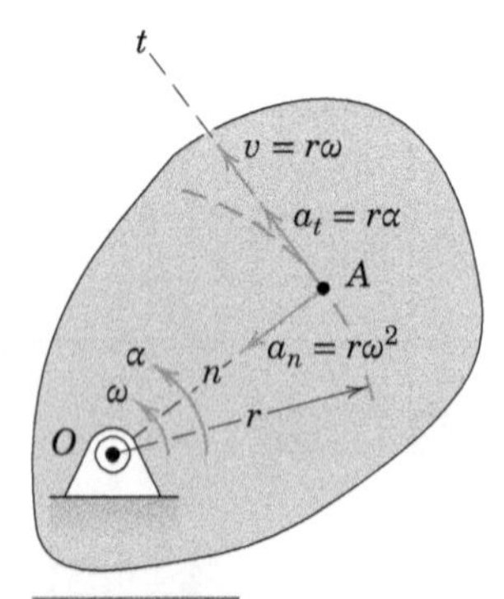

FIGURA 5/3

Essas grandezas podem ser expressas alternativamente utilizando a relação de produto vetorial da notação vetorial. A formulação vetorial é especialmente importante na análise do movimento tridimensional. A velocidade angular do corpo em rotação pode ser expressa por meio do vetor $\boldsymbol{\omega}$ normal ao plano de rotação e com o sentido definido pela regra da mão direita, como mostrado na Fig. 5/4*a*. A partir da definição do produto vetorial, vemos que o vetor $\mathbf{v}$ é obtido pelo produto de $\boldsymbol{\omega}$ por $\mathbf{r}$. Esse produto vetorial fornece o módulo e a direção corretos para $\mathbf{v}$ e escrevemos

$$\mathbf{v} = \dot{\mathbf{r}} = \boldsymbol{\omega} \times \mathbf{r}$$

A ordem dos vetores a serem multiplicados deve ser mantida. A ordem inversa fornece $\mathbf{r} \times \boldsymbol{\omega} = -\mathbf{v}$.

A aceleração do ponto A é obtida por meio da diferenciação da expressão do produto vetorial para $\mathbf{v}$, que fornece

$$\begin{aligned} \mathbf{a} = \dot{\mathbf{v}} &= \boldsymbol{\omega} \times \dot{\mathbf{r}} + \dot{\boldsymbol{\omega}} \times \mathbf{r} \\ &= \boldsymbol{\omega} \times (\boldsymbol{\omega} \times \mathbf{r}) + \dot{\boldsymbol{\omega}} \times \mathbf{r} \\ &= \boldsymbol{\omega} \times \mathbf{v} + \boldsymbol{\alpha} \times \mathbf{r} \end{aligned}$$

Aqui $\boldsymbol{\alpha} = \dot{\boldsymbol{\omega}}$ representa a aceleração angular do corpo. Desse modo, os equivalentes vetoriais das Eqs. 5/2 são

$$\begin{aligned} \mathbf{v} &= \boldsymbol{\omega} \times \mathbf{r} \\ \mathbf{a}_n &= \boldsymbol{\omega} \times (\boldsymbol{\omega} \times \mathbf{r}) \\ \mathbf{a}_t &= \boldsymbol{\alpha} \times \mathbf{r} \end{aligned} \tag{5/3}$$

e são mostrados na Fig. 5/4*b*.

Para o movimento tridimensional de um corpo rígido, o vetor velocidade angular $\boldsymbol{\omega}$ pode variar a direção, bem como o módulo, e, nesse caso, a aceleração angular, que é a derivada no tempo da velocidade angular, $\boldsymbol{\alpha} = \dot{\boldsymbol{\omega}}$, não será mais na mesma direção que $\boldsymbol{\omega}$.

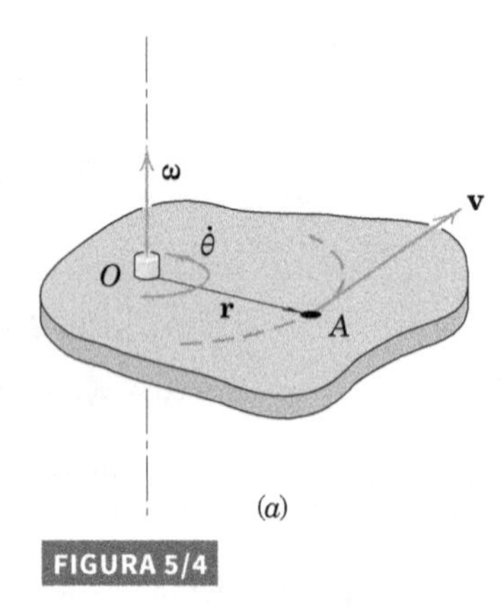

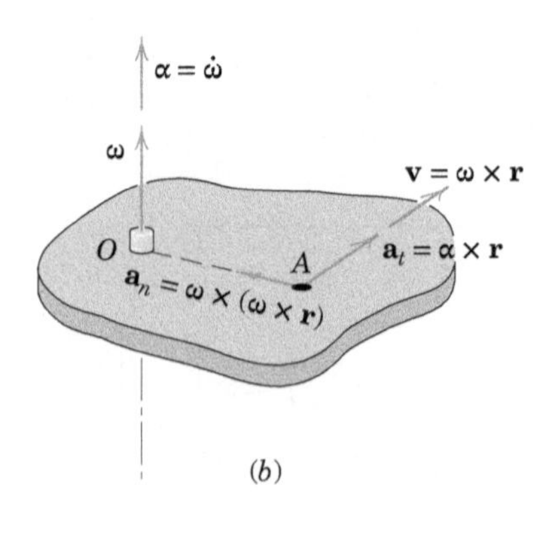

FIGURA 5/4

Essas polias e esses cabos são componentes que integram muitos sistemas de transporte, incluindo esse teleférico de cadeiras para um *resort* de esqui.

Um sistema de acionamento por eixo de comando de válvulas para um motor de combustão interna.

EXEMPLO DE PROBLEMA 5/1

Um volante, girando livremente a 1800 rpm no sentido horário, é submetido a um torque variável no sentido anti-horário, que é aplicado pela primeira vez no instante $t = 0$. O torque produz uma aceleração angular no sentido anti-horário $\alpha = 4t$ rad/s^2, em que t é o tempo em segundos durante o qual o torque é aplicado. Determine (*a*) o tempo necessário para o volante reduzir a sua velocidade angular no sentido horário para 900 rpm, (*b*) o tempo necessário para o volante inverter o seu sentido de rotação, e (*c*) o número total de rotações, no sentido horário e anti-horário, dadas pelo volante durante os primeiros 14 segundos de aplicação do torque.

Solução. O sentido anti-horário será arbitrariamente considerado como positivo.

(*a*) Como α é uma função conhecida do tempo, podemos integrá-la para obter a velocidade angular. Com a velocidade angular inicial de $-1800(2\pi)/60 = -60\pi$ rad/s, temos

$$[d\omega = \alpha\, dt] \qquad \int_{-60\pi}^{\omega} d\omega = \int_0^t 4t\, dt \qquad \omega = -60\pi + 2t^2 \quad ①$$

Substituindo a velocidade angular no sentido horário de 900 rpm ou $\omega = -900(2\pi)/60 = -30\pi$ rad/s resulta

$$-30\pi = -60\pi + 2t^2 \qquad t^2 = 15\pi \qquad t = 6{,}86 \text{ s} \qquad \textit{Resp.}$$

(*b*) O volante altera o sentido quando sua velocidade angular é instantaneamente nula. Desse modo,

$$0 = -60\pi + 2t^2 \qquad t^2 = 30\pi \qquad t = 9{,}71 \text{ s} \qquad \textit{Resp.}$$

(*c*) O número total de rotações por meio do qual o volante gira durante 14 segundos é o número de voltas no sentido horário N_1, durante os primeiros 9,71 segundos, acrescido do número de voltas N_2 no sentido anti-horário durante o restante do intervalo. Integrando a expressão para ω em termos de t obtemos o deslocamento angular em radianos. Dessa forma, para o primeiro intervalo

DICAS ÚTEIS

① Devemos ter muito cuidado para sermos consistentes com nossos sinais algébricos. O limite inferior é o valor negativo (sentido horário) da velocidade angular inicial. Também devemos converter rotações em radianos uma vez que α está em unidades de radiano.

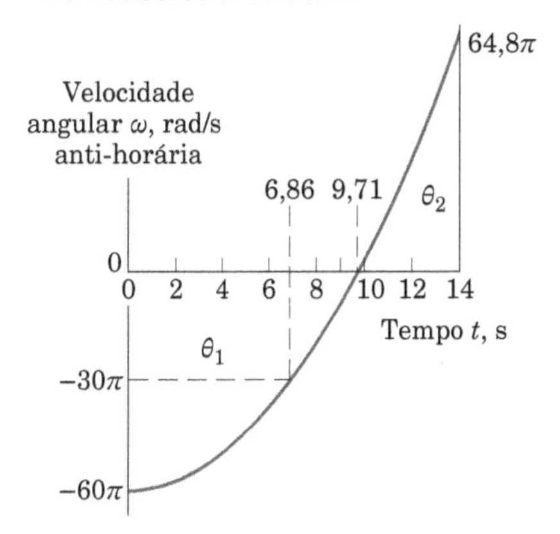

EXEMPLO DE PROBLEMA 5/1 (*continuação*)

$[d\theta = \omega\, dt]$ $\displaystyle\int_0^{\theta_1} d\theta = \int_0^{9,71} (-60\pi + 2t^2)\, dt$

$$\theta_1 = [-60\pi t + \tfrac{2}{3}t^3]_0^{9,71} = -1220 \text{ rad} \quad ②$$

ou $N_1 = 1220/2\pi = 194,2$ rotações no sentido horário.

Para o segundo intervalo

$$\int_0^{\theta_2} d\theta = \int_{9,71}^{14} (-60\pi + 2t^2)\, dt$$

$$\theta_2 = [-60\pi t + \tfrac{2}{3}t^3]_{9,71}^{14} = 410 \text{ rad} \quad ③$$

ou $N_2 = 410/2\pi = 65,3$ rotações no sentido anti-horário. Desse modo, o número total de rotações dadas durante os 14 segundos é

$$N = N_1 + N_2 = 194,2 + 65,3 = 259 \text{ rev} \qquad \textit{Resp.}$$

Representamos graficamente ω contra t e verificamos que θ_1 é representado pela área negativa e θ_2 pela área positiva. Se tivéssemos integrado por meio do intervalo todo em uma etapa, teríamos obtido $|\theta_2| - |\theta_1|$.

② Observe mais uma vez que o sinal negativo significa sentido horário neste problema.

③ Poderíamos ter convertido a expressão original para α nas unidades de rot/s^2, caso em que nossas integrais resultariam diretamente em rotações.

EXEMPLO DE PROBLEMA 5/2

O pinhão A do motor de elevação aciona a engrenagem B, que está presa ao tambor de elevação. A carga P é içada a partir da sua posição de repouso e adquire uma velocidade para cima de 2 m/s em uma distância vertical de 0,8 m com aceleração constante. Quando a carga passa por essa posição, calcule (*a*) a aceleração do ponto C no cabo em contato com o tambor e (*b*) a velocidade angular e a aceleração angular do pinhão A.

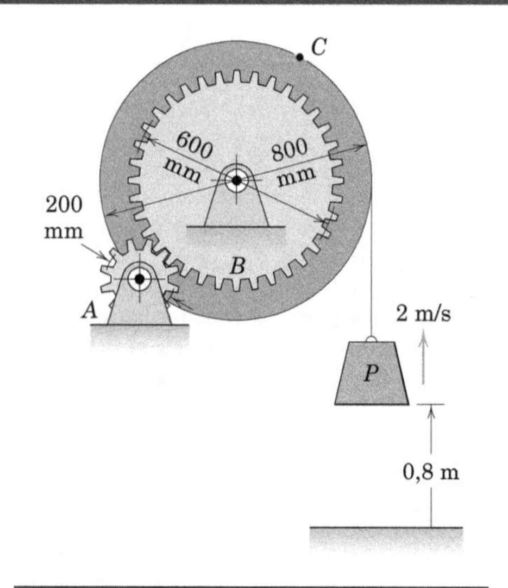

Solução (*a*). Se o cabo não desliza sobre o tambor, a velocidade e a aceleração vertical da carga P são, necessariamente, iguais à velocidade tangencial v e à aceleração tangencial a_t do ponto C. Para o movimento retilíneo de P com aceleração constante, os componentes n e t da aceleração de C vêm a ser

$[v^2 = 2as]$ $a = a_t = v^2/2s = 2^2/[2(0,8)] = 2,5 \text{ m/s}^2$

$[a_n = v^2/r]$ $a_n = 2^2/(0,400) = 10 \text{ m/s}^2$ ①

$[a = \sqrt{a_n{}^2 + a_t{}^2}]$ $a_C = \sqrt{(10)^2 + (2,5)^2} = 10,31 \text{ m/s}^2$ *Resp.*

(***b***) O movimento angular da engrenagem A é determinado a partir do movimento angular da engrenagem B por meio da velocidade v_1 e da aceleração tangencial a_1 de seu ponto comum de contato. Inicialmente, o movimento angular da engrenagem B é determinado a partir do movimento do ponto C fixo no tambor. Desse modo

$[v = r\omega]$ $\omega_B = v/r = (2/0,400) = 5 \text{ rad/s}$

$[a_t = r\alpha]$ $\alpha_B = a_t/r = (2,5/0,400) = 6,25 \text{ rad/s}^2$

Então, a partir de $v_1 = r_A\omega_A = r_B\omega_B$ e $a_1 = r_A\alpha_A = r_B\alpha_B$, temos

$$\omega_A = \frac{r_B}{r_A}\omega_B = \frac{0,300}{0,100}5 = 15 \text{ rad/s horário} \qquad \textit{Resp.}$$

$$\alpha_A = \frac{r_B}{r_A}\alpha_B = \frac{0,300}{0,100}6,25 = 18,75 \text{ rad/s}^2 \text{ horário} \qquad \textit{Resp.}$$

DICA ÚTIL

① Perceba que um ponto sobre o cabo muda a direção de sua velocidade depois que entra em contato com o tambor e adquire uma componente de aceleração normal.

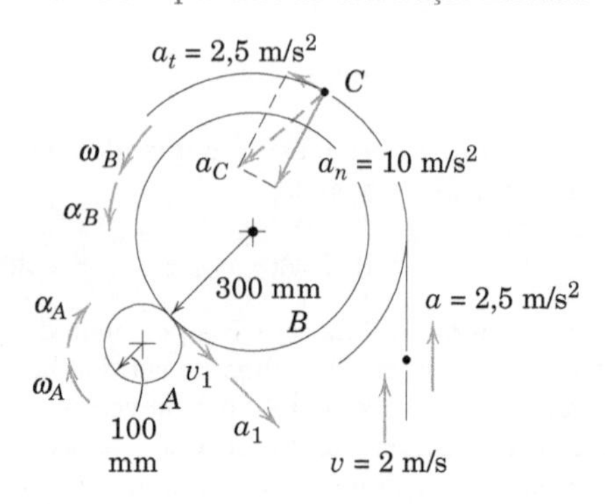

EXEMPLO DE PROBLEMA 5/3

A barra em ângulo reto gira no sentido horário com uma velocidade angular que está diminuindo na razão de 4 rad/s^2. Escreva as expressões vetoriais para a velocidade e a aceleração do ponto A quando $\omega = 2$ rad/s.

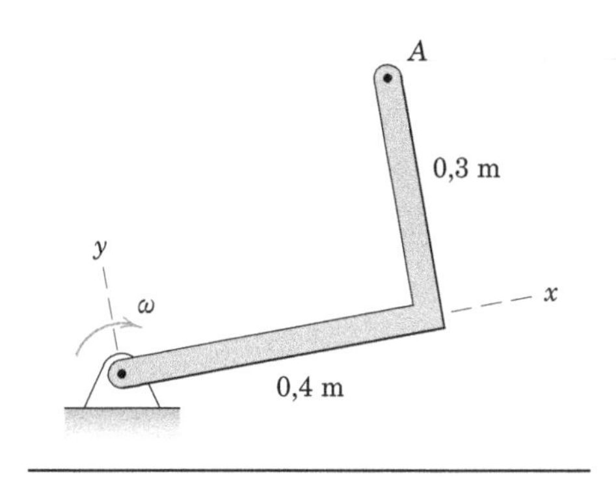

Solução. Usando a regra da mão direita se obtém

$$\boldsymbol{\omega} = -2\mathbf{k} \text{ rad/s} \qquad \text{e} \qquad \boldsymbol{\alpha} = +4\mathbf{k} \text{ rad/s}^2$$

A velocidade e a aceleração de A vêm a ser

$[\mathbf{v} = \boldsymbol{\omega} \times \mathbf{r}]$ $\qquad \mathbf{v} = -2\mathbf{k} \times (0{,}4\mathbf{i} + 0{,}3\mathbf{j}) = 0{,}6\mathbf{i} - 0{,}8\mathbf{j}$ m/s *Resp.*

$[\mathbf{a}_n = \boldsymbol{\omega} \times (\boldsymbol{\omega} \times \mathbf{r})]$ $\qquad \mathbf{a}_n = -2\mathbf{k} \times (0{,}6\mathbf{i} - 0{,}8\mathbf{j}) = -1{,}6\mathbf{i} - 1{,}2\mathbf{j}$ m/s^2

$[\mathbf{a}_t = \boldsymbol{\alpha} \times \mathbf{r}]$ $\qquad \mathbf{a}_t = 4\mathbf{k} \times (0{,}4\mathbf{i} + 0{,}3\mathbf{j}) = -1{,}2\mathbf{i} + 1{,}6\mathbf{j}$ m/s^2

$[\mathbf{a} = \mathbf{a}_n + \mathbf{a}_t]$ $\qquad \mathbf{a} = -2{,}8\mathbf{i} + 0{,}4\mathbf{j}$ m/s^2 *Resp.*

Os módulos de $\mathbf{v}$ e $\mathbf{a}$ são

$$v = \sqrt{0{,}6^2 + 0{,}8^2} = 1 \text{ m/s} \qquad \text{e} \qquad a = \sqrt{2{,}8^2 + 0{,}4^2} = 2{,}83 \text{ m/s}^2$$

5/3 Movimento Absoluto

Desenvolveremos agora a abordagem da análise de movimento absoluto para descrever a cinemática plana de corpos rígidos. Nessa abordagem, fazemos uso das relações geométricas que definem a configuração do corpo em questão e, em seguida, prosseguimos para determinar as derivadas no tempo das relações geométricas descritivas e obter velocidades e acelerações.

Na Seção 2/9 do Capítulo 2, sobre cinemática de partícula, introduzimos a aplicação da análise de movimento absoluto para o movimento restrito de partículas conectadas. Para as configurações de polias discutidas, as velocidades e acelerações relevantes foram determinadas por diferenciação sucessiva dos comprimentos dos cabos de conexão. Na discussão anterior, as relações geométricas foram bastante simples, e nenhuma grandeza angular teve de ser considerada. Agora que nos ocuparemos com o movimento de corpo rígido, no entanto, perceberemos que nossas relações geométricas descritivas incluem tanto variáveis lineares como angulares e, por essa razão, as derivadas no tempo dessas grandezas envolverão ambas as velocidades linear e angular e as acelerações linear e angular.

Na análise de movimento absoluto, é essencial que sejamos coerentes com a matemática da descrição. Por exemplo, se a posição angular de uma linha que se desloca no plano de movimento é descrita por seu ângulo θ no sentido anti-horário medido a partir de algum eixo de referência fixo conveniente, então o sentido positivo tanto para a velocidade angular $\dot{\theta}$ quanto para a aceleração angular $\ddot{\theta}$ também será no sentido anti-horário. Um sinal negativo para qualquer grandeza irá, evidentemente, indicar um movimento angular no sentido horário. As relações que descrevem o movimento linear, Eqs. 2/1, 2/2 e 2/3, e as relações que envolvem movimento angular, Eqs. 5/1 e 5/2 ou 5/3, encontrarão uma utilização frequente na análise de movimento e devem ser compreendidas a fundo.

A abordagem de movimento absoluto à cinemática de corpo rígido é muito simples, desde que a configuração permita uma descrição geométrica que não seja excessivamente complexa. Se a configuração geométrica é difícil de manejar ou complexa, a análise pelos princípios do movimento relativo pode ser preferível. A análise de movimento relativo é tratada neste capítulo começando na Seção 5/4. A escolha entre as análises de movimento absoluto e relativo é mais bem realizada após a aquisição de experiência em ambas as abordagens.

Os próximos três exemplos ilustram a aplicação da análise de movimento absoluto a três situações comumente encontradas. A cinemática de uma roda que está rolando, tratada no Exemplo 5/4, é particularmente importante e será útil em grande parte dos problemas porque a roda girando em várias formas é um elemento muito comum em sistemas mecânicos.

Este conjunto de pistão e biela é um exemplo de um mecanismo de alavanca de deslizamento.

EXEMPLO DE PROBLEMA 5/4

Uma roda de raio r rola sobre uma superfície plana sem deslizar. Determine o movimento angular da roda em termos do movimento linear de seu centro O. Determine também a aceleração de um ponto sobre a borda da roda, quando ele entra em contato com a superfície sobre a qual a roda rola.

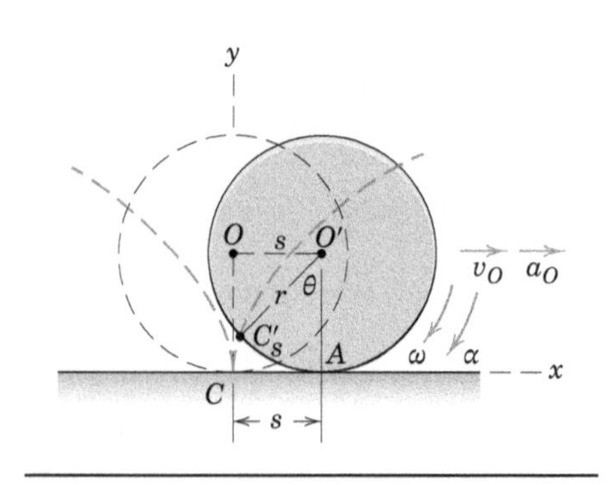

Solução. A figura mostra a roda rolando, sem deslizar, para a direita a partir da posição em linha tracejada para a posição em linha cheia. O deslocamento linear do centro O é s, que é também o arco de comprimento $C'A$ ao longo da borda sobre a qual a roda rola. A linha radial CO gira para a nova posição $C'O'$ através do ângulo θ, no qual θ é medido a partir da direção vertical. Se a roda não desliza, o arco $C'A$ deve ser igual à distância s. Desse modo, a relação de deslocamento e suas duas derivadas no tempo fornecem

$$s = r\theta$$

$$v_O = r\omega \qquad \textit{Resp.}$$

$$a_O = r\alpha \quad ①$$

em que $v_O = \dot{s}$, $a_O = \dot{v}_O = \ddot{s}$, $\omega = \dot{\theta}$ e $\alpha = \dot{\omega} = \ddot{\theta}$. O ângulo θ, evidentemente, deve estar em radianos. A aceleração a_O será orientada no sentido oposto ao de v_O, se a roda está desacelerando. Nesse caso, a aceleração angular α terá o sentido oposto ao de ω. A origem das coordenadas fixas é escolhida arbitrariamente, porém convenientemente, no ponto de contato entre C sobre a borda da roda e o solo. Quando o ponto C tiver se deslocado ao longo de sua trajetória cicloidal para C', suas novas coordenadas e suas derivadas no tempo serão

$$x = s - r\,\text{sen}\theta = r(\theta - \text{sen}\theta) \qquad y = r - r\cos\theta = r(1 - \cos\theta)$$

$$\dot{x} = r\dot{\theta}(1 - \cos\theta) = v_O(1 - \cos\theta) \qquad \dot{y} = r\dot{\theta}\,\text{sen}\theta = v_O\,\text{sen}\theta$$

$$\ddot{x} = \dot{v}_O(1 - \cos\theta) + v_O\dot{\theta}\,\text{sen}\theta \qquad \ddot{y} = \dot{v}_O\,\text{sen}\theta + v_O\dot{\theta}\cos\theta$$

$$= a_O(1 - \cos\theta) + r\omega^2\,\text{sen}\theta \qquad = a_O\,\text{sen}\theta + r\omega^2\cos\theta$$

Para o instante de contato desejado, $\theta = 0$ e

$$\ddot{x} = 0 \qquad \text{e} \qquad \ddot{y} = r\omega^2 \quad ② \qquad \textit{Resp.}$$

Desse modo, a aceleração do ponto C sobre a borda no instante de contato com o solo depende unicamente de r e ω e é orientada para o centro da roda. Caso seja desejado, a velocidade e a aceleração de C em qualquer posição θ podem ser obtidas escrevendo as expressões $\mathbf{v} = \dot{x}\mathbf{i} + \dot{y}\mathbf{j}$ e $\mathbf{a} = \ddot{x}\mathbf{i} + \ddot{y}\mathbf{j}$.

A aplicação das relações cinemáticas para uma roda que rola sem deslizamento deve ser identificada para diversas configurações de rodas que giram, tais como as ilustradas na figura. Se uma roda desliza enquanto rola, as relações anteriores já não são válidas.

DICAS ÚTEIS

① Essas três relações não são completamente desconhecidas a essa altura, e a sua aplicação ao rolamento de uma roda deve ser compreendida por completo.

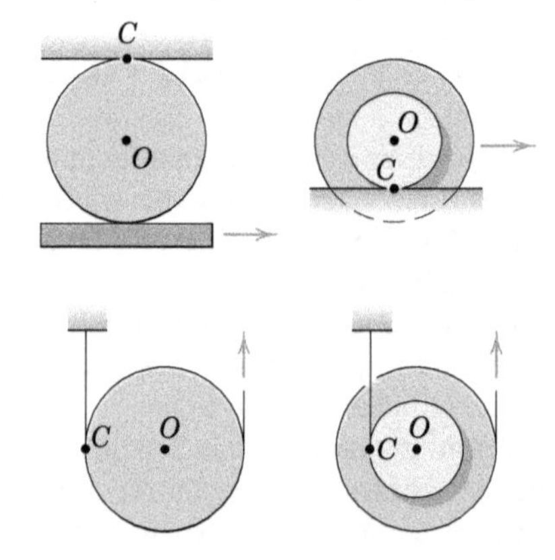

② É evidente que, quando $\theta = 0$, o ponto de contato possui velocidade nula de modo que $\dot{x} = \dot{y} = 0$. A aceleração do ponto de contato sobre a roda também será obtida pelos princípios do movimento relativo na Seção 5/6.

EXEMPLO DE PROBLEMA 5/5

A carga P está sendo içada pelo arranjo de cabo e polia apresentado. Cada cabo é enrolado firmemente em torno de sua respectiva polia de modo a não deslizar. As duas polias, às quais P está fixada, são mantidas juntas para formar um único corpo rígido. Calcule a velocidade e a aceleração da carga P e a velocidade angular ω e a aceleração angular α correspondentes da polia dupla nas seguintes condições:

Caso (a) Polia 1: $\omega_1 = \dot{\omega} = 0$ (Polia em repouso)
Polia 2: $\omega_2 = 2$ rad/s, $\alpha_2 = \dot{\omega}_2 = -3$ rad/s^2

Caso (b) Polia 1: $\omega_1 = 1$ rad/s, $\alpha_1 = \dot{\omega}_1 = 4$ rad/s^2
Polia 2: $\omega_2 = 2$ rad/s, $\alpha_2 = \dot{\omega}_2 = -2$ rad/s^2

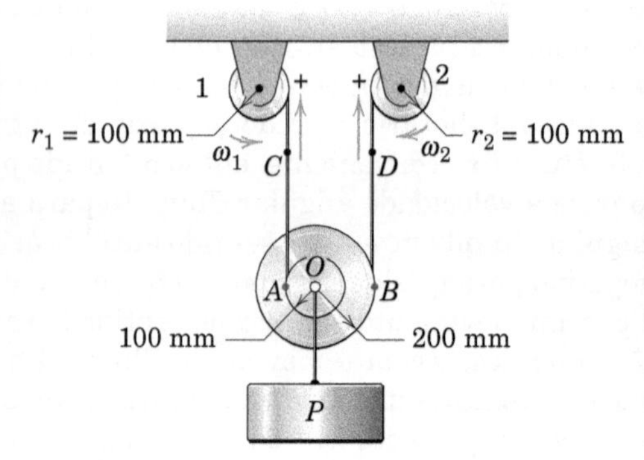

EXEMPLO DE PROBLEMA 5/5 *(continuação)*

Solução. O deslocamento, a velocidade e a aceleração tangenciais de um ponto na borda da polia 1 ou 2 são iguais aos movimentos verticais correspondentes do ponto A ou B, uma vez que admite-se que os cabos são inextensíveis.

Caso (a) Com A momentaneamente em repouso, a linha AB gira para AB' através do ângulo $d\theta$ durante o intervalo de tempo dt. A partir do diagrama verificamos que os deslocamentos e suas derivadas no tempo fornecem

$$ds_B = \overline{AB}\,d\theta \qquad v_B = \overline{AB}\omega \qquad (a_B)_t = \overline{AB}\alpha$$

$$ds_O = \overline{AO}\,d\theta \qquad v_O = \overline{AO}\omega \qquad a_O = \overline{AO}\alpha \quad ①$$

Com $v_D = r_2\omega_2 = 0{,}1(2) = 0{,}2$ m/s e $a_D = r_2\alpha_2 = 0{,}1(-3) = -\,0{,}3$ m/s^2, temos para o movimento angular da polia dupla

$$\omega = v_B/\overline{AB} = v_D/\overline{AB} = 0{,}2/0{,}3 = 0{,}667 \text{ rad/s (anti-horário)} \qquad \textit{Resp.}$$

$$\alpha = (a_B)_t/\overline{AB} = a_D/\overline{AB} = -0{,}3/0{,}3 = -1 \text{ rad/s}^2 \text{ (horário)} \quad ② \qquad \textit{Resp.}$$

O movimento correspondente de O e da carga P é

$$v_O = \overline{AO}\omega = 0{,}1(0{,}667) = 0{,}0667 \text{ m/s} \qquad \textit{Resp.}$$

$$a_O = \overline{AO}\alpha = 0{,}1(-1) = -0{,}1 \text{ m/s}^2 \quad ③ \qquad \textit{Resp.}$$

Caso (b) Com o ponto C e, portanto, o ponto A, em movimento, a linha AB se move para $A'B'$ durante o intervalo de tempo dt. A partir do diagrama para esse caso, verificamos que os deslocamentos e suas derivadas no tempo fornecem

$$ds_B - ds_A = \overline{AB}\,d\theta \qquad v_B - v_A = \overline{AB}\omega \qquad (a_B)_t - (a_A)_t = \overline{AB}\alpha$$

$$ds_O - ds_A = \overline{AO}\,d\theta \qquad v_O - v_A = \overline{AO}\omega \qquad a_O - (a_A)_t = \overline{AO}\alpha$$

Com
$$v_C = r_1\omega_1 = 0{,}1(1) = 0{,}1 \text{ m/s} \qquad v_D = r_2\omega_2 = 0{,}1(2) = 0{,}2 \text{ m/s}$$
$$a_C = r_1\alpha_1 = 0{,}1(4) = 0{,}4 \text{ m/s}^2 \qquad a_D = r_2\alpha_2 = 0{,}1(-2) = -0{,}2 \text{ m/s}^2$$

temos, para o movimento angular da polia dupla,

$$\omega = \frac{v_B - v_A}{\overline{AB}} = \frac{v_D - v_C}{\overline{AB}} = \frac{0{,}2 - 0{,}1}{0{,}3} = 0{,}333 \text{ rad/s (anti-horário)} \qquad \textit{Resp.}$$

$$\alpha = \frac{(a_B)_t - (a_A)_t}{\overline{AB}} = \frac{a_D - a_C}{\overline{AB}} = \frac{-0{,}2 - 0{,}4}{0{,}3} = -2 \text{ rad/s}^2 \text{ (horário)} \quad ④ \qquad \textit{Resp.}$$

O movimento correspondente de O e da carga P é

$$v_O = v_A + \overline{AO}\omega = v_C + \overline{AO}\omega = 0{,}1 + 0{,}1(0{,}333) = 0{,}1333 \text{ m/s} \qquad \textit{Resp.}$$

$$a_O = (a_A)_t + \overline{AO}\alpha = a_C + \overline{AO}\alpha = 0{,}4 + 0{,}1(-2) = 0{,}2 \text{ m/s}^2 \qquad \textit{Resp.}$$

DICAS ÚTEIS

① Observe que a polia interna é uma roda que rola ao longo da linha fixa do cabo do lado esquerdo. Desse modo, as expressões do Exemplo 5/4 são válidas.

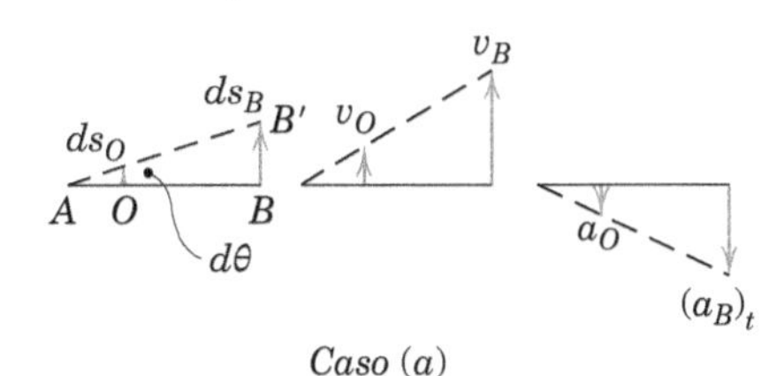

Caso (a)

② Como B se desloca ao longo de uma trajetória curva, além de sua componente tangencial de aceleração $(a_B)_t$, também possuirá uma componente normal de aceleração em direção a O, que não afeta a aceleração angular da polia.

③ Os diagramas mostram essas grandezas e a simplicidade de suas relações lineares. A descrição visual do movimento de O e B enquanto AB gira através do ângulo $d\theta$ deve esclarecer a análise.

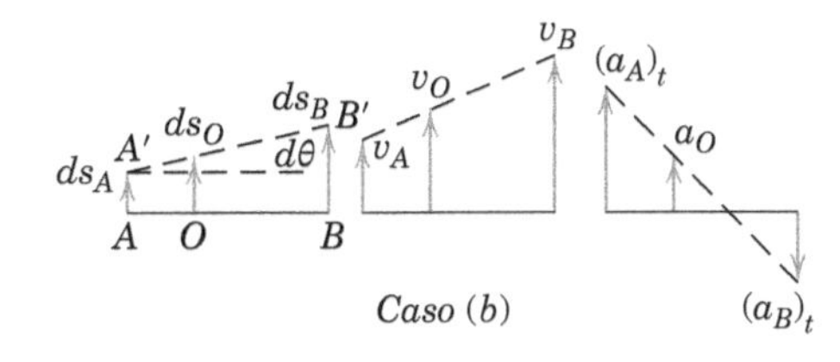

Caso (b)

④ Novamente, como no caso (a), a rotação diferencial da linha AB, como pode ser visto a partir da figura, estabelece a relação entre a velocidade angular da polia e as velocidades lineares dos pontos A, O e B. O sinal negativo para $(a_B)_t = a_D$ produz o diagrama de aceleração mostrado, mas não destrói a linearidade das relações.

EXEMPLO DE PROBLEMA 5/6

O movimento da placa em formato de triângulo equilátero ABC no seu plano é controlado pelo cilindro hidráulico D. Se a haste do pistão no cilindro está se deslocando para cima na razão constante de 0,3 m/s durante um intervalo de seu movimento, calcule, para o instante em que $\theta = 30°$, a velocidade e a aceleração do centro do rolete B na guia horizontal e a velocidade angular e a aceleração angular da aresta CB.

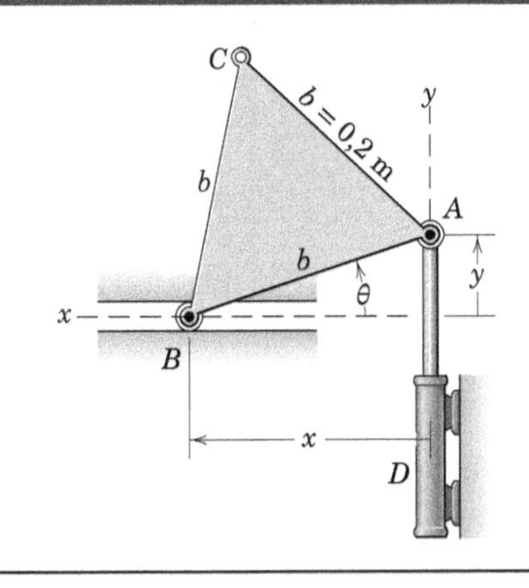

Solução. Com as coordenadas x-y escolhidas conforme indicado, o movimento conhecido de A é $v_A = \dot{y} = 0{,}3$ m/s e $a_A = \ddot{y} = 0$. O movimento resultante de B é dado por x e suas derivadas no tempo, que podem ser obtidas a partir de $x^2 + y^2 = b^2$. Diferenciando se obtém

EXEMPLO DE PROBLEMA 5/6 *(continuação)*

$$x\dot{x} + y\dot{y} = 0 \qquad \dot{x} = -\frac{y}{x}\dot{y} \quad ①$$

$$x\ddot{x} + \dot{x}^2 + y\ddot{y} + \dot{y}^2 = 0 \qquad \ddot{x} = -\frac{\dot{x}^2 + \dot{y}^2}{x} - \frac{y}{x}\ddot{y}$$

Com $y = b$ sen θ, $x = b \cos \theta$ e $\ddot{y} = 0$, as expressões se tornam

$$v_B = \dot{x} = -v_A \tan\theta$$

$$a_B = \ddot{x} = -\frac{v_A{}^2}{b}\sec^3\theta$$

Substituindo os valores numéricos $v_A = 0{,}3$ m/s e $\theta = 30°$ fornece

$$v_B = -0{,}3\left(\frac{1}{\sqrt{3}}\right) = -0{,}1732 \text{ m/s} \qquad \textit{Resp.}$$

$$a_B = -\frac{(0{,}3)^2(2/\sqrt{3})^3}{0{,}2} = -0{,}693 \text{ m/s}^2 \qquad \textit{Resp.}$$

Os sinais negativos indicam que a velocidade e a aceleração de B são ambas para a direita, uma vez que x e suas derivadas são positivas para a esquerda.

O movimento angular de CB é o mesmo que o de cada linha sobre a placa, incluindo AB. Diferenciando $y = b$ sen θ se obtém

$$\dot{y} = b\dot{\theta}\cos\theta \qquad \omega = \dot{\theta} = \frac{v_A}{b}\sec\theta$$

A aceleração angular é

$$\alpha = \dot{\omega} = \frac{v_A}{b}\dot{\theta}\sec\theta\tan\theta = \frac{v_A{}^2}{b^2}\sec^2\theta\tan\theta$$

A substituição de valores numéricos fornece

$$\omega = \frac{0{,}3}{0{,}2}\frac{2}{\sqrt{3}} = 1{,}732 \text{ rad/s} \qquad \textit{Resp.}$$

$$\alpha = \frac{(0{,}3)^2}{(0{,}2)^2}\left(\frac{2}{\sqrt{3}}\right)^2\frac{1}{\sqrt{3}} = 1{,}732 \text{ rad/s}^2 \qquad \textit{Resp.}$$

Ambas ω e α são no sentido anti-horário, uma vez que seus sinais são positivos no sentido da medida positiva de θ.

DICA ÚTIL

① Observe que é mais simples fazer a derivada de um produto do que de uma razão. Assim, derivar $x\dot{x} + y\dot{y} = 0$ no lugar de derivar $\dot{x} = -y\dot{y}/x$.

5/4 Velocidade Relativa

A segunda abordagem para a cinemática de corpo rígido utiliza os princípios do movimento relativo. Na Seção 2/8 desenvolvemos esses princípios para o movimento em relação a eixos com translação e aplicamos a equação da velocidade relativa

$$\mathbf{v}_A = \mathbf{v}_B + \mathbf{v}_{A/B} \qquad [2/20]$$

para os movimentos de duas partículas A e B.

Velocidade Relativa Devida à Rotação

Escolhemos agora dois pontos sobre *o mesmo* corpo rígido para nossas duas partículas. A consequência dessa escolha é que o movimento de um ponto, conforme visto por um observador em translação com o outro ponto, deve ser circular, uma vez que a distância radial para o ponto observado, a partir do ponto de referência, não varia. Essa observação é a *chave* para uma compreensão bem-sucedida da grande maioria dos problemas de movimento plano de corpos rígidos.

Esse conceito é ilustrado na Fig. 5/5*a*, que mostra um corpo rígido se deslocando no plano da figura a partir da posição AB para $A'B'$ durante o intervalo de tempo Δt. Esse movimento pode ser visualizado como ocorrendo em duas partes. Primeiro, o corpo realiza uma translação para a posição paralela $A''B'$ com o deslocamento $\Delta\mathbf{r}_B$. Em seguida, o corpo gira em torno de B', através do ângulo $\Delta\theta$. A partir dos eixos de referência sem rotação x'–y' presos ao ponto de referência B', pode-se observar que esse movimento restante do corpo é uma simples rotação em torno de B', dando origem ao deslocamento $\Delta\mathbf{r}_{A/B}$ de A em relação a B. Para o observador sem rotação

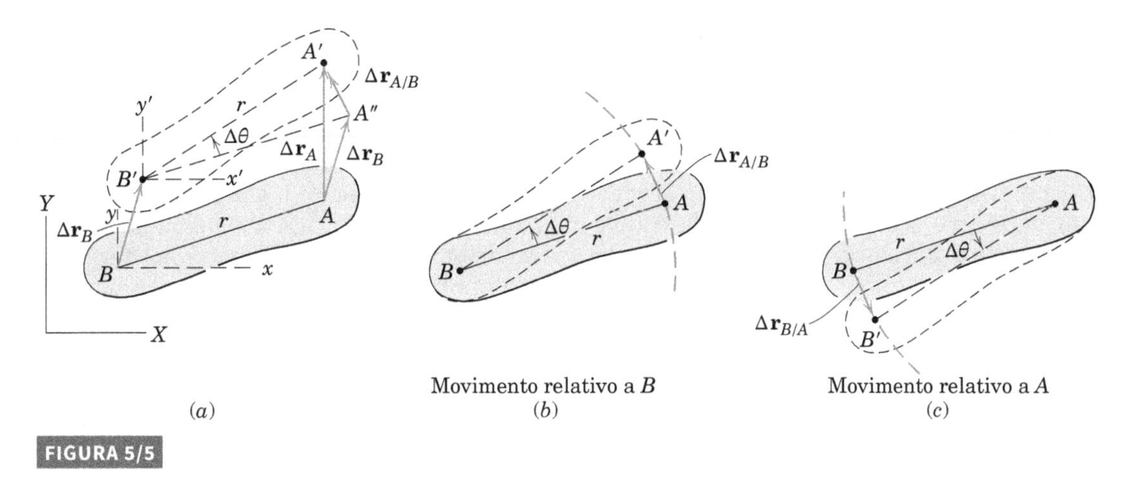

(*a*) (*b*) (*c*)

FIGURA 5/5

preso a B, o corpo parece estar submetido a uma rotação em torno de um eixo fixo B, com A executando um movimento circular, como enfatizado na Fig. 5/5*b*. Portanto, as relações desenvolvidas para o movimento circular nas Seções 2/5 e 5/2 e citadas como Eqs. 2/11 e 5/2 (ou 5/3) descrevem a parcela relativa do movimento do ponto A.

O ponto B foi escolhido arbitrariamente como o ponto de referência para a fixação de nossos eixos de referência sem rotação x-y. O ponto A poderia ter sido usado da mesma forma, caso em que observaríamos que B tem um movimento circular em torno de A, considerado fixo, como mostrado na Fig. 5/5*c*. Vemos que o sentido da rotação, sentido anti-horário nesse exemplo, é o mesmo, quer escolhamos A ou B como a referência, e vemos que $\Delta\mathbf{r}_{B/A} = -\Delta\mathbf{r}_{A/B}$.

Com B como o ponto de referência, vemos a partir da Fig. 5/5*a* que o deslocamento total de A é

$$\Delta\mathbf{r}_A = \Delta\mathbf{r}_B + \Delta\mathbf{r}_{A/B}$$

em que $\Delta\mathbf{r}_{A/B}$ tem o módulo $r\Delta\theta$ quando $\Delta\theta$ se aproxima de zero. Notamos que *o movimento linear relativo* $\Delta\mathbf{r}_{A/B}$ é acompanhado pelo *movimento angular absoluto* $\Delta\theta$ como pode ser visto a partir dos eixos em translação x'–y'. Dividindo a expressão para $\Delta\mathbf{r}_A$ pelo intervalo de tempo correspondente Δt e tomando o limite, obtemos a equação da velocidade relativa

$$\boxed{\mathbf{v}_A = \mathbf{v}_B + \mathbf{v}_{A/B}} \qquad (5/4)$$

Esta expressão é a mesma da Eq. 2/20, com uma restrição de que a distância r entre A e B permanece constante. O módulo da velocidade relativa é, dessa forma, visto como $v_{A/B} = \lim_{\Delta t \to 0}(|\Delta\mathbf{r}_{A/B}|/\Delta t) = \lim_{\Delta t \to 0}(r\Delta\theta/\Delta t)$ que, com $\omega = \dot{\theta}$, torna-se

$$\boxed{v_{A/B} = r\omega} \qquad (5/5)$$

Usando $\mathbf{r}$ para representar o vetor $\mathbf{r}_{A/B}$ a partir da primeira das Eqs. 5/3, podemos escrever a velocidade relativa como o vetor

$$\boxed{\mathbf{v}_{A/B} = \boldsymbol{\omega} \times \mathbf{r}} \qquad (5/6)$$

em que ω é o vetor velocidade angular normal ao plano do movimento no sentido determinado pela regra da mão direita. Uma observação crítica feita a partir das Figs. 5/5*b* e *c* é que a velocidade linear relativa é sempre perpendicular à linha que une os dois pontos em questão.

Interpretação da Equação da Velocidade Relativa

Podemos compreender melhor a aplicação da Eq. 5/4 visualizando os componentes separados de translação e rotação da equação. Esses componentes são enfatizados na Fig. 5/6, que mostra um corpo rígido em movimento plano. Com B escolhido como o ponto de referência, a velocidade de A é a soma vetorial da parcela de translação $\mathbf{v}_B$,

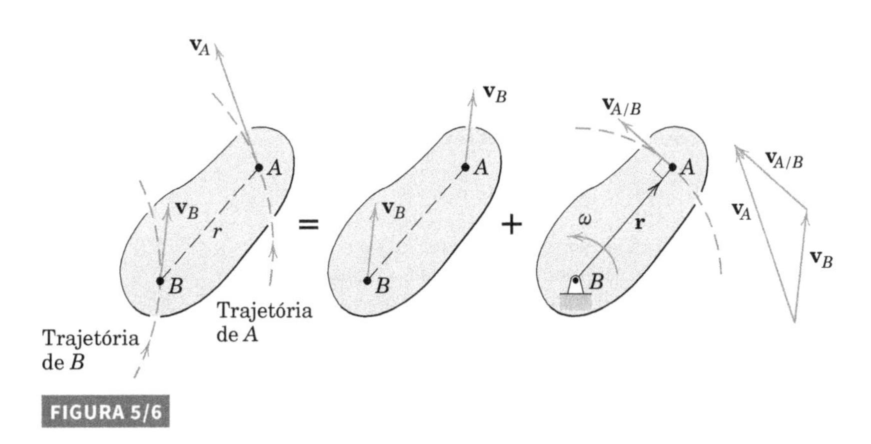

FIGURA 5/6

adicionada da parcela de rotação $\mathbf{v}_{A/B} = \omega \times \mathbf{r}$, que possui a intensidade $v_{A/B} = r\omega$, em que $|\omega| = \dot{\theta}$, a velocidade angular absoluta de AB. O fato de a *velocidade linear relativa* ser *sempre perpendicular* à linha que une os dois pontos em questão é uma chave importante para a solução de muitos problemas. Para reforçar a compreensão desse conceito, você deve desenhar o diagrama equivalente onde o ponto A é utilizado como o ponto de referência em vez de B.

A Eq. 5/4 também pode ser utilizada para analisar o contato com deslizamento restrito entre dois elementos em um mecanismo. Nesse caso, escolhemos os pontos A e B como coincidentes, um em cada elemento, para o instante em estudo. Em contraste com o exemplo anterior, nesse caso, os dois pontos estão em corpos diferentes; por essa razão, não estão separados de uma distância fixa. Esse segundo uso da equação da velocidade relativa é ilustrado no Exemplo de Problema 5/10.

Solução da Equação da Velocidade Relativa

A solução da equação da velocidade relativa pode ser realizada por álgebra escalar ou vetorial, ou uma análise gráfica pode ser empregada. Um esboço do polígono vetorial que representa a equação vetorial deve sempre ser produzido para exibir as relações físicas envolvidas. A partir desse esboço, você pode escrever os componentes de equações escalares projetando os vetores nas direções convenientes. Normalmente, é possível evitar a solução de equações simultâneas por meio de uma escolha cuidadosa das projeções. De forma alternativa, cada termo na equação do movimento relativo pode ser escrito em termos de seus componentes **i** e **j**, a partir dos quais se obtêm duas equações escalares quando a igualdade é aplicada, separadamente, para os coeficientes dos termos **i** e **j**.

Muitos problemas se prestam a uma solução gráfica, especialmente quando a geometria fornecida resulta em uma expressão matemática complicada. Nesse caso, traçamos inicialmente os vetores conhecidos em suas posições corretas utilizando uma escala conveniente. Em seguida, traçamos os vetores desconhecidos que completam o polígono e satisfazem à equação vetorial. Finalmente, medimos os vetores desconhecidos diretamente a partir do desenho.

A escolha do método a ser utilizado depende do problema específico em questão, da precisão necessária e da preferência e experiência individual. Todas as três abordagens são ilustradas nos exemplos que se seguem.

Independentemente de qual método de solução empregamos, observamos que uma só equação vetorial em duas dimensões é equivalente a duas equações escalares, de forma que no máximo duas incógnitas escalares podem ser determinadas. As incógnitas, por exemplo, poderiam ser o módulo de um vetor e a direção de outro. Devemos efetuar uma identificação sistemática do que é conhecido e das incógnitas antes de tentar uma solução.

EXEMPLO DE PROBLEMA 5/7

A roda de raio $r = 300$ mm rola para a direita sem deslizar e possui uma velocidade $v_O = 3$ m/s em seu centro O. Calcule a velocidade do ponto A na roda para o instante representado.

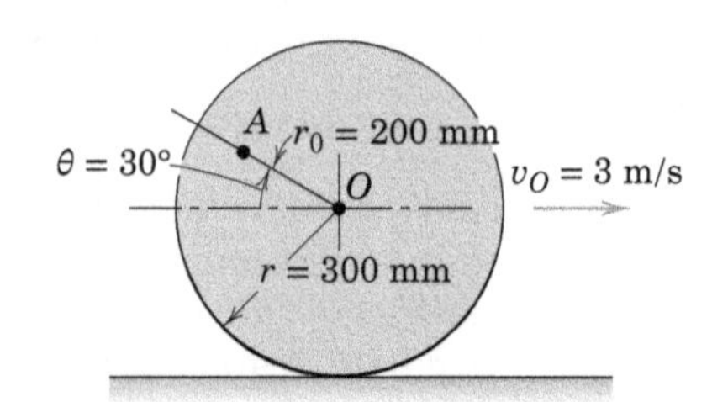

Solução I (Escalar-Geométrica). O centro O é escolhido como o ponto de referência para a equação da velocidade relativa uma vez que o seu movimento é fornecido. Escrevemos então

$$\mathbf{v}_A = \mathbf{v}_O + \mathbf{v}_{A/O}$$

em que o termo da velocidade relativa é observado a partir dos eixos em translação x-y fixados em O. A velocidade angular de AO é a mesma que a da roda, a qual, a partir do Exemplo 5/4, é $\omega = v_O/r = 3/0{,}3 = 10$ rad/s. Desse modo, a partir da Eq. 5/5 temos

$$[v_{A/O} = r_0\dot{\theta}] \qquad v_{A/O} = 0{,}2(10) = 2 \text{ m/s}$$

que é normal a AO como mostrado. ① O vetor soma $\mathbf{v}_A$ é mostrado no diagrama e pode ser calculado a partir da lei dos cossenos. Dessa forma

$$v_A{}^2 = 3^2 + 2^2 + 2(3)(2)\cos 60° = 19 \text{ (m/s)}^2 \qquad v_A = 4{,}36 \text{ m/s} \text{ ②} \qquad \textit{Resp.}$$

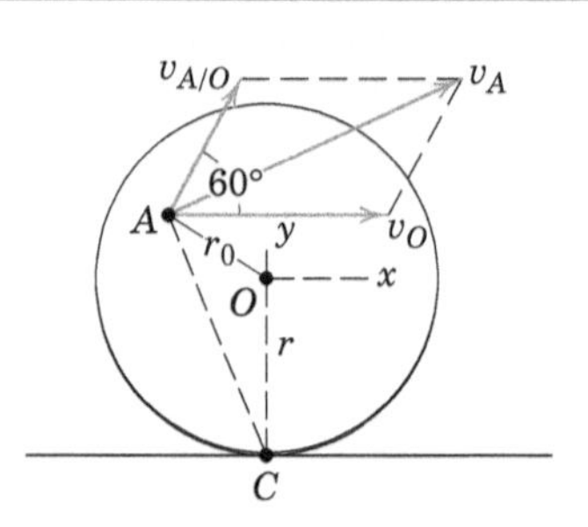

O ponto de contato C possui instantaneamente velocidade nula e pode ser utilizado como alternativa para o ponto de referência, nesse caso, a equação da velocidade relativa vem a ser $\mathbf{v}_A = \mathbf{v}_C - \mathbf{v}_{A/C} = \mathbf{v}_{A/C}$, em que

$$v_{A/C} = \overline{AC}\omega = \frac{\overline{AC}}{\overline{OC}}v_O = \frac{0{,}436}{0{,}300}(3) = 4{,}36 \text{ m/s} \qquad v_A = v_{A/C} = 4{,}36 \text{ m/s}$$

DICAS ÚTEIS

① Certifique-se de visualizar $v_{A/O}$ como a velocidade que A parece ter em seu movimento circular em relação a O.

② Os vetores podem também ser dispostos graficamente em escala, e o módulo e a direção de v_A medidos diretamente do diagrama.

EXEMPLO DE PROBLEMA 5/7 (*continuação*)

A distância $\overline{AC}$ = 436 mm é calculada separadamente. Vemos que $\mathbf{v}_A$ é normal a AC, uma vez que A está momentaneamente girando em torno do ponto C. ③

Solução II (Vetorial). Utilizamos agora a Eq. 5/6 e escrevemos

$$\mathbf{v}_A = \mathbf{v}_O + \mathbf{v}_{A/O} = \mathbf{v}_O + \boldsymbol{\omega} \times \mathbf{r}_0$$

em que

$$\boldsymbol{\omega} = -10\mathbf{k} \text{ rad/s} \quad ④$$

$$\mathbf{r}_0 = 0{,}2(-\mathbf{i} \cos 30° + \mathbf{j} \text{ sen } 30°) = -0{,}1732\mathbf{i} + 0{,}1\mathbf{j} \text{ m}$$

$$\mathbf{v}_O = 3\mathbf{i} \text{ m/s}$$

Agora resolvemos a equação vetorial

$$\mathbf{v}_A = 3\mathbf{i} + \begin{vmatrix} \mathbf{i} & \mathbf{j} & \mathbf{k} \\ 0 & 0 & -10 \\ -0{,}1732 & 0{,}1 & 0 \end{vmatrix} = 3\mathbf{i} + 1{,}732\mathbf{j} + \mathbf{i}$$

$$= 4\mathbf{i} + 1{,}732\mathbf{j} \text{ m/s} \qquad \textit{Resp.}$$

O módulo de $v_A = \sqrt{4^2 + (1{,}732)^2} = \sqrt{19} = 4{,}36$ m/s e o sentido concordam com a solução anterior.

③ A velocidade de qualquer ponto sobre a roda é facilmente determinada utilizando o ponto de contato C como o ponto de referência. Você deve construir os vetores velocidade para vários pontos sobre a roda para praticar.

④ O vetor ω é orientado para dentro do papel pela regra da mão direita, enquanto o sentido positivo de z é para fora do papel; daí, o sinal negativo.

EXEMPLO DE PROBLEMA 5/8

A manivela CB oscila em torno de C ao longo de um arco limitado, obrigando a manivela OA a oscilar em torno de O. Quando o mecanismo passa pela posição mostrada com CB horizontal e OA vertical, a velocidade angular de CB é de 2 rad/s no sentido anti-horário. Para esse instante, determine as velocidades angulares de OA e AB.

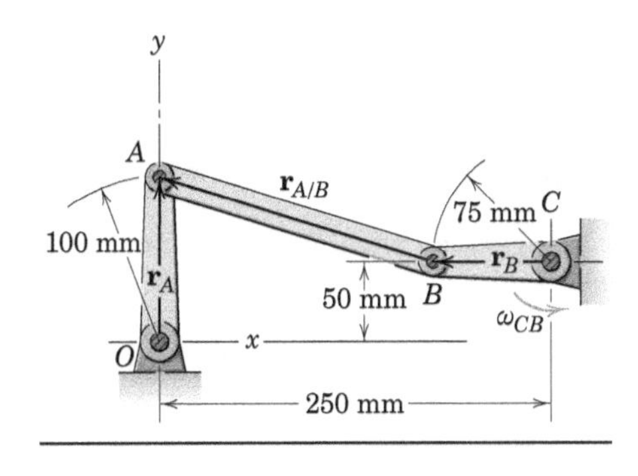

Solução I (Vetorial). A equação da velocidade relativa $\mathbf{v}_A = \mathbf{v}_B + \mathbf{v}_{A/B}$ é reescrita como

$$\boldsymbol{\omega}_{OA} \times \mathbf{r}_A = \boldsymbol{\omega}_{CB} \times \mathbf{r}_B + \boldsymbol{\omega}_{AB} \times \mathbf{r}_{A/B} \quad ①$$

em que

$$\boldsymbol{\omega}_{OA} = \omega_{OA}\mathbf{k} \qquad \boldsymbol{\omega}_{CB} = 2\mathbf{k} \text{ rad/s} \qquad \boldsymbol{\omega}_{AB} = \omega_{AB}\mathbf{k}$$

$$\mathbf{r}_A = 100\mathbf{j} \text{ mm} \qquad \mathbf{r}_B = -75\mathbf{i} \text{ mm} \qquad \mathbf{r}_{A/B} = -175\mathbf{i} + 50\mathbf{j} \text{ mm}$$

A substituição fornece

$$\omega_{OA}\mathbf{k} \times 100\mathbf{j} = 2\mathbf{k} \times (-75\mathbf{i}) + \omega_{AB}\mathbf{k} \times (-175\mathbf{i} + 50\mathbf{j})$$

$$-100\omega_{OA}\mathbf{i} = -150\mathbf{j} - 175\omega_{AB}\mathbf{j} - 50\omega_{AB}\mathbf{i}$$

Igualando os coeficientes dos respectivos componentes **i** e **j**, temos

$$-100\omega_{OA} + 50\omega_{AB} = 0 \qquad 25(6 + 7\omega_{AB}) = 0$$

cujas soluções são

$$\omega_{AB} = -6/7 \text{ rad/s} \qquad \text{e} \qquad \omega_{OA} = -3/7 \text{ rad/s} \quad ② \qquad \textit{Resp.}$$

DICAS ÚTEIS

① Estamos usando aqui a primeira das Eqs. 5/3 e Eq. 5/6.

② Os sinais negativos nas respostas indicam que os vetores ω_{AB} e ω_{OA} estão no sentido negativo da direção **k**. Consequentemente, as velocidades angulares são no sentido horário.

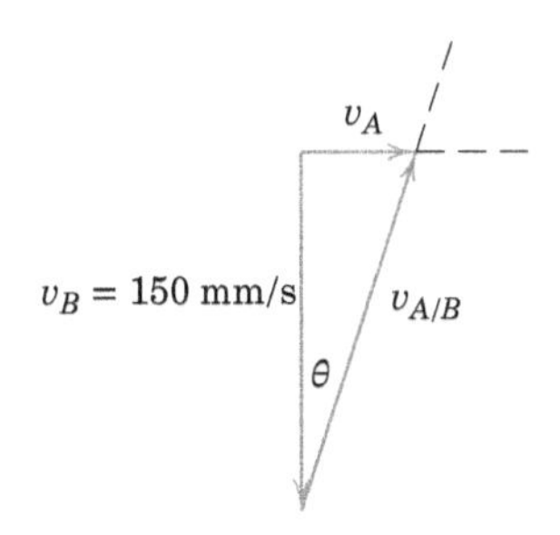

EXEMPLO DE PROBLEMA 5/8 (*continuação*)

Solução II (Escalar-Geométrica). A solução pela geometria escalar do triângulo vetorial é particularmente simples nesse caso, uma vez que $\mathbf{v}_A$ e $\mathbf{v}_B$ estão orientadas perpendicularmente para essa posição especial dos elementos. Primeiro, calculamos v_B, que é

$$[v = r\omega] \qquad v_B = 0{,}075(2) = 0{,}150 \text{ m/s}$$

e o representamos em seu sentido correto como mostrado. O vetor $\mathbf{v}_{A/B}$ deve ser perpendicular a AB, e o ângulo θ entre $\mathbf{v}_{A/B}$ e $\mathbf{v}_B$ é também o ângulo feito por AB com a direção horizontal. Esse ângulo é determinado por

$$\tan\theta = \frac{100 - 50}{250 - 75} = \frac{2}{7}$$

O vetor horizontal $\mathbf{v}_A$ completa o triângulo para o qual temos ③

$$v_{A/B} = v_B/\cos\theta = 0{,}150/\cos\theta$$

$$v_A = v_B \tan\theta = 0{,}150(2/7) = 0{,}30/7 \text{ m/s}$$

③ Sempre se certifique de que a sequência dos vetores no polígono vetorial concorda com a igualdade dos vetores especificada pela equação vetorial

As velocidades angulares vêm a ser

$$[\omega = v/r] \qquad \omega_{AB} = \frac{v_{A/B}}{\overline{AB}} = \frac{0{,}150}{\cos\theta}\frac{\cos\theta}{0{,}250 - 0{,}075}$$

$$= 6/7 \text{ rad/s horário} \qquad \textit{Resp.}$$

$$[\omega = v/r] \qquad \omega_{OA} = \frac{v_A}{\overline{OA}} = \frac{0{,}30}{7}\frac{1}{0{,}100} = 3/7 \text{ rad/s horário} \qquad \textit{Resp.}$$

EXEMPLO DE PROBLEMA 5/9

A configuração usual de um motor alternativo é a do mecanismo de bloco deslizante e manivela apresentado. Se a manivela OB possui uma velocidade de rotação no sentido horário de 1500 rpm, determine para a posição em que $\theta = 60°$, a velocidade do pistão A, a velocidade do ponto G sobre a biela e a velocidade angular da biela.

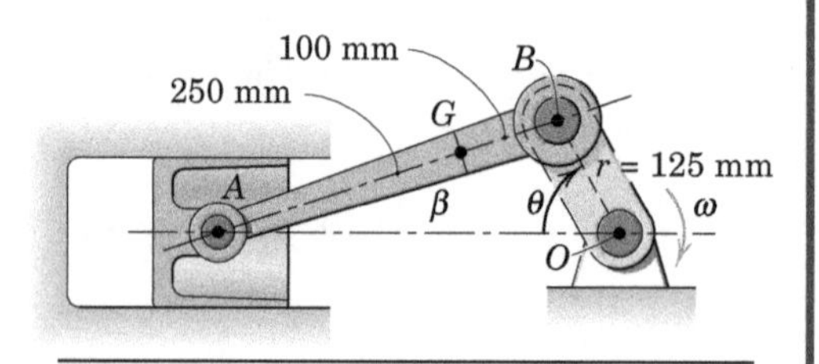

Solução. A velocidade do pino da manivela B como um ponto sobre AB é facilmente encontrada, de modo que B será utilizado como o ponto de referência para a determinação da velocidade de A. A equação da velocidade relativa pode agora ser escrita

$$\mathbf{v}_A = \mathbf{v}_B + \mathbf{v}_{A/B}$$

A velocidade do pino da manivela é

$$[v = r\omega] \qquad v_B = 0{,}125\,\frac{1500\,(2\pi)}{60} = 19{,}63 \text{ m/s} \quad ①$$

e é normal a OB. A direção de $\mathbf{v}_A$ é, evidentemente, paralela ao eixo do cilindro horizontal. A direção de $\mathbf{v}_{A/B}$ deve ser perpendicular à linha AB conforme explicado nesta seção e como indicado no diagrama inferior, onde o ponto de referência B é mostrado como fixo. Obtemos esta direção calculando o ângulo β a partir da lei dos senos, que fornece

$$\frac{125}{\operatorname{sen}\beta} = \frac{350}{\operatorname{sen} 60°} \qquad \beta = \operatorname{sen}^{-1} 0{,}309 = 18{,}02°$$

DICAS ÚTEIS

① Lembre-se sempre de converter ω para radianos por unidade de tempo quando estiver usando $v = r\omega$.

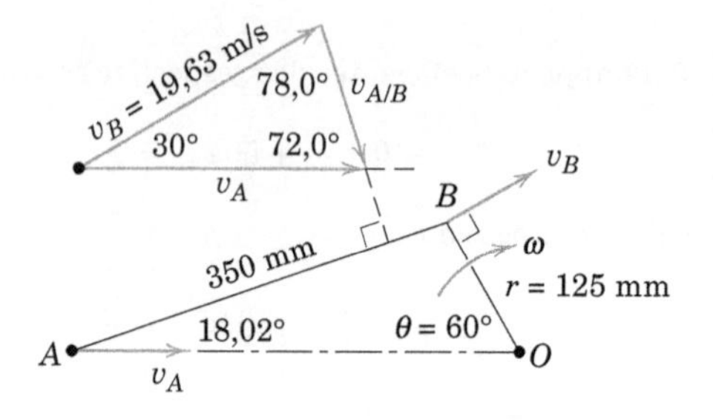

EXEMPLO DE PROBLEMA 5/9 (*continuação*)

Completamos agora o esboço do triângulo de velocidades, em que o ângulo entre $\mathbf{v}_{A/B}$ e $\mathbf{v}_A$ é de 90° – 18,02° = 72,0° e o terceiro ângulo é de 180° – 30° – 72,0° = 78,0°. Os vetores $\mathbf{v}_A$ e $\mathbf{v}_{A/B}$ são mostrados com seus sentidos corretos de tal forma que a soma vetorial de $\mathbf{v}_B$ e $\mathbf{v}_{A/B}$ é igual a $\mathbf{v}_A$. As intensidades das incógnitas são calculadas agora a partir da trigonometria do triângulo de vetores ou são escalonados a partir do diagrama quando for utilizada uma solução gráfica. Resolvendo para v_A e $v_{A/B}$ pela lei dos senos se obtém

$$\frac{v_A}{\text{sen}\,78{,}0°} = \frac{19{,}63}{\text{sen}\,72{,}0°} \qquad v_A = 20{,}2 \text{ m/s} \quad ②$$ *Resp.*

$$\frac{v_{A/B}}{\text{sen}\,30°} = \frac{19{,}63}{\text{sen}\,72{,}0°} \qquad v_{A/B} = 10{,}32 \text{ m/s}$$

A velocidade angular de AB é no sentido anti-horário, como mostrado pelo sentido de $\mathbf{v}_{A/B}$, e é

$$[\omega = v/r] \qquad \omega_{AB} = \frac{v_{A/B}}{\overline{AB}} = \frac{10{,}32}{0{,}350} = 29{,}5 \text{ rad/s}$$ *Resp.*

Descrevemos agora a velocidade de G escrevendo

$$\mathbf{v}_G = \mathbf{v}_B + \mathbf{v}_{G/B}$$

em que $v_{G/B} = \overline{GB}\omega_{AB} = \dfrac{\overline{GB}}{\overline{AB}} v_{A/B} = \dfrac{100}{350}(10{,}32) = 2{,}95$ m/s

Como se observa a partir do diagrama, $\mathbf{v}_{G/B}$ possui o mesmo sentido que $\mathbf{v}_{A/B}$. A soma vetorial é apresentada no último diagrama. Podemos calcular v_G com alguma manipulação geométrica ou simplesmente medindo o seu módulo e direção a partir do diagrama de velocidades desenhado em escala. Para simplificar adotamos aqui esse último procedimento e obtemos

$$v_G = 19{,}24 \text{ m/s}$$ *Resp.*

Como observado, o diagrama pode ser superposto diretamente sobre o primeiro diagrama de velocidades.

② A solução gráfica é a mais rápida para este problema, embora sua acurácia seja limitada. É claro que poderia ser usada álgebra vetorial para solucionar este problema, mas envolveria de certa forma mais trabalho.

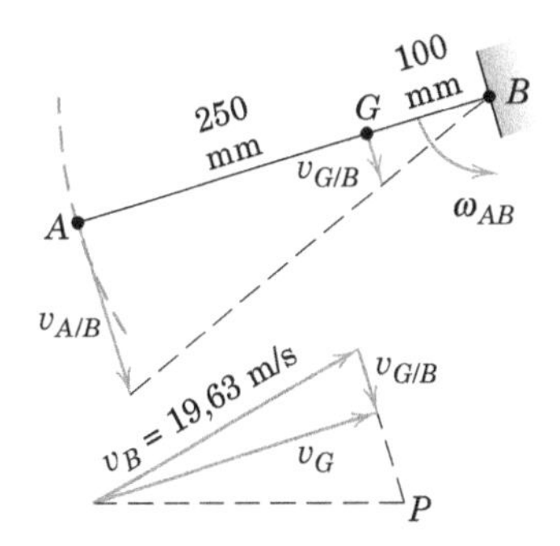

EXEMPLO DE PROBLEMA 5/10

O parafuso de acionamento gira a uma velocidade que fornece ao cursor rosqueado C uma velocidade de 0,25 m/s verticalmente para baixo. Determine a velocidade angular do braço com rasgo quando θ = 30°.

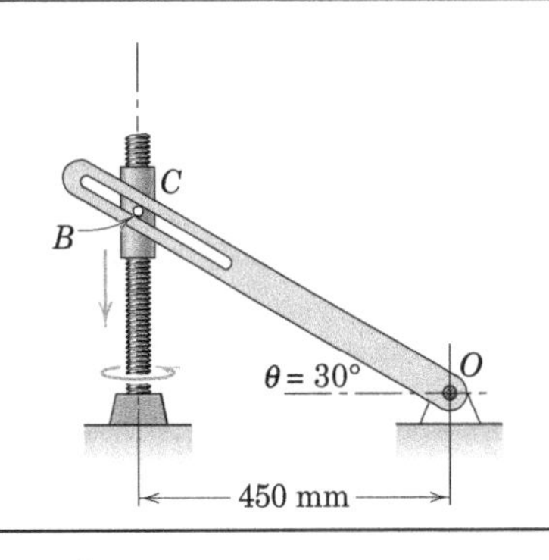

Solução. A velocidade angular do braço pode ser encontrada se a velocidade de um ponto sobre o braço é conhecida. Escolhemos um ponto A sobre o braço coincidente com o pino B do cursor para essa finalidade.① Se usarmos B como nosso ponto de referência e escrevermos $\mathrm{v}_A = \mathrm{v}_B + \mathrm{v}_{A/B}$, vemos, a partir do diagrama, que mostra o braço e os pontos A e B um instante antes e um instante depois da coincidência, que $\mathrm{v}_{A/B}$ possui uma direção paralela à ranhura em sentido oposto a O.

Os módulos de $\mathbf{v}_A$ e $\mathbf{v}_{A/B}$ são as únicas incógnitas na equação vetorial, de forma que podem ser resolvidos agora. ② Desenhamos o vetor conhecido $\mathbf{v}_B$ e, em seguida, obtemos a interseção P das direções conhecidas de $\mathbf{v}_{A/B}$ e $\mathbf{v}_A$. A solução fornece

$$v_A = v_B \cos\theta = 0{,}25 \cos 30° = 0{,}217 \text{ m/s}$$

$$[\omega = v/r] \qquad \omega = \frac{v_A}{\overline{OA}} = \frac{0{,}217}{(0{,}450)/\cos 30°}$$

$$= 0{,}417 \text{ rad/s anti-horário}$$ *Resp.*

DICAS ÚTEIS

① Fisicamente, é claro, esse ponto não existe, mas podemos imaginar tal ponto no meio da ranhura e preso ao braço.

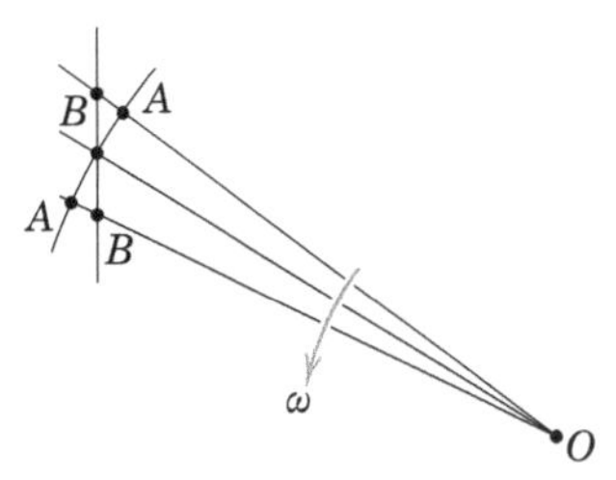

EXEMPLO DE PROBLEMA 5/10 (*continuação*)

Notamos a diferença entre esse problema de contato com deslizamento restrito entre dois elementos e os três exemplos anteriores de velocidade relativa, em que nenhum contato com deslizamento ocorreu e onde os pontos A e B foram localizados sobre o mesmo corpo rígido em cada caso.

② Identifique sempre os dados e as incógnitas antes de tentar a solução de uma equação vetorial.

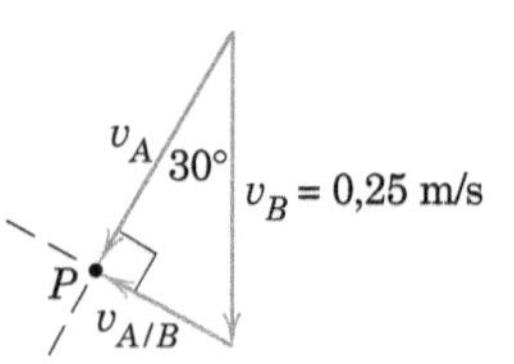

5/5 Centro Instantâneo de Velocidade Nula

Na seção anterior, determinamos a velocidade de um ponto sobre um corpo rígido em movimento plano adicionando a velocidade relativa devida à rotação em torno de um ponto de referência conveniente à velocidade do ponto de referência. Resolveremos agora o problema escolhendo um ponto de referência único que instantaneamente possui velocidade nula. No que diz respeito às velocidades, o corpo pode ser considerado como em rotação pura em torno de um eixo normal ao plano de movimento, passando através desse ponto. Esse eixo é chamado o *eixo instantâneo de velocidade nula*, e a interseção desse eixo com o plano de movimento é conhecida como o *centro instantâneo de velocidade nula*. Essa abordagem nos fornece um meio valioso para visualizar e analisar velocidades no movimento plano.

Localização do Centro Instantâneo

A existência do centro instantâneo é facilmente demonstrada. Para o corpo na Fig. 5/7, suponha que as direções das velocidades absolutas de quaisquer dois pontos A e B sobre o corpo são conhecidas e não são paralelas. Se existe um ponto em torno do qual A tem um movimento circular absoluto no instante em consideração, esse ponto deve se situar na normal a $\mathbf{v}_A$ através de A. Um raciocínio semelhante se aplica a B, e a interseção das duas perpendiculares satisfaz a exigência de um centro absoluto de rotação no *instante considerado*.

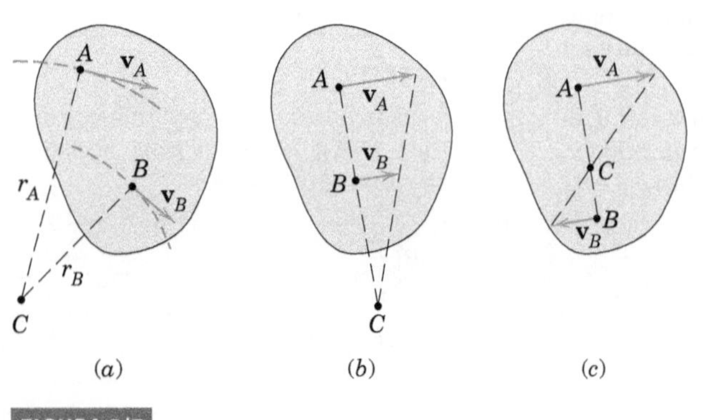

FIGURA 5/7

O ponto C é o centro instantâneo de velocidade nula e pode se situar sobre ou fora do corpo. Quando está fora do corpo, pode ser visualizado como se situando sobre uma extensão imaginária do corpo. O centro instantâneo não precisa ser um ponto fixo no corpo ou um ponto fixo no plano.

Se conhecemos, também, o módulo da velocidade de um dos pontos, digamos, v_A, podemos facilmente obter a velocidade angular ω do corpo e a velocidade linear de qualquer ponto no corpo. Desse modo, a velocidade angular do corpo, Fig. 5/7*a*, é

$$\omega = \frac{v_A}{r_A}$$

que, evidentemente, também é a velocidade angular de *toda* linha no corpo. Portanto, a velocidade de B é $v_B = r_B\omega = (r_B/r_A)v_A$. Assim que o centro instantâneo é localizado, a direção da velocidade instantânea de cada ponto no corpo é facilmente encontrada, uma vez que deve ser perpendicular à linha radial que interliga o ponto em questão com C.

Se as velocidades de dois pontos em um corpo que possui movimento de plano são paralelas, Fig. 5/7*b* ou 5/7*c*, e a linha que une os pontos é perpendicular à direção das velocidades, o centro instantâneo é localizado pela proporção direta como mostrado. Podemos facilmente ver, a partir da Fig. 5/7*b*, que conforme as velocidades paralelas se tornam iguais em módulo, o centro instantâneo se move para mais longe do corpo e se aproxima do infinito no limite conforme o corpo para de girar e apenas se translada.

Movimento do Centro Instantâneo

Conforme o corpo varia a sua posição, o centro instantâneo C também varia a sua posição tanto no espaço quanto no corpo. O lugar geométrico dos centros instantâneos no espaço é conhecido como o *centroide do espaço*, e o lugar geométrico das posições dos centros instantâneos sobre o corpo é conhecido como o *centroide do corpo*. No instante considerado, as duas curvas são tangentes na posição do ponto C. Pode ser provado que a curva do centroide do corpo rola sobre a curva do centroide do espaço durante o movimento do corpo, tal como indicado esquematicamente na Fig. 5/8.

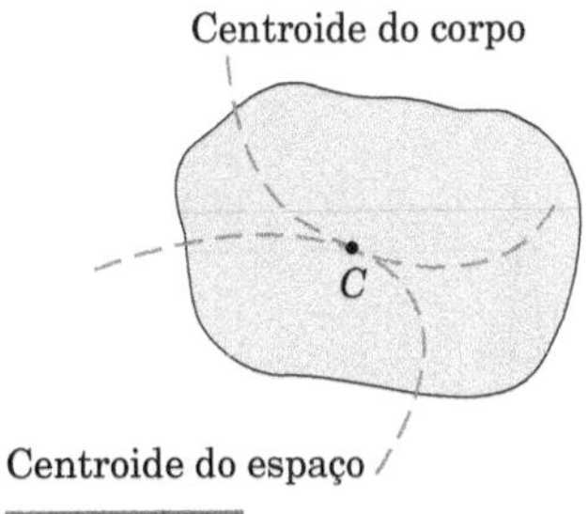

FIGURA 5/8

Embora o centro instantâneo de velocidade zero esteja momentaneamente estático, sua aceleração, em geral, não é zero. Assim, esse ponto não pode ser usado como um centro instantâneo de aceleração zero de modo análogo àquele em que foi empregado para se calcular a velocidade. Um centro instantâneo de aceleração zero não existe para corpos em movimento plano geral, mas sua localização representa um tópico especializado na cinemática de mecanismos e não será abordado aqui.

IgorSinitsyn/age fotostock/SuperStock

Este mecanismo da válvula de uma locomotiva a vapor oferece um estudo interessante (embora não seja de ponta) em cinemática de corpo rígido.

EXEMPLO DE PROBLEMA 5/11

A roda do Exemplo 5/7, apresentada aqui novamente, rola para a direita sem deslizar, com seu centro O possuindo uma velocidade v_O = 3 m/s. Localize o centro instantâneo de velocidade nula e utilize-o para encontrar a velocidade do ponto A para a posição indicada.

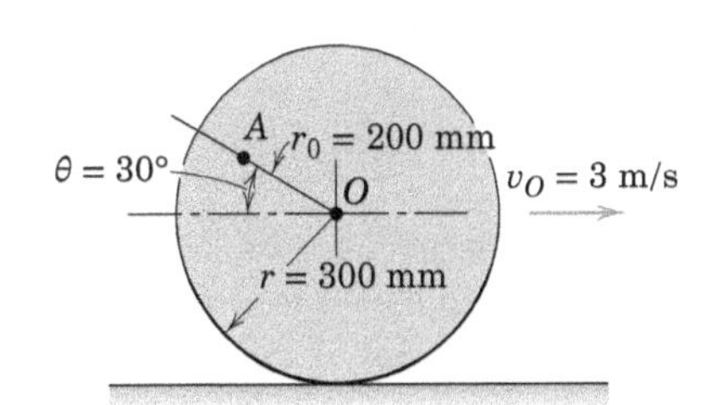

Solução. O ponto sobre a borda da roda em contato com o solo não possui velocidade quando a roda não está deslizando; é, portanto, o centro instantâneo C de velocidade nula. A velocidade angular da roda vem a ser

$[\omega = v/r] \qquad \omega = v_O/\overline{OC} = 3/0{,}300 = 10$ rad/s

A distância de A a C é

$\overline{AC} = \sqrt{(0{,}300)^2 + (0{,}200)^2 - 2(0{,}300)(0{,}200)\cos 120°} = 0{,}436$ m ①

A velocidade de A resulta em

$[v = r\omega] \qquad v_A = \overline{AC}\omega = 0{,}436(10) = 4{,}36$ m/s *Resp.*

A direção de V_A é perpendicular a AC, conforme demonstrado. ②

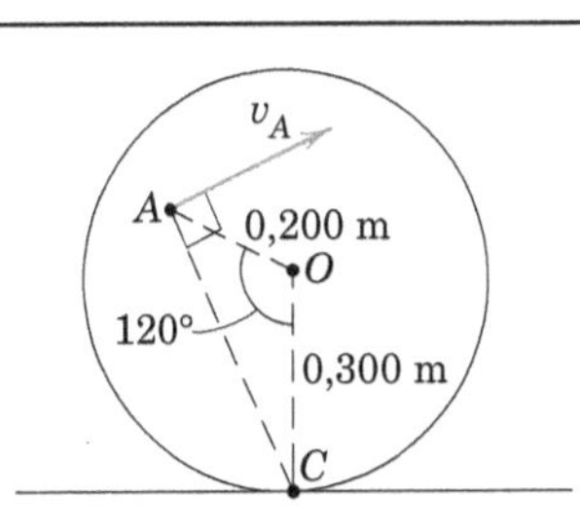

DICAS ÚTEIS

① Não deixe de reconhecer que o cosseno de 120° é ele próprio negativo.

② A partir dos resultados desse problema, você deve ser capaz de visualizar e esboçar as velocidades de todos os pontos da roda.

EXEMPLO DE PROBLEMA 5/12

O braço OB do mecanismo possui uma velocidade angular no sentido horário de 10 rad/s na posição mostrada em que $\theta = 45°$. Determine a velocidade de A, a velocidade de D, e a velocidade angular da barra AB para a posição indicada.

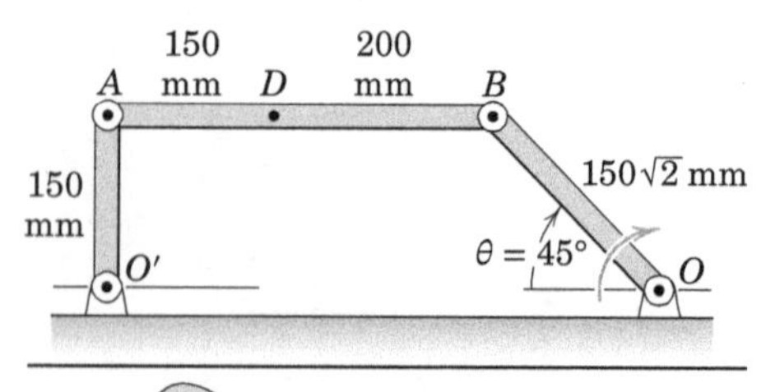

Solução. As direções das velocidades de A e B são tangentes às suas trajetórias circulares em torno dos centros fixos O' e O, conforme indicado. A interseção das duas perpendiculares às velocidades provenientes de A e B localiza o centro instantâneo C para a barra AB. ① As distâncias $\overline{AC}$, $\overline{BC}$ e $\overline{DC}$ mostradas no diagrama são calculadas ou obtidas em escala a partir do desenho. A velocidade angular de BC, considerada uma linha sobre o corpo estendido, é igual à velocidade angular de AC, DC e AB e é

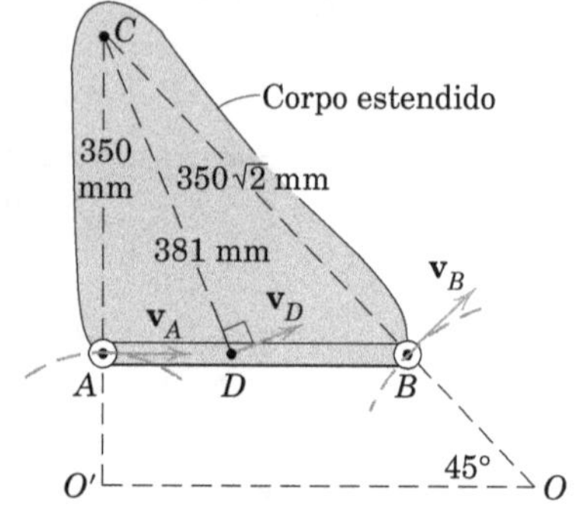

$$[\omega = v/r] \qquad \omega_{BC} = \frac{v_B}{\overline{BC}} = \frac{\overline{OB}\omega_{OB}}{\overline{BC}} = \frac{150\sqrt{2}(10)}{350\sqrt{2}}$$

$$= 4{,}29 \text{ rad/s anti-horário} \qquad \textit{Resp.}$$

Desse modo, as velocidades de A e D são

$$[v = r\omega] \qquad v_A = 0{,}350(4{,}29) = 1{,}500 \text{ m/s} \qquad \textit{Resp.}$$

$$v_D = 0{,}381(4{,}29) = 1{,}632 \text{ m/s} \qquad \textit{Resp.}$$

nas direções indicadas.

DICA ÚTIL

① Para o instante representado, devemos visualizar a barra AB e seu corpo estendido girando como um corpo único em torno do ponto C.

5/6 Aceleração Relativa

Considere a equação $\mathbf{v}_A = \mathbf{v}_B + \mathbf{v}_{A/B}$, que descreve as velocidades relativas de dois pontos A e B em movimento plano em termos de eixos de referência sem rotação. Diferenciando a equação em relação ao tempo, podemos obter a equação da aceleração relativa, que é $\dot{\mathbf{v}}_A = \dot{\mathbf{v}}_B + \dot{\mathbf{v}}_{A/B}$ ou

$$\boxed{\mathbf{a}_A = \mathbf{a}_B + \mathbf{a}_{A/B}} \qquad (5/7)$$

Colocando em palavras, a Eq. 5/7 afirma que a aceleração do ponto A é igual à soma vetorial da aceleração do ponto B e da aceleração que A aparenta ter para um observador sem rotação que se desloca com B.

Aceleração Relativa Devida à Rotação

Se os pontos A e B estão localizados sobre o mesmo corpo rígido e no plano de movimento, a distância r entre eles permanece constante de modo que o observador se deslocando com B observa que A tem um movimento circular em torno de B, como vimos na Seção 5/4 com a relação da velocidade relativa. Porque o movimento relativo é circular, o termo da aceleração relativa terá tanto uma componente normal orientada de A para B devido à variação da direção de $\mathbf{v}_{A/B}$ quanto uma componente tangencial perpendicular a AB devido à variação no módulo de $\mathbf{v}_{A/B}$. Esses componentes de aceleração para o movimento circular, citados nas Eqs. 5/2, foram abordados anteriormente na Seção 2/5 e devem ser completamente familiares a essa altura.

Desse modo, podemos escrever

$$\boxed{\mathbf{a}_A = \mathbf{a}_B + (\mathbf{a}_{A/B})_n + (\mathbf{a}_{A/B})_t} \qquad (5/8)$$

em que os módulos dos componentes da aceleração relativa são

$$\boxed{\begin{aligned}(a_{A/B})_n &= v_{A/B}{}^2/r = r\omega^2 \\ (a_{A/B})_t &= \dot{v}_{A/B} = r\alpha\end{aligned}} \qquad (5/9)$$

Em notação vetorial, os componentes da aceleração são

$$\boxed{\begin{aligned}(\mathbf{a}_{A/B})_n &= \boldsymbol{\omega} \times (\boldsymbol{\omega} \times \mathbf{r}) \\ (\mathbf{a}_{A/B})_t &= \boldsymbol{\alpha} \times \mathbf{r}\end{aligned}} \qquad (5/9a)$$

Nessas relações, ω é a velocidade angular e α é a aceleração angular do corpo. O vetor que posiciona A a partir de B é $\mathbf{r}$. É importante observar que os termos da aceleração *relativa* dependem das respectivas velocidade angular *absoluta* e aceleração angular *absoluta*.

Interpretação da Equação da Aceleração Relativa

O significado das Eqs. 5/8 e 5/9 é ilustrado na Fig. 5/9, que mostra um corpo rígido em movimento plano com os pontos A e B se deslocando ao longo de trajetórias curvas distintas com acelerações absolutas $\mathbf{a}_A$ e $\mathbf{a}_B$. Ao contrário do caso com velocidades, as acelerações $\mathbf{a}_A$ e $\mathbf{a}_B$, em geral,

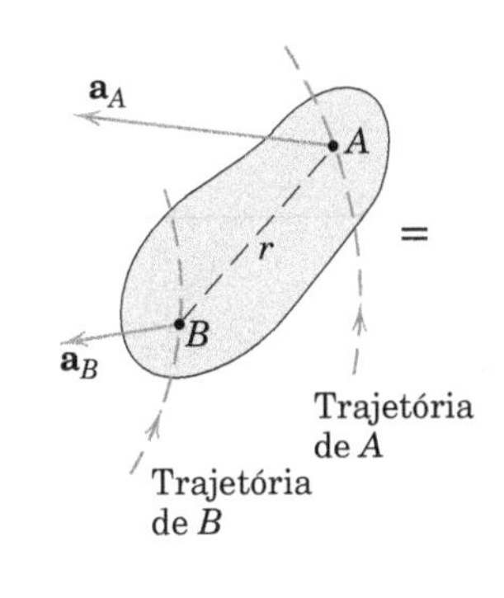

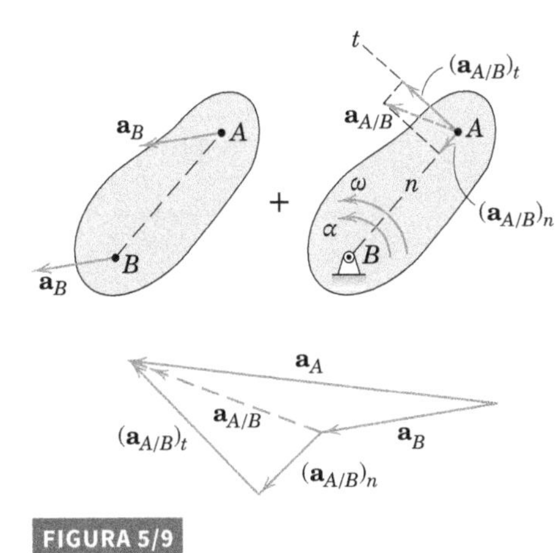

FIGURA 5/9

não são tangentes às trajetórias descritas por A e B quando essas trajetórias são curvilíneas. A figura mostra a aceleração de A como composta de duas partes: a aceleração de B e a aceleração de A em relação a B. Um esboço mostrando o ponto de referência como fixo é útil para revelar o sentido correto de cada um dos dois componentes do termo da aceleração relativa.

De forma alternativa, podemos expressar a aceleração de B em termos da aceleração de A, o que coloca o eixo de referência sem rotação sobre A em vez de B. Essa disposição fornece

$$\mathbf{a}_B = \mathbf{a}_A + \mathbf{a}_{B/A}$$

Aqui $\mathbf{a}_{B/A}$ e seus componentes n e t têm sinais contrários a $\mathbf{a}_{A/B}$ e seus componentes n e t. Para compreender melhor essa análise, você deve fazer um esboço correspondente à Fig. 5/9 para essa escolha dos termos.

Solução da Equação da Aceleração Relativa

Tal como no caso da equação da velocidade relativa, podemos manipular a solução para a Eq. 5/8 de três diferentes maneiras, isto é, por álgebra escalar e geometria, por álgebra vetorial, ou por construção gráfica. É útil estar familiarizado com todas as três técnicas. Você deve fazer um esboço do polígono de vetores que representa a equação vetorial e prestar muita atenção à combinação nos sentidos dos vetores de modo a concordarem com a equação. Vetores conhecidos devem ser adicionados primeiro, e os vetores desconhecidos serão as partes que fecham o polígono de vetores. É muito importante que você visualize os vetores em seu sentido geométrico, porque só então poderá compreender o significado completo da equação da aceleração.

Antes de tentar uma solução, identifique os dados e as incógnitas, lembrando que uma solução para uma equação vetorial em duas dimensões pode ser obtida quando as incógnitas forem reduzidas a duas grandezas escalares. Essas grandezas podem ser o módulo ou a direção de qualquer um dos termos da equação. Quando os dois pontos se deslocam em trajetórias curvas, haverá, em geral, seis grandezas escalares para levar em consideração na Eq. 5/8.

Como os componentes da aceleração normal dependem das velocidades, geralmente é necessário determinar as velocidades antes que os cálculos da aceleração possam ser feitos. Escolha o ponto de referência na equação da aceleração relativa como algum ponto sobre o corpo em questão cuja aceleração ou é conhecida ou pode ser encontrada facilmente. Tenha cuidado para *não* usar o centro instantâneo de velocidade nula como o ponto de referência, a menos que sua aceleração seja conhecida e contabilizada.

Um centro instantâneo de aceleração nula existe para um corpo rígido em movimento plano geral, mas não será discutido aqui, uma vez que sua utilização é relativamente especializada.

EXEMPLO DE PROBLEMA 5/13

A roda de raio r rola para a esquerda sem deslizar e, no instante considerado, o centro O possui uma velocidade $\mathbf{v}_O$ e uma aceleração $\mathbf{a}_O$ para a esquerda. Determine a aceleração dos pontos A e C na roda para o instante considerado.

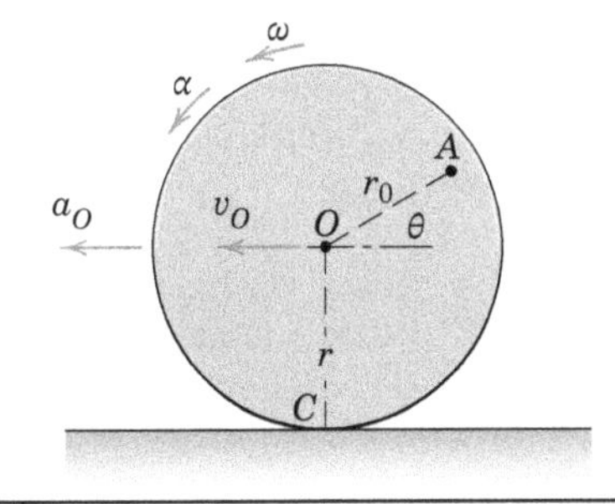

Solução. A partir de nossa análise anterior no Exemplo 5/4, sabemos que a velocidade angular e a aceleração angular da roda são

$$\omega = v_O/r \qquad \text{e} \qquad \alpha = a_O/r$$

A aceleração de A é escrita em termos da aceleração conhecida de O. Assim,

$$\mathbf{a}_A = \mathbf{a}_O + \mathbf{a}_{A/O} = \mathbf{a}_O + (\mathbf{a}_{A/O})_n + (\mathbf{a}_{A/O})_t$$

EXEMPLO DE PROBLEMA 5/13 *(continuação)*

Os termos da aceleração relativa são considerados como se O fosse fixo, e para esse movimento circular relativo eles possuem os módulos

$$(a_{A/O})_n = r_0\omega^2 = r_0\left(\frac{v_O}{r}\right)^2$$

$$(a_{A/O})_t = r_0\alpha = r_0\left(\frac{a_O}{r}\right)$$

e as direções indicadas. ①

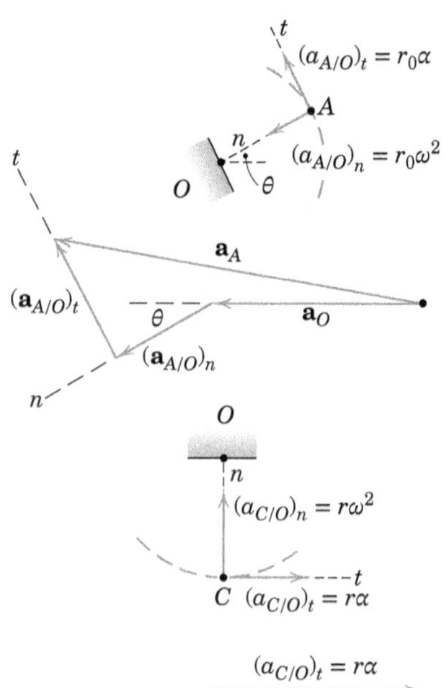

Adicionar os vetores com os seus sentidos ordenados fornece $\mathbf{a}_A$ como mostrado. Em um problema numérico, podemos obter a combinação de forma algébrica ou gráfica. A expressão algébrica para o módulo de $\mathbf{a}_A$ é encontrada a partir da raiz quadrada da soma dos quadrados de seus componentes. Se usarmos as direções n e t, temos

$$a_A = \sqrt{(a_A)_n^{\,2} + (a_A)_t^{\,2}}$$

$$= \sqrt{[a_O \cos\theta + (a_{A/O})_n]^2 + [a_O \operatorname{sen}\theta + (a_{A/O})_t]^2}$$

$$= \sqrt{(r\alpha \cos\theta + r_0\omega^2)^2 + (r\alpha \operatorname{sen}\theta + r_0\alpha)^2} \quad ② \qquad \textit{Resp.}$$

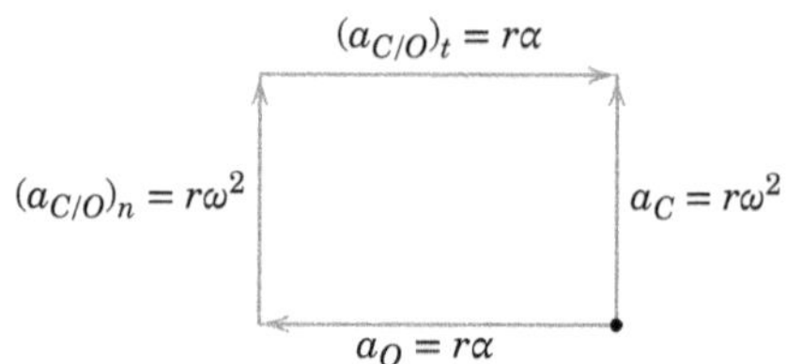

A direção de $\mathbf{a}_A$ pode ser calculada se for desejada.

A aceleração do centro instantâneo C de velocidade nula, considerando um ponto sobre a roda, é obtida a partir da expressão

$$\mathbf{a}_C = \mathbf{a}_O + \mathbf{a}_{C/O}$$

em que os componentes do termo da aceleração relativa são $(a_{C/O})_n = r\omega^2$ orientada de C para O e $(a_{C/O})_t = r\alpha$ orientada para a direita, por causa da aceleração angular no sentido anti-horário da linha CO em torno de O. Os termos são adicionados no diagrama e se observa que

$$a_C = r\omega^2 \quad ③ \qquad \textit{Resp.}$$

DICAS ÚTEIS

① A aceleração angular α no sentido anti-horário de OA determina o sentido positivo de $(a_{A/O})_t$. A componente normal $(a_{A/O})_n$ é, evidentemente, orientada para o centro de referência O.

② Caso a roda estivesse rolando para a direita com a mesma velocidade v_O, mas ainda tivesse uma aceleração a_O para a esquerda, note que a solução para a_A permaneceria inalterada.

③ Observamos que a aceleração do centro instantâneo de velocidade nula é independente de α e é orientada para o centro da roda. Essa conclusão é um resultado útil para se guardar.

EXEMPLO DE PROBLEMA 5/14

O mecanismo do Exemplo 5/8 é reproduzido aqui. A biela CB possui uma velocidade angular no sentido anti-horário constante de 2 rad/s na posição indicada durante um curto intervalo de seu movimento. Determine a aceleração angular das barras AB e OA para essa posição. Resolva utilizando álgebra vetorial.

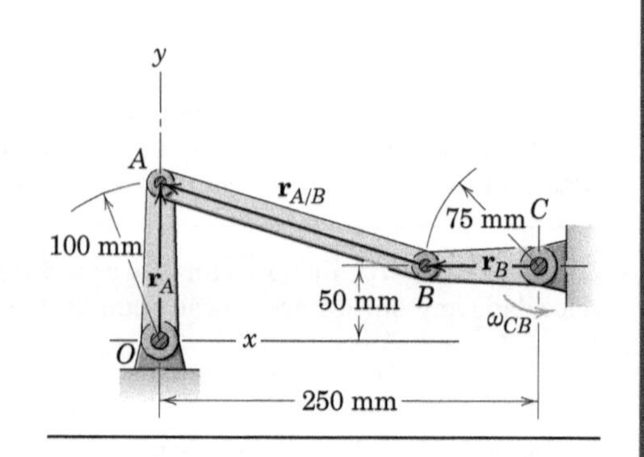

Solução. Inicialmente, determinamos as velocidades que foram obtidas no Exemplo 5/8. Que são

$$\omega_{AB} = -6/7 \text{ rad/s} \qquad \text{e} \qquad \omega_{OA} = -3/7 \text{ rad/s}$$

em que o sentido anti-horário (sentido $+\mathbf{k}$) é considerado positivo. A equação da aceleração é

$$\mathbf{a}_A = \mathbf{a}_B + (\mathbf{a}_{A/B})_n + (\mathbf{a}_{A/B})_t$$

EXEMPLO DE PROBLEMA 5/14 *(continuação)*

em que, a partir das Eqs. 5/3 e 5/9*a*, podemos escrever

$$\mathbf{a}_A = \boldsymbol{\alpha}_{OA} \times \mathbf{r}_A + \boldsymbol{\omega}_{OA} \times (\boldsymbol{\omega}_{OA} \times \mathbf{r}_A) \quad ①$$

$$= \alpha_{OA}\mathbf{k} \times 100\mathbf{j} + (-\tfrac{3}{7}\mathbf{k}) \times (-\tfrac{3}{7}\mathbf{k} \times 100\mathbf{j})$$

$$= -100\alpha_{OA}\mathbf{i} - 100(\tfrac{3}{7})^2\mathbf{j} \text{ mm/s}^2$$

$$\mathbf{a}_B = \boldsymbol{\alpha}_{CB} \times \mathbf{r}_B + \boldsymbol{\omega}_{CB} \times (\boldsymbol{\omega}_{CB} \times \mathbf{r}_B)$$

$$= \mathbf{0} + 2\mathbf{k} \times (2\mathbf{k} \times [-75\mathbf{i}])$$

$$= 300\mathbf{i} \text{ mm/s}^2$$

$$(\mathbf{a}_{A/B})_n = \boldsymbol{\omega}_{AB} \times (\boldsymbol{\omega}_{AB} \times \mathbf{r}_{A/B})$$

$$= -\tfrac{6}{7}\mathbf{k} \times [(-\tfrac{6}{7}\mathbf{k}) \times (-175\mathbf{i} + 50\mathbf{j})] \quad ②$$

$$= (\tfrac{6}{7})^2(175\mathbf{i} - 50\mathbf{j}) \text{ mm/s}^2$$

$$(\mathbf{a}_{A/B})_t = \boldsymbol{\alpha}_{AB} \times \mathbf{r}_{A/B}$$

$$= \alpha_{AB}\mathbf{k} \times (-175\mathbf{i} + 50\mathbf{j})$$

$$= -50\alpha_{AB}\mathbf{i} - 175\alpha_{AB}\mathbf{j} \text{ mm/s}^2$$

Agora substituímos esses resultados na equação da aceleração relativa e igualamos separadamente os coeficientes dos termos **i** e os coeficientes dos termos **j** para obter

$$-100\alpha_{OA} = 429 - 50\alpha_{AB}$$

$$-18{,}37 = -36{,}7 - 175\alpha_{AB}$$

As soluções são

$$\alpha_{AB} = -0{,}1050 \text{ rad/s}^2 \qquad \text{e} \qquad \alpha_{OA} = -4{,}34 \text{ rad/s}^2 \qquad \textit{Resp.}$$

Como o vetor unitário **k** aponta para fora do papel no sentido positivo de z, verificamos que as acelerações angulares de AB e OA são ambas no sentido horário (negativo).

É recomendável que o aluno faça um esboço de cada um dos vetores de aceleração em sua relação geométrica apropriada de acordo com a equação da aceleração relativa para ajudar a esclarecer o significado da solução.

DICAS ÚTEIS

① Lembre-se de preservar a ordem dos fatores no produto vetorial.

② Ao representar o termo $\mathbf{a}_{A/B}$ certifique-se de que $\mathbf{r}_{A/B}$ está escrito como o vetor de B para A e não o inverso.

EXEMPLO DE PROBLEMA 5/15

O mecanismo de biela e bloco deslizante do Exemplo 5/9 é reproduzido aqui. A biela OB possui uma velocidade angular constante no sentido horário de 1500 rpm. Para o instante em que o ângulo θ da biela é de 60°, determine a aceleração do pistão A e a aceleração angular da biela AB.

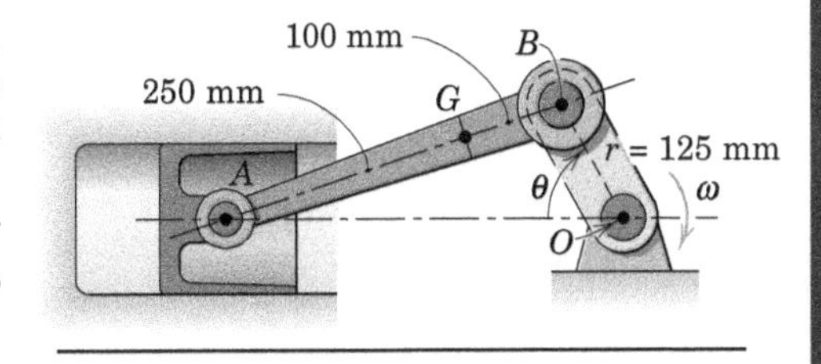

Solução. A aceleração de A pode ser expressa em termos da aceleração do pino da biela B. Assim,

$$\mathbf{a}_A = \mathbf{a}_B + (\mathbf{a}_{A/B})_n + (\mathbf{a}_{A/B})_t$$

em que o sentido anti-horário (sentido +**k**) é considerado positivo. A equação da aceleração é o ponto B se desloca em um círculo de 125 mm de raio com uma velocidade constante de modo que possui apenas uma componente normal de aceleração orientada de B para O. ①

$$[a_n = r\omega^2] \qquad a_B = 0{,}125\left(\frac{1500[2\pi]}{60}\right)^2 = 3080 \text{ m/s}^2$$

DICAS ÚTEIS

① Se a biela OB tivesse uma aceleração angular, $\mathbf{a}_B$ teria também uma componente tangencial de aceleração.

EXEMPLO DE PROBLEMA 5/15 *(continuação)*

Os termos da aceleração relativa são visualizados com A girando em um círculo em relação a B, que é considerado fixo, como indicado. A partir do Exemplo 5/9, a velocidade angular de AB para essas mesmas condições é $\omega_{AB} = 29{,}5$ rad/s de modo que

$$[a_n = r\omega^2] \qquad (a_{A/B})_n = 0{,}350(29{,}5)^2 = 305 \text{ m/s}^2 \quad ②$$

orientado de A para B. A componente tangencial $(\mathbf{a}_{A/B})_t$ é conhecida somente em sua direção uma vez que o seu módulo depende da aceleração angular de AB desconhecida. Sabemos também a direção da $\mathbf{a}_A$, uma vez que o pistão está confinado a se mover ao longo do eixo horizontal do cilindro. Existem agora apenas duas incógnitas escalares restando na equação, isto é, os módulos de $\mathbf{a}_A$ e de $(\mathbf{a}_{A/B})_t$ para que a solução possa ser efetuada.

Se adotarmos uma solução algébrica utilizando a geometria do polígono de aceleração, calculamos inicialmente o ângulo entre AB e a horizontal. Com a lei dos senos, esse ângulo resulta em 18,02°. Igualando separadamente os componentes horizontais e os componentes verticais dos termos na equação da aceleração, como observado a partir do polígono de aceleração, se obtém

$$a_A = 3080 \cos 60° + 305 \cos 18{,}02° - (a_{A/B})_t \operatorname{sen} 18{,}02°$$

$$0 = 3080 \operatorname{sen} 60° - 305 \operatorname{sen} 18{,}02° - (a_{A/B})_t \cos 18{,}02°$$

A solução dessas equações fornece os módulos

$$(a_{A/B})_t = 2710 \text{ m/s}^2 \qquad \text{e} \qquad a_A = 994 \text{ m/s}^2 \qquad \textit{Resp.}$$

Com o sentido de $(\mathbf{a}_{A/B})_t$ determinado também a partir do diagrama, a aceleração angular de AB é observada a partir da figura descrevendo a rotação em relação a B como

$$[\alpha = a_t/r] \qquad \alpha_{AB} = 2710/(0{,}350) = 7740 \text{ rad/s}^2 \text{ horário} \qquad \textit{Resp.}$$

Se adotarmos uma solução gráfica, iniciamos com os vetores conhecidos $\mathbf{a}_B$ e $(\mathbf{a}_{A/B})_n$ e os adicionamos com os sentidos ordenados, utilizando uma escala conveniente. Em seguida, traçamos a direção de $(\mathbf{a}_{A/B})_t$ através da extremidade final do último vetor. A solução da equação é obtida pela interseção P dessa última linha com a linha horizontal através do ponto de partida representando a direção conhecida do vetor soma $\mathbf{a}_A$. Tomando os módulos em escala a partir do diagrama se obtêm os valores que concordam com os resultados calculados. ③

$$a_A = 994 \text{ m/s}^2 \qquad \text{e} \qquad (a_{A/B})_t = 2710 \text{ m/s}^2 \qquad \textit{Resp.}$$

② De forma alternativa, a relação $a_n = v^2/r$ pode ser utilizada para calcular $(a_{A/B})_n$, desde que a velocidade relativa $v_{A/B}$ seja utilizada para v. A equivalência é facilmente observada quando se lembra que $v_{A/B} = r\omega$.

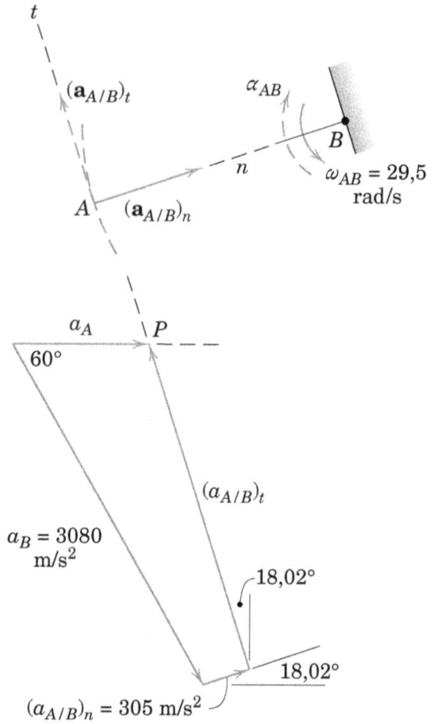

③ A não ser que uma precisão muito grande seja necessária, não hesite em utilizar uma solução gráfica, pois ela é rápida e mostra as relações físicas entre os vetores. Os vetores conhecidos, evidentemente, podem ser adicionados em qualquer ordem contanto que a equação que rege o problema seja satisfeita.

5/7 Movimento em Relação a Eixos Rotativos

Em nossa discussão do movimento relativo de partículas na Seção 2/8 e em nosso uso das equações do movimento relativo para o movimento plano de corpos rígidos no presente capítulo, utilizamos eixos de referência *sem rotação* para descrever a velocidade relativa e a aceleração relativa. A utilização de eixos de referência rotativos facilita enormemente a solução de muitos problemas em cinemática nos quais o movimento é gerado dentro de um sistema ou observado a partir de um sistema em que ele próprio está girando. Um exemplo desse tipo de movimento é o deslocamento de uma partícula de fluido ao longo da pá curva de uma bomba centrífuga, em que a trajetória em relação às pás do rotor vem a ser um ponto importante a ser levado em consideração no projeto.

Iniciamos a descrição do movimento utilizando eixos rotativos considerando o movimento plano de duas partículas A e B no plano fixo X-Y, Fig. 5/10*a*. Por enquanto, vamos considerar A e B se deslocando independentemente um do outro por uma questão de generalidade. Observamos o movimento de A a partir de um sistema de referência móvel x-y que tem a sua origem presa a B e que gira com uma velocidade angular $\omega = \dot{\theta}$. Podemos escrever essa velocidade angular como o vetor $\boldsymbol{\omega} = \omega\mathbf{k} = \dot{\theta}\mathbf{k}$, em que o vetor é normal ao plano de movimento e em que seu sentido positivo é no sentido positivo da direção z (para fora do papel), como estabelecido pela regra da mão direita. O vetor posição absoluta de A é dado por

$$\mathbf{r}_A = \mathbf{r}_B + \mathbf{r} = \mathbf{r}_B + (x\mathbf{i} + y\mathbf{j}) \qquad (5/10)$$

em que $\mathbf{i}$ e $\mathbf{j}$ são vetores unitários presos ao referencial x-y e $\mathbf{r} = x\mathbf{i} + y\mathbf{j}$ representa $\mathbf{r}_{A/B}$, o vetor posição de A com relação a B.

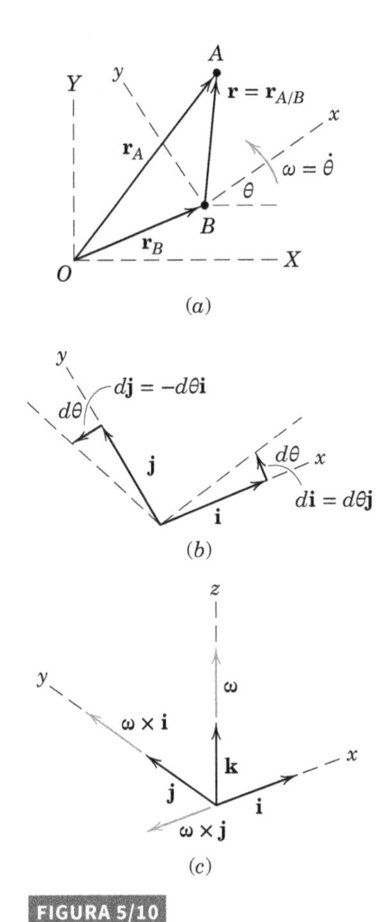

FIGURA 5/10

Derivadas no Tempo de Vetores Unitários

Para obter as equações de velocidade e de aceleração devemos diferenciar sucessivamente a equação do vetor posição em relação ao tempo. Em contraste com o caso de eixos com translação tratado na Seção 2/8, os vetores unitários **i** e **j** agora estão girando com os eixos x-y e, portanto, possuem derivadas no tempo que devem ser calculadas. Essas derivadas podem ser observadas a partir da Fig. 5/10*b*, que mostra a variação infinitesimal em cada vetor unitário durante o tempo dt enquanto os eixos de referência giram através de um ângulo $d\theta = \omega dt$. A variação diferencial em **i** é $d\mathbf{i}$, e tem a direção de **j** e um módulo igual ao ângulo $d\theta$ multiplicado pelo comprimento do vetor **i**, que é unitário. Assim, $d\mathbf{i} = d\theta\mathbf{j}$.

De modo semelhante, o vetor unitário **j** tem uma variação infinitesimal $d\mathbf{j}$ que aponta no sentido negativo da direção x, de modo que $d\mathbf{j} = -d\theta\,\mathbf{i}$. Dividindo por dt e substituindo $d\mathbf{i}/dt$ por $\dot{\mathbf{i}}$, $d\mathbf{j}/dt$ por $\dot{\mathbf{j}}$, e $d\theta/dt$ por $\dot{\theta} = \omega$ resulta em

$$\dot{\mathbf{i}} = \omega\mathbf{j} \qquad \text{e} \qquad \dot{\mathbf{j}} = -\omega\mathbf{i}$$

Utilizando o produto vetorial, podemos ver a partir da Fig. 5/10*c* que $\boldsymbol{\omega} \times \mathbf{i} = \omega\mathbf{j}$ e $\boldsymbol{\omega} \times \mathbf{j} = -\omega\mathbf{i}$. Dessa forma, as derivadas no tempo dos vetores unitários podem ser escritas como

$$\boxed{\dot{\mathbf{i}} = \boldsymbol{\omega} \times \mathbf{i} \qquad \text{e} \qquad \dot{\mathbf{j}} = \boldsymbol{\omega} \times \mathbf{j}} \tag{5/11}$$

Velocidade Relativa

Agora utilizamos as expressões das Eqs. 5/11 ao tomar a derivada no tempo da equação do vetor posição para A e B para obter a relação da velocidade relativa. A diferenciação da Eq. 5/10 fornece

$$\dot{\mathbf{r}}_A = \dot{\mathbf{r}}_B + \frac{d}{dt}(x\mathbf{i} + y\mathbf{j})$$
$$= \dot{\mathbf{r}}_B + (x\dot{\mathbf{i}} + y\dot{\mathbf{j}}) + (\dot{x}\mathbf{i} + \dot{y}\mathbf{j})$$

Mas $x\dot{\mathbf{i}} + y\dot{\mathbf{j}} = \boldsymbol{\omega} \times x\mathbf{i} + \boldsymbol{\omega} \times y\mathbf{j} = \boldsymbol{\omega} \times (x\mathbf{i} + y\mathbf{j}) = \boldsymbol{\omega} \times \mathbf{r}$. Além disso, como o observador em x-y mede os componentes de velocidade $\dot{x}$ e $\dot{y}$, vemos que $\dot{x}\mathbf{i} + \dot{y}\mathbf{j} = \mathbf{v}_{\text{rel}}$ que é a velocidade em relação ao sistema de referência x-y. Desse modo, a equação da velocidade relativa se torna

$$\boxed{\mathbf{v}_A = \mathbf{v}_B + \boldsymbol{\omega} \times \mathbf{r} + \mathbf{v}_{\text{rel}}} \tag{5/12}$$

A comparação da Eq. 5/12 com a Eq. 2/20 para eixos de referência que não giram mostra que $\mathbf{v}_{A/B} = \boldsymbol{\omega} \times \mathbf{r} + \mathbf{v}_{\text{rel}}$, de onde concluímos que o termo $\boldsymbol{\omega} \times \mathbf{r}$ é a diferença entre as velocidades relativas quando medidas a partir de eixos sem rotação e eixos com rotação.

Para ilustrar ainda mais o significado dos dois últimos termos na Eq. 5/12, o movimento da partícula A em relação ao plano x-y que gira é mostrado na Fig. 5/11 tal como ocorre em uma ranhura curva em uma placa que representa o sistema referência x-y com rotação. A velocidade de A medida em relação à placa, $\mathbf{v}_{\text{rel}}$, é tangente à trajetória fixa na placa x-y e tem um módulo $\dot{s}$, em que s é medido ao longo da trajetória. Essa velocidade relativa pode também ser visualizada como a velocidade $\mathbf{v}_{A/P}$ em relação a um ponto P preso à placa e coincidente com A no instante em análise. O termo $\boldsymbol{\omega} \times \mathbf{r}$ tem um módulo $r\dot{\theta}$ e uma direção normal a $\mathbf{r}$ e é a velocidade em relação a B do ponto P quando observada a partir de eixos sem rotação presos a B.

A comparação a seguir ajudará a estabelecer a equivalência, e esclarecer as diferenças entre as equações da velocidade relativa escritas para eixos de referência com rotação e sem rotação:

$$\begin{aligned}
\mathbf{v}_A &= \mathbf{v}_B + \boldsymbol{\omega} \times \mathbf{r} + \mathbf{v}_{\text{rel}} \\
\mathbf{v}_A &= \underbrace{\mathbf{v}_B + \quad \mathbf{v}_{P/B}}_{} + \mathbf{v}_{A/P} \\
\mathbf{v}_A &= \qquad \mathbf{v}_P \qquad \underbrace{\quad + \mathbf{v}_{A/P}}_{} \\
\mathbf{v}_A &= \mathbf{v}_B + \qquad \mathbf{v}_{A/B}
\end{aligned} \tag{5/12a}$$

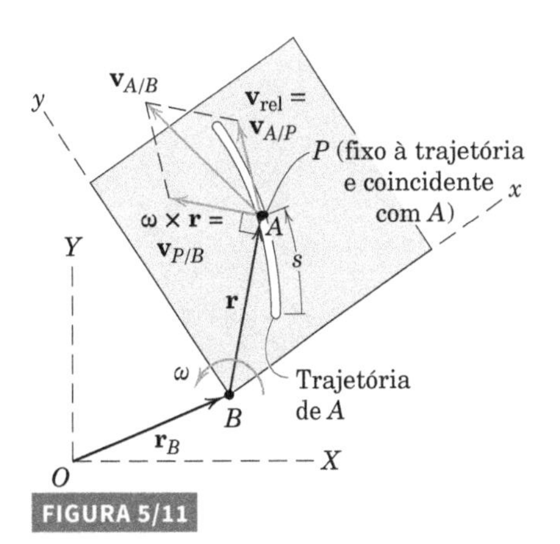

FIGURA 5/11

Na segunda equação, o termo $\mathbf{v}_{P/B}$ é medido a partir de uma posição sem rotação — caso contrário, seria nulo. O termo $\mathbf{v}_{A/P}$ é o mesmo que $\mathbf{v}_{rel}$ e é a velocidade de A quando medida no referencial x-y. Na terceira equação, $\mathbf{v}_P$ é a velocidade absoluta de P e representa o efeito do sistema de coordenadas móvel, tanto de translação quanto de rotação. A quarta equação é a mesma que aquela desenvolvida para eixos sem rotação, Eq. 2/20, e se observa que $\mathbf{v}_{A/B} = \mathbf{v}_{P/B} + \mathbf{v}_{A/P} = \omega \times \mathbf{r} + \mathbf{v}_{rel}$.

Transformação de uma Derivada no Tempo

A Eq. 5/12 representa uma transformação da derivada no tempo do vetor posição entre eixos com rotação e sem rotação. Podemos facilmente generalizar esse resultado para aplicar à derivada no tempo de qualquer grandeza vetorial $\mathbf{V} = V_x\mathbf{i} + V_y\mathbf{j}$. Portanto, a derivada total no tempo com respeito ao sistema $\boldsymbol{X}$-$\boldsymbol{Y}$ é

$$\left(\frac{d\mathbf{V}}{dt}\right)_{XY} = (\dot{V}_x\mathbf{i} + \dot{V}_y\mathbf{j}) + (V_x\dot{\mathbf{i}} + V_y\dot{\mathbf{j}})$$

Os dois primeiros termos na expressão representam a parcela da derivada total de $\mathbf{V}$ que é medida em relação ao sistema de referência x-y, e os dois últimos termos representam a parcela da derivada devida à rotação do sistema de referência.

Com as expressões para $\dot{\mathbf{i}}$ e $\dot{\mathbf{j}}$ das Eqs. 5/11, podemos agora escrever

$$\left(\frac{d\mathbf{V}}{dt}\right)_{XY} = \left(\frac{d\mathbf{V}}{dt}\right)_{xy} + \boldsymbol{\omega} \times \mathbf{V} \quad (5/13)$$

Aqui $\boldsymbol{\omega} \times \mathbf{V}$ representa a diferença entre a derivada no tempo do vetor quando medida em um sistema de referência fixo e sua derivada no tempo quando medida no sistema de referência que gira. Como veremos na Seção 7/2, que faz uma introdução sobre o movimento tridimensional, a Eq. 5/13 é válida em três dimensões, bem como em duas dimensões.

O significado físico da Eq. 5/13 é ilustrado na Fig. 5/12, que mostra o vetor $\mathbf{V}$ no instante de tempo t conforme observado tanto nos eixos fixos X-Y quanto nos eixos com rotação x-y. Como estamos tratando apenas com os efeitos da rotação, podemos traçar o vetor por meio da origem de coordenadas sem perda de generalidade. Durante o intervalo de tempo dt, o vetor gira para a posição $\mathbf{V}'$, e o observador, em x-y, mede os dois componentes (a) dV devido à sua variação de módulo e (b) $V\,d\beta$ devido a sua rotação $d\beta$ em relação a x-y. Para o observador que gira, então, a derivada $(d\mathbf{V}/dt)_{xy}$ que o observador mede tem os componentes dV/dt e $V\,d\beta/dt = V\dot{\beta}$. A parte restante da derivada total no tempo, não medida pelo observador com rotação, tem o módulo $V\,d\theta/dt$ e, expressa vetorialmente, é $\boldsymbol{\omega} \times \mathbf{V}$. Desse modo, verificamos a partir do diagrama que

$$(\dot{\mathbf{V}})_{XY} = (\dot{\mathbf{V}})_{xy} + \boldsymbol{\omega} \times \mathbf{V}$$

que é a Eq. 5/13.

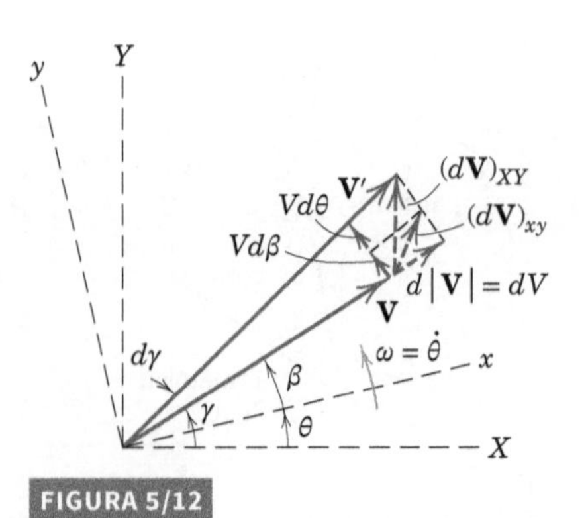

FIGURA 5/12

Aceleração Relativa

A equação da aceleração relativa pode ser obtida por diferenciação da relação da velocidade relativa, Eq. 5/12. Assim,

$$\mathbf{a}_A = \mathbf{a}_B + \dot{\boldsymbol{\omega}} \times \mathbf{r} + \boldsymbol{\omega} \times \dot{\mathbf{r}} + \dot{\mathbf{v}}_{rel}$$

No desenvolvimento da Eq. 5/12 vimos que

$$\dot{\mathbf{r}} = \frac{d}{dt}(x\mathbf{i} + y\mathbf{j}) = (x\dot{\mathbf{i}} + y\dot{\mathbf{j}}) + (\dot{x}\mathbf{i} + \dot{y}\mathbf{j})$$
$$= \boldsymbol{\omega} \times \mathbf{r} + \mathbf{v}_{rel}$$

Portanto, o terceiro termo no lado direito da equação da aceleração vem a ser

$$\boldsymbol{\omega} \times \dot{\mathbf{r}} = \boldsymbol{\omega} \times (\boldsymbol{\omega} \times \mathbf{r} + \mathbf{v}_{rel}) = \boldsymbol{\omega} \times (\boldsymbol{\omega} \times \mathbf{r}) + \boldsymbol{\omega} \times \mathbf{v}_{rel}$$

Com a ajuda das Eqs. 5/11, o último termo do lado direito da equação para $\mathbf{a}_A$ se torna

$$\dot{\mathbf{v}}_{rel} = \frac{d}{dt}(\dot{x}\mathbf{i} + \dot{y}\mathbf{j}) = (\dot{x}\dot{\mathbf{i}} + \dot{y}\dot{\mathbf{j}}) + (\ddot{x}\mathbf{i} + \ddot{y}\mathbf{j})$$
$$= \boldsymbol{\omega} \times (\dot{x}\mathbf{i} + \dot{y}\mathbf{j}) + (\ddot{x}\mathbf{i} + \ddot{y}\mathbf{j})$$
$$= \boldsymbol{\omega} \times \mathbf{v}_{rel} + \mathbf{a}_{rel}$$

Substituindo na expressão para $\mathbf{a}_A$ e reorganizando os termos, obtemos

$$\mathbf{a}_A = \mathbf{a}_B + \dot{\boldsymbol{\omega}} \times \mathbf{r} + \boldsymbol{\omega} \times (\boldsymbol{\omega} \times \mathbf{r}) + 2\boldsymbol{\omega} \times \mathbf{v}_{rel} + \mathbf{a}_{rel} \quad (5/14)$$

A Eq. 5/14 é a expressão vetorial geral para a aceleração absoluta de uma partícula A em termos de sua aceleração $\mathbf{a}_{rel}$ medida em relação a um sistema de coordenadas móvel que gira com uma velocidade angular $\boldsymbol{\omega}$ e uma aceleração angular $\dot{\boldsymbol{\omega}}$. Os termos $\dot{\boldsymbol{\omega}} \times \mathbf{r}$ e $\boldsymbol{\omega} \times (\boldsymbol{\omega} \times \mathbf{r})$são mostrados na Fig. 5/13. Eles representam, respectivamente, os componentes tangencial e normal da aceleração $\mathbf{a}_{P/B}$ do ponto coincidente P em seu movimento circular com relação a B. Esse movimento seria observado a partir de um conjunto de eixos sem rotação que se desloca com B. O módulo de $\dot{\boldsymbol{\omega}} \times \mathbf{r}$ é $r\ddot{\theta}$ e sua direção é tangente ao círculo. O módulo de $\boldsymbol{\omega} \times (\boldsymbol{\omega} \times \mathbf{r})$ é $r\omega^2$ e seu sentido é de P para B ao longo da normal ao círculo.

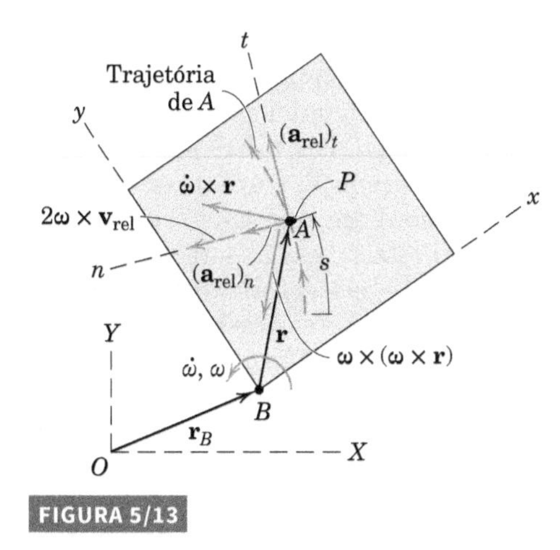

FIGURA 5/13

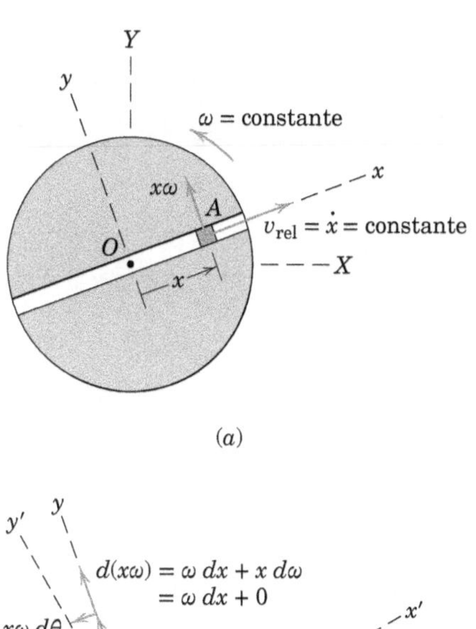

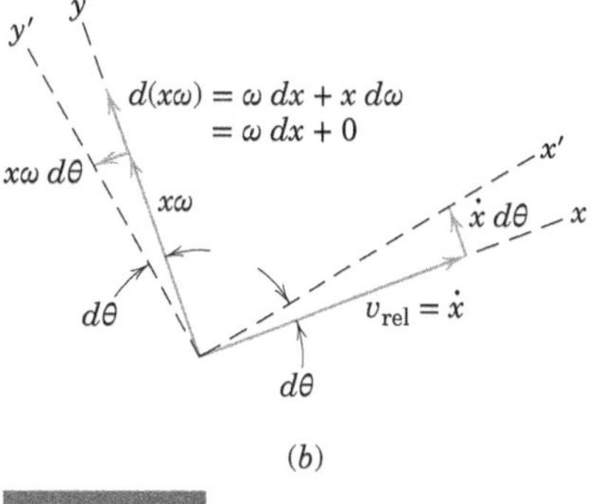

FIGURA 5/14

A aceleração de A em relação à placa ao longo da trajetória, $\mathbf{a}_{rel}$, pode ser expressa em coordenadas retangulares, normal e tangencial, ou polares no sistema com rotação. Com frequência usam-se as componentes n e t, e essas componentes estão representadas na Fig. 5/13. A componente tangencial tem o módulo $(a_{rel})_t = \ddot{s}$ em que s é a distância medida ao longo da trajetória até A. A componente normal tem o módulo $(a_{rel})_n = v_{rel}^2/\rho$, em que ρ é o raio de curvatura da trajetória conforme medido em x-y. O sentido desse vetor é sempre orientado para o centro de curvatura.

Aceleração de Coriolis

O termo $2\omega \times \mathbf{v}_{rel}$, mostrado na Fig. 5/13, é chamado de *aceleração de Coriolis*.* Representa a diferença entre a aceleração de A em relação a P quando medida a partir de eixos sem rotação e a partir de eixos com rotação. A direção é sempre normal ao vetor $\mathbf{v}_{rel}$, e o sentido é definido pela regra da mão direita para o produto vetorial.

A aceleração de Coriolis $\mathbf{a}_{Cor} = 2\omega \times \mathbf{v}_{rel}$ é difícil de ser visualizada, pois é composta por dois efeitos físicos distintos. Para ajudar na visualização, vamos considerar o movimento mais simples possível em que esse termo aparece. Na Fig. 5/14*a* temos um disco que gira com uma ranhura radial na qual uma pequena partícula A está limitada a deslizar. O disco gira com uma velocidade angular constante $\omega = \dot{\theta}$ e a partícula se desloca ao longo da ranhura com uma velocidade constante $v_{rel} = \dot{x}$ em relação à ranhura. A velocidade de A tem as duas componentes: (*a*) $\dot{x}$ devido ao movimento ao longo da ranhura e (*b*) $x\omega$, devido à rotação da ranhura. As variações nesses dois componentes de velocidade devidas à rotação do disco são mostradas na parte *b* da figura para o intervalo dt, durante o qual os eixos x-y giram com o disco através do ângulo $d\theta$ para $x' - y'$.

O incremento de velocidade devido à variação na direção de $\mathbf{v}_{rel}$ é $\dot{x}\, d\theta$ e o devido à variação no módulo de $x\omega$ é $\omega\, dx$, sendo ambas na direção y normal à ranhura. Dividindo cada incremento por dt e adicionando, obtém-se $\omega\dot{x} + \dot{x}\omega = 2\dot{x}\omega$, que é o módulo da aceleração de Coriolis $2\omega \times \mathbf{v}_{rel}$.

Dividindo o incremento de velocidade restante $x\omega\, d\theta$ devido à variação na direção de $x\omega$ por dt obtém-se $x\omega\,\dot{\theta}$ ou $x\omega^2$, que é a aceleração de um ponto P fixo na ranhura e momentaneamente coincidente com a partícula A.

Veremos agora como a Eq. 5/14 se encaixa nesses resultados. Com a origem B naquela equação assumida no centro fixo O, $\mathbf{a}_B = \mathbf{0}$. Com velocidade angular constante, $\dot{\omega} \times \mathbf{r} = \mathbf{0}$. Com v_{rel} constante em módulo e sem curvatura na ranhura, $\mathbf{a}_{rel} = \mathbf{0}$. Ficamos com

$$\mathbf{a}_A = \omega \times (\omega \times \mathbf{r}) + 2\omega \times \mathbf{v}_{rel}$$

Substituindo $\mathbf{r}$ por $x\mathbf{i}$, ω por $\omega\mathbf{k}$ e $\mathbf{v}_{rel}$ por $\dot{x}\mathbf{i}$, obtém-se

$$\mathbf{a}_A = -x\omega^2\mathbf{i} + 2\dot{x}\omega\mathbf{j}$$

que verifica nossa análise da Fig. 5/14.

Observamos também que esse mesmo resultado está contido em nossa análise em coordenadas polares do movimento curvilíneo plano na Eq. 2/14 quando fazemos $\ddot{r} = 0$ e $\ddot{\theta} = 0$ e substituímos r por x e $\dot{\theta}$ por ω. Se a ranhura no disco da Fig. 5/14 fosse curva, existiria uma componente normal da aceleração em relação à ranhura de modo que $\mathbf{a}_{rel}$ não seria nula.

Sistemas com Rotação *versus* Sistemas sem Rotação

A comparação a seguir ajudará a estabelecer a equivalência e esclarecer as diferenças entre as equações da

*Nome dado em homenagem ao militar francês G. Coriolis (1792-1843), que foi o primeiro a chamar a atenção para esse termo.

Jeff Schultes/Shutterstock

O movimento relativo de um avião com respeito a um observador fixado no outro avião transladando e girando é um assunto tratado nesta seção.

aceleração relativa escritas para eixos de referência com rotação e sem rotação:

$$\begin{aligned}
\mathbf{a}_A &= \mathbf{a}_B + \underbrace{\dot{\omega} \times \mathbf{r} + \omega \times (\omega \times \mathbf{r})} + \underbrace{2\omega \times \mathbf{v}_{\text{rel}} + \mathbf{a}_{\text{rel}}} \\
\mathbf{a}_A &= \underbrace{\mathbf{a}_B + \quad \mathbf{a}_{P/B}} \quad + \quad \mathbf{a}_{A/P} \\
\mathbf{a}_A &= \quad \mathbf{a}_P \quad \underbrace{\quad + \quad \mathbf{a}_{A/P}} \\
\mathbf{a}_A &= \mathbf{a}_B + \quad \mathbf{a}_{A/B}
\end{aligned} \qquad (5/14a)$$

A equivalência de $\mathbf{a}_{P/B}$ e $\dot{\omega} \times \mathbf{r} + \omega \times (\omega \times \mathbf{r})$, conforme mostrado na segunda equação, já foi descrita. A partir da terceira equação em que $\mathbf{a}_B + \mathbf{a}_{P/B}$ foram combinados para obter $\mathbf{a}_P$, se observa que o termo da aceleração relativa $\mathbf{a}_{A/P}$, ao contrário do termo correspondente da velocidade relativa, não é igual à aceleração relativa $\mathbf{a}_{\text{rel}}$ medida a partir do sistema de referência que gira x-y.

O termo de Coriolis é, portanto, a diferença entre a aceleração $\mathbf{a}_{A/P}$ de A em relação a P quando medida em um sistema sem rotação e a aceleração $\mathbf{a}_{\text{rel}}$ de A em relação a P quando medida em um sistema com rotação. A partir da quarta equação, se observa que a aceleração $\mathbf{a}_{A/B}$ de A com respeito a B, quando medida em um sistema sem rotação, Eq. 2/21, é uma combinação dos últimos quatro termos na primeira equação para o sistema com rotação.

Os resultados expressos pela Eq. 5/14 podem ser visualizados de maneira um pouco mais simples escrevendo a aceleração de A em termos da aceleração do ponto coincidente P. Como a aceleração de P é $\mathbf{a}_P = \mathbf{a}_B + \dot{\omega} \times \mathbf{r} + \omega \times (\omega \times \mathbf{r})$, podemos reescrever a Eq. 5/14 como

$$\boxed{\mathbf{a}_A = \mathbf{a}_P + 2\omega \times \mathbf{v}_{\text{rel}} + \mathbf{a}_{\text{rel}}} \qquad (5/14b)$$

Quando a equação é escrita dessa forma, o ponto P não pode ser escolhido de forma aleatória, pois deve ser o ponto preso ao sistema de referência com rotação coincidente com A no instante da análise. Mais uma vez, a Fig. 5/13 deve ser consultada para esclarecer o significado de cada um dos termos na Eq. 5/14 e sua equivalente, Eq. 5/14*b*.

Além disso, tenha em mente que nossa análise vetorial depende do uso consistente de um conjunto de eixos coordenados definido pela regra da mão direita. Finalmente, observe que as Eqs. 5/12 e 5/14, desenvolvidas aqui para movimento plano, são igualmente válidas para movimento no espaço. A extensão para movimento no espaço será abordada na Seção 7/6.

Conceitos-Chave

Em resumo, uma vez que tenhamos escolhido o nosso sistema de referência com rotação, devemos reconhecer as seguintes grandezas nas Eqs. 5/12 e 5/14:

$\mathbf{v}_B$ = velocidade absoluta da origem B dos eixos que giram

$\mathbf{a}_B$ = aceleração absoluta da origem B dos eixos que giram

$\mathbf{r}$ = vetor posição do ponto coincidente P medido a partir de B

ω = velocidade angular dos eixos que giram

$\dot{\omega}$ = aceleração angular dos eixos que giram

$\mathbf{v}_{\text{rel}}$ = velocidade de A medida em relação aos eixos que giram

$\mathbf{a}_{\text{rel}}$ = aceleração de A medida em relação aos eixos que giram

EXEMPLO DE PROBLEMA 5/16

No instante representado, o disco com a ranhura radial está girando no sentido anti-horário em torno de O com uma velocidade angular de 4 rad/s que está diminuindo na taxa de 10 rad/s^2. O movimento do cursor A é controlado separadamente, e, nesse instante, r = 150 mm, $\dot{r}$ = 125 mm/s e $\ddot{r}$ = 2025 mm/s^2. Determine a velocidade e a aceleração absolutas de A para essa posição.

EXEMPLO DE PROBLEMA 5/16 (*continuação*)

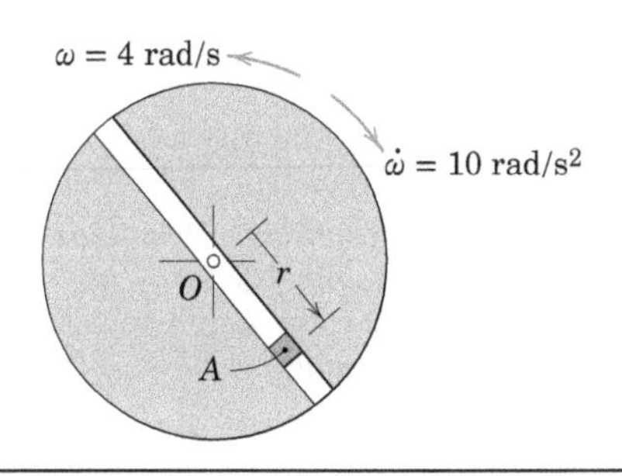

Solução. Temos movimento em relação a uma trajetória que gira, de modo que um sistema de coordenadas que gira com origem em O é indicado. Fixamos os eixos x-y ao disco e utilizamos os vetores unitários **i** e **j**.

Velocidade. Com a origem em O, o termo $\mathbf{v}_B$ da Eq. 5/12 desaparece e temos

$$\mathbf{v}_A = \boldsymbol{\omega} \times \mathbf{r} + \mathbf{v}_{rel} \quad ①$$

A velocidade angular na forma vetorial é $\omega = 4\mathbf{k}$ rad/s, em que **k** é o vetor unitário normal ao plano x-y no sentido + z. ② Nossa equação da velocidade relativa se torna

$$\mathbf{v}_A = 4\mathbf{k} \times 0{,}150\mathbf{i} + 0{,}125\mathbf{i} = 0{,}600\mathbf{j} + 0{,}125\mathbf{i} \text{ m/s} \qquad \textit{Resp.}$$

na direção e no sentido indicados e possui o módulo

$$v_A = \sqrt{(0{,}600)^2 + (0{,}125)^2} = 0{,}613 \text{ m/s} \qquad \textit{Resp.}$$

Aceleração. A Eq. 5/14 escrita para aceleração nula da origem do sistema de coordenadas que gira é

$$\mathbf{a}_A = \boldsymbol{\omega} \times (\boldsymbol{\omega} \times \mathbf{r}) + \dot{\boldsymbol{\omega}} \times \mathbf{r} + 2\boldsymbol{\omega} \times \mathbf{v}_{rel} + \mathbf{a}_{rel}$$

Os termos são

$$\boldsymbol{\omega} \times (\boldsymbol{\omega} \times \mathbf{r}) = 4\mathbf{k} \times (4\mathbf{k} \times 0{,}150\mathbf{i}) = 4\mathbf{k} \times 0{,}6\mathbf{j} = -2{,}4\mathbf{i} \text{ m/s}^2$$

$$\dot{\boldsymbol{\omega}} \times \mathbf{r} = -10\mathbf{k} \times 0{,}150\mathbf{i} = -1{,}5\mathbf{j} \text{ m/s}^2 \quad ③$$

$$2\boldsymbol{\omega} \times \mathbf{v}_{rel} = 2(4\mathbf{k}) \times 0{,}125\mathbf{i} = 1{,}0\mathbf{j} \text{ m/s}^2$$

$$\mathbf{a}_{rel} = 2{,}025\mathbf{i} \text{ m/s}^2$$

Portanto, a aceleração total é

$$\mathbf{a}_A = (2{,}025 - 2{,}4)\mathbf{i} + (1{,}0 - 1{,}5)\mathbf{j} = -0{,}375\mathbf{i} - 0{,}5\mathbf{j} \text{ m/s}^2 \qquad \textit{Resp.}$$

na direção e no sentido indicados e possui o módulo

$$a_A = \sqrt{(0{,}375)^2 + (0{,}5)^2} = 0{,}625 \text{ m/s}^2 \qquad \textit{Resp.}$$

A notação vetorial com certeza não é indispensável para a solução desse problema. O estudante deve ser capaz de realizar os passos em notação escalar com a mesma facilidade. O sentido correto do termo da aceleração de Coriolis pode sempre ser encontrado pelo sentido em que a extremidade final do vetor $\mathbf{v}_{rel}$ aponta, caso seja girado em torno de sua extremidade inicial no sentido de ω como indicado.

DICAS ÚTEIS

① Essa equação é a mesma que $\mathbf{v}_A = \mathbf{v}_P + \mathbf{v}_{A/P}$, em que P é um ponto preso ao disco coincidente com A nesse instante.

② Note que os eixos x-y-z escolhidos constituem um sistema definido pela regra da mão direita.

③ Repare que $\omega \times (\omega \times \mathbf{r})$ e $\dot{\omega} \times \mathbf{r}$ representam os componentes normal e tangencial da aceleração de um ponto P sobre o disco coincidente com A. Essa representação vem a ser a mesma da Eq. 5/14*b*.

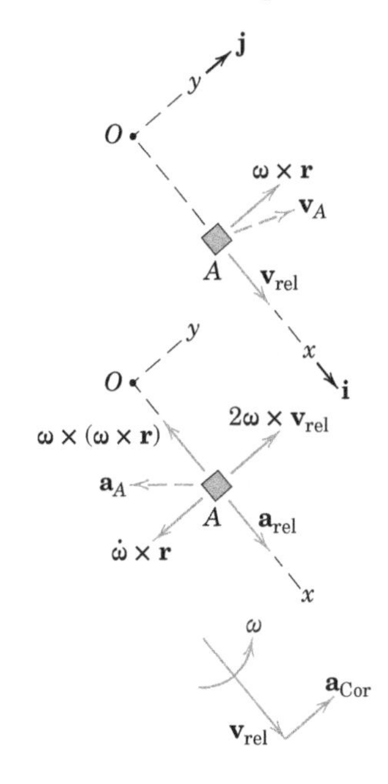

EXEMPLO DE PROBLEMA 5/17

O pino A da barra articulada AC é confinado a se deslocar na ranhura giratória da barra OD. A velocidade angular de OD é $\omega = 2$ rad/s no sentido horário e é constante para o intervalo de movimento em questão. Para a posição em que $\theta = 45°$, com AC horizontal, determine a velocidade do pino A e a velocidade de A em relação à ranhura que gira com OD.

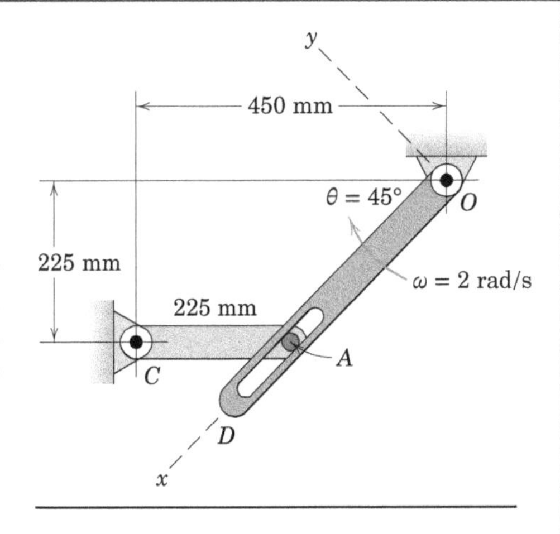

Solução. O movimento de um ponto (pino A) ao longo de uma trajetória que gira (a ranhura) sugere o uso de eixos coordenados que giram x-y presos ao braço OD. Com a origem no ponto fixo O, o termo $\mathbf{v}_B$ da Eq. 5/12 se anula, e temos $\mathbf{v}_A = \omega \times \mathbf{r} + \mathbf{v}_{rel}$.

A velocidade de A em seu movimento circular em torno de C é

$$\mathbf{v}_A = \boldsymbol{\omega}_{CA} \times \mathbf{r}_{CA} = \omega_{CA}\mathbf{k} \times (225/\sqrt{2})(-\mathbf{i} - \mathbf{j}) = (225/\sqrt{2})\omega_{CA}\,(\mathbf{i} - \mathbf{j})$$

EXEMPLO DE PROBLEMA 5/17 (*continuação*)

em que a velocidade angular ω_{CA} é arbitrariamente prescrita em um sentido horário no sentido positivo da direção z ($+\mathbf{k}$). ①

A velocidade angular ω dos eixos que giram é a mesma do braço OD e, pela regra da mão direita, é $\omega = \omega\mathbf{k} = 2\mathbf{k}$ rad/s. O vetor desde a origem até o ponto P em OD coincidente com A é $\mathbf{r} = \overline{OP}\mathbf{i} = \sqrt{(450 - 225)^2 + (225)^2}\,\mathbf{i} = 225\sqrt{2}\mathbf{i}$ mm. Assim,

$$\boldsymbol{\omega} \times \mathbf{r} = 2\mathbf{k} \times 225\sqrt{2}\mathbf{i} = 450\sqrt{2}\mathbf{j} \text{ mm/s}$$

Finalmente, o termo de velocidade relativa $\mathbf{v}_{\text{rel}}$ é a velocidade medida por um observador preso ao sistema de referência que gira e é $\mathbf{v}_{\text{rel}} = \dot{x}\mathbf{i}$. A substituição na equação da velocidade relativa fornece

$$(225/\sqrt{2})\omega_{CA}\,(\mathbf{i} - \mathbf{j}) = 450\sqrt{2}\mathbf{j} + \dot{x}\mathbf{i}$$

Igualando separadamente os coeficientes dos termos **i** e **j**, se obtém

$$(225/\sqrt{2})\omega_{CA} = \dot{x} \qquad \text{e} \qquad -(225/\sqrt{2})\omega_{CA} = 450\sqrt{2}$$

resultando

$$\omega_{CA} = -4 \text{ rad/s} \qquad \text{e} \qquad \dot{x} = v_{\text{rel}} = -450\sqrt{2} \text{ mm/s} \qquad \textit{Resp.}$$

Com um valor negativo para ω_{CA}, a velocidade angular efetiva de CA é no sentido anti-horário, de tal modo que a velocidade de A é para cima com um módulo de

$$v_A = 225(4) = 900 \text{ mm/s} \quad ② \qquad \textit{Resp.}$$

Um esclarecimento geométrico dos termos é útil e facilmente apresentado. Utilizando a equivalência entre a terceira e a primeira das Eqs. 5/12a com $\mathbf{v}_B = \mathbf{0}$ nos permite escrever $\mathbf{v}_A = \mathbf{v}_P + \mathbf{v}_{A/P}$, em que P é o ponto sobre o braço rotativo OD coincidente com A. Claramentte, $\mathbf{v}_P = \overline{OP}\omega = 225\sqrt{2}(2) = 450\sqrt{2}$ mm/s e sua direção é normal a OD. A velocidade relativa $\mathbf{v}_{A/P}$, que é igual a $\mathbf{v}_{\text{rel}}$, é descoberta a partir do fato de a figura ser paralela à ranhura e orientada para O. Essa conclusão se torna evidente quando se observa que A está se aproximando de P ao longo da ranhura por baixo, antes da coincidência, e está se afastando de P para cima ao longo da ranhura, após a coincidência. A velocidade de A é tangente ao seu arco circular em torno de C. A equação vetorial pode agora ser satisfeita já que existem apenas duas incógnitas escalares restantes, isto é, o módulo de $\mathbf{v}_{A/P}$ e o módulo de $\mathbf{v}_A$. Para a posição a 45°, a figura exige que $v_{A/P} = 450\sqrt{2}$ mm/s e $v_A = 900$ mm/s, cada um em seu sentido indicado. A velocidade angular de AC é

$$[\omega = v/r] \qquad \omega_{AC} = v_A/\overline{AC} = 900/225 = 4 \text{ rad/s anti-horário}$$

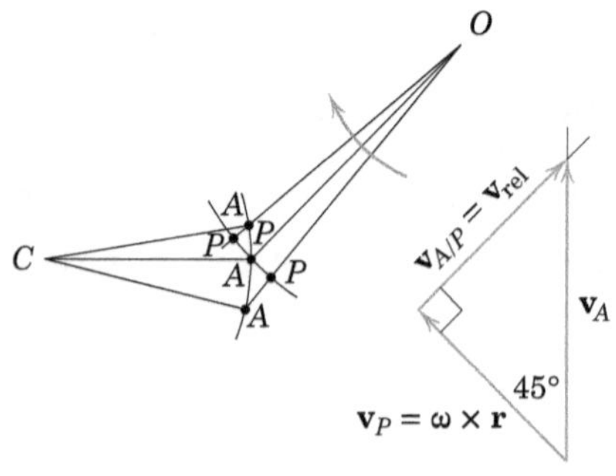

DICAS ÚTEIS

① É fisicamente bastante claro que CA terá uma velocidade angular no sentido anti-horário para as condições descritas. Por essa razão se espera um valor negativo para ω_{CA}.

② A solução do problema não é restrita aos eixos de referência utilizados. De modo alternativo, a origem dos eixos x-y, ainda presa em OD, poderia ser escolhida no ponto coincidente P sobre OD. Essa escolha apenas substituiria o termo $\omega \times \mathbf{r}$ pelo seu equivalente, $\mathbf{v}_P$. Como outra opção, todas as grandezas vetoriais poderiam ser expressas em termos dos componentes X-Y utilizando os vetores unitários **I** e **J**.

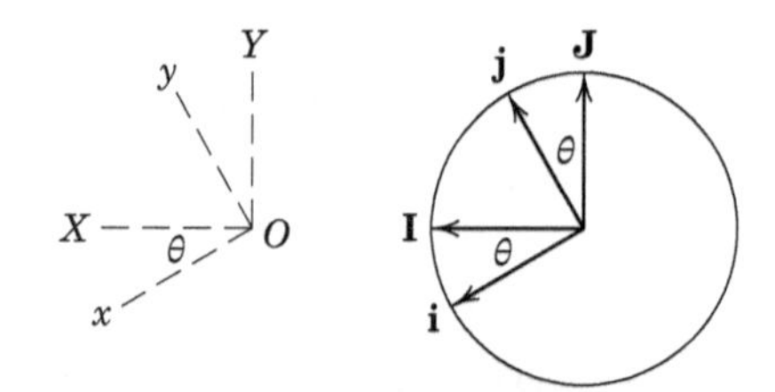

Uma conversão direta entre os dois sistemas de referência é obtida a partir da geometria do círculo unitário e fornece

$$\mathbf{i} = \mathbf{I}\cos\theta - \mathbf{J}\,\text{sen}\,\theta$$
e
$$\mathbf{j} = \mathbf{I}\,\text{sen}\,\theta + \mathbf{J}\cos\theta$$

EXEMPLO DE PROBLEMA 5/18

Para as condições do Exemplo 5/17, determine a aceleração angular de AC e a aceleração de A em relação à ranhura que gira no braço OD.

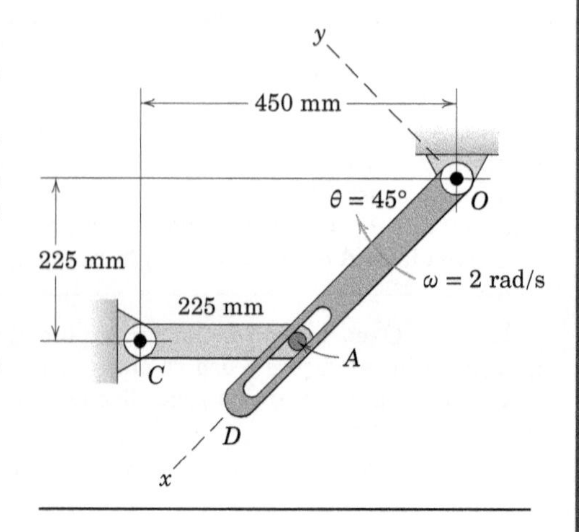

Solução. Fixamos o sistema de coordenadas que gira x-y ao braço OD e utilizamos a Eq. 5/14. Com a origem no ponto fixo O, o termo $\mathbf{a}_B$ se anula de modo que

$$\mathbf{a}_A = \dot{\boldsymbol{\omega}} \times \mathbf{r} + \boldsymbol{\omega} \times (\boldsymbol{\omega} \times \mathbf{r}) + 2\boldsymbol{\omega} \times \mathbf{v}_{\text{rel}} + \mathbf{a}_{\text{rel}}$$

Da solução para o Exemplo 5/17, utilizamos os valores $\omega = 2\mathbf{k}$ rad/s, $\omega_{CA} = -4\mathbf{k}$ rad/s e $\mathbf{v}_{\text{rel}} = -450\sqrt{2}\mathbf{i}$ mm/s e escrevemos

$$\mathbf{a}_A = \dot{\boldsymbol{\omega}}_{CA} \times \mathbf{r}_{CA} + \boldsymbol{\omega}_{CA} \times (\boldsymbol{\omega}_{CA} \times \mathbf{r}_{CA})$$
$$= \dot{\omega}_{CA}\mathbf{k} \times \frac{225}{\sqrt{2}}(-\mathbf{i} - \mathbf{j}) - 4\mathbf{k} \times \left(-4\mathbf{k} \times \frac{225}{\sqrt{2}}[-\mathbf{i} - \mathbf{j}]\right)$$

EXEMPLO DE PROBLEMA 5/18 *(continuação)*

$\dot{\boldsymbol{\omega}} \times \mathbf{r} = \mathbf{0}$ desde que $\boldsymbol{\omega}$ = constante

$$\boldsymbol{\omega} \times (\boldsymbol{\omega} \times \mathbf{r}) = 2\mathbf{k} \times (2\mathbf{k} \times 225\sqrt{2}\mathbf{i}) = -900\sqrt{2}\mathbf{i} \text{ mm/s}^2$$

$$2\boldsymbol{\omega} \times \mathbf{v}_{\text{rel}} = 2(2\mathbf{k}) \times (-450\sqrt{2}\mathbf{i}) = -1800\sqrt{2}\mathbf{j} \text{ mm/s}^2$$

$$\mathbf{a}_{\text{rel}} = \ddot{x}\mathbf{i} \quad ①$$

A substituição na equação da aceleração relativa fornece

$$\frac{1}{\sqrt{2}}(225\dot{\omega}_{CA} + 3600)\mathbf{i} + \frac{1}{\sqrt{2}}(-225\dot{\omega}_{CA} + 3600)\mathbf{j} = -900\sqrt{2}\mathbf{i} - 1800\sqrt{2}\mathbf{j} + \ddot{x}\mathbf{i}$$

Igualando separadamente os termos **i** e **j**, se obtém

$$(225\dot{\omega}_{CA} + 3600)/\sqrt{2} = -900\sqrt{2} + \ddot{x}$$

e

$$(-225\dot{\omega}_{CA} + 3600)/\sqrt{2} = -1800\sqrt{2}$$

e resolvendo para as duas incógnitas resulta

$$\dot{\omega}_{CA} = 32 \text{ rad/s}^2 \qquad \text{e} \qquad \ddot{x} = a_{\text{rel}} = 8910 \text{ mm/s}^2 \qquad \textit{Resp.}$$

Caso desejado, a aceleração de A pode também ser escrita como

$$\mathbf{a}_A = (225/\sqrt{2})(32)(\mathbf{i} - \mathbf{j}) + (3600/\sqrt{2})(\mathbf{i} + \mathbf{j}) = 7640\mathbf{i} - 2550\mathbf{j} \text{ mm/s}^2$$

Faremos uso aqui da representação geométrica da equação da aceleração relativa para esclarecer ainda mais o problema. A abordagem geométrica pode ser utilizada como uma solução alternativa. Novamente, introduzimos o ponto P sobre OD coincidente com A. Os termos escalares equivalentes são

$$(a_A)_t = |\dot{\boldsymbol{\omega}}_{CA} \times \mathbf{r}_{CA}| = r\dot{\omega}_{CA} = r\alpha_{CA} \text{ normal a } CA\text{, sentido desconhecido}$$

$$(a_A)_n = |\boldsymbol{\omega}_{CA} \times (\boldsymbol{\omega}_{CA} \times \mathbf{r}_{CA})| = r\omega_{CA}^2 \text{ de } A \text{ para } C$$

$$(a_P)_n = |\boldsymbol{\omega} \times (\boldsymbol{\omega} \times \mathbf{r})| = \overline{OP}\omega^2 \text{ de } P \text{ para } O$$

$$(a_P)_t = |\dot{\boldsymbol{\omega}} \times \mathbf{r}| = r\dot{\omega} = 0 \text{ desde que } \omega = \text{constante}$$

$$|2\boldsymbol{\omega} \times \mathbf{v}_{\text{rel}}| = 2\omega v_{\text{rel}} \text{ direcionado conforme representado}$$

$$a_{\text{rel}} = \ddot{x} \text{ ao longo de } OD\text{, sentido desconhecido}$$

Iniciamos com os vetores conhecidos e os adicionamos com seus sentidos ordenados para cada um dos lados da equação começando em R e terminando em S, onde a interseção das direções conhecidas de $(\mathbf{a}_A)_t$ e $\mathbf{a}_{\text{rel}}$ estabelece a solução. O fechamento do polígono determina o sentido de cada um dos dois vetores desconhecidos, e seus módulos são facilmente calculados a partir da geometria da figura.②

DICAS ÚTEIS

① Caso a ranhura fosse curva com um raio de curvatura ρ, o termo $\mathbf{a}_{\text{rel}}$ teria uma componente v_{rel}^2/ρ normal à ranhura e orientada para o centro de curvatura, além da sua componente ao longo da ranhura.

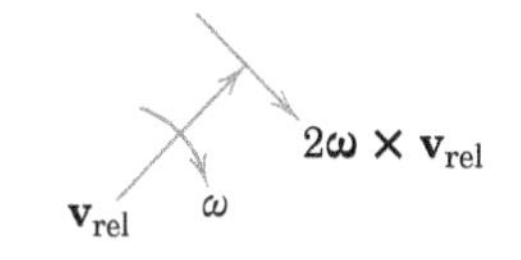

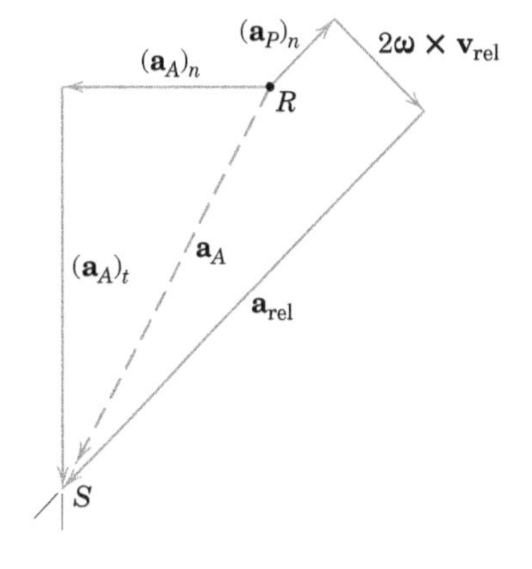

② É sempre possível evitar uma solução simultânea projetando os vetores perpendicularmente a uma das incógnitas.

EXEMPLO DE PROBLEMA 5/19

O avião B tem uma velocidade constante de 150 m/s quando passa na parte mais baixa de uma acrobacia aérea na forma de um círculo em plano vertical com 400 metros de raio. O avião A voando horizontalmente no plano da acrobacia passa a 100 m diretamente abaixo de B a uma velocidade constante de 100 m/s. (*a*) Determine a velocidade e a aceleração instantâneas que A parece ter para o piloto de B, que está ligado a sua aeronave que gira. (*b*) Compare seus resultados para o item (*a*) com o caso de tratar erroneamente o piloto da aeronave B como sem estar girando.

Solução (*a*). Começamos por definir claramente o sistema de coordenadas com rotação *x-y-z* que melhor nos ajuda a responder às questões. Com *x-y-z* preso na aeronave B, como indicado, os termos $\mathbf{v}_{\text{rel}}$ e $\mathbf{a}_{\text{rel}}$ nas Eqs. 5/12 e 5/14 serão os resultados desejados. Os termos na Eq. 5/12 são

EXEMPLO DE PROBLEMA 5/19 (*continuação*)

$$\mathbf{v}_A = 100\mathbf{i} \text{ m/s}$$

$$\mathbf{v}_B = 150\mathbf{i} \text{ m/s}$$

$$\boldsymbol{\omega} = \frac{v_B}{\rho}\mathbf{k} = \frac{150}{400}\mathbf{k} = 0{,}375\mathbf{k} \text{ rad/s} \quad ①$$

$$\mathbf{r} = \mathbf{r}_{A/B} = -100\mathbf{j} \text{ m}$$

Eq. 5/12: $\mathbf{v}_A = \mathbf{v}_B + \boldsymbol{\omega} \times \mathbf{r} + \mathbf{v}_{rel}$

$$100\mathbf{i} = 150\mathbf{i} + 0{,}375\mathbf{k} \times (-100\mathbf{j}) + \mathbf{v}_{rel}$$

Solucionando para $\mathbf{v}_{rel}$ fornece $\mathbf{v}_{rel} = -87{,}5\mathbf{i}$ m/s *Resp.*

Os termos na Eq. 5/14, além daqueles listados anteriormente, são

$$\mathbf{a}_A = \mathbf{0}$$

$$\mathbf{a}_B = \frac{v_B^2}{\rho}\mathbf{j} = \frac{150^2}{400}\mathbf{j} = 56{,}2\mathbf{j} \text{ m/s}^2$$

$$\dot{\boldsymbol{\omega}} = \mathbf{0}$$

Eq. 5/14: $\mathbf{a}_A = \mathbf{a}_B + \dot{\boldsymbol{\omega}} \times \mathbf{r} + \boldsymbol{\omega} \times (\boldsymbol{\omega} \times \mathbf{r}) + 2\boldsymbol{\omega} \times \mathbf{v}_{rel} + \mathbf{a}_{rel}$

$$\mathbf{0} = 56{,}2\mathbf{j} + \mathbf{0} \times (-100\mathbf{j}) + 0{,}375\mathbf{k} \times [0{,}375\mathbf{k} \times (-100\mathbf{j})]$$

$$+ 2[0{,}375\mathbf{k} \times (-87{,}5\mathbf{i})] + \mathbf{a}_{rel}$$

Solucionando para $\mathbf{a}_{rel}$ fornece $\mathbf{a}_{rel} = -4{,}69\mathbf{k}$ m/s^2 *Resp.*

(*b*) Para movimento em relação a referenciais com translação, usamos as Eqs. 2/20 e 2/21 do Capítulo 2:

$$\mathbf{v}_{A/B} = \mathbf{v}_A - \mathbf{v}_B = 100\mathbf{i} - 150\mathbf{i} = -50\mathbf{i} \text{ m/s}$$

$$\mathbf{a}_{A/B} = \mathbf{a}_A - \mathbf{a}_B = \mathbf{0} - 56{,}2\mathbf{j} = -56{,}2\mathbf{j} \text{ m/s}^2$$

Mais uma vez, vemos que $\mathbf{v}_{rel} \neq \mathbf{v}_{A/B}$ e $\mathbf{a}_{rel} \neq \mathbf{a}_{A/B}$. A rotação do piloto B afeta aquilo que ele observa!

O resultado escalar $\omega = \frac{v_B}{\rho}$ pode ser obtido considerando um movimento circular completo da aeronave B, durante o qual ela gira 2π radianos em um intervalo de tempo $t = \frac{2\pi\rho}{v_B}$:

$$\omega = \frac{2\pi}{2\pi\rho/v_B} = \frac{v_B}{\rho}$$

Como a velocidade da aeronave B é constante, não há aceleração tangencial e consequentemente a aceleração angular $\alpha = \dot{\omega}$ dessa aeronave é zero.

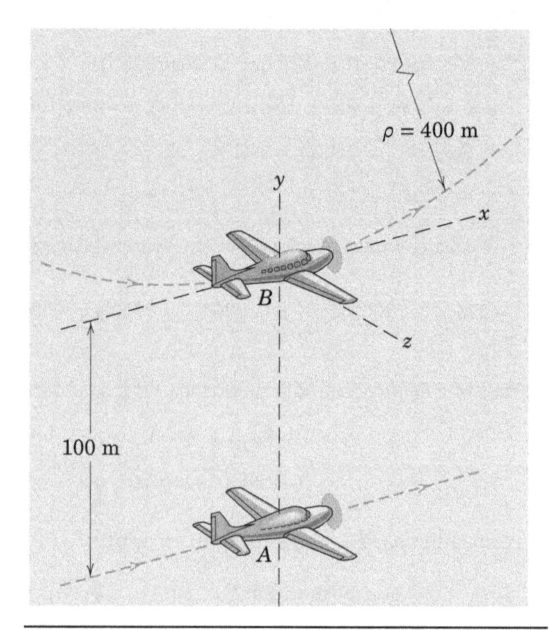

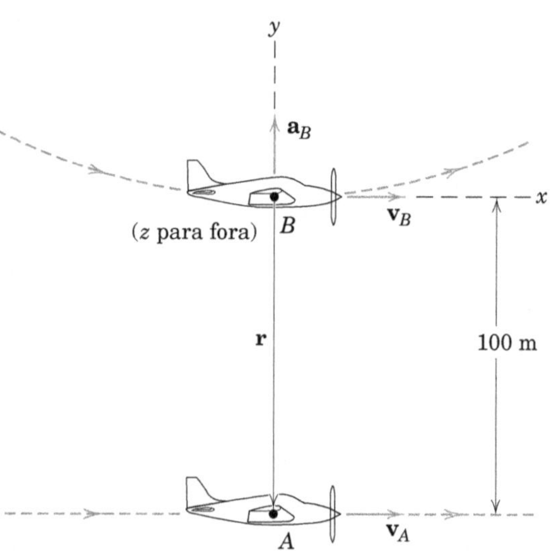

DICA ÚTIL

① Como escolhemos o referencial com rotação x-y-z fixo na aeronave B, a velocidade angular da aeronave e o termo ω nas Eqs. 5/12 e 5/14 são idênticos.

5/8 Revisão do Capítulo

No Capítulo 5 aplicamos nosso conhecimento de cinemática básica do Capítulo 2 ao movimento plano de corpos rígidos. Abordamos o problema de duas formas.

1. Análise de Movimento Absoluto

Inicialmente, escrevemos uma equação que descreve a configuração geométrica geral de determinado problema em termos de dados e de incógnitas. Em seguida diferenciamos essa equação em relação ao tempo para obter velocidades e acelerações, tanto lineares quanto angulares.

2. Análise de Movimento Relativo

Aplicamos os princípios do movimento relativo a corpos rígidos, e constatamos que essa abordagem nos permite resolver muitos problemas que são complicados demais para tratar por diferenciação matemática. A equação da velocidade relativa, o centro instantâneo de velocidade nula e a equação da aceleração relativa, todos, exigem que visualizemos claramente e analisemos corretamente o caso de movimento circular de um ponto em torno de outro ponto, quando observado a partir de eixos que não giram.

Solução das Equações de Velocidade e de Aceleração

As relações de velocidade relativa e de aceleração relativa são equações vetoriais que podemos resolver com qualquer uma de três maneiras:

1. por uma análise geométrica escalar do polígono dos vetores,
2. por álgebra vetorial, ou
3. por uma construção gráfica do polígono dos vetores.

Sistemas de Coordenadas com Rotação

Finalmente, no Capítulo 5, apresentamos os sistemas de coordenadas com rotação que nos permitem resolver problemas em que o movimento é observado em relação a um sistema de referência que gira. Sempre que um ponto se desloca ao longo de uma trajetória em que ela própria está girando, a análise por eixos com rotação é indicada se uma abordagem de movimento relativo é utilizada. No desenvolvimento da Eq. 5/12 para velocidade e da Eq. 5/14 para aceleração, em que os termos relativos são medidos a partir de um sistema de referência com rotação, nos foi necessário levar em consideração as derivadas no tempo dos vetores unitários **i** e **j** fixos no referencial com rotação. As Eqs. 5/12 e 5/14 também se aplicam ao movimento no espaço, como será apresentado no Capítulo 7.

Um resultado importante da análise dos sistemas de coordenadas que giram é a identificação da *aceleração de Coriolis*. Essa aceleração representa o fato de que o vetor velocidade absoluta pode ter variações, tanto na direção quanto no módulo, devidas à rotação do vetor velocidade relativa e mudança na posição da partícula ao longo da trajetória que gira.

No Capítulo 6 vamos estudar a cinética dos corpos rígidos no movimento plano. Nele perceberemos que a capacidade de analisar as acelerações lineares e angulares dos corpos rígidos é necessária para se aplicar as equações de força e momento que relacionam as forças aplicadas aos movimentos associados. Desse modo, o material do Capítulo 5 é fundamental para o do Capítulo 6.

CAPÍTULO 6

Cinética Plana de Corpos Rígidos

Os princípios deste capítulo devem ser aplicados durante o projeto das lâminas imensas de grandes turbinas eólicas.

6/1 Introdução

A *cinética* de corpos rígidos trata das relações entre as forças externas agindo sobre um corpo e os movimentos correspondentes de rotação e translação do corpo. No Capítulo 5 desenvolvemos as relações cinemáticas para o movimento plano de corpos rígidos e utilizaremos amplamente essas relações no presente capítulo, no qual os efeitos das forças sobre o movimento bidimensional de corpos rígidos são examinados.

O nosso objetivo neste capítulo é considerar em movimento plano um corpo que pode ser aproximado como uma placa fina com o seu movimento limitado ao plano da placa. O plano do movimento conterá o centro de massa, e todas as forças que atuam sobre o corpo serão projetadas no plano do movimento. Um corpo que possui dimensões consideráveis normais ao plano de movimento, mas é simétrico em relação a esse plano de movimento através do centro de massa, pode ser tratado como possuindo movimento plano. Essas idealizações claramente se ajustam a um grande grupo de movimentos de corpo rígido.

Requisitos para o Estudo da Cinética

No Capítulo 3 verificamos que duas equações contendo as forças relativas ao movimento eram necessárias para definir o movimento de uma partícula cujo movimento está limitado a um plano. Para o movimento plano de um corpo rígido, uma equação adicional é necessária para descrever a condição de rotação do corpo. Assim, duas equações de força e uma equação de momento ou seus equivalentes são necessárias para determinar o estado do movimento plano de corpo rígido.

As relações cinéticas que formam a base para a maior parte da análise do movimento de corpo rígido foram desenvolvidas no Capítulo 4, a fim de gerar um sistema geral de partículas. Uma referência frequente será feita a essas equações à medida que forem desenvolvidas de forma mais detalhada no Capítulo 6 e aplicadas especificamente ao movimento plano de corpos rígidos. Você deve consultar o Capítulo 4 frequentemente enquanto estuda o Capítulo 6. Além disso, antes de prosseguir, certifique-se de que tem uma compreensão sólida do cálculo das velocidades e acelerações tal como desenvolvidas no Capítulo 5 para o movimento plano de corpo rígido. A menos que você seja capaz de determinar acelerações corretamente a partir dos princípios da Cinemática, você frequentemente será incapaz de aplicar os princípios de força e momento da Cinética. Consequentemente, você deve dominar a cinemática necessária, incluindo o cálculo das acelerações relativas, antes de prosseguir.

A aplicação bem-sucedida da Cinética exige que se isole o corpo ou o sistema a ser analisado. A técnica de isolamento foi ilustrada e utilizada no Capítulo 3 para cinética de partículas e será empregada de modo consistente no presente capítulo. Para problemas que envolvem as relações instantâneas entre força, massa e aceleração, o corpo ou o sistema deve ser explicitamente definido, isolando-o com o seu *diagrama de corpo livre*. Quando os princípios de trabalho e energia são empregados, pode ser utilizado em lugar do diagrama de corpo livre um *diagrama de forças ativas* que mostra, apenas, as forças externas que realizam trabalho sobre o sistema. O diagrama de impulso-quantidade de movimento deve ser construído quando métodos de impulso-quantidade de movimento forem utilizados. *Nenhuma solução de problema deve ser tentada sem, em primeiro lugar, definir o contorno externo completo do corpo ou do sistema e identificar todas as forças externas que atuam sobre ele.*

Na cinética de corpos rígidos que possuem movimento angular, devemos introduzir uma propriedade do corpo que representa a distribuição radial de sua massa em relação a um eixo específico de rotação normal ao plano do movimento. Essa propriedade é conhecida como o *momento de inércia de massa* do corpo, e é essencial que sejamos capazes de calcular essa propriedade, a fim de resolver problemas envolvendo rotação. Presumimos que você esteja familiarizado com o cálculo de momentos de inércia de massa. O Apêndice B trata desse assunto para aqueles que necessitam de instrução ou de revisão.

Organização do Capítulo

O Capítulo 6 está organizado nas mesmas três seções em que discutimos a cinética de partículas no Capítulo 3. A Seção A relaciona as forças e os momentos às acelerações instantâneas linear e angular. A Seção B trata da solução de problemas pelo método de trabalho e energia. A Seção C aborda os métodos de impulso e quantidade de movimento.

Praticamente todos os conceitos básicos e abordagens cobertas nessas três seções foram tratados no Capítulo 3, sobre cinética da partícula. Essa repetição o ajudará com os tópicos do Capítulo 6, desde que você tenha conhecimento da cinemática do movimento plano de corpo rígido. Em cada uma das três seções, trataremos de três tipos de movimento: *translação, rotação em torno de um eixo fixo e movimento plano geral.*

SEÇÃO A Força, Massa e Aceleração

6/2 Equações Gerais do Movimento

Nas Seções 4/2 e 4/4 desenvolvemos as equações vetoriais do movimento para força e momento de um sistema geral de massa. Aplicaremos agora esses resultados iniciando com um corpo rígido genérico em três dimensões. A equação de força, Eq. 4/1,

$$\Sigma \mathbf{F} = m\bar{\mathbf{a}} \qquad [4/1]$$

nos mostra que a resultante $\Sigma \mathbf{F}$ das forças externas que agem sobre o corpo é igual à massa m do corpo multiplicada pela aceleração $\bar{\mathbf{a}}$ do seu centro de massa G. A equação do momento determinada em torno do centro de massa, Eq. 4/9,

$$\Sigma \mathbf{M}_G = \dot{\mathbf{H}}_G \qquad [4/9]$$

mostra que o momento resultante em torno do centro de massa das forças externas sobre o corpo é igual à taxa de variação no tempo da quantidade de movimento angular do corpo em torno do centro de massa.

Lembre-se do nosso estudo de estática em que um sistema genérico de forças agindo sobre um corpo rígido pode ser substituído por uma força resultante aplicada a um ponto escolhido e um binário correspondente. Substituindo as forças externas pelo seu sistema força-binário equivalente no qual a força resultante atua através do centro de massa, podemos visualizar a ação das forças e a correspondente resposta dinâmica do corpo com o auxílio da Fig. 6/1. A parte *a* da figura mostra o diagrama de corpo livre pertinente. A parte *b* da figura mostra o sistema força-binário equivalente com a força resultante aplicada por meio de G. A parte *c* da figura é um *diagrama cinético*, que representa os efeitos dinâmicos resultantes conforme descrito pelas Eqs. 4/1 e 4/9. A equivalência entre o diagrama de corpo livre e o diagrama cinético nos permite visualizar claramente e recordar de modo fácil os efeitos distintos de translação e de rotação das forças aplicadas a um corpo rígido. Expressaremos essa equivalência matematicamente conforme aplicamos esses resultados ao tratamento do movimento plano de corpo rígido.

Equações do Movimento Plano

Aplicaremos agora as relações expostas ao caso do movimento plano. A Fig. 6/2 representa um corpo rígido se deslocando com movimento plano no plano *x-y*. O centro de massa G possui uma aceleração $\bar{\mathbf{a}}$, e o corpo possui uma velocidade angular $\boldsymbol{\omega} = \omega\mathbf{k}$ e uma aceleração

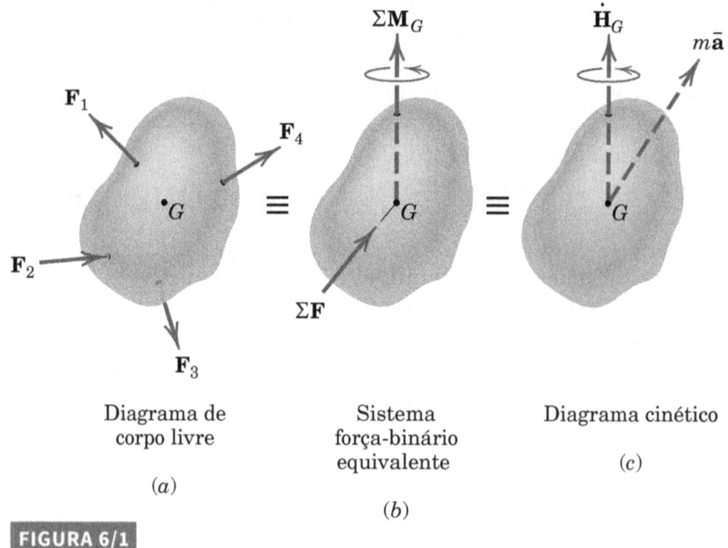

FIGURA 6/1

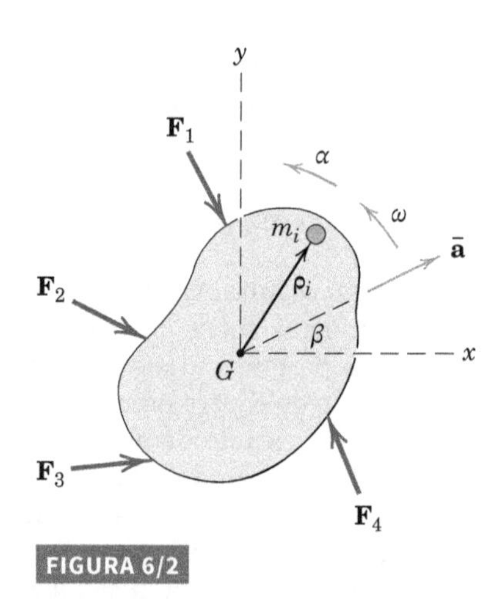

FIGURA 6/2

angular $\boldsymbol{\alpha} = \alpha\mathbf{k}$, ambas assumidas positivas no sentido positivo de z. Como as direções z tanto de $\boldsymbol{\omega}$ quanto de $\boldsymbol{\alpha}$ permanecem perpendiculares ao plano de movimento, podemos utilizar a notação escalar ω e $\alpha = \dot{\omega}$ para representar a velocidade angular e a aceleração angular.

A quantidade de movimento angular em torno do centro de massa para o sistema genérico foi expressa na Eq. 4/8a como $\mathbf{H}_G = \Sigma\boldsymbol{\rho}_i \times m_i\dot{\boldsymbol{\rho}}_i$, em que $\boldsymbol{\rho}_i$ é o vetor posição em relação a G da partícula representativa de massa m_i. Quanto ao nosso corpo rígido, a velocidade de m_i em relação a G é $\dot{\boldsymbol{\rho}}_i = \boldsymbol{\omega} \times \boldsymbol{\rho}_i$, que tem um módulo $\rho_i\omega$ e se situa no plano de movimento normal a $\boldsymbol{\rho}_i$. O produto $\boldsymbol{\rho}_i \times \dot{\boldsymbol{\rho}}_i$ é então um vetor normal ao plano x-y no sentido de $\boldsymbol{\omega}$, e seu módulo é $\rho_i^2\omega$. Assim, o módulo do $\mathbf{H}_G$ vem a ser $\mathbf{H}_G = \Sigma\rho_i^2 m_i\omega = \omega\Sigma\rho_i^2 m_i$. O somatório, que também pode ser escrito como $\int \rho^2\, dm$, é definido como o momento de inércia de massa $\bar{I}$ do corpo em torno do eixo z através de G. (Veja o Apêndice B para uma discussão sobre o cálculo de momentos de inércia de massa.)

Podemos escrever agora

$$H_G = \bar{I}\omega$$

em que $\bar{I}$ é uma propriedade constante do corpo. Essa propriedade é uma medida da inércia de rotação, que é a resistência à variação na velocidade de rotação devida à distribuição radial de massa em torno do eixo z através de G. Com essa substituição, nossa equação do momento, Eq. 4/9, se torna

$$\Sigma M_G = \dot{H}_G = \bar{I}\dot{\omega} = \bar{I}\alpha$$

em que $\alpha = \dot{\omega}$ é a aceleração angular do corpo.

Podemos agora enunciar a equação do momento e a forma vetorial da segunda lei do movimento de Newton generalizada, Eq. 4/1, como

$$\boxed{\begin{aligned} \Sigma\mathbf{F} &= m\bar{\mathbf{a}} \\ \Sigma M_G &= \bar{I}\alpha \end{aligned}} \qquad (6/1)$$

As Eqs. 6/1 são as equações gerais do movimento para um corpo rígido em movimento plano. Ao aplicar as Eqs. 6/1, expressamos a equação vetorial das forças em termos das suas duas componentes escalares utilizando as coordenadas x-y, n-t, ou r-θ, aquelas que forem mais convenientes para o problema em questão.

Desenvolvimento Alternativo

Pode ser instrutivo utilizar uma abordagem alternativa para desenvolver a equação do momento, recorrendo diretamente às forças que agem sobre a partícula representativa de massa m_i, como mostrado na Fig. 6/3. A aceleração de m_i é igual à soma vetorial de $\bar{a}$ e os termos relativos $\rho_i\omega^2$ e $\rho_i\alpha$ em que o centro de massa G é usado como o ponto de referência. Segue-se que a resultante de todas as forças sobre m_i possui as componentes $m_i\bar{a}$, $m_i\rho_i\omega^2$ e $m_i\rho_i\alpha$ nas direções e sentidos indicados. A soma dos momentos dessas componentes de forças em torno de G no sentido de α resulta

$$M_{G_i} = m_i\rho_i^2\alpha + (m_i\bar{a}\,\text{sen}\beta)x_i - (m_i\bar{a}\cos\beta)y_i$$

Existem expressões similares do momento para todas as partículas no corpo, e o somatório desses momentos em

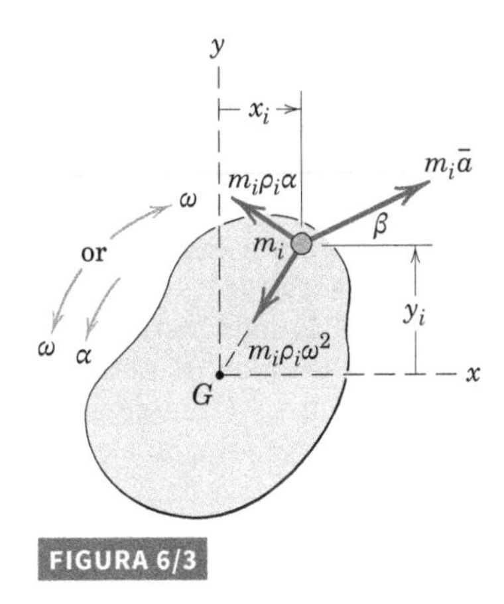

FIGURA 6/3

torno de G para as forças resultantes agindo sobre todas as partículas pode ser escrito como

$$\Sigma M_G = \Sigma m_i \rho_i{}^2 \alpha + \bar{a} \operatorname{sen} \beta \; \Sigma m_i x_i - \bar{a} \cos \beta \; \Sigma m_i y_i$$

Mas a origem das coordenadas foi estabelecida no centro de massa, de modo que $\Sigma m_i x_i = m\bar{x} = 0$ e $\Sigma m_i y_i = m\bar{y} = 0$. Assim, o somatório dos momentos vem a ser

$$\Sigma M_G = \Sigma m_i \rho_i{}^2 \alpha = \bar{I}\alpha$$

como antes. A contribuição para o ΣM_G das forças internas ao corpo é evidentemente nula, uma vez que ocorrem em pares de forças iguais e opostas de ação e reação entre as partículas que interagem. Desse modo, ΣM_G, como antes, representa a soma dos momentos em torno do centro de massa G apenas das forças externas agindo sobre o corpo, como indicado pelo diagrama de corpo livre.

Observamos que a componente de força $m_i \rho_i \omega^2$ não produz nenhum momento em torno de G e concluímos, portanto, que a velocidade angular ω não tem nenhuma influência sobre a equação do momento em torno do centro de massa.

Os resultados incorporados em nossas equações básicas do movimento para um corpo rígido em movimento plano, Eqs. 6/1, estão representados esquematicamente na Fig. 6/4, que é a equivalente bidimensional das partes a e c da Fig. 6/1 para um corpo genérico tridimensional. O diagrama de corpo livre expõe as forças e os momentos que aparecem no lado esquerdo das nossas equações do movimento. O diagrama cinético expõe a resposta dinâmica resultante em relação ao termo de translação $m\bar{\mathbf{a}}$ e ao termo de rotação $\bar{I}\alpha$ que aparecem no lado direito das Eqs. 6/1.

Conforme mencionado anteriormente, o termo de translação $m\bar{\mathbf{a}}$ será expresso por suas componentes x-y, n-t ou r-θ, uma vez que o sistema de referência inercial adequado tenha sido escolhido. A equivalência representada na Fig. 6/4 é fundamental para nossa compreensão da cinética do movimento plano e será empregada com frequência na solução dos problemas.

A representação das resultantes $m\bar{\mathbf{a}}$ e $\bar{I}\alpha$ ajudará a garantir que os somatórios de força e momento determinados a partir do diagrama de corpo livre sejam igualados a sua resultante apropriada.

Equações Alternativas do Momento

Na Seção 4/4 do Capítulo 4 sobre sistemas de partículas, desenvolvemos uma equação geral para momentos em torno de um ponto arbitrário P, Eq. 4/11, que é

$$\Sigma \mathbf{M}_P = \dot{\mathbf{H}}_G + \bar{\boldsymbol{\rho}} \times m\bar{\mathbf{a}} \qquad [4/11]$$

em que $\bar{\boldsymbol{\rho}}$ é o vetor desde P até o centro de massa G e $\bar{\mathbf{a}}$ é a aceleração do centro de massa. Como demonstramos anteriormente nesta seção, para um corpo rígido em movimento plano, $\dot{\mathbf{H}}_G$ vem a ser $\bar{I}\alpha$. Além disso, o produto vetorial $\bar{\boldsymbol{\rho}} \times m\bar{\mathbf{a}}$ é simplesmente o momento de módulo $m\bar{a}d$ de $m\bar{\mathbf{a}}$ em relação a P. Portanto, para o corpo bidimensional ilustrado na Fig. 6/5 com seu diagrama de corpo livre e diagrama cinético, podemos reescrever a Eq. 4/11 simplesmente como

$$\boxed{\Sigma M_P = \bar{I}\alpha + m\bar{a}d} \qquad (6/2)$$

Evidentemente, todos os três termos são positivos no sentido anti-horário para o exemplo apresentado, e a escolha de P elimina a referência a $\mathbf{F}_1$ e $\mathbf{F}_3$.

Caso desejássemos eliminar a referência a $\mathbf{F}_2$ e $\mathbf{F}_3$, por exemplo, escolhendo a interseção de suas direções como o ponto de referência, então P se situaria no lado oposto em relação ao vetor $m\bar{\mathbf{a}}$ e o momento no sentido horário de $m\bar{\mathbf{a}}$ em relação a P seria um termo negativo na equação. A Eq. 6/2 é facilmente lembrada já que é apenas uma expressão do familiar princípio dos momentos, em que a soma dos momentos em relação a P é igual ao momento combinado em relação a P de sua

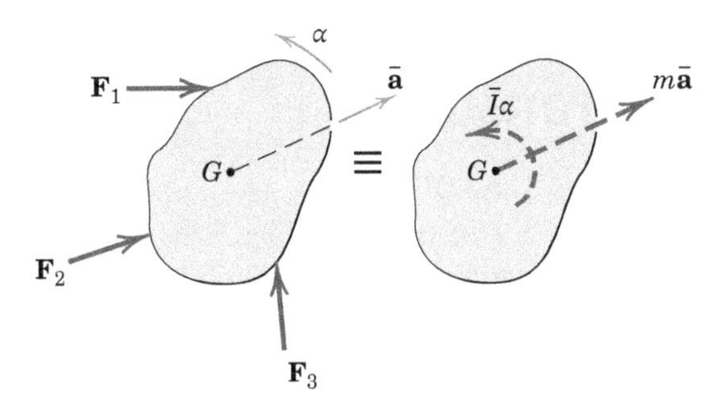

FIGURA 6/4

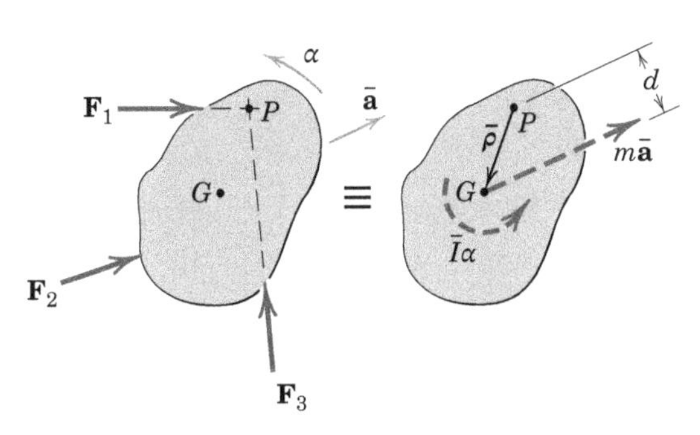

FIGURA 6/5

soma, expressa pelo momento resultante $\Sigma M_G = \bar{I}\alpha$ e pela força resultante $\Sigma F = m\bar{\mathbf{a}}$.

Na Seção 4/4 desenvolvemos também uma equação alternativa para o momento em relação a P, Eq. 4/13, que é

$$\Sigma \mathbf{M}_P = (\dot{\mathbf{H}}_P)_{\text{rel}} + \bar{\boldsymbol{\rho}} \times m\mathbf{a}_P \qquad [4/13]$$

Para um movimento plano de corpo rígido, se P é escolhido como um ponto *fixo* ao corpo, então na forma escalar $(\dot{\mathbf{H}}_P)_{\text{rel}}$ vem a ser $I_P\alpha$, em que I_P é o momento de inércia de massa em relação a um eixo através de P e α é a aceleração angular do corpo. Então, podemos escrever a equação como

$$\boxed{\Sigma \mathbf{M}_P = I_P\boldsymbol{\alpha} + \bar{\boldsymbol{\rho}} \times m\mathbf{a}_P} \qquad (6/3)$$

em que a aceleração de P é $\mathbf{a}_P$ e o vetor posição de P para G é $\bar{\boldsymbol{\rho}}$.

Quando $\bar{\boldsymbol{\rho}} = \mathbf{0}$, o ponto P se torna o centro de massa G e a Eq. 6/3 se reduz à forma escalar $\Sigma M_G = \bar{I}\alpha$, desenvolvida anteriormente. Quando o ponto P se transforma em um ponto O fixo em um sistema de referência inercial e preso ao corpo (ou ao corpo estendido), então $\mathbf{a}_P = \mathbf{0}$, e a Eq. 6/3 na forma escalar se reduz para

$$\boxed{\Sigma M_O = I_O\alpha} \qquad (6/4)$$

A Eq. 6/4 então se aplica à rotação de um corpo rígido em torno de um ponto sem aceleração O fixo ao corpo e é a simplificação bidimensional da Eq. 4/7.

Movimento com e sem Restrição

O movimento de um corpo rígido pode ser com restrição ou sem restrição. O foguete se deslocando em um plano vertical, Fig. 6/6*a*, é um exemplo de movimento sem restrição, já que não existem limitações físicas ao seu movimento. As duas componentes $\bar{a}_x$ e $\bar{a}_y$ da aceleração do centro de massa e a aceleração angular α podem ser determinadas independentemente uma da outra pela aplicação direta das Eqs. 6/1.

A barra na Fig. 6/6*b*, por outro lado, é submetida a um movimento com restrição, em que as guias vertical e horizontal para as extremidades da barra impõem uma relação cinemática entre as componentes da aceleração do centro de massa e a aceleração angular da barra. Assim, é necessário determinar essa relação cinemática a partir dos princípios estabelecidos no Capítulo 5 e combiná-la com as equações do movimento para forças e momentos antes que uma solução possa ser tratada.

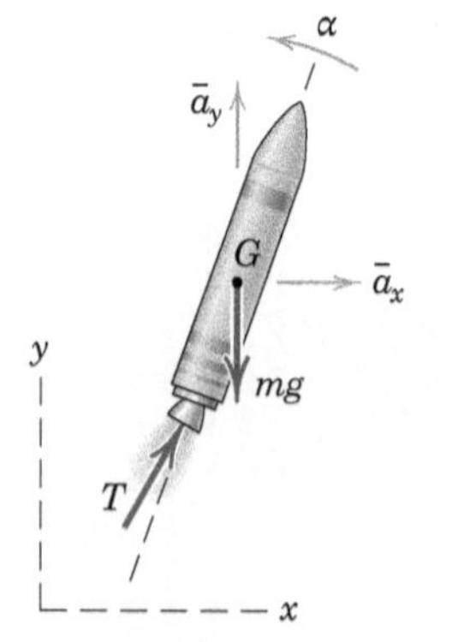

(*a*) Movimento sem restrição

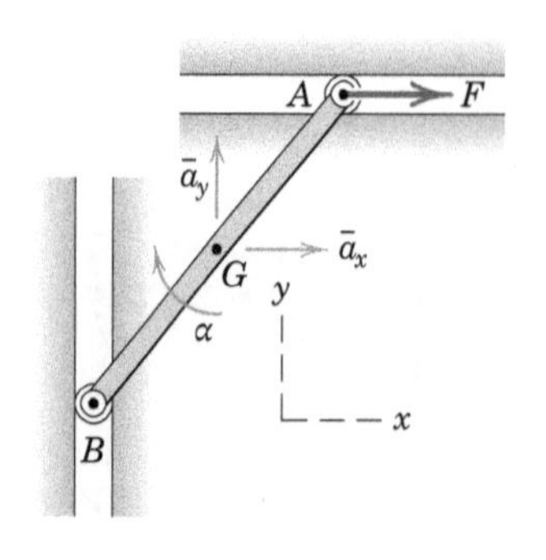

(*b*) Movimento com restrição

FIGURA 6/6

Em geral, problemas de Dinâmica que envolvem restrições físicas ao movimento exigem uma análise cinemática relacionando acelerações lineares e angulares antes que as equações do movimento para forças e momentos possam ser resolvidas. É por essa razão que o conhecimento dos princípios e métodos do Capítulo 5 é tão vital para o desenvolvimento do Capítulo 6.

Sistemas de Corpos Interligados

Em algumas situações, em problemas que tratam com dois ou mais corpos rígidos conectados cujos movimentos estão relacionados cinematicamente, é conveniente analisar os corpos em um sistema como um todo.

A Fig. 6/7 ilustra dois corpos rígidos articulados em A e submetidos às forças externas indicadas. As forças na junção em A são internas ao sistema e não são mostradas. A resultante de todas as forças externas deve ser igual à soma vetorial das duas resultantes $m_1\bar{\mathbf{a}}_1$ e $m_2\bar{\mathbf{a}}_2$, e a soma dos momentos em torno de algum ponto arbitrário, tal como P, de todas as forças externas deve ser igual ao momento das resultantes, $\bar{I}_1\alpha_1 + \bar{I}_2\alpha_2 + m_1\bar{a}_1d_1 + m_2\bar{a}_2d_2$. Desse modo, podemos afirmar que

$$\boxed{\begin{aligned} \Sigma\mathbf{F} &= \Sigma m\bar{\mathbf{a}} \\ \Sigma M_P &= \Sigma\bar{I}\alpha + \Sigma m\bar{a}d \end{aligned}} \qquad (6/5)$$

em que os somatórios no lado direito das equações representam tantos termos quantos forem o número de corpos separados existentes.

Se houver mais de três incógnitas restantes em um sistema, entretanto, as três equações escalares independentes do movimento, quando aplicadas ao sistema, não serão suficientes para resolver o problema. Nesse caso, métodos mais avançados, tais como o do trabalho virtual (Seção 6/7) ou as equações de Lagrange (não discutidas neste livro*), podem ser empregados, ou então o sistema pode ser desmembrado e cada parte analisada separadamente com as equações resultantes resolvidas simultaneamente.

Nas três seções a seguir os desenvolvimentos anteriores serão aplicados a três casos de movimento em um plano: *translação, rotação em torno de um eixo fixo* e *movimento plano geral*.

6/3 Translação

A translação de corpo rígido no movimento plano foi descrita na Seção 5/1 e ilustrada nas Figs. 5/1*a* e 5/1*b*, em que vimos que cada linha de um corpo em translação permanece paralela à sua posição original em qualquer instante

*Quando um sistema interligado possui mais de um grau de liberdade, isto é, precisa de mais do que uma coordenada para especificar completamente a configuração do sistema, as equações mais avançadas de Lagrange são geralmente utilizadas.

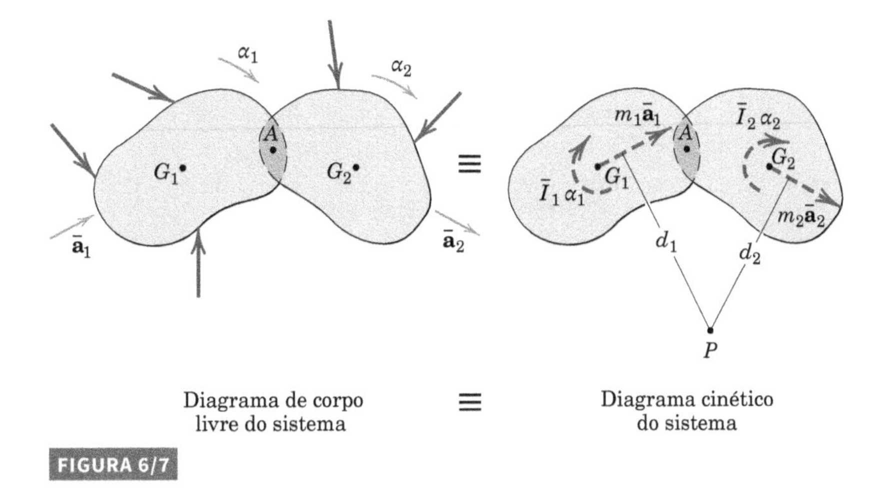

FIGURA 6/7

Conceitos-Chave Procedimento de Análise

Na solução de problemas que envolvem força, massa e aceleração no movimento plano de corpos rígidos, os seguintes passos devem ser seguidos depois de compreender as condições e exigências do problema:

1. Cinemática. Em primeiro lugar, identifique a classe de movimento e então encontre quaisquer acelerações lineares e angulares necessárias que possam ser determinadas unicamente a partir das informações cinemáticas fornecidas. No caso do movimento plano com restrição, normalmente é necessário estabelecer a relação entre a aceleração linear do centro da massa e a aceleração angular do corpo resolvendo inicialmente as equações apropriadas da velocidade relativa e da aceleração relativa. Novamente, enfatizamos que o sucesso na solução dos problemas envolvendo força, massa e aceleração neste capítulo é dependente da capacidade de se descrever a cinemática necessária, de modo que se recomenda a revisão frequente do Capítulo 5.

2. Diagramas. Desenhe sempre o diagrama de corpo livre completo do corpo a ser analisado. Especifique um sistema de coordenadas inercial conveniente e indique todas as grandezas conhecidas e desconhecidas. O diagrama cinético também deve ser construído de forma a esclarecer a equivalência entre as forças aplicadas e a resposta dinâmica resultante.

3. Equações do Movimento. Aplique as três equações do movimento a partir das Eqs. 6/1, sendo coerente com os sinais algébricos em relação à escolha dos eixos de referência. A Eq. 6/2 ou 6/3 pode ser empregada como uma alternativa à segunda das Eqs. 6/1. Combine essas relações com os resultados de qualquer análise cinemática necessária. Verifique o número de incógnitas e assegure-se de que existe um número igual de equações independentes disponíveis. Para um problema de corpo rígido em movimento plano ser resolvido, não pode haver mais do que cinco incógnitas escalares que possam ser determinadas a partir das três equações escalares do movimento, obtidas a partir das Eqs. 6/1, e das duas componentes escalares das relações provenientes da equação da aceleração relativa.

de tempo. Na translação retilínea todos os pontos se deslocam em linhas retas, enquanto na translação curvilínea todos os pontos se deslocam sobre trajetórias curvas congruentes. Em qualquer caso, não há movimento angular do corpo em translação, de forma que ambos ω e α são nulos. Portanto, a partir da relação de momentos das Eqs. 6/1, vemos que qualquer referência ao momento de inércia é eliminada para um corpo em translação.

Para um corpo em translação, as equações gerais para o movimento plano, Eqs. 6/1, podem ser escritas

$$\Sigma\mathbf{F} = m\bar{\mathbf{a}} \qquad \Sigma M_G = \bar{I}\alpha = 0 \qquad (6/6)$$

Para a translação retilínea, ilustrada na Fig. 6/8*a*, se o eixo x for escolhido na direção da aceleração, então as duas equações escalares para as forças se tornam $\Sigma F_x = m\bar{a}_x$ e $\Sigma F_y = m\bar{a}_y = 0$. Para a translação curvilínea, Fig. 6/8*b*, se utilizarmos as coordenadas *n-t*, as duas equações escalares para as forças vêm a ser $\Sigma F_n = m\bar{a}_n$ e $\Sigma F_t = m\bar{a}_t$. Em ambos os casos, $\Sigma M_G = 0$.

Podemos também aplicar a equação alternativa do momento, Eq. 6/2, com o auxílio do diagrama cinético. Para translação retilínea vemos que $\Sigma M_p = m\bar{a}d$ e $\Sigma M_A = 0$. Para translação curvilínea o diagrama cinético nos permite escrever $\Sigma M_A = m\bar{a}_n d_A$ no sentido horário e $\Sigma M_B = m\bar{a}_t d_B$ no sentido anti-horário. Assim, temos total liberdade para escolher um centro conveniente para o momento.

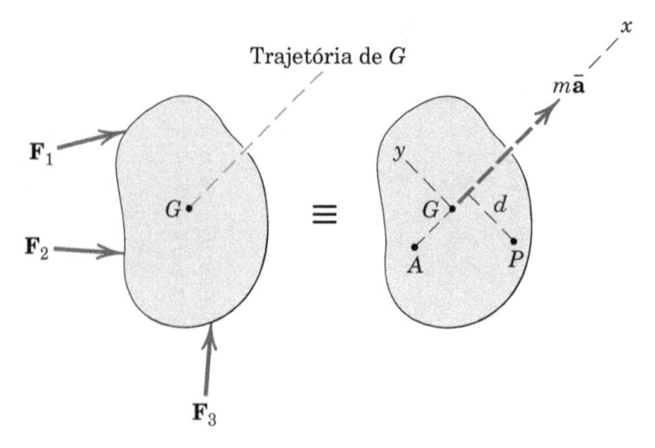

Diagrama de corpo livre Diagrama cinético

(a) Translação retilínea
($\alpha = 0$, $\omega = 0$)

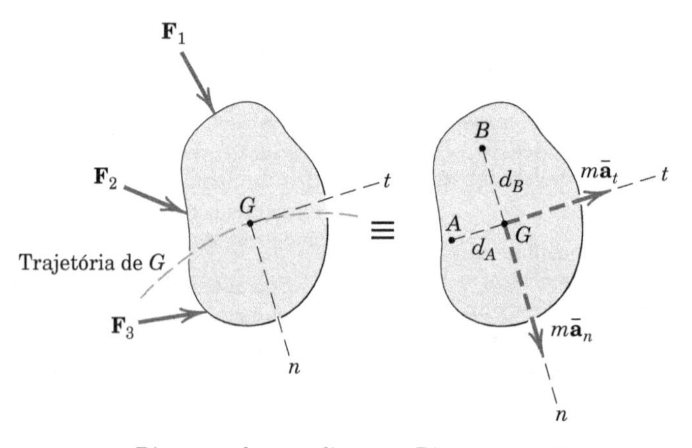

Diagrama de corpo livre Diagrama cinético

(b) Translação curvilínea
($\alpha = 0$, $\omega = 0$)

FIGURA 6/8

Os métodos desta seção se aplicam a esta motocicleta se o seu ângulo de rolagem (inclinação) for constante para um intervalo de tempo.

EXEMPLO DE PROBLEMA 6/1

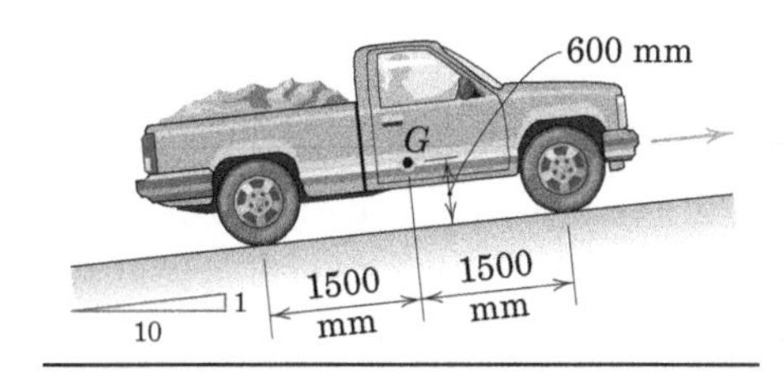

A caminhonete de 1500 kg atinge uma velocidade de 50 km/h a partir do repouso em uma distância de 60 m ao subir a inclinação de 10% com aceleração constante. Calcule a força normal sob cada par de rodas e a força de atrito sob as rodas motrizes traseiras. Sabe-se que o coeficiente de atrito efetivo entre os pneus e a estrada é de pelo menos 0,8.

Solução. Vamos assumir que a massa das rodas é desprezível comparada com a massa total da caminhonete.① A caminhonete pode agora ser considerada como um corpo rígido único em translação retilínea com uma aceleração de

$$[v^2 = 2as] \qquad \bar{a} = \frac{(50/3,6)^2}{2(60)} = 1,608 \text{ m/s}^2 \text{ ②}$$

O diagrama de corpo livre da caminhonete inteira mostra as forças normais N_1 e N_2 a força de atrito F no sentido oposto ao do deslizamento das rodas motrizes e o peso P representado por suas duas componentes. Com $\theta = \tan^{-1} 1/10 = 5,71°$, essas componentes são $P \cos \theta = 1500(9,81) \cos 5,71° = 14,64(10^3)$ N e P sen $\theta = 1500(9,81)$ sen $5,71° = 1464$ N. O diagrama cinético mostra a resultante, que passa através do centro de massa e possui a direção e o sentido da sua aceleração. Seu módulo é

$$m\bar{a} = 1500(1,608) = 2410 \text{ N}$$

Aplicando as três equações do movimento, Eqs. 6/1, para as três incógnitas se obtém

$$[\Sigma F_x = m\bar{a}_x] \qquad F - 1464 = 2410 \qquad F = 3880 \text{ N} \text{ ③} \qquad \textit{Resp.}$$

$$[\Sigma F_y = m\bar{a}_y = 0] \qquad N_1 + N_2 - 14,64(10^3) = 0 \qquad (a)$$

$$[\Sigma M_G = \bar{I}\alpha = 0] \qquad 1,5N_1 + 3880(0,6) - N_2(1,5) = 0 \qquad (b)$$

Resolvendo (*a*) e (*b*) simultaneamente resulta

$$N_1 = 6550 \text{ N} \qquad N_2 = 8100 \text{ N} \qquad \textit{Resp.}$$

Para suportar uma força de atrito de 3880 N, um coeficiente de atrito de no mínimo $F/N_2 = 3880/8100 = 0,48$ é necessário. Como o coeficiente de atrito é de pelo menos 0,8, as superfícies são suficientemente rugosas para suportar o valor calculado de F de modo que o nosso resultado está correto.

Solução Alternativa. A partir do diagrama cinético vemos que N_1 e N_2 podem ser obtidos independentemente um do outro escrevendo equações separadas para o momento em relação a A e a B.

$$[\Sigma M_A = m\bar{a}d] \qquad 3N_2 - 1,5(14,64)10^3 - 0,6(1464) = 2410(0,6) \text{ ④}$$

$$N_2 = 8100 \text{ N} \qquad \textit{Resp.}$$

$$[\Sigma M_B = m\bar{a}d] \qquad 14,64(10^3)(1,5) - 1464(0,6) - 3N_1 = 2410(0,6)$$

$$N_1 = 6550 \text{ N} \qquad \textit{Resp.}$$

DICAS ÚTEIS

① Sem essa hipótese, seríamos forçados a levar em consideração as forças adicionais relativamente pequenas que produzem momentos para fornecer às rodas sua aceleração angular.

② Lembre-se de que 3,6 km/h é 1 m/s.

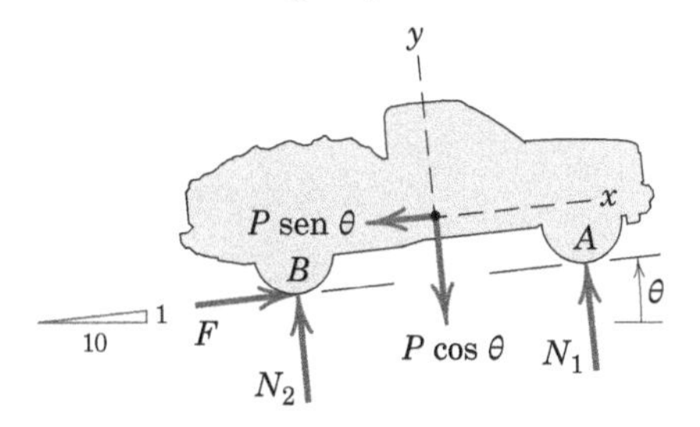

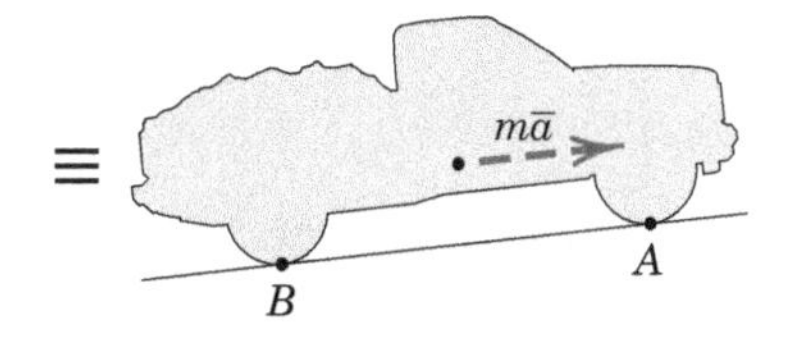

③ Devemos ter cuidado para não usar a equação de atrito $F = \mu N$ aqui, uma vez que não temos um caso de deslizamento ou deslizamento iminente. Se o coeficiente de atrito fornecido fosse menor do que 0,48, a força de atrito seria μN_2, e a caminhonete seria incapaz de atingir a aceleração de 1,608 m/s². Nesse caso, as incógnitas seriam N_1, N_2 e a.

④ O lado esquerdo da equação é obtido a partir do diagrama de corpo livre, e o lado direito a partir do diagrama cinético. O sentido positivo para o somatório dos momentos é arbitrário, porém deve ser o mesmo para ambos os lados da equação. Nesse problema, adotamos o sentido horário como positivo para o momento da força resultante em relação a B.

EXEMPLO DE PROBLEMA 6/2

A barra vertical AB possui uma massa de 150 kg com o centro de massa G no ponto médio entre as extremidades. A barra é elevada a partir do repouso em $\theta = 0$ por meio das hastes paralelas de massas desprezíveis, com um momento constante $M = 5$ kN · m aplicado à haste inferior em C. Determine a aceleração angular α das hastes como uma função de θ e encontre a força B na haste DB no instante em que $\theta = 30°$.

EXEMPLO DE PROBLEMA 6/2 (*continuação*)

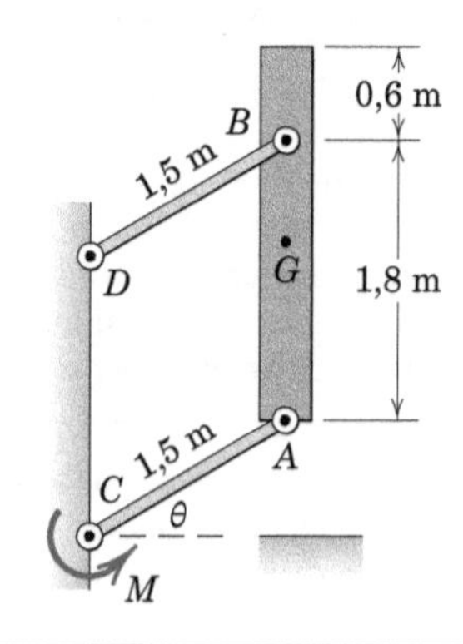

Solução. Observa-se que o movimento da barra é de translação curvilínea, já que a barra propriamente dita não gira durante o movimento. Com o movimento circular do centro de massa G, escolhemos as coordenadas n e t como a descrição mais conveniente.① Uma vez que são desprezíveis as massas das hastes, a componente tangencial A_t da força em A é obtida a partir do diagrama de corpo livre de AC, em que $\Sigma M_C \cong 0$ e $A_t = M/\overline{AC} = 5/1{,}5 = 3{,}33$ kN.② A força em B é paralela à haste. Todas as forças aplicadas são mostradas no diagrama de corpo livre da barra, e o diagrama cinético também é apresentado, em que a resultante $m\bar{\mathbf{a}}$ é mostrada em termos de suas duas componentes.

A sequência de solução é determinada observando que A_n e B dependem do somatório de forças na direção n e, consequentemente, de $m\bar{r}\omega^2$ em $\theta = 30°$. O valor de ω depende da variação de $\alpha = \ddot{\theta}$ com θ. Essa dependência é determinada a partir de um somatório de forças na direção t para um valor genérico de θ, em que $\bar{a}_t = (\bar{a}_t)_A = \overline{AC}\alpha$. Desse modo, começamos com

$$[\Sigma F_t = m\bar{a}_t] \qquad 3{,}33 - 0{,}15(9{,}81)\cos\theta = 0{,}15(1{,}5\alpha)$$

$$\alpha = 14{,}81 - 6{,}54\cos\theta \text{ rad/s}^2 \qquad \textit{Resp.}$$

Com α sendo uma função conhecida de θ, a velocidade angular ω das hastes é obtida a partir de

$$[\omega\, d\omega = \alpha\, d\theta] \qquad \int_0^{\omega} \omega\, d\omega = \int_0^{\theta} (14{,}81 - 6{,}54\cos\theta)\, d\theta$$

$$\omega^2 = 29{,}6\theta - 13{,}08 \operatorname{sen}\theta$$

A substituição de $\theta = 30°$ fornece

$$(\omega^2)_{30°} = 8{,}97 \text{ (rad/s)}^2 \qquad \alpha_{30°} = 9{,}15 \text{ rad/s}^2$$

e

$$m\bar{r}\omega^2 = 0{,}15(1{,}5)(8{,}97) = 2{,}02 \text{ kN}$$

$$m\bar{r}\alpha = 0{,}15(1{,}5)(9{,}15) = 2{,}06 \text{ kN}$$

A força B pode ser obtida por um somatório de momentos em relação a A, que elimina A_n e A_t e o peso. Ou um somatório de momentos pode ser adotado em relação à interseção da direção de A_n e a linha de ação de $m\bar{r}\alpha$ que elimina A_n e $m\bar{r}\alpha$. Usando A como centro para os momentos se obtém

$$[\Sigma M_A = m\bar{a}d] \qquad 1{,}8\cos 30°\, B = 2{,}02(1{,}2)\cos 30° + 2{,}06(0{,}6)$$

$$B = 2{,}14 \text{ kN} \qquad \textit{Resp.}$$

A componente A_n pode ser obtida a partir de um somatório de forças na direção n ou a partir de um somatório de momentos em relação a G ou em relação à interseção de B e a linha de ação de $m\bar{r}\alpha$.

DICAS ÚTEIS

① De modo geral, a melhor escolha para os eixos de referência é fazê-los coincidir com as direções nas quais as componentes da aceleração do centro de massa são expressas. Analise as consequências da escolha dos eixos horizontal e vertical.

② As equações de forças e momentos para um corpo de massa desprezível são iguais às equações de equilíbrio. A haste BD, consequentemente, desempenha o papel de um elemento de duas forças em equilíbrio.

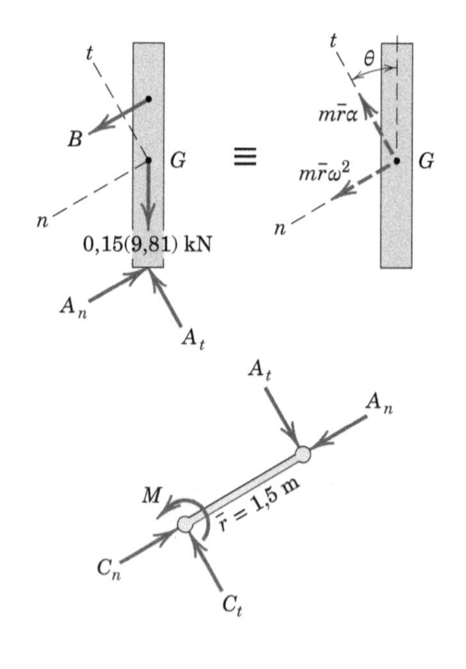

6/4 Rotação em Torno de um Eixo Fixo

A rotação de um corpo rígido em torno de um eixo fixo O foi descrita na Seção 5/2 e ilustrada na Fig. 5/1c. Para esse movimento, vimos que todos os pontos no corpo descrevem círculos em torno do eixo de rotação e todas as linhas do corpo no plano do movimento têm a mesma velocidade angular ω e aceleração angular α.

As componentes da aceleração do centro de massa para o movimento circular são mais facilmente expressas em coordenadas n-t, desse modo temos $\bar{a}_n = \bar{r}\omega^2$ e $\bar{a}_t = \bar{r}\alpha$ como mostrado na Fig. 6/9*a* para a rotação do corpo rígido em torno do eixo fixo através de O. A parte *b* da figura representa o diagrama de corpo livre, e o diagrama cinético correspondente na parte *c* da figura

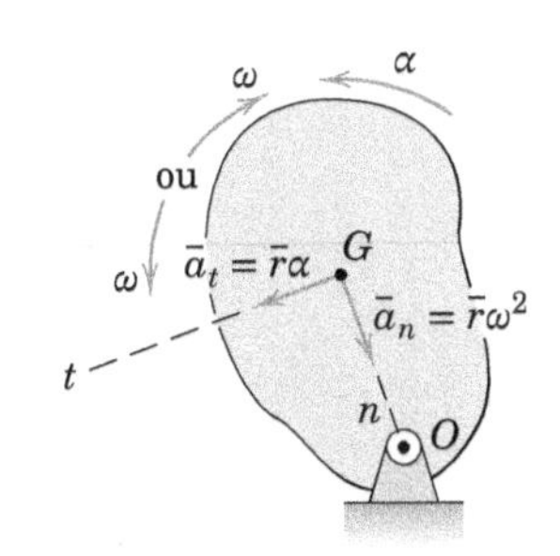

Rotação em torno de um eixo fixo

(*a*)

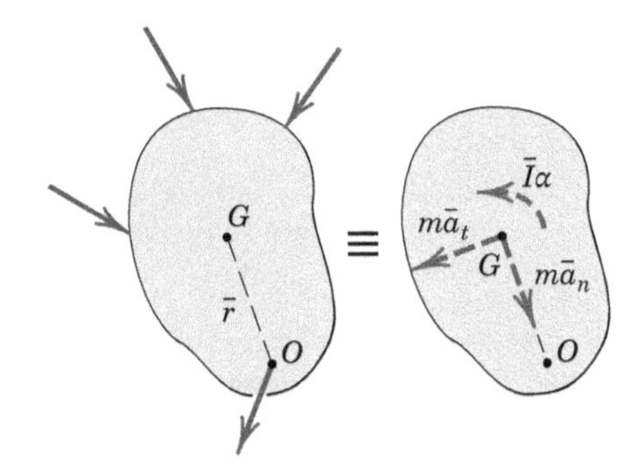

Diagrama de corpo livre (*b*) Diagrama cinético (*c*)

FIGURA 6/9

mostra a força resultante $m\bar{\mathbf{a}}$ em termos de suas componentes n e t e do momento resultante $\bar{I}\alpha$. Nossas equações gerais para o movimento plano, Eqs. 6/1, são diretamente aplicáveis e são repetidas aqui.

$$\Sigma\mathbf{F} = m\bar{\mathbf{a}}$$
$$\Sigma M_G = \bar{I}\alpha \qquad [6/1]$$

Assim, as duas componentes escalares da equação de forças vêm a ser $\Sigma F_n = m\bar{r}\omega^2$ e $\Sigma F_t = m\bar{r}\alpha$. Ao aplicar a equação do momento em relação a G, devemos levar em consideração o momento da força aplicada ao corpo em O, por essa razão essa força não deve ser omitida do diagrama de corpo livre.

Para rotação em torno de eixo fixo, em geral é conveniente aplicar uma equação para o momento diretamente em relação ao eixo de rotação O. Desenvolvemos essa equação anteriormente como Eq. 6/4, que é repetida aqui.

$$\Sigma M_O = I_O\alpha \qquad [6/4]$$

A partir do diagrama cinético na Fig. 6/9c, podemos obter a Eq. 6/4 de modo muito simples por meio da determinação do momento das resultantes em relação a O, que vem a ser $\Sigma M_O = \bar{I}\alpha + m\bar{a}_t\bar{r}$. Aplicando o teorema dos eixos paralelos ao momento de inércia de massa, $I_O = \bar{I} + m\bar{r}^2$, resulta em $\Sigma M_O = (I_O - m\bar{r}^2)\alpha + m\bar{r}^2\alpha = I_O\alpha$.

Para o caso usual de rotação de um corpo rígido em torno de um eixo fixo através de seu centro de massa G, evidentemente $\bar{\mathbf{a}} = \mathbf{0}$ e, consequentemente, $\Sigma\mathbf{F} = \mathbf{0}$. A resultante das forças aplicadas nesse caso é o momento $\bar{I}\alpha$.

Podemos combinar a componente da força resultante $m\bar{a}_t$ e o momento resultante $\bar{I}\alpha$, deslocando $m\bar{a}_t$ para uma posição paralela através do ponto Q sobre a linha OG, Fig. 6/10, localizada por $m\bar{r}\alpha q = \bar{I}\alpha + m\bar{r}\alpha(\bar{r})$. Usando o teorema dos eixos paralelos e $I_O = k_O^2 m$ resulta em $q = k_O^2/\bar{r}$.

O ponto Q é chamado de *centro de percussão* e tem a propriedade única de que a resultante de todas as forças aplicadas sobre o corpo deve passar por ele. Logo, a soma dos momentos de todas as forças em relação ao centro de percussão é sempre nula, $\Sigma M_Q = 0$.

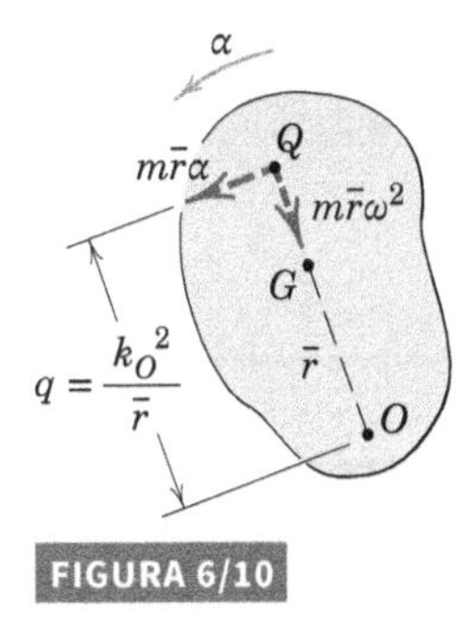

FIGURA 6/10

EXEMPLO DE PROBLEMA 6/3

O bloco de concreto de 300 kg é erguido pelo mecanismo de içamento mostrado, no qual os cabos estão firmemente enrolados em torno dos respectivos tambores. Os tambores, que estão presos um ao outro e giram como um conjunto único em torno de seu centro de massa em O, possuem uma massa combinada de 150 kg e um raio de giração em relação a O de 450 mm. Se uma tração constante P de 1,8 kN é mantida pela unidade de potência em A, determine a aceleração vertical do bloco e a força resultante sobre o mancal em O.

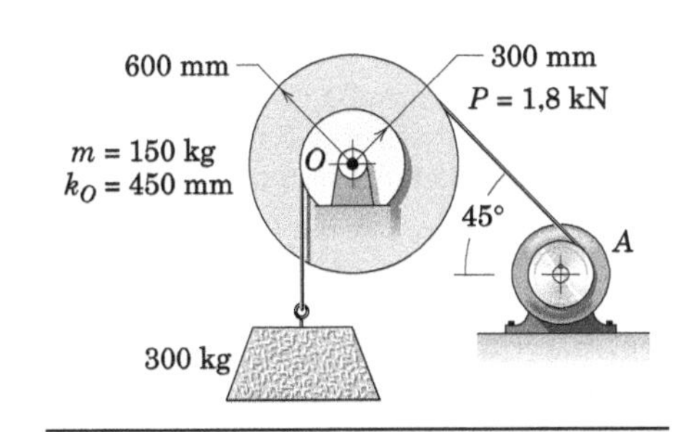

Solução I. Os diagramas do corpo livre e cinético dos tambores e do bloco de concreto são desenhados indicando todas as forças que atuam, incluindo as componentes O_x e O_y da reação no mancal.① A resultante do sistema de forças sobre os tambores para rotação centroidal é o momento $\bar{I}\alpha = I_O\alpha$, em que

$[I = k^2m]$ $\quad \bar{I} = I_O = (0{,}450)^2 150 = 30{,}4\ \text{kg}\cdot\text{m}^2$ ②

EXEMPLO DE PROBLEMA 6/3 (*continuação*)

Determinando os momentos em relação ao centro de massa O da polia no sentido da aceleração angular α se obtém

$[\Sigma M_G = \bar{I}\alpha]$ $\quad 1800(0,600) - T(0,300) = 30,4\alpha \qquad (a)$

A aceleração do bloco é descrita por

$[\Sigma F_y = ma_y]$ $\quad T - 300(9,81) = 300a \qquad (b)$

A partir de $a_t = r\alpha$, temos $a = 0,300\alpha$. Com essa substituição, as Eqs. (a) e (b) são combinadas para dar

$$T = 3250 \text{ N} \qquad \alpha = 3,44 \text{ rad/s}^2 \qquad a = 1,031 \text{ m/s}^2 \qquad \textit{Resp.}$$

A reação no mancal é calculada a partir de suas componentes. Como $\bar{a} = 0$, usamos as equações de equilíbrio

$[\Sigma F_x = 0]$ $\quad O_x - 1800 \cos 45° = 0 \qquad O_x = 1273 \text{ N}$

$[\Sigma F_y = 0]$ $\quad O_y - 150(9,81) - 3250 - 1800 \text{ sen } 45° = 0 \qquad O_y = 6000 \text{ N}$

$$O = \sqrt{(1273)^2 + (6000)^2} = 6130 \text{ N} \qquad \textit{Resp.}$$

Solução II. Podemos usar uma abordagem mais condensada desenhando o diagrama de corpo livre de todo o sistema, eliminando, assim, a referência a T, que se torna interna ao novo sistema. A partir do diagrama cinético para esse sistema, vemos que o somatório dos momentos em relação a O deve ser igual ao momento resultante $\bar{I}\alpha$ para os tambores, acrescido do momento da resultante ma para o bloco. Desse modo, segundo o princípio da Eq. 6/5, temos

$[\Sigma M_O = \Sigma\bar{I}\alpha + \Sigma m\bar{a}d]$

$$1800(0,600) - 300(9,81)(0,300) = 30,4\alpha + 300\alpha(0,300)$$

Com $a = (0,300)\alpha$, a solução fornece, como antes, $a = 1,031 \text{ m/s}^2$.

Podemos igualar os somatórios das forças em todo o sistema aos somatórios das resultantes. Nesse caso

$[\Sigma F_y = \Sigma m\bar{a}_y]$

$$O_y - 150(9,81) - 300(9,81) - 1800 \text{ sen } 45° = 150(0) + 300(1,031)$$

$$O_y = 6000 \text{ N}$$

$[\Sigma F_x = \Sigma m\bar{a}_x]$ $\quad O_x - 1800 \cos 45° = 0 \qquad O_x = 1273 \text{ N}$

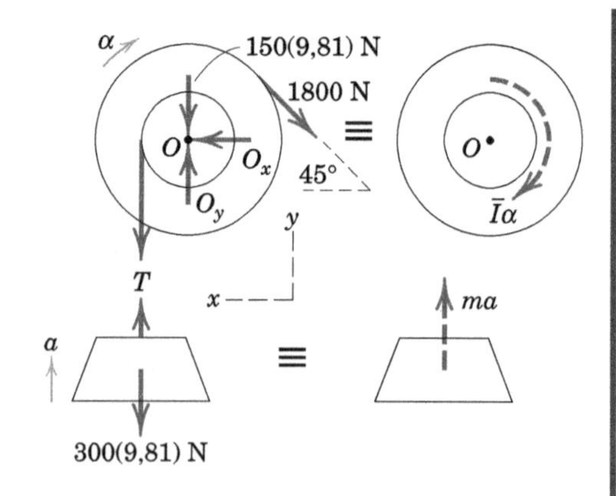

DICAS ÚTEIS

① Atente para o fato de que a tração T não é 300(9,81) N. Se fosse, o bloco não aceleraria.

② Não negligencie a necessidade de expressar k_O em metros quando estiver usando g em m/s².

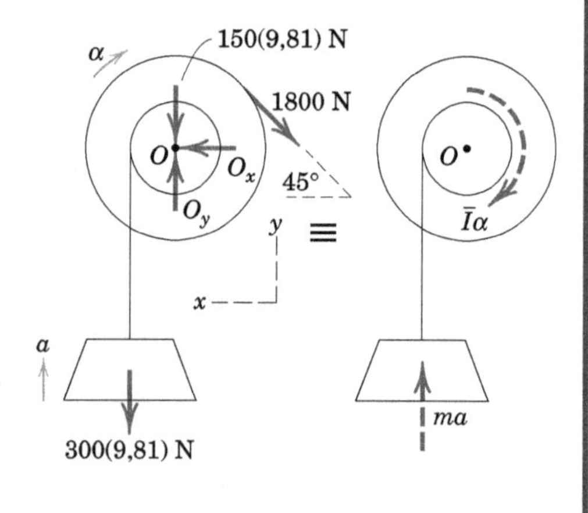

EXEMPLO DE PROBLEMA 6/4

O pêndulo possui uma massa de 7,5 kg com centro de massa em G e possui um raio de giração em relação à articulação em O de 295 mm. Se o pêndulo é liberado a partir do repouso em $\theta = 0$, determine a força total suportada pelo mancal no instante em que $\theta = 60°$. O atrito no mancal é desprezível

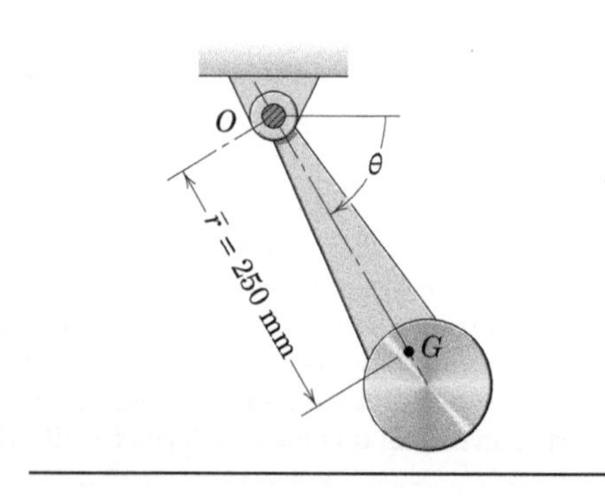

Solução. O diagrama de corpo livre do pêndulo em uma posição genérica é apresentado juntamente com o diagrama cinético correspondente, em que as componentes da força resultante foram traçadas em G.①

A componente normal O_n é determinada a partir de uma equação para as forças na direção n, que inclui a aceleração normal $\bar{r}\omega^2$. Como a velocidade angular ω do pêndulo é determinada a partir da integral da aceleração angular e como O_t depende da aceleração tangencial $\bar{r}\alpha$, portanto α deve ser obtida em primeiro lugar. Para esse fim, com $I_O = k_O{}^2 m$, a equação do momento em relação a O fornece

$[\Sigma M_O = I_O\alpha]$ $\quad 7,5(9,81)(0,25) \cos \theta = (0,295)^2(7,5)\alpha$ ②

$$\alpha = 28,2 \cos \theta \text{ rad/s}^2$$

DICAS ÚTEIS

① As componentes de aceleração de G são, naturalmente, $\bar{a}_n = \bar{r}\omega^2$ e $\bar{a}_t = \bar{r}\alpha$.

EXEMPLO DE PROBLEMA 6/4 (*continuação*)

e para $\theta = 60°$

$$[\omega\, d\omega = \alpha\, d\theta] \qquad \int_0^{\omega} \omega\, d\omega = \int_0^{\pi/3} 28{,}2 \cos\theta\, d\theta$$

$$\omega^2 = 48{,}8\ (\text{rad/s})^2$$

As duas equações de movimento restantes aplicadas à posição 60° produzem

$$[\Sigma F_n = m\bar{r}\omega^2] \qquad O_n - 7{,}5(9{,}81)\ \text{sen}\ 60° = 7{,}5(0{,}25)(48{,}8) \quad ③$$

$$O_n = 155{,}2\ \text{N}$$

$$[\Sigma F_t = m\bar{r}\alpha] \qquad -O_t + 7{,}5(9{,}81) \cos 60° = 7{,}5(0{,}25)(28{,}2) \cos 60°$$

$$O_t = 10{,}37\ \text{N}$$

$$O = \sqrt{(155{,}2)^2 + (10{,}37)^2} = 155{,}6\text{N} \qquad \textit{Resp.}$$

O sentido apropriado para O_t pode ser observado desde o início pela aplicação da equação para o momento $\Sigma M_G = \bar{I}\alpha$, em que o momento em relação a G devido a O_t deve ser no sentido horário para concordar com α. A força O_t também pode ser obtida inicialmente por uma equação do momento em relação ao centro de percussão Q, mostrado na figura inferior, o que evita a necessidade de calcular α. Inicialmente, devemos obter a distância q, que é

$$[q = k_O^2/\bar{r}] \qquad q = \frac{(0{,}295)^2}{0{,}250} = 0{,}348\ \text{m}$$

$$[\Sigma M_Q = 0] \qquad O_t(0{,}348) - 7{,}5(9{,}81)(\cos 60°)(0{,}348 - 0{,}250) = 0$$

$$O_t = 10{,}37\ \text{N} \qquad \textit{Resp.}$$

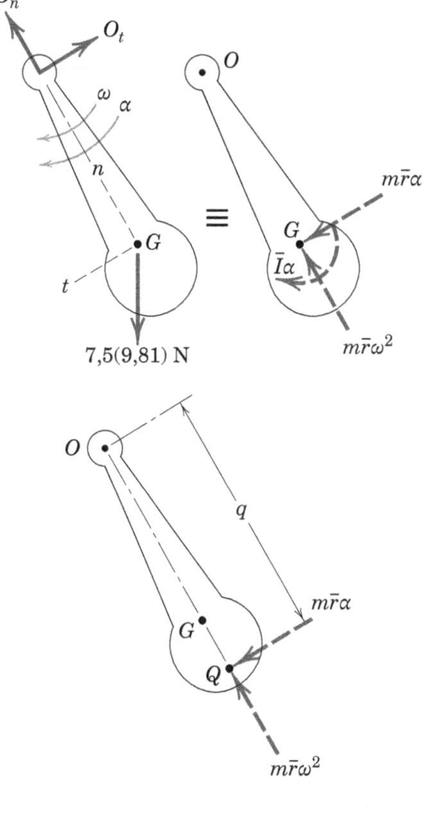

② Estude a teoria novamente e entenda que $\Sigma M_O = I_O\alpha = \bar{I}\alpha + m\bar{r}^2\alpha = m\bar{r}\alpha q$.

③ Observe aqui de modo especial que os somatórios das forças são determinados no sentido positivo das componentes da aceleração do centro de massa G.

6/5 Movimento Plano Geral

A dinâmica de um corpo rígido em movimento plano geral combina translação e rotação. Na Seção 6/2 representamos um corpo em tal condição na Fig. 6/4, com seu diagrama de corpo livre e seu diagrama cinético, que mostra as resultantes dinâmicas das forças aplicadas. A Fig. 6/4 e as Eqs. 6/1, que se aplicam ao movimento plano geral, são repetidas aqui para facilitar a consulta.

$$\boxed{\begin{aligned}\Sigma\mathbf{F} &= m\bar{\mathbf{a}} \\ \Sigma M_G &= \bar{I}\alpha\end{aligned}} \qquad [6/1]$$

A aplicação direta dessas equações expressa a equivalência entre as forças aplicadas externamente, como indicado pelo diagrama do corpo livre, e suas resultantes de força e de momento, como representado pelo diagrama cinético.

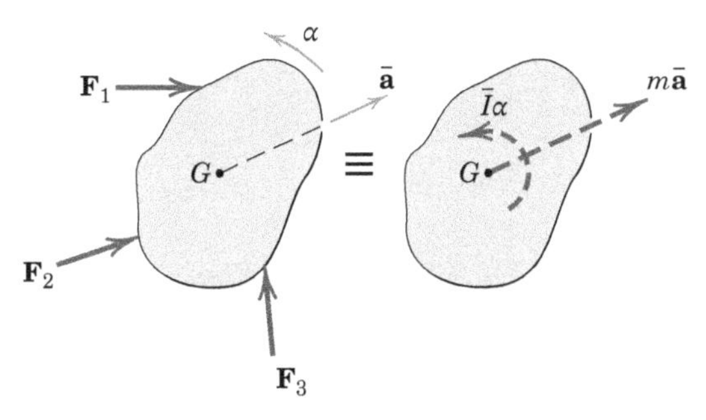

Diagrama de corpo livre Diagrama cinético

FIGURA 6/4 REPETIDA

Conceitos-Chave Solução de Problemas de Movimento Plano

Tenha em mente as seguintes considerações ao resolver problemas de movimento plano.

Escolha do Sistema de Coordenadas. A equação de forças das Eqs. 6/1 deve ser expressa no sistema de coordenadas que mais facilmente descreve a aceleração do centro de massa. Você deve considerar as coordenadas retangular, normal e tangencial, e polares.

Escolha da Equação do Momento. Na Seção 6/2 mostramos também, com o auxílio da Fig. 6/5, a aplicação da relação alternativa para momentos em relação a um ponto qualquer P, Eq. 6/2. Essa figura e essa equação também são repetidas aqui para facilitar a consulta.

$$\Sigma M_P = \bar{I}\alpha + m\bar{a}d \qquad [6/2]$$

Em alguns casos, pode ser mais conveniente utilizar a relação alternativa para os momentos da Eq. 6/3 quando os momentos forem determinados em relação a um ponto P cuja aceleração é conhecida. Observe também que a equação para os momentos em relação a um ponto O sem aceleração no corpo, Eq. 6/4, constitui ainda uma outra relação alternativa para os momentos e algumas vezes pode ser utilizada com vantagem.

Movimento com Restrição *versus* sem Restrição. Ao resolver um problema de movimento plano geral, inicialmente observamos se o movimento é com restrição ou sem restrição, como ilustrado nos exemplos da Fig. 6/6. Se o movimento é com restrição, devemos levar em consideração a relação cinemática entre as acelerações lineares e angulares e incorporá-la nas equações do movimento para forças e momentos. Se o movimento é sem restrição, as acelerações podem ser determinadas independentemente uma da outra pela aplicação direta das três equações do movimento, Eqs. 6/1.

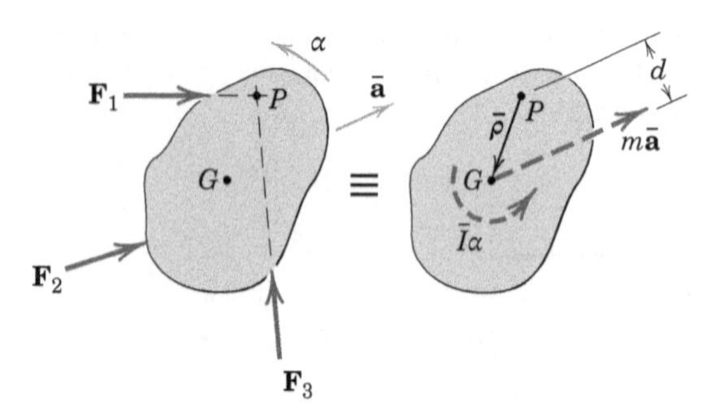

FIGURA 6/5 REPETIDA

Número de Incógnitas. Para que um problema de corpo rígido possa ser resolvido, o número de incógnitas não pode exceder o número de equações independentes disponíveis para descrevê-las, e deve-se sempre verificar a suficiência das relações. No máximo, para movimento plano temos três equações escalares de movimento e duas componentes escalares da equação vetorial da aceleração relativa para o movimento com restrição. Assim, podemos trabalhar com até cinco incógnitas para cada corpo rígido.

Identificação do Corpo ou do Sistema. Destacamos a importância de escolher com clareza o corpo a ser isolado e de representar esse isolamento por um diagrama apropriado de corpo livre. Só depois de essa etapa fundamental ter sido concluída poderemos avaliar adequadamente a equivalência entre as forças externas e suas resultantes.

Cinemática. De igual importância na análise do movimento plano é um entendimento completo da cinemática envolvida. Frequentemente, as dificuldades encontradas nesse ponto têm a ver com a Cinemática, e uma revisão profunda das relações da aceleração relativa para o movimento plano será muito útil.

Consistência das Hipóteses. Ao formular a solução para um problema, verificamos que as direções de determinadas forças ou acelerações podem não ser conhecidas no início, de modo que pode ser necessário propor hipóteses iniciais cuja validade será provada ou refutada quando a solução for obtida. É essencial, porém, que todas as hipóteses feitas sejam coerentes com o princípio da ação e reação e com todas as exigências cinemáticas, que também são chamadas de *condições de restrição*.

Desse modo, por exemplo, se uma roda está rolando sobre uma superfície horizontal, seu centro é obrigado a se deslocar sobre uma linha horizontal. Além disso, se a aceleração linear incógnita a do centro da roda é considerada positiva para a direita, então a aceleração angular incógnita α será positiva no sentido horário, a fim de que $a = +r\alpha$, se assumirmos que a roda não desliza. Além disso, verificamos que, para uma roda que rola sem deslizar, a força de atrito estático entre a roda e sua superfície de apoio é geralmente *menor* que seu valor máximo, de modo que $F \neq \mu_e N$. Mas se a roda desliza enquanto rola, então $a \neq r\alpha$, e uma força de atrito dinâmico é produzida, a qual é dada por $F \neq \mu_d N$. Pode ser necessário testar a validade de cada hipótese, com deslizamento ou sem deslizamento, em determinado problema. A diferença entre os coeficientes de atrito estático e dinâmico, μ_e e μ_d, algumas vezes é desconsiderada, nesse caso, μ é usado para cada um ou para ambos os coeficientes.

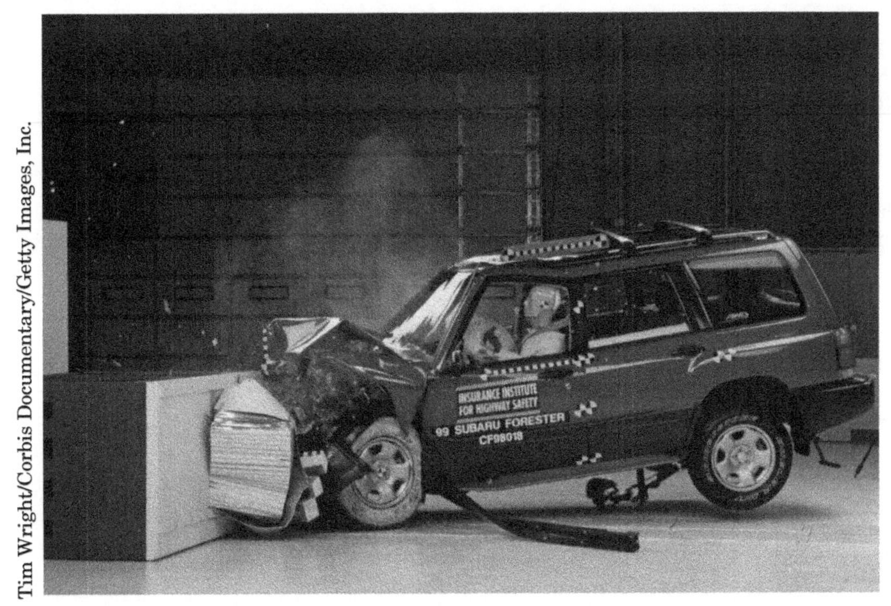

Examine antecipadamente o Probl. 6/103 para ver um caso específico envolvendo um boneco para teste de colisão tal como o mostrado aqui.

EXEMPLO DE PROBLEMA 6/5

Um aro metálico com um raio $r = 150$ mm é liberado a partir do repouso sobre plano inclinado em 20°. Se os coeficientes de atrito estático e dinâmico são $\mu_e = 0{,}15$ e $\mu_d = 0{,}12$, determine a aceleração angular α do aro e o tempo t para o aro se deslocar a uma distância de 3 m para baixo no plano inclinado.

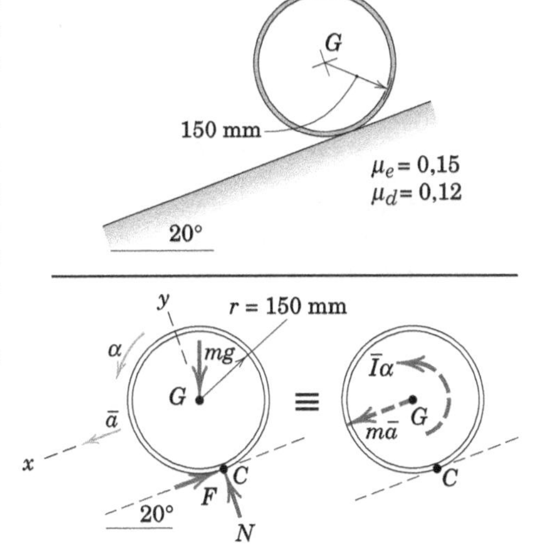

Solução. O diagrama de corpo livre mostra o peso indeterminado mg, a força normal N e a força de atrito F que atua sobre o aro no ponto de contato C com o plano inclinado. O diagrama cinético mostra a força resultante $m\bar{a}$ através de G no sentido da sua aceleração e o momento $\bar{I}\alpha$. A aceleração angular no sentido anti-horário requer um momento no sentido anti-horário em relação a G, então F deve ser para cima no plano inclinado.

Suponha que o aro rola sem deslizar, de modo que $\bar{a} = r\alpha$. A aplicação das componentes das Eqs. 6/1, com os eixos x e y especificados, fornece

$[\Sigma F_x = m\bar{a}_x]$ $\qquad mg \text{ sen } 20° - F = m\bar{a}$

$[\Sigma F_y = m\bar{a}_y = 0]$ $\qquad N - mg \cos 20° = 0$

$[\Sigma M_G = \bar{I}\alpha]$ $\qquad Fr = mr^2\alpha$ ①

A eliminação de F entre a primeira e a terceira equação e a substituição da hipótese cinemática $\bar{a} = r\alpha$ fornece

$$\bar{a} = \frac{g}{2} \text{ sen } 20° = \frac{9{,}81}{2}(0{,}342) = 1{,}678 \text{ m/s}^2 \quad ②$$

De forma alternativa, com nossa hipótese de $\bar{a} = r\alpha$ para rolamento puro, um somatório dos momentos em relação a C pela Eq. 6/2 fornece $\bar{a}$ diretamente. Assim,

$$[\Sigma M_C = \bar{I}\alpha + m\bar{a}d] \qquad mgr \text{ sen } 20° = mr^2\frac{\bar{a}}{r} + m\bar{a}r \qquad \bar{a} = \frac{g}{2} \text{ sen } 20°$$

Para verificar nossa hipótese de ausência de deslizamento, calculamos F e N e comparamos F com seu valor limite. A partir das equações anteriores,

$$F = mg \text{ sen } 20° - m\frac{g}{2} \text{ sen } 20° = 0{,}1710mg$$

$$N = mg \cos 20° = 0{,}940mg$$

DICAS ÚTEIS

① Como toda a massa de um aro está a uma distância r de seu centro G, seu momento de inércia em relação a G deve ser mr^2.

② Note que $\bar{a}$ é independente tanto de m quanto de r.

EXEMPLO DE PROBLEMA 6/5 (*continuação*)

Mas a força de atrito máxima possível é

$[F_{máx} = \mu_e N]$ $\qquad F_{máx} = 0{,}15(0{,}940mg) = 0{,}1410mg$

Como o valor calculado de 0,1710 mg excede o valor limite de 0,1410 mg, concluímos que nossa hipótese de rolamento puro era falsa. Portanto, o aro desliza enquanto rola e $\bar{a} \neq r\alpha$. A força de atrito nesse caso passa a ter o valor dinâmico

$[F = \mu_e N]$ $\qquad F = 0{,}12(0{,}940mg) = 0{,}1128mg$

As equações do movimento agora fornecem

$[\Sigma F_x = m\bar{a}_x]$ $\qquad mg \text{ sen } 20° - 0{,}1128mg = m\bar{a}$

$$\bar{a} = 0{,}229(9{,}81) = 2{,}25 \text{ m/s}^2$$

$[\Sigma M_G = \bar{I}\alpha]$ $\qquad 0{,}1128mg(r) = mr^2\alpha$ ③

$$\alpha = \frac{0{,}1128(9{,}81)}{0{,}150} = 7{,}37 \text{ rad/s}^2 \qquad \textit{Resp.}$$

③ Note que α é independente de m, mas é dependente de r.

O tempo necessário para o centro G do aro se deslocar 3 m a partir do repouso com aceleração constante é

$[x = \frac{1}{2}at^2]$ $\qquad t = \sqrt{\frac{2x}{a}} = \sqrt{\frac{2(3)}{2{,}25}} = 1{,}633 \text{ s} \qquad$ *Resp.*

EXEMPLO DE PROBLEMA 6/6

O tambor A recebe uma aceleração angular constante α_0 de 3 rad/s^2 e faz com que o carretel B de 70 kg role sobre a superfície horizontal por meio do cabo de conexão, que se enrola em torno do eixo central do carretel. O raio de giração $\bar{k}$ do carretel em relação a seu centro de massa G é de 250 mm e o coeficiente de atrito estático entre o carretel e a superfície horizontal são $\mu_e = 0{,}25$ e $\mu_d = 0{,}20$. Determine a tração T no cabo e a força de atrito F exercida pela superfície horizontal sobre o carretel.

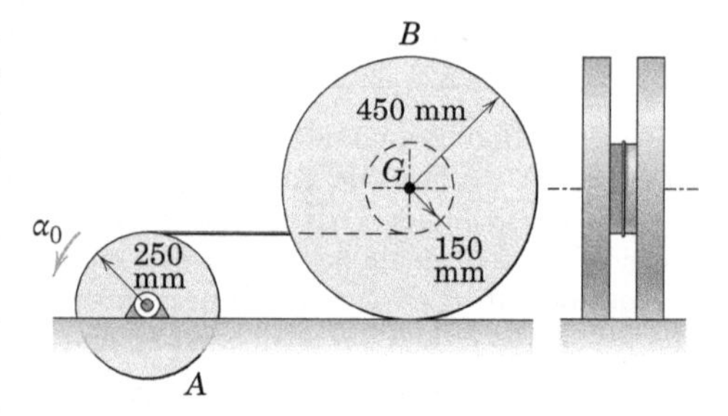

Solução. O diagrama de corpo livre e o diagrama cinético do carretel são desenhados como mostrado. O sentido correto da força de atrito pode ser atribuído nesse problema observando-se a partir de ambos os diagramas que, com aceleração angular no sentido anti-horário, um somatório dos momentos em relação ao ponto G (e, também em relação ao ponto D) deve ser no sentido anti-horário. Um ponto no cabo de conexão possui uma aceleração $a_t = r\alpha = 0{,}25(3) = 0{,}75$ m/s^2, que é também a componente horizontal da aceleração do ponto D no carretel. Será assumido inicialmente que o carretel rola sem deslizar, caso em que possui uma aceleração angular no sentido anti-horário $\alpha = (a_D)_x/\overline{DC} = 0{,}75/0{,}30 = 2{,}5$ rad/s^2.① A aceleração do centro de massa G é, portanto, $\bar{a} = r\alpha = 0{,}45(2{,}5) = 1{,}125$ m/s^2.

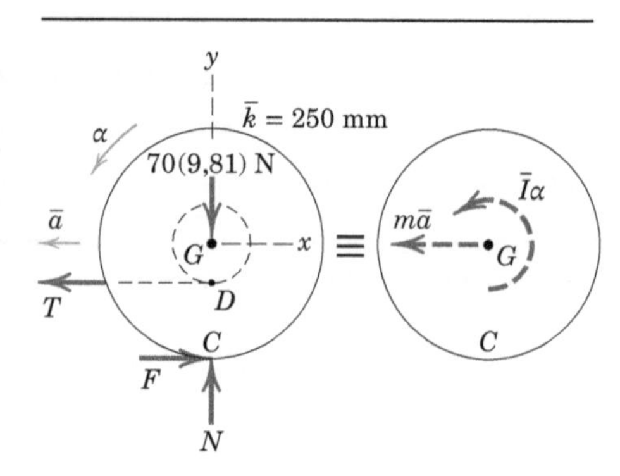

Com a cinemática determinada, aplicamos agora as três equações do movimento, Eqs. 6/1,

$[\Sigma F_x = m\bar{a}_x]$ $\qquad F - T = 70(-1{,}125) \qquad (a)$

$[\Sigma F_y = m\bar{a}_y]$ $\qquad N - 70(9{,}81) = 0 \qquad N = 687 \text{ N}$

$[\Sigma M_G = \bar{I}\alpha]$ $\qquad F(0{,}450) - T(0{,}150) = 70(0{,}250)^2(2{,}5)$ ② $\qquad (b)$

Resolvendo (a) e (b) simultaneamente, se obtém

$$F = 75{,}8 \text{ N} \quad \text{e} \quad T = 154{,}6 \text{ N} \qquad \textit{Resp.}$$

Para verificar a validade de nossa hipótese de ausência de deslizamento, observamos que as superfícies são capazes de suportar uma força de atrito máxima $F_{máx} = \mu_e N = 0{,}25(687) = 171{,}7$ N. Como uma força de atrito de apenas

DICAS ÚTEIS

① A relação entre $\bar{a}$ e α é a restrição cinemática associada à hipótese de que o carretel rola sem deslizar.

② Tenha cuidado para não cometer o erro de usar $\frac{1}{2}mr^2$ para o $\bar{I}$ do carretel, o qual não é um disco circular uniforme.

EXEMPLO DE PROBLEMA 6/6 (*continuação*)

75,8 N é necessária, concluímos que nossa hipótese de rolamento sem deslizamento é válida.

Se os coeficientes de atrito estático e dinâmico fossem 0,10 e 0,08, respectivamente, por exemplo, então a força de atrito teria sido limitada a 0,10(687) = 68,7 N, que é menor do que 75,8 N e o carretel iria escorregar. Nesse evento, a relação cinemática $a = r\alpha$ deixaria de ser válida. Com $(a_D)_x$ conhecida, a aceleração angular seria $\alpha = [\bar{a} - (a_D)_x]/\overline{GD}$.③ Utilizando a relação $F = \mu_d N$ = 0,08(687) = 54,9 N, resolveríamos, então as três equações de movimento para as incógnitas T, $\bar{a}$ e α.

De outro modo, sendo o ponto C o centro de momento no caso de rolamento puro, poderíamos usar a Eq. 6/2 e obter T diretamente. Assim,

$$[\Sigma M_C = \bar{I}\alpha + m\bar{a}r] \quad 0{,}3T = 70(0{,}25)^2(2{,}5) + 70(1{,}125)(0{,}45)$$

$$T = 154{,}6 \text{ N} \qquad \textit{Resp.}$$

em que resultados dinâmicos anteriores em que não houve deslizamento foram incorporados. Poderíamos, também, escrever uma equação de momento em torno do ponto D para obter F diretamente.④

③ Os princípios da aceleração relativa são necessários aqui. Consequentemente, a relação $(a_{G/D})_t = \overline{GD}\alpha$ deve ser reconhecida.

④ A flexibilidade na escolha dos centros para o momento fornecida pelo diagrama cinético pode, em geral, ser empregada para simplificar a análise.

EXEMPLO DE PROBLEMA 6/7

A barra delgada AB de 30 kg se desloca no plano vertical, com suas extremidades limitadas a seguir as guias horizontal e vertical lisas. Se a força de 150 N é aplicada em A com a barra inicialmente em repouso na posição em que $\theta = 30°$, calcule a aceleração angular resultante da barra e as forças sobre os pequenos roletes das extremidades A e B.

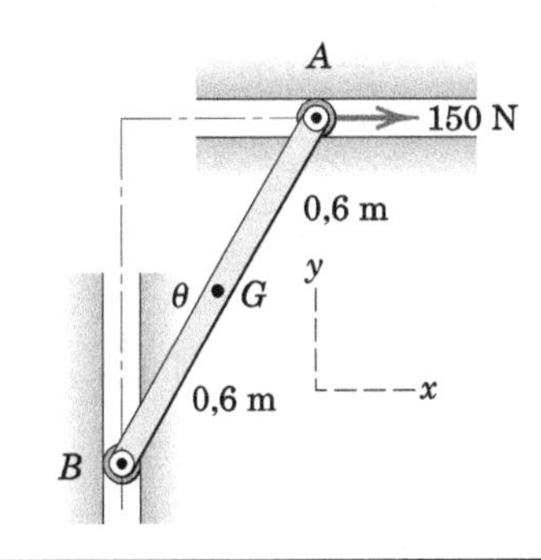

Solução. A barra é submetida a um movimento com restrição, de modo que devemos estabelecer a relação entre a aceleração do centro de massa e a aceleração angular. A equação da aceleração relativa $\mathbf{a}_A = \mathbf{a}_B + \mathbf{a}_{A/B}$ deve ser resolvida em primeiro lugar e, então, a equação $\bar{\mathbf{a}} = \mathbf{a}_G = \mathbf{a}_B + \mathbf{a}_{G/B}$ é resolvida em seguida para obter as expressões relacionando $\bar{a}$ e α.① Com α definido no sentido horário pela restrição física, os polígonos das acelerações que representam essas equações são apresentados, e suas soluções fornecem.

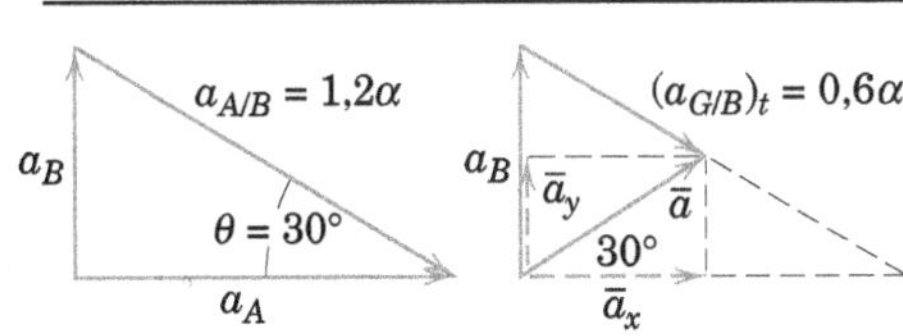

$$\bar{a}_x = \bar{a}\cos 30° = 0{,}6\alpha \cos 30° = 0{,}520\alpha \text{ m/s}^2$$

$$\bar{a}_y = \bar{a}\,\text{sen}\, 30° = 0{,}6\alpha\, \text{sen}\, 30° = 0{,}3\alpha \text{ m/s}^2$$

Em seguida, traçamos o diagrama de corpo livre e o diagrama cinético como mostrado. Com $\bar{a}_x$ e $\bar{a}_y$ conhecidas agora em termos de α, as incógnitas restantes são α e as forças A e B. Aplicamos agora as Eqs. 6/1, que fornecem

$$[\Sigma M_G = \bar{I}\alpha]$$

$$150(0{,}6\cos 30°) - A(0{,}6\,\text{sen}\,30°) + B(0{,}6\cos 30°) = \frac{1}{12}30(1{,}2^2)\alpha \quad ②$$

$$[\Sigma F_x = m\bar{a}_x] \qquad 150 - B = 30(0{,}520\alpha)$$

$$[\Sigma F_y = m\bar{a}_y] \qquad A - 30(9{,}81) = 30(0{,}3\alpha)$$

Resolvendo as três equações simultaneamente, obtemos os seguintes resultados

$$A = 337 \text{ N} \qquad B = 76{,}8 \text{ N} \qquad \alpha = 4{,}69 \text{ rad/s}^2 \qquad \textit{Resp.}$$

Uma solução alternativa é usar a Eq. 6/2 com o ponto C como o centro para os momentos e evitar a necessidade de resolver três equações simultaneamente.

DICAS ÚTEIS

① Se a aplicação das equações da aceleração relativa não está totalmente clara a essa altura, então revise a Seção 5/6. Note que o termo da aceleração normal relativa está ausente, pois a barra não possui velocidade angular.

② Lembre-se de que o momento de inércia de uma haste delgada em relação ao seu centro é $\frac{1}{12}ml^2$.

EXEMPLO DE PROBLEMA 6/7 (*continuação*)

Essa escolha elimina a referência às forças A e B e fornece α diretamente. Desse modo,

$$[\Sigma M_C = \bar{I}\alpha + \Sigma m\bar{a}d]$$

$$150(1{,}2 \cos 30°) - 30(9{,}81)(0{,}6 \text{ sen } 30°) = \frac{1}{12}30(1{,}2^2)\alpha$$

$$+ 30(0{,}520\alpha)(0{,}6 \cos 30°) + 30(0{,}3\alpha)(0{,}6 \text{ sen } 30°) \quad ③$$

$$67{,}6 = 14{,}40\alpha \qquad \alpha = 4{,}69 \text{ rad/s}^2 \qquad \textit{Resp.}$$

Com α determinada, podemos agora aplicar as equações das forças de forma independente e obter

$$[\Sigma F_y = m\bar{a}_y] \qquad A - 30(9{,}81) = 30(0{,}3)(4{,}69) \qquad A = 337 \text{ N} \qquad \textit{Resp.}$$

$$[\Sigma F_x = m\bar{a}_x] \qquad 150 - B = 30(0{,}520)(4{,}69) \qquad B = 76{,}8 \text{ N} \qquad \textit{Resp.}$$

③ A partir do diagrama cinético, $\Sigma m\bar{a}d = m\bar{a}_x d_y + m\bar{a}_y d_x$. Como ambos os termos da soma são no sentido horário, no mesmo sentido que $\bar{I}\alpha$, eles são positivos.

EXEMPLO DE PROBLEMA 6/8

A porta de um carro é deixada ligeiramente aberta por descuido, quando os freios são acionados fornecendo ao carro uma aceleração a constante orientada para trás. Desenvolva expressões para a velocidade angular da porta quando ela passa pela posição de 90° e as componentes das reações na dobradiça para qualquer valor de θ. A massa da porta é m, seu centro de massa está a uma distância $\bar{r}$ do eixo da dobradiça O e o raio de giração em relação a O é k_O.

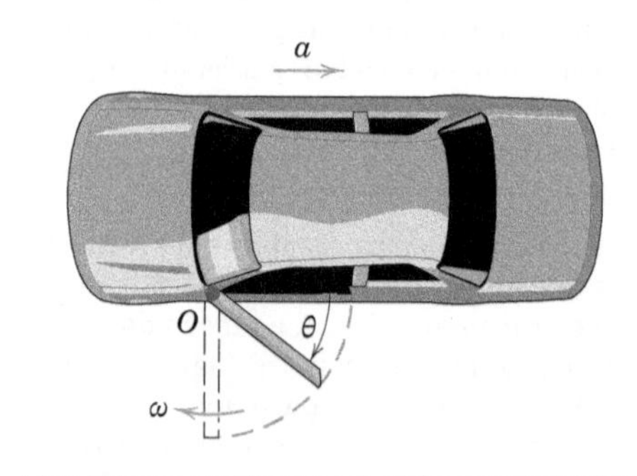

Solução. Como a velocidade angular ω aumenta com θ, precisamos determinar a forma como a aceleração angular α varia de acordo com θ, de modo que possamos integrá-la ao longo do intervalo para obter ω. Obtemos α a partir de uma equação do momento em relação a O. Inicialmente, desenhamos o diagrama de corpo livre da porta no plano horizontal para uma posição genérica θ. As únicas forças nesse plano são as componentes da reação da dobradiça mostradas aqui nas direções x e y. No diagrama cinético, além do momento resultante $\bar{I}\alpha$ mostrado no sentido de α, representamos a força resultante $m\bar{\mathbf{a}}$ em termos de suas componentes, utilizando uma equação da aceleração relativa em relação a O.① Essa equação vem a ser a equação de restrição cinemática e é

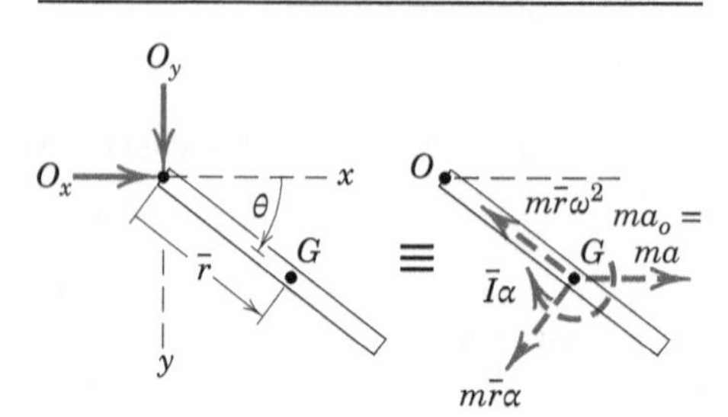

$$\bar{\mathbf{a}} = \mathbf{a}_G = \mathbf{a}_O + (\mathbf{a}_{G/O})_n + (\mathbf{a}_{G/O})_t$$

Os módulos das componentes de $m\bar{\mathbf{a}}$ são então

$$ma_O = ma \qquad m(a_{G/O})_n = m\bar{r}\omega^2 \qquad m(a_{G/O})_t = m\bar{r}\alpha \quad ②$$

em que $\omega = \dot{\theta}$ e $\alpha = \ddot{\theta}$.

Para determinado ângulo θ, as três incógnitas são α, O_x e O_y. Podemos eliminar O_x e O_y por meio de uma equação de momento em relação a O, que fornece

$$[\Sigma M_O = \bar{I}\alpha + \Sigma m\bar{a}d] \qquad 0 = m(k_O{}^2 - \bar{r}^2)\alpha + m\bar{r}\alpha(\bar{r}) - ma(\bar{r} \text{ sen}\,\theta) \quad ③$$

Resolvendo para α se obtém $\alpha = \dfrac{a\bar{r}}{k_O{}^2} \text{sen}\,\theta$ ④

DICAS ÚTEIS

① O ponto O é escolhido porque é o único ponto sobre a porta cuja aceleração é conhecida.

② Tenha cuidado para colocar $m\bar{r}\alpha$ no sentido positivo de α em relação à rotação em torno de O.

③ O diagrama de corpo livre mostra que o momento em relação a O é nulo. Usamos o teorema da transferência de eixos aqui e substituímos $k_O{}^2 = \bar{k}^2 + \bar{r}^2$. Se essa relação não é totalmente familiar, reveja a Seção B/1 no Apêndice B.

EXEMPLO DE PROBLEMA 6/8 *(continuação)*

Agora integramos α inicialmente para uma posição genérica e obtemos

$$[\omega\, d\omega = \alpha\, d\theta] \qquad \int_0^{\omega} \omega\, d\omega = \int_0^{\theta} \frac{a\bar{r}}{k_O^2} \operatorname{sen}\theta\, d\theta$$

$$\omega^2 = \frac{2a\bar{r}}{k_O^2}(1 - \cos\theta)$$

Para $\theta = \pi/2$,

$$\omega = \frac{1}{k_O}\sqrt{2a\bar{r}} \qquad \textit{Resp.}$$

Para determinar O_x e O_y, para qualquer valor de θ, as equações da força fornecem

$$[\Sigma F_x = m\bar{a}_x] \qquad O_x = ma - m\bar{r}\omega^2\cos\theta - m\bar{r}\alpha \operatorname{sen}\theta \quad ⑤$$

$$= m\left[a - \frac{2a\bar{r}^2}{k_O^2}(1 - \cos\theta)\cos\theta - \frac{a\bar{r}^2}{k_O^2}\operatorname{sen}^2\theta\right]$$

$$= ma\left[1 - \frac{\bar{r}^2}{k_O^2}(1 + 2\cos\theta - 3\cos^2\theta)\right] \qquad \textit{Resp.}$$

$$[\Sigma F_y = m\bar{a}_y] \qquad O_y = m\bar{r}\alpha\cos\theta - m\bar{r}\omega^2 \operatorname{sen}\theta$$

$$= m\bar{r}\frac{a\bar{r}}{k_O^2}\operatorname{sen}\theta\cos\theta - m\bar{r}\frac{2a\bar{r}}{k_O^2}(1 - \cos\theta)\operatorname{sen}\theta$$

$$= \frac{ma\bar{r}^2}{k_O^2}(3\cos\theta - 2)\operatorname{sen}\theta \qquad \textit{Resp.}$$

④ Também podemos utilizar a Eq. 6/3 com O como um centro para os momentos

$$\Sigma \mathbf{M}_O = I_O\boldsymbol{\alpha} + \bar{\boldsymbol{\rho}} \times m\mathbf{a}_O$$

em que os valores escalares dos termos são $I_O\alpha = mk_O^2\alpha$ e $\bar{\rho} \times m\mathbf{a}_O$ passam a ser $-\bar{r}ma$ sen θ.

⑤ O diagrama cinético mostra claramente os termos que compõem $m\bar{a}_x$ e $m\bar{a}_y$.

SEÇÃO B Trabalho e Energia

6/6 Relações Trabalho-Energia

Em nosso estudo da cinética de partículas nas Seções 3/6 e 3/7, desenvolvemos os princípios de trabalho e energia e os aplicamos ao movimento de uma partícula e em casos selecionados de partículas conectadas. Verificamos que esses princípios foram especialmente úteis na descrição de um movimento que resulta do efeito cumulativo de forças que atuam ao longo de distâncias. Além disso, quando as forças eram conservativas, pudemos determinar as variações da velocidade analisando as condições da energia no início e no fim do intervalo de movimento. Para deslocamentos finitos, o método de trabalho-energia elimina a necessidade de se determinar a aceleração e integrá-la ao longo do intervalo para obter a variação da velocidade. Essas mesmas vantagens são percebidas quando estendemos os princípios do trabalho-energia para descrever um movimento de corpo rígido.

Antes de avançar nesta seção, você deve rever as definições e conceitos de trabalho, energia cinética, energia potencial gravitacional e elástica, forças conservativas, e potência, discutidos nas Seções 3/6 e 3/7, uma vez que eles serão aplicados aos problemas de corpos rígidos. Você também deve rever as Seções 4/3 e 4/4 sobre a cinética de sistemas de partículas, nas quais estendemos os princípios das Seções 3/6 e 3/7 para incluir qualquer sistema genérico de partículas de massa, o que inclui os corpos rígidos.

Trabalho Realizado por Forças e Momentos

O trabalho realizado por uma força $\mathbf{F}$ foi tratado em detalhe na Seção 3/6 e é dado por

$$U = \int \mathbf{F}\cdot d\mathbf{r} \qquad \text{ou} \qquad U = \int (F\cos\alpha)\, ds$$

em que $d\mathbf{r}$ é o vetor deslocamento infinitesimal do ponto de aplicação de $\mathbf{F}$, como mostrado na Fig. 3/2*a*. Na forma escalar equivalente da integral, α é o ângulo entre $\mathbf{F}$ e a direção do deslocamento, e ds é o módulo do vetor deslocamento $d\mathbf{r}$.

Frequentemente, precisamos determinar o trabalho realizado por um momento M que age sobre um corpo rígido durante o seu movimento. A Fig. 6/11 mostra um momento $M = Fb$ agindo sobre um corpo rígido, que se desloca no plano de aplicação do momento. Durante o intervalo de tempo dt o corpo gira através de um ângulo $d\theta$, e a linha AB se desloca para $A'B'$. Podemos estudar esse movimento em duas partes, primeiro uma translação para $A'B''$ e em seguida uma rotação $d\theta$ em torno de A'. Vemos de modo imediato que, durante a translação, o trabalho realizado por uma das forças cancela o trabalho realizado pela outra força, de modo que o trabalho líquido realizado é $dU = F(b\, d\theta) = M\, d\theta$, devido à parcela de rotação do movimento. Se o momento age no sentido

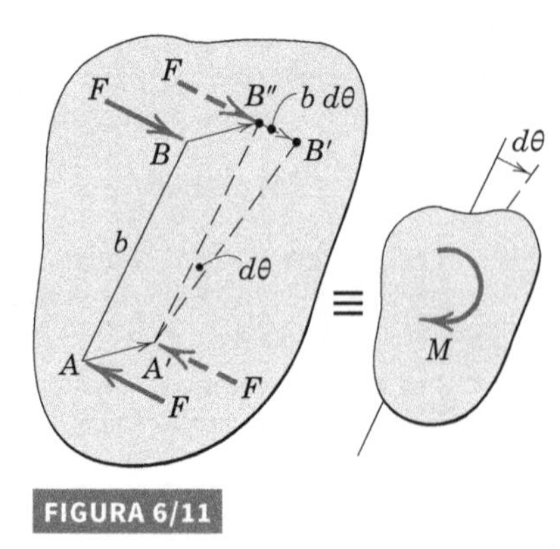

FIGURA 6/11

oposto ao da rotação, o trabalho realizado é negativo. Durante uma rotação finita, o trabalho realizado por um momento M cujo plano é paralelo ao plano do movimento é, portanto,

$$U = \int M\, d\theta$$

Energia Cinética

Usamos agora a expressão conhecida para a energia cinética de uma partícula para desenvolver expressões para a energia cinética de um corpo rígido, para cada uma das três classes de movimento plano de corpo rígido ilustradas na Fig. 6/12.

(a) Translação. O corpo rígido em translação da Fig. 6/12*a* possui uma massa m e todas as suas partículas têm uma velocidade v em comum. A energia cinética de uma partícula qualquer de massa m_i do corpo é $T_i = \frac{1}{2}m_i v^2$, então para o corpo como um todo $T = \Sigma\frac{1}{2}m_i v^2 = \frac{1}{2}v^2\Sigma m_i$ ou

$$\boxed{T = \frac{1}{2}mv^2} \tag{6/7}$$

Essa expressão é válida para ambos os movimentos de translação retilíneos e curvilíneos.

(b) Rotação em torno de um eixo fixo. O corpo rígido na Fig. 6/12*b* gira com uma velocidade angular ω em torno do eixo fixo através de O. A energia cinética de uma partícula representativa de massa m_i, é $T_i = \frac{1}{2}m_i(r_i\omega)^2$. Assim, para o corpo inteiro $T = \frac{1}{2}\omega^2\Sigma m_i r_i^2$. Mas, o momento de inércia do corpo em torno de O é $I_O = \Sigma m_i r_i^2$, então

$$\boxed{T = \frac{1}{2}I_O\omega^2} \tag{6/8}$$

Observe a semelhança entre as formas das expressões da energia cinética para translação e rotação. Você pode verificar que as dimensões das duas expressões são idênticas.

(c) Movimento plano geral. O corpo rígido na Fig. 6/12*c* executa um movimento plano em que, no instante considerado, a velocidade de seu centro de massa G é $\bar{v}$ e sua velocidade angular é ω. A velocidade v_i de uma partícula representativa de massa m_i pode ser expressa em

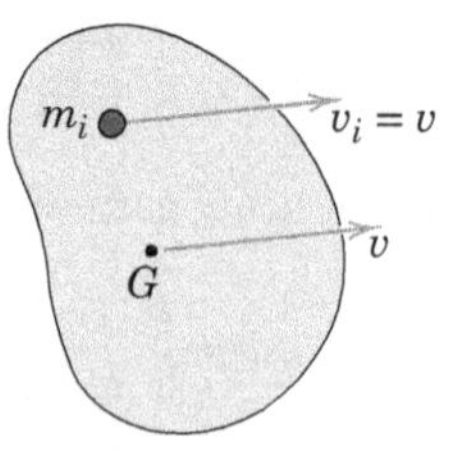

(*a*) Translação

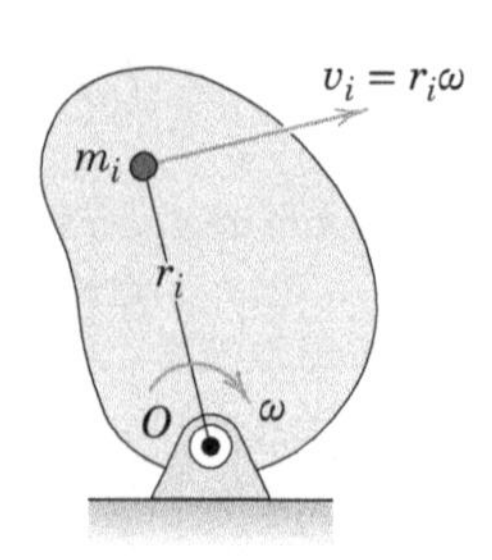

(*b*) Rotação com eixo fixo

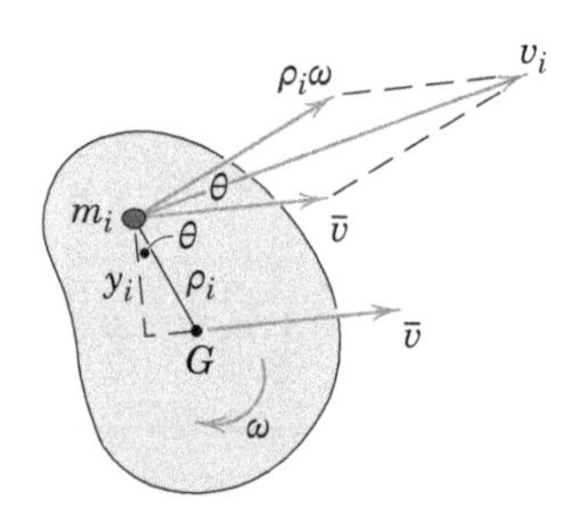

(*c*) Movimento plano geral

FIGURA 6/12

função da velocidade do centro de massa $\bar{v}$ e da velocidade $\rho_i\omega$ em relação ao centro de massa, conforme mostrado. Com o auxílio da lei dos cossenos, descrevemos a energia cinética do corpo como o somatório ΣT_i das energias cinéticas de todas as suas partículas. Desse modo

$$T = \Sigma\frac{1}{2}m_i v_i^2 = \Sigma\frac{1}{2}m_i(\bar{v}^2 + \rho_i^2\omega^2 + 2\bar{v}\rho_i\omega\cos\theta)$$

Como ω e $\bar{v}$ são comuns a todos os termos na terceira parcela da soma, podemos fatorá-los. Dessa forma, o terceiro termo na expressão para T torna-se

$$\omega\bar{v}\,\Sigma m_i\rho_i\cos\theta = \omega\bar{v}\,\Sigma m_i y_i = 0$$

uma vez que $\Sigma m_i y_i = m\bar{y} = 0$. A energia cinética do corpo é então $T = \frac{1}{2}\bar{v}^2\Sigma m_i + \frac{1}{2}\omega^2\Sigma m_i\rho_i^2$ ou

$$\boxed{T = \frac{1}{2}m\bar{v}^2 + \frac{1}{2}\bar{I}\omega^2} \tag{6/9}$$

em que $\bar{I}$ é o momento de inércia do corpo em relação ao seu centro de massa. Essa expressão, para a energia cinética, mostra claramente as contribuições distintas para a energia cinética total, que resultam da velocidade de translação $\bar{v}$ do centro de massa e da velocidade de rotação ω em torno do centro de massa.

A energia cinética do movimento plano também pode ser expressa em função da velocidade de rotação em relação ao centro instantâneo de velocidade nula C. Como C possui, momentaneamente, velocidade nula, a prova que conduz à Eq. 6/8 para o ponto fixo O é igualmente válida para o ponto C, assim, de forma alternativa, podemos descrever a energia cinética de um corpo rígido em movimento plano como

$$\boxed{T = \frac{1}{2} I_C \omega^2} \qquad (6/10)$$

Na Seção 4/3 desenvolvemos a Eq. 4/4 para a energia cinética de um sistema de massa qualquer. Observamos agora que essa expressão é equivalente à Eq. 6/9 quando o sistema de massas é rígido. Para um corpo rígido, a grandeza $\dot{\boldsymbol{\rho}}_i$ na Eq. 4/4 é a velocidade da partícula representativa em relação ao centro de massa e é o vetor $\boldsymbol{\omega} \times \boldsymbol{\rho}_i$, que possui módulo $\rho_i \omega$. O termo do somatório na Eq. 4/4 torna-se $\Sigma \frac{1}{2} m_i (\rho_i \omega)^2 = \frac{1}{2} \omega^2 \Sigma m_i \rho_i^2 = \frac{1}{2} \bar{I} \omega^2$, o que faz com que a Eq. 4/4 coincida com a Eq. 6/9.

Energia Potencial e Equação de Trabalho–Energia

A energia potencial gravitacional V_g e a energia potencial elástica V_e foram descritas em detalhe na Seção 3/7. Lembre-se de que o símbolo U' (em vez de U) é utilizado para indicar o trabalho realizado por todas as forças, exceto o peso e as forças elásticas, que são contabilizados nos termos de energia potencial.

A relação trabalho–energia, Eq. 3/15*a*, foi introduzida na Seção 3/6 para o movimento de uma partícula e foi generalizada na Seção 4/3 para incluir o movimento de um sistema geral de partículas. Esta equação

$$\boxed{T_1 + U_{1\text{-}2} = T_2} \qquad [4/2]$$

se aplica a qualquer sistema mecânico. Para a sua aplicação ao movimento de um único corpo rígido, os termos T_1 e T_2 devem incluir os efeitos de translação e de rotação como determinado pelas Eqs. 6/7, 6/8, 6/9, ou 6/10, e $U_{1\text{-}2}$ é o trabalho realizado por todas as forças externas. Por outro lado, se optarmos por expressar os efeitos do peso e de molas por meio da energia potencial em vez do trabalho, podemos reescrever a equação anterior como

$$\boxed{T_1 + V_1 + U'_{1\text{-}2} = T_2 + V_2} \qquad [4/3a]$$

em que a linha sobrescrita indica o trabalho realizado por todas as forças, com exceção do peso e das forças de molas. Quando aplicada a um sistema de corpos rígidos interligados, a Eq. 4/3*a* inclui o efeito da energia elástica armazenada nas conexões, bem como o da energia potencial gravitacional para os diversos elementos. O termo $U'_{1\text{-}2}$ inclui o trabalho de todas as forças externas ao sistema (exceto as forças gravitacionais), assim como o trabalho negativo das forças de atrito internas, caso existam. Os termos T_1 e T_2 são as energias cinéticas inicial e final de todas as partes móveis durante o intervalo do movimento em questão.

Quando o princípio do trabalho–energia é aplicado a um único corpo rígido, um *diagrama de corpo livre* ou um *diagrama de forças ativas* pode ser utilizado. No caso de um sistema de corpos rígidos interligados, deve-se esboçar um diagrama de forças ativas de todo o sistema, de modo a isolar o sistema e indicar todas as forças que realizam trabalho sobre o sistema. Diagramas devem também ser traçados para mostrar as posições inicial e final do sistema para o intervalo de movimento dado.

A equação de trabalho–energia fornece uma relação direta entre as forças que trabalham e as variações correspondentes no movimento de um sistema mecânico. No entanto, se existir um atrito mecânico interno significativo, então o sistema deve ser desmembrado para expor as forças de atrito dinâmico e levar em consideração o trabalho negativo que elas realizam. Quando o sistema é desmembrado, no entanto, uma das principais vantagens da abordagem de trabalho–energia é automaticamente perdida. O método de trabalho–energia é o mais útil para analisar sistemas conservativos de corpos interligados, nos quais a perda de energia devida ao trabalho negativo das forças de atrito é desprezível.

Potência

O conceito de potência foi discutido na Seção 3/6, que abordou o trabalho e a energia no movimento de uma partícula. Lembre-se de que potência é a taxa no tempo em que o trabalho é realizado. Para uma força **F** que atua sobre um corpo rígido em movimento plano, a potência desenvolvida por essa força em determinado instante de tempo é dada pela Eq. 3/16 e é a taxa na qual a força está realizando o trabalho. A potência é dada por

$$P = \frac{dU}{dt} = \frac{\mathbf{F} \cdot d\mathbf{r}}{dt} = \mathbf{F} \cdot \mathbf{v}$$

em que $d\mathbf{r}$ e $\mathbf{v}$ são, respectivamente, o deslocamento infinitesimal e a velocidade do ponto de aplicação da força. Da mesma forma, para um momento M agindo sobre o corpo, a potência desenvolvida pelo momento em um dado instante de tempo é a taxa em que ele está realizando trabalho, e é dada por

$$P = \frac{dU}{dt} = \frac{M\,d\theta}{dt} = M\omega$$

em que $d\theta$ e ω são, respectivamente, o deslocamento angular infinitesimal e a velocidade angular do corpo. Se os sentidos de M e ω são iguais, a potência é positiva e a energia é fornecida ao corpo. Inversamente, se M e ω têm sentidos opostos, a potência é negativa e a energia é removida do corpo. Se a força **F** e o momento M atuam simultaneamente, a potência instantânea total é

$$P = \mathbf{F} \cdot \mathbf{v} + M\omega$$

Podemos também expressar a potência calculando a taxa em que a energia mecânica total de um corpo rígido ou de um sistema de corpos rígidos está variando.

A relação trabalho-energia, Eq. 4/3, para um deslocamento infinitesimal é

$$dU' = dT + dV$$

em que dU' é o trabalho das forças e dos momentos ativos aplicados ao corpo ou ao sistema de corpos. Excluídos de dU' estão o trabalho das forças gravitacionais e o das forças de molas, que são contabilizados no termo dV. Dividindo-se por dt fornece a potência total das forças e dos momentos ativos como

$$P = \frac{dU'}{dt} = \dot{T} + \dot{V} = \frac{d}{dt}(T + V)$$

Assim, verificamos que a potência desenvolvida pelas forças e momentos ativos é igual à taxa de variação da energia mecânica total do corpo ou do sistema de corpos.

Observamos a partir da Eq. 6/9 que, para determinado corpo, o primeiro termo pode ser escrito

$$\begin{aligned}\dot{T} = \frac{dT}{dt} &= \frac{d}{dt}\left(\frac{1}{2}m\overline{\mathbf{v}}\cdot\overline{\mathbf{v}} + \frac{1}{2}\bar{I}\omega^2\right)\\ &= \frac{1}{2}m(\overline{\mathbf{a}}\cdot\overline{\mathbf{v}} + \overline{\mathbf{v}}\cdot\overline{\mathbf{a}}) + \bar{I}\omega\dot{\omega}\\ &= m\overline{\mathbf{a}}\cdot\overline{\mathbf{v}} + \bar{I}\alpha(\omega) = \mathbf{R}\cdot\overline{\mathbf{v}} + \overline{M}\omega\end{aligned}$$

em que $\mathbf{R}$ é a resultante de *todas* as forças que atuam sobre o corpo e $\overline{M}$ é o momento resultante em relação ao centro de massa G de *todas* as forças. O produto escalar leva em consideração o caso de movimento curvilíneo do centro de massa, em que $\overline{\mathbf{a}}$ e $\overline{\mathbf{v}}$ não estão na mesma direção.

Muitos carros estão agora usando frenagem regenerativa, o que significa que a energia cinética geral do carro é capturada através de geradores ligados às rodas em vez de ser desperdiçada através de energia térmica, como é o caso dos freios de fricção convencionais.

EXEMPLO DE PROBLEMA 6/9

A roda rola para cima no plano inclinado, sobre seu eixo, sem deslizar e é puxada pela força de 100 N aplicada ao cabo enrolado em torno de sua borda externa. Se a roda parte do repouso, calcule sua velocidade angular ω após seu centro ter se deslocado uma distância de 3 m para cima no plano inclinado. A roda possui uma massa de 40 kg com centro de massa em O e tem um raio de giração centroidal de 150 mm. Determine a potência fornecida pela força de 100 N no final do intervalo de 3 m do movimento.

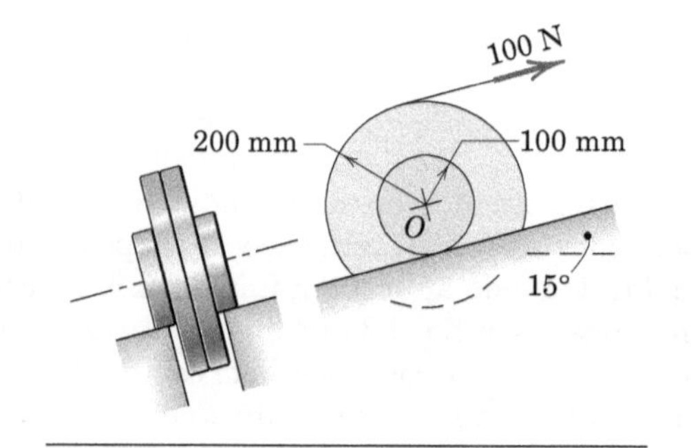

Solução. Das quatro forças mostradas no diagrama de corpo livre da roda, somente a tração de 100 N e o peso de 40(9,81) = 392 N realizam trabalho. A força de atrito não realiza nenhum trabalho, desde que a roda não deslize.① Usando o conceito de centro instantâneo de velocidade nula C, observamos que um ponto A no cabo, ao qual a força de 100 N é aplicada, possui uma velocidade v_A = [(200 + 100)/100]v. Portanto, o ponto A sobre

EXEMPLO DE PROBLEMA 6/9 (*continuação*)

cabo se desloca a uma distância de (200 + 100)/100 = 3 vezes maior do que o centro O. Assim, com o efeito do peso incluído no termo U, o trabalho realizado sobre a roda vem a ser

$$U_{1\text{-}2} = 100\,\frac{200 + 100}{100}\,(3) - (392 \text{ sen } 15°)(3) = 595 \text{ J} \quad ②$$

A roda está submetida a um movimento plano geral, de modo que as energias cinéticas inicial e final são

$$[T = \tfrac{1}{2}m\bar{v}^2 + \tfrac{1}{2}\bar{I}\omega^2] \qquad T_1 = 0 \qquad T_2 = \tfrac{1}{2}40(0{,}10\omega)^2 + \tfrac{1}{2}40(0{,}15)^2\omega^2 \quad ③$$
$$= 0{,}650\omega^2$$

A equação de trabalho-energia fornece

$$[T_1 + U_{1\text{-}2} = T_2] \qquad 0 + 595 = 0{,}650\omega^2 \qquad \omega = 30{,}3 \text{ rad/s}$$

A energia cinética da roda pode ser escrita de outra maneira, como

$$[T = \tfrac{1}{2}I_C\omega^2] \qquad T = \tfrac{1}{2}\,40[(0{,}15)^2 + (0{,}10)^2]\omega^2 = 0{,}650\omega^2 \quad ④$$

A potência fornecida pela força de 100 N quando ω = 30,3 rad/s é

$$[P = \mathbf{F}\cdot\mathbf{v}] \qquad P_{100} = 100(0{,}3)(30{,}3) = 908 \text{ W} \quad ⑤$$ *Resp.*

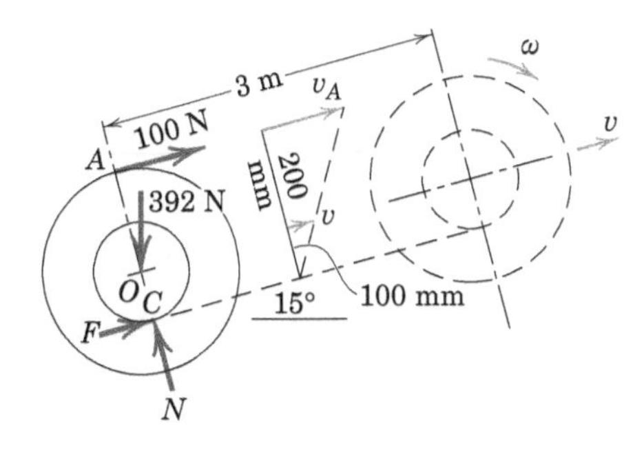

DICAS ÚTEIS

① Como a velocidade do centro instantâneo C na roda é nula, logo a taxa na qual a força de atrito realiza trabalho é sempre nula. Portanto, F não realiza nenhum trabalho desde que a roda não deslize. Se a roda estivesse rolando sobre uma plataforma móvel, entretanto, a força de atrito realizaria trabalho, mesmo que a roda não estivesse deslizando.

② Observe que a componente do peso orientada para baixo no plano inclinado realiza trabalho negativo.

③ Tenha cuidado para usar o raio correto na expressão $v = r\omega$ para a velocidade do centro da roda.

④ Lembre-se de que $I_C = \bar{I} + m\overline{OC}^2$, em que $\bar{I} = I_O = mk_O^2$.

⑤ A velocidade aqui é a do ponto de aplicação da força de 100 N.

EXEMPLO DE PROBLEMA 6/10

A barra delgada de 1200 mm possui uma massa de 20 kg com centro de massa em B e é liberada a partir do repouso na posição em que θ é praticamente nulo. O ponto B está limitado a se deslocar na guia vertical lisa, enquanto a extremidade A se desloca na guia horizontal lisa e comprime a mola, conforme a barra desce. Determine (*a*) a velocidade angular da barra quando a posição θ = 30° é cruzada e (*b*) a velocidade com que B atinge a superfície horizontal se a rigidez da mola é de 5 kN/m.

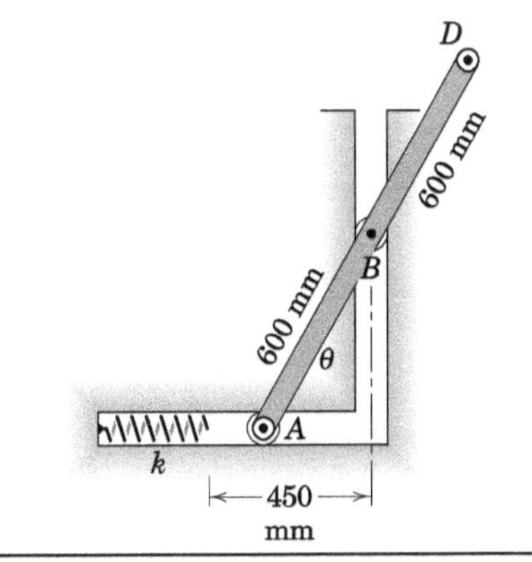

Solução. Com o atrito e a massa dos pequenos roletes em A e B desprezados, o sistema pode ser tratado como conservativo.

Parte (a). Durante o primeiro intervalo de movimento desde θ = 0 (estado 1) até θ = 30° (estado 2), a mola não está envolvida, de modo que não existe o termo V_e na equação da energia. Se adotarmos a alternativa de considerar o trabalho do peso no termo V_g, então não há nenhuma outra força que realiza trabalho e $U'_{1\text{-}2} = 0$.①

Como temos um movimento no plano com restrição, existe uma relação cinemática entre a velocidade v_B do centro de massa e a velocidade angular ω da barra. Essa relação é facilmente obtida utilizando o centro instantâneo de velocidade nula C e observando que $v_B = \overline{CB}\omega$. Assim, a energia cinética da barra na posição de 30° vem a ser

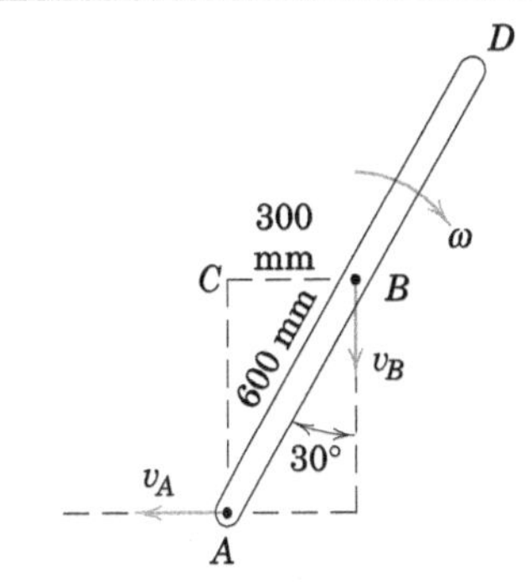

$$[T = \tfrac{1}{2}m\bar{v}^2 + \tfrac{1}{2}\bar{I}\omega^2] \quad T = \frac{1}{2}\,20(0{,}300\omega)^2 + \frac{1}{2}\left(\frac{1}{12}\,20\,[1{,}2]^2\right)\omega^2 = 2{,}10\omega^2$$

EXEMPLO DE PROBLEMA 6/10 (*continuação*)

Com uma referência fixada na posição inicial do centro de massa B, as energias potenciais gravitacional inicial e final são

$$V_1 = 0 \qquad V_2 = 20(9{,}81)(0{,}600 \cos 30° - 0{,}600) = -15{,}77 \text{ J}$$

Substituímos agora na equação da energia e obtemos

$$[T_1 + V_1 + U'_{1\text{-}2} = T_2 + V_2] \qquad 0 + 0 + 0 = 2{,}10\omega^2 - 15{,}77$$

$$\omega = 2{,}74 \text{ rad/s} \qquad \textit{Resp.}$$

Parte (b). Definimos o estado 3 como aquele no qual $\theta = 90°$. As energias potencial inicial e final da mola são

$$[V_e = \tfrac{1}{2}kx^2] \quad V_1 = 0 \qquad V_3 = \frac{1}{2}(5000)(0{,}600 - 0{,}450)^2 = 56{,}3 \text{ J} \quad ②$$

Na posição horizontal final, o ponto A não possui velocidade, de modo que a barra está, de fato, girando em torno de A. Portanto, a sua energia cinética final é

$$[T = \tfrac{1}{2}I_A\omega^2] \qquad T_3 = \frac{1}{2}\left(\frac{1}{3}20[1{,}2]^2\right)\left(\frac{v_B}{0{,}600}\right)^2 = 13{,}33{v_B}^2$$

A energia potencial gravitacional final é

$$[V_g = Wh] \qquad V_3 = 20(9{,}81)(-0{,}600) = -117{,}2 \text{ J}$$

Substituindo na equação da energia, temos

$$[T_1 + V_1 + U'_{1\text{-}3} = T_3 + V_3] \qquad 0 + 0 + 0 = 13{,}33{v_B}^2 + 56{,}3 - 117{,}2$$

$$v_B = 2{,}15 \text{ m/s} \qquad \textit{Resp.}$$

De outra maneira, se apenas a barra constitui o sistema, o diagrama de forças ativas mostra o peso, que realiza trabalho positivo, e a força da mola kx, que realiza trabalho negativo. Podemos, então, escrever

$$[T_1 + U_{1\text{-}3} = T_3] \qquad 117{,}2 - 56{,}3 = 13{,}33{v_B}^2$$

que é equivalente ao resultado anterior.

DICAS ÚTEIS

① Observamos que as forças que atuam sobre a barra em A e B são normais às respectivas direções do movimento e, portanto, não realizam trabalho.

② Note que utilizamos newtons e metros, e não quilonewtons e milímetros, aqui. Sempre verifique a consistência de suas unidades.

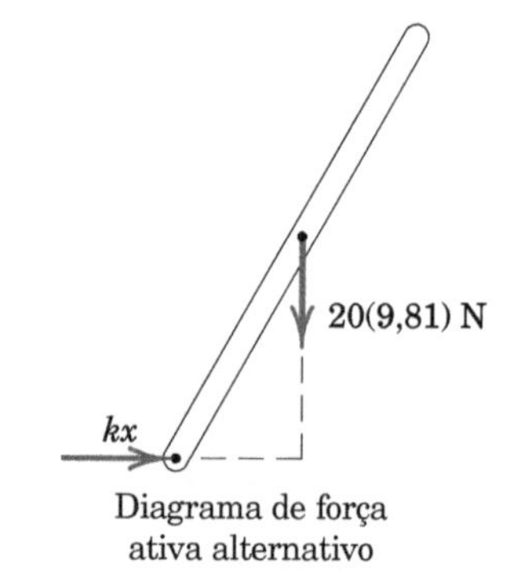

Diagrama de força ativa alternativo

EXEMPLO DE PROBLEMA 6/11

No mecanismo mostrado, cada uma das duas rodas possui uma massa de 30 kg e um raio de giração centroidal de 100 mm. Cada barra OB possui uma massa de 10 kg e pode ser tratada como uma barra esbelta. A bucha de 7 kg em B desliza sobre o eixo vertical fixo com atrito desprezível. A mola possui uma rigidez k = 30 kN/m e entra em contato com a base da bucha, quando as barras atingem a posição horizontal. Se a bucha é liberada a partir do repouso na posição $\theta = 45°$ e se o atrito é suficiente para impedir as rodas de deslizarem, determine (*a*) a velocidade v_B da bucha no instante em que atinge a mola e (*b*) a deformação máxima x da mola.

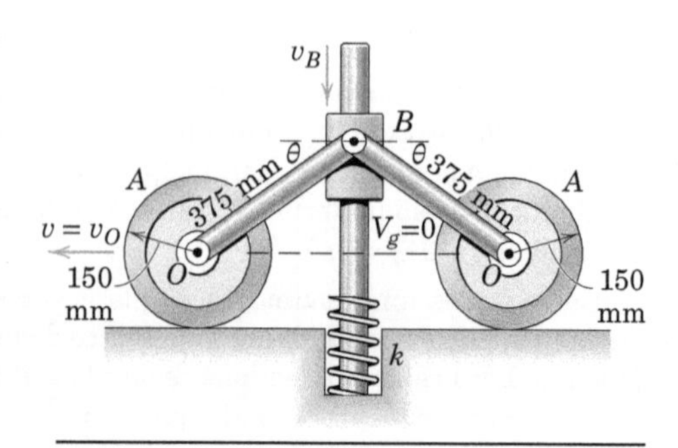

Solução. O mecanismo executa um movimento plano e é conservativo, desprezando-se as perdas por atrito dinâmico. Definimos os estados 1, 2 e 3, em $\theta = 45°$, $\theta = 0$ e na deflexão máxima da mola, respectivamente. A referência para a energia potencial gravitacional nula V_g é convenientemente escolhida através de O, conforme indicado.

EXEMPLO DE PROBLEMA 6/11 *(continuação)*

(*a*) Para o intervalo de $\theta = 45°$ a $\theta = 0$, verificamos que as energias cinéticas inicial e final das rodas são nulas, uma vez que cada roda parte do repouso e momentaneamente atinge o repouso em $\theta = 0$. Além disso, na posição 2, cada barra está simplesmente girando em torno de seu ponto O de modo que

$$T_2 = [2\left(\tfrac{1}{2}I_O\omega^2\right)]_{\text{barras}} + [\tfrac{1}{2}mv^2]_{\text{bucha}}$$

$$= \frac{1}{3}10(0{,}375)^2\left(\frac{v_B}{0{,}375}\right)^2 + \frac{1}{2}7v_B{}^2 = 6{,}83v_B{}^2$$

A bucha em B cai uma distância de $0{,}375/\sqrt{2} = 0{,}265$ m, de forma que

$$V_1 = 2(10)(9{,}81)\,\frac{0{,}265}{2} + 7(9{,}81)(0{,}265) = 44{,}2 \text{ J} \qquad V_2 = 0$$

Além disso, $U'_{1\text{-}2} = 0$.① Portanto,

$$[T_1 + V_1 + U'_{1\text{-}2} = T_2 + V_2] \qquad 0 + 44{,}2 + 0 = 6{,}83v_B{}^2 + 0$$

$$v_B = 2{,}54 \text{ m/s} \qquad \textit{Resp.}$$

(*b*) Na condição de máxima deformação x da mola, todos os elementos estão instantaneamente em repouso, o que faz com que $T_3 = 0$. Assim,

$$[T_1 + V_1 + U'_{1\text{-}3} = T_3 + V_3] \qquad 0 + 2(10)(9{,}81)\,\frac{0{,}265}{2} + 7(9{,}81)(0{,}265) + 0$$

$$= 0 - 2(10)(9{,}81)\left(\frac{x}{2}\right) - 7(9{,}81)x + \tfrac{1}{2}(30)(10^3)x^2$$

A solução para o valor positivo de x fornece

$$x = 60{,}1 \text{ mm} \qquad \textit{Resp.}$$

Deve-se observar que os resultados das partes (*a*) e (*b*) envolvem uma variação da energia líquida bastante elementar, apesar do fato de que o mecanismo foi submetido a uma sequência de movimentos razoavelmente complexa. A solução desse e de problemas semelhantes por outra abordagem que não a de trabalho–energia não é uma possibilidade convidativa.

DICA ÚTIL

① Com o trabalho do peso da bucha B incluído nos termos da energia potencial, não há nenhuma outra força externa ao sistema que realize trabalho. A força de atrito, agindo sob cada roda, não realiza trabalho uma vez que a roda não desliza, e, naturalmente, a força normal também não realiza trabalho. Portanto, $U'_{1\text{-}2} = 0$.

6/7 Aceleração a partir da Relação Trabalho-Energia; Trabalho Virtual

Além de utilizar a equação de trabalho-energia para determinar as velocidades devidas à ação das forças que agem ao longo de deslocamentos finitos, também podemos utilizar a equação para determinar as acelerações instantâneas dos elementos de um sistema de corpos interligados, como resultado das forças ativas aplicadas. Podemos também modificar a equação para determinar a configuração de um sistema desse tipo quando ele sofre uma aceleração constante.

Equação de Trabalho-Energia para Movimentos Infinitesimais

Para um intervalo infinitesimal de movimento, a Eq. 4/3 torna-se

$$dU' = dT + dV$$

O termo dU' representa o trabalho total realizado por todas as forças ativas não potenciais que atuam sobre o sistema em consideração durante o deslocamento infinitesimal do sistema. O trabalho das forças potenciais está incluído no termo dV. Se utilizarmos o índice i para indicar um corpo representativo do sistema interligado, a variação diferencial na energia cinética T para todo o sistema vem a ser

$$dT = d(\Sigma\tfrac{1}{2}m_i\bar{v}_i{}^2 + \Sigma\tfrac{1}{2}\bar{I}_i\omega_i{}^2) = \Sigma m_i\bar{v}_i\,d\bar{v}_i + \Sigma\bar{I}_i\omega_i\,d\omega_i$$

em que $d\bar{v}_i$ e $d\omega i$ são as respectivas variações nos módulos das velocidades e cujo somatório é determinado sobre todos os corpos do sistema. Mas para cada corpo, $m_i\bar{v}_i\,d\bar{v}_i = m_i\bar{\mathbf{a}}_i\cdot d\bar{\mathbf{s}}_i$ e $\bar{I}_i\omega_i\,d\omega_i = \bar{I}_i\alpha_i\,d\theta_i$, em que $d\bar{\mathbf{s}}_i$ representa o deslocamento linear infinitesimal do centro de massa e em que $d\theta_i$ representa o deslocamento angular infinitesimal do corpo no plano do movimento. Observamos que $\bar{\mathbf{a}}_i\cdot d\bar{\mathbf{s}}_i$ é idêntico a $(\bar{a}_i)_t\,d\bar{s}_i$, em que $(\bar{a}_i)_t$ é a componente de $\bar{\mathbf{a}}_i$ ao longo da tangente à curva descrita pelo centro de massa do corpo em questão. Além disso, α_i representa $\ddot{\theta}_i$, a aceleração angular do corpo representativo. Consequentemente, para todo o sistema

$$dT = \Sigma m_i \bar{\mathbf{a}}_i \cdot d\bar{\mathbf{s}}_i + \Sigma \bar{I}_i \alpha_i \, d\theta_i$$

Essa variação também pode ser escrita como

$$dT = \Sigma \mathbf{R}_i \cdot d\bar{\mathbf{s}}_i + \Sigma \mathbf{M}_{G_i} \cdot d\theta_i$$

em que $\mathbf{R}_i$ e $\mathbf{M}_G i$ são a força resultante e o momento resultante que agem sobre o corpo i e, em que $d\theta_i = d\theta_i \mathbf{k}$. Essas duas últimas equações nos mostram apenas que a variação diferencial na energia cinética é igual ao trabalho diferencial realizado sobre o sistema pelas forças resultantes e pelos momentos resultantes que agem sobre todos os corpos do sistema.

O termo dV representa a variação diferencial na energia potencial gravitacional total V_g e na energia potencial elástica total V_e e tem a forma

$$dV = d(\Sigma m_i g h_i + \Sigma \frac{1}{2} k_j x_j^2) = \Sigma m_i g \, dh_i + \Sigma k_j x_j \, dx_j$$

em que h_i representa a distância vertical do centro de massa do corpo representativo de massa m_i acima de qualquer plano de referência conveniente e, em que x_j representa a deflexão, por tração ou compressão, de um elemento elástico representativo do sistema (mola), cuja rigidez é k_j.

A expressão completa para dU' pode agora ser escrita como

$$dU' = \Sigma m_i \bar{\mathbf{a}}_i \cdot d\bar{\mathbf{s}}_i + \Sigma \bar{I}_i \alpha_i \, d\theta_i + \Sigma m_i g \, dh_i + \Sigma k_j x_j \, dx_j \qquad (6/11)$$

Quando a Eq. 6/11 é aplicada a um sistema de um grau de liberdade, os termos $m_i \bar{\mathbf{a}}_i \cdot d\bar{\mathbf{s}}_i$ e $\bar{I}_i \alpha_i \, d\theta_i$ serão positivos se as acelerações estão no mesmo sentido que os respectivos deslocamentos e negativos se estão em sentidos opostos. A Eq. 6/11 tem a vantagem de relacionar as acelerações às forças ativas diretamente, o que elimina a necessidade de desmembrar o sistema e em seguida eliminar as forças internas e as forças reativas pela solução simultânea das equações de força-massa-aceleração para cada membro.

Trabalho Virtual

Na Eq. 6/11 os movimentos diferenciais são variações diferenciais nos deslocamentos reais ou verdadeiros que ocorrem. Para um sistema mecânico, que assume uma configuração de regime permanente durante uma aceleração constante, frequentemente observamos que é conveniente introduzir o conceito de *trabalho virtual*. Os conceitos de trabalho virtual e deslocamento virtual foram introduzidos e utilizados para estabelecer configurações de equilíbrio para sistemas estáticos de corpos interligados (veja o Capítulo 7 do *Vol. 1 Estática*).

Um *deslocamento virtual* é qualquer deslocamento presumido e arbitrário, linear ou angular, para fora da posição natural ou posição real. Para um sistema de corpos conectados, os deslocamentos virtuais devem ser consistentes com as restrições do sistema. Por exemplo, quando uma extremidade de um elemento de ligação é articulada em relação a um ponto fixo, o deslocamento virtual da outra extremidade deve ser normal à linha que une as duas extremidades. Tais exigências para deslocamentos consistentes com as restrições são puramente cinemáticas e fornecem as chamadas *equações de restrição.*

Se um conjunto de deslocamentos virtuais que satisfaz as equações de restrição e, portanto, coerente com as restrições é presumido para um sistema mecânico, a relação apropriada entre as coordenadas que descrevem a configuração do sistema será determinada pela aplicação da relação trabalho-energia da Eq. 6/11, expressa em termos de variações virtuais. Desse modo,

$$\delta U' = \Sigma m_i \bar{\mathbf{a}}_i \cdot \delta\bar{\mathbf{s}}_i + \Sigma \bar{I}_i \alpha_i \, \delta\theta_i + \Sigma m_i g \, \delta h_i + \Sigma k_j x_j \, \delta x_j \qquad (6/11a)$$

É comum se utilizar o símbolo diferencial d para se referir a variações diferenciais nos deslocamentos *reais*, enquanto o símbolo δ é utilizado para representar variações virtuais, isto é, variações diferenciais que são *presumidas*, em vez de serem reais.

Rhonda Roth/Shutterstock

A cinética desta plataforma de trabalho elevada é mais bem analisada utilizando os princípios do trabalho virtual.

EXEMPLO DE PROBLEMA 6/12

A cremalheira móvel A possui uma massa de 3 kg e a cremalheira B é fixa. A engrenagem possui uma massa de 2 kg e um raio de giração de 60 mm. Na posição mostrada, a mola, que possui uma rigidez de 1,2 kN/m, está alongada em uma distância de 40 mm. Para o instante representado, determine a aceleração a da cremalheira A sob a ação da força de 80 N. O plano da figura é vertical.

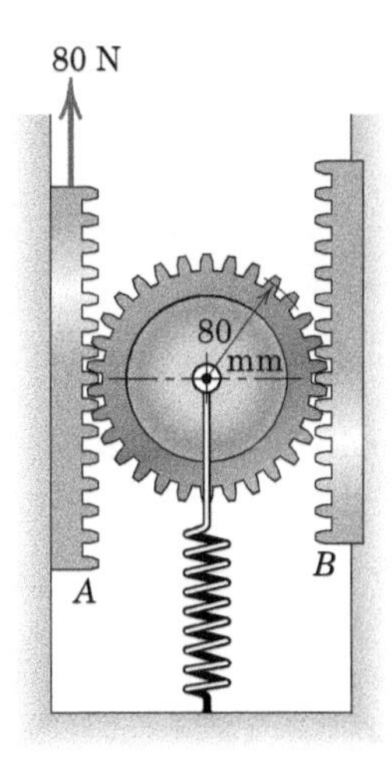

Solução. A figura fornecida representa o diagrama de forças ativas para todo o sistema, o qual é conservativo.①

Durante um deslocamento infinitesimal ascendente dx da cremalheira A, o trabalho dU' realizado sobre o sistema é de 80 dx, em que x está em metros, e esse trabalho é igual à soma das variações correspondentes na energia total do sistema. Essas variações, que aparecem na Eq. 6/11, são como se segue:

$$[dT = \Sigma m_i \bar{\mathbf{a}}_i \cdot d\bar{\mathbf{s}}_i + \Sigma \bar{I}_i \alpha_i \; d\theta_i]$$

$$dT_{\text{cremalheira}} = 3a\; dx$$

$$dT_{\text{engrenagem}} = 2\frac{a}{2}\frac{dx}{2} + 2(0{,}06)^2\frac{a/2}{0{,}08}\frac{dx/2}{0{,}08} = 0{,}781a\; dx \quad ②$$

As variações nas energias potenciais do sistema, a partir da Eq. 6/11, se tornam

$$[dV = \Sigma m_i g\; dh_i + \Sigma k_j x_j\; dx_j]$$

$$dV_{\text{cremalheira}} = 3g\; dx = 3(9{,}81)\; dx = 29{,}4\; dx$$

$$dV_{\text{engrenagem}} = 2g(dx/2) = g\; dx = 9{,}81\; dx$$

$$dV_{\text{mola}} = k_j x_j\; dx_j = 1200(0{,}04)\; dx/2 = 24\; dx \quad ③$$

Substituindo na Eq. 6/11, obtemos

$$80\; dx = 3a\; dx + 0{,}781a\; dx + 29{,}4\; dx + 9{,}81\; dx + 24\; dx$$

Cancelando dx e resolvendo para a, temos

$$a = 16{,}76/3{,}78 = 4{,}43 \text{ m/s}^2 \qquad \textit{Resp.}$$

Verificamos que utilizando o método de trabalho–energia para um deslocamento infinitesimal nos forneceu a relação direta entre a força aplicada e a aceleração resultante. Não foi necessário desmembrar o sistema, desenhar dois diagramas de corpo livre, aplicar $\Sigma F = m\bar{a}$ duas vezes, aplicar $\Sigma M_G = \bar{I}\alpha$ e $F = kx$, eliminar os termos indesejados e, finalmente, resolver para a.

DICAS ÚTEIS

① Observe que nenhuma das forças remanescentes externas ao sistema realiza qualquer trabalho. O trabalho realizado pelo peso e pela mola é contabilizado nos termos de energia potencial.

② Observe que $\bar{a}_i$, para a engrenagem, é a aceleração do seu centro de massa, que é a metade daquela para a cremalheira A. Além disso, o seu deslocamento é $dx/2$. Para a engrenagem girando, a aceleração angular a partir de $a = r\alpha$ se torna $\alpha_i = (a/2)/0{,}08$, e o deslocamento angular a partir de $ds = r\,d\theta$ se torna $d\theta_i = (dx/2)/0{,}08$.

③ Observe aqui que o deslocamento da mola é a metade daquele da cremalheira. Portanto, $x_i = x/2$.

EXEMPLO DE PROBLEMA 6/13

Uma força constante P é aplicada à extremidade A das duas barras idênticas e uniformes e as obriga a se deslocar para a direita, no seu plano vertical, com uma aceleração horizontal a. Determine o ângulo de regime permanente θ feito pelas barras uma em relação à outra.

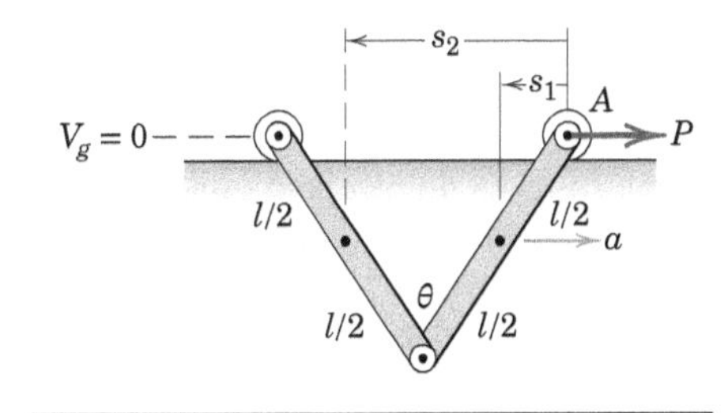

Solução. A figura apresenta o diagrama de forças ativas para o sistema. Para encontrar a configuração de regime permanente, considere um deslocamento virtual de cada barra a partir da posição natural assumida durante a aceleração. A medida do deslocamento em relação à extremidade A elimina qualquer trabalho realizado pela força P durante o deslocamento virtual. Desse modo,

$$\delta U' = 0 \quad ①$$

EXEMPLO DE PROBLEMA 6/13 (*continuação*)

Os termos envolvendo aceleração na Eq. 6/11a se reduzem a ②

$$m\bar{\mathbf{a}}\cdot\delta\bar{\mathbf{s}} = ma(-\delta s_1) + ma(-\delta s_2)$$

$$= -ma\left[\delta\left(\frac{l}{2}\,\text{sen}\,\frac{\theta}{2}\right) + \delta\left(\frac{3l}{2}\,\text{sen}\,\frac{\theta}{2}\right)\right] \quad ③$$

$$= -ma\left(l\cos\frac{\theta}{2}\,\delta\theta\right)$$

Escolhemos a linha horizontal através de A como a referência para a energia potencial nula.④ Assim, a energia potencial das barras é

$$V_g = 2mg\left(-\frac{l}{2}\cos\frac{\theta}{2}\right)$$

e a variação virtual na energia potencial se torna

$$\delta V_g = \delta\left(-2mg\,\frac{l}{2}\cos\frac{\theta}{2}\right) = \frac{mgl}{2}\,\text{sen}\,\frac{\theta}{2}\,\delta\theta$$

Substituindo na equação de trabalho–energia para variações virtuais, Eq. 6/11a, obtemos

$$0 = -mal\cos\frac{\theta}{2}\,\delta\theta + \frac{mgl}{2}\,\text{sen}\,\frac{\theta}{2}\,\delta\theta$$

a partir da qual

$$\theta = 2\tan^{-1}\frac{2a}{g} \qquad \textit{Resp.}$$

Novamente, neste problema vemos que a abordagem do trabalho–energia elimina a necessidade de se desmembrar o sistema, desenhar diagramas de corpo livre separados, aplicar as equações de movimento, eliminar os termos indesejados e resolver para θ.

DICAS ÚTEIS

① Observe que usamos o símbolo δ para nos referirmos a uma variação diferencial virtual ou assumida em vez do símbolo d, que se refere a uma variação infinitesimal no deslocamento real.

② Aqui estamos avaliando o trabalho realizado pelas forças e momentos resultantes no deslocamento virtual. Observe que $\alpha = 0$ para as duas barras.

③ Optamos por utilizar o ângulo θ para descrever a configuração das barras, apesar de que poderíamos ter usado a distância entre as duas extremidades das barras de forma equivalente.

④ Os dois últimos termos na Eq. 6/11a expressam as variações virtuais nas energias potenciais gravitacional e elástica.

SEÇÃO C Impulso e Quantidade de Movimento

6/8 Equações de Impulso–Quantidade de Movimento

Os princípios do impulso e da quantidade de movimento foram desenvolvidos e utilizados nas Seções 3/9 e 3/10 para a descrição do movimento de partículas. Naquela discussão, observamos que os princípios eram de especial importância quando as forças aplicadas fossem expressas como funções do tempo e quando as interações entre partículas ocorressem durante períodos curtos de tempo, tal como no impacto. Vantagens semelhantes resultam quando os princípios do impulso–quantidade de movimento são aplicados ao movimento de corpos rígidos.

Na Seção 4/2, os princípios do impulso–quantidade de movimento foram expandidos para cobrir qualquer sistema definido de partículas de massa, sem restrições quanto às conexões entre as partículas do sistema. Todas essas relações expandidas se aplicam ao movimento de um corpo rígido, que é simplesmente um caso especial de um sistema geral de massa. Vamos agora aplicar essas equações diretamente ao movimento de corpo rígido em duas dimensões.

Quantidade de Movimento Linear

Na Seção 4/4, definimos a quantidade de movimento linear de um sistema de massas como a soma vetorial das quantidades de movimento linear de todas as suas partículas e escrevemos $\mathbf{G} = \Sigma m_i\mathbf{v}_i$. Com $\mathbf{r}_i$ representando o vetor posição para m_i, temos $\mathbf{v}_i = \dot{\mathbf{r}}_i$ e $\mathbf{G} = \Sigma m_i\dot{\mathbf{r}}_i$ que, para um sistema cuja massa total é constante, pode ser escrito como $\mathbf{G} = d(\Sigma m_i\mathbf{r}_i)/dt$. Quando substituímos o princípio dos momentos $m\bar{\mathbf{r}} = \Sigma m_i\mathbf{r}_i$ para localizar o centro de massa, a quantidade de movimento se torna $\mathbf{G} = d(m\bar{\mathbf{r}})/dt = m\dot{\bar{\mathbf{r}}}$, em que $\dot{\bar{\mathbf{r}}}$ é a velocidade $\bar{\mathbf{v}}$ do centro de massa. Portanto, tal como antes, constatamos que a quantidade de movimento linear de qualquer sistema de massas, rígido ou não rígido, é

$$\boxed{\mathbf{G} = m\bar{\mathbf{v}}} \qquad [4/5]$$

No desenvolvimento da Eq. 4/5, observamos que não era necessário empregar a condição cinemática para um corpo rígido, Fig. 6/13, que é $\mathbf{v}_i = \bar{\mathbf{v}} + \boldsymbol{\omega} \times \boldsymbol{\rho}_i$. Nesse caso obtemos o mesmo resultado escrevendo $\mathbf{G} = \Sigma m_i(\bar{\mathbf{v}} + \boldsymbol{\omega} \times \boldsymbol{\rho}_i)$. O primeiro termo é $\bar{\mathbf{v}}\Sigma m_i = m\bar{\mathbf{v}}$ e o segundo termo se torna $\boldsymbol{\omega} \times \Sigma m_i \boldsymbol{\rho}_i = \boldsymbol{\omega} \times m\bar{\boldsymbol{\rho}} = \mathbf{0}$, uma vez que ρ_i é medido a partir do centro de massa, resultando em $\bar{\boldsymbol{\rho}}$ nulo.

Em seguida, na Seção 4/4 reescrevemos a segunda lei de Newton generalizada na forma da Eq. 4/6. Essa equação e sua forma integrada são

$$\Sigma\mathbf{F} = \dot{\mathbf{G}} \quad \text{e} \quad \mathbf{G}_1 + \int_{t_1}^{t_2} \Sigma\mathbf{F}\, dt = \mathbf{G}_2 \qquad (6/12)$$

A Eq. 6/12 pode ser escrita na sua forma em componentes escalares, que, para o movimento plano no plano x-y, fornece

$$\begin{aligned} \Sigma F_x &= \dot{G}_x \\ \Sigma F_y &= \dot{G}_y \end{aligned} \quad \text{e} \quad \begin{aligned} (G_x)_1 + \int_{t_1}^{t_2} \Sigma F_x\, dt &= (G_x)_2 \\ (G_y)_1 + \int_{t_1}^{t_2} \Sigma F_y\, dt &= (G_y)_2 \end{aligned} \qquad (6/12a)$$

Colocando em palavras, a primeira das Eqs. 6/12 e 6/12*a* afirma que a força resultante é igual à taxa de variação, no tempo, da quantidade de movimento. A forma integrada das Eqs. 6/12 e 6/12*a* afirma que a quantidade de movimento linear inicial adicionada ao impulso linear, que age sobre o corpo, é igual à quantidade de movimento linear final.

Tal como na formulação de força-massa-aceleração, o somatório das forças nas Eqs. 6/12 e 6/12*a* deve incluir *todas* as forças externas que agem sobre o corpo em questão. Enfatizamos mais uma vez, por essa razão, que no uso das equações de impulso–quantidade de movimento, é essencial traçar o diagrama de impulso–quantidade de movimento completo, de modo a indicar todos os impulsos externos. Em contraste com o método de trabalho e energia, todas as forças exercem impulsos, quer realizem trabalho ou não.

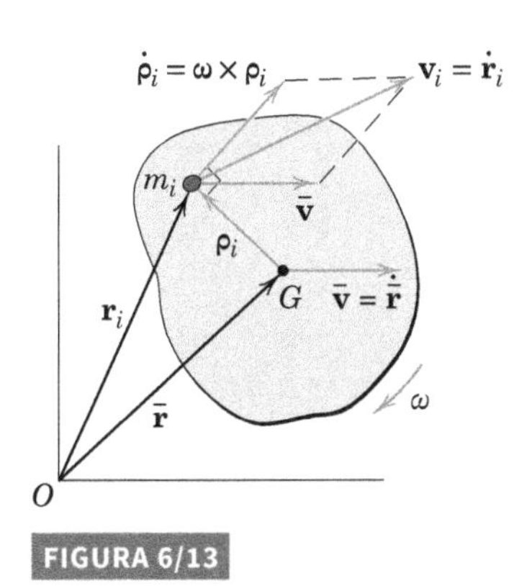

FIGURA 6/13

Esse patinador no gelo pode produzir um grande aumento na velocidade angular em relação a um eixo vertical puxando seus braços para mais próximo do centro de seu corpo.

Quantidade de Movimento Angular

A quantidade de movimento angular é definida como o momento da quantidade de movimento linear. Na Seção 4/4 expressamos a quantidade de movimento angular em relação ao centro de massa de qualquer sistema prescrito de massas como $\mathbf{H}_G = \Sigma\boldsymbol{\rho}_i \times m_i\mathbf{v}_i$, que é simplesmente a soma vetorial dos momentos em relação a G das quantidades de movimento linear de todas as partículas. Mostramos na Seção 4/4 que essa soma vetorial também poderia ser escrita como $\mathbf{H}_G = \Sigma\boldsymbol{\rho}_i \times m_i\dot{\boldsymbol{\rho}}_i$ em que $\dot{\boldsymbol{\rho}}_i$ é a velocidade de m_i com respeito a G.

Apesar de termos simplificado essa expressão na Seção 6/2 ao longo do desenvolvimento da equação do movimento para os momentos, vamos seguir utilizando essa mesma expressão novamente para darmos ênfase, utilizando o corpo rígido em movimento plano representado na Fig. 6/13. A velocidade relativa torna-se $\dot{\boldsymbol{\rho}}_i = \boldsymbol{\omega} \times \boldsymbol{\rho}_i$, em que a velocidade angular do corpo é $\boldsymbol{\omega} = \omega\mathbf{k}$. O vetor unitário $\mathbf{k}$ é orientado para dentro do papel para o sentido de ω indicado. Como $\boldsymbol{\rho}_i$, $\dot{\boldsymbol{\rho}}_i$ e $\boldsymbol{\omega}$ são perpendiculares um ao outro, a intensidade de $\dot{\boldsymbol{\rho}}_i$ é $\rho_i\omega$, e a intensidade de $\boldsymbol{\rho}_i \times m_i\dot{\boldsymbol{\rho}}_i$ é $\rho_i^2\omega m_i$. Desse modo, podemos escrever $\mathbf{H}_G = \Sigma\rho_i^2 m_i\omega\mathbf{k} = \bar{I}\omega\mathbf{k}$, em que $\bar{I} = \Sigma m_i\rho_i^2$ é o momento de inércia de massa do corpo em relação ao seu centro de massa.

Como o vetor quantidade de movimento angular é sempre perpendicular ao plano de movimento, a notação vetorial em geral não é necessária, e podemos escrever a quantidade de movimento angular em relação ao centro de massa na forma escalar

$$H_G = \bar{I}\omega \qquad (6/13)$$

Essa quantidade de movimento angular aparece na relação momento–quantidade de movimento angular, Eq. 4/9, que em notação escalar para movimento plano, juntamente com a sua forma integrada, é

$$\boxed{\Sigma M_G = \dot{H}_G} \quad \text{e} \quad \boxed{(H_G)_1 + \int_{t_1}^{t_2} \Sigma M_G \, dt = (H_G)_2} \tag{6/14}$$

Literalmente, a primeira das Eqs. 6/14 estabelece que a soma dos momentos em relação ao centro de massa de *todas* as forças que atuam sobre o corpo é igual à taxa de variação no tempo da quantidade de movimento angular em relação ao centro de massa. A forma integrada da Eq. 6/14 estabelece que a quantidade de movimento angular inicial em relação ao centro de massa G adicionada ao impulso angular externo em relação a G é igual a quantidade de movimento angular final em relação a G.

O sentido positivo para a rotação deve ser claramente estabelecido, e os sinais algébricos de ΣM_G, $(H_G)_1$ e $(H_G)_2$ devem ser consistentes com essa escolha. O diagrama de impulso–quantidade de movimento (veja a Seção 3/9) é mais uma vez fundamental. Veja nos Exemplos que acompanham esta seção modelos desses diagramas.

Com os momentos, em relação a G, das quantidades de movimento linear de todas as partículas levados em consideração por $H_G = \bar{I}\omega$, podemos então representar a quantidade de movimento linear $\mathbf{G} = m\bar{\mathbf{v}}$ como um vetor através do centro de massa G, como mostrado na Fig. 6/14*a*. Desse modo, $\mathbf{G}$ e $\mathbf{H}_G$ têm propriedades vetoriais análogas às da força e do momento resultante.

Com a introdução das resultantes da quantidade de movimento linear e angular na Fig. 6/14*a*, que representa o diagrama da quantidade de movimento, a quantidade de movimento angular H_O em relação a um ponto qualquer O é facilmente escrita como

$$\boxed{H_O = \bar{I}\omega + m\bar{v}d} \tag{6/15}$$

Essa expressão é válida para qualquer instante de tempo especificado em relação a O, que pode ser um ponto fixo ou móvel, sobre ou fora do corpo.

Quando um corpo gira em relação a um ponto fixo O sobre o corpo ou sobre o corpo estendido, como mostrado na Fig. 6/14*b*, as relações $\bar{v} = \bar{r}\omega$ e $d = \bar{r}$ podem ser substituídas na expressão para H_O, fornecendo $H_O = (\bar{I}\omega + m\bar{r}^2\omega)$. Mas, $\bar{I} + m\bar{r}^2 = I_O$ tal que

$$\boxed{H_O = I_O\omega} \tag{6/16}$$

Na Seção 4/2 desenvolvemos a Eq. 4/7, que é a equação da quantidade de movimento angular em relação a um ponto fixo O. Essa equação, escrita em notação escalar para o plano movimento, juntamente com a sua forma integrada, é

$$\boxed{\Sigma M_O = \dot{H}_O} \quad \text{e} \quad \boxed{(H_O)_1 + \int_{t_1}^{t_2} \Sigma M_O \, dt = (H_O)_2} \tag{6/17}$$

Observe que você não deve adicionar quantidade de movimento linear à quantidade de movimento angular pela mesma razão que força e momento não podem ser adicionados diretamente.

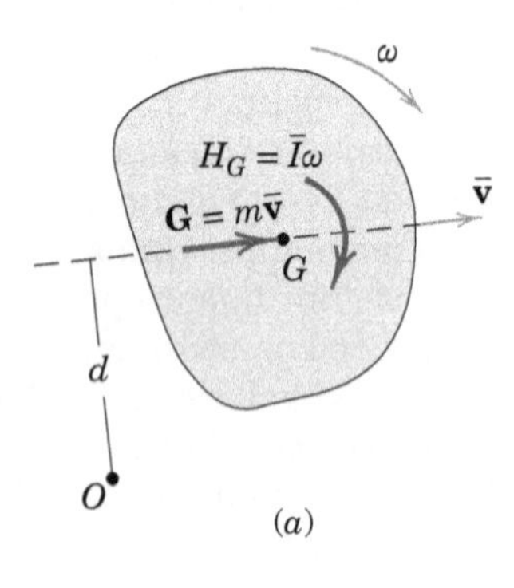

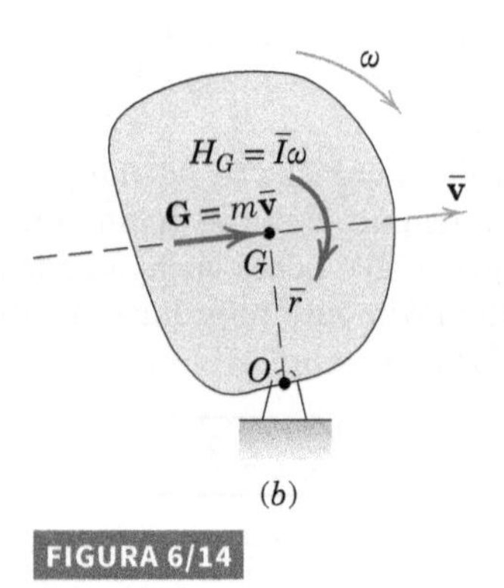

FIGURA 6/14

Corpos Rígidos Interligados

As equações de impulso e quantidade de movimento também podem ser utilizadas para um sistema de corpos rígidos interligados, uma vez que os princípios da quantidade de movimento são aplicáveis a qualquer sistema genérico de massa constante. A Fig. 6/15 mostra o diagrama de corpo livre e o diagrama da quantidade de movimento combinados para dois corpos interligados a e b. As Eqs. 4/6 e 4/7, que são $\Sigma\mathbf{F} = \dot{\mathbf{G}}$ e $\Sigma\mathbf{M}_O = \dot{\mathbf{H}}_O$ em que O é um ponto de referência fixo, podem ser escritas para cada elemento do sistema e adicionadas. Os somatórios são

$$\begin{aligned} \Sigma\mathbf{F} &= \dot{\mathbf{G}}_a + \dot{\mathbf{G}}_b + \cdots \\ \Sigma\mathbf{M}_O &= (\dot{\mathbf{H}}_O)_a + (\dot{\mathbf{H}}_O)_b + \cdots \end{aligned} \tag{6/18}$$

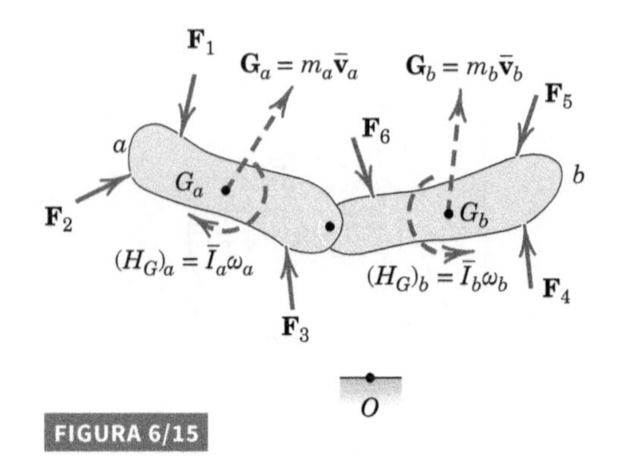

FIGURA 6/15

Na forma integrada para um intervalo finito de tempo, essas expressões tornam-se

$$\int_{t_1}^{t_2} \Sigma \mathbf{F}\, dt = (\Delta \mathbf{G})_{\text{sistema}} \qquad \int_{t_1}^{t_2} \Sigma \mathbf{M}_O\, dt = (\Delta \mathbf{H}_O)_{\text{sistema}} \tag{6/19}$$

Observamos que as ações e as reações, iguais e opostas, nas conexões são internas ao sistema e cancelam umas às outras, por essa razão não estão envolvidas nos somatórios das forças e dos momentos. Além disso, o ponto O é um ponto de referência fixo para todo o sistema.

Conservação da Quantidade de Movimento

Na Seção 4/5, expressamos os princípios da conservação da quantidade de movimento para um sistema de massas genérico por meio das Eq. 4/15 e 4/16. Esses princípios são aplicáveis tanto a um corpo rígido isolado como a um sistema de corpos rígidos interligados. Desse modo, se o $\Sigma \mathbf{F} = \mathbf{0}$ para determinado intervalo de tempo, então

$$\boxed{\mathbf{G}_1 = \mathbf{G}_2} \qquad [4/15]$$

que afirma que o vetor quantidade de movimento linear não sofre nenhuma variação na ausência de um impulso linear resultante. Para o sistema de corpos rígidos interligados, pode haver variações da quantidade de movimento linear de partes individuais do sistema durante o intervalo, mas não haverá variação da quantidade de movimento resultante para o sistema como um todo, caso não exista um impulso linear resultante.

Do mesmo modo, se o momento resultante em relação a determinado ponto fixo O, ou em relação ao centro de massa, é nulo durante um intervalo específico de tempo, para um único corpo rígido ou para um sistema de corpos rígidos interligados, então

$$\boxed{(\mathbf{H}_O)_1 = (\mathbf{H}_O)_2} \quad \text{ou} \quad \boxed{(\mathbf{H}_G)_1 = (\mathbf{H}_G)_2} \qquad [4/16]$$

que afirma que a quantidade de movimento angular, tanto em relação ao ponto fixo quanto em relação ao centro de massa, não sofre nenhuma variação na ausência de um impulso angular resultante correspondente. Novamente, no caso do sistema interligado, pode haver variações na quantidade de movimento angular de elementos individuais durante o intervalo, mas não haverá variação da quantidade de movimento angular resultante para o sistema como um todo, caso não haja impulso angular resultante em relação ao ponto fixo ou ao centro de massa. Qualquer uma das Eqs. 4/16 é válida sem a outra.

No caso de um sistema interligado, não é conveniente se usar o centro de massa do sistema em geral.

Como foi ilustrado anteriormente nas Seções 3/9 e 3/10, no capítulo a respeito do movimento de partículas, a utilização dos princípios da quantidade de movimento facilita enormemente a análise de situações em que forças e momentos atuam por períodos muito curtos de tempo.

Impacto de Corpos Rígidos

Os fenômenos de impacto envolvem uma interrelação razoavelmente complexa de transferência de energia e de quantidade de movimento, dissipação de energia, deformação elástica e plástica, velocidade relativa de impacto, e geometria do corpo. Na Seção 3/12 discutimos o impacto de corpos modelados como partículas e consideramos apenas o caso de impacto central, no qual as forças de contato no impacto passam através dos centros de massa dos corpos, tal como ocorre sempre com a colisão de esferas lisas, por exemplo. Relacionar as condições após o impacto com as condições antes do impacto exigiu a introdução do chamado coeficiente de restituição e ou coeficiente de impacto, que compara a velocidade relativa de separação com a velocidade relativa de aproximação, medidas ao longo da direção das forças de contato. Embora, na teoria clássica de impacto, e seja considerado uma constante para materiais específicos, investigações mais recentes demonstram que e é altamente dependente da geometria e da velocidade de impacto, bem como dos tipos de materiais. Na melhor das hipóteses, mesmo para esferas e barras sob impacto central direto e longitudinal, o coeficiente de restituição é um fator complexo e variável, de utilização limitada.

Qualquer tentativa de expandir essa teoria de impacto simplificada utilizando um coeficiente de restituição para o impacto, não central, de corpos rígidos com formas variadas é uma simplificação excessivamente grosseira, que possui pouco valor prático. Por essa razão, não incluímos esse tipo de exercício neste livro, apesar de que, tal teoria é facilmente desenvolvida e aparece em algumas referências. Podemos e fazemos, no entanto, pleno uso dos princípios da conservação da quantidade de movimento linear e angular, quando são aplicáveis na discussão do impacto e de outras interações de corpos rígidos.

Existem pequenos volantes de reação no interior do telescópio espacial Hubble que tornam o controle preciso da orientação angular possível. Os princípios da quantidade de movimento angular são fundamentais para o projeto e operação desse tipo de sistema de controle.

EXEMPLO DE PROBLEMA 6/14

A força P, que é aplicada ao cabo enrolado em torno do eixo central da roda simétrica, é aumentada lentamente de acordo com $P = 6{,}5t$, em que P está em newtons e t é o tempo em segundos após P ser aplicada. Determine a velocidade angular ω_2 da roda 10 segundos após P ter sido aplicada, se a roda está rolando para a esquerda com uma velocidade de seu centro de 0,9 m/s no instante de tempo $t = 0$. A roda, que tem uma massa de 60 kg e um raio de giração em relação ao seu centro de 250 mm, rola sem deslizar.

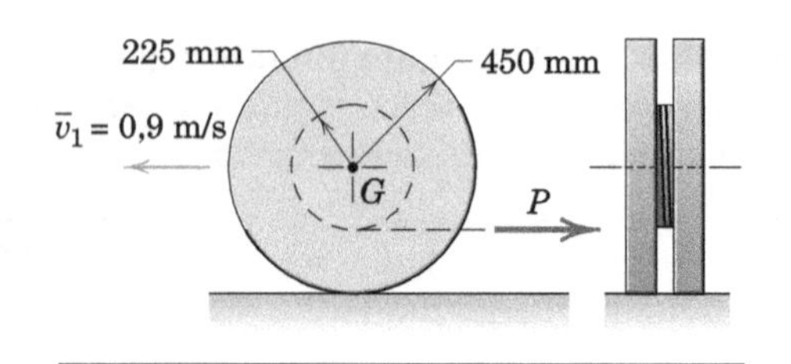

Solução. O diagrama de impulso-quantidade de movimento da roda apresenta as quantidades de movimento linear e angular iniciais no instante de tempo $t_1 = 0$, todos os impulsos externos, e as quantidades de movimento linear e angular finais no instante de tempo $t_2 = 10$ s. O sentido correto da força de atrito F é oposto ao do deslizamento que ocorreria sem atrito. ①

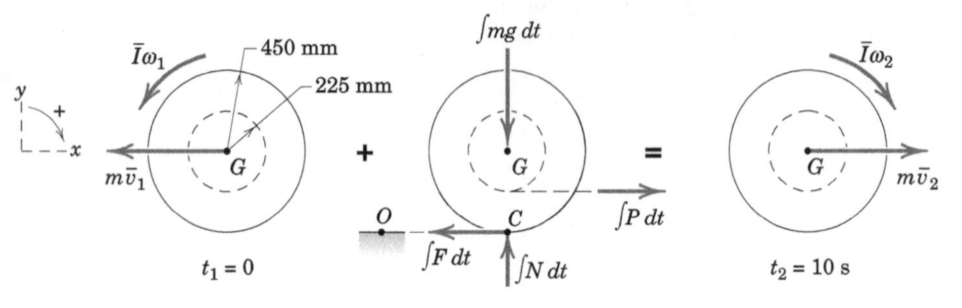

EXEMPLO DE PROBLEMA 6/14 (*continuação*)

A aplicação da equação de impulso-quantidade de movimento linear e da equação de impulso-quantidade de movimento angular para *todo* o intervalo fornece

$$\left[(G_x)_1 + \int_{t_1}^{t_2} \Sigma F_x\, dt = (G_x)_2\right] \qquad 60\,(-0{,}9) + \int_0^{10} (6{,}5t - F)\, dt = 60[0{,}450\omega_2] \quad ②$$

$$\left[(H_G)_1 + \int_{t_1}^{t_2} \Sigma M_G\, dt = (H_G)_2\right]$$

$$60(0{,}250)^2\left(-\frac{0{,}9}{0{,}450}\right) + \int_0^{10} [0{,}450F - 0{,}225\,(6{,}5t)]\, dt = 60(0{,}250)^2[\omega_2] \quad ③$$

Como a força F é variável, ela deve permanecer dentro da integral. Eliminamos F entre as duas equações multiplicando a segunda por $\frac{1}{0{,}450}$ e adicionando-a à primeira. Integrando e resolvendo para ω_2 temos

$$\omega_2 = 2{,}60 \text{ rad/s horário} \qquad \textit{Resp.}$$

Solução Alternativa. Podemos evitar a necessidade de uma solução simultânea pela aplicação da segunda das Eqs. 6/17 em relação a um ponto fixo O, sobre a superfície horizontal. Os momentos do peso 60(9,81) N e da força igual e oposta N cancelam um ao outro, e F é eliminada, uma vez que o seu momento em relação a O é nulo.

Desse modo, a quantidade de movimento angular em relação a O torna-se, $H_O = \bar{I}\omega + m\bar{v}r = m\bar{k}^2\omega + mr^2\omega = m(\bar{k}^2 + r^2)\omega$, em que $\bar{k}$ é o raio de giração centroidal e r é o raio de rolamento de 0,450 m. Assim, vemos que $H_O = H_C$ uma vez que $\bar{k}^2 + r^2 = k_C{}^2$ e $H_C = I_C\omega = mk_C{}^2\omega$. A Eq. 6/17 agora fornece

$$\left[(H_O)_1 + \int_{t_1}^{t_2} \Sigma M_O dt = (H_O)_2\right]$$

$$60[(0{,}250)^2 + (0{,}450)^2]\left[-\frac{0{,}9}{0{,}450}\right] + \int_0^{10} 6{,}5t(0{,}450 - 0{,}225)\, dt$$
$$= 60\,[(0{,}250)^2 + (0{,}450)^2]\,[\omega_2]$$

A solução dessa equação é equivalente à solução simultânea das duas equações anteriores.

DICAS ÚTEIS

① Além disso, observamos o desequilíbrio dos momentos no sentido horário em relação a C, o que provoca uma aceleração angular no sentido horário quando a roda rola sem deslizar. Como a soma dos momentos em relação a G também deve ser no sentido horário de α, a força de atrito deve atuar para a esquerda para fornecê-lo.

② Observe com atenção os sinais dos termos da quantidade de movimento. A velocidade linear final é assumida no sentido positivo da direção x, de modo que $(G_x)_2$ é positivo. A velocidade linear inicial é negativa, logo $(G_x)_1$ é negativo.

③ Como a roda rola sem deslizar, uma velocidade no sentido positivo x requer uma velocidade angular no sentido horário, e vice-versa.

EXEMPLO DE PROBLEMA 6/15

A polia E do equipamento de elevação mostrado possui uma massa de 30 kg e um raio de giração centroidal de 250 mm. A carga D de 40 kg, que é sustentada pela polia, possui uma velocidade inicial descendente $v_1 = 1{,}2$ m/s no instante em que um torque no sentido horário é aplicado ao do tambor de elevação A para manter uma força basicamente constante $F = 380$ N no cabo em B. Calcule a velocidade angular ω_2 da polia cinco segundos após o torque ser aplicado ao tambor e determine a tração T no cabo em O durante o intervalo. Despreze qualquer atrito.

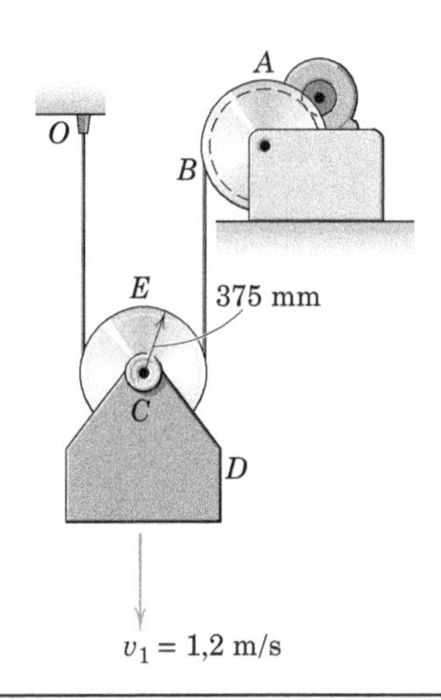

Solução. A carga e a polia consideradas em conjunto constituem o sistema, e seu diagrama de impulso-quantidade de movimento é apresentado. A tração T no cabo em O e a velocidade angular final ω_2 da polia são as duas incógnitas. Inicialmente, eliminamos T por meio da aplicação da equação de momento-quantidade de movimento angular em relação ao ponto fixo O, adotando o sentido anti-horário como positivo.

EXEMPLO DE PROBLEMA 6/15 (*continuação*)

$$\left[(H_O)_1 + \int_{t_1}^{t_2} \Sigma M_O \, dt = (H_O)_2\right]$$

$$\int_{t_1}^{t_2} \Sigma M_O \, dt = \int_0^5 [380(0{,}750) - (30 + 40)(9{,}81)(0{,}375)] \, dt$$

$$= 137{,}4 \text{ N·m·s}$$

$$(H_O)_1 = -(m_E + m_D)v_1 d - \bar{I}\omega_1$$

$$= -(30 + 40)(1{,}2)(0{,}375) - 30(0{,}250)^2 \left(\frac{1{,}2}{0{,}375}\right)$$

$$= -37{,}5 \text{ N·m·s} \quad ①$$

$$(H_O)_2 = (m_E + m_D)v_2 d + \bar{I}\omega_2$$

$$= +(30 + 40)(0{,}375\omega_2)(0{,}375) + 30(0{,}250)^2\omega_2$$

$$= 11{,}72\omega_2$$

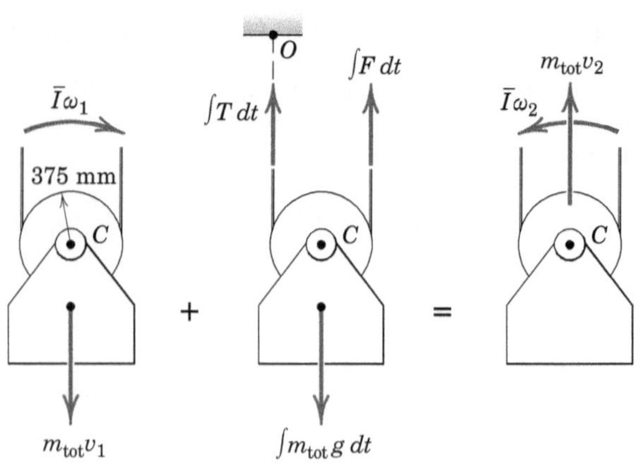

DICA ÚTIL

① As unidades da quantidade de movimento angular, que são as do impulso angular, também podem ser escritas como kg · m²/s.

Substituindo na equação da quantidade de movimento fornece

$$-37{,}5 + 137{,}4 = 11{,}72\omega_2$$

$$\omega_2 = 8{,}53 \text{ rad/anti-horário} \qquad \textit{Resp.}$$

A equação de impulso–quantidade de movimento linear é agora aplicada ao sistema para determinar T. Com o sentido positivo para cima, temos

$$\left[G_1 + \int_{t_1}^{t_2} \Sigma F \, dt = G_2\right]$$

$$70(-1{,}2) + \int_0^5 [T + 380 - 70(9{,}81)] \, dt = 70[0{,}375(8{,}53)]$$

$$5T = 1841 \qquad T = 368 \text{ N} \qquad \textit{Resp.}$$

Se tivéssemos determinado a equação de momentos em torno do centro C da polia em vez do ponto O, ela conteria ambas as incógnitas T e ω, e seríamos obrigados a resolver simultaneamente com a equação de força anterior, que também incluiria as mesmas duas incógnitas.

EXEMPLO DE PROBLEMA 6/16

O bloco retangular uniforme com as dimensões mostradas está deslizando para a esquerda sobre a superfície horizontal com uma velocidade v_1 quando atinge o pequeno degrau em O. Presuma que o recuo é desprezível no degrau e calcule o valor mínimo de v_1, que permitirá ao bloco girar livremente em relação a O e, por pouco, chegar à posição elevada A sem velocidade. Calcule o percentual de perda de energia n para $b = c$.

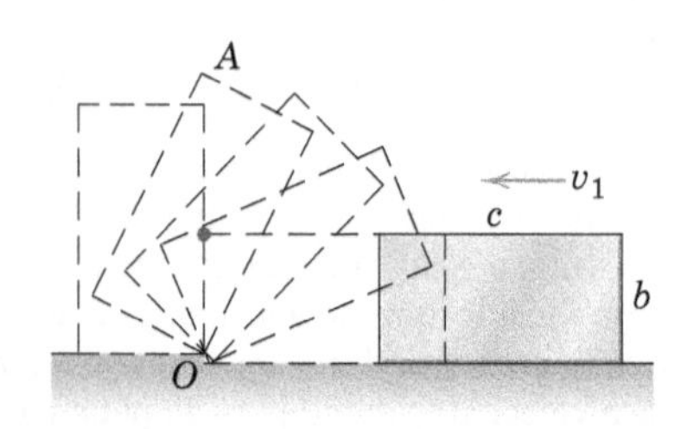

Solução. Separamos o processo global em dois subeventos: a colisão (I) e a rotação subsequente (II).

EXEMPLO DE PROBLEMA 6/16 (*continuação*)

I. Colisão. Com a hipótese de que o peso mg não é impulsivo, a quantidade de movimento angular em torno de O é conservada.① A quantidade de movimento angular inicial do bloco, em relação a O, pouco antes do impacto é o momento em relação a O da sua quantidade de movimento linear e é $(H_O)_1 = mv_1(b/2)$. A quantidade de movimento angular em relação a O, logo após o impacto, quando o bloco está iniciando sua rotação em torno de O, é ②

$$[H_O = I_O\omega] \qquad (H_O)_2 = \left\{\frac{1}{12}m(b^2 + c^2) + m\left[\left(\frac{c}{2}\right)^2 + \left(\frac{b}{2}\right)^2\right]\right\}\omega_2 \quad ③$$

$$= \frac{m}{3}(b^2 + c^2)\omega_2$$

A conservação da quantidade de movimento angular fornece

$$[(H_O)_1 = (H_O)_2] \qquad mv_1\frac{b}{2} = \frac{m}{3}(b^2 + c^2)\omega_2 \qquad \omega_2 = \frac{3v_1 b}{2(b^2 + c^2)}$$

II. Rotação em torno de O. Com as hipóteses de que a rotação é semelhante àquela em torno de um ponto fixo sem atrito e que a localização do ponto efetivo O é no nível do solo, a energia mecânica é conservada durante a rotação de acordo com

$$[T_2 + V_2 = T_3 + V_3] \qquad \frac{1}{2}I_O{\omega_2}^2 + 0 = 0 + mg\left[\sqrt{\left(\frac{b}{2}\right)^2 + \left(\frac{c}{2}\right)^2} - \frac{b}{2}\right] \quad ④$$

$$\frac{1}{2}\frac{m}{3}(b^2 + c^2)\left[\frac{3v_1 b}{2(b^2 + c^2)}\right]^2 = \frac{mg}{2}(\sqrt{b^2 + c^2} - b)$$

$$v_1 = 2\sqrt{\frac{g}{3}\left(1 + \frac{c^2}{b^2}\right)(\sqrt{b^2 + c^2} - b)} \qquad \textit{Resp.}$$

O percentual de perda de energia durante o impacto é

$$n = \frac{|\Delta E|}{E} = \frac{\frac{1}{2}m{v_1}^2 - \frac{1}{2}I_O{\omega_2}^2}{\frac{1}{2}m{v_1}^2} = 1 - \frac{k_O^2{\omega_2}^2}{v_1^2} = 1 - \left(\frac{b^2 + c^2}{3}\right)\left[\frac{3b}{2(b^2 + c^2)}\right]^2$$

$$= 1 - \frac{3}{4\left(1 + \frac{c^2}{b^2}\right)} \qquad n = 62{,}5\% \text{ para } b = c \qquad \textit{Resp.}$$

DICAS ÚTEIS

① Se a quina do bloco atingisse uma mola em vez do degrau rígido, então o tempo de interação durante a compressão da mola poderia se tornar considerável, e o impulso angular em relação ao ponto fixo na extremidade da mola, devido ao momento do peso, teria que ser levado em consideração.

② Observe a mudança abrupta na direção e no módulo da velocidade de G durante o impacto.

③ Certifique-se de utilizar o teorema da transferência $I_O = \bar{I} + m\bar{r}^2$ corretamente aqui.

④ A referência é escolhida na altura inicial do centro de massa G. O estado 3 é selecionado como a posição elevada A, em que a diagonal do bloco é vertical.

6/9 Revisão do Capítulo

No Capítulo 6 fizemos uso de praticamente todos os elementos da Dinâmica estudados até agora. Verificamos que uma compreensão da Cinemática, utilizando tanto a análise de movimento absoluto quanto a análise de movimento relativo, é uma parte essencial para a solução de problemas em cinética de corpos rígidos. Nossa abordagem no Capítulo 6 foi semelhante à do Capítulo 3, onde desenvolvemos a cinética das partículas utilizando os métodos de força-massa-aceleração, de trabalho–energia e de impulso–quantidade de movimento.

A seguir apresentamos um resumo das considerações mais importantes na solução de problemas de cinética dos corpos rígidos no movimento plano:

1. **Identificação do corpo ou do sistema.** É essencial tomar uma decisão clara quanto a que corpo ou sistema de corpos será analisado e, em seguida, isolar o corpo ou o sistema selecionado, traçando os diagramas de corpo livre e cinético, o diagrama de forças ativas, ou o diagrama de impulso–quantidade de movimento, o que for mais apropriado.
2. Tipo de movimento. Em seguida, identifique a categoria de movimento como, por exemplo, translação retilínea, translação curvilínea, rotação em torno de um eixo fixo, ou movimento plano geral. Certifique-se sempre de que a cinemática do problema está corretamente descrita antes de tentar resolver as equações da Cinética.
3. **Sistema de coordenadas.** Escolha um sistema de coordenadas apropriado. A geometria do movimento específico envolvido é normalmente o fator decisivo. Escolha o sentido positivo para os somatórios de força e de momento e seja coerente com essa escolha.

4. **Princípio e método.** Se a relação instantânea entre as forças aplicadas e a aceleração é desejada, então a equivalência entre as forças e suas resultantes $m\bar{\mathbf{a}}$ e $\bar{I}\alpha$ conforme mostrada pelos diagramas de corpo livre e cinético, indicará a abordagem mais direta para uma solução.

   Quando o movimento ocorre ao longo de um intervalo de deslocamento, a abordagem de trabalho–energia é a mais indicada, e relacionamos as velocidades iniciais às finais, sem calcular a aceleração. Verificamos a vantagem dessa perspectiva para os sistemas mecânicos interligados com atrito interno desprezível.

   Se o intervalo de movimento é especificado em termos do tempo, em vez do deslocamento, a abordagem de impulso–quantidade de movimento é a indicada. Quando o movimento angular de um corpo rígido é subitamente alterado, pode ser aplicado o princípio da conservação da quantidade de movimento angular.

5. **Hipóteses e aproximações.** Agora você deve ter adquirido uma percepção para o significado prático de determinadas hipóteses e aproximações, tal como o tratamento de uma haste como uma barra esbelta ideal e desprezar o atrito quando ele é muito pequeno. Essas e outras idealizações são importantes para o processo de obtenção de soluções para problemas reais.

CAPÍTULO 7

Introdução à Dinâmica Tridimensional de Corpos Rígidos

David Parker/Science Photo Library/Getty Images

Este robô executa uma série de movimentos tridimensionais enquanto aplica pontos de solda à unidade de suspensão de um veículo.

VISÃO GERAL DO CAPÍTULO

7/1 Introdução

Embora uma grande parte dos problemas de dinâmica em engenharia possa ser resolvida pelos princípios do movimento plano, os desenvolvimentos recentes concentram uma atenção cada vez maior em problemas que exigem a análise do movimento em três dimensões. A inclusão da terceira dimensão acrescenta uma complexidade considerável às relações cinemáticas e cinéticas. A dimensão adicional não apenas introduz uma terceira componente aos vetores que representam força, velocidade linear, aceleração linear e quantidade de movimento linear, mas a introdução da terceira dimensão também acrescenta a possibilidade de duas componentes adicionais para os vetores que representam grandezas angulares, incluindo momentos de forças, velocidade angular, aceleração angular e quantidade de movimento angular. É no movimento tridimensional que toda a potência da análise vetorial é utilizada.

Uma boa formação na dinâmica do movimento plano é extremamente útil no estudo da dinâmica tridimensional, na qual a abordagem aos problemas e muitos dos termos são os mesmos ou análogos àqueles em duas dimensões. Se o estudo da dinâmica tridimensional é realizado sem o benefício de um estudo anterior da dinâmica do movimento plano, será necessário mais tempo para dominar os princípios e se tornar familiarizado com a abordagem dos problemas.

O que se apresenta no Capítulo 7 não planeja desenvolver completamente o movimento tridimensional de corpos rígidos, mas é apenas uma introdução básica ao assunto. Essa introdução deve ser, contudo, suficiente para resolver diversos dos problemas mais comuns em movimento tridimensional e, também para lançar as bases para estudos mais avançados. Vamos prosseguir, como fizemos para o movimento de partículas e para o movimento plano de corpos rígidos, analisando inicialmente a Cinemática necessária e, em seguida, passando à Cinética.

SEÇÃO A Cinemática

7/2 Translação

A Fig. 7/1 apresenta um corpo rígido em translação no espaço tridimensional. Quaisquer dois pontos no corpo, tais como A e B, se deslocarão ao longo de linhas retas paralelas se o movimento é uma *translação retilínea* ou se deslocarão ao longo de curvas congruentes se o movimento é uma *translação curvilínea*. Em ambos os casos, todas as linhas no corpo, tal como AB, permanecem paralelas à sua posição original.

Os vetores posição e sua primeira e sua segunda derivadas em relação ao tempo são

$$\mathbf{r}_A = \mathbf{r}_B + \mathbf{r}_{A/B} \qquad \mathbf{v}_A = \mathbf{v}_B \qquad \mathbf{a}_A = \mathbf{a}_B$$

em que $\mathbf{r}_{A/B}$ permanece constante e, portanto, a sua derivada no tempo é nula. Desse modo, todos os pontos no corpo têm a mesma velocidade e a mesma aceleração. A cinemática da translação não apresenta nenhuma dificuldade especial, e um detalhamento adicional é desnecessário.

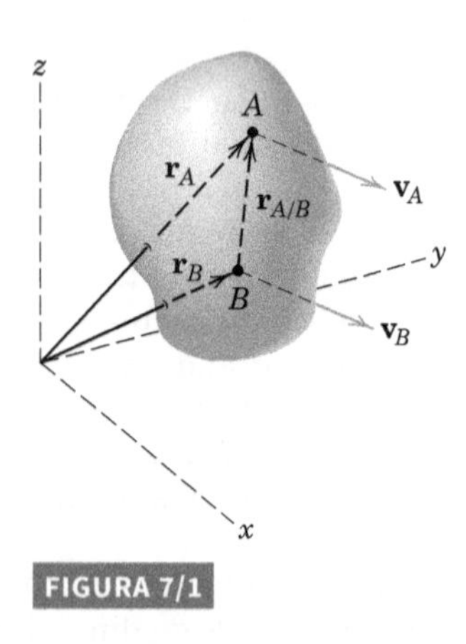

FIGURA 7/1

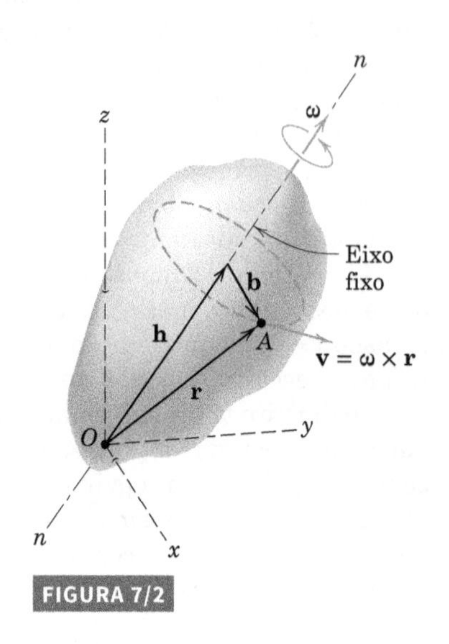

FIGURA 7/2

7/3 Rotação em Torno de um Eixo Fixo

Considere agora a *rotação* de um corpo rígido em torno de um eixo fixo n-n no espaço com uma velocidade angular ω, como mostrado na Fig. 7/2. A velocidade angular é um vetor na direção do eixo de rotação com um sentido definido pela regra usual da mão direita. Para rotação em torno de um eixo fixo, $\boldsymbol{\omega}$ não varia a sua direção, uma vez que se situa ao longo do eixo. Escolhemos a origem O do sistema de coordenadas fixo sobre o eixo de rotação por conveniência. Qualquer ponto, tal como A, que não esteja sobre o eixo se desloca em um arco circular em um plano normal ao eixo e possui velocidade

$$\boxed{\mathbf{v} = \boldsymbol{\omega} \times \mathbf{r}} \qquad (7/1)$$

que pode ser verificado substituindo $\mathbf{r}$ por $\mathbf{h} + \mathbf{b}$ e observando que $\boldsymbol{\omega} \times \mathbf{h} = \mathbf{0}$.

A aceleração de A é dada pela derivada no tempo da Eq. 7/1. Desse modo,

$$\boxed{\mathbf{a} = \dot{\boldsymbol{\omega}} \times \mathbf{r} + \boldsymbol{\omega} \times (\boldsymbol{\omega} \times \mathbf{r})} \qquad (7/2)$$

em que $\dot{\mathbf{r}}$ foi substituído por sua expressão equivalente, $\mathbf{v} = \boldsymbol{\omega} \times \mathbf{r}$. As componentes normal e tangencial de $\mathbf{a}$ para o movimento circular têm os módulos usuais $a_n = |\boldsymbol{\omega} \times (\boldsymbol{\omega} \times \mathbf{r})| = b\omega^2$ e $a_t = |\dot{\boldsymbol{\omega}} \times \mathbf{r}| = b\alpha$, em que $\alpha = \dot{\omega}$. Na medida em que ambos, $\mathbf{v}$ e $\mathbf{a}$, são perpendiculares a $\boldsymbol{\omega}$ e $\dot{\boldsymbol{\omega}}$, segue-se que $\mathbf{v} \cdot \boldsymbol{\omega} = 0$, $\mathbf{v} \cdot \dot{\boldsymbol{\omega}} = 0$, $\mathbf{a} \cdot \boldsymbol{\omega} = 0$ e $\mathbf{a} \cdot \dot{\boldsymbol{\omega}} = 0$ para rotação em torno de um eixo fixo.

7/4 Movimento em Planos Paralelos

Quando todos os pontos em um corpo rígido se deslocam em planos que são paralelos a determinado plano P, Fig. 7/3,

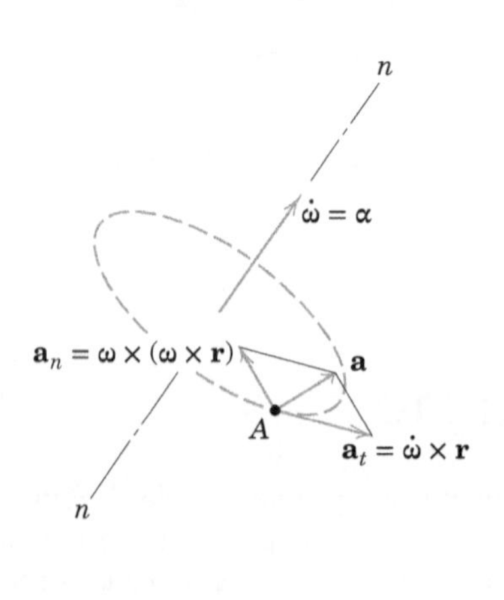

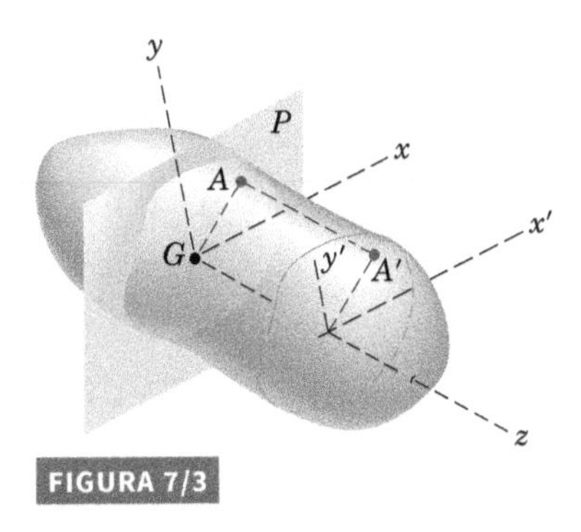

FIGURA 7/3

temos uma forma geral de movimento plano. O plano de referência é usualmente escolhido através do centro de massa G e é chamado de *plano de movimento*. Como cada ponto no corpo, tal como A', tem um movimento idêntico ao movimento do ponto correspondente (A) no plano P, segue-se que a cinemática do movimento plano apresentada no Capítulo 5 fornece uma descrição completa do movimento, quando aplicada ao plano de referência.

7/5 Rotação em Relação a um Ponto Fixo

Quando um corpo gira em relação a um ponto fixo, o vetor velocidade angular já não permanece fixo em direção, e essa variação exige um conceito mais geral de rotação.

Rotação e Vetores Apropriados

Devemos inicialmente examinar as condições sob as quais os vetores rotação obedecem à regra do paralelogramo para a adição e podem, por essa razão, ser tratados como vetores propriamente ditos. Considere uma esfera maciça, Fig. 7/4, que é cortada a partir de um corpo rígido limitado a girar em relação ao ponto fixo O.

Os eixos x-y-z aqui são considerados fixos no espaço e não giram com o corpo. Na parte *a* da figura, duas rotações sucessivas de 90° da esfera em torno, primeiro, do eixo x, e, em seguida, do eixo y, resultam no movimento de um ponto, que está inicialmente sobre o eixo y na posição 1, para as posições 2 e 3, sucessivamente. Por outro lado, se a ordem das rotações é invertida, o ponto não sofre nenhum movimento durante a rotação y, mas se desloca para o ponto 3 durante a rotação de 90° em torno do eixo x. Desse modo, os dois casos não produzem a mesma posição final, e é evidente a partir desse único exemplo especial que rotações finitas, em geral, não obedecem à regra do paralelogramo para a adição de vetores e não são comutativas. Assim, rotações finitas *não* podem ser tratadas como vetores propriamente ditos.

Rotações *infinitesimais*, entretanto, obedecem à regra do paralelogramo para a adição de vetores. Esse fato é mostrado na Fig. 7/5, que representa o efeito combinado de duas rotações infinitesimais $d\theta_1$ e $d\theta_2$ de um corpo rígido em torno dos respectivos eixos através do ponto fixo O. Como resultado de $d\theta_1$, o ponto A tem um deslocamento $d\theta_1 \times \mathbf{r}$, e da mesma forma $d\theta_2$ provoca um deslocamento $d\theta_2 \times \mathbf{r}$ do ponto A. Qualquer ordem de adição desses deslocamentos infinitesimais evidentemente produz o mesmo deslocamento resultante, que é $d\theta_1 \times \mathbf{r} + d\theta_2 \times \mathbf{r} = (d\theta_1 + d\theta_2) \times \mathbf{r}$. Desse modo, as duas rotações são equivalentes a uma única rotação $d\theta = d\theta_1 + d\theta_2$. Logo, as velocidades angulares $\omega_1 = \dot{\theta}_1$ e $\omega_2 = \dot{\theta}_2$ podem ser adicionadas vetorialmente obtendo-se $\omega = \dot{\theta} = \omega_1 + \omega_2$. Concluímos, portanto, que em qualquer instante de tempo um corpo com um ponto fixo está girando instantaneamente em torno de um eixo específico que passa através do ponto fixo.

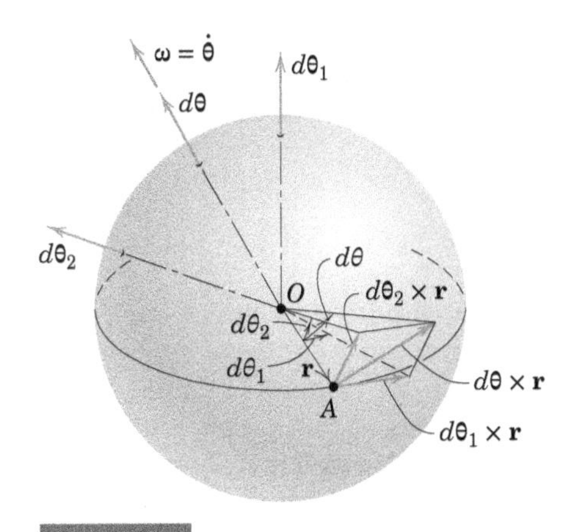

FIGURA 7/5

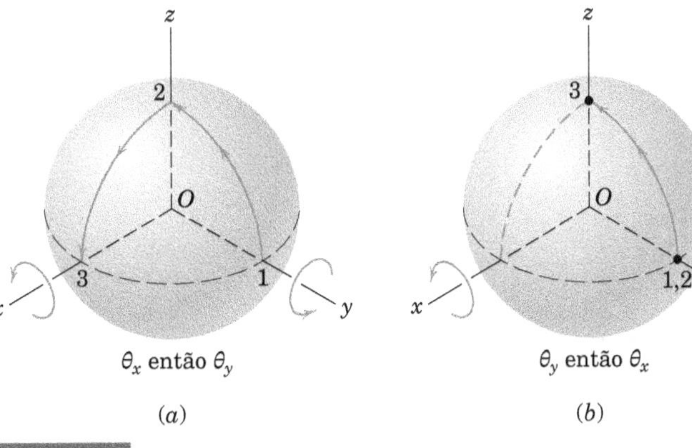

FIGURA 7/4

Eixo Instantâneo de Rotação

Para auxiliar na visualização do conceito do eixo instantâneo de rotação, vamos nos referir a um exemplo específico. A Fig. 7/6 representa um rotor cilíndrico maciço feito de plástico transparente contendo várias partículas negras incorporadas no plástico. O rotor está girando em torno da linha de centro de seu eixo na taxa constante ω_1, e seu eixo, por sua vez, está girando em torno do eixo vertical fixo na taxa constante ω_2, com as rotações nos sentidos indicados. Se o rotor é fotografado em determinado instante durante o seu movimento, a imagem resultante mostrará uma linha de pontos pretos nitidamente definidos, indicando que, instantaneamente, a sua velocidade é nula. Essa linha de pontos sem velocidade determina a posição instantânea do eixo de rotação O-n. Qualquer ponto sobre essa linha, tal como o ponto A, teria componentes de velocidade iguais e opostas, v_1 devido a ω_1 e v_2 devido a ω_2. Todos os outros pontos, como por exemplo, o que está em P, pareceriam borrados, e seus movimentos apareceriam como riscos curtos na forma de pequenos arcos circulares em planos perpendiculares ao eixo O-n. Assim, todas as partículas do corpo, exceto aquelas sobre a linha O-n, estão instantaneamente girando em arcos circulares em torno do eixo instantâneo de rotação.

Se uma sucessão de fotografias fosse tirada, observaríamos em cada fotografia que o eixo de rotação seria definido por uma nova série de pontos precisamente definidos e que o eixo mudaria de posição, tanto no espaço quanto em relação ao corpo. Para a rotação de um corpo rígido em relação a um ponto fixo, consequentemente, se observa que o eixo de rotação não é, em geral, uma linha fixa no corpo.

Cone do Corpo e Cone Espacial

Com relação ao cilindro de plástico da Fig. 7/6, o eixo instantâneo de rotação O-A-n gera um cone circular reto em torno do eixo do cilindro chamado *cone do corpo*. Como as duas rotações continuam e o cilindro gira em torno do eixo vertical, o eixo instantâneo de rotação gera também um cone circular reto em torno do eixo vertical chamado *cone espacial*. Esses cones são mostrados na Fig. 7/7 para esse exemplo em particular.

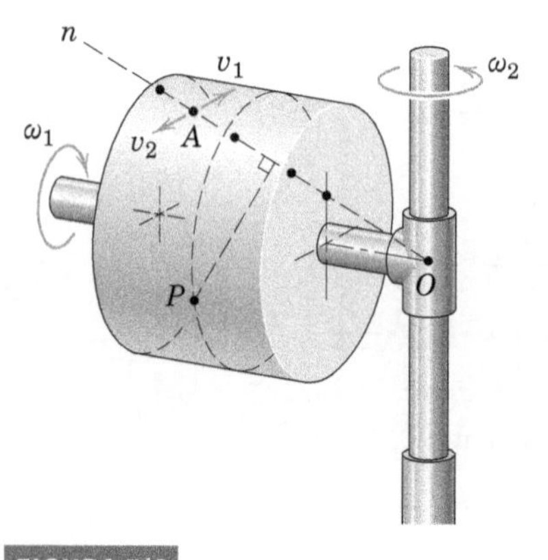

FIGURA 7/6

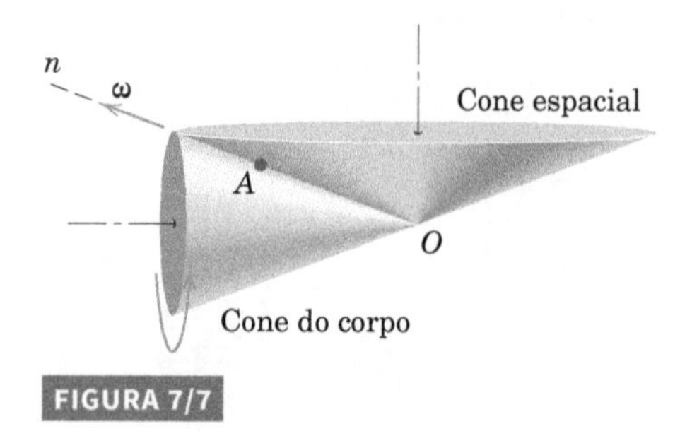

FIGURA 7/7

Verificamos que o cone do corpo rola sobre o cone espacial e que a velocidade angular ω do corpo é um vetor que está posicionado ao longo do elemento comum aos dois cones. Para um caso mais geral em que as rotações não são constantes, os cones do corpo e espacial não são cones circulares retos, Fig. 7/8, mas o cone do corpo ainda rola sobre o cone espacial.

Aceleração Angular

A aceleração angular $\boldsymbol{\alpha}$ de um corpo rígido em movimento tridimensional é a derivada no tempo da sua velocidade angular, $\boldsymbol{\alpha} = \dot{\boldsymbol{\omega}}$. Em contraste com o caso de rotação em um único plano em que o escalar α mede apenas a variação no módulo da velocidade angular, em movimento tridimensional o vetor $\boldsymbol{\alpha}$ reflete a variação na direção de $\boldsymbol{\omega}$, bem como a sua variação de seu módulo. Portanto, na Fig. 7/8 onde a extremidade final do vetor velocidade angular $\boldsymbol{\omega}$ segue a curva espacial p e varia tanto em módulo quanto em direção, a aceleração angular $\boldsymbol{\alpha}$ vem a ser um vetor tangente a essa curva no sentido da variação de $\boldsymbol{\omega}$.

Quando o módulo de $\boldsymbol{\omega}$ se mantém constante, a aceleração angular $\boldsymbol{\alpha}$ é normal a $\boldsymbol{\omega}$. Para esse caso, se utilizarmos $\boldsymbol{\Omega}$ para representar a velocidade angular com que o próprio vetor $\boldsymbol{\omega}$ gira (precessão) enquanto forma o cone espacial, a aceleração angular pode ser escrita

$$\boxed{\boldsymbol{\alpha} = \boldsymbol{\Omega} \times \boldsymbol{\omega}} \qquad (7/3)$$

Essa relação é facilmente verificada a partir da Fig. 7/9. A parte superior da figura relaciona a velocidade de um ponto A, sobre um corpo rígido, ao seu vetor posição a partir de O e à velocidade angular do corpo. Os vetores $\boldsymbol{\alpha}$, $\boldsymbol{\omega}$ e $\boldsymbol{\Omega}$ na parte inferior da figura exibem exatamente a mesma relação entre si que os vetores $\mathbf{v}$, $\mathbf{r}$ e $\boldsymbol{\omega}$ na parte superior da figura.

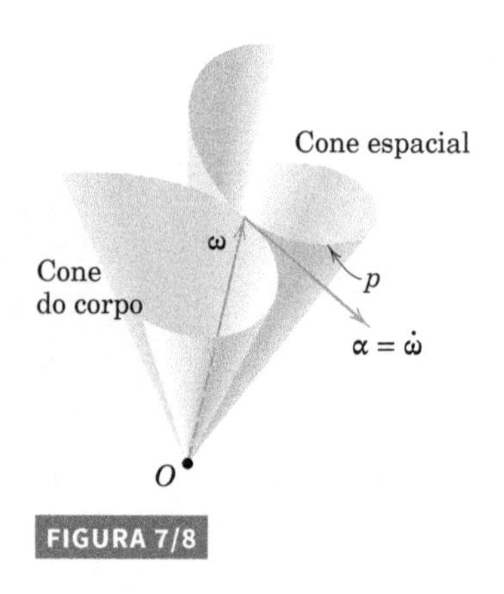

FIGURA 7/8

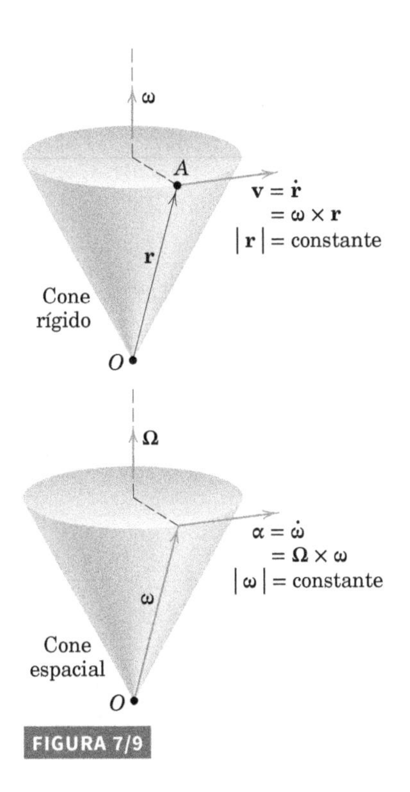

FIGURA 7/9

Se utilizarmos a Fig. 7/2 para representar um corpo rígido girando em relação a um ponto fixo O com o eixo instantâneo de rotação n-n, observamos que a velocidade $\mathbf{v}$ e a aceleração $\mathbf{a} = \dot{\mathbf{v}}$ de um ponto qualquer A no corpo são determinadas pelas mesmas expressões que se aplicam ao caso em que o eixo é fixo, isto é,

$$\mathbf{v} = \boldsymbol{\omega} \times \mathbf{r} \tag{7/1}$$

$$\mathbf{a} = \dot{\boldsymbol{\omega}} \times \mathbf{r} + \boldsymbol{\omega} \times (\boldsymbol{\omega} \times \mathbf{r}) \tag{7/2}$$

A única diferença entre o caso de rotação em torno de um eixo fixo e de rotação em relação a um ponto fixo reside no fato de que, para rotação em relação a um ponto fixo, a aceleração angular $\boldsymbol{\alpha} = \dot{\boldsymbol{\omega}}$ terá uma componente normal a $\boldsymbol{\omega}$, devido à variação na direção de $\boldsymbol{\omega}$, bem como uma componente na direção de $\boldsymbol{\omega}$ para refletir qualquer variação no módulo de $\boldsymbol{\omega}$. Embora qualquer ponto sobre o eixo de rotação n-n tenha instantaneamente velocidade nula, sua aceleração *não* será nula enquanto $\boldsymbol{\omega}$ estiver variando a sua direção. Por outro lado, para a rotação em torno de um eixo fixo, $\boldsymbol{\alpha} = \dot{\boldsymbol{\omega}}$ possui apenas uma componente ao longo do eixo fixo para refletir a variação no módulo de $\boldsymbol{\omega}$. Além disso, os pontos que estão sobre o eixo fixo de rotação evidentemente não possuem velocidade ou aceleração.

Embora o desenvolvimento nesta seção seja para o caso de rotação em relação a um ponto fixo, observamos que a rotação é uma função *exclusiva* da variação angular, de modo que as expressões para $\boldsymbol{\omega}$ e $\boldsymbol{\alpha}$ não dependem da imobilidade do ponto ao redor do qual a rotação ocorre. Desse modo, a rotação pode ocorrer independentemente do movimento linear do ponto de rotação. Essa conclusão é o equivalente tridimensional do conceito de rotação de um corpo rígido em movimento plano descrito na Seção 5/2 e utilizado ao longo de todos os Capítulos 5 e 6.

Marinha norte-americana, foto do Especialista em Comunicações de Massa 3ª Classe Samuel Weldin

As unidades do motor/hélice nas extremidades das asas dessa aeronave podem ser inclinadas desde a posição vertical de decolagem apresentada até uma posição horizontal de voo para a frente.

EXEMPLO DE PROBLEMA 7/1

O braço OA de 0,8 m para um mecanismo de controle remoto é articulado em torno do eixo horizontal x do suporte em forma de U, e o conjunto inteiro gira em torno do eixo z com uma velocidade constante $N = 60$ rpm. Simultaneamente, o braço está sendo elevado na taxa constante $\dot{\beta} = 4$ rad/s. Para a posição onde $\beta = 30°$, determine (a) a velocidade angular de OA, (*b*) a aceleração angular de OA, (*c*) a velocidade do ponto A e (*d*) a aceleração do ponto A. Se, além do movimento descrito, o eixo vertical e o ponto O tivessem um movimento linear, por exemplo, na direção z, esse movimento alteraria a velocidade angular ou a aceleração angular de OA?

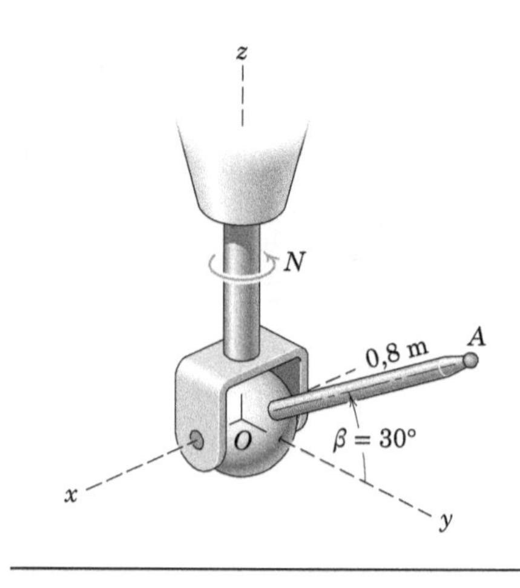

Solução. (*a*) Uma vez que o braço OA está girando em torno de ambos os eixos x e z, ele possui as componentes $\omega_x = \dot{\beta} = 4$ rad/s e $\omega_z = 2\pi N/60 = 2\pi(60)/60 = 6{,}28$ rad/s. A velocidade angular é

$$\boldsymbol{\omega} = \boldsymbol{\omega}_x + \boldsymbol{\omega}_z = 4\mathbf{i} + 6{,}28\mathbf{k} \text{ rad/s}$$ *Resp.*

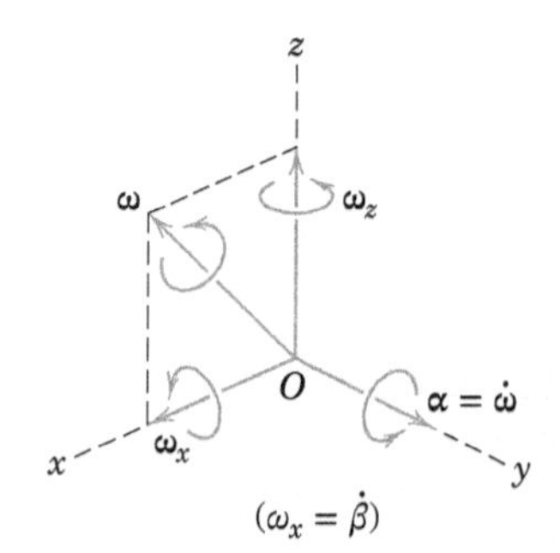

(*b*) A aceleração angular de OA é

$$\boldsymbol{\alpha} = \dot{\boldsymbol{\omega}} = \dot{\boldsymbol{\omega}}_x + \dot{\boldsymbol{\omega}}_z$$

Como $\boldsymbol{\omega}_z$ não está variando em módulo ou direção, $\dot{\boldsymbol{\omega}}_z = \mathbf{0}$. Mas ω_x está variando sua direção e nesse caso possui uma derivada que, a partir da Eq. 7/3, é

$$\dot{\boldsymbol{\omega}}_x = \boldsymbol{\omega}_z \times \boldsymbol{\omega}_x = 6{,}28\mathbf{k} \times 4\mathbf{i} = 25{,}1\mathbf{j} \text{ rad/s}^2$$

Portanto,

$$\boldsymbol{\alpha} = 25{,}1\mathbf{j} + \mathbf{0} = 25{,}1\mathbf{j} \text{ rad/s}^2$$ ① *Resp.*

(*c*) Com o vetor posição de A dado por $\mathbf{r} = 0{,}693\mathbf{j} = 0{,}4\mathbf{k}$ m, a velocidade de A a partir da Eq. 7/1 vem a ser

$$\mathbf{v} = \boldsymbol{\omega} \times \mathbf{r} = \begin{vmatrix} \mathbf{i} & \mathbf{j} & \mathbf{k} \\ 4 & 0 & 6{,}28 \\ 0 & 0{,}693 & 0{,}4 \end{vmatrix} = -4{,}35\mathbf{i} + 1{,}60\mathbf{j} + 2{,}77\mathbf{k} \text{ m/s}$$ *Resp.*

(*d*) A aceleração de A a partir da Eq. 7/2 é

$$\begin{aligned} \mathbf{a} &= \dot{\boldsymbol{\omega}} \times \mathbf{r} + \boldsymbol{\omega} \times (\boldsymbol{\omega} \times \mathbf{r}) \\ &= \boldsymbol{\alpha} \times \mathbf{r} + \boldsymbol{\omega} \times \mathbf{v} \\ &= \begin{vmatrix} \mathbf{i} & \mathbf{j} & \mathbf{k} \\ 0 & 25{,}1 & 0 \\ 0 & 0{,}693 & 0{,}4 \end{vmatrix} + \begin{vmatrix} \mathbf{i} & \mathbf{j} & \mathbf{k} \\ 4 & 0 & 6{,}28 \\ -4{,}35 & -1{,}60 & 2{,}77 \end{vmatrix} \\ &= (10{,}05\mathbf{i}) + (10{,}05\mathbf{i} - 38{,}4\mathbf{j} - 6{,}40\mathbf{k}) \\ &= 20{,}1\mathbf{i} - 38{,}4\mathbf{j} - 6{,}40\mathbf{k} \text{ m/s}^2 \end{aligned}$$ ② *Resp.*

O movimento angular de OA depende apenas das variações angulares N e $\dot{\beta}$, de forma que qualquer movimento linear de O não afeta $\boldsymbol{\omega}$ e $\boldsymbol{\alpha}$.

DICAS ÚTEIS

① Outra maneira é considerar os eixos x-y-z como vinculados ao eixo vertical e ao suporte em U, de modo que eles girem. A derivada de $\boldsymbol{\omega}_x$ vem a ser $\dot{\boldsymbol{\omega}}_x = 4\mathbf{i}$. Mas a partir da Eq. 5/11, temos $\dot{\mathbf{i}} = \boldsymbol{\omega}_z \times \mathbf{i} = 6{,}28\mathbf{k} \times \mathbf{i} = 6{,}28\mathbf{j}$. Logo, $\boldsymbol{\alpha} = \dot{\boldsymbol{\omega}}_x = 4(6{,}28)\mathbf{j} = 25{,}1\mathbf{j}$ rad/s^2 como anteriormene.

② Para comparar os métodos, sugere-se que esses resultados para $\mathbf{v}$ e $\mathbf{a}$ sejam obtidos por meio da aplicação das Eqs. 2/18 e 2/19 para o movimento de uma partícula em coordenadas esféricas, alterando os símbolos conforme o necessário.

EXEMPLO DE PROBLEMA 7/2

O motor elétrico com um disco acoplado está girando a uma velocidade baixa constante de 120 rpm no sentido mostrado. Sua carcaça e base de montagem estão inicialmente em repouso. O conjunto inteiro é colocado para girar em torno do eixo vertical Z na taxa constante $N = 60$ rpm com um ângulo fixo γ de 30°. Determine (*a*) a velocidade angular e a aceleração angular do disco, (*b*) o cone espacial e o cone do corpo, e (*c*) a velocidade e a aceleração do ponto A na parte mais alta do disco para o instante apresentado.

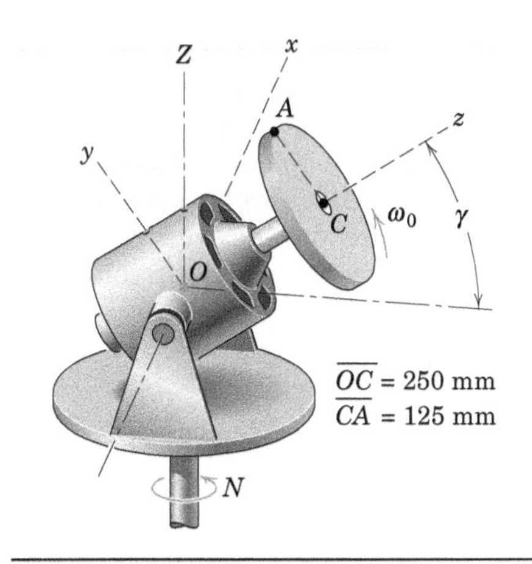

Solução. Os eixos x-y-z com vetores unitários **i**, **j**, **k** são associados à carcaça do motor, com o eixo z coincidindo com o eixo do rotor e com o eixo x coincidindo com o eixo horizontal através de O em torno do qual o motor oscila. O eixo Z é vertical e apoia o vetor unitário $\mathbf{K} = \mathbf{j}\cos\gamma + \mathbf{k}\,\text{sen}\,\gamma$.

(*a*) O rotor e o disco têm duas componentes de velocidade angular: $\omega_0 = 120(2\pi)/60 = 4\pi$ rad/s em torno do eixo z e $\mathbf{\Omega} = 60(2\pi)/60 = 2\pi$ rad/s em torno do eixo Z. Desse modo, a velocidade angular resulta em

$$\omega = \omega_0 + \Omega = \omega_0\mathbf{k} + \Omega\mathbf{K} \quad ①$$
$$= \omega_0\mathbf{k} + \Omega(\mathbf{j}\cos\gamma + \mathbf{k}\,\text{sen}\,\gamma) = (\Omega\cos\gamma)\mathbf{j} + (\omega_0 + \Omega\,\text{sen}\,\theta)\mathbf{k}$$
$$= (2\pi\cos 30°)\mathbf{j} + (4\pi + 2\pi\,\text{sen}\,30°)\mathbf{k} = \pi(\sqrt{3}\mathbf{j} + 5{,}0\mathbf{k})\text{ rad/s} \qquad \textit{Resp.}$$

A aceleração angular do disco a partir da Eq. 7/3 é

$$\alpha = \dot{\omega} = \mathbf{\Omega} \times \omega \quad ②$$
$$= \Omega(\mathbf{j}\cos\gamma + \mathbf{k}\,\text{sen}\,\gamma) \times [(\Omega\cos\gamma)\mathbf{j} + (\omega_0 + \Omega\,\text{sen}\,\gamma)\mathbf{k}]$$
$$= \Omega(\omega_0\cos\gamma + \Omega\,\text{sen}\,\gamma\cos\gamma)\mathbf{i} - (\Omega^2\,\text{sen}\,\gamma\cos\gamma)\mathbf{i}$$
$$= (\Omega\,\omega_0\cos\gamma)\mathbf{i} = \mathbf{i}(2\pi)(4\pi)\cos 30° = 68{,}4\mathbf{i}\text{ rad/s}^2 \quad ③ \qquad \textit{Resp.}$$

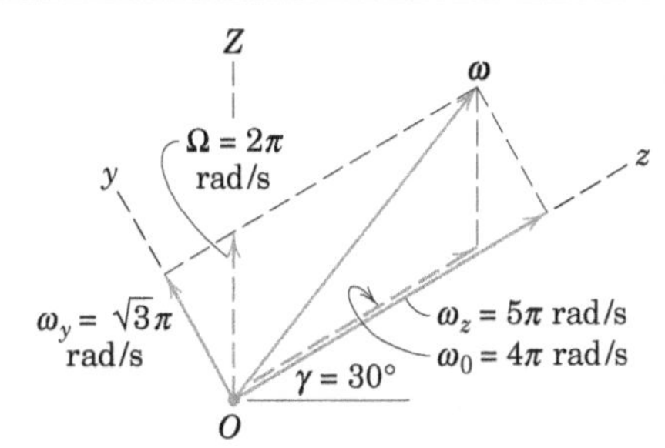

(*b*) O vetor velocidade angular ω é o elemento comum dos cones espacial e do corpo, que podem agora ser traçados conforme apresentado

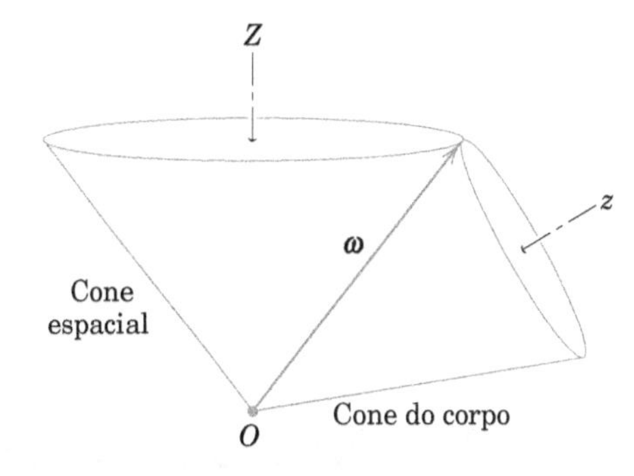

(*c*) O vetor posição do ponto A para o instante considerado é

$$\mathbf{r} = 0{,}125\mathbf{j} + 0{,}250\mathbf{k}\text{ m}$$

A partir da Eq. 7/1, a velocidade de A é

$$\mathbf{v} = \omega \times \mathbf{r} = \begin{vmatrix} \mathbf{i} & \mathbf{j} & \mathbf{k} \\ 0 & \sqrt{3}\pi & 5\pi \\ 0 & 0{,}125 & 0{,}250 \end{vmatrix} = -0{,}1920\pi\,\mathbf{i}\text{ m/s} \qquad \textit{Resp.}$$

A partir da Eq. 7/2, a aceleração do ponto A é

$$\mathbf{a} = \dot{\omega} \times \mathbf{r} + \omega \times (\omega \times \mathbf{r}) = \alpha \times \mathbf{r} + \omega \times \mathbf{v}$$
$$= 68{,}4\mathbf{i} \times (0{,}125\mathbf{j} + 0{,}250\mathbf{k}) + \pi(\sqrt{3}\mathbf{j} + 5\mathbf{k}) \times (-0{,}1920\pi\mathbf{i})$$
$$= -26{,}6\mathbf{j} + 11{,}83\mathbf{k}\text{ m/s}^2 \qquad \textit{Resp.}$$

DICAS ÚTEIS

① Note que $\omega_0 + \Omega = \omega + \omega_y + \omega_z$ como mostrado no diagrama vetorial.

② Lembre-se de que a Eq. 7/3 fornece a expressão completa para α apenas para precessão estacionária em que $|\omega|$ é constante, o que se aplica a esse problema.

③ Como o módulo de ω é constante, α deve ser tangente ao círculo da base do cone espacial, o que a coloca no sentido positivo da direção x em acordo com o resultado calculado.

7/6 Movimento Geral

A análise cinemática de um corpo rígido que possui movimento tridimensional geral é mais bem desenvolvida com o auxílio dos princípios do movimento relativo. Aplicamos esses princípios a problemas em movimento plano e agora os estendemos para o movimento espacial. Faremos uso tanto de eixos de referência com translação quanto de eixos de referência com rotação.

Eixos de Referência em Translação

A Fig. 7/10 mostra um corpo rígido que possui uma velocidade angular ω. Podemos escolher qualquer ponto conveniente B como a origem de um sistema de referência com translação x-y-z. A velocidade $\mathbf{v}$ e a aceleração $\mathbf{a}$ de qualquer outro ponto A no corpo são dadas pelas expressões da velocidade relativa e da aceleração relativa

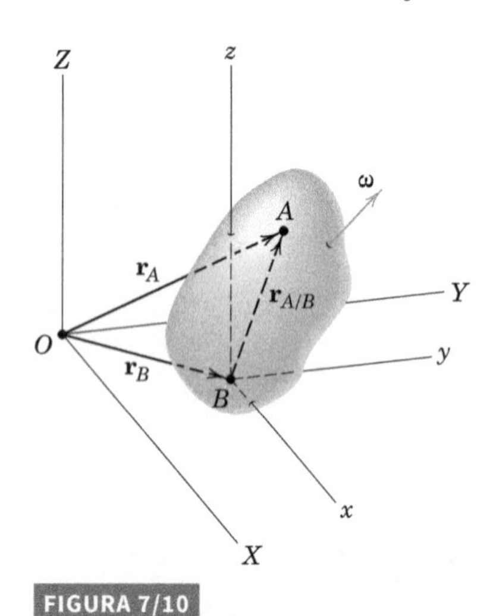

FIGURA 7/10

© Chris Cooper-Smith/Alamy Stock Photo

Pelo correto manejo dos cilindros hidráulicos que suportam e movem este simulador de voo de aeronave, podem ser produzidas diversas acelerações tridimensionais translacionais e rotacionais.

$$\mathbf{v}_A = \mathbf{v}_B + \mathbf{v}_{A/B} \qquad [5/4]$$

$$\mathbf{a}_A = \mathbf{a}_B + \mathbf{a}_{A/B} \qquad [5/7]$$

as quais foram desenvolvidas nas Seções 5/4 e 5/6 para o movimento plano de corpos rígidos. Essas expressões também são válidas em três dimensões, em que os três vetores para cada uma das equações são também coplanares.

Na aplicação dessas relações ao movimento de corpo rígido no espaço, observamos a partir da Fig. 7/10 que a distância $\overline{AB}$ permanece constante. Nesse caso, a partir da posição de um observador em x-y-z, o corpo parece girar em torno do ponto B, e o ponto A parece estar situado sobre uma superfície esférica com B como o centro. Consequentemente, podemos visualizar o movimento geral como uma translação do corpo com o movimento de B mais uma rotação do corpo em relação a B.

Os termos de movimento relativo representam o efeito da rotação em torno de B e são idênticos às expressões da velocidade e da aceleração discutidas na seção anterior para a rotação de um corpo rígido em relação a um ponto fixo. Portanto, as equações da velocidade relativa e da aceleração relativa podem ser escritas como

$$\boxed{\begin{aligned} \mathbf{v}_A &= \mathbf{v}_B + \boldsymbol{\omega} \times \mathbf{r}_{A/B} \\ \mathbf{a}_A &= \mathbf{a}_B + \dot{\boldsymbol{\omega}} \times \mathbf{r}_{A/B} + \boldsymbol{\omega} \times (\boldsymbol{\omega} \times \mathbf{r}_{A/B}) \end{aligned}} \qquad (7/4)$$

em que $\boldsymbol{\omega}$ e $\dot{\boldsymbol{\omega}}$ são a velocidade angular e a aceleração angular instantâneas do corpo, respectivamente.

A seleção do ponto de referência B é, em teoria, bastante arbitrária. Na prática, o ponto B é escolhido por conveniência como algum ponto no corpo cujo movimento é conhecido no todo ou em parte. Se o ponto A é escolhido como o ponto de referência, as equações do movimento relativo tornam-se

$$\mathbf{v}_B = \mathbf{v}_A + \boldsymbol{\omega} \times \mathbf{r}_{B/A}$$

$$\mathbf{a}_B = \mathbf{a}_A + \dot{\boldsymbol{\omega}} \times \mathbf{r}_{B/A} + \boldsymbol{\omega} \times (\boldsymbol{\omega} \times \mathbf{r}_{B/A})$$

em que $\mathbf{r}_{B/A} = -\mathbf{r}_{A/B}$. Deve ser evidente que $\boldsymbol{\omega}$ e, consequentemente, $\dot{\boldsymbol{\omega}}$ são os mesmos vetores para ambas as formulações uma vez que o movimento angular absoluto do corpo é independente da escolha do ponto de referência. Quando formos abordar as equações cinéticas para o movimento geral, perceberemos que o centro de massa de um corpo é frequentemente o ponto de referência mais conveniente a se escolher.

Se os pontos A e B na Fig. 7/10 representam as extremidades de uma haste de controle rígida em um mecanismo espacial onde as conexões nas extremidades agem como juntas esféricas (como no Exemplo de Problema 7/3), é necessário impor certas condições cinemáticas. Evidentemente, qualquer rotação da haste em torno de seu próprio eixo AB não afeta a ação da haste. Assim, a velocidade angular $\boldsymbol{\omega}_n$, cujo vetor é normal à haste, descreve a sua ação. É necessário, portanto, que $\boldsymbol{\omega}_n$ e $\mathbf{r}_{A/B}$ sejam perpendiculares, e essa condição é satisfeita se $\boldsymbol{\omega}_n \cdot \mathbf{r}_{A/B} = 0$.

De maneira semelhante, apenas a componente $\boldsymbol{\omega}_n$* da aceleração angular da haste, normal a AB, afeta a sua ação, de modo que $\alpha_n \cdot \mathbf{r}_{A/B} = 0$ deve ser igualmente satisfeita.

*Pode-se mostrar que $\alpha_n = \dot{\omega}_n$ se a velocidade angular da haste sobre o seu próprio eixo não estiver mudando. Ver *Dynamics*, 2ª Edição, Versão SI, 1975, John Wiley & Sons, Art. 37, do primeiro autor.

Eixos de Referência em Rotação

Uma formulação mais geral do movimento de um corpo rígido no espaço impõe a utilização de eixos de referência que possuem tanto rotação quanto translação. A representação da Fig. 7/10 é modificada na Fig. 7/11 para mostrar os eixos de referência cuja origem está presa ao ponto de referência B como anteriormente, mas que giram com uma velocidade angular absoluta $\mathbf{\Omega}$ que pode ser diferente da velocidade angular absoluta ω do corpo.

Faremos agora uso das Eqs. 5/11, 5/12, 5/13 e 5/14 desenvolvidas na Seção 5/7 para a descrição do movimento plano de um corpo rígido utilizando eixos com rotação. A extensão dessas relações, de duas para três dimensões, é facilmente realizada apenas pela inclusão da componente z dos vetores, e essa etapa é deixada para o estudante efetuar. Substituindo ω nessas equações pela velocidade angular $\mathbf{\Omega}$ dos eixos com rotação x-y-z nos fornece

$$\dot{\mathbf{i}} = \mathbf{\Omega} \times \mathbf{i} \qquad \dot{\mathbf{j}} = \mathbf{\Omega} \times \mathbf{j} \qquad \dot{\mathbf{k}} = \mathbf{\Omega} \times \mathbf{k} \tag{7/5}$$

para as derivadas no tempo dos vetores unitários que giram presos a x-y-z. A expressão para a velocidade e a aceleração do ponto A torna-se

$$\begin{aligned} \mathbf{v}_A &= \mathbf{v}_B + \mathbf{\Omega} \times \mathbf{r}_{A/B} + \mathbf{v}_{\text{rel}} \\ \mathbf{a}_A &= \mathbf{a}_B + \dot{\mathbf{\Omega}} \times \mathbf{r}_{A/B} + \mathbf{\Omega} \times (\mathbf{\Omega} \times \mathbf{r}_{A/B}) + 2\mathbf{\Omega} \times \mathbf{v}_{\text{rel}} + \mathbf{a}_{\text{rel}} \end{aligned} \tag{7/6}$$

em que $\mathbf{v}_{\text{rel}} = \dot{x}\mathbf{i} + \dot{y}\mathbf{j} + \dot{z}\mathbf{k}$ e $\mathbf{a}_{\text{rel}} = \ddot{x}\mathbf{i} + \ddot{y}\mathbf{j} + \ddot{z}\mathbf{k}$ são, respectivamente, a velocidade e a aceleração do ponto A medidas em relação a x-y-z por um observador preso a x-y-z.

Observamos mais uma vez que $\mathbf{\Omega}$ é a velocidade angular dos eixos e pode ser diferente da velocidade angular ω do corpo. Observamos também que $\mathbf{r}_{A/B}$ permanece constante em módulo para os pontos A e B fixos a um corpo rígido, mas irá variar a direção com respeito a x-y-z quando a velocidade angular $\mathbf{\Omega}$ dos eixos for diferente da velocidade angular ω do corpo. Observamos ainda que, se x-y-z estão firmemente presos ao corpo, $\mathbf{\Omega} = \omega$ e $\mathbf{v}_{\text{rel}}$ e $\mathbf{a}_{\text{rel}}$ são ambas nulas, o que torna as equações idênticas às Eqs. 7/4.

Na Seção 5/7, desenvolvemos também a relação (Eq. 5/13) entre a derivada no tempo de um vetor $\mathbf{V}$ quando medida no sistema fixo X-Y e a derivada no tempo de $\mathbf{V}$ quando medida em relação ao sistema em rotação x-y. Para o caso tridimensional, essa relação se torna

$$\left(\frac{d\mathbf{V}}{dt}\right)_{XYZ} = \left(\frac{d\mathbf{V}}{dt}\right)_{xyz} + \mathbf{\Omega} \times \mathbf{V} \tag{7/7}$$

Quando aplicamos essa transformação ao vetor posição relativa $\mathbf{r}_{A/B} = \mathbf{r}_A - \mathbf{r}_B$ para o corpo rígido da Fig. 7/11, obtemos

$$\left(\frac{d\mathbf{r}_A}{dt}\right)_{XYZ} = \left(\frac{d\mathbf{r}_B}{dt}\right)_{XYZ} + \left(\frac{d\mathbf{r}_{A/B}}{dt}\right)_{xyz} + \mathbf{\Omega} \times \mathbf{r}_{A/B}$$

ou

$$\mathbf{v}_A = \mathbf{v}_B + \mathbf{v}_{\text{rel}} + \mathbf{\Omega} \times \mathbf{r}_{A/B}$$

que nos fornece a primeira das Eqs. 7/6.

As Eqs. 7/6 são particularmente úteis quando os eixos de referência são fixados a um corpo em movimento, dentro do qual ocorre um movimento relativo.

A Eq. 7/7 pode ser reformulada como o operador vetorial

$$\left(\frac{d[\ \ ]}{dt}\right)_{XYZ} = \left(\frac{d[\ \ ]}{dt}\right)_{xyz} + \mathbf{\Omega} \times [\ \ ] \tag{7/7a}$$

em que [ ] representa qualquer vetor $\mathbf{V}$ que pode ser expresso tanto em X-Y-Z quanto em x-y-z. Se aplicarmos o operador a si próprio, obtemos a segunda derivada no tempo, que vem a ser

$$\begin{aligned} \left(\frac{d^2[\ \ ]}{dt^2}\right)_{XYZ} &= \left(\frac{d^2[\ \ ]}{dt^2}\right)_{xyz} + \dot{\mathbf{\Omega}} \times [\ \ ] + \mathbf{\Omega} \times (\mathbf{\Omega} \times [\ \ ]) \\ &\quad + 2\mathbf{\Omega} \times \left(\frac{d[\ \ ]}{dt}\right)_{xyz} \end{aligned} \tag{7/7b}$$

Deixamos esse exercício para o estudante. Observe que a forma da Eq. 7/7b é a mesma que a da segunda das Eqs. 7/6 expressa para $\mathbf{a}_{A/B} = \mathbf{a}_A - \mathbf{a}_B$.

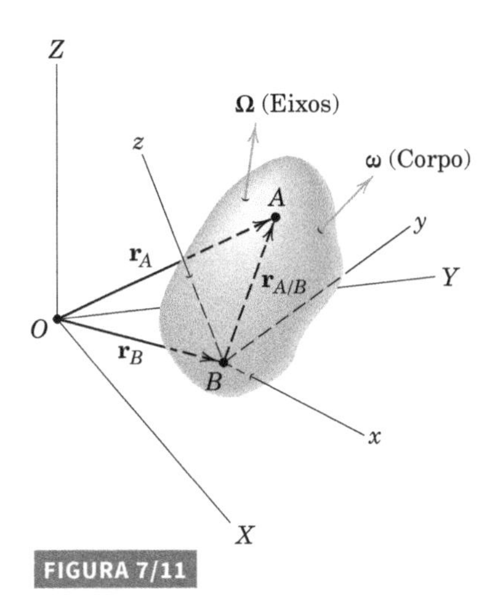

FIGURA 7/11

Robôs em uma linha de montagem de automóveis.

EXEMPLO DE PROBLEMA 7/3

A manivela *CB* gira em torno do eixo horizontal com uma velocidade angular ω_1 = 6 rad/s, que é constante durante um curto intervalo de movimento que inclui a posição mostrada. A haste *AB* possui uma junta esférica em cada extremidade e conecta a manivela *DA* com *CB*. Para o instante mostrado, determine a velocidade angular ω_2 da manivela *DA* e a velocidade angular ω_n da haste *AB*.

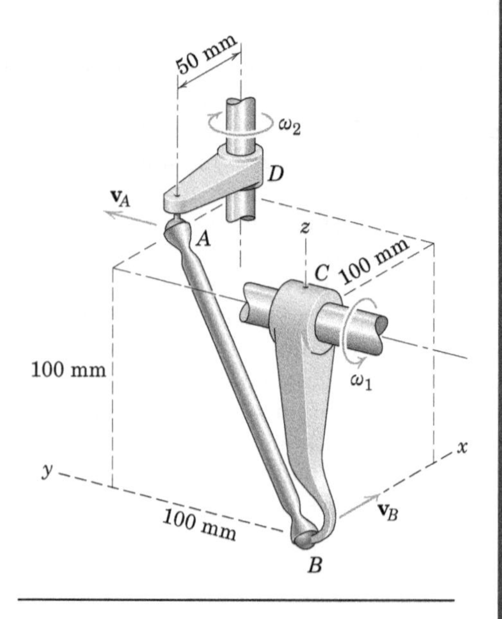

Solução. A relação da velocidade relativa, Eq. 7/4, será resolvida inicialmente utilizando eixos de referência com translação fixados em *B*.① A equação é

$$\mathbf{v}_A = \mathbf{v}_B + \boldsymbol{\omega}_n \times \mathbf{r}_{A/B}$$

em que ω_n é a velocidade angular da haste *AB* tomada como perpendicular a *AB*.② As velocidades de *A* e *B* são

$$[v = r\omega] \qquad \mathbf{v}_A = 50\omega_2\mathbf{j} \qquad \mathbf{v}_B = 100(6)\mathbf{i} = 600\mathbf{i} \text{ mm/s}$$

Além disso, $\mathbf{r}_{A/B} = 50\mathbf{i} + 100\mathbf{j} + 100\mathbf{k}$ mm. A substituição na relação da velocidade fornece

$$50\omega_2\mathbf{j} = 600\mathbf{i} + \begin{vmatrix} \mathbf{i} & \mathbf{j} & \mathbf{k} \\ \omega_{n_x} & \omega_{n_y} & \omega_{n_z} \\ 50 & 100 & 100 \end{vmatrix}$$

Expandindo o determinante e igualando os coeficientes dos termos **i**, **j**, **k** fornece

$$-6 = \quad + \omega_{n_y} - \omega_{n_z}$$
$$\omega_2 = -2\omega_{n_x} \quad + \omega_{n_z}$$
$$0 = \quad 2\omega_{n_x} - \omega_{n_y}$$

Essas equações podem ser resolvidas para ω_2, que vem a ser

$$\omega_2 = 6 \text{ rad/s} \qquad \textit{Resp.}$$

Na forma em que se encontram, as três equações incorporam o fato de que ω_n é normal a $\mathbf{v}_{A/B}$, mas não podem ser resolvidas até que a condição de que ω_n é normal a $\mathbf{r}_{A/B}$ seja incluída.③ Desse modo,

$$[\boldsymbol{\omega}_n \cdot \mathbf{r}_{A/B} = 0] \qquad 50\omega_{n_x} + 100\omega_{n_y} + 100\omega_{n_z} = 0$$

Combinando com duas das três equações anteriores produzem-se as soluções

$$\omega_{n_x} = -\frac{4}{3} \text{ rad/s} \qquad \omega_{n_y} = -\frac{8}{3} \text{ rad/s} \qquad \omega_{n_z} = \frac{10}{3} \text{ rad/s}$$

Então,

$$\boldsymbol{\omega}_n = \frac{2}{3}(-2\mathbf{i} - 4\mathbf{j} + 5\mathbf{k}) \text{ rad/s} \qquad \textit{Resp.}$$

DICAS ÚTEIS

① Selecionamos *B* como o ponto de referência uma vez que o seu movimento pode ser facilmente determinado a partir da velocidade angular fornecida ω_1 de *CB*.

② A velocidade angular $\boldsymbol{\omega}$ de *AB* é considerada como um vetor $\boldsymbol{\omega}_n$ normal a *AB*, uma vez que qualquer rotação da haste em relação ao seu próprio eixo *AB* não tem qualquer influência sobre o comportamento do mecanismo.

③ A equação da velocidade relativa pode ser escrita como $\mathbf{v}_A - \mathbf{v}_B = \mathbf{v}_{A/B} = \boldsymbol{\omega}_n \times \mathbf{r}_{A/B}$, que exige que $\mathbf{v}_{A/B}$ seja perpendicular a ambos $\boldsymbol{\omega}_n$ e $\mathbf{r}_{A/B}$. Essa equação sozinha não incorpora a restrição adicional de que $\boldsymbol{\omega}_n$ seja perpendicular a $\mathbf{r}_{A/B}$. Desse modo, devemos também atender $\boldsymbol{\omega}_n \cdot \mathbf{r}_{A/B} = 0$.

EXEMPLO DE PROBLEMA 7/4

Determine a aceleração angular $\dot{\omega}_2$ da manivela *AD* no Exemplo de Problema 7/3 para as condições apresentadas. Encontre também a aceleração angular $\dot{\boldsymbol{\omega}}_n$ da haste *AB*.

Solução. As acelerações dos elementos de ligação podem ser determinadas a partir da segunda das Eqs. 7/4, que pode ser escrita como

$$\mathbf{a}_A = \mathbf{a}_B + \dot{\boldsymbol{\omega}}_n \times \mathbf{r}_{A/B} + \boldsymbol{\omega}_n \times (\boldsymbol{\omega}_n \times \mathbf{r}_{A/B})$$

EXEMPLO DE PROBLEMA 7/4 (*continuação*)

em que $\boldsymbol{\omega}_n$, como no Exemplo de Problema 7/3, é a velocidade angular de *AB* considerada perpendicular a *AB*. A aceleração angular de *AB* é escrita como $\dot{\boldsymbol{\omega}}_n$.①

Em termos de suas componentes normal e tangencial, as acelerações de *A* e *B* são

$$\mathbf{a}_A = 50\omega_2{}^2\mathbf{i} + 50\dot{\omega}_2\mathbf{j} = 1800\mathbf{i} + 50\dot{\omega}_2\mathbf{j} \text{ mm/s}^2$$

$$\mathbf{a}_B = 100\omega_1{}^2\mathbf{k} + (0)\mathbf{i} = 3600\mathbf{k} \text{ mm/s}^2$$

Também

$$\boldsymbol{\omega}_n \times (\boldsymbol{\omega}_n \times \mathbf{r}_{A/B}) = -\omega_n{}^2\mathbf{r}_{A/B} = -20(50\mathbf{i} + 100\mathbf{j} + 100\mathbf{k}) \text{ mm/s}^2$$

$$\dot{\boldsymbol{\omega}}_n \times \mathbf{r}_{A/B} = (100\dot{\omega}_{n_y} - 100\dot{\omega}_{n_z})\mathbf{i} + (50\dot{\omega}_{n_z} - 100\dot{\omega}_{n_x})\mathbf{j} + (100\dot{\omega}_{n_x} - 50\dot{\omega}_{n_y})\mathbf{k}$$

Substituindo na equação da aceleração relativa e igualando os respectivos coeficientes de **i**, **j**, **k** fornece

$$28 = \dot{\omega}_{n_y} - \dot{\omega}_{n_z}$$

$$\dot{\omega}_2 + 40 = -2\dot{\omega}_{n_x} + \dot{\omega}_{n_z}$$

$$-32 = 2\dot{\omega}_{n_x} - \dot{\omega}_{n_y}$$

A solução dessas equações para $\dot{\omega}_2$ fornece

$$\dot{\omega}_2 = -36 \text{ rad/s}^2 \qquad \textit{Resp.}$$

O vetor $\dot{\boldsymbol{\omega}}_n$ é normal a $\mathbf{r}_{A/B}$, porém não é normal a $\mathbf{v}_{A/B}$, como foi o caso em relação a $\boldsymbol{\omega}_n$.②

$[\dot{\boldsymbol{\omega}}_n \cdot \mathbf{r}_{A/B} = 0] \qquad 2\dot{\omega}_{n_x} + 4\dot{\omega}_{n_y} + 4\dot{\omega}_{n_z} = 0$

que, quando combinada com as relações anteriores para essas mesmas grandezas, fornece

$$\dot{\omega}_{n_x} = -8 \text{ rad/s}^2 \qquad \dot{\omega}_{n_y} = 16 \text{ rad/s}^2 \qquad \dot{\omega}_{n_z} = -12 \text{ rad/s}^2$$

Assim,

$$\dot{\boldsymbol{\omega}}_n = 4(-2\mathbf{i} + 4\mathbf{j} - 3\mathbf{k}) \text{ rad/s}^2 \qquad \textit{Resp.}$$

e

$$|\dot{\boldsymbol{\omega}}_n| = 4\sqrt{2^2 + 4^2 + 3^2} = 4\sqrt{29} \text{ rad/s}^2$$

DICAS ÚTEIS

① Se a haste *AB* tivesse uma componente de velocidade angular paralela a *AB*, uma variação tanto em módulo quanto em direção dessa componente poderia ocorrer, o que contribuiria para a aceleração angular efetiva da haste como um corpo rígido. No entanto, como qualquer rotação em torno de seu próprio eixo *AB* não tem nenhuma influência sobre o movimento das manivelas em *C* e *D*, vamos nos concentrar apenas em $\dot{\omega}_n$.

② A componente de $\dot{\omega}_n$ que não é normal a $\mathbf{v}_{A/B}$ dá origem à variação na direção de $\mathbf{v}_{A/B}$.

EXEMPLO DE PROBLEMA 7/5

A carcaça do motor e seu suporte giram em torno do eixo *Z* na taxa constante $\Omega = 3$ rad/s. O eixo do motor e o disco têm uma velocidade angular constante em torno de seu eixo $p = 8$ rad/s em relação à carcaça do motor no sentido indicado. Se γ é constante em 30°, determine a velocidade e a aceleração do ponto *A*, na parte mais alta do disco e a aceleração angular α do disco.

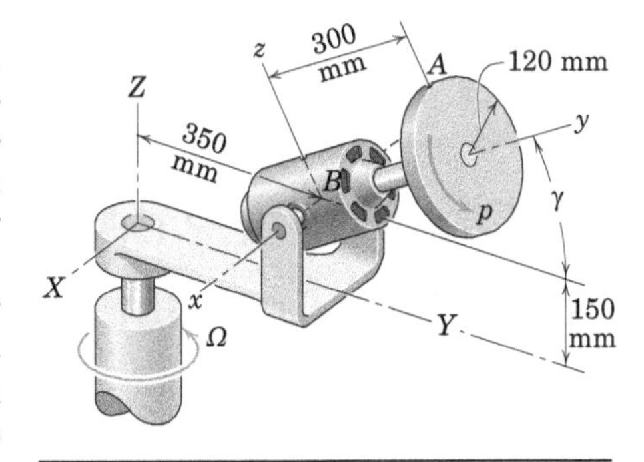

Solução. Os eixos de referência com rotação *x-y-z* estão presos à carcaça do motor, e a base giratória do motor possui a orientação instantânea mostrada, com relação aos eixos fixos *X-Y-Z*. ① Utilizaremos ambas as componentes *X-Y-Z*, com vetores unitários **I**, **J**, **K**, e as componentes *x-y-z*, com vetores unitários **i**, **j**, **k**. A velocidade angular dos eixos *x-y-z* vem a ser $\boldsymbol{\Omega} = \Omega\mathbf{K} = 3\mathbf{K}$ rad/s.

EXEMPLO DE PROBLEMA 7/5 (*continuação*)

Velocidade. A velocidade de A é dada pela primeira das Eqs. 7/6

$$\mathbf{v}_A = \mathbf{v}_B + \mathbf{\Omega} \times \mathbf{r}_{A/B} + \mathbf{v}_{rel}$$

em que

$$\mathbf{v}_B = \mathbf{\Omega} \times \mathbf{r}_B = 3\mathbf{K} \times 0{,}350\mathbf{J} = -1{,}05\mathbf{I} = -1{,}05\mathbf{i} \text{ m/s}$$

$$\mathbf{\Omega} \times \mathbf{r}_{A/B} = 3\mathbf{K} \times (0{,}300\mathbf{j} + 0{,}120\mathbf{k}) \quad ②$$

$$= (-0{,}9 \cos 30°)\mathbf{i} + (0{,}36 \text{ sen } 30°)\mathbf{i} = -0{,}599\mathbf{i} \text{ m/s}$$

$$\mathbf{v}_{rel} = \mathbf{p} \times \mathbf{r}_{A/B} = 8\mathbf{j} \times (0{,}300\mathbf{j} + 0{,}120\mathbf{k}) = 0{,}960\mathbf{i} \text{ m/s}$$

Então,

$$\mathbf{v}_A = -1{,}05\mathbf{i} - 0{,}599\mathbf{i} + 0{,}960\mathbf{i} = -0{,}689\mathbf{i} \text{ m/s} \qquad \textit{Resp.}$$

Aceleração. A aceleração de A é dada pela segunda das Eqs. 7/6

$$\mathbf{a}_A = \mathbf{a}_B + \dot{\mathbf{\Omega}} \times \mathbf{r}_{A/B} + \mathbf{\Omega} \times (\mathbf{\Omega} \times \mathbf{r}_{A/B}) + 2\mathbf{\Omega} \times \mathbf{v}_{rel} + \mathbf{a}_{rel}$$

em que

$$\mathbf{a}_B = \mathbf{\Omega} \times (\mathbf{\Omega} \times \mathbf{r}_B) = 3\mathbf{K} \times (3\mathbf{K} \times 0{,}350\mathbf{J}) = -3{,}15\mathbf{J}$$

$$= 3{,}15(-\mathbf{j} \cos 30° + \mathbf{k} \text{ sen } 30°) = -2{,}73\mathbf{j} + 1{,}575\mathbf{k} \text{ m/s}^2$$

$$\dot{\mathbf{\Omega}} = \mathbf{0}$$

$$\mathbf{\Omega} \times (\mathbf{\Omega} \times \mathbf{r}_{A/B}) = 3\mathbf{K} \times [3\mathbf{K} \times (0{,}300\mathbf{j} + 0{,}120\mathbf{k})] \quad ②$$

$$= 3\mathbf{K} \times (-0{,}599\mathbf{i}) = -1{,}557\mathbf{j} + 0{,}899\mathbf{k} \text{ m/s}^2$$

$$2\mathbf{\Omega} \times \mathbf{v}_{rel} = 2(3\mathbf{K}) \times 0{,}960\mathbf{i} = 5{,}76\mathbf{J}$$

$$= 5{,}76(\mathbf{j} \cos 30° - \mathbf{k} \text{ sen } 30°) = 4{,}99\mathbf{j} - 2{,}88\mathbf{k} \text{ m/s}^2$$

$$\mathbf{a}_{rel} = \mathbf{p} \times (\mathbf{p} \times \mathbf{r}_{A/B}) = 8\mathbf{j} \times [8\mathbf{j} \times (0{,}300\mathbf{j} + 0{,}120\mathbf{k})]$$

$$= -7{,}68\mathbf{k} \text{ m/s}^2$$

Substituindo na expressão para $\mathbf{a}_A$ e reunindo os termos obtemos

$$\mathbf{a}_A = 0{,}703\mathbf{j} - 8{,}09\mathbf{k} \text{ m/s}^2$$

e

$$a_A = \sqrt{(0{,}703)^2 + (8{,}09)^2} = 8{,}12 \text{ m/s}^2 \qquad \textit{Resp.}$$

Aceleração Angular. Uma vez que a precessão é estacionária, podemos usar a Eq. 7/3 para obter

$$\boldsymbol{\alpha} = \dot{\boldsymbol{\omega}} = \mathbf{\Omega} \times \boldsymbol{\omega} = 3\mathbf{K} \times (3\mathbf{K} + 8\mathbf{j})$$

$$= \mathbf{0} + (-24 \cos 30°)\mathbf{i} = -20{,}8\mathbf{i} \text{ rad/s}^2 \qquad \textit{Resp.}$$

DICAS ÚTEIS

① Essa escolha para os eixos de referência fornece uma descrição simples para o movimento do disco em relação a esses eixos.

② Observe que $\mathbf{K} \times \mathbf{i} = \mathbf{J} = \mathbf{j} \cos \gamma - \mathbf{k} \text{ sen } \gamma$, $\mathbf{K} \times \mathbf{j} = -\mathbf{i} \cos \gamma$ e $\mathbf{K} \times \mathbf{k} = \mathbf{i} \text{ sen } \gamma$.

SEÇÃO B Cinética

7/7 Quantidade de Movimento Angular

A equação de forças para um sistema com massa, rígido ou não rígido, Eq. 4/1 ou 4/6, é a generalização da segunda lei de Newton para o movimento de uma partícula e não requer explicações adicionais. A equação de momento para o movimento tridimensional, no entanto, não é tão simples quanto a terceira das Eqs. 6/1 para o movimento no plano, já que a variação da quantidade de movimento angular possui um número de componentes adicionais que não existem no movimento no plano.

Consideramos agora um corpo rígido se deslocando com qualquer movimento genérico no espaço, Fig. 7/12*a*. Os eixos *x-y-z* estão *presos ao corpo* com a sua origem no centro de massa G. Desse modo, a velocidade angular $\boldsymbol{\omega}$ do corpo vem a ser a velocidade angular dos eixos *x-y-z*, quando observada a partir dos eixos de referência fixos *X-Y-Z*. A quantidade de movimento angular absoluta $\mathbf{H}_G$ do corpo em relação ao seu centro de massa G é a soma dos momentos em relação a G das quantidades de movimento linear de todos os elementos do corpo que foi expressa na Seção 4/4 como $\mathbf{H}_G = \Sigma(\boldsymbol{\rho}_i \times m_i\mathbf{v}_i)$, em que $\mathbf{v}_i$

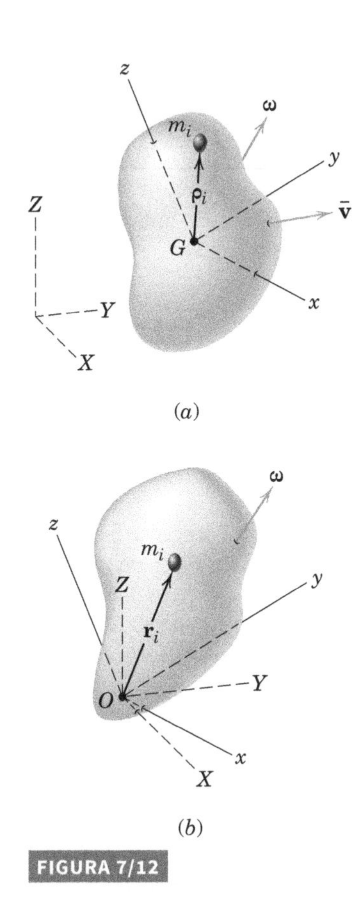

FIGURA 7/12

é a velocidade absoluta do elemento de massa m_i.

Mas para o corpo rígido, $\mathbf{v}_i = \bar{\mathbf{v}} + \boldsymbol{\omega} \times \boldsymbol{\rho}_i$, em que $\boldsymbol{\omega} \times \boldsymbol{\rho}_i$ é a velocidade relativa de m_i em relação a G, conforme observada a partir dos eixos sem rotação. Desse modo, podemos escrever

$$\mathbf{H}_G = -\bar{\mathbf{v}} \times \Sigma m_i \boldsymbol{\rho}_i + \Sigma[\boldsymbol{\rho}_i \times m_i(\boldsymbol{\omega} \times \boldsymbol{\rho}_i)]$$

em que $\bar{\mathbf{v}}$ foi fatorado dos termos do primeiro somatório pela inversão da ordem do produto vetorial e pela mudança do sinal. Com a origem no centro de massa G, o primeiro termo em $\mathbf{H}_G$ é nulo uma vez que $\Sigma m_i \boldsymbol{\rho}_i = m\bar{\boldsymbol{\rho}} = \mathbf{0}$. O segundo termo com a substituição de dm por m_i e $\boldsymbol{\rho}$ por $\boldsymbol{\rho}_i$ fornece

$$\mathbf{H}_G = \int [\boldsymbol{\rho} \times (\boldsymbol{\omega} \times \boldsymbol{\rho})]\, dm \qquad (7/8)$$

Antes de expandir o integrando da Eq. 7/8, consideramos também o caso de um corpo rígido girando em relação a um ponto fixo O, Fig. 7/12*b*. Os eixos *x*-*y*-*z* estão ligados ao corpo, e tanto o corpo quanto os eixos possuem uma velocidade angular $\boldsymbol{\omega}$. A quantidade de movimento angular em relação a O foi descrita na Seção 4/4 e é $\mathbf{H}_O = \Sigma(\mathbf{r}_i \times m_i\mathbf{v}_i)$ em que, para o corpo rígido, $\mathbf{v}_i = \boldsymbol{\omega} \times \mathbf{r}_i$. Desse modo, com a substituição de dm por m_i e $\mathbf{r}$ por $\mathbf{r}_i$, a quantidade de movimento angular é

$$\mathbf{H}_O = \int [\mathbf{r} \times (\boldsymbol{\omega} \times \mathbf{r})]\, dm \qquad (7/9)$$

Momentos e Produtos de Inércia

Observamos agora que para os dois casos das Figs. 7/12*a* e 7/12*b*, os vetores posição $\boldsymbol{\rho}_i$ e $\mathbf{r}_i$ são determinados pela mesma expressão $x\mathbf{i} + y\mathbf{j} + z\mathbf{k}$. Assim, as Eqs. 7/8 e 7/9 possuem formas idênticas, e o símbolo $\mathbf{H}$ será utilizado aqui para ambos os casos. Realizamos agora a expansão do integrando nas duas expressões para a quantidade de movimento angular, reconhecendo que as componentes de $\boldsymbol{\omega}$ são invariantes em relação às integrais ao longo do corpo e, assim, se tornam multiplicadores constantes das integrais. A expansão do produto vetorial aplicada ao produto vetorial triplo, após reunir os termos, fornece

$$\begin{aligned} d\mathbf{H} = \mathbf{i}[&(y^2 + z^2)\omega_x && -xy\omega_y && -xz\omega_z]\, dm \\ +\mathbf{j}[&-yx\omega_x && + (z^2 + x^2)\omega_y && -yz\omega_z]\, dm \\ +\mathbf{k}[&-zx\omega_x && -zy\omega_y && + (x^2 + y^2)\omega_z]\, dm \end{aligned}$$

Fazendo agora

$$\begin{aligned} I_{xx} &= \int (y^2 + z^2)\, dm & I_{xy} &= \int xy\, dm \\ I_{yy} &= \int (z^2 + x^2)\, dm & I_{xz} &= \int xz\, dm \\ I_{zz} &= \int (x^2 + y^2)\, dm & I_{yz} &= \int yz\, dm \end{aligned} \qquad (7/10)$$

As grandezas I_{xx}, I_{yy}, I_{zz} são chamadas de momentos de inércia do corpo em relação aos respectivos eixos, e I_{xy}, I_{xz}, I_{yz} são os produtos de inércia em relação aos eixos do sistema de coordenadas. Essas grandezas descrevem a maneira pela qual a massa de um corpo rígido está distribuída em relação aos eixos escolhidos. O cálculo dos momentos e produtos de inércia é detalhadamente explicado no Apêndice B. Os duplos subscritos para os momentos e produtos de inércia preservam uma simetria de notação que possui um significado específico em sua descrição por notação tensorial.*

Observe que $I_{xy} = I_{yx}$, $I_{xz} = I_{zx}$ e $I_{yz} = I_{zy}$. Com as substituições das Eqs. 7/10, a expressão para $\mathbf{H}$ se torna

$$\begin{aligned} \mathbf{H} = &\;(\;\;I_{xx}\omega_x - I_{xy}\omega_y - I_{xz}\omega_z)\mathbf{i} \\ &+ (-I_{yx}\omega_x + I_{yy}\omega_y - I_{yz}\omega_z)\mathbf{j} \\ &+ (-I_{zx}\omega_x - I_{zy}\omega_y + I_{zz}\omega_z)\mathbf{k} \end{aligned} \qquad (7/11)$$

e as componentes de $\mathbf{H}$ são evidentemente

$$\begin{aligned} H_x &= \;\;I_{xx}\omega_x - I_{xy}\omega_y - I_{xz}\omega_z \\ H_y &= -I_{yx}\omega_x + I_{yy}\omega_y - I_{yz}\omega_z \\ H_z &= -I_{zx}\omega_x - I_{zy}\omega_y + I_{zz}\omega_z \end{aligned} \qquad (7/12)$$

A Eq. 7/11 é a expressão geral para a quantidade de movimento angular, seja em relação ao centro de massa G ou em relação a um ponto fixo O, para um corpo rígido girando com uma velocidade angular instantânea $\boldsymbol{\omega}$.

*Ver, por exemplo, do primeiro autor, *Dynamics*, 2ª Edição, Versão SI, 1975, John Wiley & Sons, Art. 41.

Lembre-se de que em cada um dos dois casos representados, os eixos de referência x-y-z estão *fixados* ao corpo rígido. Essa vinculação faz com que as integrais de momento de inércia e as integrais de produto de inércia das Eqs. 7/10 sejam invariantes com o tempo. Se os eixos x-y-z girassem com relação a um corpo irregular, essas integrais de inércia seriam funções do tempo, o que introduziria uma complexidade indesejável nas relações da quantidade de movimento angular. Uma exceção importante é quando um corpo rígido está girando em torno de um eixo de simetria, caso em que as integrais de inércia não são afetadas pela posição angular do corpo em relação ao seu eixo de rotação. Desse modo, para um corpo que gira em torno de um eixo de simetria, frequentemente convém escolher um eixo do sistema de referência coincidente com o eixo de rotação e manter os outros dois eixos sem girar com o corpo. Além das componentes da quantidade de movimento devido à velocidade angular $\mathbf{\Omega}$ dos eixos de referência, nesse caso, uma componente adicional da quantidade de movimento angular ao longo do eixo de rotação, devido à rotação relativa em torno do eixo, teria que ser levada em consideração.

Eixos Principais

A disposição ordenada na forma matricial para os momentos e produtos de inércia

$$\begin{bmatrix} I_{xx} & -I_{xy} & -I_{xz} \\ -I_{yx} & I_{yy} & -I_{yz} \\ -I_{zx} & -I_{zy} & I_{zz} \end{bmatrix}$$

os quais estão presentes na Eq. 7/12, é chamada de *matriz de inércia* ou *tensor de inércia*. Quando mudamos a orientação dos eixos em relação ao corpo, os momentos e produtos de inércia também mudam de valor. Pode-se mostrar que existe uma única orientação dos eixos x-y-z, para uma determinada origem, na qual os produtos de inércia se anulam e os momentos de inércia I_{xx}, I_{yy}, I_{zz} assumem valores estacionários. Para essa orientação, a matriz de inércia toma a forma

$$\begin{bmatrix} I_{xx} & 0 & 0 \\ 0 & I_{yy} & 0 \\ 0 & 0 & I_{zz} \end{bmatrix}$$

e diz-se que está na forma diagonal. Os eixos x-y-z para os quais os produtos de inércia se anulam são chamados *eixos principais de inércia*, e I_{xx}, I_{yy} e I_{zz} são chamados *momentos principais de inércia*. Os momentos principais de inércia para uma determinada origem representam os valores máximo, mínimo, e um valor intermediário dos momentos de inércia.

Se os eixos do sistema de coordenadas coincidem com os eixos principais de inércia, a Eq. 7/11 para a quantidade de movimento angular em relação ao centro de massa ou em relação a um ponto fixo se torna

$$\boxed{\mathbf{H} = I_{xx}\omega_x\mathbf{i} + I_{yy}\omega_y\mathbf{j} + I_{zz}\omega_z\mathbf{k}} \qquad (7/13)$$

É sempre possível localizar os eixos principais de inércia para um corpo rígido genérico tridimensional. Desse modo, podemos expressar a sua quantidade de movimento angular pela Eq. 7/13, embora nem sempre possa ser conveniente fazê-lo, por questões geométricas. Exceto quando o corpo gira em relação a um dos eixos principais de inércia ou quando $I_{xx} = I_{yy} = I_{zz}$, os vetores $\mathbf{H}$ e $\boldsymbol{\omega}$ têm direções distintas.

Princípio da Transferência para a Quantidade de Movimento Angular

As propriedades da quantidade de movimento de um corpo rígido podem ser representadas pelo vetor quantidade de movimento linear resultante $\mathbf{G} = m\overline{\mathbf{v}}$ através do centro de massa e pelo vetor quantidade de movimento angular resultante $\mathbf{H}_G$ em relação ao centro de massa, como mostrado na Fig. 7/13. Embora $\mathbf{H}_G$ possua as propriedades de um vetor livre, o representamos através de G por conveniência.

Esses vetores têm propriedades análogas às de uma força e um binário. Desse modo, a quantidade de movimento angular em relação a um ponto P qualquer é igual ao vetor livre $\mathbf{H}_G$ acrescido do momento do vetor quantidade de movimento linear $\mathbf{G}$ em relação a P. Portanto, podemos escrever

$$\boxed{\mathbf{H}_P = \mathbf{H}_G + \overline{\mathbf{r}} \times \mathbf{G}} \qquad (7/14)$$

Essa relação, que foi desenvolvida anteriormente no Capítulo 4 como Eq. 4/10, também se aplica a um ponto fixo O sobre o corpo ou corpo estendido, em que O simplesmente substitui P. A Eq. 7/14 constitui um teorema de transferência para a quantidade de movimento angular.

7/8 Energia Cinética

Na Seção 4/3 sobre a dinâmica de sistemas de partículas, desenvolvemos a expressão para a energia cinética T de qualquer sistema geral de massa, rígido ou não rígido, e obtivemos o resultado

$$T = \frac{1}{2}m\overline{v}^2 + \Sigma\frac{1}{2}m_i|\dot{\boldsymbol{\rho}}_i|^2 \qquad [4/4]$$

em que $\overline{v}$ é a velocidade do centro de massa e $\boldsymbol{\rho}_i$ é o vetor posição de um elemento representativo de massa m_i em

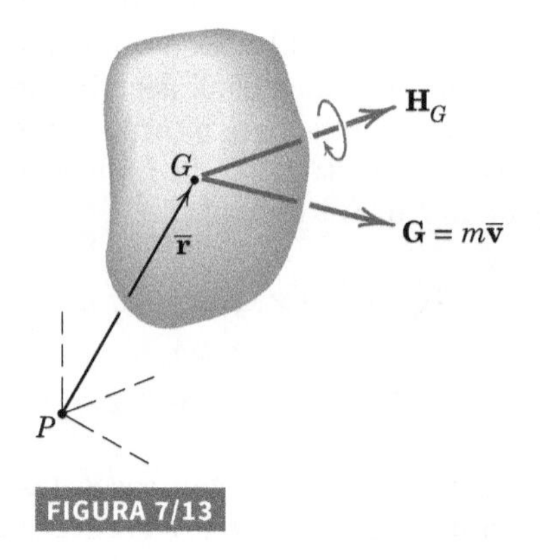

FIGURA 7/13

relação ao centro de massa. Identificamos o primeiro termo como a energia cinética devido à translação do sistema e o segundo termo como a energia cinética associada com o movimento relativo ao centro de massa. O termo devido à translação pode ser escrito de outra maneira como

$$\frac{1}{2}m\bar{v}^2 = \frac{1}{2}m\dot{\bar{\mathbf{r}}}\cdot\dot{\bar{\mathbf{r}}} = \frac{1}{2}\bar{\mathbf{v}}\cdot\mathbf{G}$$

em que $\dot{\bar{\mathbf{r}}}$ é a velocidade $\bar{\mathbf{v}}$ do centro de massa e $\mathbf{G}$ é a quantidade de movimento linear do corpo.

Para um corpo rígido, o termo relativo vem a ser a energia cinética devida à rotação em relação ao centro de massa. Como $\dot{\boldsymbol{\rho}}_i$ é a velocidade da partícula representativa com relação ao centro de massa, então para o corpo rígido podemos escrevê-la como $\dot{\boldsymbol{\rho}}_i = \boldsymbol{\omega} \times \boldsymbol{\rho}_i$, em que $\boldsymbol{\omega}$ é a velocidade angular do corpo. Com essa substituição, o termo relativo na expressão da energia cinética torna-se

$$\Sigma\frac{1}{2}m_i|\dot{\boldsymbol{\rho}}_i|^2 = \Sigma\frac{1}{2}m_i(\boldsymbol{\omega}\times\boldsymbol{\rho}_i)\cdot(\boldsymbol{\omega}\times\boldsymbol{\rho}_i)$$

Se utilizarmos o fato de que o produto escalar e o produto vetorial podem ser comutados no produto escalar triplo, isto é, $\mathbf{P} \times \mathbf{Q} \cdot \mathbf{R} = \mathbf{P} \cdot \mathbf{Q} \times \mathbf{R}$, podemos escrever

$$(\boldsymbol{\omega}\times\boldsymbol{\rho}_i)\cdot(\boldsymbol{\omega}\times\boldsymbol{\rho}_i) = \boldsymbol{\omega}\cdot\boldsymbol{\rho}_i\times(\boldsymbol{\omega}\times\boldsymbol{\rho}_i)$$

Como $\boldsymbol{\omega}$ é o mesmo fator em todos os termos do somatório, pode ser fatorado para fornecer

$$\Sigma\frac{1}{2}m_i|\dot{\boldsymbol{\rho}}_i|^2 = \frac{1}{2}\boldsymbol{\omega}\cdot\Sigma\boldsymbol{\rho}_i\times m_i(\boldsymbol{\omega}\times\boldsymbol{\rho}_i) = \frac{1}{2}\boldsymbol{\omega}\cdot\mathbf{H}_G$$

em que $\mathbf{H}_G$ é a mesma integral expressa pela Eq. 7/8. Assim, a expressão geral para a energia cinética de um corpo rígido se deslocando com velocidade do centro de massa $\bar{\mathbf{v}}$ e velocidade angular $\boldsymbol{\omega}$ *é*

$$\boxed{T = \frac{1}{2}\bar{\mathbf{v}}\cdot\mathbf{G} + \frac{1}{2}\boldsymbol{\omega}\cdot\mathbf{H}_G} \qquad (7/15)$$

A expansão dessa equação vetorial pela substituição da expressão para $\mathbf{H}_G$ escrita segundo a Eq. 7/11 produz

$$T = \frac{1}{2}m\bar{v}^2 + \frac{1}{2}(\bar{I}_{xx}\omega_x{}^2 + \bar{I}_{yy}\omega_y{}^2 + \bar{I}_{zz}\omega_z{}^2) - (\bar{I}_{xy}\omega_x\omega_y + \bar{I}_{xz}\omega_x\omega_z + \bar{I}_{yz}\omega_y\omega_z) \qquad (7/16)$$

Se os eixos coincidem com os eixos principais de inércia, a energia cinética é simplesmente

$$T = \frac{1}{2}m\bar{v}^2 + \frac{1}{2}(\bar{I}_{xx}\omega_x{}^2 + \bar{I}_{yy}\omega_y{}^2 + \bar{I}_{zz}\omega_z{}^2) \qquad (7/17)$$

Quando um corpo rígido é articulado em relação a um ponto fixo O ou quando existe um ponto O no corpo que em determinado instante possui velocidade nula, a energia cinética é $T = \Sigma\frac{1}{2}m_i\dot{\mathbf{r}}_i\cdot\dot{\mathbf{r}}_i$. Essa expressão se reduz a

$$\boxed{T = \frac{1}{2}\boldsymbol{\omega}\cdot\mathbf{H}_O} \qquad (7/18)$$

em que $\mathbf{H}_O$ é a quantidade de movimento angular em relação a O, como pode ser verificado por meio da substituição de $\boldsymbol{\rho}_i$ no desenvolvimento anterior por $\mathbf{r}_i$, o vetor posição a partir de O. As Eqs. 7/15 e 7/18 são as equivalentes tridimensionais das Eqs. 6/9 e 6/8 para o movimento plano.

Media Bakery

Partes do trem de pouso de um grande avião comercial de passageiros experimentam movimentos tridimensionais durante as etapas de recolhimento e extensão.

EXEMPLO DE PROBLEMA 7/6

A chapa dobrada possui uma massa de 70 kg por metro quadrado de área superficial e gira em relação ao eixo z com uma taxa ω = 30 rad/s. Determine (*a*) a quantidade de movimento angular $\mathbf{H}$ da chapa em relação ao ponto O e (*b*) a energia cinética T da chapa. Despreze a massa do cubo e a espessura da chapa em comparação com as dimensões de sua superfície.

Solução. Os momentos e produtos de inércia são escritos com o auxílio das Eqs. B/3 e B/9 no Apêndice B pela transferência dos eixos centroidais paralelos para cada parte.① Primeiramente, as massas das partes são m_A = (0,100)(0,125)(70) = 0,875 kg e m_B = (0,075)(0,150)(70) = 0,788 kg.

EXEMPLO DE PROBLEMA 7/6 *(continuação)*

Parte A

$[I_{xx} = \bar{I}_{xx} + md^2]$ $\quad I_{xx} = \frac{0,875}{12}[(0,100)^2 + (0,125)^2]$

$\qquad + 0,875[(0,050)^2 + (0,0625)^2] = 0,007\ 47\ \text{kg}\cdot\text{m}^2$

$[I_{yy} = \frac{1}{3}ml^2]$ $\quad I_{yy} = \frac{0,875}{3}(0,100)^2 = 0,002\ 92\ \text{kg}\cdot\text{m}^2$

$[I_{zz} = \frac{1}{3}ml^2]$ $\quad I_{zz} = \frac{0,875}{3}(0,125)^2 = 0,004\ 56\ \text{kg}\cdot\text{m}^2$

$\left[I_{xy} = \int xy\ dm, \quad I_{xz} = \int xz\ dm\right]$ $\quad I_{xy} = 0 \quad I_{xz} = 0$

$[I_{yz} = \bar{I}_{yz} + md_yd_z]$ $\quad I_{yz} = 0 + 0,875(0,0625)(0,050) = 0,002\ 73\ \text{kg}\cdot\text{m}^2$

Parte B

$[I_{xx} = \bar{I}_{xx} + md^2]$ $\quad I_{xx} = \frac{0,788}{12}(0,150)^2 + 0,788[(0,125)^2 + (0,075)^2]$

$\qquad = 0,018\ 21\ \text{kg}\cdot\text{m}^2$

$[I_{yy} = \bar{I}_{yy} + md^2]$ $\quad I_{yy} = \frac{0,788}{12}[(0,075)^2 + (0,150)^2]$

$\qquad + 0,788[(0,0375)^2 + (0,075)^2] = 0,007\ 38\ \text{kg}\cdot\text{m}^2$

$[I_{zz} = \bar{I}_{zz} + md^2]$ $\quad I_{zz} = \frac{0,788}{12}(0,075)^2 + 0,788[(0,125)^2 + (0,0375)^2]$

$\qquad = 0,013\ 78\ \text{kg}\cdot\text{m}^2$

$[I_{xy} = \bar{I}_{xy} + md_xd_y]$ $\quad I_{xy} = 0 + 0,788(0,0375)(0,125) = 0,003\ 69\ \text{kg}\cdot\text{m}^2$

$[I_{xz} = \bar{I}_{xz} + md_xd_z]$ $\quad I_{xz} = 0 + 0,788(0,0375)(0,075) = 0,002\ 21\ \text{kg}\cdot\text{m}^2$

$[I_{yz} = \bar{I}_{yz} + md_yd_z]$ $\quad I_{yz} = 0 + 0,788(0,125)(0,075) = 0,007\ 38\ \text{kg}\cdot\text{m}^2$

A soma dos respectivos termos de inércia fornece para as duas chapas em conjunto

$I_{xx} = 0,0257\ \text{kg}\cdot\text{m}^2 \qquad I_{xy} = 0,003\ 69\ \text{kg}\cdot\text{m}^2$

$I_{yy} = 0,010\ 30\ \text{kg}\cdot\text{m}^2 \qquad I_{xz} = 0,002\ 21\ \text{kg}\cdot\text{m}^2$

$I_{zz} = 0,018\ 34\ \text{kg}\cdot\text{m}^2 \qquad I_{yz} = 0,010\ 12\ \text{kg}\cdot\text{m}^2$

(*a*) A quantidade de movimento angular do corpo é determinada pela Eq. 7/11, em que $\omega_z = 30$ rad/s e ω_x e ω_y são nulos. Desse modo

$\mathbf{H}_O = 30(-0,002\ 21\mathbf{i} - 0,010\ 12\mathbf{j} + 0,018\ 34\mathbf{k})\ \text{N}\cdot\text{m}\cdot\text{s}$ ② *Resp.*

(*b*) A energia cinética a partir da Eq. 7/18 vem a ser

$T = \frac{1}{2}\boldsymbol{\omega}\cdot\mathbf{H}_O = \frac{1}{2}(30\mathbf{k})\cdot 30(-0,002\ 21\mathbf{i} - 0,010\ 12\mathbf{j} + 0,018\ 34\mathbf{k})$

$= 8,25\ \text{J}$ *Resp.*

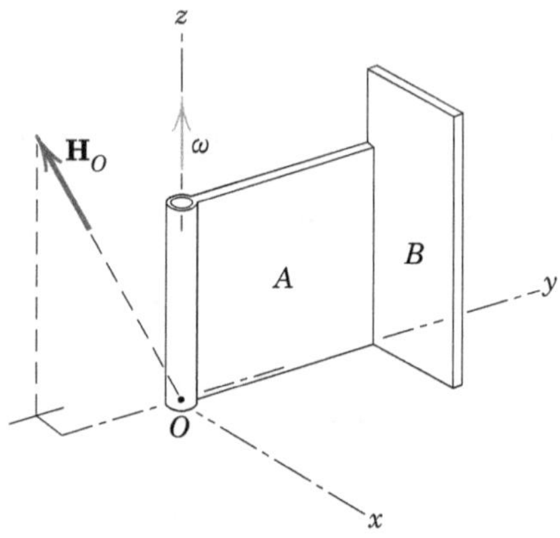

DICAS ÚTEIS

① Os teoremas dos eixos paralelos para transferência de momentos e produtos de inércia dos eixos centroidais para eixos paralelos são explicados no Apêndice B e são relações muito úteis.

② Lembre-se de que as unidades da quantidade de movimento angular podem também ser escritas em unidades de base como kg · m²/s.

7/9 Equações de Movimento em Termos de Quantidade de Movimento e Energia

Com a descrição da quantidade de movimento angular, das propriedades inerciais e da energia cinética de um corpo rígido introduzida nas duas seções anteriores, estamos preparados para aplicar as equações gerais do movimento em termos da quantidade de movimento e da energia.

Equações da Quantidade de Movimento

Na Seção 4/4 do Capítulo 4, apresentamos as equações gerais da quantidade de movimento linear e angular para um sistema de massa constante. Essas equações são

$$\Sigma\mathbf{F} = \dot{\mathbf{G}} \qquad [4/6]$$

$$\Sigma\mathbf{M} = \dot{\mathbf{H}} \qquad [4/7] \text{ ou } [4/9]$$

A relação geral para os momentos, Eq. 4/7 ou 4/9, é expressa aqui pela única equação $\Sigma\mathbf{M} = \dot{\mathbf{H}}$, em que os termos são considerados ou em relação a um ponto fixo O ou em relação ao centro de massa G. No desenvolvimento do princípio dos momentos, a derivada de $\mathbf{H}$ foi determinada em relação a um sistema de coordenadas absoluto. Quando $\mathbf{H}$ é expresso em termos de componentes medidas em relação a um sistema de coordenadas móvel x-y-z que possui uma velocidade angular $\mathbf{\Omega}$, então pela Eq. 7/7 a relação do momento passa a ser

$$\Sigma\mathbf{M} = \left(\frac{d\mathbf{H}}{dt}\right)_{xyz} + \mathbf{\Omega}\times\mathbf{H}$$
$$= (\dot{H}_x\mathbf{i} + \dot{H}_y\mathbf{j} + \dot{H}_z\mathbf{k}) + \mathbf{\Omega}\times\mathbf{H}$$

Os termos entre parênteses representam a parte de $\dot{\mathbf{H}}$ devida à variação no módulo das componentes de $\mathbf{H}$, e o termo do produto vetorial representa a parte devida às variações na direção das componentes de $\mathbf{H}$. A expansão do produto vetorial e a reorganização dos termos fornece

$$\begin{aligned}\Sigma\mathbf{M} = &(\dot{H}_x - H_y\Omega_z + H_z\Omega_y)\mathbf{i}\\ &+ (\dot{H}_y - H_z\Omega_x + H_x\Omega_z)\mathbf{j}\\ &+ (\dot{H}_z - H_x\Omega_y + H_y\Omega_x)\mathbf{k}\end{aligned} \qquad (7/19)$$

A Eq. 7/19 é a forma mais geral da equação do momento em relação a um ponto fixo O ou em relação ao centro de massa G. Os termos Ω representam as componentes da velocidade angular da rotação dos eixos de referência, e as componentes H no caso de um corpo rígido são conforme definidas na Eq. 7/12, onde os termos ω representam as componentes da velocidade angular do corpo.

Aplicamos agora a Eq. 7/19 para um corpo rígido em que os eixos coordenados estão *vinculados ao corpo*. Sob essas condições, quando expressos nas coordenadas x-y-z, *os momentos e produtos de inércia são invariantes no tempo*, e $\mathbf{\Omega} = \boldsymbol{\omega}$. Desse modo, para eixos fixados no corpo, as três componentes escalares da Eq. 7/19 se tornam

$$\begin{aligned}\Sigma M_x &= \dot{H}_x - H_y\omega_z + H_z\omega_y\\ \Sigma M_y &= \dot{H}_y - H_z\omega_x + H_x\omega_z\\ \Sigma M_z &= \dot{H}_z - H_x\omega_y + H_y\omega_x\end{aligned} \qquad (7/20)$$

As Eqs. 7/20 são as equações gerais do momento para o movimento de corpo rígido com eixos *presos ao corpo*. Essas equações são válidas em relação a eixos que passam por um ponto fixo O ou pelo centro de massa G.

Conceitos-Chave

Na Seção 7/7 mencionou-se que, em geral, para qualquer origem fixada em um corpo rígido, existem três eixos principais de inércia em relação aos quais os produtos de inércia são nulos. Se os eixos de referência coincidem com os eixos principais de inércia com origem no centro de massa G ou em um ponto O fixo ao corpo e fixo no espaço, os fatores I_{xy}, I_{yz}, I_{xz} serão nulos, e as Eqs. 7/20 se tornam

$$\begin{aligned}\Sigma M_x &= I_{xx}\dot{\omega}_x - (I_{yy} - I_{zz})\omega_y\omega_z\\ \Sigma M_y &= I_{yy}\dot{\omega}_y - (I_{zz} - I_{xx})\omega_z\omega_x\\ \Sigma M_z &= I_{zz}\dot{\omega}_z - (I_{xx} - I_{yy})\omega_x\omega_y\end{aligned} \qquad (7/21)$$

Essas relações, conhecidas como *equações de Euler*,* são extremamente úteis no estudo do movimento de corpo rígido.

Equações de Energia

A resultante de todas as forças externas que agem sobre um corpo rígido pode ser substituída pela força resultante $\Sigma\mathbf{F}$ atuando através do centro de massa e um momento resultante $\Sigma\mathbf{M}_G$ agindo em relação ao centro de massa. O trabalho é realizado pela força resultante e pelo momento resultante nas respectivas taxas $\Sigma\mathbf{F}\cdot\overline{\mathbf{v}}$ e $\Sigma\mathbf{M}_G\cdot\boldsymbol{\omega}$, em que $\overline{\mathbf{v}}$ é a velocidade linear do centro de massa e $\boldsymbol{\omega}$ é a velocidade angular do corpo. A integração ao longo do tempo desde a condição 1 até a condição 2 fornece o trabalho total realizado durante o intervalo de tempo. Igualando os trabalhos realizados às respectivas variações na energia cinética, conforme expressas na Eq. 7/15, obtemos

$$\int_{t_1}^{t_2}\Sigma\mathbf{F}\cdot\overline{\mathbf{v}}\,dt = \frac{1}{2}\overline{\mathbf{v}}\cdot\mathbf{G}\Big|_1^2 \qquad \int_{t_1}^{t_2}\Sigma\mathbf{M}_G\cdot\boldsymbol{\omega}\,dt = \frac{1}{2}\boldsymbol{\omega}\cdot\mathbf{H}_G\Big|_1^2 \qquad (7/22)$$

Essas equações expressam a variação na energia cinética de translação e a variação na energia cinética de rotação, respectivamente, para o intervalo ao longo do qual $\Sigma\mathbf{F}$ ou $\Sigma\mathbf{M}_G$ atua, e a soma das duas expressões é igual a ΔT.

A relação trabalho-energia, desenvolvida no Capítulo 4, para um sistema geral de partículas e dada por

$$U'_{1\text{-}2} = \Delta T + \Delta V \qquad [4/3]$$

foi utilizada no Capítulo 6 para corpos rígidos em movimento plano. A equação é igualmente aplicável ao movimento de corpo rígido em três dimensões. Como vimos anteriormente, a abordagem de trabalho-energia é muito vantajosa quando analisamos as condições nos pontos inicial e final do movimento. Aqui o trabalho $U'_{1\text{-}2}$ realizado durante o intervalo por todas as forças ativas externas ao corpo ou ao sistema é igualado à soma das variações correspondentes na energia cinética ΔT e na energia potencial ΔV. A variação na energia potencial é determinada da maneira usual, como descrito anteriormente na Seção 3/7.

*Nome dado em homenagem a Leonhard Euler (1707–1783), um matemático suíço.

Vamos limitar a aplicação das equações desenvolvidas nesta seção a dois problemas de maior interesse, o movimento em planos paralelos e o movimento giroscópico, discutidos nas próximas duas seções.

7/10 Movimento em Planos Paralelos

Quando todas as partículas de um corpo rígido se deslocam em planos que são paralelos a um plano fixo, o corpo possui uma forma geral de movimento plano, conforme descrito na Seção 7/4 e ilustrado na Fig. 7/3. Toda linha desse corpo que é normal ao plano fixo permanece paralela a si própria para todos os instantes de tempo. Adotamos o centro de massa G como a origem das coordenadas x-y-z que estão ligadas ao corpo, com o plano x-y coincidindo com o plano do movimento P. As componentes da velocidade angular, tanto do corpo quanto dos eixos associados, vêm a ser $\omega_x = \omega_y = 0$, $\omega_z \neq 0$. Para esse caso, as componentes da quantidade de movimento angular da Eq. 7/12 se tornam

$$H_x = -I_{xz}\omega_z \qquad H_y = -I_{yz}\omega_z \qquad H_z = I_{zz}\omega_z$$

e as relações dos momentos das Eqs. 7/20 se reduzem a

$$\begin{aligned}\Sigma M_x &= -I_{xz}\dot{\omega}_z + I_{yz}\omega_z^2\\ \Sigma M_y &= -I_{yz}\dot{\omega}_z - I_{xz}\omega_z^2\\ \Sigma M_z &= I_{zz}\dot{\omega}_z\end{aligned} \qquad (7/23)$$

Verificamos que a terceira equação do momento é equivalente à segunda das Eqs. 6/1, na qual o eixo z passa através do centro de massa, ou à Eq. 6/4 quando o eixo z passa através de um ponto fixo O.

As Eqs. 7/23 são válidas para a situação na qual a origem do sistema de coordenadas coincide com o centro de massa, como apresentado na Fig. 7/3, ou para qualquer origem posicionada sobre um eixo fixo de rotação. As três equações do movimento independentes para forças, que se aplicam igualmente ao movimento em planos paralelos, são evidentemente

$$\Sigma F_x = m\bar{a}_x \qquad \Sigma F_y = m\bar{a}_y \qquad \Sigma F_z = 0$$

As Eqs. 7/23 encontram uma grande utilização na descrição do efeito do desbalanceamento dinâmico em máquinas rotativas e em corpos que rolam.

EXEMPLO DE PROBLEMA 7/7

Os dois discos circulares, cada um de massa m_1, são conectados pela barra curva, dobrada em arcos de um quadrante de círculo, e soldada aos discos. A barra possui uma massa m_2. A massa total do conjunto é $m = 2m_1 + m_2$. Se os discos rolam sem deslizar sobre um plano horizontal com uma velocidade constante v nos centros dos discos, determine o valor da força de atrito sob cada disco no instante representado, quando o plano da barra curva coincide com a posição horizontal.

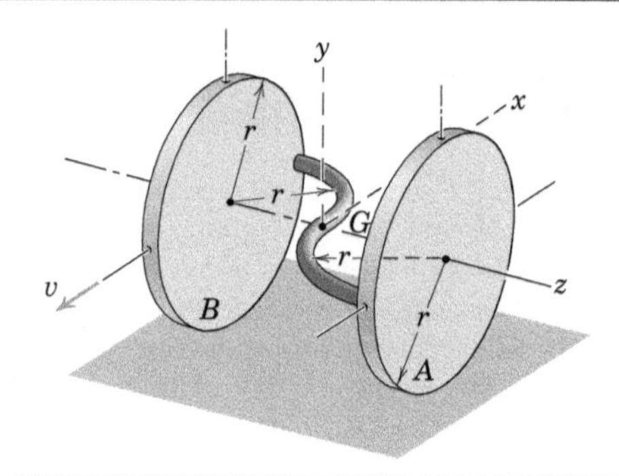

Solução. O movimento é identificado como um movimento em planos paralelos, uma vez que os planos de movimento de todas as partes do sistema são paralelos. O diagrama de corpo livre mostra as forças normais e as forças de atrito em A e B e o peso total mg que atua no centro de massa G, o qual consideramos como a origem das coordenadas que giram com o corpo.

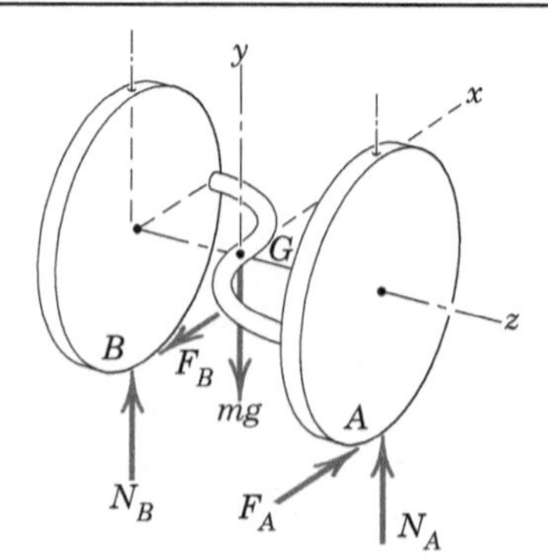

Aplicamos agora as Eqs. 7/23, em que $I_{yz} = 0$ e $\dot{\omega}_z = 0$. A equação do momento em torno do eixo y exige a determinação de I_{xz}. A partir do diagrama que apresenta a geometria da barra curva e com ρ representando a massa da barra por unidade de comprimento, temos

$$\left[I_{xz} = \int xz\,dm\right] \qquad I_{xz} = \int_0^{\pi/2} (r \text{ sen } \theta)(-r + r\cos\theta)\rho r\,d\theta + \int_0^{\pi/2} (-r \text{ sen } \theta)(r - r\cos\theta)\rho r\,d\theta \quad ①$$

Calculando as integrais, obtemos

$$I_{xz} = -\rho r^3/2 - \rho r^3/2 = -\rho r^3 = -\frac{m_2 r^2}{\pi}$$

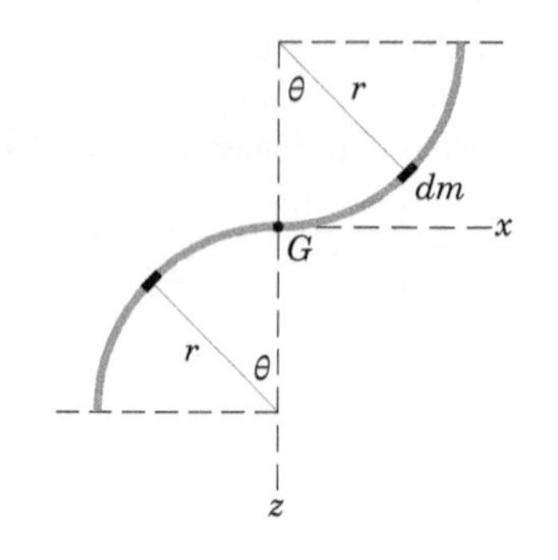

A segunda das Eqs. 7/23 com $\omega_z = v/r$ e $\dot{\omega}_z = 0$ fornece

$$[\Sigma M_y = -I_{xz}\omega_z^2] \qquad F_A r + F_B r = -\left(-\frac{m_2 r^2}{\pi}\right)\frac{v^2}{r^2}$$

$$F_A + F_B = \frac{m_2 v^2}{\pi r}$$

EXEMPLO DE PROBLEMA 7/7 *(continuação)*

Mas com $\bar{v} = v$ constante, $\bar{a}_x = 0$ de modo que

$[\Sigma F_x = 0]$ $\qquad F_A - F_B = 0 \qquad F_A = F_B$

Assim,

$$F_A = F_B = \frac{m_2 v^2}{2\pi r} \qquad \textit{Resp.}$$

Observamos também que, para essa posição, com $I_{yz} = 0$ e $\dot{\omega}_z = 0$, a equação do momento em relação ao eixo x fornece

$[\Sigma M_x = 0]$ $\qquad -N_A r + N_B r = 0 \qquad N_A = N_B = mg/2$ ②

DICAS ÚTEIS

① Devemos ter muito cuidado em observar o sinal correto para cada uma das coordenadas do elemento de massa dm que compõem o produto xz.

② Quando o plano da barra curva não é horizontal, as forças normais sob os discos não são mais iguais.

7/11 Movimento Giroscópico: Precessão Estacionária

Um dos mais interessantes entre todos os problemas de Dinâmica é o movimento giroscópico. Esse movimento ocorre sempre que o eixo em torno do qual um corpo está girando também está girando em torno de outro eixo. Embora a descrição completa desse movimento envolva uma grande complexidade, os exemplos mais comuns e úteis de movimento giroscópico ocorrem quando o eixo de um rotor girando em velocidade constante gira (precessão) em torno de outro eixo, a uma taxa constante. Nossa discussão nesta seção se concentrará sobre esse caso em particular.

O giroscópio possui importantes aplicações em engenharia. Com uma montagem em anéis suspensos (veja a Fig. 7/19*b*), o giroscópio está livre de momentos externos, e seu eixo manterá uma direção fixa no espaço, independentemente da rotação da estrutura à qual está acoplado. Dessa forma, o giroscópio é utilizado para sistemas de orientação inercial e outros dispositivos de controle direcional. Com a adição de uma massa pendular ao anel interno da suspensão, a rotação da Terra força o giroscópio à precessão, de modo que o eixo de giro irá sempre apontar para o norte, e essa ação constitui a base da bússola giroscópica. O giroscópio encontra também uma utilização importante como um dispositivo estabilizador. A precessão controlada de um grande giroscópio montado em um navio é utilizada para produzir um momento giroscópico para neutralizar o balanço do navio no mar. O efeito giroscópico é também um ponto muito importante a ser levado em consideração no projeto de mancais para os eixos de rotores que são submetidos a precessões forçadas.

Inicialmente, descreveremos a ação giroscópica com uma abordagem física simples que se baseia em nossa experiência anterior com as variações vetoriais encontradas em cinética de partículas. Essa abordagem nos ajudará a adquirir uma percepção física clara a respeito da ação giroscópica. Em seguida, faremos uso da relação geral da quantidade de movimento, Eq. 7/19, para uma descrição mais completa.

Abordagem Simplificada

A Fig. 7/14 mostra um rotor simétrico girando em torno do eixo z com uma velocidade angular elevada $\mathbf{p}$, conhecida como a *velocidade de giro*. Se aplicarmos duas forças F ao eixo do rotor para formar um binário $\mathbf{M}$ cujo vetor é orientado ao longo do eixo x, descobriremos que o eixo do rotor gira no plano x-z em torno do eixo y no sentido indicado, com uma velocidade angular comparativamente baixa $\Omega = \dot{\psi}$ conhecida como a *velocidade de precessão*. Desse modo, identificamos o eixo de giro ($\mathbf{p}$), o eixo de torque ($\mathbf{M}$), e o eixo de precessão ($\mathbf{\Omega}$), em que a regra usual da mão direita identifica o sentido dos vetores de rotação. O eixo do rotor *não* gira em torno do eixo x, no sentido de $\mathbf{M}$, como seria se o rotor não estivesse girando. Para auxiliar na compreensão desse fenômeno, uma analogia direta pode ser feita entre os vetores de rotação e os vetores usuais que descrevem o movimento curvilíneo de uma partícula.

A Fig. 7/15*a* mostra uma partícula de massa m que se desloca no plano x-z com velocidade constante $|\mathbf{v}| = v$. A aplicação de uma força $\mathbf{F}$ normal à sua quantidade de movimento linear $\mathbf{G} = m\mathbf{v}$ provoca uma variação $d\mathbf{G} = d(m\mathbf{v})$ em sua quantidade de movimento. Verificamos

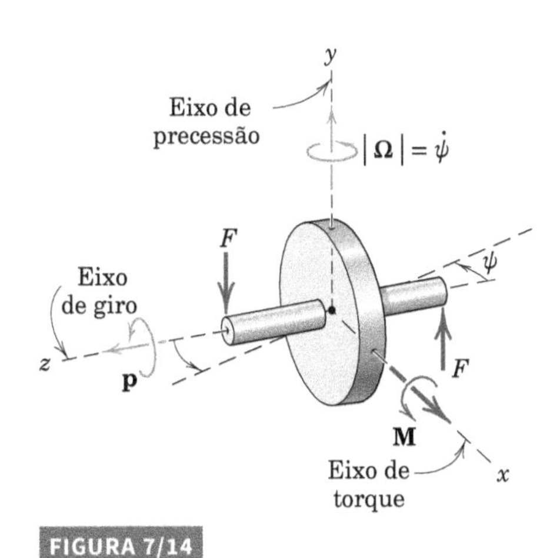

FIGURA 7/14

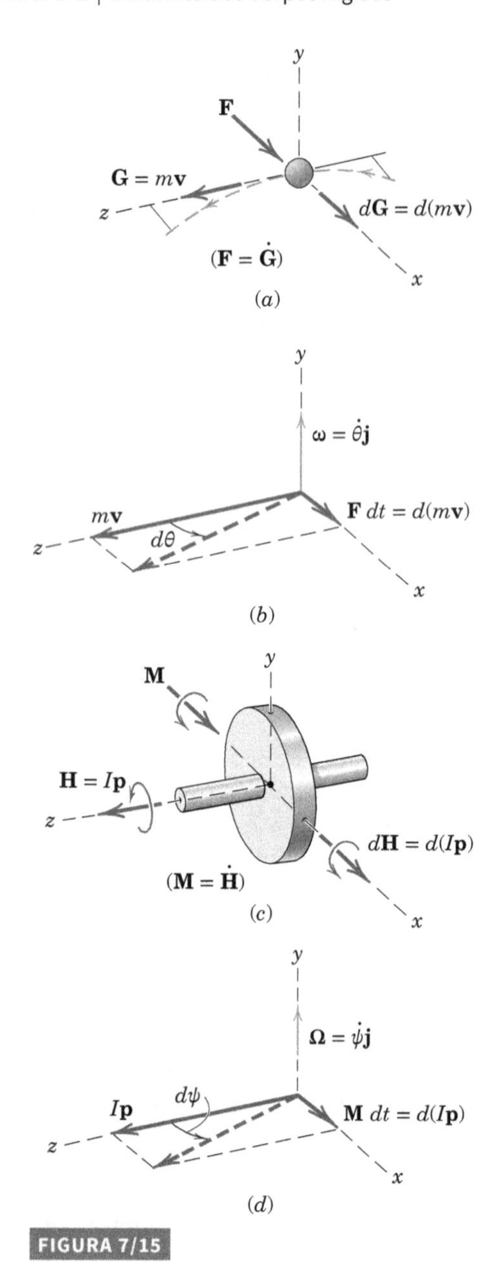

FIGURA 7/15

que $d\mathbf{G}$, e consequentemente $d\mathbf{v}$, é um vetor na direção da força normal $\mathbf{F}$ e que, de acordo com a segunda lei de Newton, $\mathbf{F} = \dot{\mathbf{G}}$, a qual pode ser escrita como $\mathbf{F}\, dt = d\mathbf{G}$. A partir da Fig. 7/15*b* observamos que, no limite, $\tan d\theta = d\theta = F\, dt/mv$ ou $F = mv\dot{\theta}$. Em notação vetorial com $\boldsymbol{\omega} = \dot{\theta}\mathbf{j}$, a força se torna

$$\mathbf{F} = m\boldsymbol{\omega} \times \mathbf{v}$$

que é a equivalente vetorial de nossa relação escalar conhecida $F_n = ma_n$ para a força normal sobre a partícula, conforme amplamente discutido no Capítulo 3.

Com essas relações em mente, voltamos agora ao nosso problema de rotação. Recordando então a equação análoga $\mathbf{M} = \dot{\mathbf{H}}$ que desenvolvemos para qualquer sistema prescrito de massas, rígido ou não rígido, com referência ao seu centro de massa (Eq. 4/9) ou a um ponto fixo O (Eq. 4/7). Aplicamos agora essa relação ao nosso rotor simétrico, como mostrado na Fig. 7/15*c*. Para uma alta velocidade de giro $\mathbf{p}$ e uma baixa velocidade de precessão $\boldsymbol{\Omega}$ em torno do eixo y, a quantidade de movimento angular é representada pelo vetor $\mathbf{H} = I\mathbf{p}$, em que $I = I_{zz}$ é o momento de inércia do rotor em relação ao eixo de giro.

Inicialmente desprezamos a pequena componente da quantidade de movimento angular em torno do eixo y que acompanha a precessão lenta. A aplicação do binário $\mathbf{M}$ normal a $\mathbf{H}$ provoca uma variação $d\mathbf{H} = d(I\mathbf{p})$ na quantidade de movimento angular. Observamos que $d\mathbf{H}$, e, portanto, $d\mathbf{p}$ é um vetor na direção do binário $\mathbf{M}$ uma vez que $\mathbf{M} = \dot{\mathbf{H}}$, que também pode ser escrito $\mathbf{M}\, dt = d\mathbf{H}$. Assim como a variação no vetor quantidade de movimento linear da partícula ocorre no sentido da força aplicada, também a variação no vetor quantidade de movimento angular do giroscópio ocorre no sentido do binário. Desse modo, verificamos que os vetores $\mathbf{M}$, $\mathbf{H}$ e $d\mathbf{H}$ são análogos aos vetores $\mathbf{F}$, $\mathbf{G}$ e $d\mathbf{G}$. Com essa percepção, deixa de ser estranho ver o vetor rotação ser submetido a uma variação na direção de $\mathbf{M}$, forçando assim o eixo do rotor a uma precessão em torno do eixo y.

Na Fig. 7/15*d* observamos que durante o intervalo de tempo dt o vetor quantidade de movimento angular $I\mathbf{p}$ girou através do ângulo $d\psi$, de modo que no limite com $\tan d\psi = d\psi$, temos

$$d\psi = \frac{M\, dt}{Ip} \qquad \text{ou} \qquad M = I\frac{d\psi}{dt}p$$

Substituindo $\Omega = d\psi/dt$ para o módulo da velocidade de precessão, obtemos

$$\boxed{M = I\Omega p} \qquad (7/24)$$

Observamos que $\mathbf{M}$, $\boldsymbol{\Omega}$ e $\mathbf{p}$, na qualidade de vetores, são mutuamente perpendiculares, e que sua relação vetorial pode ser representada escrevendo a equação na forma do produto vetorial

$$\boxed{\mathbf{M} = I\boldsymbol{\Omega} \times \mathbf{p}} \qquad (7/24a)$$

que é completamente análoga à relação anterior $\mathbf{F} = m\boldsymbol{\omega} \times \mathbf{v}$ para o movimento curvilíneo de uma partícula, tal como foi desenvolvido a partir das Figs. 7/15*a* e *b*. As Eqs. 7/24 e 7/24*a* se aplicam a momentos determinados em relação ao centro de massa ou em relação a um ponto fixo sobre o eixo de rotação.

A relação espacial correta entre os três vetores pode ser lembrada pelo fato de que $d\mathbf{H}$, e consequentemente $d\mathbf{p}$, tem o mesmo sentido de $\mathbf{M}$, o que estabelece o sentido correto para a precessão $\boldsymbol{\Omega}$. Portanto, o vetor giro $\mathbf{p}$ tende sempre a girar em direção ao vetor torque $\mathbf{M}$. A Fig. 7/16 ilustra três orientações para os três vetores, as quais são consistentes com a sua ordem correta. A menos que essa ordem seja definida corretamente em determinado problema, provavelmente chegaremos a uma conclusão diretamente oposta à correta. Lembre-se de que a Eq. 7/24, assim como $\mathbf{F} = m\mathbf{a}$ e $M = I\alpha$, é uma equação de movimento, de modo que o binário $\mathbf{M}$ representa o momento devido a *todas* as forças que atuam *sobre* o rotor, conforme indicado por um correto *diagrama de corpo livre do rotor*.

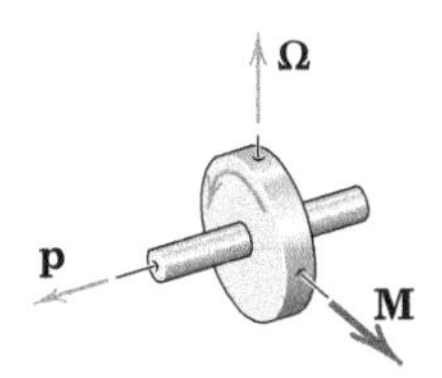

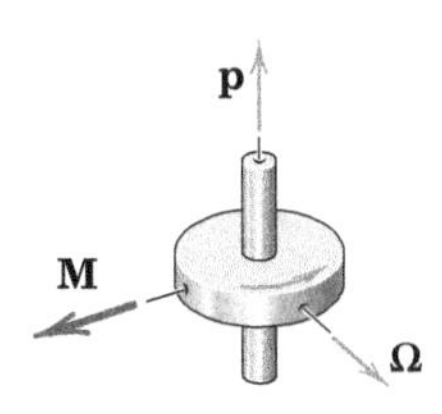

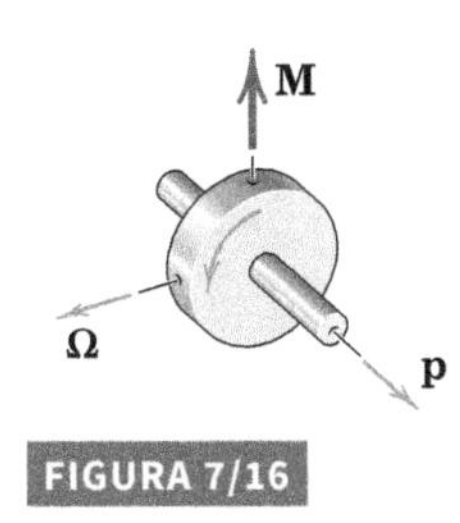

FIGURA 7/16

Observe também que, quando um rotor é forçado a uma precessão, como ocorre com a turbina em um navio que está realizando uma curva, o movimento irá gerar um *binário giroscópico* **M** que obedece a Eq. 7/24*a*, tanto em módulo quanto em sentido.

Na discussão anterior do movimento giroscópico, foi assumido que o giro era alto e a precessão era baixa. Embora possamos observar a partir da Eq. 7/24 que, para valores conhecidos de I e M, a precessão Ω deve ser pequena se p é grande, vamos agora examinar a influência de Ω sobre as relações da quantidade de movimento. Novamente, limitaremos nossa atenção à precessão estacionária, em que $\mathbf{\Omega}$ possui um módulo constante.

A Fig. 7/17 mostra novamente o mesmo rotor. Como ele possui um momento de inércia em relação ao eixo y e uma velocidade angular de precessão em torno desse eixo, haverá uma componente adicional da quantidade de movimento angular em relação ao eixo y. Assim, temos duas componentes $H_z = Ip$ e $H_y = I_0\Omega$, em que I_0 representa I_{yy} e, novamente, I representa I_{zz}. A quantidade de movimento angular total é $\mathbf{H}$, conforme indicada. A variação em $\mathbf{H}$ permanece $d\mathbf{H} = \mathbf{M}\,dt$ como anteriormente, e a precessão durante o intervalo de tempo dt é o ângulo $d\psi = M\,dt/H_z = M\,dt/(Ip)$, como antes. Desse modo, a Eq. 7/24 ainda é válida e, para precessão estacionária, representa uma descrição exata do movimento, desde que o eixo de giro seja perpendicular ao eixo em torno do qual ocorre a precessão.

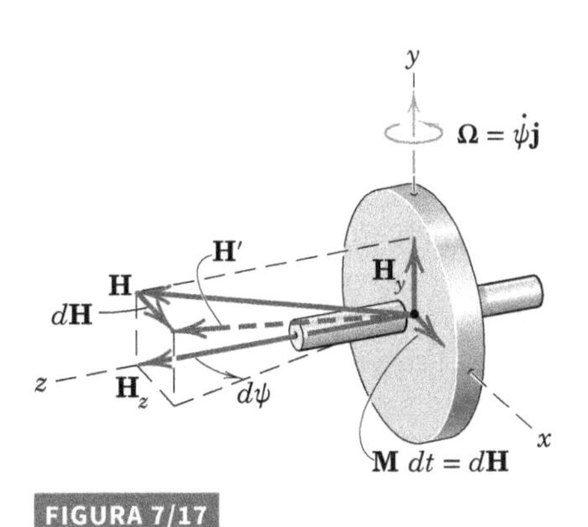

FIGURA 7/17

Considere agora a precessão estacionária de um pião simétrico, Fig. 7/18, que gira em torno de seu eixo com uma velocidade angular elevada p e apoiado em seu ponto O. Aqui o eixo de giro faz um ângulo θ com o eixo vertical Z em torno do qual ocorre a precessão. Novamente, desprezaremos a pequena componente da quantidade de movimento angular devido à precessão e consideraremos $\mathbf{H}$ igual a $I\mathbf{p}$, a quantidade de movimento angular em relação ao eixo do pião associada apenas ao giro. O momento em relação a O é devido ao peso e é $mg\bar{r}$ sen θ, em que $\bar{r}$ é a distância de O até o centro de massa G. A partir do diagrama, verificamos que o vetor quantidade de movimento angular $\mathbf{H}_O$ possui uma variação $d\mathbf{H}_O = \mathbf{M}_O\,dt$ na direção de $\mathbf{M}_O$ durante o intervalo de tempo dt e que θ se mantém inalterado. O incremento no ângulo de precessão em torno do eixo Z é

$$d\psi = \frac{M_O\,dt}{Ip\,\text{sen}\,\theta}$$

Substituindo os valores $M_O = mg\bar{r}$ sen θ e $\Omega = d\psi/dt$ fornece

$$mg\bar{r}\,\text{sen}\,\theta = I\Omega p\,\text{sen}\,\theta \qquad \text{ou} \qquad mg\bar{r} = I\Omega p$$

que é independente de θ. Introduzindo o raio de giração de modo que $I = mk^2$ e resolvendo para a velocidade de precessão obtemos

$$\boxed{\Omega = \frac{g\bar{r}}{k^2 p}} \qquad (7/25)$$

Ao contrário da Eq. 7/24, que é uma descrição exata para o rotor da Fig. 7/17 com precessão limitada ao plano *x-z*, a Eq. 7/25 é uma aproximação baseada na hipótese de que a quantidade de movimento angular associada a Ω é

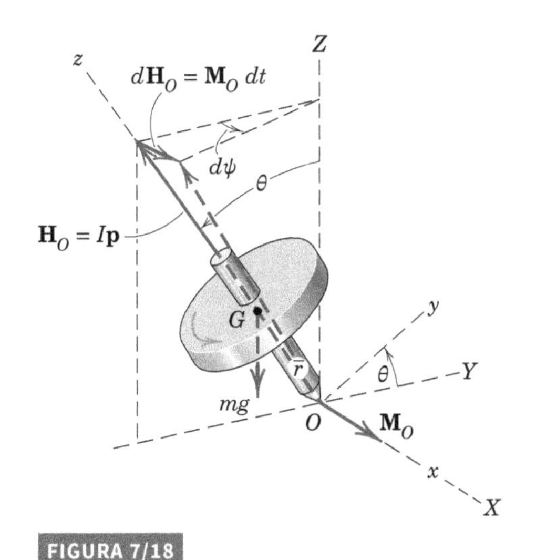

FIGURA 7/18

desprezível em comparação com a associada a p. Perceberemos o significado do erro associado a essa aproximação quando analisarmos novamente a precessão em regime permanente mais adiante nesta seção. Com base em nossa análise, o pião terá uma precessão estacionária, no ângulo constante θ, somente se for colocado em movimento com um valor de Ω que satisfaça a Eq. 7/25. Quando essas condições não são satisfeitas, a precessão se torna variável, e θ pode oscilar com uma amplitude que aumenta à medida que a velocidade de giro diminui. A ascensão e declínio correspondente do eixo de rotação é chamada *nutação*.

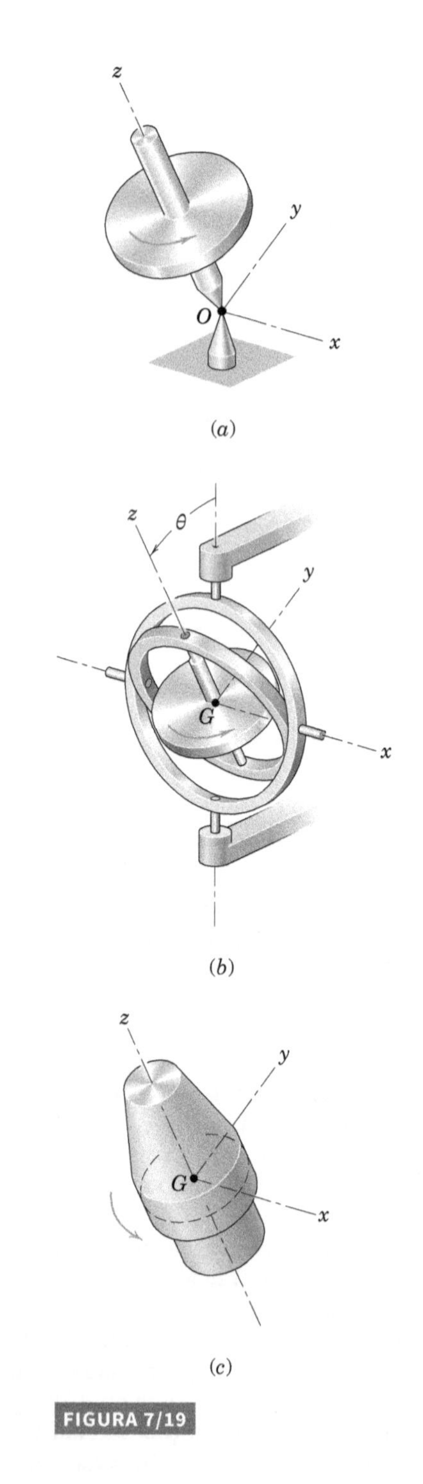

FIGURA 7/19

Análise Mais Detalhada

Faremos agora uso direto da Eq. 7/19, que é a equação geral da quantidade de movimento angular para um corpo rígido, aplicando-a a um corpo que gira em torno de seu eixo de simetria rotacional. Essa equação é válida para a rotação em relação a um ponto fixo ou para a rotação em relação ao centro de massa. Um pião girando, o rotor de um giroscópio, e uma nave espacial são exemplos de corpos cujos movimentos podem ser descritos pelas equações para a rotação em relação a um ponto. As equações gerais de momentos para essa classe de problemas são bastante complexas, e suas soluções completas implicam a utilização de integrais elípticas e em cálculos relativamente extensos. No entanto, uma grande parte dos problemas de engenharia, nos quais o movimento é uma rotação em relação a um ponto, envolve a precessão estacionária de corpos de revolução que estão girando em torno de seus eixos de simetria. Essas condições simplificam muito as equações e consequentemente facilitam a sua solução.

Considere um corpo com simetria axial, Fig. 7/19*a*, girando em relação a um ponto fixo O sobre seu eixo, o qual é assumido como a direção z. Com O como origem, os eixos x e y automaticamente se tornam eixos principais de inércia, juntamente com o eixo z. Essa mesma descrição pode ser utilizada para a rotação de um corpo semelhante simétrico em relação ao seu centro de massa G, o qual é adotado como a origem das coordenadas conforme mostrado pelo rotor do giroscópio da Fig. 7/19*b*. Novamente, os eixos x e y são eixos principais de inércia para o ponto G. A mesma descrição também pode ser utilizada para representar a rotação em relação ao centro de massa de um corpo axialmente simétrico no espaço, tal como a nave espacial na Fig. 7/19*c*. Em cada caso, observamos que, independentemente da rotação dos eixos ou do corpo em relação aos eixos (giro em torno do eixo z), os momentos de inércia em relação aos eixos x e y permanecem constantes no tempo. Os momentos principais de inércia são novamente representados por $I_{zz} = I$ e $I_{xx} = I_{yy} = I_0$. Os produtos de inércia são, evidentemente, nulos.

Antes de aplicar a Eq. 7/19, introduzimos um conjunto de coordenadas que fornecem uma descrição natural para o nosso problema. Essas coordenadas são mostradas na Fig. 7/20 para o exemplo da rotação em relação a um ponto fixo O. Os eixos X-Y-Z são fixos no espaço, e o plano A contém os eixos X-Y e o ponto fixo O sobre o eixo do rotor. O plano B contém o ponto O e é sempre normal ao eixo do rotor. O ângulo θ mede a inclinação do eixo do rotor a partir do eixo vertical Z, e é também uma medida do ângulo entre os planos A e B. A interseção dos dois planos é o eixo x, que é localizado pelo ângulo ψ a partir do eixo X. O eixo y se situa no plano B, e o eixo z coincide com o eixo do rotor. Os ângulos θ e ψ definem completamente a posição do eixo do rotor. O deslocamento angular do rotor em relação aos eixos x-y-z é determinado pelo ângulo ϕ medido do eixo x até o eixo x', o qual está preso ao rotor. A velocidade de giro vem a ser $p = \dot{\phi}$.

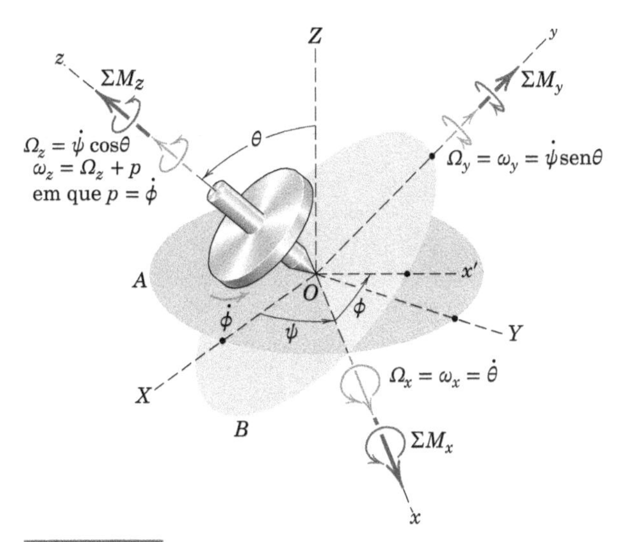

FIGURA 7/20

As componentes da velocidade angular ω do rotor e da velocidade angular $\mathbf{\Omega}$ dos eixos x-y-z a partir da Fig. 7/20 vêm a ser

$$\Omega_x = \dot{\theta} \qquad \omega_x = \dot{\theta}$$
$$\Omega_y = \dot{\psi}\,\text{sen}\,\theta \qquad \omega_y = \dot{\psi}\,\text{sen}\,\theta$$
$$\Omega_z = \dot{\psi}\cos\theta \qquad \omega_z = \dot{\psi}\cos\theta + p$$

É importante notar que os eixos e o corpo possuem componentes x e y idênticas de velocidade angular, mas que as componentes z diferem pela velocidade angular relativa p.

As componentes da quantidade de movimento angular a partir da Eq. 7/12 se tornam

$$H_x = I_{xx}\omega_x = I_0\dot{\theta}$$
$$H_y = I_{yy}\omega_y = I_0\dot{\psi}\,\text{sen}\,\theta$$
$$H_z = I_{zz}\omega_z = I(\dot{\psi}\cos\theta + p)$$

A substituição das componentes da velocidade angular e da quantidade de movimento angular na Eq. 7/19 fornece

$$\begin{aligned}
\Sigma M_x &= I_0(\ddot{\theta} - \dot{\psi}^2\,\text{sen}\,\theta\cos\theta) + I\dot{\psi}(\dot{\psi}\cos\theta + p)\,\text{sen}\,\theta \\
\Sigma M_y &= I_0(\ddot{\psi}\,\text{sen}\,\theta + 2\dot{\psi}\,\dot{\theta}\cos\theta) - I\dot{\theta}(\dot{\psi}\cos\theta + p) \\
\Sigma M_z &= I\frac{d}{dt}(\dot{\psi}\cos\theta + p)
\end{aligned} \tag{7/26}$$

As Eqs. 7/26 são as equações gerais para a rotação de um corpo simétrico em relação a um ponto fixo O ou ao centro de massa G. Em um problema específico, a solução para as equações dependerá do somatório dos momentos aplicados ao corpo em relação aos três eixos coordenados. Limitaremos o uso dessas equações a dois casos particulares de rotação em relação a um ponto, os quais são descritos a seguir.

Precessão em Regime Estacionário

Examinaremos agora as condições sob as quais o rotor realiza precessão a uma taxa constante $\dot{\psi}$ em um ângulo constante θ e com uma velocidade de giro constante p. Desse modo,

$$\dot{\psi} = \text{constante}, \qquad \ddot{\psi} = 0$$
$$\theta = \text{constante}, \qquad \dot{\theta} = \ddot{\theta} = 0$$
$$p = \text{constante}, \qquad \dot{p} = 0$$

e as Eqs. 7/26 se tornam

$$\begin{aligned}
\Sigma M_x &= \dot{\psi}\,\text{sen}\,\theta[I(\dot{\psi}\cos\theta + p) - I_0\,\dot{\psi}\cos\theta] \\
\Sigma M_y &= 0 \\
\Sigma M_z &= 0
\end{aligned} \tag{7/27}$$

A partir desses resultados, verificamos que o momento necessário atuando sobre o rotor em relação a O (ou em relação a G) deve agir na direção x uma vez que as componentes y e z são nulas. Além disso, com os valores constantes de θ, $\dot{\psi}$ e p, o momento é constante em módulo. Também é importante mencionar que o eixo do momento é perpendicular ao plano definido pelo eixo de precessão (eixo Z) e pelo eixo de giro (eixo z).

Podemos também obter as Eqs. 7/27 constatando que as componentes de $\mathbf{H}$ permanecem constantes quando observadas em x-y-z de modo que $(\dot{\mathbf{H}})_{xyz} = \mathbf{0}$. Como em geral $\Sigma\mathbf{M} = (\dot{\mathbf{H}})_{xyz} + \mathbf{\Omega} \times \mathbf{H}$, temos para o caso de precessão estacionária

$$\Sigma\mathbf{M} = \mathbf{\Omega} \times \mathbf{H} \tag{7/28}$$

que se reduz às Eqs. 7/27 após a substituição dos valores de $\mathbf{\Omega}$ e $\mathbf{H}$.

Sem dúvida, os exemplos em engenharia mais comuns de movimento giroscópico ocorrem quando a precessão se realiza em torno de um eixo que é normal ao eixo do rotor, como na Fig. 7/14. Assim, com a substituição de $\theta = \pi/2$, $\omega_z = p$, $\dot{\psi} = \Omega$ e $\Sigma M_x = M$, temos a partir das Eqs. 7/27

$$M = I\Omega p \qquad [7/24]$$

que foi desenvolvida inicialmente nesta seção, em função de uma análise direta desse caso em particular.

Vamos examinar agora a precessão estacionária do rotor (pião simétrico) da Fig. 7/20 para um valor constante qualquer de θ diferente de $\pi/2$. O momento ΣM_x em relação ao eixo x é devido ao peso do rotor e é $mg\bar{r}$ sen θ. Substituindo nas Eqs. 7/27 e reorganizando os termos obtemos

$$mg\bar{r} = I\dot{\psi}p - (I_0 - I)\dot{\psi}^2\cos\theta$$

Verificamos que $\dot{\psi}$ é pequeno quando p é grande, de modo que o segundo termo do lado direito da equação se torna muito pequeno em comparação com $I\dot{\psi}p$. Se desprezarmos esse termo menor, temos $\dot{\psi} = mg\bar{r}/(Ip)$ que, por meio da utilização da substituição anterior $\Omega = \dot{\psi}$ e $mk^2 = I$, se torna

$$\Omega = \frac{g\bar{r}}{k^2 p} \qquad [7/25]$$

Desenvolvemos essa mesma relação anteriormente, assumindo que a quantidade de movimento angular estava totalmente ao longo do eixo de giro.

Precessão Estacionária com Momento Nulo

Considere agora o movimento de um rotor simétrico sem momentos externos em relação ao seu centro de massa. Esse movimento é encontrado em naves espaciais e projéteis que possuem tanto giro quanto precessão durante o voo.

A Fig. 7/21 representa um corpo nessa condição. Aqui, o eixo Z, que possui uma direção fixa no espaço, é escolhido de modo a coincidir com a direção da quantidade de movimento angular $\mathbf{H}_G$, que é constante, uma vez que $\Sigma\mathbf{M}_G = \mathbf{0}$. Os eixos x-y-z estão fixados na forma apresentada na Fig. 7/20. A partir da Fig. 7/21 as três componentes da quantidade de movimento são $H_{G_x} = 0$, $H_{G_y} = H_G$ sen θ, $H_{G_z} = H_G \cos\theta$. A partir das relações de definição, Eqs. 7/12, com a notação desta seção, essas componentes são também dadas por $H_{G_x} = I_0\omega_x$, $H_{G_y} = I_0\omega_y$, $H_{G_z} = I\omega_z$. Assim, $\omega_x = \Omega_x = 0$ de modo que θ é constante.

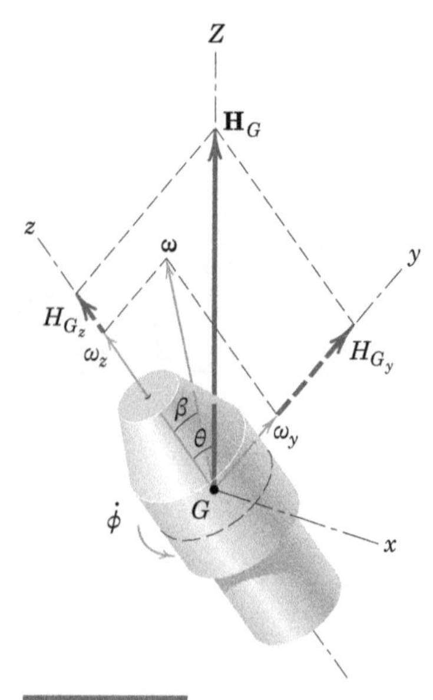

FIGURA 7/21

Esse resultado implica que o movimento é de precessão estacionária em torno do vetor constante $\mathbf{H}_G$.

Sem a componente x, a velocidade angular ω do rotor está localizada no plano y-z, juntamente com o eixo Z, e faz um ângulo β com o eixo z. A relação entre β e θ é obtida a partir de $\tan\theta = H_{G_y}/H_{G_z} = I_0\omega_y/(I\omega_z)$, que é

$$\tan\theta = \frac{I_0}{I}\tan\beta \qquad (7/29)$$

Assim, a velocidade angular ω faz um ângulo constante β com o eixo de giro.

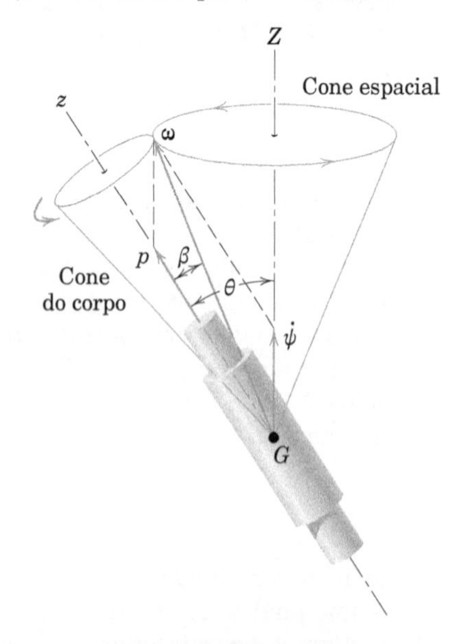

Precessão direta $I_0 > I$

(a)

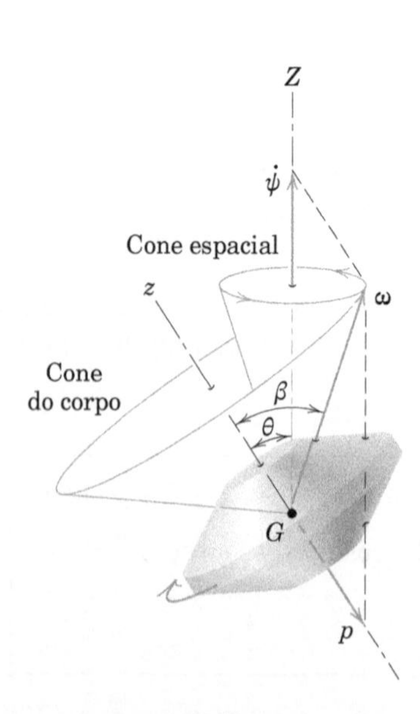

Precessão retrógrada $I_0 < I$

(b)

FIGURA 7/22

A taxa de precessão é facilmente obtida a partir da Eq. 7/27 com $M = 0$, o que fornece

$$\dot{\psi} = \frac{Ip}{(I_0 - I)\cos\theta} \qquad (7/30)$$

É evidente a partir dessa relação que a direção da precessão depende dos valores relativos entre dois momentos de inércia.

Se $I_0 > I$, então $\beta < \theta$, como indicado na Fig. 7/22*a*, e a precessão é denominada *direta*. Aqui, o cone do corpo rola sobre o exterior do cone espacial.

Se $I > I_0$, então $\theta < \beta$, como indicado na Fig. 7/22*b*, e a precessão é denominada *retrógrada*. Nesse exemplo, o cone espacial está interno ao cone do corpo, e $\dot{\psi}$ e p possuem sinais opostos.

Se $I = I_0$, então $\theta = \beta$ a partir da Eq. 7/29, e a Fig. 7/22 mostra que ambos os ângulos devem ser nulos para serem iguais. Para esse caso, o corpo não apresenta precessão e apenas gira com uma velocidade angular **p**. Essa condição ocorre para um corpo com simetria em relação a um ponto, como em uma esfera homogênea.

Giroscópios de brinquedo são úteis para demonstrar os princípios abordados nesta seção.

EXEMPLO DE PROBLEMA 7/8

O rotor da turbina da casa de máquinas de um navio possui uma massa de 1000 kg, com centro de massa em G e um raio de giração de 200 mm. O eixo do rotor está montado nos mancais A e B, com seu eixo na direção horizontal da proa para a popa e gira no sentido anti-horário a uma velocidade de 5000 rpm quando visto da popa. Determine as componentes verticais das reações nos mancais em A e B, considerando que o navio está executando uma curva a bombordo (esquerda) com 400 m de raio a uma velocidade de 25 nós (1 nó = 0,514 m/s). A proa do navio tende a levantar ou a abaixar devido à ação giroscópica?

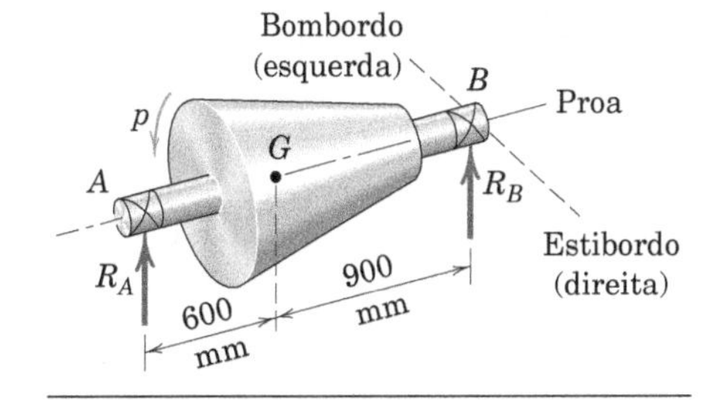

Solução. A componente vertical das reações nos mancais será igual às reações estáticas R_1 e R_2, devidas ao peso do rotor, adicionada ou subtraída do incremento ΔR devido ao efeito giroscópico. O princípio dos momentos da estática facilmente fornece $R_1 = 5890$ N e $R_2 = 3920$ N. As orientações fornecidas para a velocidade de giro **p** e a velocidade de precessão **Ω** são indicadas no diagrama de corpo livre do rotor.① Como o eixo de giro tende sempre a virar para o eixo de torque, verificamos que o eixo de torque **M** aponta para estibordo como indicado. O sentido de ΔR é, portanto, para cima em B e para baixo em A para produzir o binário **M**. Desse modo, as reações nos mancais em A e B são

$$R_A = R_1 - \Delta R \qquad \text{e} \qquad R_B = R_2 + \Delta R$$

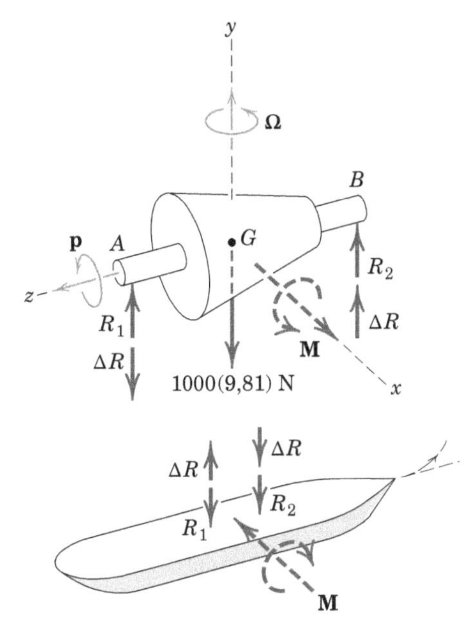

A velocidade de precessão Ω é a velocidade do navio dividida pelo raio da curva executada.

$$[v = \rho\Omega] \qquad \Omega = \frac{25(0{,}514)}{400} = 0{,}0321 \text{ rad/s}$$

A Eq. 7/24 é então aplicada em torno do centro de massa G do rotor para fornecer

$$[M = I\Omega p] \qquad 1{,}500(\Delta R) = 1000(0{,}200)^2(0{,}0321)\left[\frac{5000(2\pi)}{60}\right]$$

$$\Delta R = 449 \text{ N}$$

DICAS ÚTEIS

① Se o navio está executando uma curva para a esquerda, a rotação é no sentido anti-horário quando visto de cima, e o vetor precessão **Ω** é para cima pela regra da mão direita.

EXEMPLO DE PROBLEMA 7/8 *(continuação)*

As reações solicitadas nos mancais tornam-se

$$R_A = 5890 - 449 = 5440 \text{ N} \quad \text{e} \quad R_B = 3920 + 449 = 4370 \text{ N} \quad \textit{Resp.}$$

Observamos agora que as forças que acabaram de ser calculadas são as exercidas *sobre* o eixo do rotor *pela* estrutura do navio. Consequentemente, a partir do princípio da ação e reação, forças iguais e opostas são aplicadas ao navio *pelo* eixo do rotor, como indicado no diagrama inferior.② Portanto, o efeito do binário giroscópico é o de gerar os incrementos ΔR mostrados, e a proa tenderá a baixar e a popa a levantar (mas apenas ligeiramente).

② Após determinar o sentido correto de **M** *sobre* o rotor, o engano comum é aplicá-lo ao navio no mesmo sentido, esquecendo o princípio da ação e reação. Evidentemente, os resultados são, então, invertidos. (Tenha o cuidado de não cometer esse engano quando operar um estabilizador giroscópico vertical em seu iate para neutralizar o seu balanço!)

EXEMPLO DE PROBLEMA 7/9

Uma estação espacial proposta pode ser aproximada adequadamente por quatro cascas esféricas uniformes, cada uma de massa m e raio r. A massa da estrutura de conexão e do equipamento interno pode ser desprezada como uma primeira aproximação. Se a estação é projetada para girar em torno de seu eixo z à taxa de uma rotação a cada quatro segundos, determine (a) o número n de ciclos completos de precessão para cada rotação em torno do eixo z se o plano de rotação se desvia apenas ligeiramente de uma orientação fixa, e (b) determine o período τ de precessão se o eixo de giro z faz um ângulo de 20° em relação ao eixo de orientação fixo em torno do qual a precessão ocorre. Desenhe o cone espacial e o cone do corpo para essa última condição.

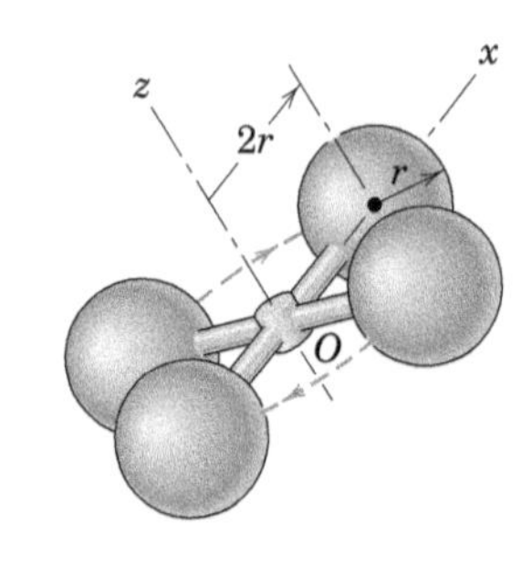

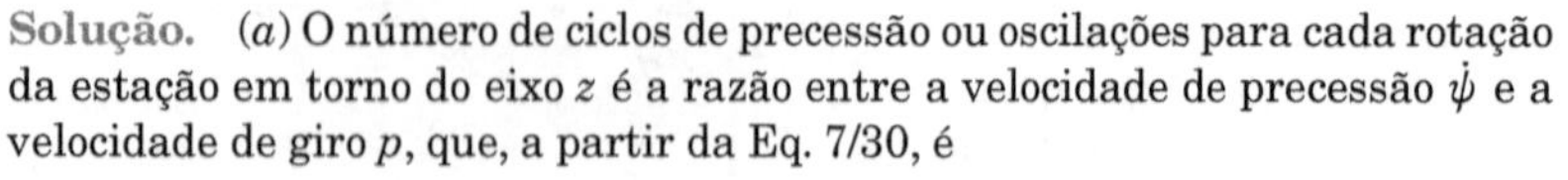

Solução. (a) O número de ciclos de precessão ou oscilações para cada rotação da estação em torno do eixo z é a razão entre a velocidade de precessão $\dot{\psi}$ e a velocidade de giro p, que, a partir da Eq. 7/30, é

$$\frac{\dot{\psi}}{p} = \frac{I}{(I_0 - I)\cos\theta}$$

Os momentos de inércia são

$$I_{zz} = I = 4[\tfrac{2}{3}mr^2 + m(2r)^2] = \tfrac{56}{3}mr^2$$

$$I_{xx} = I_0 = 2(\tfrac{2}{3})mr^2 + 2[\tfrac{2}{3}mr^2 + m(2r)^2] = \tfrac{32}{3}mr^2 \quad ①$$

Com θ muito pequeno, $\cos\theta \cong 1$, e a razão das velocidades angulares vem a ser

$$n = \frac{\dot{\psi}}{p} = \frac{\frac{56}{3}}{\frac{32}{3} - \frac{56}{3}} = -\frac{7}{3} \qquad \textit{Resp.}$$

O sinal negativo indica precessão retrógrada, em que, no presente caso, $\dot{\psi}$ e p são essencialmente de sentidos opostos. Desse modo, a estação executará sete oscilações para cada três rotações.

(b) Para $\theta = 20°$ e $p = 2\pi/4$ rad/s, o período de precessão ou oscilação é $\tau = 2\pi/|\dot{\psi}|$, de modo que a partir da Eq. 7/30

$$\tau = \frac{2\pi}{2\pi/4}\left|\frac{I_0 - I}{I}\cos\theta\right| = 4(\tfrac{3}{7})\cos 20° = 1{,}611 \text{ s} \qquad \textit{Resp.}$$

A precessão é retrógrada, e o cone do corpo é externo ao cone espacial conforme mostrado na ilustração na qual o ângulo do cone do corpo, a partir da Eq. 7/29, é

$$\tan\beta = \frac{I}{I_0}\tan\theta = \frac{56/3}{32/3}(0{,}364) = 0{,}637 \qquad \beta = 32{,}5°$$

DICA ÚTIL

① Nossa teoria é baseada na hipótese de que $I_{xx} = I_{yy} =$ ao momento de inércia em relação a um eixo qualquer que passa através de G perpendicular ao eixo z. Esta é exatamente a situação apresentada aqui, e você deve constatar isso por si mesmo.

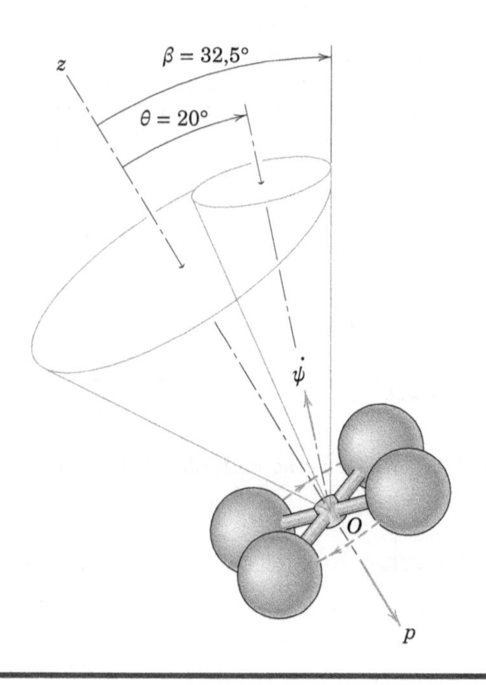

7/12 Revisão do Capítulo

No Capítulo 7 estudamos a dinâmica tridimensional de corpos rígidos. O movimento em três dimensões acrescenta uma complexidade considerável às relações cinemáticas e cinéticas. Comparado com o movimento plano, existe agora a possibilidade de duas componentes adicionais dos vetores que descrevem as grandezas angulares, tais como momento, velocidade angular, quantidade de movimento angular e aceleração angular. Por essa razão, toda a capacidade da análise vetorial torna-se evidente no estudo da dinâmica tridimensional. Dividimos o nosso estudo de dinâmica tridimensional em cinemática, que foi discutida na Seção A do capítulo, e cinética, que foi tratada na Seção B.

Cinemática

Organizamos a nossa abordagem de cinemática tridimensional em ordem crescente de complexidade do tipo de movimento. Esses tipos são:

1. **Translação.** Como no movimento plano, discutida no Capítulo 5 (Cinemática Plana de Corpos Rígidos), quaisquer dois pontos em um corpo rígido possuem a mesma velocidade e aceleração.
2. **Rotação em Torno de um Eixo Fixo.** Nesse caso, o vetor velocidade angular não varia a orientação, e as expressões para a velocidade e a aceleração de um ponto são facilmente obtidas pelas Eqs. 7/1 e 7/2, que são idênticas em forma às equações correspondentes do movimento plano no Capítulo 5.
3. **Movimento em Planos Paralelos.** Esse caso ocorre quando todos os pontos em um corpo rígido se deslocam em planos que são paralelos a um plano fixo. Desse modo, em cada plano, os resultados do Capítulo 5 são válidos.
4. **Rotação em Relação a um Ponto Fixo.** Nesse caso, tanto o módulo quanto a direção do vetor velocidade angular podem variar. Uma vez que a aceleração angular seja determinada pela diferenciação cuidadosa do vetor velocidade angular, as Eqs. 7/1 e 7/2 podem ser utilizadas para determinar a velocidade e a aceleração de um ponto.
5. **Movimento Geral.** Os princípios do movimento relativo são úteis para analisar esse tipo de movimento. A velocidade relativa e a aceleração relativa são expressas em termos de eixos de referência com translação pelas Eqs. 7/4. Quando eixos de referência com rotação são utilizados, os vetores unitários do sistema de referência têm derivadas no tempo não nulas. As Eqs. 7/6 expressam a velocidade e a aceleração em termos de grandezas referenciadas a eixos com rotação; essas equações são idênticas na forma aos resultados correspondentes para o movimento plano, Eqs. 5/12 e 5/14. As Eqs. 7/7*a* e 7/7*b* são as expressões que relacionam as derivadas no tempo de um vetor quando medidas em um sistema fixo e quando medidas em relação a um sistema que gira. Essas expressões são úteis na análise do movimento geral.

Cinética

Aplicamos os princípios da quantidade de movimento e da energia para analisar a cinética tridimensional, como se segue.

1. **Quantidade de Movimento Angular.** Em três dimensões a expressão vetorial para a quantidade de movimento angular possui várias componentes adicionais que estão ausentes no movimento plano. As componentes da quantidade de movimento angular são expressas pelas Eqs. 7/12 e dependem tanto dos momentos quanto dos produtos de inércia. Existe um único conjunto de eixos, denominados *eixos principais*, para os quais os produtos de inércia são nulos e os momentos de inércia possuem valores estacionários. Esses valores são chamados *momentos principais de inércia*.
2. **Energia Cinética.** A energia cinética do movimento tridimensional pode ser expressa tanto em termos do movimento do centro de massa e em relação ao centro de massa (Eq. 7/15) quanto em termos do movimento em relação a um ponto fixo (Eq. 7/18).
3. **Equações de Movimento em Termos de Quantidade de Movimento.** Utilizando os eixos principais podemos simplificar as equações do movimento em termos da quantidade de movimento para obter as *equações de Euler*, Eqs. 7/21.
4. **Equações de Energia.** O princípio do trabalho–energia para o movimento tridimensional é idêntico ao para o movimento plano.

Aplicações

No Capítulo 7 estudamos duas aplicações de interesse particular: o movimento em planos paralelos e o movimento giroscópico.

1. **Movimento em Planos Paralelos.** Nesse tipo de movimento todos os pontos em um corpo rígido se deslocam em planos que são paralelos a um plano fixo. As equações do movimento são as Eqs. 7/23. Essas equações são úteis para analisar os efeitos do desbalanceamento dinâmico em máquinas rotativas e em corpos que rolam ao longo de trajetórias retilíneas.
2. **Movimento Giroscópico.** Esse tipo de movimento ocorre sempre que o eixo em torno do qual o corpo está girando, ele mesmo gira em torno de um outro eixo. Aplicações comuns incluem sistemas de orientação inercial, dispositivos de estabilização, movimento de orientação angular de espaçonaves, e qualquer situação em que um rotor girando rapidamente (como o de um motor de avião) está sendo reorientado. No caso em que um torque externo está presente, uma análise básica pode ser feita utilizando a equação $\mathbf{M} = \dot{\mathbf{H}}$. Para o caso de movimento de um corpo girando em torno de seu eixo de simetria sem a presença de torque, verifica-se que o eixo de simetria executa um movimento cônico em torno do vetor quantidade de movimento angular fixo.

CAPÍTULO **8**

Vibração e Resposta no Domínio do Tempo

O amortecedor e a mola helicoidal da suspensão deste carro de corrida devem ser cuidadosamente selecionados para proporcionar a condução ideal do veículo.

VISÃO GERAL DO CAPÍTULO

8/1 Introdução

Uma classe importante e especial de problemas em dinâmica trata dos movimentos lineares e angulares de corpos que oscilam ou, por outro lado, respondem a perturbações aplicadas na presença de forças restauradoras. Alguns exemplos dessa classe de problemas dinâmicos são a resposta de uma estrutura de engenharia a terremotos, a vibração de uma máquina rotativa desbalanceada, a resposta no domínio do tempo da corda dedilhada de um instrumento musical, a vibração induzida pelo vento das linhas de transmissão de energia elétrica e a vibração das asas de aviões devida a forças aerodinâmicas. Em muitos casos, os níveis excessivos de vibração devem ser reduzidos para se adaptar a limitações dos materiais ou a fatores humanos.

Ao examinar todo problema de engenharia devemos representar o sistema sob análise por um modelo físico. Podemos frequentemente representar um *sistema contínuo* ou de *parâmetros distribuídos* (sistema em que a massa e os elementos flexíveis estão distribuídos continuamente pelo espaço) por um *modelo discreto* ou de *parâmetros concentrados* (sistema em que a massa e os elementos flexíveis são distintos e concentrados). O modelo simplificado resultante é particularmente preciso quando algumas partes de um sistema contínuo possuem relativamente maior massa, em comparação com outras partes. Por exemplo, o modelo físico do eixo da hélice de um navio é frequentemente considerado como uma haste sem massa, mas que pode sofrer torção, com um disco fixado rigidamente em cada extremidade, um disco representando a turbina e o outro representando a hélice. Como um segundo exemplo, observamos que a massa das molas pode frequentemente ser desprezada em comparação com a dos corpos aos quais estão fixadas.

Nem todo sistema é redutível a um modelo discreto. Por exemplo, a vibração transversal de um trampolim após o salto do atleta é um problema relativamente difícil de vibração com parâmetros distribuídos. Neste capítulo iniciaremos o estudo de sistemas discretos, limitando nossa discussão àqueles cujas configurações podem ser descritas por uma variável de deslocamento. Esses sistemas possuem *um grau de liberdade*. Para um estudo mais detalhado, inclusive do tratamento de dois ou mais graus de liberdade e de sistemas contínuos, você deve consultar um dos muitos livros dedicados exclusivamente ao tópico de vibrações.

O restante do Capítulo 8 é dividido em quatro seções: a Seção 8/2 discute a vibração livre de partículas e a Seção 8/3 apresenta a vibração forçada de partículas. Cada uma dessas duas seções é subdividida em categorias de movimento não amortecido e amortecido. Na Seção 8/4 discutimos a vibração de corpos rígidos. Finalmente, uma abordagem de energia para a solução de problemas de vibração é apresentada na Seção 8/5.

O assunto de vibrações é uma aplicação direta dos princípios da Cinética tal como desenvolvidos nos Capítulos 3 e 6. Em particular, um diagrama de corpo livre completo *traçado para um valor positivo arbitrário da variável de deslocamento*, seguido pela aplicação das equações apropriadas que regem a Dinâmica, permitirá obter a equação de movimento. A partir dessa equação de movimento, que é uma equação diferencial ordinária de segunda ordem, você pode obter todas as informações de interesse, tais como a frequência do movimento, o período, ou o movimento propriamente dito, como uma função do tempo.

8/2 Vibração Livre de Partículas

Quando um corpo acoplado a uma mola é perturbado a partir da sua posição de equilíbrio, o seu movimento resultante, na ausência de quaisquer forças externas impostas, é denominado *vibração livre*. Em todo caso real de vibração livre, existe alguma força de retardo ou de amortecimento que tende a diminuir o movimento. As forças usuais de amortecimento são aquelas devidas ao atrito mecânico e um fluido. Nesta seção vamos considerar inicialmente o caso ideal em que as forças de amortecimento são pequenas o suficiente para serem desprezadas. Em seguida, discutiremos o caso em que o amortecimento é significativo e deve ser levado em consideração.

Equação de Movimento para Vibração Livre Não Amortecida

Iniciamos considerando a vibração horizontal do sistema massa-mola simples sem atrito da Fig. 8/1*a*. Note que a variável x indica o deslocamento da massa a partir da posição de equilíbrio, que, para esse sistema, é também a posição de deflexão nula da mola. A Fig. 8/1*b* apresenta um gráfico da força F_k necessária para deformar a mola contra a deflexão correspondente da mola, para três tipos de molas. Embora molas não lineares, com endurecimento e com amolecimento, sejam úteis em algumas aplicações, restringiremos nossa atenção à mola linear. Essa mola exerce uma força restauradora $-kx$ sobre a massa — isto é, quando a massa é deslocada para a direita, a força da mola é para a esquerda, e vice-versa. Devemos ser cuidadosos para distinguir entre as forças de módulo F_k que devem ser aplicadas a ambas as extremidades da mola sem massa para provocar tração ou compressão e a força $F = -kx$ de igual módulo que a mola exerce sobre a massa. A constante de proporcionalidade k é chamada de *constante de mola*, ou *rigidez*, e possui as unidades N/m, ou lbf/pé.

A equação do movimento para o corpo da Fig. 8/1*a* é obtida traçando inicialmente o seu diagrama de corpo livre. Aplicando a segunda lei de Newton na forma $\Sigma F_x = m\ddot{x}$ fornece

$$-kx = m\ddot{x} \qquad \text{ou} \qquad m\ddot{x} + kx = 0 \tag{8/1}$$

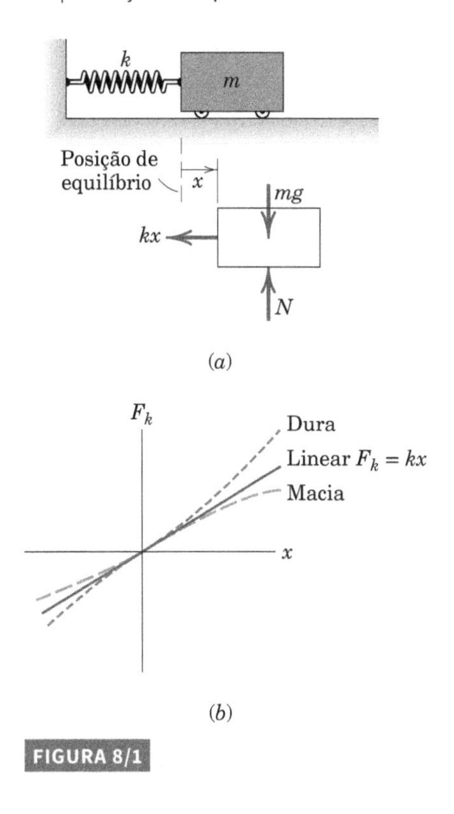

FIGURA 8/1

A oscilação de uma massa submetida a uma força restauradora linear tal como a descrita por essa equação é denominada *movimento harmônico simples* e se caracteriza pela aceleração que é proporcional ao deslocamento, porém de sinal oposto. A Eq. 8/1 é normalmente escrita como

$$\boxed{\ddot{x} + \omega_n^2 x = 0} \tag{8/2}$$

em que

$$\boxed{\omega_n = \sqrt{k/m}} \tag{8/3}$$

é uma substituição conveniente cujo significado físico será esclarecido em breve.

Solução para Vibração Livre Não Amortecida

Como antevemos um movimento oscilatório, procuramos uma solução que forneça x como uma função periódica do tempo. Nesse caso, uma escolha lógica é

$$x = A \cos \omega_n t + B \operatorname{sen} \omega_n t \tag{8/4}$$

ou, de outro modo,

$$x = C \operatorname{sen}(\omega_n t + \psi) \tag{8/5}$$

A substituição direta dessas expressões na Eq. 8/2 comprova que cada expressão é uma solução válida para a equação do movimento. Determinamos as constantes A e B ou C e ψ, a partir do conhecimento do deslocamento inicial x_0 e da velocidade inicial $\dot{x}_0$ da massa. Por exemplo, se

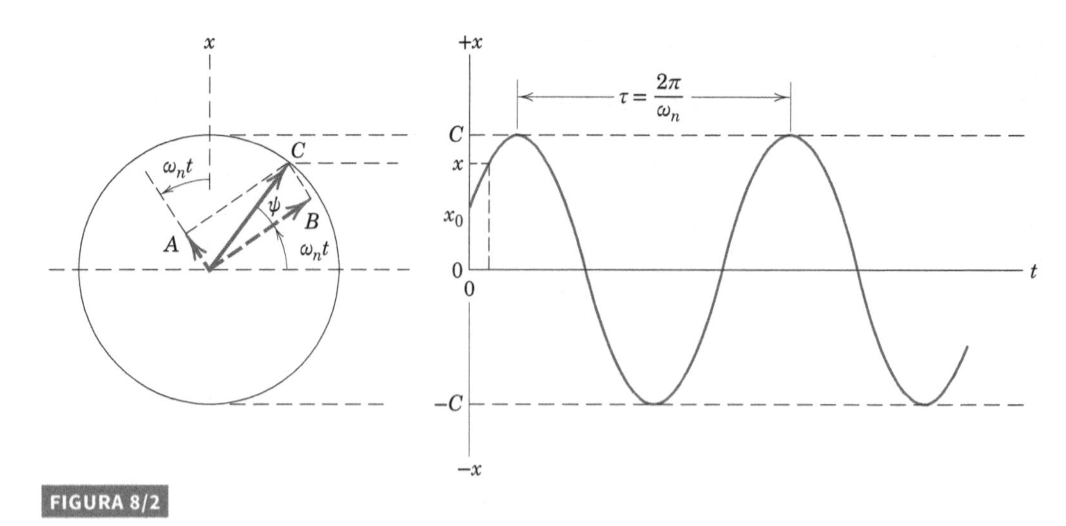

FIGURA 8/2

trabalhamos com a solução na forma da Eq. 8/4 e calculamos x e $\dot{x}$ no instante de tempo $t = 0$, obtemos

$$x_0 = A \qquad \text{e} \qquad \dot{x}_0 = B\omega_n$$

A substituição desses valores de A e B na Eq. 8/4 produz

$$x = x_0 \cos \omega_n t + \frac{\dot{x}_0}{\omega_n} \operatorname{sen} \omega_n t \qquad (8/6)$$

As constantes C e ψ da Eq. 8/5 podem ser determinadas, em termos das condições iniciais fornecidas, de uma forma semelhante. O cálculo da Eq. 8/5 e de sua primeira derivada no tempo em $t = 0$ fornece

$$x_0 = C \operatorname{sen}\psi \qquad \text{e} \qquad \dot{x}_0 = C\omega_n \cos \psi$$

Resolvendo para C e ψ produz

$$C = \sqrt{x_0^2 + (\dot{x}_0/\omega_n)^2} \qquad \psi = \tan^{-1}(x_0\omega_n/\dot{x}_0)$$

A substituição desses valores na Eq. 8/5 fornece

$$x = \sqrt{x_0^2 + (\dot{x}_0/\omega_n)^2} \operatorname{sen}[\omega_n t + \tan^{-1}(x_0\omega_n/\dot{x}_0)] \qquad (8/7)$$

As Eqs. 8/6 e 8/7 representam duas expressões matemáticas diferentes para o mesmo movimento em função do tempo. Observamos que $C = \sqrt{A^2 + B^2}$ e $\psi = \tan^{-1}(A/B)$.

Representação Gráfica do Movimento

O movimento pode ser representado graficamente, Fig. 8/2, em que se observa que x é a projeção sobre um eixo vertical do vetor giratório de comprimento C. O vetor gira na velocidade angular constante, $\omega_n = \sqrt{k/m}$ que é denominada *frequência circular natural* e possui as unidades de radianos por segundo. O número de ciclos completos por unidade de tempo é a *frequência natural* $f_n = \omega_n/2\pi$ e é expressa em hertz (1 hertz (Hz) = 1 ciclo por segundo). O tempo necessário para um ciclo completo de movimento (uma rotação do vetor de referência) é o *período* do movimento e é dado por $\tau = 1/f_n = 2\pi/\omega_n$.

Verificamos também a partir da figura que x é a soma das projeções sobre o eixo vertical de dois vetores perpendiculares cujos módulos são A e B e cuja soma vetorial C é a *amplitude*. Os vetores A, B e C giram juntos com a velocidade angular constante ω_n. Desse modo, como já havíamos determinado, $C = \sqrt{A^2 + B^2}$ e $\psi = \tan^{-1}(A/B)$.

Posição de Equilíbrio como Referência

Como uma observação adicional sobre a vibração livre não amortecida de partículas, verificamos que, se o sistema da Fig. 8/1*a* é girado de 90° no sentido horário para obter o sistema da Fig. 8/3, em que o movimento é vertical em vez de horizontal, a equação do movimento (e, portanto, todas as propriedades sistema) permanece inalterada se continuamos a definir x como o deslocamento a partir da posição de equilíbrio. A posição de equilíbrio envolve agora uma deflexão não nula da mola δ_{est}. A partir do diagrama de corpo livre da Fig. 8/3, a segunda lei de Newton fornece

$$-k(\delta_{est} + x) + mg = m\ddot{x}$$

Na posição de equilíbrio estático $x = 0$, o somatório das forças deve ser nulo, de forma que

$$-k\delta_{est} + mg = 0$$

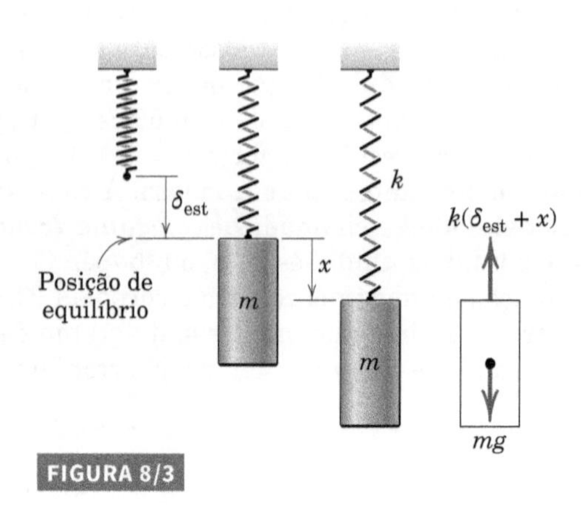

FIGURA 8/3

Nesse caso, verificamos que o par de forças $-k\delta_{est}$ e mg do lado esquerdo da equação do movimento se cancelam, fornecendo

$$m\ddot{x} + kx = 0$$

que é idêntica à Eq. 8/1.

A conclusão aqui é que, definindo a variável de deslocamento para ser nula na posição de equilíbrio estático, e não na posição de deflexão nula da mola, podemos desconsiderar as forças iguais e opostas associadas ao equilíbrio.*

Equação do Movimento para Vibração Livre Amortecida

Todo sistema mecânico possui algum grau intrínseco de atrito, que dissipa energia mecânica. Modelos matemáticos precisos das forças dissipativas de atrito são, em geral, complexos. O amortecedor viscoso é um dispositivo adicionado intencionalmente aos sistemas com a finalidade de limitar ou retardar a vibração. É composto de um cilindro preenchido com um fluido viscoso e um pistão com orifícios ou outras passagens por onde o fluido pode escoar de um lado do pistão para o outro. Amortecedores simples dispostos como mostrado esquematicamente na Fig. 8/4*a* exercem uma força F_d cujo módulo é proporcional à velocidade da massa, conforme representado na Fig. 8/4*b*. A constante de proporcionalidade c é chamada de *coeficiente de amortecimento viscoso* e possui unidades de N · s/m, ou lbf · s/pé. O sentido da força de amortecimento quando aplicada à massa é oposto ao da velocidade $\dot{x}$. Desse modo, a força sobre a massa é $-c\dot{x}$

Amortecedores complexos com válvulas unidirecionais dependentes da taxa de escoamento interno podem produzir diferentes coeficientes de amortecimento quando em extensão e quando em compressão; características não lineares também são possíveis. Restringiremos nossa atenção ao amortecedor linear simples.

A equação do movimento para o corpo com amortecimento é determinada a partir do diagrama de corpo livre conforme apresentado na Fig. 8/4*a*. A segunda lei de Newton fornece

$$-kx - c\dot{x} = m\ddot{x} \qquad \text{ou} \qquad m\ddot{x} + c\dot{x} + kx = 0 \quad (8/8)$$

Além da substituição $\omega_n = \sqrt{k/m}$ é conveniente, por motivos que em breve se tornarão evidentes, introduzir o agrupamento das constantes.

$$\zeta = c/(2m\omega_n)$$

A grandeza ζ (zeta) é chamada de *fator de amortecimento viscoso* ou *razão de amortecimento* e é uma medida da intensidade do amortecimento. Você deve verificar que ζ é adimensional. A Eq. 8/8 pode agora ser escrita como

$$\boxed{\ddot{x} + 2\zeta\omega_n\dot{x} + \omega_n{}^2x = 0} \quad (8/9)$$

*Para sistemas não lineares, todas as forças, incluindo as forças estáticas associadas ao equilíbrio, devem ser incluídas na análise.

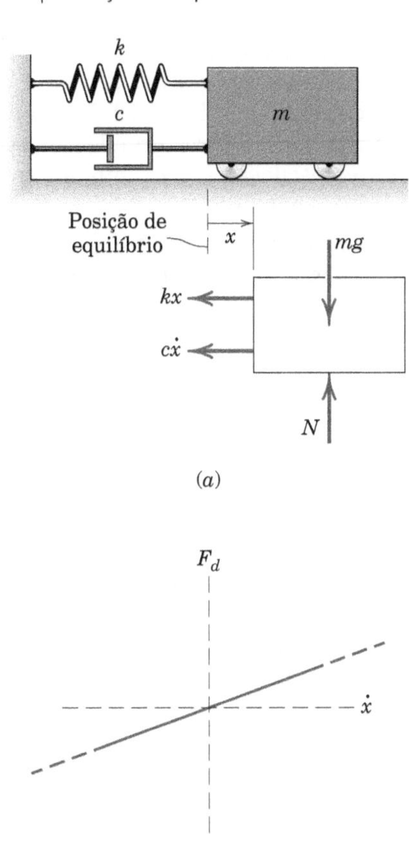

FIGURA 8/4

Solução para Vibração Livre Amortecida

Para resolver a equação de movimento, Eq. 8/9, assumimos soluções da forma

$$x = Ae^{\lambda t}$$

A substituição na Eq. 8/9 produz

$$\lambda^2 + 2\zeta\omega_n\lambda + \omega_n{}^2 = 0$$

que é denominada *equação característica*. Suas raízes são

$$\lambda_1 = \omega_n(-\zeta + \sqrt{\zeta^2 - 1}) \qquad \lambda_2 = \omega_n(-\zeta - \sqrt{\zeta^2 - 1})$$

Sistemas lineares têm a propriedade de *superposição*, o que significa que a solução geral é a soma das soluções individuais, cada uma das quais corresponde a uma raiz da equação característica. Dessa forma, a solução geral é

$$\begin{aligned} x &= A_1e^{\lambda_1 t} + A_2e^{\lambda_2 t} \\ &= A_1e^{(-\zeta+\sqrt{\zeta^2-1})\omega_n t} + A_2e^{(-\zeta-\sqrt{\zeta^2-1})\omega_n t} \end{aligned} \quad (8/10)$$

Categorias de Movimento Amortecido

Uma vez que $0 \le \zeta \le \infty$, o radicando $(\zeta^2 - 1)$ pode ser positivo, negativo, ou mesmo nulo, o que dá origem às três seguintes categorias de movimento amortecido:

I. $\zeta > 1$ ***(superamortecido)***. As raízes λ_1 e λ_2 são números distintos, reais e negativos. O movimento conforme definido pela Eq. 8/10 decai de modo que x tende a zero para valores grandes do tempo t. Não há nenhuma oscilação e, portanto, nenhum período associado ao movimento.

II. $\zeta = 1$ ***(criticamente amortecido)***. As raízes λ_1 e λ_2 são números iguais, reais e negativos ($\lambda_1 = \lambda_2 = -\omega_n$). A solução da equação diferencial para o caso especial de raízes iguais é dada por

$$x = (A_1 + A_2 t)e^{-\omega_n t}$$

Mais uma vez, o movimento decai com x tendendo a zero para um tempo grande, e o movimento é não periódico. Um sistema com amortecimento crítico, quando excitado com uma velocidade ou deslocamento inicial (ou ambos), atingirá o equilíbrio mais rapidamente do que um sistema superamortecido. A Fig. 8/5 ilustra as respostas reais tanto para um sistema superamortecido quanto para um criticamente amortecido para um deslocamento inicial x_0 e velocidade inicial nula ($\dot{x}_0 = 0$).

III. $\zeta < 1$ ***(subamortecido)***. Observando que o radicando $(\zeta^2 - 1)$ é negativo e lembrando que $e^{(a+b)} = e^a e^b$, podemos reescrever a Eq. 8/10 como

$$x = \{A_1 e^{i\sqrt{1-\zeta^2}\omega_n t} + A_2 e^{-i\sqrt{1-\zeta^2}\omega_n t}\}e^{-\zeta\omega_n t}$$

em que $i = \sqrt{-1}$. É conveniente fazer com que uma nova variável ω_d represente a combinação $\omega_n\sqrt{1-\zeta^2}$. Desse modo,

$$x = \{A_1 e^{i\omega_d t} + A_2 e^{-i\omega_d t}\}e^{-\zeta\omega_n t}$$

A utilização da fórmula de Euler $e^{\pm ix} = \cos x \pm i \text{ sen } x$ permite escrever a equação anterior como

$$\begin{aligned} x &= \{A_1(\cos\omega_d t + i \text{ sen}\,\omega_d t) + A_2(\cos\omega_d t - i \text{ sen}\,\omega_d t)\}e^{-\zeta\omega_n t} \\ &= \{(A_1 + A_2)\cos\omega_d t + i(A_1 - A_2)\text{ sen}\,\omega_d t\}e^{-\zeta\omega_n t} \\ &= \{A_3\cos\omega_d t + A_4 \text{ sen}\,\omega_d t\}e^{-\zeta\omega_n t} \qquad (8/11) \end{aligned}$$

em que $A_3 = (A_1 + A_2)$ e $A_4 = i(A_1 - A_2)$. Mostramos com as Eqs. 8/4 e 8/5 que a soma de dois harmônicos de frequências iguais, tais como aqueles entre as chaves da Eq. 8/11, podem ser substituídos por uma única função trigonométrica que envolve um ângulo de fase. Desse modo, a Eq. 8/11 pode ser escrita como

$$x = \{C \text{ sen}(\omega_d t + \psi)\}e^{-\zeta\omega_n t}$$

ou

$$x = Ce^{-\zeta\omega_n t}\text{ sen}(\omega_d t + \psi) \qquad (8/12)$$

A Eq. 8/12 representa uma função harmônica decrescente exponencialmente, como apresentado na Fig. 8/6 para valores numéricos específicos. A frequência

$$\omega_d = \omega_n\sqrt{1-\zeta^2}$$

é chamada *frequência natural amortecida*. O *período amortecido* é dado por $\tau_d = 2\pi/\omega_d = 2\pi/(\omega_n\sqrt{1-\zeta^2})$.

É importante notar que as expressões desenvolvidas para as constantes C e ψ, em termos das condições iniciais para o caso de ausência de amortecimento, não são válidas para o caso com amortecimento. Para determinar C e ψ quando o amortecimento está presente, você deve reiniciar, definindo a expressão geral do deslocamento da Eq. 8/12 e sua primeira derivada no tempo, ambas avaliadas no instante $t = 0$, iguais ao deslocamento inicial x_0 e a velocidade inicial $\dot{x}_0$, respectivamente.

Determinação Experimental do Amortecimento

Muitas vezes precisamos determinar experimentalmente o valor do fator de amortecimento ζ para um sistema subamortecido. Normalmente o motivo é que o valor do coeficiente de amortecimento viscoso c não é bem conhecido de outra maneira. Para determinar o amortecimento, podemos excitar o sistema segundo condições iniciais e obter um gráfico do deslocamento x contra o tempo t, tal como o apresentado esquematicamente na Fig. 8/7. Medimos então duas amplitudes sucessivas x_1 e x_2 separadas de um ciclo completo e calculamos a sua razão

$$\frac{x_1}{x_2} = \frac{Ce^{-\zeta\omega_n t_1}}{Ce^{-\zeta\omega_n(t_1+\tau_d)}} = e^{\zeta\omega_n\tau_d}$$

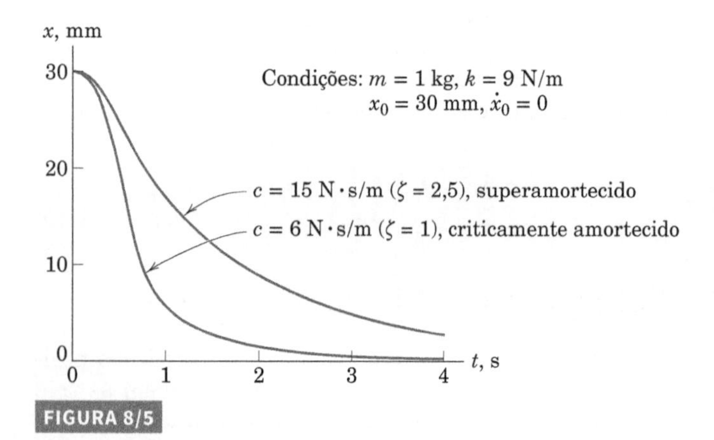

FIGURA 8/5

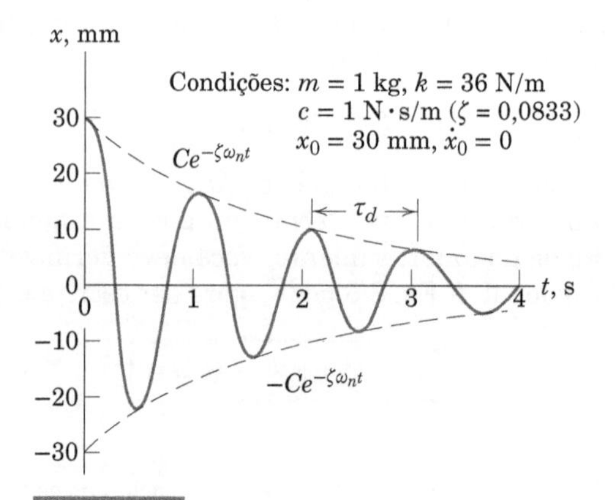

FIGURA 8/6

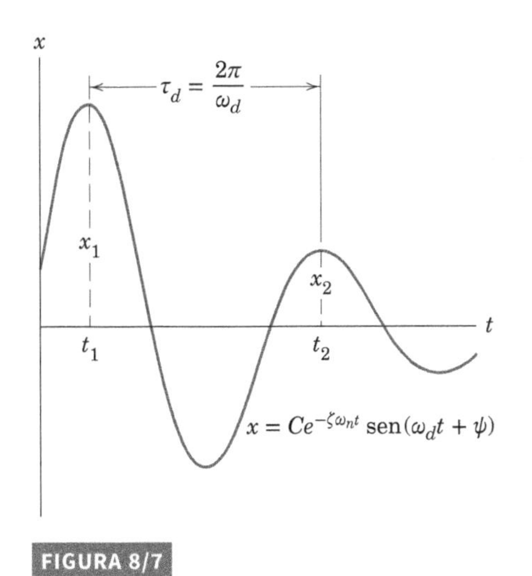

FIGURA 8/7

O *decremento logarítmico* δ é definido como

$$\delta = \ln\left(\frac{x_1}{x_2}\right) = \zeta\omega_n\tau_d = \zeta\omega_n\frac{2\pi}{\omega_n\sqrt{1-\zeta^2}} = \frac{2\pi\zeta}{\sqrt{1-\zeta^2}}$$

A partir dessa equação, podemos resolver para ζ e obter

$$\zeta = \frac{\delta}{\sqrt{(2\pi)^2 + \delta^2}}$$

Para um fator de amortecimento pequeno, $x_1 \cong x_2$ e $\delta << 1$, de modo que $\zeta \cong \delta/2\pi$. Se x_1 e x_2 têm valores tão próximos que a distinção experimental entre eles é impraticável, a análise anterior pode ser modificada utilizando a observação de duas amplitudes que estão separadas de n ciclos.

EXEMPLO DE PROBLEMA 8/1

Um corpo de 10 kg está suspenso por uma mola de constante k = 2,5 kN/m. No instante de tempo t = 0, possui uma velocidade para baixo de 0,5 m/s quando passa através da posição de equilíbrio estático. Determine

(*a*) a deflexão estática da mola δ_{est}

(*b*) a frequência natural do sistema tanto em rad/s (ω_n) quanto em ciclos/s (f_n)

(*c*) o período do sistema τ

(*d*) o deslocamento x como uma função do tempo, em que x é medido a partir da posição de equilíbrio estático

(*e*) a velocidade máxima $v_{máx}$ atingida pela massa

(*f*) a aceleração máxima $a_{máx}$ atingida pela massa.

Solução. (*a*) A partir da relação para a mola $F_m = kx$, verificamos que no equilíbrio

$$mg = k\delta_{est} \qquad \delta_{est} = \frac{mg}{k} = \frac{10(9{,}81)}{2500} = 0{,}0392 \text{ m ou } 39{,}2 \text{ mm} \quad ① \qquad \textit{Resp.}$$

(*b*)

$$\omega_n = \sqrt{\frac{k}{m}} = \sqrt{\frac{2500}{10}} = 15{,}81 \text{ rad/s} \qquad \textit{Resp.}$$

$$f_n = (15{,}81)\left(\frac{1}{2\pi}\right) = 2{,}52 \text{ ciclos/s} \qquad \textit{Resp.}$$

(*c*)

$$\tau = \frac{1}{f_n} = \frac{1}{2{,}52} = 0{,}397 \text{ s} \qquad \textit{Resp.}$$

(*d*) Da Eq. 8/6:

$$x = x_0 \cos\omega_n t + \frac{\dot{x}_0}{\omega_n}\operatorname{sen}\omega_n t \quad ②$$

$$= (0)\cos 15{,}81t + \frac{0{,}5}{15{,}81}\operatorname{sen} 15{,}81t$$

$$= 0{,}0316 \operatorname{sen} 15{,}81t \text{ m ou } 31{,}6 \operatorname{sen} 15{,}81t \text{ mm} \qquad \textit{Resp.}$$

Como um exercício, vamos determinar x a partir da Eq. 8/7 alternativa:

$$x = \sqrt{x_0^{\,2} + (\dot{x}_0/\omega_n)^2}\operatorname{sen}\left[\omega_n t + \tan^{-1}\left(\frac{x_0\omega_n}{\dot{x}_0}\right)\right]$$

$$= \sqrt{0^2 + \left(\frac{0{,}5}{15{,}81}\right)^2}\operatorname{sen}\left[15{,}81t + \tan^{-1}\left(\frac{(0)(15{,}81)}{0{,}5}\right)\right]$$

$$= 0{,}0316 \operatorname{sen} 15{,}81t \text{ m}$$

DICAS ÚTEIS

① Você deve agir sempre com extrema cautela com relação às unidades. No estudo de vibrações, é muito fácil cometer erros devido à confusão de metros e milímetros, ciclos e radianos, e outros pares que frequentemente entram nos cálculos.

② Lembre-se de que quando referenciamos o movimento à posição de equilíbrio estático, a equação do movimento, e consequentemente a sua solução, para o sistema em análise é idêntica àquela para o sistema vibrando horizontalmente.

EXEMPLO DE PROBLEMA 8/1 *(continuação)*

(*e*) A velocidade é $\dot{x}$ = 15,81 (0,0316) cos 15,81t = 0,5 cos 15,81t m/s. Como a função cosseno não pode ser superior a 1 ou inferior a –1, a velocidade máxima $v_{máx}$ é de 0,5 m/s, que, nesse caso, é a velocidade inicial. *Resp.*

(*f*) A aceleração é

$$\ddot{x} = -15{,}81(0{,}5) \text{ sen } 15{,}81t = -7{,}91 \text{ sen } 15{,}81t \text{ m/s}^2$$

A aceleração máxima $a_{máx}$ é de 7,91 m/s². *Resp.*

EXEMPLO DE PROBLEMA 8/2

O corpo de 8 kg é deslocado de 0,2 m para a direita a partir da posição de equilíbrio e é liberado a partir do repouso no instante de tempo t = 0. Determine o seu deslocamento no instante de tempo t = 2 s. O coeficiente de amortecimento viscoso c é de 20 N · s/m, e a rigidez da mola k é de 32 N/m.

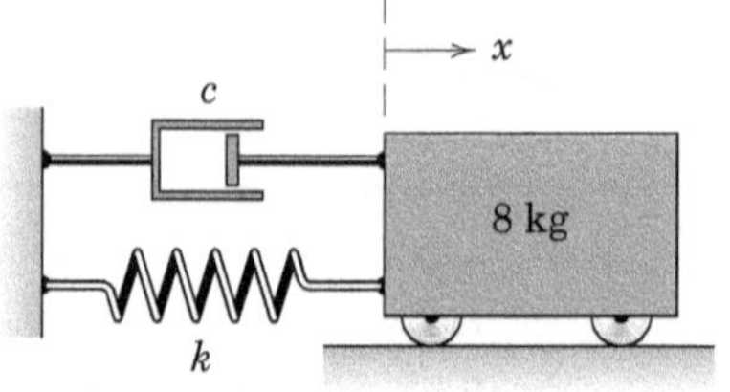

Solução. Devemos determinar inicialmente se o sistema é subamortecido, criticamente amortecido, ou superamortecido. Com esse objetivo, calculamos o fator de amortecimento ζ.

$$\omega_n = \sqrt{k/m} = \sqrt{32/8} = 2 \text{ rad/s} \qquad \zeta = \frac{c}{2m\omega_n} = \frac{20}{2(8)(2)} = 0{,}625$$

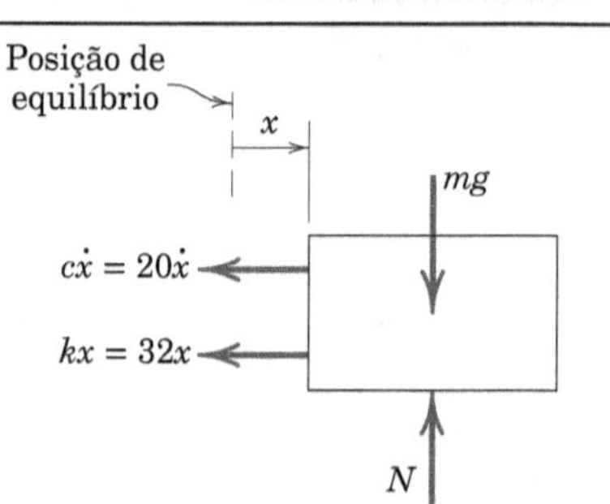

Uma vez que $\zeta < 1$, o sistema é subamortecido. A frequência natural amortecida é $\omega_d = \omega_n\sqrt{1-\zeta^2} = 2\sqrt{1-(0{,}625)^2}$ = 1,561 rad/s. O movimento é descrito pela Eq. 8/12 como

$$x = Ce^{-\zeta\omega_n t} \text{ sen } (\omega_d t + \psi) = Ce^{-1{,}25t} \text{ sen } (1{,}561t + \psi)$$

A velocidade é então

$$\dot{x} = -1{,}25Ce^{-1{,}25t} \text{ sen } (1{,}561t + \psi) + 1{,}561Ce^{-1{,}25t} \cos (1{,}561t + \psi)$$

Calculando o deslocamento e a velocidade no instante de tempo t = 0 obtemos

$$x_0 = C \text{ sen } \psi = 0{,}2 \qquad \dot{x}_0 = -1{,}25C \text{ sen } \psi + 1{,}561C \cos \psi = 0$$

Resolvendo as duas equações para C e ψ, obtemos C = 0,256 m e ψ = 0,896 rad. Portanto, o deslocamento em metros é

$$x = 0{,}256e^{-1{,}25t} \text{ sen } (1{,}561t + 0{,}896) \text{ m}$$

Calculando para o tempo t = 2 s, obtemos x_2 = – 0,01616 m.①

DICA ÚTIL

① Observamos que o fator exponencial $e^{-1{,}25t}$ é 0,0821 em t = 2 s. Desse modo, ζ = 0,625 representa um amortecimento intenso, embora o movimento ainda seja oscilatório.

EXEMPLO DE PROBLEMA 8/3

As duas polias fixas, que giram em sentidos opostos, são acionadas na mesma velocidade angular ω_0. Uma barra com seção transversal circular é colocada fora de centro sobre as polias conforme mostrado. Determine a frequência natural do movimento resultante da barra. O coeficiente de atrito dinâmico entre a barra e as polias é μ_d.

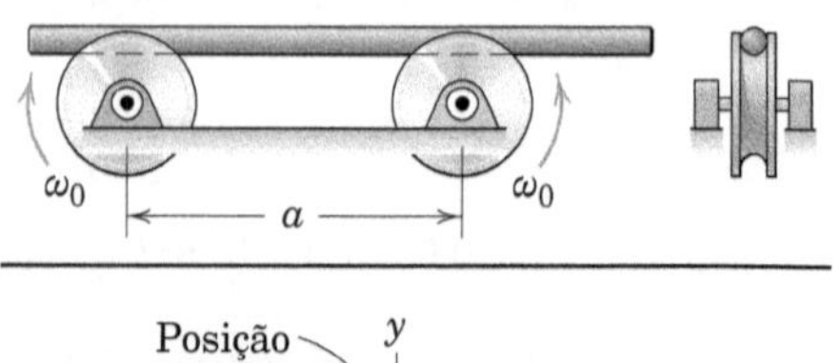

Solução. O diagrama de corpo livre da barra é construído para um deslocamento arbitrário x a partir da posição central, como mostrado. As equações de governo são

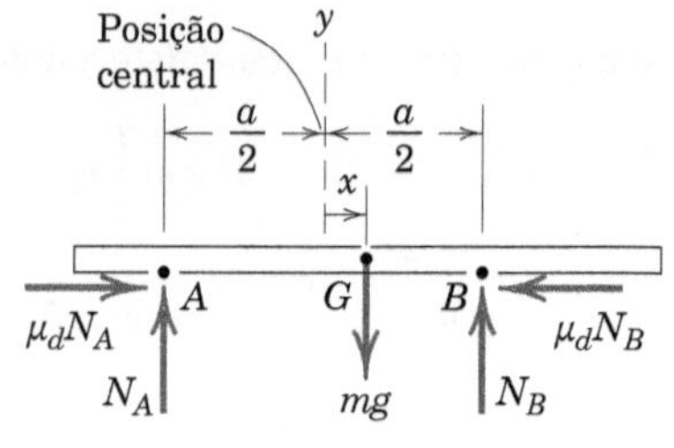

$$[\Sigma F_x = m\ddot{x}] \qquad \mu_d N_A - \mu_d N_B = m\ddot{x}$$

$$[\Sigma F_y = 0] \qquad N_A + N_B - mg = 0$$

$$[\Sigma M_A = 0] \qquad aN_B - \left(\frac{a}{2} + x\right) mg = 0 \quad ①$$

EXEMPLO DE PROBLEMA 8/3 (*continuação*)

Eliminando N_A e N_B da primeira equação fornece

$$\ddot{x} + \frac{2\mu_d g}{a} x = 0 \quad ②$$

Reconhecemos a forma dessa equação como a da Eq. 8/2, de modo que a frequência natural em radianos por segundo é $\omega_n = \sqrt{2\mu_d g/a}$ e a frequência natural em ciclos por segundo é

$$f_n = \frac{1}{2\pi}\sqrt{2\mu_d g/a} \qquad \textit{Resp.}$$

DICAS ÚTEIS

① Como a barra é esbelta e não gira, o uso de uma equação de equilíbrio para o momento é justificado.

② Observamos que a velocidade angular ω_0 não entra na equação de movimento. A razão para isso é nossa hipótese de que a força de atrito dinâmico não depende da velocidade relativa na superfície de contato.

8/3 Vibração Forçada de Partículas

Embora existam muitas aplicações importantes de vibrações livres, a classe mais importante de problemas de vibrações é aquela em que o movimento é continuamente excitado por uma força perturbadora. A força pode ser aplicada externamente ou pode ser gerada dentro do sistema, por exemplo, por meio da rotação de elementos desbalanceados. As vibrações forçadas podem também ser provocadas pelo movimento da base do sistema.

Cortesia de MTS Systems Corporation

O sistema de suspensão de um automóvel sob teste de vibração.

Excitações Harmônicas

Diferentes formas para as funções de forçamento $F = F(t)$ e para os deslocamentos da base $x_B = x_B(t)$ estão representadas na Fig. 8/8. A força harmônica mostrada na parte *a*

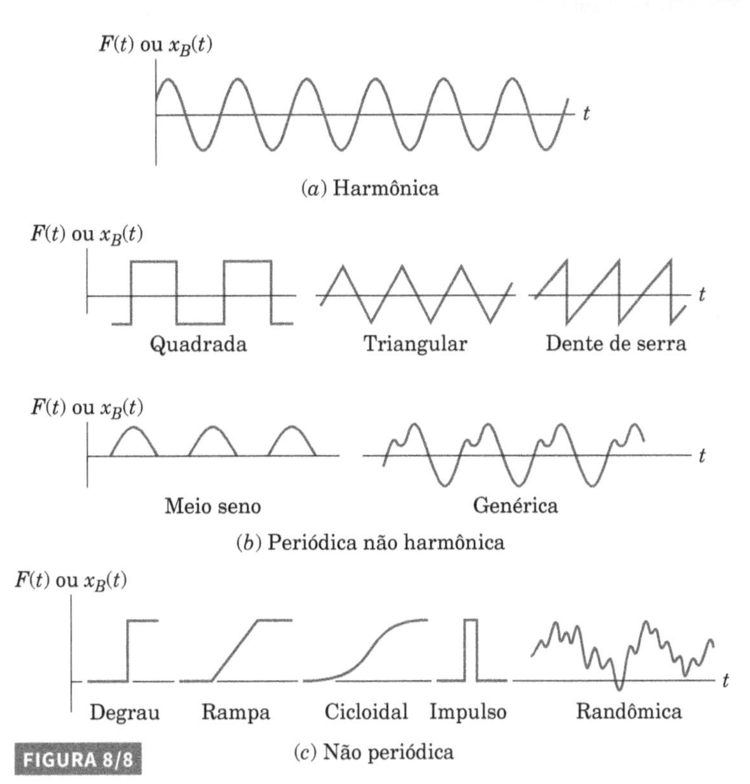

FIGURA 8/8

da figura ocorre com frequência na prática de Engenharia, e o conhecimento da análise associada com as forças harmônicas é um primeiro passo indispensável no estudo das formas mais complexas. Por essa razão, vamos concentrar nossa atenção sobre as excitações harmônicas.

Consideraremos inicialmente o sistema da Fig. 8/9*a*, onde o corpo é submetido à força harmônica externa $F = F_0$ sen ωt, na qual F_0 é a amplitude da força e ω é a frequência de excitação (em radianos por segundo). Não deixe de distinguir entre $\omega_n = \sqrt{k/m}$, que é uma propriedade do sistema, e ω, que é uma propriedade da força aplicada ao sistema. Observamos também que, para uma força $F = F_0 \cos \omega t$, simplesmente se substitui o cos ωt por sen ωt nos resultados que serão desenvolvidos a seguir.

A partir do diagrama de corpo livre da Fig. 8/9*a*, podemos aplicar a segunda lei de Newton para obter

$$-kx - c\dot{x} + F_0 \operatorname{sen} \omega t = m\ddot{x}$$

De modo padrão, com as mesmas substituições de variáveis feitas na Seção 8/2, a equação de movimento se torna

$$\ddot{x} + 2\zeta\omega_n\dot{x} + \omega_n{}^2 x = \frac{F_0 \operatorname{sen} \omega t}{m} \tag{8/13}$$

Excitação da Base

Em muitos casos, a excitação da massa não é devida a uma força aplicada diretamente, mas ao movimento da base ou da fundação à qual a massa está conectada por molas ou outros suportes flexíveis. Exemplos de tais aplicações são sismógrafos, suspensões de veículos, e estruturas abaladas por terremotos.

O movimento harmônico da base é equivalente à aplicação direta de uma força harmônica. Para mostrar

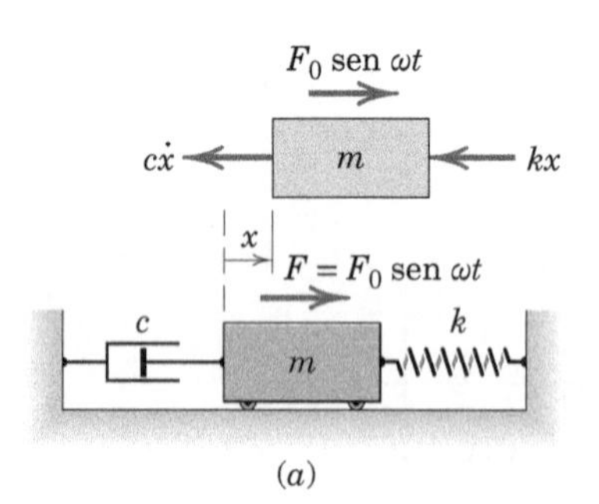

(*a*)

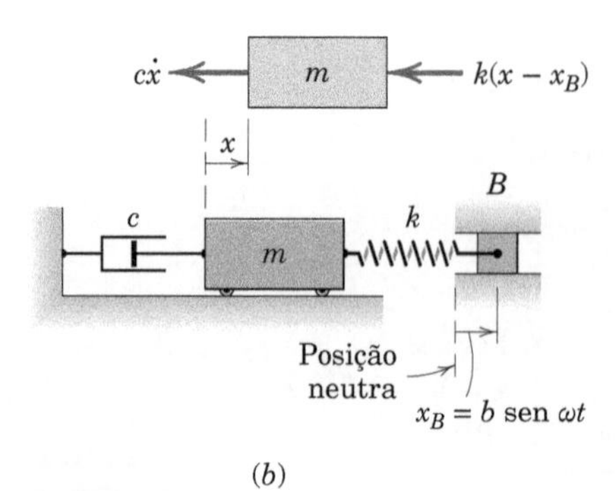

(*b*)

FIGURA 8/9

isso, considere o sistema da Fig. 8/9*b* onde a mola está fixada à base móvel. O diagrama de corpo livre mostra a massa deslocada de uma distância x, a partir da posição neutra ou de equilíbrio, que essa teria caso a base se encontrasse em sua posição neutra. Presume-se que a base, por sua vez, possui um movimento harmônico $x_B = b$ sen ωt. Observe que a deflexão da mola é a diferença entre os deslocamentos inerciais da massa e da base. A partir do diagrama de corpo livre, a segunda lei de Newton fornece

$$-k(x - x_B) - c\dot{x} = m\ddot{x}$$

ou

$$\ddot{x} + 2\zeta\omega_n\dot{x} + \omega_n{}^2 x = \frac{kb \operatorname{sen} \omega t}{m} \tag{8/14}$$

Observamos imediatamente que a Eq. 8/14 é exatamente a mesma que a nossa equação básica do movimento, Eq. 8/13, na qual F_0 é substituído por kb. Consequentemente, todos os resultados que serão desenvolvidos a seguir se aplicam tanto à Eq. 8/13 como à Eq. 8/14.

Vibração Forçada Não Amortecida

Inicialmente, discutimos o caso em que o amortecimento é desprezível ($c = 0$). A equação de movimento básica, Eq. 8/13, se torna

$$\ddot{x} + \omega_n{}^2 x = \frac{F_0}{m} \operatorname{sen} \omega t \tag{8/15}$$

A solução completa para a Eq. 8/15 é a soma da solução complementar x_c, que é a solução geral da Eq. 8/15 com o lado direito igual a zero, e a solução particular x_p, que é *qualquer* solução para a equação completa. Assim, $x = x_c + x_p$. Desenvolvemos a solução complementar na Seção 8/2. Uma solução particular é investigada presumindo que a forma da resposta à força deve ser semelhante à forma do termo de força. Com esse objetivo, obtemos

$$x_p = X \operatorname{sen} \omega t \tag{8/16}$$

em que X é a amplitude (em unidades de comprimento) da solução particular. Substituindo essa expressão na Eq. 8/15 e resolvendo para X produz

$$X = \frac{F_0/k}{1 - (\omega/\omega_n)^2} \tag{8/17}$$

Desse modo, a solução particular vem a ser

$$x_p = \frac{F_0/k}{1 - (\omega/\omega_n)^2} \operatorname{sen} \omega t \tag{8/18}$$

A solução complementar, conhecida como *solução transiente*, não importa, particularmente, aqui, uma vez que, com o tempo, ela se extingue com a pequena quantidade de amortecimento que inevitavelmente sempre está presente. A solução particular x_p descreve o movimento contínuo e é chamada *solução de regime permanente*. Seu período é $\tau = 2\pi/\omega$, o mesmo que o da função de forçamento.

A amplitude X do movimento é de fundamental interesse. Se utilizarmos δ_{est} para representar a amplitude do deslocamento estático da massa sob a ação de uma carga estática F_0, então $\delta_{est} = F_0/k$, e podemos estabelecer a relação

$$M = \frac{X}{\delta_{est}} = \frac{1}{1 - (\omega/\omega_n)^2} \qquad (8/19)$$

A razão M é chamada de *razão de amplitudes* ou *fator de amplificação* e é uma medida da intensidade da vibração. Observamos particularmente que M *tende a infinito* quando ω se aproxima de ω_n. Consequentemente, se o sistema não possui amortecimento e é excitado por uma força harmônica cuja frequência ω se aproxima da frequência natural ω_n do sistema, então M, e consequentemente X, assim, crescem sem limite. Fisicamente, isso significa que a amplitude do movimento atingiria os extremos da mola presa, que é uma condição a ser evitada.

O valor ω_n é chamado de *frequência crítica* ou de *ressonância* do sistema, e a condição de ω estar próximo do valor de ω_n, com a consequente grande amplitude de deslocamento X, é chamada de *ressonância*. Para $\omega < \omega_n$, o fator de amplificação M é positivo, e a vibração está em fase com a força F. Para $\omega > \omega_n$, o fator de amplificação é negativo, e a vibração está 180° fora de fase com F. A Fig. 8/10 mostra um gráfico do valor absoluto de M como uma função da relação entre a frequência de excitação e a frequência natural ω/ω_n.

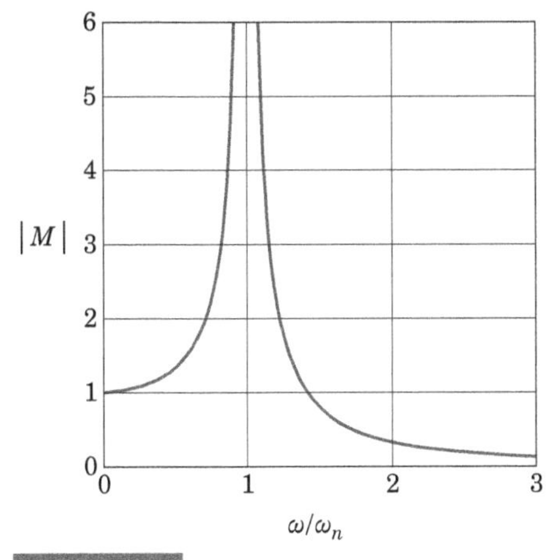

FIGURA 8/10

Vibração Forçada Amortecida

Agora introduzimos novamente o amortecimento em nossas expressões para vibração forçada. Nossa equação diferencial básica do movimento é

$$\ddot{x} + 2\zeta\omega_n\dot{x} + \omega_n{}^2x = \frac{F_0 \operatorname{sen} \omega t}{m} \qquad [8/13]$$

Novamente, a solução completa é a soma da solução complementar x_c, que é a solução geral da Eq. 8/13 com o lado direito igual a zero, e a solução particular x_p, que é *qualquer* solução para a equação completa. A solução complementar x_c já foi desenvolvida na Seção 8/2. Quando o amortecimento está presente, constatamos que um único termo de seno ou cosseno, tal como o que utilizamos para o caso não amortecido, não é suficientemente geral para a solução particular. Então tentamos

$$x_p = X_1 \cos \omega t + X_2 \operatorname{sen} \omega t \qquad \text{ou} \qquad x_p = X \operatorname{sen}(\omega t - \phi)$$

Substituindo a última expressão na Eq. 8/13, igualando os coeficientes de sen ωt e cos ωt e resolvendo as duas equações resultantes obtemos

$$X = \frac{F_0/k}{\{[1 - (\omega/\omega_n)^2]^2 + [2\zeta\omega/\omega_n]^2\}^{1/2}} \qquad (8/20)$$

$$\phi = \tan^{-1}\left[\frac{2\zeta\omega/\omega_n}{1 - (\omega/\omega_n)^2}\right] \qquad (8/21)$$

A solução completa é então conhecida e, para sistemas subamortecidos, pode ser escrita como

$$x = Ce^{-\zeta\omega_n t} \operatorname{sen}(\omega_d t + \psi) + X \operatorname{sen}(\omega t - \phi) \qquad (8/22)$$

Uma vez que o primeiro termo do lado direito decresce com o tempo, ele é conhecido como a *solução transiente*. A solução particular x_p é a *solução de regime permanente* e é a parte da solução na qual estamos principalmente interessados. Todas as grandezas no lado direito da Eq. 8/22 são propriedades do sistema e da força aplicada, exceto por C e ψ (que podem ser determinados a partir das condições iniciais) e a variável do tempo corrente t.

Conceitos-Chave Fator de Amplificação e Ângulo de Fase

Próximo da ressonância, a amplitude X da solução de regime permanente é uma função pronunciada do fator de amortecimento ζ e da razão adimensional das frequências ω/ω_n. Mais uma vez é conveniente estabelecer a relação adimensional $M = X/(F_0/k)$, que é chamada de *razão de amplitudes* ou *fator de amplificação*

$$M = \frac{1}{\{[1 - (\omega/\omega_n)^2]^2 + [2\zeta\omega/\omega_n]^2\}^{1/2}} \qquad (8/23)$$

Um gráfico preciso do fator de amplificação M contra a razão de frequências ω/ω_n para diversos valores do fator de amortecimento ζ é mostrado na Fig. 8/11. Essa figura revela as informações mais essenciais em relação à vibração forçada de um sistema com um único grau de liberdade sob excitação harmônica. É evidente a partir do gráfico que, se a amplitude de um movimento é excessiva, duas alternativas possíveis seriam (*a*) aumentar o amortecimento (para obter um valor maior de ζ) ou (*b*) alterar a frequência de excitação, de modo que ω fique mais distante da frequência de ressonância ω_n. A adição de amortecimento é mais eficaz próximo da ressonância. A Fig. 8/11 mostra também que, exceto para $\zeta = 0$, as curvas do fator de amplificação, na verdade, não possuem um pico em $\omega/\omega_n = 1$. O pico, para qualquer valor conhecido de ζ, pode ser calculado pela determinação do valor máximo de M a partir da Eq. 8/23.

O ângulo de fase ϕ, dado pela Eq. 8/21, pode variar de 0 a π e representa a parcela de um ciclo (e, portanto, o tempo) por meio da qual a resposta x_p está atrasada em relação à função de forçamento F. A Fig. 8/12 mostra como o ângulo de fase ϕ varia com a razão de frequências para diversos valores do fator de amortecimento ζ. Note que o valor de ϕ quando $\omega/\omega_n = 1$ é de 90° para todos os valores de ζ. Para ilustrar melhor a diferença de fase entre a resposta e a função de forçamento, apresentamos na Fig. 8/13 dois exemplos da variação de F e x_p com ωt. No primeiro exemplo, $\omega < \omega_n$ e ϕ adotado é igual a $\pi/4$. No segundo exemplo, $\omega > \omega_n$ e ϕ adotado é igual a $3\pi/4$.

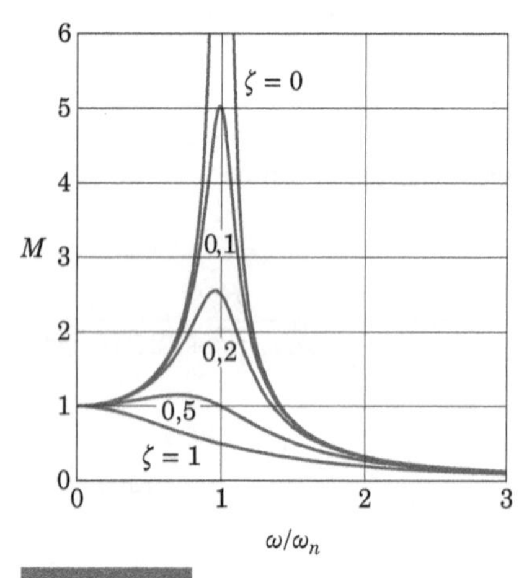

FIGURA 8/11

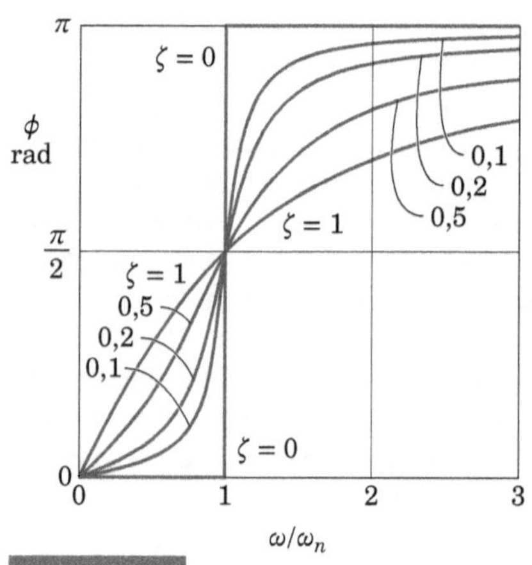

FIGURA 8/12

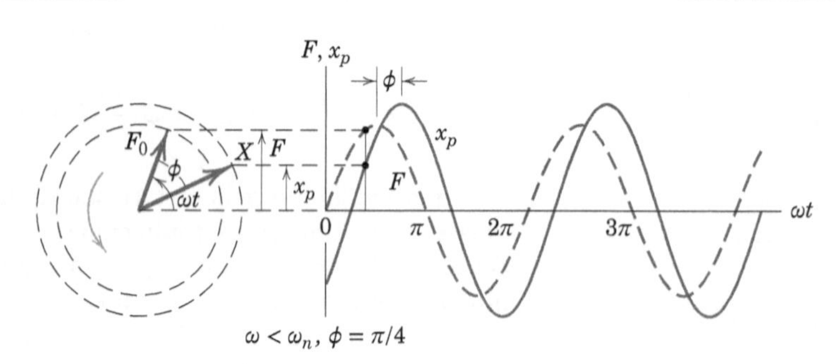

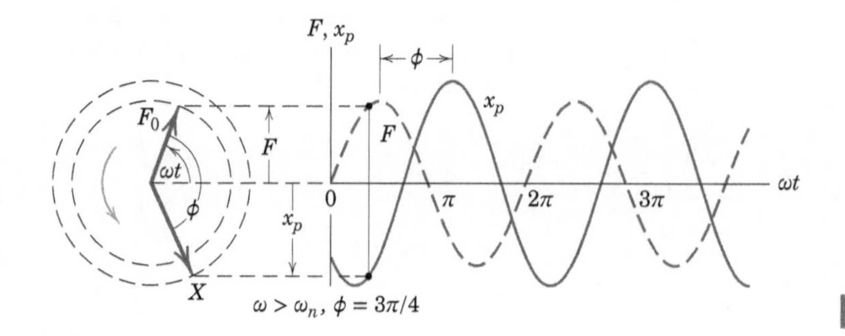

FIGURA 8/13

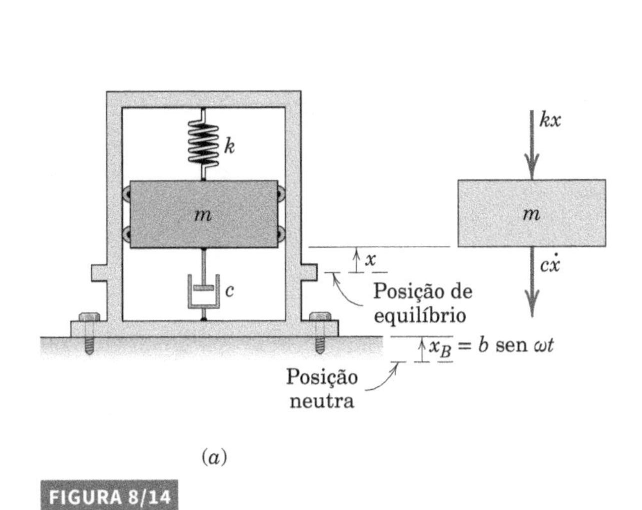

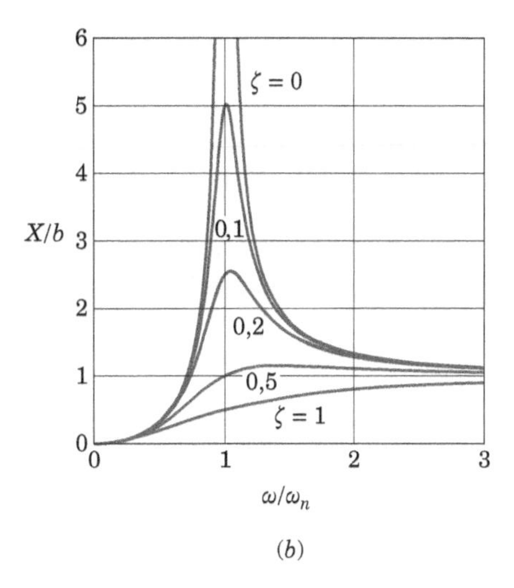

FIGURA 8/14

Aplicações

Instrumentos para medição de vibração, tais como sismômetros e acelerômetros, são aplicações de excitação harmônica frequentemente encontradas. Os elementos dessa classe de instrumentos são apresentados na Fig. 8/14*a*. Notamos que o sistema inteiro é submetido ao movimento x_B da estrutura. Utilizando x para indicar a posição da massa *em relação* à estrutura, podemos aplicar a segunda lei de Newton e obter

$$-c\dot{x} - kx = m\frac{d^2}{dt^2}(x + x_B) \quad \text{ou} \quad \ddot{x} + \frac{c}{m}\dot{x} + \frac{k}{m}x = -\ddot{x}_B$$

em que $(x + x_B)$ é o deslocamento inercial da massa. Se $x_B = b$ sen ωt, a equação do movimento com a notação usual é

$$\ddot{x} + 2\zeta\omega_n\dot{x} + \omega_n{}^2x = b\omega^2 \operatorname{sen} \omega t$$

que é idêntica a Eq. 8/13 se $b\omega^2$ é substituído por F_0/m.

Mais uma vez, estamos interessados apenas na solução de regime permanente x_p. Portanto, a partir da Eq. 8/20, temos

$$x_p = \frac{b(\omega/\omega_n)^2}{\{[1 - (\omega/\omega_n)^2]^2 + [2\zeta\omega/\omega_n]^2\}^{1/2}} \operatorname{sen}(\omega t - \phi)$$

Se X representa a amplitude da resposta relativa x_p, então a relação adimensional X/b é

$$X/b = (\omega/\omega_n)^2 M$$

em que M é o fator de amplificação da Eq. 8/23. Um gráfico de X/b como uma função da razão das frequências ω/ω_n é apresentado na Fig. 8/14*b*. As semelhanças e as diferenças entre os fatores de amplificação das Figs. 8/14*b* e 8/11 devem ser observadas.

Se a razão entre as frequências ω/ω_n é grande, então $X/b = 1$ para todos os valores do fator de amortecimento ζ. Nessas condições, o deslocamento da massa em relação à estrutura é aproximadamente igual ao deslocamento absoluto da estrutura, e o instrumento funciona como um *medidor de deslocamentos*. Para obter um valor elevado de ω/ω_n precisamos de um valor pequeno de $\omega_n = \sqrt{k/m}$, o que implica uma mola muito flexível e uma massa grande. Com essa combinação, a massa tenderá a permanecer fixa no referencial inercial. Medidores de deslocamentos em geral possuem um amortecimento muito suave.

O sismógrafo é uma aplicação útil dos princípios deste artigo.

Por outro lado, se a razão entre as frequências ω/ω_n é pequena, M se aproxima da unidade (observe a Fig. 8/11) e $X/b \cong (\omega/\omega_n)^2$ ou $X \cong b(\omega/\omega_n)^2$. Mas $b\omega^2$ é a aceleração máxima da estrutura. Nesse caso, X é proporcional à aceleração máxima da estrutura, e o instrumento pode ser utilizado como um *acelerômetro*. O fator de amortecimento geralmente é escolhido de forma que M se aproxime da unidade para a maior faixa possível de ω/ω_n. A partir da Fig. 8/11, observamos que um fator de amortecimento aproximadamente entre $\zeta = 0{,}5$ e $\zeta = 1$ satisfaz esse critério.

Analogia com Circuitos Elétricos

Existe uma importante analogia entre os circuitos elétricos e os sistemas mecânicos massa-mola. A Fig. 8/15 apresenta um circuito em série constituído por uma fonte de tensão E que é uma função do tempo, uma indutância L, uma capacitância C, e uma resistência R. Se representarmos a carga pelo símbolo q, a equação que determina a carga é

$$L\ddot{q} + R\dot{q} + \frac{1}{C}q = E \qquad (8/24)$$

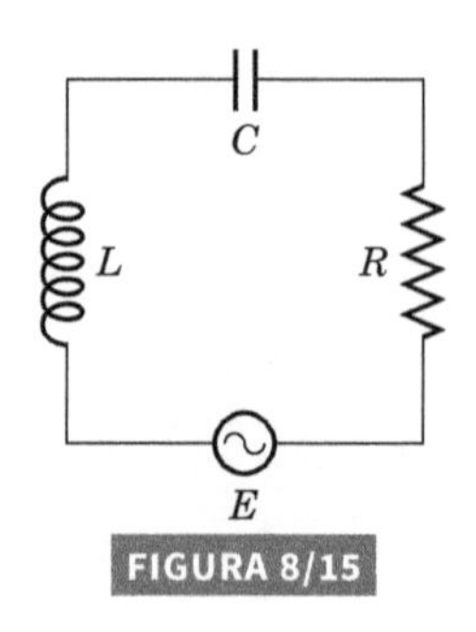

FIGURA 8/15

Essa equação possui a mesma forma que a equação para o sistema mecânico. Desse modo, por uma simples troca de símbolos, o comportamento do circuito elétrico pode ser utilizado para prever o comportamento do sistema mecânico, ou vice-versa. Os equivalentes mecânicos e elétricos na tabela a seguir merecem atenção:

Equivalentes Mecânicos e Elétricos

Mecânico			Elétrico			
Grandeza	Símbolo	Unidade SI	Grandeza	Símbolo	Unidade SI	
Massa	m	kg	Indutância	L	H	henry
Rigidez de mola	k	N/m	1/Capacitância	$1/C$	$1/F$	1/farad
Força	F	N	Tensão	E	V	volt
Velocidade	$\dot{x}$	m/s	Corrente	I	A	ampère
Deslocamento	x	m	Carga	q	C	coulomb
Constante de amortecimento viscoso	c	N · s/m	Resistência	R	Ω	ohm

EXEMPLO DE PROBLEMA 8/4

Um instrumento de 50 kg é apoiado por quatro molas, cada uma com rigidez de 7500 N/m. Se a base do instrumento é submetida a um movimento harmônico definido, em metros, por $x_B = 0{,}002 \cos 50t$, determine a amplitude do movimento em regime permanente do instrumento. O amortecimento é desprezível.

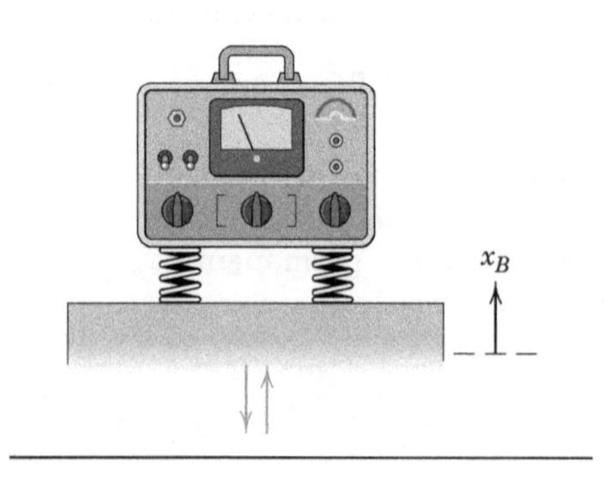

Solução. Para uma oscilação harmônica da base, substituímos F_0 por kb em nossos resultados para solução particular, de modo que, a partir da Eq. 8/17, a amplitude em regime permanente vem a ser

$$X = \frac{b}{1 - (\omega/\omega_n)^2} \quad ①$$

A frequência de ressonância é $\omega_n = \sqrt{k/m} = \sqrt{4(7500)/50} = 24{,}5$ rad/s e a frequência imposta $\omega = 50$ rad/s é fornecida. Desse modo,

$$X = \frac{0{,}002}{1 - (50/24{,}5)^2} = -6{,}32(10^{-4}) \text{ m} \quad \text{ou} \quad -0{,}632 \text{ mm} \quad ② \qquad \textit{Resp.}$$

Repare que a razão das frequências ω/ω_n é de aproximadamente 2, de modo que a condição de ressonância é evitada.

DICAS ÚTEIS

① Observe que tanto sen $50t$ como cos $50t$ podem ser utilizados para a função de forçamento com esse mesmo resultado.

② O sinal negativo indica que o movimento está 180° fora de fase com a excitação aplicada.

EXEMPLO DE PROBLEMA 8/5

O ponto B de fixação da mola recebe um movimento horizontal $x_B = b \cos \omega t$. Determine a frequência de excitação crítica ω_c para a qual as oscilações da massa m tendem a se tornar excessivamente grandes. Despreze o atrito e a massa associada às polias. As duas molas têm a mesma rigidez k.

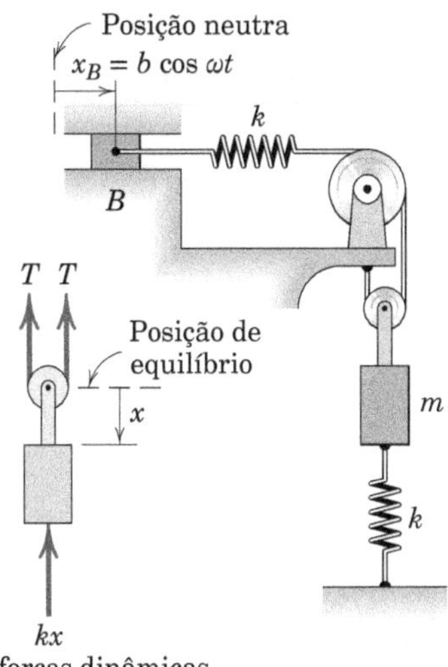

Somente forças dinâmicas

Solução. O diagrama de corpo livre é traçado para deslocamentos positivos arbitrários x e x_B. A variável de movimento x é medida para baixo a partir da posição de equilíbrio estático, definida como a que ocorre quando $x_B = 0$. O alongamento adicional na mola superior, além do que existe no equilíbrio estático, é $2x - x_B$.① Portanto, a força *dinâmica* na mola superior, e consequentemente a tração *dinâmica* T no cabo, é $k(2x - x_B)$.② O somatório das forças na direção x fornece

$$[\Sigma F_x = m\ddot{x}] \qquad -2k(2x - x_B) - kx = m\ddot{x}$$

que se torna

$$\ddot{x} + \frac{5k}{m}x = \frac{2kb \cos \omega t}{m}$$

A frequência natural do sistema é $\omega_n = \sqrt{5k/m}$. Então

$$\omega_c = \omega_n = \sqrt{5k/m} \qquad \textit{Resp.}$$

DICAS ÚTEIS

① Se for necessária uma revisão da cinemática do movimento com restrição, consulte a Seção 2/9.

② Aprendemos a partir da discussão na Seção 8/2 que as forças iguais e opostas associadas à posição de equilíbrio estático podem ser omitidas da análise. A utilização dos termos força *dinâmica* da mola e tração *dinâmica* enfatiza que apenas os incrementos de força, além dos valores estáticos, devem ser considerados.

EXEMPLO DE PROBLEMA 8/6

O pistão de 45 kg é apoiado por uma mola de constante k = 35 kN/m. Um amortecedor com coeficiente de amortecimento c = 1250 N · s/m atua em paralelo com a mola. Uma pressão flutuante $p = 4000$ sen $30t$, em Pa, atua sobre o pistão, cuja área da superfície superior é de $50(10^{-3})$ m^2. Determine o deslocamento em regime permanente como uma função do tempo e a força máxima transmitida para a base.

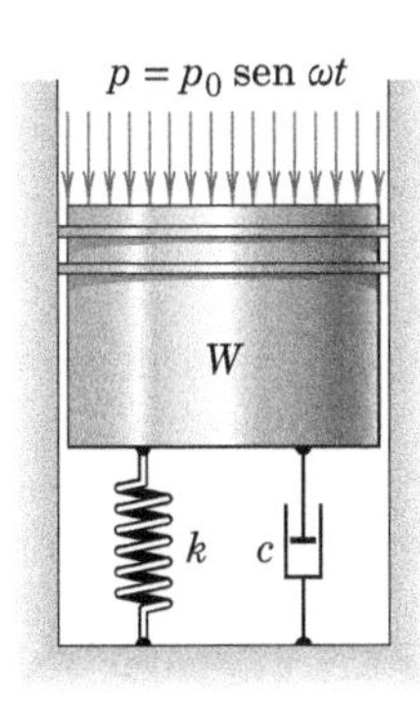

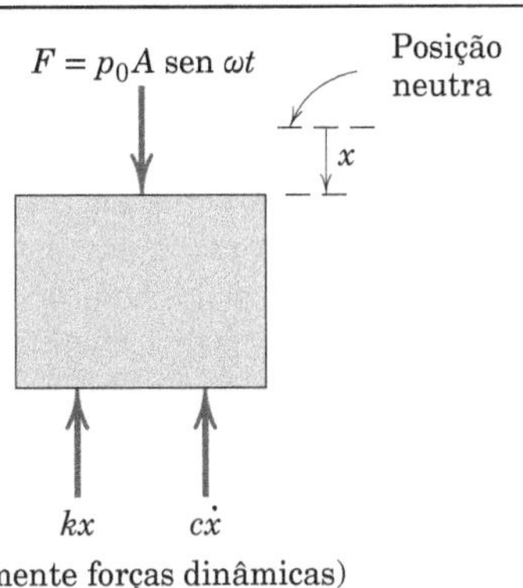

(Somente forças dinâmicas)

Solução. Começamos por calcular a frequência natural e o fator de amortecimento do sistema

$$\omega_n = \sqrt{\frac{k}{m}} = \sqrt{\frac{35(10^3)}{45}} = 27{,}9 \text{ rad/s}$$

$$\zeta = \frac{c}{2m\omega_n} = \frac{1250}{2(45)(27{,}9)} = 0{,}498 \text{ (subamortecido)}$$

A amplitude em regime permanente, a partir da Eq. 8/20, é

$$X = \frac{F_0/k}{\{[1 - (\omega/\omega_n)^2]^2 + [2\zeta\omega/\omega_n]^2\}^{1/2}}$$

$$= \frac{(4000)(50)(10^{-3})/[35(10^3)]}{\{[1 - (30/27{,}9)^2]^2 + [2(0{,}498)(30/27{,}9)]^2\}^{1/2}}$$

$$= 0{,}00528 \text{ m} \quad \text{ou} \quad 5{,}28 \text{ mm} \quad ①$$

EXEMPLO DE PROBLEMA 8/6 *(continuação)*

O ângulo de fase, a partir da Eq. 8/21, é

$$\phi = \tan^{-1}\left[\frac{2\zeta\omega/\omega_n}{1-(\omega/\omega_n)^2}\right]$$

$$= \tan^{-1}\left[\frac{2(0{,}498)(30/27{,}9)}{1-(30/27{,}9)^2}\right] \quad ②$$

$$= 1{,}716 \text{ rad}$$

O movimento em regime permanente é então determinado pelo segundo termo no lado direito da Eq. 8/22:

$$x_p = X \operatorname{sen}(\omega t - \phi) = 5{,}28 \operatorname{sen}(30t - 1{,}716) \text{ mm} \qquad \textit{Resp.}$$

A força F_{tr} transmitida para a base é a soma das forças da mola e do amortecedor, ou

$$F_{tr} = kx_p + c\dot{x}_p = kX \operatorname{sen}(\omega t - \phi) + c\omega X \cos(\omega t - \phi)$$

O valor máximo de F_{tr} é

$$(F_{tr})_{máx} = \sqrt{(kX)^2 + (c\omega X)^2} = X\sqrt{k^2 + c^2\omega^2}$$

$$= 0{,}00528\sqrt{(35\,000)^2 + (1250)^2(30)^2}$$

$$= 271 \text{ N} \quad ① \qquad \textit{Resp.}$$

DICAS ÚTEIS

① Encorajamos você a repetir esses cálculos com o coeficiente de amortecimento c igual a zero, de modo a observar a influência da parcela relativamente grande de amortecimento presente.

② Observe que o argumento da expressão inversa da tangente para ϕ possui um numerador positivo e um denominador negativo para o caso em análise, portanto, colocando ϕ no segundo quadrante. Lembre-se de que o intervalo definido de ϕ é $0 \le \phi \le \pi$.

8/4 Vibração de Corpos Rígidos

O assunto de vibrações de corpos rígidos no plano é inteiramente análogo ao de vibrações de partículas. Em vibrações de partículas, a variável importante é a de translação (x), enquanto, em vibrações de corpos rígidos, a variável de interesse principal pode ser a de rotação (θ). Desse modo, os princípios da dinâmica de rotação desempenham um papel central no desenvolvimento da equação de movimento.

Veremos que a equação do movimento para a vibração rotacional de corpos rígidos possui uma forma matemática idêntica àquela desenvolvida nas Seções 8/2 e 8/3 para a vibração translacional das partículas. Como verificamos no caso de partículas, convém traçar o diagrama de corpo livre para um valor positivo arbitrário da variável de deslocamento, uma vez que um valor de deslocamento negativo facilmente conduz a erros de sinal na equação de movimento. A prática de medir o deslocamento a partir da posição de equilíbrio estático e em vez de a partir da posição de deflexão nula da mola continua a simplificar a formulação para sistemas lineares, porque as forças e momentos iguais e opostos associados com a posição de equilíbrio estático são eliminados da análise.

Em vez de tratar individualmente os casos de (a) vibração livre, não amortecida e amortecida, e (b) vibrações forçadas, não amortecidas e amortecidas, como foi feito com partículas nas Seções 8/2 e 8/3, seguiremos diretamente para o problema de vibração forçada amortecida.

Vibração Rotacional de uma Barra

Como um exemplo ilustrativo, considere a vibração rotacional da barra esbelta uniforme da **Fig. 8/16*a***. A **Fig. 8/16*b*** representa o diagrama de corpo livre associado à posição horizontal de equilíbrio estático. Igualando a zero o somatório dos momentos em relação a O, obtemos

$$-P\left(\frac{l}{2}+\frac{l}{6}\right) + mg\left(\frac{l}{6}\right) = 0 \qquad P = \frac{mg}{4}$$

em que P é o módulo da força estática da mola.

A **Fig. 8/16*c*** representa o diagrama de corpo livre associado com um deslocamento angular positivo arbitrário θ. Utilizando a equação de movimento rotacional $\Sigma M_O = I_O\ddot{\theta}$ conforme desenvolvida no Capítulo 6, escrevemos

$$(mg)\left(\frac{l}{6}\cos\theta\right) - \left(\frac{cl}{3}\dot{\theta}\cos\theta\right)\left(\frac{l}{3}\cos\theta\right)$$

$$-\left(P + k\frac{2l}{3}\operatorname{sen}\theta\right)\left(\frac{2l}{3}\cos\theta\right)$$

$$+ (F_0\cos\omega t)\left(\frac{l}{3}\cos\theta\right) = \frac{1}{9}ml^2\ddot{\theta}$$

em que $I_O = \bar{I} + md^2 = ml^2/12 + m(l/6)^2 = ml^2/9$ é obtido a partir do teorema dos eixos paralelos para momentos de inércia de massa.

Para pequenos deslocamentos angulares, as aproximações $\operatorname{sen}\theta \cong \theta$ e $\cos\theta \cong 1$ podem ser utilizadas. Com

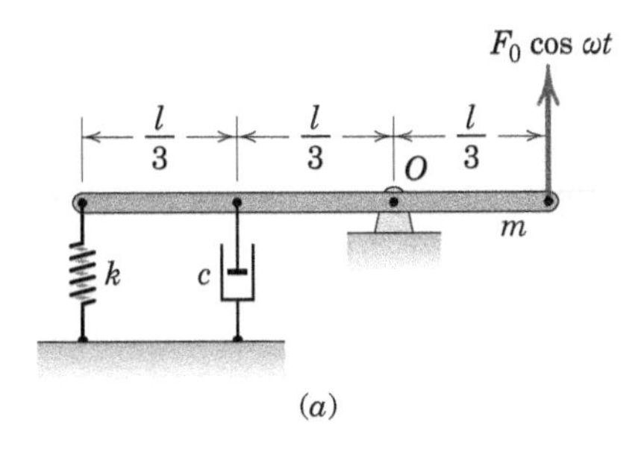

(a)

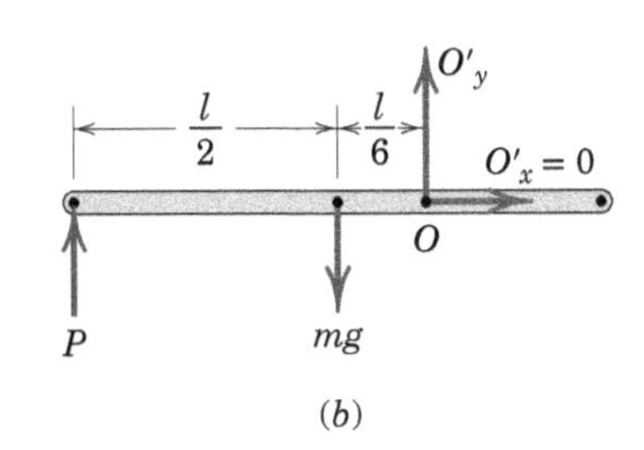

(b)

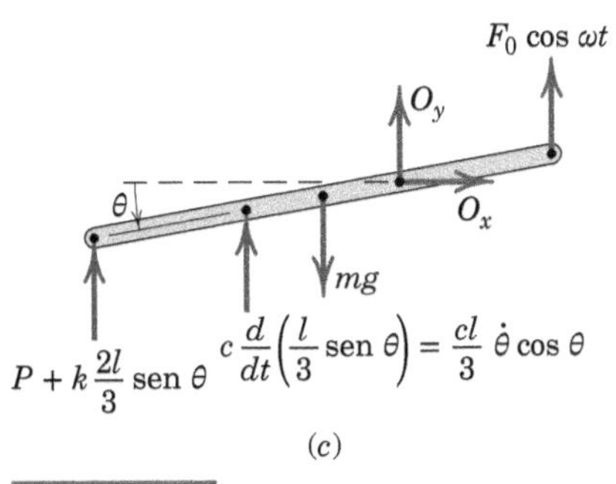

(c)

FIGURA 8/16

$P = mg/4$, a equação do movimento, após reorganizar e simplificar os termos, torna-se

$$\ddot{\theta} + \frac{c}{m}\dot{\theta} + 4\frac{k}{m}\theta = \frac{(F_0 l/3)\cos \omega t}{ml^2/9} \qquad (8/25)$$

O lado direito foi deixado sem simplificação, na forma $M_0(\cos \omega t)/I_O$, em que $M_0 = F_0 l/3$ é a amplitude do momento em relação ao ponto O da força aplicada externamente. Note que os dois momentos iguais e opostos associados às forças de equilíbrio estático se cancelam no lado esquerdo da equação de movimento. Desse modo, não é necessário incluir as forças e momentos do equilíbrio estático na análise.

Science Photo Library/SuperStock

Como no caso da foto de abertura do capítulo, a mola e o amortecedor são coaxiais neste automóvel com suspensão multi-link.

Equivalente Rotacional da Vibração Translacional

Nesse ponto, observamos que a Eq. 8/25 possui uma forma idêntica à da Eq. 8/13 para o caso translacional, então podemos escrever

$$\ddot{\theta} + 2\zeta\omega_n\dot{\theta} + \omega_n{}^2\theta = \frac{M_0 \cos \omega t}{I_O} \qquad (8/26)$$

Portanto, podemos utilizar todas as relações desenvolvidas nas Seções 8/2 e 8/3, apenas substituindo as grandezas de translação com as suas equivalentes de rotação. A tabela a seguir mostra os resultados desse procedimento quando aplicado à barra em rotação da **Fig. 8/16**:

Translação	Angular (para o problema corrente)
$\ddot{x} + \frac{c}{m}\dot{x} + \frac{k}{m}x = \frac{F_0 \cos \omega t}{m}$	$\ddot{\theta} + \frac{c}{m}\dot{\theta} + \frac{4k}{m}\theta = \frac{M_0 \cos \omega t}{I_O}$
$\omega_n = \sqrt{k/m}$	$\omega_n = \sqrt{4k/m} = 2\sqrt{k/m}$
$\zeta = \frac{c}{2m\omega_n} = \frac{c}{2\sqrt{km}}$	$\zeta = \frac{c}{2m\omega_n} = \frac{c}{4\sqrt{km}}$
$\omega_d = \omega_n\sqrt{1-\zeta^2} = \frac{1}{2m}\sqrt{4km - c^2}$	$\omega_d = \omega_n\sqrt{1-\zeta^2} = \frac{1}{2m}\sqrt{16km - c^2}$
$x_c = Ce^{-\zeta\omega_n t} \operatorname{sen}(\omega_d t + \psi)$	$\theta_c = Ce^{-\zeta\omega_n t} \operatorname{sen}(\omega_d t + \psi)$
$x_p = X \cos(\omega t - \phi)$	$\theta_p = \Theta \cos(\omega t - \phi)$
$X = M\left(\frac{F_0}{k}\right)$	$\Theta = M\left(\frac{M_0}{k_\theta}\right) = M\frac{F_0(l/3)}{\frac{4}{9}kl^2} = M\frac{3F_0}{4kl}$

Na tabela anterior, a variável k_θ na expressão para Θ representa a constante de mola torcional equivalente do sistema da Fig. 8/16 e é determinada escrevendo a expressão do momento restaurador da mola. Para um ângulo pequeno θ, esse momento em relação a O é

$$M_k = -[k(2l/3)\,\text{sen}\,\theta][(2l/3)\cos\theta] \cong -(\tfrac{4}{9}kl^2)\theta$$

Desse modo, $k_\theta = \frac{4}{9}kl^2$. Note que M_0/k_θ é a deflexão angular estática que seria produzida por um momento externo constante M_0.

Concluímos que existe uma analogia exata entre a vibração de partículas e as pequenas vibrações angulares de corpos rígidos. Além disso, a utilização dessa analogia pode poupar a tarefa de um novo desenvolvimento completo das relações que descrevem determinado problema de vibração de corpo rígido geral.

EXEMPLO DE PROBLEMA 8/7

Uma versão simplificada de um pêndulo utilizado em ensaios de impacto é mostrada na figura. Desenvolva a equação do movimento e determine o período para as pequenas oscilações em torno do pino. O centro de massa G está localizado a uma distância $\bar{r}$ = 0,9 m de O, e o raio de giração em relação a O é k_O = 0,95 m. O atrito no mancal é desprezível.

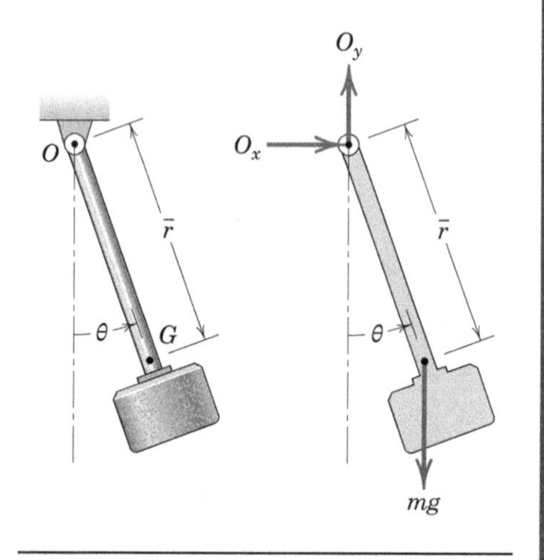

Solução. Traçamos o diagrama de corpo livre para um valor positivo arbitrário da variável de deslocamento angular θ, que é medida no sentido anti-horário para o sistema de coordenadas escolhido. Em seguida, aplicamos a equação que descreve o movimento para obter

$$[\Sigma M_O = I_O\ddot{\theta}] \qquad -mg\bar{r}\,\text{sen}\,\theta = mk_O{}^2\ddot{\theta} \quad ①$$

ou

$$\ddot{\theta} + \frac{g\bar{r}}{k_O{}^2}\,\text{sen}\,\theta = 0 \qquad \textit{Resp.}$$

Note que a equação que descreve o movimento é independente da massa. Quando θ é pequeno, sen $\theta \cong \theta$ e a equação do movimento pode ser escrita como

$$\ddot{\theta} + \frac{g\bar{r}}{k_O{}^2}\theta = 0$$

A frequência em ciclos por segundo e o período em segundos são ②

$$f_n = \frac{1}{2\pi}\sqrt{\frac{g\bar{r}}{k_O{}^2}} \qquad \tau = \frac{1}{f_n} = 2\pi\sqrt{\frac{k_O{}^2}{g\bar{r}}} \qquad \textit{Resp.}$$

Para as propriedades fornecidas:

$$\tau = 2\pi\sqrt{\frac{(0{,}95)^2}{(9{,}81)(0{,}9)}} = 2{,}01 \text{ s} \qquad \textit{Resp.}$$

DICAS ÚTEIS

① Com a escolha do ponto O como o centro para o momento, as reações nos mancais O_x e O_y nunca entram na equação do movimento.

② Para ângulos de oscilação grandes, a determinação do período para o pêndulo exige o cálculo de uma integral elíptica.

EXEMPLO DE PROBLEMA 8/8

A barra uniforme de massa m e comprimento l é articulada em seu centro. A mola de constante k na extremidade esquerda está presa a uma superfície fixa, enquanto a mola da extremidade direita, também de constante k, está presa a um suporte submetido a um movimento harmônico definido por $y_B = b$ sen ωt. Determine a frequência de excitação ω_c que provoca ressonância.

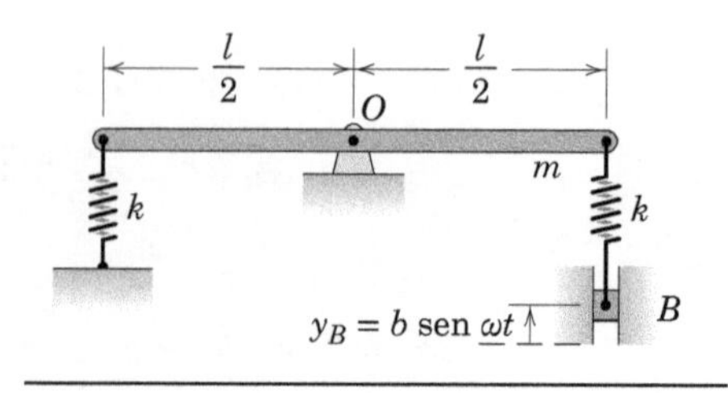

Solução. Utilizamos a equação de movimento para o momento em relação ao ponto fixo O para obter

$$-\left(k\frac{l}{2}\,\text{sen}\,\theta\right)\frac{l}{2}\cos\theta - k\left(\frac{l}{2}\,\text{sen}\,\theta - y_B\right)\frac{l}{2}\cos\theta = \frac{1}{12}ml^2\ddot{\theta} \quad ①$$

EXEMPLO DE PROBLEMA 8/8 (*continuação*)

Assumindo pequenas deflexões e simplificando, obtemos

$$\ddot{\theta} + \frac{6k}{m}\theta = \frac{6kb}{ml}\operatorname{sen}\omega t$$

A frequência natural pode ser identificada a partir da forma já conhecida da equação como ②

$$\omega_n = \sqrt{6k/m}$$

Desse modo, $\omega_c = \omega_n = \sqrt{6k/m}$ resultará em ressonância (assim como na violação da hipótese de ângulos pequenos!). *Resp.*

DICAS ÚTEIS

① Tal como anteriormente, consideramos apenas as variações nas forças devidas a um movimento fora da posição de equilíbrio.

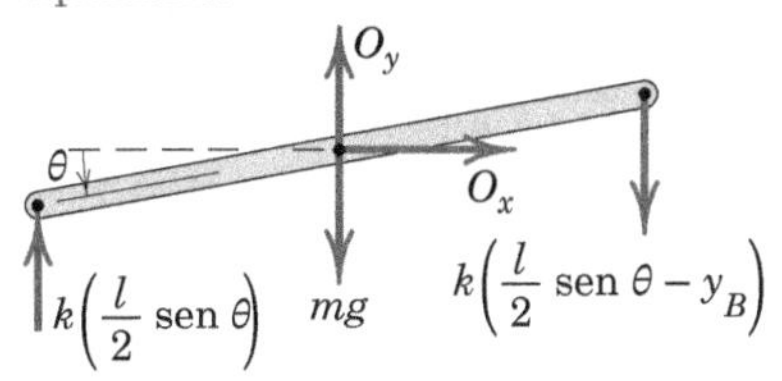

② A forma padrão aqui é $\ddot{\theta} + \omega_n{}^2\theta = \frac{M_0 \operatorname{sen}\omega t}{I_O}$, em que $M_0 = \frac{klb}{2}$ e $I_O = \frac{1}{12}ml^2$. A frequência natural ω_n de um sistema não depende da perturbação externa.

EXEMPLO DE PROBLEMA 8/9

Desenvolva a equação do movimento para o cilindro circular homogêneo, que rola sem deslizar. Se a massa do cilindro é de 50 kg, o raio do cilindro 0,5 m, a constante de mola 75 N/m, e o coeficiente de amortecimento 10 N · s/m, determine

(*a*) a frequência natural não amortecida;

(*b*) o fator de amortecimento;

(*c*) a frequência natural amortecida;

(*d*) o período do sistema amortecido.

Além disso, determine x como uma função do tempo se o cilindro é liberado a partir do repouso na posição $x = -0{,}2$ m quando $t = 0$.

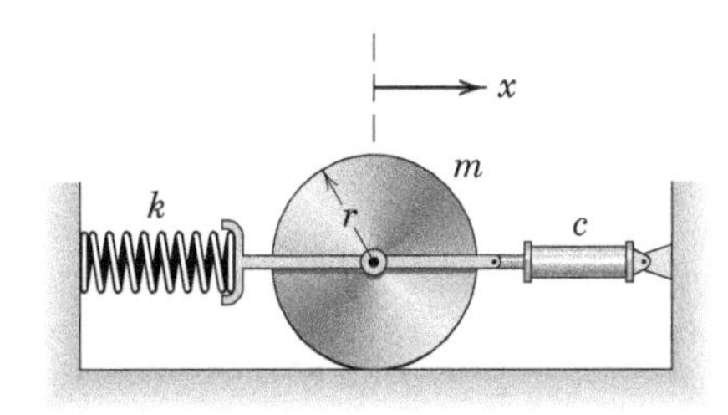

Solução. Temos uma escolha para as variáveis de movimento em que tanto x quanto o deslocamento angular θ do cilindro podem ser utilizados.① Uma vez que o enunciado do problema envolve x, desenhamos o diagrama de corpo livre para um valor positivo arbitrário de x e escrevemos as duas equações de movimento para o cilindro como

$[\Sigma F_x = m\ddot{x}]$ $\qquad -c\dot{x} - kx + F = m\ddot{x}$ ②

$[\Sigma M_G = \bar{I}\ddot{\theta}]$ $\qquad -Fr = \frac{1}{2}mr^2\ddot{\theta}$

A condição de rolamento sem deslizamento é $\ddot{x} = r\ddot{\theta}$. A substituição dessa condição na equação do momento fornece $F = -\frac{1}{2}m\ddot{x}$. Inserindo essa expressão para a força de atrito na equação para as forças na direção x obtemos

$$-c\dot{x} - kx - \frac{1}{2}m\ddot{x} = m\ddot{x} \qquad \text{ou} \qquad \ddot{x} + \frac{2}{3}\frac{c}{m}\dot{x} + \frac{2}{3}\frac{k}{m}x = 0$$

A comparação da equação anterior com aquela para o oscilador amortecido-padrão, Eq. 8/9, nos permite afirmar diretamente

(*a*) $\qquad \omega_n{}^2 = \frac{2}{3}\frac{k}{m} \qquad \omega_n = \sqrt{\frac{2}{3}\frac{k}{m}} = \sqrt{\frac{2}{3}\frac{75}{50}} = 1 \text{ rad/s}$ *Resp.*

(*b*) $\qquad 2\zeta\omega_n = \frac{2}{3}\frac{c}{m} \qquad \zeta = \frac{1}{3}\frac{c}{m\omega_n} = \frac{10}{3(50)(1)} = 0{,}0667$ *Resp.*

DICAS ÚTEIS

① O ângulo θ é considerado positivo no sentido horário para ser cinematicamente consistente com x.

② A força de atrito F pode ser admitida em qualquer sentido. Constataremos que o sentido *correto* é para a direita quando $x > 0$ e para a esquerda quando $x < 0$; $F = 0$ quando $x = 0$.

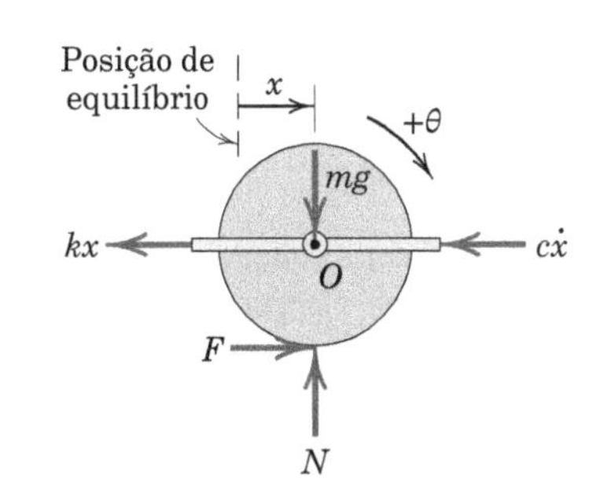

EXEMPLO DE PROBLEMA 8/9 (*continuação*)

Consequentemente, a frequência natural amortecida e o período amortecido são

(*c*) $\omega_d = \omega_n\sqrt{1-\zeta^2} = (1)\sqrt{1-(0{,}0667)^2} = 0{,}998$ rad/s *Resp.*

(*d*) $\tau_d = 2\pi/\omega_d = 2\pi/0{,}998 = 6{,}30$ s *Resp.*

Da Eq. 8/12, a solução subamortecida para a equação do movimento é

$$x = Ce^{-\zeta\omega_n t}\,\text{sen}\,(\omega_d t + \psi) = Ce^{-(0{,}0667)(1)t}\,\text{sen}\,(0{,}998t + \psi)$$

A velocidade é $\dot{x} = -0{,}0667Ce^{-0{,}0667t}\,\text{sen}\,(0{,}998t + \psi)$

$$+0{,}998Ce^{-0{,}0667t}\cos\,(0{,}998t + \psi)$$

No instante de tempo $t = 0$, x e $\dot{x}$ são

$$x_0 = C\,\text{sen}\,\psi = -0{,}2$$

$$\dot{x}_0 = -0{,}0667C\,\text{sen}\,\psi + 0{,}998C\cos\psi = 0$$

A solução para as duas equações em C e ψ fornece

$$C = -0{,}200\text{ m} \qquad \psi = 1{,}504\text{ rad}$$

Portanto, o movimento é definido por

$$x = -0{,}200e^{-0{,}0667t}\,\text{sen}\,(0{,}998t + 1{,}504)\text{ m}$$ *Resp.*

8/5 Métodos de Energia

Nas Seções 8/2 até 8/4 desenvolvemos e resolvemos as equações de movimento para corpos em vibração, isolando o corpo em um diagrama de corpo livre e aplicando a segunda lei de movimento de Newton. Com essa abordagem, fomos capazes de levar em consideração as ações de todas as forças que atuam sobre o corpo, incluindo as forças de amortecimento por atrito. Existem muitos problemas nos quais o efeito do amortecimento é pequeno e pode ser desprezado, de modo que a energia total do sistema é essencialmente conservada. Para tais sistemas, verificamos que o princípio de conservação da energia pode frequentemente ser aplicado com uma vantagem considerável na determinação da equação do movimento e, quando o movimento é harmônico simples, na obtenção da frequência de vibração.

Determinação da Equação de Movimento

Para ilustrar essa abordagem alternativa, considere inicialmente o caso simples do corpo de massa m preso à mola de rigidez k e vibrando na direção vertical, sem amortecimento, Fig. 8/17. Tal como anteriormente, é conveniente medir a variável de movimento x a partir da posição de equilíbrio. Com essa referência, a energia potencial total do sistema, elástica e gravitacional, torna-se

$$V = V_e + V_g = \frac{1}{2}k(x+\delta_{est})^2 - \frac{1}{2}k\delta_{est}{}^2 - mgx$$

em que $\delta_{est} = mg/k$ é o deslocamento estático inicial. Substituindo $k\delta_{est} = mg$ e simplificando resulta

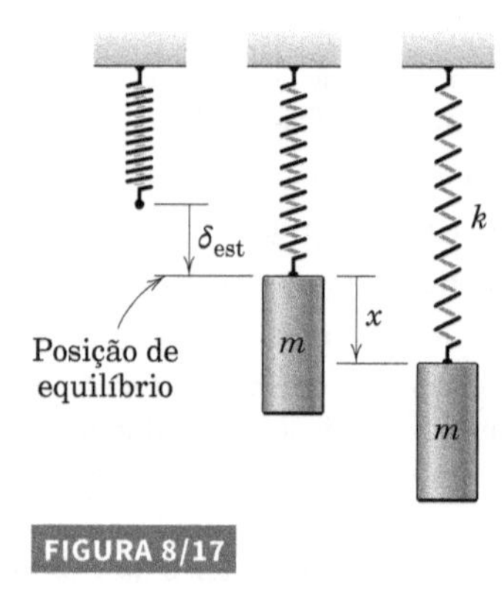

FIGURA 8/17

$$V = \frac{1}{2}kx^2$$

Desse modo, a energia total do sistema vem a ser

$$T + V = \frac{1}{2}m\dot{x}^2 + \frac{1}{2}kx^2$$

Como $T+V$ é constante para um sistema conservativo, a sua derivada no tempo é nula. Consequentemente,

$$\frac{d}{dt}(T+V) = m\dot{x}\ddot{x} + kx\dot{x} = 0$$

Cancelando $\dot{x}$, obtemos a equação diferencial básica do movimento

$$m\ddot{x} + kx = 0$$

que é idêntica à Eq. 8/1 desenvolvida na Seção 8/2 para o mesmo sistema, Fig. 8/3.

Determinação da Frequência de Vibração

A conservação de energia pode também ser utilizada para determinar o período ou a frequência de vibração para um sistema linear conservativo, sem a necessidade de desenvolver e resolver a equação do movimento. Para um sistema que oscila com movimento harmônico simples em relação à posição de equilíbrio, a partir de onde o deslocamento x é medido, a energia varia desde a energia cinética máxima e potencial nula, na posição de equilíbrio $x = 0$, até a energia cinética nula e potencial máxima, na posição de deslocamento máximo $x = x_{máx}$. Desse modo, podemos escrever

$$T_{máx} = V_{máx}$$

A energia cinética máxima é $\frac{1}{2}m(\dot{x}_{máx})^2$, e a energia potencial máxima é $\frac{1}{2}k(x_{máx})^2$.

Para o oscilador harmônico da Fig. 8/17, sabemos que o deslocamento pode ser escrito como $x = x_{máx}$ sen $(\omega_n t + \psi)$ de modo que a velocidade máxima é $\dot{x}_{máx} = \omega_n x_{máx}$. Desse modo, podemos escrever

$$\frac{1}{2}m(\omega_n x_{máx})^2 = \frac{1}{2}k(x_{máx})^2$$

em que $x_{máx}$ é o deslocamento máximo, no qual a energia potencial é máxima. A partir desse balanço de energia, facilmente obtemos

$$\omega_n = \sqrt{k/m}$$

Esse método de determinar diretamente a frequência pode ser utilizado para qualquer vibração linear não amortecida.

A principal vantagem da abordagem de energia para a vibração livre de sistemas conservativos é que se torna desnecessário desmembrar o sistema e levar em consideração todas as forças que atuam sobre cada membro. Na Seção 3/7 do Capítulo 3 e nas Seções 6/6 e 6/7 do Capítulo 6, aprendemos que, para um sistema de corpos interligados, um diagrama de forças ativas do sistema completo nos permite calcular o trabalho U' das forças ativas externas e igualar à variação na energia mecânica total $T + V$ do sistema.

Dessa forma, para um sistema mecânico conservativo de elementos interligados, com um único grau de liberdade, em que $U' = 0$, podemos obter a sua equação do movimento simplesmente definindo a derivada no tempo da sua energia mecânica total constante igual a zero, obtendo

$$\frac{d}{dt}(T + V) = 0$$

Aqui $V = V_e + V_g$ é a soma das energias potenciais, elástica e gravitacional do sistema.

Além disso, para um sistema mecânico interligado, do mesmo modo que para um único corpo, a frequência natural de vibração é obtida igualando a expressão para a sua energia cinética total máxima à expressão para a sua energia potencial máxima, onde a energia potencial é considerada nula na posição de equilíbrio. Essa abordagem para a determinação da frequência natural só é válida se for possível determinar que o sistema vibre em movimento harmônico simples.

EXEMPLO DE PROBLEMA 8/10

A pequena esfera de massa m está montada sobre a haste leve articulada em O e apoiada na extremidade A pela mola vertical de rigidez k. A extremidade A é deslocada uma pequena distância y_0 abaixo da posição de equilíbrio horizontal e solta. Por meio do método de energia, desenvolva a equação diferencial do movimento para pequenas oscilações da haste e determine a expressão para a sua frequência natural ω_n de vibração. O amortecimento é desprezível.

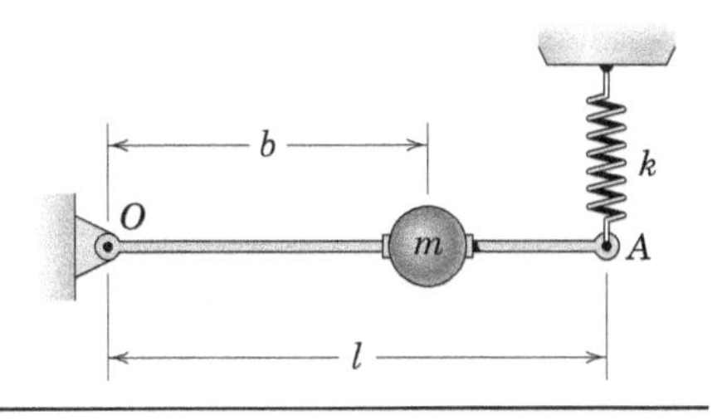

Solução. Com o deslocamento y da extremidade da haste medido a partir da posição de equilíbrio, a energia potencial na posição deslocada, para pequenos valores de y, vem a ser

$$V = V_e + V_g = \frac{1}{2}k(y + \delta_{est})^2 - \frac{1}{2}k\delta_{est}^2 - mg\left(\frac{b}{l}y\right) \quad ①$$

em que δ_{est} é a deflexão estática da mola no equilíbrio. Mas a força da mola na posição de equilíbrio, para um somatório de momentos nulo em relação a O, é $(b/l)mg = k\delta_{est}$. Substituindo esse valor na expressão para V e simplificando resulta

$$V = \frac{1}{2}ky^2 \quad ②$$

A energia cinética na posição deslocada é

$$T = \frac{1}{2}m\left(\frac{b}{l}\dot{y}\right)^2$$

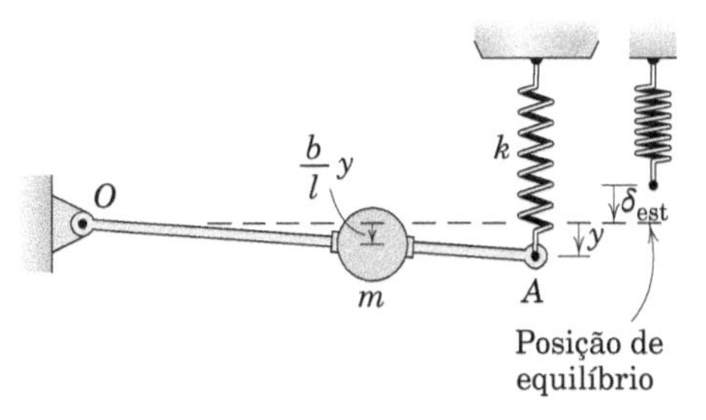

DICAS ÚTEIS

① Para valores grandes de y, o movimento circular da extremidade da haste levaria a expressão para a deflexão da mola a ficar incorreta.

EXEMPLO DE PROBLEMA 8/10 (*continuação*)

em que observamos que o deslocamento vertical de m é $(b/l)y$. Desse modo, com a soma das energias constante, a sua derivada no tempo é nula, e temos

$$\frac{d}{dt}(T+V) = \frac{d}{dt}\left[\frac{1}{2}m\left(\frac{b}{l}\dot{y}\right)^2 + \frac{1}{2}ky^2\right] = 0$$

que resulta

$$\ddot{y} + \frac{l^2}{b^2}\frac{k}{m}y = 0 \qquad \textit{Resp.}$$

momento em que $\dot{y}$ é cancelado. Por analogia com a Eq. 8/2, podemos expressar a frequência do movimento diretamente como

$$\omega_n = \frac{l}{b}\sqrt{k/m} \qquad \textit{Resp.}$$

De outra maneira, podemos obter a frequência igualando a energia cinética máxima, que ocorre em $y = 0$, à energia potencial máxima, que ocorre em $y = y_0 = y_{\text{máx}}$, em que a deflexão é máxima. Desse modo,

$$T_{\text{máx}} = V_{\text{máx}} \qquad \text{resulta} \qquad \frac{1}{2}m\left(\frac{b}{l}\dot{y}_{\text{máx}}\right)^2 = \frac{1}{2}ky_{\text{máx}}{}^2$$

Sabendo que temos uma oscilação harmônica, que pode ser expressa como $y = y_{\text{máx}}\,\text{sen}\,\omega_n t$, temos $\dot{y}_{\text{máx}} = y_{\text{máx}}\omega_n$. Substituindo essa relação no balanço de energia obtemos

$$\frac{1}{2}m\left(\frac{b}{l}y_{\text{máx}}\omega_n\right)^2 = \frac{1}{2}ky_{\text{máx}}{}^2 \qquad \text{então,} \qquad \omega_n = \frac{l}{b}\sqrt{k/m} \qquad \textit{Resp.}$$

do mesmo modo que anteriormente.

② Mais uma vez aqui, constatamos a simplicidade da expressão para a energia potencial quando o deslocamento é medido a partir da posição de equilíbrio.

EXEMPLO DE PROBLEMA 8/11

Determine a frequência natural ω_n da vibração vertical do cursor de 3 kg, ao qual estão fixados os dois elementos de ligação uniformes de 1,2 kg, que podem ser considerados como barras esbeltas. A rigidez da mola, que está presa tanto ao cursor quanto à base, é k = 1,5 kN/m, e as barras são ambas horizontais na posição de equilíbrio. Um pequeno rolete na extremidade B de cada elemento de ligação permite a extremidade A se deslocar com o cursor. A redução na velocidade devida ao atrito é desprezível.

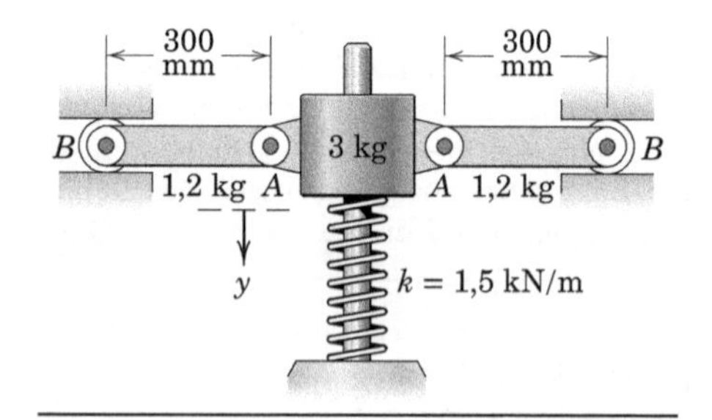

Solução. Na posição de equilíbrio, a compressão P na mola é igual ao peso do cursor de 3 kg, adicionado à metade do peso de cada barra ou $P = 3(9{,}81) + 2(\frac{1}{2})(1{,}2)(9{,}81) = 41{,}2$ N. A deflexão estática correspondente da mola é $\delta_{\text{est}} = P/k = 41{,}2/1{,}5(10^3) = 27{,}5(10^{-3})$ m. Com a variável de deslocamento y medida para baixo a partir da posição de equilíbrio, a qual se torna a posição de energia potencial nula, a energia potencial para cada elemento na posição deslocada é

$$(\text{Mola}) \quad V_e = \frac{1}{2}k(y+\delta_{\text{est}})^2 - \frac{1}{2}k\delta_{\text{est}}{}^2 = \frac{1}{2}ky^2 + k\delta_{\text{est}}y$$

$$= \frac{1}{2}(1{,}5)(10^3)y^2 + 1{,}5(10^3)(27{,}5)(10^{-3})y$$

$$= 750y^2 + 41{,}2y \text{ J}$$

$$(\text{Colar}) \quad V_g = -m_c g y = -3(9{,}81)y = -29{,}4y \text{ J}$$

$$(\text{Cada barra}) \quad V_g = -m_l g\frac{y}{2} = -1{,}2(9{,}81)\frac{y}{2} = -5{,}89y \text{ J} \quad ①$$

DICAS ÚTEIS

① Observe que o centro de massa de cada barra se move para baixo apenas a metade da distância percorrida pelo colar.

EXEMPLO DE PROBLEMA 8/11 (*continuação*)

A energia potencial total do sistema vem a ser então

$$V = 750y^2 + 41{,}2y - 29{,}4y - 2(5{,}89)y = 750y^2 \text{ J} \quad ②$$

A energia cinética máxima ocorre na posição de equilíbrio, onde a velocidade $\dot{y}$ do cursor tem o seu valor máximo. Nessa posição, na qual as barras AB estão horizontais, a extremidade B é o centro instantâneo de velocidade nula para cada barra, e cada barra gira com uma velocidade angular $\dot{y}/0{,}3$.③ Desse modo, a energia cinética de cada parte é

$$\text{(Colar)} \quad T = \frac{1}{2}m_c\dot{y}^2 = \frac{3}{2}\dot{y}^2 \text{ J}$$

$$\text{(Cada barra)} \quad T = \frac{1}{2}I_B\omega^2 = \frac{1}{2}\left(\frac{1}{3}m_l l^2\right)(\dot{y}/l)^2 = \frac{1}{6}m_l\dot{y}^2$$

$$= \frac{1}{6}(1{,}2)\dot{y}^2 = 0{,}2\dot{y}^2$$

Portanto, a energia cinética do cursor e de ambas as barras é

$$T = \frac{3}{2}\dot{y}^2 + 2(0{,}2\dot{y}^2) = 1{,}9\dot{y}^2$$

Com o movimento harmônico expresso por $y = y_{\text{máx}} \operatorname{sen} \omega_n t$, temos $\dot{y}_{\text{máx}} = y_{\text{máx}}\omega_n$, de modo que o balanço de energia $T_{\text{máx}} = V_{\text{máx}}$ com $\dot{y} = \dot{y}_{\text{máx}}$ vem a ser ④

$$1{,}9(y_{\text{máx}}\omega_n)^2 = 750{y_{\text{máx}}}^2 \quad \text{ou} \quad \omega_n = \sqrt{750/1{,}9} = 19{,}87 \text{ rad/s} \quad ⑤ \qquad \textit{Resp.}$$

② Nós observamos novamente que a medição da variável do movimento y a partir da posição de equilíbrio resulta na energia potencial total ser simplesmente $V = \frac{1}{2}ky^2$.

③ Nosso conhecimento da cinemática do corpo rígido é essencial neste ponto.

④ Para perceber a vantagem do método de trabalho-energia para esse problema e para outros similares, com sistemas interligados, incentivamos que explore as etapas necessárias para a solução por meio das equações de movimento, para forças e momentos, das partes isoladas.

⑤ Se as oscilações fossem grandes, observaríamos que a velocidade angular de cada barra em sua posição geral seria igual a $\dot{y}/\sqrt{0{,}09 - y^2}$, o que provocaria uma resposta não linear, não mais descrita por $y = y_{\text{máx}} \operatorname{sen} \omega t$.

8/6 Revisão do Capítulo

No estudo das vibrações de partículas e dos corpos rígidos no Capítulo 8, observamos que o assunto é simplesmente uma aplicação direta dos princípios fundamentais da Dinâmica, tal como apresentado nos Capítulos 3 e 6. No entanto, nesses capítulos anteriores, determinamos o comportamento dinâmico de um corpo apenas em um instante específico de tempo ou encontramos as variações no movimento que resultam apenas de intervalos finitos de deslocamento ou de tempo. O Capítulo 8, por outro lado, discutiu a solução das equações diferenciais que descrevem o movimento, de modo que o deslocamento linear ou angular pode ser inteiramente expresso como uma função do tempo.

Vibração de Partículas

Dividimos o estudo da resposta no domínio do tempo de partículas nas duas categorias de movimento, livre e forçado, com as subdivisões adicionais de amortecimento desprezível e significativo. Verificamos que o fator de amortecimento ζ é um parâmetro conveniente para determinar a natureza das vibrações não forçadas, porém com amortecimento viscoso.

A principal lição associada ao forçamento harmônico é que a excitação de um sistema levemente amortecido com uma força cuja frequência é próxima à frequência natural, pode provocar um movimento de amplitude excessivamente grande – uma condição chamada ressonância, que normalmente deve ser cuidadosamente evitada.

Vibração de Corpos Rígidos

No estudo das vibrações de corpos rígidos, observamos que a equação para pequenos movimentos angulares possui uma forma idêntica àquela para as vibrações de partículas. Enquanto as vibrações de partículas podem ser completamente descritas pelas equações que definem o movimento de translação, as vibrações de corpos rígidos normalmente exigem as equações da dinâmica de rotação.

Métodos de Energia

Na última seção do Capítulo 8, verificamos como o método de energia pode facilitar a determinação da frequência natural ω_n em problemas de vibração livre, onde o amortecimento pode ser desprezado. Aqui, a energia mecânica total do sistema é assumida como constante. Igualando a sua primeira derivada no tempo a zero, conduz diretamente à equação diferencial do movimento para o sistema. A abordagem de energia permite a análise de um sistema conservativo de elementos interligados, sem o desmembramento do sistema.

Graus de Liberdade

Ao longo do capítulo, restringimos nossa atenção a sistemas com um grau de liberdade, em que a posição do sistema pode ser especificada por uma única variável. Se um sistema possui n graus de liberdade, ele possui n frequências naturais. Desse modo, se uma força harmônica é aplicada a um sistema desse tipo, o qual é levemente amortecido, existem n frequências de excitação que podem provocar um movimento de grande amplitude. Por meio de uma técnica denominada análise modal, um sistema complexo com n graus de liberdade pode ser reduzido a n sistemas com um único grau de liberdade. Por essa razão, o conhecimento aprofundado do material desse capítulo é fundamental para o estudo mais avançado de vibrações.

APÊNDICE A

Momentos de Inércia de Área

Veja no Apêndice A do Vol. 1 *Estática* um tratamento da teoria e dos cálculos de momentos de inércia de área. Como esse conceito tem um papel importante no projeto de estruturas, especificamente aquelas tratadas em Estática, apresentamos apenas uma breve definição neste volume de *Dinâmica*, de modo que o estudante possa apreciar as diferenças básicas entre os momentos de inércia de área e de massa.

Os momentos de inércia de uma área plana A em relação aos eixos x e y contidos no seu plano e em relação ao eixo z perpendicular ao seu plano, Fig. A/1, são definidos por

$$I_x = \int y^2\,dA \qquad I_y = \int x^2\,dA \qquad I_z = \int r^2\,dA$$

em que dA é o elemento diferencial de área e $r^2 = x^2 + y^2$. Claramente, o momento de inércia polar I_z é igual à soma $I_x + I_y$ dos momentos de inércia retangulares. Para placas planas finas o momento de inércia de área é útil no cálculo do momento de inércia de massa, como explicado no Apêndice B.

O momento de inércia de área é uma medida da distribuição da área em relação ao eixo em questão e, para esse eixo, é uma propriedade constante da área. As dimensões do momento de inércia de área são (distância)^4, dadas em m^4 ou em mm^4, em unidades SI e em ft^4 ou in^4 em unidades usuais americanas. Por outro lado, o momento de inércia de massa é uma medida da distribuição de massa em relação ao eixo em questão e suas dimensões são (massa)(distância)^2, que são expressas em kg·m^2, em unidades SI e lbm-ft-s^2 ou lbm-in-s^2 em unidades usuais americanas.

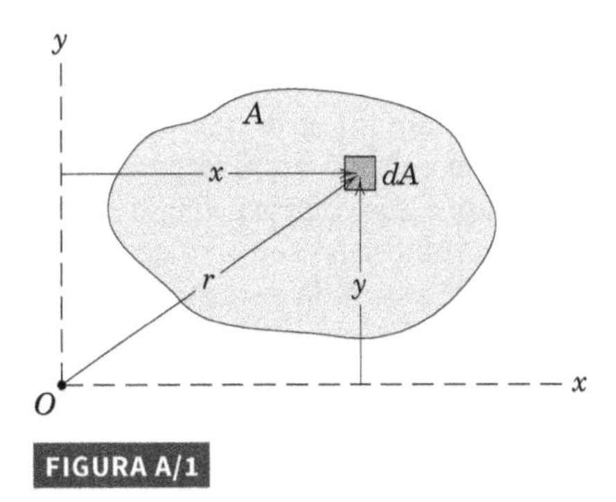

FIGURA A/1

APÊNDICE B

Momentos de Inércia de Área

VISÃO GERAL DO CAPÍTULO

B/1 Momentos de Inércia de Massa em Relação a um Eixo

A equação de movimento rotacional, em relação a um eixo normal ao plano de movimento, para um corpo rígido em movimento, contém uma integral que depende da distribuição da massa em relação ao eixo de momento. Essa integral existe sempre que um corpo rígido tem uma aceleração angular em relação ao seu eixo de rotação. Assim, para se estudar a dinâmica da rotação, deve-se ter total familiaridade com o cálculo dos momentos de inércia de massa para corpos rígidos.

Considere um corpo de massa m, Fig. B/1, girando em torno de um eixo O-O, com uma aceleração angular α. Todas as partículas do corpo se movem em planos paralelos, que são normais ao eixo de rotação O-O. Podemos escolher qualquer um dos planos, como o plano de movimento, embora aquele que contém o centro de massa seja normalmente o designado. Um elemento de massa dm tem um componente de aceleração tangente ao seu percurso circular valendo $r\alpha$ e, da segunda lei de Newton de movimento, a força tangencial resultante sobre esse elemento vale $r\alpha\, dm$. O momento dessa força em relação ao eixo O-O é $r^2\alpha\, dm$, e o somatório dos momentos dessas forças para todos os elementos é $\int r^2\alpha\, dm$.

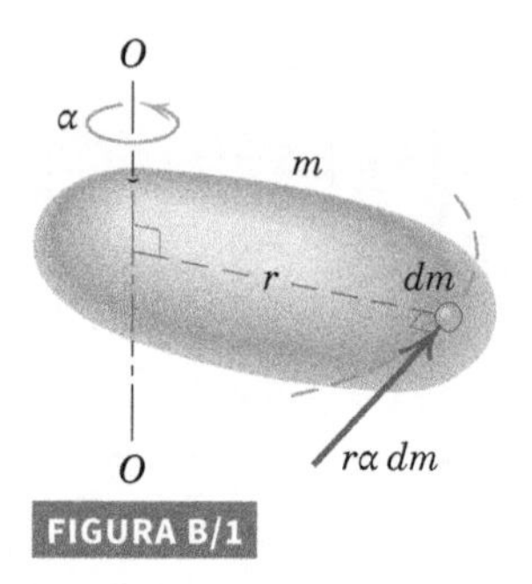

FIGURA B/1

Para um corpo rígido, α é o mesmo para todas as linhas radiais no corpo e podemos retirá-lo da integral. A integral resultante é denominada momento de inércia de massa I, do corpo em relação ao eixo O-O, e vale

$$I = \int r^2\, dm \qquad \text{(B/1)}$$

Essa integral representa uma propriedade importante de um corpo, e está envolvida na análise de qualquer corpo, que tenha aceleração rotacional em relação a um determinado eixo. Assim como a massa m de um corpo é uma medida da resistência à aceleração de translação, o momento de inércia I é uma medida da resistência à aceleração rotacional do corpo.

A integral do momento de inércia pode ser expressa, alternativamente, como

$$I = \Sigma r_i^{\,2} m_i \qquad \text{(B/1}a\text{)}$$

em que r_i é a distância radial desde o eixo de inércia até a partícula representativa de massa m_i, e o somatório é feito em relação a todas as partículas do corpo.

Se a massa específica ρ for constante em todo o corpo, o momento de inércia se torna

$$I = \rho \int r^2\, dV$$

em que dV é o elemento de volume. Nesse caso, a integral por si só define uma propriedade puramente geométrica do corpo. Quando a massa específica não é constante, sendo dada em função das coordenadas do corpo, ela deve permanecer dentro da integral, e seu efeito é levado em conta durante a integração.

Em geral, as coordenadas que melhor se ajustam aos contornos do corpo devem ser usadas na integração. É particularmente importante que seja feita uma boa escolha do elemento de volume dV. Para simplificar a integração, um elemento com a menor ordem possível deve ser escolhido e, deve ser usada a expressão correta para o momento de inércia do elemento em relação ao eixo envolvido. Por exemplo, ao se determinar o momento de inércia de um cone rígido em relação ao seu eixo central, podemos escolher um elemento na forma de um disco circular de

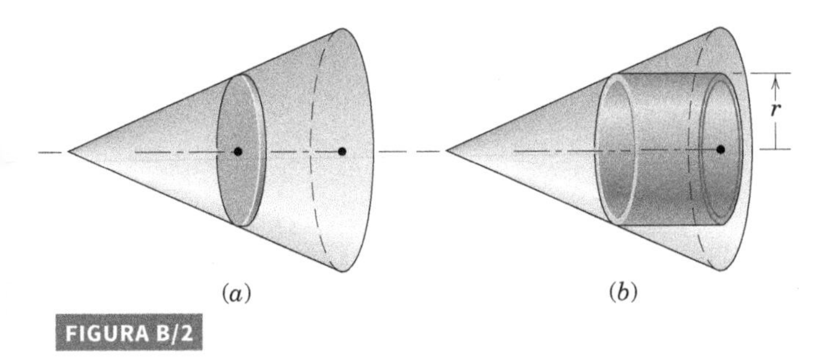

FIGURA B/2

espessura infinitesimal, Fig. B/2*a*. O momento de inércia diferencial para esse elemento é a expressão para o momento de inércia de um cilindro circular de altura infinitesimal em relação ao seu eixo central. (Esta expressão será obtida no Exemplo de Problema B/1.)

De outra maneira, poderíamos escolher um elemento na forma de uma casca cilíndrica de espessura infinitesimal, como mostrado na Fig. B/2*b*. Como toda a massa do elemento está a uma mesma distância r do eixo de inércia, o momento de inércia diferencial para esse elemento vale simplesmente $r^2\,dm$, em que dm é a massa diferencial da casca elementar.

A partir da definição do momento de inércia de massa, sua dimensão é (massa)(distância)^2 e é dada em unidades de kg·m^2 em unidades SI e lbm-ft-s^2 no sistema de unidades usuais americanas.

Raio de Giração

O raio de giração k de uma massa m em relação a um eixo para o qual o momento de inércia vale I é definido como

$$k = \sqrt{\frac{I}{m}} \quad \text{ou} \quad I = k^2 m \tag{B/2}$$

Assim, k é uma medida da distribuição da massa de um determinado corpo em relação ao eixo em questão, e sua definição é semelhante à definição do raio de giração para o momento de inércia. Se toda a massa m de um corpo pudesse ser concentrada a uma distância k do eixo, o momento de inércia não seria alterado.

O momento de inércia de um corpo em relação a um eixo particular é, frequentemente, indicado especificando-se a massa do corpo e o raio de giração do corpo em relação ao eixo. O momento de inércia é, então, calculado a partir da Eq. B/2

Transferência de Eixos

Se o momento de inércia de um corpo é conhecido em relação a um eixo que passe pelo seu centro de massa, ele pode ser facilmente determinado em relação a qualquer eixo paralelo. Para provar essa afirmativa, considere os dois eixos paralelos na Fig. B/3, sendo que um dos eixos passa pelo centro de massa G e o outro é um eixo paralelo passando por outro ponto C. As distâncias radiais a partir dos dois eixos até qualquer elemento de massa dm são r_0 e r, e a separação entre os eixos é d. Substituindo a lei dos cossenos

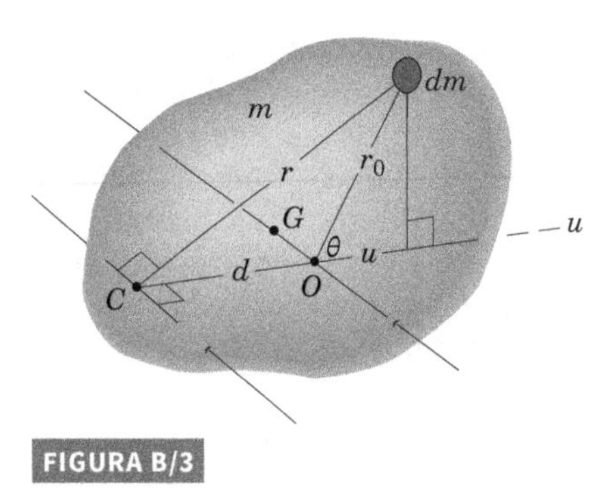

FIGURA B/3

$r^2 = r_0^2 + d^2 + 2r_0 d \cos\theta$ na definição do momento de inércia em relação ao eixo que passa por C temos

$$I = \int r^2\,dm = \int (r_0{}^2 + d^2 + 2r_0 d\cos\theta)\,dm$$
$$= \int r_0{}^2\,dm + d^2\int dm + 2d\int u\,dm$$

A primeira integral é o momento de inércia $\bar{I}$ em relação ao eixo que passa pelo centro de massa; o segundo termo é md^2 e a terceira integral vale zero, pois a coordenada u do centro de massa, em relação ao eixo que passa por G vale zero. Assim, o teorema dos eixos paralelos é

$$I = \bar{I} + md^2 \tag{B/3}$$

Lembre-se de que a transferência não pode ser feita, a menos que um eixo passe pelo centro de massa e a menos que os eixos sejam paralelos.

Quando as expressões para os raios de giração são substituídas na Eq. B/3, resulta

$$k^2 = \bar{k}^2 + d^2 \tag{B/3a}$$

A Eq. B/3a é o teorema dos eixos paralelos para a determinação do raio de giração k em relação a um eixo que esteja a uma distância d de um eixo paralelo que passe pelo centro de massa, para o qual o raio de giração vale $\bar{k}$.

Para problemas de movimento plano, em que a rotação ocorre em relação a um eixo normal ao plano de movimento, um subscrito único para I é suficiente para designar o eixo de inércia. Assim, se a placa da Fig. B/4 tem movimento no plano x-y, o momento de inércia da placa em relação ao eixo z que passa por O é denominado I_O.

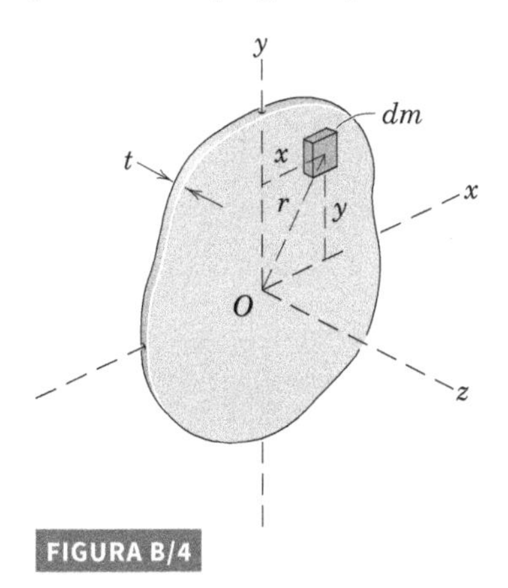

FIGURA B/4

Para um movimento tridimensional, entretanto, em que os componentes de rotação podem ocorrer em relação a mais do que um eixo, usamos dois subscritos para preservar a simetria da notação com os termos dos momentos de inércia, que estão descritos na Seção B/2. Assim, os momentos de inércia em relação aos eixos x, y e z são denominados I_{xx}, I_{yy} e I_{zz}, respectivamente, e, da Fig. B/5 vemos que esses termos são

$$\begin{aligned} I_{xx} &= \int r_x^2\, dm = \int (y^2 + z^2)\, dm \\ I_{yy} &= \int r_y^2\, dm = \int (z^2 + x^2)\, dm \\ I_{zz} &= \int r_z^2\, dm = \int (x^2 + y^2)\, dm \end{aligned} \qquad \text{(B/4)}$$

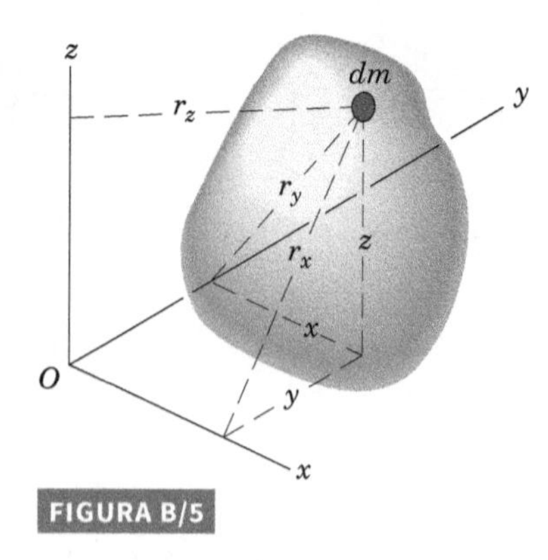

FIGURA B/5

Essas integrais estão citadas nas Eqs. 7/10 da Seção 7/7 sobre o momento angular na rotação em três dimensões.

As expressões que definem os momentos de inércia de massa e os momentos de inércia de área são semelhantes. Uma relação exata entre as duas expressões dos momentos de inércia existe para o caso de chapas planas. Considere a chapa plana de espessura uniforme na Fig. B/4. Se a espessura constante vale t e a massa específica vale ρ, o momento de inércia de massa I_{zz} da placa em relação ao eixo z normal a ela vale

$$I_{zz} = \int r^2\, dm = \rho t \int r^2\, dA = \rho t I_z \qquad \text{(B/5)}$$

Assim, o momento de inércia de massa em relação ao eixo z é igual à massa por unidade de área, ρt, vezes o momento de inércia polar, I_z, da área da placa em relação ao eixo z. Se t for pequeno em comparação com as dimensões da placa, os momentos de inércia de massa I_{xx} e I_{yy} da placa em relação aos eixos x e y são bem aproximados por

$$\begin{aligned} I_{xx} &= \int y^2\, dm = \rho t \int y^2\, dA = \rho t I_x \\ I_{yy} &= \int x^2\, dm = \rho t \int x^2\, dA = \rho t I_y \end{aligned} \qquad \text{(B/6)}$$

Assim, os momentos de inércia de massa são iguais à massa por unidade de área unitária, ρt, vezes os momentos de inércia de área correspondentes. Os dois subscritos para os momentos de inércia de massa distinguem essas quantidades dos momentos de inércia de área.

Além disso, como $I_z = I_x + I_y$ para os momentos de inércia de área, temos

$$I_{zz} = I_{xx} + I_{yy} \qquad \text{(B/7)}$$

que é válida *apenas* para uma chapa plana fina. Essa restrição advém das Eqs. B/6, que não são válidas, a menos que a espessura t, ou a coordenada z do elemento, seja desprezível em comparação com a distância do elemento aos eixos x ou y correspondentes. A Eq. B/7 é muito útil quando se lida com um elemento de massa diferencial, tomado como um elemento plano de espessura diferencial, por exemplo, dz. Nesse caso, a Eq. B/7 é exatamente válida e se torna

$$dI_{zz} = dI_{xx} + dI_{yy} \qquad \text{(B/7a)}$$

para os eixos x e y no plano da placa.

Corpos Compostos

De modo análogo ao caso dos momentos de inércia de área, o momento de inércia de massa de um corpo composto é a soma dos momentos de inércia das partes individuais em relação ao mesmo eixo. É, com frequência, conveniente tratar um corpo composto como se definido por volumes positivos e volumes negativos. O momento de inércia de um elemento negativo, tal como o de um material removido para fazer um furo, deve ser considerado como uma quantidade negativa.

Um resumo de algumas das fórmulas mais úteis dos momentos de inércia de massa, de várias massas de formas comuns, é dado na Tabela D/4, Apêndice D.

Os problemas seguintes aos exemplos estão subdivididos nas categorias *Exercícios de Integração* e *Exercícios de Corpos Compostos e Eixos Paralelos*. O teorema dos eixos paralelos, também, será útil em alguns dos problemas da primeira categoria.

EXEMPLO DE PROBLEMA B/1

Determine o momento de inércia e o raio de giração de um cilindro homogêneo de massa m e raio r em relação ao seu eixo central O-O.

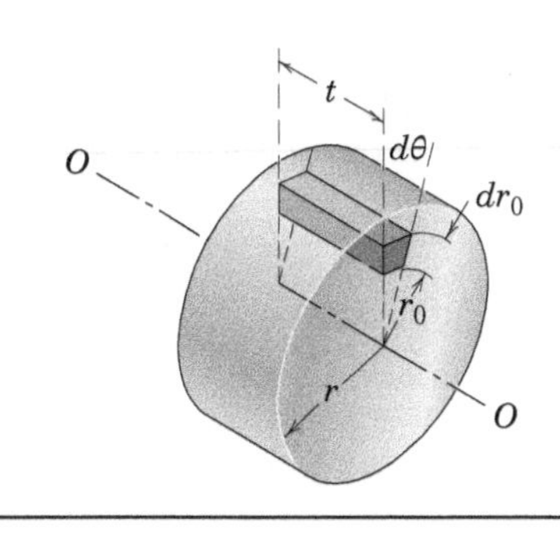

Solução. Um elemento de massa em coordenadas cilíndricas vale $dm = \rho\, dV = \rho t r_0\, dr_0\, d\theta$, em que ρ é a massa específica do cilindro.① O momento de inércia em relação ao eixo do cilindro é

$$I = \int r_0^2\, dm = \rho t \int_0^{2\pi} \int_0^r r_0^3\, dr_0\, d\theta = \rho t \frac{\pi r^4}{2} = \frac{1}{2} mr^2 \quad ② \qquad \textit{Resp.}$$

O raio de giração vale

$$k = \sqrt{\frac{I}{m}} = \frac{r}{\sqrt{2}} \qquad \textit{Resp.}$$

DICAS ÚTEIS

① Se houvéssemos começado com uma casca cilíndrica de raio r_0 e comprimento axial t, como nosso elemento de massa dm, então $dI = r_0^2\, dm$, diretamente. O leitor deve avaliar a integral.

② O resultado $I = \frac{1}{2}mr^2$ vale, apenas, para um cilindro sólido homogêneo e não pode ser usado para nenhuma outra figura de periferia circular.

EXEMPLO DE PROBLEMA B/2

Determine o momento de inércia e o raio de giração de uma esfera sólida homogênea de massa m e raio r em relação ao seu diâmetro.

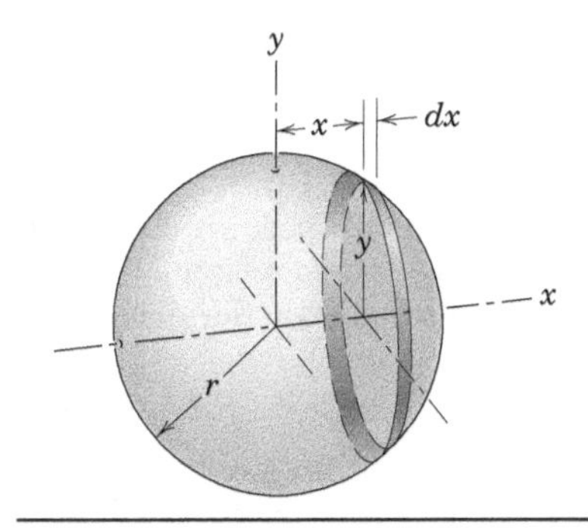

Solução. Um segmento circular de raio y e espessura dx é escolhido como o elemento de volume. A partir dos resultados do Exemplo de Problema B/1, o momento de inércia em relação ao eixo x do cilindro elementar é

$$dI_{xx} = \frac{1}{2}(dm)y^2 = \frac{1}{2}(\pi\rho y^2\, dx)y^2 = \frac{\pi\rho}{2}(r^2 - x^2)^2\, dx \quad ①$$

em que ρ é a massa específica constante da esfera. O momento de inércia total em relação ao eixo x é

$$I_{xx} = \frac{\pi\rho}{2}\int_{-r}^{r}(r^2 - x^2)^2\, dx = \frac{8}{15}\pi\rho r^5 = \frac{2}{5}mr^2 \qquad \textit{Resp.}$$

O raio de giração em torno do eixo x é

$$k_x = \sqrt{\frac{I_{xx}}{m}} = \sqrt{\frac{2}{5}}r \qquad \textit{Resp.}$$

DICAS ÚTEIS

① Este é um exemplo em que empregamos um resultado anterior para dar o momento de inércia do elemento escolhido, que, nesse caso, é um cilindro circular de comprimento axial diferencial dx. Seria tolice iniciar com um elemento de terceira ordem, tal como $\rho\, dx\, dy\, dz$, quando podemos resolver facilmente o problema com um elemento de primeira ordem.

EXEMPLO DE PROBLEMA B/3

Determine os momentos de inércia do paralelepípedo retangular homogêneo de massa m em relação aos eixos do centroide, x_0 e z, e em relação ao eixo x passando em uma das extremidades.

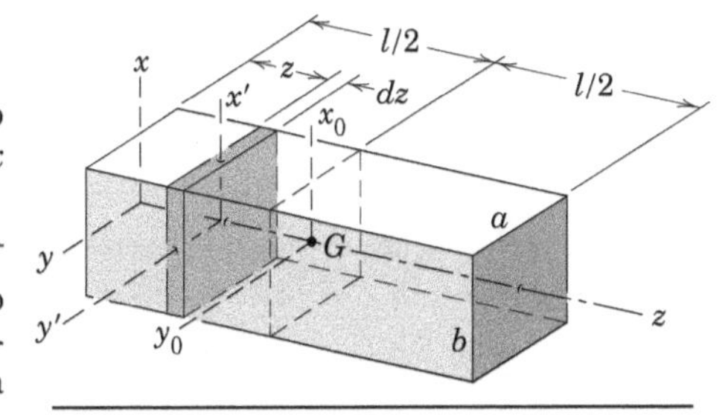

Solução. Um segmento transversal de espessura dz é selecionado como o elemento de volume. O momento de inércia desse segmento de espessura infinitesimal é igual ao momento de inércia da área da seção multiplicado pela

EXEMPLO DE PROBLEMA B/3 *(continuação)*

massa por unidade de área $\rho\, dz$. Assim, o momento de inércia do segmento transversal em relação ao eixo y' é

$$dI_{y'y'} = (\rho\, dz)(\tfrac{1}{12}ab^3)$$

e em relação ao eixo x' é

$$dI_{x'x'} = (\rho\, dz)(\tfrac{1}{12}a^3b) \quad ①$$

Enquanto o elemento for uma placa de espessura diferencial, o princípio dado pela Eq. B/7*a* pode ser aplicado para gerar

$$dI_{zz} = dI_{x'x'} + dI_{y'y'} = (\rho\, dz)\,\frac{ab}{12}\,(a^2 + b^2)$$

Essas expressões podem ser agora integradas para se obter os resultados desejados.

O momento de inércia em relação ao eixo z é

$$I_{zz} = \int dI_{zz} = \frac{\rho ab}{12}\,(a^2 + b^2)\int_0^l dz = \tfrac{1}{12}m(a^2 + b^2) \qquad \textit{Resp.}$$

em que m é a massa do bloco. Trocando-se os símbolos, o momento de inércia em relação ao eixo x_0 é

$$I_{x_0x_0} = \tfrac{1}{12}m(a^2 + l^2) \qquad \textit{Resp.}$$

O momento de inércia em relação ao eixo x pode ser encontrado pelo teorema dos eixos paralelos, Eq. B/3. Assim

$$I_{xx} = I_{x_0x_0} + m\left(\frac{l}{2}\right)^2 = \tfrac{1}{12}m(a^2 + 4l^2) \qquad \textit{Resp.}$$

Esse último resultado pode ser obtido expressando o momento de inércia do segmento elementar em relação ao eixo x e integrando a expressão ao longo do comprimento da barra. Novamente, pelo teorema dos eixos paralelos

$$dI_{xx} = dI_{x'x'} + z^2\, dm = (\rho\, dz)(\tfrac{1}{12}a^3b) + z^2\rho ab\, dz = \rho ab\left(\frac{a^2}{12} + z^2\right) dz$$

A integração dá o resultado obtido anteriormente:

$$I_{xx} = \rho ab \int_0^l \left(\frac{a^2}{12} + z^2\right) dz = \frac{\rho abl}{3}\left(l^2 + \frac{a^2}{4}\right) = \tfrac{1}{12}m(a^2 + 4l^2)$$

A expressão para I_{xx} pode ser simplificada para uma barra prismática longa ou para uma barra esbelta cujas dimensões transversais sejam pequenas em comparação com o comprimento. Nesse caso, a^2 pode ser desprezado em comparação com $4l^2$ e o momento de inércia de uma barra esbelta em relação a um eixo que passe por uma extremidade normal à barra será $I = \frac{1}{3}ml^2$. Pela mesma aproximação, o momento de inércia em relação a um eixo que passe pelo centroide e seja normal à barra é $\frac{1}{12}ml^2$.

DICA ÚTIL

① Faça referência às Eqs. B/6 e lembre-se da expressão para o momento de inércia de área de um retângulo, em relação a um eixo que passe pelo seu centro e seja paralelo à sua base.

EXEMPLO DE PROBLEMA B/4

A aresta superior da placa homogênea e fina, de massa m é parabólica, com uma inclinação vertical na origem O. Determine seu momento de inércia de massa em torno dos eixos x, y e z.

Solução. Nós começamos estabelecendo, claramente, a função associada à fronteira superior. De $y = k\sqrt{x}$, avaliada em $(x, y) = (b, h)$, obtemos $k = h/\sqrt{b}$, de modo que $y = \dfrac{h}{\sqrt{b}}\sqrt{x}$. ① Escolhemos uma fatia transversal, com espessura dx para as integrações, obtendo I_{xx} e I_{yy}. A massa desta fatia é

EXEMPLO DE PROBLEMA B/4 *(continuação)*

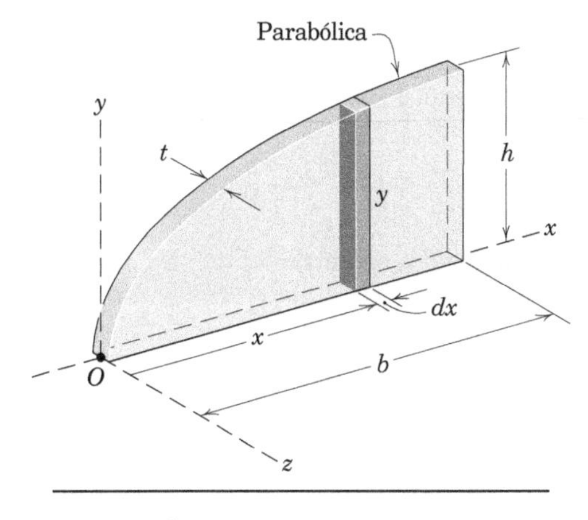

$$dm = \rho ty\, dx$$

e a massa total da placa é

$$m = \int dm = \int \rho ty\, dx = \int_0^b \rho t \frac{h}{\sqrt{b}}\sqrt{x}\, dx = \frac{2}{3}\rho thb \quad ②$$

O momento de inércia da fatia em torno do eixo x é

$$dI_{xx} = \frac{1}{3}\, dm\, y^2 = \frac{1}{3}(\rho ty\, dx)y^2 = \frac{1}{3}\rho ty^3\, dx \quad ③$$

Para a placa inteira, temos

$$I_{xx} = \int dI_{xx} = \int_0^b \frac{1}{3}\rho t\left(\frac{h}{\sqrt{b}}\sqrt{x}\right)^3 dx = \frac{2}{15}\rho th^3 b$$

Em termos de massa m:

$$I_{xx} = \frac{2}{15}\rho th^3 b\left(\frac{m}{\frac{2}{3}\rho thb}\right) = \frac{1}{5}mh^2 \quad ④ \qquad \textit{Resp.}$$

O momento de inércia do elemento em torno do eixo y é

$$dI_{yy} = dm\, x^2 = (\rho ty\, dx)x^2 = \left(\rho t \frac{h}{\sqrt{b}}\sqrt{x}\, dx\right)x^2 = \rho t \frac{h}{\sqrt{b}} x^{5/2}\, dx$$

Para a placa inteira,

$$I_{yy} = \int dI_{yy} = \int_0^b \rho t \frac{h}{\sqrt{b}} x^{5/2}\, dx = \frac{2}{7}\rho thb^3\left(\frac{m}{\frac{2}{3}\rho thb}\right) = \frac{3}{7}mb^2 \quad ⑤ \qquad \textit{Resp.}$$

Para placas finas que estejam no plano x-y,

$$I_{zz} = I_{xx} + I_{yy} = \frac{1}{5}mh^2 + \frac{3}{7}mb^2$$

$$I_{zz} = m\left(\frac{h^2}{5} + \frac{3b^2}{7}\right) \qquad \textit{Resp.}$$

DICAS ÚTEIS

① Se temos $y = kx^2$, significando que "y cresce mais rapidamente do que x", isto ajuda a definir que a parábola abre para cima. Aqui, temos $y^2 = k^2x$, que significa que "x cresce mais rapidamente do que y", ajudando a definir que a parábola abre para a direita.

② Para uma placa retangular maciça com dimensões b, h e espessura t, a massa seria ρthb (massa específica vezes o volume). Então, o fator de $\frac{2}{3}$ para a placa parabólica faz sentido.

③ Lembre-se de que, para uma haste esbelta de massa m e comprimento l, o momento de inércia em torno de um eixo perpendicular à haste que passa por uma das extremidades é $\frac{1}{3}ml^2$.

④ Observe que I_{xx} é independente da largura b.

⑤ Observe que I_{yy} é independente da altura h.

EXEMPLO DE PROBLEMA B/5

O raio de um sólido de revolução homogêneo é proporcional ao quadrado de sua coordenada x. Se a massa do corpo é m, determine seu momento de inércia de massa em torno dos eixos x e y.

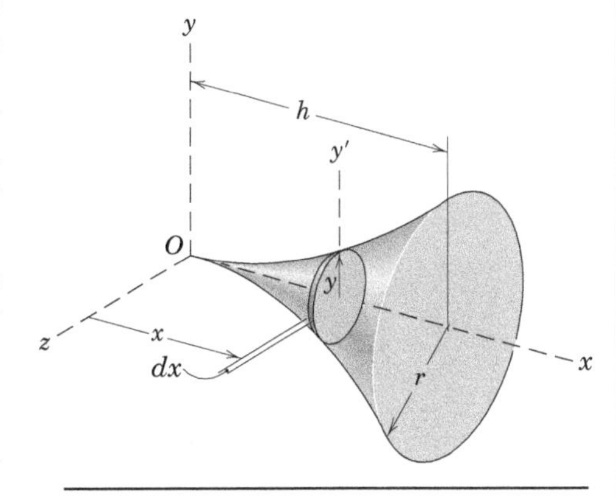

Solução. Começamos escrevendo a fronteira no plano x-y como $y = kx^2$. A constante k é determinada através da avaliação desta equação no ponto $(x, y) = (h, r)$: $r = kh^2$, que fornece $k = r/h^2$, de modo que $y = \frac{r}{h^2}x^2$.

Como normalmente convém para corpos com simetria axial, escolhemos uma fatia na forma de disco, como nosso elemento diferencial, conforme representado na figura dada. A massa do elemento é

$$dm = \rho\pi y^2\, dx \quad ①$$

em que ρ representa a massa específica do corpo. O momento de inércia do elemento em torno do eixo x é

$$dI_{xx} = \frac{1}{2}\, dm\, y^2 = \frac{1}{2}(\rho\pi y^2\, dx)\, y^2 = \frac{1}{2}\rho\pi y^4\, dx \quad ②$$

A massa do corpo todo é

$$m = \int dm = \int_0^h \rho\pi y^2\, dx = \int_0^h \rho\pi\left(\frac{r}{h^2}x^2\right)^2 dx = \rho\pi \frac{r^2}{h^4}\frac{x^5}{5}\Bigg|_0^h = \frac{1}{5}\rho\pi r^2 h \quad ③$$

DICAS ÚTEIS

① O volume do disco é a área de sua face vezes sua espessura. Então, o produto da massa específica pelo volume fornece a massa.

EXEMPLO DE PROBLEMA B/5 (*continuação*)

e o momento de inércia de massa do corpo todo é

$$I_{xx} = \int dI_{xx} = \int_0^h \tfrac{1}{2}\rho\pi y^4\, dx = \int_0^h \tfrac{1}{2}\rho\pi \left(\frac{r}{h^2}x^2\right)^4 dx = \tfrac{1}{18}\rho\pi r^4 h$$

O que resta é expressar I_{xx} de forma mais convencional, em termos de sua massa. Fazemos isso, escrevendo:

$$I_{xx} = \tfrac{1}{18}\rho\pi r^4 h \left(\frac{m}{\frac{1}{5}\rho\pi r^2 h}\right) = \tfrac{5}{18}mr^2 \quad ④ ⑤ \qquad \textit{Resp.}$$

Pelo teorema dos eixos paralelos, o momento, do elemento em forma de disco, em torno do eixo y é

$$\begin{aligned} dI_{yy} &= dI_{y'y'} + x^2\, dm = \tfrac{1}{4}\, dm\, y^2 + x^2\, dm \\ &= dm\left(\frac{1}{4}\left(\frac{r}{h^2}x^2\right)^2 + x^2\right) = \rho\pi y^2\, dx\left(\frac{1}{4}\frac{r^2}{h^4}x^4 + x^2\right) \\ &= \rho\pi\left(\frac{r}{h^2}x^2\right)^2\left(\frac{1}{4}\frac{r^2}{h^4}x^4 + x^2\right) dx = \rho\pi\frac{r^2}{h^4}\left(\frac{1}{4}\frac{r^2}{h^4}x^8 + x^6\right) dx \end{aligned}$$

Para todo o corpo, temos

$$\begin{aligned} I_{yy} &= \int dI_{yy} = \int_0^h \rho\pi\frac{r^2}{h^4}\left(\frac{1}{4}\frac{r^2}{h^4}x^8 + x^6\right) dx = \rho\pi\frac{r^2}{h^4}\left(\frac{1}{4}\frac{r^2}{h^4}\frac{x^9}{9} + \frac{x^7}{7}\right)\Bigg|_0^h \\ &= \rho\pi r^2 h\left(\frac{r^2}{36} + \frac{h^2}{7}\right) \end{aligned}$$

Finalmente, podemos multiplicar a equação anterior pela mesma expressão usada acima, para obter um resultado em termos da massa m do corpo.

$$I_{yy} = \rho\pi r^2 h\left(\frac{r^2}{36} + \frac{h^2}{7}\right)\left(\frac{m}{\frac{1}{5}\rho\pi r^2 h}\right) = 5m\left(\frac{r^2}{36} + \frac{h^2}{7}\right) \qquad \textit{Resp.}$$

② Do Exemplo de Problema B/1, o momento de inércia de massa de um cilindro uniforme (ou disco) em torno de seu eixo longitudinal é $\frac{1}{2}mr^2$.

③ Lembre-se de considerar uma operação de integração como um somatório infinito.

④ A expressão entre parênteses aqui é igual a unidade, porque seu numerador e seu denominador são iguais.

⑤ Observamos que I_{xx} é independente de h. Então, o corpo poderia ser comprimido até $h \cong 0$ ou alongado até um valor de h grande, sem que isto resultasse em modificações de I_{xx}. Isto é porque não haveria mudança da sua distância até o eixo x para nenhuma partícula do corpo.

B/2 Produtos de Inércia

Para problemas lidando com a rotação de corpos em três dimensões, a expressão para a quantidade de movimento momento angular contém, além dos termos de momento de inércia, termos de *produto de inércia* definidos como

$$\begin{aligned} I_{xy} &= I_{yx} = \int xy\, dm \\ I_{xz} &= I_{zx} = \int xz\, dm \\ I_{yz} &= I_{zy} = \int yz\, dm \end{aligned} \qquad \text{(B/8)}$$

Essas expressões foram citadas nas Eqs. 7/10, na generalização da expressão para a quantidade de movimento, Eq. 7/9.

O cálculo dos produtos de inércia envolve o mesmo procedimento básico que seguimos no cálculo dos momentos de inércia e na avaliação de outras integrais de volume em relação à escolha do elemento e dos limites de integração. A única precaução especial que precisamos ter é a de conferir os sinais algébricos nas expressões. Enquanto os momentos de inércia são sempre positivos, os produtos de inércia podem ser tanto positivos quanto negativos. As unidades dos produtos de inércia são as mesmas que as dos momentos de inércia.

Vimos que o cálculo dos momentos de inércia é frequentemente simplificado usando o teorema dos eixos paralelos. Um teorema similar existe para a transferência dos produtos de inércia e vamos prová-lo facilmente a seguir. Na Fig. B/6 mostra-se uma vista x-y de um corpo rígido com eixos paralelos x_0-y_0 passando pelo centro de massa G e localizados a uma distância dx e dy

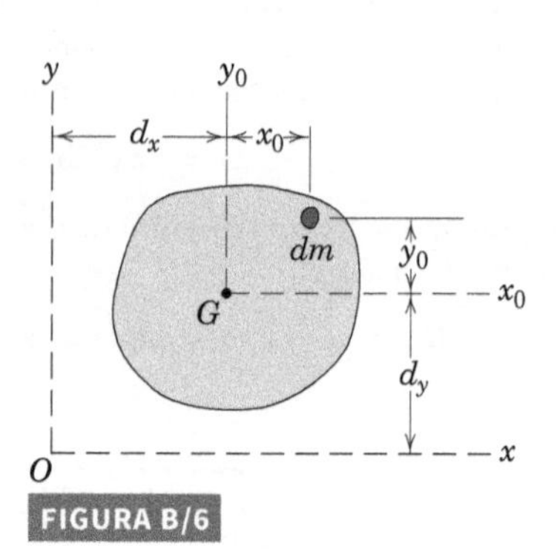

FIGURA B/6

dos eixos x-y. O produto de inércia em relação aos eixos x-y, por definição, é

$$\begin{aligned} I_{xy} &= \int xy\, dm = \int (x_0 + d_x)(y_0 + d_y)\, dm \\ &= \int x_0 y_0\, dm + d_x d_y \int dm + d_x \int y_0\, dm + d_y \int x_0\, dm \\ &= I_{x_0 y_0} + m d_x d_y \end{aligned}$$

As duas últimas integrais desaparecem, pois os primeiros momentos de massa em relação ao centro de massa são necessariamente nulos.

Relações semelhantes existem para os dois termos de produto de inércia remanescentes. Retirando os subscritos zero e usando uma barra para designar a quantidade relativa ao centro de massa, obtemos

$$\boxed{\begin{aligned} I_{xy} &= \bar{I}_{xy} + m d_x d_y \\ I_{xz} &= \bar{I}_{xz} + m d_x d_z \\ I_{yz} &= \bar{I}_{yz} + m d_y d_z \end{aligned}} \tag{B/9}$$

Essas relações de transferência de eixos são válidas *apenas* para transferir para ou de eixos paralelos passando pelo *centro de massa*.

Com o auxílio dos termos do produto de inércia, podemos calcular o momento de inércia de um corpo rígido em relação a qualquer eixo preestabelecido passando pela origem das coordenadas. Suponha que devamos determinar o momento de inércia em relação ao eixo O-M, para o corpo rígido da Fig. B/7. Os cossenos diretores de O-M são l, m, n e um vetor unitário λ ao longo de O-M pode ser escrito como $\lambda = l\mathbf{i} + m\mathbf{j} + n\mathbf{k}$. O momento de inércia em relação a O-M é

$$I_M = \int h^2\, dm = \int (\mathbf{r} \times \boldsymbol{\lambda})\cdot(\mathbf{r} \times \boldsymbol{\lambda})\, dm$$

em que $|\mathbf{r} \times \boldsymbol{\lambda}| = r \operatorname{sen}\theta = h$. O produto vetorial é

$$(\mathbf{r} \times \boldsymbol{\lambda}) = (yn - zm)\mathbf{i} + (zl - xn)\mathbf{j} + (xm - yl)\mathbf{k}$$

e, após ordenarmos os termos, o produto escalar gera

$$(\mathbf{r} \times \boldsymbol{\lambda})\cdot(\mathbf{r} \times \boldsymbol{\lambda}) = h^2 = (y^2 + z^2)l^2 + (x^2 + z^2)m^2$$
$$(x^2 + y^2)n^2 - 2xzln - 2yzmn$$

Assim, com a substituição das expressões das Eqs. B/4 e B/8, temos

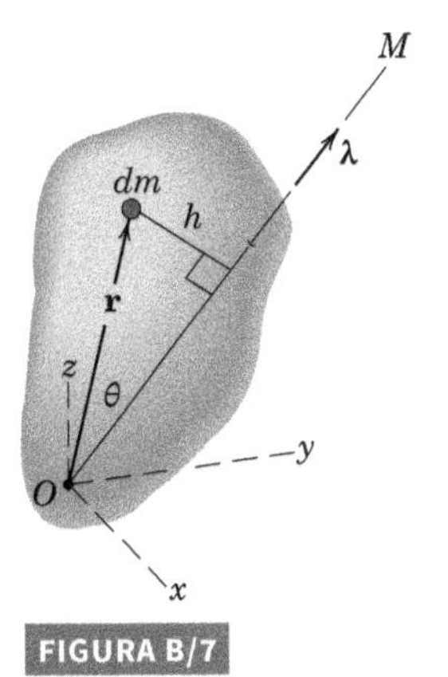

FIGURA B/7

$$\boxed{I_M = I_{xx}l^2 + I_{yy}m^2 + I_{zz}n^2 - 2I_{xy}lm - 2I_{xz}ln - 2I_{yz}mn} \tag{B/10}$$

Essa expressão dá o momento de inércia em relação a qualquer eixo O-M, em função dos cossenos diretores do eixo e dos momentos e produtos de inércia em relação aos eixos coordenados.

Eixos Principais de Inércia

Conforme observado na Seção 7/7, a matriz

$$\begin{bmatrix} I_{xx} & -I_{xy} & -I_{xz} \\ -I_{yx} & I_{yy} & -I_{yz} \\ -I_{zx} & -I_{zy} & I_{zz} \end{bmatrix}$$

cujos elementos aparecem na expansão da expressão da quantidade de movimento angular, Eq. 7/11, para um corpo rígido com eixos associados, é denominada a *matriz de inércia* ou o *tensor de inércia*. Se examinarmos os termos de momento de inércia e de produto de inércia para todas as possíveis orientações dos eixos em relação ao corpo para uma dada origem, achamos, no caso geral, uma orientação dos eixos x-y-z, para a qual os termos de produto de inércia desaparecem e a matriz toma a forma diagonal.

$$\begin{bmatrix} I_{xx} & 0 & 0 \\ 0 & I_{yy} & 0 \\ 0 & 0 & I_{zz} \end{bmatrix}$$

Esses eixos x-y-z são chamados de *eixos principais de inércia* e I_{xx}, I_{yy} e I_{zz} são chamados de *momentos de inércia principais*, que representam os valores máximo, mínimo e intermediário dos momentos de inércia, para a origem particular escolhida.

Pode ser mostrado* que, para qualquer orientação dos eixos x-y-z, a solução do determinante

$$\begin{vmatrix} I_{xx} - I & -I_{xy} & -I_{xz} \\ -I_{yx} & I_{yy} - I & -I_{yz} \\ -I_{zx} & -I_{zy} & I_{zz} - I \end{vmatrix} = 0 \tag{B/11}$$

em relação a I leva às três raízes I_1, I_2 e I_3 da equação cúbica resultante, as quais são os três momentos de inércia principais. Além disso, os cossenos diretores l, m e n dos eixos principais de inércia são dados por

$$\begin{aligned} (I_{xx} - I)l - I_{xy}m - I_{xz}n &= 0 \\ -I_{yx}l + (I_{yy} - I)m - I_{yz}n &= 0 \\ -I_{zx}l - I_{zy}m + (I_{zz} - I)n &= 0 \end{aligned} \tag{B/12}$$

Essas equações, juntamente com $l^2 + m^2 + n^2 = 1$, permitirão que a determinação dos cossenos diretores seja feita para cada uma das três raízes (I's).

*Veja, por exemplo, o *Dynamics*, SI Version, 1975, John Wiley & Sons, Art. 41, do primeiro autor.

Para auxiliar com a visualização dessas conclusões, considere o bloco retangular, Fig. B/8, que tem uma orientação arbitrária em relação aos eixos x-y-z. Por simplicidade, o centro de massa G está localizado na origem das coordenadas. Se os momentos e produtos de inércia do bloco em relação aos eixos x-y-z forem conhecidos, então, a solução da Eq. B/11 daria as três raízes I_1, I_2 e I_3, que são os momentos de inércia principais. A solução da Eq. B/12 usando cada uma das três raízes, uma de cada vez, juntamente com $l^2 + m^2 + n^2 = 1$, daria os cossenos diretores l, m e n para cada um dos respectivos eixos principais, que são sempre mutuamente perpendiculares. A partir das proporções do bloco, como desenhado, vemos que I_1 é o momento de inércia máximo, I_2 é o valor intermediário e I_3 é o valor mínimo.

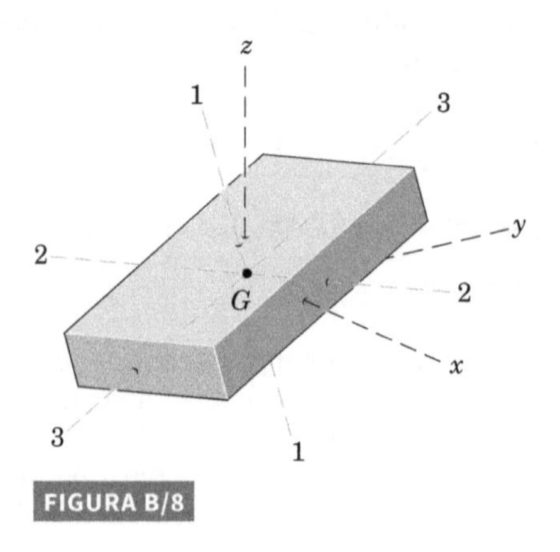

FIGURA B/8

EXEMPLO DE PROBLEMA B/6

A placa dobrada tem uma espessura uniforme t, que é desprezível em comparação com suas outras dimensões. A massa específica do material da placa é ρ. Determine os produtos de inércia da placa em relação aos eixos escolhidos.

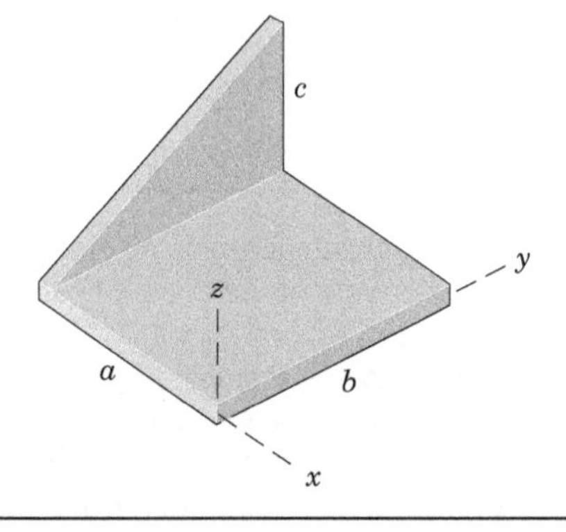

Solução. Cada uma das duas partes é analisada separadamente.

Parte retangular. Na vista separada dessa parte, incorporamos eixos paralelos, x_0-y_0, passando pelo centro de massa G e usamos o teorema da transferência de eixos.① Por simetria, vemos que $\bar{I}_{xy} = I_{x_0y_0} = 0$. Assim,

$$[I_{xy} = \bar{I}_{xy} + md_xd_y] \qquad I_{xy} = 0 + \rho tab\left(-\frac{a}{2}\right)\left(\frac{b}{2}\right) = -\frac{1}{4}\rho ta^2b^2$$

Como a coordenada z de todos os elementos da placa é zero, segue que $I_{xz} = I_{yz} = 0$.

Parte triangular. Na vista separada dessa parte, localizamos o centro de massa G e construímos os eixos x_0, y_0 e z_0 passando por G. Como a coordenada x_0 de todos os elementos vale zero, segue que $\bar{I}_{xy} = I_{x_0y_0} = 0$ e $\bar{I}_{xz} = I_{x_0z_0} = 0$. Os teoremas de transferência de eixos, então, geram

$$[I_{xy} = \bar{I}_{xy} + md_xd_y] \qquad I_{xy} = 0 + \rho t\frac{b}{2}c(-a)\left(\frac{2b}{3}\right) = -\frac{1}{3}\rho tab^2c$$

$$[I_{xz} = \bar{I}_{xz} + md_xd_z] \qquad I_{xz} = 0 + \rho t\frac{b}{2}c(-a)\left(\frac{c}{3}\right) = -\frac{1}{6}\rho tabc^2$$

Obtemos I_{yz} por integração direta, observando que a distância a do plano do triângulo, desde o plano y-z, não afeta de modo algum as coordenadas y e z. Com o elemento de massa $dm = \rho t\, dy\, dz$, temos

$$\left[I_{yz} = \int yz\, dm\right] \qquad I_{yz} = \rho t\int_0^b\int_0^{cy/b} yz\, dz\, dy = \rho t\int_0^b y\left[\frac{z^2}{2}\right]_0^{cy/b} dy \quad ②$$

$$= \frac{\rho tc^2}{2b^2}\int_0^b y^3\, dy = \frac{1}{8}\rho tb^2c^2$$

Somando as expressões para as duas partes, temos

$$I_{xy} = -\tfrac{1}{4}\rho ta^2b^2 - \tfrac{1}{3}\rho tab^2c = -\tfrac{1}{12}\rho tab^2(3a + 4c) \qquad \textit{Resp.}$$

$$I_{xz} = \quad 0 \quad -\tfrac{1}{6}\rho tabc^2 = -\tfrac{1}{6}\rho tabc^2 \qquad \textit{Resp.}$$

$$I_{yz} = \quad 0 \quad +\tfrac{1}{8}\rho tb^2c^2 = +\tfrac{1}{8}\rho tb^2c^2 \qquad \textit{Resp.}$$

DICAS ÚTEIS

① Devemos ter o cuidado de preservar o mesmo sentido das coordenadas. Assim, x_0 e y_0 positivos devem concordar com x e y positivos.

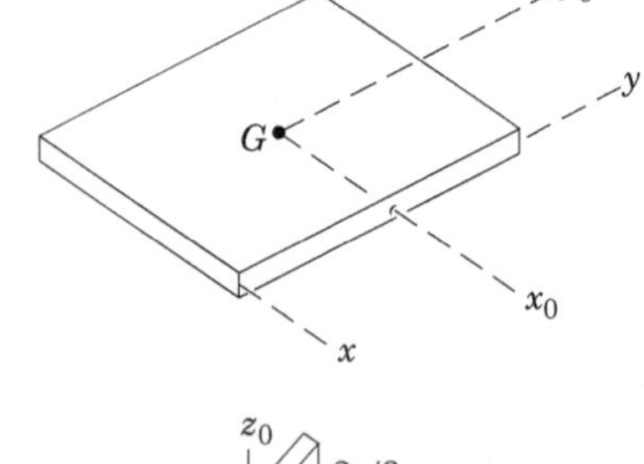

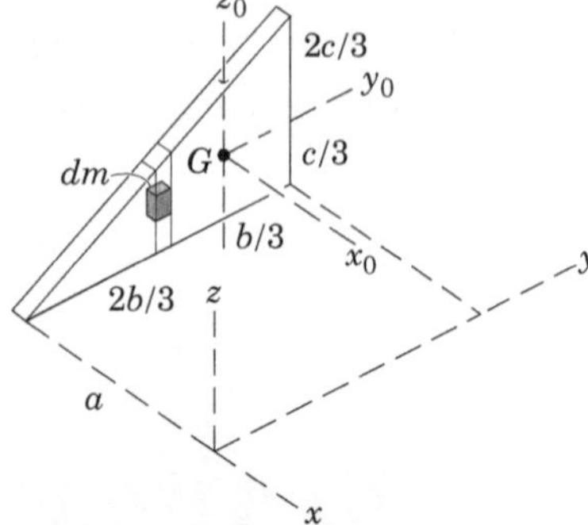

② Escolhemos integrar primeiro em relação a z, para o qual, o limite superior é a altura variável $z = cy/b$. Se fôssemos integrar primeiro em relação a y, os limites da primeira integral seriam desde a variável $y = bz/c$ até b.

EXEMPLO DE PROBLEMA B/7

A dobradiça é feita em uma placa de alumínio, com uma massa de 13,45 kg por metro quadrado. Calcule os momentos de inércia principais em relação à origem O e os cossenos diretores dos eixos principais de inércia. A espessura da placa é pequena comparada com as outras dimensões.

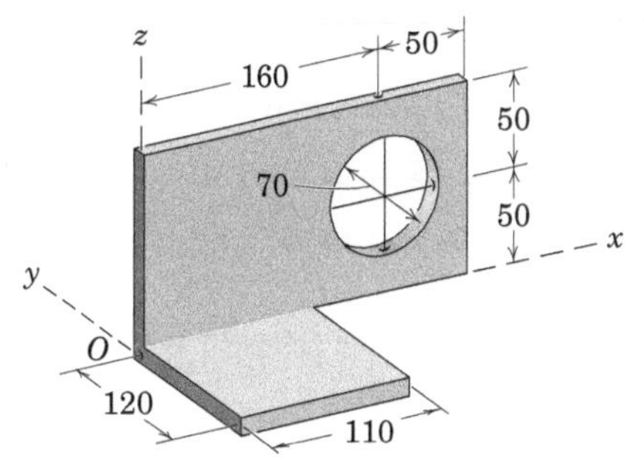

Dimensões em milímetros

Solução. As massas das três partes são

$$m_1 = 13{,}45(0{,}21)(0{,}1) = 0{,}282 \text{ kg}$$

$$m_2 = -13{,}45\pi(0{,}035)^2 = -0{,}0518 \text{ kg} \quad ①$$

$$m_3 = 13{,}45(0{,}12)(0{,}11) = 0{,}1775 \text{ kg}$$

Parte 1

$$I_{xx} = \frac{1}{3}mb^2 = \frac{1}{3}(0{,}282)(0{,}1)^2 = 9{,}42(10^{-4}) \text{ kg}\cdot\text{m}^2$$

$$I_{yy} = \frac{1}{3}m(a^2 + b^2) = \frac{1}{3}(0{,}282)[(0{,}21)^2 + (0{,}1)^2] = 50{,}9(10^{-4}) \text{ kg}\cdot\text{m}^2 \quad ②$$

$$I_{zz} = \frac{1}{3}ma^2 = \frac{1}{3}(0{,}282)(0{,}21)^2 = 41{,}5(10^{-4}) \text{ kg}\cdot\text{m}^2$$

$$I_{xy} = 0 \qquad I_{yz} = 0$$

$$I_{xz} = \bar{I}_{xz} + md_xd_z$$

$$= 0 + m\frac{a}{2}\frac{b}{2} = 0{,}282(0{,}105)(0{,}05) = 14{,}83(10^{-4}) \text{ kg}\cdot\text{m}^2$$

Parte 2

$$I_{xx} = \frac{1}{4}mr^2 + md_z{}^2 = -0{,}0518\left[\frac{(0{,}035)^2}{4} + (0{,}050)^2\right]$$

$$= -1{,}453(10^{-4}) \text{ kg}\cdot\text{m}^2$$

$$I_{yy} = \frac{1}{2}mr^2 + m(d_x{}^2 + d_z{}^2)$$

$$= -0{,}0518\left[\frac{(0{,}035)^2}{2} + (0{,}16)^2 + (0{,}05)^2\right]$$

$$= -14{,}86(10^{-4}) \text{ kg}\cdot\text{m}^2$$

$$I_{zz} = \frac{1}{4}mr^2 + md_x{}^2 = -0{,}0518\left[\frac{(0{,}035)^2}{4} + (0{,}16)^2\right]$$

$$= -13{,}41(10^{-4}) \text{ kg}\cdot\text{m}^2$$

$$I_{xy} = 0 \qquad I_{yz} = 0$$

$$I_{xz} = \bar{I}_{xz} + md_xd_z = 0 - 0{,}0518(0{,}16)(0{,}05) = -4{,}14(10^{-4}) \text{ kg}\cdot\text{m}^2$$

Parte 3

$$I_{xx} = \frac{1}{3}md^2 = \frac{1}{3}(0{,}1775)(0{,}12)^2 = 8{,}52(10^{-4}) \text{ kg}\cdot\text{m}^2$$

$$I_{yy} = \frac{1}{3}mc^2 = \frac{1}{3}(0{,}1775)(0{,}11)^2 = 7{,}16(10^{-4}) \text{ kg}\cdot\text{m}^2$$

$$I_{zz} = \frac{1}{3}m(c^2 + d^2) = \frac{1}{3}(0{,}1775)[(0{,}11)^2 + (0{,}12)^2]$$

$$= 15{,}68(10^{-4}) \text{ kg}\cdot\text{m}^2$$

$$I_{xy} = \bar{I}_{xy} + md_xd_y$$

$$= 0 + m\frac{c}{2}\left(\frac{-d}{2}\right) = 0{,}1775(0{,}055)(-0{,}06) = -5{,}86(10^{-4}) \text{ kg}\cdot\text{m}^2$$

$$I_{yz} = 0 \qquad I_{xz} = 0$$

DICAS ÚTEIS

① Observe que a massa do furo é tratada como se fosse negativa.

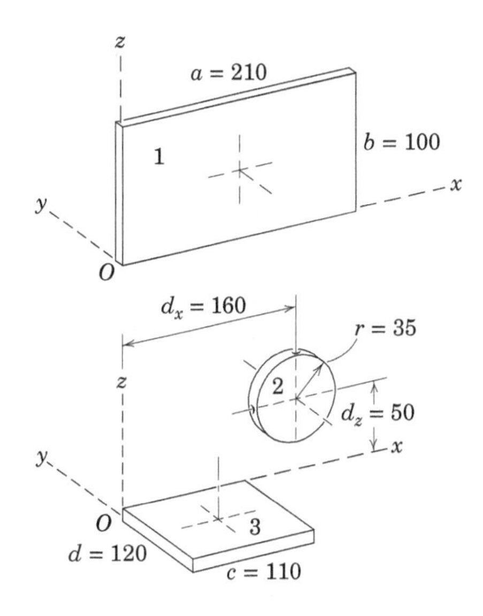

② Você pode obter facilmente essa equação. Verifique também a Tabela D/4.

EXEMPLO DE PROBLEMA B/7 (*continuação*)

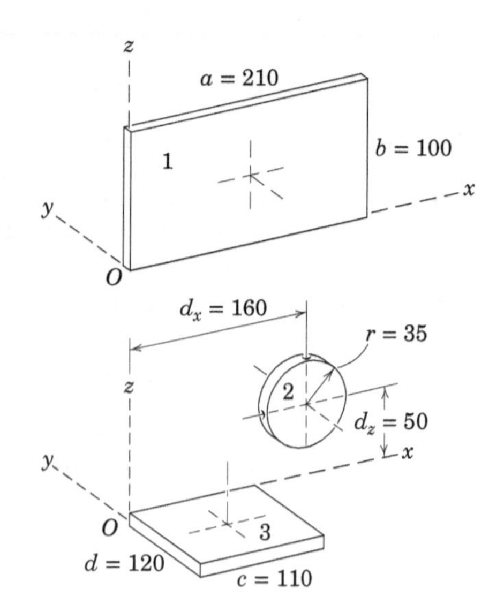

Totais

$$I_{xx} = 16{,}48(10^{-4})\ \text{kg·m}^2 \qquad I_{xy} = -5{,}86(10^{-4})\ \text{kg·m}^2$$
$$I_{yy} = 43{,}2(10^{-4})\ \text{kg·m}^2 \qquad I_{yz} = 0$$
$$I_{zz} = 43{,}8(10^{-4})\ \text{kg·m}^2 \qquad I_{xz} = 10{,}69(10^{-4})\ \text{kg·m}^2$$

Após substituição na Eq. B/11, desenvolvimento do determinante e simplificação temos

$$I^3 - 103{,}5(10^{-4})I^2 + 3180(10^{-8})I - 24\,800(10^{-12}) = 0$$

A solução dessa equação cúbica leva às seguintes raízes, que são os momentos de inércia principais: ③

$$I_1 = 48{,}3(10^{-4})\ \text{kg·m}^2$$
$$I_2 = 11{,}82(10^{-4})\ \text{kg·m}^2 \qquad \textit{Resp.}$$
$$I_3 = 43{,}4(10^{-4})\ \text{kg·m}^2$$

Os cossenos diretores de cada eixo principal são obtidos por substituição de cada raiz, uma de cada vez, na Eq. B/12 e o uso de $l^2 + m^2 + n^2 = 1$. Os resultados são

$$l_1 = 0{,}357 \qquad l_2 = 0{,}934 \qquad l_3 = 0{,}01830$$
$$m_1 = 0{,}410 \qquad m_2 = -0{,}1742 \qquad m_3 = 0{,}895 \qquad \textit{Resp.}$$
$$n_1 = -0{,}839 \qquad n_2 = 0{,}312 \qquad n_3 = 0{,}445$$

A figura de baixo mostra uma vista pictórica da dobradiça e a orientação de seus eixos de inércia principais.

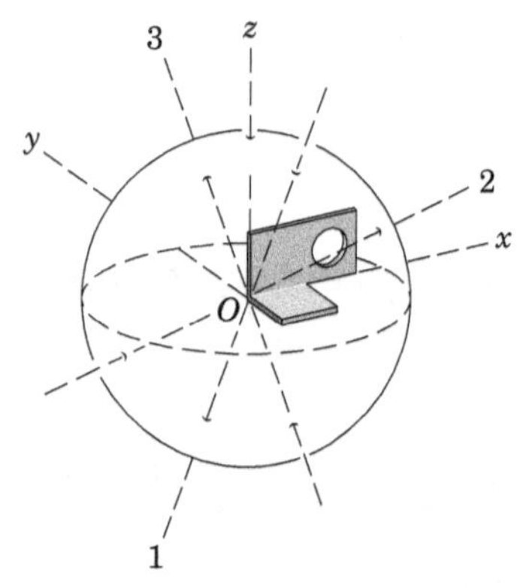

③ Para resolver a equação cúbica, pode ser usado um programa de computador ou uma solução algébrica, com as fórmulas citadas no item 4 da Seção C/4, Apêndice C.

APÊNDICE C

Tópicos Selecionados de Matemática

C/1 Introdução

O Apêndice C contém um resumo e uma recordação de tópicos selecionados em matemática básica, que frequentemente encontram uso em Mecânica. As relações estão citadas sem prova. O estudante de Mecânica terá diversas oportunidades para usar muitas dessas relações e poderá ser prejudicado se elas não estiverem à mão. Outros tópicos que não estão listados também serão necessários de vez em quando.

À medida que o leitor recorda e aplica a Matemática, deve ter em mente que a Mecânica é uma ciência aplicada que descreve corpos e movimentos reais. Desse modo, a interpretação geométrica e física dos conceitos matemáticos aplicáveis deve ser claramente mantida em mente durante o desenvolvimento da teoria e da formulação de problemas.

C/2 Geometria Plana

1. Quando duas linhas que se interceptam são, respectivamente, perpendiculares a duas outras linhas, os ângulos formados pelos dois pares são iguais

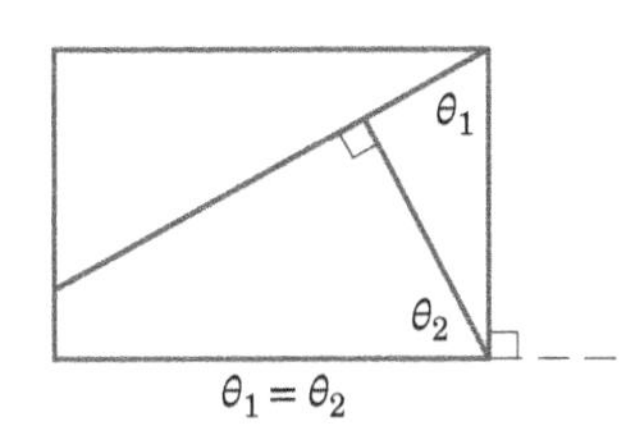

2. Triângulos semelhantes

$$\frac{x}{b} = \frac{h - y}{h}$$

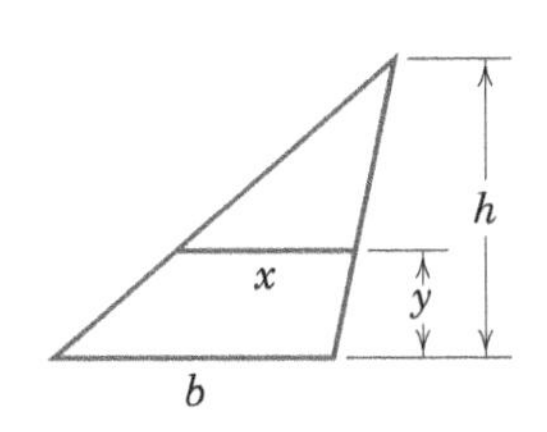

3. Qualquer triângulo

Área $= \frac{1}{2}bh$

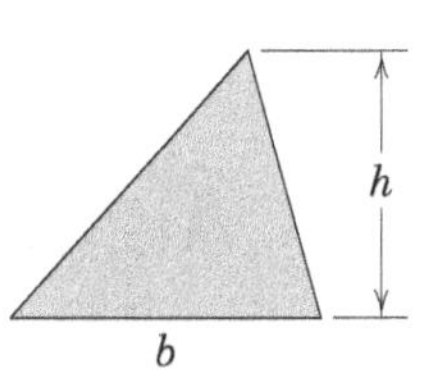

4. Círculo

Circunferência $= 2\pi r$

Área $= \pi r^2$

Comprimento do arco $s = r\theta$

Área de um setor $= \frac{1}{2}r^2\theta$

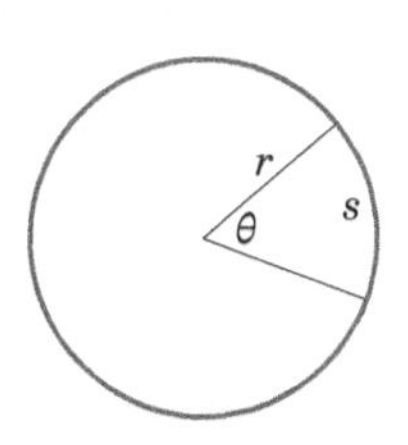

5. Todo triângulo inscrito em um semicírculo é um triângulo retângulo.

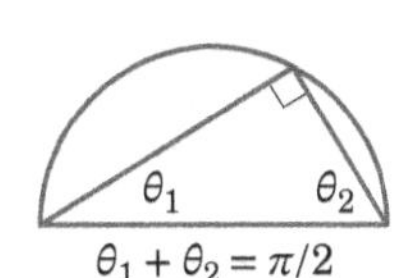

6. Ângulos de um triângulo

$\theta_1 + \theta_2 + \theta_3 = 180°$
$\theta_4 = \theta_1 + \theta_2$

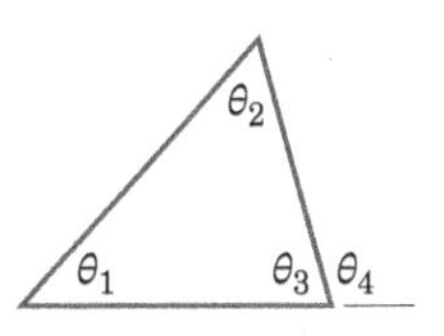

C/3 Geometria Sólida

1. Esfera

Volume $= \frac{4}{3}\pi r^3$

Área da superfície $= 4\pi r^2$

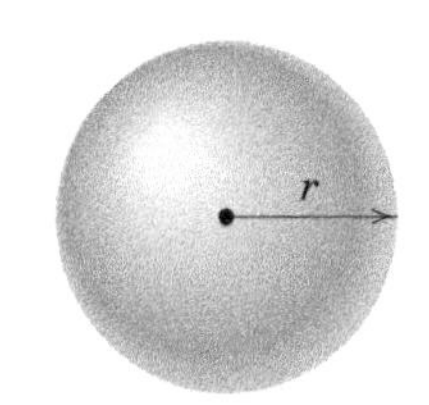

2. Cunha esférica

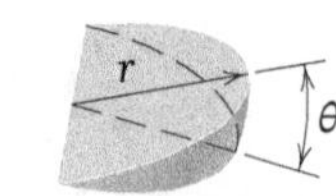

Volume = $\frac{2}{3}r^3\theta$

3. Cone Reto-circular

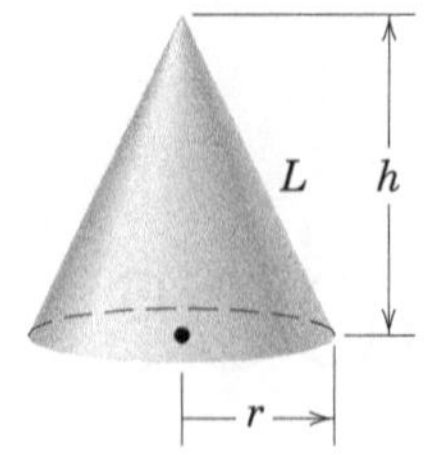

Volume = $\frac{1}{3}\pi r^2 h$

Área lateral = $\pi r L$

$L = \sqrt{r^2 + h^2}$

4. Qualquer pirâmide ou cone

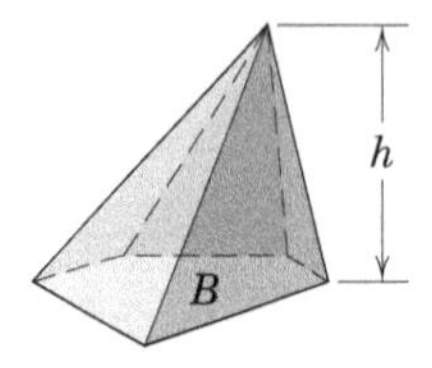

Volume = $\frac{1}{3}Bh$

em que B = área da base

C/4 Álgebra

1. Equação quadrática

$ax^2 + bx + c = 0$

$$x = \frac{-b \pm \sqrt{b^2 - 4ac}}{2a}, \; b^2 \geq 4ac \text{ para raízes reais;}$$

2. Logaritmos

$b^x = y, x = \log_b y$

Logaritmos naturais

$b = e = 2{,}718\,282$
$e^x = y, x = \log_e y = \ln y$
$\log(ab) = \log a + \log b$
$\log(a/b) = \log a - \log b$
$\log(1/n) = -\log n$
$\log a^n = n \log a$
$\log 1 = 0$
$\log_{10} x = 0{,}4343 \ln x$

3. Determinantes

Determinantes de segunda ordem

$$\begin{vmatrix} a_1 & b_1 \\ a_2 & b_2 \end{vmatrix} = a_1b_2 - a_2b_1$$

Determinantes de terceira ordem

$$\begin{vmatrix} a_1 & b_1 & c_1 \\ a_2 & b_2 & c_2 \\ a_3 & b_3 & c_3 \end{vmatrix} = \begin{matrix} +a_1b_2c_3 + a_2b_3c_1 + a_3b_1c_2 \\ -a_3b_2c_1 - a_2b_1c_3 - a_1b_3c_2 \end{matrix}$$

4. Equação cúbica

$x^3 = Ax + B$

Seja $p = A/3$, $q = B/2$.

Caso I: $q^2 - p^3$ é negativo (três raízes reais e diferentes)

$$\cos u = q/(p\sqrt{p}),\ 0 < u < 180°$$
$$x_1 = 2\sqrt{p}\cos(u/3)$$
$$x_2 = 2\sqrt{p}\cos(u/3 + 120°)$$
$$x_3 = 2\sqrt{p}\cos(u/3 + 240°)$$

Caso II: $q^2 - p^3$ é positivo (uma raiz real e duas raízes imaginárias)

$$x_1 = (q + \sqrt{q^2 - p^3})^{1/3} + (q - \sqrt{q^2 - p^3})^{1/3}$$

Caso III: $q^2 - p^3 = 0$ (três raízes reais e duas raízes iguais)

$$x_1 = 2q^{1/3},\ x_2 = x_3 = -q^{1/3}$$

Para uma equação cúbica geral

$$x^3 + ax^2 + bx + c = 0$$

Substitua $x = x_0 - a/3$ e obtenha $x_0^3 = Ax_0 + B$. Prossiga então como anteriormente e determine valores de x_0 a partir dos quais $x = x_0 - a/3$.

C/5 Geometria Analítica

1. Linha reta

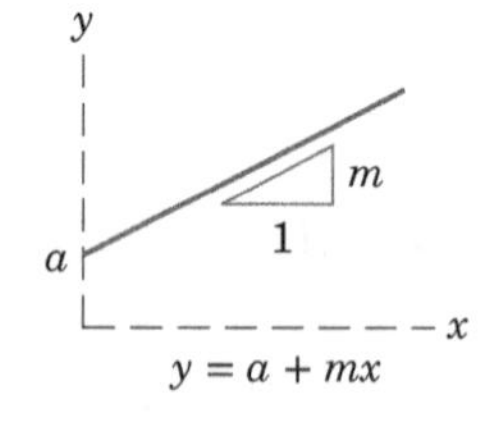

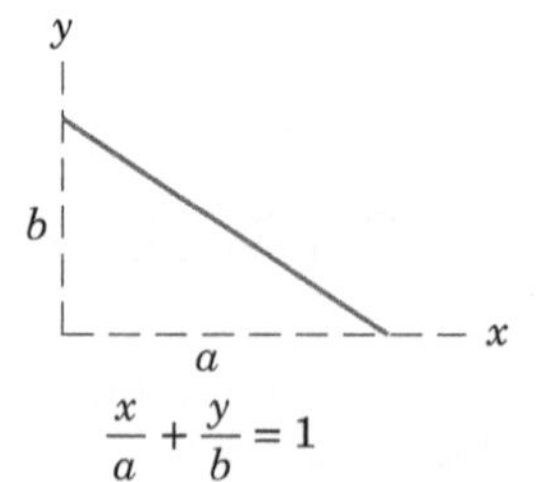

2. Círculo

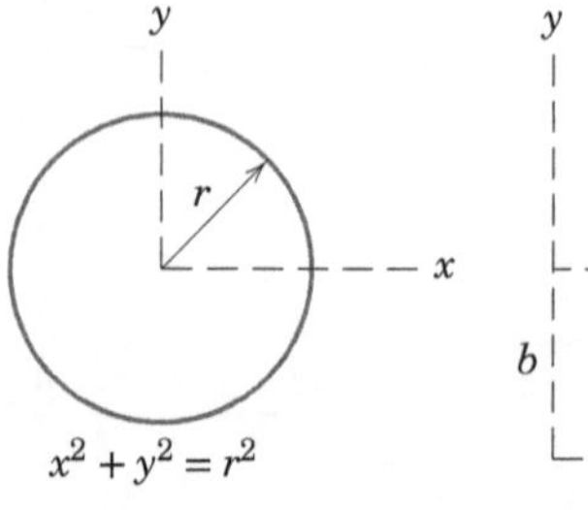

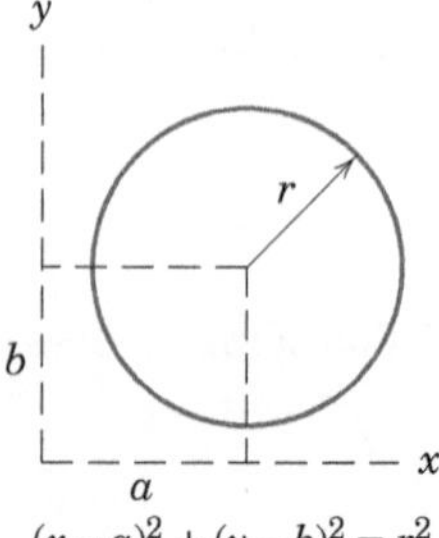

3. Parábola

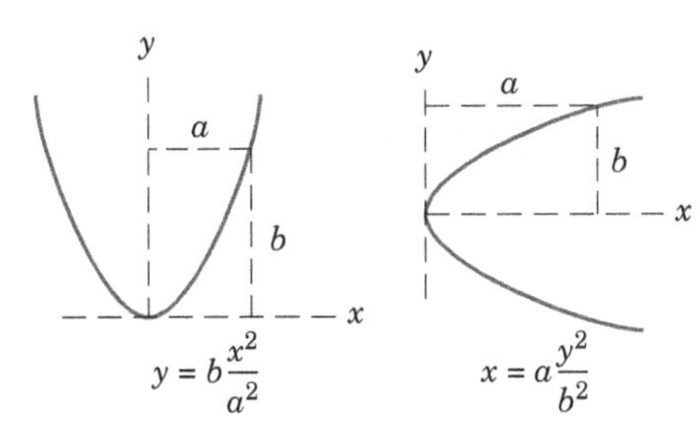

4. Elípse

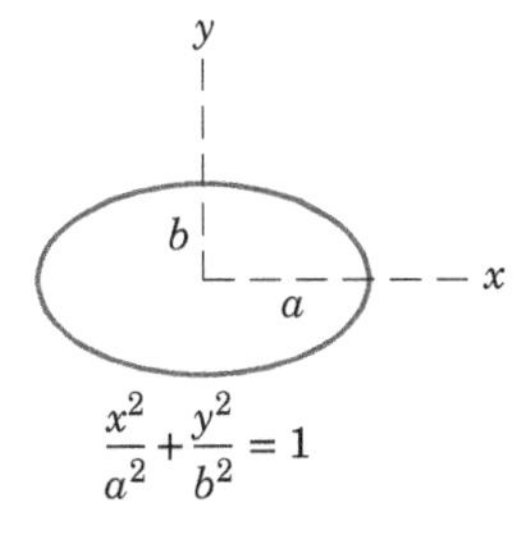

5. Hipérbole

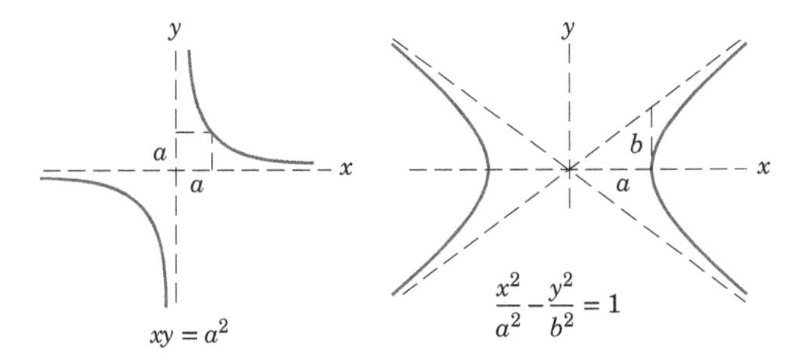

C/6 Trigonometria

1. Definições

$\text{sen}\,\theta = a/c \qquad \csc\theta = c/a$
$\cos\theta = b/c \qquad \sec\theta = c/b$
$\tan\theta = a/b \qquad \cot\theta = b/a$

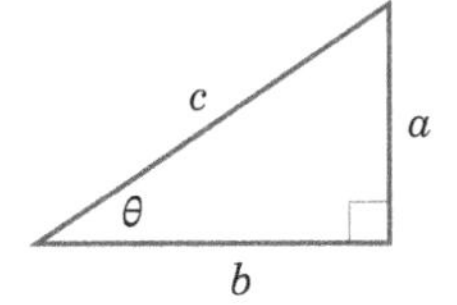

2. Sinais nos quatro quadrantes

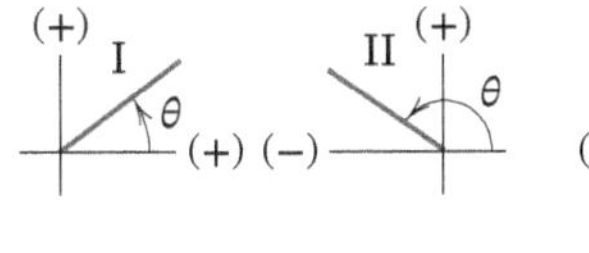

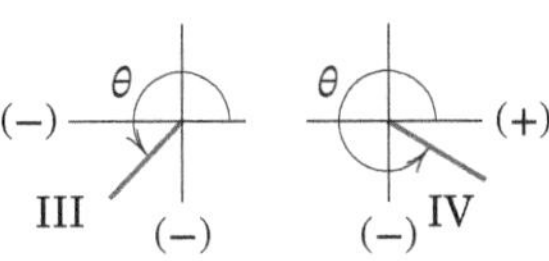

	I	II	III	IV
sen θ	+	+	–	–
cos θ	+	–	–	+
tan θ	+	–	+	–
csc θ	+	+	–	–
sec θ	+	–	–	+
cot θ	+	–	+	–

3. Relações diversas

$$\text{sen}^2\,\theta + \cos^2\theta = 1$$
$$1 + \tan^2\theta = \sec^2\theta$$
$$1 + \cot^2\theta = \csc^2\theta$$
$$\text{sen}\frac{\theta}{2} = \sqrt{\frac{1}{2}(1 - \cos\theta)}$$
$$\cos\frac{\theta}{2} = \sqrt{\frac{1}{2}(1 + \cos\theta)}$$
$$\text{sen}\,2\theta = 2\,\text{sen}\,\theta\cos\theta$$
$$\cos 2\theta = \cos^2\theta - \text{sen}^2\,\theta$$
$$\text{sen}\,(a \pm b) = \text{sen}\,a\cos b \pm \cos a\,\text{sen}\,b$$
$$\cos(a \pm b) = \cos a\cos b \mp \text{sen}\,a\,\text{sen}\,b$$

4. Lei dos senos

$$\frac{a}{b} = \frac{\text{sen}\,A}{\text{sen}\,B}$$

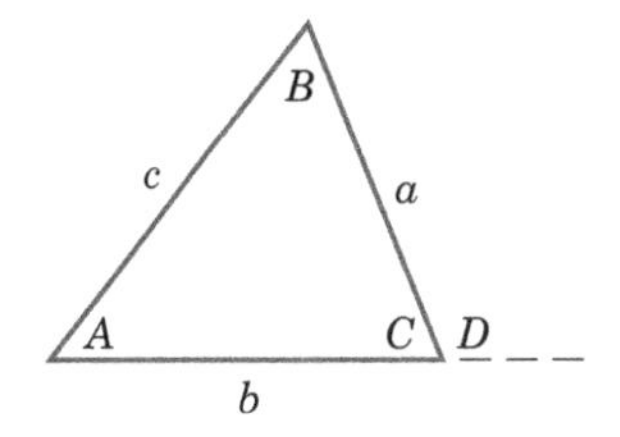

5. Lei dos cossenos

$$c^2 = a^2 + b^2 - 2ab\cos C$$
$$c^2 = a^2 + b^2 + 2ab\cos D$$

C/7 Operações Vetoriais

1. ***Notação.*** Quantidades vetoriais são impressas em negrito enquanto quantidades escalares aparecem em itálico. Assim, a quantidade vetorial **V** tem um módulo escalar *V*. Em trabalhos manuscritos as quantidades vetoriais devem sempre ser consistentemente indicadas por um símbolo tal como $\underline{V}$ ou $\overrightarrow{V}$ para distingui-las de quantidades escalares.

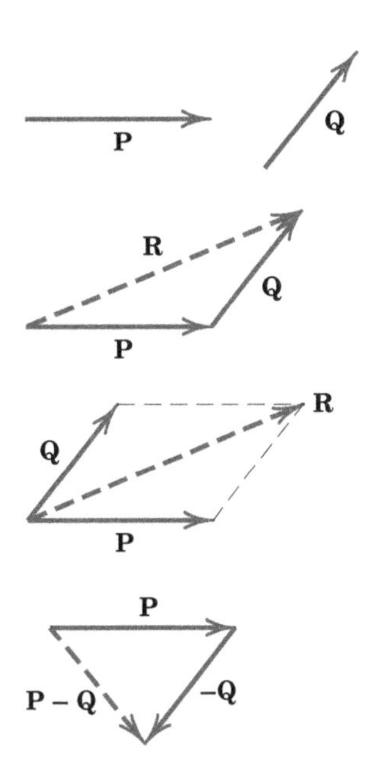

2. ***Adição***

Adição triangular; $\mathbf{P} + \mathbf{Q} = \mathbf{R}$

Adição por paralelogramo; $\mathbf{P} + \mathbf{Q} = \mathbf{R}$

Lei comutativa; $\mathbf{P} + \mathbf{Q} = \mathbf{Q} + \mathbf{P}$

Lei associativa; $\mathbf{P} + (\mathbf{Q} + \mathbf{R}) = (\mathbf{P} + \mathbf{Q}) + \mathbf{R}$

3. ***Subtração***

$$\mathbf{P} - \mathbf{Q} = \mathbf{P} + (-\mathbf{Q})$$

4. ***Vetores unitários,* i, j, k**

$$\mathbf{V} = V_x\mathbf{i} + V_y\mathbf{j} + V_z\mathbf{k}$$

em que $|\mathbf{V}| = V = \sqrt{V_x^{\,2} + V_y^{\,2} + V_z^{\,2}}$

5. ***Cossenos diretores.*** l, m, n são os cossenos dos ângulos entre **V** e os eixos x, y, z. Assim

$$l = V_x/V \qquad m = V_y/V \qquad n = V_z/V$$

de modo que $\mathbf{V} = V(l\mathbf{i} + m\mathbf{j} + n\mathbf{k})$

e $l^2 + m^2 + n^2 = 1$

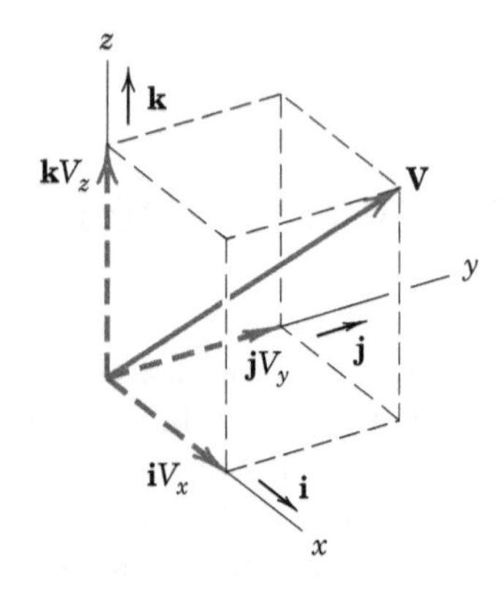

6. ***Produto escalar***

$$\mathbf{P} \cdot \mathbf{Q} = PQ \cos\theta$$

Esse produto pode ser encarado como sendo o módulo de **P** multiplicado pelo componente $Q \cos\theta$ de **Q** na direção de **P**, ou como o módulo de **Q** multiplicado pelo componente $P \cos\theta$ de **P** na direção de **Q**.

Lei comutativa $\mathbf{P} \cdot \mathbf{Q} = \mathbf{Q} \cdot \mathbf{P}$

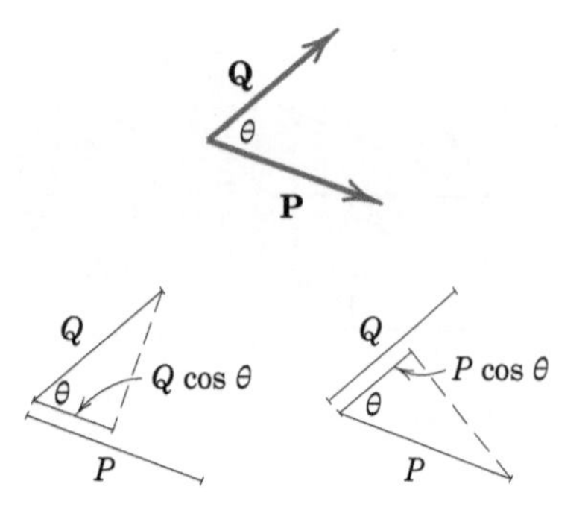

Da definição do produto escalar

$$\mathbf{i} \cdot \mathbf{i} = \mathbf{j} \cdot \mathbf{j} = \mathbf{k} \cdot \mathbf{k} = 1$$

$$\mathbf{i} \cdot \mathbf{j} = \mathbf{j} \cdot \mathbf{i} = \mathbf{i} \cdot \mathbf{k} = \mathbf{k} \cdot \mathbf{i} = \mathbf{j} \cdot \mathbf{k} = \mathbf{k} \cdot \mathbf{j} = 0$$

$$\mathbf{P} \cdot \mathbf{Q} = (P_x\mathbf{i} + P_y\mathbf{j} + P_z\mathbf{k}) \cdot (Q_x\mathbf{i} + Q_y\mathbf{j} + Q_z\mathbf{k})$$

$$= P_xQ_x + P_yQ_y + P_zQ_z$$

$$\mathbf{P} \cdot \mathbf{P} = P_x^{\,2} + P_y^{\,2} + P_z^{\,2}$$

A partir da definição do produto escalar tem-se que dois vetores **P** e **Q** são perpendiculares quando seu produto escalar é zero, $\mathbf{P} \cdot \mathbf{Q} = 0$.

O ângulo θ entre dois vetores $\mathbf{P}_1$ e $\mathbf{P}_2$ pode ser encontrado a partir da expressão de seu produto escalar $\mathbf{P}_1 \cdot \mathbf{P}_2 = P_1P_2 \cos\theta$, que dá

$$\cos\theta = \frac{\mathbf{P}_1 \cdot \mathbf{P}_2}{P_1P_2} = \frac{P_{1_x}P_{2_x} + P_{1_y}P_{2_y} + P_{1_z}P_{2_z}}{P_1P_2}$$

$$= l_1l_2 + m_1m_2 + n_1n_2$$

em que l, m e n são os respectivos cossenos diretores dos vetores. Observa-se também que dois vetores são perpendiculares entre si quando seus cossenos diretores obedecem à relação $l_1l_2 + m_1m_2 + n_1n_2 = 0$.

Lei distributiva; $\mathbf{P} \cdot (\mathbf{Q} + \mathbf{R}) = \mathbf{P} \cdot \mathbf{Q} + \mathbf{P} \cdot \mathbf{R}$

7. ***Produto vetorial.*** O produto vetorial $\mathbf{P} \times \mathbf{Q}$ dos dois vetores **P** e **Q** é definido como o vetor com o módulo

$$|\mathbf{P} \times \mathbf{Q}| = PQ \operatorname{sen}\theta$$

e com a direção especificada pela regra da mão direita, como mostrado. Revertendo a ordem dos vetores e usando a regra da mão direita obtém-se $\mathbf{Q} \times \mathbf{P} = -\mathbf{P} \times \mathbf{Q}$.

Lei distributiva; $\mathbf{P} \times (\mathbf{Q} + \mathbf{R}) = \mathbf{P} \times \mathbf{Q} + \mathbf{P} \times \mathbf{R}$

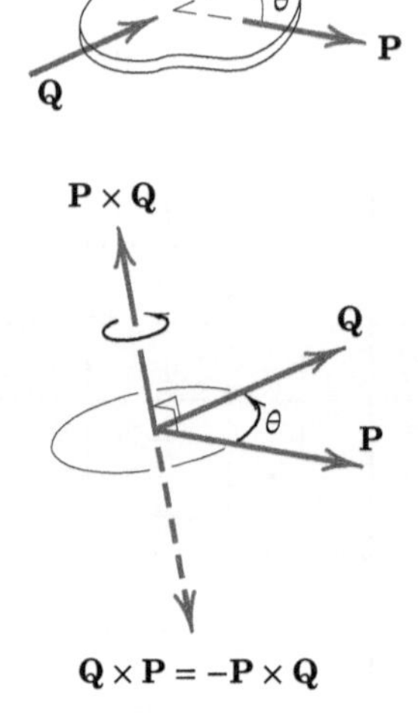

Da definição do produto vetorial, usando *o sistema de coordenadas da mão direita*, obtemos

$$\mathbf{i} \times \mathbf{j} = \mathbf{k} \qquad \mathbf{j} \times \mathbf{k} = \mathbf{i} \qquad \mathbf{k} \times \mathbf{i} = \mathbf{j}$$

$$\mathbf{j} \times \mathbf{i} = -\mathbf{k} \qquad \mathbf{k} \times \mathbf{j} = -\mathbf{i} \qquad \mathbf{i} \times \mathbf{k} = -\mathbf{j}$$

$$\mathbf{i} \times \mathbf{i} = \mathbf{j} \times \mathbf{j} = \mathbf{k} \times \mathbf{k} = \mathbf{0}$$

Com a ajuda dessas identidades e da lei distributiva, o produto vetorial pode ser escrito como

$$\begin{aligned}\mathbf{P} \times \mathbf{Q} &= (P_x\mathbf{i} + P_y\mathbf{j} + P_z\mathbf{k}) \times (Q_x\mathbf{i} + Q_y\mathbf{j} + Q_z\mathbf{k}) \\ &= (P_yQ_z - P_zQ_y)\mathbf{i} + (P_zQ_x - P_xQ_z)\mathbf{j} + (P_xQ_y - P_yQ_x)\mathbf{k}\end{aligned}$$

O produto vetorial pode também ser expresso pelo determinante

$$\mathbf{P} \times \mathbf{Q} = \begin{vmatrix} \mathbf{i} & \mathbf{j} & \mathbf{k} \\ P_x & P_y & P_z \\ Q_x & Q_y & Q_z \end{vmatrix}$$

8. ***Relações adicionais***
Produto misto $(\mathbf{P} \times \mathbf{Q}) \cdot \mathbf{R} = \mathbf{R} \cdot (\mathbf{P} \times \mathbf{Q})$. Os produtos escalar e vetorial podem ser trocados desde que a ordem dos vetores seja mantida. O parêntese é desnecessário pois $\mathbf{P} \times (\mathbf{Q} \cdot \mathbf{R})$ não tem sentido, já que não existe o produto vetorial do vetor $\mathbf{P}$ com o escalar $\mathbf{Q} \cdot \mathbf{R}$. Assim, a expressão pode ser escrita como

$$\mathbf{P} \times \mathbf{Q} \cdot \mathbf{R} = \mathbf{P} \cdot \mathbf{Q} \times \mathbf{R}$$

O produto misto pode ser expresso como o determinante

$$\mathbf{P} \times \mathbf{Q} \cdot \mathbf{R} = \begin{vmatrix} P_x & P_y & P_z \\ Q_x & Q_y & Q_z \\ R_x & R_y & R_z \end{vmatrix}$$

Produto vetorial triplo $(\mathbf{P} \times \mathbf{Q}) \times \mathbf{R} = -\mathbf{R} \times (\mathbf{P} \times \mathbf{Q}) = \mathbf{R} \times (\mathbf{Q} \times \mathbf{P})$. Observamos aqui que os parênteses devem ser usados, pois uma expressão $\mathbf{P} \times \mathbf{Q} \times \mathbf{R}$ seria ambígua porque ela não identificaria o produto vetorial a ser feito. Pode ser mostrado que o produto vetorial triplo é equivalente a

$$(\mathbf{P} \times \mathbf{Q}) \times \mathbf{R} = \mathbf{R} \cdot \mathbf{P}\mathbf{Q} - \mathbf{R} \cdot \mathbf{Q}\mathbf{P}$$

ou

$$\mathbf{P} \times (\mathbf{Q} \times \mathbf{R}) = \mathbf{P} \cdot \mathbf{R}\mathbf{Q} - \mathbf{P} \cdot \mathbf{Q}\mathbf{R}$$

O primeiro termo na primeira expressão, por exemplo, é o produto escalar $\mathbf{R} \cdot \mathbf{P}$, um escalar, multiplicado pelo vetor $\mathbf{Q}$.

9. ***Derivadas de vetores*** obedecem às mesmas regras das derivadas de escalares.

$$\frac{d\mathbf{P}}{dt} = \dot{\mathbf{P}} = \dot{P}_x\mathbf{i} + \dot{P}_y\mathbf{j} + \dot{P}_z\mathbf{k}$$

$$\frac{d(\mathbf{P}u)}{dt} = \mathbf{P}\dot{u} + \dot{\mathbf{P}}u$$

$$\frac{d(\mathbf{P} \cdot \mathbf{Q})}{dt} = \mathbf{P} \cdot \dot{\mathbf{Q}} + \dot{\mathbf{P}} \cdot \mathbf{Q}$$

$$\frac{d(\mathbf{P} \times \mathbf{Q})}{dt} = \mathbf{P} \times \dot{\mathbf{Q}} + \dot{\mathbf{P}} \times \mathbf{Q}$$

10. ***Integração de vetores.*** Se $\mathbf{V}$ é uma função em x, y e z, e um elemento de volume é $d\tau = dx\, dy\, dz$, a integral de $\mathbf{V}$ em relação ao volume pode ser escrita como a soma vetorial das três integrais das componentes. Assim

$$\int \mathbf{V}\, d\tau = \mathbf{i} \int V_x\, d\tau + \mathbf{j} \int V_y\, d\tau + \mathbf{k} \int V_z\, d\tau$$

C/8 Séries

(A expressão entre colchetes após cada série indica a faixa de convergência.)

$$(1 \pm x)^n = 1 \pm nx + \frac{n(n-1)}{2!}x^2 \pm \frac{n(n-1)(n-2)}{3!}x^3 + \cdots \qquad [x^2 < 1]$$

$$\text{sen}\, x = x - \frac{x^3}{3!} + \frac{x^5}{5!} - \frac{x^7}{7!} + \cdots \qquad [x^2 < \infty]$$

$$\cos x = 1 - \frac{x^2}{2!} + \frac{x^4}{4!} - \frac{x^6}{6!} + \cdots \qquad [x^2 < \infty]$$

$$\text{senh}\, x = \frac{e^x - e^{-x}}{2} = x + \frac{x^3}{3!} + \frac{x^5}{5!} + \frac{x^7}{7!} + \cdots \qquad [x^2 < \infty]$$

$$\cosh x = \frac{e^x + e^{-x}}{2} = 1 + \frac{x^2}{2!} + \frac{x^4}{4!} + \frac{x^6}{6!} + \cdots \qquad [x^2 < \infty]$$

$$f(x) = \frac{a_0}{2} + \sum_{n=1}^{\infty} a_n \cos\frac{n\pi x}{l} + \sum_{n=1}^{\infty} b_n\, \text{sen}\frac{n\pi x}{l}$$

$$\text{em que } a_n = \frac{1}{l}\int_{-l}^{l} f(x)\cos\frac{n\pi x}{l}\,dx,$$

$$b_n = \frac{1}{l}\int_{-l}^{l} f(x)\,\text{sen}\frac{n\pi x}{l}\,dx$$

[Expansão de Fourier para $-l < x < l$]

C/9 Derivadas

$$\frac{dx^n}{dx} = nx^{n-1}, \qquad \frac{d(uv)}{dx} = u\frac{dv}{dx} + v\frac{du}{dx},$$

$$\frac{d\left(\frac{u}{v}\right)}{dx} = \frac{v\frac{du}{dx} - u\frac{dv}{dx}}{v^2}$$

$$\lim_{\Delta x \to 0} \text{sen}\,\Delta x = \text{sen}\,dx = \tan dx = dx$$

$$\lim_{\Delta x \to 0} \cos \Delta x = \cos dx = 1$$

$$\frac{d\,\text{sen}\,x}{dx} = \cos x, \quad \frac{d\cos x}{dx} = -\text{sen}\,x, \quad \frac{d\tan x}{dx} = \sec^2 x$$

$$\frac{d\,\text{senh}\,x}{dx} = \cosh x, \quad \frac{d\cosh x}{dx} = \text{senh}\,x,$$

$$\frac{d\tanh x}{dx} = \text{sech}^2\,x$$

C/10 Integrais

$$\int x^n\,dx = \frac{x^{n+1}}{n+1}$$

$$\int \frac{dx}{x} = \ln x$$

$$\int \sqrt{a+bx}\,dx = \frac{2}{3b}\sqrt{(a+bx)^3}$$

$$\int x\sqrt{a+bx}\,dx = \frac{2}{15b^2}(3bx-2a)\sqrt{(a+bx)^3}$$

$$\int x^2\sqrt{a+bx}\,dx = \frac{2}{105b^3}(8a^2-12abx+15b^2x^2)\sqrt{(a+bx)^3}$$

$$\int \frac{dx}{\sqrt{a+bx}} = \frac{2\sqrt{a+bx}}{b}$$

$$\int \frac{\sqrt{a+x}}{\sqrt{b-x}}\,dx = -\sqrt{a+x}\,\sqrt{b-x} + (a+b)\,\text{sen}^{-1}\sqrt{\frac{a+x}{a+b}}$$

$$\int \frac{x\,dx}{a+bx} = \frac{1}{b^2}\,[a+bx-a\ln(a+bx)]$$

$$\int \frac{x\,dx}{(a+bx)^n} = \frac{(a+bx)^{1-n}}{b^2}\left(\frac{a+bx}{2-n} - \frac{a}{1-n}\right)$$

$$\int \frac{dx}{a+bx^2} = \frac{1}{\sqrt{ab}}\tan^{-1}\frac{x\sqrt{ab}}{a} \quad \text{ou}$$

$$\frac{1}{\sqrt{-ab}}\tanh^{-1}\frac{x\sqrt{-ab}}{a}$$

$$\int \frac{x\,dx}{a+bx^2} = \frac{1}{2b}\ln(a+bx^2)$$

$$\int \sqrt{x^2\pm a^2}\,dx = \tfrac{1}{2}[x\sqrt{x^2\pm a^2} \pm a^2\ln(x+\sqrt{x^2\pm a^2})]$$

$$\int \sqrt{a^2-x^2}\,dx = \tfrac{1}{2}\left(x\sqrt{a^2-x^2} + a^2\text{sen}^{-1}\frac{x}{a}\right)$$

$$\int x\sqrt{a^2-x^2}\,dx = -\tfrac{1}{3}\sqrt{(a^2-x^2)^3}$$

$$\int x^2\sqrt{a^2-x^2}\,dx = -\frac{x}{4}\sqrt{(a^2-x^2)^3} + \frac{a^2}{8}\left(x\sqrt{a^2-x^2} + a^2\,\text{sen}^{-1}\frac{x}{a}\right)$$

$$\int x^3\sqrt{a^2-x^2}\,dx = -\tfrac{1}{5}(x^2+\tfrac{2}{3}a^2)\sqrt{(a^2-x^2)^3}$$

$$\int \frac{dx}{\sqrt{a+bx+cx^2}} = \frac{1}{\sqrt{c}}\ln\left(\sqrt{a+bx+cx^2} + x\sqrt{c} + \frac{b}{2\sqrt{c}}\right) \text{ ou}$$

$$\frac{-1}{\sqrt{-c}}\,\text{sen}^{-1}\left(\frac{b+2cx}{\sqrt{b^2-4ac}}\right)$$

$$\int \frac{dx}{\sqrt{x^2\pm a^2}} = \ln(x+\sqrt{x^2\pm a^2})$$

$$\int \frac{dx}{\sqrt{a^2-x^2}} = \text{sen}^{-1}\frac{x}{a}$$

$$\int \frac{x\,dx}{\sqrt{x^2-a^2}} = \sqrt{x^2-a^2}$$

$$\int \frac{x\,dx}{\sqrt{a^2\pm x^2}} = \pm\sqrt{a^2\pm x^2}$$

$$\int x\sqrt{x^2\pm a^2}\,dx = \tfrac{1}{3}\sqrt{(x^2\pm a^2)^3}$$

$$\int x^2\sqrt{x^2\pm a^2}\,dx = \frac{x}{4}\sqrt{(x^2\pm a^2)^3} \mp \frac{a^2}{8}x\sqrt{x^2\pm a^2} - \frac{a^4}{8}\ln(x+\sqrt{x^2\pm a^2})$$

$$\int \text{sen}x\,dx = -\cos x$$

$$\int \cos x\,dx = \text{sen}\,x$$

$$\int \sec x\,dx = \frac{1}{2}\ln\frac{1+\text{sen}\,x}{1-\text{sen}\,x}$$

$$\int \text{sen}^2 x\,dx = \frac{x}{2} - \frac{\text{sen}\,2x}{4}$$

$$\int \cos^2 x\,dx = \frac{x}{2} + \frac{\text{sen}\,2x}{4}$$

$$\int \text{sen}x\cos x\,dx = \frac{\text{sen}^2 x}{2}$$

$$\int \text{senh}x\,dx = \cosh x$$

$$\int \cosh x\,dx = \text{senh}\,x$$

$$\int \tanh x \, dx = \ln \cosh x$$

$$\int \ln x \, dx = x \ln x - x$$

$$\int e^{ax} dx = \frac{e^{ax}}{a}$$

$$\int xe^{ax} dx = \frac{e^{ax}}{a^2}(ax - 1)$$

$$\int e^{ax} \operatorname{sen} px \, dx = \frac{e^{ax}(a \operatorname{sen} px - p \cos px)}{a^2 + p^2}$$

$$\int e^{ax} \cos px \, dx = \frac{e^{ax}(a \cos px + p \operatorname{sen} px)}{a^2 + p^2}$$

$$\int e^{ax} \operatorname{sen}^2 x \, dx = \frac{e^{ax}}{4 + a^2}\left(a \operatorname{sen}^2 x - \operatorname{sen} 2x + \frac{2}{a}\right)$$

$$\int e^{ax} \cos^2 x \, dx = \frac{e^{ax}}{4 + a^2}\left(a \cos^2 x + \operatorname{sen} 2x + \frac{2}{a}\right)$$

$$\int e^{ax} \operatorname{sen} x \cos x \, dx = \frac{e^{ax}}{4 + a^2}\left(\frac{a}{2} \operatorname{sen} 2x - \cos 2x\right)$$

$$\int \operatorname{sen}^3 x \, dx = -\frac{\cos x}{3}(2 + \operatorname{sen}^2 x)$$

$$\int \cos^3 x \, dx = \frac{\operatorname{sen} x}{3}(2 + \cos^2 x)$$

$$\int \cos^5 x \, dx = \operatorname{sen} x - \tfrac{2}{3}\operatorname{sen}^3 x + \tfrac{1}{5}\operatorname{sen}^5 x$$

$$\int x \operatorname{sen} x \, dx = \operatorname{sen} x - x \cos x$$

$$\int x \cos x \, dx = \cos x + x \operatorname{sen} x$$

$$\int x^2 \operatorname{sen} x \, dx = 2x \operatorname{sen} x - (x^2 - 2) \cos x$$

$$\int x^2 \cos x \, dx = 2x \cos x + (x^2 - 2) \operatorname{sen} x$$

Raio de curvatura

$$\rho_{xy} = \frac{\left[1 + \left(\frac{dy}{dx}\right)^2\right]^{3/2}}{\frac{d^2y}{dx^2}}$$

$$\rho_{r\theta} = \frac{\left[r^2 + \left(\frac{dr}{d\theta}\right)^2\right]^{3/2}}{r^2 + 2\left(\frac{dr}{d\theta}\right)^2 - r\frac{d^2r}{d\theta^2}}$$

C/11 Método de Newton para Resolução de Equações Intratáveis

Frequentemente, a aplicação dos princípios fundamentais da Mecânica leva a uma equação algébrica ou transcendental que não tem solução (ou não é de fácil solução) fechada. Em tais casos, uma técnica iterativa, tal como o método de Newton, pode ser uma ferramenta poderosa para obter-se uma boa estimativa da raiz ou raízes da equação.

Vamos colocar a equação a ser resolvida na forma $f(x) = 0$. A parte a da figura anexa mostra uma função arbitrária $f(x)$ para valores de x na vizinhança da raiz desejada, x_r. Observe que x_r é simplesmente o valor de x para o qual a função cruza o eixo x. Suponha que tenhamos disponível (talvez de um gráfico feito manualmente) uma estimativa grosseira, x_1, dessa raiz. Desde que x_1 não seja próximo de um valor máximo ou mínimo da função $f(x)$, podemos obter uma estimativa melhor da raiz x_r traçando a tangente a $f(x)$ em x_1, de modo que ela intercepte o eixo x em x_2. A partir das relações geométricas da figura podemos escrever

$$\tan \theta = f'(x_1) = \frac{f(x_1)}{x_1 - x_2}$$

em que $f'(x_1)$ representa a derivada de $f(x)$ em relação a x, avaliada em $x = x_1$. Resolvendo a equação anterior para x_2 resulta em

$$x_2 = x_1 - \frac{f(x_1)}{f'(x_1)}$$

(a)

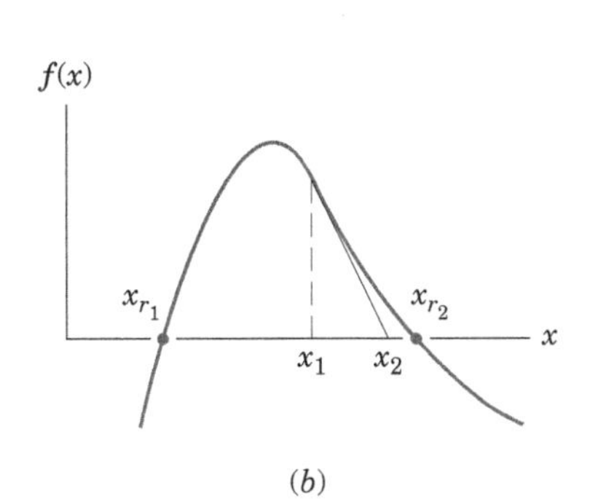

(b)

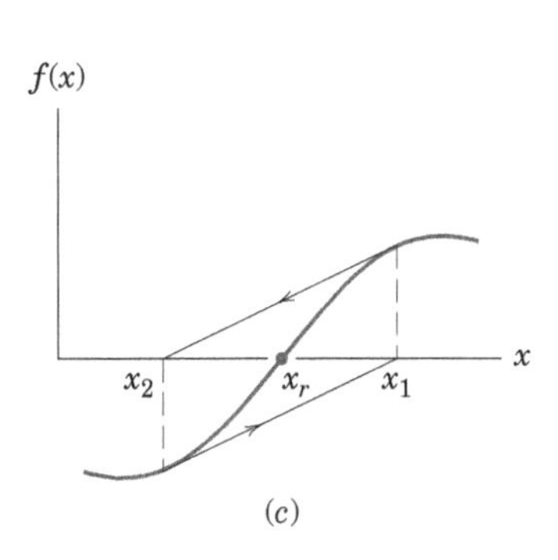

(c)

O termo $-f(x_1)/f'(x_1)$ é a correção à estimativa inicial da raiz x_1. Uma vez que x_2 estiver calculado, podemos repetir o processo para obter x_3 e assim por diante.

Desse modo, generalizamos a equação acima para

$$x_{k+1} = x_k - \frac{f(x_k)}{f'(x_k)}$$

em que;

x_{k+1} = é a $(k + 1)$-ésima estimativa da raiz, x_r, desejada
x_k = é a k-ésima estimativa da raiz, x_r, desejada
$f(x_k)$ = é a função $f(x)$ avaliada em $x = x_k$
$f'(x_k)$ = é a derivada da função avaliada em $x = x_k$

Essa equação é aplicada repetidamente até que $f(x_{k+1})$ seja suficientemente próxima de zero e $x_{k+1} \cong x_k$. O leitor deve verificar que a equação é válida para todas as possíveis combinações de sinais de x_k, $f(x_k)$ e $f'(x_k)$.

Diversos cuidados são pertinentes:

1. É claro que $f'(x_k)$ não deve ser nula ou ser próxima de zero. Isso significaria, como foi restringido antes, que x_k corresponde exatamente, ou está muito próximo, de um máximo ou de um mínimo de $f(x)$. Se a inclinação de $f'(x_k)$ for nula, então a tangente à curva nunca intercepta o eixo x. Se a inclinação de $f'(x_k)$ for pequena, a correção para x_k pode ser tão grande que x_{k+1} é uma estimativa pior da raiz do que x_k. Por esse motivo, os engenheiros experientes normalmente limitam o valor do termo de correção; ou seja, se o valor absoluto de $f(x_k)/f'(x_k)$ for maior do que o valor máximo pré-selecionado, o valor máximo é usado.
2. Se existirem diversas raízes da equação $f(x) = 0$, devemos estar nas vizinhanças da raiz desejada, x_r, para que o algoritmo realmente convirja para aquela raiz. A parte b da figura mostra a condição na qual a estimativa inicial x_1 resultará na convergência para x_{r_2} em vez de para x_{r_1}.
3. Oscilação de um lado para outro da raiz pode ocorrer se, por exemplo, a função for antissimétrica em relação à raiz, que está em um ponto de inflexão. O emprego de metade da correção normalmente prevenirá esse comportamento, que está mostrado na parte c da figura mostrada anteriormente.

Exemplo: Começando com a estimativa de $x_1 = 5$, estime a única raiz da equação $e^x - 10 \cos x - 100 = 0$.

A tabela a seguir resume a aplicação do método de Newton para a equação dada. O processo iterativo foi terminado quando o valor absoluto da correção $-f(x_k)/f'(x_k)$ ficou menor do que 10^{-6}.

k	x_k	$f(x_k)$	$f'(x_k)$	$x_{k+1} - x_k = -\frac{f(x_k)}{f'(x_k)}$
1	5,000 000	45,576 537	138,823 916	−0,328 305
2	4,671 695	7,285 610	96,887 065	−0,075 197
3	4,596 498	0,292 886	89,203 650	−0,003 283
4	4,593 215	0,000 527	88,882 536	−0,000 006
5	4,593 209	$-2(10^{-8})$	88,881 956	$2,25(10^{-10})$

C/12 Técnicas Selecionadas para Integração Numérica

1. Determinação de área. Considere o problema da determinação da área sombreada sob a curva $y = f(x)$ de $x = a$ até $x = b$, como mostrado na parte a da figura, e suponha que a integração analítica não seja possível. A função pode ser conhecida em forma de tabela, a partir de medidas experimentais ou pode ser conhecida em sua forma analítica. A função é considerada contínua no intervalo $a < x < b$. Podemos dividir a área em n faixas verticais, cada uma com largura $\Delta x = (b - a)/n$, e então somar as áreas de todas as faixas para obter $A = \int y\, dx$. Uma faixa representativa de área A_i está mostrada com sombreamento mais escuro na figura. Três aproximações numéricas úteis estão citadas. Em cada caso, quanto maior for o número de faixas, mais precisa se torna a aproximação geométrica. Como uma regra geral, pode-se começar com um número relativamente pequeno de faixas e aumentar o número até que as mudanças resultantes na aproximação da área não mais aumentem a precisão obtida.

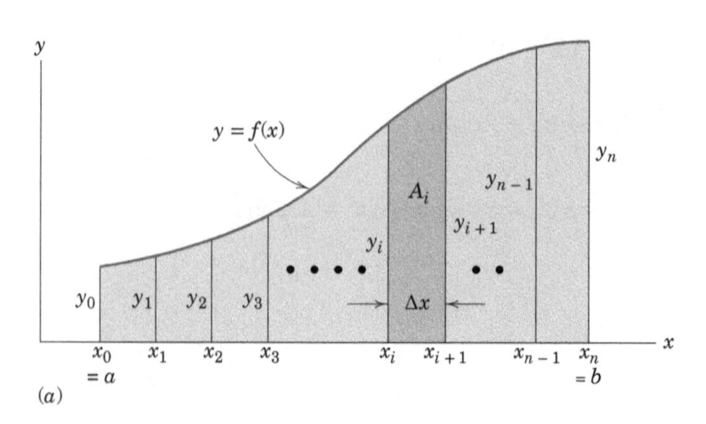

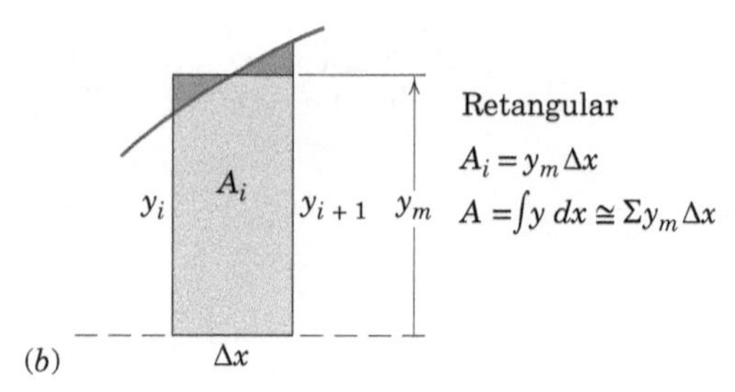

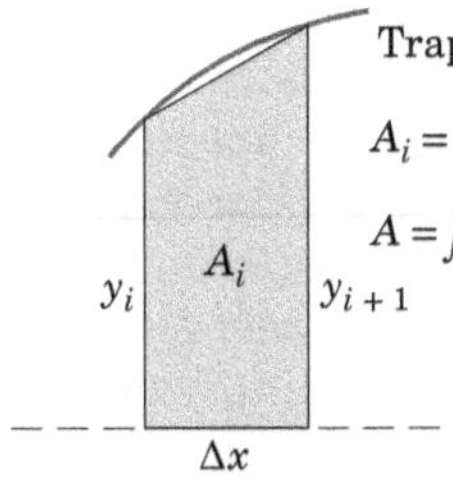

Trapezoidal

$$A_i = \frac{y_i + y_{i+1}}{2}\Delta x$$

$$A = \int y\,dx \cong \left(\frac{y_0}{2} + y_1 + y_2 + \cdots + y_{n-1} + \frac{y_n}{2}\right)\Delta x$$

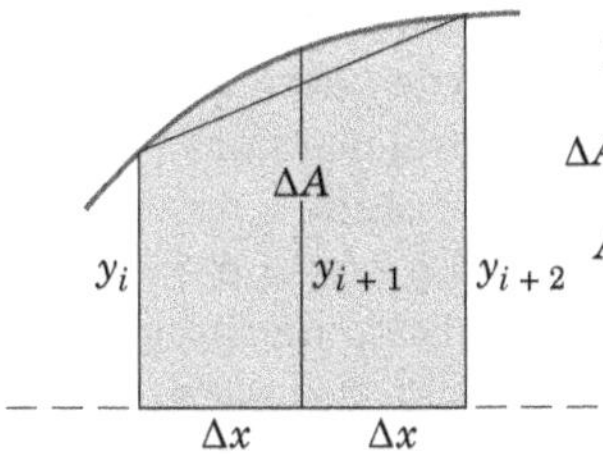

y_i A_i y_{i+1}

(c) Δx

Parabólica

$$\Delta A = \frac{1}{3}(y_i + 4y_{i+1} + y_{i+2})\Delta x$$

$$A = \int y\,dx \cong \frac{1}{3}(y_0 + 4y_1 + 2y_2 + 4y_3 + 2y_4 + \cdots + 2y_{n-2} + 4y_{n-1} + y_n)\Delta x$$

y_i ΔA y_{i+1} y_{i+2}

(d) Δx Δx

I. *Retangular* [Figura (*b*)] As áreas das faixas são consideradas como retângulos, como mostrado pela faixa representativa cuja altura y_m foi escolhida visualmente de modo que as pequenas áreas mais escuras são os mais iguais possíveis. Assim, fazemos o somatório Σy_m das alturas efetivas e multiplicamos por Δx. Para uma função conhecida em sua forma analítica, um valor para y_m igual àquele da função no ponto médio $x_i + \Delta x/2$ pode ser calculado e usado no somatório.

II. *Trapezoidal* [Figura (*c*)] As áreas das faixas são consideradas como trapézios, conforme mostrado pela faixa representativa. A área A_i é igual à altura média $(y_i + y_{i+1})/2$ vezes Δx. Somando as áreas obtém-se a aproximação da área como tabulado. Para o exemplo com a curvatura mostrada, a aproximação, claramente, gerará um valor menor. Para uma curvatura ao contrário, a aproximação dará um valor superior ao real.

III. *Parabólica* [Figura (*d*)] A área entre a corda e a curva (desprezada na solução trapezoidal) pode ser considerada, aproximando a função por uma parábola passando pelos pontos definidos por três valores sucessivos de y. Essa área pode ser calculada a partir da geometria da parábola e somada à área trapezoidal do par de faixas para dar a área ΔA do par como mostrado. Somando todos os $\Delta A'$ obtém-se a tabela mostrada, que é conhecida como regra de Simpson. Para usar a regra de Simpson, o número n de faixas deve ser ímpar.

Exemplo: Determine a área sobre a curva $y = x\sqrt{1 + x^2}$ de $x = 0$ até $x = 2$. (Uma função integrável é escolhida aqui para que as três aproximações possam ser comparadas com o valor exato que é $A = \int_0^2 x\sqrt{1 + x^2}\,dx = \frac{1}{3}(1 + x^2)^{3/2}\Big|_0^2 = \frac{1}{3}(5\sqrt{5} - 1) = 3{,}393\,447$).

Números de subintervalos	Aproximações da área		
	Retangular	Trapezoidal	Parabólica
4	3,361 704	3,456 731	3,392 214
10	3,388 399	3,403 536	3,393 420
50	3,393 245	3,393 850	3,393 447
100	3,393 396	3,393 547	3,393 447
1000	3,393 446	3,393 448	3,393 447
2500	3,393 447	3,393 447	3,393 447

Observe que o pior erro de aproximação é menos de 2 %, mesmo com apenas quatro faixas.

2. Integração de equações diferenciais ordinárias de primeira ordem. A aplicação dos princípios fundamentais da Mecânica frequentemente resulta em relações diferenciais. Vamos considerar a forma de primeira ordem $dy/dt = f(t)$, em que a função $f(t)$ pode não ser facilmente integrável ou pode ser conhecida apenas em forma de tabela. Podemos integrar numericamente, por meio de uma técnica simples de projeção da inclinação conhecida como integração de Euler, que está ilustrada na figura.

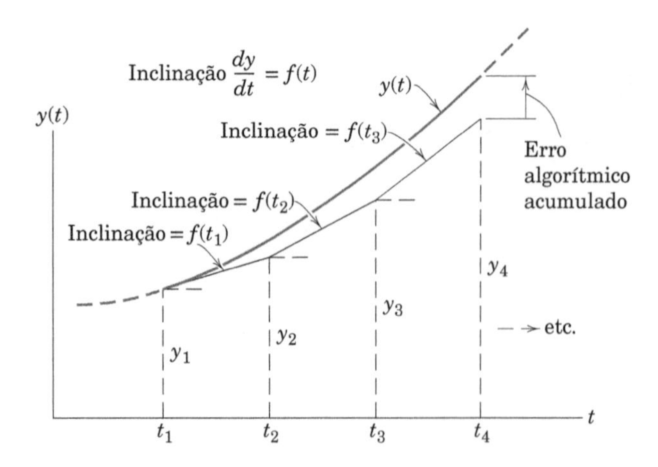

Começando em t_1, em que o valor y_1 é conhecido, projetamos a inclinação sobre um subintervalo horizontal ou passo $(t_2 - t_1)$ e vemos que $y_2 = y_1 + f(t_1)(t_2 - t_1)$. Em t_2, o processo pode ser repetido começando em y_2 e assim por diante até que o valor desejado de t seja atingido. Portanto, a expressão geral é

$$y_{k+1} = y_k + f(t_k)(t_{k+1} - t_k)$$

Se y *versus* t fosse linear, ou seja, se $f(t)$ fosse constante, o método seria exato e não haveria necessidade de um procedimento numérico nesse caso. Variações na inclinação no subintervalo introduzem erro. Para o caso mostrado na figura, a estimativa y_2 é claramente menor do que o valor verdadeiro da função $y(t)$ em t_2. Técnicas de integração mais precisas (tais como os métodos de Runge-Kutta) levam em consideração variações na inclinação no subintervalo e, portanto, fornecem melhores resultados.

De modo semelhante às técnicas de determinação de área, a experiência auxilia na seleção de um subintervalo ou do tamanho do passo quando se lida com funções analíticas. Como uma primeira regra, inicia-se com um passo relativamente grande e, então, se diminui continuamente o tamanho do passo até que as variações correspondentes no resultado da integração sejam muito menores do que a exatidão desejada. Um passo pequeno demais, entretanto, pode resultar em aumento do erro devido a um número muito grande de operações computacionais. Esse tipo de erro é geralmente conhecido como "erro de aproximação", enquanto o erro resultante de um passo grande é conhecido como erro de algoritmo.

Exemplo: Determine o valor de y para $t = 4$, para a equação diferencial $dy/dt = 5t$, com a condição inicial $y = 2$ quando $t = 0$.

A aplicação da técnica de integração de Euler leva aos seguintes resultados:

Número de subintervalos	Tamanho do passo	y em $t = 4$	Erro percentual
10	0,4	38	9,5
100	0,04	41,6	0,95
500	0,008	41,92	0,19
1000	0,004	41,96	0,10

Esse exemplo simples pode ser integrado analiticamente. O resultado é $y = 42$ (exatamente).

APÊNDICE D

Tabelas Úteis

TABELA D/1 **Propriedades Físicas**

Massa específica **(kg/m³)** ***e peso específico*** **(kgf/m³)**

	kg/m³	lb/ft³		kg/m³	lb/ft³
Aço	7 830	489	Madeira (carvalho duro)	1 030	64
Água (doce)	1 000	62,4	Madeira (pinho macio)	480	30
Água (salgada)	1 030	64	Mercúrio	13 570	847
Alumínio	2 690	168	Óleo (média)	900	56
Ar*	1,2062	0,07530	Ouro	19 300	1205
Chumbo	11 370	710	Terra (seca, média)	1 280	80
Cobre	8 910	556	Terra (úmida, média)	1 760	110
Concreto (média)	2 400	150	Titânio	4 510	281
Ferro (fundido)	7 210	450	Vidro	2 590	162
Gelo	900	56			

*a 20°C (68°F) e pressão atmosférica

Coeficientes de Atrito

(Os coeficientes na tabela a seguir representam valores típicos sob condições normais de trabalho. Coeficientes reais para uma dada situação dependerão da natureza exata das superfícies de contato. Uma variação de 25 a 100 % ou mais nesses valores pode ser esperada em uma aplicação real, dependendo das condições prevalecentes de limpeza, acabamento superficial, pressão, lubrificação e velocidade.)

	Valores típicos do coeficiente de atrito	
Superfícies em contato	Estático, μ_e	Dinâmico, μ_d
Aço sobre aço (lubrificado)	0,1	0,05
Aço sobre aço (a seco)	0,6	0,4
Teflon sobre aço	0,04	0,04
Aço sobre metal branco (a seco)	0,4	0,3
Aço sobre metal branco (lubrificado)	0,1	0,07
Latão sobre aço (a seco)	0,5	0,4
Lona de freio sobre ferro fundido	0,4	0,3
Pneus de borracha sobre pavimento liso (a seco)	0,9	0,8
Corda de aço sobre polia de ferro (a seco)	0,2	0,15
Corda de cânhamo sobre metal	0,3	0,2
Metal sobre gelo		0,02

TABELA D/2 Constantes do Sistema Solar

Constante gravitacional universal	$G = 6{,}673(10^{-11})\ \text{m}^3/(\text{kg}\cdot\text{s}^2)$
	$= 3{,}439(10^{-8})\ \text{ft}^4/(\text{lb-sec}^4)$
Massa da Terra	$m_e = 5{,}976(10^{24})\ \text{kg}$
	$= 4{,}095(10^{23})\ \text{lb-sec}^2/\text{ft}$
Período de rotação da Terra (1 dia sideral)	= 23 h 56 min 4 s
	= 23,9344 h
Velocidade angular da Terra	$\omega = 0{,}7292(10^{-4})$ rad/s
Velocidade angular média da linha Terra–Sol	$\omega' = 0{,}1991(10^{-6})$ rad/s
Velocidade média do centro da Terra em relação ao Sol	= 107 200 km/h
	= 66.610 mi/h

Corpo	Distância média até o Sol km (mi)	Excentricidade da órbita e	Período da órbita dias solares	Diâmetro médio km (mi)	Massa relativa à da Terra	Aceleração gravitacional na superfície $\text{m/s}^2(\text{ft/s}^2)$	Velocidade de escape km/s (mi/s)
Sol	—	—	—	1 392 000	333 000	274	616
				(865 000)		(898)	(383)
Lua	384 398[1]	0,055	27,32	3 476	0,0123	1,62	2,37
	(238 854)[1]			(2 160)		(5,32)	(1,47)
Mercúrio	$57{,}3 \times 10^6$	0,206	87,97	5 000	0,054	3,47	4,17
	$(35{,}6 \times 10^6)$			(3 100)		(11,4)	(2,59)
Vênus	108×10^6	0,0068	224,70	12 400	0,815	8,44	10,24
	$(67{,}2 \times 10^6)$			(7 700)		(27,7)	(6,36)
Terra	$149{,}6 \times 10^6$	0,0167	365,26	12 742[2]	1,000	9,821[3]	11,18
	$(92{,}96 \times 10^6)$			(7 918)[2]		(32,22)[3]	(6,95)
Marte	$227{,}9 \times 10^6$	0,093	686,98	6 788	0,107	3,73	5,03
	$(141{,}6 \times 10^6)$			(4 218)		(12,3)	(3,13)
Júpiter[4]	778×10^6	0,0489	4333	139 822	317,8	24,79	59,5
	(483×10^6)			(86 884)		(81,3)	(36,8)

[1]Distância média até a Terra (centro a centro);

[2]Diâmetro da esfera de igual volume baseada em uma Terra esferoidal com um diâmetro polar de 12.714 km (7.900 mi) e um diâmetro equatorial de 12.756 km (7.926 mi);

[3]Para uma Terra esférica e que não gira, equivalente ao valor absoluto ao nível do mar e latitude 37,5°;

[4]Note que Júpiter não é um corpo sólido.

TABELA D/3 **Propriedades de Figuras Planas**

Figura	Centroide	Momentos de inércia de área
Segmento de arco 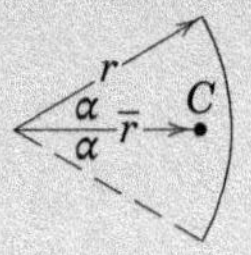	$\bar{r} = \dfrac{r\,\text{sen}\,\alpha}{\alpha}$	—
Arco semicircular e quarto de circunferência 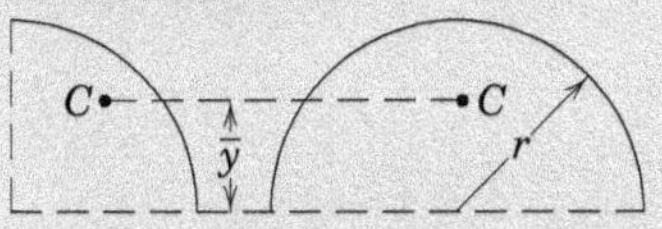	$\bar{y} = \dfrac{2r}{\pi}$	—
Área circular 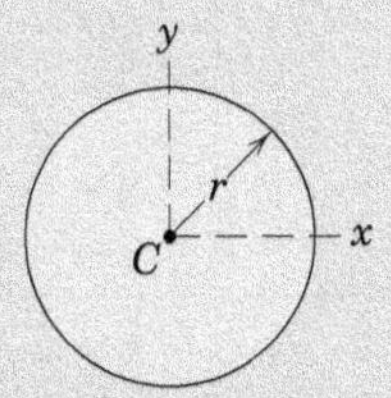	—	$I_x = I_y = \dfrac{\pi r^4}{4}$ $I_z = \dfrac{\pi r^4}{2}$
Área semicircular 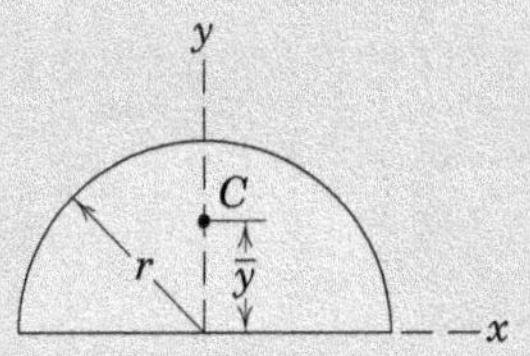	$\bar{y} = \dfrac{4r}{3\pi}$	$I_x = I_y = \dfrac{\pi r^4}{8}$ $\bar{I}_x = \left(\dfrac{\pi}{8} - \dfrac{8}{9\pi}\right) r^4$ $I_z = \dfrac{\pi r^4}{4}$
Área de quarto de circunferência 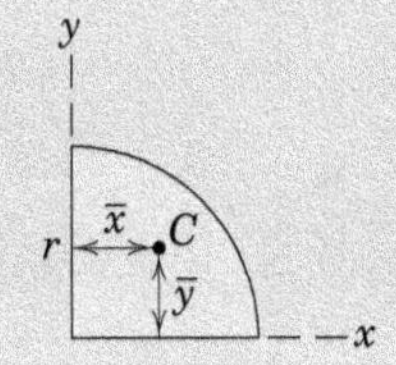	$\bar{x} = \bar{y} = \dfrac{4r}{3\pi}$	$I_x = I_y = \dfrac{\pi r^4}{16}$ $\bar{I}_x = \bar{I}_y = \left(\dfrac{\pi}{16} - \dfrac{4}{9\pi}\right) r^4$ $I_z = \dfrac{\pi r^4}{8}$
Área de setor circular 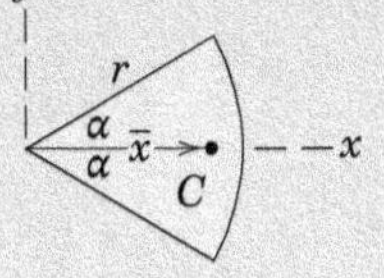	$\bar{x} = \dfrac{2}{3}\dfrac{r\,\text{sen}\,\alpha}{\alpha}$	$I_x = \dfrac{r^4}{4}\left(\alpha - \dfrac{1}{2}\text{sen}\,2\alpha\right)$ $I_y = \dfrac{r^4}{4}\left(\alpha + \dfrac{1}{2}\text{sen}\,2\alpha\right)$ $I_z = \dfrac{1}{2} r^4 \alpha$

(continua)

TABELA D/3 **Propriedades de Figuras Planas (*continuação*)**

Figura	Centroide	Momentos de inércia de área
Área retangular 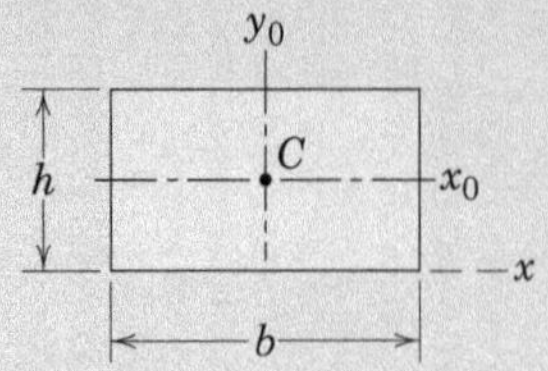 y_0, C, x_0, h, x, b	—	$I_x = \frac{bh^3}{3}$ $\bar{I}_x = \frac{bh^3}{12}$ $\bar{I}_z = \frac{bh}{12}(b^2 + h^2)$
Área triangular 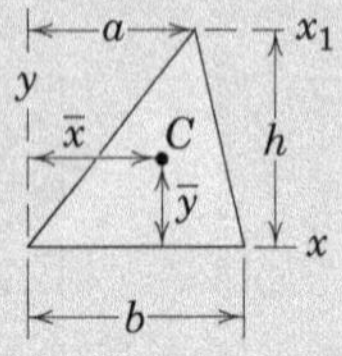 a, x_1, y, $\bar{x}$, C, h, $\bar{y}$, x, b	$\bar{x} = \frac{a+b}{3}$ $\bar{y} = \frac{h}{3}$	$I_x = \frac{bh^3}{12}$ $\bar{I}_x = \frac{bh^3}{36}$ $I_{x_1} = \frac{bh^3}{4}$
Área de quadrante da elipse 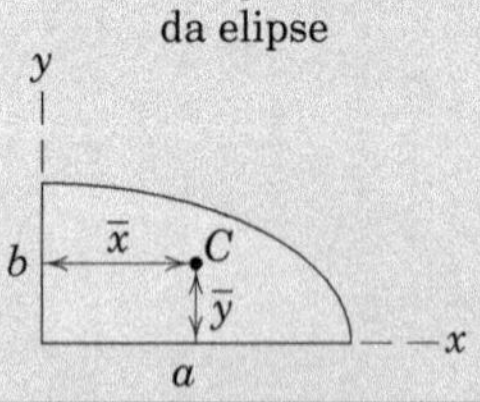 y, b, $\bar{x}$, C, $\bar{y}$, x, a	$\bar{x} = \frac{4a}{3\pi}$ $\bar{y} = \frac{4b}{3\pi}$	$I_x = \frac{\pi ab^3}{16}, \bar{I}_x = \left(\frac{\pi}{16} - \frac{4}{9\pi}\right)ab^3$ $I_y = \frac{\pi a^3 b}{16}, \bar{I}_y = \left(\frac{\pi}{16} - \frac{4}{9\pi}\right)a^3 b$ $I_z = \frac{\pi ab}{16}(a^2 + b^2)$
Área subparabólica Área $A = \frac{ab}{3}$ 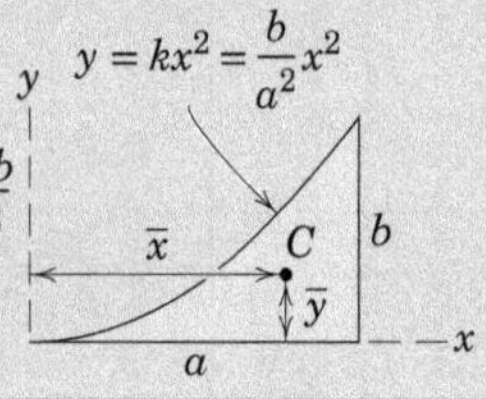 $y = kx^2 = \frac{b}{a^2}x^2$ y, $\bar{x}$, C, b, $\bar{y}$, x, a	$\bar{x} = \frac{3a}{4}$ $\bar{y} = \frac{3b}{10}$	$I_x = \frac{ab^3}{21}$ $I_y = \frac{a^3 b}{5}$ $I_z = ab\left(\frac{a^2}{5} + \frac{b^2}{21}\right)$
Área parabólica Área $A = \frac{2ab}{3}$ 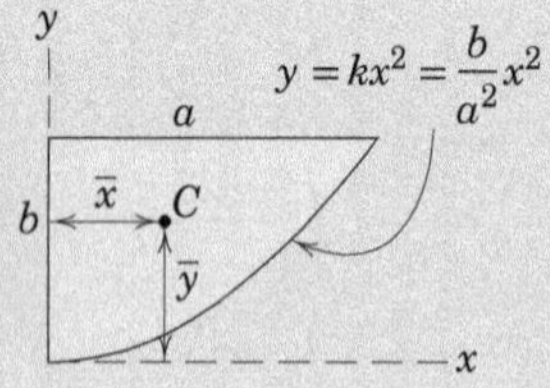 $y = kx^2 = \frac{b}{a^2}x^2$ y, a, b, $\bar{x}$, C, $\bar{y}$, x	$\bar{x} = \frac{3a}{8}$ $\bar{y} = \frac{3b}{5}$	$I_x = \frac{2ab^3}{7}$ $I_y = \frac{2a^3 b}{15}$ $I_z = 2ab\left(\frac{a^2}{15} + \frac{b^2}{7}\right)$

TABELA D/4 Propriedades de Sólidos Homogêneos

(m = massa do corpo apresentado)

Corpo	Centro de massa	Momentos de inércia de massa
Casca cilíndrica circular	—	$I_{xx} = \frac{1}{2}mr^2 + \frac{1}{12}ml^2$ $I_{x_1x_1} = \frac{1}{2}mr^2 + \frac{1}{3}ml^2$ $I_{zz} = mr^2$
Casca cilíndrica semicircular	$\bar{x} = \frac{2r}{\pi}$	$I_{xx} = I_{yy} = \frac{1}{2}mr^2 + \frac{1}{12}ml^2$ $I_{x_1x_1} = I_{y_1y_1} = \frac{1}{2}mr^2 + \frac{1}{3}ml^2$ $I_{zz} = mr^2$ $\bar{I}_{zz} = \left(1 - \frac{4}{\pi^2}\right)mr^2$
Cilindro circular	—	$I_{xx} = \frac{1}{4}mr^2 + \frac{1}{12}ml^2$ $I_{x_1x_1} = \frac{1}{4}mr^2 + \frac{1}{3}ml^2$ $I_{zz} = \frac{1}{2}mr^2$
Semicilindro	$\bar{x} = \frac{4r}{3\pi}$	$I_{xx} = I_{yy} = \frac{1}{4}mr^2 + \frac{1}{12}ml^2$ $I_{x_1x_1} = I_{y_1y_1} = \frac{1}{4}mr^2 + \frac{1}{3}ml^2$ $I_{zz} = \frac{1}{2}mr^2$ $\bar{I}_{zz} = \left(\frac{1}{2} - \frac{16}{9\pi^2}\right)mr^2$
Paralelepípedo retangular	—	$I_{xx} = \frac{1}{12}m(a^2 + l^2)$ $I_{yy} = \frac{1}{12}m(b^2 + l^2)$ $I_{zz} = \frac{1}{12}m(a^2 + b^2)$ $I_{y_1y_1} = \frac{1}{12}mb^2 + \frac{1}{3}ml^2$ $I_{y_2y_2} = \frac{1}{3}m(b^2 + l^2)$

(continua)

TABELA D/4 **Propriedades de Sólidos Homogêneos (*continuação*)**

(m = massa do corpo apresentado)

Corpo		Centro de massa	Momentos de inércia de massa
z, G, r	Casca esférica	—	$I_{zz} = \frac{2}{3}mr^2$
z, r, G, y, x	Casca semiesférica	$\bar{x} = \frac{r}{2}$	$I_{xx} = I_{yy} = I_{zz} = \frac{2}{3}mr^2$ $\bar{I}_{yy} = \bar{I}_{zz} = \frac{5}{12}mr^2$
z, G, r	Esfera	—	$I_{zz} = \frac{2}{5}mr^2$
z, r, G, y, x	Semiesfera	$\bar{x} = \frac{3r}{8}$	$I_{xx} = I_{yy} = I_{zz} = \frac{2}{5}mr^2$ $\bar{I}_{yy} = \bar{I}_{zz} = \frac{83}{320}mr^2$
$\frac{l}{2}$, $\frac{l}{2}$, G, y, y_1	Barra delgada e uniforme	—	$I_{yy} = \frac{1}{12}ml^2$ $I_{y_1y_1} = \frac{1}{3}ml^2$

(*continua*)

TABELA D/4 Propriedades de Sólidos Homogêneos (*continuação*)

(m = massa do corpo apresentado)

Corpo	Centro de massa	Momentos de inércia de massa
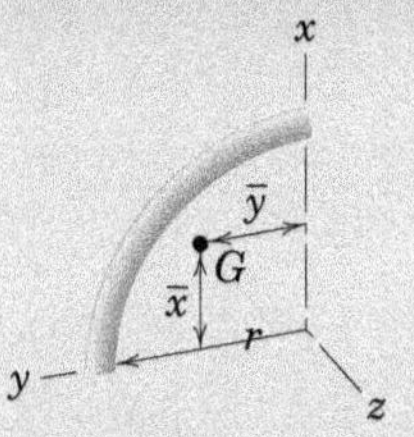 Quarto de barra circular	$\bar{x} = \bar{y}$ $= \frac{2r}{\pi}$	$I_{xx} = I_{yy} = \frac{1}{2}mr^2$ $I_{zz} = mr^2$
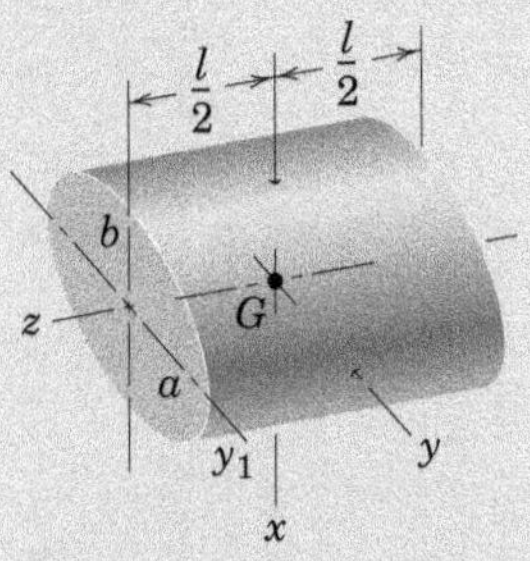 Cilindro elíptico	—	$I_{xx} = \frac{1}{4}ma^2 + \frac{1}{12}ml^2$ $I_{yy} = \frac{1}{4}mb^2 + \frac{1}{12}ml^2$ $I_{zz} = \frac{1}{4}m(a^2 + b^2)$ $I_{y_1y_1} = \frac{1}{4}mb^2 + \frac{1}{3}ml^2$
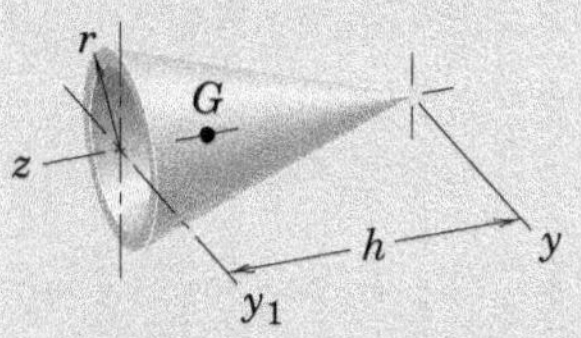 Casca cônica	$\bar{z} = \frac{2h}{3}$	$I_{yy} = \frac{1}{4}mr^2 + \frac{1}{2}mh^2$ $I_{y_1y_1} = \frac{1}{4}mr^2 + \frac{1}{6}mh^2$ $I_{zz} = \frac{1}{2}mr^2$ $\bar{I}_{yy} = \frac{1}{4}mr^2 + \frac{1}{18}mh^2$
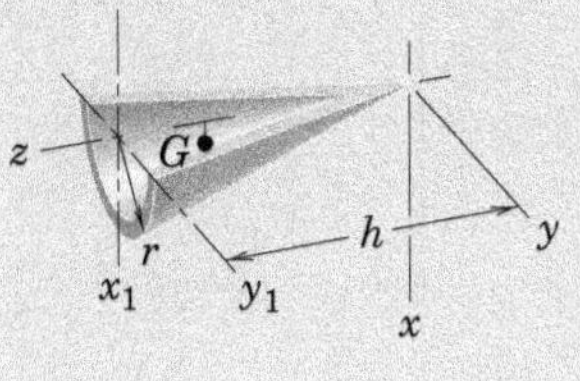 Casca semicônica	$\bar{x} = \frac{4r}{3\pi}$ $\bar{z} = \frac{2h}{3}$	$I_{xx} = I_{yy}$ $= \frac{1}{4}mr^2 + \frac{1}{2}mh^2$ $I_{x_1x_1} = I_{y_1y_1}$ $= \frac{1}{4}mr^2 + \frac{1}{6}mh^2$ $I_{zz} = \frac{1}{2}mr^2$ $\bar{I}_{zz} = \left(\frac{1}{2} - \frac{16}{9\pi^2}\right)mr^2$
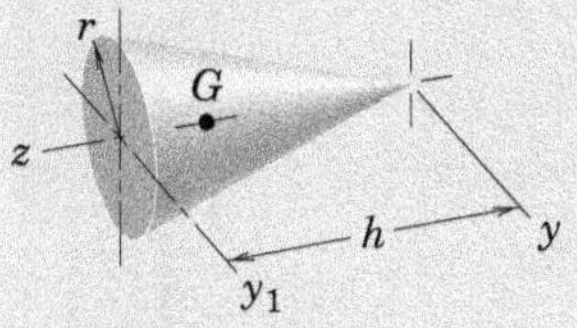 Cone reto circular	$\bar{z} = \frac{3h}{4}$	$I_{yy} = \frac{3}{20}mr^2 + \frac{3}{5}mh^2$ $_{y_1y_1} = \frac{3}{20}mr^2 + \frac{1}{10}mh^2$ $I_{zz} = \frac{3}{10}mr^2$ $\bar{I}_{yy} = \frac{3}{20}mr^2 + \frac{3}{80}mh^2$

(*continua*)

TABELA D/4 Propriedades de Sólidos Homogêneos (*continuação*)

(m = massa do corpo apresentado)

Corpo	Centro de massa	Momentos de inércia de massa
Meio cone	$\bar{x} = \dfrac{r}{\pi}$ $\bar{z} = \dfrac{3h}{4}$	$I_{xx} = I_{yy} = \dfrac{3}{20}mr^2 + \dfrac{3}{5}mh^2$ $I_{x_1x_1} = I_{y_1y_1} = \dfrac{3}{20}mr^2 + \dfrac{1}{10}mh^2$ $I_{zz} = \dfrac{3}{10}mr^2$ $\bar{I}_{zz} = \left(\dfrac{3}{10} - \dfrac{1}{\pi^2}\right)mr^2$
Semielipsoide $\dfrac{x^2}{a^2} + \dfrac{y^2}{b^2} + \dfrac{z^2}{c^2} = 1$	$\bar{z} = \dfrac{3c}{8}$	$I_{xx} = \dfrac{1}{5}m(b^2 + c^2)$ $I_{yy} = \dfrac{1}{5}m(a^2 + c^2)$ $I_{zz} = \dfrac{1}{5}m(a^2 + b^2)$ $\bar{I}_{xx} = \dfrac{1}{5}m\left(b^2 + \dfrac{19}{64}c^2\right)$ $\bar{I}_{yy} = \dfrac{1}{5}m\left(a^2 + \dfrac{19}{64}c^2\right)$
Paraboloide elíptico $\dfrac{x^2}{a^2} + \dfrac{y^2}{b^2} = \dfrac{z}{c}$	$\bar{z} = \dfrac{2c}{3}$	$I_{xx} = \dfrac{1}{6}mb^2 + \dfrac{1}{2}mc^2$ $I_{yy} = \dfrac{1}{6}ma^2 + \dfrac{1}{2}mc^2$ $I_{zz} = \dfrac{1}{6}m(a^2 + b^2)$ $\bar{I}_{xx} = \dfrac{1}{6}m\left(b^2 + \dfrac{1}{3}c^2\right)$ $\bar{I}_{yy} = \dfrac{1}{6}m\left(a^2 + \dfrac{1}{3}c^2\right)$
Tetraedro retangular	$\bar{x} = \dfrac{a}{4}$ $\bar{y} = \dfrac{b}{4}$ $\bar{z} = \dfrac{c}{4}$	$I_{xx} = \dfrac{1}{10}m(b^2 + c^2)$ $I_{yy} = \dfrac{1}{10}m(a^2 + c^2)$ $I_{zz} = \dfrac{1}{10}m(a^2 + b^2)$ $\bar{I}_{xx} = \dfrac{3}{80}m(b^2 + c^2)$ $\bar{I}_{yy} = \dfrac{3}{80}m(a^2 + c^2)$ $\bar{I}_{zz} = \dfrac{3}{80}m(a^2 + b^2)$
Meio toro	$\bar{x} = \dfrac{a^2 + 4R^2}{2\pi R}$	$I_{xx} = I_{yy} = \dfrac{1}{2}mR^2 + \dfrac{5}{8}ma^2$ $I_{zz} = mR^2 + \dfrac{3}{4}ma^2$

TABELA D/5 Fatores de Conversão; Unidades SI

Unidades Usuais EUA para Unidades SI

Para converter de	Para	Multiplicar por
(Aceleração)		
pé/segundo^2 (ft/sec^2)	metro/segundo^2 (m/s^2)	$3{,}048 \times 10^{-1}$*
polegada/segundo^2 (in/sec^2)	metro/segundo^2 (m/s^2)	$2{,}54 \times 10^{-2}$*
(Área)		
pé^2 (ft^2)	metro^2 (m^2)	$9{,}2903 \times 10^{-2}$
polegada^2 (in^2)	metro^2 (m^2)	$6{,}4516 \times 10^{-4}$*
(Massa específica)		
libra-massa/polegada^3 (lbm/in^3)	quilograma/metro^3 (kg/m^3)	$2{,}7680 \times 10^{4}$
libra-massa/pé^3 (lbm/ft^3)	quilograma/metro^3 (kg/m^3)	$1{,}6018 \times 10$
(Força)		
quilo-libra-força (1000 lb)	newton (N)	$4{,}4482 \times 10^{3}$
libra-força (lbf)	newton (N)	4,4482
(Comprimento)		
pé (ft)	metro (m)	$3{,}048 \times 10^{-1}$*
polegada (in)	metro (m)	$2{,}54 \times 10^{-2}$*
milha (mi), (padrão EUA)	metro (m)	$1{,}6093 \times 10^{3}$
milha (mi), (náutica internacional)	metro (m)	$1{,}852 \times 10^{3}$*
(Massa)		
libra-massa (lbm)	quilograma (kg)	$4{,}5359 \times 10^{-1}$
slug (lbf-s^2/ft)	quilograma (kg)	$1{,}4594 \times 10$
ton (2000 lbm)	quilograma (kg)	$9{,}0718 \times 10^{2}$
(Momento de força)		
libra-força-pé (lbf-ft)	newton-metro (N · m)	1,3558
libra-força-polegada (lbf-in)	newton-metro (N · m)	0,1129 8
(Momento de inércia de área)		
polegada^4 (in^4)	metro^4 (m^4)	$41{,}623 \times 10^{-8}$
(Momento de inércia de massa)		
libra-massa-pé-segundo^2 (lbm-ft-sec^2)	quilograma-metro^2 (kg · m^2)	1,3558
(Momento linear)		
libra-segundo (lbm-sec)	quilograma-metro/segundo (kg · m/s)	4,4482
(Momento angular)		
libra-massa-pé-segundo (lbm-ft-sec)	newton-metro-segundo (kg · m^2/s)	1,3558
(Potência)		
pé-libra-massa/minuto (ft-lbm/min)	watt (W)	$2{,}2597 \times 10^{-2}$
horsepower (550 ft-lbm/sec)	watt (W)	$7{,}4570 \times 10^{2}$
(Pressão, tensão)		
atmosfera (padrão) (14,7 lbf/in^2)	newton/metro^2 (N/m^2 ou Pa)	$1{,}0133 \times 10^{5}$
libra-força/pé^2 (lbf/ft^2)	newton/metro^2 (N/m^2 ou Pa)	$4{,}7880 \times 10$
libra-força/polegada^2 (lfb/in^2 ou psi)	newton/metro^2 (N/m^2 ou Pa)	$6{,}8948 \times 10^{3}$
(Constante de mola)		
libra-força/polegada (lbf/in)	newton/metro (N/m)	$1{,}7513 \times 10^{2}$
(Velocidade)		
pé/segundo (ft/sec)	metro/segundo (m/s)	$3{,}048 \times 10^{-1}$*
nó (milha náutica/h)	metro/segundo (m/s)	$5{,}1444 \times 10^{-1}$
milha/hora (mi/h)	metro/segundo (m/s)	$4{,}4704 \times 10^{-1}$*
milha/hora (mi/h)	quilômetro/hora (km/h)	1,6093
(Volume)		
pé^3 (ft^3)	metro^3 (m^3)	$2{,}8317 \times 10^{-2}$
polegada^3 (in^3)	metro^3 (m^3)	$1{,}6387 \times 10^{-5}$
(Trabalho, energia)		
Unidade térmica britânica (BTU)	joule (J)	$1{,}0551 \times 10^{3}$
pé-libra-força (ft-lbf)	joule (J)	1,3558
quilowatt-hora (kw-h)	joule (J)	$3{,}60 \times 10^{6}$*

*Valor exato.

(continua)

TABELA D/5 Fatores de Conversão; Unidades SI (*continuação*)

Unidades SI Usadas em Mecânica

Quantidade	Unidade	Símbolo SI
(*Unidades de base*)		
Comprimento	metro*	m
Massa	quilograma	kg
Tempo	segundo	s
(*Unidades derivadas*)		
Aceleração linear	metro/segundo^2	m/s^2
Aceleração angular	radiano/segundo^2	rad/s^2
Área	metro^2	m^2
Massa específica	quilograma/metro^3	kg/m^3
Força	newton	N (= kg · m/s^2)
Frequência	hertz	Hz (= 1/s)
Impulso linear	newton-segundo	N · s
Impulso angular	newton-metro-segundo	N · m · s
Momento de força	newton-metro	N · m
Momento de inércia de área	metro^4	m^4
Momento de inércia de massa	quilograma-metro^2	kg · m^2
Quantidade de movimento linear	quilograma-metro/segundo	kg · m/s (= N · s)
Quantidade de movimento angular	quilograma-metro^2/segundo	kg · m^2/s (= N · m · s)
Potência	watt	W (= J/s = N · m/s)
Pressão, tensão	pascal	Pa (= N/m^2)
Produto de inércia de área	metro^4	m^4
Produto de inércia de massa	quilograma-metro^2	kg · m^2
Constante de mola	newton/metro	N/m
Velocidade linear	metro/segundo	m/s
Velocidade angular	radiano/segundo	rad/s
Volume	metro^3	m^3
Trabalho, energia	joule	J (= N · m)
(*Unidades suplementares e outras aceitas*)		
Distância (navegação)	milha náutica	(= 1,852 km)
Massa	tonelada (métrica)	t (= 1000 kg)
Ângulo Plano	grau (decimal)	°
Ângulo Plano	radiano	—
Velocidade	nó	(1,852 km/h)
Tempo	dia	d
Tempo	hora	h
Tempo	minuto	min

*Também se pronunciam em inglês *metre*.

Prefixos de Unidades SI

Fator de Multiplicação	Prefixo	Símbolo
1 000 000 000 000 = 10^{12}	tera	T
1 000 000 000 = 10^9	giga	G
1 000 000 = 10^6	mega	M
1 000 = 10^3	kilo	k
100 = 10^2	hecto	h
10 = 10	deca	da
0,1 = 10^{-1}	deci	d
0,01 = 10^{-2}	centi	c
0,001 = 10^{-3}	mili	m
0,000 001 = 10^{-6}	micro	μ
0,000 000 001 = 10^{-9}	nano	n
0,000 000 000 001 = 10^{-12}	pico	p

Regras Selecionadas para Escrever Quantidades Métricas

1. (a) Use prefixos para manter valores numéricos, geralmente, entre 0,1 e 1000
   (b) O uso dos prefixos hecto, deca e centi devem ser, geralmente, evitados, exceto para certas áreas ou volumes para os quais os números não se mostram estranhos
   (c) Use prefixos apenas no numerador de unidades combinadas. A única exceção é a unidade de base quilograma. (*Exemplo*: escreva kN/m em vez de N/mm; J/kg em vez de mJ/g)
   (d) Evite prefixos dobrados. (*Exemplo*: escreva GN em vez de kMN)
2. Designações de unidade
   (a) Use um ponto para multiplicação de unidade. (*Exemplo*: escreva N · m em vez de Nm)
   (b) Evite sólidos duplos ambíguos. (*Exemplo*: escreva N/m^2 em vez de N/m/m)
   (c) Expoentes se referem a toda a unidade. (*Exemplo*: mm^2 significam (mm)^2)
3. Agrupamento de unidade
   Use um espaço em vez de uma vírgula para separar números em grupos de três, contando do ponto decimal em ambos os sentidos. (*Exemplo*: 4 607 321,048 72). O espaço pode ser omitido para números de quatro algarismos. (*Exemplo*: 4296 ou 0,0476).

Problemas

Capítulo 1

* Problema orientado para solução computacional

▶ Problema difícil

Problemas para as Seções 1/1-1/8

(Consulte na Tabela D/2 do Apêndice D os valores relevantes para o sistema solar.)

1/1 Determine a sua massa em slugs. Converta o seu peso para newtons e calcule a massa correspondente em quilogramas.

1/2 Determine o peso em newtons de um carro que tem uma massa de 1500 kg. Converta para slugs a massa do carro dada e calcule o peso correspondente em libras.

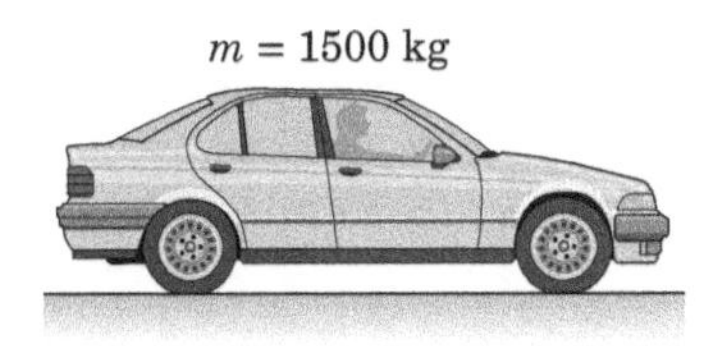

PROBLEMA 1/2

1/3 Para os vetores $\mathbf{V}_1$ e $\mathbf{V}_2$ dados, determine $V_1 + V_2$, $\mathbf{V}_1 + \mathbf{V}_2$, $\mathbf{V}_1 - \mathbf{V}_2$, $\mathbf{V}_1 \times \mathbf{V}_2$, $\mathbf{V}_2 \times \mathbf{V}_1$ e $\mathbf{V}_1 \cdot \mathbf{V}_2$. Considere que os vetores sejam adimensionais.

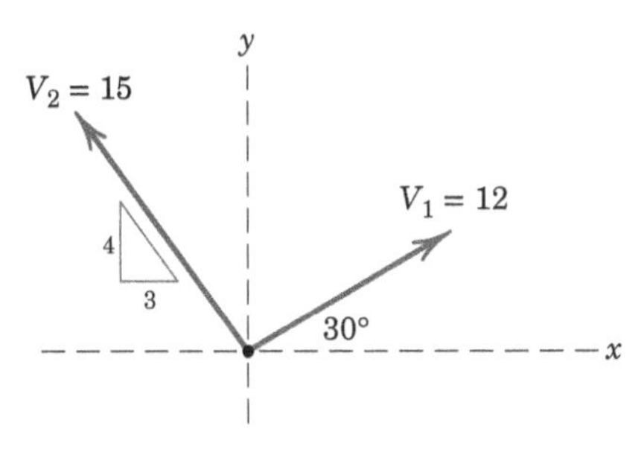

PROBLEMA 1/3

1/4 A massa de uma dúzia de maçãs é 2 kg. Determine o peso médio de uma maçã em unidades SI e no sistema dos EUA.

1/5 Duas esferas uniformes estão posicionadas conforme mostrado na figura. Determine a força gravitacional que a esfera de titânio exerce sobre a esfera de cobre. O valor de R é igual a 40 mm.

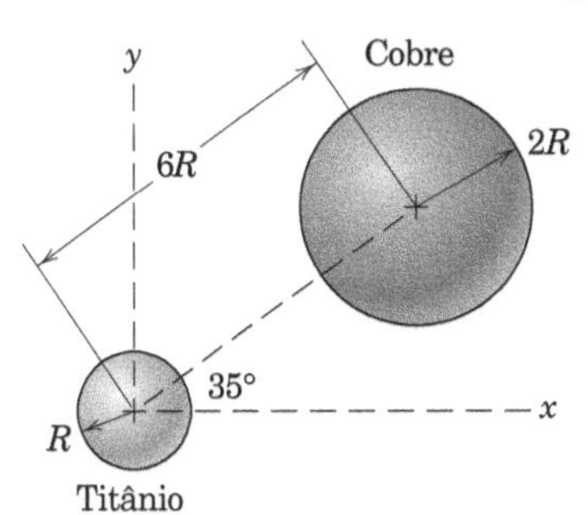

PROBLEMA 1/5

1/6 A que altitude h acima do Polo Norte o peso de um objeto é reduzido para metade do seu valor na superfície terrestre? Admita que a Terra seja esférica com raio R e expresse h em termos de R.

1/7 Determine o peso absoluto e o peso de uma mulher de 60 kg em relação à Terra girando, se ela está de pé sobre a superfície da Terra a uma latitude de 35°.

1/8 Um ônibus espacial está em órbita circular a uma altitude de 300 km. Calcule o valor absoluto de g nesta altitude e determine o peso correspondente de um passageiro do ônibus espacial que pesa 880 N quando em pé sobre a superfície da Terra a uma latitude de 45°. São corretos, no sentido absoluto, os termos "zero-g" e "sem peso" algumas vezes utilizados para descrever condições a bordo de uma nave espacial orbital?

1/9 Determine a distância h na qual a espaçonave S vai sofrer atrações iguais da Terra e do Sol. Se necessário, use a Tabela D/2 do Apêndice D.

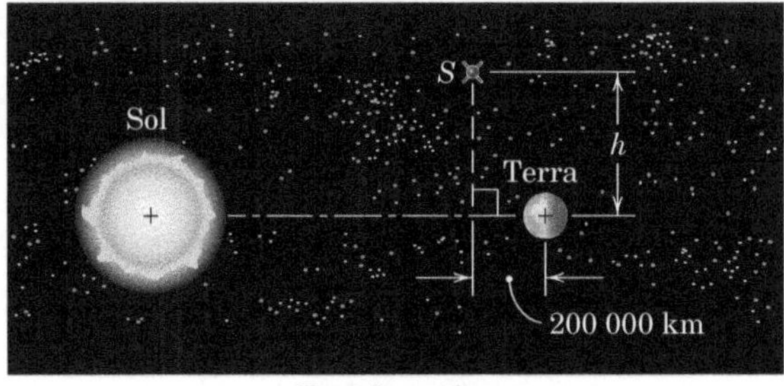

Fora de escala

PROBLEMA 1/9

1/10 Determine o ângulo θ no qual uma partícula em uma órbita circular ao redor de Júpiter experimenta atrações iguais do Sol e de Júpiter. Se necessário, utilize a Tabela D/2 do Apêndice D.

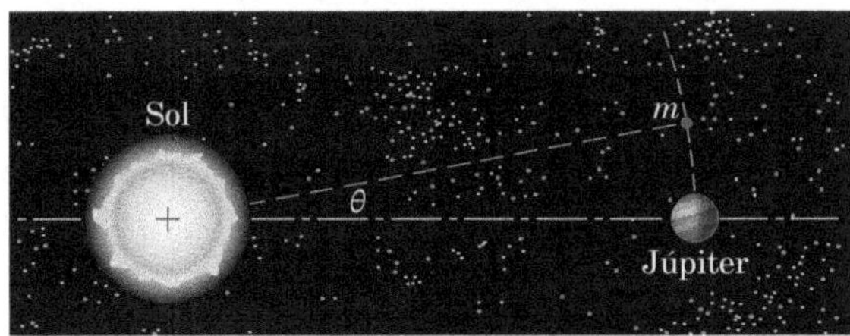

Fora de escala

PROBLEMA 1/10

1/11 Determine a razão R_A entre a força exercida pelo Sol sobre a Lua e a força exercida pela Terra sobre a Lua com esta na posição A. Repita para a Lua na posição B.

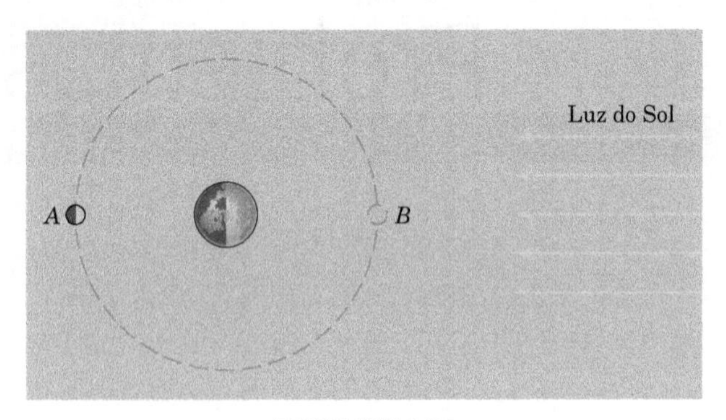

PROBLEMA 1/11

1/12 Determine as unidades de base da expressão

$$E = \int_{t_1}^{t_2} mgr\, dt$$

tanto em unidades SI quanto em unidades do sistema dos EUA. A variável m representa massa, g é a aceleração devido à gravidade, r é a distância e t é o tempo.

1/13 Determine as dimensões da quantidade

$$Q = \frac{1}{2}\rho v^2$$

em que ρ é a densidade e v é a velocidade.

Capítulo 2

* Problema orientado para solução computacional

▶ Problema difícil

Problemas para as Seções 2/1-2/2

Problemas Introdutórios

Os Problemas 2/1 até 2/6 tratam o movimento de uma partícula que se move ao longo do eixo s mostrado na figura.

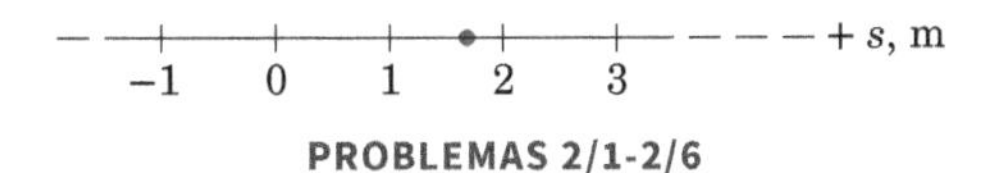

PROBLEMAS 2/1-2/6

2/1 A velocidade de uma partícula é dada por $v = 20t^2 - 100t + 50$, em que v é em metros por segundo e t é em segundos. Represente graficamente a velocidade v e a aceleração a em relação ao tempo para os primeiros seis segundos de movimento e calcule o valor da velocidade quando a é zero.

2/2 A posição de uma partícula é dada por $s = 0{,}27t^3 - 0{,}65t^2 - 2{,}35t + 4{,}4$, em que s está em metros e t é em segundos. Represente graficamente a posição, velocidade, e aceleração como funções do tempo para os primeiros cinco segundos de movimento. Determine o instante em que a partícula muda sua direção.

2/3 A velocidade de uma partícula que se desloca ao longo do eixo s é dada por $v = 2 + 5t^{3/2}$, em que t está em segundos e v está em metros por segundo. Calcule o deslocamento s, a velocidade v e a aceleração a quando $t = 4$ s. A partícula está na origem $s = 0$ quando $t = 0$.

2/4 A aceleração de uma partícula é dada por $a = 2t - 10$, em que a está em metros por segundo ao quadrado e t está em segundos. Determine a velocidade e o deslocamento como funções do tempo. O deslocamento inicial em $t = 0$ é $s_0 = -4$ m, e a velocidade inicial é $v_0 = 3$ m/s.

2/5 A aceleração de uma partícula é dada por $a = -ks^2$, em que a está em metros por segundo ao quadrado, k é uma constante e s está em metros. Determine a velocidade da partícula em função de sua posição s. Determine a sua expressão para $s = 5$ m, se $k = 0{,}1\ \text{m}^{-1}\text{s}^{-2}$ e as condições iniciais no tempo $t = 0$ são $s_0 = 3$ m e $v_0 = 10$ m/s.

2/6 A aceleração de uma partícula é dada por $a = c_1 + c_2 v$, em que a está em milímetros por segundo ao quadrado, a velocidade v está em milímetros por segundo, e c_1 e c_2 são constantes. Se a posição da partícula e a velocidade em $t = 0$ forem, respectivamente, s_0 e v_0, determine as expressões para a posição da partícula em termos da velocidade v e do tempo t.

2/7 Durante um teste de frenagem, um carro é levado ao repouso a partir de uma velocidade inicial de 96 km/h em uma distância de 36 m. Com a mesma desaceleração constante, qual seria a distância s de parada a partir de uma velocidade inicial de 130 km/h?

2/8 Uma partícula em um aparelho experimental tem uma velocidade dada por $v = k\sqrt{s}$ em que v está em milímetros por segundo, a posição s está em milímetros e a constante $k = 0{,}2\ \text{mm}^{1/2}\text{s}^{-1}$. Se a partícula tem uma velocidade $v_0 = 3$ mm/s em $t = 0$, determine a posição, velocidade e aceleração da partícula em função do tempo e calcule o tempo, a posição e a aceleração da partícula quando a velocidade alcançar 15 mm/s.

2/9 A bola 1 é lançada com uma velocidade vertical inicial de 50 m/s. Três segundos depois, a bola 2 é lançada com uma velocidade vertical inicial v_2. Determine v_2 sabendo que as bolas vão colidir a uma altitude de 90 m. No instante da colisão, a bola 1 estará na ascendente ou na descendente?

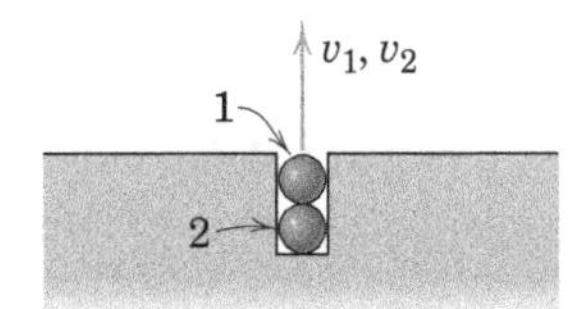

PROBLEMA 2/9

2/10 Dados experimentais do movimento de uma partícula ao longo de uma linha reta produzem valores medidos da velocidade v para várias coordenadas de posição s. Desenha-se uma curva suave passando pelos pontos, conforme o gráfico. Determine a aceleração da partícula quando $s = 20$ m.

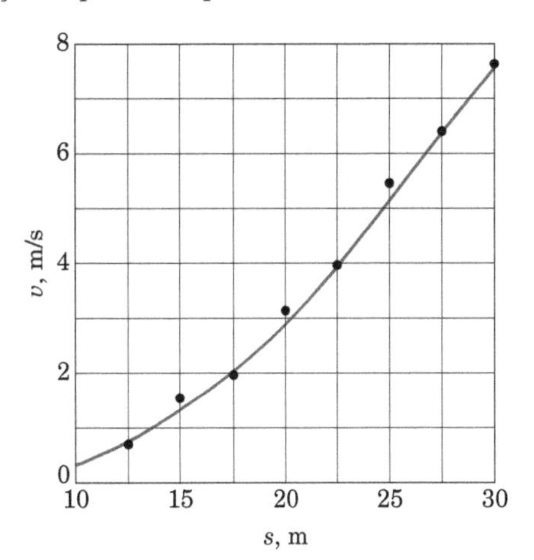

PROBLEMA 2/10

2/11 Na corrida de carrinhos de madeira mostrada na figura, o carro é liberado do repouso na posição A e então desliza ladeira abaixo até a linha de chegada no ponto C. Se a aceleração constante na descida da ladeira é 2,75 m/s² e a velocidade de B até C é essencialmente constante, determine o tempo de duração t_{AC} para a corrida. Os efeitos da pequena área de transição no ponto B podem ser desprezados.

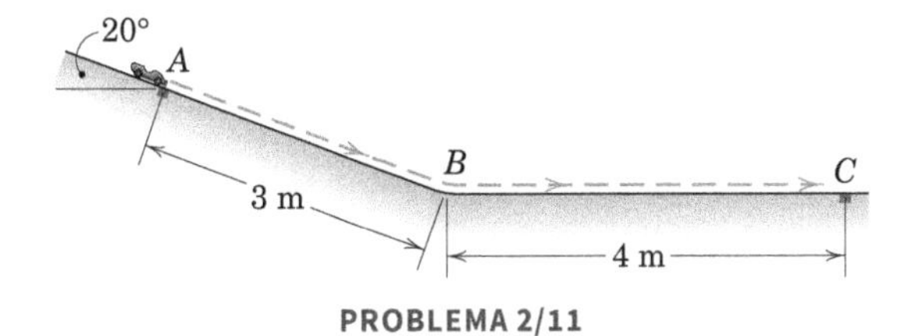

PROBLEMA 2/11

2/12 Uma bola é jogada verticalmente para cima com uma velocidade inicial de 25 m/s da base A de um penhasco de 15 m. Determine a distância h na qual a bola ultrapassa o topo do penhasco e o tempo t após o lançamento para a bola aterrissar no ponto B. Calcule também a velocidade de impacto v_B. Despreze a resistência do ar e o pequeno movimento horizontal da bola.

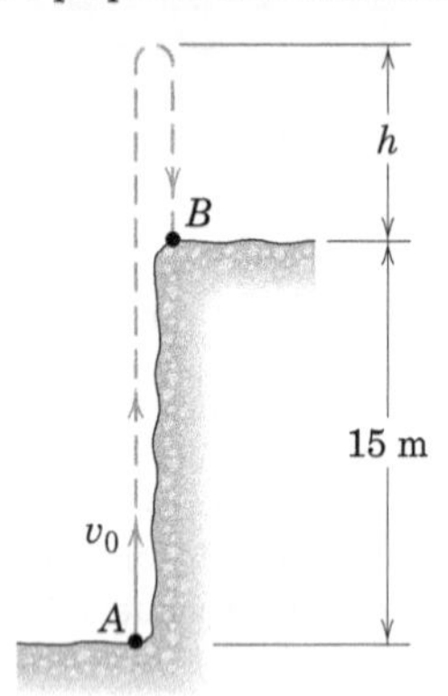

PROBLEMA 2/12

2/13 O carro está viajando com uma velocidade constante v_0 = 100 km/h na parte horizontal da estrada. O condutor não altera a posição do pedal do acelerador quando alcança o plano inclinado a 6% (tan θ = 6/100) e, consequentemente, o carro desacelera a uma taxa constante g sen θ. Determine a velocidade do carro (a) dez segundos após passar pelo ponto A e (b) quando s = 100 m.

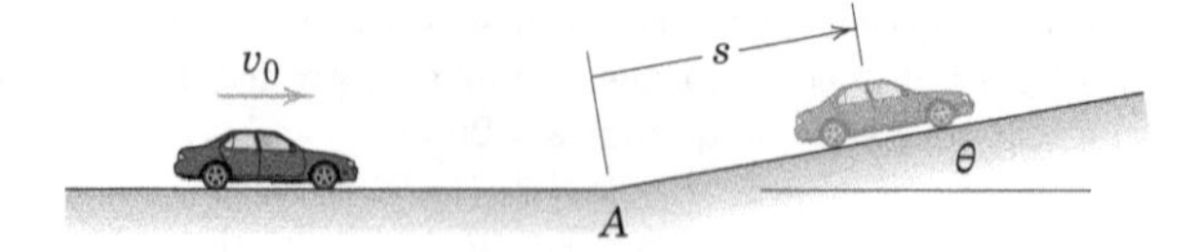

PROBLEMA 2/13

2/14 O piloto de um cargueiro aéreo acelera os motores até a velocidade máxima de decolagem antes de soltar os freios enquanto a aeronave está parada na pista. A propulsão do jato permanece constante e a aeronave tem uma aceleração quase constante de 0,4g. Se a velocidade de decolagem for 200 km/h, calcule a distância s e o tempo t do repouso até a decolagem.

Problemas Representativos

2/15 Durante um intervalo de oito segundos, a velocidade de uma partícula se movendo em linha reta varia com o tempo conforme mostrado. Dentro de limites razoáveis de acurácia, determine o valor Δa pelo qual a aceleração em t = 4 s é superior à aceleração média durante o intervalo. Qual é o deslocamento Δs durante o intervalo?

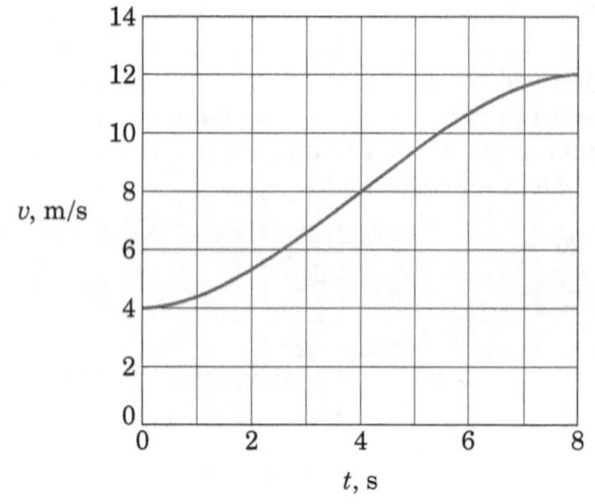

PROBLEMA 2/15

2/16 Nos estágios finais de um pouso na Lua, o módulo lunar desce usando a retropropulsão do seu motor de descida para atingir uma altura h = 5 m da superfície lunar onde ele tem velocidade de descida de 2 m/s. Se o motor de descida for abruptamente cortado nesse momento, calcule a velocidade de impacto do trem de pouso com a Lua. A gravidade lunar é $\frac{1}{6}$ da gravidade da Terra.

2/17 Uma menina rola uma bola para cima em um plano inclinado e deixa que ela role de volta para ela. Para o ângulo θ e a bola em questão, a aceleração da bola ao longo da inclinação é constante em 0,25g, dirigida para baixo no plano inclinado. Se a bola é liberada com uma velocidade de 4 m/s, determine a distância s em que se move para cima no plano inclinado antes de inverter o seu sentido e o tempo total t necessário para a bola retornar à mão da criança.

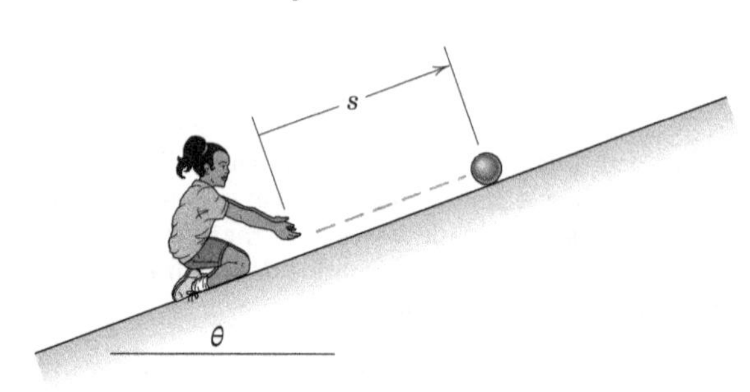

PROBLEMA 2/17

2/18 Em uma prova de futebol americano, um jogador corre um trecho de 36 m em 4,25 segundos. Se ele alcança a sua velocidade máxima na marca de 14 m com uma aceleração constante e depois mantém esta velocidade no restante da corrida, determine a sua aceleração nos primeiros 14 metros, sua velocidade máxima e o tempo de duração da aceleração.

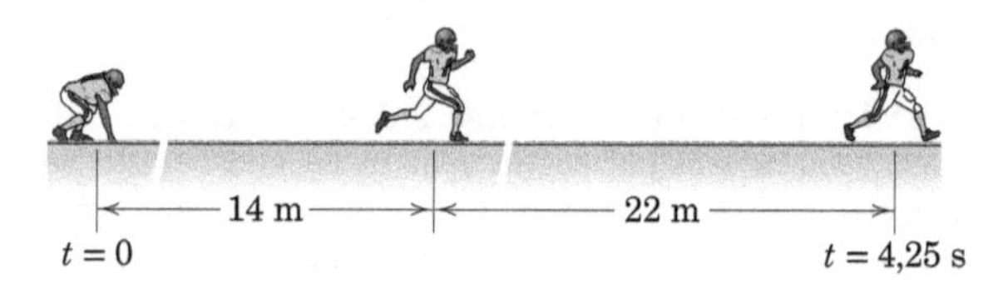

PROBLEMA 2/18

2/19 Uma motocicleta parte do repouso com aceleração inicial de 3 m/s^2 e depois a aceleração varia com a distância s, conforme mostrado. Determine a velocidade v da motocicleta quando s = 200 m. Neste ponto, determine também o valor da derivada $\frac{dv}{ds}$.

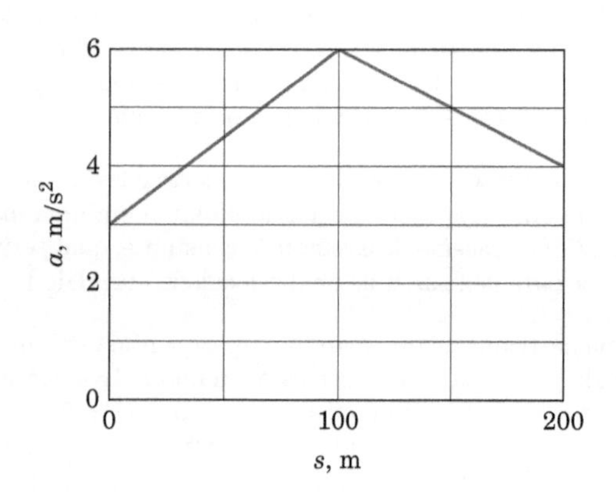

PROBLEMA 2/19

2/20 Um trem, que está viajando a 130 km/h, aplica seus freios quando chega ao ponto A e reduz a sua velocidade com uma desaceleração constante. Sua velocidade reduzida é de 96 km/h quando ele passa por um ponto a 0,8 km depois de A. Um carro se movendo a 80 km/h passa pelo ponto B no mesmo instante em que o trem alcança o ponto A. Em uma tentativa imprudente de cruzar a passagem de nível antes do trem, o motorista "enfia o pé na tábua". Calcule a aceleração constante a que o carro precisa atingir para cruzar a passagem de nível quatro segundos antes do trem e ache a velocidade v do carro quando ele alcança a passagem de nível.

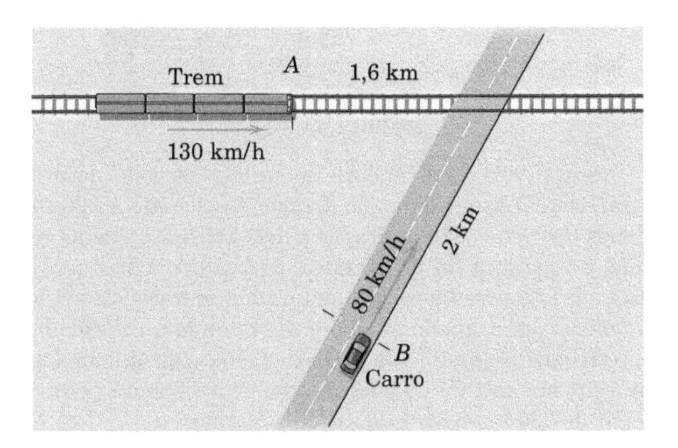

PROBLEMA 2/20

2/21 Pequenas esferas de aço caem a partir do repouso através da abertura em A na taxa constante de duas esferas por segundo. Encontre a separação vertical h de duas esferas consecutivas quando a inferior tiver caído 3 metros. Despreze a resistência do ar.

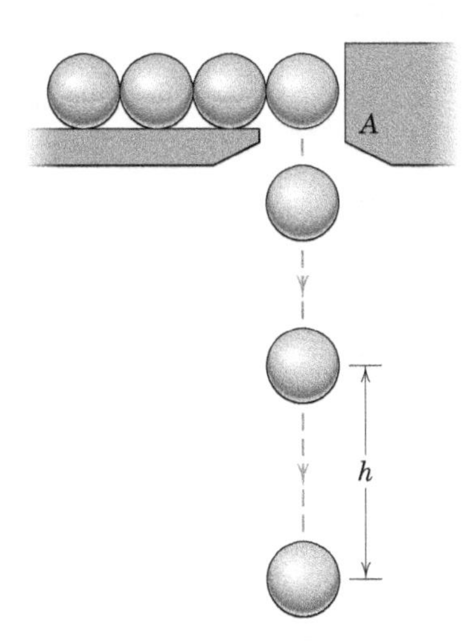

PROBLEMA 2/21

2/22 O carro A está se deslocando com velocidade constante v_A = 130 km/h em uma localidade na qual a velocidade máxima permitida é de 100 km/h. O policial no carro estacionado P registra esta velocidade com um radar. No momento em que A ultrapassa P, o carro da polícia começa a avançar com aceleração constante de 6 m/s² até que a velocidade de 160 km/h seja atingida, e essa velocidade é então mantida. Determine a distância necessária para o policial alcançar o carro A. Despreze qualquer movimento não retilíneo de P.

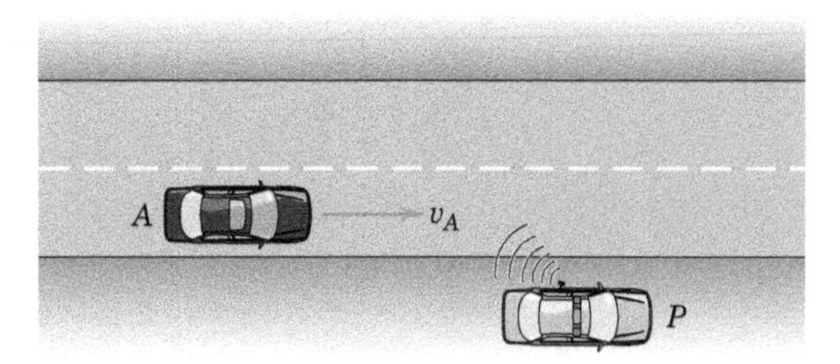

PROBLEMA 2/22

2/23 Um helicóptero de brinquedo está voando em uma linha reta a uma velocidade constante de 4,5 m/s. Se um projétil for lançado verticalmente com velocidade inicial de v_0 = 28 m/s, a que distância horizontal d do local de lançamento S deve estar o helicóptero se o projétil estiver na descendente quando atingir o helicóptero? Suponha que o projétil viaje apenas na direção vertical.

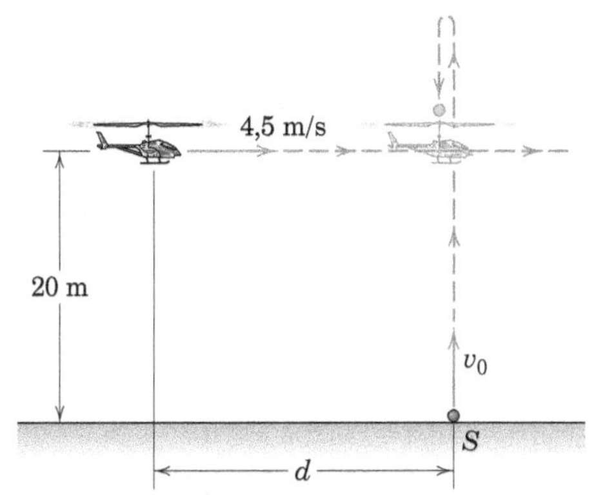

PROBLEMA 2/23

2/24 Uma partícula se deslocando ao longo de uma linha reta tem aceleração que varia de acordo com a sua posição, conforme demonstrado. Se a velocidade da partícula na posição x = –5 m é v = –2 m/s, determine a velocidade quando x = 9 m.

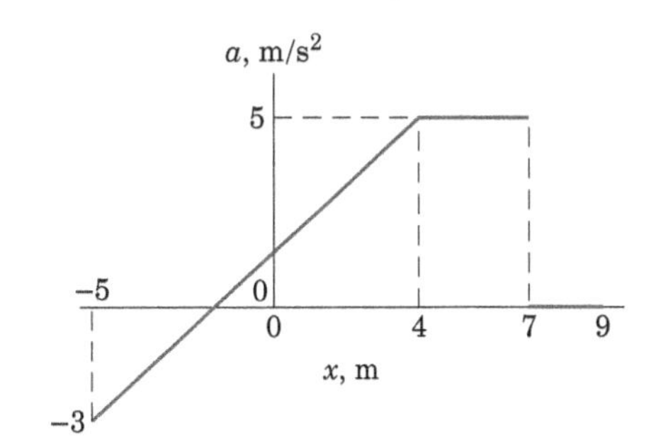

PROBLEMA 2/24

2/25 Um modelo de foguete é lançado do repouso com aceleração ascendente constante de 3 m/s² sob a ação de um pequeno propulsor. O propulsor desliga após oito segundos e o foguete continua a subir até alcançar o seu ápice. No ápice, abre-se um pequeno paraquedas que garante que o foguete caia a uma velocidade constante de 0,85 m/s até atingir o solo. Determine a altura máxima h alcançada pelo foguete e o tempo total de voo.

Despreze o arrasto aerodinâmico durante a subida e suponha que a massa do foguete e a aceleração da gravidade sejam constantes.

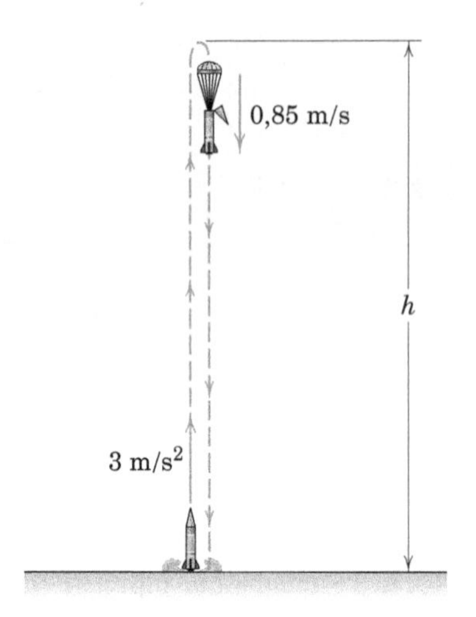

PROBLEMA 2/25

2/26 Um carro elétrico é submetido a testes de aceleração ao longo de uma pista de testes reta e nivelada. Os dados obtidos para a relação v-t ao longo dos primeiros dez segundos podem ser satisfatoriamente modelados pela função $v = 7{,}3t - 0{,}3t^2 + 1{,}5\sqrt{t}$, em que t é o tempo em segundos e v é a velocidade em metros por segundo. Determine o deslocamento s em função do tempo para o intervalo $0 \leq t \leq 10$ s e especifique o seu valor para o tempo $t = 10$ s.

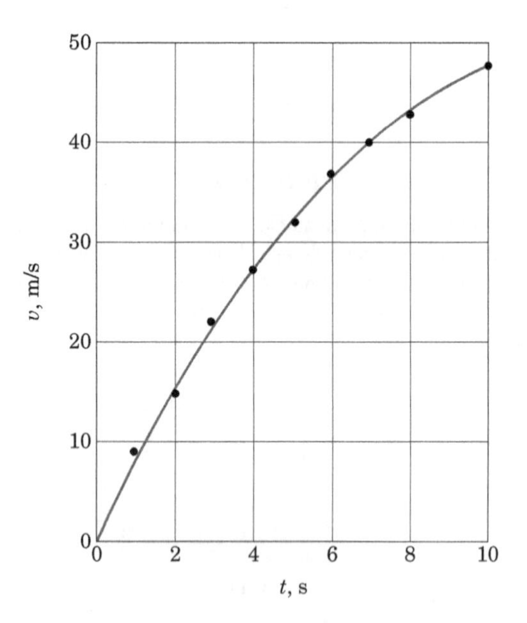

PROBLEMA 2/26

2/27 Uma cápsula de propulsão a vácuo de um sistema de transporte futurístico em tubos de alta velocidade está sendo projetada para operar entre duas estações, A e B, que estão a 10 km de distância uma da outra. Se a aceleração e a desaceleração tiverem uma grandeza máxima de $0{,}6g$ e as velocidades forem limitadas a 400 km/h, determine o tempo t máximo para a cápsula fazer uma viagem de 10 km.

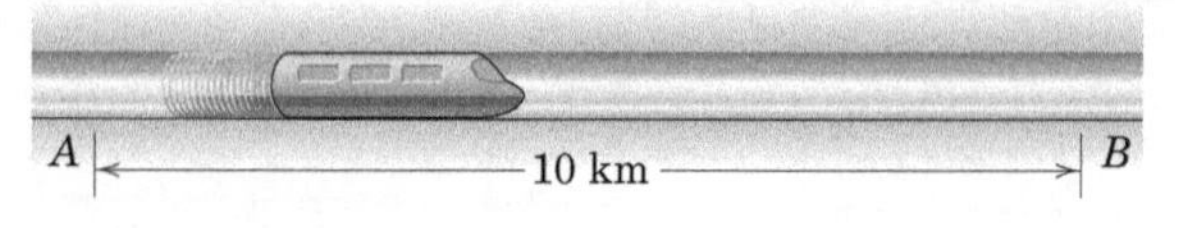

PROBLEMA 2/27

2/28 O ônibus espacial de 105.000 kg toca o solo a cerca de 335 km/h. A 320 km/h, ele aciona o paraquedas de arrasto. A 55 km/h, o paraquedas do ônibus é descartado. Se a aceleração em metros por segundo ao quadrado durante o tempo que o paraquedas está acionado é $-0{,}001v^2$ (velocidade v em metros por segundo), determine a correspondente distância percorrida pelo ônibus. Considere ausência de frenagem dos freios das rodas do ônibus.

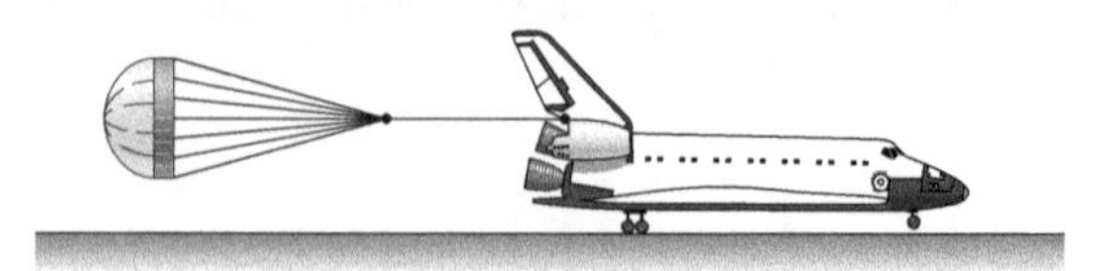

PROBLEMA 2/28

2/29 Reconsidere o movimento do ônibus espacial do problema anterior. O paraquedas de arrasto é acionado a 320 km/h, os freios das rodas são aplicados a 160 km/h até que as rodas parem, e o paraquedas de arrasto é descartado a 55 km/h. Se o paraquedas de arrasto resulta em uma aceleração de $-0{,}001v^2$ (em metros por segundo ao quadrado quando a velocidade v é em metros por segundo) e os freios das rodas causam uma desaceleração constante de 1,5 m/s², determine a distância percorrida a partir de 320 km/h até que as rodas parem.

2/30 O vagão atinge a barreira de proteção com uma velocidade $v_0 = 3{,}25$ m/s e é parado pelo ninho de molas não lineares que promove uma desaceleração $a = -k_1x - k_2x^3$, em que x é a quantidade de deflexão da mola a partir da posição não deformada e k_1 e k_2 são constantes positivas. Se a deflexão máxima da mola é 475 mm e a velocidade na meia deflexão máxima é 2,85 m/s, determine os valores e as unidades correspondentes das constantes k_1 e k_2.

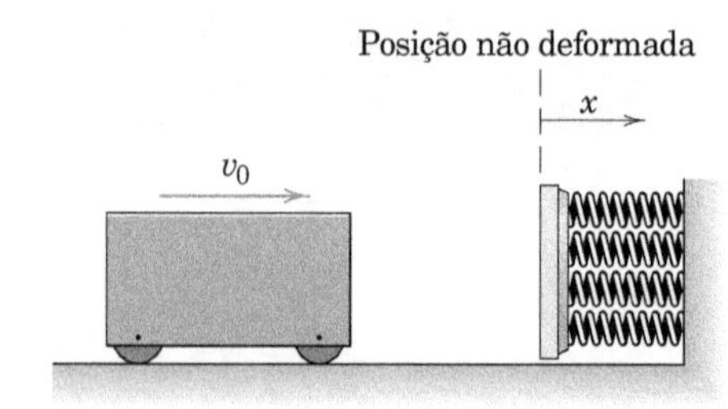

PROBLEMA 2/30

2/31 Calcule a velocidade de impacto do corpo A que é liberado do repouso a uma altitude $h = 1200$ km acima da superfície da Lua. (a) Primeiro, suponha uma aceleração gravitacional constante $g_{m_0} = 1{,}620$ m/s² e (b) depois, leve em conta a variação de g_m com a altitude (consulte a Seção 1/5).

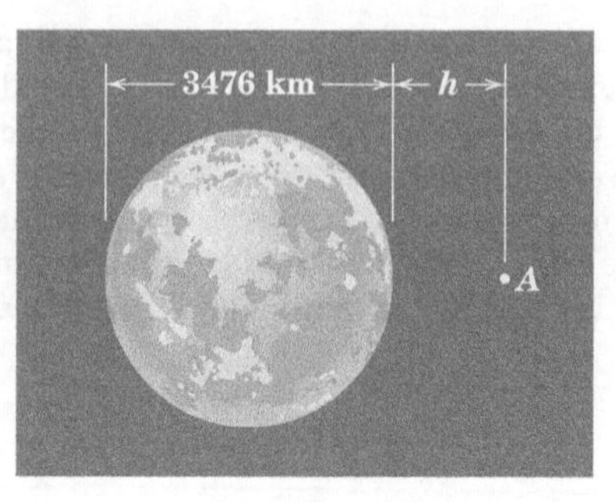

PROBLEMA 2/31

*2/32 O objeto em queda tem uma velocidade v_0 quando atinge e, subsequentemente, deforma o material protetor de espuma até ficar em repouso. A resistência à deformação do material de espuma é uma função da profundidade de penetração y e da velocidade do objeto v, de modo que a aceleração do objeto é $a = g - k_1 v - k_2 y$, em que v é a velocidade da partícula em milímetros por segundo, y é a profundidade de penetração em milímetros, e k_1 e k_2 são constantes positivas. Trace um gráfico da profundidade de penetração y e da velocidade v do objeto em função do tempo ao longo dos primeiros cinco segundos para $k_1 = 12\ s^{-1}$, $k_2 = 24\ s^{-2}$ e $v_0 = 600$ mm/s. Determine o momento em que a profundidade de penetração alcança 95 % do seu valor final.

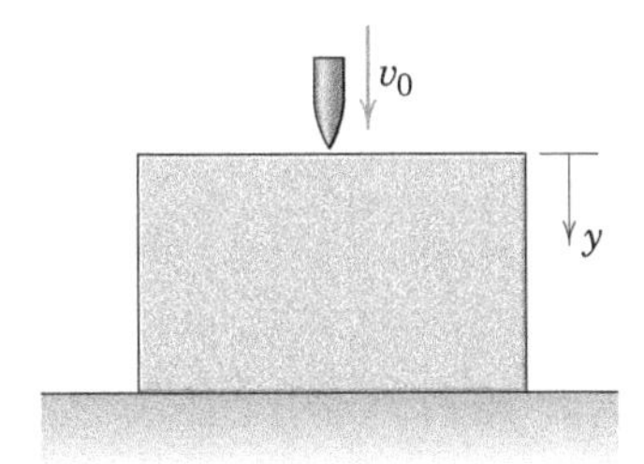

PROBLEMA 2/32

2/33 Um projétil é disparado para baixo com velocidade inicial v_0 em um fluido experimental e passa por uma aceleração $a = \sigma - \eta v^2$, em que σ e η são constantes positivas e v é a velocidade do projétil. Determine a distância percorrida pelo projétil quando a sua velocidade tiver sido reduzida à metade da velocidade inicial v_0. Determine, também, a velocidade final do projétil. Avalie com $\sigma = 0{,}7\ m/s^2$, $\eta = 0{,}2\ m^{-1}$ e $v_0 = 4$ m/s.

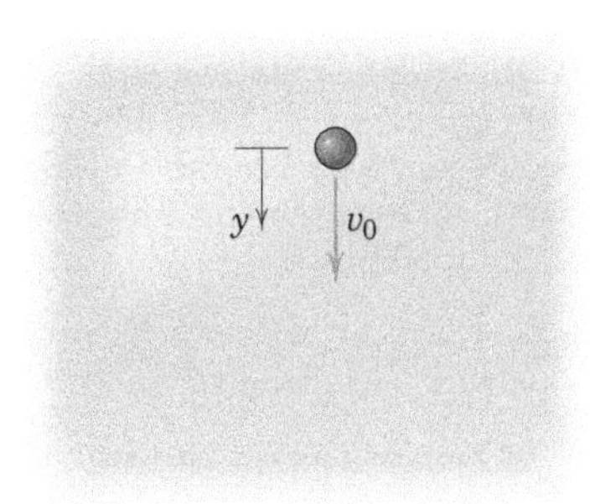

PROBLEMA 2/33

2/34 O cone caindo com uma velocidade v_0 atinge e penetra o bloco de isopor. A aceleração do cone após o impacto é $a = g - cy^2$, em que c é uma constante positiva e y é a distância de penetração. Se a profundidade máxima de penetração for observada como y_m, determine a constante c.

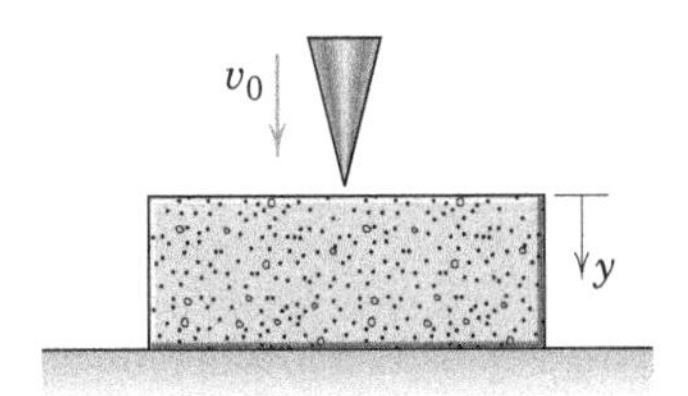

PROBLEMA 2/34

2/35 Quando o efeito de arrasto aerodinâmico é incluído, a aceleração y de uma bola de beisebol movendo-se verticalmente para cima é $a_u = -g - kv^2$, enquanto a aceleração quando a bola está em movimento descendente é $a_d = -g + kv^2$, em que k é uma constante positiva e v é a velocidade em metros por segundo. Se a bola é lançada para cima a 30 m/s aproximadamente a partir do nível do solo, calcule a sua altura máxima h e sua velocidade v_f quando colide com o solo. Adote k como 0,006 m^{-1} e admita que g é constante.

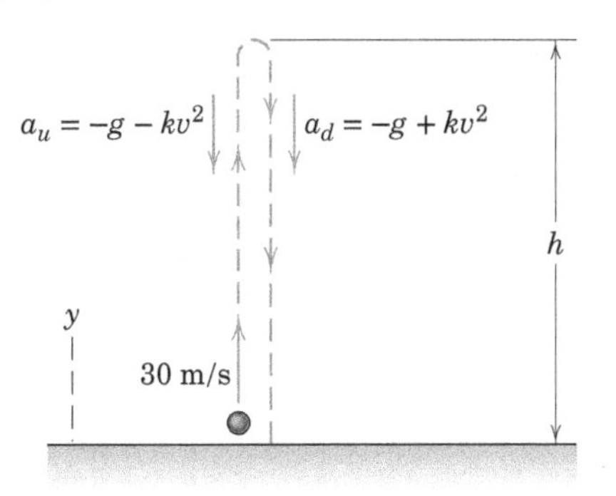

PROBLEMA 2/35

2/36 Para a bola de beisebol do Probl. 2/35 arremessada para cima com uma velocidade inicial de 30 m/s, determine o tempo t_u do solo até o ápice e o tempo t_d do ápice até o solo.

2/37 Os andares de um prédio alto têm uma altura uniforme de 3 m. Deixa-se cair uma bola A do alto do prédio, conforme exibido. Determine os tempos necessários para ela passar os 3 m do primeiro, décimo e centésimo andares (contados a partir de cima). Despreze o arrasto aerodinâmico.

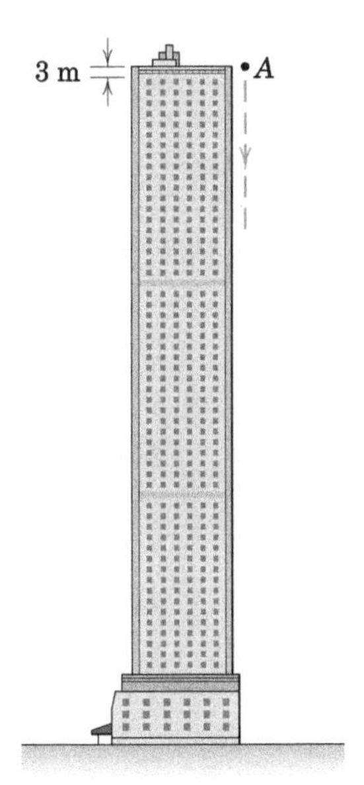

PROBLEMA 2/37

2/38 Repita o Problema 2/37, mas agora incluindo os efeitos do arrasto aerodinâmico. A força de arrasto provoca um componente de aceleração em m/s^2 de $0{,}016v^2$ na direção oposta ao vetor velocidade, em que v é em m/s.

2/39 Em sua corrida para a decolagem, um avião parte do repouso e acelera de acordo com $a = a_0 - kv^2$, em que a_0 é a aceleração constante resultante da propulsão do motor e $-kv^2$ é a aceleração devida ao arrasto aerodinâmico. Se $a_0 = 2\ m/s^2$, $k = 0{,}00004\ m^{-1}$ e v é expressão em metros por segundo, determine o comprimento de projeto da pista necessário para o avião atingir a velocidade de decolagem de 250 km/h se o termo de arrasto é (*a*) excluído e (*b*) incluído.

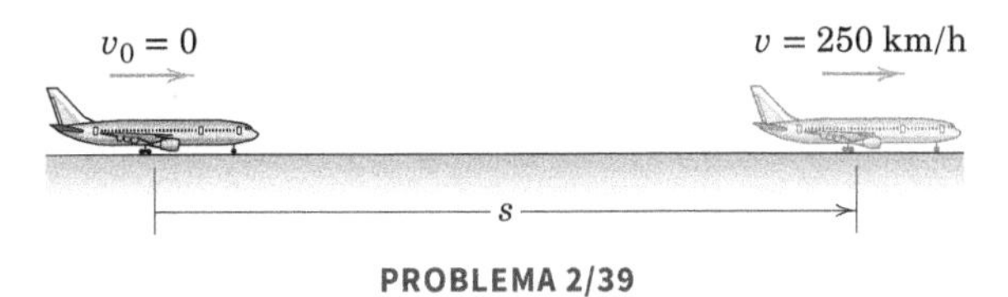

PROBLEMA 2/39

2/40 Um projétil de teste é disparado horizontalmente em um líquido viscoso com uma velocidade de v_0. A força de desaceleração é proporcional ao quadrado da velocidade, de modo que a aceleração torna-se $a = -kv^2$. Determine as expressões para a distância D percorrida no líquido e o correspondente tempo t necessário para reduzir a velocidade para $v_0/2$. Despreze qualquer movimento vertical.

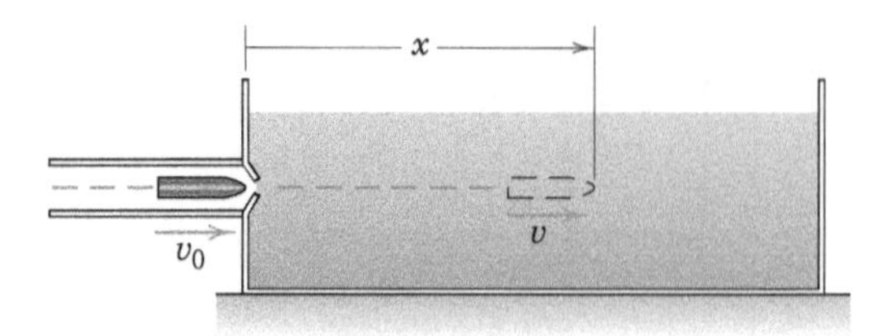

PROBLEMA 2/40

2/41 Um para-choque, que consiste em um conjunto de três molas, é utilizado para impedir o movimento horizontal de uma grande massa que está se deslocando a 40 m/s quando entra em contato com o para-choque. As duas molas externas causam desaceleração proporcional à deformação da mola. A mola central aumenta a taxa de desaceleração quando a compressão excede 0,5 m, como mostrado no gráfico. Determine a compressão máxima x das molas externas.

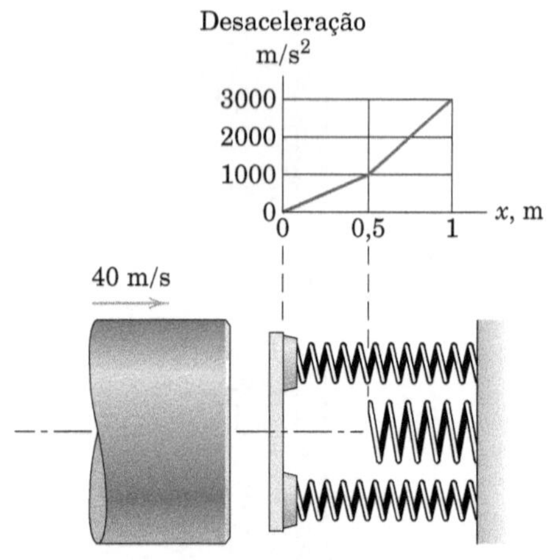

PROBLEMA 2/41

2/42 O carro A viaja a uma velocidade constante de 100 km/h. Quando na posição exibida no tempo $t = 0$, o carro B tem uma velocidade de 40 km/h e acelera a uma taxa constante de $0{,}1g$ ao longo de seu trajeto até alcançar uma velocidade de 100 km/h, após o que ele viaja nesta velocidade constante. Qual é a posição de estado estacionário do carro A com relação ao carro B?

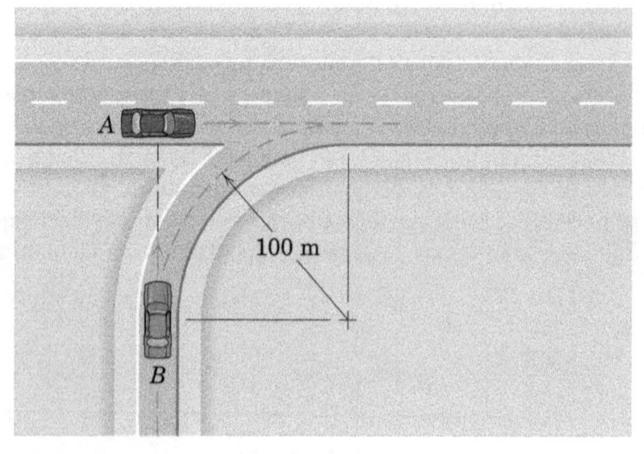

PROBLEMA 2/42

2/43 Um bloco de massa m está estacionário em uma superfície horizontal áspera e está preso a uma mola de rigidez k. Os coeficientes de atrito estático e dinâmico são μ. O bloco é deslocado uma distância x_0 para a direita da posição da mola sem esticar e liberado a partir do repouso. Se o valor de x_0 for suficientemente grande, a força da mola vai superar a força de atrito estático máxima disponível e o bloco vai deslizar na direção da posição da mola sem esticar com uma aceleração $a = \mu g - \frac{k}{m}x$, em que x representa a quantidade de estiramento (ou compressão) na mola em qualquer posição do movimento. Use os valores $m = 5$ kg, $k = 150$ N/m, $\mu = 0{,}40$ e $x_0 = 200$ mm e determine o estiramento (ou compressão) final da mola x_f quando o bloco parar completamente.

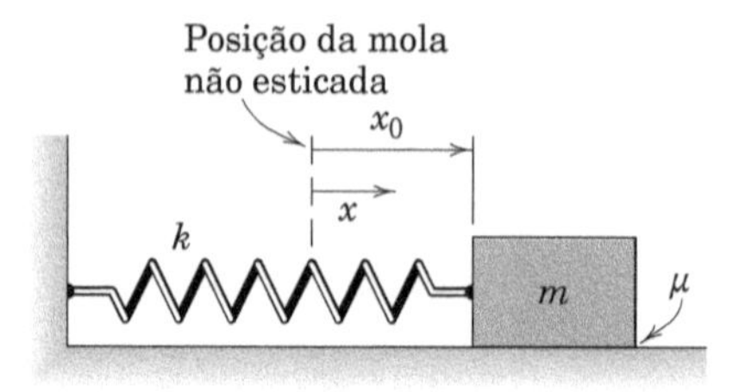

PROBLEMA 2/43

▶2/44 A situação do Probl. 2/43 se repete aqui. Desta vez, use os valores $m = 5$ kg, $k = 150$ N/m, $\mu = 0{,}40$ e $x_0 = 500$ mm e determine o estiramento (ou compressão) final da mola x_f quando o bloco parar completamente. (*Observação*: O sinal no termo μg é ditado pela direção do movimento do bloco e sempre age na direção oposta à velocidade.)

2/45 Um projétil é disparado verticalmente do ponto A com velocidade inicial de 76 m/s. Relativamente a um observador localizado em B, em que tempos a linha de visão para o projétil faz um ângulo de 30° com a horizontal? Calcule a grandeza da velocidade do projétil em cada tempo e ignore o efeito do arrasto aerodinâmico sobre o projétil.

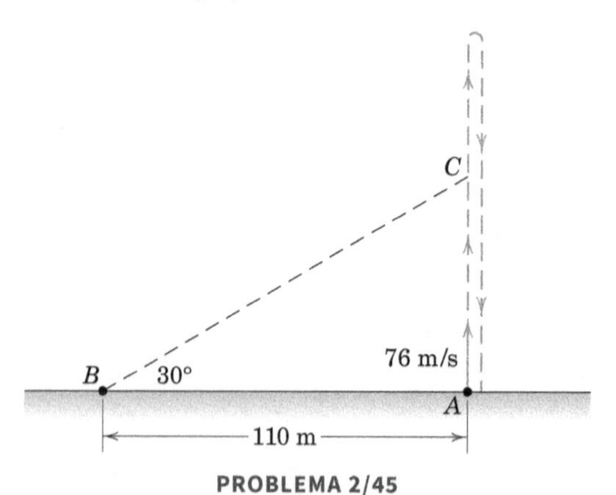

PROBLEMA 2/45

▶2/46 Repita o Prob. 2/45 para o caso em que o arrasto aerodinâmico é incluído. A grandeza da desaceleração de arrasto é kv^2, em que $k = 10^{-3}\text{m}^{-1}$ e v é a velocidade em metros por segundo. A direção do arrasto é oposta ao movimento do projétil durante o voo (quando o projétil está se movendo para cima, o arrasto é direcionado para baixo, e quando o projétil está se movendo para baixo, o arrasto é direcionado para cima).

Problemas para as Seções 2/3-2/4

(Nos problemas a seguir envolvendo o movimento de um projétil no ar, despreze a resistência do ar, salvo indicação em contrário, e use g = 9,81 m/s^2.)

Problemas Introdutórios

2/47 No tempo t = 0, o vetor posição de uma partícula em movimento no plano x-y é $\mathbf{r}$ = 5$\mathbf{i}$ m. No tempo t = 0,02 s, o seu vetor posição tornou-se 5,1$\mathbf{i}$ + 0,4$\mathbf{j}$ m. Determine o módulo $v_{méd}$ da sua velocidade média durante este intervalo e o ângulo θ dado pela velocidade média com o eixo positivo x.

2/48 Uma partícula que se move no plano x-y tem velocidade no tempo t = 6 s dada por 4$\mathbf{i}$ + 5$\mathbf{j}$ m/s, e em t = 6,1 s sua velocidade tornou-se 4,3$\mathbf{i}$ + 5,4$\mathbf{j}$ m/s. Calcule o módulo $a_{méd}$ da sua aceleração média durante o intervalo de 0,1s e o ângulo θ que ela faz com o eixo x.

2/49 No tempo t = 0, uma partícula estacionária está sobre o plano x-y nas coordenadas (x_0, y_0) = (60, 0) mm. Se a partícula é, então, submetida aos componentes de aceleração $a_x = 5 - 3{,}5t$ mm/s^2 e $a_y = 1{,}5t - 0{,}2t$ mm/s^2, determine as coordenadas da partícula quando t = 6 s. Trace um gráfico da trajetória da partícula durante este período.

2/50 Os movimentos em x e em y das guias A e B com fendas perpendiculares controlam o movimento curvilíneo do pino de conexão P, que desliza em ambas as fendas. Para um pequeno intervalo, os movimentos são definidos por $x = 20 + \frac{1}{4}t^2$ e $y = 15 - \frac{1}{6}t^3$, em que x e y estão em milímetros e t está em segundos. Calcule a intensidade da velocidade $\mathbf{v}$ e da aceleração $\mathbf{a}$ do pino para t = 2 s. Esboce o sentido da trajetória e indique sua curvatura para esse instante.

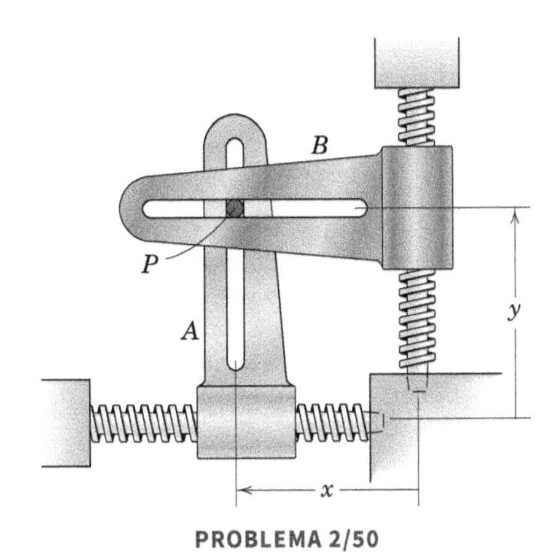

PROBLEMA 2/50

2/51 Um foguete fica sem combustível na posição mostrada e continua em voo sem propulsão acima da atmosfera. Se a sua velocidade nesta posição era de 1000 km/h, calcule a altitude máxima adicional h atingida e o tempo correspondente para alcançá-la. A aceleração da gravidade durante esta fase do seu voo é 9,39 m/s^2.

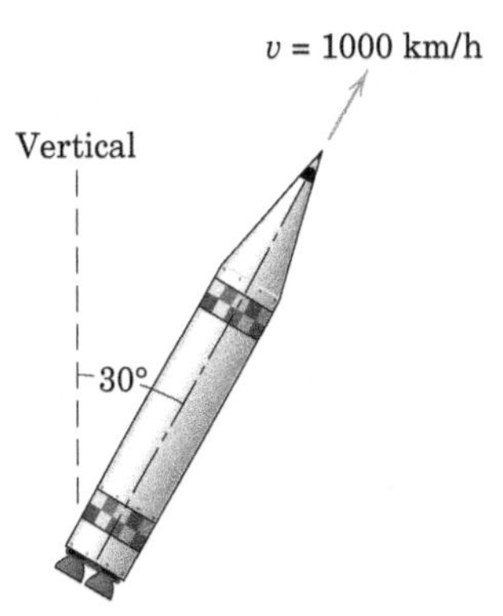

PROBLEMA 2/51

2/52 Prove o resultado bem conhecido de que, para uma dada velocidade de lançamento v_0, o ângulo de lançamento θ = 45° fornece a máxima distância horizontal R. Determine o alcance máximo. (Note que esse resultado não se aplica quando o arrasto aerodinâmico é incluído na análise.)

2/53 Calcule a menor intensidade possível que a velocidade inicial de um projétil deve ter quando disparado do ponto A para alcançar o alvo B no mesmo plano horizontal 12 km à frente.

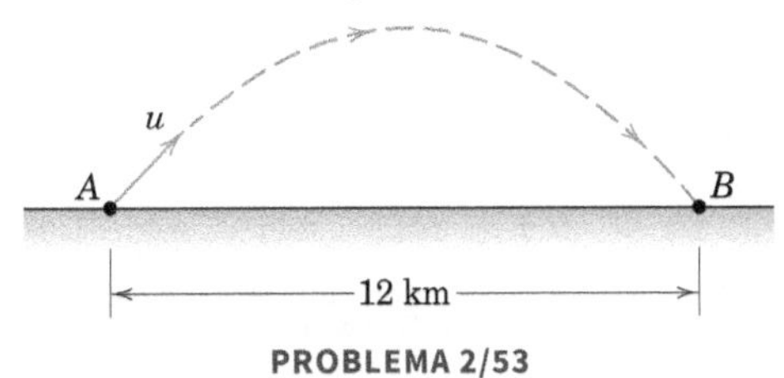

PROBLEMA 2/53

2/54 O bocal da mangueira ejeta água a uma velocidade v_0 = 14 m/s em um ângulo θ = 40°. Determine onde, em relação ao ponto B na base da parede, a água toca o solo. Desconsidere os efeitos da espessura da parede.

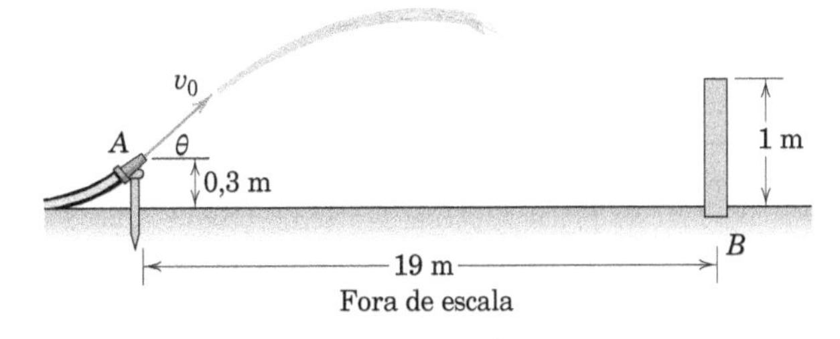

PROBLEMA 2/54

2/55 Um espetáculo de fogos de artifício é coreografado para ter duas trajetórias de fogos se cruzando a uma altura de 48 m e explodindo no ápice de 60 m sob condições climáticas normais. Se os fogos têm um ângulo de lançamento θ = 60° em relação à horizontal, determine a velocidade comum de lançamento v_0 para os fogos, a distância d de separação entre eles nos pontos de lançamento A e B e o tempo, a partir do lançamento, em que os fogos explodem.

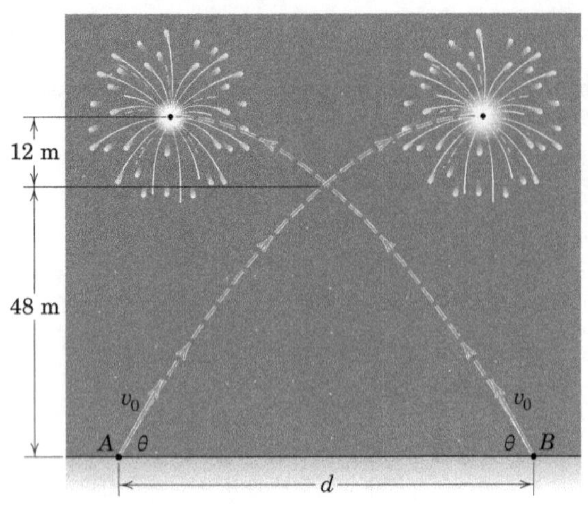

PROBLEMA 2/55

2/56 O centro de massa G de um atleta de salto em altura segue a trajetória mostrada. Determine a componente v_0, medida no plano vertical da figura, da sua velocidade de impulsão e o ângulo θ se o ápice da trajetória transpõe por uma margem mínima a barra em A. (Em geral, o centro de massa G do atleta deve ultrapassar a barra durante um salto bem-sucedido?)

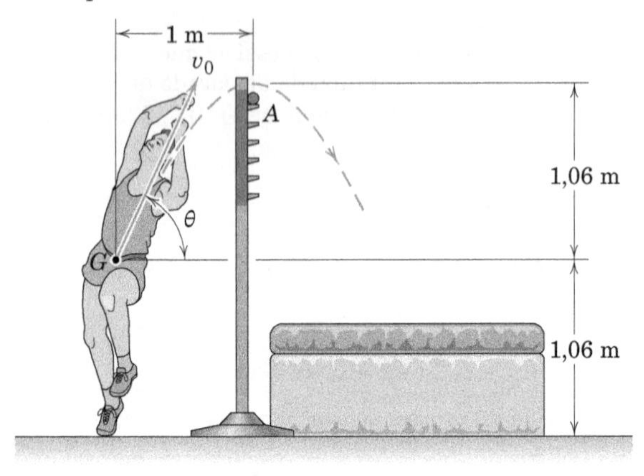

PROBLEMA 2/56

Problemas Representativos

2/57 Elétrons são emitidos em A com uma velocidade u em um ângulo θ no espaço entre duas placas carregadas. O campo elétrico entre as placas incide na direção E e repele os elétrons que se aproximam da placa superior. O campo produz uma aceleração dos elétrons na direção E e eE/m, em que e é a carga do elétron e m é a sua massa. Determine a força do campo E que permitirá que os elétrons atravessem a metade do intervalo entre as placas. Determine, também, a distância s.

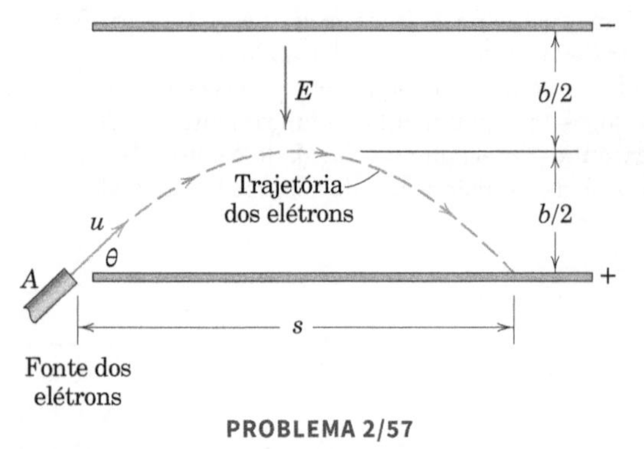

PROBLEMA 2/57

2/58 Um garoto joga uma bola no telhado de uma casa. Nas condições de lançamento exibidas, determine a distância oblíqua s até o ponto de impacto. Além disso, determine o ângulo θ que a velocidade da bola faz com o telhado no momento do impacto.

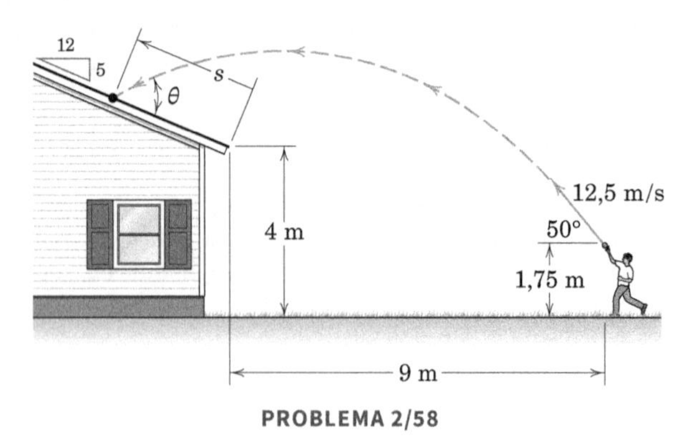

PROBLEMA 2/58

2/59 Como parte integrante de uma apresentação circense, um homem está tentando arremessar um dardo em uma maçã largada de uma plataforma suspensa. Após a maçã ser largada, o homem tem um atraso de 215 milissegundos no reflexo antes de lançar o dardo. Se o dardo for lançado com velocidade $v_0 = 14$ m/s, em que distância d abaixo da plataforma o homem deve mirar o dardo para que ele atinja a maçã antes de ela chegar ao solo?

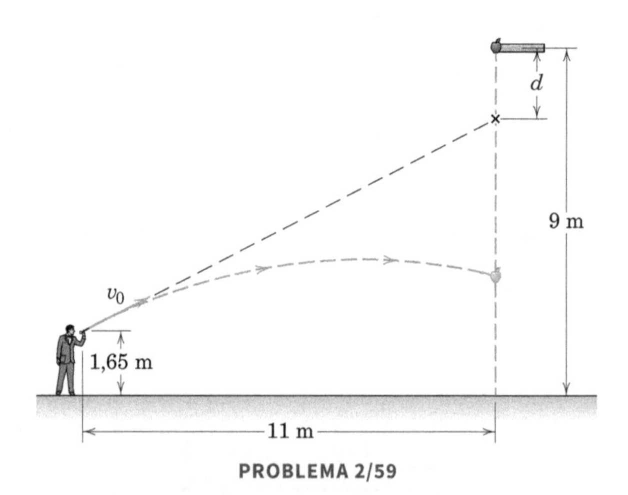

PROBLEMA 2/59

2/60 Um piloto de avião que leva um pacote de correspondência para um posto avançado deseja lançar o pacote no momento exato para alcançar o ponto de resgate em A. Que ângulo θ com a horizontal deve a linha de visão do piloto em direção ao alvo fazer no instante do lançamento? O avião está voando horizontalmente a uma altitude de 100 m com velocidade de 200 km/h.

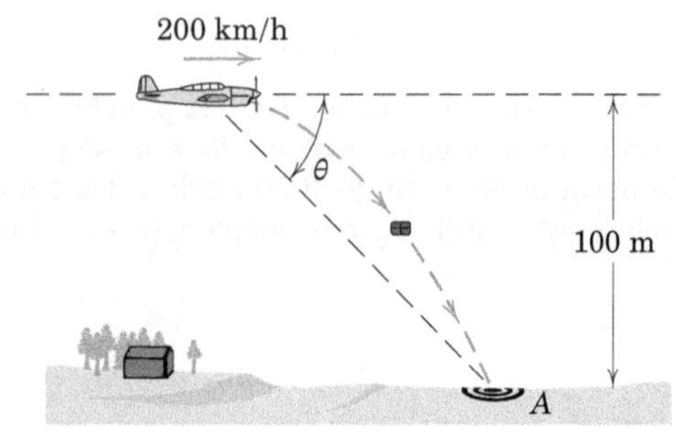

PROBLEMA 2/60

2/61 Um jogador de futebol americano dá um chute a 30 m de distância do gol. Se ele é capaz de impor uma velocidade u de 30 m/s à bola, calcule o menor ângulo θ para que a bola ultrapasse o travessão do gol. (*Sugestão*: Use $m = \tan\theta$.)

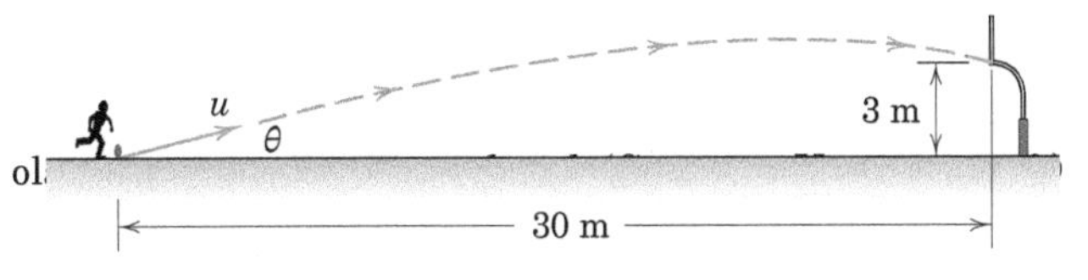

PROBLEMA 2/61

2/62 Uma partícula é lançada do ponto A com uma velocidade u e subsequentemente passa por uma abertura vertical de altura b, conforme exibido. Determine a distância d que permitirá que a zona de aterrissagem da partícula também tenha uma largura b. Além disso, determine o intervalo de u que permitirá que o projétil passe pela abertura vertical para este valor d.

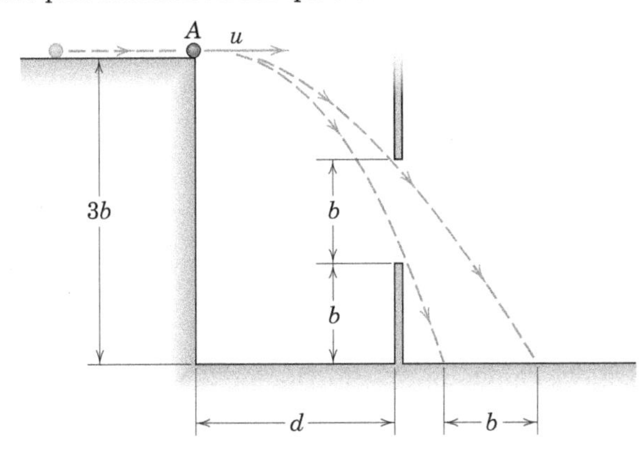

PROBLEMA 2/62

2/63 Se o jogador de tênis dá o saque horizontalmente ($\theta = 0$), calcule sua velocidade v se o centro da bola transpõe a rede de 0,9 m por 150 mm. Calcule, também, a distância s a partir da rede até o ponto em que a bola atinge a superfície da quadra. Despreze a resistência do ar e o efeito da rotação da bola.

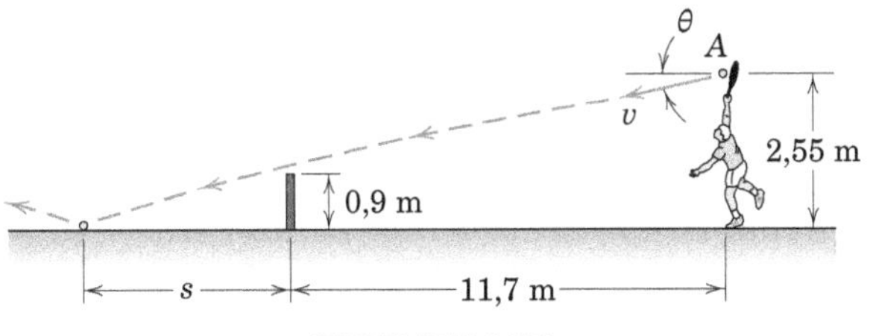

PROBLEMA 2/63

2/64 Um jogador de golfe está tentando alcançar o gramado elevado golpeando a sua bola sob um galho baixo de uma árvore A, mas passando por cima de uma segunda árvore B. Para v_0 = 50 m/s e $\theta = 18°$, onde a bola de golfe cai primeiro?

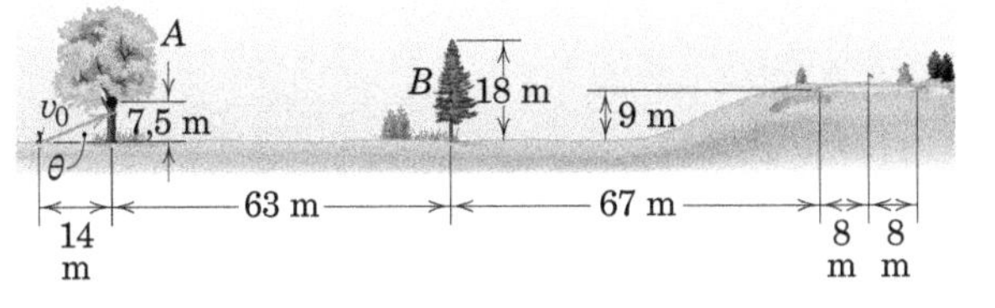

PROBLEMA 2/64

2/65 Um defensor externo (*outfielder*) experimenta duas trajetórias de arremesso diferentes para alcançar a base principal a partir da posição exibida: (*a*) v_0 = 42 m/s com $\theta = 8°$ e (*b*) v_0 = 36 m/s com $\theta = 12°$. Para cada conjunto de condições iniciais, determine o tempo t necessário para a bola de beisebol alcançar a base principal e a altitude h à medida que a bola atravessa a base.

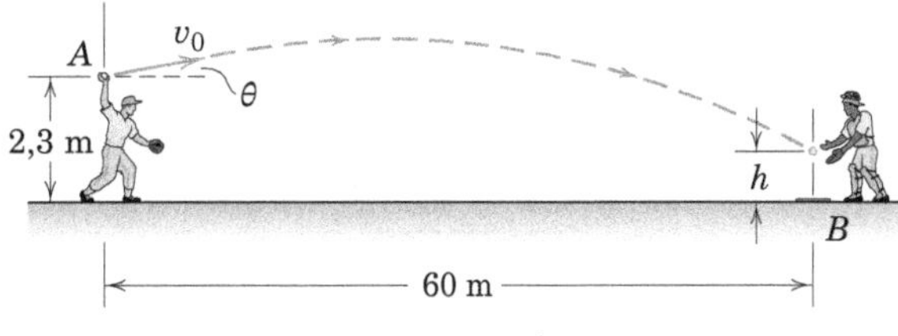

PROBLEMA 2/65

2/66 Um saltador de esqui tem as duas condições de decolagem exibidas. Determine a distância inclinada d a partir do ponto de decolagem A até o local onde o esquiador toca primeiro a zona de aterrissagem e o tempo total t_f durante o qual o esquiador está no ar. Para simplificar, suponha que a zona de aterrissagem BC é reta.

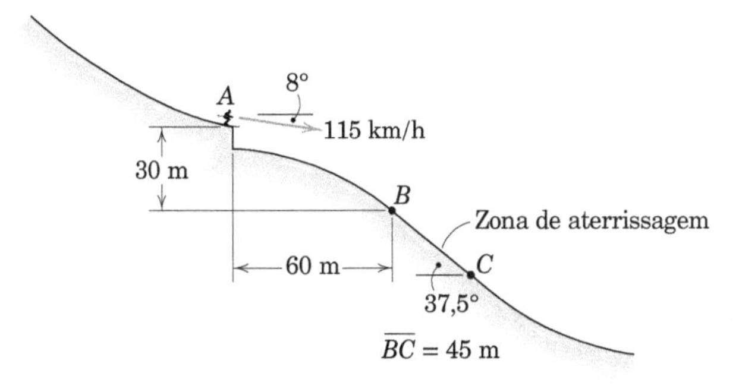

PROBLEMA 2/66

2/67 Um projétil é lançado com a velocidade v_0 = 25 m/s da base de um túnel de 5 m de altura, como mostrado. Determine o alcance máximo horizontal R do projétil e o ângulo de lançamento θ correspondente.

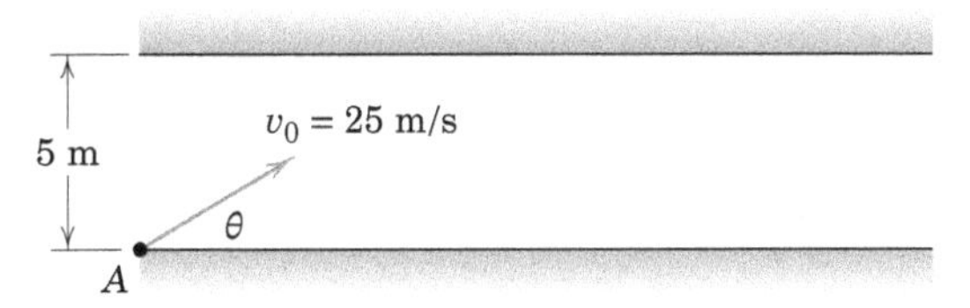

PROBLEMA 2/67

2/68 Um menino joga uma bola para cima com uma velocidade v_0 = 12 m/s. O vento transmite uma aceleração horizontal de 0,4 m^2 para a esquerda. Em que ângulo θ a bola deve ser arremessada para que volte ao ponto de lançamento? Suponha que o vento não afete o movimento vertical.

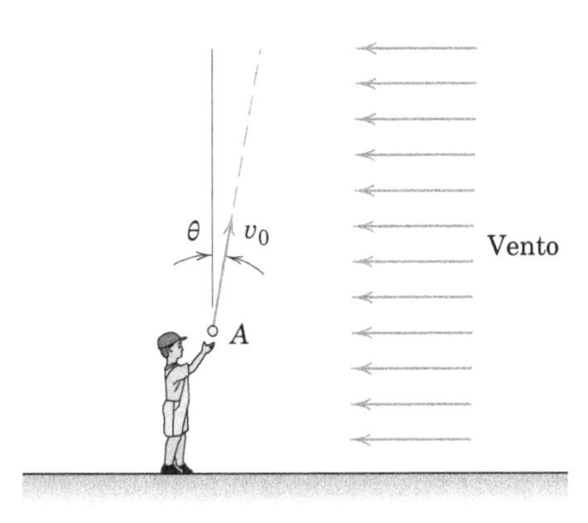

PROBLEMA 2/68

2/69 Um projétil é lançado do ponto O com as condições iniciais exibidas. Determine as coordenadas de impacto do projétil se (a) v_0 = 18 m/s e θ = 40° e (b) v_0 = 25 m/s e θ = 15°.

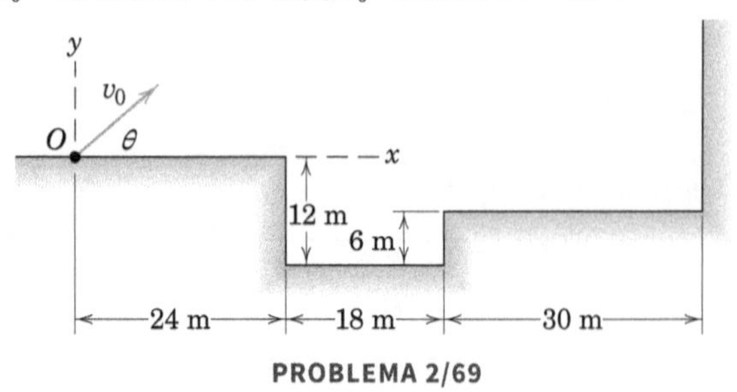

PROBLEMA 2/69

2/70 Um projétil é lançado com uma velocidade inicial de 200 m/s em um ângulo de 60° em relação à horizontal. Calcule o alcance R medido para cima da inclinação.

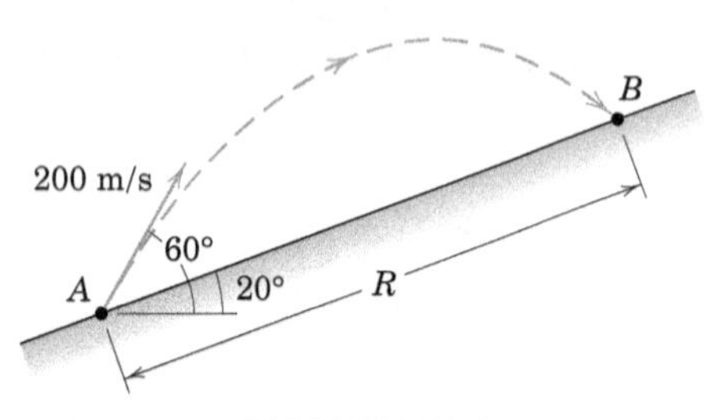

PROBLEMA 2/70

2/71 Uma equipe de estudantes de engenharia está projetando uma catapulta para lançar uma pequena bola em A de modo que esta caia na caixa. Sabendo que o vetor velocidade inicial faz um ângulo de 30° com a horizontal, determine a faixa de velocidades de lançamento v_0 com a qual a bola cairá dentro da caixa.

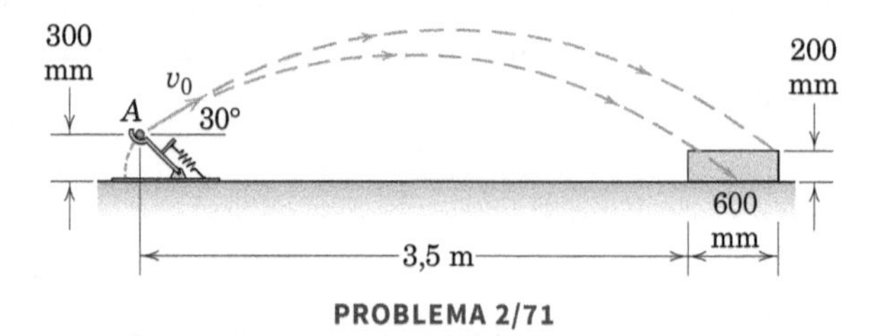

PROBLEMA 2/71

2/72 Um projétil é disparado com uma velocidade u em ângulos retos com a rampa que está inclinada a um ângulo θ com a horizontal. Desenvolva uma expressão para a distância R até o ponto de impacto.

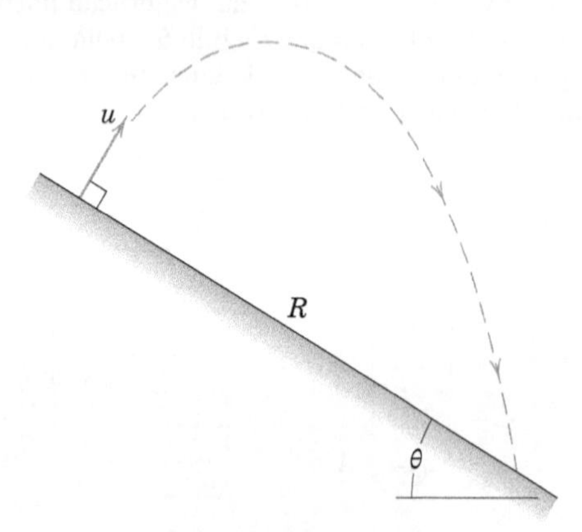

PROBLEMA 2/72

2/73 Um projétil é lançado do ponto A com uma velocidade inicial v_0 = 30 m/s. Determine o valor mínimo do ângulo de lançamento α no qual o projeto irá pousar no ponto B.

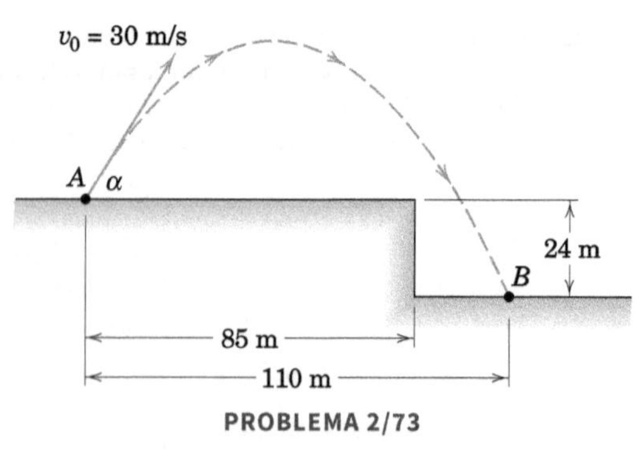

PROBLEMA 2/73

►2/74 Um rojão experimental é lançado verticalmente do ponto A com uma velocidade inicial de intensidade v_0 = 30 m/s. Além da aceleração devida à gravidade, um mecanismo de impulsão interno causa uma aceleração constante de $2g$ na direção de 60° mostrada para os dois primeiros segundos de voo, depois do qual o propulsor cessa de funcionar. Determine a altura máxima h alcançada, o tempo total de voo, o deslocamento líquido horizontal a partir de A, e represente graficamente a trajetória completa. Despreze qualquer aceleração devida à aerodinâmica.

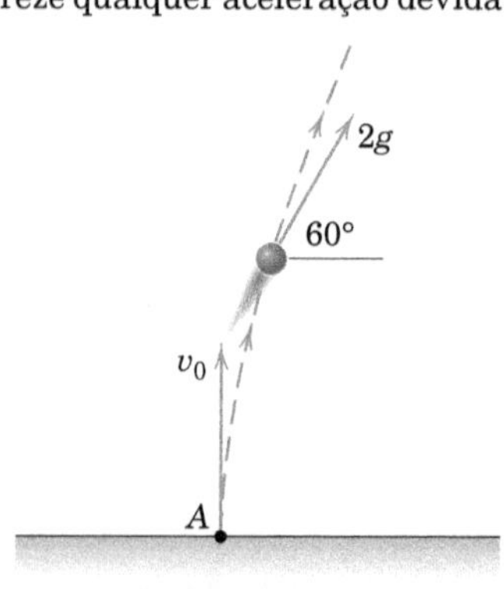

PROBLEMA 2/74

►2/75 Um projétil é lançado com velocidade v_0 a partir do ponto A. Determine o ângulo de lançamento θ que resulta no alcance máximo R no sentido do aclive com ângulo α (em que $0 \leq \alpha \leq 90°$). Avalie seus resultados para α = 0, 30° e 45°.

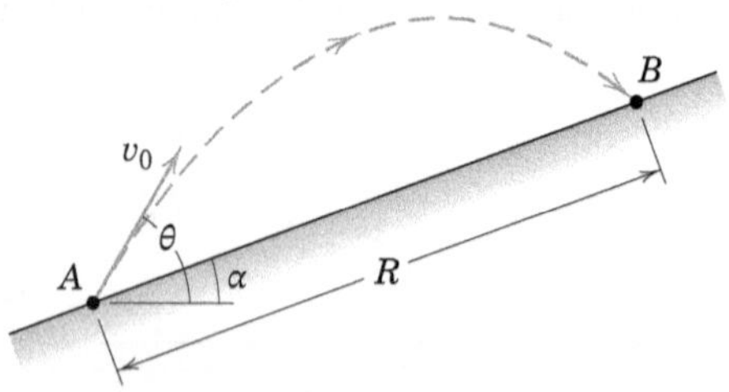

PROBLEMA 2/75

►2/76 Um projétil é lançado em um fluido experimental no instante t = 0. A velocidade inicial é v_0 e o ângulo com a horizontal é θ. O arrasto sobre o projétil resulta em um termo de aceleração $\mathbf{a}_D = -k\mathbf{v}$, em que k é uma constante e $\mathbf{v}$ é a velocidade do projétil. Determine as componentes x e y da velocidade e do deslocamento como funções do tempo. Qual é a velocidade final? Inclua os efeitos da aceleração gravitacional.

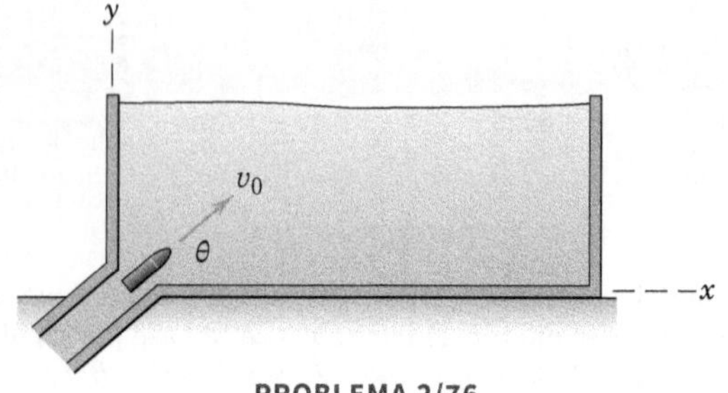

PROBLEMA 2/76

Problemas para a Seção 2/5

Problemas Introdutórios

2/77 Uma bicicleta é colocada em um suporte com as rodas penduradas livremente. Para testar os rolamentos, a roda da frente é girada em uma taxa $N = 45$ rpm. Admita que a taxa é constante e determine a velocidade v e a intensidade a da aceleração do ponto A.

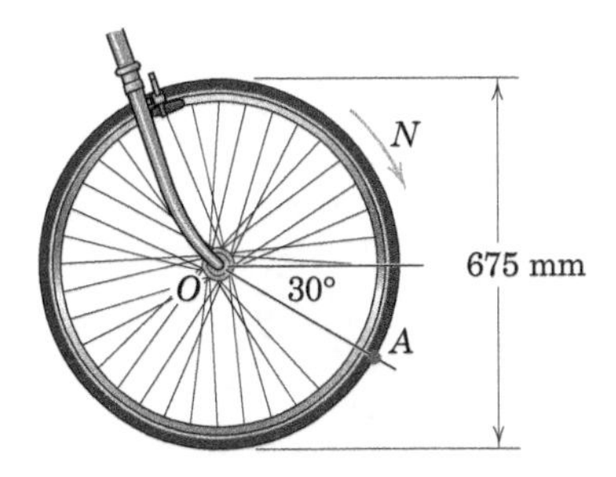

PROBLEMA 2/77

2/78 Um veículo de teste parte do repouso em uma pista circular horizontal com 80 m de raio e aumenta a sua velocidade a uma taxa uniforme até chegar a 100 km/h em dez segundos. Determine a intensidade a da aceleração total do carro oito segundos após a partida.

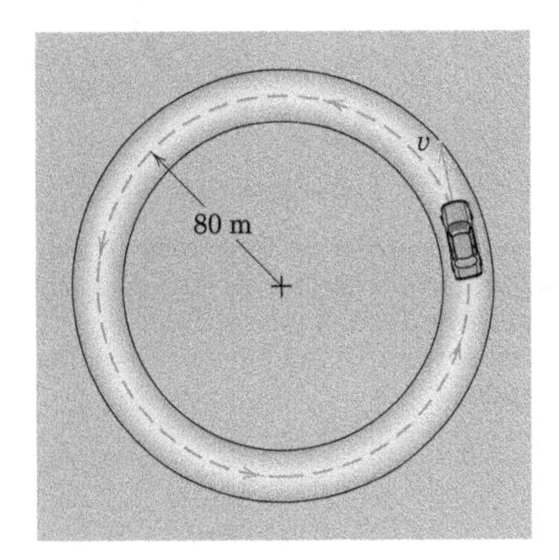

PROBLEMA 2/78

2/79 Seis vetores aceleração são mostrados para o carro com vetor velocidade direcionado para a frente. Para cada vetor aceleração, descreva com suas palavras o movimento instantâneo do carro.

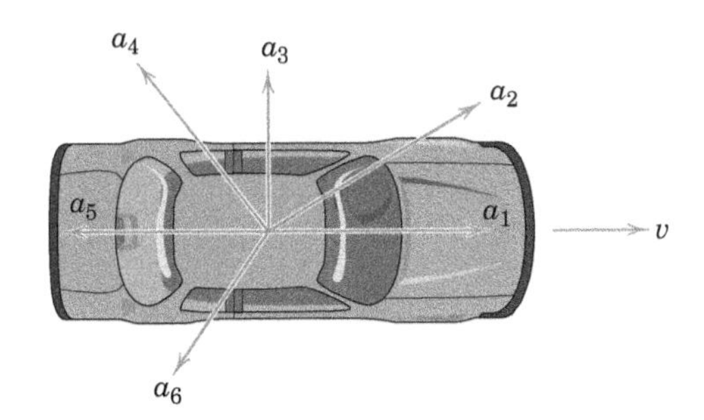

PROBLEMA 2/79

2/80 Determine a velocidade máxima para cada carro se a aceleração normal é limitada a $0{,}88g$. A rodovia é perfeitamente plana e sem inclinação.

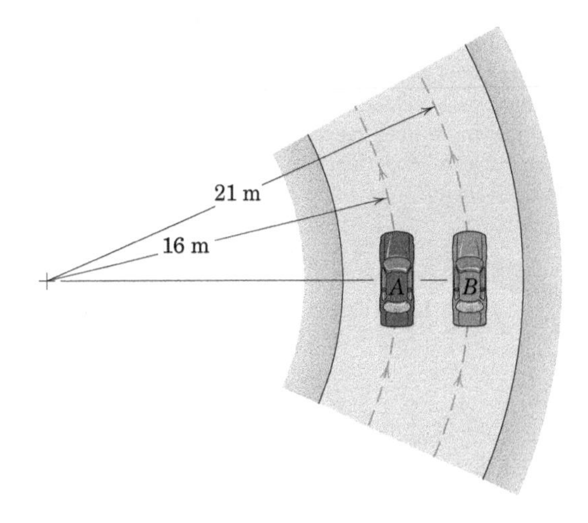

PROBLEMA 2/80

2/81 Um acelerômetro C é montado na lateral do carrinho de montanha-russa e registra a aceleração total de $3{,}5g$ à medida que o carrinho vazio passa pela posição inferior da pista, conforme a imagem. Se a velocidade do carrinho nesta posição é 215 km/h e está diminuindo a uma taxa de 18 km/h a cada segundo, determine o raio de curvatura ρ da pista na posição exibida.

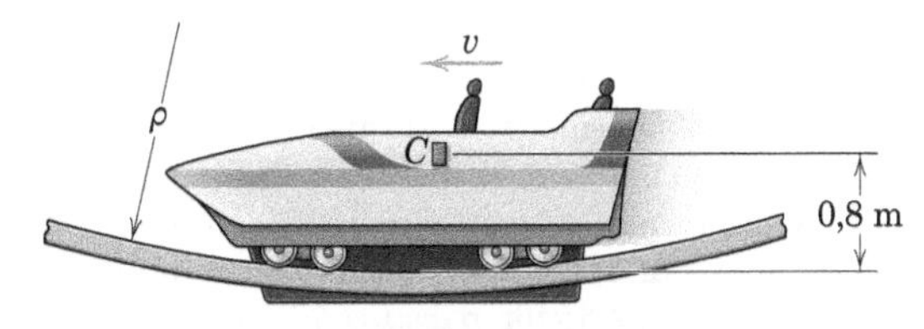

PROBLEMA 2/81

2/82 O motorista do caminhão tem uma aceleração de $0{,}4g$ quando o caminhão passa por cima do ponto A no topo de uma subida na estrada com velocidade constante. O raio de curvatura da estrada no topo da subida é 98 m, e o centro de massa G do motorista (considerado como uma partícula) está 2 m acima da estrada. Calcule a velocidade v do caminhão.

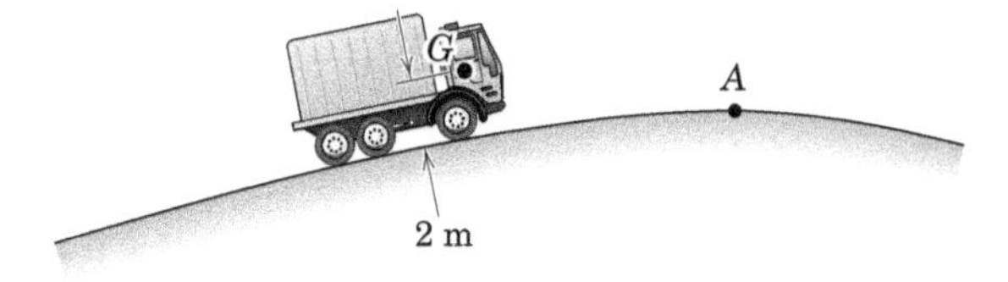

PROBLEMA 2/82

2/83 Uma partícula se move ao longo da trajetória curva mostrada. Se a partícula tem velocidade $v_A = 4$ m/s no tempo t_A e velocidade $v_B = 4{,}2$ m/s no tempo t_B, determine os valores médios da aceleração da partícula, normal e tangencial à trajetória, entre A e B.

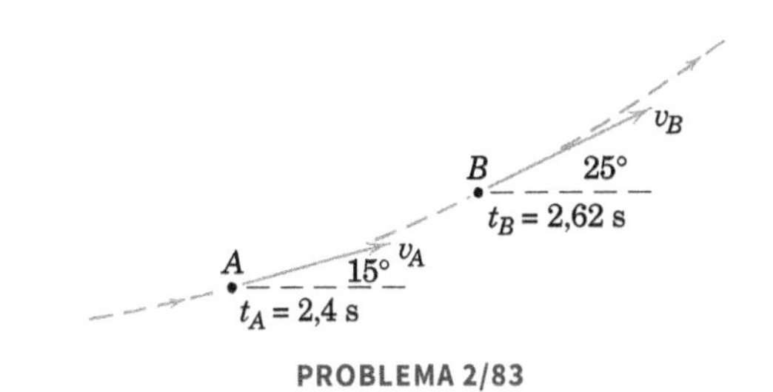

PROBLEMA 2/83

2/84 Um velocista praticando para a corrida de 200 m rasos acelera uniformemente do repouso em A e alcança a velocidade máxima de 40 km/h na marca de 60 m. Depois, ele mantém esta velocidade pelos próximos 70 metros antes de desacelerar uniformemente até a velocidade final de 35 km/h na linha de chegada. Determine a aceleração horizontal máxima que o velocista impõe durante a corrida. Em que ponto ocorre este valor máximo da aceleração?

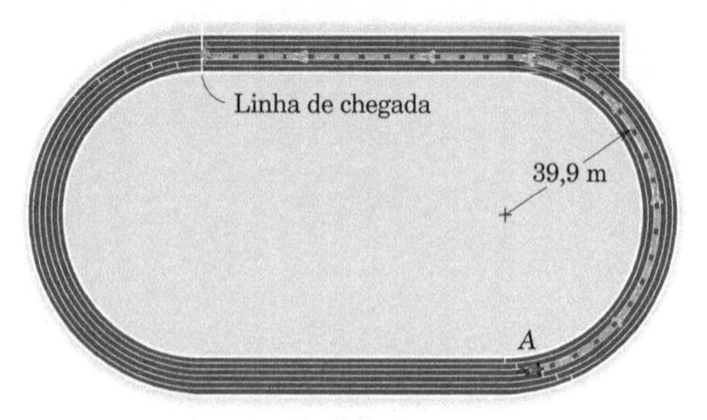

PROBLEMA 2/84

2/85 Um trem entra em uma seção curva horizontal dos trilhos a uma velocidade de 100 km/h e reduz a velocidade com desaceleração constante para 50 km/h em 12 segundos. Um acelerômetro montado dentro do trem registra uma aceleração horizontal de 2 m/s² quando o trem está a seis segundos na curva. Calcule o raio de curvatura ρ dos trilhos para esse instante.

2/86 Uma partícula se move em uma trajetória circular de raio $r = 0{,}8$ m com uma velocidade constante de 2 m/s. A velocidade sofre uma mudança vetorial $\Delta\mathbf{v}$ de A para B. Expresse a intensidade de $\Delta\mathbf{v}$ em termos de v e $\Delta\theta$ e divida este resultado pelo intervalo de tempo Δt entre A e B para obter a intensidade da aceleração média da partícula para (*a*) $\Delta\theta = 30°$, (*b*) $\Delta\theta = 15°$ e (*c*) $\Delta\theta = 5°$. Em cada caso, determine a diferença percentual a partir do valor instantâneo da aceleração.

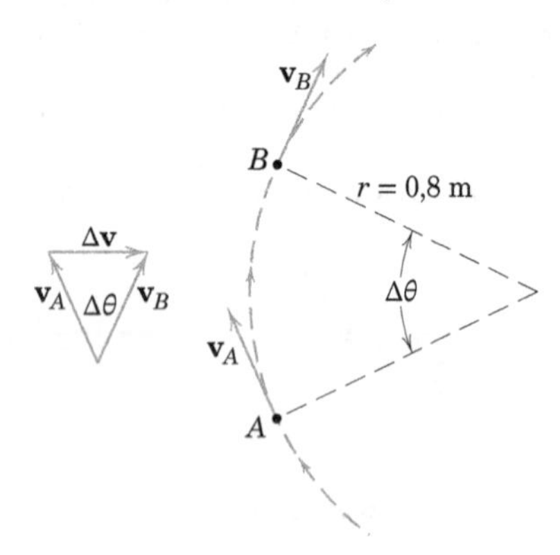

PROBLEMA 2/86

Problemas Representativos

2/87 A velocidade do carro aumenta uniformemente com o tempo, de 50 km/h em A a 100 km/h em B durante dez segundos. O raio de curvatura da rampa em A é 40 m. Se a intensidade da aceleração total do centro de massa do carro é a mesma tanto em B como em A, calcule o raio de curvatura ρ_B da descida da estrada em B. O centro de massa do carro está a 0,6 m da estrada.

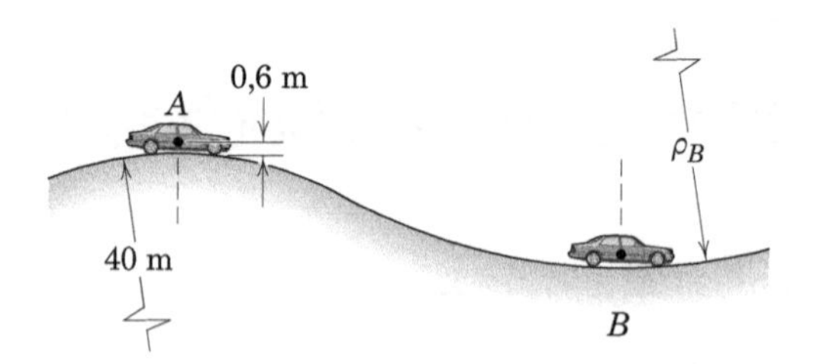

PROBLEMA 2/87

2/88 O projeto de um sistema de comando de válvulas de um motor de automóvel de quatro cilindros é mostrado. Quando o motor é acelerado, a velocidade da correia v varia uniformemente de 3 m/s até 6 m/s durante um intervalo de dois segundos. Calcule o módulo das acelerações dos pontos P_1 e P_2 no meio desse intervalo.

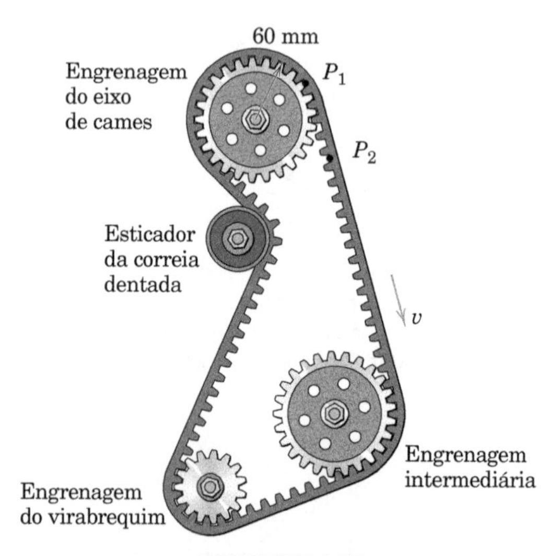

PROBLEMA 2/88

2/89 Considere o eixo polar da Terra como fixo no espaço e calcule os módulos da velocidade e da aceleração de um ponto P sobre a superfície da Terra a uma latitude de 40° norte. O diâmetro médio da Terra é 12.742 km e sua velocidade angular é $0{,}7292(10^{-4})$ rad/s.

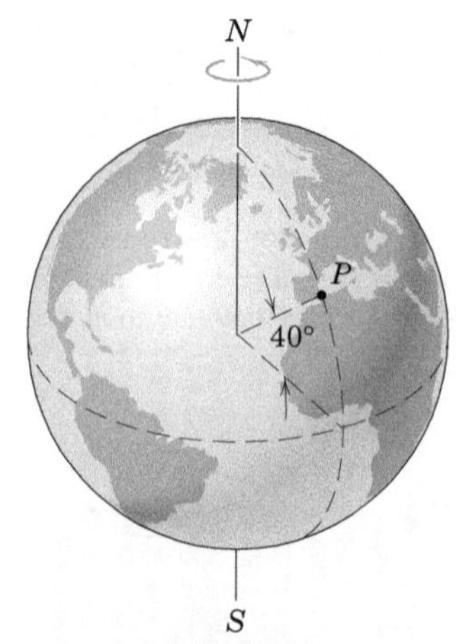

PROBLEMA 2/89

2/90 O carro C aumenta a sua velocidade a uma taxa constante de 1,5 m/s² quando está fazendo a curva mostrada. Se o módulo da aceleração total do carro é 2,5 m/s² no ponto A em que o raio de curvatura é 200 m, calcule a velocidade v do carro neste ponto.

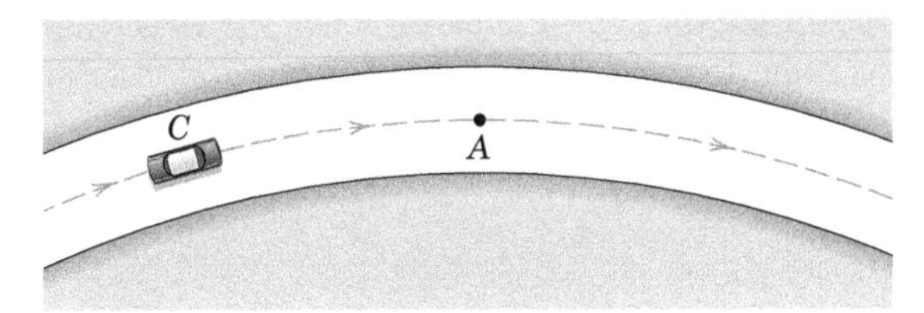

PROBLEMA 2/90

2/91 Na parte inferior A do *loop* interno vertical, a intensidade da aceleração total do avião é $3g$. Se a velocidade do ar é 800 km/h e está aumentando a uma taxa de 20 km/h por segundo, calcule o raio de curvatura ρ da trajetória até A.

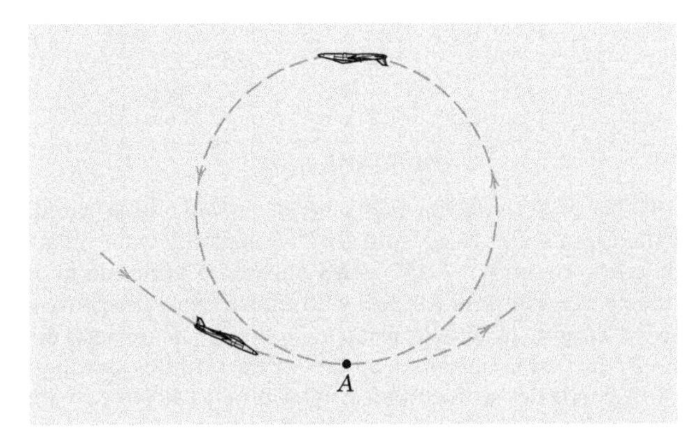

PROBLEMA 2/91

2/92 Uma bola de golfe é lançada com as condições iniciais mostradas na figura. Determine o raio de curvatura da trajetória e a taxa de variação no tempo da velocidade da bola (*a*) logo após o lançamento e (*b*) no ápice. Despreze o arrasto aerodinâmico.

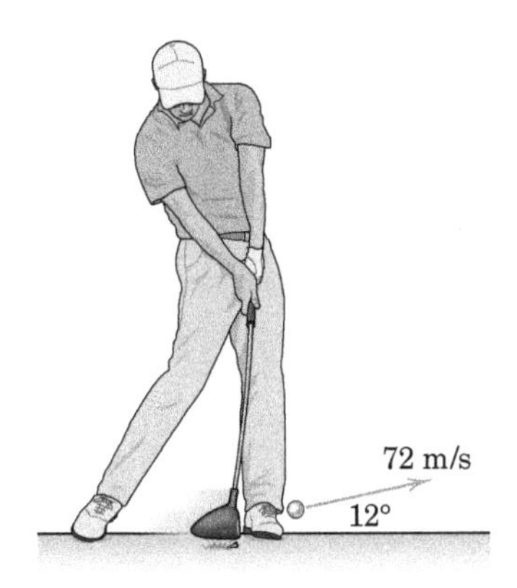

PROBLEMA 2/92

*2/93 Se a bola de golfe do Probl. 2/92 é lançada no tempo $t = 0$, determine os dois tempos em que o raio de curvatura da trajetória tem o valor de 530 m.

2/94 Uma espaçonave S está na órbita de Júpiter em uma trajetória circular 1000 km acima da superfície com uma velocidade constante. Usando a lei da gravidade, calcule a intensidade v de sua velocidade orbital com relação a Júpiter. Use a Tabela D/2 do Apêndice D, se for necessário.

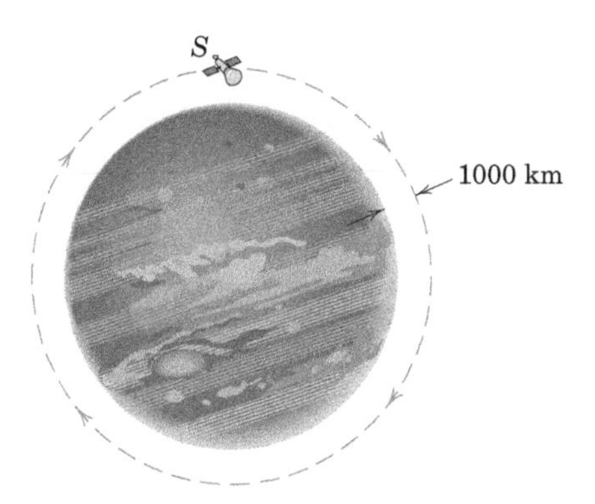

PROBLEMA 2/94

2/95 Dois carros viajam em velocidades constantes por uma parte curva da estrada. Se as frentes dos dois carros cruzarem a linha CC no mesmo instante e cada motorista minimizar o seu tempo na curva, determine a distância δ que o segundo carro ainda tem que percorrer em sua própria trajetória para alcançar a linha DD no instante em que o primeiro carro chegar lá. A aceleração horizontal máxima do carro A é $0{,}60g$ e a do carro B é $0{,}76g$. Que carro cruza primeiro a linha DD?

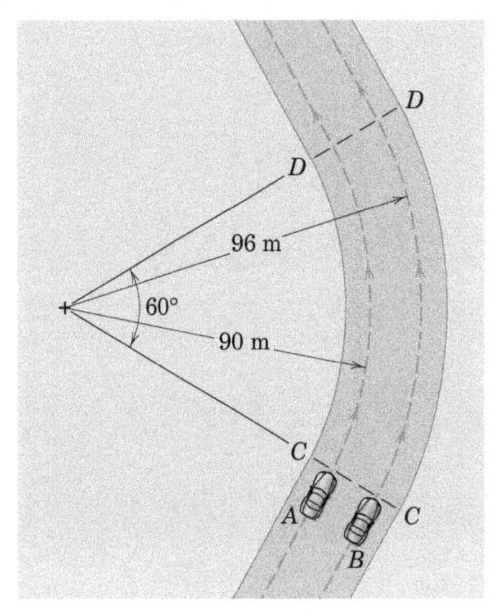

PROBLEMA 2/95

2/96 A direção do movimento de uma fita magnética em um dispositivo de controle numérico é alterada pelas duas polias A e B da figura. Se a velocidade da fita aumenta uniformemente de 2 m/s para 18 m/s enquanto oito metros de fita passam pelas polias, calcule a intensidade da aceleração do ponto P na fita em contato com a polia B no instante em que a velocidade da fita é 3 m/s.

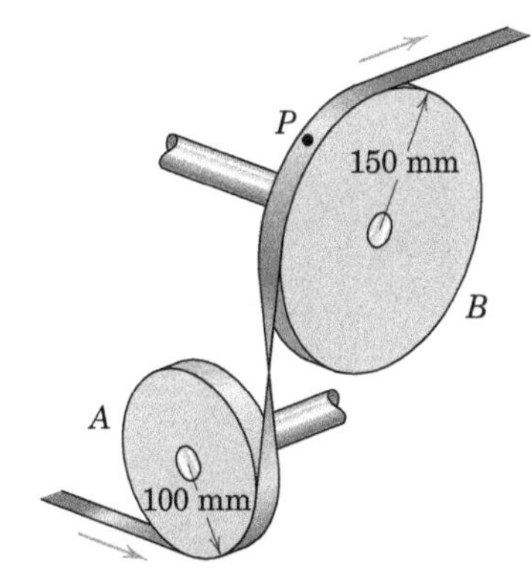

PROBLEMA 2/96

2/97 Um jogador de futebol americano lança uma bola com as condições iniciais da imagem. Determine o raio de curvatura ρ da trajetória e a taxa de variação no tempo da velocidade nos tempos $t = 1$ s e $t = 2$ s, em que $t = 0$ é o tempo na hora do arremesso da mão do zagueiro.

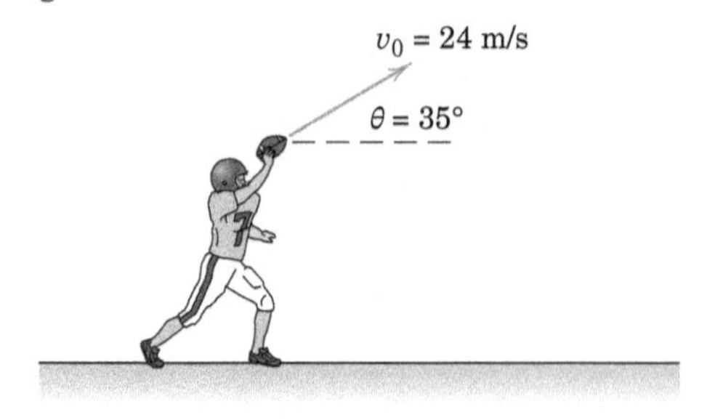

PROBLEMA 2/97

2/98 A partícula P parte do repouso no ponto A no tempo $t = 0$ e muda sua velocidade logo em seguida a uma taxa constante de $2g$, enquanto percorre a trajetória horizontal mostrada. Determine a intensidade e a direção da aceleração total (a) imediatamente antes do ponto B, (b) logo depois do ponto B, e (c) quando ela passa do ponto C. Estabeleça suas direções relativas ao eixo x mostrado (sentido anti-horário positivo).

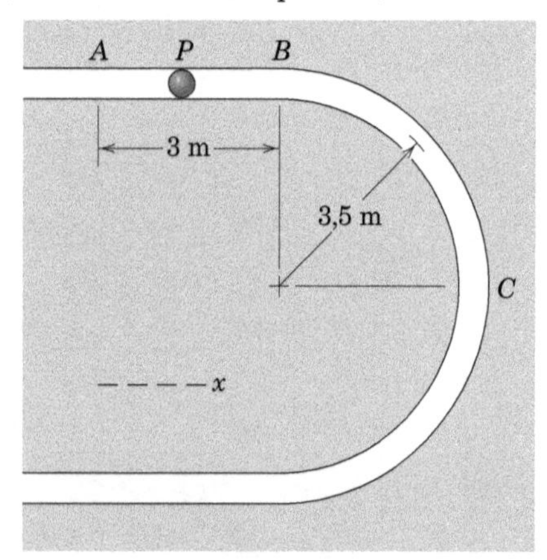

PROBLEMA 2/98

2/99 No projeto de um mecanismo de sincronização, o movimento do pino P na ranhura circular fixa é controlado pela guia A, que está sendo elevada por seu parafuso de avanço. A guia A parte do repouso com o pino P no ponto mais inferior na ranhura circular e acelera para cima a uma taxa constante até alcançar uma velocidade de 175 mm/s no ponto médio do seu deslocamento vertical. Depois, a guia acelera a uma taxa constante e para com o pino P no ponto superior na ranhura circular. Determine as componentes n e t da aceleração do pino P depois que ele tiver percorrido 30° em volta da ranhura em relação ao ponto de partida.

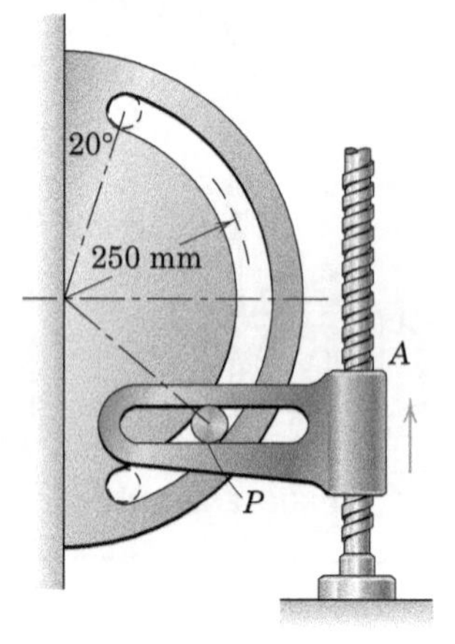

PROBLEMA 2/99

2/100 Um satélite da Terra que se move na órbita elíptica equatorial mostrada tem velocidade v no espaço de 17.970 km/h quando ele passa o final do semieixo menor em A. A Terra tem um valor absoluto de g na superfície de 9,821 m/s² e um raio de 6371 km. Determine o raio de curvatura ρ da órbita no ponto A.

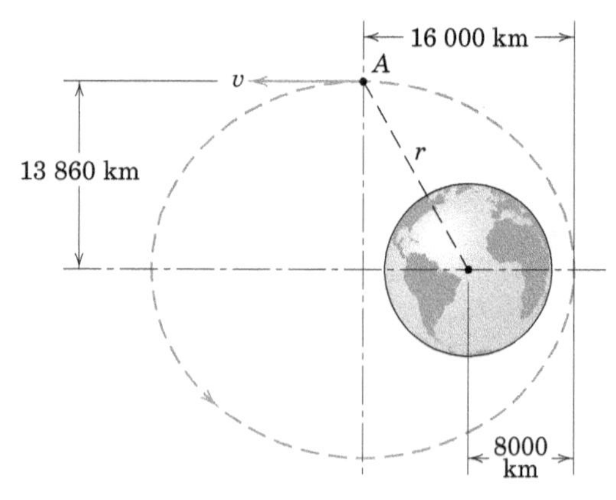

PROBLEMA 2/100

2/101 No projeto de um mecanismo de controle, a ranhura vertical que serve como guia está se movendo com uma velocidade constante $\dot{x} = 150$ mm/s durante o intervalo de movimento $x = -80$ mm até $x = +80$ mm. Para o instante em que $x = 60$ mm, calcule as componentes n e t da aceleração do pino P, que está limitado a se mover na ranhura parabólica fixa. A partir desses resultados, determine o raio de curvatura ρ nesta posição. Confira o seu resultado calculando ρ a partir da expressão citada no Apêndice C/10.

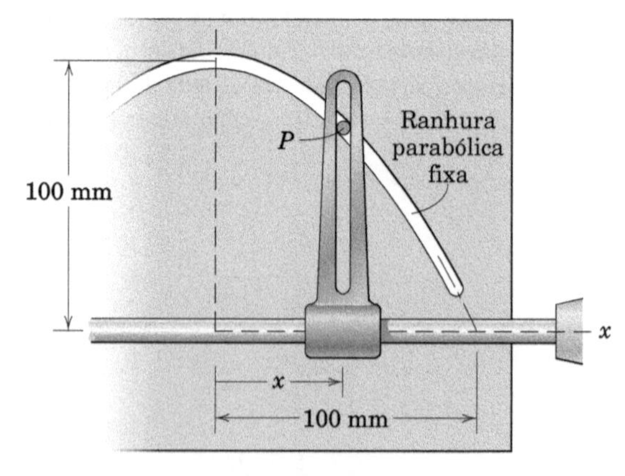

PROBLEMA 2/101

►2/102 Em um teste de direção, um carro é conduzido ao longo do percurso sinuoso mostrado. Supõe-se que a trajetória do carro é senoidal e que a máxima aceleração lateral é $0{,}7g$. Se os examinadores desejam projetar um percurso por meio do qual a velocidade máxima é de 80 km/h, qual espaçamento L para o cone deve ser usado?

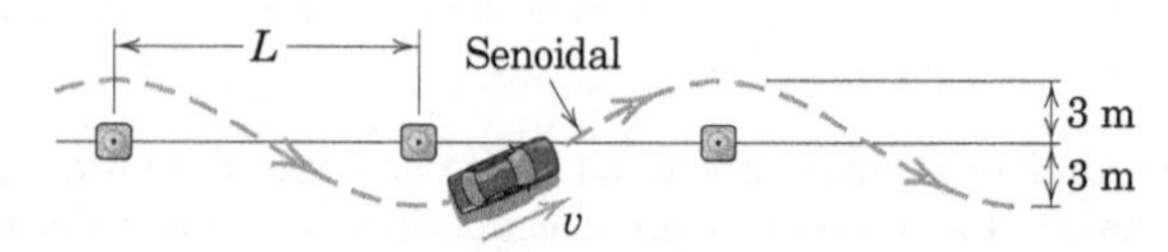

PROBLEMA 2/102

►2/103 Uma partícula que se move em um movimento curvilíneo bidimensional tem coordenadas em milímetros que variam com o tempo t em segundos de acordo com $x = 2t^2 + 3t - 1$ e $y = 5t - 2$. Determine as coordenadas centro de curvatura C no tempo $t = 1$ s.

*2/104 Um projétil é lançado no tempo $t = 0$ com as condições iniciais exibidas na figura. Se o vento imprimir uma aceleração constante para a esquerda de 5 m/s^2, trace as componentes da aceleração n e t e o raio de curvatura ρ da trajetória pelo tempo que o projétil está no ar. Determine a intensidade máxima de cada componente da aceleração junto com o tempo em que ela ocorre. Além disso, determine o raio de curvatura mínimo da trajetória e seu tempo correspondente.

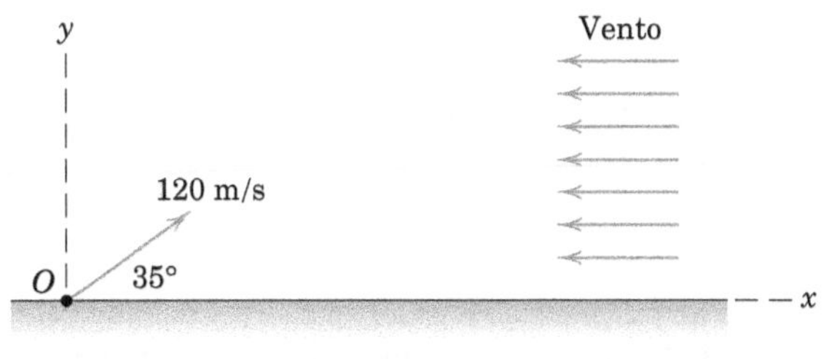

PROBLEMA 2/104

Problemas para a Seção 2/6

Problemas Introdutórios

2/105 Um carro P se desloca ao longo de uma estrada reta com velocidade constante v = 100 km/h. No instante em que o ângulo $\theta = 60°$, determine os valores de $\dot{r}$ em m/s e $\dot{\theta}$ em graus/s.

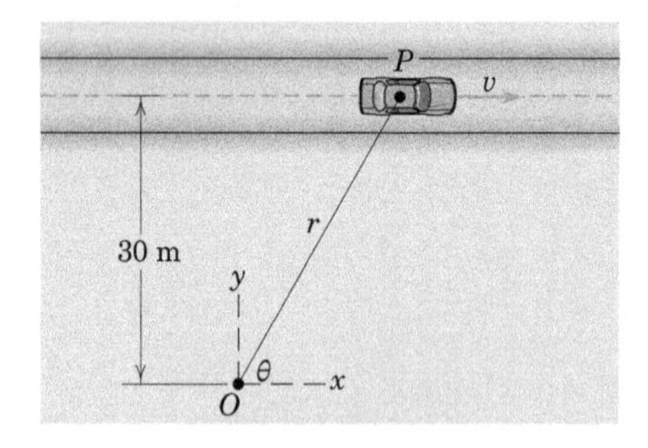

PROBLEMA 2/105

2/106 O velocista parte do repouso em A e acelera ao longo da pista. Se a câmera de rastreamento fixa em O estiver girando no sentido anti-horário a uma taxa de 12,5 graus/s quando o velocista passar pela marca de 60 m, determine a velocidade v do velocista e o valor de $\dot{r}$.

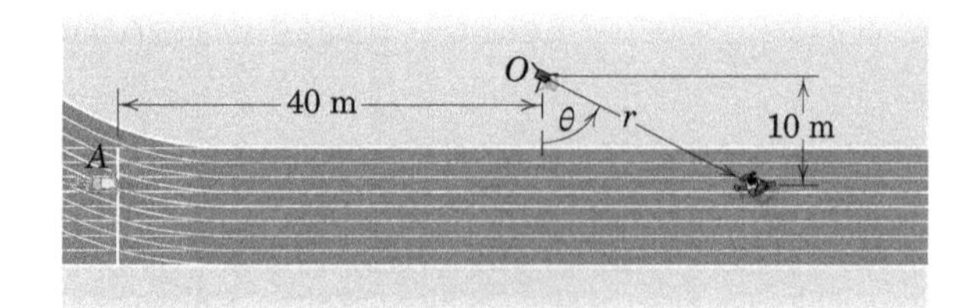

PROBLEMA 2/106

2/107 Um drone voa sobre um observador O com velocidade constante em uma linha reta, como mostrado. Determine os sinais (mais, menos ou zero) para r, $\dot{r}$, $\ddot{r}$, θ, $\dot{\theta}$ e $\ddot{\theta}$ em cada uma das posições A, B e C.

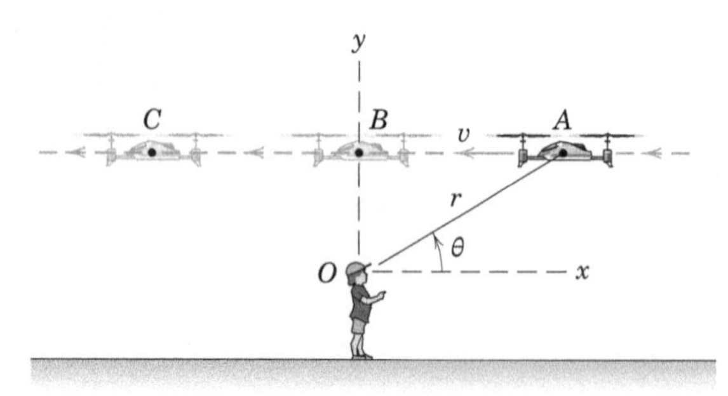

PROBLEMA 2/107

2/108 A esfera P se desloca em uma linha reta com velocidade v = 10 m/s. Para o instante representado, determine os valores correspondentes de $\dot{r}$ e $\dot{\theta}$ medidos em relação ao sistema de coordenadas fixo O_{xy}.

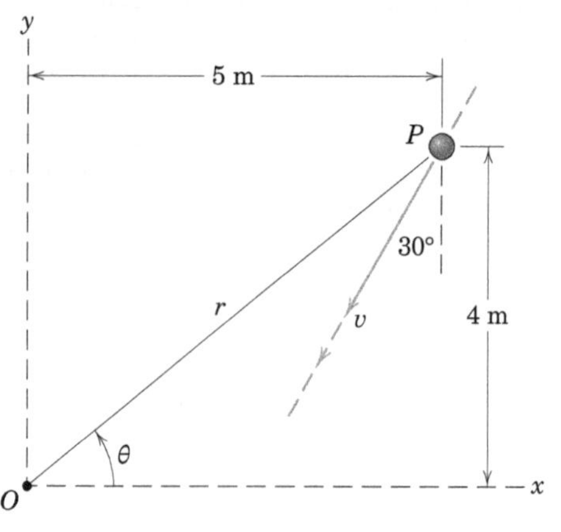

PROBLEMA 2/108

2/109 Se a velocidade de 10 m/s do problema anterior é constante, determine os valores de $\ddot{r}$ e $\ddot{\theta}$ no instante mostrado.

2/110 A rotação da barra AO é controlada pelo parafuso de avanço que imprime uma velocidade horizontal v ao anel C e faz com que o pino P se desloque ao longo da ranhura lisa. Determine os valores de $\dot{r}$ e $\dot{\theta}$, em que $r = \overline{OP}$, se h = 160 mm, x = 120 mm e v = 25 mm/s no instante representado.

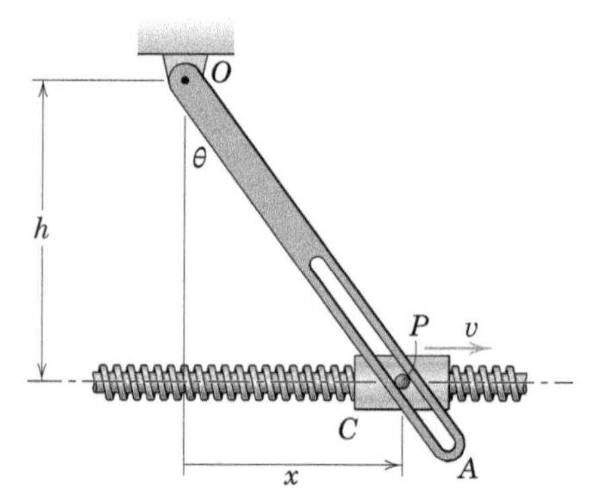

PROBLEMA 2/110

2/111 Para a barra do Probl. 2/110, determine os valores de $\ddot{r}$ e $\ddot{\theta}$ se a velocidade do anel C estiver diminuindo a uma taxa de 5 mm/s^2 no instante citado na questão. Consulte as respostas impressas do Probl. 2/110, se for necessário.

2/112 A lança OAB gira em torno do ponto O, enquanto a seção AB se estende simultaneamente de dentro da seção AO. Determine a velocidade e a aceleração do centro B da polia, nas seguintes condições: $\theta = 20°$, $\dot{\theta}$ = 5 graus/s, $\ddot{\theta}$ = 2 graus/s^2, l = 2 m, $\dot{l}$ = 0,5 m/s, $\ddot{l}$ = −1,2 m/s^2. As quantidades $\dot{l}$ e $\ddot{l}$ são a primeira e a segunda derivadas no tempo, respectivamente, do comprimento l da seção AB.

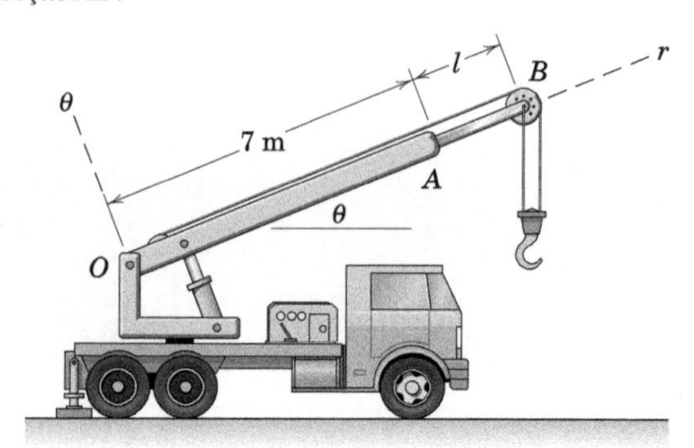

PROBLEMA 2/112

2/113 Uma partícula movendo-se ao longo de uma curva plana tem um vetor posição $\mathbf{r}$, uma velocidade $\mathbf{v}$ e uma aceleração $\mathbf{a}$. Os vetores unitários nas direções r e θ são $\mathbf{e}_r$ e $\mathbf{e}_\theta$, respectivamente, e tanto r quanto θ variam com o tempo. Explique por que cada uma das seguintes declarações está corretamente indicada como uma desigualdade.

$\dot{\mathbf{r}} \neq v$ $\quad \ddot{\mathbf{r}} \neq a$ $\quad \dot{\mathbf{r}} \neq \dot{r}\mathbf{e}_r$

$\dot{r} \neq v$ $\quad \ddot{r} \neq a$ $\quad \ddot{\mathbf{r}} \neq \ddot{r}\mathbf{e}_r$

$\dot{r} \neq \mathbf{v}$ $\quad \ddot{r} \neq \mathbf{a}$ $\quad \dot{\mathbf{r}} \neq r\dot{\theta}\mathbf{e}_\theta$

2/114 Considere a parte de uma escavadeira mostrada na imagem. No instante sob consideração, o cilindro hidráulico está se estendendo a uma taxa de 150 mm/s, que diminui à taxa de 50 mm/s a cada segundo. Simultaneamente, o cilindro está girando em torno de um eixo horizontal através de O a uma taxa constante de dez graus/s. Determine a velocidade $\mathbf{v}$ e a aceleração $\mathbf{a}$ da fixação do garfo em B.

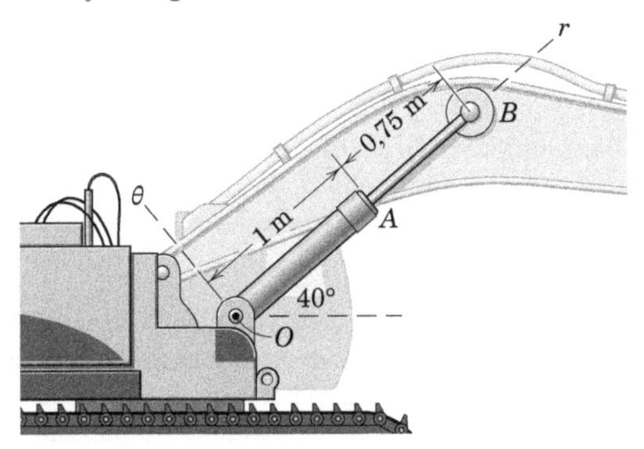

PROBLEMA 2/114

2/115 O esguicho exibido gira com velocidade angular constante Ω em torno de um eixo horizontal fixo através do ponto O. Devido à variação no diâmetro por um fator de 2, a velocidade da água relativa ao esguicho em A é v, enquanto em B é $4v$. As velocidades da água em A e B são constantes. Determine a velocidade e a aceleração de uma partícula de água à medida que passa (a) pelo ponto A e (b) pelo ponto B.

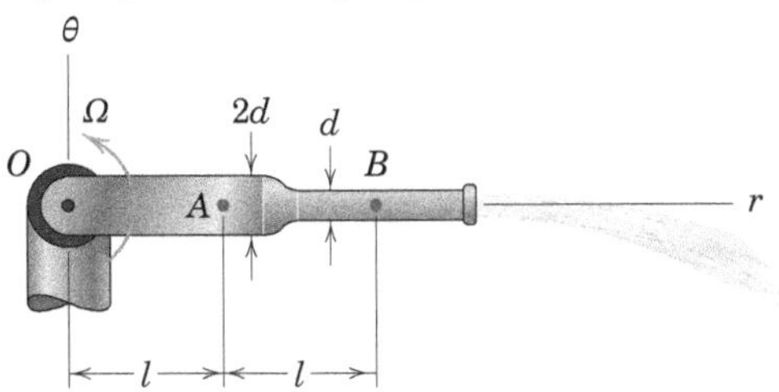

PROBLEMA 2/115

2/116 Um helicóptero parte do repouso no ponto A e percorre uma trajetória em linha reta com uma aceleração constante a. Se a velocidade v = 28 m/s quando a altitude do helicóptero é h = 40 m, determine os valores de $\dot{r}$, $\ddot{r}$, $\dot{\theta}$ e $\ddot{\theta}$, conforme a medição feita por um dispositivo de rastreamento em O. Nesse instante, θ = 40° e a distância d = 160 m. Despreze a pequena altura do dispositivo de rastreamento acima do solo.

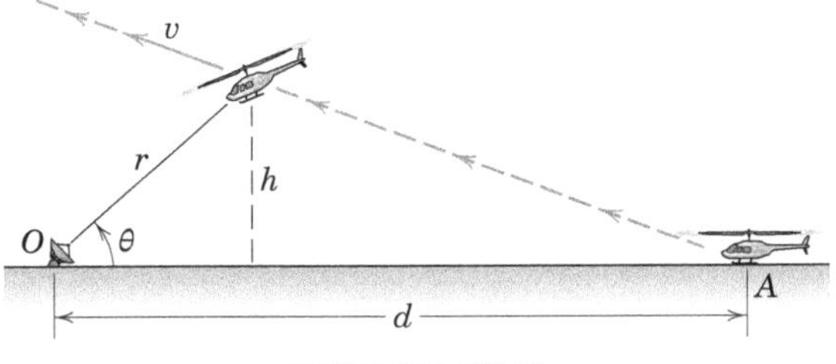

PROBLEMA 2/116

2/117 O cursor P pode se mover no interior da fenda por meio da corda S, enquanto o braço gira em torno do ponto O. A posição angular do braço é dada por $\theta = 0{,}8t - \dfrac{t^2}{20}$, em que θ está em radianos e t em segundos. O cursor está em r = 1,6 m quando t = 0 e, em seguida, é puxado para o centro à taxa constante de 0,2 m/s. Determine o módulo e a direção (expressa pelo ângulo α em relação ao eixo x) da velocidade e da aceleração do cursor quando t = 4 s.

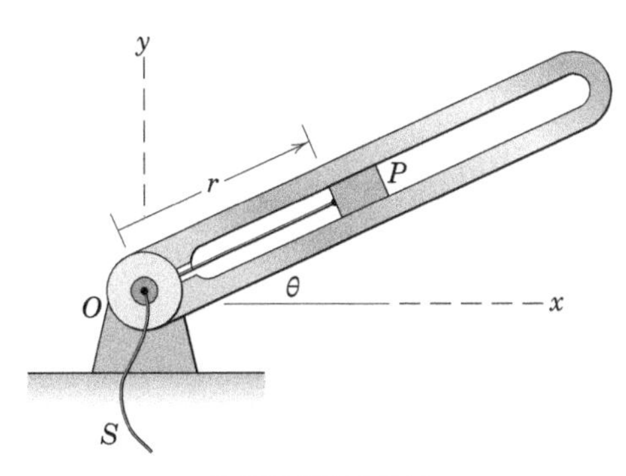

PROBLEMA 2/117

Problemas Representativos

2/118 Os carros A e B movem-se com velocidade constante v na estrada reta e nivelada. Eles estão lado a lado em pistas adjacentes, conforme a imagem. Se a unidade de radar presa ao carro de polícia parado P medir a velocidade na "linha de visada", qual velocidade v' será observada para cada carro? Use os valores v = 110 km/h, L = 60 m e D = 7 m.

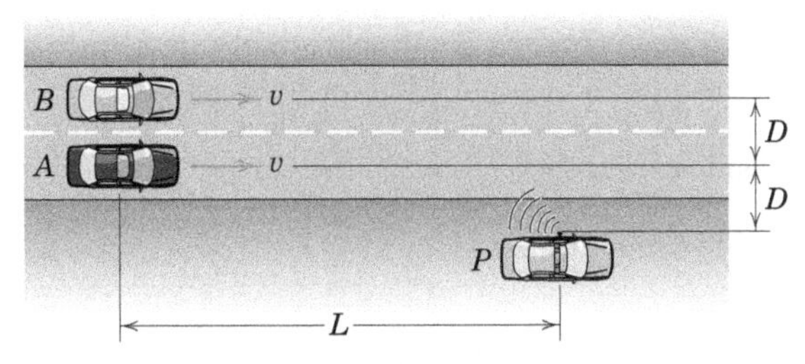

PROBLEMA 2/118

2/119 Um fogo de artifício P é lançado para cima a partir do ponto A e explode em seu ápice a uma altitude de 85 m. Em relação a um observador em O, determine os valores de $\dot{r}$ e $\dot{\theta}$ quando ele atinge uma altitude y = 55 m. Despreze o arrasto aerodinâmico.

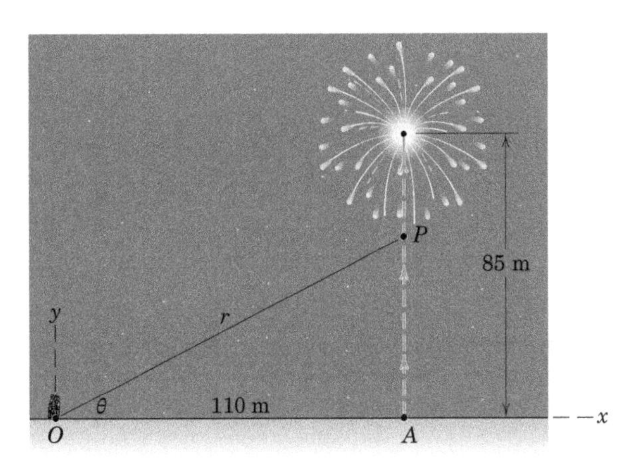

PROBLEMA 2/119

2/120 Para o fogo de artifício do Probl. 2/119, determine os valores de $\ddot{r}$ e $\ddot{\theta}$ quando ele atinge uma altitude y = 55 m. Consulte as respostas do Problema 2/119, se necessário.

2/121 O foguete é lançado verticalmente e rastreado pela estação de radar mostrada. Quando θ chega a 60°, outras medições correspondentes fornecem os valores r = 9 km, $\ddot{r}$ = 21 m/s^2, $\dot{\theta}$ = 0,02 rad/s. Calcule o módulo da velocidade e da aceleração do foguete nesta posição.

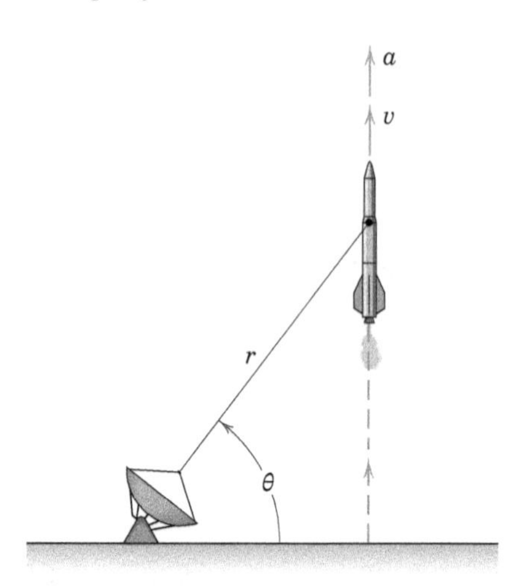

PROBLEMA 2/121

*2/122 O mergulhador deixa a plataforma com uma velocidade inicial ascendente de 2,5 m/s. Uma câmera estacionária no chão é programada para rastrear o mergulhador durante todo o trajeto, girando a lente para manter o mergulhador centralizado na imagem capturada. Trace $\dot{\theta}$ e $\ddot{\theta}$ em função do tempo para a câmera durante todo o salto e declare os valores de $\dot{\theta}$ e $\ddot{\theta}$ no instante em que o mergulhador entra na água. Trate o mergulhador como uma partícula que tem apenas movimento vertical. Além disso, determine as intensidades máximas de $\dot{\theta}$ e $\ddot{\theta}$ durante o mergulho e os momentos em que elas ocorrem.

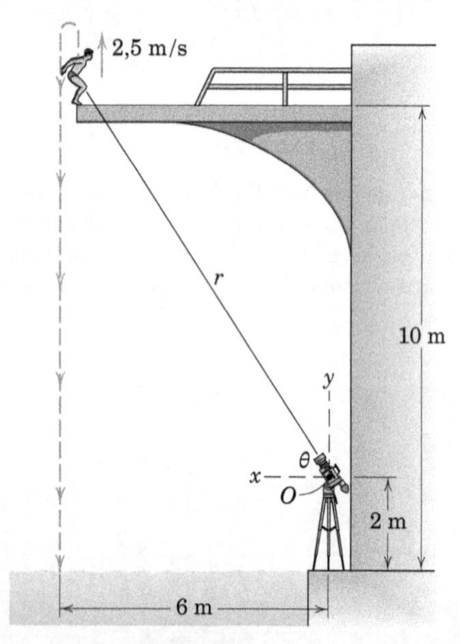

PROBLEMA 2/122

2/123 Instrumentos localizados em O são parte do sistema de controle de tráfico no solo de um grande aeroporto. Em certo instante durante a corrida de decolagem da aeronave P, os sensores indicam o ângulo θ = 50° e a taxa de alcance $\dot{r}$ = 45 m/s. Determine a velocidade correspondente v da aeronave e o valor do $\dot{\theta}$.

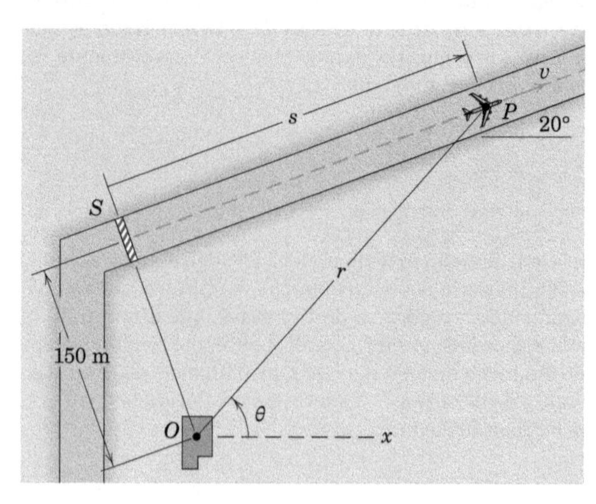

PROBLEMA 2/123

2/124 Complementando a informação fornecida no problema anterior, os sensores em O indicam que $\ddot{r}$ = 4,25 m/s^2. Determine a aceleração correspondente a da aeronave e o valor de $\ddot{\theta}$.

2/125 Na parte inferior de um *loop* no plano vertical (r-θ) a uma altitude de 400 m, o avião P tem uma velocidade horizontal de 600 km/h e nenhuma aceleração horizontal. O raio de curvatura do *loop* é de 1200 m. Para o rastreamento por radar em O, determinar os valores registrados de $\ddot{r}$ e $\ddot{\theta}$ para este instante.

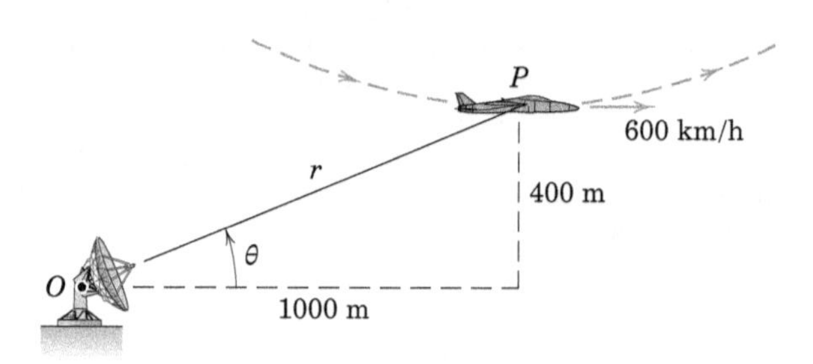

PROBLEMA 2/125

2/126 O braço robótico é elevado e prolongado simultaneamente. Em determinado instante, θ = 30°, $\dot{\theta}$ = 10 graus/s = constante, l = 0,5 m, $\dot{l}$ = 0,2 m/s e $\ddot{l}$ = –0,3 m/s^2. Calcule os módulos da velocidade **v** e da aceleração **a** da peça presa P. Além disso, expresse **v** e **a** em termos dos vetores unitários **i** e **j**.

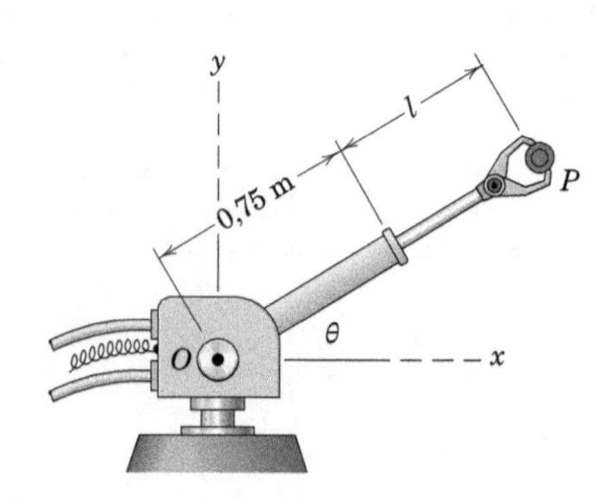

PROBLEMA 2/126

2/127 Um projétil é lançado a partir do ponto A com as condições iniciais mostradas. Com as definições convencionais das coordenadas r e θ em relação ao sistema de coordenadas O_{xy}, determine r, θ, $\dot{r}$, $\dot{\theta}$, $\ddot{r}$ e $\ddot{\theta}$ no instante imediatamente após o lançamento. Despreze o arrasto aerodinâmico.

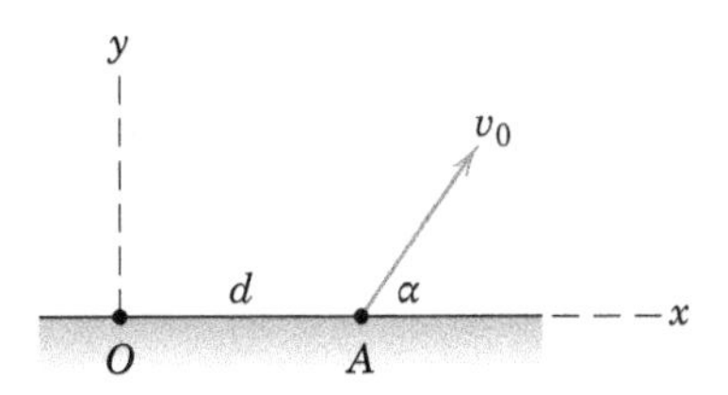

PROBLEMA 2/127

2/128 Um satélite da Terra movendo-se na órbita elíptica mostrada tem uma velocidade v = 17.970 km/h quando passa pela extremidade do semieixo menor em A. A aceleração do satélite em A é devida à atração gravitacional e é 1,556 m/s^2 dirigida de A para O. Para a posição A, calcule os valores de $\dot{r}$, $\ddot{r}$, $\dot{\theta}$ e $\ddot{\theta}$.

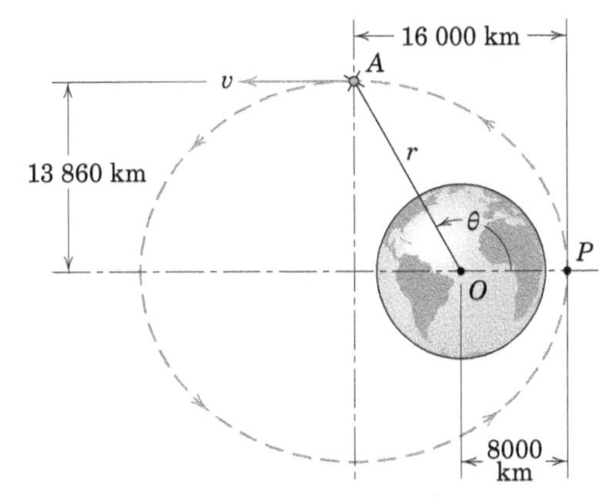

PROBLEMA 2/128

2/129 Um meteoro P é acompanhado pelo radar de um observatório na Terra situado em O. Quando o meteoro está diretamente acima do radar (θ = 90°), são registradas as seguintes observações: r = 80 km, $\dot{r}$ = –20 km/s e $\dot{\theta}$ = 0,4 rad/s. (*a*) Determine a velocidade v do meteoro e o ângulo β que o seu vetor velocidade faz com a horizontal. Despreze quaisquer efeitos da gravidade da Terra. (*b*) Repita com todas as quantidades fornecidas iguais, exceto θ = 75°.

PROBLEMA 2/129

2/130 A aeronave P em voo baixo está se deslocando a uma velocidade constante de 360 km/h no círculo de espera de raio 3 km. No instante exibido, determine as quantidades r, $\dot{r}$, $\ddot{r}$, θ, $\dot{\theta}$ e $\ddot{\theta}$ em relação ao sistema de coordenadas fixas x-y, que tem sua origem no cume de uma montanha em O. Trate o sistema como bidimensional.

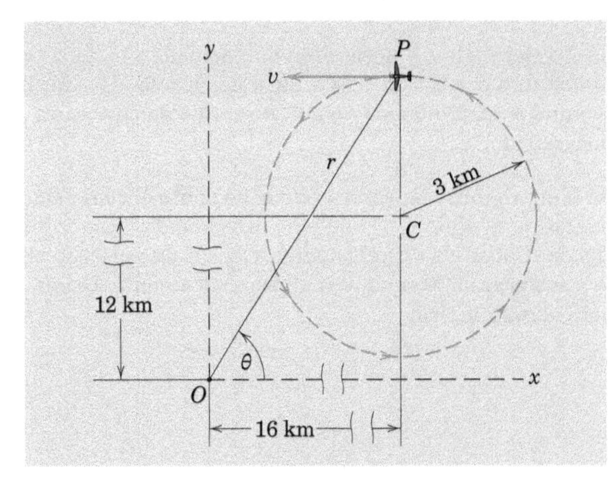

PROBLEMA 2/130

▶2/131 No instante t = 0, o jogador de beisebol arremessa a bola com as condições iniciais mostradas na figura. Determine as grandezas r, $\dot{r}$, $\ddot{r}$, θ, $\dot{\theta}$ e $\ddot{\theta}$, todas em relação ao sistema de coordenadas x-y mostrado, no instante t = 0,5 s.

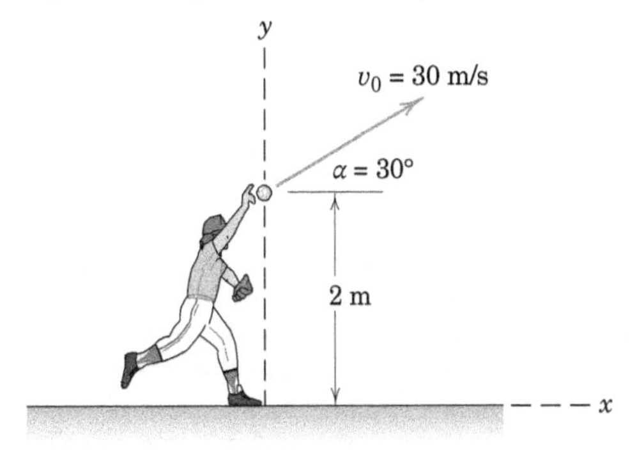

PROBLEMA 2/131

▶2/132 O avião de corrida está iniciando um *loop* interno no plano vertical. A estação de rastreamento em O registra os seguintes dados em determinado instante: r = 90 m, $\dot{r}$ = 15,5 m/s, $\ddot{r}$ = 74,5 m/s^2, θ = 30°, $\dot{\theta}$= 0,53 rad/s e $\ddot{\theta}$ = –0,29 rad/s^2. Determine os valores de v, $\dot{v}$, ρ e β nesse instante.

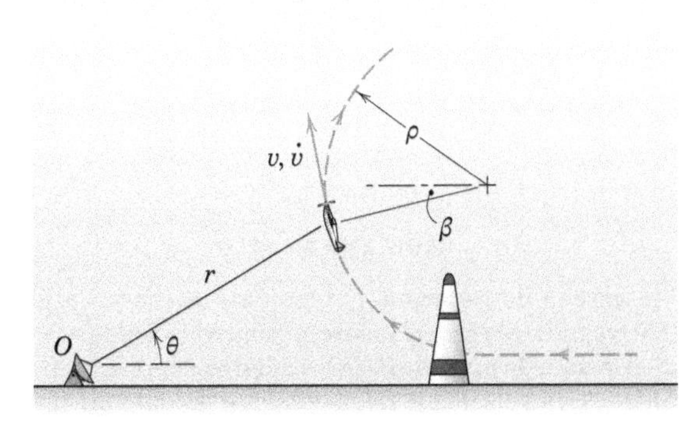

PROBLEMA 2/132

Problemas para a Seção 2/7

Problemas Introdutórios

2/133 A velocidade e a aceleração da partícula são dadas para certo instante por $\mathbf{v} = 6\mathbf{i} - 3\mathbf{j} + 2\mathbf{k}$ m/s e $\mathbf{a} = 3\mathbf{i} - \mathbf{j} - 5\mathbf{k}$ m/s^2. Determine o ângulo θ entre **a** e **v**, $\dot{v}$ e o raio de curvatura ρ no plano osculador.

2/134 Um projétil é lançado a partir do ponto O com velocidade inicial de módulo $v_0 = 300$ m/s, direcionado como indicado na figura. Calcule as componentes x, y e z da posição, velocidade e aceleração 20 segundos após o lançamento. Despreze o arrasto aerodinâmico.

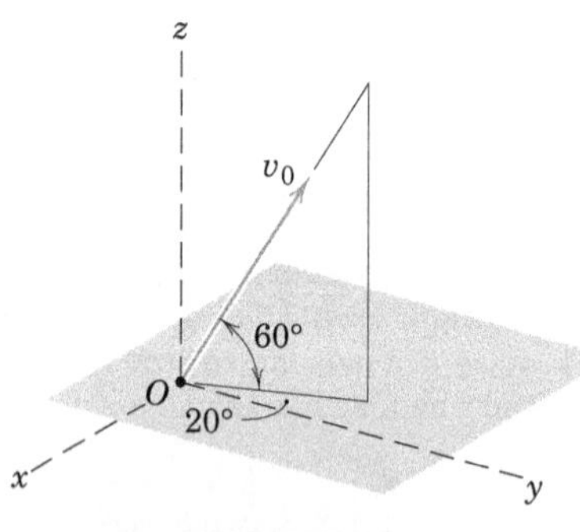

PROBLEMA 2/134

2/135 Um brinquedo de parque de diversões chamado "saca-rolha" leva os passageiros de cabeça para baixo através da curva de uma hélice cilíndrica horizontal. A velocidade dos carros quando passam pela posição A é de 15 m/s, e a componente de sua aceleração, medida ao longo da tangente à trajetória, é g cos γ neste ponto. O raio efetivo da hélice cilíndrica é de 5 m, e o ângulo da hélice é $\gamma = 40°$. Calcule o módulo da aceleração dos passageiros quando eles passam pela posição A.

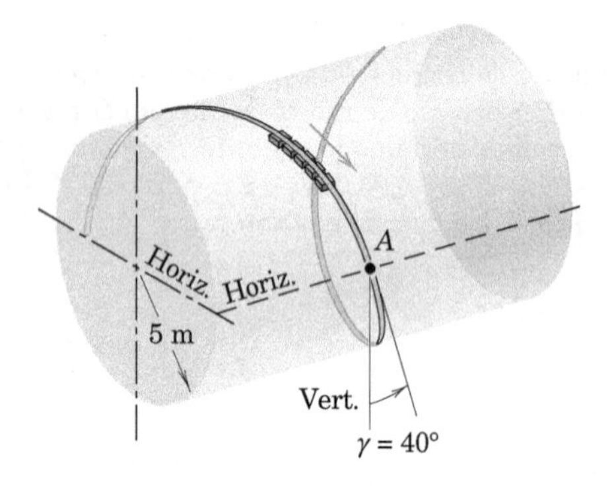

PROBLEMA 2/135

2/136 A antena do radar em P rastreia a aeronave a jato A, que está voando horizontalmente a uma velocidade u e uma altitude h acima do nível de P. Determine as expressões para os componentes da velocidade do movimento da antena, em coordenadas esféricas.

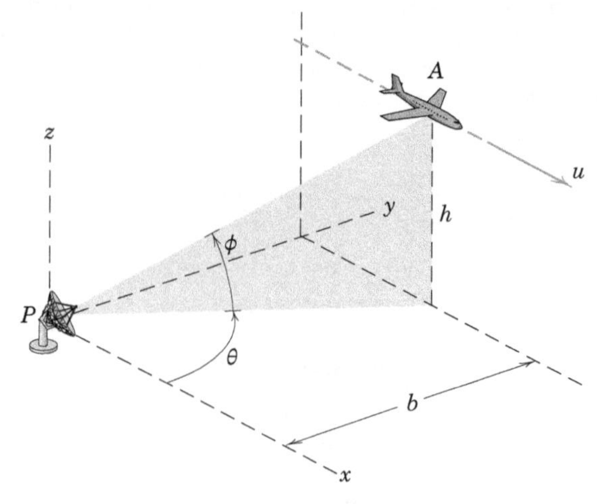

PROBLEMA 2/136

2/137 O elemento giratório em uma câmara de mistura recebe um movimento axial periódico $z = z_0$ sen $2\pi nt$ enquanto está girando na velocidade angular constante $\dot{\theta} = \omega$. Determine a expressão para o módulo máximo da aceleração de um ponto A sobre a borda de raio r. A frequência n da oscilação vertical é constante.

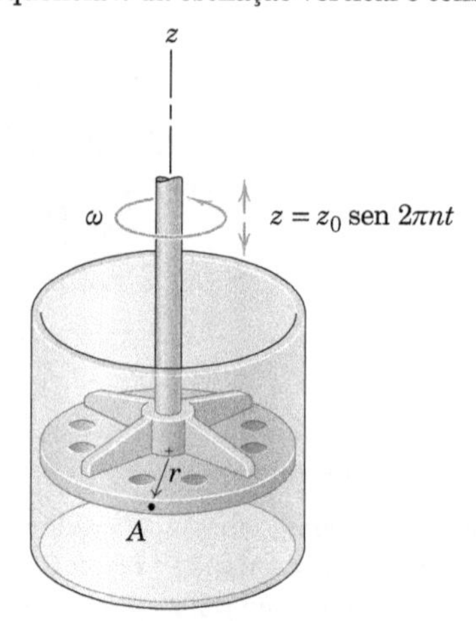

PROBLEMA 2/137

Problemas Representativos

2/138 Um helicóptero parte do repouso em A e percorre a trajetória indicada com aceleração constante a. Se o helicóptero tem uma velocidade de 60 m/s quando alcança B, determine os valores de $\ddot{R}$, $\ddot{\theta}$ e $\dot{\phi}$ medidos pelo dispositivo de acompanhamento por radar em O no instante em que $h = 100$ m.

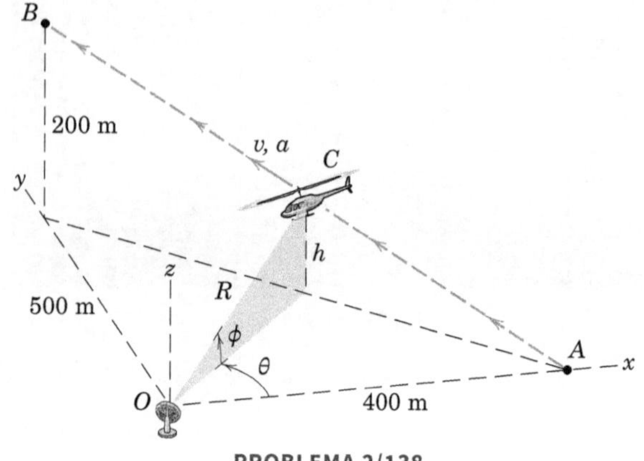

PROBLEMA 2/138

2/139 Para o helicóptero do Probl. 2/138, ache os valores de $\ddot{R}$, $\ddot{\theta}$ e $\ddot{\phi}$ para o dispositivo de acompanhamento por radar em O no instante em que h = 100 m. Consulte as respostas do Probl. 2/138, se necessário.

2/140 A haste vertical de um robô industrial gira a uma taxa constante ω. O comprimento h da haste vertical tem um histórico conhecido, e isso também é verdade para as derivadas no tempo $\dot{h}$ e $\ddot{h}$. Da mesma forma, os valores de l, $\dot{l}$ e $\ddot{l}$ também são conhecidos. Determine o módulo da velocidade e da aceleração do ponto P. Os comprimentos h_0 e l_0 são fixos.

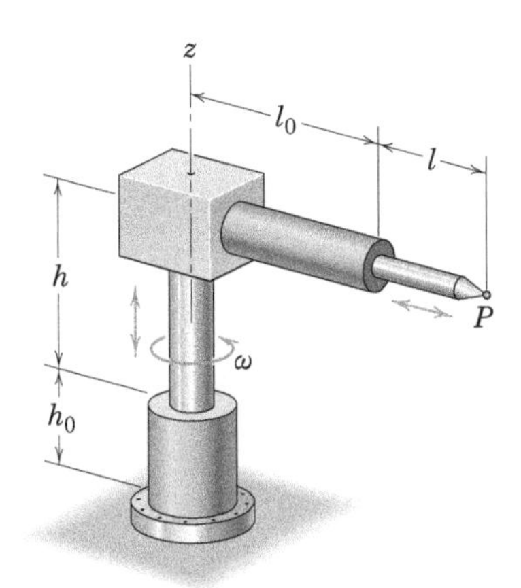

PROBLEMA 2/140

2/141 Um robô industrial está sendo usado para posicionar uma pequena peça P. Calcule a intensidade da aceleração **a** de P no instante em que β = 30°, se $\dot{\beta}$ = 10 graus/s e $\ddot{\beta}$ = 20 graus/s^2 nesse mesmo instante. A base do robô gira a uma taxa constante ω = 40 graus/s. Durante o movimento, os braços AO e AP continuam perpendiculares entre si.

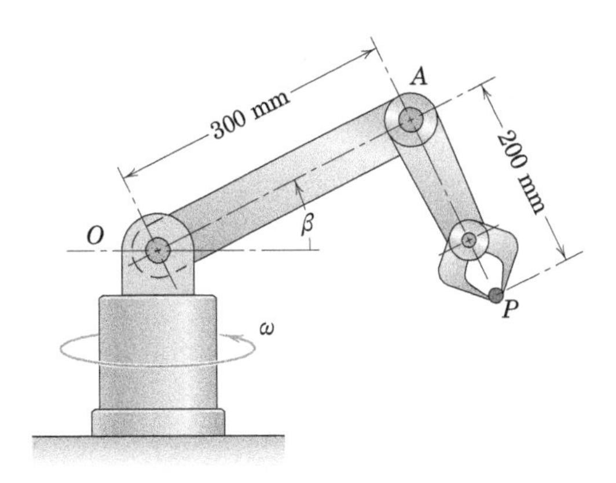

PROBLEMA 2/141

2/142 O carro A está subindo uma rampa de estacionamento na forma de uma hélice cilíndrica de raio 7,2 m que progride 3 m para cada meia volta. Na posição mostrada, o carro tem velocidade de 25 km/h, que está diminuindo, à taxa de 3 km/h por segundo. Determine as componentes r, θ e z da aceleração do carro.

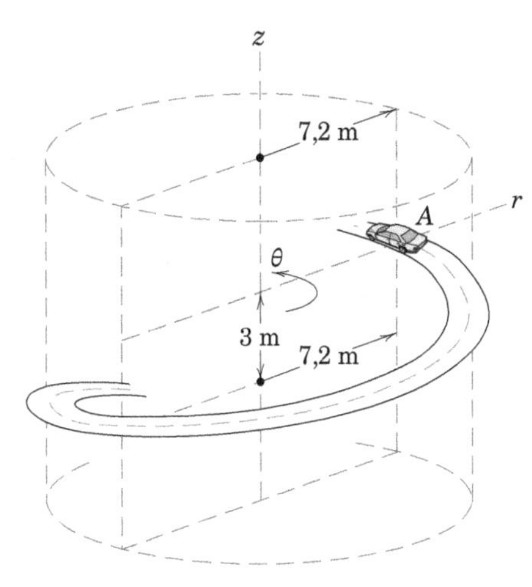

PROBLEMA 2/142

2/143 Em um teste de projeto de um mecanismo atuador para uma antena telescópica de uma espaçonave, o eixo de apoio gira em torno do eixo fixo z com velocidade angular $\dot{\theta}$. Determine as componentes R, θ e ϕ da aceleração **a** da extremidade da antena no instante em que L = 1,2 m e β = 45° se as taxas $\dot{\theta}$ = 2 rad/s, $\dot{\beta} = \frac{3}{2}$ rad/s e $\dot{L}$ = 0,9 m/s são constantes durante o movimento.

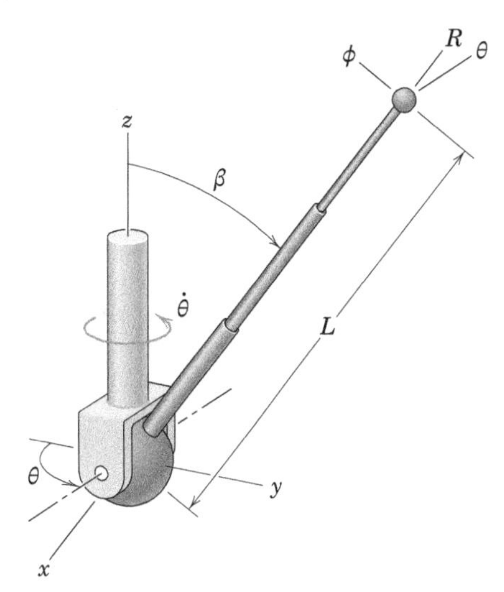

PROBLEMA 2/143

2/144 A haste AO é mantida no ângulo constante β = 30° enquanto gira em torno da vertical com uma taxa angular constante $\dot{\theta}$ =120 rpm. Simultaneamente, a esfera deslizante P oscila ao longo da haste com a sua distância em milímetros a partir da articulação fixa O dada por $R = 200 + 50 \text{ sen } 2\pi nt$, em que a frequência n de oscilação ao longo da haste é uma constante de dois ciclos por segundo e em que t é o tempo em segundos. Calcule a intensidade da aceleração de P para um instante em que a sua velocidade ao longo da haste seguindo de O para A é máxima.

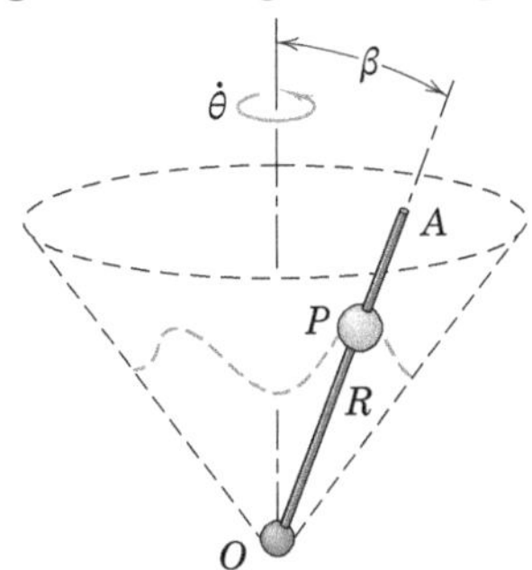

PROBLEMA 2/144

▶**2/145** Começando com a Eq. 2/18, a expressão para a velocidade da partícula em coordenadas esféricas, derive as componentes de aceleração da Eq. 2/19. (*Observação*: Comece escrevendo os vetores unitários para as coordenadas R, θ e ϕ em termos dos vetores unitários fixos **i**, **j** e **k**.)

▶**2/146** No projeto de uma atração de parque de diversões, os carros são ligados a braços de comprimento R que são articulados a um anel central rotativo, o qual impulsiona o conjunto em torno do eixo vertical com uma velocidade angular constante $\omega = \dot{\theta}$. Os carros sobem e descem a pista, conforme a relação $z = (h/2)(1 - \cos 2\theta)$. Encontre as componentes R, θ e ϕ da velocidade **v** de cada carro quando passa pela posição $\theta = \pi/4$ rad.

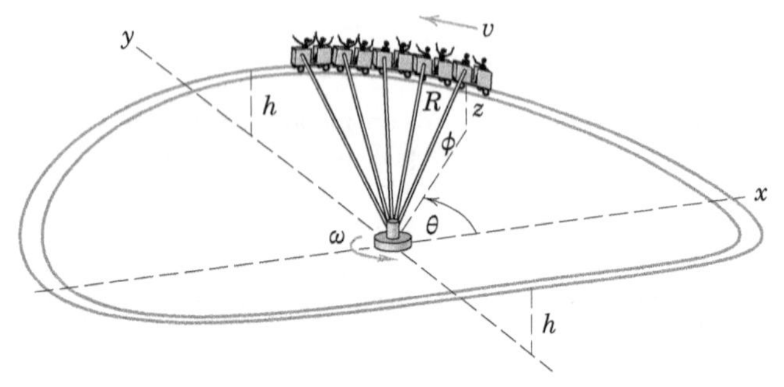

PROBLEMA 2/146

▶**2/147** A partícula P se desloca para baixo na trajetória espiral que está enrolada ao redor da superfície de um cone circular reto com raio de base b e altura h. O ângulo γ entre a tangente à curva em qualquer ponto e uma tangente horizontal ao cone neste ponto é constante. Além disso, o movimento da partícula é controlado de modo que $\dot{\theta}$ é constante. Determine a expressão para a aceleração radial a_r da partícula para qualquer valor de θ.

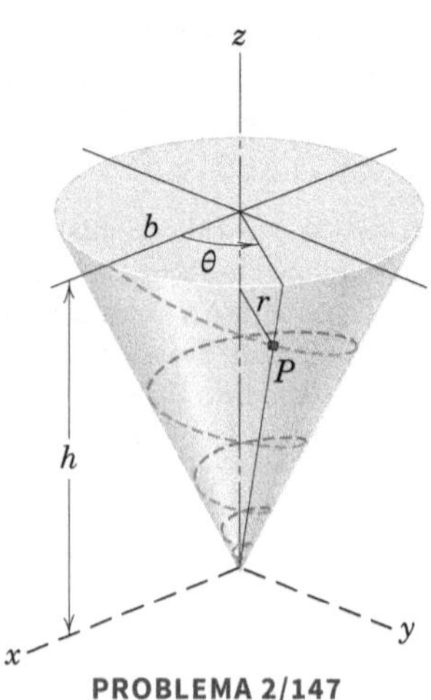

PROBLEMA 2/147

▶**2/148** O disco A gira em torno do eixo vertical z com uma velocidade constante $\omega = \dot{\theta} = \pi/3$ rad/s. Simultaneamente, o braço articulado OB é elevado a uma taxa constante $\dot{\phi} = 2\pi/3$ rad/s. No tempo $t = 0$, $\theta = 0$ e $\phi = 0$. O ângulo θ é medido a partir do eixo de referência fixo x. A pequena esfera P desliza ao longo da haste de acordo com $R = 50 + 200t^2$, em que R está em milímetros e t em segundos. Determine a intensidade da aceleração total **a** de P quando $t = \frac{1}{2}$ s.

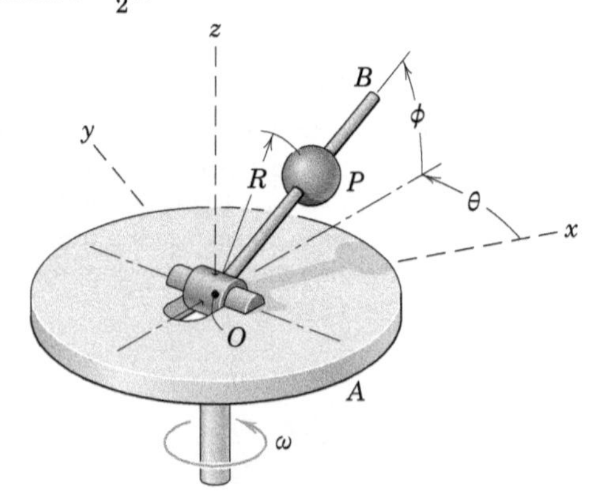

PROBLEMA 2/148

Problemas para a Seção 2/8

Problemas Introdutórios

2/149 O carro A faz uma curva de 150 m de raio a uma velocidade constante de 54 km/h. No instante representado, o carro B está se movendo a 81 km/h, mas está reduzindo a velocidade a uma taxa de 3 m/s². Determine a velocidade e a aceleração do carro A, conforme observado a partir do carro B.

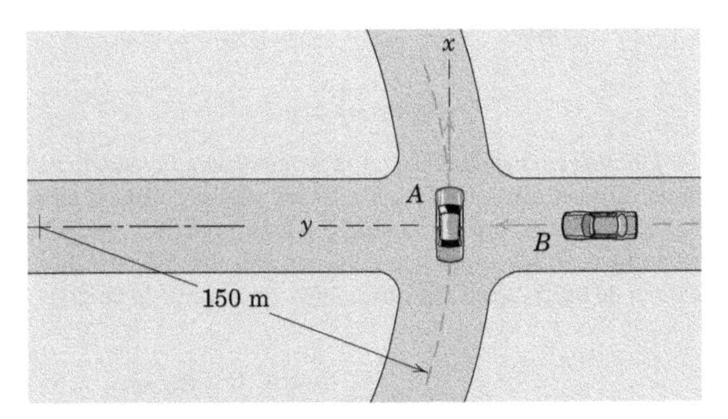

PROBLEMA 2/149

2/150 O trem A está se deslocando a uma velocidade constante v_A = 55 km/h enquanto o carro B se desloca em linha reta pela estrada, conforme a imagem, a uma velocidade constante v_B. Um condutor C no trem começa a andar para a traseira do vagão a uma velocidade constante de 1,2 m/s relativa ao trem. Se o condutor perceber que o carro B se move diretamente para oeste a 4,8 m/s, com que velocidade o carro está se deslocando?

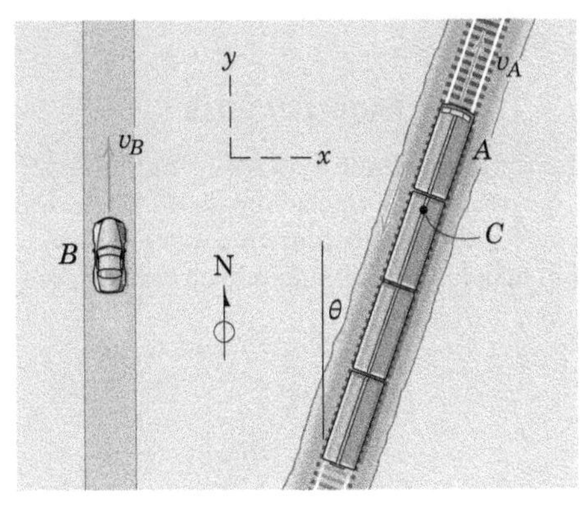

PROBLEMA 2/150

2/151 O avião de passageiros B está voando para o norte com uma velocidade v_B = 600 km/h quando uma aeronave menor A passa por baixo dele apontando na direção de 60° exibida. Entretanto, para os passageiros em B, o avião A parece estar voando de lado e se deslocando para leste. Determine a velocidade real de A e a velocidade que ele aparenta ter em relação a B.

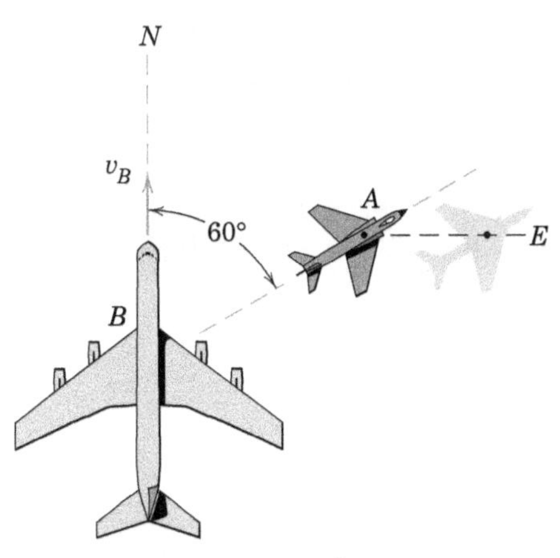

PROBLEMA 2/151

2/152 Em uma maratona, um participante R está correndo na direção norte a uma velocidade v_R = 16 km/h. Um vento está soprando na direção mostrada, a uma velocidade v_W = 24 km/h. (*a*) Determine a velocidade do vento em relação ao corredor. (*b*) Repita para o caso em que o corredor se mova na direção sul na mesma velocidade. Escreva todas as respostas em termos dos vetores unitários **i** e **j** e também com o módulo e as direções da bússola.

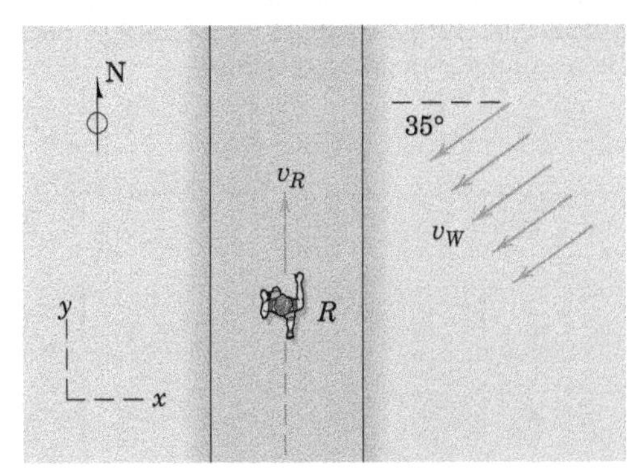

PROBLEMA 2/152

2/153 Um navio capaz de atingir velocidade de 16 nós navegando em águas calmas deve manter um curso real para o oeste enquanto é empurrado por uma corrente de três nós que vai de norte a sul. Qual deve ser o curso do navio (medido no sentido horário do norte para o grau mais próximo)? Quanto tempo o navio leva para percorrer 24 milhas náuticas a oeste?

2/154 O carro A tem uma velocidade para a frente de 18 km/h e está acelerando a 3 m/s². Determine a velocidade e a aceleração do carro em relação ao observador B, que é levado em uma cadeira sem rotação sobre a roda-gigante. A velocidade angular Ω = 3 rpm da roda-gigante é constante.

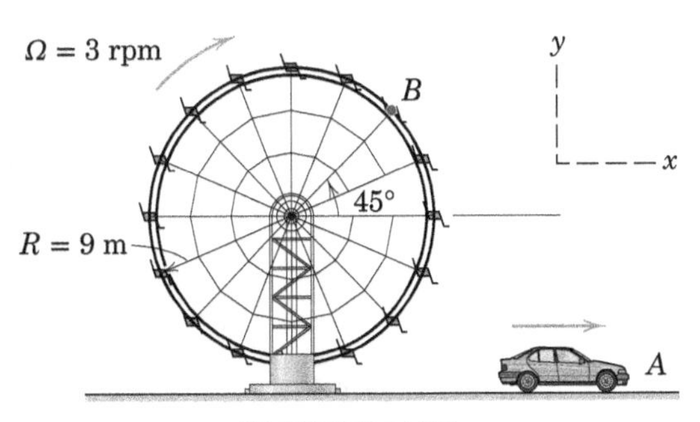

PROBLEMA 2/154

2/155 Uma balsa está se movendo para o leste e encontra um vento oeste com velocidade de v_w = 10 m/s, como mostrado. O experiente capitão da balsa deseja minimizar os efeitos do vento nos passageiros que estão na parte de fora do convés. Com qual velocidade v_B ele deve prosseguir?

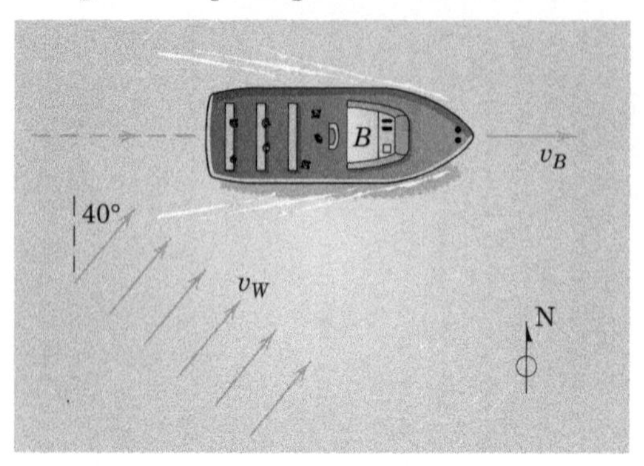

PROBLEMA 2/155

Problemas Representativos

2/156 Uma gota de água cai, sem velocidade inicial, a partir do ponto A de um viaduto em uma rodovia. Após ter caído 6 m, choca-se com o para-brisa no ponto B de um carro que se desloca a uma velocidade de 100 km/h na estrada horizontal. Se o para-brisa tem uma inclinação de 50° em relação à vertical, como mostrado, determine o ângulo θ em relação à normal n ao para-brisa no qual a gota de água colide.

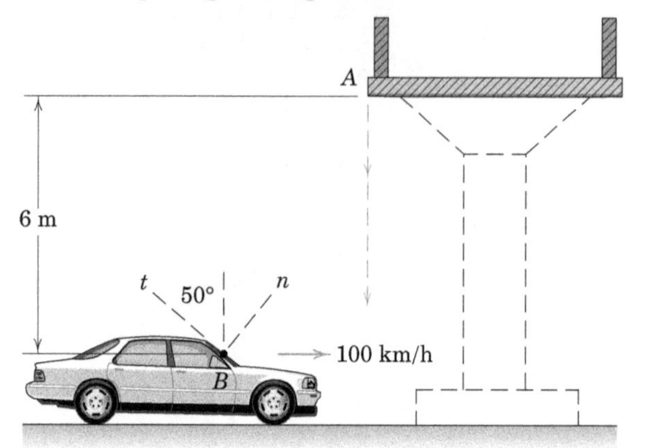

PROBLEMA 2/156

2/157 O avião A se desloca no caminho indicado com uma velocidade constante v_A = 285 km/h. Relativamente ao piloto do avião B, que está voando a uma velocidade constante v_B = 350 km/h, quais são as velocidades que o avião A parece ter quando está nas posições C e E? Os dois aviões estão voando na horizontal.

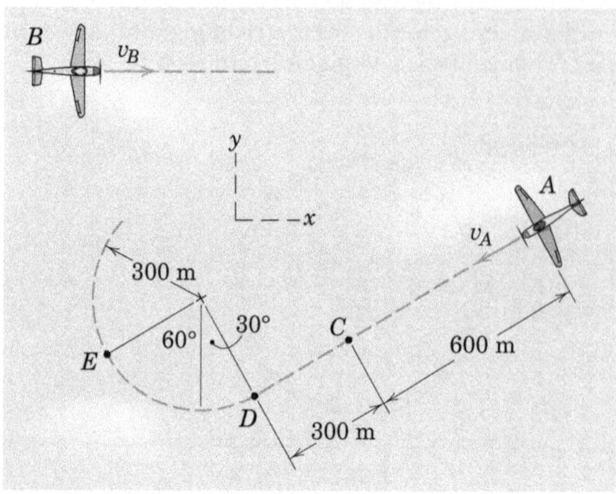

PROBLEMA 2/157

2/158 Partindo da posição relativa mostrada na figura, a aeronave B vai encontrar com o avião-tanque A. Se B está chegando bem próximo de A em um intervalo de tempo de dois minutos, qual vetor de velocidade absoluta ele deve desenvolver e manter? A velocidade do avião-tanque A é 500 km/h ao longo da trajetória em altitude constante mostrada.

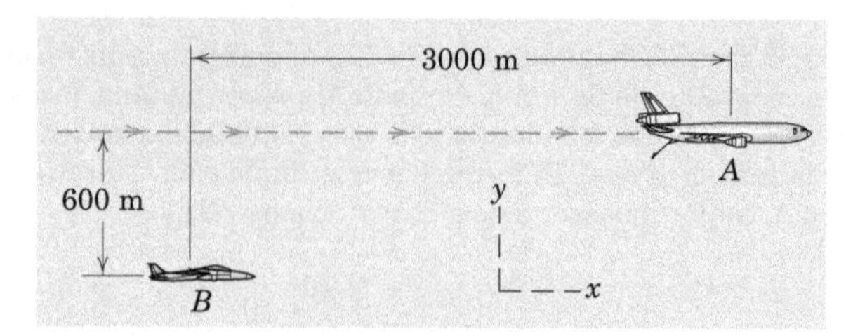

PROBLEMA 2/158

2/159 Um veleiro movendo-se na direção mostrada está virando a barlavento contra um vento norte. O log registra uma velocidade de 6,5 nós do casco. Um "indicador" (fio leve amarrado ao cordame) aponta que a direção aparente do vento é de 35° a partir da linha de centro do barco. Qual é a verdadeira velocidade do vento v_w?

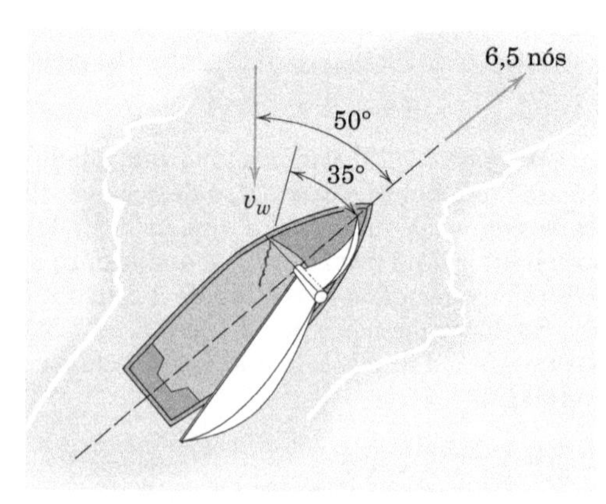

PROBLEMA 2/159

2/160 No instante ilustrado, o carro B tem uma velocidade de 30 km/h e o carro A tem velocidade de 40 km/h. Determine os valores de $\dot{r}$ e $\dot{\theta}$ para este instante em que r e θ são medidos em relação a um eixo longitudinal fixado ao carro B, como indicado na figura.

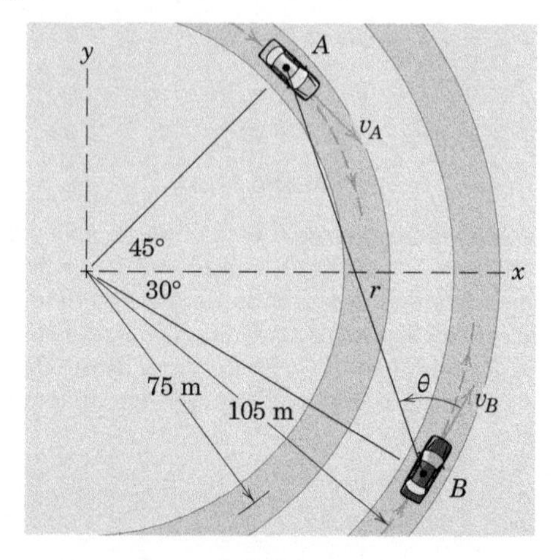

PROBLEMA 2/160

2/161 Para os carros do Probl. 2/160, determine os valores instantâneos de $\ddot{r}$ e $\ddot{\theta}$ se o carro A estiver desacelerando a uma taxa de 1,25 m/s^2 e o carro B estiver acelerando a uma velocidade de 2,5 m/s^2. Consulte as respostas do Probl. 2/160, conforme necessário.

2/162 O carro A está viajando a 40 km/h e aciona os freios na posição mostrada, de modo a chegar ao cruzamento C em uma parada completa com uma desaceleração constante. O carro B tem uma velocidade de 65 km/h no instante representado e é capaz de uma desaceleração máxima de 5 m/s^2. Se o motorista do carro B for distraído e não acionar seus freios até 1,30 segundo após o carro A começar a frear, resultando em uma colisão com o carro A, com que velocidade relativa o carro B vai atingir o carro A? Tratar os dois carros como partículas.

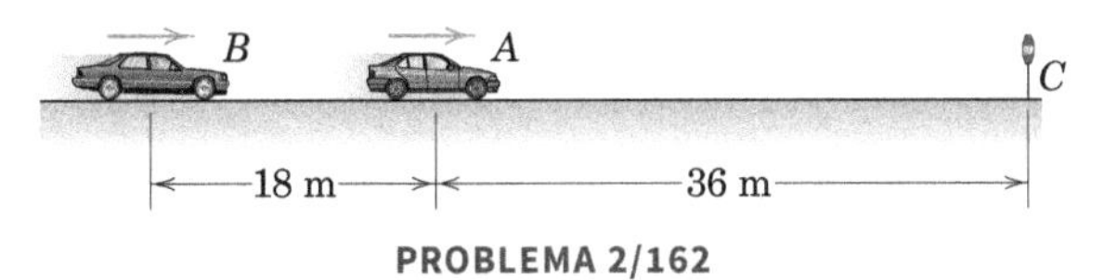

PROBLEMA 2/162

2/163 Como parte da demonstração de um veículo não tripulado autônomo (UAV), um veículo não tripulado B lança um projétil A a partir da posição mostrada enquanto se desloca a uma velocidade constante de 30 km/h. O projétil é lançado com uma velocidade de 70 m/s em relação ao veículo. Em que ângulo de lançamento α o projétil deve ser disparado para garantir que ele atinja um alvo em C? Compare sua resposta com a do caso em que o veículo seja estacionário.

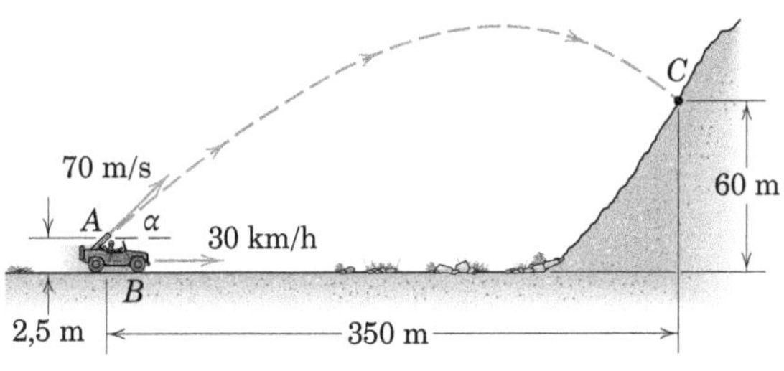

PROBLEMA 2/163

2/164 O ônibus espacial A está em uma órbita circular de 320 km de altitude, enquanto o satélite B está em uma órbita circular geoestacionária na altitude de 36.000 km. Indique a aceleração de B relativa a um observador sem rotação no ônibus A. Use g_0 = 9,823 m/s^2 para a aceleração da gravidade no nível da superfície e R = 6371 km para o raio da Terra.

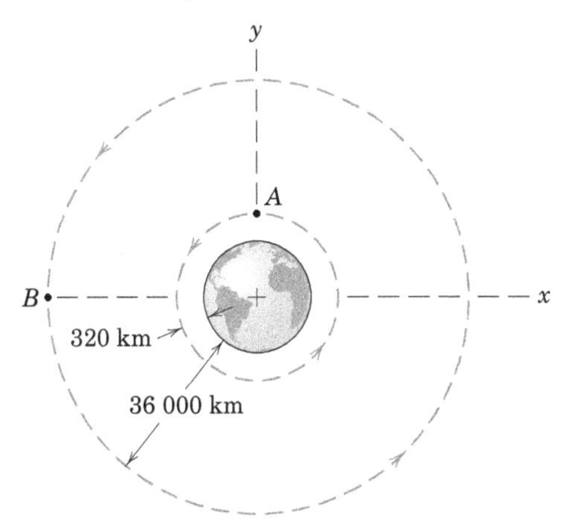

PROBLEMA 2/164

2/165 Após partir da posição marcada com um "x", um jogador de futebol americano B corre modificando a trajetória no padrão apresentado, fazendo um corte em P e depois correndo com uma velocidade constante v_B = 7 m/s na direção mostrada. O lançador arremessa a bola com uma velocidade horizontal de 30 m/s no instante em que o jogador passa pelo ponto P. Determine o ângulo α no qual o lançador deve jogar a bola, e a velocidade da bola em relação ao jogador quando a bola é agarrada. Despreze qualquer movimento vertical da bola.

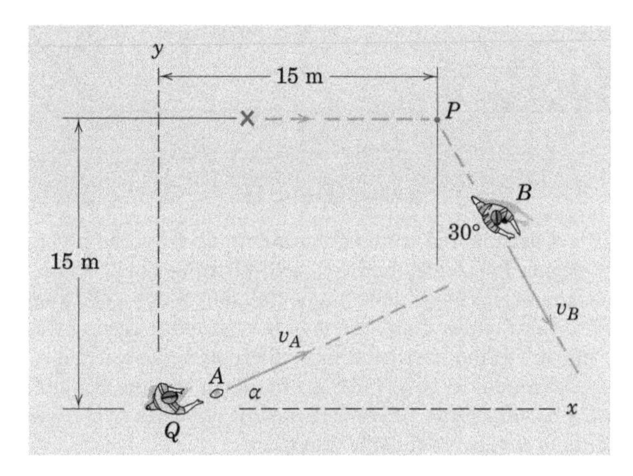

PROBLEMA 2/165

2/166 O carro A está se deslocando a uma velocidade constante de 60 km/h enquanto contorna a curva circular de 300 m de raio e, no instante representado, está na posição θ = 45°. O carro B está se deslocando à velocidade constante de 80 km/h e passa o centro do círculo neste mesmo instante. O carro A está localizado com respeito ao carro B pelas coordenadas polares r e θ com o polo em movimento com B. Para este instante, determine a $v_{A/B}$ e os valores de $\dot{r}$ e $\dot{\theta}$ conforme medido por um observador no carro B.

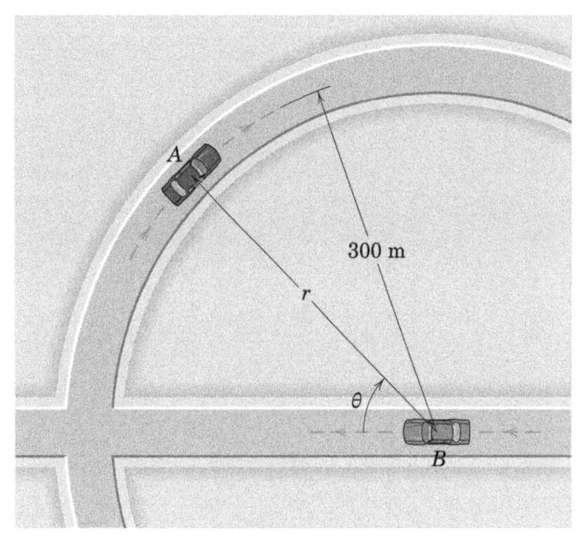

PROBLEMA 2/166

2/167 Para as condições do Probl. 2/166, determine os valores de $\ddot{r}$ e $\ddot{\theta}$ medidos por um observador no carro B no instante representado. Utilize os resultados de $\dot{r}$ e $\dot{\theta}$ citados nas respostas desse problema.

2/168 Um rebatedor acerta a bola de beisebol A com velocidade inicial de v_0 = 30 m/s diretamente para o jogador B em ângulo de 30° com a horizontal; a posição inicial da bola é 0,9 m acima do nível do solo. O jogador B precisa de $\frac{1}{4}$ s para julgar onde a bola deve ser apanhada e começar a se mover para essa posição com velocidade constante. Como tem muita experiência, o jogador B decide sua velocidade de corrida de modo que chegue na "posição de receptor" ao mesmo tempo que a bola. A posição de receptor é a localização no campo em que a altura da bola é de 2,1 m. Determine a velocidade da bola em relação ao jogador no instante em que a captura é feita.

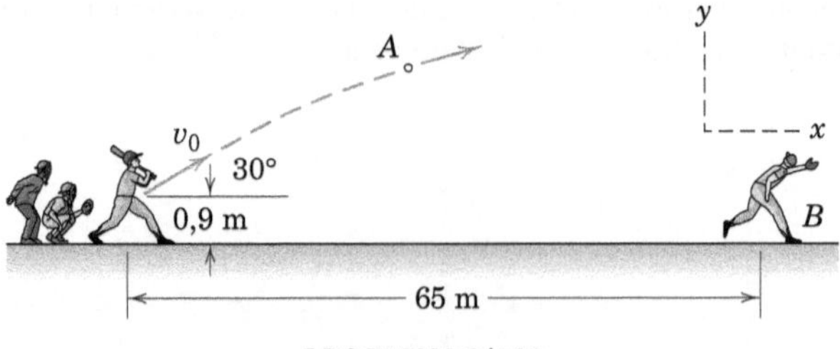

PROBLEMA 2/168

▶2/169 A aeronave A, com equipamento de detecção por radar, está voando horizontalmente a uma altitude de 12 km e está aumentando sua velocidade na medida de 1,2 m/s a cada segundo. Seu radar capta uma aeronave B voando na mesma direção e no mesmo plano vertical a uma altitude de 18 km. Se A tem uma velocidade de 1000 km/h no instante em que $\theta = 30°$, determine os valores de $\ddot{r}$ e $\ddot{\theta}$ neste mesmo instante se B tem uma velocidade constante de 1500 km/h.

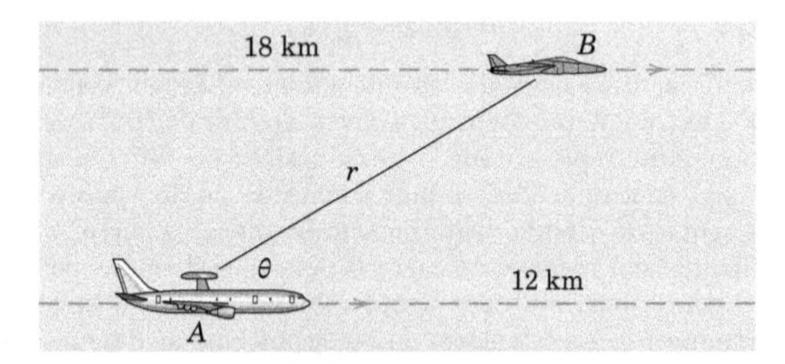

PROBLEMA 2/169

▶2/170 Em dado instante após saltar do avião A, um paraquedista B está na posição mostrada e atingiu uma velocidade terminal (constante) $v_B = 50$ m/s. O avião possui a mesma velocidade constante $v_A = 50$ m/s, e após um período de voo horizontal começa a seguir a trajetória circular apresentada de raio $\rho_A = 2000$ m. (a) Determine a velocidade e a aceleração do avião em relação ao paraquedista. (b) Determine a taxa de variação no tempo da velocidade v_r do avião e o raio de curvatura ρ_r da sua trajetória, conforme observado pelo paraquedista sem rotação.

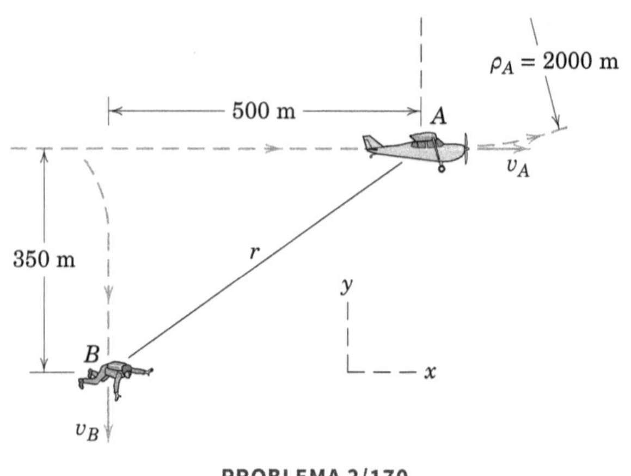

PROBLEMA 2/170

Problemas para a Seção 2/9

Problemas Introdutórios

2/171 Se o bloco A tem uma velocidade de 0,6 m/s para a direita, determine a velocidade do cilindro B.

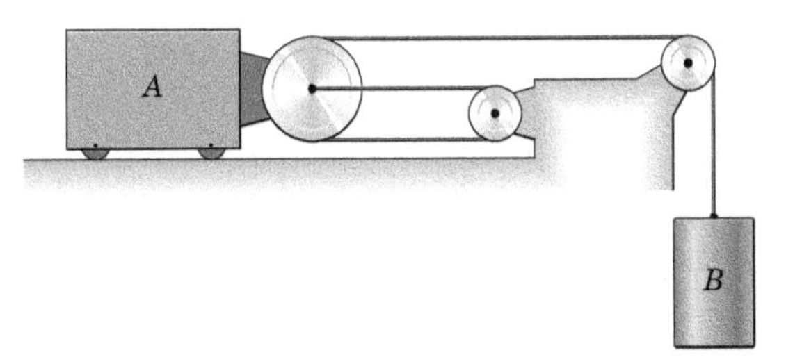

PROBLEMA 2/171

2/172 No instante representado, $\mathbf{v}_{B/A} = 3{,}5\mathbf{j}$ m/s. Determine a velocidade de cada corpo neste instante. Suponha que a superfície superior de A permanece horizontal.

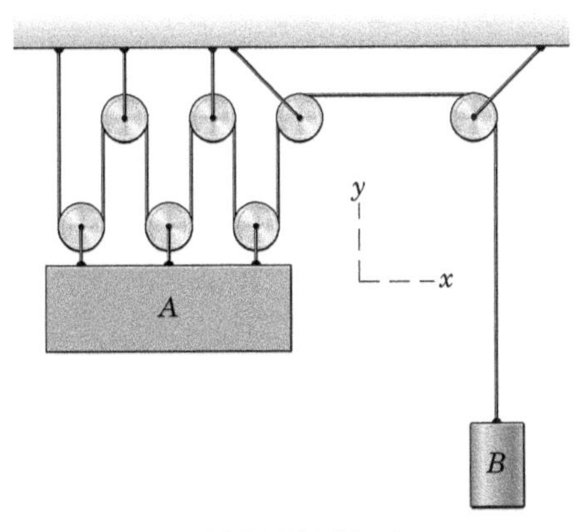

PROBLEMA 2/172

2/173 Em um dado instante, a velocidade do cilindro B é de 1,2 m/s para baixo e sua aceleração é de 2 m/s^2 para cima. Determine a velocidade e a aceleração correspondentes do bloco A.

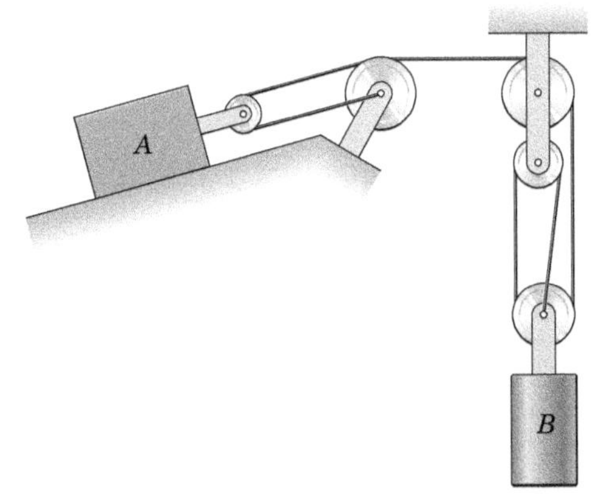

PROBLEMA 2/173

2/174 Determine a velocidade do carrinho A se o cilindro B tem uma velocidade de descida de 0,6 m/s no instante representado. As duas roldanas em C são articuladas de forma independente.

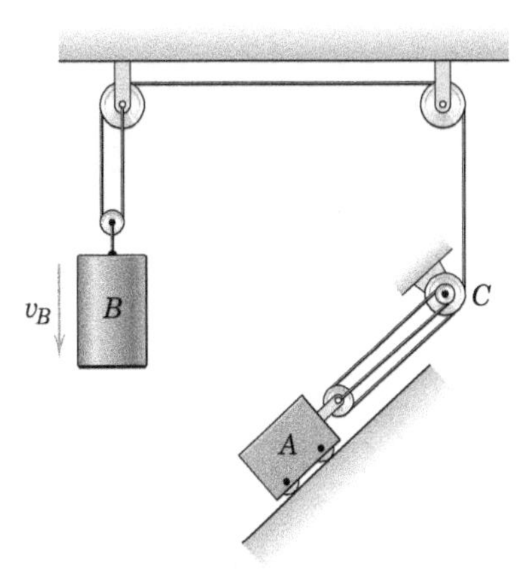

PROBLEMA 2/174

2/175 Um motor elétrico M é usado para enrolar cabos e içar uma bicicleta para o espaço do teto de uma garagem. Polias são fixadas com ganchos no quadro da bicicleta nos locais A e B, e o motor pode enrolar o cabo a uma velocidade constante de 0,3 m/s. A este ritmo, quanto tempo levará para içar a bicicleta 1,5 m no ar? Suponha que a bicicleta permaneça nivelada.

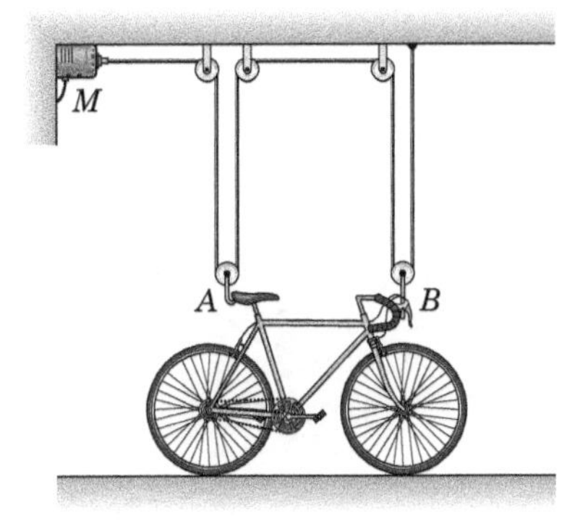

PROBLEMA 2/175

2/176 Um caminhão equipado com um guincho motorizado sobre a sua dianteira puxa a si próprio para cima em um aclive íngreme com o arranjo de cabo e polia mostrado. Se o cabo é enrolado sobre o tambor na taxa constante de 40 mm/s, quanto tempo levará para o caminhão subir 4 m do aclive?

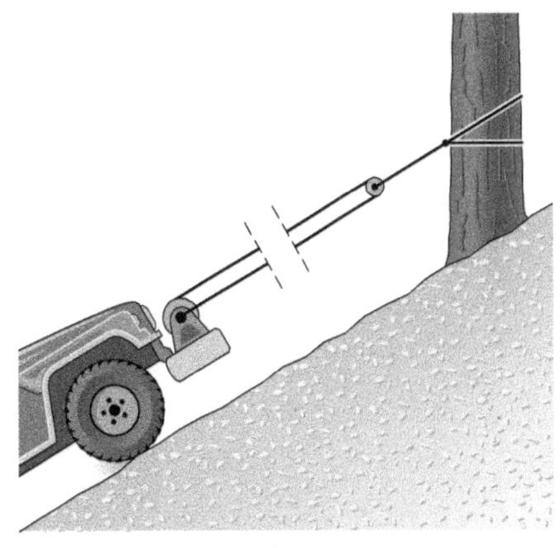

PROBLEMA 2/176

Problemas Representativos

2/177 Determine uma expressão para a velocidade v_A do carrinho A descendo a inclinação em termos da velocidade de subida v_B do cilindro B.

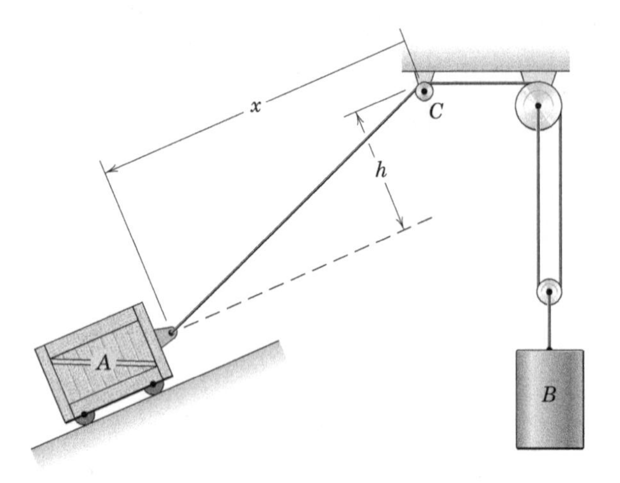

PROBLEMA 2/177

2/178 Despreze os diâmetros das pequenas polias e determine a relação entre a velocidade de A e a velocidade de B para determinado valor de y.

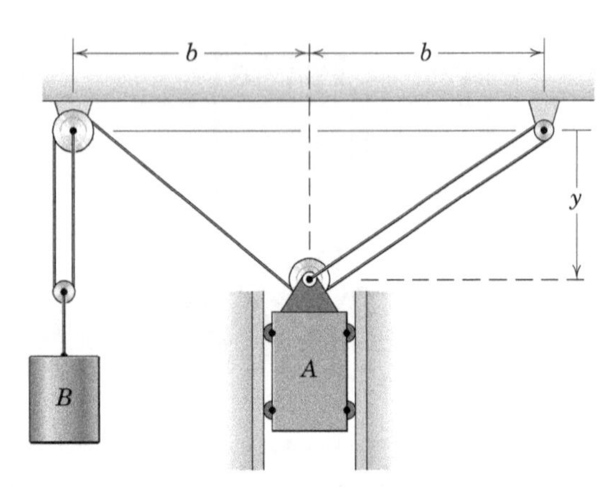

PROBLEMA 2/178

2/179 Sob a ação da força P, a aceleração constante do bloco B é de 2 m/s^2 para cima do plano inclinado. Para o instante em que a velocidade de B é de 1,2 m/s subindo o plano inclinado, determine a velocidade de B em relação a A, a aceleração de B em relação a A e a velocidade absoluta do ponto C do cabo.

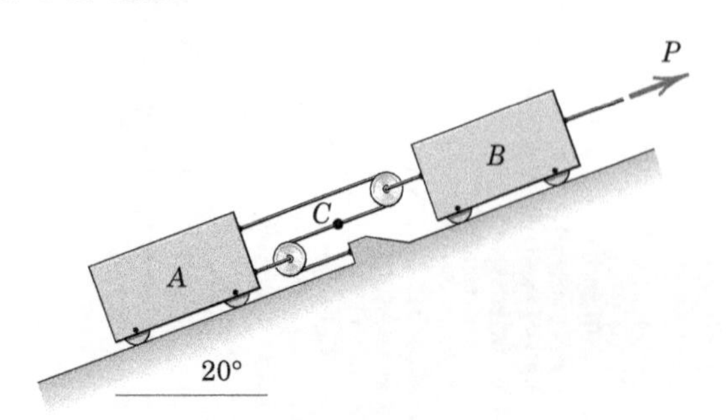

PROBLEMA 2/179

2/180 Determine a relação que rege as velocidades dos quatro cilindros. Expresse todas as velocidades como positivas para baixo. Quantos graus de liberdade existem?

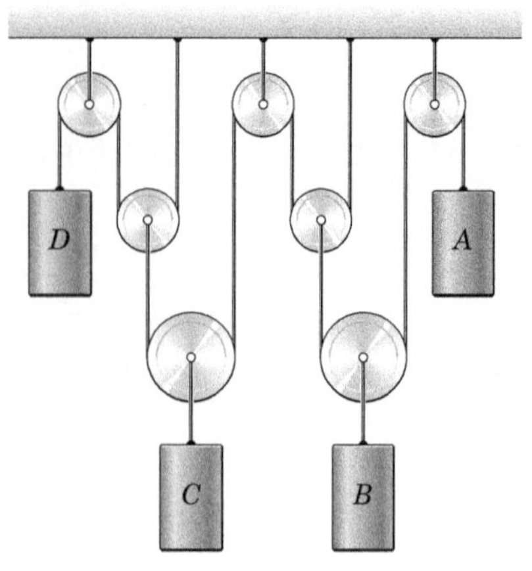

PROBLEMA 2/180

2/181 Os anéis A e B deslizam ao longo das hastes fixas em ângulo reto e estão conectados por um fio de comprimento L. Determine a aceleração a_x do anel B em função de y se o anel A possui uma velocidade constante para cima v_A.

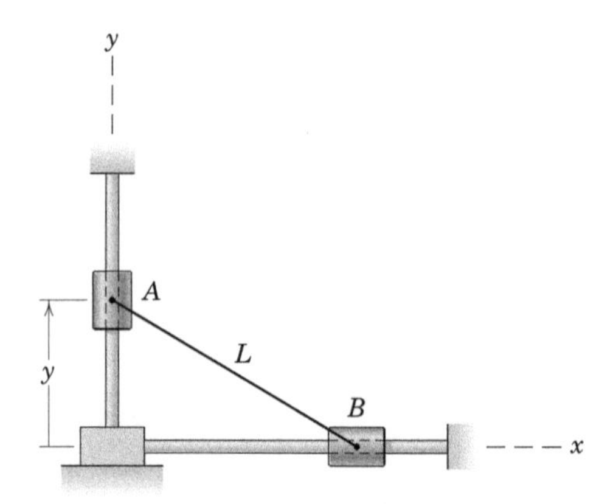

PROBLEMA 2/181

2/182 Os pequenos cursores A e B estão conectados por uma haste rígida delgada. Se a velocidade do cursor B é 2 m/s para a direita e é constante durante certo intervalo de tempo, determine a velocidade do cursor A quando o sistema está na posição mostrada.

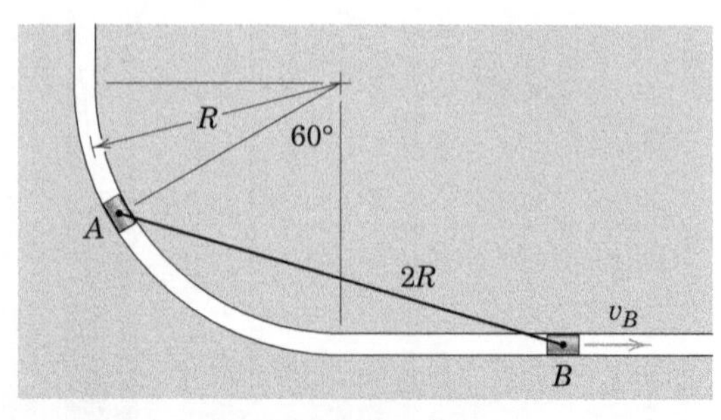

PROBLEMA 2/182

2/183 Para dado valor de y, determine a velocidade ascendente de A em termos da velocidade de descida de B. Despreze os diâmetros das roldanas.

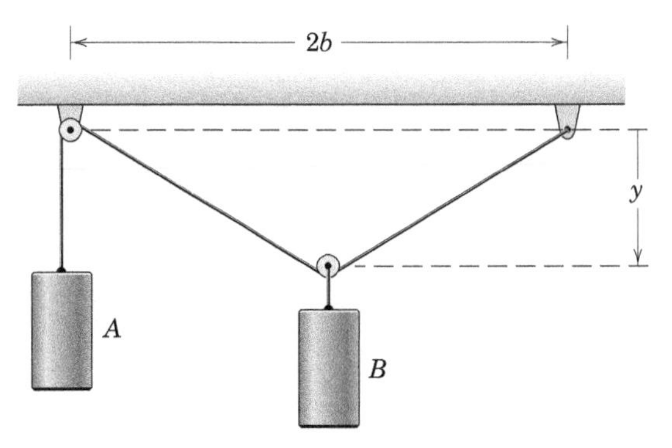

PROBLEMA 2/183

2/184 Os anéis A e B deslizam ao longo das hastes fixas e estão conectados por um fio de comprimento L. Se o anel A possui uma velocidade $v_A = \dot{x}$ para a direita, determine a velocidade $v_B = -\dot{s}$ de B em função de x, v_A e s.

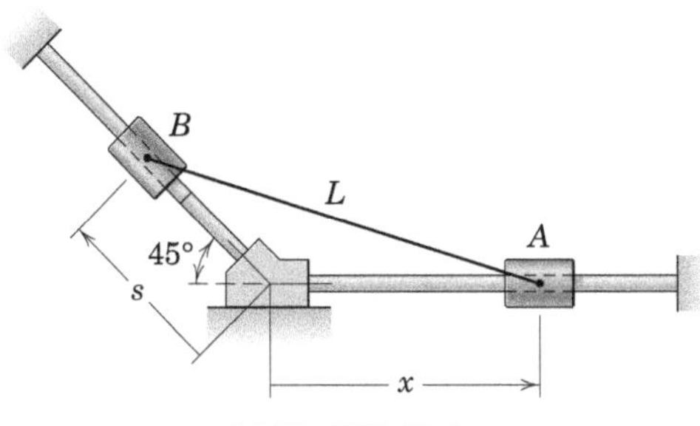

PROBLEMA 2/184

2/185 Determine a elevação vertical h da carga W durante 10 segundos se o tambor de içamento puxar o cabo na taxa constante de 180 mm/s.

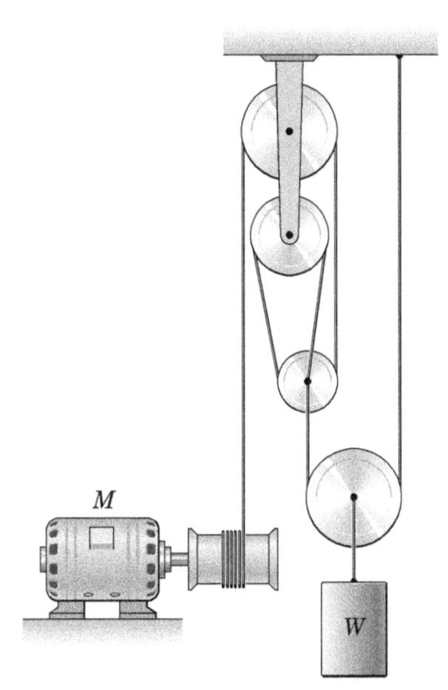

PROBLEMA 2/185

2/186 O sistema de içamento mostrado é usado para levantar facilmente caiaques para armazenagem suspensa. Determine expressões para a velocidade ascendente e a aceleração do caiaque em qualquer altura y se o guincho M enrolar o cabo a uma taxa constante $\dot{l}$. Suponha que o caiaque permanece nivelado.

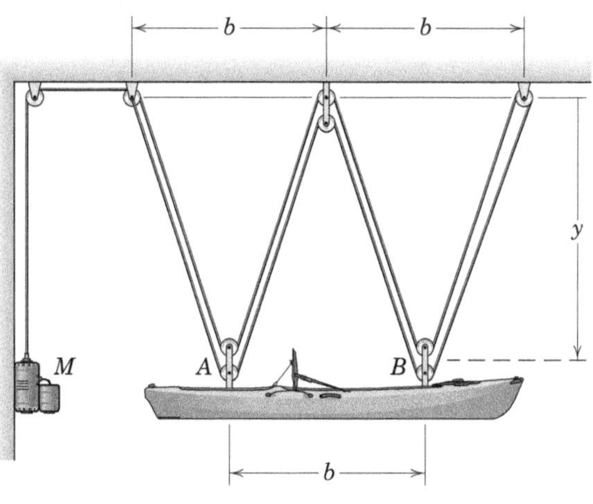

PROBLEMA 2/186

2/187 Desenvolva uma expressão para a velocidade ascendente do cilindro B em termos da velocidade de descida do cilindro A. Os cilindros são conectados por uma série de n cabos e roldanas de forma repetitiva, conforme mostrado.

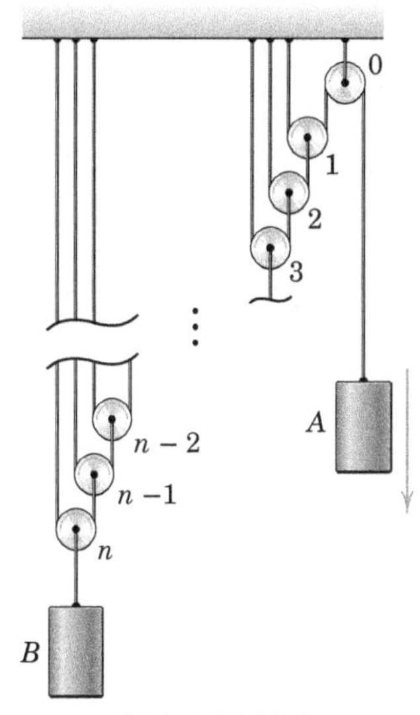

PROBLEMA 2/187

2/188 Se a carga B tiver uma velocidade de descida v_B, determine a componente ascendente $(v_A)_y$ da velocidade de A em termos de b, o comprimento de lança l, e o ângulo θ. Suponha que o cabo que suporta A permanece vertical.

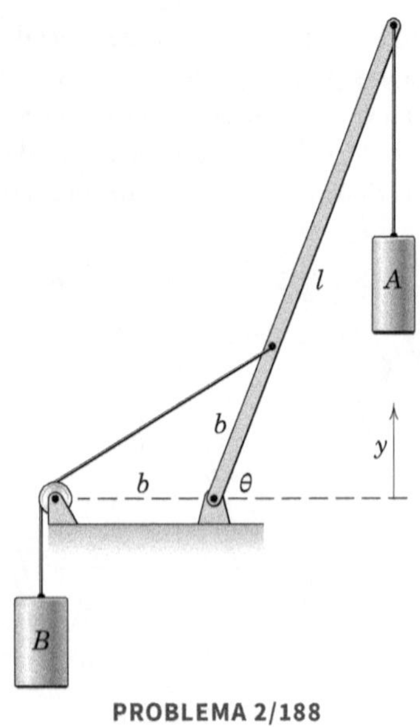

PROBLEMA 2/188

2/189 A haste do cilindro hidráulico fixo está se movendo para a esquerda com uma velocidade constante $v_A = 25$ mm/s. Determine a velocidade correspondente do controle deslizante B quando $s_A = 425$ mm. O comprimento do cabo é de 1050 mm, e os efeitos do raio da pequena polia A podem ser desprezados.

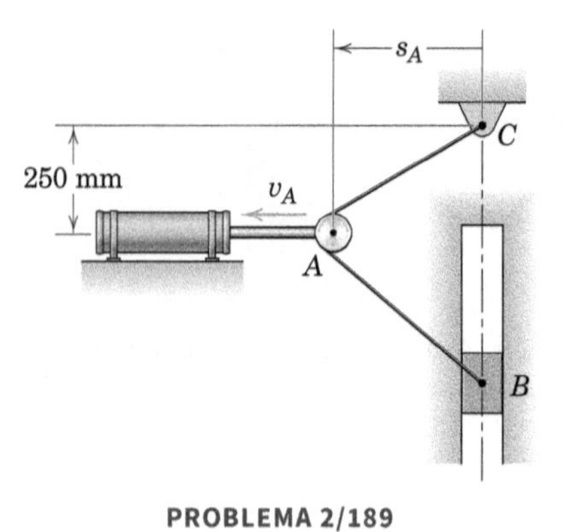

PROBLEMA 2/189

►2/190 Com todas as condições do Probl. 2/189 permanecendo iguais, determine a aceleração do controle deslizante B no instante em que $s_A = 425$ mm.

Problemas para a Seção 2/10 Revisão do Capítulo

2/191 A posição s de uma partícula ao longo de uma linha reta é dada por $s = 8e^{-0,4t} - 6t + t^2$, em que s está em metros e t está em segundos. Determine a velocidade v quando a aceleração é 3 m/s².

2/192 Uma partícula em movimento no plano x-y tem uma velocidade $\mathbf{v} = 7{,}25\mathbf{i} + 3{,}48\mathbf{j}$ m/s em determinado instante. Se a partícula depois sofrer uma aceleração constante $\mathbf{a} = 0{,}85\mathbf{j}$ m/s², determine quanto tempo deve passar antes de a direção da tangente à trajetória da partícula ter sido alterada em 30°.

2/193 Dois aviões estão se apresentando em um *show* aéreo. O avião A percorre a trajetória exibida e, no instante em consideração, tem uma velocidade de 425 km/h, que está aumentando a uma taxa de 6 km/h, a cada segundo. Enquanto isso, o avião B executa um *loop* vertical a uma velocidade constante de 240 km/h. Determine a velocidade e a aceleração que o avião B parece ter para o piloto no avião A no instante representado.

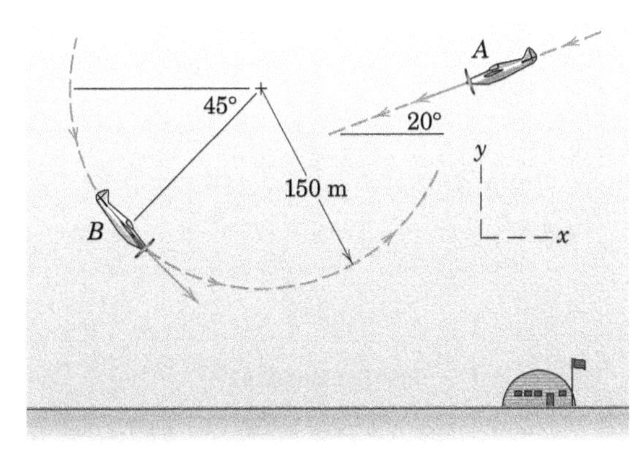

PROBLEMA 2/193

2/194 No instante $t = 0$, uma pequena bola é arremessada a partir do ponto A com uma velocidade de 60 m/s no ângulo de 60°. Despreze a resistência atmosférica e determine os dois instantes de tempo t_1 e t_2 quando a velocidade da bola faz um ângulo de 45° com o eixo horizontal x.

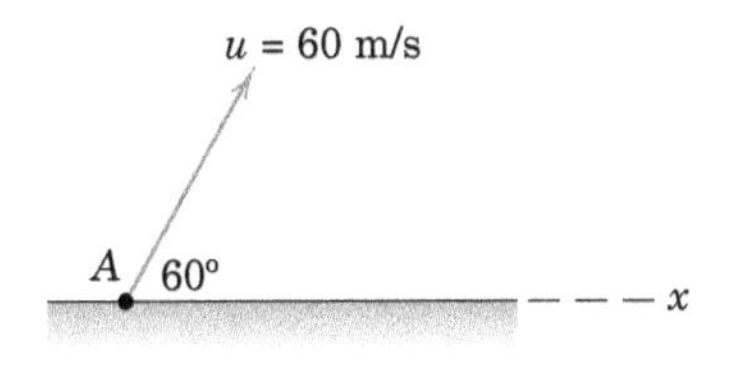

PROBLEMA 2/194

2/195 Um ciclista pedala ao longo da praia de areia dura com uma velocidade v_B = 25 km/h como indicado. A velocidade do vento é v_v = 32 km/h. (*a*) Determine a velocidade do vento em relação ao ciclista. (*b*) A que velocidade v_B o ciclista sente o vento vindo diretamente de sua esquerda (perpendicular ao seu caminho)? Qual seria essa velocidade relativa?

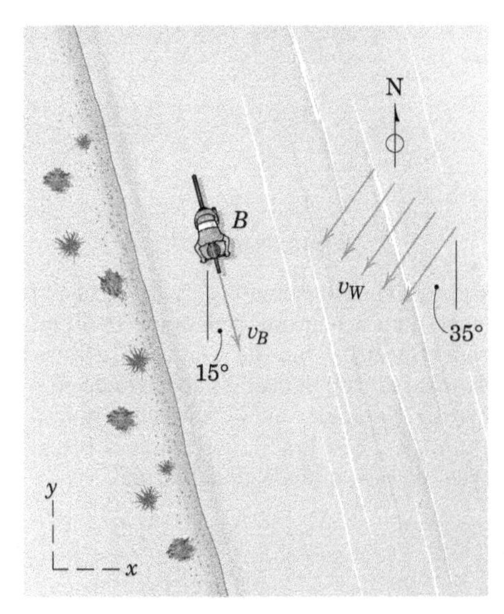

PROBLEMA 2/195

2/196 O movimento do pino P é controlado pelas duas guias móveis A e B nas quais o pino desliza. Se B tem uma velocidade v_B = 3 m/s para a direita, enquanto A tem uma velocidade para cima v_A = 2 m/s, determine o módulo da velocidade v_P do pino.

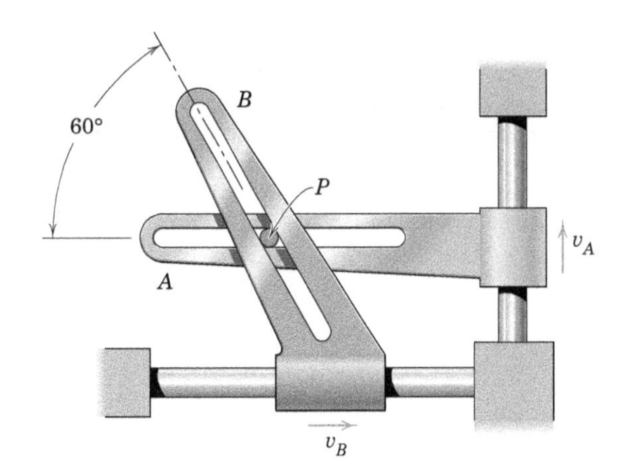

PROBLEMA 2/196

2/197 O corpo A é liberado do repouso na posição mostrada e se move para baixo fazendo com que o corpo B levante o suporte em C. Se o movimento for controlado de tal forma que a intensidade $a_{B/A}$ = 2,4 m/s² seja mantida constante, determine quanto tempo leva para que o corpo B viaje 5 m rampa acima e a velocidade correspondente do corpo A no final desse período. O ângulo θ = 55°.

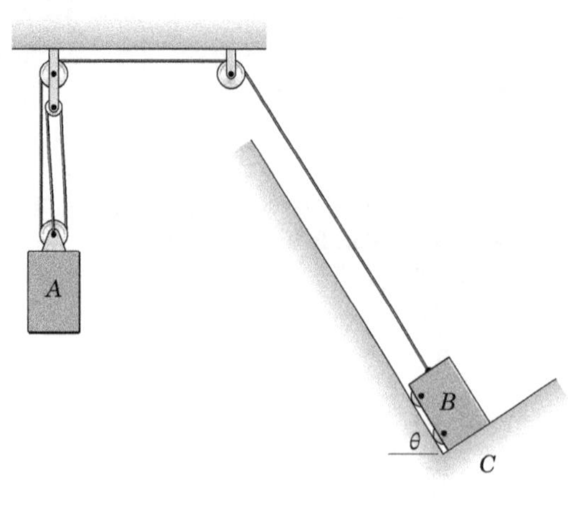

PROBLEMA 2/197

2/198 A catapulta de lançamento do porta-aviões proporciona ao jato de caça uma aceleração constante de 50 m/s^2 partindo do repouso em relação à cabine de pilotagem, e lança a aeronave em uma distância de 100 m medida ao longo da rampa de decolagem em ângulo. Se o porta-aviões estiver se movendo a 30 nós constantes (1 nó = 1,852 km/h), determine a intensidade v da velocidade real do caça quando ele é lançado.

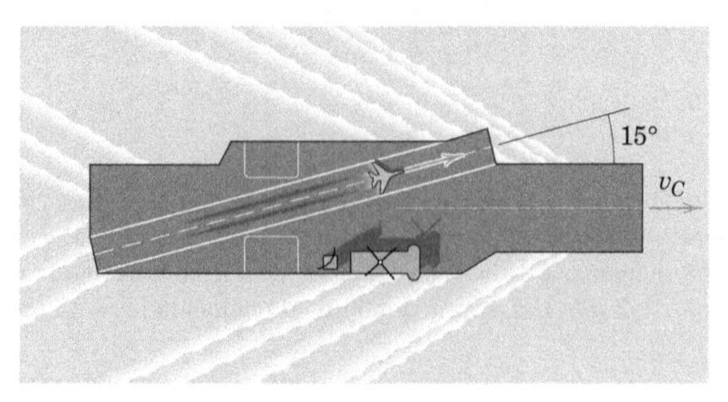

PROBLEMA 2/198

2/199 No instante representado, suponha que a partícula P, que se move em trajetória curva, está a 80 m do polo O e tem a velocidade v e a aceleração a conforme indicado. Determine os valores instantâneos de $\dot{r}$, $\ddot{r}$, $\dot{\theta}$, $\ddot{\theta}$, as componentes n e t da aceleração e o raio de curvatura ρ.

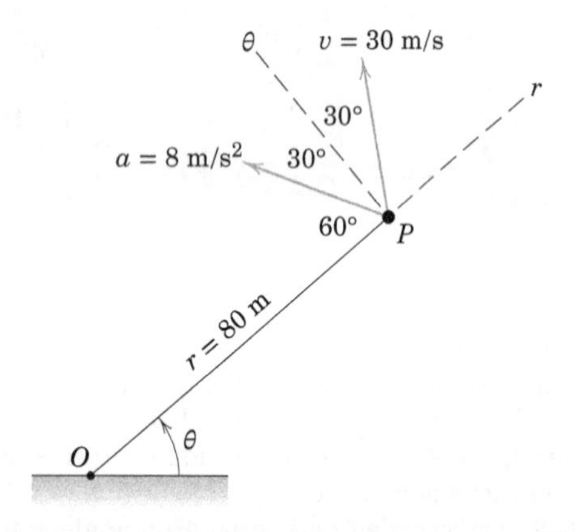

PROBLEMA 2/199

2/200 As coordenadas de uma partícula que se move com movimento curvilíneo são fornecidas por $x = 10{,}25t + 1{,}75t^2 - 0{,}45t^3$ e $y = 6{,}32 + 14{,}65t - 2{,}48t^2$, em que x e y estão em milímetros e o tempo t está em segundos. Determine os valores de v, $\mathbf{v}$, a, $\mathbf{a}$, $\mathbf{e}_t$, $\mathbf{e}_n$, a_t, $\mathbf{a}_t$, a_n, $\mathbf{a}_n$, ρ, e $\dot{\beta}$ (a velocidade angular da normal à trajetória) quando t = 3,25 s. Expresse todos os vetores em termos dos vetores unitários **i** e **j**.

2/201 As coordenadas de uma partícula que se move com movimento curvilíneo são fornecidas por $x = 10{,}25t + 1{,}75t^2 - 0{,}45t^3$ e $y = 6{,}32 + 14{,}65t - 2{,}48t^2$, em que x e y estão em milímetros e o tempo t está em segundos. Determine os valores de v, $\mathbf{v}$, a, $\mathbf{a}$, $\mathbf{e}_r$, $\mathbf{e}_\theta$, v_r, $\mathbf{v}_r$, v_θ, $\mathbf{v}_\theta$, a_r, $\mathbf{a}_r$, a_n, $\mathbf{a}_n$, a_θ, $\mathbf{a}_\theta$, r, $\dot{r}$, $\ddot{r}$, θ, $\dot{\theta}$ e $\ddot{\theta}$ quando t = 3,25 s. Expresse todos os vetores em termos dos vetores unitários **i** e **j**. Pegue a coordenada r para prosseguir a partir da origem, e tome θ para ser medido positivo no sentido anti-horário a partir do eixo x positivo.

2/202 Uma pequena aeronave está se movendo em um círculo horizontal com uma velocidade constante de 40 m/s. No instante representado, um pequeno pacote A é ejetado do lado direito da aeronave com uma velocidade horizontal de 6 m/s relativa à aeronave. Despreze os efeitos aerodinâmicos e calcule as coordenadas do ponto de impacto no solo.

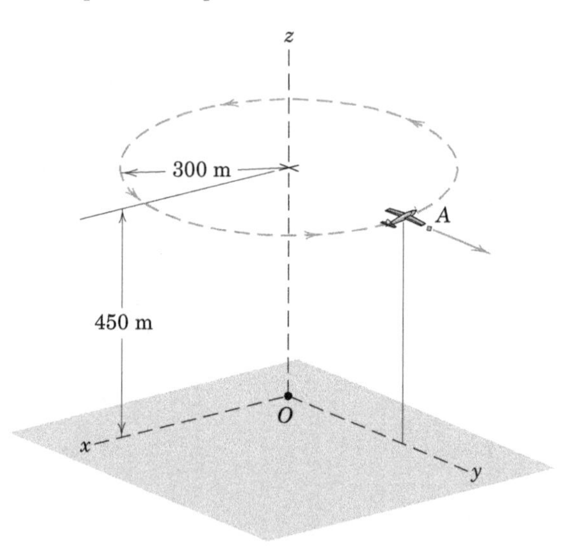

PROBLEMA 2/202

2/203 Um foguete disparado verticalmente a partir do Polo Norte alcança uma velocidade de 27.000 km/h a uma altitude de 350 km quando seu combustível acaba. Calcule a altura vertical adicional h alcançada pelo foguete antes de iniciar sua descida de volta à Terra. A fase de desaceleração do seu voo ocorre acima da atmosfera. Consulte a Fig. 1/1 ao escolher o valor apropriado para a aceleração gravitacional e use o raio médio da Terra da Tabela D/2. (*Nota*: O lançamento do polo terrestre evita considerar o efeito de rotação da Terra.)

2/204 A haste do cilindro hidráulico fixo está se movendo para a esquerda com uma velocidade constante v_A = 25 mm/s. Determine a velocidade do êmbolo B quando s_A = 425 mm. O comprimento da corda é 1600 mm, e os efeitos do raio da pequena polia em A podem ser desconsiderados.

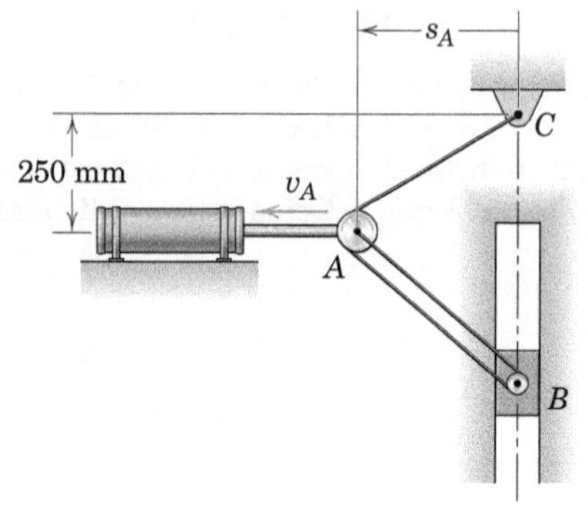

PROBLEMA 2/204

*2/205 Com todas as condições do Probl. 2/204 permanecendo as mesmas, determine a aceleração do êmbolo B no instante em que $s_A = 425$ mm.

►2/206 A antena de radar de rastreio oscila em torno do seu eixo vertical de acordo com $\theta = \theta_0 \cos \omega t$, em que ω é a frequência circular constante e $2\theta_0$ é o dobro da amplitude de oscilação. Simultaneamente, o ângulo de elevação ϕ é acrescido na proporção constante de $\dot{\phi} = K$. Determine a expressão para o módulo a da aceleração do gerador de sinal (a) quando ele passa pela posição A e (b) quando ele passa a posição B no ponto mais alto, admitindo-se que $\theta = 0$ nesse instante.

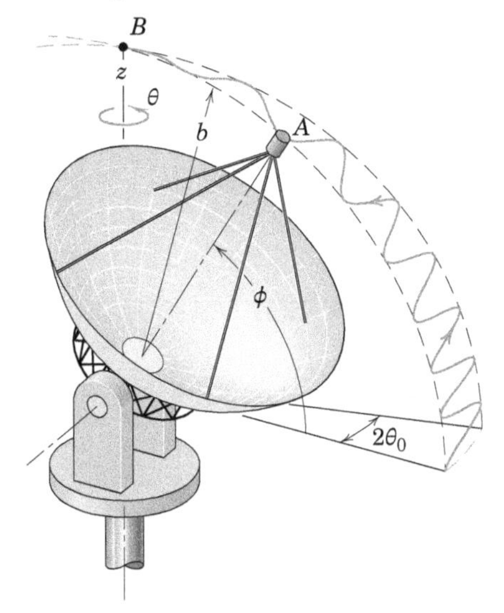

PROBLEMA 2/206

*Problemas Orientados para Solução Computacional

*2/207 Um projétil é disparado com as condições iniciais fornecidas. Trace as componentes r e θ de velocidade e aceleração em função do tempo para o período durante o qual a partícula está no ar. Determine o valor de cada componente no tempo $t = 9$ s.

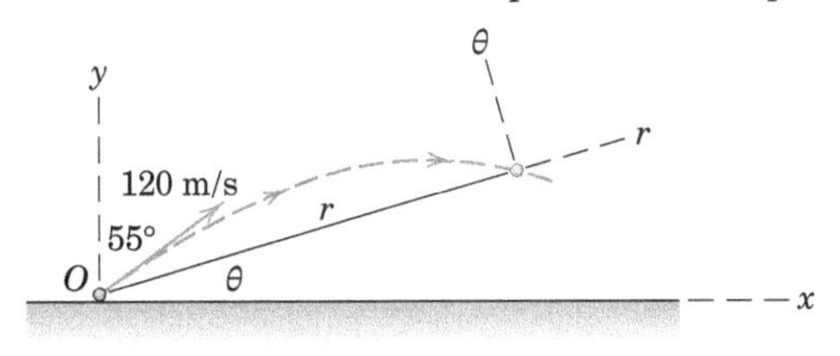

PROBLEMA 2/207

*2/208 Se todos os efeitos do atrito forem desprezados, a expressão para a aceleração angular do pêndulo simples é $\ddot{\theta} = \frac{g}{l} \cos \theta$, em que g é a aceleração da gravidade e l é o comprimento da haste OA. Se o pêndulo tiver uma velocidade angular $\dot{\theta} = 2$ rad/s quando $\theta = 0$ em $t = 0$, determine o tempo t' no qual o pêndulo passa a posição vertical $\theta = 90°$. O comprimento do pêndulo é $l = 0{,}6$ m. Trace também o tempo t *versus* o ângulo θ.

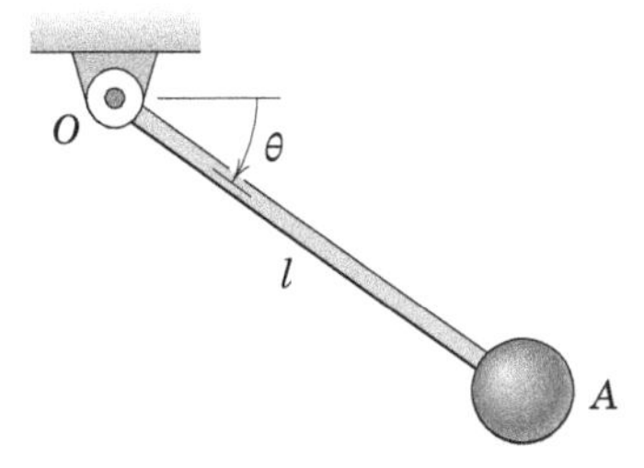

PROBLEMA 2/208

*2/209 Uma bola de beisebol é largada de uma altitude $h = 60$ m e viaja a 26 m/s quando atinge o solo. Além da aceleração gravitacional, que pode ser assumida como constante, a resistência do ar gera uma componente de desaceleração de intensidade kv^2, em que v é a velocidade e k é uma constante. Determine o valor do coeficiente k. Trace um gráfico da velocidade da bola em função da altitude y. Se a bola fosse largada de uma grande altitude, mas de forma que g ainda pudesse ser assumida como constante, qual seria a velocidade terminal v_t? (A *velocidade terminal* é aquela em que a aceleração da gravidade e a aceleração devida à resistência do ar são iguais e opostas, de modo que a bola caia a uma velocidade constante.) Se a bola fosse largada de $h = 60$ m, a que velocidade v' atingiria o solo se a resistência do ar fosse desprezada?

*2/210 Um navio com deslocamento total de 16.000 toneladas métricas (1 tonelada métrica = 1000 kg) parte do repouso em águas calmas sob um impulso de hélice constante $T = 250$ kN. O navio desenvolve uma resistência total ao movimento através da água dado por $R = 4{,}50v^2$, em que R está em kilonewtons e v está em metros por segundo. A aceleração do navio é $a = (T - R)/m$, em que m é igual à massa do navio em toneladas métricas. Trace o gráfico da velocidade v do navio em nós em função da distância s em milhas náuticas que o navio percorre nas primeiras cinco milhas náuticas a partir do repouso. Encontre a velocidade após o navio já ter percorrido uma milha náutica. Qual é a velocidade máxima que o navio pode alcançar?

*2/211 No instante de tempo $t = 0$, a partícula P de 0,9 kg tem velocidade inicial $v_0 = 0{,}3$ m/s na posição $\theta = 0$, e posteriormente desliza ao longo da trajetória circular de raio $r = 0{,}5$ m. Devido ao fluido viscoso e ao efeito da aceleração gravitacional, a aceleração tangencial é $a_t = g \cos \theta - \frac{k}{m}v$, em que a constante $k = 3$ N · s/m é um parâmetro de arrasto. Indique e represente graficamente θ e $\dot{\theta}$ como funções do tempo t durante o intervalo $0 \leq t \leq 5$ s. Determine os valores máximos de θ e $\dot{\theta}$ e os correspondentes valores de t. Determine também o primeiro instante de tempo em que $\theta = 90°$.

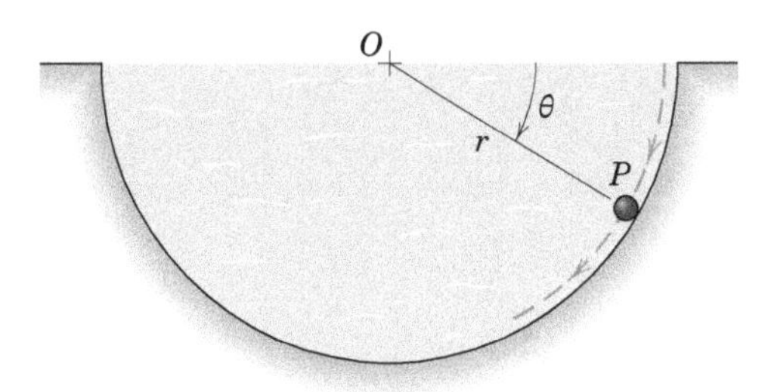

PROBLEMA 2/211

*2/212 Um projétil é lançado a partir do ponto A com velocidade $v_0 = 30$ m/s. Determine o valor do ângulo de lançamento α que maximiza o alcance R indicado na figura. Determine o valor correspondente de R.

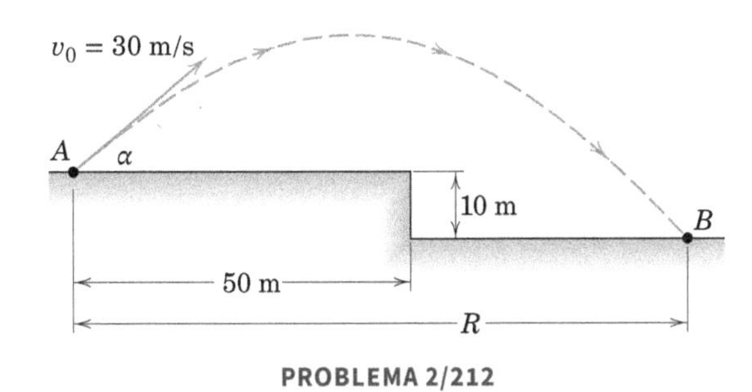

PROBLEMA 2/212

*2/213 Um avião de pulverização agrícola A está voando baixo com uma velocidade constante de 40 m/s em um círculo horizontal de raio 300 m. Quando ele passa a posição de 12 horas mostrada no tempo $t = 0$, o carro B parte do repouso da posição mostrada e acelera ao longo da estrada reta a uma taxa constante de 3 m/s² até chegar à velocidade de 30 m/s; depois disso, mantém essa velocidade constante. Determine a velocidade e a aceleração de A em relação a B e represente graficamente o módulo dessas duas quantidades no período $0 \leq t \leq 50$ s em função tanto do tempo quanto do deslocamento s_B do carro. Determine os valores máximo e mínimo de ambas as quantidades e estipule os valores do tempo t e do deslocamento s_B nos quais eles ocorrem.

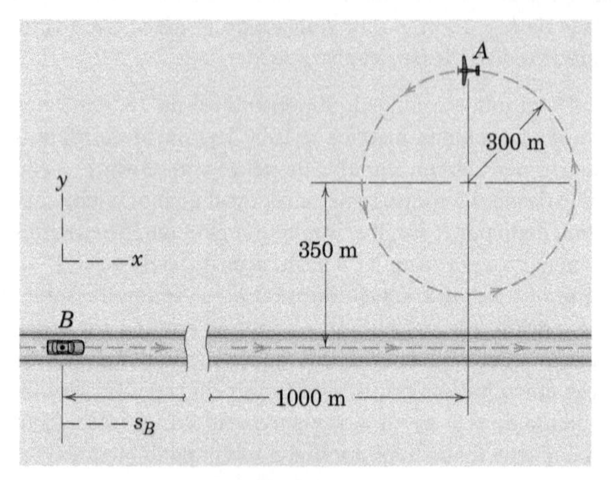

PROBLEMA 2/213

*2/214 Uma partícula P é lançada do ponto A com as condições iniciais mostradas. Se a partícula for submetida ao arrasto aerodinâmico, calcule o alcance da partícula e compare-o com o caso em que o arrasto aerodinâmico é desprezado. Trace o gráfico das trajetórias da partícula em ambos os casos. A aceleração devida ao arrasto aerodinâmico tem a forma $a_D = -kv^2\mathbf{e}_t$, em que k é uma constante positiva, v é a velocidade da partícula e $\mathbf{e}_t$ é o vetor unitário associado à velocidade instantânea v da partícula. O vetor unitário $\mathbf{e}_t$ tem a forma $\mathbf{e}_t = \dfrac{v_x\mathbf{i} + v_y\mathbf{j}}{\sqrt{v_x^{\,2} + v_y^{\,2}}}$, em que v_x e v_y são as componentes x e y da velocidade instantânea da partícula, respectivamente. Use os valores $v_0 = 65$ m/s, $\theta = 35°$, e $k = 4{,}0 \times 10^{-3}$ m^{-1}.

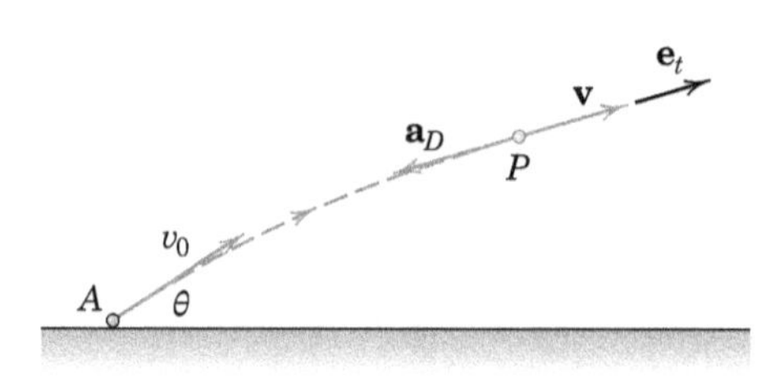

PROBLEMA 2/214

Capítulo 3

* Problema orientado para solução computacional

▶ Problema difícil

Problemas para as Seções 3/1-3/4

Problemas Introdutórios

3/1 O caixote de 50 kg é projetado ao longo do piso com velocidade inicial de 6 m/s em $x = 0$. O coeficiente de atrito dinâmico é 0,40. Calcule o tempo necessário para que o caixote alcance o repouso e a distância x correspondente percorrida.

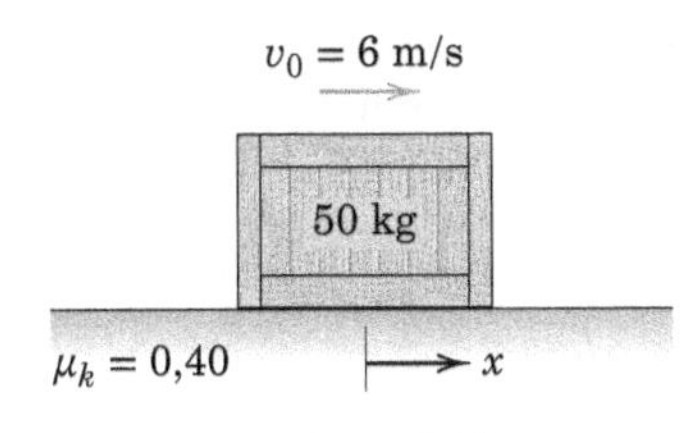

PROBLEMA 3/1

3/2 O caixote de 50 kg está estacionário quando a força P é aplicada. Determine a aceleração resultante do caixote, se (*a*) $P = 0$, (*b*) $P = 150$ N, e (*c*) $P = 300$ N.

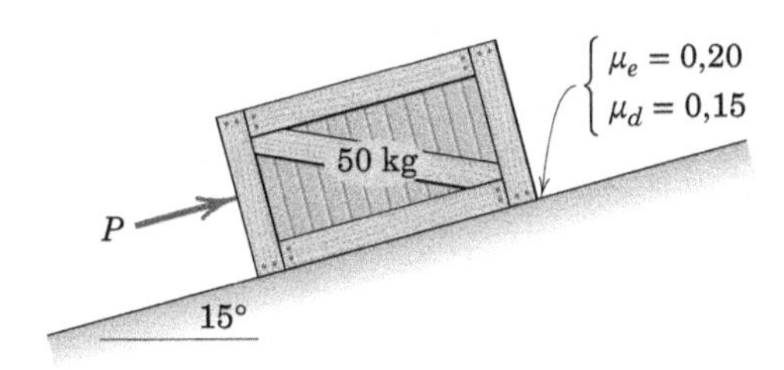

PROBLEMA 3/2

3/3 O homem de 80 kg em uma cadeira para trabalhos em altura exerce uma força de tração de 225 N sobre a corda por um curto intervalo de tempo. Calcule a sua aceleração. Despreze a massa da cadeira, da corda e das polias.

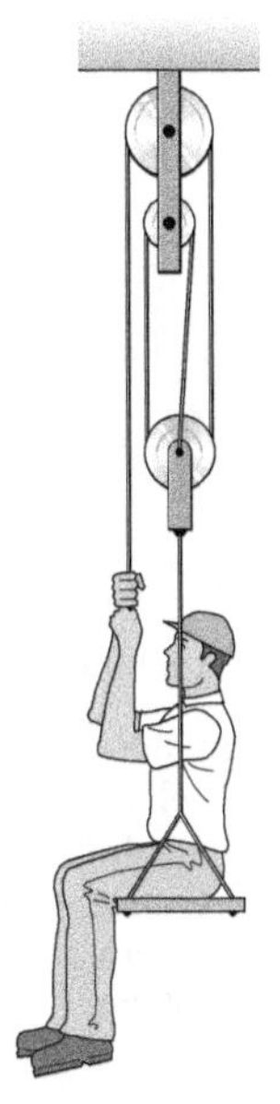

PROBLEMA 3/3

3/4 O caminhão de 10 Mg reboca a carreta de 20 Mg. Se a unidade parte do repouso em uma estrada nivelada com uma força de tração de 20 kN entre as rodas motoras do caminhão e a estrada, calcule a tensão T na barra de tração horizontal e a aceleração a da plataforma.

PROBLEMA 3/4

3/5 Uma mulher com 60 kg segura um pacote de 9 kg enquanto está de pé no interior de um elevador que acelera bruscamente para cima a uma taxa de $g/4$. Determine a força R que o piso do elevador exerce sobre os pés dela e a força de elevação L que ela exerce sobre o pacote durante o intervalo de aceleração. Se os cabos que suportam o elevador falharem súbita e completamente, quais serão os valores de R e L?

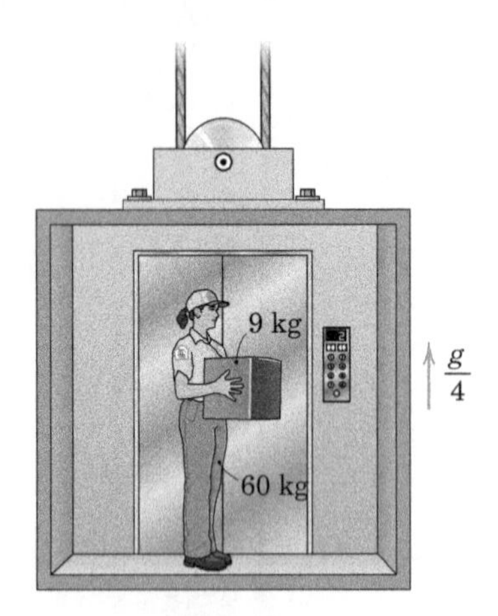

PROBLEMA 3/5

3/6 Durante um teste de frenagem, o carro com motor traseiro é parado a partir de uma velocidade inicial de 100 km/h em uma distância de 50 m. Se é sabido que todas as quatro rodas contribuem igualmente para a força de frenagem, determine a força de frenagem F em cada roda. Suponha uma desaceleração constante para o carro de 1500 kg.

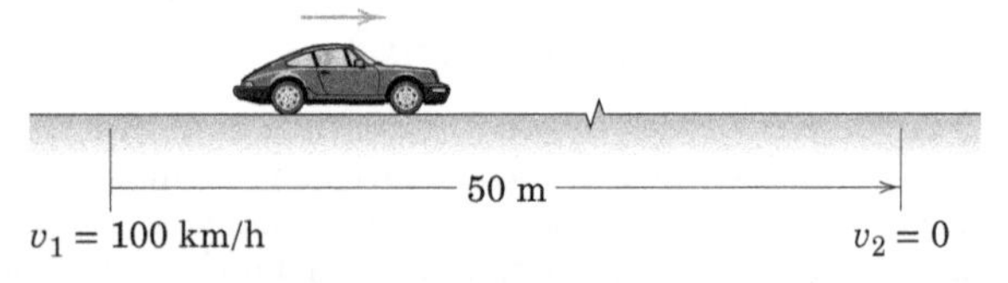

PROBLEMA 3/6

3/7 Um esquiador parte do repouso na pista de 40° no instante $t = 0$ e é cronometrado em $t = 2{,}58$ s quando passa por um ponto de controle de velocidade 20 m encosta abaixo. Determine o coeficiente de atrito dinâmico entre a neve e os esquis. Despreze a resistência ao vento.

PROBLEMA 3/7

3/8 Determine o ângulo de estado estacionário α, se a força constante P for aplicada ao carrinho de massa M. O peso do pêndulo tem massa m e a barra rígida de comprimento L tem massa desprezível. Ignore qualquer atrito. Avalie sua expressão para $P = 0$.

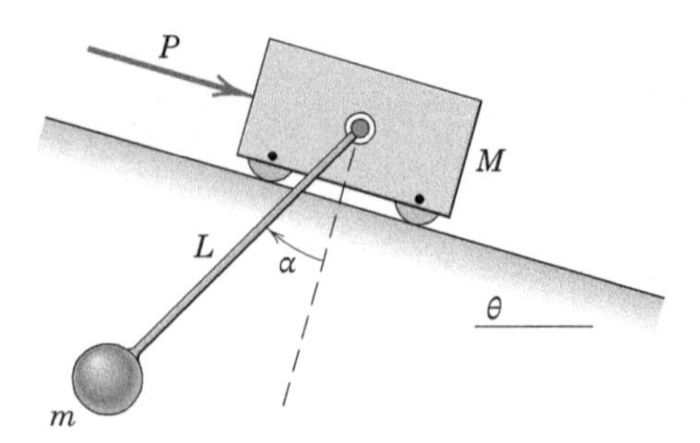

PROBLEMA 3/8

3/9 O avião a jato de 300 Mg possui três motores, e cada um deles produz um empuxo quase constante de 240 kN durante a decolagem. Determine o comprimento s necessário da pista se a velocidade de decolagem é de 220 km/h. Calcule s primeiro para uma direção de decolagem subindo de A para B e segundo para uma decolagem descendo de B para A sobre a pista ligeiramente inclinada. Despreze a resistência do ar e de rolamento.

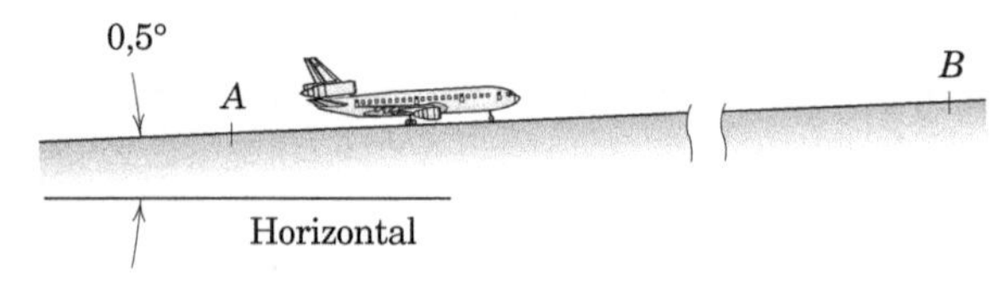

PROBLEMA 3/9

3/10 Para determinada força horizontal P, indique as forças normais de reação em A e B. A massa do cilindro é m e a do carrinho é M. Despreze qualquer atrito.

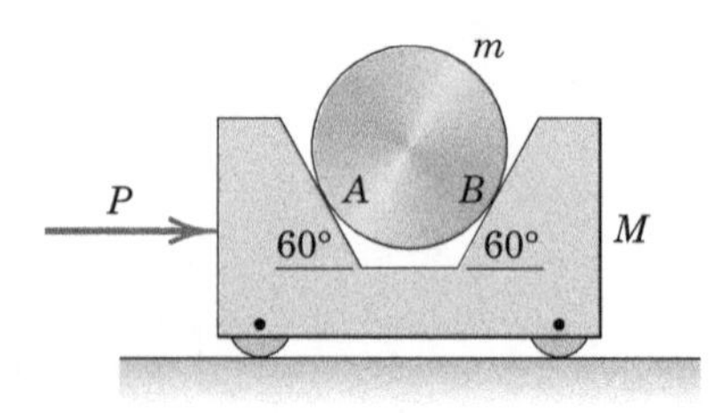

PROBLEMA 3/10

3/11 O avião a jato de passageiros A de 340 Mg tem quatro motores, cada um deles produzindo um impulso quase constante de 200 kN durante a rolagem para decolagem. Um pequeno avião de passageiros B está taxiando no final da pista a uma velocidade constante v_B = 25 km/h. Determine a velocidade e a aceleração que A parece ter em relação a um observador em B, dez segundos após A começar sua rolagem para a decolagem. Despreze a resistência do ar e da rolagem para decolagem.

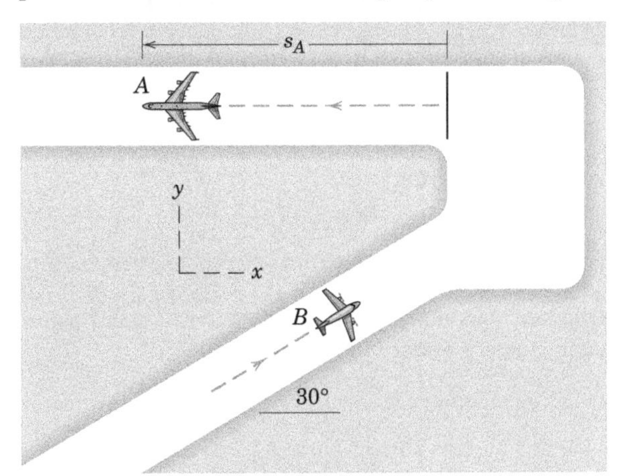

PROBLEMA 3/11

Problemas Representativos

3/12 Um trem é composto de uma locomotiva com 180 Mg e cem vagões com 90 Mg. Se a locomotiva exerce uma força de atrito de 180 kN sobre os trilhos na partida do trem a partir do repouso, calcule as forças nos engates 1 e 100. Suponha ausência de folga nos engates e despreze o atrito.

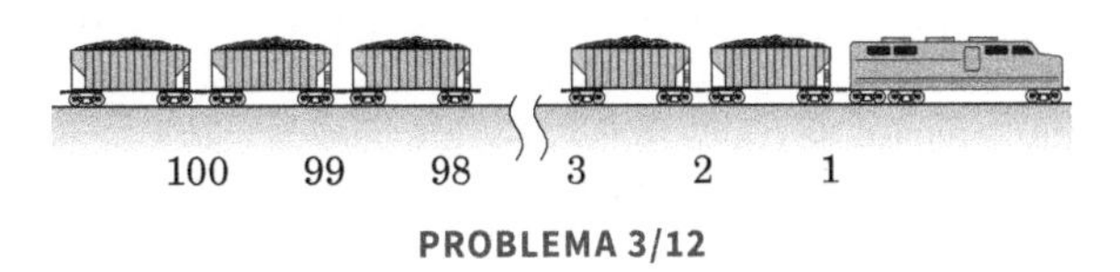

PROBLEMA 3/12

3/13 Determine a tensão P no cabo que dará ao bloco de 50 kg uma aceleração constante de 2 m/s^2 rampa acima.

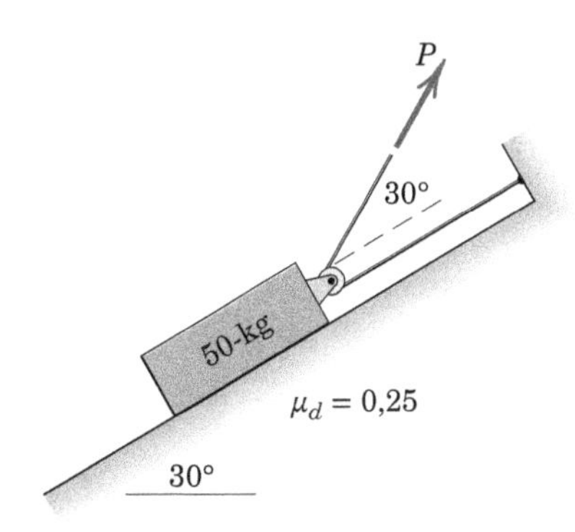

PROBLEMA 3/13

3/14 Um motor de íons de césio para propulsão no espaço profundo é projetado para produzir um empuxo constante de 2,5 N por longos períodos do tempo. Se o motor tiver que impulsionar uma espaçonave de 70 Mg em uma missão interplanetária, calcule o tempo t necessário para um aumento de velocidade de 40.000 km/h para 65.000 km/h. Encontre também a distância percorrida durante este intervalo. Suponha que a espaçonave está se movendo em uma região remota do espaço onde o empuxo de seu motor iônico é a única força que atua sobre ela na direção de seu movimento.

3/15 Um trabalhador desenvolve uma tensão T no cabo enquanto tenta mover o carrinho de 50 kg para cima em uma rampa com 20° de inclinação. Determine a aceleração resultante do carrinho, se (a) T = 150 N e (b) T = 200 N. Despreze qualquer atrito, exceto nos pés do trabalhador.

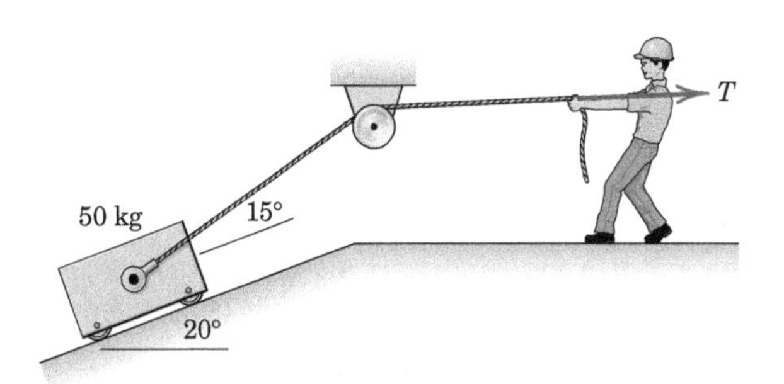

PROBLEMA 3/15

3/16 Determine a aceleração inicial do bloco de 15 kg, se (a) T = 23 N e (b) T = 26 N. O sistema está, inicialmente, em repouso sem nenhum afrouxamento do cabo, e a massa e o atrito relativos às polias são desprezíveis.

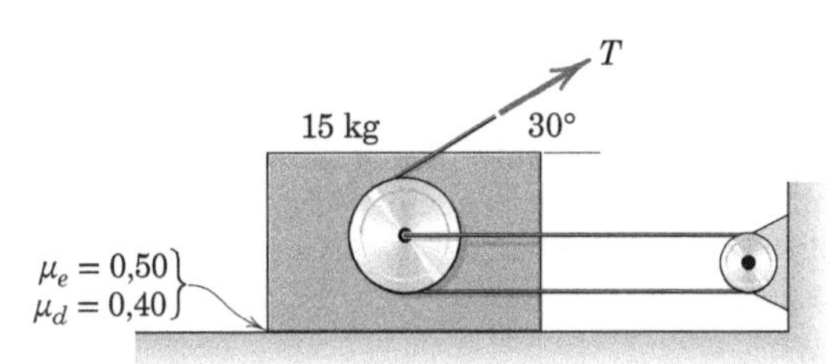

PROBLEMA 3/16

3/17 A viga e o mecanismo de elevação nela fixado têm uma massa combinada de 1200 kg com centro de massa em G. Se a aceleração inicial a do ponto P sobre o cabo de elevação é 6 m/s^2, calcule a reação correspondente no suporte A.

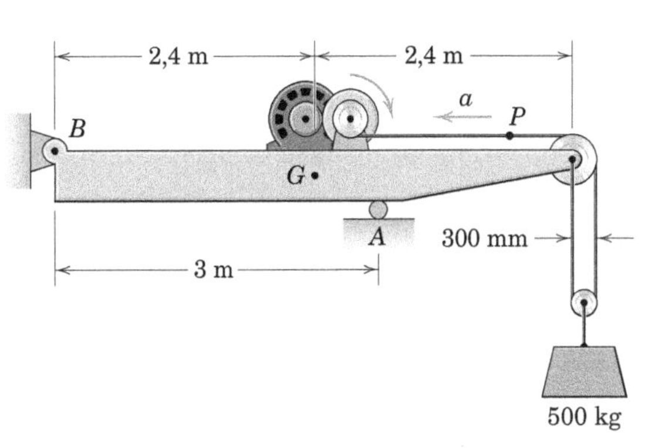

PROBLEMA 3/17

3/18 Uma ciclista descobre que ela desce a inclinação $\theta_1 = 3°$ em certa velocidade constante, sem a necessidade de frear ou pedalar. A inclinação muda de forma bastante abrupta para θ_2 no ponto A. Se a ciclista não toma nenhuma providência, mas continua a descer, determine a aceleração a da bicicleta logo após passar o ponto A para as condições (a) $\theta_2 = 5°$ e (b) $\theta_2 = 0$.

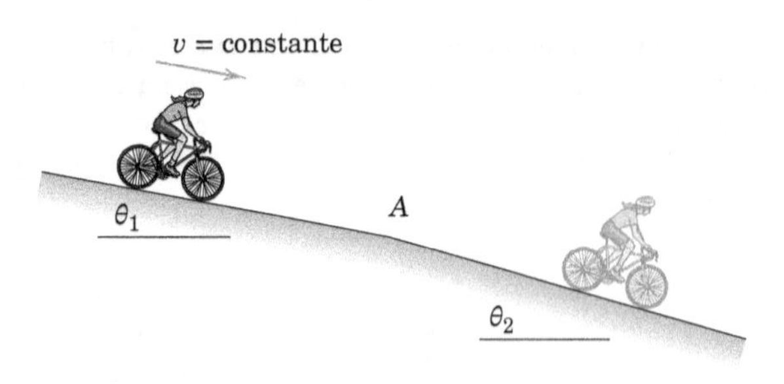

PROBLEMA 3/18

3/19 O coeficiente de atrito estático entre o leito plano do caminhão e o caixote que ele transporta é de 0,30. Determine a distância mínima de parada s que o caminhão pode ter a partir de uma velocidade de 70 km/h com desaceleração constante para que o caixote não deslize para a frente.

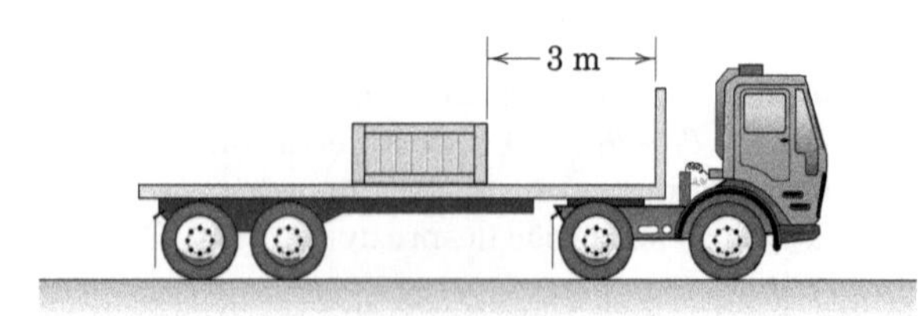

PROBLEMA 3/19

3/20 O guincho puxa o cabo à taxa de 200 mm/s, e esta taxa está aumentando momentaneamente para 500 mm/s a cada segundo. Determine as tensões nos três cabos. Despreze os pesos das polias.

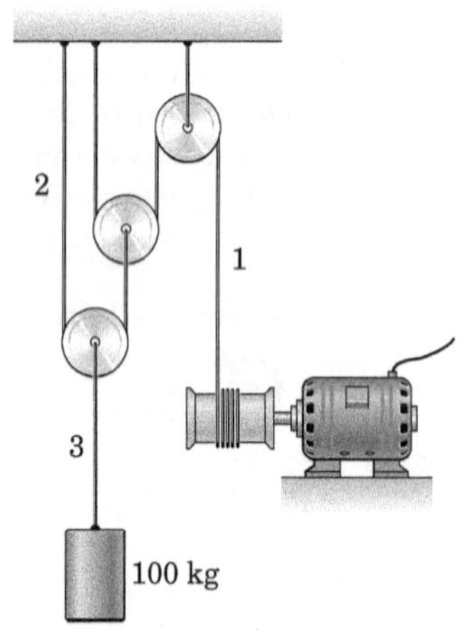

PROBLEMA 3/20

3/21 Determine a aceleração vertical do cilindro de 30 kg em cada um dos dois casos. Despreze o atrito e a massa das polias.

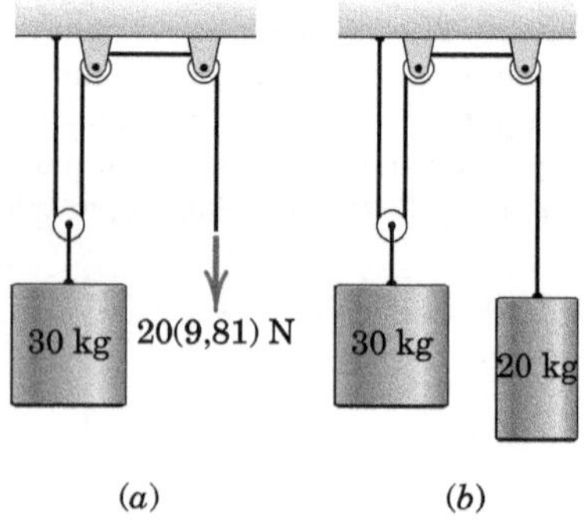

PROBLEMA 3/21

3/22 O sistema é liberado partindo do repouso com o cabo tensionado. Para coeficientes de atrito $\mu_e = 0,25$ e $\mu_d = 0,20$, calcule a aceleração de cada corpo e a tensão T no cabo. Despreze a pequena massa e o atrito relativos às polias.

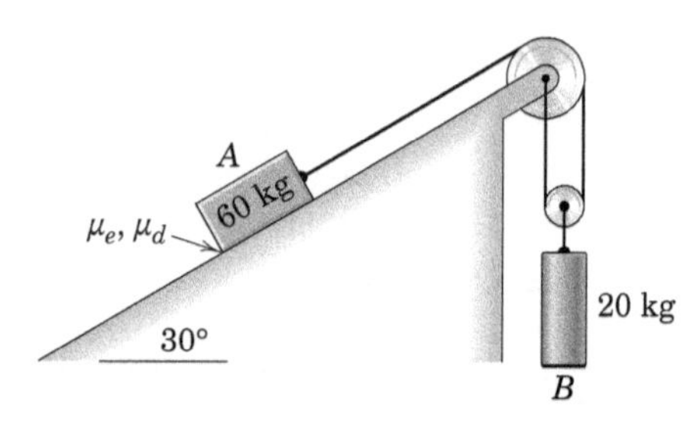

PROBLEMA 3/22

3/23 Se o ciclista pressionar o pedal com uma força $P = 160$ N, como mostrado, determine a aceleração dianteira resultante da bicicleta. Despreze os efeitos da massa das peças giratórias e suponha que não haja deslizamento na roda traseira. Os raios das rodas dentadas A e B são de 45 mm e 90 mm, respectivamente. A massa da bicicleta é de 13 kg e a do ciclista é de 65 kg. Trate o ciclista como uma partícula em movimento com o quadro da bicicleta e despreze o atrito do trem de força.

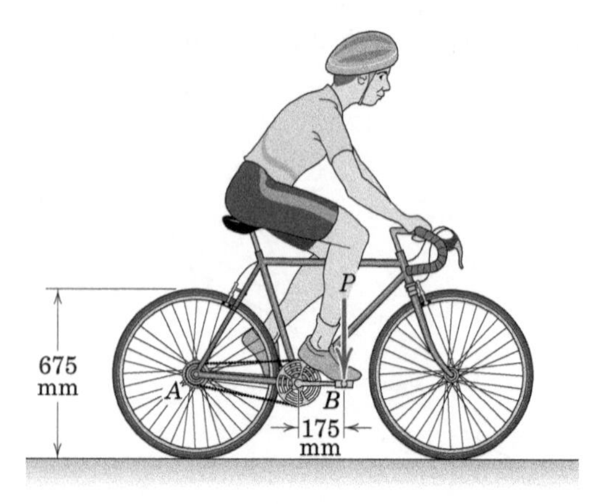

PROBLEMA 3/23

3/24 O dispositivo representado é empregado como um acelerômetro e consiste em um pistão A de 100 g que deforma a mola quando a carcaça da unidade sofre uma aceleração a para cima. Especifique a constante de rigidez k necessária que permitirá que o amortecedor deforme a mola em 6 mm além da posição de equilíbrio e toque o contato elétrico, quando a aceleração para cima alcançar $5g$ permanentemente, mas de forma gradativa.

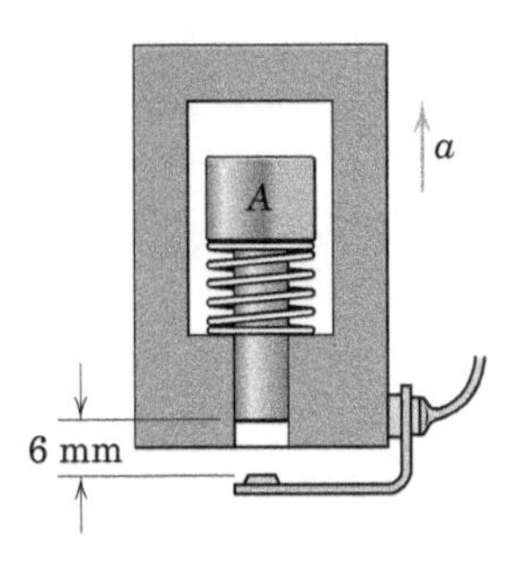

PROBLEMA 3/24

3/25 Um avião a jato com massa de 5 Mg tem uma velocidade de aterrissagem de 300 km/h, no instante em que o paraquedas de frenagem é acionado e o motor é desligado. Se a força de arrasto total do avião varia com a velocidade, conforme indicado no gráfico de acompanhamento, calcule a distância x ao longo da pista necessária para que a velocidade seja reduzida para 150 km/h. Aproxime a variação do arrasto por uma equação da forma $D = kv^2$, em que k é uma constante.

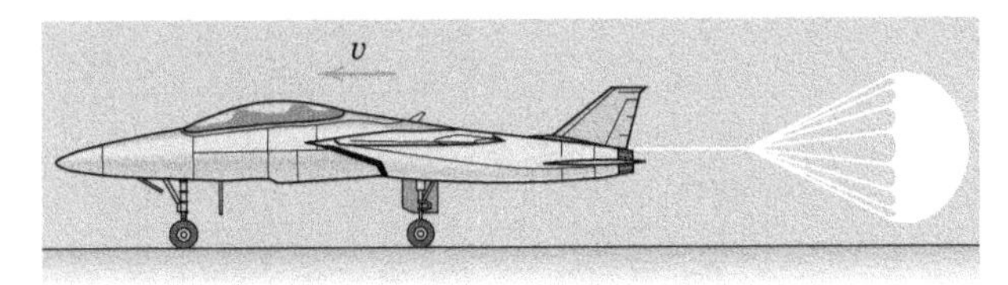

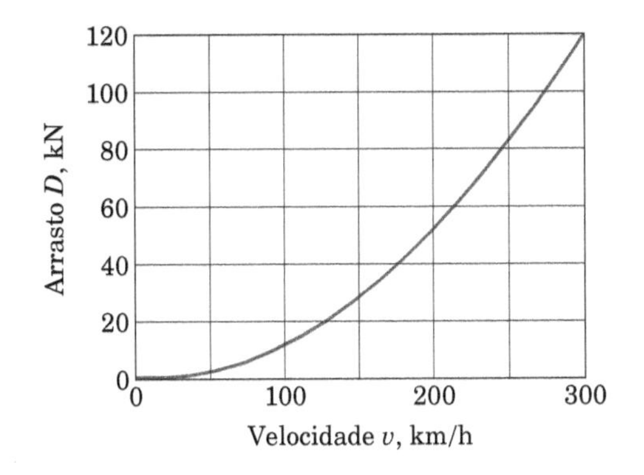

PROBLEMA 3/25

3/26 Durante sua aproximação final à pista, a velocidade da aeronave é reduzida de 300 km/h em A para 200 km/h em B. Determine a força aerodinâmica externa líquida R que atua nas aeronaves de 200 Mg durante este intervalo, e encontre as componentes desta força que são paralelas e normais à rota de voo, respectivamente.

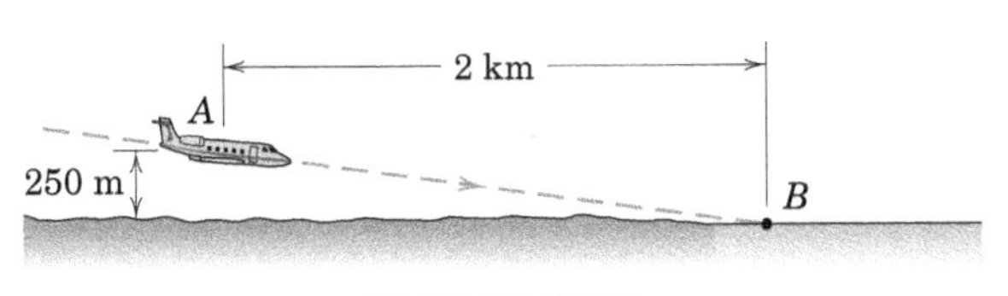

PROBLEMA 3/26

3/27 Uma corrente pesada com uma massa ρ por unidade de comprimento é puxada pela força constante P ao longo de uma superfície horizontal constituída por uma parte lisa e uma parte rugosa. A corrente está inicialmente em repouso sobre a superfície áspera com $x = 0$. Se o coeficiente de atrito cinético entre a corrente e a superfície áspera é μ_d, determine a velocidade v da corrente quando $x = L$. A força P é maior do que $\mu_d \rho g L$ para iniciar o movimento.

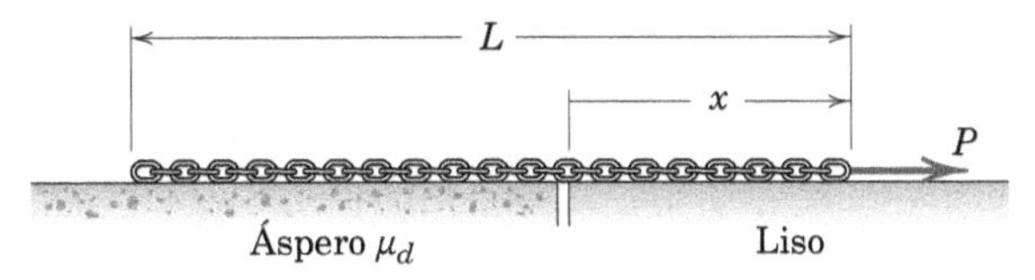

PROBLEMA 3/27

3/28 Os blocos deslizantes A e B estão conectados por uma rígida barra leve, de comprimento l = 0,5 m, e se deslocam com atrito desprezível nas ranhuras horizontais mostradas. Para a posição em que x_A = 0,4 m, a velocidade de A é v_A = 0,9 m/s para a direita. Determine a aceleração de cada bloco deslizante e a força na barra nesse instante.

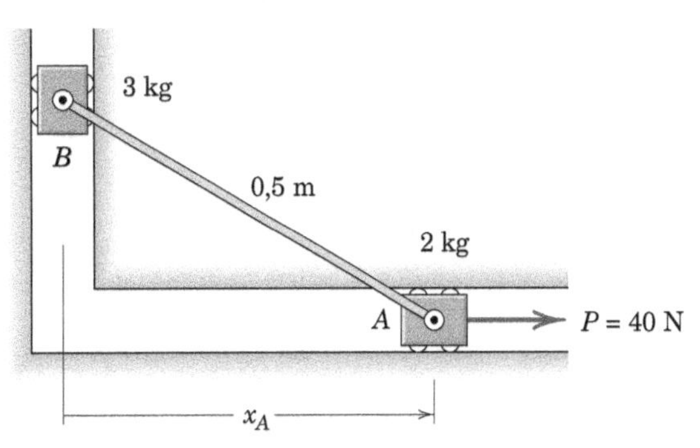

PROBLEMA 3/28

3/29 A mola de constante k = 200 N/m é presa ao suporte e ao cilindro de 2 kg, que desliza livremente sobre a guia horizontal. Se uma força constante de 10 N for aplicada ao cilindro no instante t = 0 quando a mola não está deformada e o sistema está em repouso, determine a velocidade do cilindro quando x = 40 mm. Determine também o deslocamento máximo do cilindro.

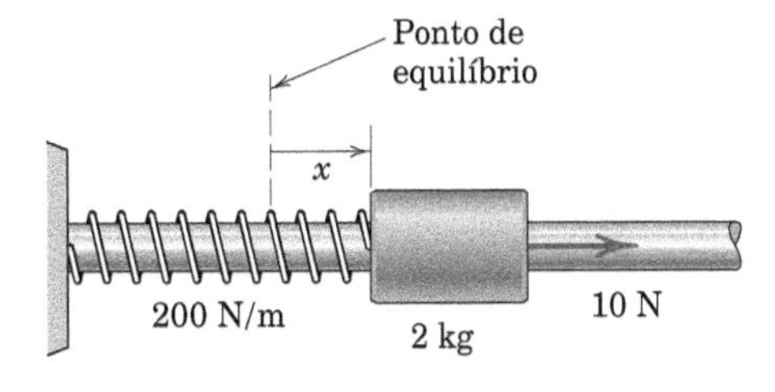

PROBLEMA 3/29

3/30 Determine a gama de força aplicada P sobre a qual o bloco de massa m_2 não escorregará sobre o bloco em forma de cunha de massa m_1. Despreze o atrito associado às rodas do bloco cônico.

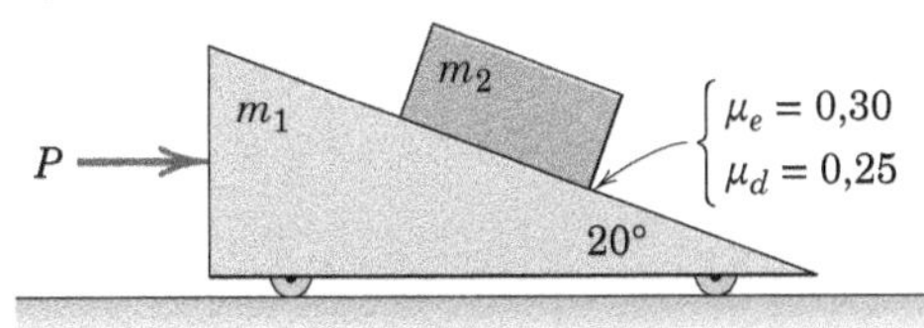

PROBLEMA 3/30

3/31 Um dispositivo com mola carregada imprime a uma esfera de 0,15 kg uma velocidade inicial de 50 m/s. A força de arrasto sobre a bola é $F_D = 0{,}002\ v^2$, em que F_D está em newtons e a velocidade v está em metros por segundo. Determine a máxima altitude h alcançada pela bola, (*a*) considerando a força de arrasto e (*b*) sem considerar a força de arrasto.

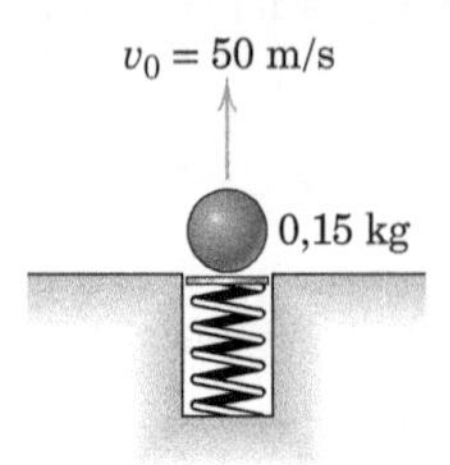

PROBLEMA 3/31

3/32 Os blocos deslizantes A e B são conectados por uma rígida barra leve e se deslocam com atrito desprezível nas ranhuras, e os dois se encontram em um plano horizontal. Para a posição mostrada, o cilindro hidráulico transmite uma velocidade e uma aceleração do bloco deslizante A de 0,4 m/s e 2 m/s^2, respectivamente, ambas para a direita. Determine a aceleração do bloco B e a força na barra nesse instante.

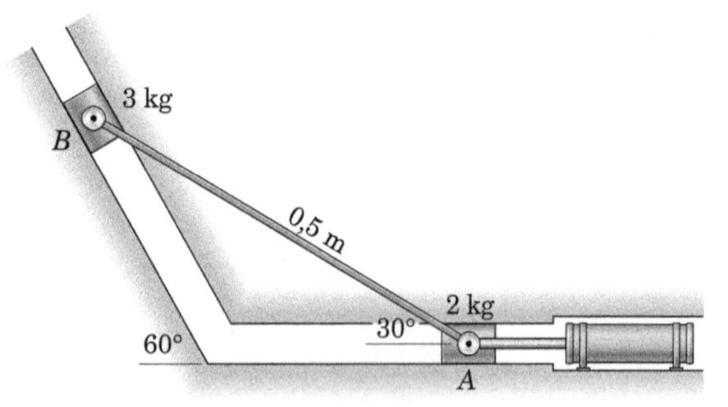

PROBLEMA 3/32

3/33 O projeto de uma missão lunar requer que uma nave espacial de 1200 kg decole a partir da superfície da Lua e viaje em linha reta a partir do ponto A e ultrapasse o ponto B. Se o motor da nave espacial tem um empuxo constante de 2500 N, determine a velocidade da nave espacial quando esta passa o ponto B. Utilize a Tabela D/2 e a lei da gravitação do Capítulo 1, se necessário.

PROBLEMA 3/33

3/34 O sistema é liberado do repouso na configuração mostrada no instante $t = 0$. Determine o instante t quando o bloco de massa m_1 entra em contato com o batente inferior do corpo de massa m_2. Determine também a distância correspondente s_2 percorrida por m_2. Utilize os valores $m_1 = 0{,}5$ kg, $m_2 = 2$ kg, $\mu_e = 0{,}25$, $\mu_d = 0{,}20$, e $d = 0{,}4$ m.

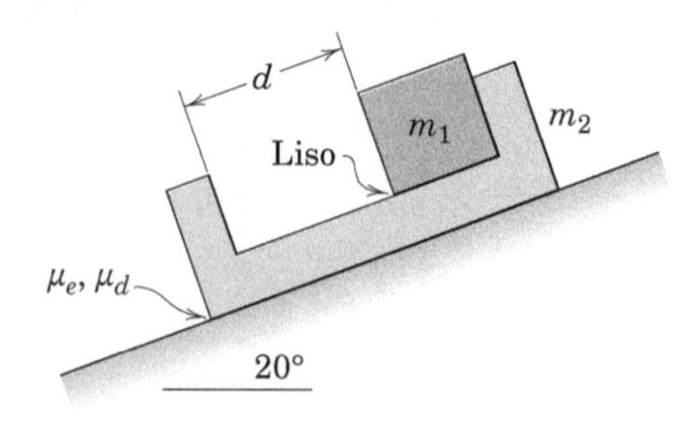

PROBLEMA 3/34

▶3/35 A haste do cilindro hidráulico fixo está se movendo para a esquerda com uma velocidade de 100 mm/s e essa velocidade está crescendo momentaneamente a uma taxa de 400 mm/s a cada segundo no instante em que s_A = 425 mm. Determine a tensão na corda nesse instante. A massa do bloco deslizante B é 0,5 kg, o comprimento da corda é 1050 mm e os efeitos do raio e do atrito da polia pequena em A são desprezíveis. Determine os resultados para os casos (*a*) atrito desprezível no bloco deslizante B e (*b*) m_d = 0,40 no bloco deslizante B. A ação ocorre no plano vertical.

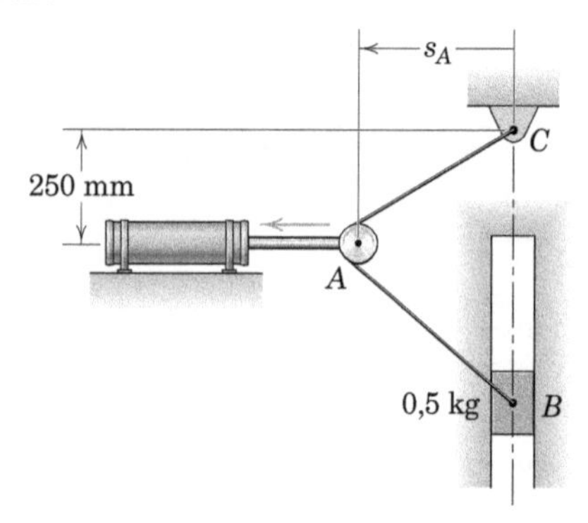

PROBLEMA 3/35

▶3/36 Duas esferas de ferro, cada uma das quais com 100 mm de diâmetro, são liberadas do repouso com uma separação centro a centro de 1 m. Supondo um ambiente no espaço sem forças além da força de atração gravitacional mútua, calcule o tempo t necessário para que as esferas entrem em contato uma com a outra e a velocidade absoluta v de cada esfera ao contato.

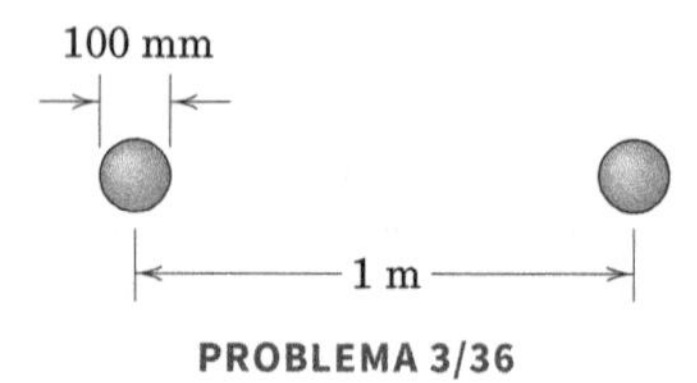

PROBLEMA 3/36

Problemas para a Seção 3/5

Problemas Introdutórios

3/37 O pequeno bloco de 0,6 kg desliza com uma pequena quantidade de atrito sobre o caminho circular de raio 3 m no plano vertical. Se a velocidade do bloco é 5 m/s quando ele passa pelo ponto A e 4 m/s quando passa pelo ponto B, determine a força normal exercida sobre o bloco pela superfície em cada uma dessas localizações.

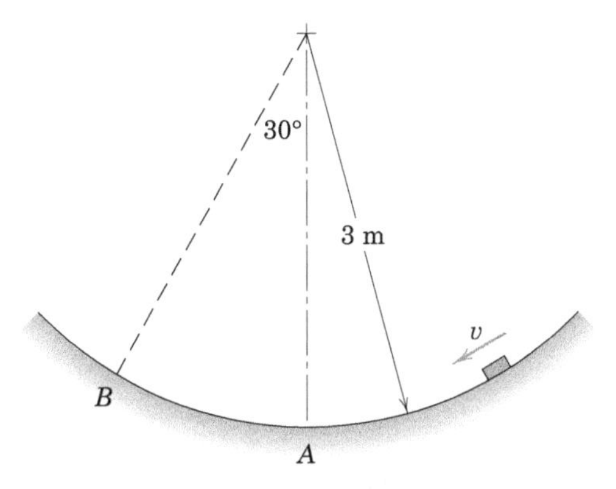

PROBLEMA 3/37

3/38 Um bloco deslizante, de 0,8 kg, é impulsionado para cima em A ao longo da barra curva fixa, que está no plano vertical. Se o bloco deslizante tem velocidade de 4 m/s quando passa pela posição B, determine (a) a intensidade da força N exercida pela haste fixa sobre o bloco deslizante e (b) a taxa com que a velocidade do bloco deslizante está diminuindo. Presuma que o atrito é desprezível.

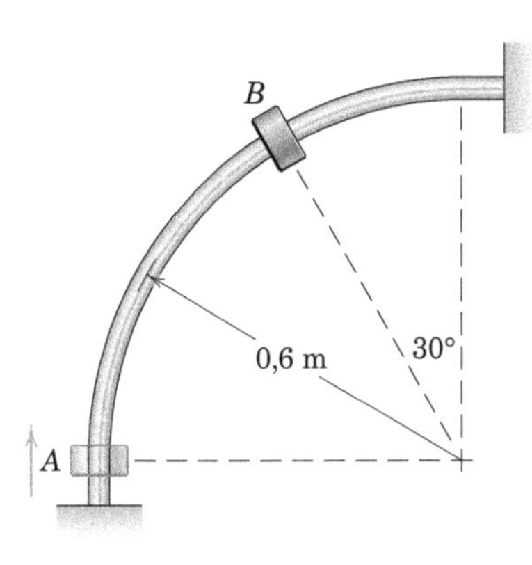

PROBLEMA 3/38

3/39 Se o saltador de esqui de 80 kg atingir uma velocidade de 25 m/s enquanto se aproxima da posição de decolagem, calcule a intensidade N da força normal exercida pela neve em seus esquis pouco antes de chegar a A.

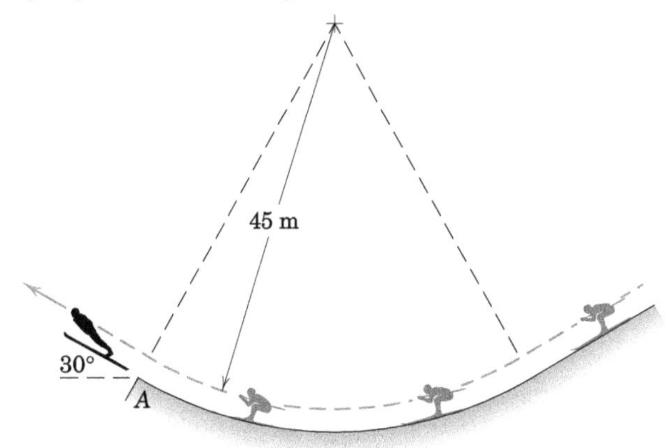

PROBLEMA 3/39

3/40 O bloco deslizante de 120 g tem uma velocidade v = 1,4 m/s quando passa pelo ponto A da guia lisa, que está no plano horizontal. Determine a intensidade da força R que a guia exerce sobre o bloco deslizante (a) imediatamente antes de quando passa pelo ponto A e (b) quando passa pelo ponto B.

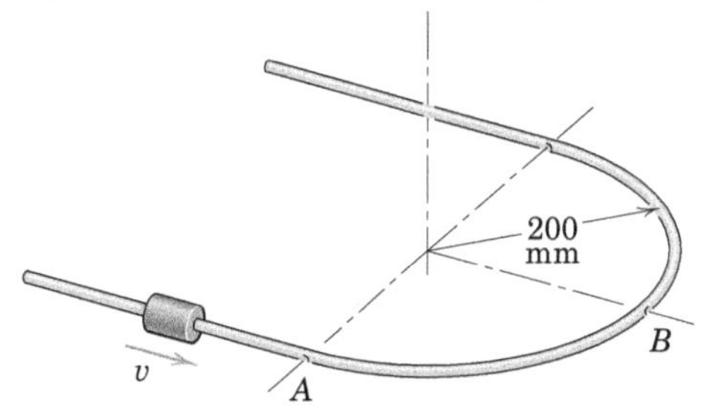

PROBLEMA 3/40

3/41 Um avião de transporte a jato voa na trajetória mostrada para que os astronautas possam experimentar a condição de "ausência de peso" semelhante àquela a bordo de uma nave em órbita. Se a velocidade no ponto mais alto é 900 km/h, qual é o raio de curvatura ρ necessário para simular exatamente o ambiente orbital de "queda livre"?

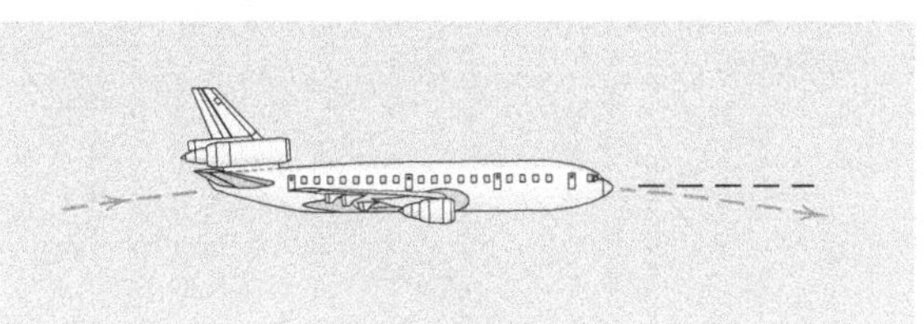

PROBLEMA 3/41

3/42 No projeto de uma estação espacial para operar fora do campo gravitacional da Terra, deseja-se imprimir à estrutura uma velocidade de rotação N que irá simular o efeito da gravidade terrestre para os membros da tripulação. Se os centros dos alojamentos da tripulação devem estar a 12 m do eixo de rotação, calcule a velocidade de rotação N da estação espacial necessária, em revoluções por minuto.

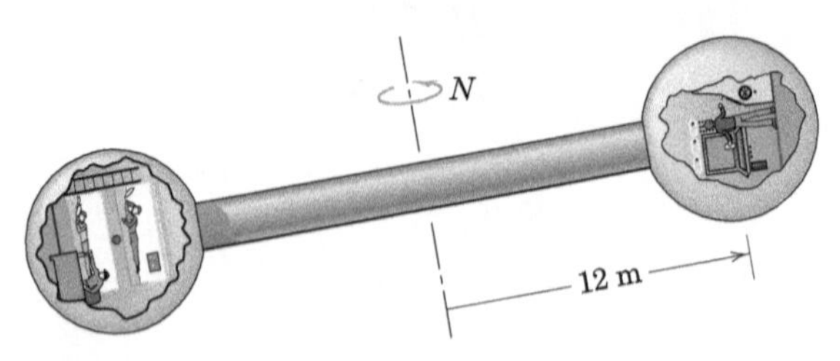

PROBLEMA 3/42

3/43 Determine a velocidade que o trenó de quatro homens e 630 kg deve ter para conseguir fazer a curva sem contar com o atrito. Encontre também a força normal que a pista exerce no trenó.

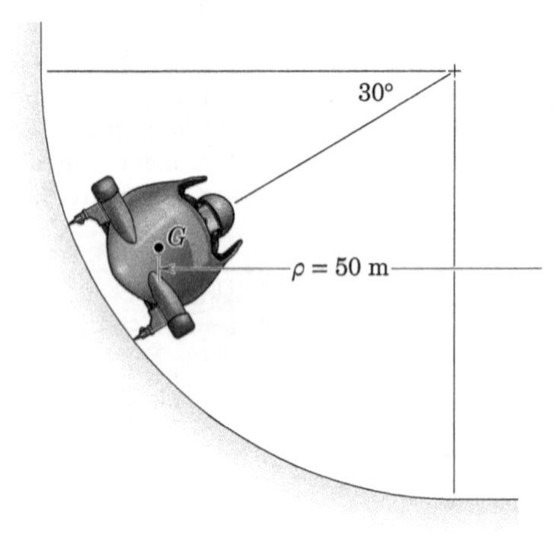

PROBLEMA 3/43

3/44 O tubo é articulado em torno do eixo horizontal através do ponto O e é colocado em movimento de rotação no plano vertical com uma velocidade angular $\dot{\theta} = 3$ rad/s no sentido anti-horário. Se uma partícula de 0,1 kg desliza no interior do tubo na direção de O com uma velocidade de 2 m/s relativa ao tubo, quando está na posição $\theta = 30°$, calcule a intensidade da força normal N exercida pela parede do tubo sobre a partícula nesse instante.

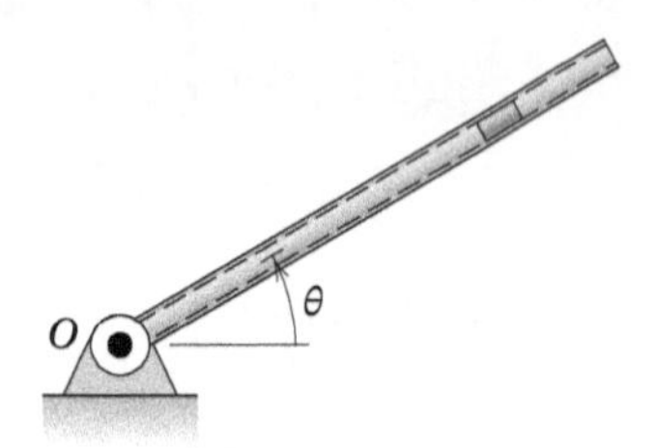

PROBLEMA 3/44

3/45 Um carro de Fórmula 1 chega a uma corcova que tem um perfil circular com transições suaves nas duas extremidades. (*a*) Que velocidade v_B fará o carro perder contato com a estrada no ponto mais elevado B? (*b*) Para uma velocidade $v_A = 190$ km/h, qual a força exercida pela estrada sobre o carro de 640 kg, quando este passa pelo ponto A?

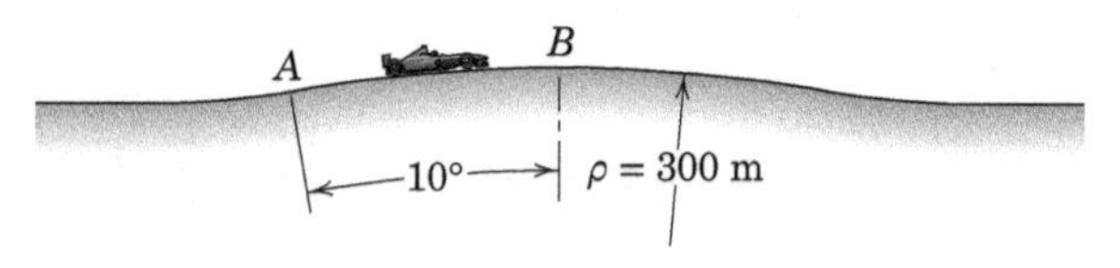

PROBLEMA 3/45

3/46 Um brinquedo de parque de diversões está representado na figura. Calcule a velocidade angular ω necessária para os balanços alcançarem um ângulo $\theta = 35°$ com a vertical. Despreze a massa dos cabos e trate a cadeira e a pessoa como uma partícula.

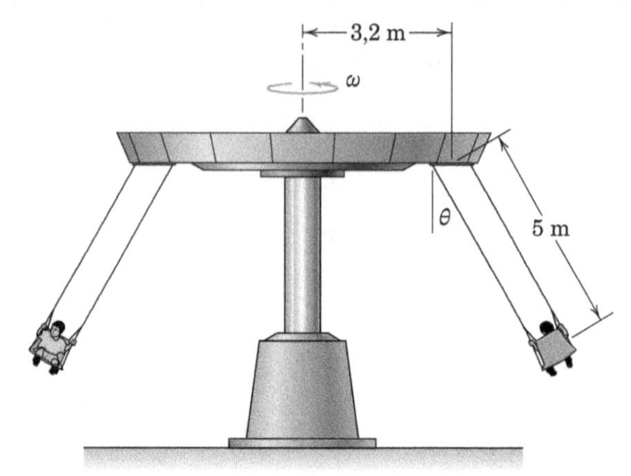

PROBLEMA 3/46

3/47 Um *snowboarder* de 80 kg tem velocidade $v = 5$ m/s na posição mostrada no *halfpipe*. Determine a força normal em seu *snowboard* e a intensidade de sua aceleração total no instante retratado. Use um valor $\mu_d = 0{,}10$ para o coeficiente de atrito dinâmico entre o *snowboard* e a superfície. Despreze o peso do *snowboard* e suponha que o centro de massa G do *snowboarder* é de 0,9 m a partir da superfície da neve.

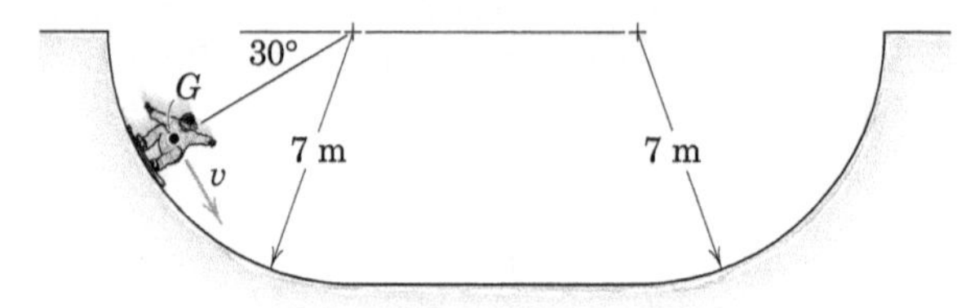

PROBLEMA 3/47

3/48 Uma criança gira uma pequena bola de 50 g presa ao final de uma corda de 1 m para que a bola trace um círculo no plano vertical, conforme a imagem. Qual é a velocidade mínima v que a bola deve ter quando estiver na posição 1? Se esta velocidade for mantida em todo o círculo, calcule a tensão T na corda quando a bola estiver na posição 2. Negligencie qualquer pequeno movimento da mão da criança.

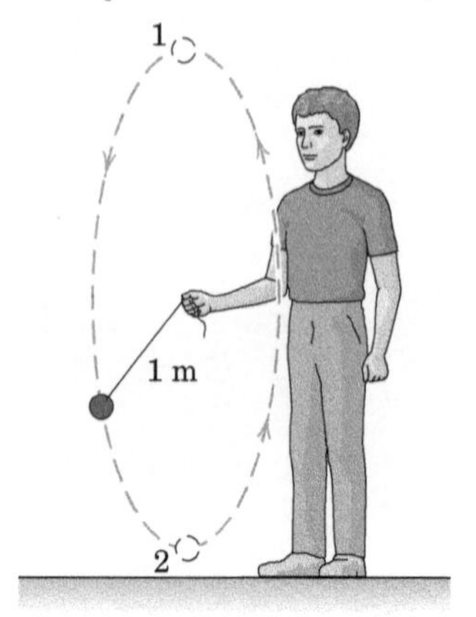

PROBLEMA 3/48

3/49 Um pequeno objeto A é mantido contra o lado vertical do recipiente cilíndrico giratório de raio r por centrifugação. Se o coeficiente de atrito estático entre o objeto e o recipiente é μ_e, determine a expressão para a taxa mínima de rotação $\dot{\theta} = \omega$ do recipiente que irá evitar que o objeto escorregue pelo lado vertical.

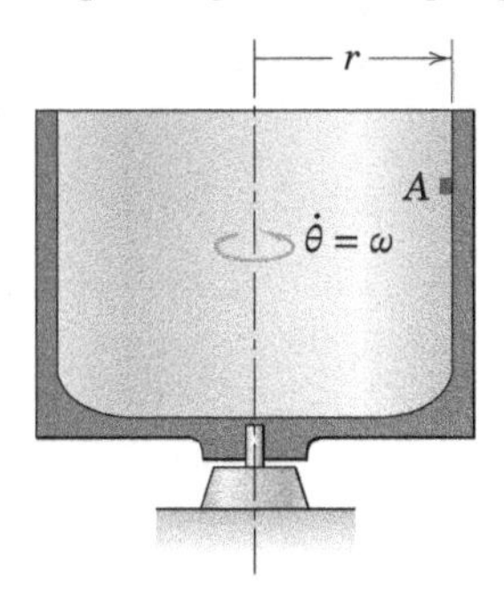

PROBLEMA 3/49

3/50 O teste padronizado determina a máxima aceleração lateral que um carro pode suportar ao redor de um círculo com diâmetro 60 m pintado sobre uma superfície de asfalto liso. O motorista aumenta lentamente a velocidade do veículo até que este não consiga manter os dois pares de rodas margeando a linha. Se a velocidade máxima é 55 km/h para um carro de 1400 kg, determine sua capacidade de aceleração lateral a_n em termos de g e calcule a intensidade da força de atrito total F exercida pelo pavimento sobre os pneus.

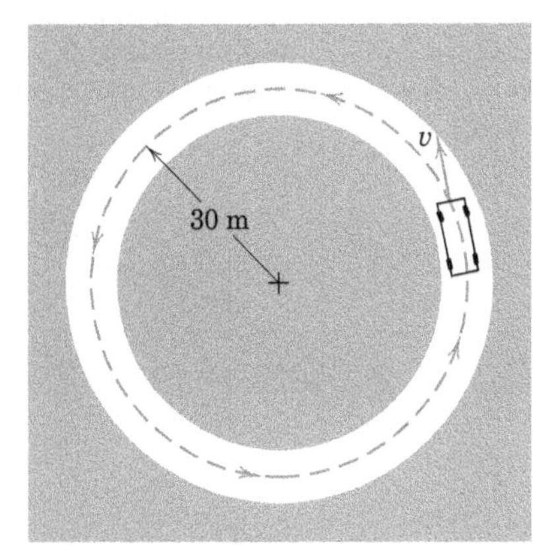

PROBLEMA 3/50

3/51 O carro do Problema 3/50 está viajando a 40 km/h quando o motorista aciona os freios e o carro continua a se mover ao longo da trajetória circular. Qual é a máxima desaceleração possível, se a força de atrito horizontal total nos pneus está limitada a 10,6 kN?

Problemas Representativos

3/52 O caminhão-prancha transporta uma grande seção de tubo circular presa apenas pelos dois blocos fixos A e B de altura h. O caminhão está em uma curva à esquerda do raio ρ. Determine a velocidade máxima na qual o tubo será contido. Use os valores ρ = 60 m, h = 0,1 m, e R = 0,8 m.

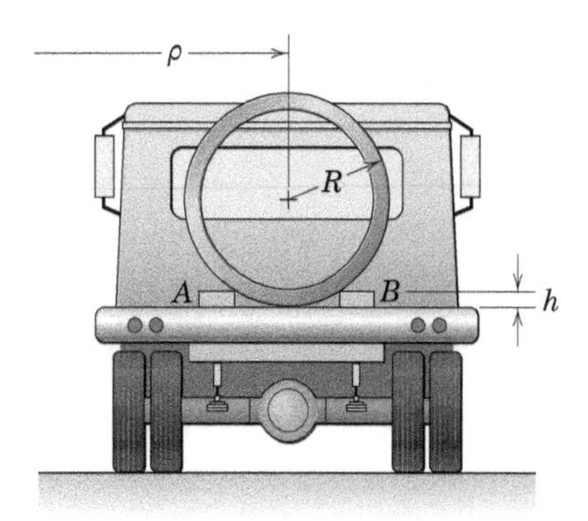

PROBLEMA 3/52

3/53 O conceito de pista com inclinação variável está representado na figura. Se os dois raios de curvatura são ρ_A = 92 m e ρ_B = 98 m para os carros A e B, respectivamente, determine a máxima velocidade para cada carro. O coeficiente de atrito estático é μ_e = 0,90 para ambos os carros.

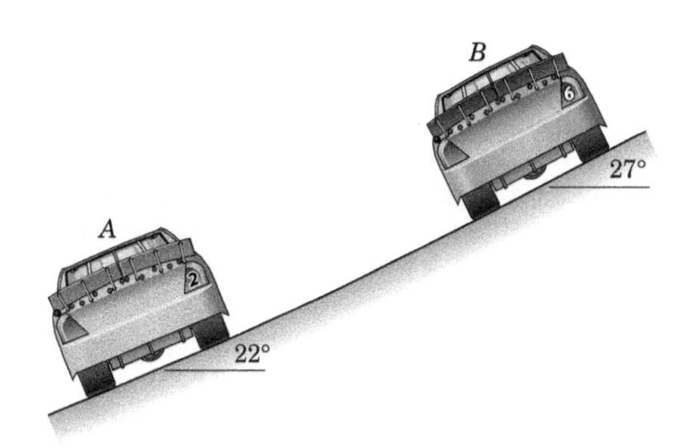

PROBLEMA 3/53

3/54 A partícula de massa m = 0,2 kg se desloca com velocidade constante v em uma trajetória circular ao redor do corpo cônico. Determine a tensão T no cordão. Despreze todo o atrito, e use os valores h = 0,8 m e v = 0,6 m/s. Em qual valor de v a força normal vai a zero?

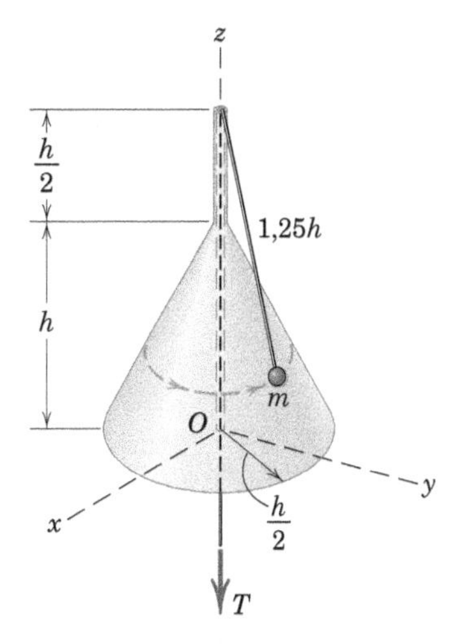

PROBLEMA 3/54

3/55 Um piloto conduz um avião a uma velocidade constante de 600 km/h no círculo vertical de raio 1000 m. Calcule a força exercida pelo assento sobre o piloto de 90 kg no ponto A e no ponto B.

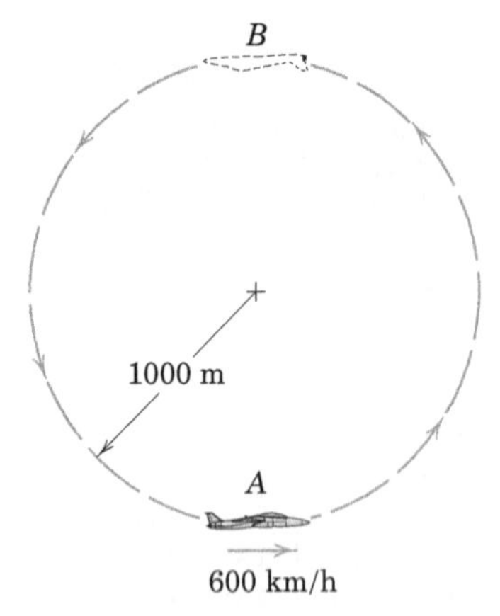

PROBLEMA 3/55

3/56 Uma partícula P de 0,2 kg é obrigada a mover-se ao longo da fenda circular no plano vertical de raio r = 0,5 m e está confinada à ranhura do braço OA, que gira em torno de um eixo através de O com taxa angular constante Ω = 3 rad/s. No instante em que β = 20°, determine a força N exercida sobre a partícula pela restrição circular e a força R exercida sobre ela pelo braço ranhurado.

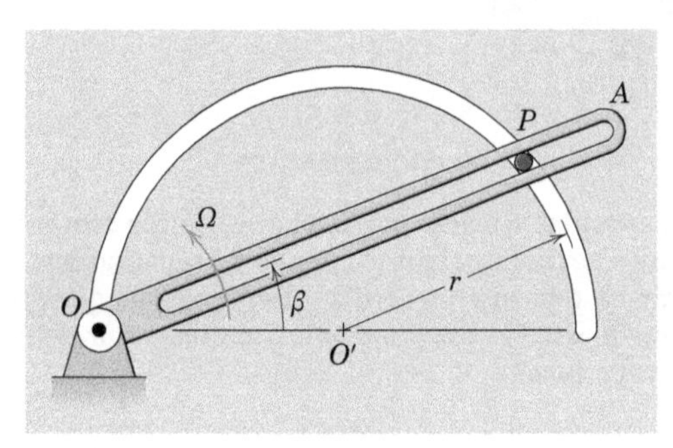

PROBLEMA 3/56

3/57 O caminhão-prancha deslocando-se a 100 km/h contorna uma curva com raio de curvatura de 300 m inclinada para dentro 10°. O coeficiente de atrito estático entre a prancha do caminhão e o caixote de 200 kg que está sendo transportado é 0,70. Calcule a força de atrito F atuando sobre o caixote.

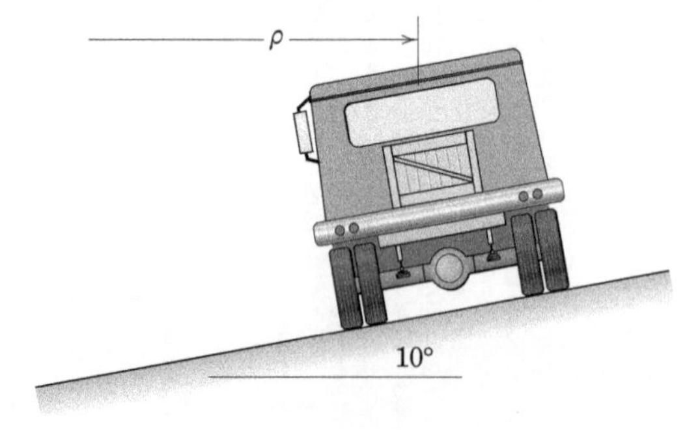

PROBLEMA 3/57

3/58 O conjunto de tubos gira em torno de um eixo vertical com velocidade angular $\omega = \dot{\theta}$ = 4 rad/s e $\dot{\omega} = \ddot{\theta}$ = −2 rad/s^2. Uma pequena barra deslizante P de 0,2 kg se move dentro da porção horizontal do tubo sob o controle de uma corda que atravessa a base do conjunto. Se r = 0,8 m, $\dot{r}$ = −2 m/s e $\ddot{r}$ = 4 m/s^2, determine a tensão T na corda e a força horizontal F_θ exercida pelo tubo sobre o bloco que desliza pelo tubo.

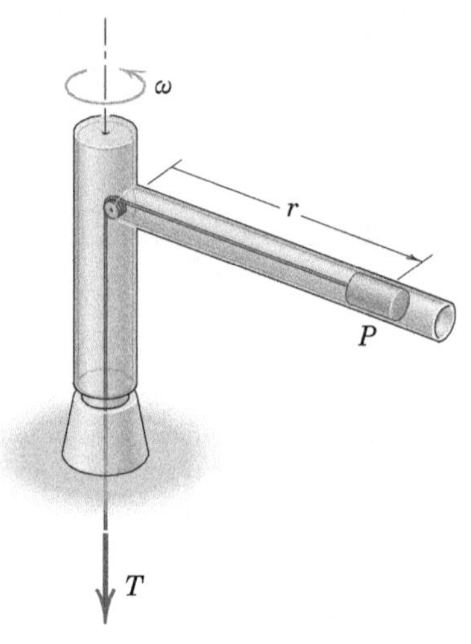

PROBLEMA 3/58

3/59 O braço ranhurado OA gira em torno de um eixo fixo através de O. No instante em consideração, θ = 30°, $\dot{\theta}$ = 45 graus/s e $\ddot{\theta}$ = 20 graus/s^2. Determine as forças aplicadas pelo braço OA e os lados da ranhura no bloco deslizante B de 0,2 kg. Despreze qualquer atrito e considere L = 0,6 m. O movimento ocorre em um plano vertical.

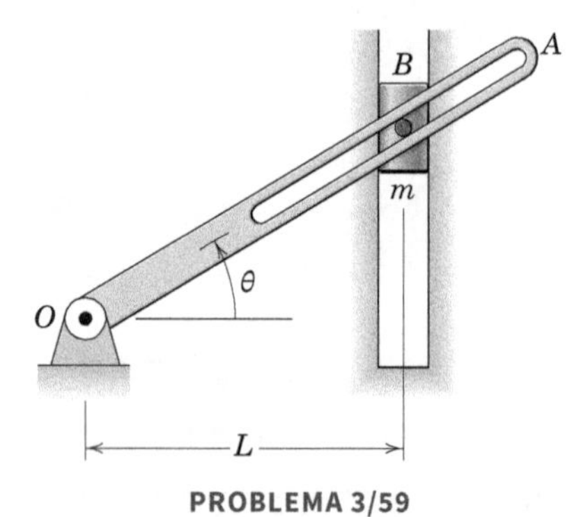

PROBLEMA 3/59

3/60 Agora, a configuração do Probl. 3/59 é modificada conforme a figura. Use todos os dados do Probl. 3/59 e determine as forças aplicadas ao bloco deslizante B pelo braço OA e pelos lados da ranhura. Despreze qualquer atrito.

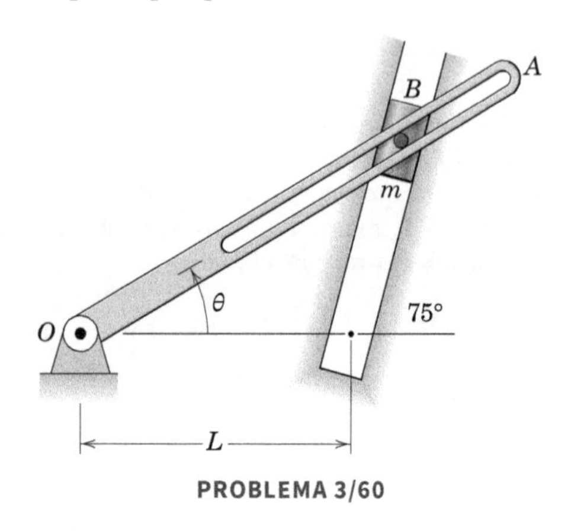

PROBLEMA 3/60

3/61 Determine a altitude h (em quilômetros) acima da superfície da Terra na qual um satélite em órbita circular tem o mesmo período, 23,9344 h, da rotação absoluta da Terra. Se uma órbita como essa reside no plano equatorial da Terra, diz-se que é geossíncrona, pois o satélite não parece se mover em relação a um observador fixo na Terra.

3/62 O braço ranhurado OA em quarto de círculo está girando em torno de um eixo horizontal através do ponto O com uma velocidade angular anti-horária constante $\Omega = 7$ rad/s. A partícula P de 0,05 kg é fixada ao braço com epóxi na posição $\beta = 60°$. Determine a força tangencial F paralela à ranhura que o epóxi deve suportar para que a partícula não deslize pela ranhura. O valor de $R = 0{,}4$ m.

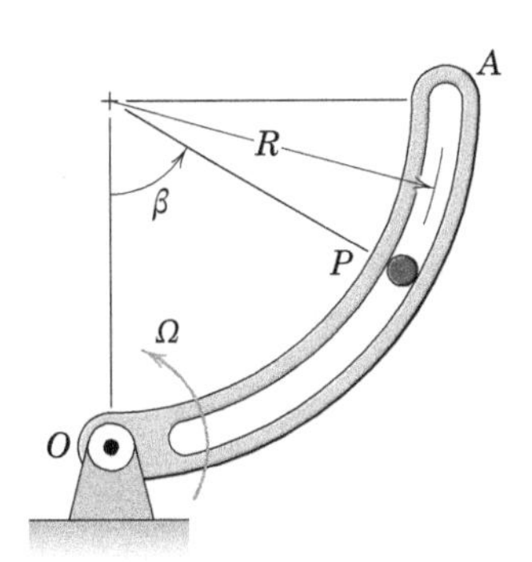

PROBLEMA 3/62

3/63 Uma esfera S de 2 kg está sendo deslocada em um plano vertical por um braço robótico. Quando o ângulo θ é de 30°, a velocidade angular do braço em torno de um eixo horizontal que passa por O é de 50 graus/s no sentido horário e sua aceleração angular é de 200 graus/s^2 no sentido anti-horário. Além disso, o elemento hidráulico está sendo encurtado na taxa constante de 500 mm/s. Determine a força mínima P necessária para segurar, se o coeficiente de atrito estático entre a esfera e as superfícies de aperto é de 0,50. Compare P com a força mínima P_e necessária para manter a esfera em equilíbrio estático na posição de 30°.

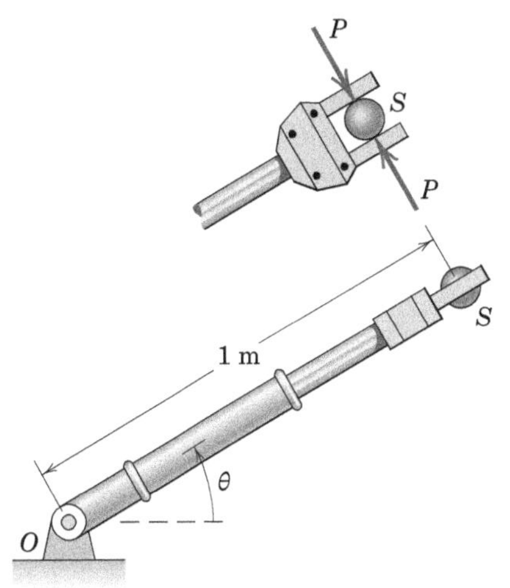

PROBLEMA 3/63

3/64 Os carros de uma montanha-russa têm uma velocidade v_A = 22 m/s em A e uma velocidade v_B = 12 m/s em B. Se o ocupante de 75 kg se senta em uma balança de mola (que registra a força normal exercida sobre ela), determine as leituras da balança na medida em que o carro passa pelos pontos A e B. Suponha que os braços e as pernas da pessoa não suportam uma força considerável.

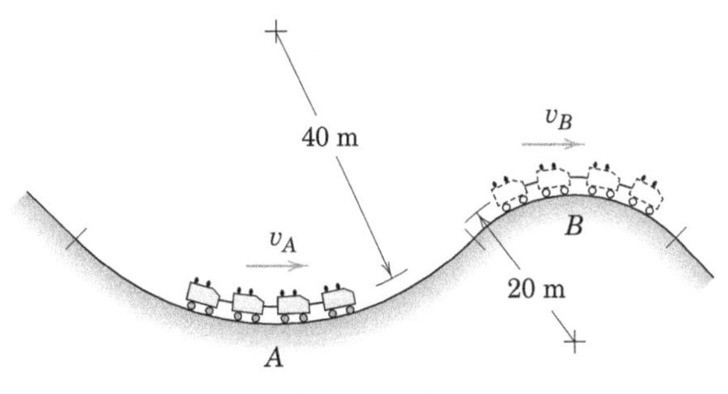

PROBLEMA 3/64

3/65 O foguete se move no plano vertical e é impulsionado por um empuxo T de 32 kN. Ele também está sujeito à resistência atmosférica R de 9,6 kN. Se o foguete tem uma velocidade de 3 km/s e se a aceleração da gravidade é 6 m/s^2 na altitude do foguete, calcule o raio de curvatura ρ da sua trajetória para a posição descrita e a taxa de variação com o tempo da intensidade da velocidade do foguete v. A massa do foguete no instante considerado é 2000 kg.

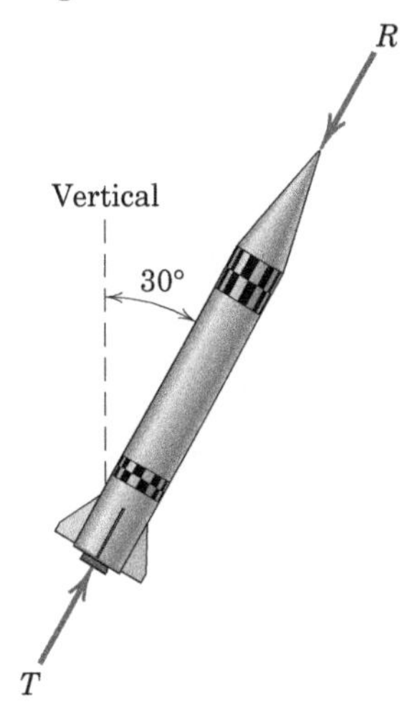

PROBLEMA 3/65

3/66 O braço robótico está se elevando e prolongando simultaneamente. Em determinado instante, $\theta = 30°$, $\dot{\theta} = 40$ graus/s, $\ddot{\theta} = 120$ graus/s^2, $l = 0{,}5$ m, $\dot{l} = 0{,}4$ m/s, e $\ddot{l} = -0{,}3$ m/s^2. Calcule as forças radial e transversal F_r e F_θ que o braço deve exercer sobre a peça segurada P, a qual possui uma massa de 1,2 kg. Compare com o caso de equilíbrio estático na mesma posição.

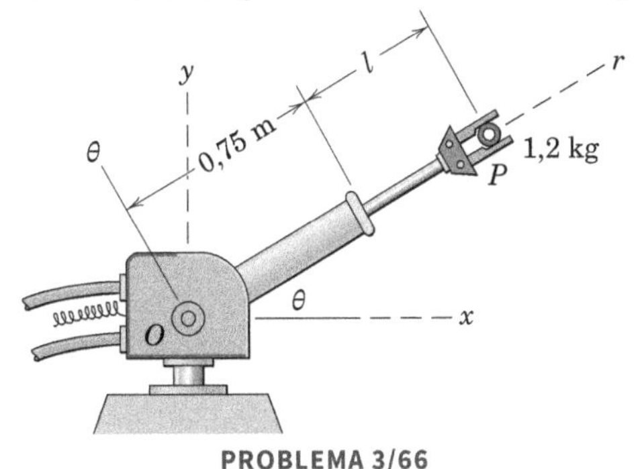

PROBLEMA 3/66

3/67 O pequeno objeto é colocado sobre a superfície interna do prato cônico no raio mostrado. Se o coeficiente de atrito estático entre o objeto e a superfície cônica é de 0,30, em que faixa de velocidades angulares ω em torno do eixo vertical o bloco permanecerá no prato sem escorregar? Suponha que as mudanças de velocidade sejam feitas lentamente, de modo que qualquer aceleração angular pode ser desprezada.

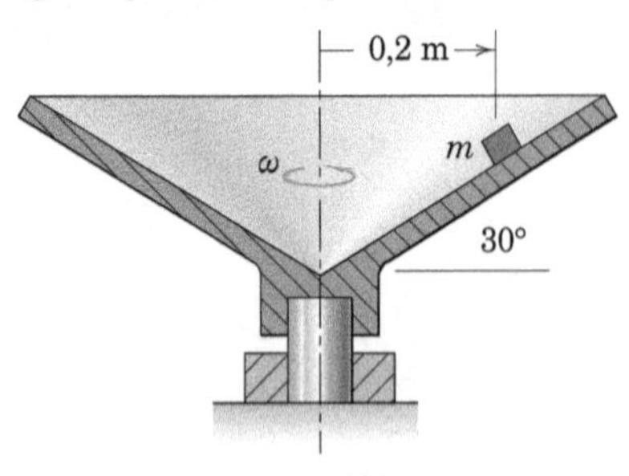

PROBLEMA 3/67

3/68 O anel montado com mola de 0,8 kg oscila ao longo da haste horizontal, que está girando com velocidade angular constante $\dot{\theta}$ = 6 rad/s. Em certo instante, r é aumentado na proporção de 800 mm/s. Se o coeficiente de atrito dinâmico entre o anel e a haste é 0,40, calcule a força de atrito F exercida pela haste sobre o anel neste instante.

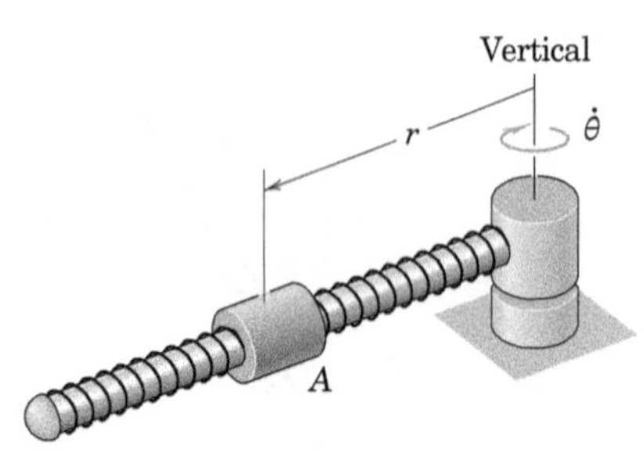

PROBLEMA 3/68

3/69 O braço ranhurado gira no plano horizontal em torno do eixo vertical fixo que passa pelo ponto O. O bloco C de 2 kg é puxado em direção a O na taxa constante de 50 mm/s tracionando o cordão S. No instante em que r = 225 mm, o braço tem velocidade angular no sentido anti-horário υ = 6 rad/s e que está diminuindo na taxa de 2 rad/s^2. Para este instante, determine a tração T no cordão e o módulo N da força exercida sobre o bloco deslizante pelas superfícies laterais da ranhura radial lisa. Indique qual lado, A ou B, da ranhura tem contato com o bloco deslizante.

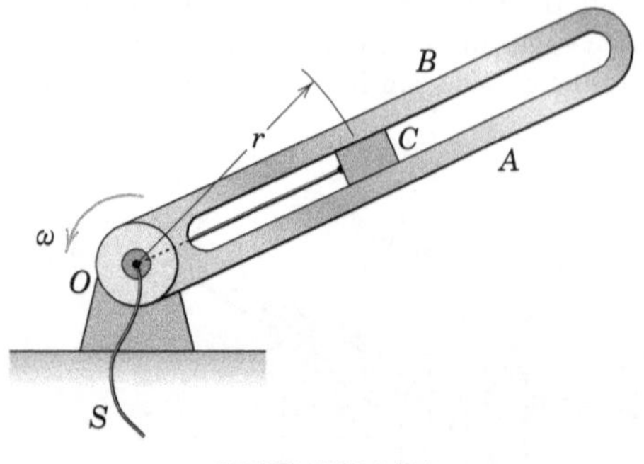

PROBLEMA 3/69

3/70 Um carro de 1500 kg está viajando a 100 km/h sobre a porção reta da estrada, e então sua velocidade é reduzida uniformemente de A para C, posição em que o carro atinge o repouso. Calcule o módulo F da força de atrito total exercida pela estrada sobre o carro (a) pouco antes de este passar o ponto B, (b) pouco depois de passar o ponto B, e (c) pouco antes de parar no ponto C.

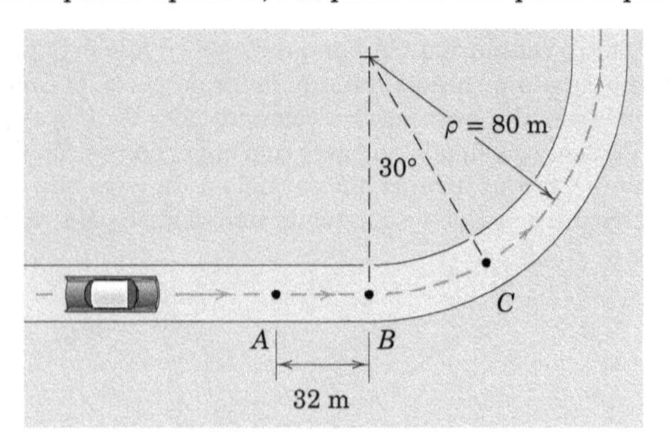

PROBLEMA 3/70

3/71 Uma pequena moeda é colocada sobre a superfície horizontal de um disco rotativo. No caso de o disco partir da posição de repouso e receber uma aceleração angular $\ddot{\theta} = \alpha$ constante, determine uma expressão para o número de revoluções N que o disco pode girar sem que a moeda deslize. O coeficiente de atrito estático entre a moeda e o disco é μ_e.

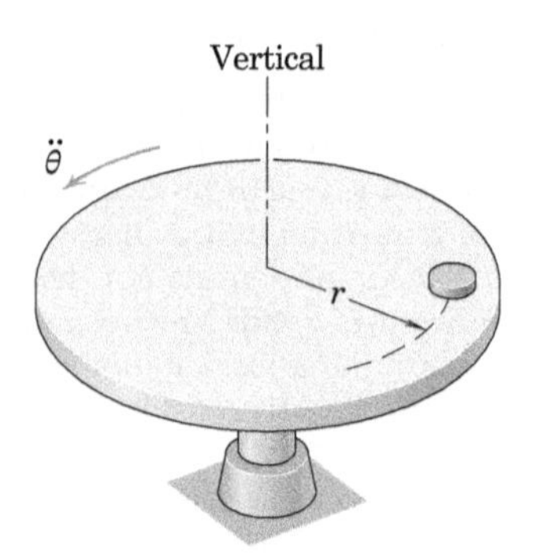

PROBLEMA 3/71

3/72 A partícula P é liberada no instante de tempo t = 0 a partir da posição $r = r_0$ no interior do tubo liso sem velocidade em relação ao tubo, que é acionado na velocidade angular constante ω_0 em torno de um eixo vertical. Determine a velocidade radial v_r, a posição radial r e a velocidade transversal v_θ como funções do tempo t. Explique por que a velocidade radial aumenta com o tempo na ausência de forças radiais. Trace o gráfico da trajetória absoluta da partícula durante o intervalo em que a partícula está no interior do tubo para r_0 = 0,1 m, l = 1 m e ω_0 = 1 rad/s.

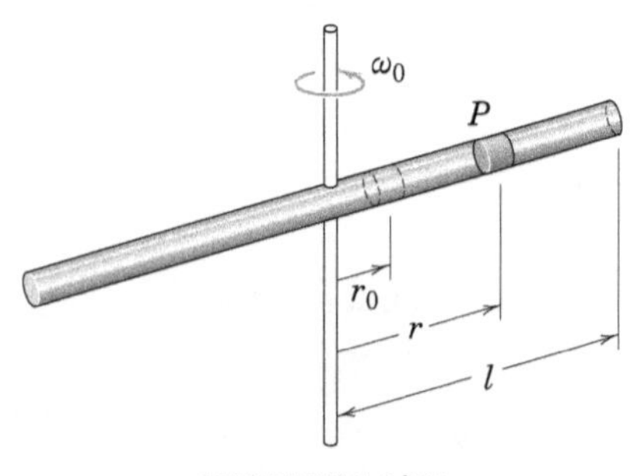

PROBLEMA 3/72

3/73 Um pequeno veículo entra na parte superior A da trajetória circular com uma velocidade horizontal v_0 e ganha velocidade enquanto se desloca pela trajetória. Determine uma expressão para o ângulo β que localiza o ponto onde o veículo sai da trajetória e se torna um projétil. Resolva sua expressão com $v_0 = 0$. Despreze o atrito e trate o veículo como uma partícula.

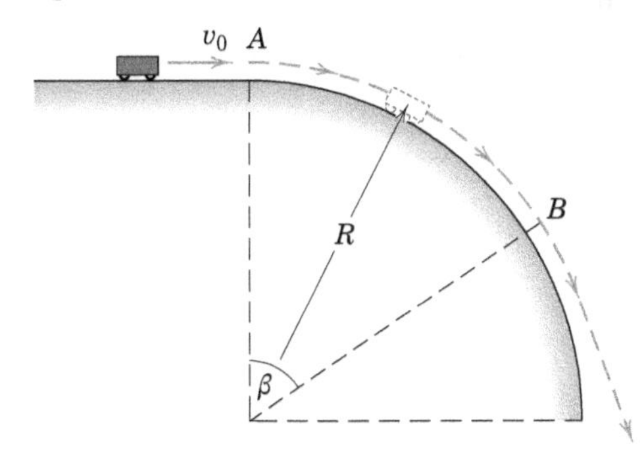

PROBLEMA 3/73

3/74 A nave espacial P está na órbita elíptica mostrada. No instante representado, sua velocidade é v = 4230 m/s. Determine os valores correspondentes de $\dot{r}$, $\dot{\theta}$, $\ddot{r}$ e $\ddot{\theta}$. Utilize g = 9,825 m/s^2 como a aceleração da gravidade sobre a superfície da Terra e R = 6371 km para o raio da Terra.

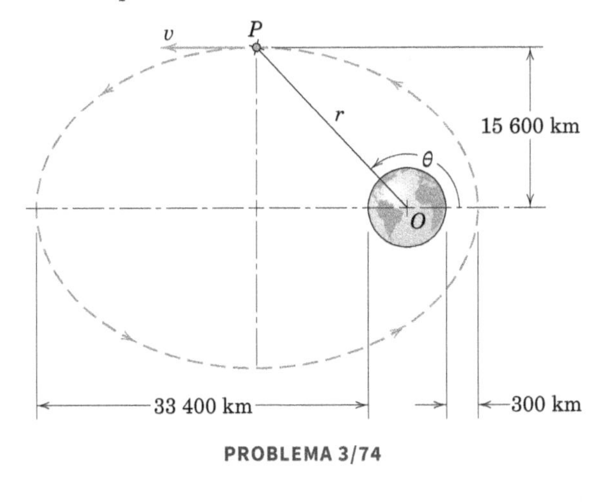

PROBLEMA 3/74

▸3/75 O braço OB com ranhura gira em um plano horizontal em torno do ponto O, do came circular fixo, com velocidade angular constante $\dot{\theta}$ = 15 rad/s. A mola tem uma rigidez de 5 kN/m e não está comprimida quando $\theta = 0$. O rolete liso A tem massa de 0,5 kg. Determine a força normal N que o came exerce sobre A e, também, a força R exercida sobre A pelos lados da ranhura, quando $\theta = 45°$. Todas as superfícies são lisas. Despreze o pequeno diâmetro do rolete.

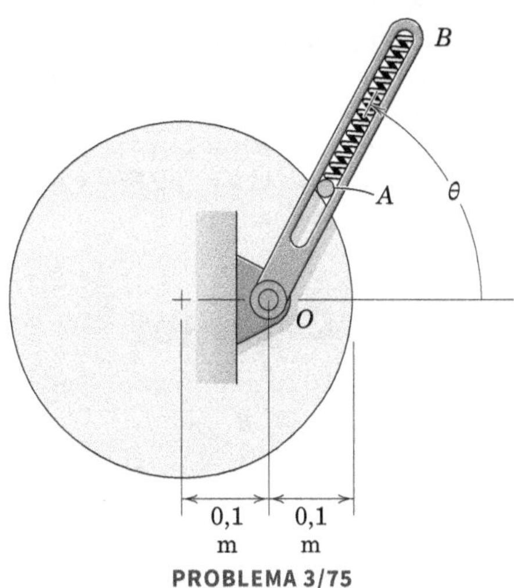

PROBLEMA 3/75

▸3/76 Um pequeno anel de massa m recebe uma velocidade inicial de intensidade v_0 sobre o trilho horizontal fabricado a partir de uma haste esbelta. Se o coeficiente de atrito dinâmico é μ_d, determine a distância percorrida antes que o anel entre em repouso. (*Sugestão*: Presuma que a força de atrito depende da força normal líquida.)

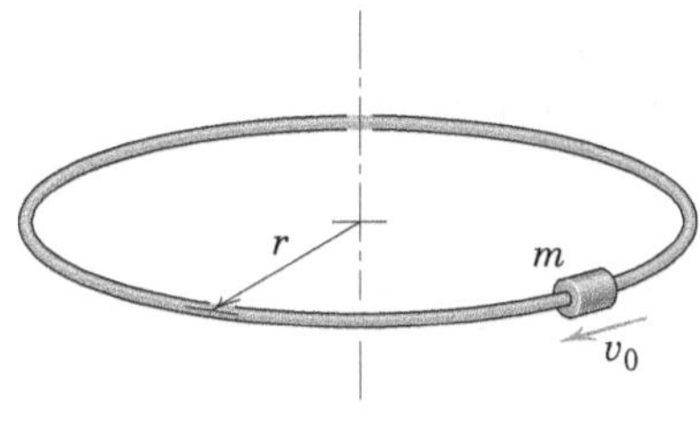

PROBLEMA 3/76

Problemas para a Seção 3/6

Problemas Introdutórios

3/77 O pequeno bloco deslizante de 0,2 kg é conhecido por se mover da posição A para a posição B ao longo da ranhura no plano vertical. Determine: (*a*) o trabalho realizado no corpo por seu peso e (*b*) o trabalho realizado no corpo pela mola. A distância R = 0,8 m, o módulo de mola k = 180 N/m e o comprimento da mola não esticada é de 0,6 m.

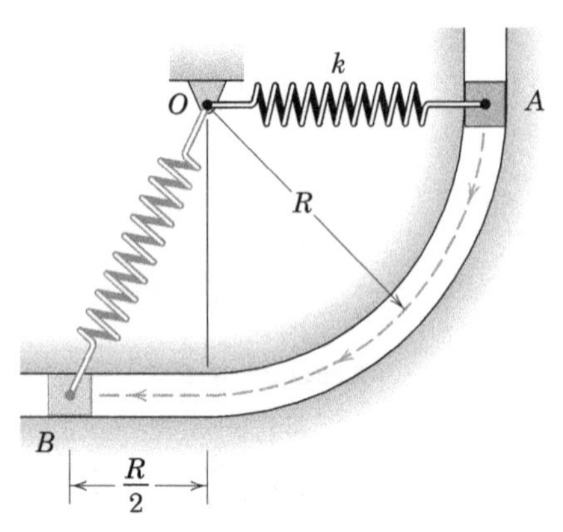

PROBLEMA 3/77

3/78 O pequeno corpo tem uma velocidade v_A = 5 m/s quando passa pelo ponto A, desloca-se sem atrito considerável e se eleva 0,8 m. Determine a velocidade do corpo quando este passa pelo ponto B. O conhecimento da forma da pista é necessário?

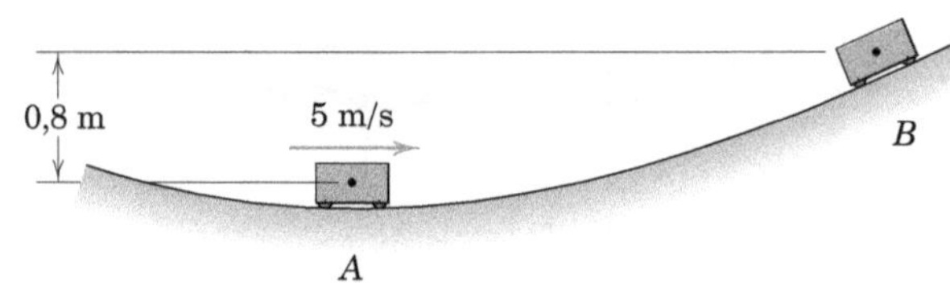

PROBLEMA 3/78

3/79 No projeto de um para-choque com molas para um carro de 1500 kg, deseja-se parar o carro a partir de uma velocidade de 8 km/h em uma distância igual a 150 mm de deformação da mola. Especifique a rigidez k necessária para cada uma das duas molas por trás do para-choque. As molas estão sem deformação no início do impacto.

PROBLEMA 3/79

3/80 O anel de 2 kg está em repouso na posição A quando a força constante P é aplicada, como mostrado. Determine a velocidade do anel ao passar pela posição B, se (*a*) P = 25 N e (*b*) P = 40 N. A haste curvada encontra-se em um plano vertical, e o atrito é insignificante.

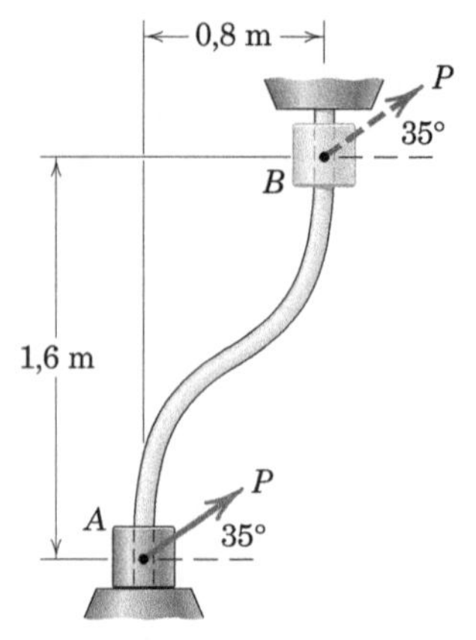

PROBLEMA 3/80

3/81 O caixote de 30 kg desliza para baixo sobre a trajetória curva no plano vertical. Se o caixote tem uma velocidade de 1,2 m/s para baixo em A e uma velocidade de 8 m/s em B, calcule o trabalho U_{at} realizado sobre o caixote pelo atrito durante o movimento de A para B.

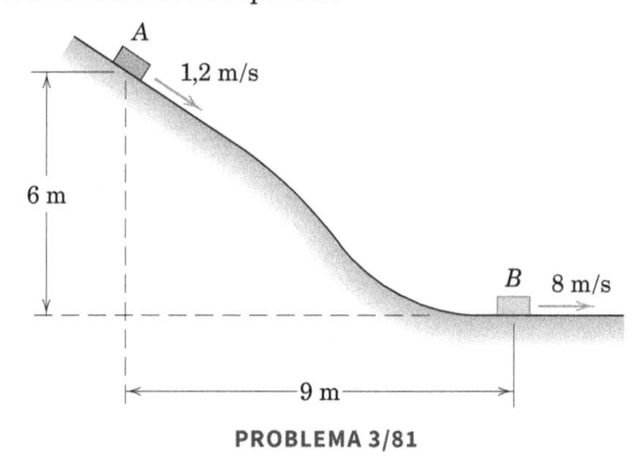

PROBLEMA 3/81

3/82 O homem e sua bicicleta têm uma massa combinada de 95 kg. Que potência P o homem desenvolve subindo a inclinação de 5 % a uma velocidade constante de 20 km/h?

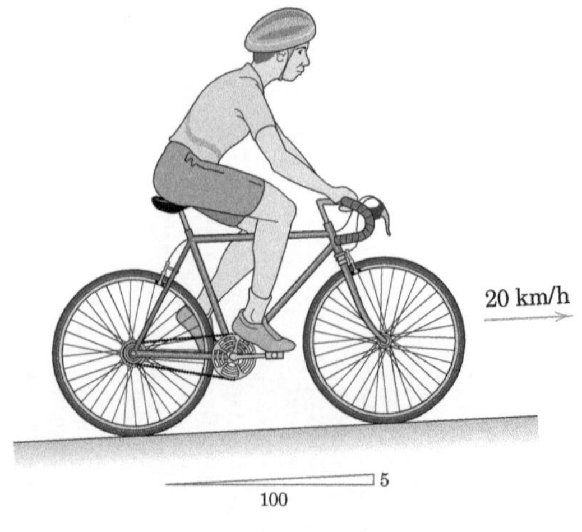

PROBLEMA 3/82

3/83 O carro está em movimento com uma velocidade v_0 = 105 km/h, subindo uma rampa com 6 % de inclinação, e o motorista aciona os freios no ponto A, causando a derrapagem de todas as rodas. O coeficiente de atrito cinético da estrada com chuva é μ_d = 0,60. Determine a distância de parada s_{AB}. Repita seus cálculos para o caso em que o carro estiver descendo de B para A.

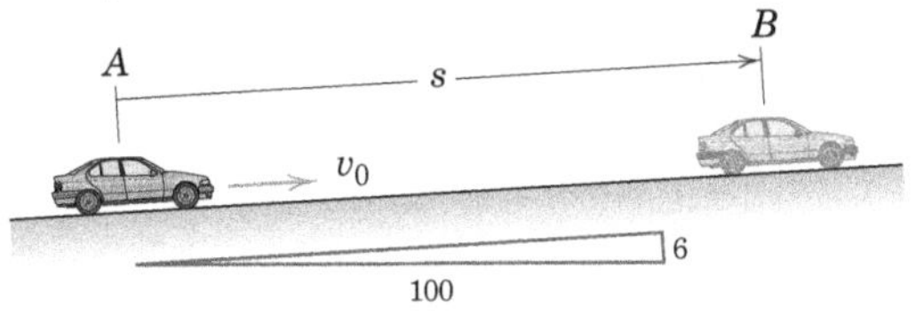

PROBLEMA 3/83

3/84 O anel de 2 kg é liberado partindo do repouso em A e desliza para baixo na haste fixa e inclinada, no plano vertical. O coeficiente de atrito dinâmico é 0,40. Calcule (a) a velocidade v do anel quando ele se choca com a mola e (b) a deflexão máxima x da mola.

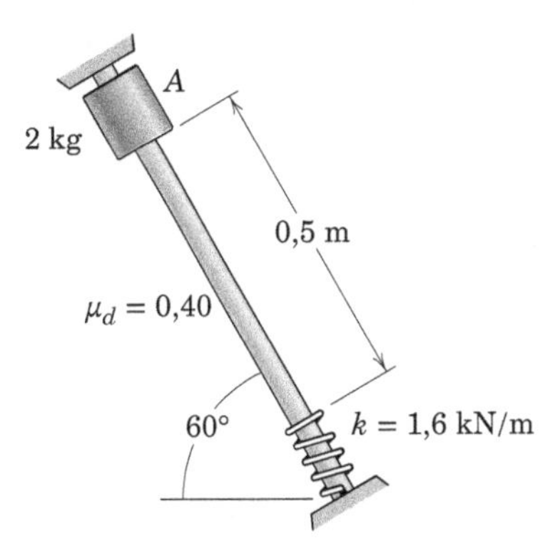

PROBLEMA 3/84

3/85 O anel A de 15 kg é liberado do repouso na posição mostrada e desliza para cima com atrito insignificante na haste fixa inclinada 30° em relação à horizontal sob a ação de uma força constante P = 200 N aplicada ao cabo. Calcule a rigidez necessária k da mola para que sua deflexão máxima seja igual a 180 mm. A posição da polia pequena em B é fixa.

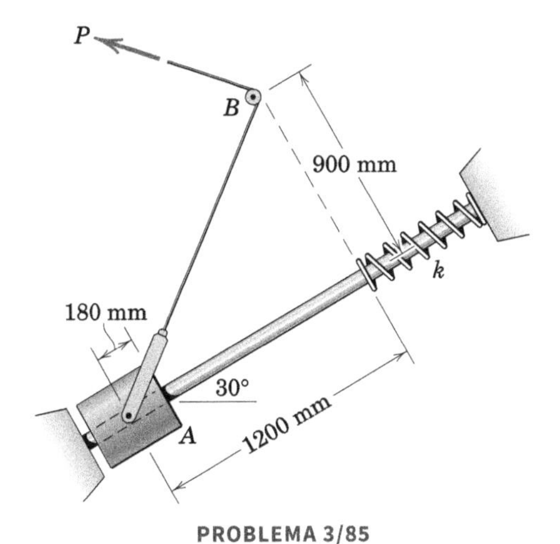

PROBLEMA 3/85

3/86 Cada um dos dois sistemas é liberado partindo do repouso. Calcule a velocidade v de cada cilindro de 25 kg, após o cilindro de 20 kg ter caído por 2 m. O cilindro de 10 kg do caso (a) é substituído por uma força de 10(9,81) N no caso (b).

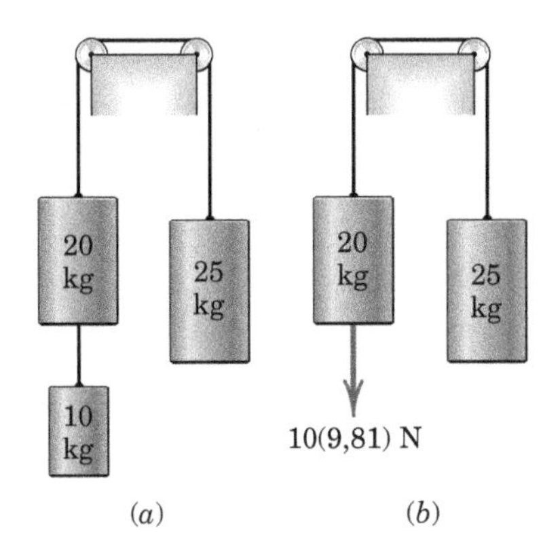

PROBLEMA 3/86

3/87 O anel de 0,8 kg se desloca com atrito insignificante sobre a haste vertical sob a ação da força constante P = 20 N. Se o anel parte do repouso em A, determine sua velocidade ao passar do ponto B. O valor de R = 1,6 m.

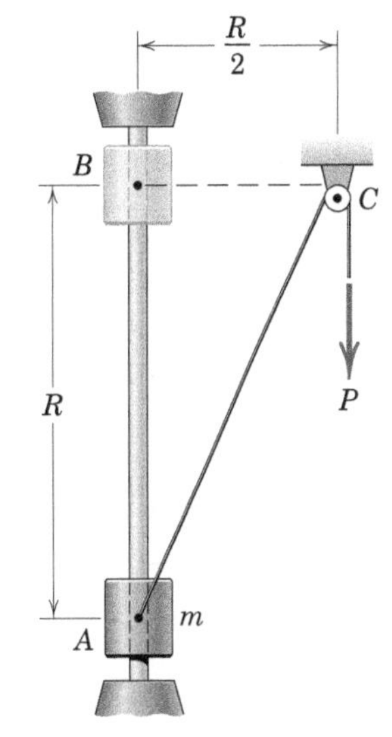

PROBLEMA 3/87

3/88 A mulher de 54 kg percorre, correndo, o lance de escadas em cinco segundos. Determine a potência média desenvolvida.

PROBLEMA 3/88

Problemas Representativos

3/89 A bola de 4 kg e a haste leve, fixada a ela, giram no plano vertical em torno do eixo fixado em O. Se o conjunto é liberado, partindo do repouso, em $\theta = 0$ e se move sob a ação da força de 60 N, mantida normal à haste, determine a velocidade v da bola quando θ se aproxima de 90°. Trate a bola como uma partícula.

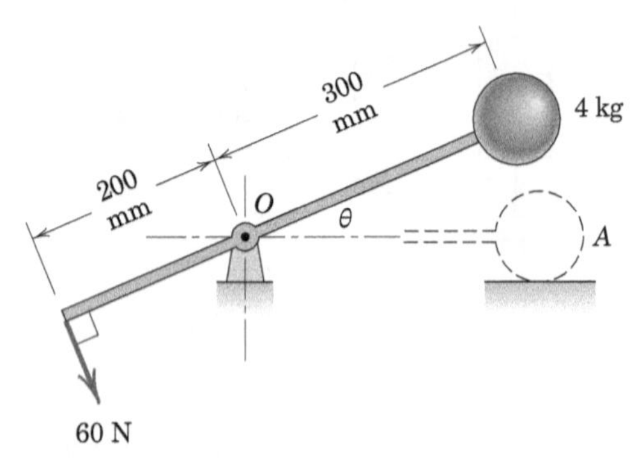

PROBLEMA 3/89

3/90 O vetor posição de uma partícula é dado por $\mathbf{r} = 8t\mathbf{i} + 1{,}2t^2\mathbf{j} - 0{,}5(t^3 - 1)\mathbf{k}$, em que t é o tempo em segundos a partir do início do movimento e r é expresso em metros. Para a condição em que $t = 4$ s, determine a potência P desenvolvida pela força $\mathbf{F} = 40\mathbf{i} - 20\mathbf{j} - 36\mathbf{k}$ N que atua sobre a partícula.

3/91 Uma escada rolante de uma loja de departamentos movimenta uma carga regular de 30 pessoas por minuto, elevando-as do primeiro para o segundo andar através de uma distância vertical de 7 m. Uma pessoa média possui uma massa de 65 kg. Se o motor que aciona a unidade fornece 3 kW, calcule a eficiência mecânica e do sistema.

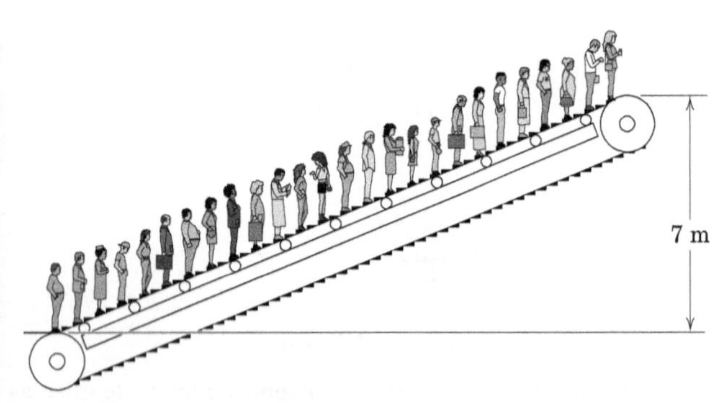

PROBLEMA 3/91

3/92 Um carro de 1650 kg percorre a inclinação de 6 % mostrada. O carro é submetido a uma força de arrasto aerodinâmico de 270 N e uma força de 220 N devido a todos os outros fatores, como a resistência ao rolamento. Determine a potência de saída necessária a uma velocidade de 100 km/h, se (a) a velocidade for constante e (b) a velocidade for aumentando à taxa de $0{,}05g$.

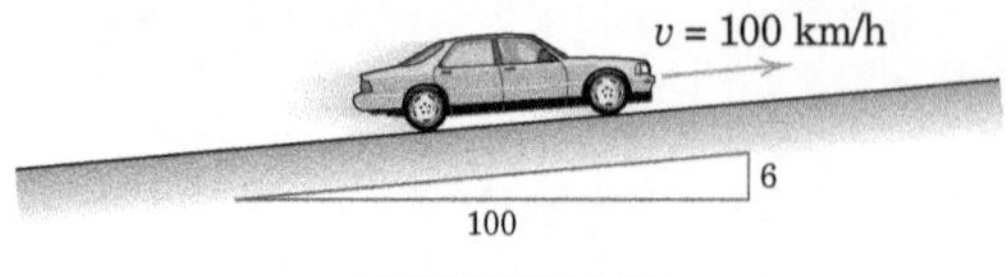

PROBLEMA 3/92

3/93 A resistência R à penetração x de um projétil de 0,25 kg disparado com uma velocidade de 600 m/s em determinado bloco de material fibroso é mostrada no gráfico. Represente esta resistência pela linha tracejada e calcule a velocidade v do projétil no instante em que $x = 25$ mm, se o projétil é trazido para o repouso após uma penetração total de 75 mm.

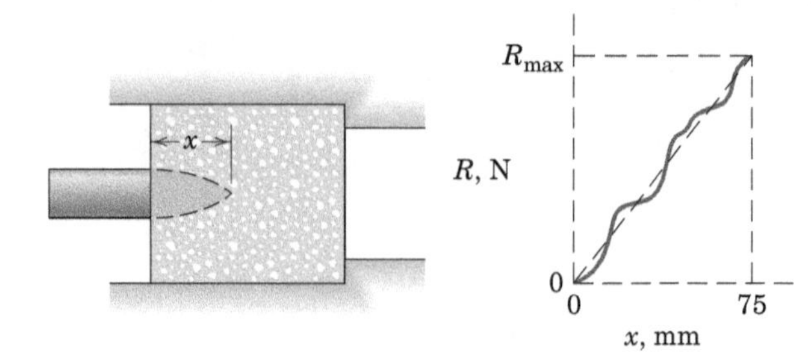

PROBLEMA 3/93

3/94 O anel de massa m é liberado do repouso enquanto está na posição A e posteriormente percorre com atrito insignificante a guia circular no plano vertical. Determine a força normal (intensidade e direção) exercida pela guia sobre o anel (a) pouco antes de o anel passar pelo ponto B, (b) logo após o anel passar o ponto B (ou seja, o anel está agora na parte curva da guia), (c) à medida que o anel passa o ponto C e (d) pouco antes de o anel passar o ponto D. Utilize os valores $m = 0{,}4$ kg, $R = 1{,}2$ m, e $k = 200$ N/m. O comprimento não esticado da mola é de $0{,}8R$.

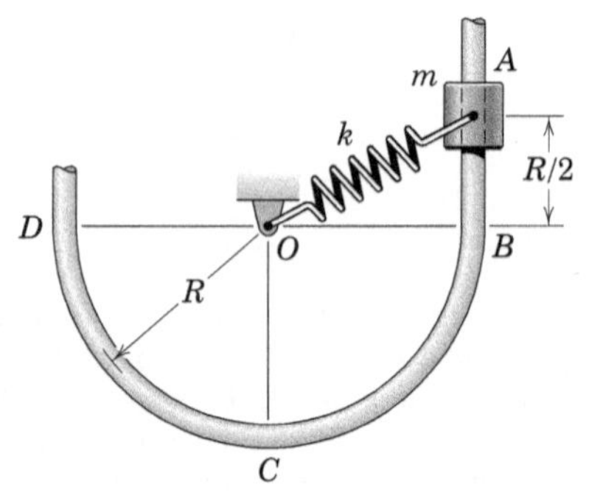

PROBLEMA 3/94

3/95 Uma mola automotiva não linear é testada com o impacto de um cilindro de 70 kg à velocidade $v_0 = 3{,}6$ m/s. A resistência da mola é mostrada no gráfico anexo.

Determine a deflexão máxima δ da mola com e sem o termo não linear presente. A pequena plataforma no topo da mola tem peso insignificante.

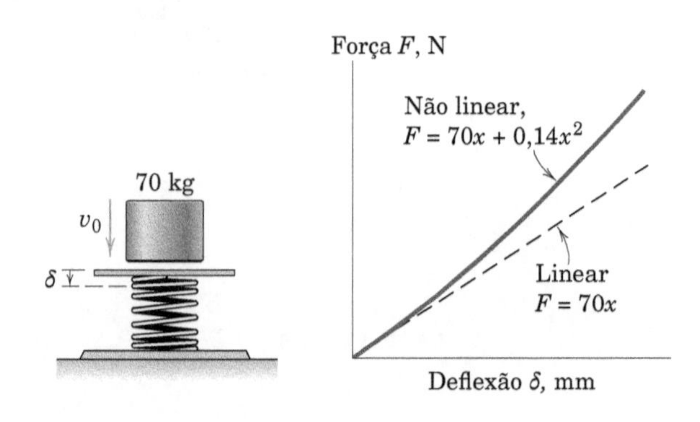

PROBLEMA 3/95

3/96 A unidade motora A é utilizada para elevar o cilindro de 300 kg a um ritmo constante de 2 m/s. Se o medidor de potência B registrar uma entrada de potência elétrica de 2,20 kW, calcule a eficiência elétrica e mecânica combinada e do sistema.

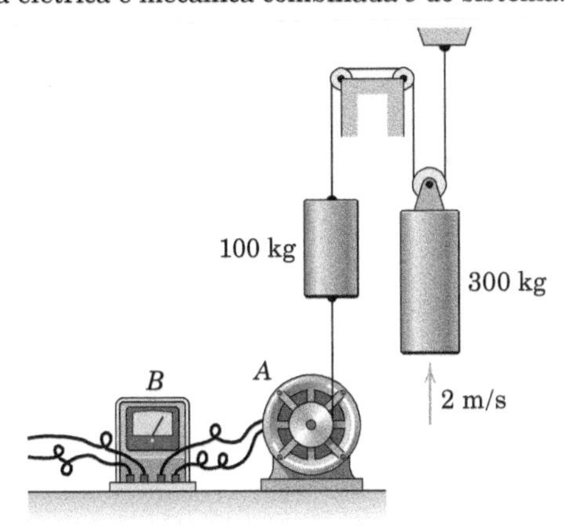

PROBLEMA 3/96

3/97 Um garoto de 40 kg parte do repouso no início A de uma rampa com 10 % de inclinação e aumenta sua velocidade a uma taxa constante para 8 km/h enquanto ele passa por B, 15 m rampa acima a partir de A. Determine sua potência útil à medida que ele se aproxima de B.

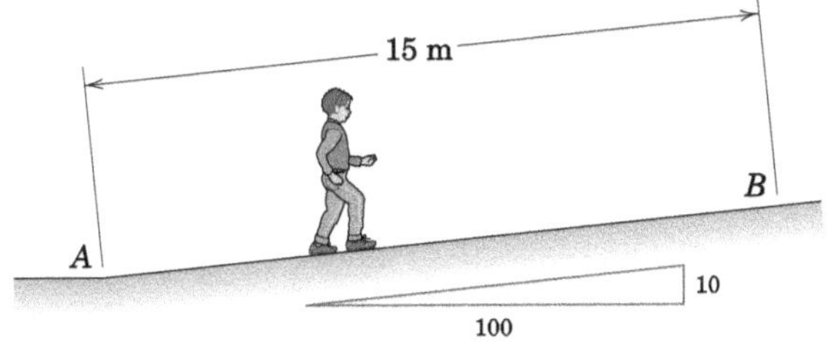

PROBLEMA 3/97

3/98 Um projétil é lançado do Polo Norte com uma velocidade vertical inicial v_0. Qual valor de v_0 resultará na máxima altitude de $R/2$? Despreze o arrasto aerodinâmico e use g = 9,825 m/s^2 como a aceleração devida à gravidade na superfície.

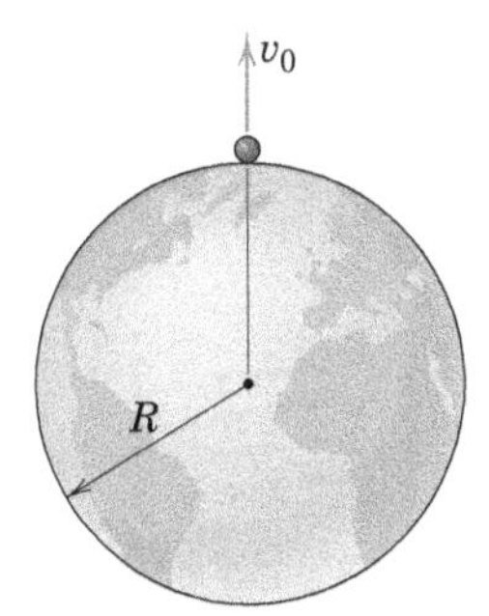

PROBLEMA 3/98

3/99 Duas locomotivas de 195 Mg puxam 50 vagões de carvão de 90 Mg. O trem parte do repouso e acelera uniformemente até atingir velocidade de 64 km/h ao longo de uma distância de 2400 m em trajetória nivelada. A resistência constante ao rolamento de cada carro é 0,005 vez seu peso. Despreze todas as demais forças resistentes e admita que cada locomotiva contribui igualmente com força de tração. Determine (a) a força de tração exercida por cada locomotiva até 32 km/h, (b) a potência necessária para cada locomotiva quando a velocidade do trem se aproxima de 32 km/h, (c) a potência necessária para cada locomotiva para que o trem alcance uma velocidade aproximada de 64 km/h, e (d) a potência necessária para cada locomotiva quando o trem se desloca a 64 km/h.

PROBLEMA 3/99

3/100 Um carro com massa de 1500 kg parte do repouso no início de uma rampa com 10 % de inclinação e adquire uma velocidade de 50 km/h em uma distância de 100 m com aceleração constante rampa acima. Qual é a potência P entregue às rodas de tração pelo motor quando o carro atinge esta velocidade?

3/101 O pequeno bloco deslizante de massa m é liberado, partindo do repouso no ponto A, e então desliza ao longo da trilha sobre o plano vertical. A trilha é suave entre A e D e áspera (coeficiente de atrito dinâmico μ_d) a partir do ponto D. Determine (a) a força normal N_B exercida pela trilha sobre o bloco deslizante, logo após passar pelo ponto B, (b) a força normal N_C exercida pela trilha sobre o bloco deslizante quando ele passa pelo ponto mais baixo C, e (c) a distância c percorrida ao longo da inclinação, após o ponto D, antes que o bloco deslizante pare.

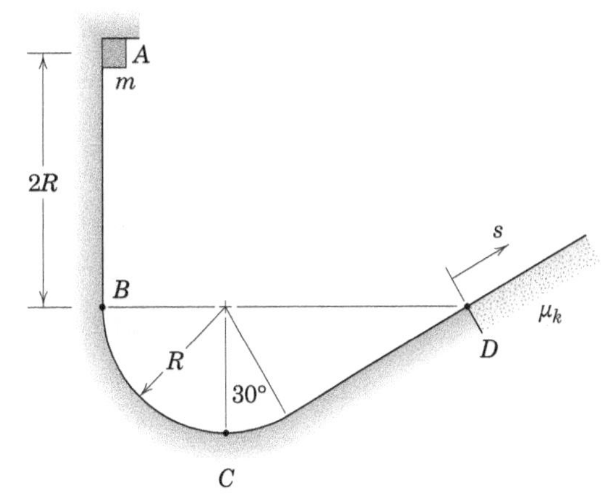

PROBLEMA 3/101

3/102 Em um pátio de triagem ferroviário, um vagão de 68 Mg movendo-se a 0,5 m/s em A encontra um trecho retardador da via em B que exerce uma força retardadora de 32 kN sobre o vagão na direção oposta ao movimento. A que distância x o retardador deve ser ativado para limitar a velocidade do carro a 3 m/s em C?

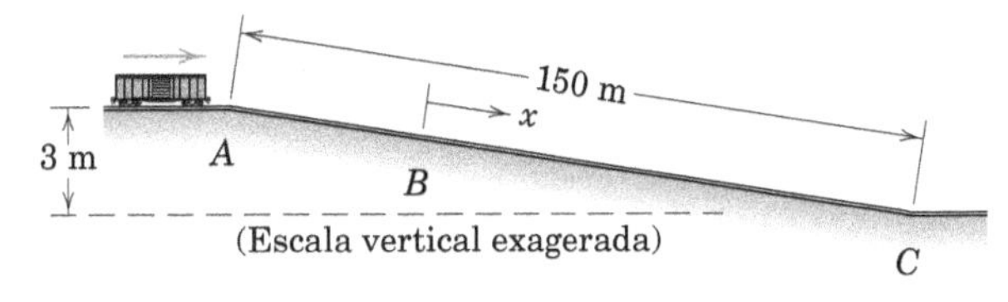

PROBLEMA 3/102

3/103 O sistema é liberado do repouso, sem folga no cabo e com a mola não esticada. Determine a distância percorrida pelo carrinho de 4 kg antes de entrar em repouso, (*a*) se m se aproximar de zero e (*b*) se m = 3 kg. Suponha que não haja interferência mecânica nem atrito e declare se a distância percorrida é para cima ou para baixo na inclinação.

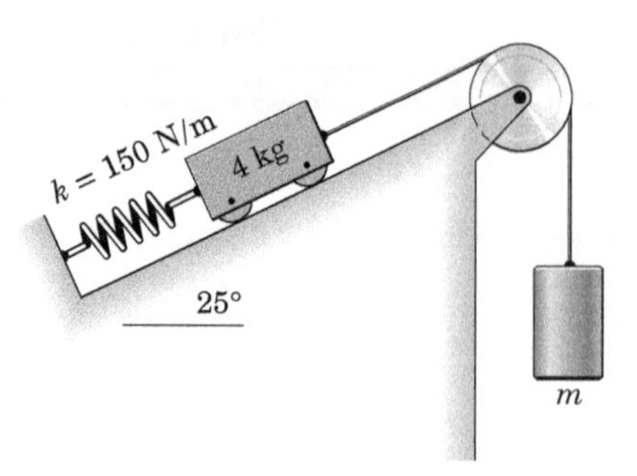

PROBLEMA 3/103

3/104 O sistema é liberado do repouso, sem folga no cabo e com a mola esticada 200 mm. Determine a distância percorrida pelo carrinho de 4 kg antes de ele entrar em repouso, (*a*) se m se aproximar de zero e (*b*) se m = 3 kg. Suponha que não haja interferência mecânica nem atrito e declare se a distância percorrida é para cima ou para baixo na inclinação.

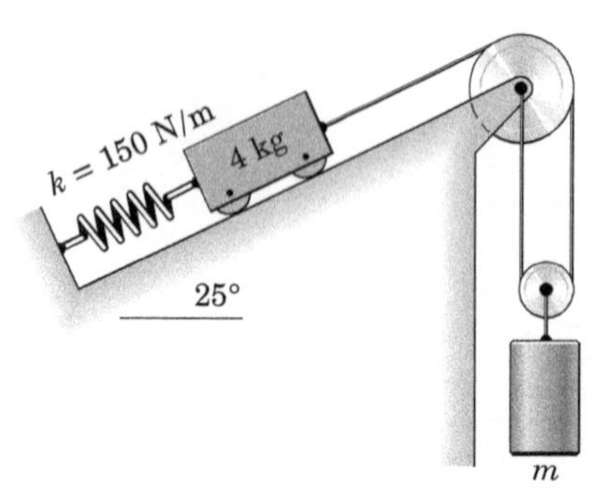

PROBLEMA 3/104

3/105 Foi determinado experimentalmente que as rodas motrizes de um carro devem exercer uma força de tração de 560 N na superfície da estrada, a fim de manter velocidade constante do veículo de 90 km/h em uma estrada horizontal. Se for sabido que a eficiência total da transmissão é e_m = 0,70, determine a potência útil do motor exigida P.

3/106 Uma vez em movimento com velocidade constante, o elevador A de 1000 kg se eleva com uma taxa de um andar (3 m) por segundo. Determine a potência de entrada P_{ent} na unidade motora M, se o rendimento mecânico e elétrico combinado do sistema é e = 0,8.

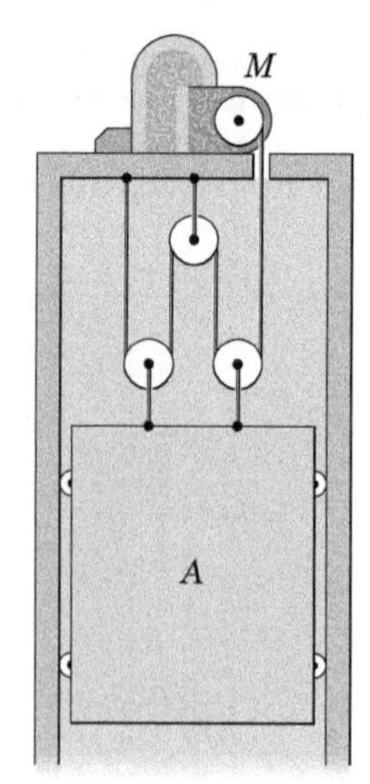

PROBLEMA 3/106

3/107 Calcule a velocidade horizontal v com que o carrinho de 20 kg deve se chocar com a mola, para que a comprima, no máximo, 100 mm. A mola é conhecida como uma mola "que endurece", uma vez que sua rigidez aumenta com a deflexão, conforme está representado no gráfico ao lado.

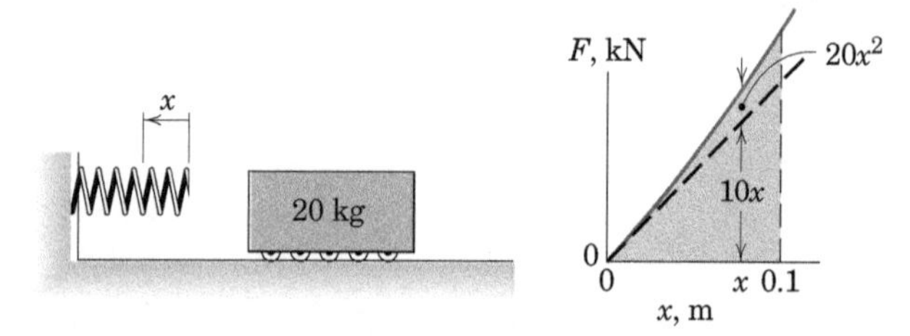

PROBLEMA 3/107

3/108 O cilindro de 6 kg é liberado, partindo do repouso, na posição representada, e cai sobre a mola, que foi inicialmente pré-comprimida de 50 mm com a tira leve e os arames de contenção. Se a rigidez da mola é 4 kN/m, calcule a deflexão adicional δ da mola, produzida pela queda do cilindro antes que este seja rebatido.

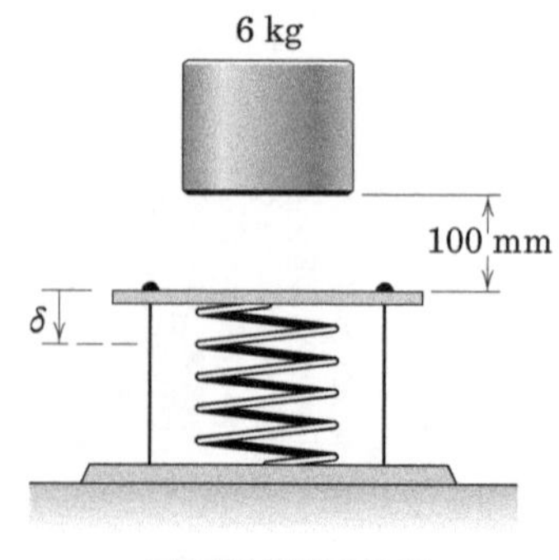

PROBLEMA 3/108

3/109 Os dois blocos deslizantes de 0,2 kg A e B estão conectados por uma barra leve e rígida, de comprimento $L = 0{,}5$ m. Se o sistema for liberado, partindo do repouso, enquanto está na posição representada, com a mola não deformada, determine a compressão máxima δ da mola. Observe a presença de uma pressão de ar constante 0,14 MPa agindo sobre um dos lados do bloco deslizante A, com 500 mm^2. Despreze o atrito. O movimento ocorre no plano vertical.

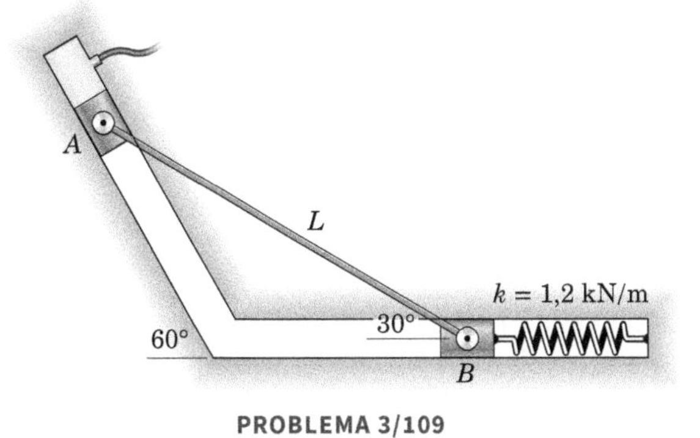

PROBLEMA 3/109

3/110 O teste extensivo de um automóvel experimental de 900 kg revela que a força de arrasto aerodinâmico F_A e a força total, não aerodinâmica, de resistência ao rolamento F_R são como indicadas no gráfico. Determine (*a*) a potência necessária para velocidades constantes de 50 e de 100 km/h sobre uma estrada nivelada, (*b*) a potência necessária para uma velocidade constante de 100 km/h, tanto para cima quanto para baixo sobre uma rampa de 6%, e (*c*) a velocidade constante de descida sobre a rampa de 6 %, para a qual nenhuma potência é necessária.

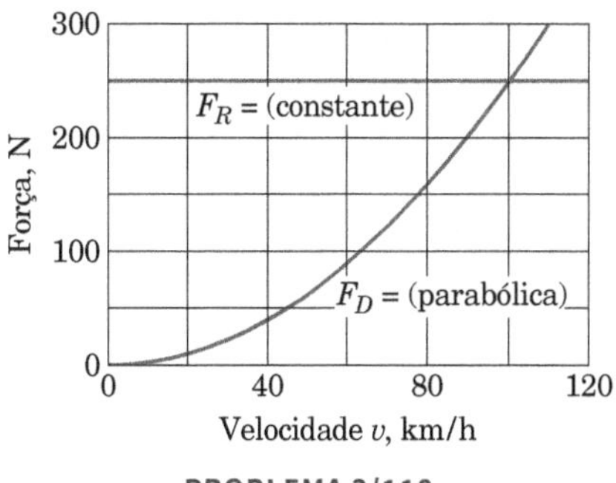

PROBLEMA 3/110

Problemas para a Seção 3/7

Problemas Introdutórios

3/111 A mola tem um comprimento não esticado de 0,4 m e rigidez de 200 N/m. O bloco deslizante de 3 kg e a mola acoplada são liberados do repouso em A e se movem no plano vertical. Calcule a velocidade v do controle deslizante à medida que ele atinge B na ausência de atrito.

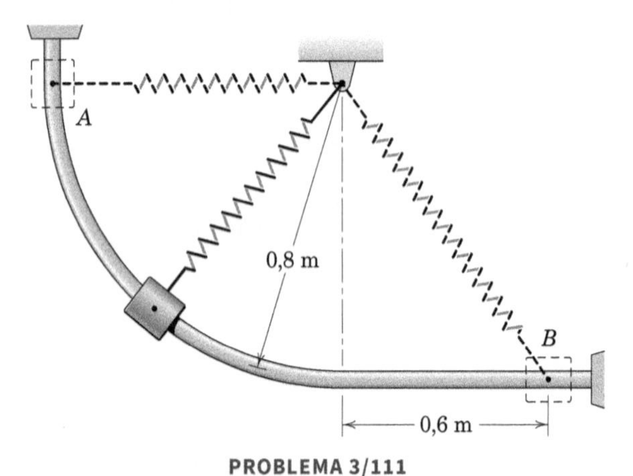

PROBLEMA 3/111

3/112 O bloco deslizante de 1,2 kg é lançado do repouso na posição A, desliza sem atrito e move-se ao longo da guia, no plano vertical, como mostrado. Determine (a) a velocidade v_B do bloco deslizante quando este passa pela posição B, e (b) a deflexão máxima δ da mola.

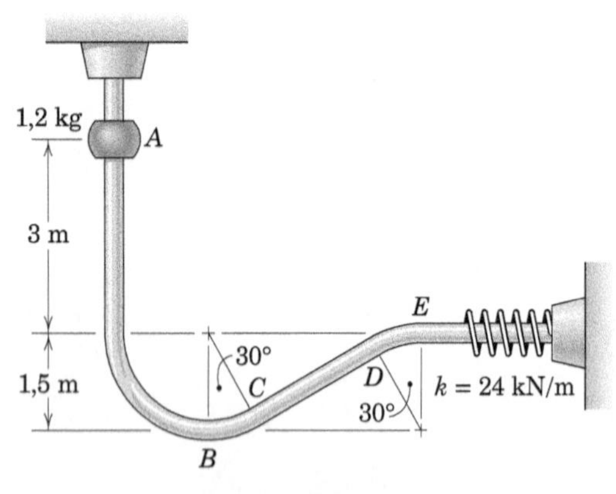

PROBLEMA 3/112

3/113 O sistema é liberado a partir do repouso com a mola inicialmente esticada em 75 mm. Calcule a velocidade v do cilindro após este ter caído 12 mm. A mola tem uma rigidez de 1050 N/m. Despreze a massa da pequena polia.

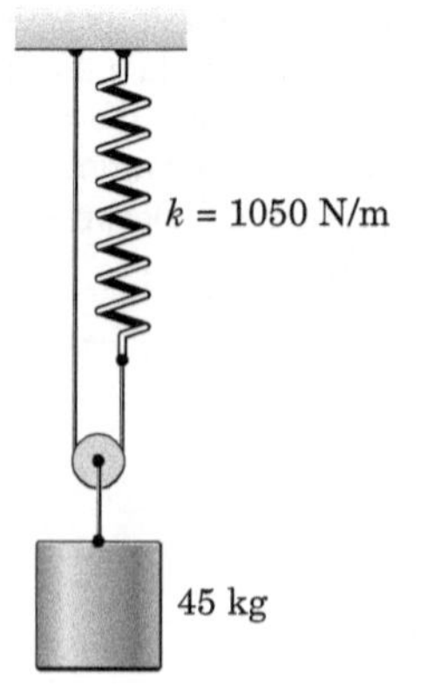

PROBLEMA 3/113

3/114 O anel de 1,4 kg é liberado do repouso em A e desliza livremente pela haste inclinada. Se a constante da mola for k = 60 N/m e o comprimento não esticado da mola for de 1250 mm, determine a velocidade do anel ao passar pelo ponto B.

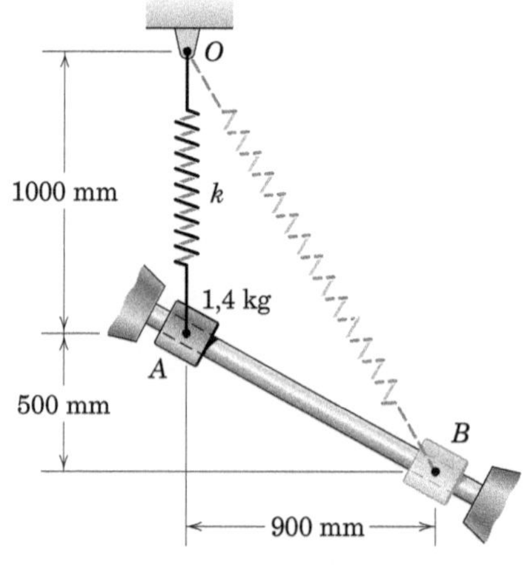

PROBLEMA 3/114

3/115 Determine o comprimento não esticado da mola que faria com que o anel de 1,4 kg do problema anterior não tivesse velocidade quando chegasse à posição B. Todas as outras condições do problema anterior permanecem as mesmas.

3/116 Uma conta com uma massa de 0,25 kg é liberada do repouso em A e desliza para baixo e ao redor do fio liso fixo. Determine a força N entre o fio e a conta ao passar pelo ponto B.

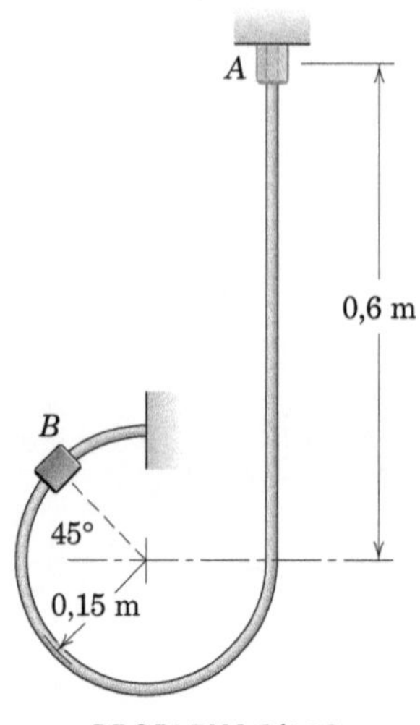

PROBLEMA 3/116

3/117 A partícula de 0,8 kg é fixada ao sistema de duas barras rígidas leves, que se movem todas em um plano vertical. A mola é comprimida numa proporção $b/2$ quando $\theta = 0$, e o comprimento $b = 0,30$ m. O sistema é liberado do repouso em uma posição ligeiramente acima daquela para $\theta = 0$. (*a*) Se o valor máximo de 50° for observado, determine a constante k da mola. (*b*) Para k = 400 N/m, determine a velocidade v da partícula quando $\theta = 25°$. Encontre também o valor correspondente de $\dot{\theta}$.

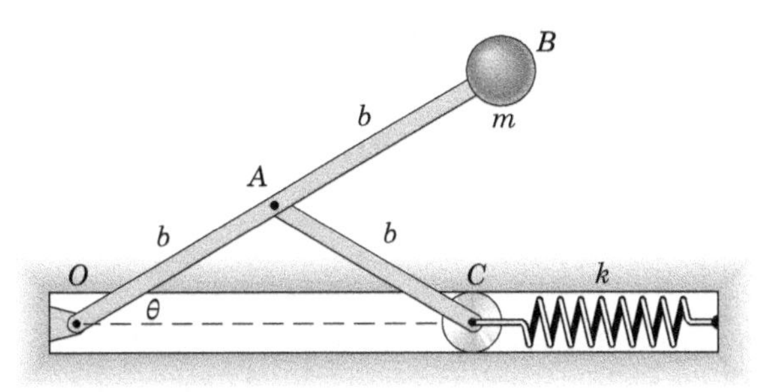

PROBLEMA 3/117

3/118 A haste leve está articulada em O e carrega as partículas de 2 kg e 4 kg. Se a haste é liberada, partindo do repouso, em $\theta = 60°$ e balança no plano vertical, calcule (*a*) a velocidade da partícula de 2 kg, imediatamente antes de ela se chocar com a mola, na posição tracejada, e (*b*) a compressão máxima da mola x. Admita que a compressão da mola é, essencialmente, horizontal.

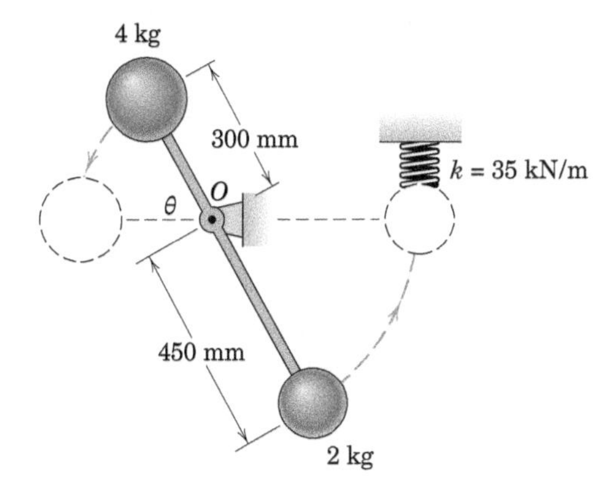

PROBLEMA 3/118

3/119 Duas molas, cada uma com rigidez k = 1,2 kN/m, têm o mesmo comprimento e estão não deformadas quando $\theta = 0$. Se o mecanismo é liberado, partindo do repouso, na posição $\theta = 20°$, determine a velocidade angular $\dot{\theta}$, quando $\theta = 0$. A massa m de cada esfera é 3 kg. Trate as esferas como partículas e despreze as massas das hastes leves das molas.

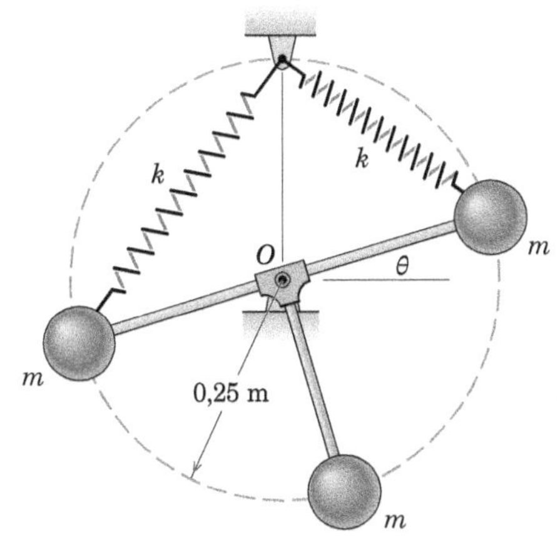

PROBLEMA 3/119

3/120 A partícula de massa m = 1,2 kg é fixada na extremidade da barra rígida leve, de comprimento L = 0,6 m. O sistema é liberado do repouso enquanto na posição horizontal mostrada, na qual a mola de torção não é flexionada. Observa-se então que a barra gira 30° antes de parar momentaneamente. (*a*) Determine o valor da constante k_T da mola de torção. (*b*) Para este valor de k_T, determine a velocidade v da partícula quando $\theta = 15°$.

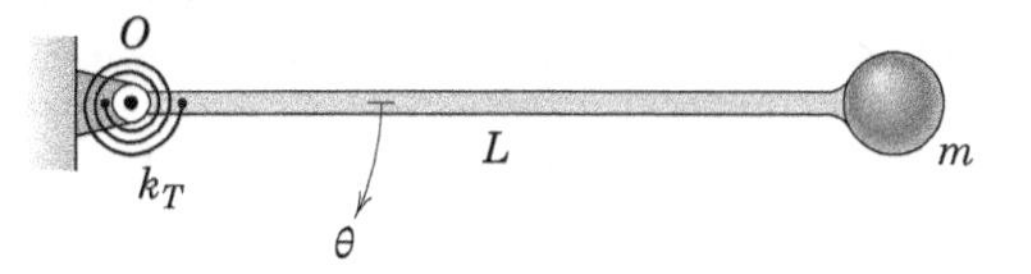

PROBLEMA 3/120

Problemas Representativos

3/121 O sistema é liberado do repouso com a mola inicialmente esticada 50 mm. Calcule a velocidade do cilindro de 50 kg depois de ter caído 150 mm. Determine também a distância máxima de queda do cilindro. Despreze a massa e o atrito das polias.

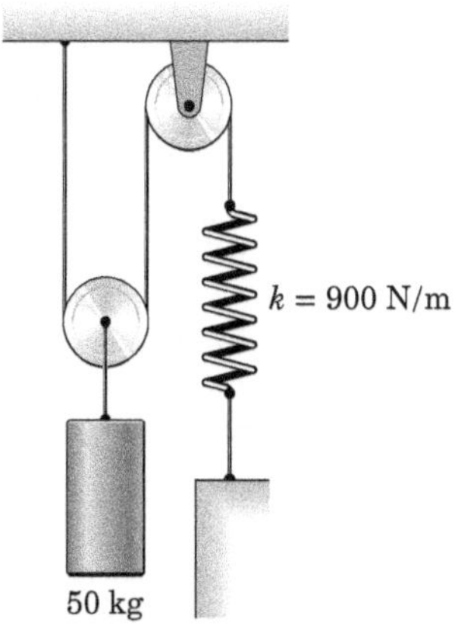

PROBLEMA 3/121

3/122 O anel tem uma massa de 2 kg e está ligado à mola leve, que tem uma rigidez de 30 N/m e um comprimento não esticado de 1,5 m. O anel é liberado partindo do repouso em A e desliza para cima sobre a haste lisa, sob a ação de uma força constante de 50 N. Calcule a velocidade v do anel quando ele passa pela posição B.

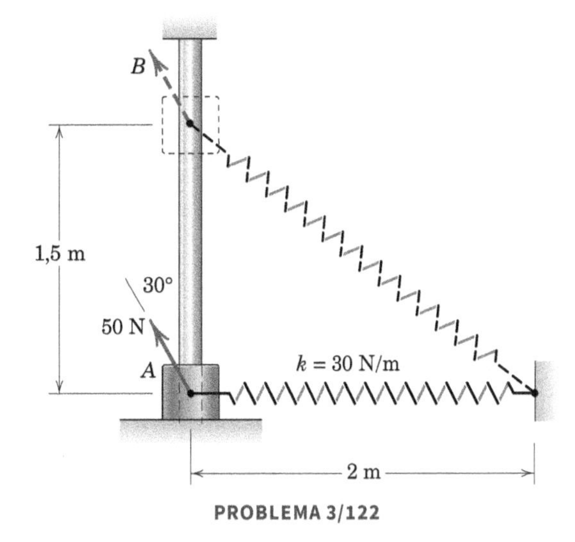

PROBLEMA 3/122

3/123 As duas rodas que consistem em aros e raios de massa desprezível giram em torno de seus respectivos centros e são pressionadas simultaneamente, o suficiente para evitar qualquer derrapagem. As massas excêntricas de 1,5 kg e 1 kg são montadas nos aros das rodas. Se as rodas receberem um leve empurrão do repouso nas posições de equilíbrio mostradas, calcule a velocidade angular $\dot{\theta}$ da maior das duas rodas após ter girado um quarto de volta e colocado as massas excêntricas nas posições tracejadas mostradas. Repare que a velocidade angular da pequena roda é duas vezes maior do que a da roda grande. Despreze qualquer atrito nos rolamentos da roda.

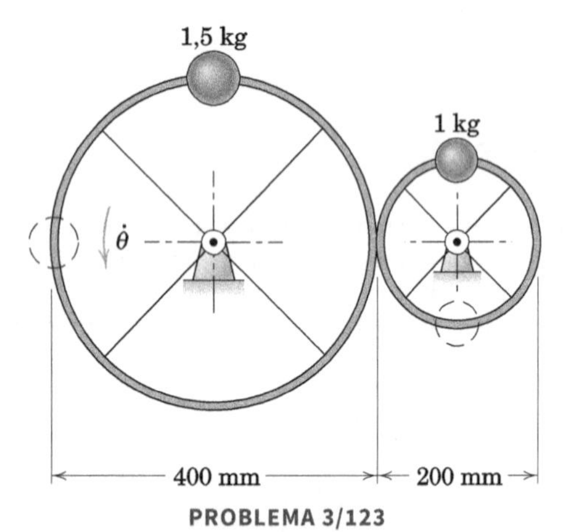

PROBLEMA 3/123

3/124 O bloco deslizante de massa m é liberado do repouso na posição A e desliza sem atrito ao longo da guia mostrada no plano vertical. Determine a altura h tal que a força normal exercida pela guia sobre o bloco deslizante seja zero, à medida que o bloco passa pelo ponto C. Para este valor de h, determine a força normal à medida que o bloco passa pelo ponto B.

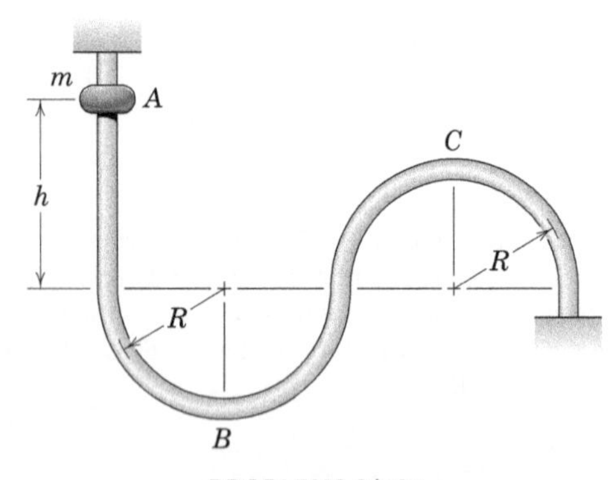

PROBLEMA 3/124

3/125 O mecanismo é liberado, partindo do repouso, com θ = 180°, na posição em que a mola de rigidez k = 900 N/m não comprimida está apenas tocando a parte inferior do anel de 4 kg. Determine o ângulo θ correspondente à compressão máxima da mola. O movimento ocorre no plano vertical e a massa das hastes pode ser desprezada.

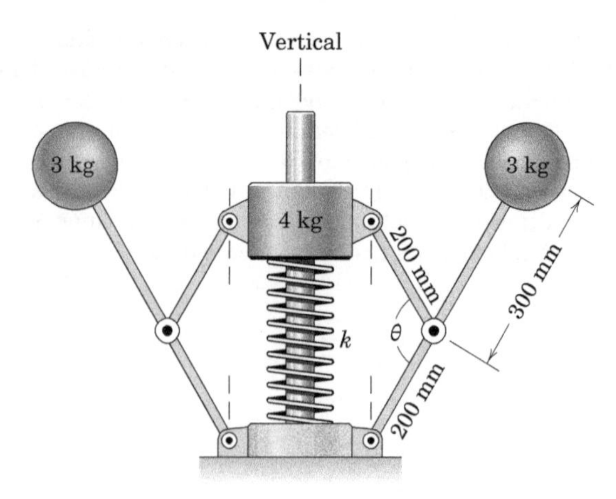

PROBLEMA 3/125

3/126 O projétil do Problema 3/98 é repetido aqui. Usando o método desta seção, determine a velocidade de lançamento vertical v_0 que resultará em uma altitude máxima $R/2$. O lançamento parte do Polo Norte da Terra e o arrasto aerodinâmico pode ser desprezado. Utilize g = 9,825 m/s^2 com a aceleração da gravidade ao nível da superfície.

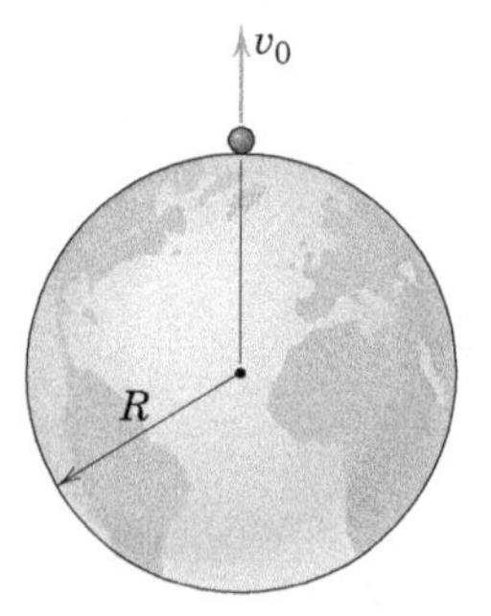

PROBLEMA 3/126

3/127 Os pequenos corpos A e B, cada um com massa m, estão conectados e apoiados pelos elos articulados de massa desprezível. Se A for liberado do repouso na posição mostrada, calcule sua velocidade v_A ao cruzar a linha de centro vertical. Desconsidere qualquer atrito.

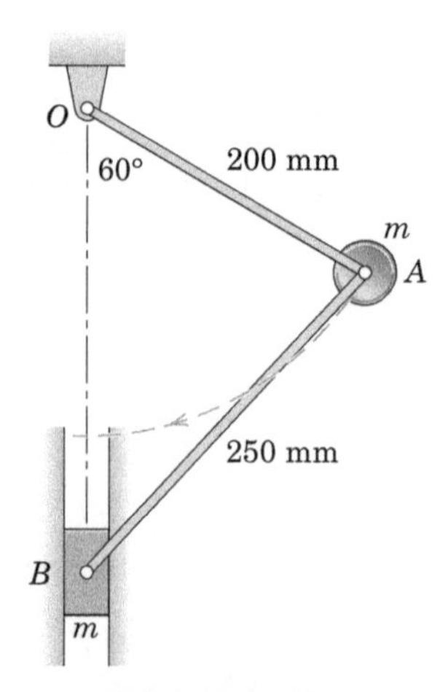

PROBLEMA 3/127

3/128 Durante sua viagem de volta de uma missão espacial, uma espaçonave tem uma velocidade de 24.000 km/h no ponto A, que está a 7000 km do centro da Terra. Determine a velocidade da espaçonave quando ela atinge o ponto B, que está a 6500 km do centro da Terra. A trajetória entre esses dois pontos está fora do efeito da atmosfera terrestre.

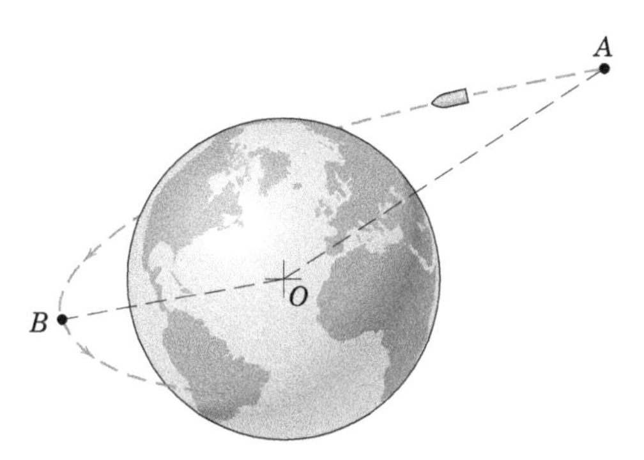

PROBLEMA 3/128

3/129 Um atleta de salto com vara, de 80 kg, carregando uma vara uniforme de 4,9 m e 4,5 kg, se aproxima da posição de salto com uma velocidade v e consegue ultrapassar o sarrafo colocado a 5,5 m de altura, passando rente. Quando ele ultrapassa a barra, sua velocidade e a da vara são, praticamente, nulas. Calcule o menor valor de v possível necessário para que ele realize o salto. Tanto a vara horizontal quanto o centro de massa do atleta estão a 1,1 m acima do solo durante a corrida.

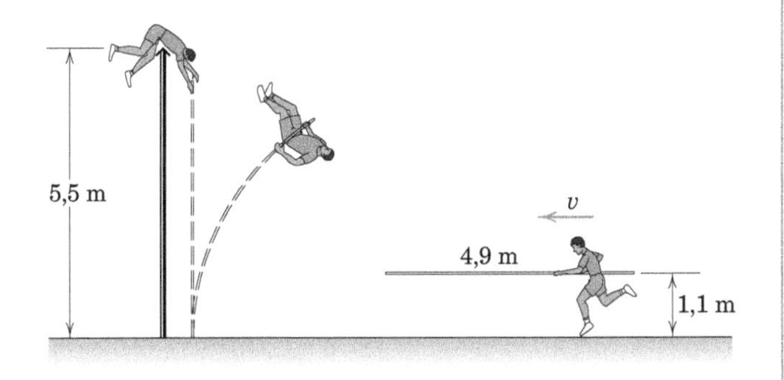

PROBLEMA 3/129

3/130 Quando o mecanismo é liberado do repouso, na posição em que $\theta = 60°$, o carro de 4 kg cai e a esfera de 6 kg sobe. Determine a velocidade v da esfera quando $\theta = 180°$. Desconsidere a massa dos elos e trate a esfera como uma partícula.

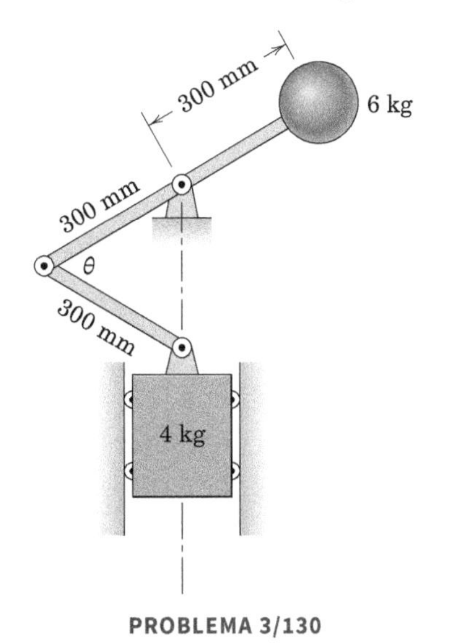

PROBLEMA 3/130

3/131 Os carros de uma atração de parque de diversões têm uma velocidade $v_1 = 90$ km/h na parte mais baixa do trilho. Determine sua velocidade v_2 na parte mais alta do trilho. Despreze as perdas de energia devidas ao atrito. (*Cuidado*: Analise cuidadosamente a variação de energia potencial do conjunto de carros.)

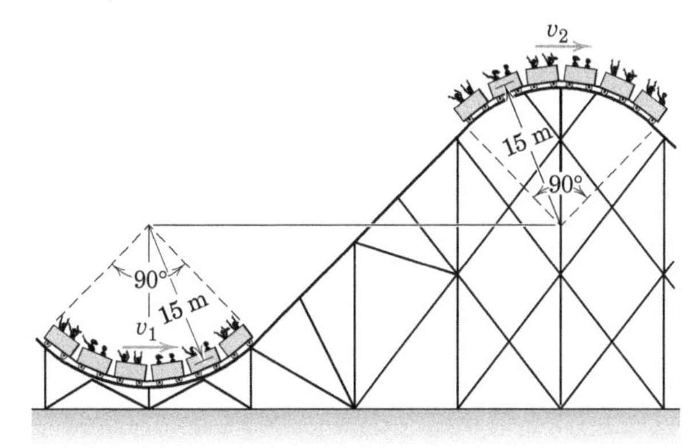

PROBLEMA 3/131

3/132 Um satélite é colocado em uma órbita elíptica ao redor da Terra e tem uma velocidade v_P na posição perigeu P. Determine a expressão para a velocidade v_A na posição apogeu A. Os raios de A e P são, respectivamente, r_A e r_P. Observe que a energia total permanece constante.

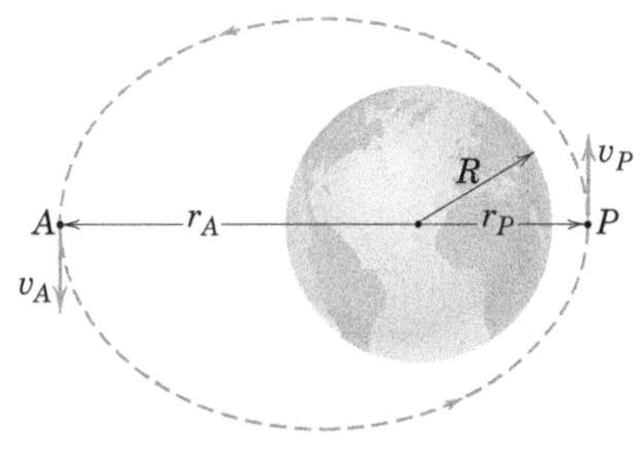

PROBLEMA 3/132

3/133 Calcule a velocidade máxima do bloco deslizante B se o sistema é liberado, partindo do repouso, quando $x = y$. O movimento ocorre no plano vertical. Presuma que o atrito é desprezível. Os blocos deslizantes têm massas iguais e o movimento é restrito a $y \geq 0$.

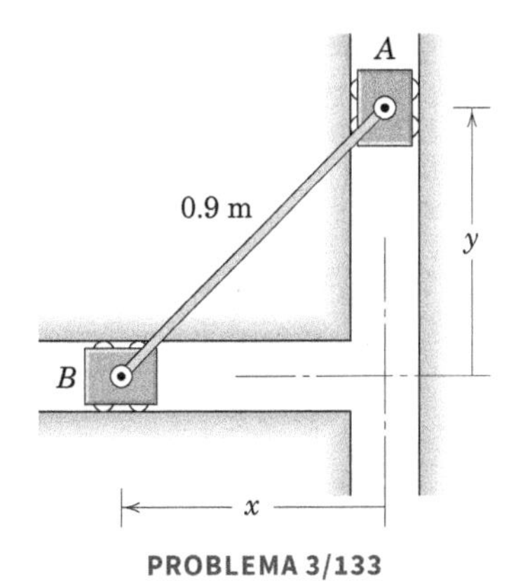

PROBLEMA 3/133

3/134 O sistema está se movendo inicialmente com o cabo esticado, o bloco de 10 kg se movendo pela inclinação áspera com uma velocidade de 0,3 m/s, e a mola esticada 25 mm. Pelo método desta seção, (*a*) determine a velocidade v do bloco após ter percorrido 100 mm, e (*b*) calcule a distância percorrida pelo bloco antes que ele entre em repouso.

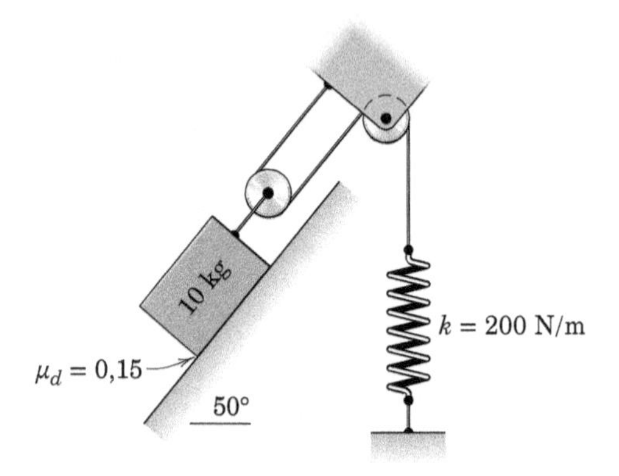

PROBLEMA 3/134

3/135 Uma nave espacial m dirige-se para o centro da Lua com uma velocidade de 3000 km/h a uma distância da superfície igual ao raio R da Lua. Calcule a velocidade de impacto v com a superfície da Lua se a espaçonave não for capaz de disparar seus retrofoguetes. Considere a Lua parada no espaço. O raio R da Lua é de 1738 km, e a aceleração devido à gravidade em sua superfície é de 1,62 m/s^2.

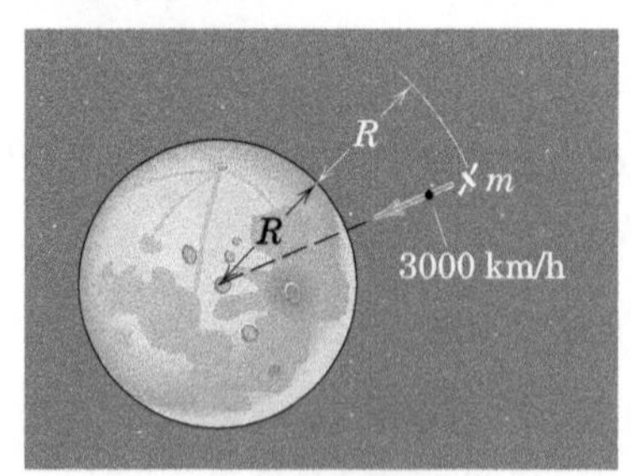

PROBLEMA 3/135

3/136 Quando o êmbolo de 5 kg é liberado do repouso em sua guia vertical em $\theta = 0$, cada mola de rigidez k = 3,5 kN/m é descomprimida. Os elos são livres para deslizar através de seus anéis articulados e para comprimir suas molas. Calcule a velocidade v do êmbolo quando a posição $\theta = 30°$ for ultrapassada.

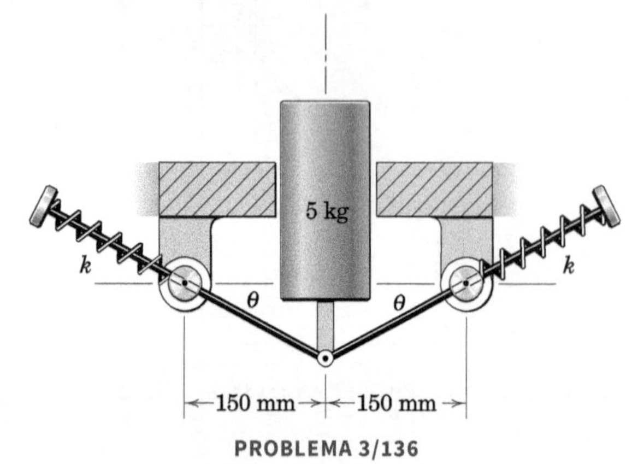

PROBLEMA 3/136

3/137 O sistema está em repouso com a mola sem esticar quando $\theta = 0$. A partícula de 3 kg recebe então um leve empurrão para a direita. (*a*) Se o sistema entrar em repouso momentaneamente em $\theta = 40°$, determine a constante da mola k. (*b*) Para o valor k = 100 N/m, encontre a velocidade da partícula quando $\theta = 25°$. Use sempre o valor b = 0,40 m e despreze o atrito.

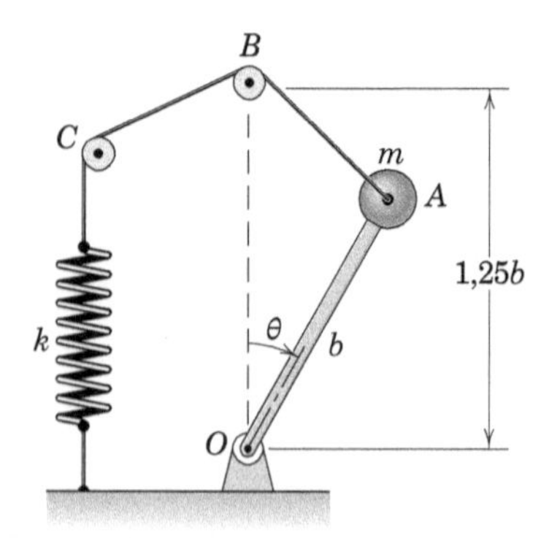

PROBLEMA 3/137

▶3/138 As duas partículas de massa m e $2m$, respectivamente, são ligadas por uma haste rígida de massa desprezível e deslizam com atrito desprezível em um percurso circular de raio r no interior do anel circular vertical. Se a unidade for liberada do repouso em $\theta = 0$, determine (*a*) a velocidade v das partículas quando a haste passar pela posição horizontal, (*b*) a velocidade máxima $v_{máx}$ das partículas, e (*c*) o valor máximo de θ.

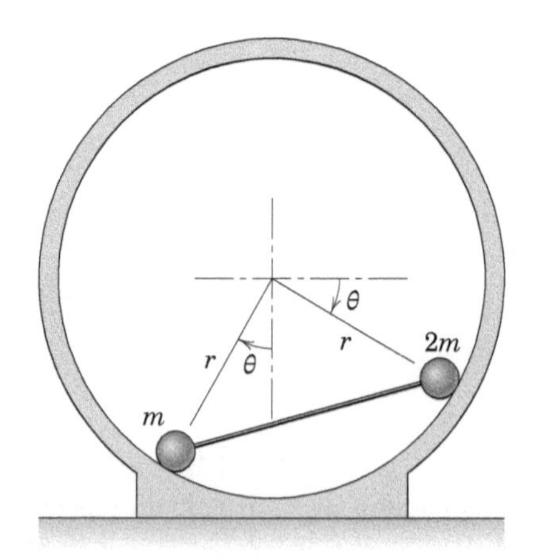

PROBLEMA 3/138

Problemas para as Seções 3/8-3/9

Problemas Introdutórios

3/139 O martelo de borracha é utilizado para introduzir um batoque em uma peça de madeira. Se a força de impacto varia com o tempo conforme apresentado no gráfico, determine a intensidade do impulso linear liberado pelo martelo para o batoque.

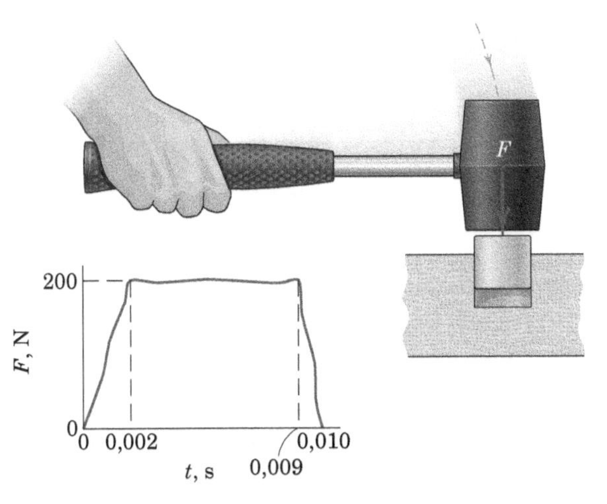

PROBLEMA 3/139

3/140 O carro de 1500 kg tem velocidade de 30 km/h para cima, na rampa com 10 % de inclinação, quando o motorista aplica mais potência por 8 s, fazendo com que o carro acelere até uma velocidade de 60 km/h. Calcule o valor médio F da força total tangente à estrada, exercida pelos pneus durante 8 s. Trate o carro como uma partícula e despreze a resistência do ar.

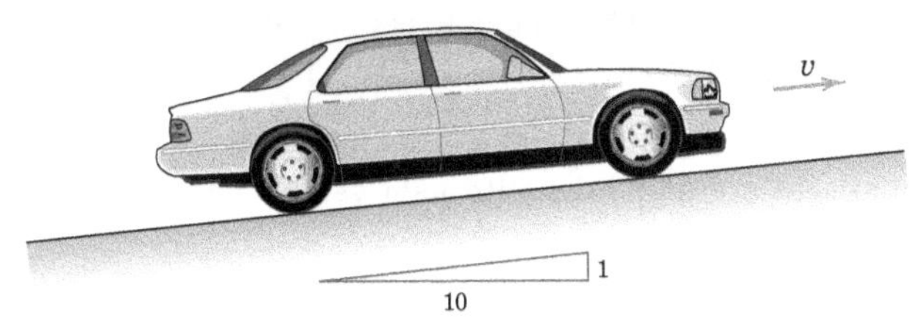

PROBLEMA 3/140

3/141 A velocidade de uma partícula de 1,2 kg é dada por $\mathbf{v} = 1{,}5t^3\mathbf{i} + (2{,}4 - 3t^2)\mathbf{j} + 5\mathbf{k}$, em que $\mathbf{v}$ está em metros por segundo e o tempo t está em segundos. Determine o momento linear $\mathbf{G}$ da partícula, sua intensidade G e a força líquida $\mathbf{R}$ que atua sobre a partícula quando $t = 2$ s.

3/142 Um projétil de 75 g se movimentando a 600 m/s atinge e se incorpora ao bloco de 50 kg, que está inicialmente parado. Calcule a energia perdida durante o impacto. Expresse sua resposta como um valor absoluto $|\Delta E|$ e como uma percentagem n da energia original do sistema E.

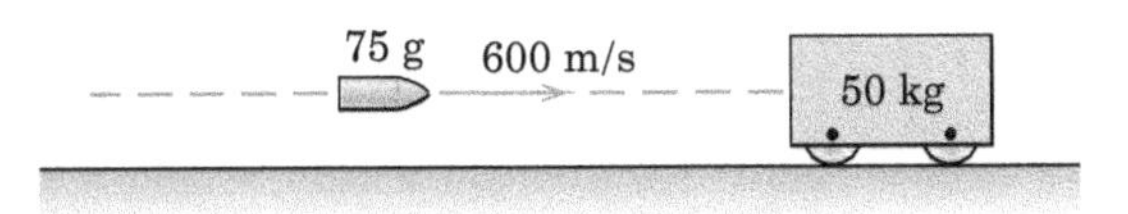

PROBLEMA 3/142

3/143 Uma bala de 60 g é disparada horizontalmente com uma velocidade $v_1 = 600$ m/s contra o bloco de 3 kg de madeira macia inicialmente em repouso sobre a superfície horizontal. A bala emerge do bloco com a velocidade $v_2 = 400$ m/s, e se observa que o bloco desliza uma distância de 2,70 m antes de parar. Determine o coeficiente de atrito dinâmico μ_d entre o bloco e a superfície de apoio.

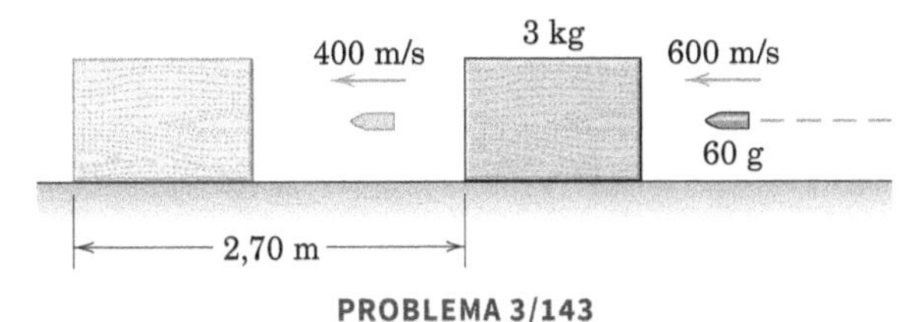

PROBLEMA 3/143

3/144 Medidas cuidadosas feitas durante o impacto do cilindro metálico de 200 g com a placa carregada por mola revelam uma relação semielíptica entre a força de contato F e o tempo t de impacto, conforme mostrado. Determine a velocidade de ricochete v do cilindro se ele atingir a placa com velocidade de 6 m/s.

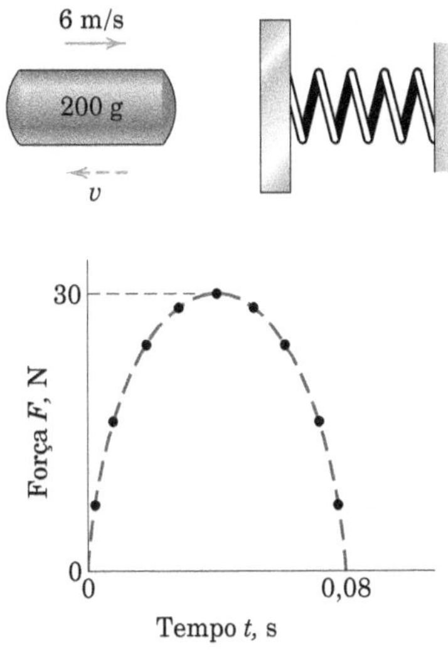

PROBLEMA 3/144

3/145 Uma partícula de 0,2 kg está se movendo com velocidade $\mathbf{v}_1 = \mathbf{i} + \mathbf{j} + 2\mathbf{k}$ m/s no instante $t_1 = 1$ s. Se a força única $\mathbf{F} = (5 + 3t)\mathbf{i} + (2 - t^2)\mathbf{j} + 3\mathbf{k}$ N atua sobre a partícula, determine sua velocidade $\mathbf{v}_2$ no instante $t_2 = 4$ s.

3/146 O homem de 90 kg mergulha da canoa de 40 kg. A velocidade indicada na figura é a velocidade do homem relativa à canoa, logo após a perda do contato. Se o homem, a mulher e a canoa estão inicialmente em repouso, determine o componente horizontal da velocidade absoluta da canoa, logo após a separação. Despreze o arrasto da canoa e admita que a mulher de 60 kg permanece sem se mover em relação à canoa.

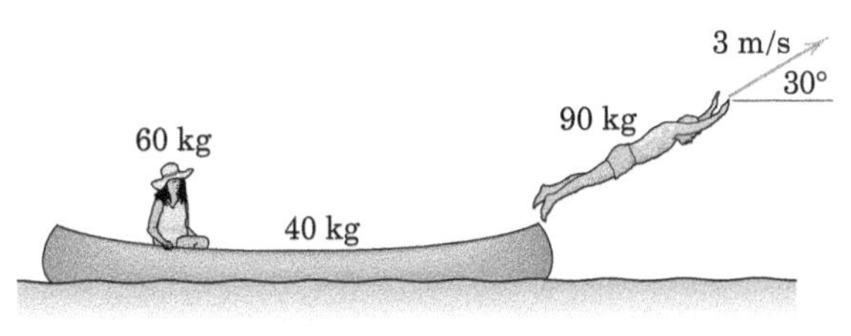

PROBLEMA 3/146

3/147 Um objeto de 4 kg, que se move em uma superfície horizontal lisa com uma velocidade de 10 m/s no sentido x, está sujeito a uma força F_x que varia com o tempo, como mostrado. Aproxime os dados experimentais pela linha tracejada e determine a velocidade do objeto (a) em t = 0,6 s e (b) em t = 0,9 s.

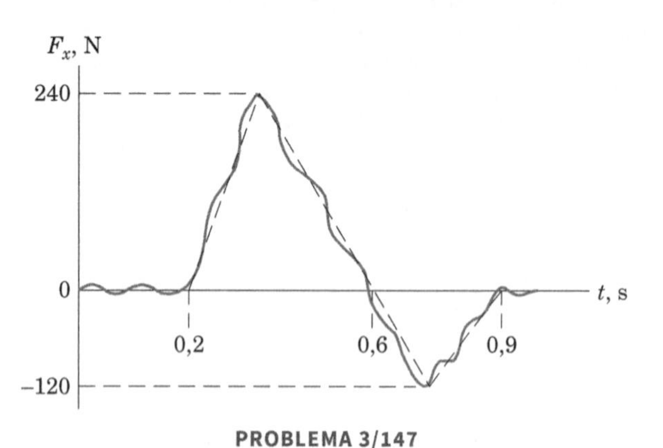

PROBLEMA 3/147

3/148 O caixote A está descendo a rampa com uma velocidade de 4 m/s, quando na posição mostrada. Mais tarde, ele colide e fica preso ao caixote B. Determine a distância d percorrida pelo par após a colisão. O coeficiente de atrito cinético é μ_d = 0,40 para ambos os caixotes.

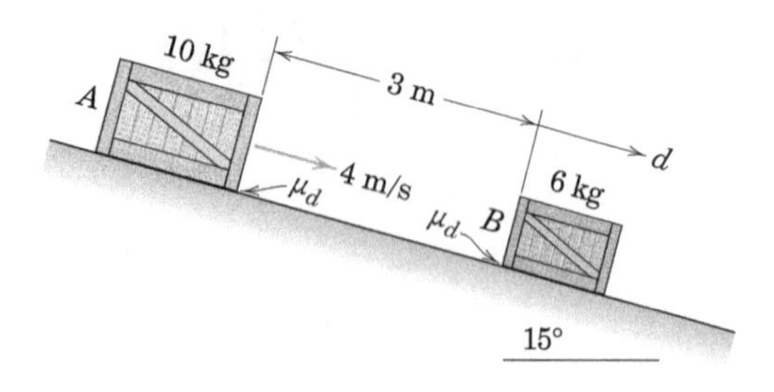

PROBLEMA 3/148

3/149 O módulo de aterrissagem lunar de 15.200 kg está descendo na superfície da Lua com uma velocidade de 6 m/s quando seu retromotor é acionado. Se o motor produz um empuxo T por 4 s que varia com o tempo, como mostrado, e em seguida desliga, calcule a velocidade do módulo de aterrissagem quando t = 5 s, supondo que ele ainda não pousou. A aceleração gravitacional na superfície da Lua é 1,62 m/s^2.

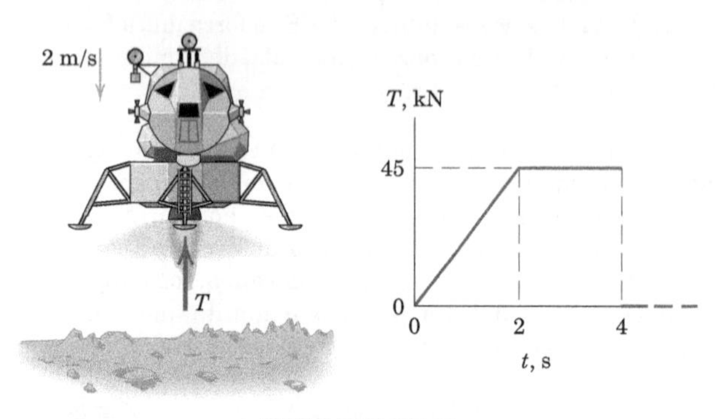

PROBLEMA 3/149

3/150 O bloco deslizante de massa m_1 é liberado partindo do repouso na posição indicada, e então desliza para baixo sobre o lado direito do corpo recortado, de massa m_2. Para as condições m_1 = 0,50 kg, m_2 = 3 kg e r = 0,25 m, determine as velocidades absolutas de ambas as massas no instante da separação. Despreze o atrito.

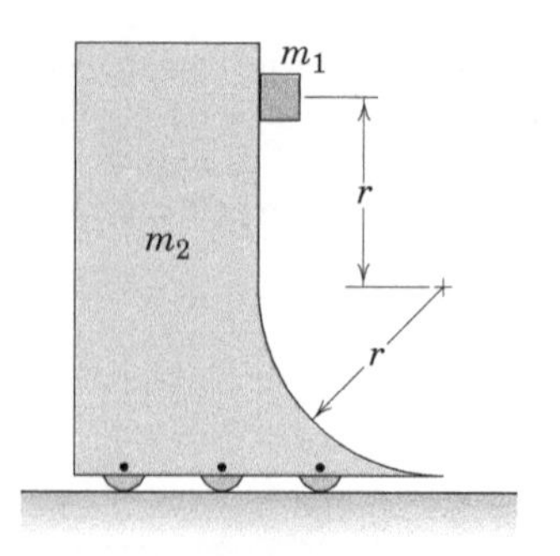

PROBLEMA 3/150

Problemas Representativos

3/151 O reboque puxando um carro de 1200 kg acelera uniformemente de 30 km/h até 70 km/h durante um intervalo de 15 s. A resistência média ao rolamento para o carro neste intervalo de velocidade é 500 N. Presuma que o ângulo de 60° indicado represente a configuração média e determine a tensão média no cabo do reboque.

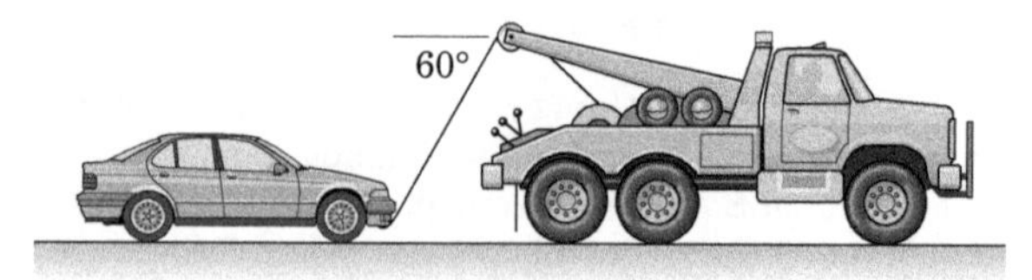

PROBLEMA 3/151

3/152 O carro B (1500 kg) viajando para oeste a 48 km/h colide com o carro A (1600 kg) viajando para o norte a 32 km/h conforme indicado. Se os dois carros ficam presos e se deslocam em conjunto como uma unidade depois do acidente, calcule o módulo v de sua velocidade comum imediatamente após o impacto e o ângulo θ feito pelo vetor velocidade com a direção norte.

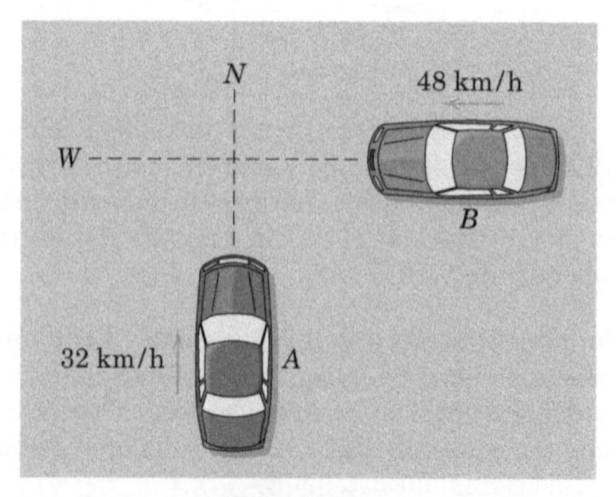

PROBLEMA 3/152

3/153 Um vagão de massa m e velocidade inicial v colide com os dois vagões idênticos e fica acoplado a eles. Calcule a velocidade final v' do grupo de três vagões e a perda fracionada n de energia, se (a) a distância inicial de separação $d = 0$ (isto é, os dois vagões estacionários estão inicialmente acoplados sem folga no acoplamento) e (b) a distância $d \neq 0$ para que os vagões estejam desacoplados e ligeiramente separados. Despreze a resistência ao rolamento.

PROBLEMA 3/153

3/154 O avião a jato de 270 Mg tem uma velocidade de aterrissagem $v = 190$ km/h direcionado $\theta = 0{,}5°$ abaixo da horizontal. O processo de aterrissagem das oito rodas principais leva 0,6 s para ser concluído. Trate a aeronave como uma partícula e estime a força média de reação normal em cada roda ao longo desse processo de 0,6 s, durante o qual os pneus defletem, os amortecedores comprimem etc. Assuma que a elevação da aeronave é igual ao seu peso durante a aterrissagem.

PROBLEMA 3/154

3/155 O anel de massa m desliza sobre o eixo horizontal áspero sob a ação da força F de intensidade constante $F \leq mg$, mas com direção variável. Se $\theta = kt$ em que k é uma constante, e se o anel tem velocidade v_1 à direita quando $\theta = 0$, determine a velocidade v_2 do anel quando θ atingir 90°. Determine também o valor de F que torna $v_2 = v_1$.

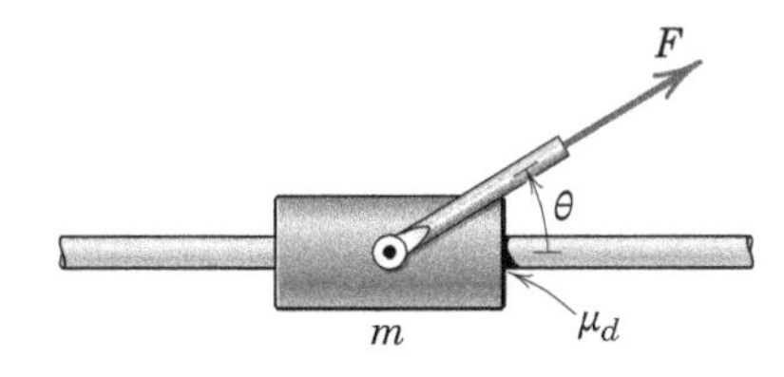

PROBLEMA 3/155

3/156 O projétil de 140 g é disparado com velocidade de 600 m/s e carrega três anilhas, cada uma com massa de 100 g. Encontre a velocidade comum v do projétil e das anilhas. Determine também a perda $|\Delta E|$ de energia durante a interação.

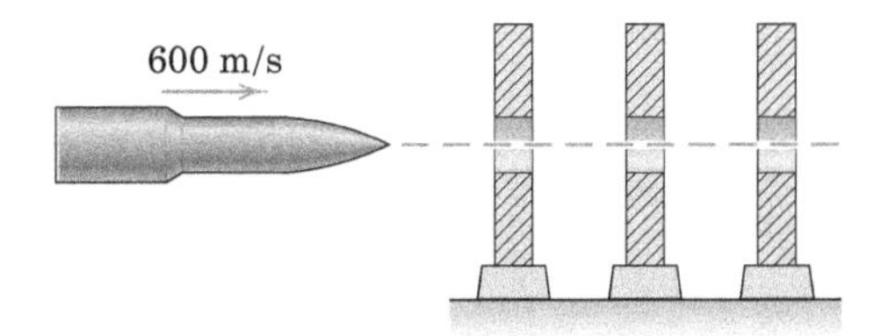

PROBLEMA 3/156

3/157 O terceiro e o quarto estágios de um foguete estão sobrevoando o espaço com uma velocidade de 18.000 km/h quando uma pequena carga explosiva entre os estágios os separa. Imediatamente após a separação, o quarto estágio aumentou sua velocidade para $v_4 = 18.060$ km/h. Qual é a velocidade correspondente v_3 do terceiro estágio? Na separação, o terceiro e o quarto estágios têm massas de 400 e 200 kg, respectivamente.

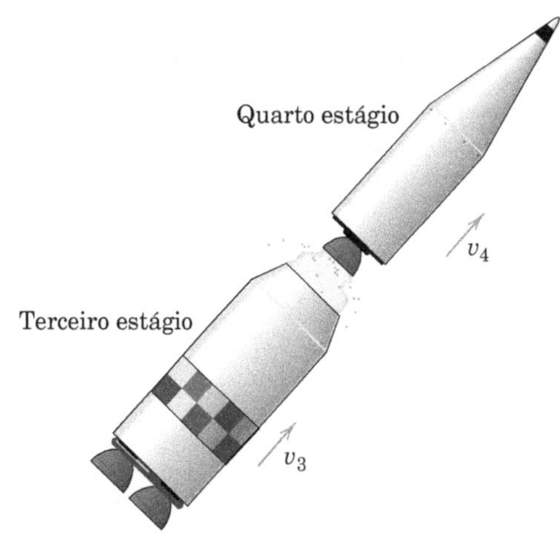

PROBLEMA 3/157

3/158 O bloco inicialmente estacionário de 20 kg está sujeito à força horizontal variável no tempo, cuja intensidade P é mostrada no gráfico. Observe que a força é zero para todos os tempos superiores a 3 s. Determine o tempo t_s em que o bloco entra em repouso.

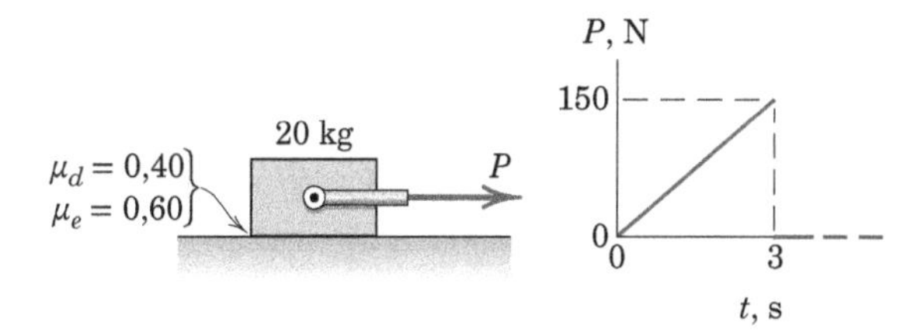

PROBLEMA 3/158

3/159 Todos os elementos do problema anterior permanecem inalterados, exceto que a força P é agora mantida em um ângulo constante de 30° em relação à horizontal. Determine o tempo t_s em que o bloco inicialmente estacionário de 20 kg entra em repouso.

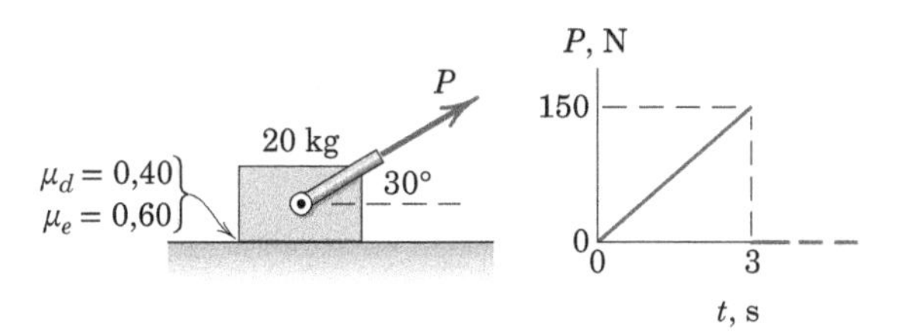

PROBLEMA 3/159

3/160 O piloto de um avião de 40 Mg que originalmente voa na horizontal a uma velocidade de 650 km/h corta toda a potência do motor e entra em um percurso de 5° de planeio, como mostra a figura. Após 120 segundos, a velocidade do ar é de 600 km/h. Calcule a força de arrasto D (resistência do ar ao movimento ao longo da trajetória de voo).

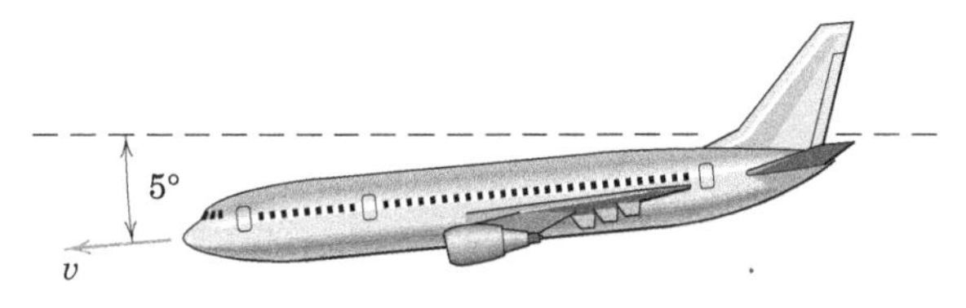

PROBLEMA 3/160

3/161 O ônibus espacial lança um satélite de 800 kg ejetando-o a partir do compartimento de carga, como mostrado. O mecanismo de ejeção é ativado e permanece em contato com o satélite por 4 s para fornecer uma velocidade de 0,3 m/s na direção z em relação ao ônibus espacial. A massa do ônibus espacial é de 90 Mg. Determine a componente da velocidade v_f do ônibus espacial no sentido negativo da direção z resultante da ejeção. Encontre também a média no tempo $F_{méd}$ da força de ejeção.

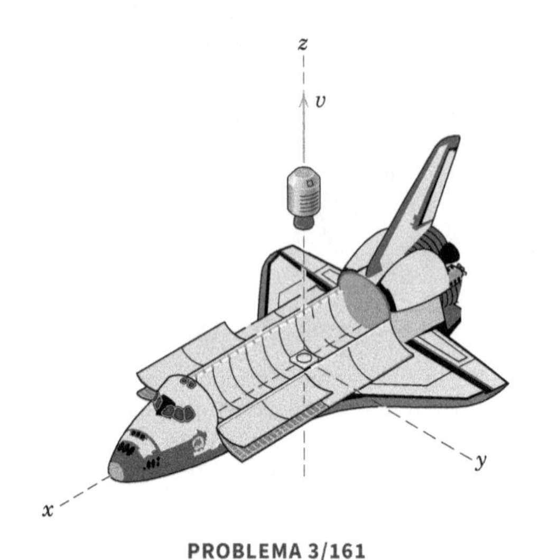

PROBLEMA 3/161

3/162 O sistema de frenagem hidráulica para o caminhão e o reboque é ajustado para produzir forças de frenagem iguais para as duas unidades. Se os freios forem aplicados uniformemente por cinco segundos para parar o equipamento a partir de uma velocidade de 30 km/h descendo a ladeira de 10 % de inclinação, determine a força P no acoplamento entre o reboque e o caminhão. A massa do caminhão é de 10 Mg e a do reboque é de 7,5 Mg.

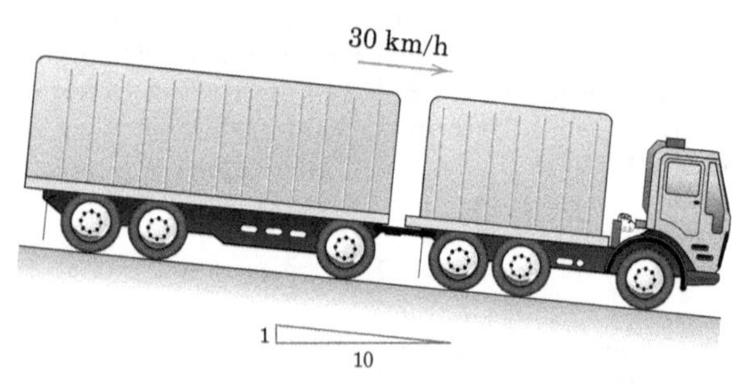

PROBLEMA 3/162

3/163 O bloco de 50 kg está em repouso no tempo $t = 0$, e depois é submetido à força P mostrada. Observe que a força é zero para todos os tempos além de $t = 15$ s. Determine a velocidade v do bloco no tempo $t = 15$ s. Calcule também o tempo t em que o bloco volta ao repouso.

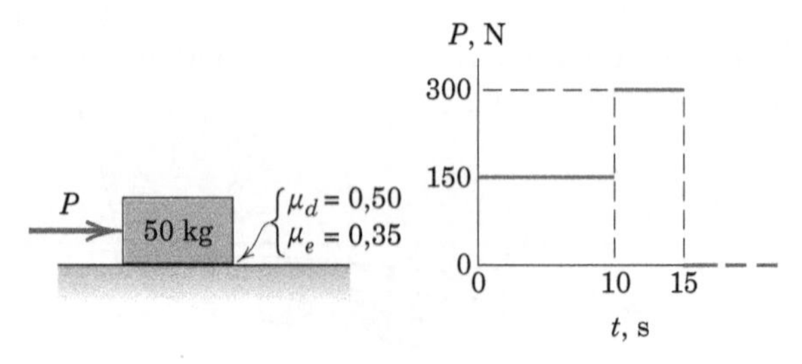

PROBLEMA 3/163

3/164 O carro B está inicialmente parado e é atingido pelo carro A, que se desloca com velocidade inicial $v_1 = 30$ km/h. Os carros ficam presos e se deslocam juntos com velocidade v' após a colisão. Se o tempo de duração da colisão é 0,1 s, determine (a) a velocidade final comum v', (b) a aceleração média de cada carro durante a colisão, e (c) o módulo R da força média exercida por um carro sobre o outro durante o impacto. Todos os freios estão soltos durante a colisão.

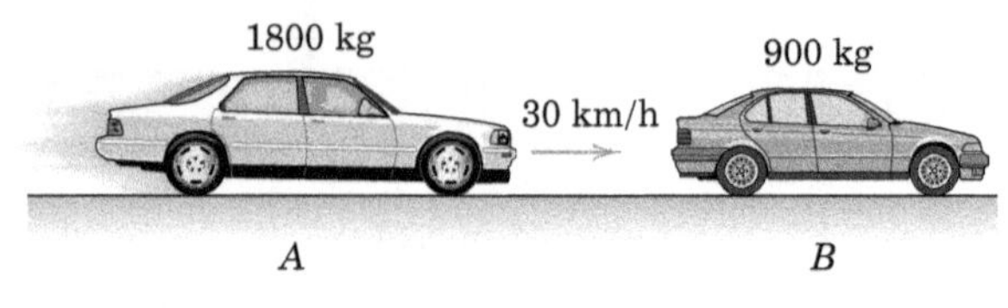

PROBLEMA 3/164

3/165 A bola de golfe com 45,9 g é batida pelo taco de ferro número cinco e adquire a velocidade mostrada em um período de 0,001 s. Determine o módulo R da força média exercida pelo taco sobre a bola. Qual o módulo a da aceleração que essa força provoca, e qual é a distância d ao longo da qual a velocidade de lançamento é atingida, assumindo aceleração constante?

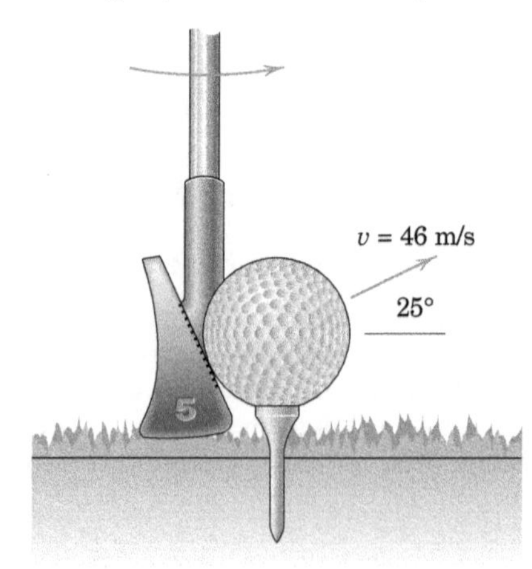

PROBLEMA 3/165

3/166 O disco de hóquei no gelo com uma massa de 0,20 kg tem uma velocidade de 12 m/s antes de ser atingido pelo taco de hóquei. Após o impacto, o disco se move na nova direção mostrada com uma velocidade de 18 m/s. Se o taco estiver em contato com o disco durante 0,04 s, calcule a intensidade da força média **F** exercida pelo taco no disco durante o contato, e encontre o ângulo β feito por **F** com a direção x.

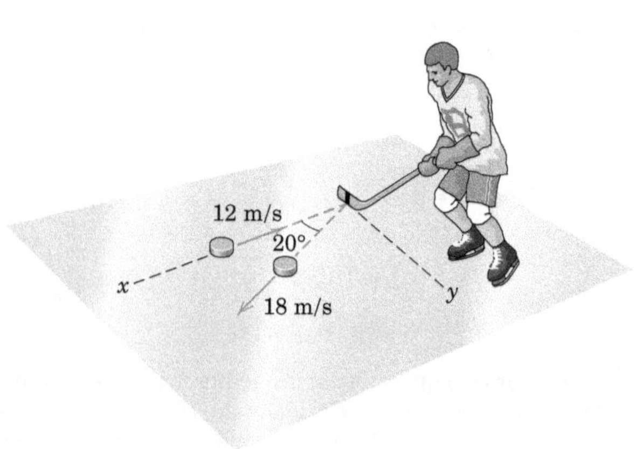

PROBLEMA 3/166

3/167 A bola de beisebol está se deslocando com uma velocidade horizontal de 135 km/h pouco antes do impacto com o bastão. Logo após o impacto, a velocidade da bola de 146 g é de 210 km/h direcionada a 35° com a horizontal, como mostrado. Determine as componentes x e y da força média $\mathbf{R}$ exercida pelo bastão sobre a bola de beisebol durante os 0,005 s do impacto. Comente sobre o tratamento do peso da bola de beisebol (a) durante o impacto e (b) durante os primeiros segundos após o impacto.

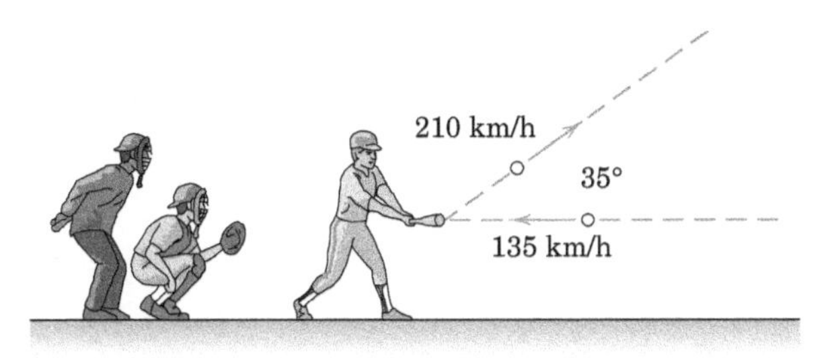

PROBLEMA 3/167

3/168 O pêndulo balístico é um dispositivo simples para medir a velocidade do projétil v, observando o ângulo máximo θ em que a caixa de areia com projétil incorporado balança. Calcule o ângulo θ se o projétil de 60 g for disparado horizontalmente na caixa de areia suspensa de 20 kg com uma velocidade $v = 600$ m/s. Encontre também a percentagem de energia perdida durante o impacto.

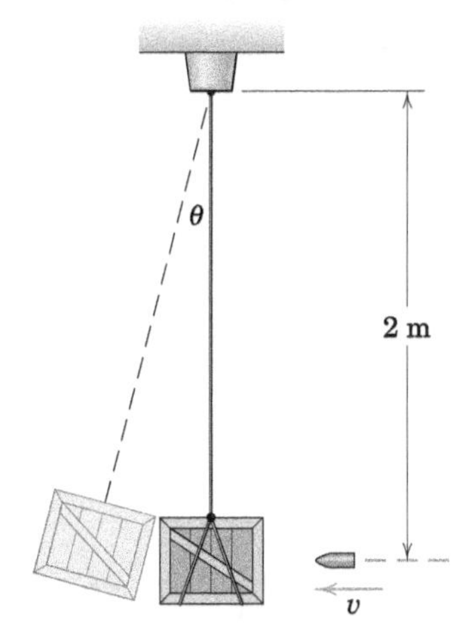

PROBLEMA 3/168

3/169 Uma jogadora de tênis rebate a bola com sua raquete enquanto a bola ainda está subindo. A velocidade da bola antes do impacto com a raquete é $v_1 = 15$ m/s e após o impacto sua velocidade é $v_2 = 22$ m/s, com as direções conforme estão indicadas na figura. Se a bola de 60 g está em contato com a raquete por 0,05 s, determine o módulo da força média $\mathbf{R}$ exercida pela raquete sobre a bola. Encontre o ângulo b feito por $\mathbf{R}$ com a horizontal. Comente sobre o tratamento do peso da bola durante o impacto.

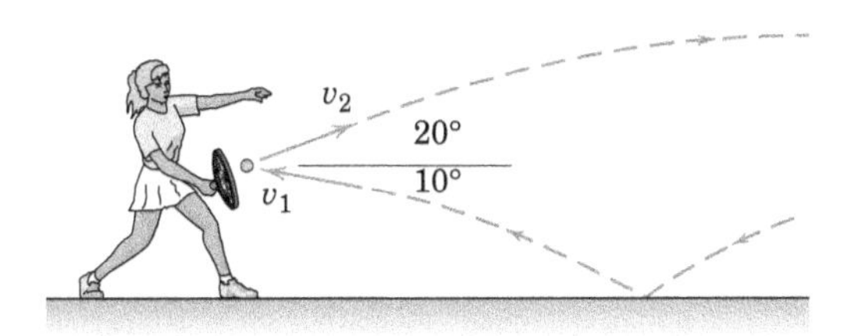

PROBLEMA 3/169

3/170 O garoto de 40 kg deu um salto corrido da superfície superior e pousou em seu *skate* de 5 kg com uma velocidade de 5 m/s no plano da figura, conforme demonstrado. Se o seu impacto com o *skate* tem uma duração de 0,05 s, determine a velocidade final v ao longo da superfície horizontal e a força normal total N exercida pela superfície sobre as rodas do *skate* durante o impacto.

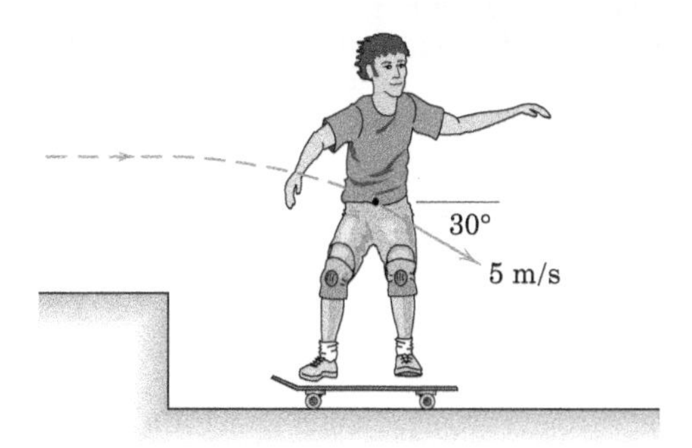

PROBLEMA 3/170

3/171 O maço de argila A é projetado, como mostrado, no mesmo instante em que o cilindro B é liberado. Os dois corpos colidem e se juntam em C e depois atingem a superfície horizontal em D. Determine a distância horizontal d. Use os valores $v_0 = 12$ m/s, $\theta = 40°$, $L = 6$ m, $m_A = 0{,}1$ kg, e $m_B = 0{,}2$ kg.

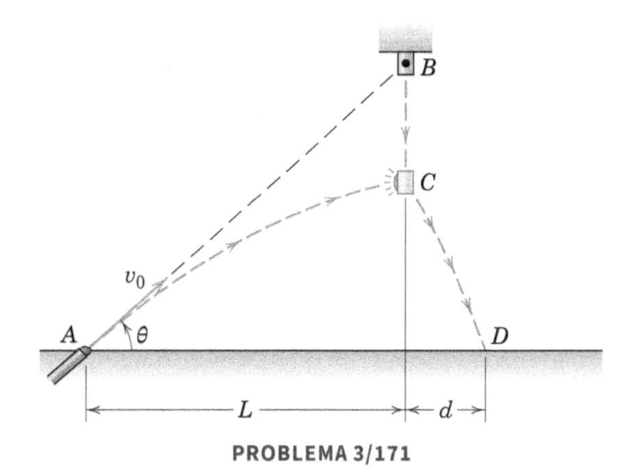

PROBLEMA 3/171

►3/172 Duas barcaças, cada uma com um deslocamento (massa) de 500 Mg, estão atracadas com folga em água parada. Um piloto arrojado arranca com seu carro de 1500 kg partindo do repouso em A, dirige ao longo do convés e deixa a extremidade da rampa de 15° com uma velocidade de 50 km/h, relativa à barcaça e à rampa. O piloto salta com sucesso o vão e leva seu carro ao repouso em relação à barcaça 2 em B. Calcule a velocidade v_2 imposta à barcaça 2 logo após o carro atingir o repouso sobre ela. Despreze a resistência da água ao movimento nas baixas velocidades envolvidas.

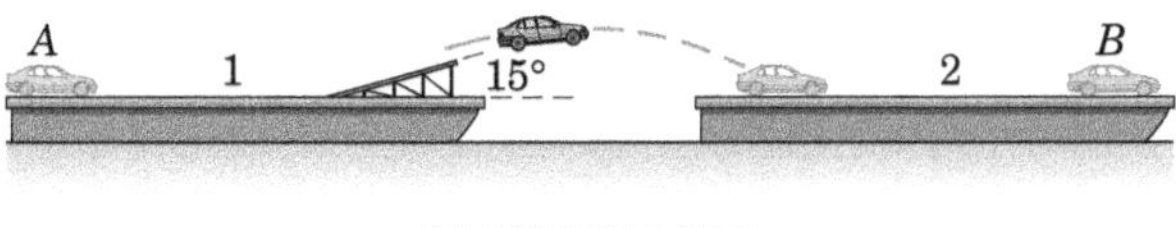

PROBLEMA 3/172

Problemas para a Seção 3/10

Problemas Introdutórios

3/173 Determine o módulo H_O da quantidade de movimento angular da esfera de 2 kg em torno do ponto O (a) usando a definição vetorial da quantidade de movimento angular e (b) usando uma abordagem escalar equivalente. O centro da esfera está localizado no plano x-y.

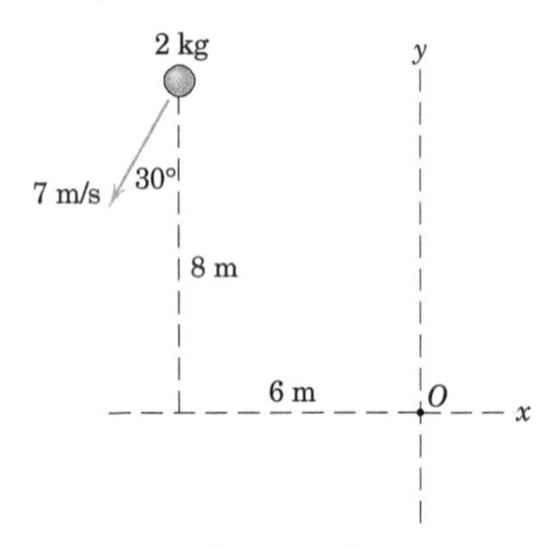

PROBLEMA 3/173

3/174 Em dado instante, a partícula de massa m tem a posição e a velocidade mostradas na figura, e sofre a ação da força **F**. Determine sua quantidade de movimento angular em torno do ponto O e a taxa de variação no tempo dessa quantidade de movimento angular.

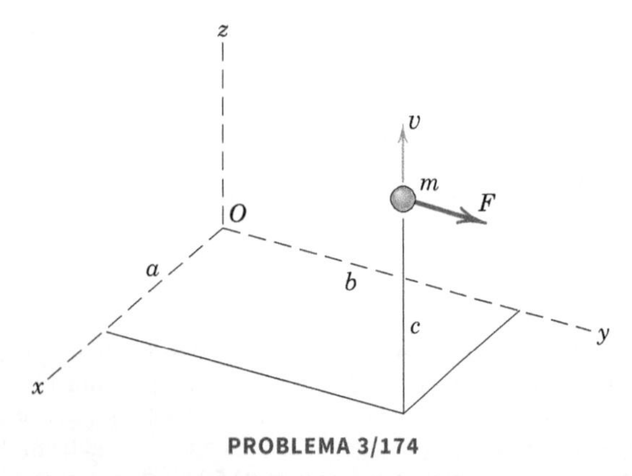

PROBLEMA 3/174

3/175 A esfera de 3 kg move-se no plano x-y e tem a velocidade indicada em determinado instante. Determine sua (a) quantidade de movimento linear, (b) quantidade de movimento angular em torno do ponto O, e (c) energia cinética.

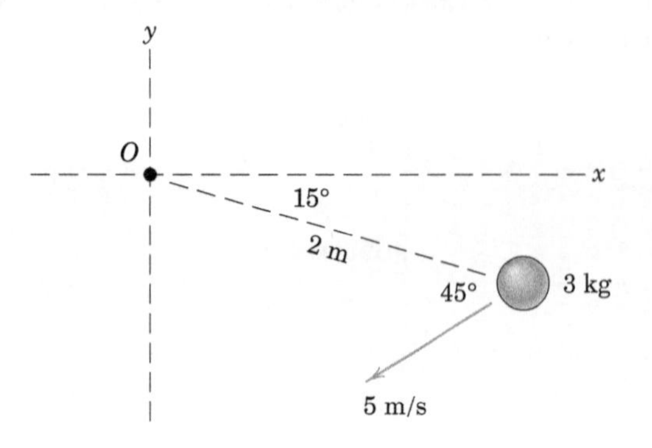

PROBLEMA 3/175

3/176 A partícula de massa m é suavemente empurrada a partir da posição de equilíbrio A e posteriormente desliza ao longo da trajetória circular lisa que se situa em um plano vertical. Determine o módulo da sua quantidade de movimento angular em torno do ponto O quando ela passa (a) o ponto B e (b) o ponto C. Em cada caso, determine a taxa de variação no tempo de H_O.

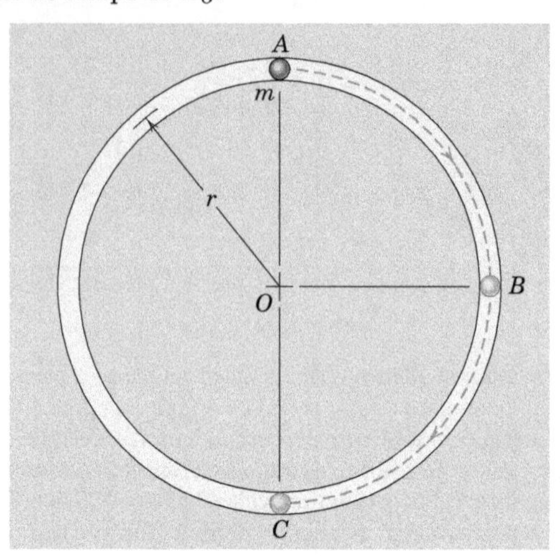

PROBLEMA 3/176

3/177 Logo depois do lançamento, partindo da Terra, a espaçonave entra em órbita a 60 × 220 km de altura, conforme representado. No ponto de apogeu A, sua velocidade é 27.820 km/h. Se nada fosse feito para modificar a órbita, qual seria a sua velocidade no ponto de perigeu P? Despreze o arrasto aerodinâmico. (Observe que a prática normal é acrescentar velocidade em A, que eleva a altitude do perigeu para um valor que é bem acima do volume da atmosfera.)

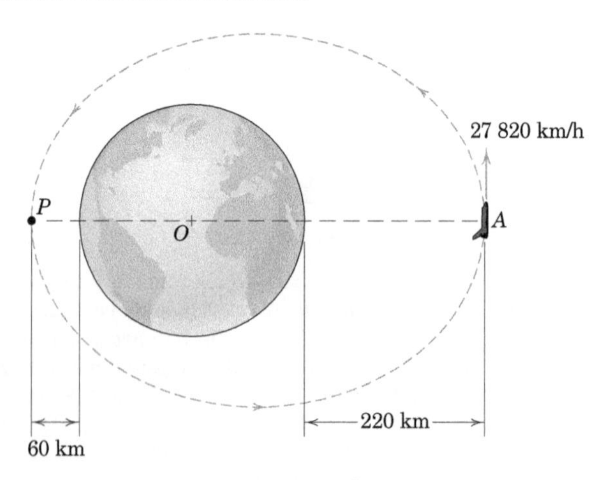

PROBLEMA 3/177

3/178 O conjunto rígido, que consiste em hastes leves e duas esferas de 1,2 kg, gira livremente em torno de um eixo vertical. O conjunto está inicialmente em repouso e depois aplica-se um par constante $M = 2$ N · m durante 5 s. Determine a velocidade angular final do conjunto. Trate as esferas pequenas como partículas.

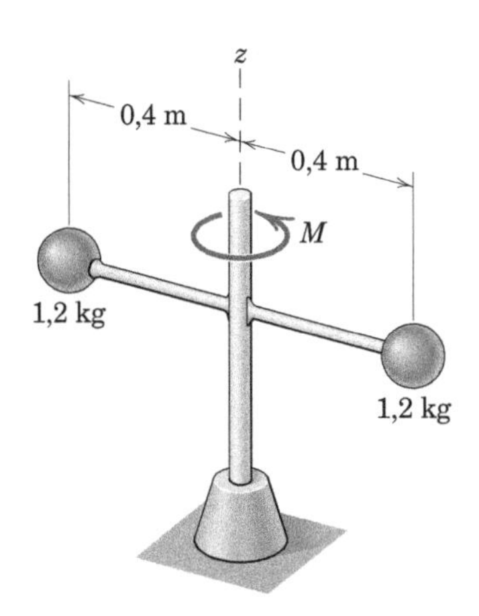

PROBLEMA 3/178

3/179 Todas as condições do problema anterior permanecem as mesmas, exceto que agora o par aplicado varia com o tempo de acordo com $M = 2t$, em que t é em segundos e M é em newton-metros. Determine a velocidade angular do conjunto no instante $t = 5$ s.

Problemas Representativos

3/180 A pequena partícula de massa m e uma corda à qual está presa são giradas com velocidade angular ω sobre a superfície horizontal e lisa de um disco, mostrado em corte. Quando a força F é ligeiramente afrouxada, r aumenta e ω muda. Determine a taxa de modificação de ω com relação a r e mostre que o trabalho realizado por F durante um movimento dr é igual à alteração na energia cinética da partícula.

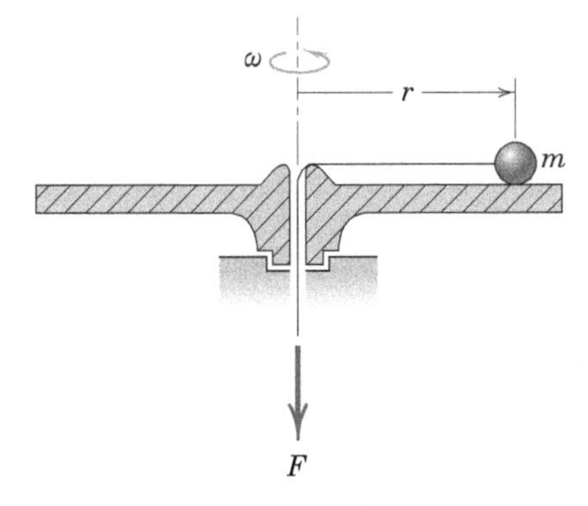

PROBLEMA 3/180

3/181 Uma partícula com uma massa de 4 kg tem um vetor posição em metros dado por $\mathbf{r} = 3t^2\mathbf{i} - 2t\mathbf{j} - 3t\mathbf{k}$, em que t é o tempo em segundos. Para $t = 3$ s, determine o módulo da quantidade de movimento angular da partícula e o módulo da quantidade de movimento de todas as forças que agem sobre a partícula, ambos em torno da origem das coordenadas.

3/182 A esfera de 6 kg e o bloco de 4 kg (mostrado em corte) se encontram presos ao braço de massa desprezível que gira no plano vertical em torno de um eixo horizontal em O. O tampão de 2 kg é liberado a partir do repouso em A e cai dentro do recesso no bloco quando o braço atinge a posição horizontal. Um instante antes da união, o braço tem uma velocidade angular $\omega_0 = 2$ rad/s. Determine a velocidade angular ω do braço imediatamente após o tampão ter se prendido no bloco.

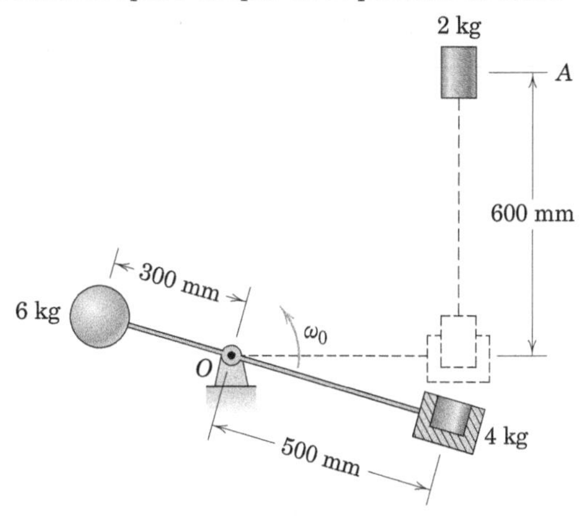

PROBLEMA 3/182

3/183 Uma partícula de 0,4 kg está localizada na posição $\mathbf{r}_1 = 2\mathbf{i} + 3\mathbf{j} + \mathbf{k}$ m e tem a velocidade $\mathbf{v}_1 = \mathbf{i} + \mathbf{j} + 2\mathbf{k}$ m/s no instante $t = 0$. Se uma única força atua sobre a partícula e tem o momento $\mathbf{M}_O = (4 + 2t)\mathbf{i} + \left(3 - \frac{1}{2}t^2\right)\mathbf{j} + 5\mathbf{k}$ N · m em torno da origem O do sistema de coordenadas em uso, determine a quantidade de movimento angular em torno de O da partícula quando $t = 4$ s.

3/184 As duas esferas de massas iguais m podem deslizar ao longo da haste horizontal que gira. Se elas estão inicialmente travadas na posição a uma distância r do eixo de rotação com o conjunto girando livremente com uma velocidade angular w_0, determine a nova velocidade angular w após as esferas serem liberadas e finalmente assumirem posições nas extremidades da haste na distância radial de $2r$. Encontre também a fração n da energia cinética inicial do sistema que é perdida. Despreze a pequena massa da haste e do eixo.

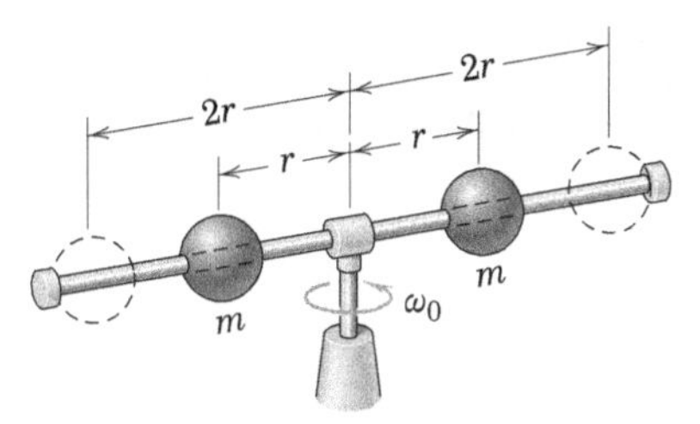

PROBLEMA 3/184

3/185 Uma partícula de massa m move-se com um atrito desprezível em uma superfície horizontal e está ligada a uma mola leve presa a O. Na posição A, a partícula tem a velocidade $v_A = 4$ m/s. Determine a velocidade v_B da partícula, à medida que esta passa pela posição B.

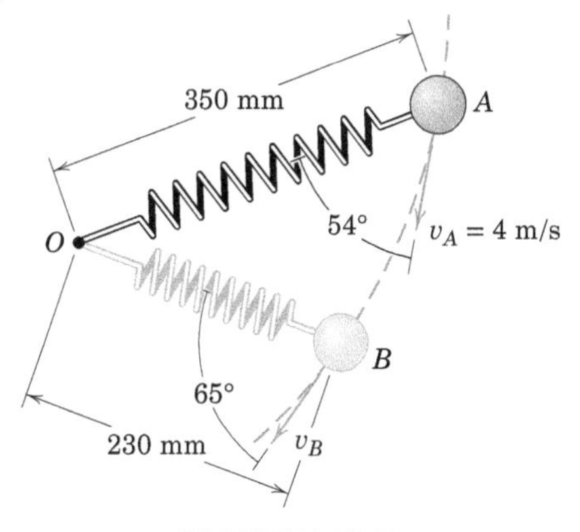

PROBLEMA 3/185

3/186 As pequenas esferas, que possuem as massas e velocidades iniciais indicadas na figura, atingem as extremidades pontudas da haste e ficam presas a essas extremidades. A haste é livremente articulada em O e está inicialmente em repouso. Determine a velocidade angular ω do conjunto após o impacto. Despreze a massa da haste.

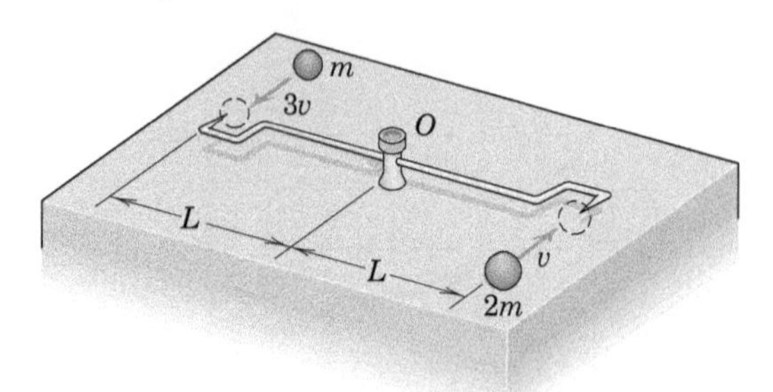

PROBLEMA 3/186

3/187 A partícula de massa m é lançada do ponto O com uma velocidade horizontal $\mathbf{u}$ no tempo $t = 0$. Determine a sua quantidade de movimento angular $\mathbf{H}_O$ em relação ao ponto O em função do tempo.

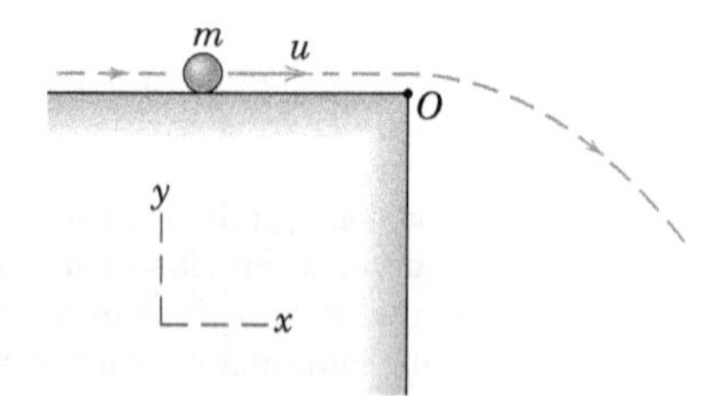

PROBLEMA 3/187

3/188 Um torrão de argila de massa m_1 com uma velocidade horizontal inicial v_1 atinge e adere à barra rígida sem massa que suporta o corpo de massa m_2, que pode ser assumida como uma partícula. A montagem do pêndulo é livremente articulada em O e está inicialmente estacionária. Determine a velocidade angular $\dot{\theta}$ do corpo combinado logo após o impacto. Por que o impulso linear do sistema não é conservado?

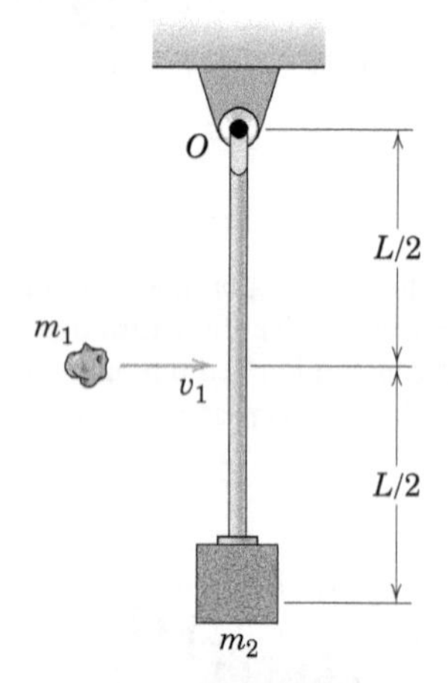

PROBLEMA 3/188

3/189 Uma partícula de massa m é liberada partindo do repouso na posição A e, então, desliza para baixo sobre a trilha lisa sobre o plano vertical. Determine sua quantidade de movimento angular em torno de ambos os pontos A e D, (a) quando passa pela posição B e (b) quando passa pela posição C.

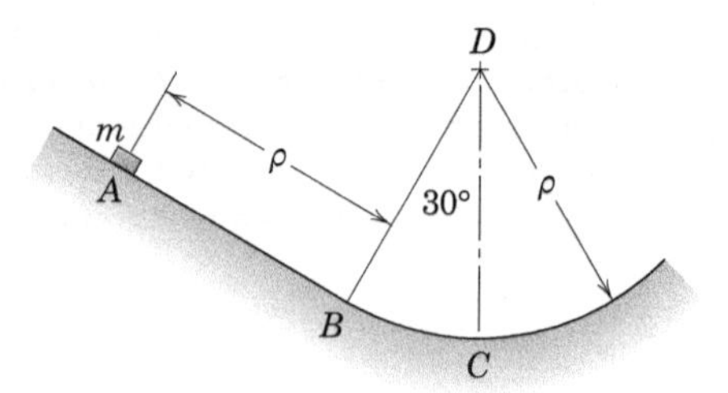

PROBLEMA 3/189

3/190 No ponto A de maior aproximação com o Sol, um cometa tem uma velocidade $v_A = 57{,}45(10^3)$ m/s. Determine as componentes radial e transversal de sua velocidade v_B no ponto B, em que a distância radial a partir do Sol é $120{,}7(10^6)$ km.

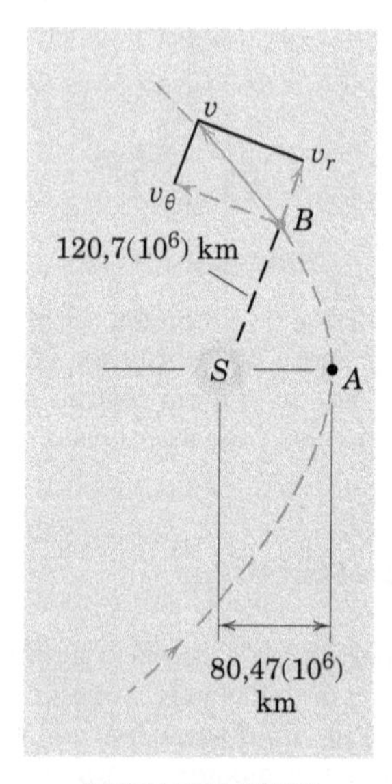

PROBLEMA 3/190

3/191 Um pêndulo consiste em duas massas concentradas de 3,2 kg posicionadas, como mostrado, em uma barra leve, porém rígida. O pêndulo está oscilando pela posição vertical com uma velocidade angular no sentido horário $\omega = 6$ rad/s quando uma bala de 50 g, que se desloca com velocidade $v = 300$ m/s na direção indicada, atinge a massa inferior e se aloja nela. Calcule a velocidade angular ω' que o pêndulo possui imediatamente após o impacto e encontre a deflexão angular máxima θ do pêndulo.

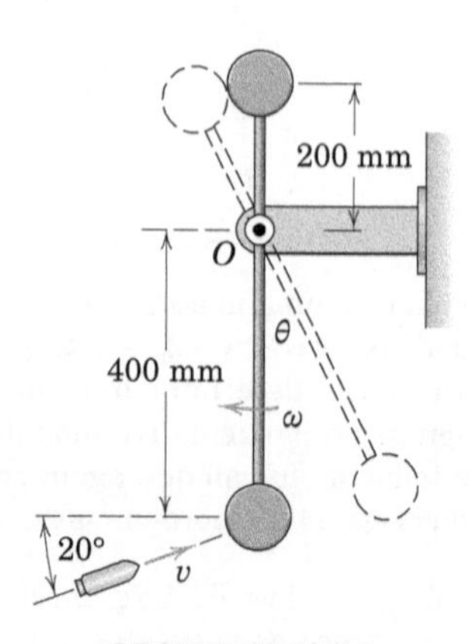

PROBLEMA 3/191

3/192 Uma partícula é lançada com uma velocidade horizontal v_0 = 0,55 m/s a partir da posição a 30° representada e, então, desliza sem atrito ao longo da superfície em forma de funil. Determine o ângulo que seu vetor velocidade faz com a horizontal quando a partícula passa pelo nível *O*-*O*. O valor de *r* é 0,9 m.

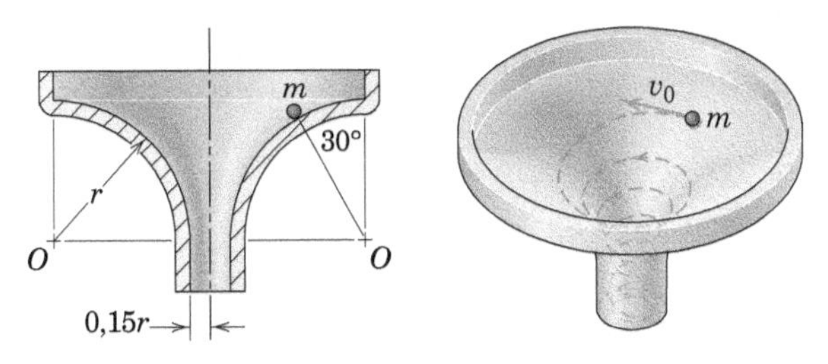

PROBLEMA 3/192

3/193 A bola de 0,2 kg e o seu cordão de suporte giram em torno do eixo vertical na superfície cônica fixa lisa, com uma velocidade angular de 4 rad/s. A bola é mantida na posição *b* = 300 mm pela tensão *T* no cordão. Se a distância *b* for reduzida ao valor constante de 200 mm pelo aumento da tensão *T* no cordão, calcule a nova velocidade angular *ω* e o trabalho $U'_{1\text{-}2}$ realizado por *T* no sistema.

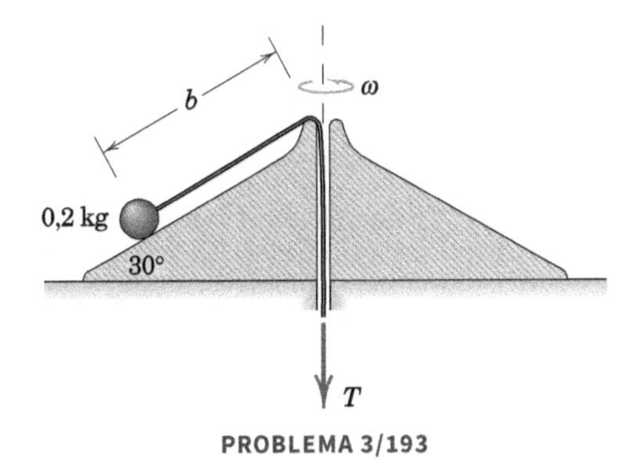

PROBLEMA 3/193

▶3/194 O conjunto de duas esferas de 5 kg está girando livremente em torno do eixo vertical a 40 rpm com *θ* = 90°. Se a força *F* que mantém a determinada posição é aumentada para elevar o bloco deslizante da base e reduzir *θ* para 60°, determine a nova velocidade angular *ω*. Determine também o trabalho *U* realizado por *F* para mudar a configuração do sistema. Presuma que a massa dos braços e blocos deslizantes é desprezível.

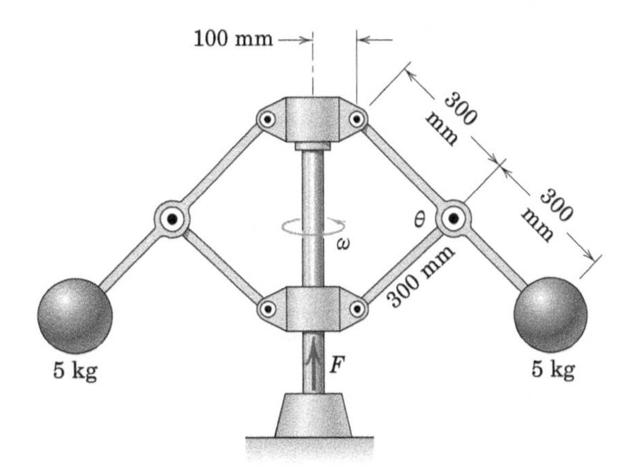

PROBLEMA 3/194

Problemas para as Seções 3/11-3/12

Problemas Introdutórios

3/195 As bolas de tênis são em geral rejeitadas se, quando largadas da altura do ombro, não alcançam a altura da cintura depois de quicarem. Se uma bola passou no teste, conforme indicado na figura, determine o coeficiente de restituição e e o percentual n da energia original perdida durante o impacto.

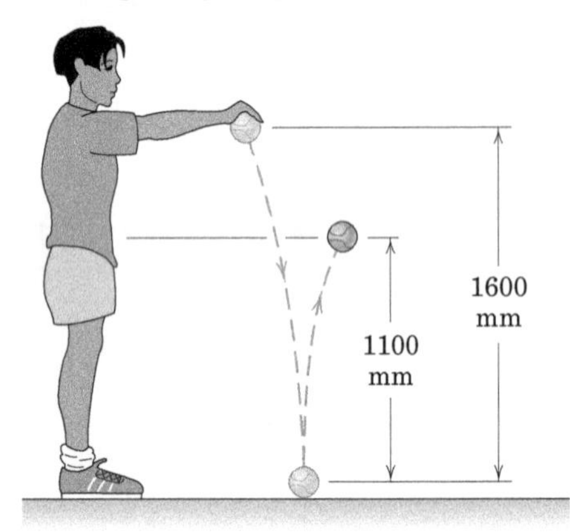

PROBLEMA 3/195

3/196 Calcule as velocidades finais v_1' e v_2' após a colisão dos dois cilindros que deslizam na superfície lisa do eixo horizontal. O coeficiente de restituição é $e = 0{,}8$.

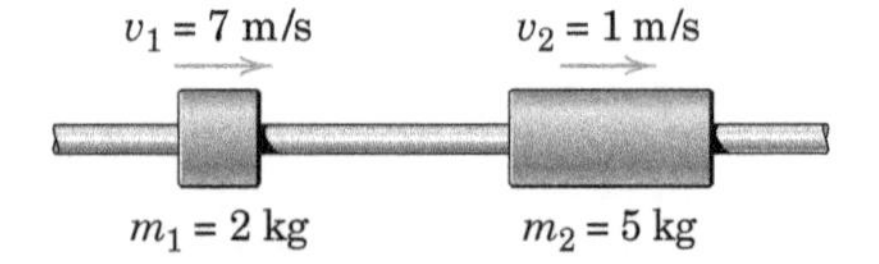

PROBLEMA 3/196

3/197 Os dois corpos têm as massas e as velocidades iniciais indicadas na figura. O coeficiente de restituição para a colisão é $e = 0{,}3$, e o atrito é desprezível. Se o tempo de duração da colisão é 0,025 s, determine a força média de impacto que é exercida sobre o corpo de 3 kg.

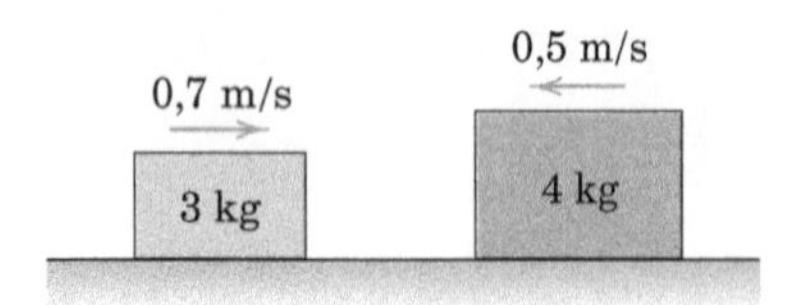

PROBLEMA 3/197

3/198 A esfera de massa m_1 se desloca com uma velocidade inicial v_1 direcionada, como mostrado, e atinge a esfera estacionária de massa m_2. Para determinado coeficiente de restituição e, qual condição sobre a razão das massas m_1/m_2 garante que a velocidade final de m_2 seja maior do que v_1?

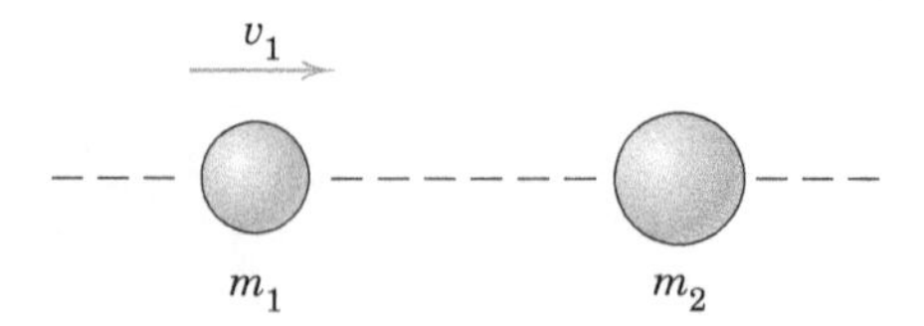

PROBLEMA 3/198

3/199 Uma bola de tênis é projetada em direção a uma superfície lisa com velocidade v, como mostrado. Determine o ângulo de ricochete θ' e a velocidade final v'. O coeficiente de restituição é 0,6.

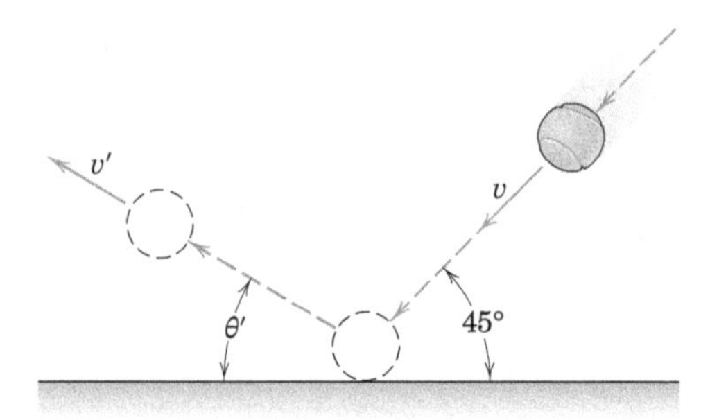

PROBLEMA 3/199

3/200 Determine o coeficiente de restituição e para uma bola de aço largada, partindo do repouso, de uma altura h sobre uma placa horizontal pesada, de aço, se a altura do segundo quique é h_2.

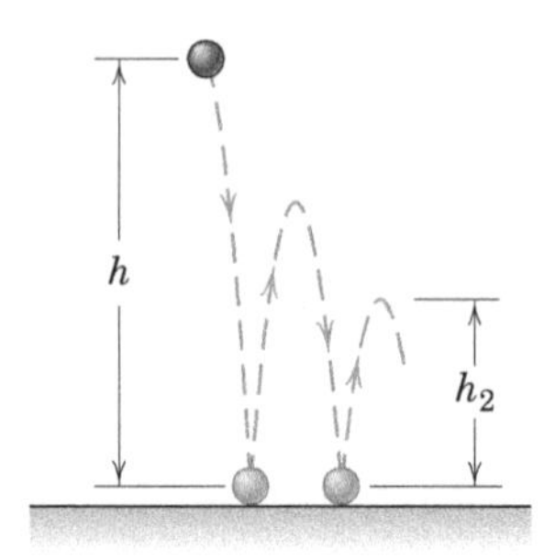

PROBLEMA 3/200

3/201 Determine o valor do coeficiente de restituição e para o qual o ângulo de saída é metade do ângulo θ de entrada, conforme representado. Avalie sua expressão geral para $\theta = 40°$.

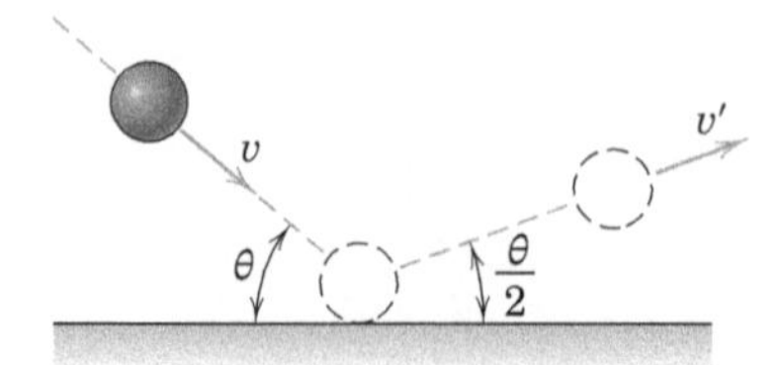

PROBLEMA 3/201

3/202 Para passarem na inspeção, esferas de aço projetadas para uso em rolamentos devem passar pela barra fixa A no topo de seu ressalto quando largadas do repouso através da distância vertical H = 900 mm na pesada placa de aço inclinada. Se forem rejeitadas as bolas que têm um coeficiente de restituição inferior a 0,7 com a placa de rebote, determine a posição da barra especificando h e s. Despreze qualquer atrito durante o impacto.

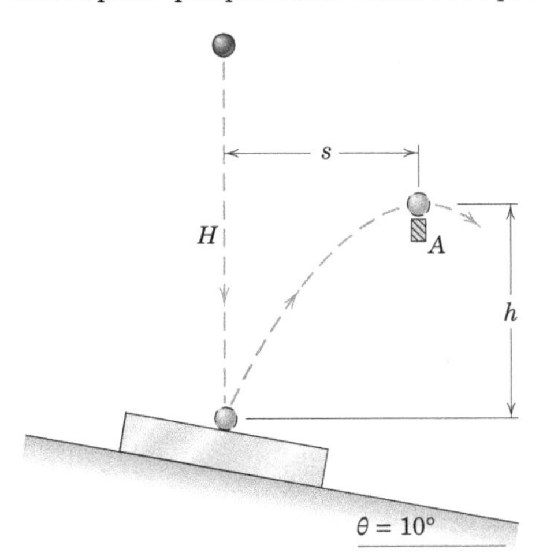

PROBLEMA 3/202

3/203 O cilindro A está se movendo para a direita com velocidade v quando atinge o cilindro B inicialmente estacionário. Ambos os cilindros têm massa m, e o coeficiente de restituição para a colisão é e. Determine a deflexão máxima da mola de módulo k. Despreze o atrito.

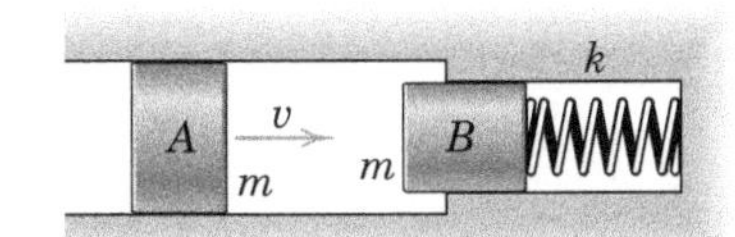

PROBLEMA 3/203

3/204 O vagão de carga A de massa m_A está se deslocando para a direita quando colide com o vagão de carga B de massa m_B, inicialmente em repouso. Se os dois vagões são acoplados no instante do impacto, mostre que a perda parcial de energia equivale a $m_B/(m_A + m_B)$.

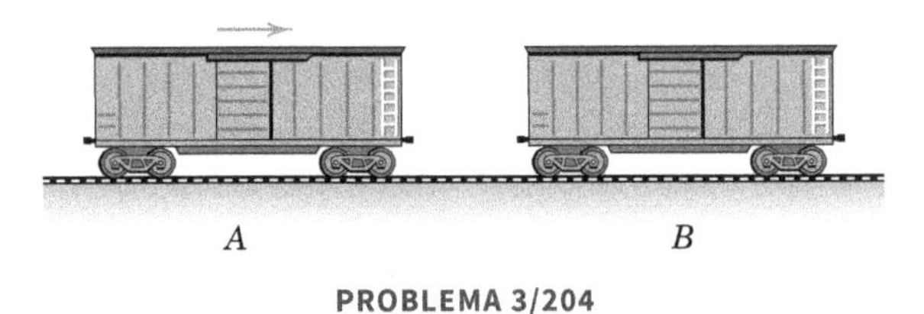

PROBLEMA 3/204

Problemas Representativos

3/205 A bola é arremessada a partir da posição A e largada a 0,75 m do plano inclinado. Se o coeficiente de restituição no impacto for e = 0,85, determine o raio da inclinação R.

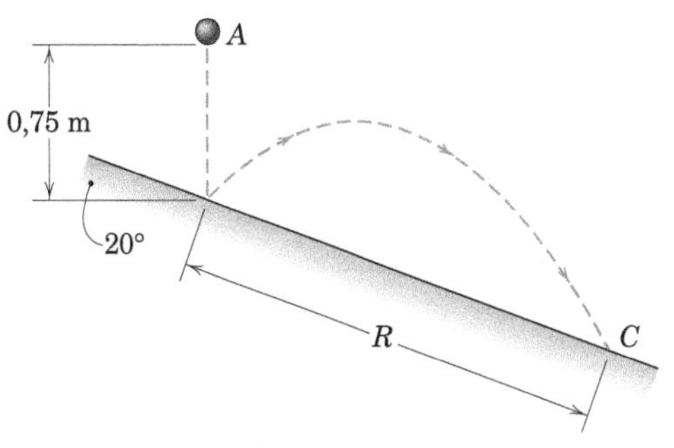

PROBLEMA 3/205

3/206 Uma tacada de minigolfe da posição A para o buraco D deve ser realizada "inclinando" a parede de 45°. Usando a teoria deste artigo, determine a localização x na qual a tacada pode ser executada. O coeficiente de restituição associado à colisão da parede é e = 0,8.

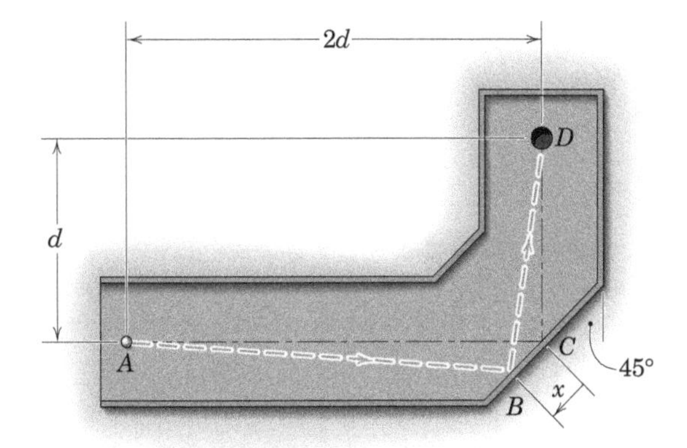

PROBLEMA 3/206

3/207 O pêndulo é liberado da posição de 60° e em seguida atinge o cilindro inicialmente estacionário de massa m_2 quando OA está na vertical. Determine a compressão máxima da mola δ. Utilize os valores m_1 = 3 kg, m_2 = 2 kg, OA = 0,8 m, e = 0,7 e k = 6 kN/m. Suponha que a barra do pêndulo seja leve, de modo que a massa m_1 esteja efetivamente concentrada no ponto A. O amortecedor de borracha S faz parar o pêndulo logo após o término da colisão. Despreze todo o atrito.

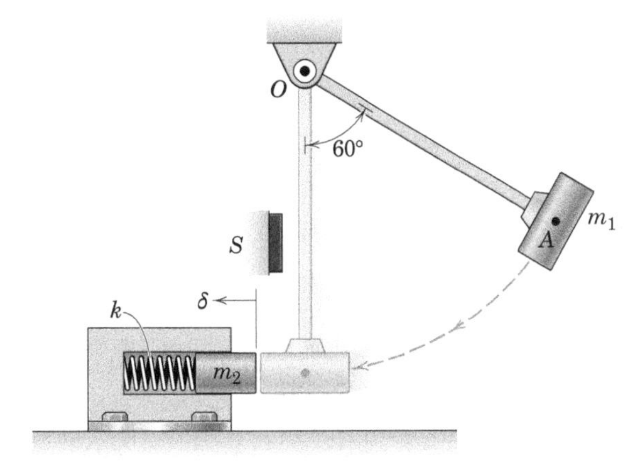

PROBLEMA 3/207

3/208 Um meteoro de 0,1 kg e uma espaçonave de 1000 kg têm as velocidades absolutas indicadas, imediatamente antes de colidirem. O meteoro perfura e atravessa completamente a espaçonave. Os instrumentos indicam que a velocidade relativa do meteoro em relação à espaçonave logo após a colisão é $\mathbf{v}_{m/s}' = -1880\mathbf{i} - 6898\mathbf{j}$ m/s. Determine a direção θ da velocidade absoluta da espaçonave após a colisão.

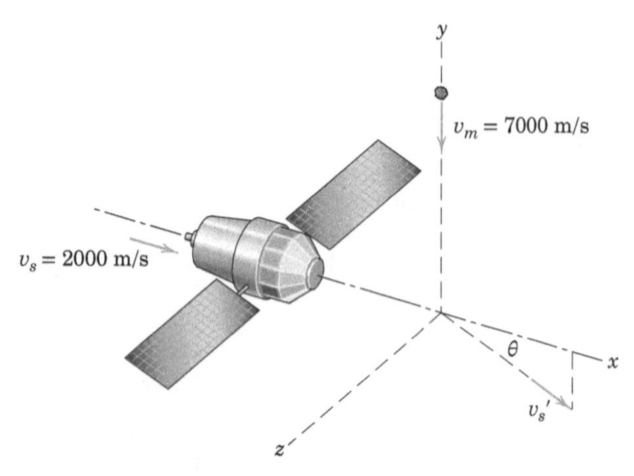

PROBLEMA 3/208

3/209 A bola de sinuca B deve ser colocada na caçapa lateral D por meio de uma rebatida na tabela em C. Especifique a localização x do impacto na tabela para os coeficientes de restituição (a) $e = 1$ e (b) $e = 0{,}8$.

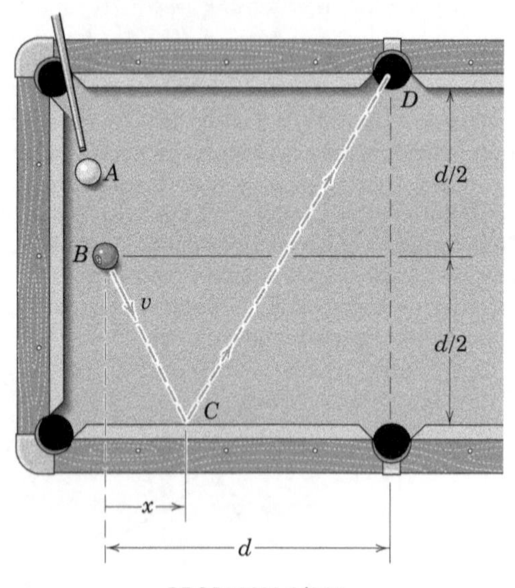

PROBLEMA 3/209

3/210 Determine o coeficiente de restituição e que permite à bola quicar para baixo sobre os degraus conforme representado. As dimensões do piso e da altura do degrau, d e h, respectivamente, são as mesmas para cada degrau, e a bola quica alcançando a mesma distância h' sobre cada degrau. Qual a velocidade horizontal v_x necessária para que a bola bata no centro de cada piso?

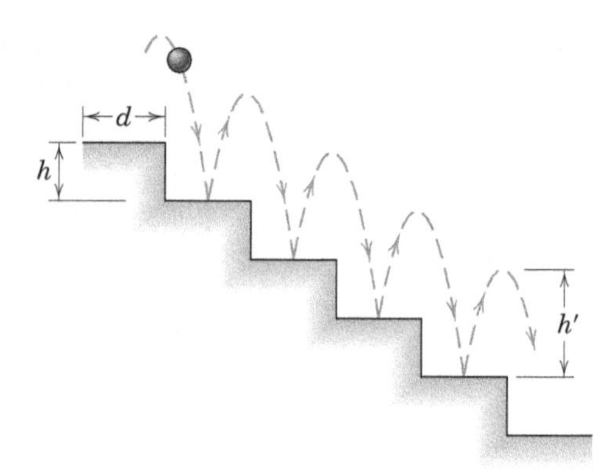

PROBLEMA 3/210

3/211 A esfera A tem massa de 23 kg e raio de 75 mm, enquanto a esfera B tem massa de 4 kg e raio de 50 mm. Se as esferas estão se deslocando inicialmente ao longo dos caminhos paralelos com as velocidades mostradas, determine as velocidades das esferas imediatamente após o impacto. Especifique os ângulos θ_A e θ_B em relação ao eixo x feito pelos vetores de velocidade de rebote. O coeficiente de restituição é de 0,4 e o atrito é desprezado.

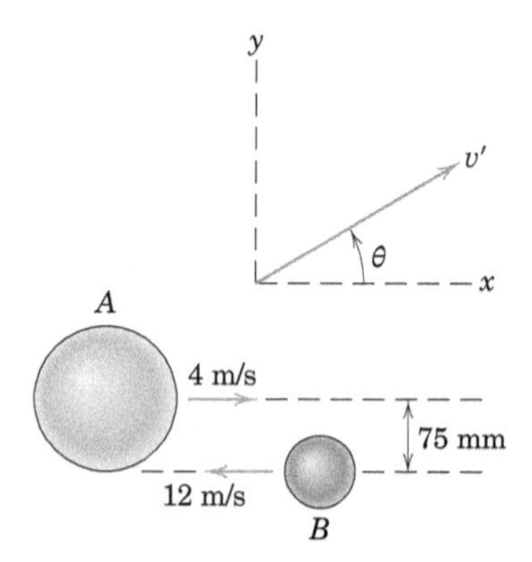

PROBLEMA 3/211

3/212 Dois discos idênticos de hóquei se deslocando com velocidades iniciais v_A e v_B colidem, como mostrado. Se o coeficiente de restituição é $e = 0{,}75$, determine a velocidade (módulo e direção θ em relação ao sentido positivo do eixo x) de cada disco logo após o impacto. Calcule também a perda percentual n de energia cinética do sistema.

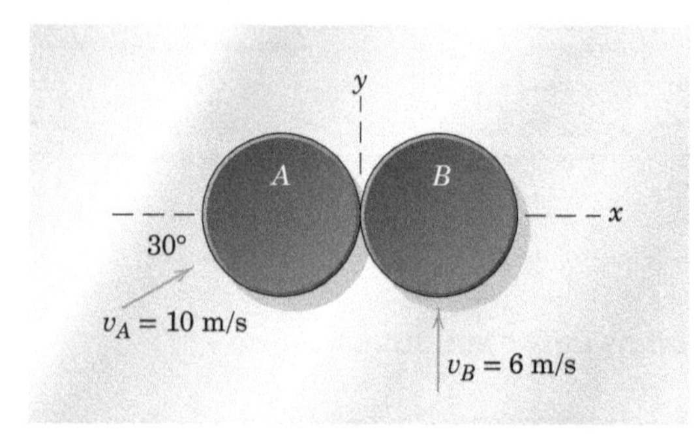

PROBLEMA 3/212

3/213 Repita o problema anterior, só que agora a massa do disco B é duas vezes maior do que a do disco A.

3/214 A bigorna A de 3000 kg da forja suspensa é montada em um ninho de molas helicoidais pesadas com uma rigidez combinada de 2,8(10^6) N/m. O martelo B de 600 kg cai 500 mm do repouso e atinge a bigorna, que sofre uma deflexão máxima, para baixo, de 24 mm de sua posição de equilíbrio. Determine a altura h de ricochete do martelo e o coeficiente de restituição e que se aplica.

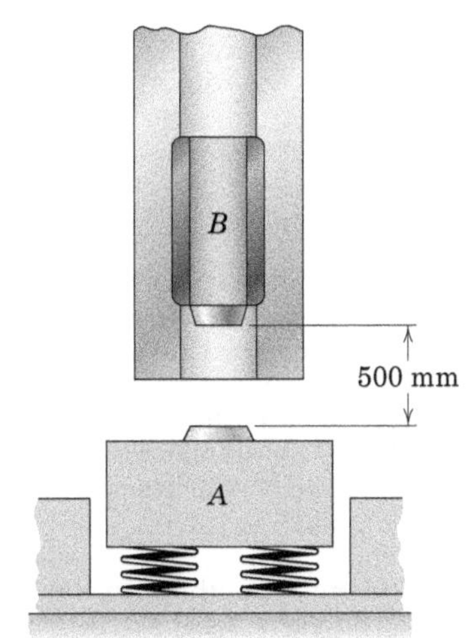

PROBLEMA 3/214

▶3/215 Os elementos de um dispositivo projetado para medir o coeficiente de restituição de colisões taco-bola de beisebol são mostrados. O "taco" A de 0,5 kg é um pedaço curto de madeira ou alumínio que é projetado para a direita com uma velocidade v_A = 18 m/s dentro dos limites da fenda horizontal. Imediatamente antes e depois do momento do impacto, o corpo A está livre para se mover horizontalmente. A bola B de 146 g tem uma velocidade inicial v_B = 38 m/s. Se o coeficiente de restituição for e = 0,5, determine a velocidade final da bola e o ângulo β que sua velocidade final forma com a horizontal.

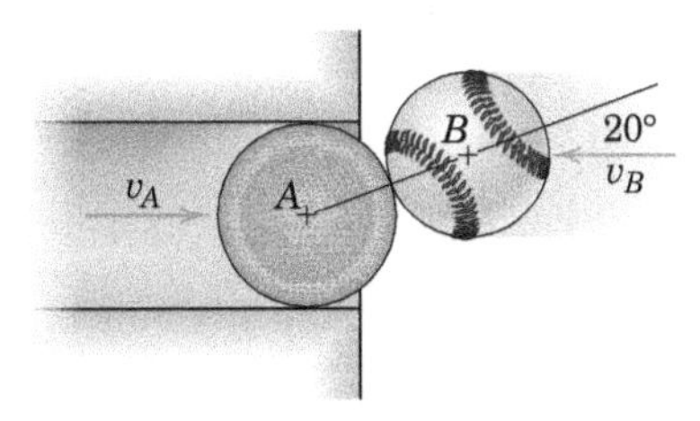

PROBLEMA 3/215

▶3/216 Uma criança atira uma bola a partir do ponto A com uma velocidade de 15 m/s. A bola atinge a parede no ponto B e então retorna exatamente ao ponto A. Determine o ângulo α necessário se o coeficiente de restituição no impacto com a parede for e = 0,5.

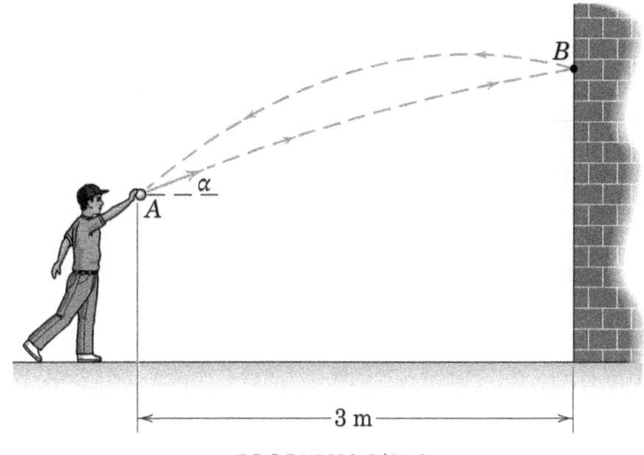

PROBLEMA 3/216

▶3/217 A esfera de 2 kg é projetada horizontalmente com uma velocidade de 10 m/s contra o carro de 10 kg, que é apoiado pela mola com rigidez de 1600 N/m. O carro está inicialmente em repouso com a mola descomprimida. Se o coeficiente de restituição for 0,6, calcule a velocidade do ricochete v', o ângulo do ricochete θ e o curso máximo δ do carro após o impacto.

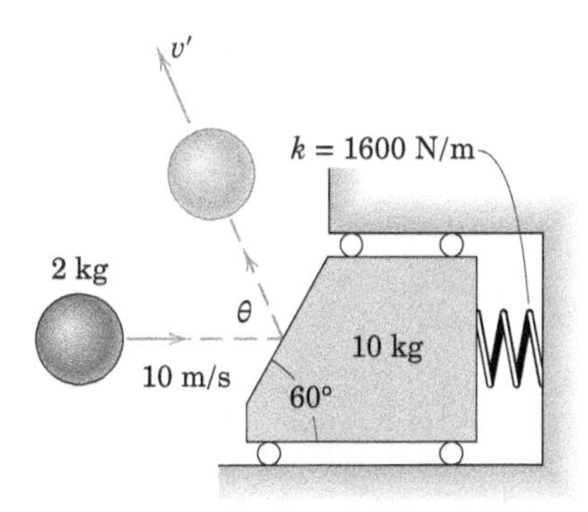

PROBLEMA 3/217

▶3/218 Uma pequena bola é projetada horizontalmente, como mostrado, e quica no ponto A. Determine a faixa de velocidade inicial v_0 para a qual a bola finalmente cairá na superfície horizontal em B. O coeficiente de restituição em A é e = 0,8 e a distância é d = 4 m.

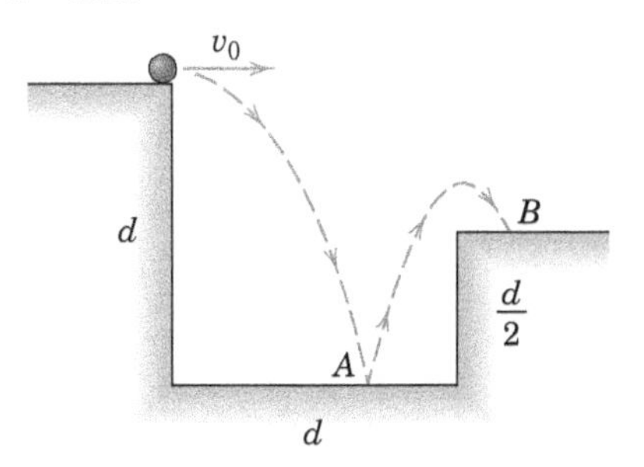

PROBLEMA 3/218

Problemas para a Seção 3/13

(Salvo indicação em contrário, as velocidades mencionadas nos problemas a seguir são medidas a partir de um sistema de referência sem rotação que se desloca com o centro do corpo que exerce a atração. Além disso, o arrasto aerodinâmico deve ser desprezado, a menos que haja indicação contrária. Use g = 9,825 m/s^2 para a aceleração absoluta da gravidade na superfície da Terra e trate a Terra como uma esfera de raio R = 6371 km.)

Problemas Introdutórios

3/219 Determine a velocidade v da Terra em sua órbita em torno do Sol. Suponha uma órbita circular de raio 150(10^6) km.

3/220 Qual velocidade v deve ter o ônibus espacial a fim de liberar o telescópio espacial Hubble em uma órbita circular de 590 km em torno da Terra?

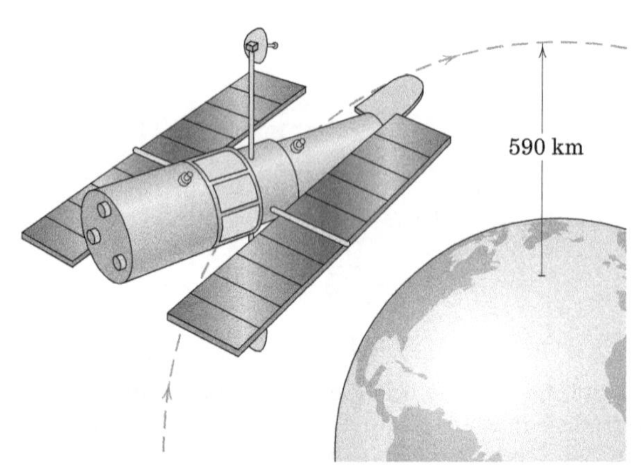

PROBLEMA 3/220

3/221 Mostre que a trajetória da Lua é côncava em direção ao Sol na posição indicada. Admita que o Sol, a Terra e a Lua se encontram na mesma linha.

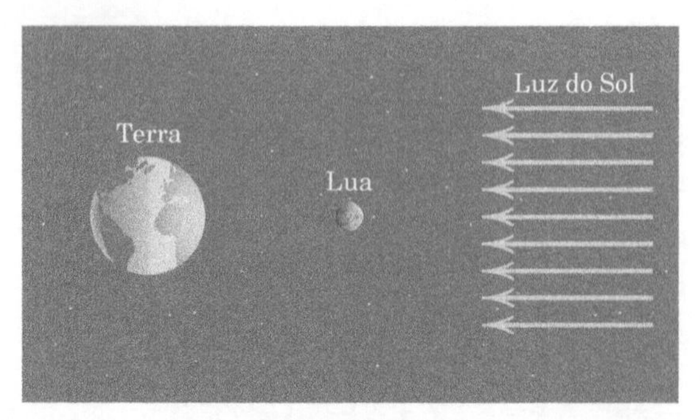

PROBLEMA 3/221

3/222 Uma espaçonave está em uma órbita inicial circular com uma altitude de 350 km. À medida que passa pelo ponto P, foguetes de bordo imprimem a ela uma velocidade de 25 m/s. Determine a altitude resultante alcançada Δh no ponto A.

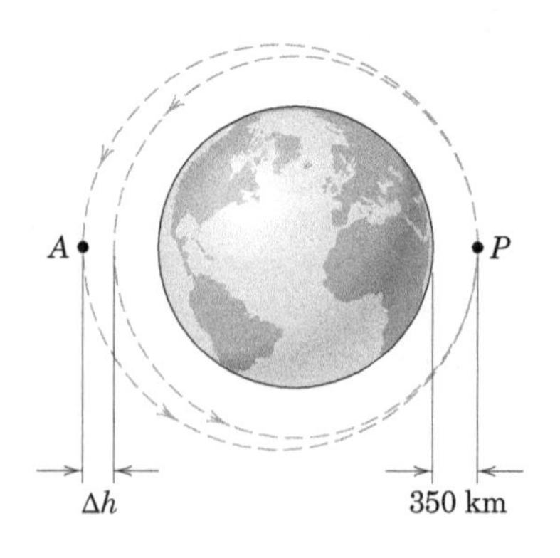

PROBLEMA 3/222

3/223 Em uma das órbitas da espaçonave Apollo em torno da Lua, sua distância até a superfície lunar variava entre 100 km e 300 km. Calcule a velocidade máxima da espaçonave em órbita.

3/224 Determine a diferença de energia ΔE entre uma órbita de ônibus espacial de 80.000 kg na plataforma de lançamento no Cabo Canaveral (latitude 28,5°) e o mesmo corpo em uma órbita circular de altitude h = 300 km.

3/225 Um satélite está em uma órbita circular da Terra de raio $2R$, em que R é o raio da Terra. Qual é o incremento mínimo de velocidade Δv necessário para alcançar o ponto B, que está a uma distância $3R$ a partir do centro da Terra? Em que ponto da órbita circular original o incremento de velocidade deve ser adicionado?

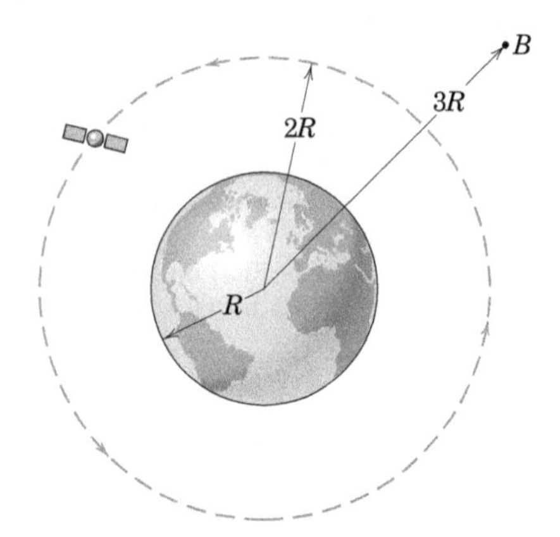

PROBLEMA 3/225

3/226 Determine a velocidade v necessária para um satélite terrestre no ponto A, para (a) uma órbita circular, (b) uma órbita elíptica com excentricidade e = 0,1, (c) uma órbita elíptica com excentricidade e = 0,9, e (d) uma órbita parabólica. Nos casos (b), (c) e (d), A é o perigeu da órbita.

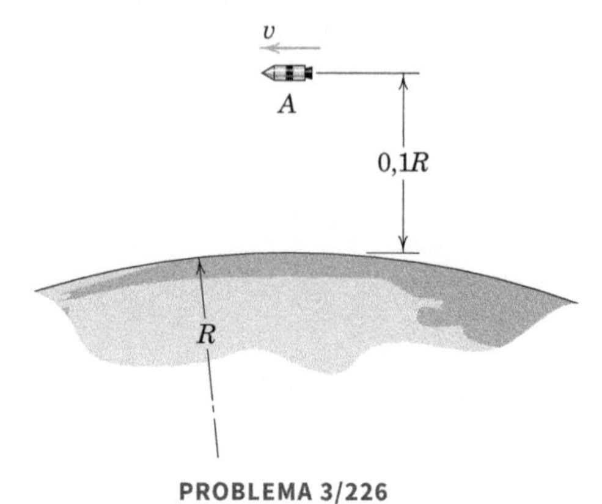

PROBLEMA 3/226

Problemas Representativos

3/227 A espaçonave E, inicialmente na órbita circular com 240 km, recebe um impulso em P que irá levá-la para $r \to \infty$ com velocidade zero, neste ponto. Determine o incremento de velocidade necessário Δv no ponto P; determine também a velocidade quando $r = 2r_P$. Para qual valor de θ r se torna $2r_P$?

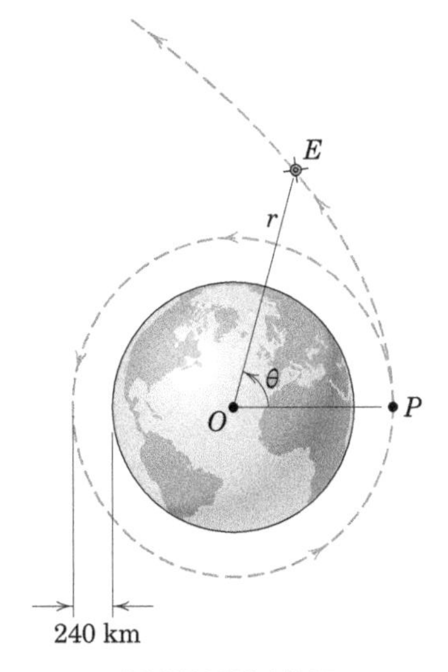

PROBLEMA 3/227

3/228 O satélite A, que se desloca na órbita circular, e o satélite B, que se desloca na órbita elíptica, colidem e ficam presos no ponto C. Se as massas dos satélites são iguais, determine a altitude máxima $h_{\text{máx}}$ da órbita resultante.

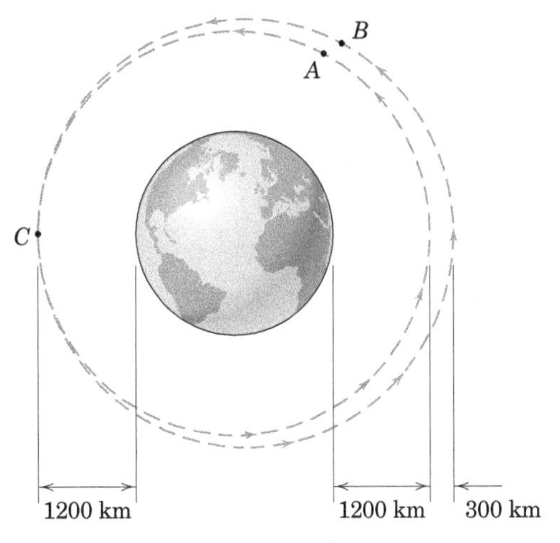

PROBLEMA 3/228

3/229 O sistema estelar binário consiste nas estrelas A e B, as quais orbitam em torno do centro de massa do sistema. Compare o período orbital τ_f calculado com a suposição de uma estrela fixa A com o período τ_{nf} calculado sem essa suposição.

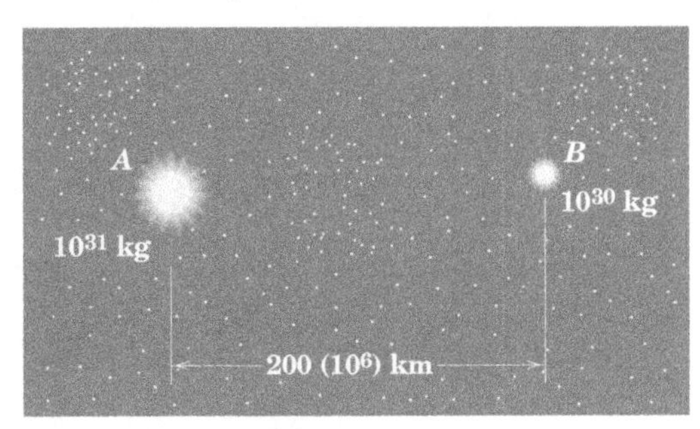

PROBLEMA 3/229

3/230 Um satélite síncrono é aquele cuja velocidade em sua órbita circular permite que ele permaneça acima da mesma posição na superfície da Terra em rotação. Calcule a distância necessária H do satélite acima da superfície da Terra. Localize a posição do plano orbital do satélite e calcule o alcance angular β de longitude na superfície da Terra para a qual existe uma linha de visão direta para o satélite.

3/231 Um satélite terrestre A está em órbita equatorial circular de oeste para leste a 300 km acima da superfície da Terra, conforme indicado. Um observador B sobre o Equador, que vê o satélite diretamente sobre sua cabeça, verá o artefato na órbita seguinte diretamente sobre sua cabeça no ponto B', devido à rotação da Terra. A linha radial até o satélite terá sido girada a partir do ângulo $2\pi + \theta$, e o observador medirá seu período aparente τ' como um valor ligeiramente maior do que o período verdadeiro τ. Calcule τ' e $\tau' - \tau$.

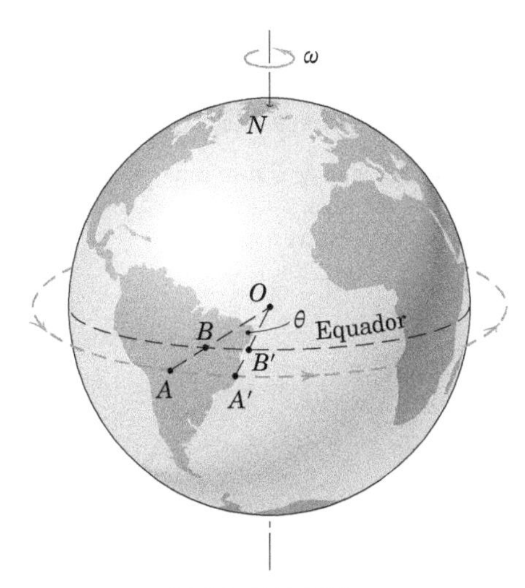

PROBLEMA 3/231

3/232 Logo após ser lançada da Terra, uma espaçonave se encontra na órbita 60 × 220 km mostrada. Na primeira vez que ela passa pelo apogeu A, seus motores do sistema de manobra orbital (SMO) são disparados para fazer a órbita ser circular. Se a massa do corpo em órbita é 80 Mg e os motores do SMO têm um empuxo de 27 kN cada um, determine a duração de tempo Δt do seu acionamento.

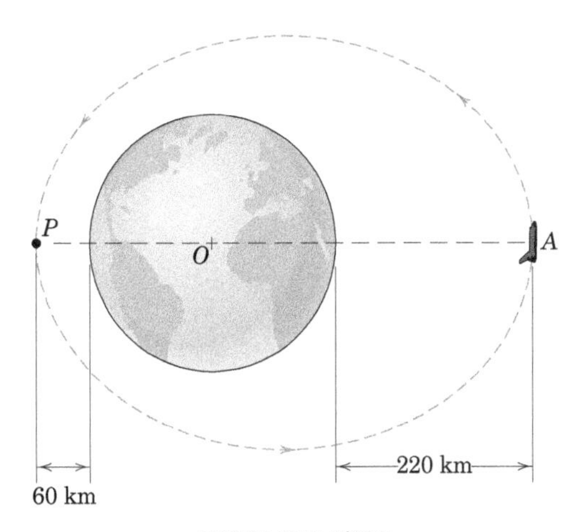

PROBLEMA 3/232

3/233 Uma espaçonave está em uma órbita circular de raio $3R$ ao redor da Lua. No ponto A, a espaçonave ejeta uma sonda projetada para chegar à superfície da Lua no ponto B. Determine a velocidade necessária v_r da sonda em relação à espaçonave logo após a ejeção. Calcule também a posição θ da espaçonave quando a sonda chega ao ponto B.

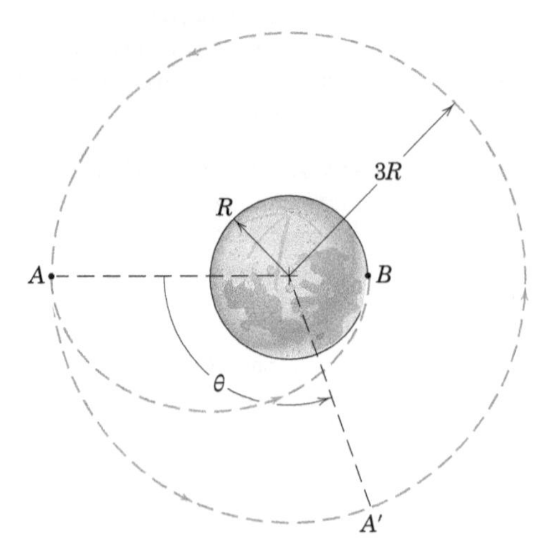

PROBLEMA 3/233

3/234 Um projétil é lançado de B com uma velocidade de 2000 m/s a um ângulo α de 30° com a horizontal, conforme mostrado. Determine a altitude máxima $h_{máx}$.

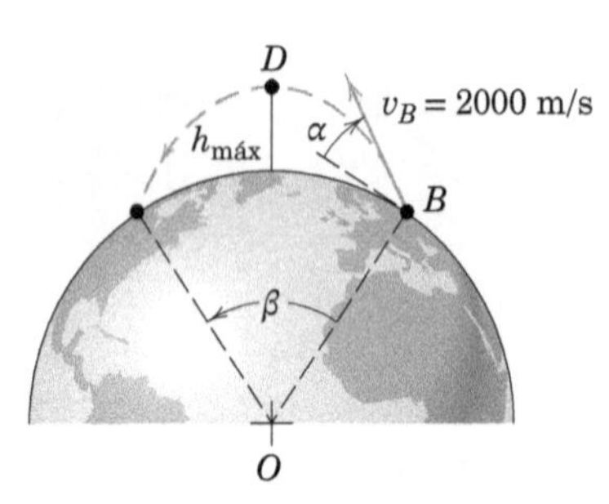

PROBLEMA 3/234

3/235 Os dois satélites B e C estão na mesma órbita circular com altitude de 800 km. O satélite B está 2000 km à frente do satélite C conforme indicado. Mostre que C pode alcançar B "acionando os freios". Especificamente, em qual quantidade Δv deve ser reduzida à velocidade do satélite C na órbita circular, de modo que ele se encontre com o satélite B após um período em sua nova órbita elíptica? Verifique se C não atinge a Terra na órbita elíptica.

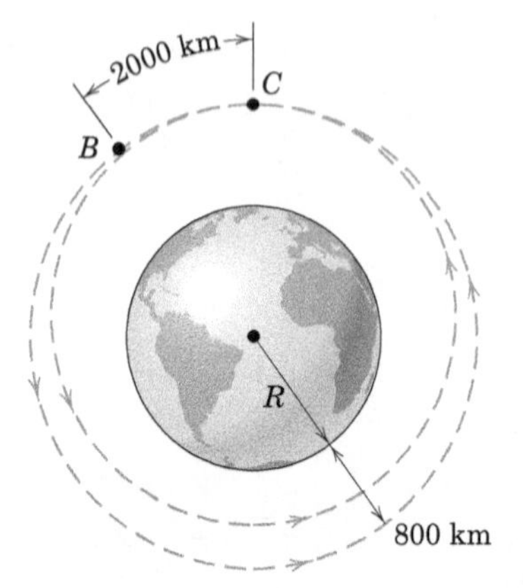

PROBLEMA 3/235

3/236 O ônibus espacial de 80 Mg está em uma órbita circular com 320 km de altitude. Os dois motores do sistema de manobra orbital (SMO), cada um com um empuxo de 27 kN, são acionados com empuxo para trás por 150 segundos. Determine o ângulo β que localiza o ponto de interseção da trajetória do ônibus espacial com a superfície da Terra. Admita que a posição B do ônibus espacial corresponde à conclusão da queima no SMO e que nenhuma perda de altitude ocorre durante a queima.

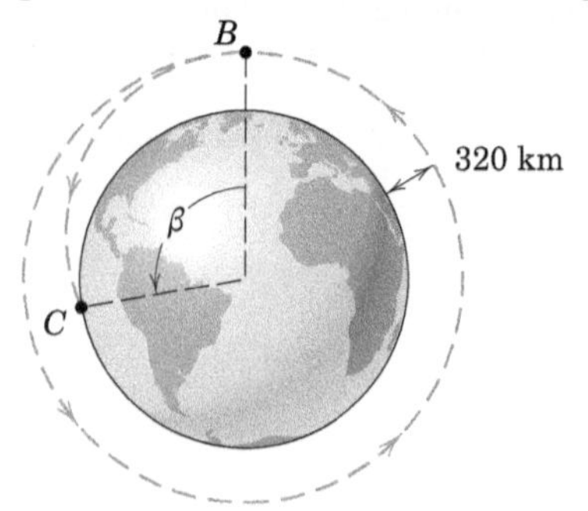

PROBLEMA 3/236

3/237 Compare o período orbital da Lua calculado com a hipótese de uma Terra fixa com o período calculado sem esta hipótese.

3/238 Um satélite é colocado em uma órbita circular polar a uma distância H acima da Terra. Quando o satélite passa por cima do Polo Norte em A, seu retrofoguete é ativado para produzir um intenso empuxo negativo que diminui sua velocidade para um valor que garantirá uma aterrissagem equatorial. Desenvolva a expressão para a redução Δv_A necessária da velocidade em A. Observe que A é o apogeu da trajetória elíptica.

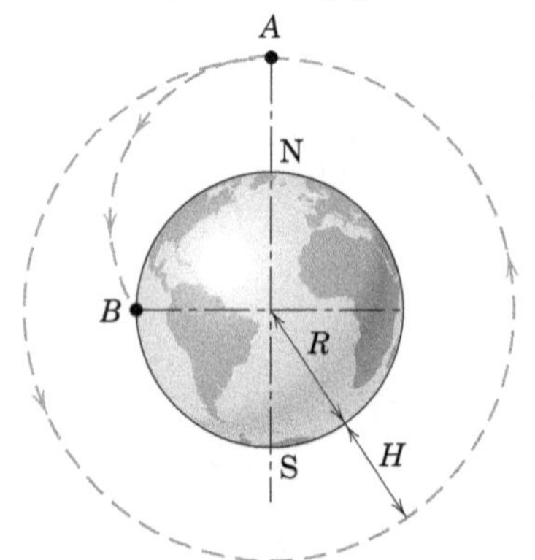

PROBLEMA 3/238

3/239 Uma nave espacial se movendo em uma órbita equatorial de oeste para leste é observada por uma estação de rastreamento localizada sobre o equador. Se a nave espacial possui uma altitude de perigeu H = 150 km, velocidade v diretamente acima da estação e uma altitude de apogeu de 1500 km, determine uma expressão para a velocidade angular p (em relação à Terra) na qual a antena parabólica deve ser girada quando a nave espacial está diretamente acima. Calcule p. A velocidade angular da Terra é $\omega = 0{,}7292(10^{-4})$ rad/s.

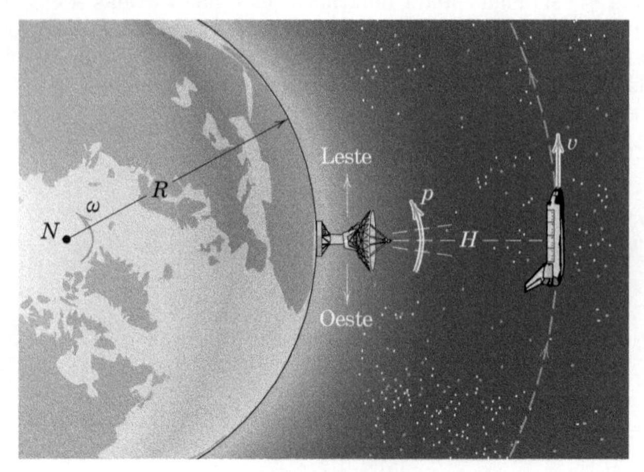

PROBLEMA 3/239

*3/240 Em 1995, uma espaçonave chamada *Solar and Heliospheric Observatory* (SOHO) foi colocada em uma órbita circular em torno do Sol e dentro da órbita da Terra, como mostrado. Determine a distância h de modo que o período da órbita da espaçonave seja igual ao da Terra, com o resultado de que a espaçonave permaneça entre a Terra e o Sol em uma órbita "halo".

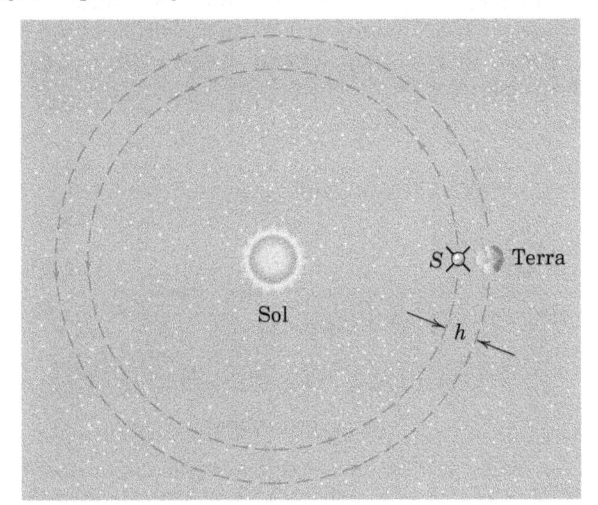

PROBLEMA 3/240

▸3/241 Um veículo espacial deslocando-se em uma órbita circular de raio r_1 se transfere para uma órbita circular maior, de raio r_2, por meio de uma trajetória elíptica entre A e B. (Essa trajetória de transferência é conhecida como a órbita de transferência de Hohmann.) A transferência é realizada por meio de um aumento repentino de velocidade Δv_A em A e um segundo aumento repentino de velocidade Δv_B em B. Escreva expressões para Δv_A e Δv_B em termos dos raios mostrados e do valor de g para a aceleração da gravidade na superfície da Terra. Se cada Δv é positivo, como pode a velocidade para a trajetória 2 ser inferior à velocidade para a trajetória 1? Calcule cada Δv se $r_1 = (6371 + 500)$ km e $r_2 = (6371 + 35.800)$ km. Observe que r_2 foi escolhido como o raio de uma órbita geossíncrona.

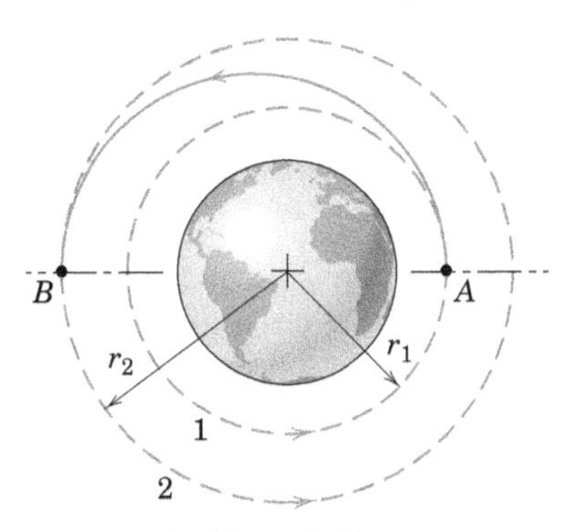

PROBLEMA 3/241

▸3/242 No instante representado na figura, um pequeno satélite experimental A é ejetado do ônibus espacial com uma velocidade $v_r = 100$ m/s em relação ao ônibus e direcionado para o centro da Terra. O ônibus espacial está em uma órbita circular de altitude $h = 200$ km. Para a órbita elíptica resultante do satélite, determine o semieixo maior a e sua orientação, o período t, a excentricidade e, a velocidade no apogeu v_a, a velocidade no perigeu v_p, $r_{máx}$ e $r_{mín}$. Esboce a órbita do satélite.

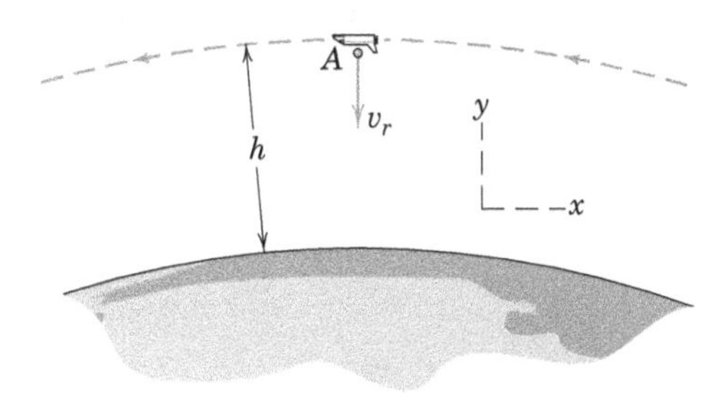

PROBLEMA 3/242

▸3/243 Uma espaçonave em órbita elíptica tem a posição e a velocidade indicadas na figura em determinado instante. Determine o comprimento do semieixo maior a da órbita e encontre o ângulo agudo α entre o semieixo maior e a linha l. A nave espacial eventualmente atinge a Terra?

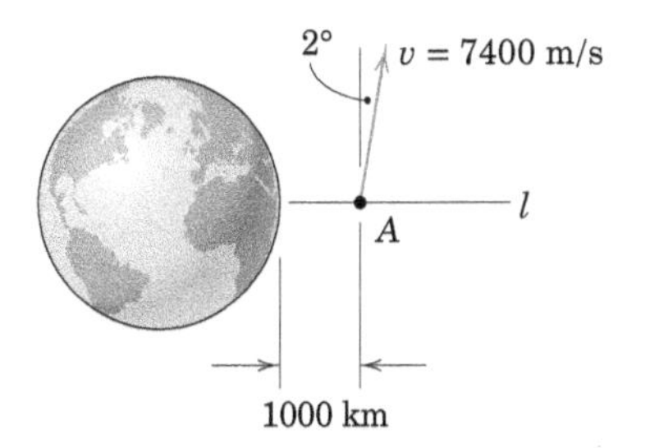

PROBLEMA 3/243

▸3/244 O satélite tem uma velocidade em B de 3200 m/s na direção indicada. Determine o ângulo β que localiza o ponto C de impacto com a Terra.

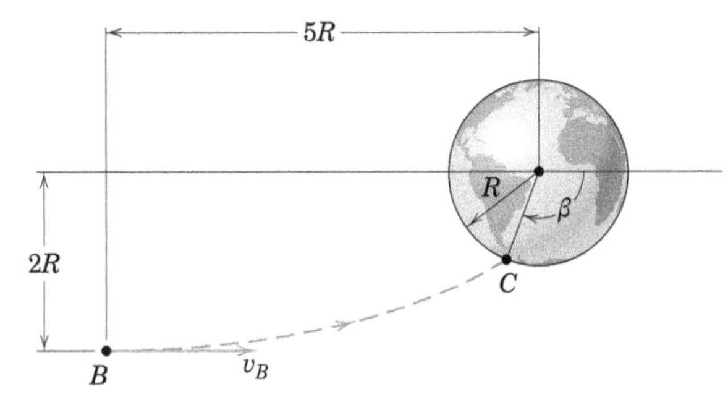

PROBLEMA 3/244

Problemas para a Seção 3/14

Problemas Introdutórios

3/245 O caminhão-prancha está se deslocando na velocidade constante de 60 km/h subindo a inclinação de 15 % quando o caixote de 100 kg, que carrega, recebe um empurrão que transmite a este uma velocidade relativa inicial de $\dot{x}$ = 3 m/s em direção à parte traseira do caminhão. Se o caixote desliza uma distância x = 2 m medida sobre a plataforma do caminhão antes de atingir o repouso na plataforma, calcule o coeficiente de atrito dinâmico μ_d entre o caixote e a plataforma do caminhão.

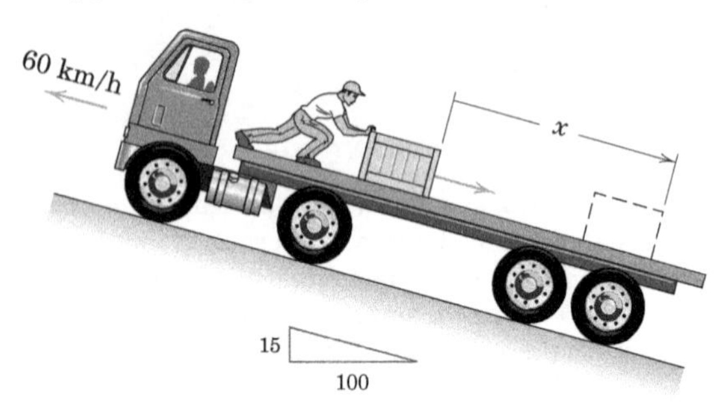

PROBLEMA 3/245

3/246 Se a mola de constante k está comprimida de uma distância δ conforme indicado, calcule a aceleração relativa a_{rel} do bloco de massa m_1 relativa à estrutura de massa m_2 a partir da liberação da mola. O sistema está inicialmente estacionário.

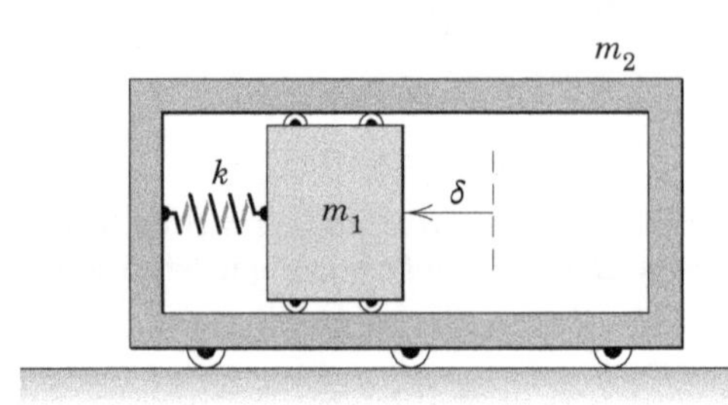

PROBLEMA 3/246

3/247 O carrinho com os eixos x-y anexados se desloca com uma velocidade absoluta v = 2 m/s para a direita. Simultaneamente, o braço leve, de comprimento l = 0,5 m, gira em torno do ponto B do carrinho com a velocidade angular $\dot{\theta}$ = 2 rad/s. A massa da esfera é m = 3 kg. Determine as seguintes grandezas para a esfera quando θ = 0: $\mathbf{G}$, $\mathbf{G}_{rel}$, T, T_{rel}, $\mathbf{H}_O$, $(\mathbf{H}_B)_{rel}$ em que o subscrito "rel" indica a medida em relação aos eixos x-y. O ponto O é um ponto inercialmente fixo coincidente com o ponto B no instante em análise.

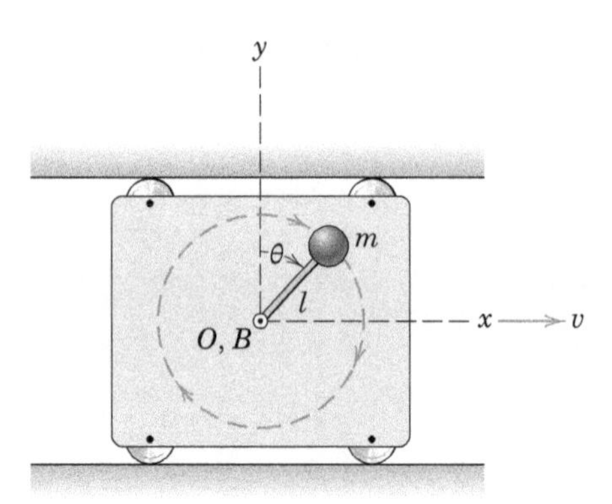

PROBLEMA 3/247

3/248 O porta-aviões desloca-se a uma velocidade constante e lança um avião a jato com uma massa de 3 Mg em uma distância de 75 m ao longo do convés por meio de uma catapulta acionada a vapor. Se o avião deixa o convés com uma velocidade de 240 km/h em relação ao porta-aviões e se o empuxo do jato é constante em 22 kN durante a decolagem, calcule a força constante P exercida pela catapulta sobre o avião durante o percurso de 75 m do carro de lançamento.

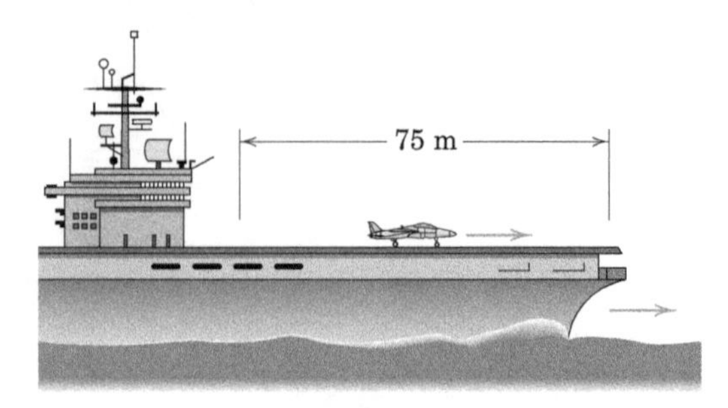

PROBLEMA 3/248

3/249 O furgão de 2000 kg se desloca da posição A para a posição B sobre a balsa, que é rebocada a uma velocidade constante v_0 = 16 km/h. O furgão parte do repouso em relação à balsa em A, acelera para v = 24 km/h em relação à balsa ao longo de uma distância de 25 m e então para, com uma desaceleração de mesmo módulo. Determine o módulo da força F líquida entre os pneus do furgão e a balsa durante esta manobra.

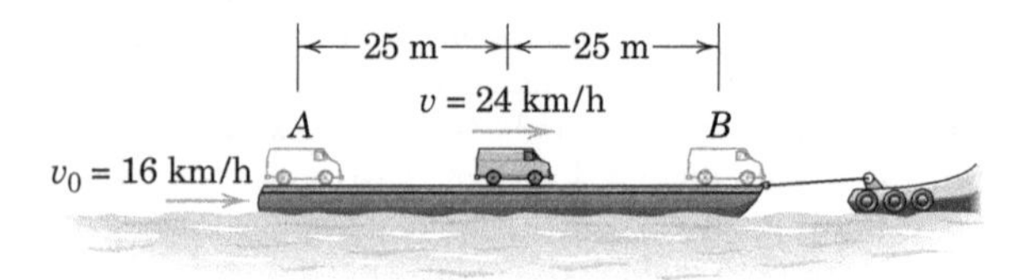

PROBLEMA 3/249

Problemas Representativos

3/250 A catapulta de lançamento do porta-aviões fornece aceleração constante ao avião a jato de 7 Mg e lança o avião em uma distância de 100 m medida ao longo da rampa de decolagem com angulação. O porta-aviões está se deslocando a uma velocidade constante v_P = 16 m/s. Se uma velocidade absoluta da aeronave de 90 m/s é desejada para a decolagem, determine a força líquida F fornecida pela catapulta e pelos motores da aeronave.

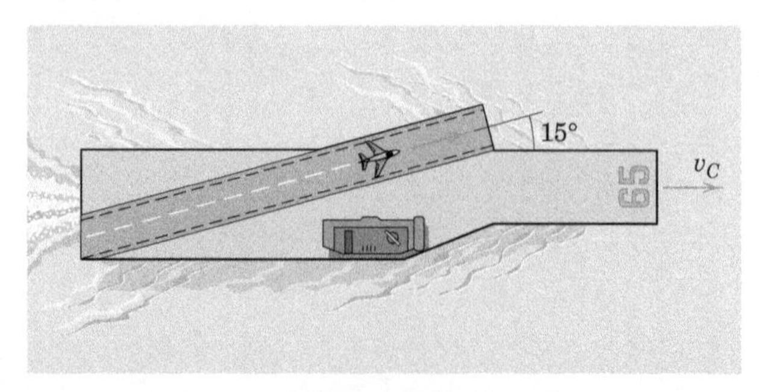

PROBLEMA 3/250

3/251 Os coeficientes de atrito entre a plataforma do caminhão e o caixote são $\mu_e = 0{,}80$ e $\mu_d = 0{,}70$. O coeficiente de atrito dinâmico entre os pneus do caminhão e a superfície da estrada é 0,90. Se o caminhão para, a partir de uma velocidade inicial de 15 m/s com frenagem máxima (rodas derrapando), determine onde, sobre a plataforma, o caixote finalmente atinge o repouso ou a velocidade v_{rel} em relação ao caminhão, com a qual o caixote atinge a proteção na extremidade dianteira da plataforma.

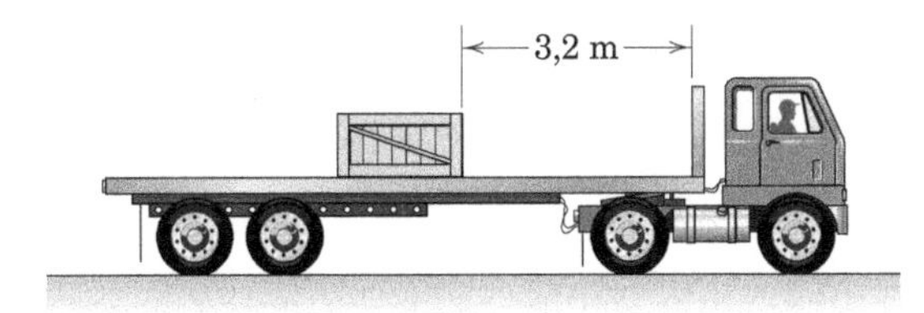

PROBLEMA 3/251

3/252 Um menino, de massa m, está em pé inicialmente em repouso em relação à esteira rolante, que possui uma velocidade horizontal constante u. Ele decide acelerar o seu avanço e começa a caminhar a partir do ponto A com uma velocidade que aumenta uniformemente e atinge o ponto B com uma velocidade $\dot{x} = v$ em relação à esteira. Durante a sua aceleração, ele produz uma força horizontal média F entre seus sapatos e a esteira. Escreva as equações de trabalho-energia para os seus movimentos absoluto e relativo e explique o significado do termo muv.

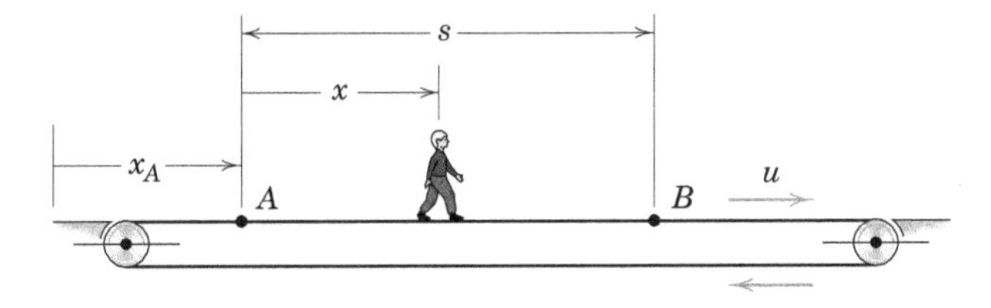

PROBLEMA 3/252

3/253 O bloco de massa m está preso à estrutura pela mola de rigidez k e se desloca horizontalmente com atrito desprezível no interior da estrutura. A estrutura e o bloco estão inicialmente em repouso com $x = x_0$, o comprimento da mola sem deformação. Se a estrutura recebe uma aceleração constante a_0, determine a velocidade máxima $\dot{x}_{máx} = (v_{rel})_{máx}$ do bloco em relação à estrutura.

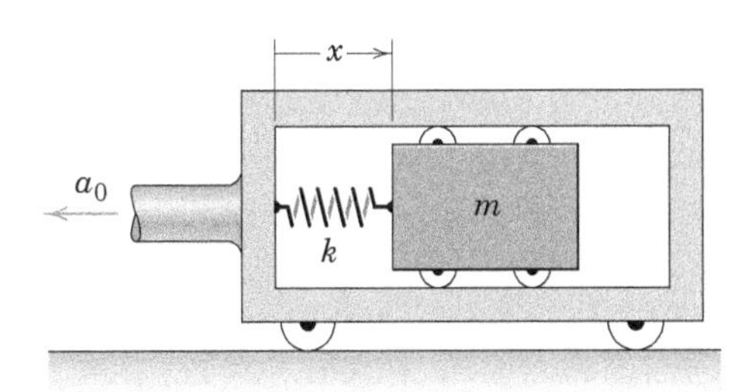

PROBLEMA 3/253

3/254 O bloco deslizante A tem uma massa de 2 kg e se desloca com atrito desprezível na ranhura a 30° na placa deslizante vertical. Qual aceleração horizontal a_0 deve ser fornecida à placa, de modo que a aceleração absoluta do bloco deslizante aponte verticalmente para baixo? Qual é o valor da força correspondente R exercida sobre o bloco deslizante pela ranhura?

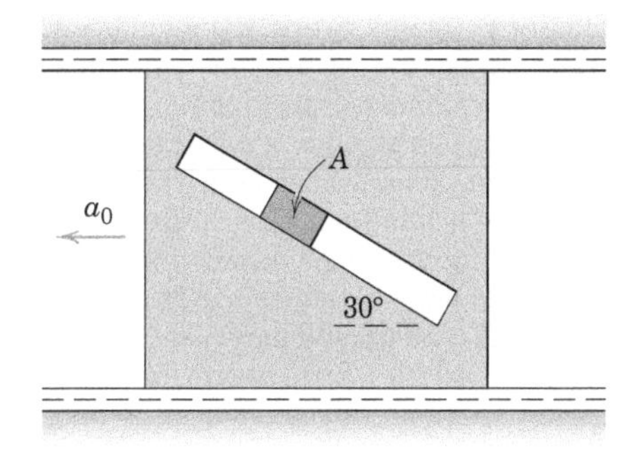

PROBLEMA 3/254

3/255 A esfera A, com massa de 10 kg, está presa à haste leve, de comprimento $l = 0{,}8$ m. A massa do carro isolado é de 250 kg e ele se desloca com uma aceleração a_O conforme indicado. Se $\dot{\theta} = 3$ rad/s quando $\theta = 90°$, encontre a energia cinética T do sistema quando o carro possui uma velocidade de 0,8 m/s (a) no sentido de a_O e (b) no sentido oposto a a_O. Trate a esfera como uma partícula.

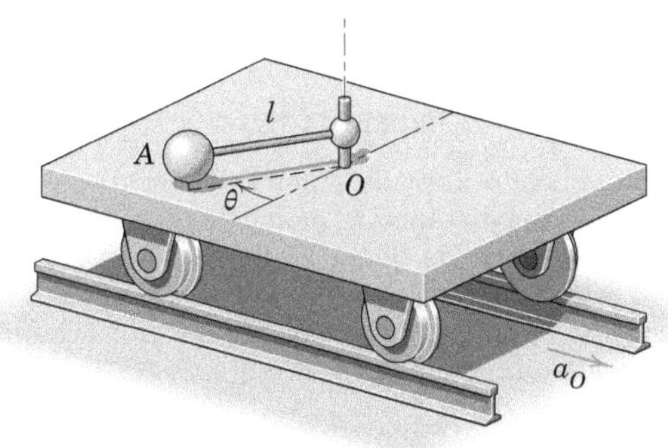

PROBLEMA 3/255

3/256 Considere o sistema do Probl. 3/255 em que a massa da esfera é $m = 10$ kg e o comprimento da haste leve é $l = 0{,}8$ m. O conjunto esfera-haste está livre para girar em torno de um eixo vertical através de O. O carro, a haste e a esfera estão inicialmente em repouso com $\theta = 0$ quando o carro recebe uma aceleração constante $a_O = 3$ m/s^2. Escreva uma expressão para a tração T na haste como uma função de θ e calcule T para a posição $\theta = \pi/2$.

3/257 Um pêndulo simples é colocado em um elevador, que acelera para cima como indicado. Se o pêndulo é deslocado de uma quantidade θ_0 e liberado a partir do repouso em relação ao elevador, encontre a tração T_0 na haste leve de suporte quando $\theta = 0$. Avalie o seu resultado para $\theta_0 = \pi/2$.

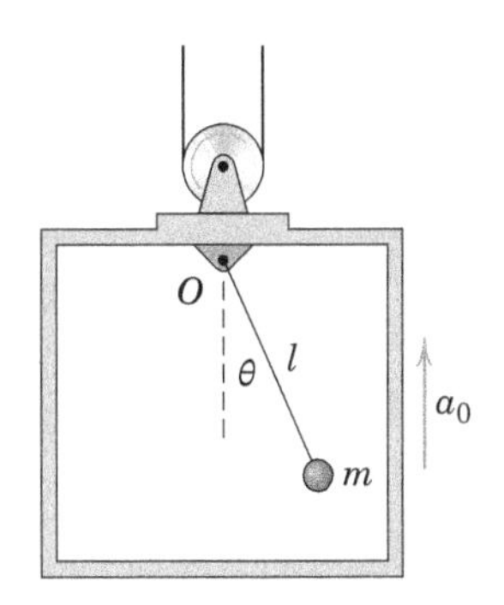

PROBLEMA 3/257

3/258 Um menino de massa m está em pé inicialmente em repouso em relação à esteira rolante inclinada no ângulo θ e se movendo com uma velocidade constante u. Ele decide acelerar o seu avanço e começa a caminhar a partir do ponto A com uma velocidade que aumenta uniformemente e atinge o ponto B com uma velocidade v_r em relação à esteira. Durante a sua aceleração, ele produz uma força média constante F tangente à esteira entre os seus sapatos e a superfície da esteira. Escreva as equações de trabalho-energia do movimento entre A e B para o seu movimento absoluto e o seu movimento relativo e explique o significado do termo muv_r. Se o menino tem uma massa de 60 kg e se u = 0,6 m/s, s = 10 m e θ = 10°, calcule a potência P_{rel} desenvolvida pelo menino quando ele atinge a velocidade de 0,75 m/s em relação à esteira.

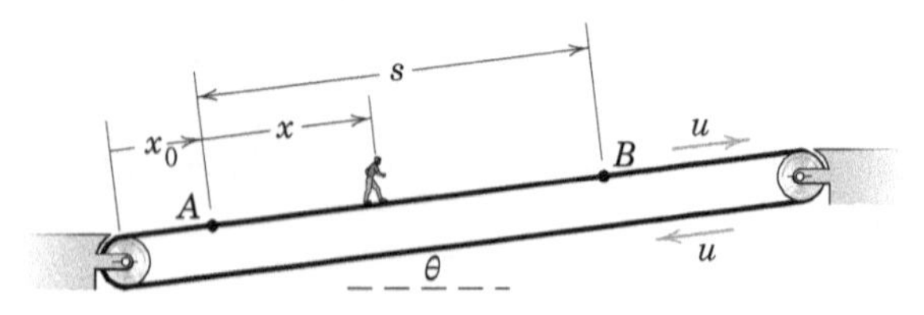

PROBLEMA 3/258

▶3/259 Uma bola é liberada a partir do repouso em relação ao elevador a uma distância h_1 acima do piso. A velocidade do elevador no instante da liberação da bola é v_0. Determine a altura do retorno h_2 da bola (a) se v_0 é constante e (b) se uma aceleração do elevador para cima $a = g/4$ inicia no instante em que a bola é liberada. O coeficiente de restituição para o impacto é e.

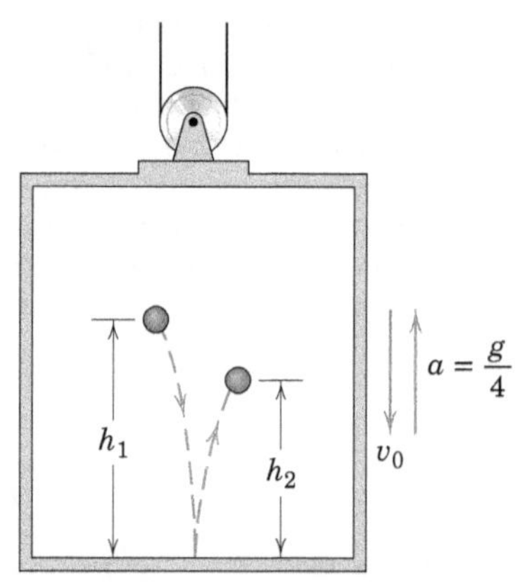

PROBLEMA 3/259

▶3/260 O pequeno bloco deslizante A desce com atrito desprezível o bloco em forma de cunha, que se desloca para a direita com velocidade constante $v = v_0$. Use o princípio do trabalho-energia para determinar o módulo v_A da velocidade absoluta do bloco deslizante quando ele passa pelo ponto C se ele é liberado no ponto B sem velocidade em relação ao bloco em forma de cunha. Aplique a equação, tanto para um observador fixo no bloco em forma de cunha como para um observador fixo no solo, e concilie as duas relações.

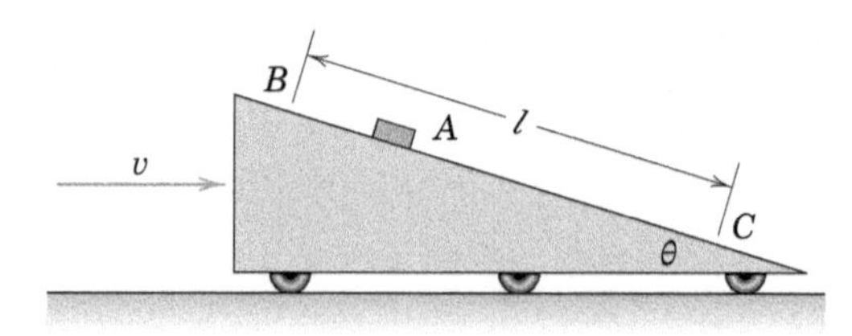

PROBLEMA 3/260

Problemas para a Seção 3/15 Revisão do Capítulo

3/261 Um caixote está em repouso no ponto A quando é empurrado para descer a rampa. Se o coeficiente de atrito dinâmico entre o caixote e a rampa é 0,30 de A até B e 0,22 entre B e C, determine suas velocidades nos pontos B e C.

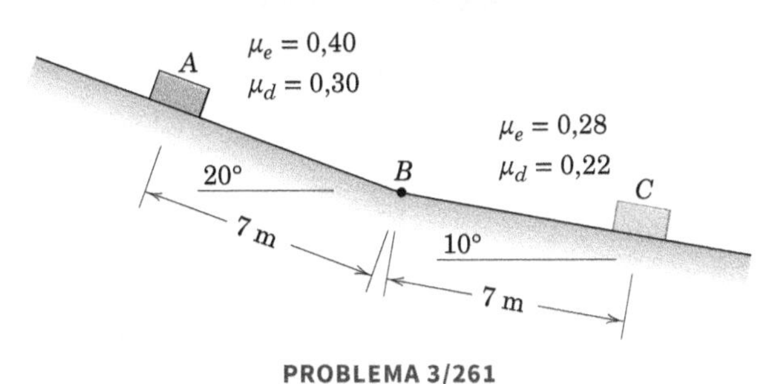

PROBLEMA 3/261

3/262 O anel A é livre para deslizar com atrito desprezível sobre a guia circular montada na estrutura vertical. Determine o ângulo θ assumido pelo bloco deslizante se a estrutura recebe uma aceleração constante horizontal a para a direita.

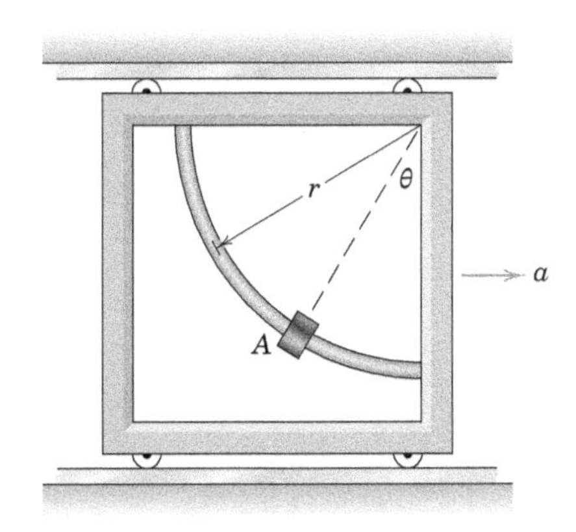

PROBLEMA 3/262

3/263 O pêndulo simples de 2 kg é liberado a partir do repouso na posição horizontal. Quando atinge a posição inferior, o cordão se enrola em torno do pino liso fixo em B e continua no arco menor no plano vertical. Calcule o módulo da força R suportada pelo pino em B quando o pêndulo passa a posição $\theta = 30°$.

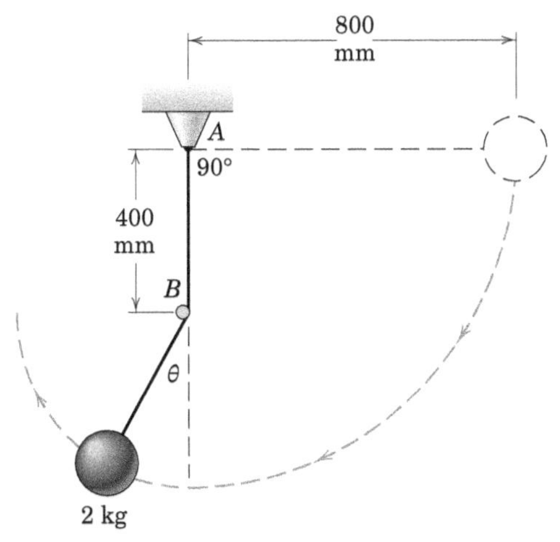

PROBLEMA 3/263

3/264 O pequeno carro de 2 kg está se movendo livremente ao longo da horizontal com uma velocidade de 4 m/s no instante $t = 0$. Uma força aplicada ao carro na direção oposta ao movimento produz dois "picos" de impulso, um após o outro, conforme mostrado pelo gráfico das leituras do instrumento que mediu a força. Aproxime o carregamento pelas linhas tracejadas e determine a velocidade v do carro em $t = 1{,}5$ s.

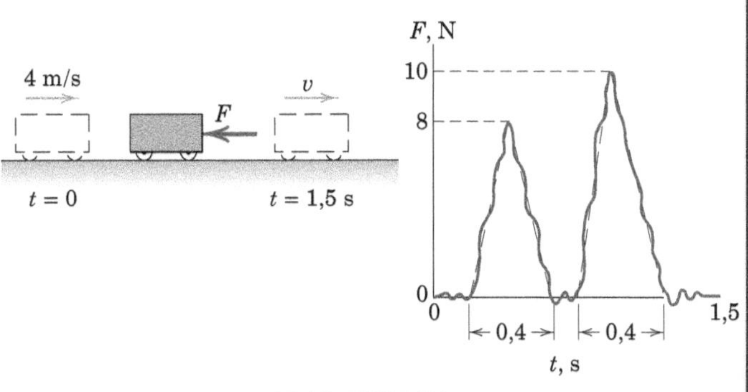

PROBLEMA 3/264

3/265 Para a órbita elíptica da espaçonave ao redor da Terra, determine a velocidade v_A no ponto A que resulta em uma altitude de perigeu em B de 200 km. Qual é a excentricidade da órbita?

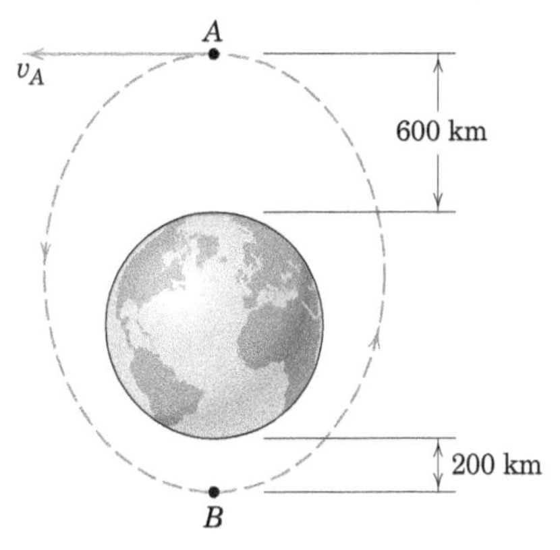

PROBLEMA 3/265

3/266 A uma velocidade constante de 300 km/h ao longo de uma pista nivelada, o carro de corrida é submetido a uma força aerodinâmica de 4000 N e uma resistência geral de rolamento de 900 N. Se a eficiência do trem de força for $e = 0{,}90$, que potência P o motor deve produzir?

PROBLEMA 3/266

3/267 Uma pessoa rola uma pequena bola com velocidade u ao longo do piso a partir do ponto A. Se $x = 3R$, determine a velocidade u necessária para que a bola retorne para A depois de rolar sobre a superfície circular no plano vertical de B para C e tornar-se um projétil em C. Qual é o valor mínimo de x para que o jogo possa ser jogado se o contato deve ser mantido até o ponto C? Despreze o atrito.

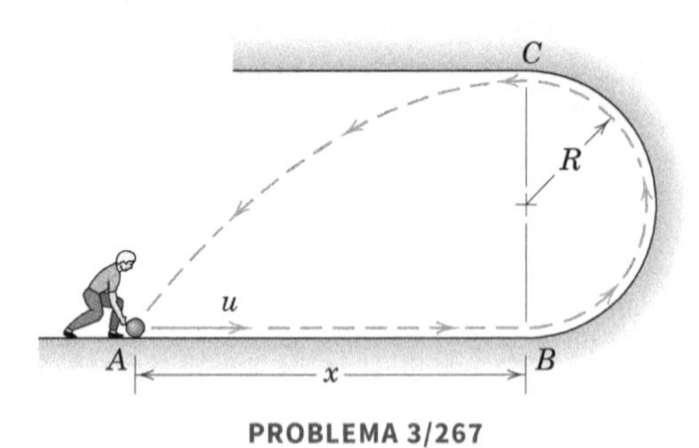

PROBLEMA 3/267

3/268 O praticante de 85 kg está começando a executar uma rosca direta de bíceps. Quando na posição mostrada com seu cotovelo direito fixo, ele faz com que o cilindro de 10 kg acelere para cima a uma taxa $g/4$. Despreze os efeitos da massa do antebraço e estime as forças de reação normais em A e B. O atrito é suficiente para evitar escorregões.

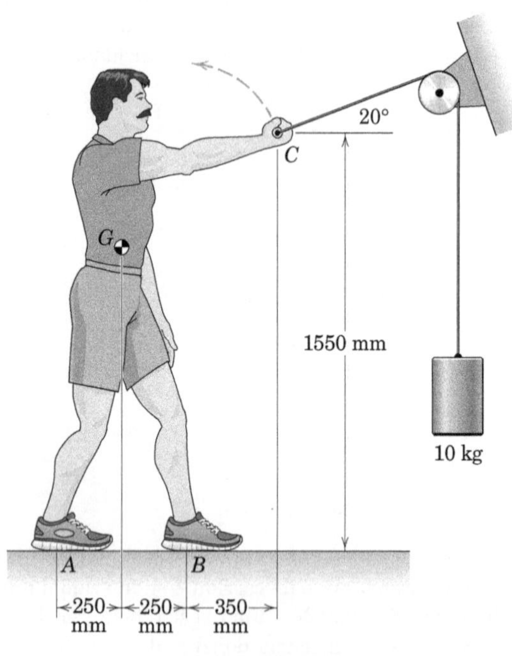

PROBLEMA 3/268

3/269 A figura mostra uma embreagem centrífuga que consiste em parte de uma aranha giratória A que carrega quatro êmbolos B. À medida que a aranha gira em torno de seu centro com uma velocidade ω, os êmbolos movem-se para fora e apoiam-se na superfície interna do aro da roda C, fazendo com que ele gire. A roda e a aranha são independentes, exceto pelo contato de atrito. Se cada êmbolo tiver uma massa de 2 kg com um centro de massa em G, e se o coeficiente de atrito cinético entre os êmbolos e a roda for 0,40, calcule a quantidade de momento máxima M que pode ser transmitida à roda C para uma velocidade da aranha de 3000 rpm.

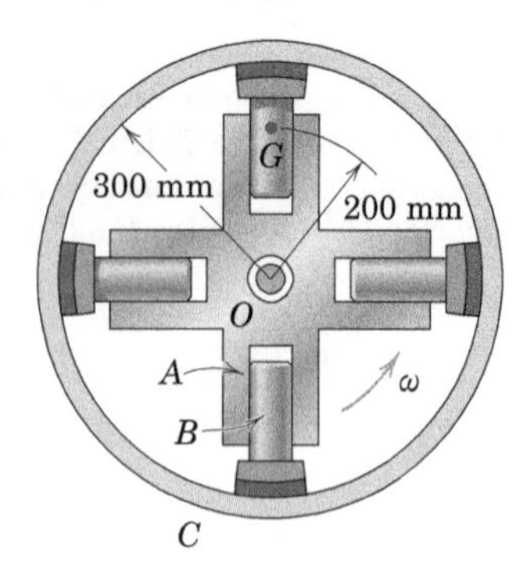

PROBLEMA 3/269

3/270 Uma bola é lançada do ponto O com uma velocidade de 10 m/s em um ângulo de 60° com a horizontal e quica no plano inclinado em A. Se o coeficiente de restituição for 0,6, calcule o módulo v da velocidade de ricochete em A. Despreze a resistência do ar.

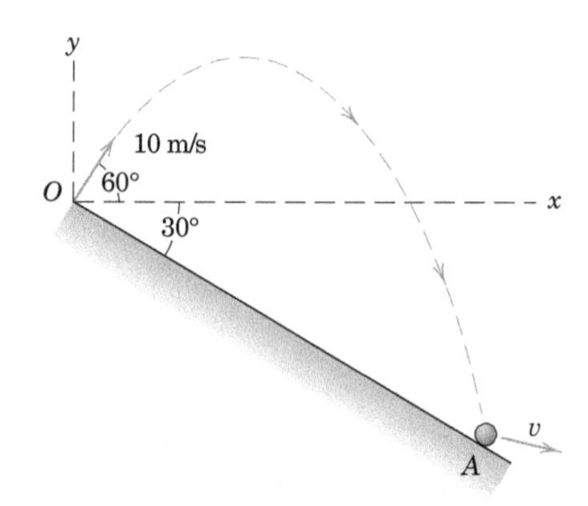

PROBLEMA 3/270

3/271 A caminhonete é utilizada para içar um fardo de feno de 40 kg, como está representado. Se a caminhonete tem velocidade constante $v = 5$ m/s quando $x = 12$ m, calcule a tensão T no cabo correspondente.

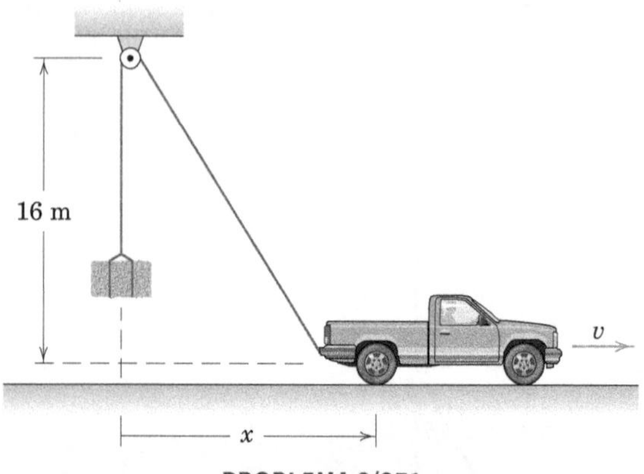

PROBLEMA 3/271

3/272 Para um dado valor da força P, determine a compressão da mola em estado estacionário δ, que é medida em relação ao comprimento não esticado da mola de módulo k. A massa do carrinho é M e a do bloco deslizante é m. Despreze todo o atrito. Indique os valores de P e δ associados à condição de estado estacionário.

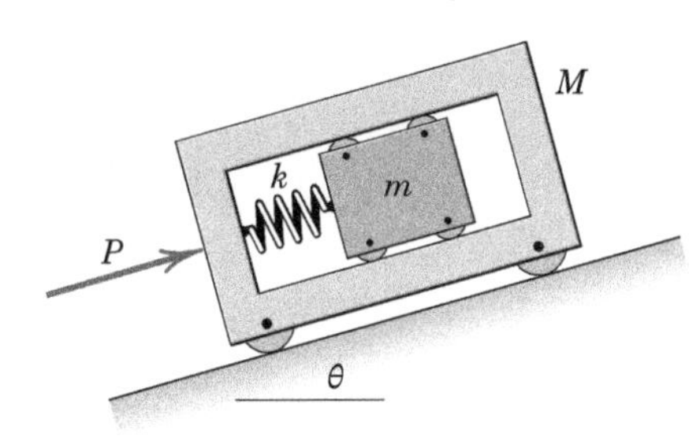

PROBLEMA 3/272

3/273 O planador B de 200 kg está sendo rebocado pelo avião A, que voa horizontalmente com velocidade constante de 220 km/h. O cabo de reboque tem um comprimento r = 60 m e pode-se presumir que forma uma linha reta. O planador vai ganhando altitude e, quando θ atinge 15°, o ângulo aumenta a uma taxa constante $\dot{\theta}$ = 5 graus/s. Ao mesmo tempo, a tensão no cabo de reboque é de 1520 N para esta posição. Calcule a sustentação aerodinâmica L e arrasto D atuando no planador.

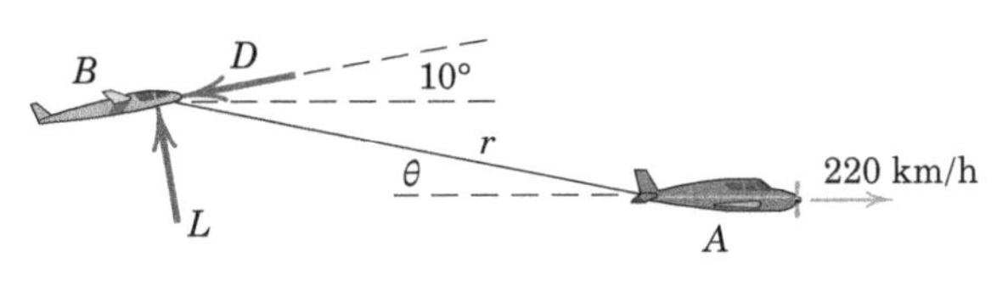

PROBLEMA 3/273

3/274 Um sistema de catapulta eletromagnética está sendo projetado para substituir um sistema movido a vapor em um porta-aviões. Os requisitos incluem acelerar uma aeronave de 12.000 kg do repouso a uma velocidade de 70 m/s em uma distância de 90 m. Que força constante F a catapulta deve exercer sobre a aeronave?

PROBLEMA 3/274

3/275 O pedaço de massa de vidraceiro de 2 kg é jogado de 2 m sobre o bloco de 18 kg, inicialmente em repouso sobre as duas molas, cada uma com rigidez k = 1,2 kN/m. Calcule a deflexão adicional δ das molas provocada pelo impacto da massa de vidraceiro, que se adere ao bloco no contato.

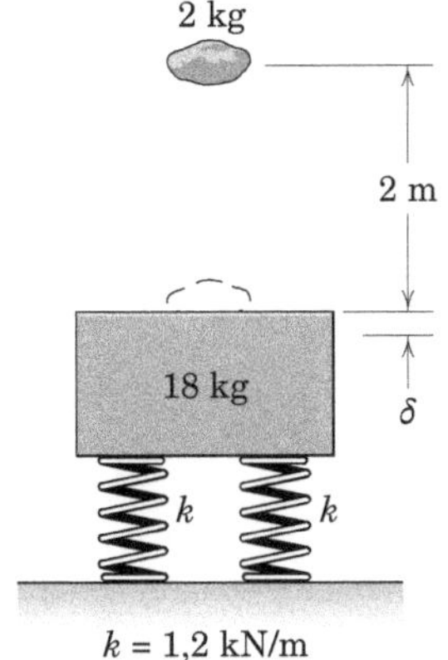

PROBLEMA 3/275

3/276 Um bloco deslizante C tem uma velocidade de 3 m/s quando passa pelo ponto A da guia, que se situa em um plano horizontal. O coeficiente de atrito dinâmico entre o bloco deslizante e a guia é μ_d = 0,60. Calcule a desaceleração tangencial a_t do bloco deslizante logo depois que ele passa pelo ponto A, (a) se o furo do bloco deslizante e a seção transversal da guia são circulares, e (b) se o furo do bloco deslizante e a seção transversal da guia são quadrados. No caso (b), os lados do quadrado são verticais e horizontais. Admita uma pequena folga entre o bloco deslizante e a guia.

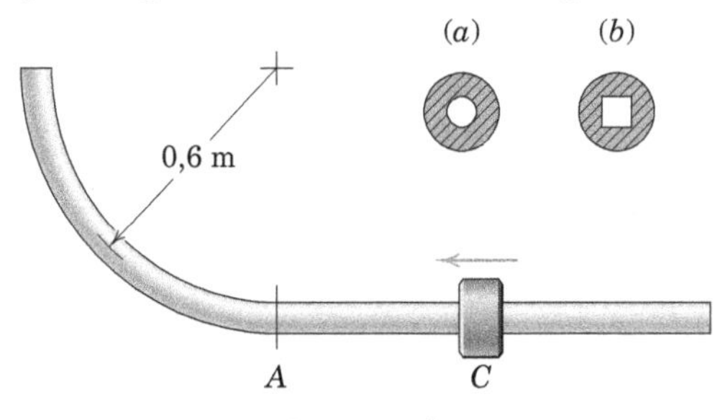

PROBLEMA 3/276

3/277 O bloco A de 3 kg é liberado partindo do repouso na posição 60° indicada e, subsequentemente, se choca com o carrinho B de 1 kg. Se o coeficiente de restituição para a colisão é e = 0,7, determine o deslocamento máximo s do carrinho B além do ponto C. Despreze o atrito.

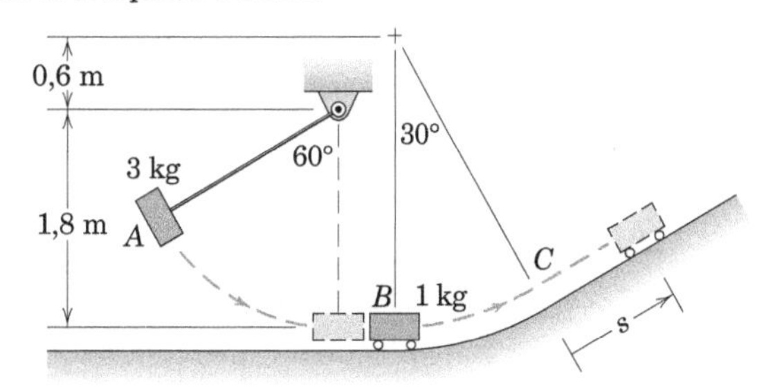

PROBLEMA 3/277

3/278 Uma das funções do ônibus espacial é lançar satélites de comunicações em baixa altitude. Um foguete auxiliar é acionado em B, colocando o satélite em uma órbita elíptica de transferência, cujo apogeu está na altitude necessária para uma órbita geossíncrona. (Chama-se geossíncrona a órbita circular no plano equatorial cujo período é igual ao período de rotação absoluto da Terra. Um satélite em tal órbita parece permanecer parado para um observador fixo na Terra.) Um segundo foguete auxiliar é então acionado em C, e a órbita circular final é alcançada. Em uma das primeiras missões do ônibus espacial, um satélite de 700 kg foi lançado a partir da nave em B, em que h_1 = 275 km. O foguete auxiliar deveria permanecer acionado por t = 90 segundos, formando uma órbita de transferência com h_2 = 35.900 km. O foguete falhou durante a sua queima. Observações por radar determinaram que a altitude do apogeu da órbita de transferência era de apenas 1125 km. Determine o tempo real t' que o motor do foguete operou antes de falhar. Admita uma variação desprezível da massa durante o acionamento do foguete auxiliar.

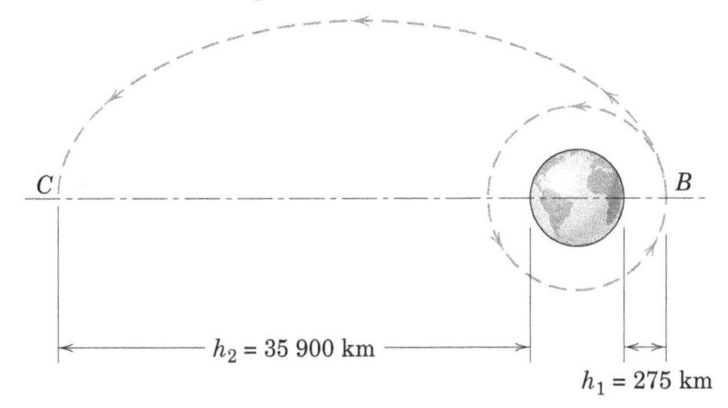

PROBLEMA 3/278

3/279 Uma estrutura de massa $6m$ está, inicialmente, em repouso. Uma partícula de massa m é ligada à extremidade de uma haste leve, que pode girar livremente em A. Se a haste é liberada, partindo do repouso, da posição horizontal indicada, determine a velocidade v_{rel} da partícula com relação à estrutura quando a haste estiver na vertical.

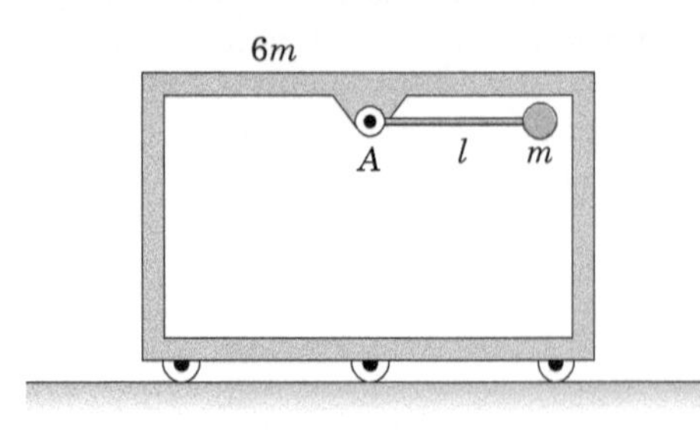

PROBLEMA 3/279

3/280 Um trem curto consiste em uma locomotiva de 200 Mg e três vagões funil de 100 Mg. A locomotiva exerce uma força de atrito constante de 200 kN nos trilhos quando o trem parte do repouso. (*a*) Se houver 300 mm de folga em cada um dos três engates antes de o trem começar a se mover, estime a velocidade v do trem logo após o vagão C começar a se mover. A remoção da folga é um impacto plástico de curta duração. Despreze todo o atrito, exceto aquele da força de tração da locomotiva, e despreze a força de tração durante o curto período dos impactos associados à remoção da folga. (*b*) Se não houver folga nos engates do trem, determine a velocidade v' que é adquirida quando o trem se deslocou 900 mm.

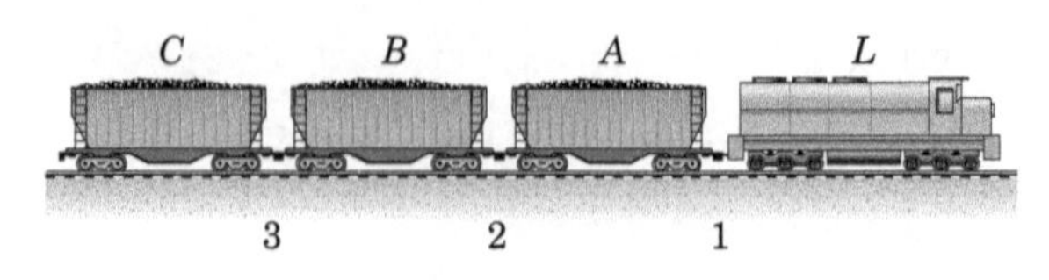

PROBLEMA 3/280

▶3/281 As forças de desaceleração que atuam sobre o carro de corrida são a força de arrasto F_A e uma força não aerodinâmica F_R. A força de arrasto é $F_A = C_A(\frac{1}{2}\rho v^2)S$, em que C_A é o coeficiente de arrasto, ρ é a massa específica do ar, v é a velocidade do carro e S = 2,8 m^2 é a área frontal projetada do carro. A força não aerodinâmica F_R é constante em 900 N. Com as chapas de metal da sua carroceria em boas condições, o carro de corrida possui um coeficiente de arrasto C_A = 0,3 e tem uma velocidade máxima correspondente v = 320 km/h. Após uma pequena colisão, a chapa de metal dianteira danificada faz com que o coeficiente de arrasto passe a ser C_D' = 0,4. Qual é a velocidade máxima correspondente v' do carro de corrida?

PROBLEMA 3/281

3/282 O satélite do Problema amostral 3/31 tem uma velocidade de perigeu de 26.140 km/h na altitude do perigeu de 2000 km. Qual o aumento mínimo Δv, na velocidade, exigido de seu motor de foguete nesta posição para permitir que o satélite escape do campo gravitacional da Terra?

3/283 Uma bola lançada em arco atinge a parede no ponto A (em que e_1 = 0,5) e, em seguida, atinge o solo em B (em que e_2 = 0,3). O defensor externo gosta de pegar a bola quando ela está 1,2 m acima do solo e 0,6 m à sua frente, como mostrado. Determine a distância x da parede onde ele pode pegar a bola conforme descrito. Observe as duas soluções possíveis.

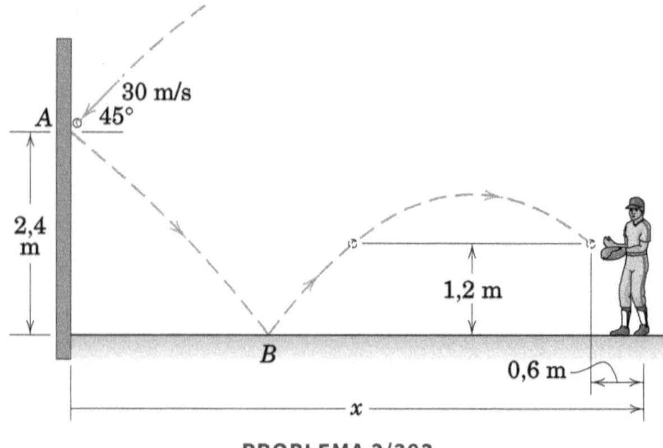

PROBLEMA 3/283

*Problemas Orientados para Solução Computacional

*3/284 O sistema é liberado do repouso enquanto está na posição exibida com a mola de torção não defletida. A haste tem massa desprezível e todo atrito é desprezível. Determine (*a*) o valor de $\dot{\theta}$ quando θ for 30° e (*b*) o valor máximo de θ. Use os valores m = 5 kg, M = 8 kg, L = 0,8 m e k_T = 100 N · m/rad.

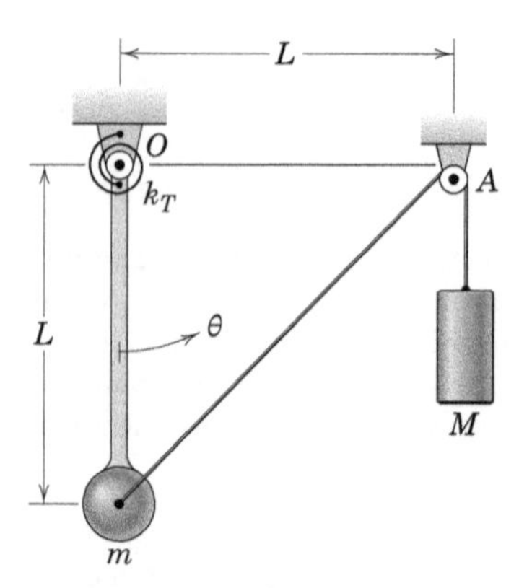

PROBLEMA 3/284

*3/285 Os dois blocos deslizantes de 0,2 kg estão ligados por uma barra leve e rígida, de comprimento L = 0,5 m. Se o sistema é liberado, partindo do repouso, da posição representada, estando a mola não esticada, trace um gráfico das velocidades de A e de B como funções do deslocamento de B (sendo zero na posição inicial). A pressão de ar de 0,14 MPa atuando sobre um dos lados do bloco A, com 500 mm^2, é constante. O movimento ocorre no plano vertical. Despreze o atrito. Estabeleça os valores máximos de v_A e de v_B e a posição de B correspondente a cada um deles.

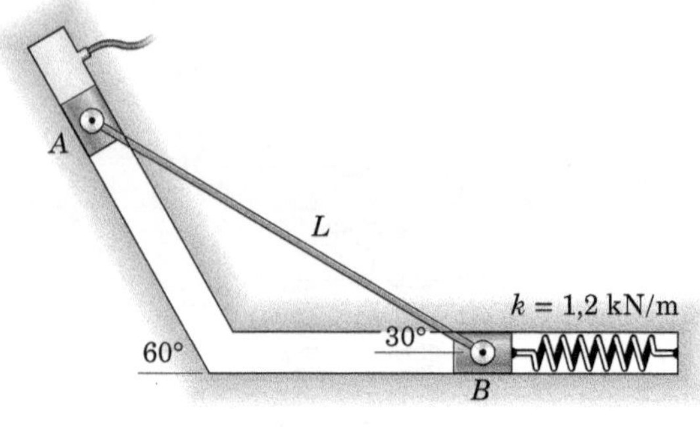

PROBLEMA 3/285

*3/286 O dispositivo em forma de cuba gira em torno do eixo vertical com uma velocidade angular constante ω = 6 rad/s. O valor de r é 0,2 m. Determine a variação do ângulo θ de posição para o qual um valor estacionário é possível, se o coeficiente de atrito estático entre a partícula e a superfície é μ_e = 0,20.

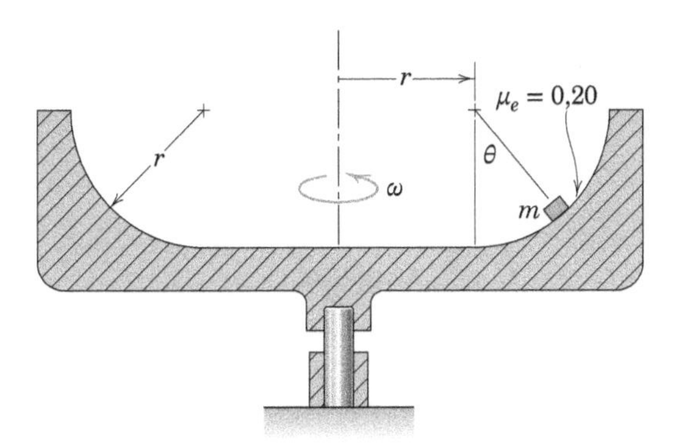

PROBLEMA 3/286

*3/287 Se a estrutura vertical parte do repouso com uma aceleração constante a e o anel deslizante liso A está inicialmente em repouso na posição inferior θ = 0, trace um gráfico de $\dot{\theta}$ como função de θ e determine o ângulo de posição máximo $\theta_{máx}$ alcançado pelo anel. Use os valores a = g/2 e r = 0,3 m.

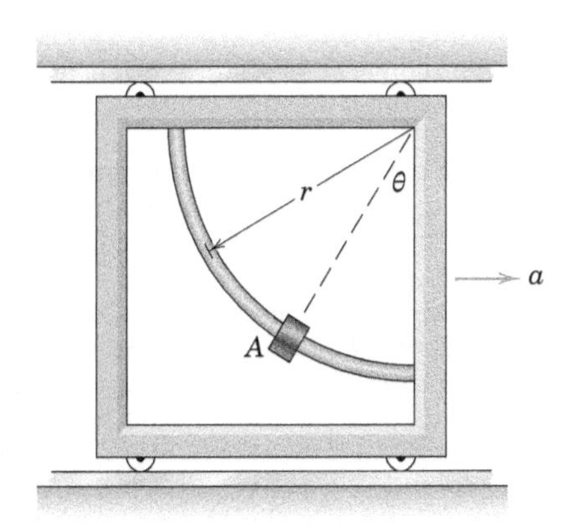

PROBLEMA 3/287

*3/288 A jogadora de tênis pratica rebatendo a bola contra a parede em A. A bola quica na superfície da quadra em B e em seguida sobe até a sua altura máxima em C. Para as condições indicadas na figura, represente graficamente a localização do ponto C para os valores do coeficiente de restituição na faixa 0,5 ≤ e ≤ 0,9. (O valor de e é comum a A e a B.) Para qual valor de e se obtém x = 0 no ponto C, e qual é o valor correspondente de y?

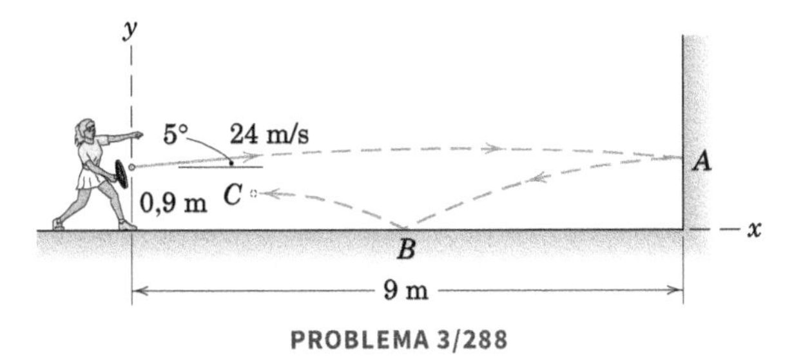

PROBLEMA 3/288

*3/289 Uma partícula de massa m é introduzida com velocidade nula em r = 0 quando θ = 0. Ela desliza para fora através do tubo liso, que é movido na velocidade angular constante ω_0 em torno de um eixo horizontal através do ponto O. Se o comprimento l do tubo é de 1 m e ω_0 = 0,5 rad/s, determine o tempo t após a liberação e o deslocamento angular θ no qual a partícula sai do tubo.

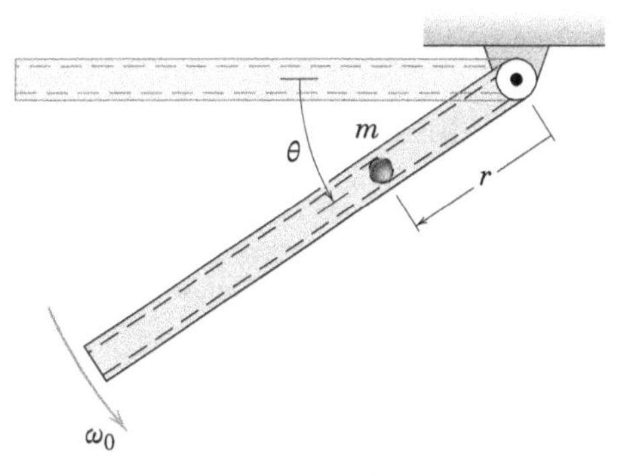

PROBLEMA 3/289

*3/290 Os elementos de um dispositivo projetado para medir o coeficiente de restituição de colisões taco-bola de beisebol são repetidos aqui a partir do Probl. 3/215. O "taco" A, de 0,5 kg, é um pedaço de madeira ou alumínio projetado para a direita com uma velocidade v_A = 18 m/s e limitado a se mover horizontalmente na fenda lisa. Imediatamente antes e depois do momento do impacto, o corpo A está livre para se mover horizontalmente. A bola B, de 146 g, tem uma velocidade inicial v_B = 38 m/s. Determine a velocidade v_B' imediatamente após o impacto da bola de beisebol e a distância horizontal resultante R percorrida pela bola no intervalo 0,4 ≤ e ≤ 0,6, em que e é o coeficiente de restituição. O alcance deve ser calculado admitindo-se que a bola está inicialmente 0,9 m acima de um terreno horizontal.

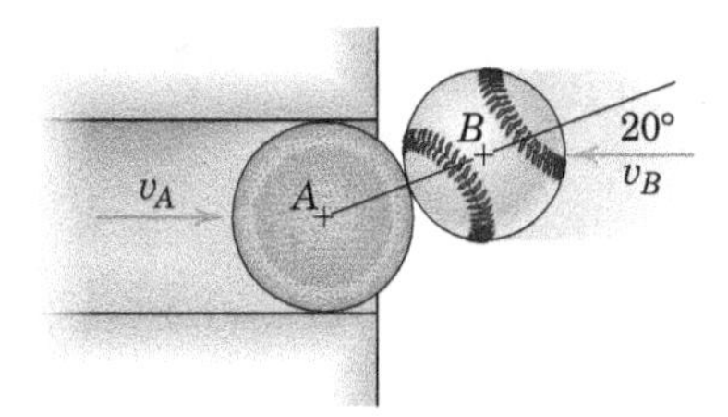

PROBLEMA 3/290

Capítulo 4

* Problema orientado para solução computacional
▶ Problema difícil

Problemas para as Seções 4/1-4/5

Problemas Introdutórios

4/1 O sistema de três partículas possui as massas, velocidades e forças externas indicadas nas partículas. Determine $\bar{\mathbf{r}}$, $\dot{\bar{\mathbf{r}}}$, $\ddot{\bar{\mathbf{r}}}$, T, $\mathbf{H}_O$ e $\dot{\mathbf{H}}_O$ para esse sistema bidimensional.

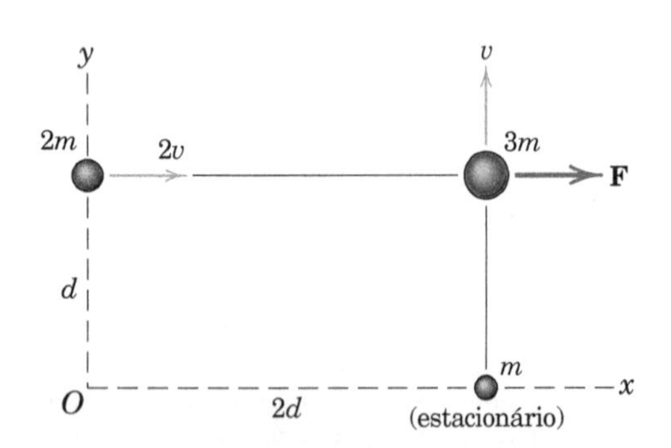

PROBLEMA 4/1

4/2 Para o sistema de partículas do Probl. 4/1, determine $\mathbf{H}_G$ e $\dot{\mathbf{H}}_G$.

4/3 O sistema de três partículas tem massas, velocidades e forças externas indicadas. Determine $\bar{\mathbf{r}}$, $\dot{\bar{\mathbf{r}}}$, $\ddot{\bar{\mathbf{r}}}$, T, $\mathbf{H}_O$ e $\dot{\mathbf{H}}_O$ para esse sistema tridimensional.

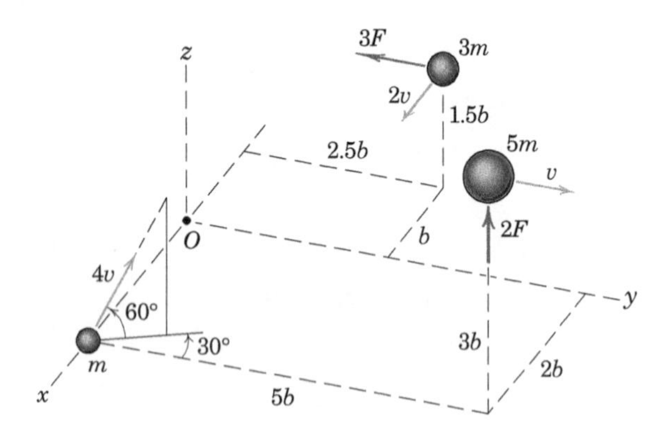

PROBLEMA 4/3

4/4 Para o sistema de partículas do Probl. 4/3, determine $\mathbf{H}_G$ e $\dot{\mathbf{H}}_G$.

4/5 O sistema consiste nas duas esferas lisas, cada qual com massa de 2 kg. Elas são conectadas por uma mola leve e pelas duas barras de massa insignificante articuladas livremente em suas extremidades e penduradas no plano vertical. As esferas limitam-se a deslizar na guia horizontal lisa. Se uma força horizontal F = 50 N for aplicada à barra na posição indicada, qual será a aceleração do centro C da mola? Por que o resultado não depende da dimensão b?

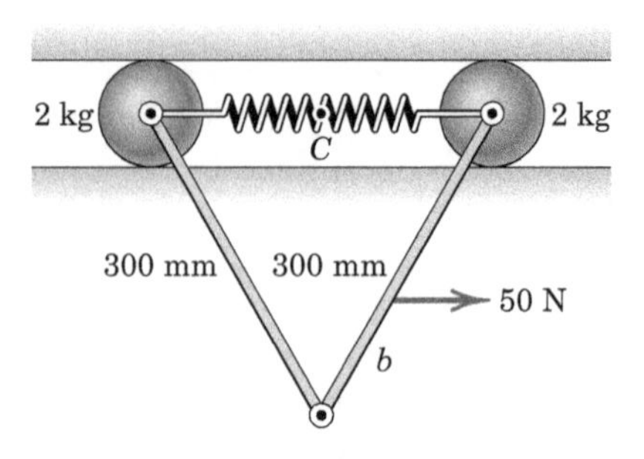

PROBLEMA 4/5

4/6 A quantidade de movimento linear total de um sistema de cinco partículas no instante t = 2,2 s é dada por $\mathbf{G}_{2,2} = 3{,}4\mathbf{i} - 2{,}6\mathbf{j} + 4{,}6\mathbf{k}$ kg · m/s. No instante t = 2,4 s, a quantidade de movimento linear mudou para $\mathbf{G}_{2,4} = 3{,}7\mathbf{i} - 2{,}2\mathbf{j} + 4{,}9\mathbf{k}$ kg · m/s. Calcule o módulo F da média temporal da resultante das forças externas que atuam sobre o sistema durante o intervalo.

4/7 A quantidade de movimento angular de um sistema de seis partículas em torno de um ponto fixo O no instante t = 4 s é $\mathbf{H}_4 = 3{,}65\mathbf{i} + 4{,}27\mathbf{j} - 5{,}36\mathbf{k}$ kg · m^2/s. No instante t = 4,1 s, a quantidade de movimento angular é $\mathbf{H}_{4,1} = 3{,}67\mathbf{i} + 4{,}30\mathbf{j} - 5{,}20\mathbf{k}$ kg · m^2/s. Determine o valor médio da quantidade de movimento resultante em torno do ponto O de todas as forças que atuam sobre todas as partículas durante o intervalo 0,1 s.

4/8 Três macacos A, B e C, com massas de 10, 15 e 8 kg, respectivamente, estão subindo e descendo a corda suspensa a partir de D. No instante representado, A está descendo com uma aceleração de 2 m/s^2, e C está se puxando para cima com uma aceleração de 1,5 m/s^2. O macaco B está subindo com uma velocidade constante de 0,8 m/s. Considere a corda e os macacos como um sistema completo e calcule a tração T na corda em D.

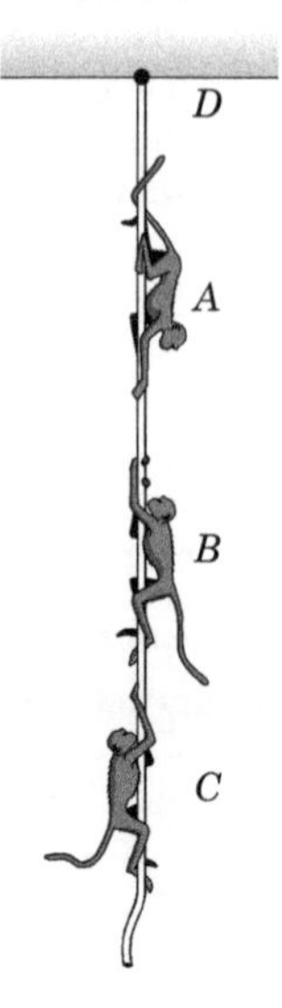

PROBLEMA 4/8

4/9 Os macacos do Probl. 4/8 estão agora escalando a pesada parede de cordas suspensas da viga uniforme. Se os macacos A, B e C têm velocidades de 2, 1,2 e 0,8 m/s, e acelerações de 0,6, 0,2 e 0,8 m/s^2, respectivamente, determine as mudanças nas reações em D e E causadas pelo movimento e pelo peso dos macacos. O suporte em E faz contato com apenas um lado da viga de cada vez. Assuma para esta análise que a parede de cordas permanece rígida.

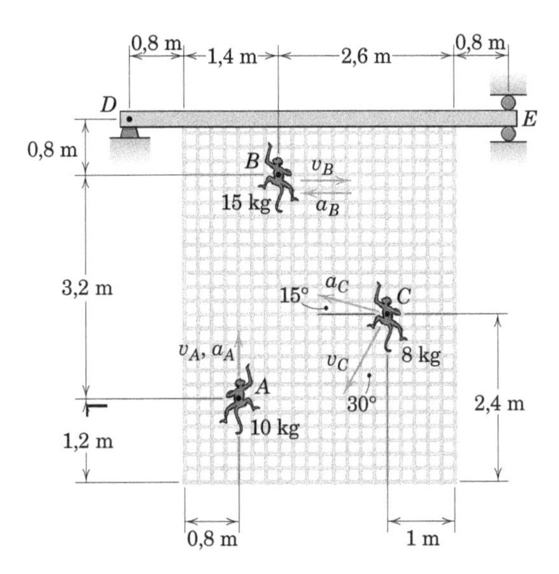

PROBLEMA 4/9

4/10 Cada uma das cinco partículas conectadas tem uma massa de 0,5 kg, e G é o centro de massa do sistema. Em determinado instante, a velocidade angular do corpo é ω = 2 rad/s e a velocidade linear de G é v_G = 4 m/s na direção mostrada. Determine a quantidade de movimento linear do corpo e sua quantidade de movimento angular em torno de G e O.

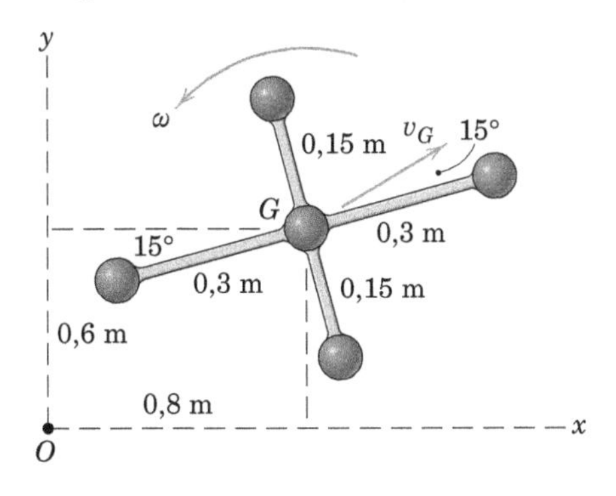

PROBLEMA 4/10

4/11 Calcule a aceleração do centro de massa do sistema de quatro cilindros de 10 kg. Despreze o atrito e a massa das polias e cabos.

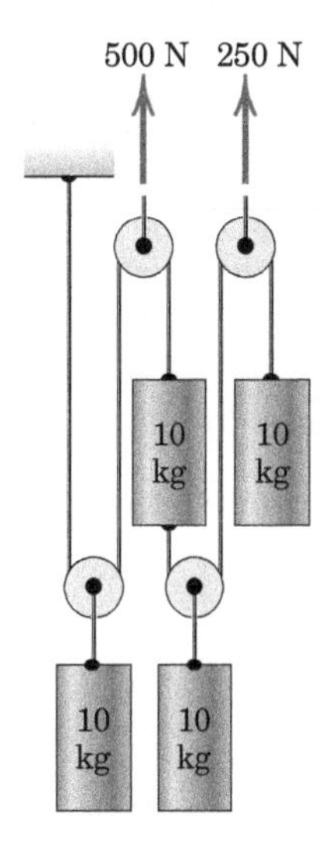

PROBLEMA 4/11

Problemas Representativos

4/12 As duas pequenas esferas, cada qual com massa m, e suas hastes de conexão, com massas desprezíveis, estão girando em torno de seu centro de massa G, com uma velocidade angular ω. No mesmo instante, o centro de massa alcança uma velocidade v na direção x. Determine a quantidade de movimento angular $\mathbf{H}_O$ do conjunto, no instante em que G tem coordenadas x e y.

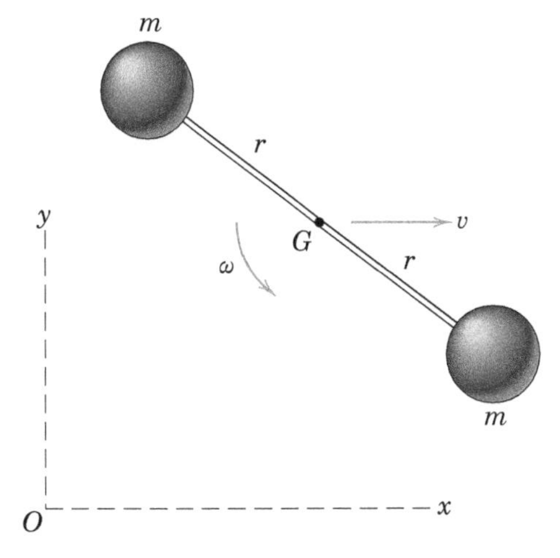

PROBLEMA 4/12

4/13 A escada rolante de uma loja de departamentos faz um ângulo de 30° com a horizontal e leva 40 segundos para transportar uma pessoa do primeiro para o segundo andar com uma elevação vertical de 6 m. Em determinado instante, há dez pessoas na escada rolante com média de 70 kg por pessoa e em repouso em relação aos degraus em movimento. Além disso, três meninos, com média de 54 kg cada um, estão correndo pela escada rolante a uma velocidade de 0,6 m/s em relação aos degraus em movimento. Calcule a potência de saída P do motor de acionamento para manter a velocidade constante da escada rolante. A potência sem carga e sem passageiros é de 1,8 kW para superar o atrito no mecanismo.

4/14 Uma centrífuga é constituída de quatro recipientes cilíndricos, cada um com massa m, a uma distância radial r a partir do eixo de rotação. Determine o tempo t necessário para levar a centrífuga a uma velocidade angular ω a partir do repouso sob um torque constante M aplicado ao eixo. O diâmetro de cada recipiente é pequeno quando comparado com r, e a massa do eixo e dos braços de suporte é pequena quando comparada com m.

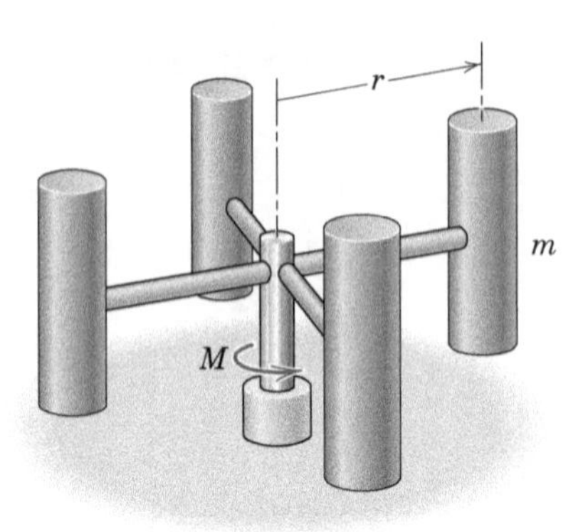

PROBLEMA 4/14

4/15 As três pequenas esferas estão soldadas à estrutura leve rígida que está girando em um plano horizontal em torno de um eixo vertical através de O com uma velocidade angular $\dot{\theta} = 20$ rad/s. Se um torque $M_O = 30$ N · m é aplicado à estrutura por cinco segundos, calcule a nova velocidade angular $\dot{\theta}'$.

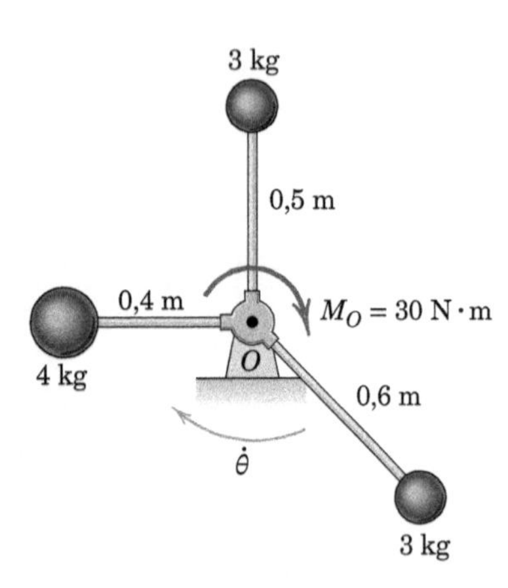

PROBLEMA 4/15

4/16 A bola de sinuca A está se movendo na direção y com uma velocidade de 2 m/s, quando colide com a bola B, de massa e tamanho idênticos, inicialmente em repouso. Em seguida ao impacto, observa-se que as bolas se movem nas direções representadas. Calcule as velocidades v_A e v_B que as bolas assumem imediatamente após o impacto. Considere que as bolas são partículas e despreze quaisquer forças de atrito atuando sobre elas em comparação com a força de impacto.

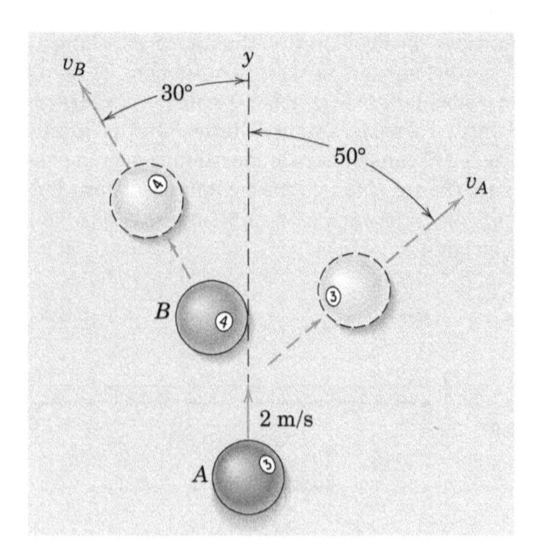

PROBLEMA 4/16

4/17 Os vagões de mina com 300 kg e 400 kg estão se movendo em sentidos opostos ao longo do trilho horizontal com as respectivas velocidades de 0,6 m/s e 0,3 m/s. Após o impacto, os vagões ficam acoplados. Pouco antes do impacto, uma pedra grande, de 100 kg, deixa a calha de transporte com uma velocidade de 1,2 m/s na direção mostrada e cai no vagão de 300 kg. Calcule a velocidade v do sistema após o pedregulho atingir o repouso em relação ao vagão. As velocidades finais seriam as mesmas, caso os vagões estivessem engatados antes de o pedregulho cair?

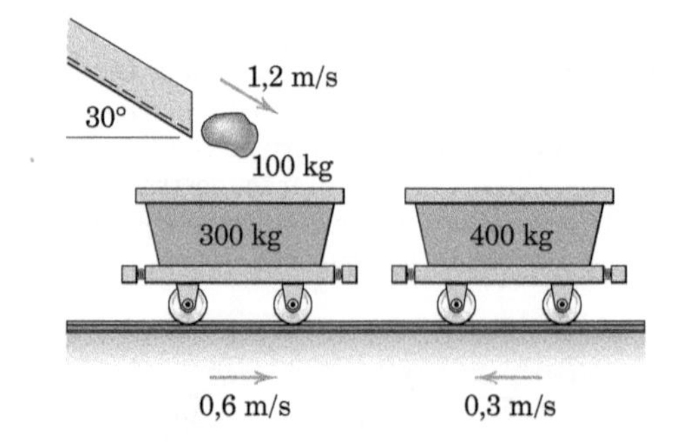

PROBLEMA 4/17

4/18 Os três vagões de carga estão se deslocando ao longo do trilho horizontal com as velocidades indicadas. Após os impactos ocorrerem, os três vagões ficam acoplados e se movem com uma velocidade comum v. Os vagões carregados A, B e C possuem massas de 65 Mg, 50 Mg e 75 Mg, respectivamente. Determine v e calcule a perda percentual n de energia do sistema por causa do engate.

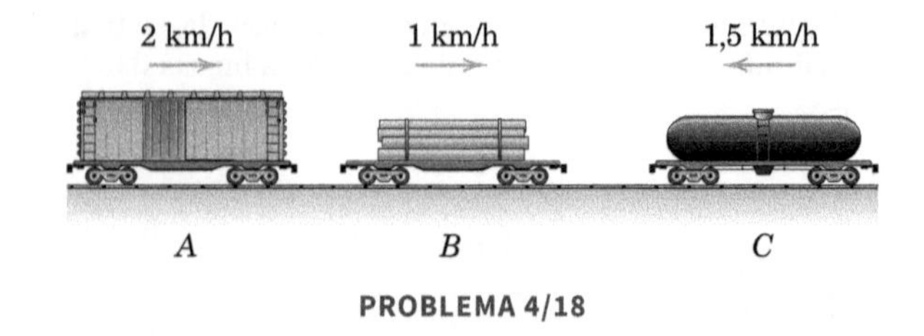

PROBLEMA 4/18

4/19 O homem, de massa m_1, e a mulher, de massa m_2, estão em pé sobre extremos opostos da plataforma de massa m_0 que se desloca com atrito desprezível e está inicialmente em repouso com $s = 0$. O homem e a mulher começam a se aproximar um do outro. Desenvolva uma expressão para o deslocamento s da plataforma quando os dois se encontram em termos do deslocamento x_1 do homem em relação à plataforma.

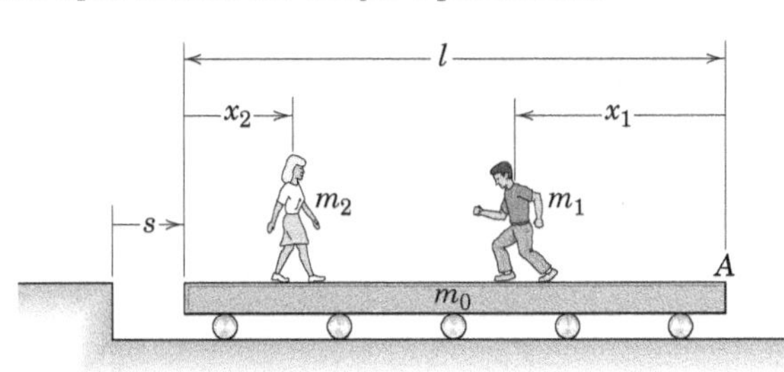

PROBLEMA 4/19

4/20 A mulher A, de 60 kg, o capitão B, de 90 kg, e o marinheiro C, de 80 kg, estão sentados no barco de 150 kg, que está deslizando através da água com a velocidade de um nó. Se as três pessoas mudam suas posições conforme mostrado na segunda figura, encontre a distância x do barco para a posição onde o barco estaria, caso as pessoas não tivessem se movido. Despreze qualquer resistência ao movimento proporcionada pela água. Será que a sequência ou o momento da mudança nas posições afeta o resultado final?

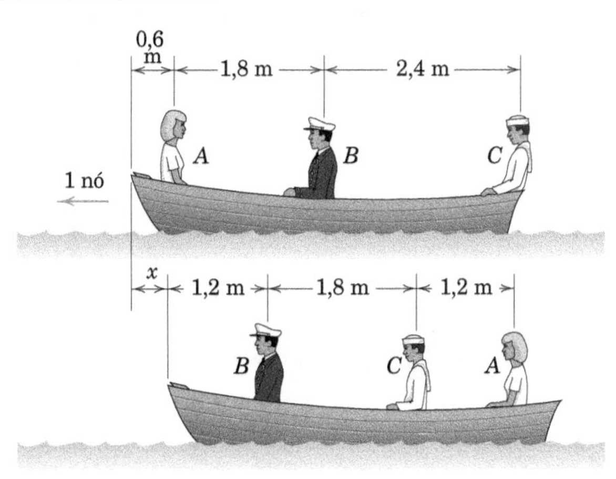

PROBLEMA 4/20

4/21 As três pequenas esferas de aço, cada uma com massa de 2,75 kg, estão unidas pelas conexões articuladas, de massa desprezível e comprimentos iguais. As esferas são liberadas a partir do repouso nas posições mostradas e deslizam para baixo a guia de um quarto de círculo no plano vertical. Quando a esfera de cima atinge a posição na base, as esferas possuem uma velocidade horizontal de 1,560 m/s. Calcule a perda de energia ΔQ devida ao atrito e o impulso total I_x sobre o sistema de três esferas durante esse intervalo.

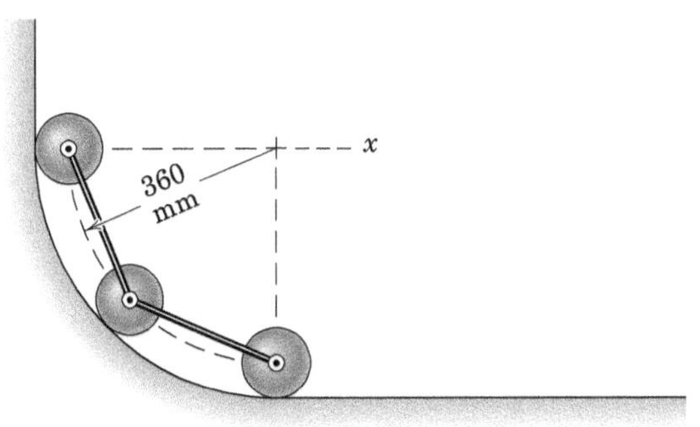

PROBLEMA 4/21

4/22 As duas esferas estão rigidamente conectadas à haste de massa desprezível e estão inicialmente em repouso sobre a superfície horizontal lisa. Uma força F é aplicada repentinamente a uma esfera na direção y e transmite um impulso de 10 N·s durante um período, desprezivelmente curto, de tempo. Calcule a velocidade de cada esfera quando passa pela posição tracejada.

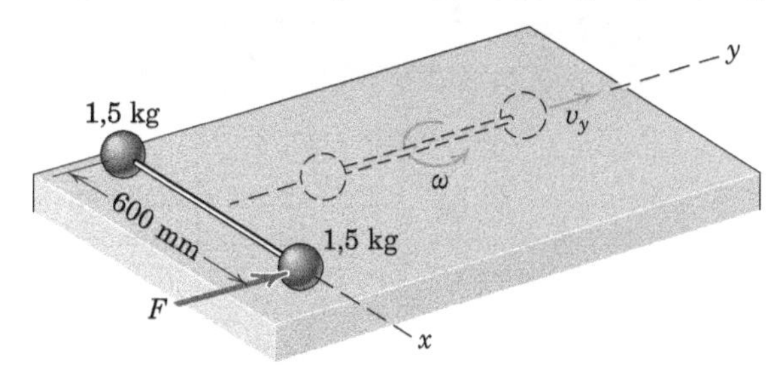

PROBLEMA 4/22

4/23 O pequeno carro, que tem massa de 20 kg, se desloca livremente sobre o trilho horizontal e transporta a esfera de 5 kg montada na haste leve que está girando com r = 0,4 m. Uma unidade motora mantém uma velocidade angular constante $\dot{\theta}$ = 4 rad/s da haste. Se o carro possui uma velocidade v = 0,6 m/s quando θ = 0, calcule v quando θ = 60°. Despreze a massa das rodas e qualquer atrito.

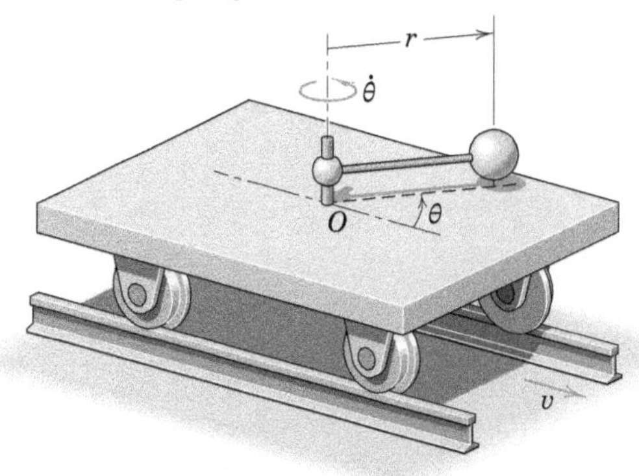

PROBLEMA 4/23

4/24 Os carros de uma montanha-russa possuem uma velocidade de 30 km/h quando passam pelo topo do trilho circular. Despreze qualquer atrito e calcule sua velocidade v quando atingem a posição horizontal na base. Na posição mais alta, o raio da trajetória circular de seus centros de massa é de 18 m, e todos os seis carros possuem a mesma massa.

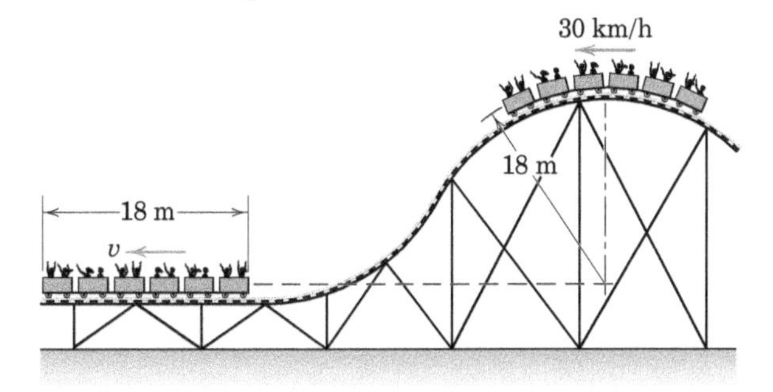

PROBLEMA 4/24

▶4/25 O vagão-plataforma de 25 Mg suporta um veículo de 7,5 Mg em uma rampa de 5° construída sobre o vagão-plataforma. Se o veículo é liberado a partir do repouso com o vagão também em repouso, determine a velocidade v do vagão-plataforma quando o veículo tiver se deslocado s = 12 m para baixo na rampa, logo antes de bater na trava em B. Despreze todo o atrito e trate o veículo e o vagão-plataforma como partículas.

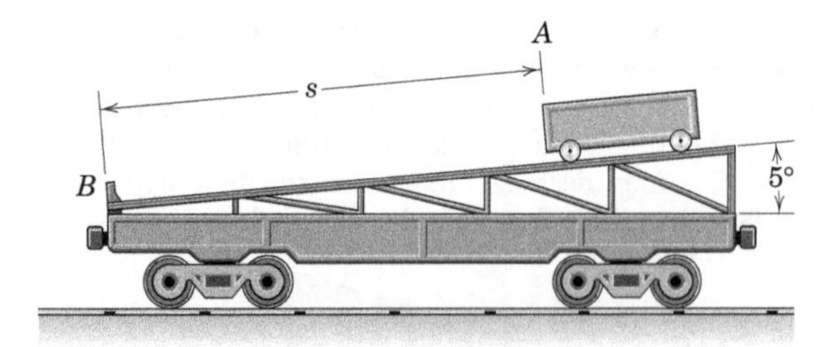

PROBLEMA 4/25

▸4/26 Um foguete de 60 kg é disparado de O com velocidade inicial v_0 = 125 m/s ao longo da trajetória indicada. O foguete explode sete segundos após o lançamento e se quebra em três pedaços A, B, e C com massas de 10, 30 e 20 kg, respectivamente. As peças B e C são recuperadas no momento do impacto nas coordenadas mostradas. Os registros de instrumentação revelam que a peça B atingiu uma altitude máxima de 1500 m após a explosão e que a peça C atingiu o solo seis segundos depois da explosão. Quais as coordenadas de impacto da peça A? Despreze a resistência do ar.

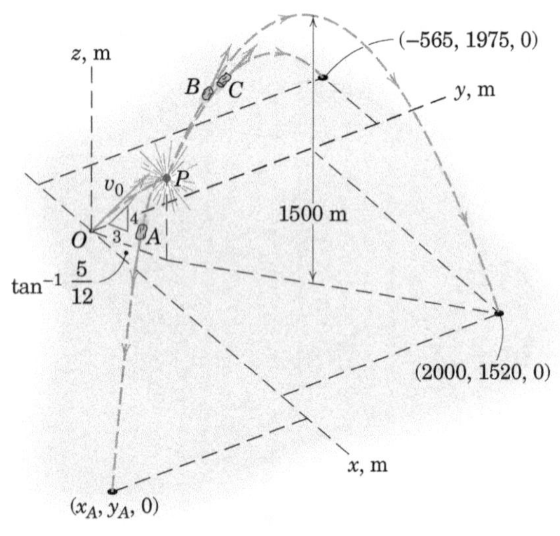

PROBLEMA 4/26

▸4/27 Uma barra de massa m_1 e pequeno diâmetro é suspensa por dois cordões de comprimento l, a partir de um carro de massa m_2, que é livre para rolar ao longo de trilhos horizontais. Se a barra e o carro são liberados a partir do repouso, com os cordões fazendo um ângulo θ com a vertical, determine a velocidade $v_{b/c}$ da barra relativa ao carro e a velocidade v_c do carro no instante em que $\theta = 0$. Despreze todo atrito e considere o carro e a barra como partículas no plano vertical de movimento.

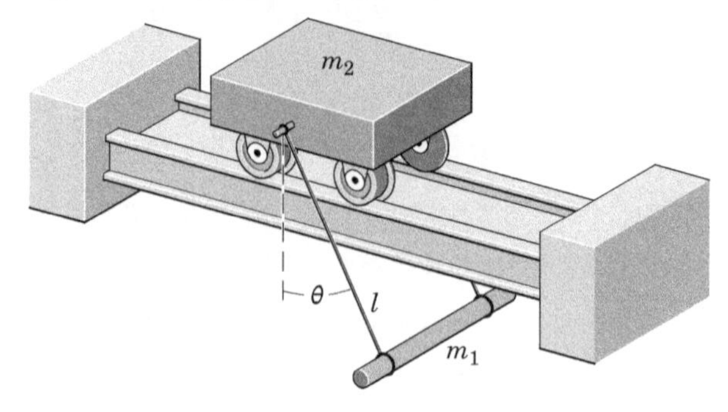

PROBLEMA 4/27

▸4/28 Na posição não esticada, as espiras da mola de 1,5 kg estão apenas tocando umas nas outras, como mostrado na parte a da figura. Na posição esticada, a força P, proporcional a x, é igual a 900 N quando x = 500 mm. Se a extremidade A da mola for repentinamente liberada, determine a velocidade v_A da extremidade A da mola, medida positivamente para a esquerda, à medida que ela se aproxima de sua posição não esticada em $x = 0$. O que acontece com a energia cinética da mola?

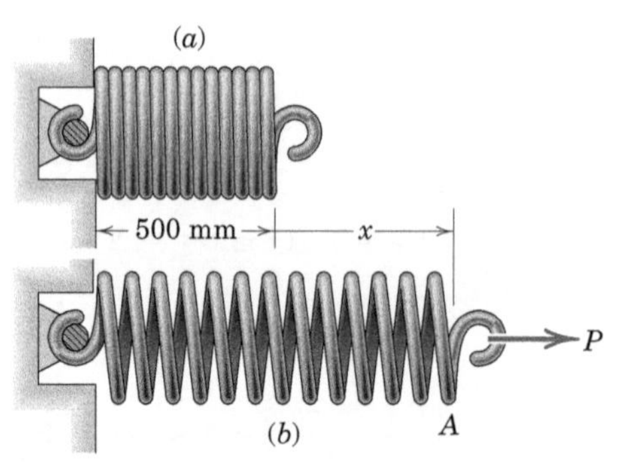

PROBLEMA 4/28

Problemas para a Seção 4/6

Problemas Introdutórios

4/29 O carro de corrida experimental é impulsionado por um motor de foguete e é projetado para atingir uma velocidade máxima $v = 500$ km/h sob o impulso T de seu motor. Testes prévios de túnel de vento revelam que a resistência ao vento a esta velocidade é de 1000 N. Se o motor de foguete estiver queimando combustível à taxa de 1,6 kg/s, determine a velocidade u dos gases de escape em relação ao carro.

PROBLEMA 4/29

4/30 O avião a jato possui uma massa de 4,6 Mg e um arrasto (resistência do ar) de 32 kN a uma velocidade de 1000 km/h em determinada altitude. O avião consome ar na razão de 106 kg/s através de sua abertura de admissão e usa combustível na razão de 4 kg/s. Se a descarga tem uma velocidade para trás de 680 m/s em relação ao bocal de escape, determine o ângulo máximo de elevação α em que o jato pode voar com uma velocidade constante de 1000 km/h na altitude específica em questão.

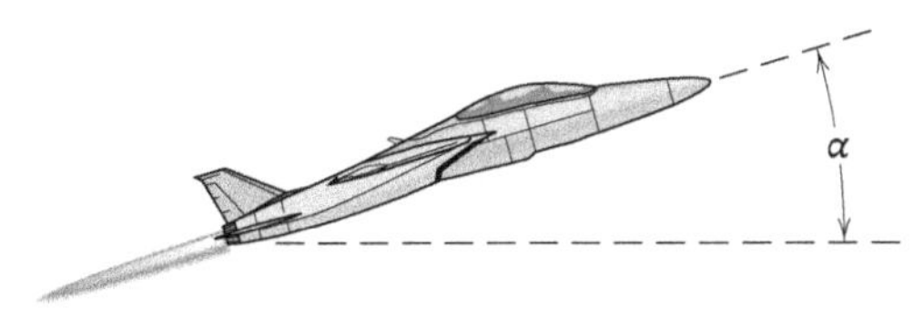

PROBLEMA 4/30

4/31 Um jato de ar escoa do bocal com uma velocidade de 100 m/s à taxa de 0,2 m^3/s e é desviado pela pá em ângulo reto. Calcule a força F necessária para segurar a pá em uma posição fixa. A massa específica do ar é 1,206 kg/m^3.

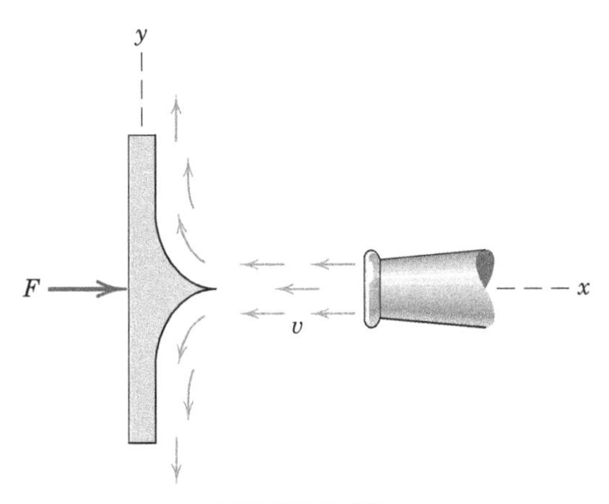

PROBLEMA 4/31

4/32 Em um esforço insensato para remover detritos, um proprietário dirige o bocal de seu soprador de mochila diretamente para a porta da garagem. A velocidade do bico é de 200 km/h e a vazão é de 11 m^3/min. Faça uma estimativa da força F exercida pelo fluxo de ar sobre a porta. A massa específica do ar é de 1,2062 kg/m^3.

PROBLEMA 4/32

4/33 O *jet ski* aquático atingiu sua velocidade máxima de 70 km/h durante a operação em água salgada. A entrada de água é pelo túnel horizontal no fundo do casco, portanto a água entra no túnel à velocidade de 70 km/h em relação ao esqui. A bomba motorizada descarrega a água a partir do bico de escape horizontal, de 50 mm de diâmetro, à taxa de 0,082 m^3/s. Calcule a resistência R da água ao casco na velocidade de operação.

PROBLEMA 4/33

4/34 O rebocador de combate a incêndio despeja um jato de água salgada (massa específica 1030 kg/m^3) com uma velocidade, em relação ao bocal, de 40 m/s, à taxa de 0,080 m^3/s. Calcule o empuxo propulsor E que deve ser desenvolvido pelo rebocador para manter uma posição fixa enquanto houver bombeamento.

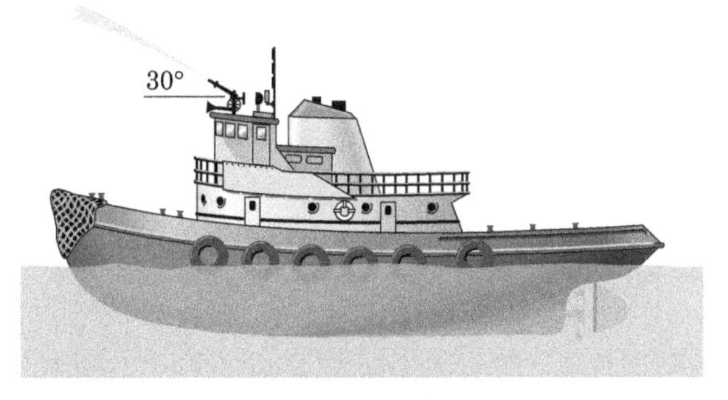

PROBLEMA 4/34

4/35 A bomba mostrada aspira ar com massa específica ρ através do duto fixo A de diâmetro d com uma velocidade u e o descarrega em alta velocidade v através das duas saídas B. A pressão nas correntes de ar em A e B é atmosférica. Determine a expressão da tensão T exercida sobre a unidade da bomba através do flange em C.

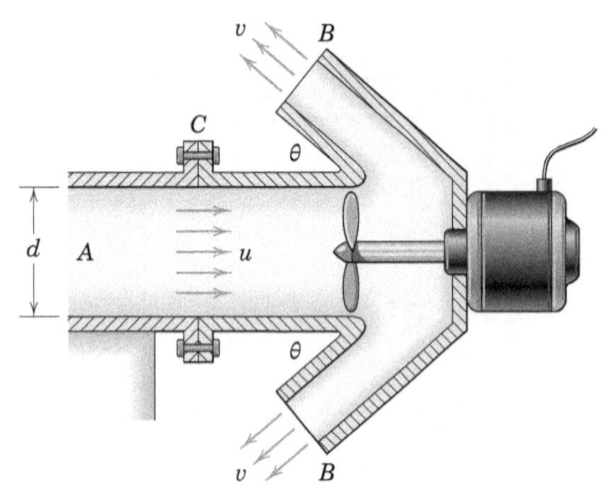

PROBLEMA 4/35

4/36 Um supressor de ruído de um motor a jato consiste em um duto móvel que está fixado diretamente atrás do escapamento do jato pelo cabo A e desvia o escoamento diretamente para cima. Durante um teste no solo, o motor suga o ar à taxa de 43 kg/s e queima combustível à razão de 0,8 kg/s. A velocidade de escape é de 720 m/s. Determine a tração T no cabo.

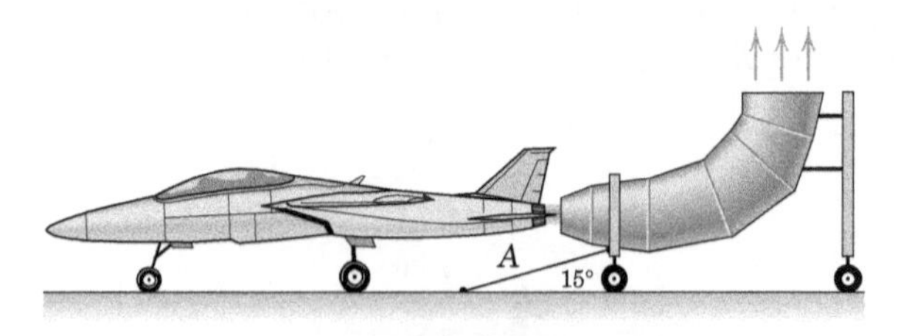

PROBLEMA 4/36

4/37 A palheta com 90° se desloca para a esquerda com uma velocidade constante de 10 m/s contra uma corrente de água doce escoando com velocidade de 20 m/s a partir do bocal com 25 mm de diâmetro. Calcule as forças F_x e F_y sobre a palheta exigida para suportar o movimento.

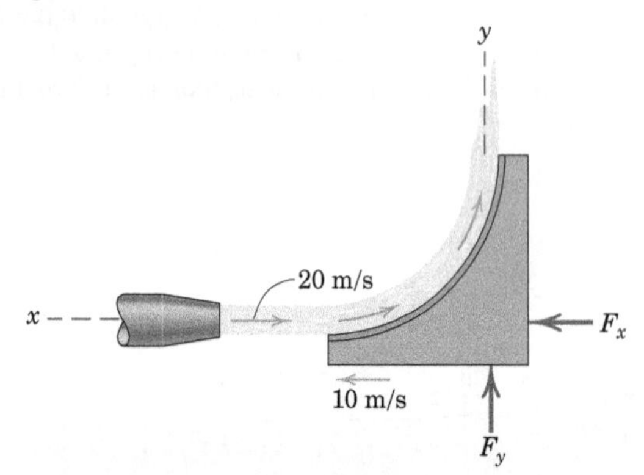

PROBLEMA 4/37

Problemas Representativos

4/38 A água salgada proveniente das duas saídas a 30° está sendo descarregada na atmosfera, a uma taxa total de 30 m^3/min. Cada bocal de descarga tem um diâmetro de fluxo de 100 mm e o diâmetro interno do tubo na seção de conexão A é 250 mm. A pressão da água na seção A-A é 550 kPa. Se cada um dos seis parafusos no flange A-A está apertado com uma tensão de 10 kN, calcule a pressão média p sobre a junta do flange, que tem área de $24(10^3)$ mm^2. O tubo acima do flange e a água dentro dele têm massa de 60 kg.

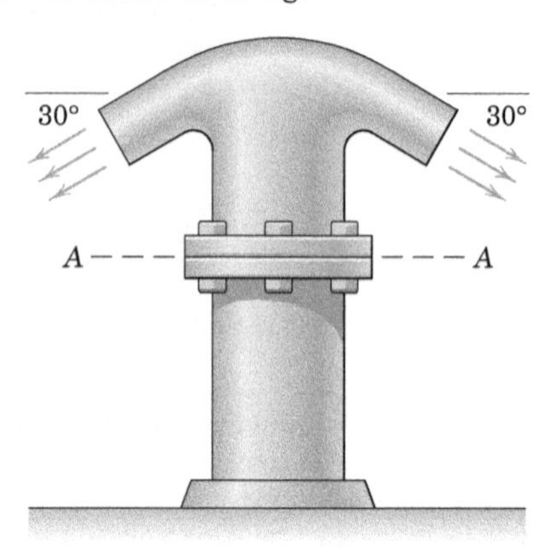

PROBLEMA 4/38

4/39 Um jato de fluido com área transversal A e massa específica ρ é produzido pelo bico com velocidade v e atinge a calha inclinada mostrada em corte. Parte do fluido é desviada em cada uma das duas direções. Se a calha for lisa, a velocidade das duas correntes desviadas permanece v, e a única força que pode ser exercida sobre a calha é normal até a superfície do fundo. Assim, a calha será mantida em posição por forças cujo resultado é F normal à calha. Escrevendo as equações de impulso-quantidade de movimento para as direções longitudinal e normal à calha, determine a força F necessária para suportar essa calha. Encontre também as taxas de volume de fluxo Q_1 e Q_2 para as duas correntes.

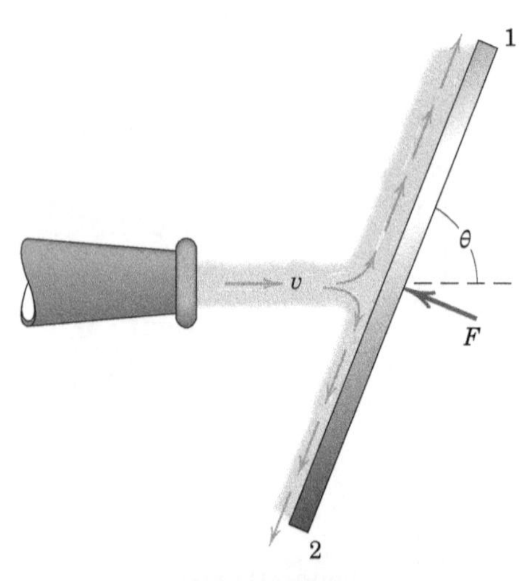

PROBLEMA 4/39

4/40 A bola de 250 g é sustentada pelo jato vertical de água doce que escoa a partir do bocal com 12 mm de diâmetro a uma velocidade de 10 m/s. Calcule a altura h da bola acima do bocal. Suponha que o escoamento permanece sem modificação e que não há energia perdida na corrente do jato.

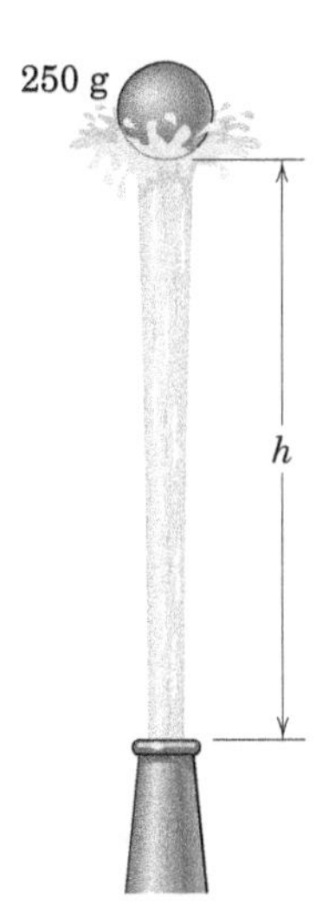

PROBLEMA 4/40

4/41 Um reversor de empuxo de um motor a jato para reduzir a velocidade de uma aeronave com 200 km/h após a aterrissagem emprega pás dobradiças que desviam os gases de escape na direção indicada. Se o motor está consumindo 50 kg de ar e 0,65 kg de combustível por segundo, calcule o empuxo de frenagem como uma fração n do empuxo motor sem as pás defletoras. Os gases de escape têm uma velocidade de 650 m/s em relação ao bocal.

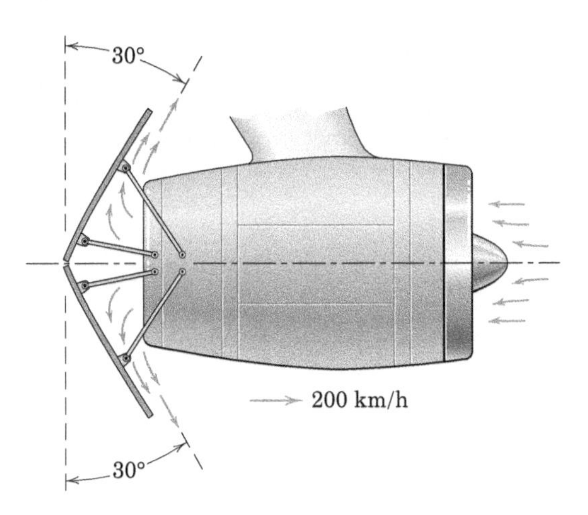

PROBLEMA 4/41

4/42 Em um teste de operação de um guindaste móvel de um carro de bombeiros, o equipamento está livre para se mover com seus freios liberados. Na posição apresentada, o caminhão está deformando a mola de rigidez k = 15 kN/m de uma distância de 150 mm por causa da ação do jato horizontal de água escoando do bocal quando a bomba está ativada. Se o diâmetro de saída do bocal é de 30 mm, calcule a velocidade v do escoamento quando esse deixa o bocal. Determine também o momento M adicional em que a junção em A deve resistir quando a bomba está em operação com o bocal na posição indicada.

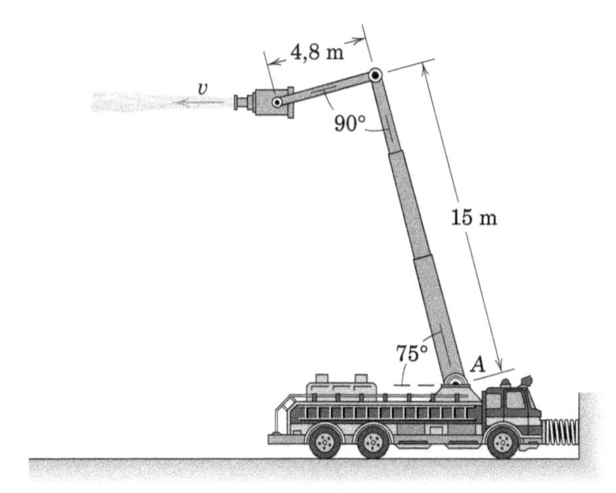

PROBLEMA 4/42

4/43 O ar é movimentado pelo duto estacionário A com uma velocidade de 15 m/s e descarregado por meio de uma seção BC de um bocal experimental. A pressão estática manométrica média através da seção B é 1050 kPa, e a massa específica do ar a essa pressão e na temperatura característica é de 13,5 kg/m^3. A pressão estática manométrica média através da seção de saída C é medida se 14 kPa, e a massa específica correspondente do ar é de 1,217 kg/m^3. Calcule a força T exercida sobre o flange do bocal em B pelos parafusos e a vedação para segurar o bocal no lugar.

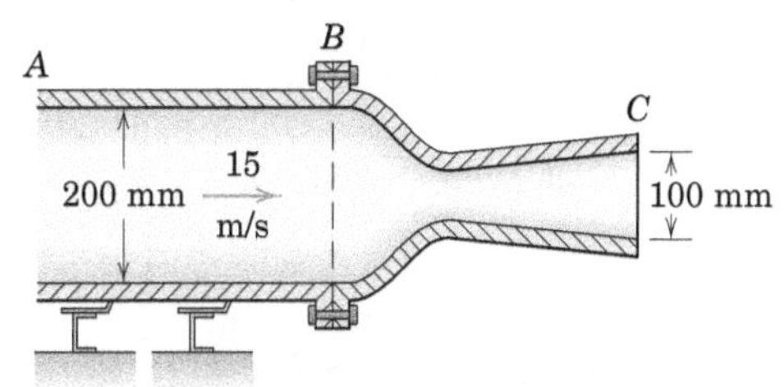

PROBLEMA 4/43

4/44 O ar entra no tubo em A na velocidade de 6 kg/s sob uma pressão manométrica de 1400 kPa e produz um apito à pressão atmosférica através da abertura em B. A velocidade de entrada do ar em A é de 45 m/s, e a velocidade de escape em B é de 360 m/s. Calcule a tensão T, cisalhamento V e momento de flexão M no tubo em A. A área de fluxo líquido em A é de 7500 mm^2.

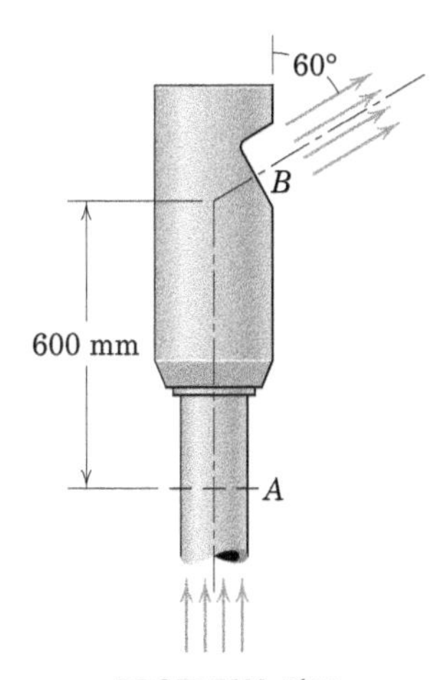

PROBLEMA 4/44

4/45 A bomba de sucção possui massa líquida de 310 kg e bombeia água doce contra uma altura de 6 m na taxa de 0,125 m^3/s. Determine a força vertical R entre a base de suporte e o flange da bomba em A durante a operação. A massa de água na bomba pode ser considerada equivalente a um diâmetro de 200 mm de coluna, com 6 m de altura.

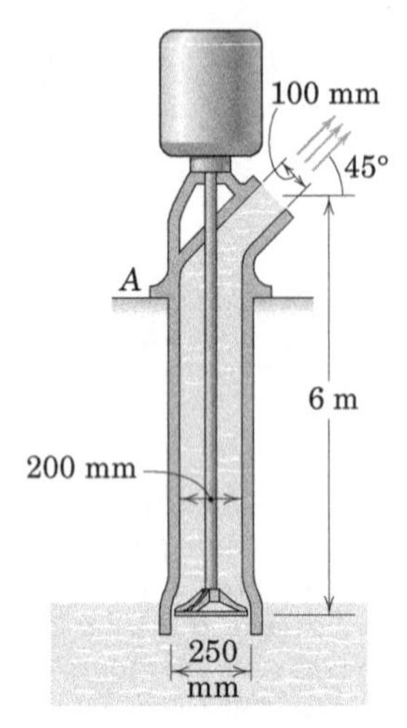

PROBLEMA 4/45

4/46 O aerobarco experimental tem massa total de 2,2 Mg. Ele paira junto ao solo pelo bombeamento de ar à pressão atmosférica através do duto circular de admissão em B e descarrega horizontalmente sob a periferia da saia C. Para uma velocidade de admissão v de 45 m/s, calcule a pressão média do ar p sob o equipamento com 6 m de diâmetro no nível do solo. A massa específica do ar é 1,206 kg/m^3.

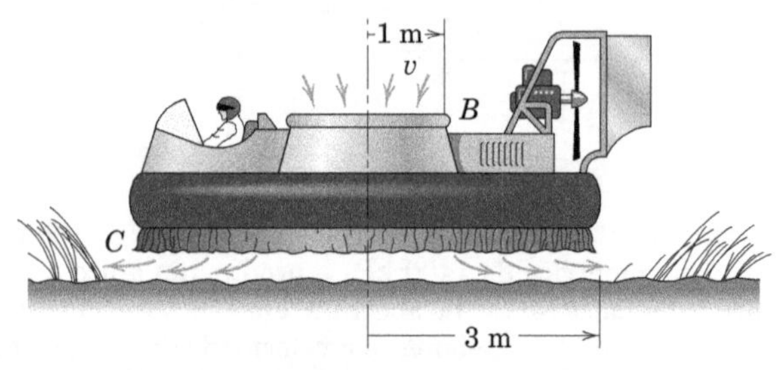

PROBLEMA 4/46

4/47 O soprador de folhas aspira ar a uma velocidade de 11 m^3/min e o descarrega a uma velocidade v = 380 km/h. Se a massa específica do ar aspirado no soprador for de 1,206 kg/m^3, determine o torque adicional que o homem deve exercer no cabo do soprador quando este estiver em funcionamento, em comparação com o torque exercido quando estiver desligado, para manter uma orientação constante.

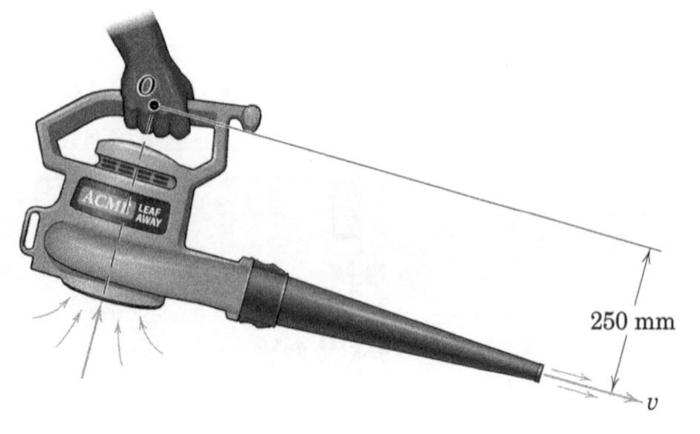

PROBLEMA 4/47

4/48 A unidade de ventilação de massa m fechada em um duto é sustentada na posição vertical sobre o seu flange em A. A unidade aspira ar com uma massa específica ρ e uma velocidade u através da seção A e o descarrega através da seção B com uma velocidade v. Ambas as pressões de entrada e de saída são atmosféricas. Escreva uma expressão para a força R aplicada ao flange da unidade de ventilação pela laje de suporte.

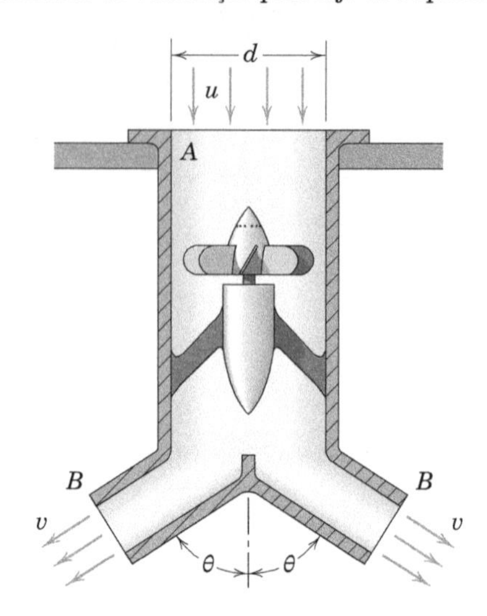

PROBLEMA 4/48

4/49 O avião a jato militar possui uma massa total de 10 Mg e está pronto para decolar com freios acionados enquanto o motor tem sua rotação aumentada para potência máxima. Nessa condição, o ar com massa específica de 1,206 kg/m^3 é aspirado para dentro dos dutos de admissão na razão de 48 kg/s com uma pressão estática de –2,0 kPa (manométrica) através da entrada do duto. A área total da seção transversal de ambos os dutos de admissão (um de cada lado) é 1,160 m^2. A razão ar/combustível é 18, e a velocidade de escape u é 940 m/s com contrapressão nula (manométrica) através da descarga do bocal. Calcule a aceleração inicial a da aeronave após a liberação dos freios.

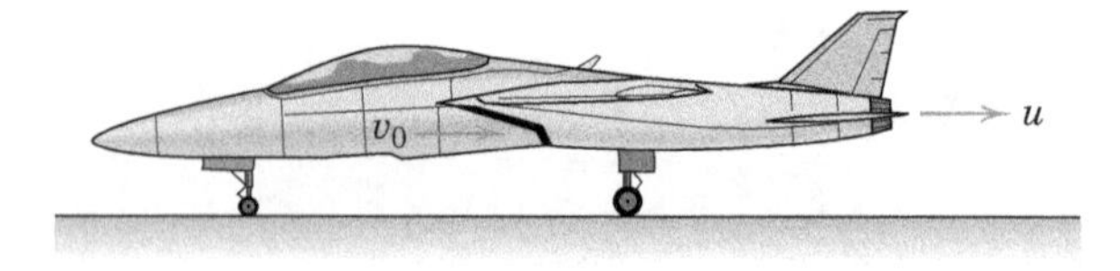

PROBLEMA 4/49

4/50 Uma máquina rotativa para remover neve das estradas, que está montada sobre um grande caminhão, abre seu caminho através de um amontoado de neve em uma estrada horizontal, a uma velocidade constante de 20 km/h. O equipamento descarrega 60 Mg de neve por minuto para fora de sua calha a 45°, com uma velocidade de 12 m/s em relação ao equipamento. Calcule a força de tração P nos pneus, na direção do movimento, necessária para mover o equipamento e encontre a força lateral R correspondente entre os pneus e a estrada.

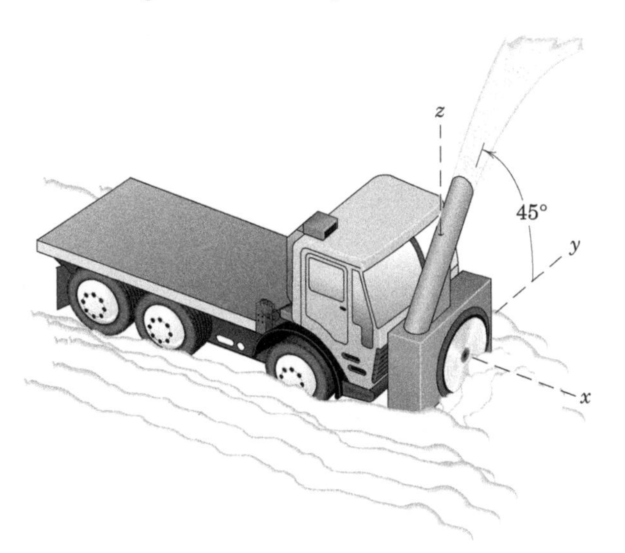

PROBLEMA 4/50

4/51 O soprador industrial aspira o ar através da abertura axial A, com uma velocidade v_1, e o descarrega à pressão atmosférica e temperatura ambiente por meio do duto B, com 150 mm de diâmetro, com uma velocidade v_2. O soprador movimenta 16 m^3 de ar por minuto, com o motor e o ventilador girando a 3450 rpm. Se o motor exige 0,32 kW de potência sem carga (ambos os dutos fechados), calcule a potência P consumida enquanto o ar está sendo bombeado.

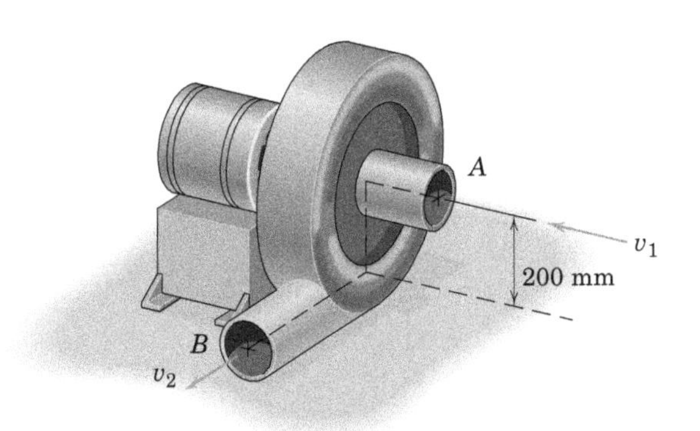

PROBLEMA 4/51

4/52 Um jato de ar de alta velocidade sai pelo bico A de 40 mm de diâmetro com uma velocidade v de 240 m/s e se choca com a palheta OB, como mostrado em sua vista de perfil. A palheta e sua extensão em ângulo reto têm massa insignificante, em comparação com o cilindro de 6 kg acoplado, e são livremente articuladas em torno de um eixo horizontal através de O. Calcule o ângulo θ alcançado pela palheta com a horizontal. A massa específica do ar sob as condições predominantes é 1,206 kg/m^3. Indique quaisquer suposições.

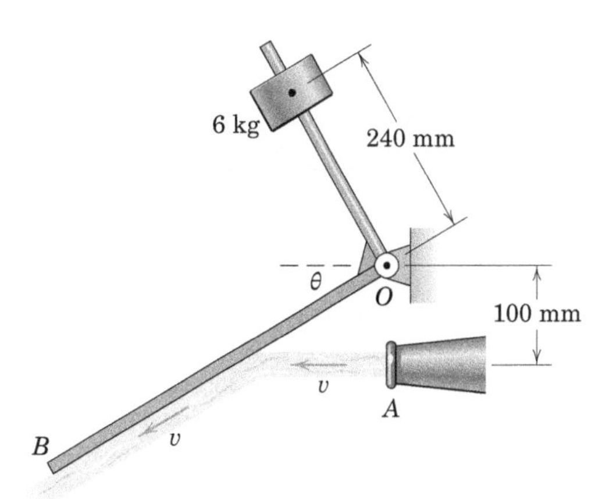

PROBLEMA 4/52

4/53 O helicóptero mostrado tem uma massa m e paira nessa posição transmitindo uma quantidade de movimento descendente para uma coluna de ar definida pela fronteira indicada do turbilhão da hélice. Encontre a velocidade descendente v fornecida ao ar pelo rotor em uma seção no escoamento abaixo do rotor, em que a pressão é atmosférica e o raio do escoamento é r. Encontre também a potência P exigida do motor. Despreze a energia rotacional do ar, qualquer aumento de temperatura devido ao atrito do ar, e qualquer variação na massa específica do ar ρ.

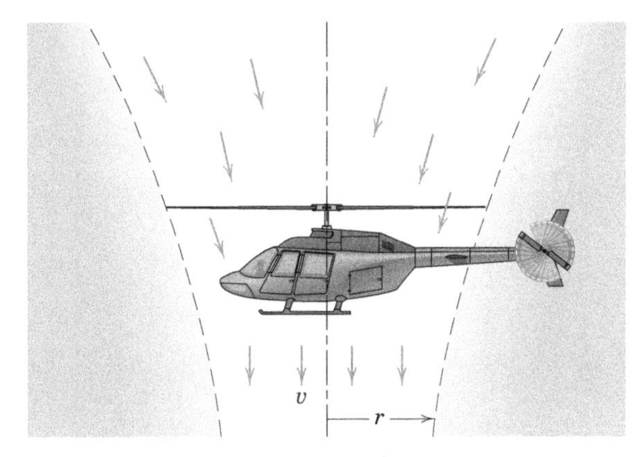

PROBLEMA 4/53

4/54 O borrifador é projetado para girar à velocidade angular constante ω e espalhar água na taxa volumétrica Q. Cada um dos quatro bocais tem uma área de saída A. Escreva uma expressão para o torque M sobre o eixo do borrifador necessário para manter o movimento requerido. Para determinada pressão e, consequentemente, uma taxa de fluxo Q, a que velocidade ω_0 irá operar o borrifador sem nenhum torque aplicado? Seja ρ a massa específica da água.

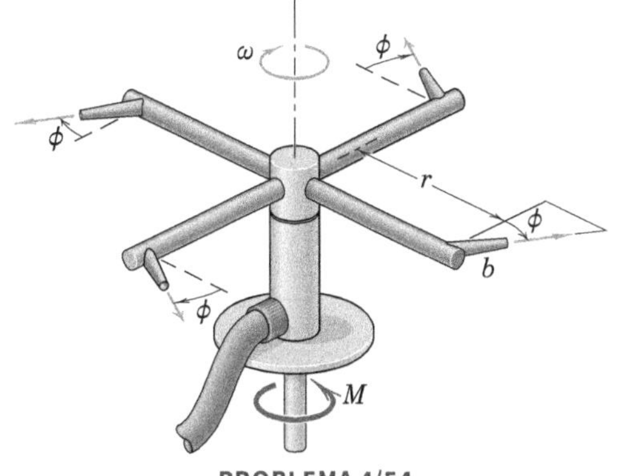

PROBLEMA 4/54

4/55 A aeronave militar VTOL é capaz de subir verticalmente sob a ação da descarga de seu jato, que pode ser direcionada a partir de $\theta \cong 0$ para decolar e pairar até $\theta = 90°$ para voar em frente. A aeronave carregada possui uma massa de 8600 kg. Na potência plena de decolagem, o seu motor *turbofan* consome ar na taxa de 90 kg/s e tem uma razão ar/combustível de 18. A velocidade de exaustão dos gases é 1020 m/s essencialmente na pressão atmosférica através dos bocais de saída. O ar com uma massa específica de 1,206 kg/m^3 é sugado para as aberturas de admissão na pressão de –2 kPa (manométrica) sobre a área total de admissão de 1,10 m^2. Determine o ângulo θ para decolagem vertical e a correspondente aceleração vertical a_y da aeronave.

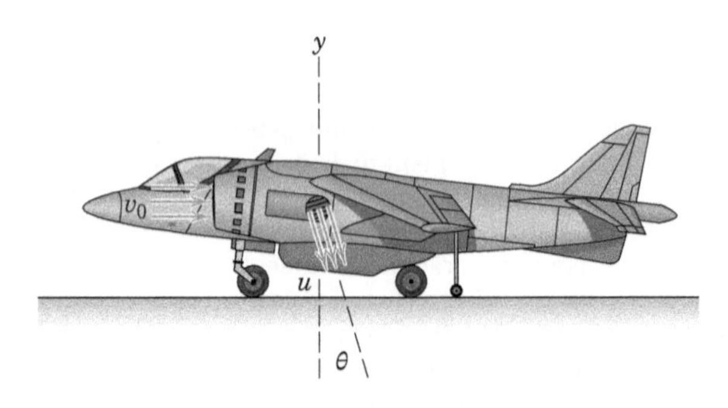

PROBLEMA 4/55

4/56 Um terminal marítimo para descarga de trigo a granel de um navio é equipado com um tubo vertical com um bocal em A que suga o trigo para cima pelo tubo e o transfere para o edifício de armazenamento. Calcule as componentes x e y da força $\mathbf{R}$ necessária para variar a quantidade de movimento do escoamento da massa para contornar a curva. Identifique todas as forças aplicadas externamente à curva e a massa em seu interior. O ar escoa por meio do tubo com 350 mm de diâmetro, à razão de 16 Mg por hora, sob um vácuo de 230 mm de mercúrio (p = –30,7 kPa manométrica), e leva consigo 135 Mg de trigo, por hora, a uma velocidade de 40 m/s.

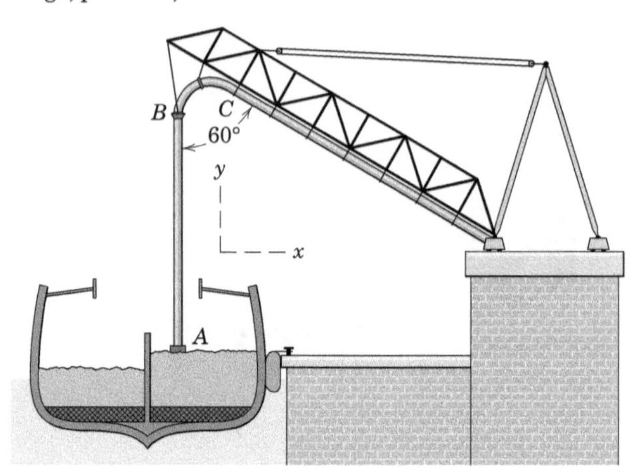

PROBLEMA 4/56

Problemas para a Seção 4/7

Problemas Introdutórios

4/57 No instante do lançamento vertical, o foguete expele os gases de exaustão, à taxa de 220 kg/s, com uma velocidade de exaustão de 820 m/s. Se a aceleração vertical inicial é 6,80 m/s^2, calcule a massa total do foguete e do combustível no lançamento.

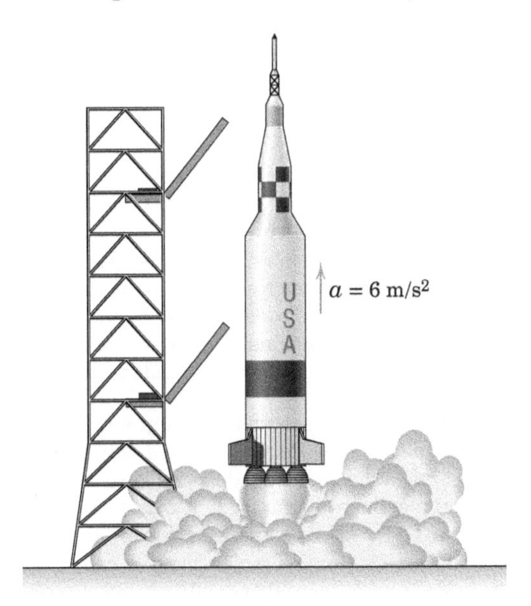

PROBLEMA 4/57

4/58 O ônibus espacial, juntamente com o seu tanque central de combustível e os dois foguetes auxiliares, possui massa total de 2,04(10^6) kg na decolagem. Cada um dos dois foguetes auxiliares produz um empuxo de 11,80(10^6) N, e cada um dos três motores principais do ônibus espacial produz empuxo de 2,00(10^6) N. O impulso específico (razão entre a velocidade de exaustão e a aceleração gravitacional) para cada um dos três motores principais do ônibus espacial é 455 s. Calcule a aceleração vertical inicial a do conjunto com todos os cinco motores em funcionamento e encontre a proporção em que o combustível é consumido por cada um dos três motores do ônibus espacial.

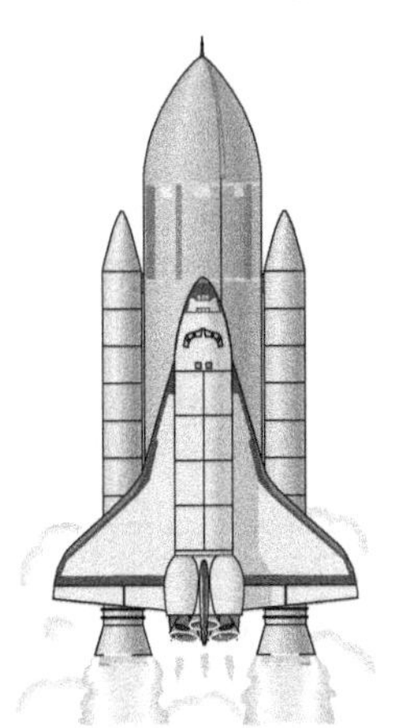

PROBLEMA 4/58

4/59 Um pequeno foguete, de massa inicial m_0, é disparado verticalmente para cima perto da superfície da Terra (g constante). Se a resistência do ar for desconsiderada, determine a maneira pela qual a massa m do foguete deve variar em função do tempo t após o lançamento, para que o foguete possa ter uma aceleração vertical constante a, com uma velocidade relativa u constante dos gases que escapam em relação ao jato.

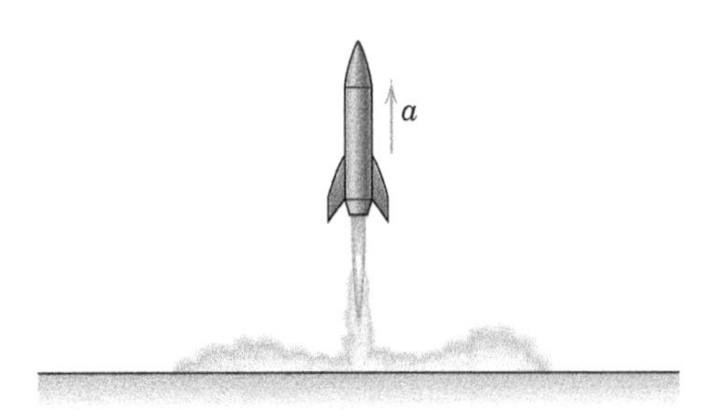

PROBLEMA 4/59

4/60 Um caminhão-tanque para lavar as ruas possui massa total de 10 Mg quando o seu tanque está cheio. Com o jato ligado, 40 kg de água por segundo escoam do bocal com uma velocidade de 20 m/s em relação ao caminhão no ângulo de 30° mostrado. Se o caminhão está acelerando à taxa de 0,6 m/s^2 quando parte em uma estrada horizontal, determine a força de tração P necessária entre os pneus e a estrada quando (a) o jato é ligado e (b) o jato é desligado.

PROBLEMA 4/60

4/61 Um protótipo de foguete tem massa de 0,75 kg pouco antes de seu lançamento vertical. Seu motor experimental de combustível sólido transporta 0,05 kg de combustível, possui uma velocidade de fuga de 900 m/s e queima o combustível por 0,9 s. Determine a aceleração do foguete no lançamento e sua velocidade de queima. Despreze o arrasto aerodinâmico e declare quaisquer outras suposições.

PROBLEMA 4/61

4/62 A lança do magnetômetro de uma nave espacial é constituída por um grande número de unidades com formato triangular, que emergem para sua configuração de operação após a liberação a partir do recipiente em que foram dobradas e embaladas antes da liberação. Escreva uma expressão para a força F que a base do recipiente deve exercer sobre a haste durante a sua instalação em termos do comprimento crescente x e suas derivadas no tempo. A massa da haste por unidade de comprimento instalado é ρ. Considere a base de suporte sobre a nave espacial como uma plataforma fixa e admita que a instalação ocorre fora de qualquer campo gravitacional. Despreze a dimensão b comparada com x.

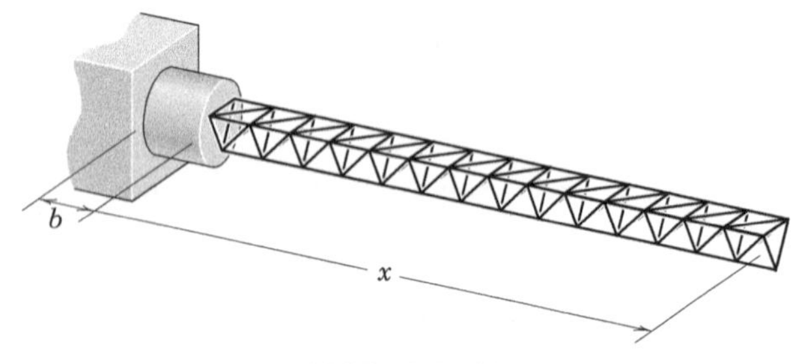

PROBLEMA 4/62

4/63 Água doce flui de dois furos de 30 mm no balde, com uma velocidade de 2,5 m/s, conforme representado. Calcule a força P necessária para impor ao balde uma aceleração de 0,5 m/s^2 para cima, partindo do repouso, se ele contém 20 kg de água naquele instante. O balde vazio tem massa de 0,6 kg.

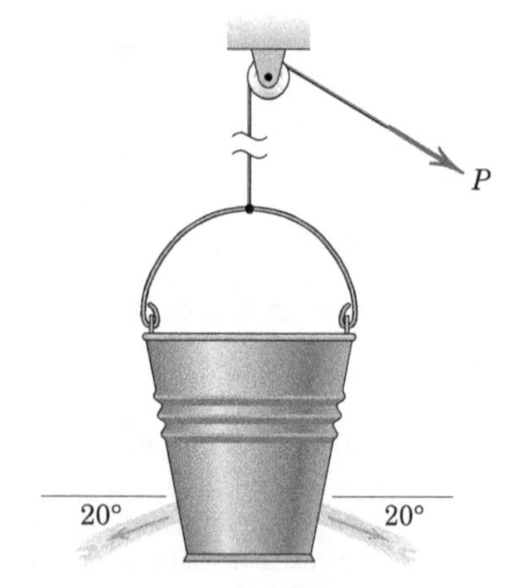

PROBLEMA 4/63

Problemas Representativos

4/64 A extremidade superior da corrente de elos de comprimento L e massa ρ por unidade de comprimento é abaixada a uma velocidade constante v pela força P. Determine a leitura R da balança de plataforma em termos de x.

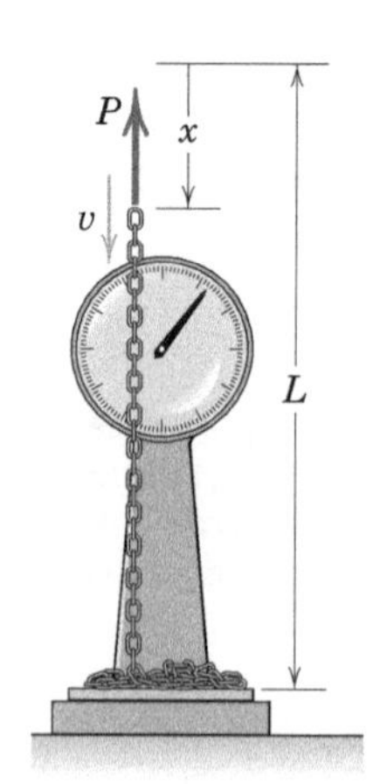

PROBLEMA 4/64

4/65 Um estágio de foguete projetado para missões no espaço profundo consiste em 200 kg de combustível e 300 kg de estrutura e carga útil combinados. Em termos de velocidade de queima, qual seria a vantagem de reduzir a massa estrutural/capacidade de carga em 1 % (3 kg) e usar essa massa para combustível adicional? Expresse sua resposta em termos de um aumento percentual na velocidade de queima. Repita seu cálculo para uma redução de 5 % na massa estrutural/capacidade de carga.

4/66 Em uma estação de carregamento a granel, o cascalho sai do funil alimentador a uma taxa de 100 kg/s com uma velocidade de 3 m/s na direção mostrada e é depositado sobre o caminhão-plataforma em movimento. A força de tração entre as rodas motrizes e a estrada é 1,7 kN, que supera os 900 N da resistência por atrito da estrada. Determine a aceleração a do caminhão, quatro segundos após o funil alimentador ser aberto sobre a plataforma do caminhão, instante no qual o caminhão tem uma velocidade para a frente de 2,5 km/h. A massa do caminhão vazio é 5,4 Mg.

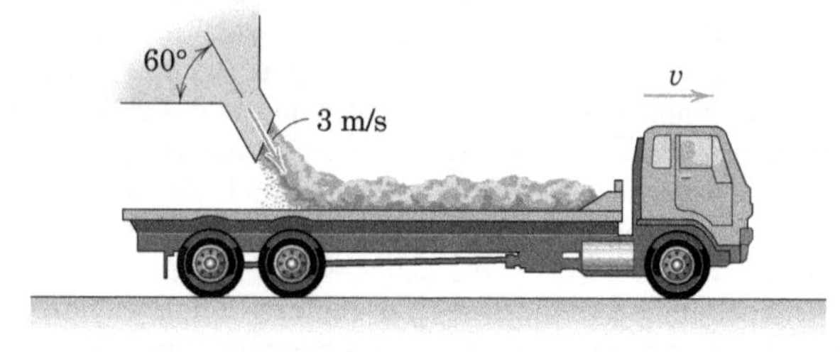

PROBLEMA 4/66

4/67 Um vagão ferroviário de carvão possui, vazio, uma massa de 25 Mg e transporta uma carga total de 90 Mg de carvão. Os compartimentos são equipados com portas no fundo que permitem o descarregamento do carvão através de uma abertura entre os trilhos. Se o vagão descarrega o carvão na razão de 10 Mg/s em sentido descendente em relação ao vagão, e se a resistência por atrito do movimento é 20 N por tonelada de massa total restante, determine a força P no engate necessária para dar ao vagão uma aceleração de 0,045 m/s^2 na direção de P no instante em que metade do carvão tiver sido despejada.

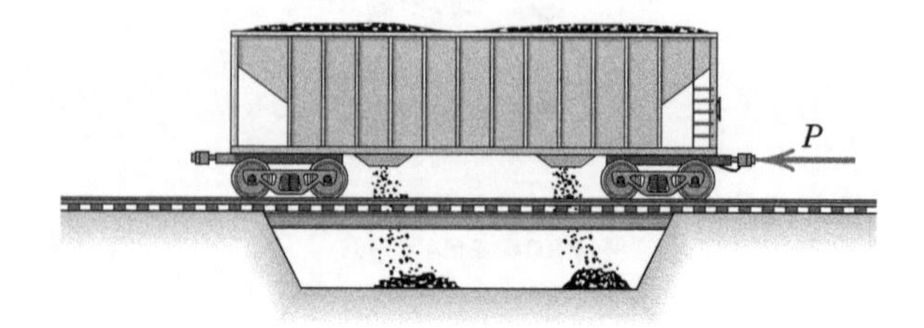

PROBLEMA 4/67

4/68 Um rolo de cabo flexível pesado, com um comprimento total de 100 metros e massa de 1,2 kg/m, deve ser estendido ao longo de uma linha reta horizontal. A extremidade está presa a uma estaca em A, e o cabo se solta do rolo e sai através da abertura horizontal no carrinho, como mostrado. O carrinho e o tambor, juntos, possuem uma massa de 40 kg. Se o carrinho está se deslocando para a direita com uma velocidade de 2 m/s quando 30 m de cabo permanecem no tambor e a tração da corda na estaca é 2,4 N, determine a força P necessária para dar ao carrinho e ao tambor uma aceleração de 0,3 m/s^2. Despreze totalmente o atrito.

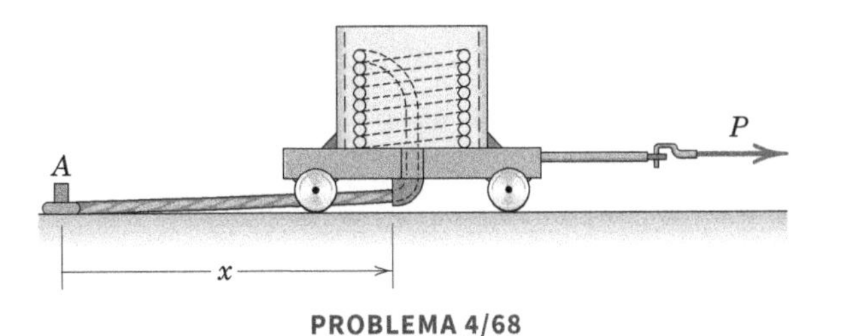

PROBLEMA 4/68

4/69 Ao abaixar um coletor enquanto desliza na superfície de um corpo de água, o avião (apelidado de "*Super Scooper*") é capaz de captar 4,5 m^3 de água doce durante um percurso de 12 segundos. Em seguida, ele voa para uma área de incêndio produzindo enorme queda de água e tem a capacidade de repetir o procedimento quantas vezes forem necessárias. O avião se aproxima de seu percurso com uma velocidade de 280 km/h e uma massa inicial de16,4 Mg. Quando o coletor entra na água, o piloto acelera para fornecer um adicional de 300 hp (223,8 kW) necessário para evitar uma diminuição de velocidade excessiva. Determine a desaceleração inicial quando começa o movimento de captação. (Despreze a diferença entre as razões média e inicial de entrada de água.)

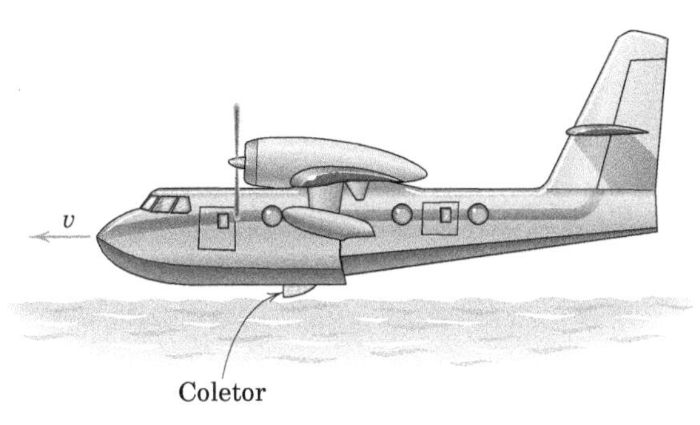

PROBLEMA 4/69

4/70 Um pequeno veículo com propulsão por foguete possui massa inicial de 60 kg, incluindo 10 kg de combustível. O combustível é queimado, à razão constante de 1 kg/s, com uma velocidade de exaustão em relação ao bocal de 120 m/s. Após a ignição, o veículo é liberado a partir do repouso sobre a inclinação de 10°. Calcule a velocidade máxima v atingida pelo veículo. Despreze completamente o atrito.

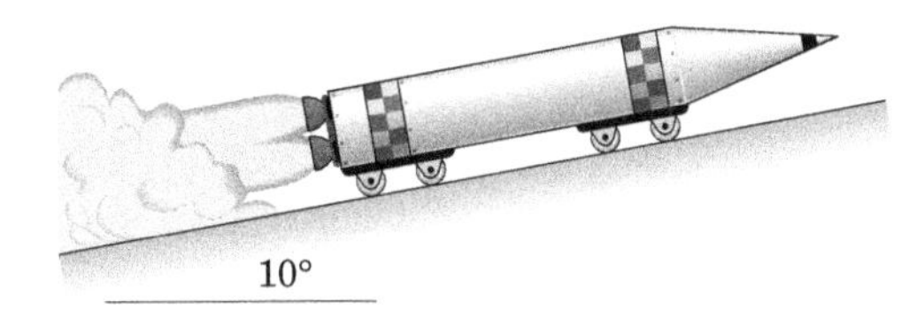

PROBLEMA 4/70

4/71 A extremidade de uma pilha de corrente de elos soltos com massa ρ por unidade de comprimento é puxada horizontalmente ao longo da superfície por uma força constante P. Se o coeficiente de atrito dinâmico entre a corrente e a superfície for μ_d, determine a aceleração a da corrente em termos de x e $\dot{x}$.

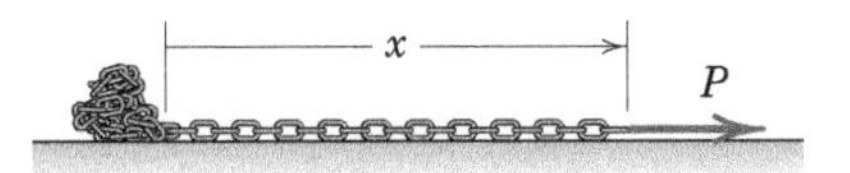

PROBLEMA 4/71

4/72 Um vagão de carvão com massa de 25 Mg, vazio, está se deslocando livremente com uma velocidade de 1,2 m/s sob um funil de enchimento que se abre e libera o carvão no vagão em movimento, à taxa constante de 4 Mg por segundo. Determine a distância x percorrida pelo vagão durante o intervalo de tempo em que 32 Mg de carvão são depositados no vagão. Despreze qualquer resistência por atrito no rolamento ao longo do trilho horizontal.

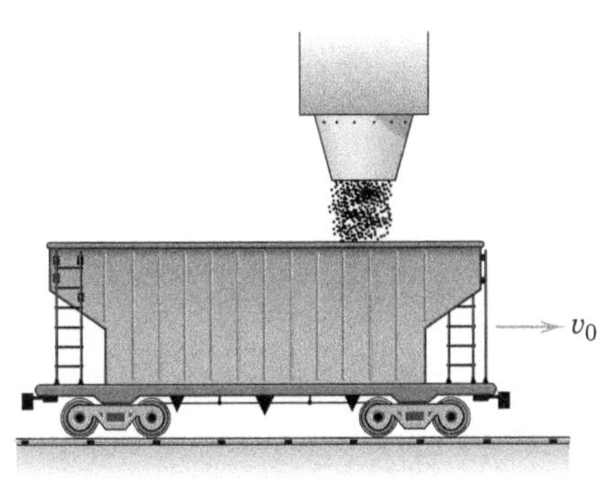

PROBLEMA 4/72

4/73 A areia é liberada do funil H com velocidade desprezível e depois cai a uma distância h da esteira transportadora. A vazão de massa do funil é m'. Desenvolva uma expressão para a velocidade da correia em estado estável v para o caso $h = 0$. Suponha que a areia adquire rapidamente a velocidade da correia sem ricochete, e despreze o atrito nas polias A e B.

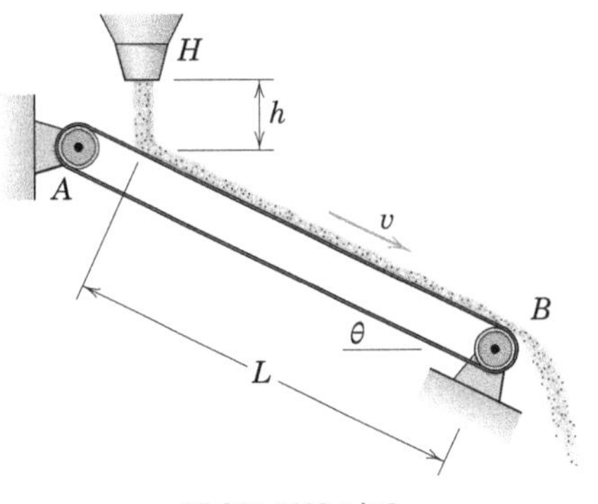

PROBLEMA 4/73

4/74 Repita o problema anterior, mas agora faça $h \neq 0$. Depois, avalie sua expressão para as condições $h = 2$ m, $L = 10$ m e $\theta = 25°$.

4/75 A corrente de elos de comprimento L e massa ρ por unidade de comprimento é liberada a partir do repouso na posição mostrada, em que o elo mais baixo está quase tocando a plataforma e a seção horizontal é apoiada sobre uma superfície lisa. O atrito na quina da guia é desprezível. Determine (*a*) a velocidade v_1 da extremidade A quando ela atinge a quina e (*b*) a sua velocidade v_2 quando ela atinge a plataforma. (*c*) Especifique também a perda total de energia Q.

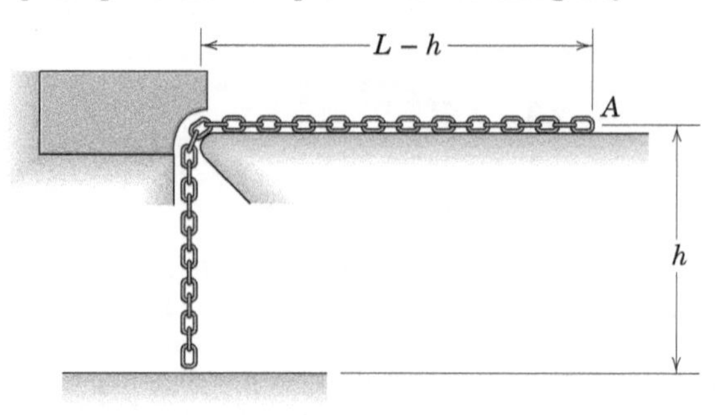

PROBLEMA 4/75

4/76 Na figura, apresenta-se um sistema utilizado para deter o movimento de um avião que pousa em um campo de comprimento restrito. O avião de massa m se deslocando livremente com uma velocidade v_0 se prende a um gancho que puxa as extremidades de duas correntes pesadas, cada uma de comprimento L e massa ρ por unidade de comprimento, da forma indicada. Um cálculo conservativo da efetividade do dispositivo ignora a desaceleração causada pelo atrito da corrente no solo e qualquer outra resistência ao movimento do avião. Com essas hipóteses, calcule a velocidade v do avião no instante em que o último elo de cada corrente é posto em movimento. Determine também a relação entre o deslocamento x e o tempo t após o contato com a corrente. Admita que cada elo da corrente adquire sua velocidade v subitamente no contato com os elos em movimento.

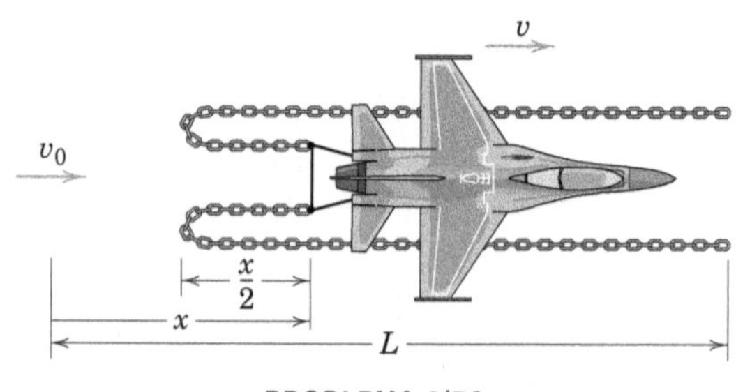

PROBLEMA 4/76

Problemas para a Seção 4/8 Revisão do Capítulo

4/77 O sistema de três partículas tem as massas de partícula, as velocidades e as forças externas indicadas. Determine $\bar{\mathbf{r}}$, $\dot{\bar{\mathbf{r}}}$, $\ddot{\bar{\mathbf{r}}}$, T, $\mathbf{H}_O$ e $\dot{\mathbf{H}}_O$ para este sistema tridimensional.

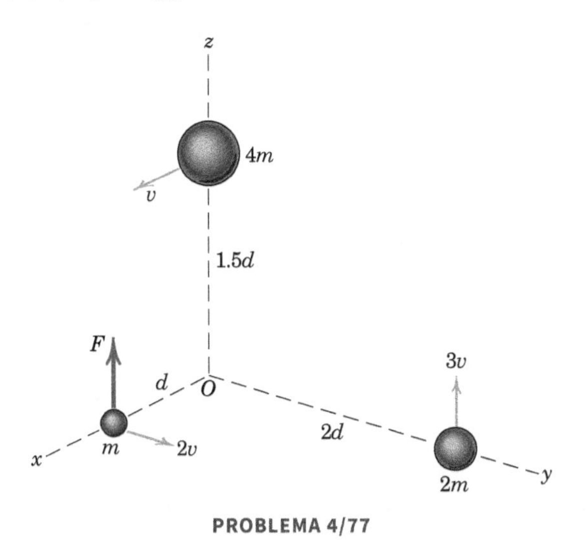

PROBLEMA 4/77

4/78 Para o sistema de partículas do Problema 4/77, determine $\mathbf{H}_G$ e $\dot{\mathbf{H}}_G$.

4/79 Cada uma das esferas de aço idênticas com 4 kg está fixada às outras duas por barras de conexão com massa desprezível e comprimentos diferentes. Na ausência de atrito com a superfície de suporte horizontal, determine a aceleração inicial $\bar{a}$ do centro de massa do conjunto quando é submetido à força horizontal $F = 200$ N aplicada à esfera de suporte. O conjunto está inicialmente em repouso no plano vertical. Você pode mostrar que $\bar{a}$ é inicialmente horizontal?

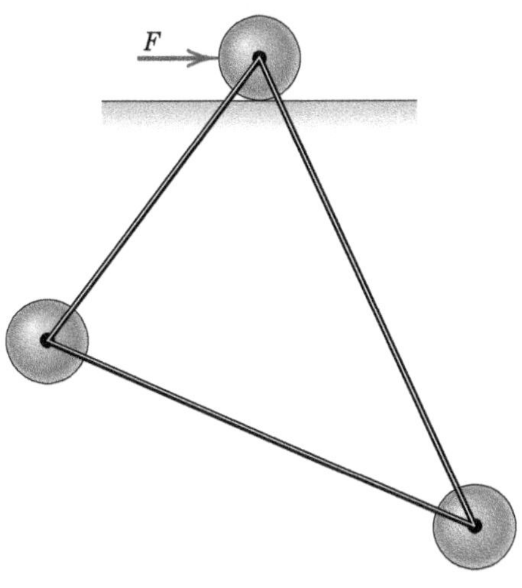

PROBLEMA 4/79

4/80 A bala de 60 g é disparada horizontalmente com uma velocidade $v = 300$ m/s na direção da barra esbelta de um pêndulo de 1,5 kg inicialmente em repouso. Se a bala encrava na barra, calcule a velocidade angular resultante do pêndulo imediatamente após o impacto. Trate a esfera como uma partícula e despreze a massa da haste. Por que a quantidade de movimento linear do sistema não é conservada?

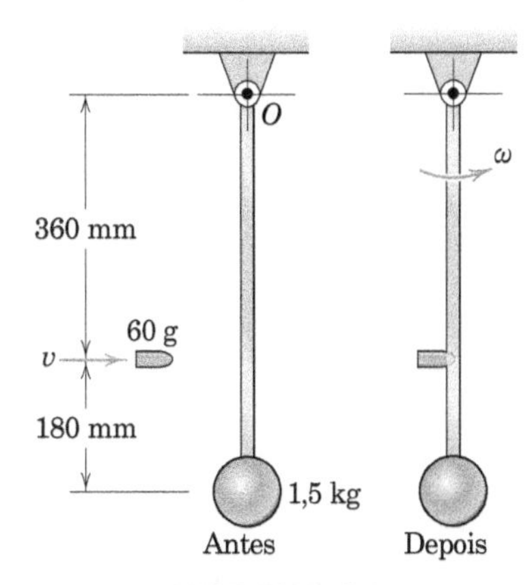

PROBLEMA 4/80

4/81 Um pequeno foguete com massa inicial m_0 é lançado verticalmente para cima, próximo à superfície da Terra (g constante), e a taxa de exaustão da massa m' e a velocidade relativa de exaustão u são constantes. Determine a velocidade v como uma função do tempo de voo t se a resistência do ar é desprezada e se a massa da estrutura do foguete e dos equipamentos é desprezível em comparação com a massa do combustível transportado.

4/82 Em um teste operacional de projeto do equipamento de um caminhão de bombeiros, o canhão de água está arremessando água doce através de seu bocal com 50 mm de diâmetro à razão de 5,30 m^3/min no ângulo de 20°. Calcule a força total de atrito F exercida pela pavimentação sobre os pneus do caminhão, que permanecem em uma posição fixa com os seus freios travados.

PROBLEMA 4/82

4/83 O foguete apresentado é projetado para testar o funcionamento de um novo sistema de orientação. Quando ele atingir determinada altitude fora da influência efetiva da atmosfera terrestre, sua massa terá diminuído para 2,80 Mg, e sua trajetória será de 30° em relação à vertical. O combustível do foguete está sendo consumido à taxa de 120 kg/s com uma velocidade de exaustão de 640 m/s em relação ao bocal. A aceleração gravitacional é 9,34 m/s^2 na sua altitude. Calcule as componentes n e t da aceleração do foguete.

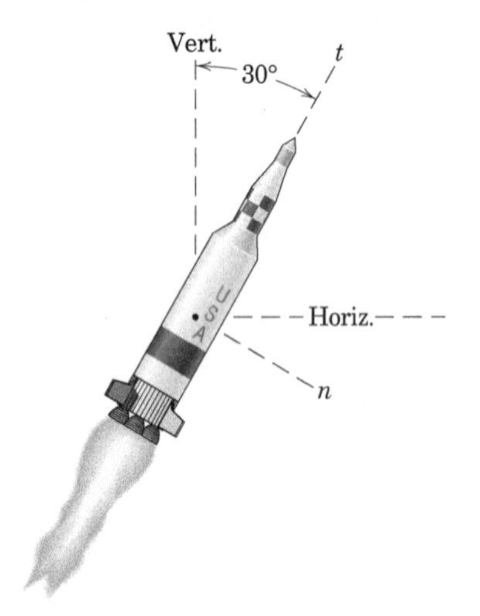

PROBLEMA 4/83

4/84 Quando apenas o ar de uma pistola de jateamento de areia é ligado, a força do ar em uma superfície plana normal ao jato e próxima ao bico é de 20 N. Com o bico na mesma posição, a força aumenta para 30 N quando a areia é admitida no jato. Se a areia estiver sendo consumida à taxa de 4,5 kg/min, calcule a velocidade v das partículas de areia, à medida que elas atingem a superfície.

4/85 Um foguete de dois estágios é lançado verticalmente para cima e está acima da atmosfera quando a combustão do primeiro estágio se extingue e o segundo estágio se separa e entra em ignição. O segundo estágio carrega 1200 kg de combustível e, vazio, possui massa de 200 kg. Após a ignição, o segundo estágio queima combustível à razão de 5,2 kg/s e tem uma velocidade constante de exaustão de 3000 m/s em relação ao seu bocal. Determine a aceleração do segundo estágio 60 segundos após a ignição e encontre a aceleração máxima e o tempo t após a ignição em que ela ocorre. Despreze a variação de g e considere-a como 8,70 m/s^2 para a faixa de altitude, na média, em torno de 400 km.

4/86 Um jato de água doce sob pressão escoa a partir do bocal fixo com 20 mm de diâmetro a uma velocidade v = 40 m/s e é desviado nos dois escoamentos iguais. Despreze qualquer perda de energia nos escoamentos e calcule a força F necessária para manter a pá no lugar.

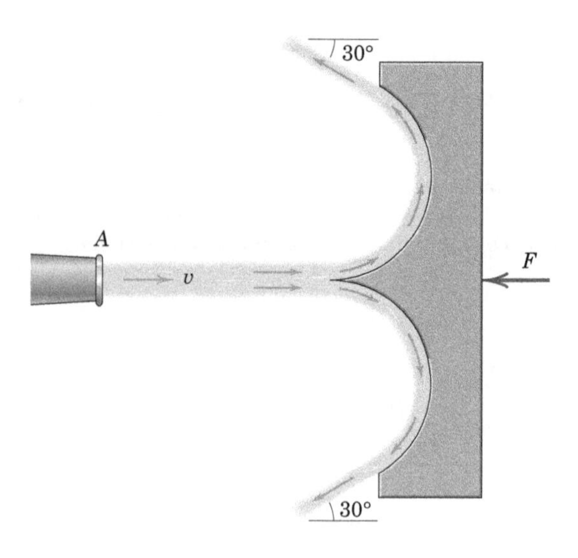

PROBLEMA 4/86

4/87 A corda flexível não extensível, de comprimento $\pi r/2$ e massa ρ por unidade de comprimento, é fixada em A à guia fixa de um quarto de circunferência e permite a queda do descanso na posição horizontal. Quando a corda repousar na posição tracejada, o sistema terá perdido energia. Determine a perda ΔQ e explique o que acontece com a energia perdida.

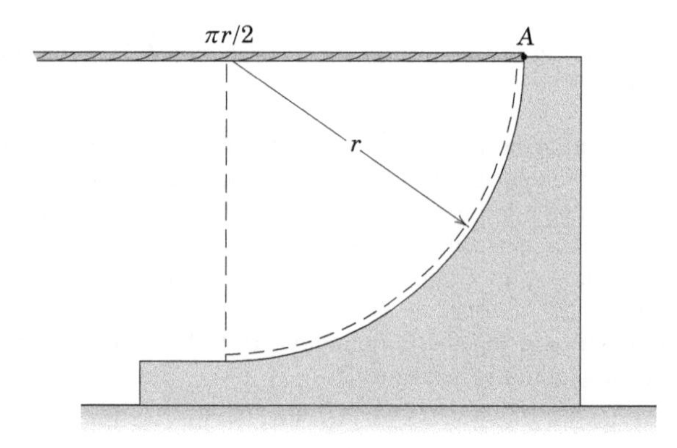

PROBLEMA 4/87

4/88 No teste estático do conjunto de um motor a jato e de um bocal de exaustão, o ar é sugado para o motor à taxa de 30 kg/s e o combustível é queimado à razão de 1,6 kg/s. A área de escoamento, a pressão estática e a velocidade axial de escoamento para as três seções indicadas são as seguintes:

	Seção A	Seção B	Seção C
Área de escoamento, m^2	0,15	0,16	0,06
Pressão estática, kPa	−14	140	14
Velocidade axial de escoamento, m/s	120	315	600

Determine a tração T no membro diagonal do suporte do banco de ensaio e calcule a força F exercida sobre o flange do bocal em B pelos parafusos e pela vedação para sustentar o bocal no alojamento do motor.

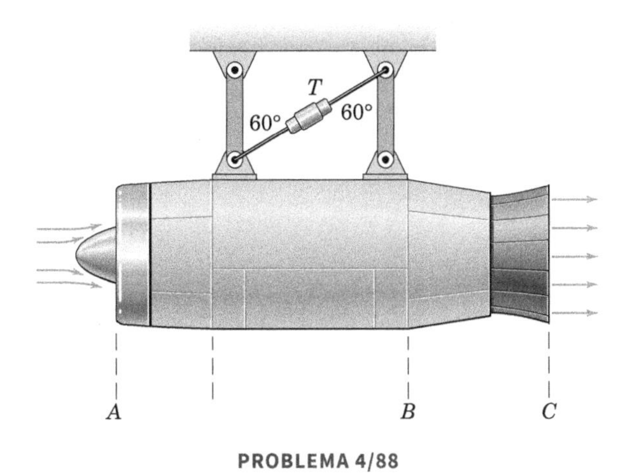

PROBLEMA 4/88

4/89 A corrente de elos de comprimento total L e de massa ρ por unidade de comprimento é liberada a partir do repouso em $x = 0$ no mesmo instante em que a plataforma parte do repouso em $y = 0$ e se desloca verticalmente para cima com uma aceleração constante a. Determine a expressão para a força total R exercida sobre a plataforma pela corrente t segundos após o movimento iniciar.

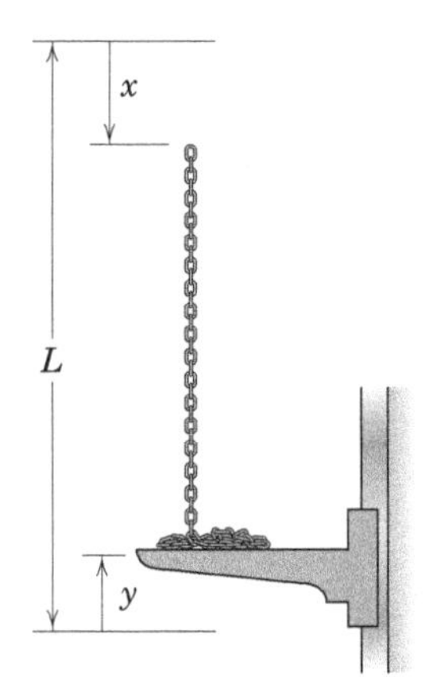

PROBLEMA 4/89

4/90 A corrente de comprimento L e massa ρ por unidade de comprimento é liberada a partir do repouso sobre a superfície horizontal lisa com uma parte desprezivelmente pequena pendurada x para iniciar o movimento. Determine (a) a aceleração a em função de x, (b) a tração T na corrente na borda lisa como uma função de x, e (c) a velocidade v do último elo A quando atinge a borda.

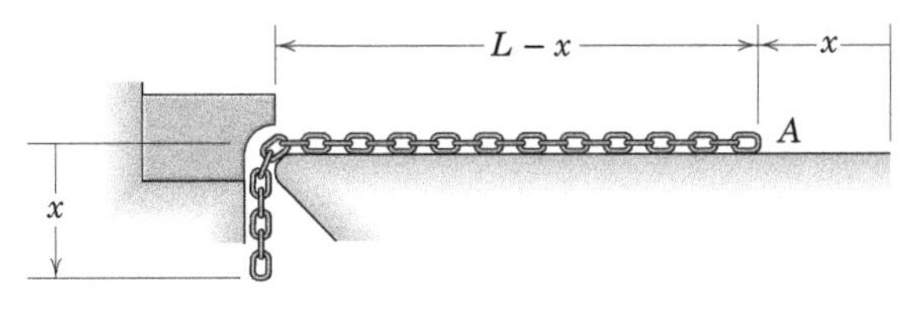

PROBLEMA 4/90

4/91 A seção que desvia a tubulação entre A e B é projetada para permitir que tubos paralelos passem por um obstáculo. O flange do desvio está fixado em C por um parafuso de alta resistência. A tubulação transporta água doce à taxa permanente de 20 m^3/min sob uma pressão estática de 900 kPa na entrada do desvio. O diâmetro interno da tubulação em A e em B é 100 mm. As trações na tubulação em A e B são equilibradas pela pressão na tubulação atuando sobre a área do escoamento. Não há nenhum esforço cortante ou momento fletor nos tubos em A ou B. Calcule o momento M suportado pelo parafuso em C.

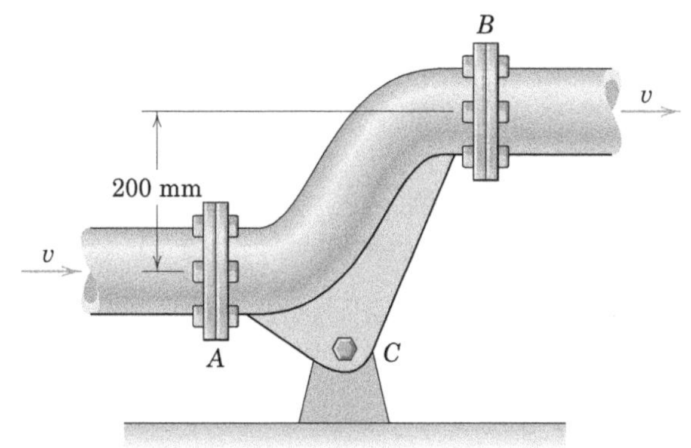

PROBLEMA 4/91

►4/92 A corrente de massa ρ por unidade de comprimento passa sobre a pequena polia que gira livremente e é liberada a partir do repouso com apenas um pequeno desequilíbrio h para iniciar o movimento. Determine a aceleração a e a velocidade v da corrente e a força R suportada pelo gancho em A, todas em termos de h conforme varia essencialmente de zero até H. Despreze o peso da polia e de sua estrutura de suporte e o peso da pequena parte de corrente em contato com a polia. (*Sugestão*: A força R não corresponde a duas vezes as trações iguais T na corrente tangente à polia.)

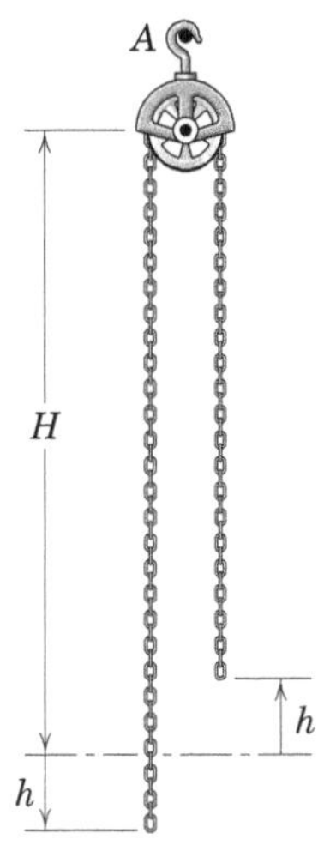

PROBLEMA 4/92

►4/93 A bomba centrífuga processa 20 m^3 de água doce por minuto com velocidades de entrada e de saída de 18 m/s. O rotor gira no sentido horário através do eixo em O acionado por um motor que fornece 40 kW a uma velocidade de bombeamento de 900 rpm. Com a bomba cheia, mas sem girar, as reações verticais em C e D são de 250 N cada uma. Calcule as forças exercidas pela fundação sobre a bomba em C e D enquanto a bomba está girando. As trações nos tubos conectados em A e B são precisamente equilibradas pelas respectivas forças devidas à pressão estática na água. (*Sugestão*: Isole a bomba inteira e a água em seu interior entre as seções A e B e aplique o princípio da quantidade de movimento para o sistema completo.)

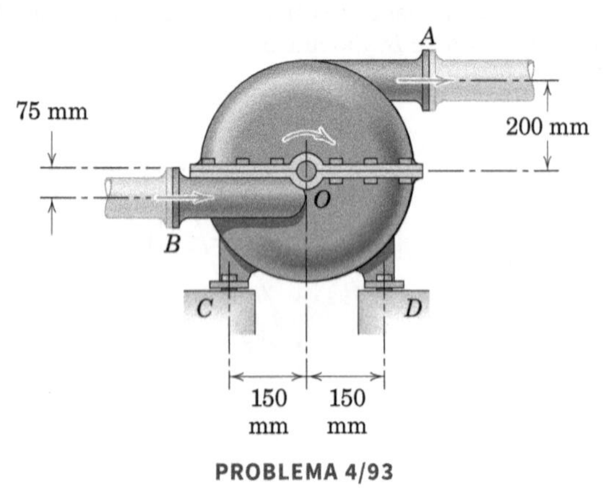

PROBLEMA 4/93

▶4/94 Uma corda ou uma corrente com elos articulados do tipo usado em bicicleta de comprimento L e massa ρ por unidade de comprimento é liberada a partir do repouso com $x = 0$. Determine a expressão para a força total R exercida sobre a plataforma fixa pela corrente como uma função de x. Observe que a corrente com elos articulados é um sistema conservativo durante todo o movimento, exceto no último incremento.

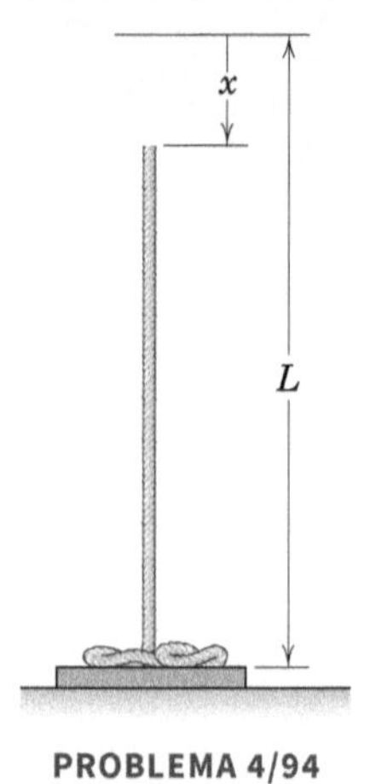

PROBLEMA 4/94

Capítulo 5

* Problema orientado para solução computacional

▶ Problema difícil

Problemas para as Seções 5/1–5/2

Problemas Introdutórios

5/1 Um torque aplicado ao volante, faz com que seja acelerado uniformemente de uma velocidade de 300 rpm até uma velocidade de 900 rpm, em 6 segundos. Determine o número de voltas N dadas pelo volante neste intervalo de tempo. (*Sugestão*: use voltas e minutos como unidades em seus cálculos.)

5/2 A placa triangular gira em torno de um eixo fixo, através do ponto A, com aceleração e velocidade angulares indicadas. Determine a velocidade e a aceleração instantâneas do ponto A. Considere todos os valores fornecidos como positivos.

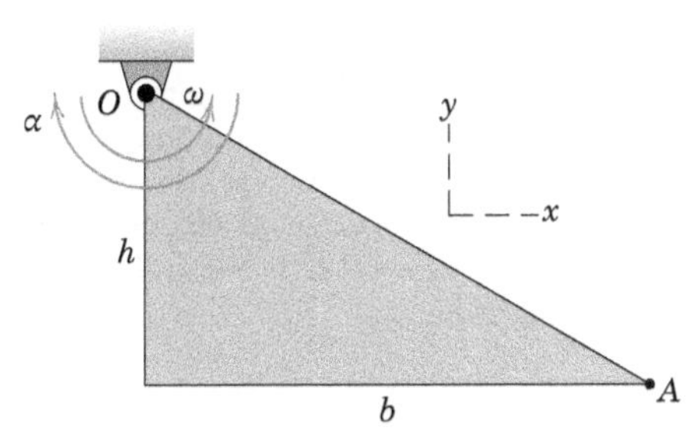

PROBLEMA 5/2

5/3 O corpo é formado por uma barra delgada e gira em torno de um eixo fixo passando pelo ponto O, com a velocidade e a aceleração angulares indicadas. Se $\omega = 4$ rad/s e $\alpha = 7$ rad/s^2, determine a velocidade e a aceleração instantâneas do ponto A.

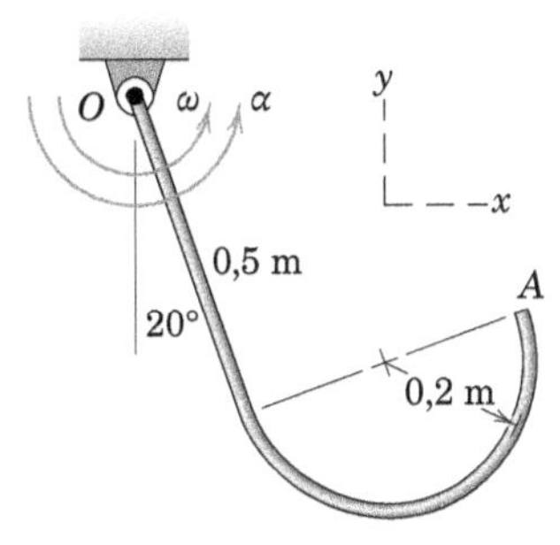

PROBLEMA 5/3

5/4 A velocidade angular de uma engrenagem é controlada de acordo com $\omega = 12 - 3t^2$, em que ω, em radianos por segundo, é positivo no sentido horário e em que t é o tempo em segundos. Encontre o deslocamento angular líquido $\Delta\theta$ do intervalo $t = 0$ a $t = 3$ s. Encontre também o número total de rotações N através das quais a engrenagem gira durante os 3 segundos.

5/5 A fita magnética é alimentada por cima e em torno das polias leves montadas em uma estrutura de computador. Se a velocidade v da fita é constante e se a intensidade da aceleração do ponto A sobre a fita é 4/3 da aceleração do ponto B, calcule o raio r da polia maior.

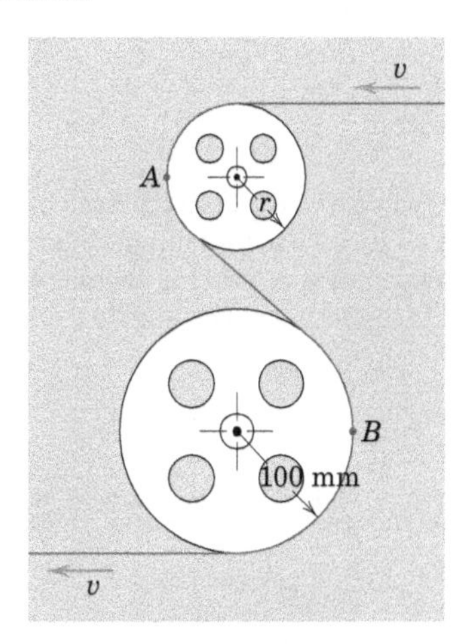

PROBLEMA 5/5

5/6 Quando ligado, o moto-esmeril acelera de repouso para sua velocidade de operação de 3450 rpm em 6 segundos. Ao ser desligado, ele leva 32 segundos para atingir o repouso. Determine o número de rotações executadas durante os períodos de partida e desligamento. Determine também o número de rotações executadas durante a primeira metade de cada período. Suponha uma aceleração angular uniforme em ambos os casos.

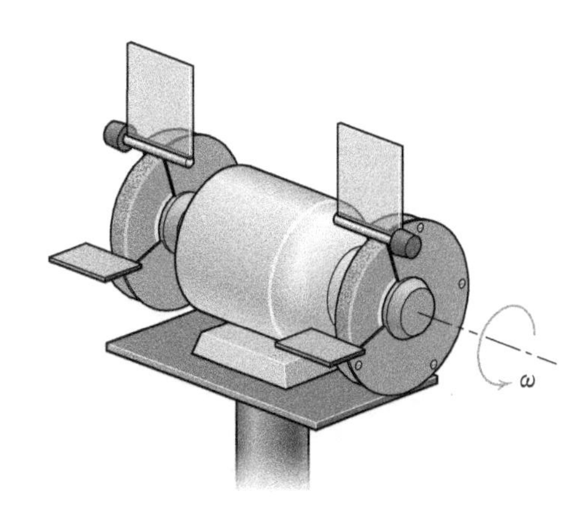

PROBLEMA 5/6

5/7 O mecanismo de acionamento confere à placa semicircular um movimento harmônico simples da forma $\theta = \theta_0 \operatorname{sen}\omega_0 t$, em que θ_0 é a amplitude da oscilação e ω_0 é sua frequência circular. Determine as amplitudes da velocidade angular e da aceleração angular e indique onde, no ciclo de movimento, ocorrem esses máximos. Note que este movimento não é o de um corpo livremente articulado e não acionado, passando arbitrariamente por um movimento angular de grande amplitude.

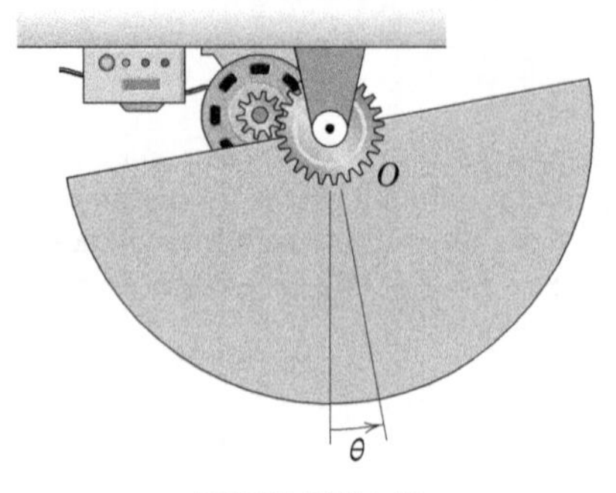

PROBLEMA 5/7

5/8 O cilindro gira sobre o eixo z fixo na direção indicada. Se a velocidade do ponto A for v_A = 0,6 m/s e a intensidade de sua aceleração for a_A = 4 m/s^2, determine a velocidade angular e a aceleração angular do cilindro. O conhecimento do ângulo θ é necessário?

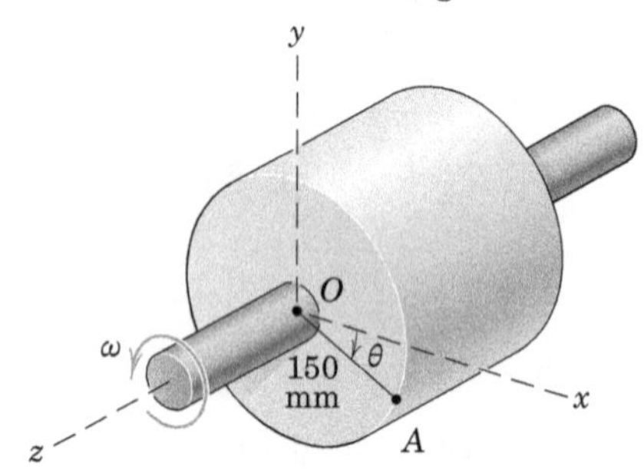

PROBLEMA 5/8

Problemas Representativos

5/9 A aceleração angular de um corpo que está girando em torno de um eixo fixo é dada por $\alpha = -k\omega^2$, em que a constante k = 0,1 (adimensional). Determine o deslocamento angular e o tempo decorrido quando a velocidade angular tiver sido reduzida a um terço de seu valor inicial ω_0 = 12 rad/s.

5/10 O dispositivo mostrado gira em torno do eixo z fixo com velocidade angular ω = 20 rad/s e aceleração angular α = 40 rad/s^2 nas direções indicadas. Determine a velocidade instantânea e a aceleração do ponto B.

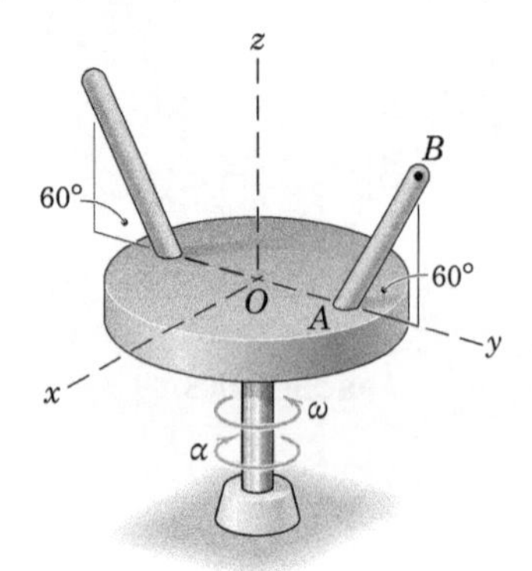

$\overline{OA}$ = 300 mm, $\overline{AB}$ = 500 mm

PROBLEMA 5/10

5/11 Para testar um adesivo, intencionalmente fraco, o fundo do pequeno bloco de 0,3 kg é revestido com adesivo e, em seguida, o bloco é pressionado contra a mesa giratória, com uma força conhecida. A mesa giratória parte do repouso no instante de tempo t = 0 e acelera uniformemente com α = 2 rad/s^2. Se o adesivo falha exatamente quando t = 3 s, determine o valor limite da força de cisalhamento que o adesivo suporta. Qual é o deslocamento angular da mesa giratória no instante de tempo da falha?

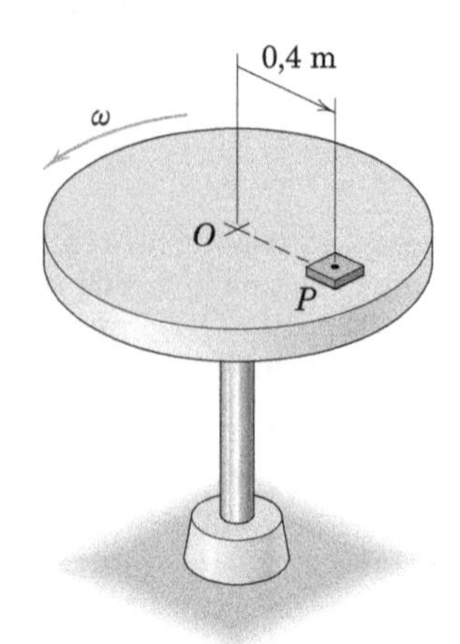

PROBLEMA 5/11

5/12 A polia motora, ligada a um disco, gira a uma velocidade angular crescente. Em certo instante de tempo, a velocidade v da correia é 1,5 m/s e a aceleração total do ponto A é 75 m/s^2. Para esse instante, determine (a) a velocidade angular α da polia e do disco, (b) a aceleração total do ponto B e, (c) a aceleração do ponto C sobre a correia.

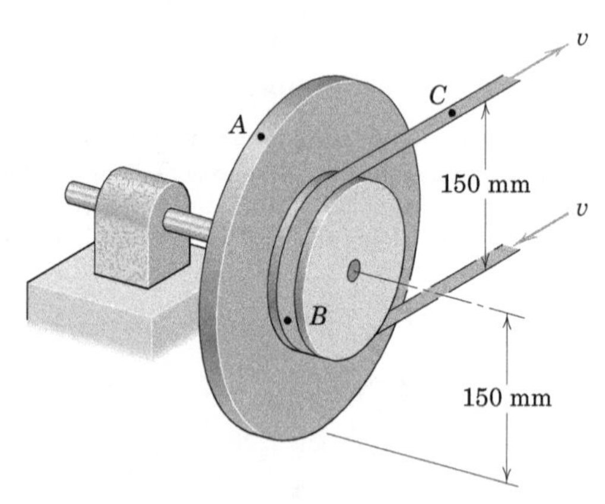

PROBLEMA 5/12

5/13 A barra plana dobrada gira em torno de um eixo fixo através do ponto O com as propriedades angulares instantâneas indicadas na figura. Determine a velocidade e a aceleração do ponto A.

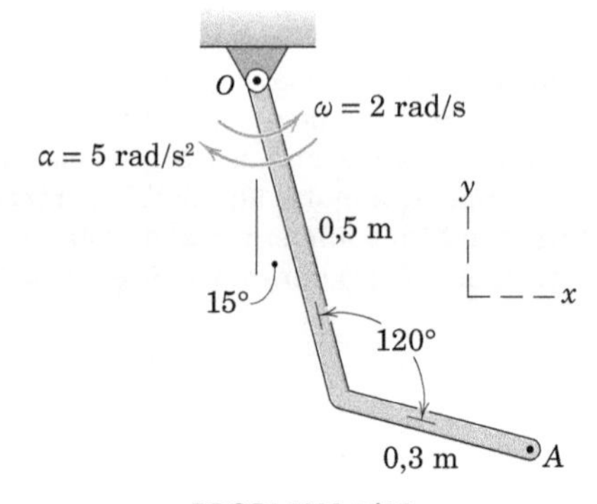

PROBLEMA 5/13

5/14 No instante $t = 0$, o braço está girando em torno do eixo z fixo com uma velocidade angular $\omega = 200$ rad/s na direção mostrada. Nesse momento, começa uma desaceleração angular constante e o braço para em 10 segundos. Em que instante t a aceleração do ponto P faz um ângulo de 15° com o braço AB?

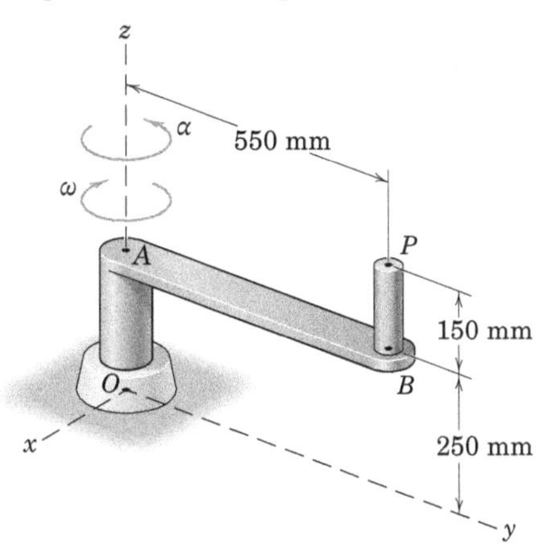

PROBLEMA 5/14

5/15 Um torque variável no sentido horário é aplicado a um volante de inércia no instante $t = 0$ fazendo com que sua aceleração angular no sentido horário diminua linearmente com o deslocamento angular durante 20 rotações do volante, como mostrado. Se a velocidade no sentido horário do volante foi 300 rpm no instante $t = 0$, determine sua velocidade N após fazer as 20 rotações. (Sugestão: utilizar unidades de rotações em vez de radianos.)

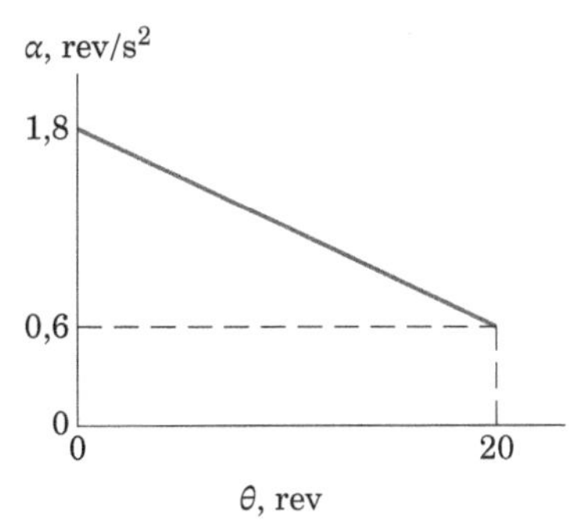

PROBLEMA 5/15

5/16 Desenvolva expressões gerais para a velocidade instantânea e aceleração do ponto A da placa quadrada, que gira em torno de um eixo fixo através do ponto O. Considere todas as variáveis como positivas. Em seguida, avalie suas expressões para $\theta = 30°$, $b = 0{,}2$ m, $\omega = 1{,}4$ rad/s, e $\alpha = 2{,}5$ rad/s^2.

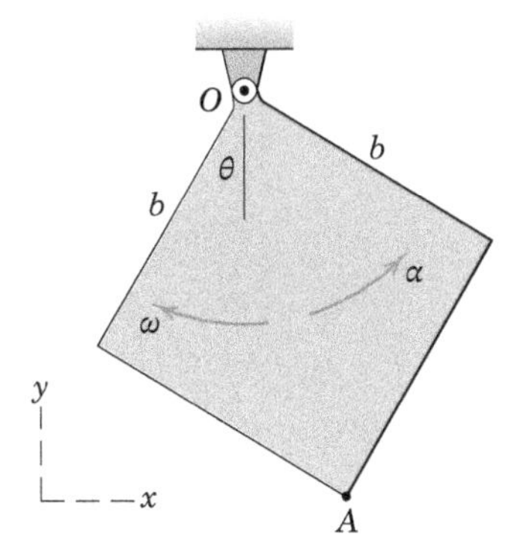

PROBLEMA 5/16

5/17 O motor A acelera uniformemente de zero a 3600 rpm em 8 segundos após ser ligado no instante $t = 0$. Ele aciona um ventilador (não mostrado) que é ligado ao tambor B. Os raios da polia efetiva são mostrados na figura. Determine (a) o número de rotações realizadas pelo tambor B durante o período de 8 segundos de partida, (b) a velocidade angular do tambor B no instante $t = 4$ s, e (c) o número de rotações realizadas pelo tambor B durante os primeiros 4 segundos de movimento. Suponha que não haja deslizamento da correia.

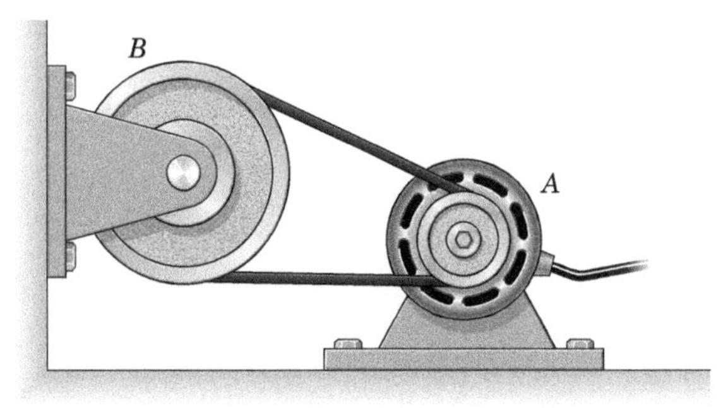

$r_A = 75$ mm, $r_B = 200$ mm

PROBLEMA 5/17

5/18 O ponto A do disco circular está na posição angular $\theta = 0$ no instante de tempo $t = 0$. O disco tem velocidade angular $\omega_0 = 0{,}1$ rad/s no instante $t = 0$ e, em seguida, experimenta uma aceleração angular constante $\alpha = 2$ rad/s^2. Determine a velocidade e a aceleração do ponto A em termos dos vetores unitários fixos **i** e **j** no instante de tempo $t = 1$ s.

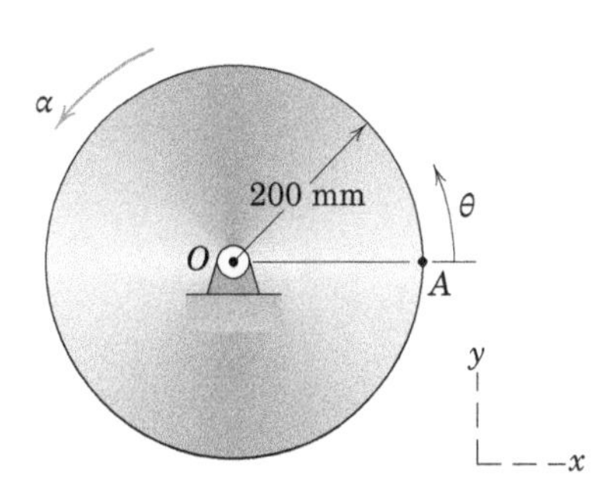

PROBLEMA 5/18

5/19 Repita o Probl. 5/18, mas, agora, a aceleração angular do disco é dada por $\alpha = 2t$, em que t está em segundos e α está em radianos por segundo ao quadrado. Determine a velocidade e a aceleração do ponto A em termos dos vetores unitários fixos **i** e **j** no instante de tempo $t = 2$ s.

5/20 Repita o Probl. 5/18, mas, agora, a aceleração angular do disco é dada por $\alpha = 2\omega$, em que ω está em radianos por segundo e α está em radianos por segundo ao quadrado. Determine a velocidade e a aceleração do ponto A em termos dos vetores unitários fixos **i** e **j** no instante de tempo $t = 1$ s.

5/21 O disco do Probl. 5/18 está na posição angular $\theta = 0$ no instante de tempo $t = 0$. Sua velocidade angular em $t = 0$ é $\omega_0 = 0{,}1$ rad/s e, então, experimenta uma aceleração angular dada por $\alpha = 2\theta$, em que θ está em radianos e α está em radianos por segundo ao quadrado. Determine a posição angular do ponto A no instante de tempo $t = 2$ s.

5/22 As características de projeto de um redutor de engrenagens estão sob análise. A engrenagem B está girando no sentido horário com uma velocidade de 300 rpm quando um torque é aplicado à engrenagem A no instante de tempo t = 2 s para fornecer à engrenagem A uma aceleração no sentido anti-horário α que varia com o tempo, durante quatro segundos conforme indicado. Determine a velocidade N_B da engrenagem B quando t = 6 s.

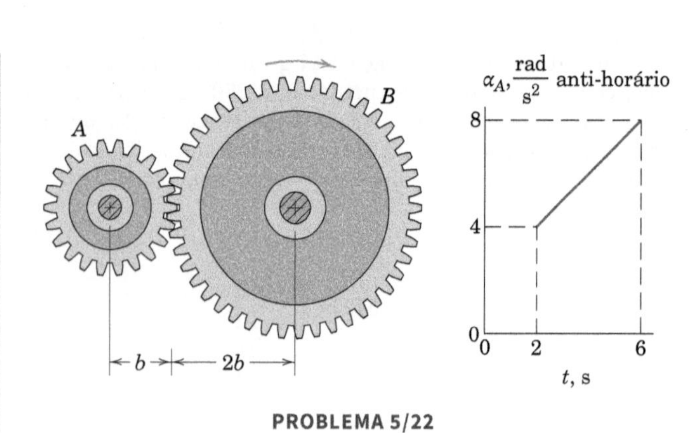

PROBLEMA 5/22

Problemas para a Seção 5/3

Problemas Introdutórios

5/23 O cilindro hidráulico fixo C impõe uma velocidade constante e para cima, v, ao anel B, que desliza livremente sobre a haste AO. Determine a velocidade angular resultante ω_{OA} em termos de v, do deslocamento s do ponto B e da distância fixa d.

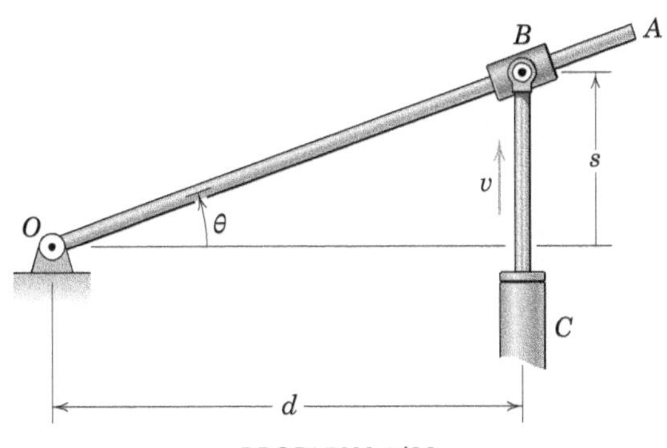

PROBLEMA 5/23

5/24 O ancoradouro P de concreto está sendo rebaixado pelo arranjo de polias e cabos mostrado. Se os pontos A e B tiverem velocidades de 0,4 m/s e 0,2 m/s, respectivamente, calcule a velocidade de P, a velocidade do ponto C para o instante representado e a velocidade angular da polia.

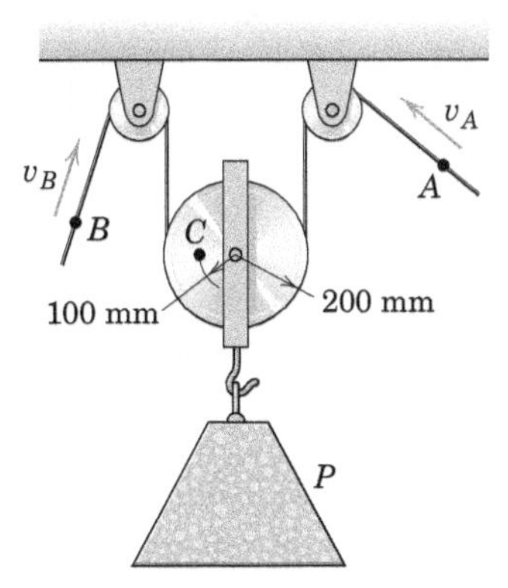

PROBLEMA 5/24

5/25 No momento em consideração, o cilindro hidráulico AB tem comprimento L = 0,75 m, e este comprimento está aumentando momentaneamente a uma taxa constante de 0,2 m/s. Se v_A = 0,6 m/s e θ = 35°, determine a velocidade do cilindro hidráulico B.

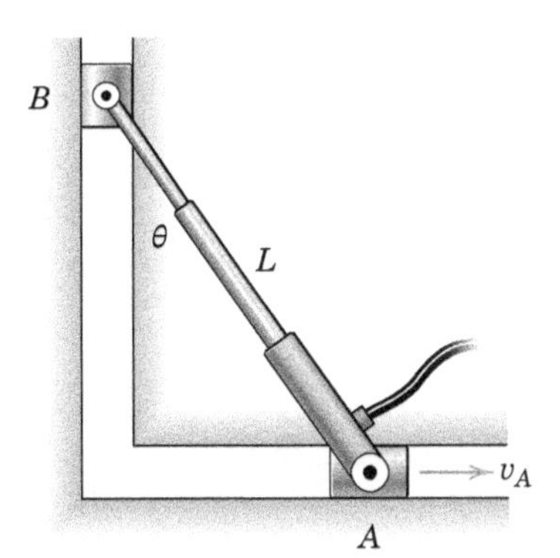

PROBLEMA 5/25

5/26 O mecanismo composto de disco giratório e haste deslizante converte o movimento de rotação do disco em movimento alternativo do eixo. Para dados valores de θ, ω, α, r e d, determine a velocidade e a aceleração do ponto P do eixo.

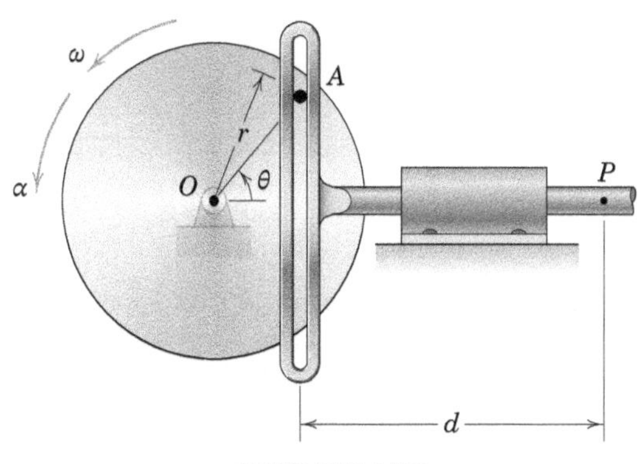

PROBLEMA 5/26

5/27 O mecanismo do Probl. 5/26 é modificado como mostrado na figura. Para determinados valores de ω, α, r, θ, d, e β, determine a velocidade e a aceleração do ponto P do eixo.

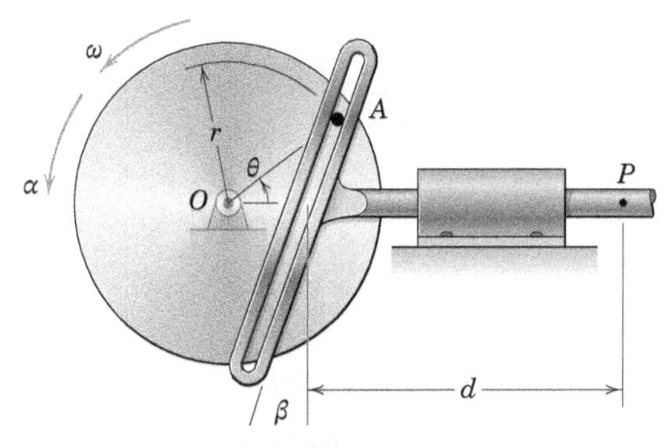

PROBLEMA 5/27

5/28 A roda de raio r rola sem deslizar, e seu centro O possui uma velocidade constante v_O para a direita. Determine expressões para os módulos da velocidade **v** e da aceleração **a** do ponto A sobre a borda, diferenciando suas coordenadas x e y. Represente os seus resultados graficamente como vetores em seu esboço e mostre que **v** é a soma vetorial de dois vetores, sendo que cada um possui um módulo v_O.

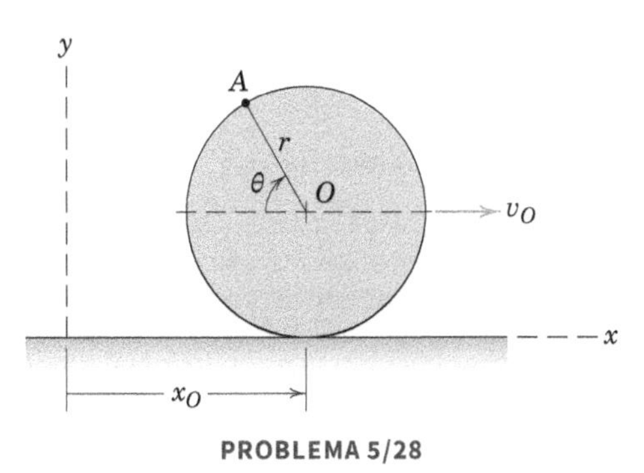

PROBLEMA 5/28

5/29 O segmento OA gira com uma velocidade angular no sentido horário $\omega = 7$ rad/s. Determine a velocidade do ponto B para a posição $\theta = 30°$. Utilize os valores $b = 80$ mm, $d = 100$ mm, e $h = 30$ mm.

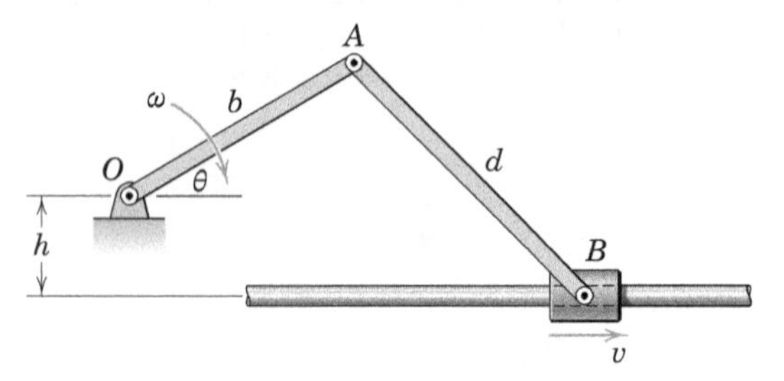

PROBLEMA 5/29

5/30 Determine a aceleração do eixo B para $\theta = 60°$ se a manivela AO tem uma aceleração angular $\ddot{\theta} = 8$ rad/s^2 e velocidade angular $\dot{\theta} = 4$ rad/s nesta posição. A mola mantém o contato entre o rolete e a superfície do pistão.

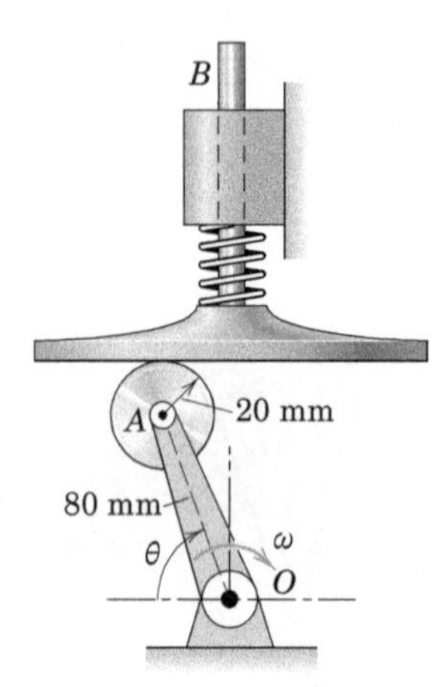

PROBLEMA 5/30

5/31 O segmento OA gira com uma velocidade angular no sentido anti-horário $\omega = 3$ rad/s. Determine a velocidade angular da barra BC quando $\theta = 20°$.

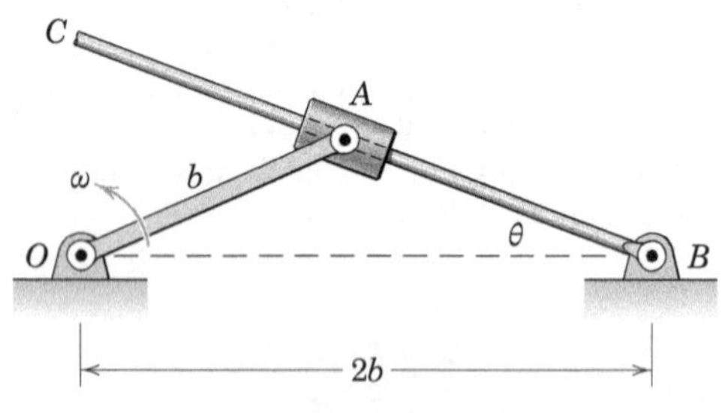

PROBLEMA 5/31

5/32 O carretel de cabo telefônico rola sem deslizar sobre a superfície horizontal. Se o ponto A no cabo possui uma velocidade $v_A = 0{,}8$ m/s para a direita, calcule a velocidade do centro O e a velocidade angular ω do carretel. (Tenha cuidado para não cometer o erro de supor que o carretel rola para a esquerda.)

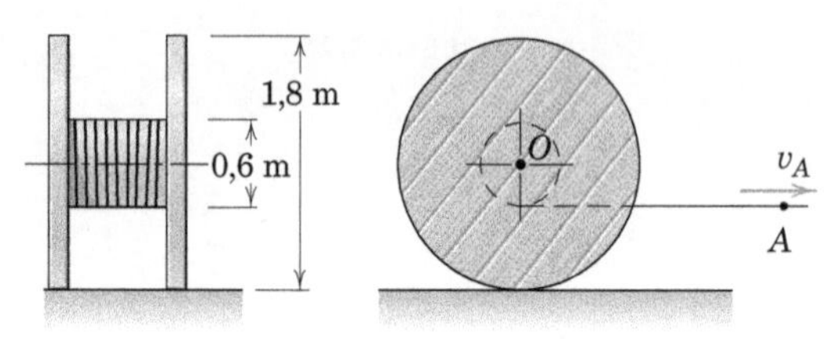

PROBLEMA 5/32

Problemas Representativos

5/33 Quando a extremidade A da barra delgada é puxada para a direita com velocidade v, a barra desliza sobre a superfície de um semicilindro fixo. Determine a velocidade angular $\omega = \dot{\theta}$ da barra, em termos de x.

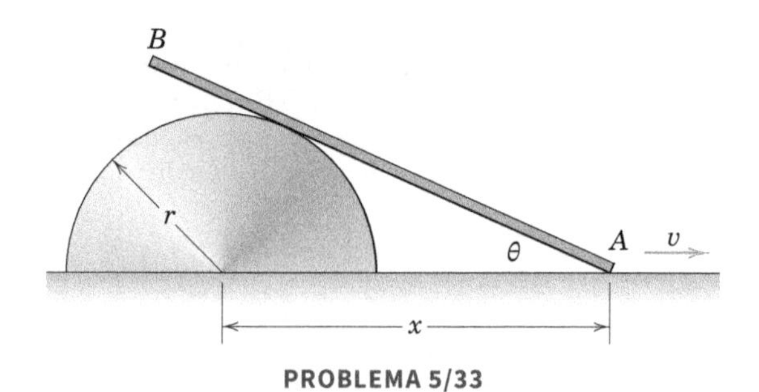

PROBLEMA 5/33

5/34 O braço telescópico é articulado em O e sua extremidade A recebe uma velocidade ascendente constante de 200 mm/s pela haste do cilindro hidráulico fixo B. Calcule a velocidade angular $\dot{\theta}$ e a aceleração angular $\ddot{\theta}$ do segmento OA no instante em que $y = 600$ mm.

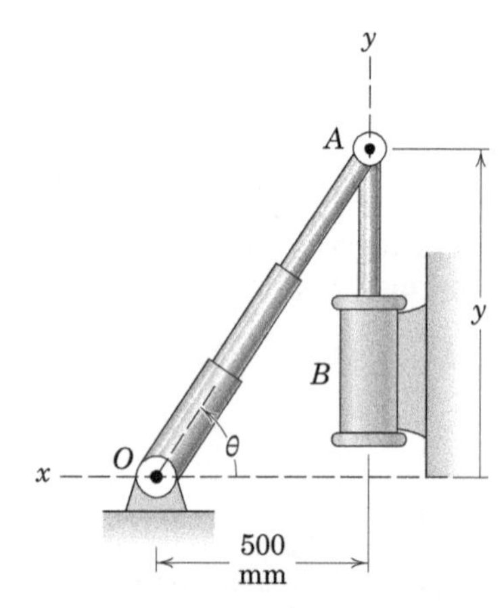

PROBLEMA 5/34

5/35 Uma lombada está sendo instalada em uma estrada horizontal para lembrar aos motoristas o limite de velocidade existente. Se o motorista do carro experimenta uma aceleração vertical igual g em G, para cima ou para baixo, é esperado que ele perceba que a sua velocidade está próxima de ultrapassar o limite máximo. Para a lombada com o contorno cosseno mostrado, derive uma expressão para a altura h da lombada que produzirá um componente vertical de aceleração g em G a uma velocidade v do carro. Calcule h se $b = 1$ m e $v = 20$ km/h. Despreze os efeitos de flexão da mola de suspensão e o diâmetro da roda finita.

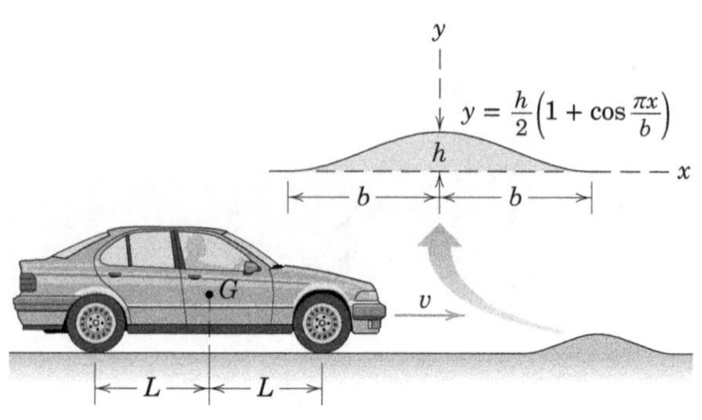

PROBLEMA 5/35

5/36 O movimento da roda ao enrolar a cremalheira fixa em seu cubo de engrenagem é controlado através do cabo periférico pela roda motriz D, que gira no sentido anti-horário a uma velocidade constante $\omega_0 = 4$ rad/s por um curto intervalo de movimento. Examinando a geometria de uma pequena rotação (diferencial) da linha $AOCB$ ao girar momentaneamente sobre o ponto de contato C, determine a velocidade angular ω da roda e as velocidades do ponto A e do centro O. Ache também a aceleração do ponto C.

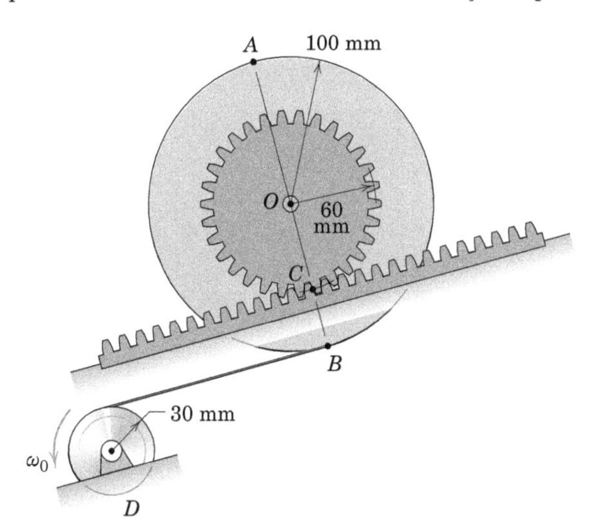

PROBLEMA 5/36

5/37 O segmento OA recebe uma velocidade angular no sentido horário $\omega = 2$ rad/s, como indicado. Determine a velocidade v do ponto C na posição $\theta = 30°$ se $b = 200$ mm.

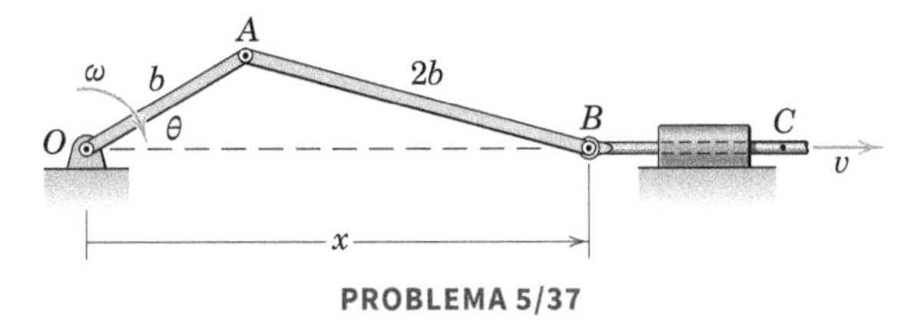

PROBLEMA 5/37

5/38 Determine a aceleração do ponto C do problema anterior se a velocidade angular do segmento OA no sentido horário for constante em $\omega = 2$ rad/s.

5/39 Desenvolva uma expressão para a velocidade v, para cima, do elevador de automóvel, em termos de θ. A haste do pistão do cilindro hidráulico está se estendendo com uma razão $\dot{S}$.

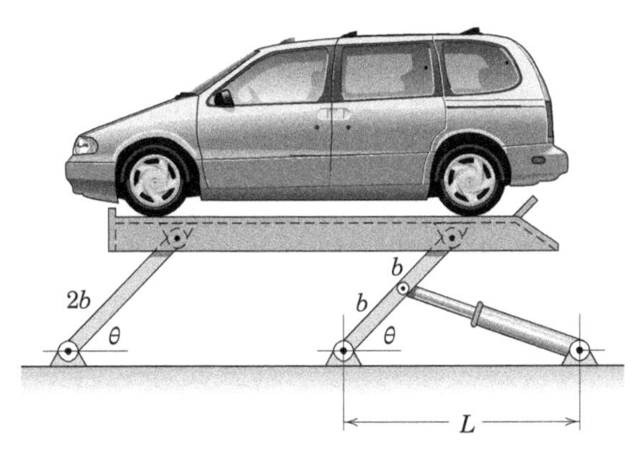

PROBLEMA 5/39

5/40 Deseja-se projetar um sistema para controlar a taxa de extensão $\dot{x}$ da escada de incêndio durante a sua elevação para que a caçamba B tenha apenas movimento vertical. Determine $\dot{x}$ em termos da taxa de alongamento $\dot{c}$ do cilindro hidráulico para determinados valores de θ e x.

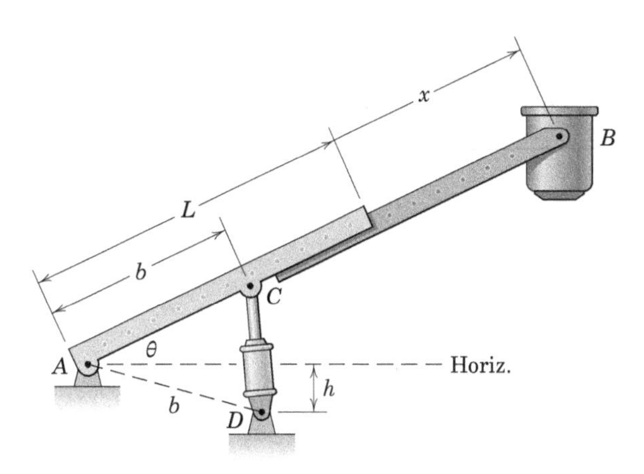

PROBLEMA 5/40

5/41 Demonstre que as expressões $v = r\omega$ e $a_t = r\alpha$ valem para o movimento do centro O da roda que rola sobre o arco côncavo ou o convexo, em que ω e α são a velocidade e a aceleração absolutas, respectivamente, da roda. (*Sugestão*: siga a solução do Exemplo de Problema 5/4 e permita que a roda role uma pequena distância. Cuidado para identificar o ângulo *absoluto* correto, através do qual a roda gira em cada caso, para determinar sua velocidade e aceleração angulares.)

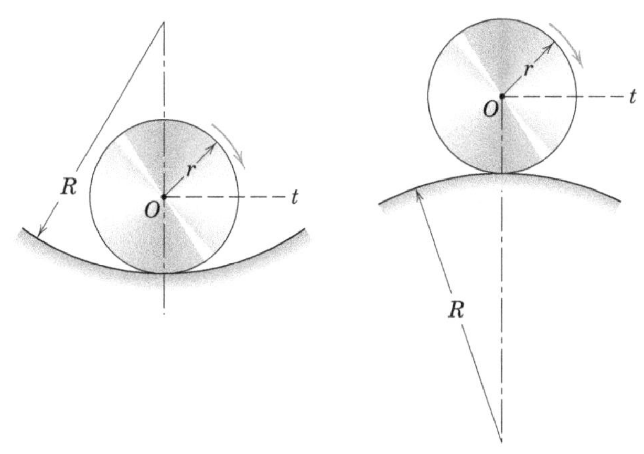

PROBLEMA 5/41

5/42 Um acionamento por correia de velocidade variável consiste nas duas polias, cada uma das quais é construída com dois cones que giram como uma unidade, mas que podem ser acionados juntos ou separados de modo a mudar o raio efetivo da polia. Se a velocidade angular ω_1 da polia 1 for constante, determine a expressão para a aceleração angular $\alpha_2 = \dot{\omega}_2$ da polia 2 em termos das taxas de mudança $\dot{r}_1$ e $\dot{r}_2$ dos raios efetivos.

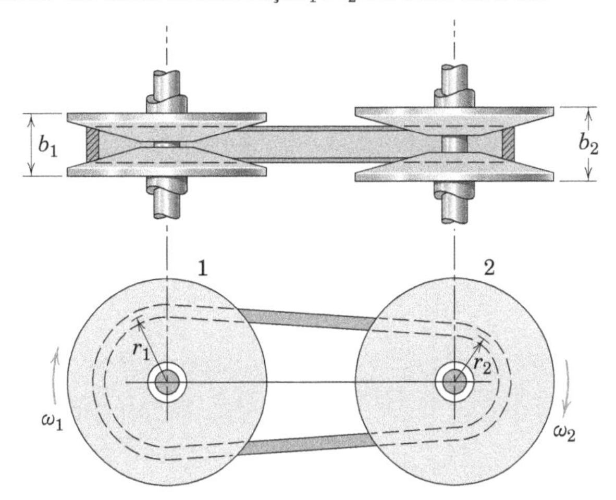

PROBLEMA 5/42

5/43 A haste de pistão do cilindro hidráulico dá ao ponto B uma velocidade v_B como mostrado. Determine o módulo v_C da velocidade do ponto C em termos de θ.

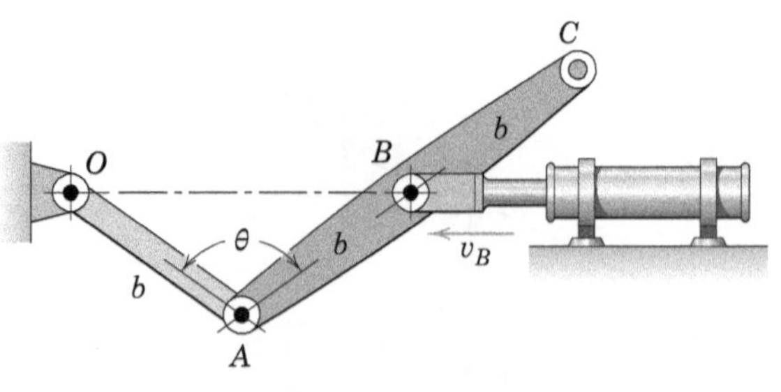

PROBLEMA 5/43

5/44 Para o instante de tempo representado quando y = 160 mm, a haste do pistão do cilindro hidráulico impõe um movimento vertical ao pino B, consistindo em $\dot{y}$ = 400 mm/s e $\ddot{y}$ = −100 mm/s^2. Para esse instante de tempo, determine a velocidade angular ω e a aceleração angular α da barra AO. Os membros OA e AB fazem ângulos iguais com a horizontal neste instante.

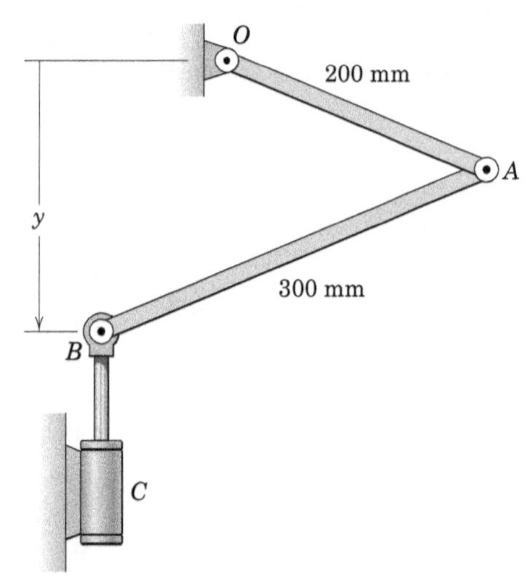

PROBLEMA 5/44

▶5/45 A roda de Genebra é um mecanismo para produzir rotação intermitente. O pino P na unidade inteiriça da roda A e a placa de travamento B se encaixam nas fendas radiais da roda C, fazendo com que a roda C gire um quarto de volta para cada volta do pino. Na posição de encaixe representada, θ = 45°. Para uma velocidade angular ω_1 = 2 rad/s constante da roda A, determine a velocidade angular correspondente, ω_2, da roda C para θ = 20°. (Observe que o movimento durante o encaixe é governado pela geometria do triângulo O_1O_2P com θ variando.)

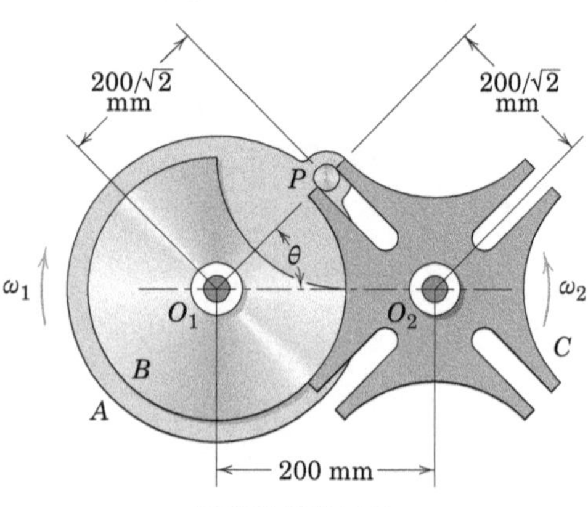

PROBLEMA 5/45

▶5/46 A haste AB desliza através do anel articulado quando a extremidade A se move ao longo do rasgo. Se A começa partindo do repouso em x = 0 e se move para a direita com uma aceleração constante de 0,1 m/s^2, calcule a aceleração angular α de AB no instante em que x = 150 mm.

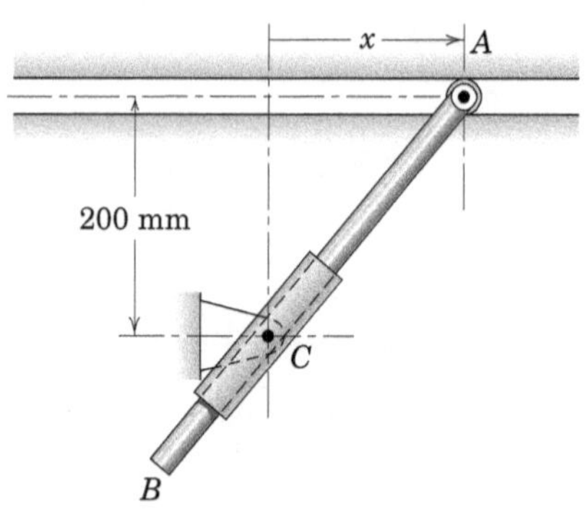

PROBLEMA 5/46

Problemas para a Seção 5/4

Problemas Introdutórios

5/47 A barra AB move-se sobre a superfície horizontal. A velocidade do seu centro de massa é $v_G = 2$ m/s, com direção paralela ao eixo y e, a barra tem uma velocidade angular anti-horária (como pode ser vista de cima) $\omega = 4$ rad/s. Determine a velocidade do ponto B.

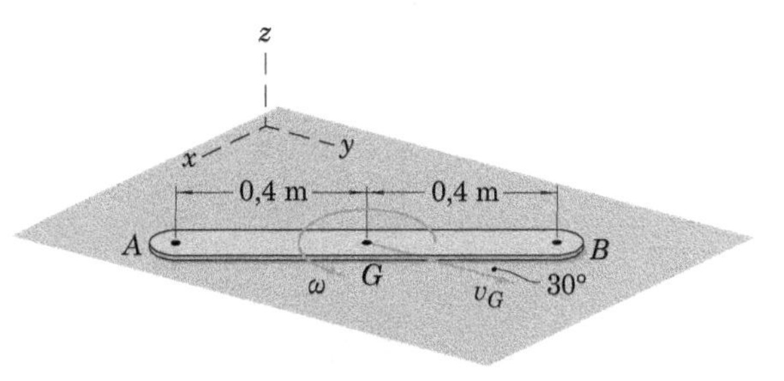

PROBLEMA 5/47

5/48 A placa retangular uniforme se move sobre a superfície horizontal. Seu centro de massa tem uma velocidade $v_G = 3$ m /s dirigida paralelamente ao eixo x e a placa tem uma velocidade angular no sentido anti-horário (como visto de cima) $\omega = 4$ rad/s. Determine as velocidades dos pontos A e B.

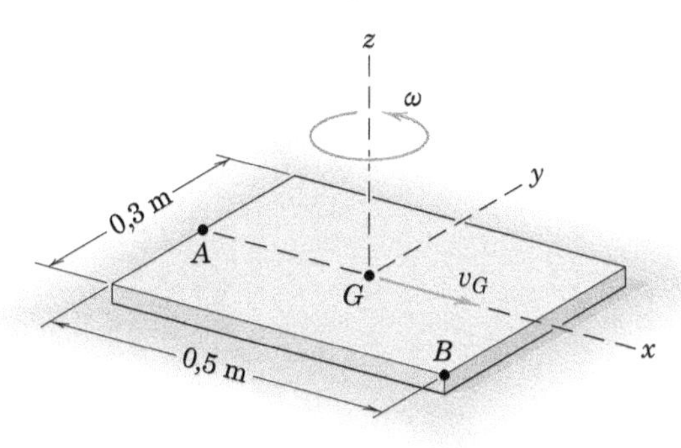

PROBLEMA 5/48

5/49 O carrinho possui uma velocidade de 1,2 m/s para a direita. Determine a velocidade angular N da roda de modo que o ponto A no topo da borda tenha uma velocidade (a) igual a 1,2 m/s para a esquerda, (b) igual a zero, e (c) igual a 2,4 m/s para a direita.

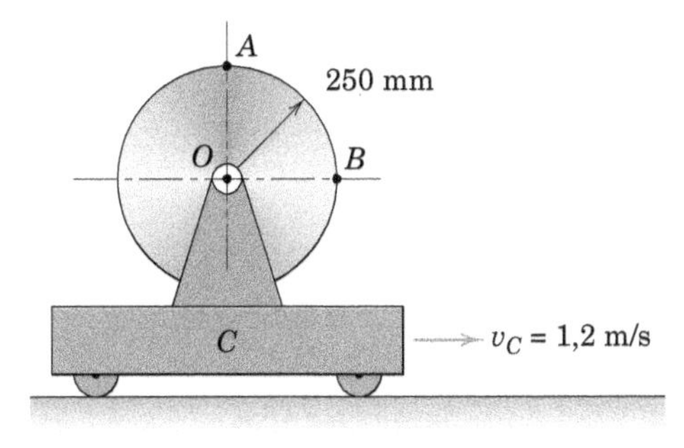

PROBLEMA 5/49

5/50 Para o instante representado, a barra curva tem uma velocidade angular anti-horária de 4 rad/s e o rolete em B tem uma velocidade de 40 mm/s ao longo da superfície de apoio, conforme representado. Determine a intensidade v_A da velocidade de A.

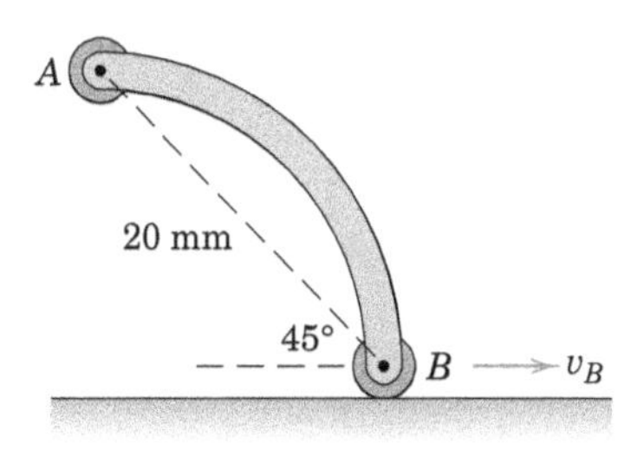

PROBLEMA 5/50

5/51 A velocidade do centro da Terra enquanto orbita o Sol é $v = 107.257$ km/h, e a velocidade angular absoluta da Terra em torno de seu eixo de rotação norte-sul é $\omega = 7{,}292(10^{-5})$ rad/s. Utilize o valor $R = 6371$ km para o raio da Terra e determine as velocidades dos pontos A, B, C e D, todos os quais estão sobre o equador. A inclinação do eixo da Terra é desprezada.

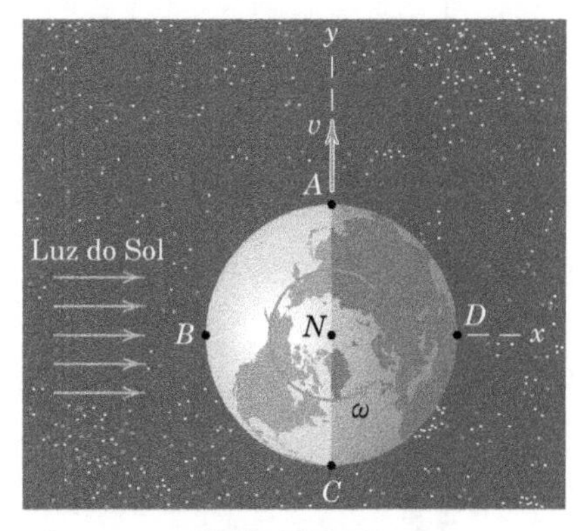

PROBLEMA 5/51

5/52 O centro C da roda menor tem uma velocidade $v_C = 0{,}4$ m/s na direção mostrada. O cabo que conecta as duas rodas é firmemente enrolado ao redor das respectivas periferias e não escorrega. Calcule a velocidade do ponto D quando na posição mostrada. Calcule também a mudança Δx que ocorre por segundo se v_C for constante.

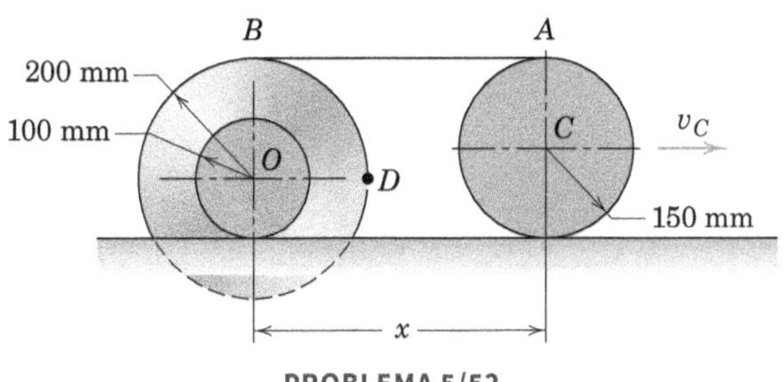

PROBLEMA 5/52

5/53 O disco circular de raio 0,2 m é liberado muito proximamente à superfície horizontal, com uma velocidade no seu centro $v_O = 0{,}7$ m/s para a direita e uma velocidade angular horária $\omega = 2$ rad/s. Determine as velocidades dos pontos A e P do disco. Descreva o movimento a partir do contato com o solo.

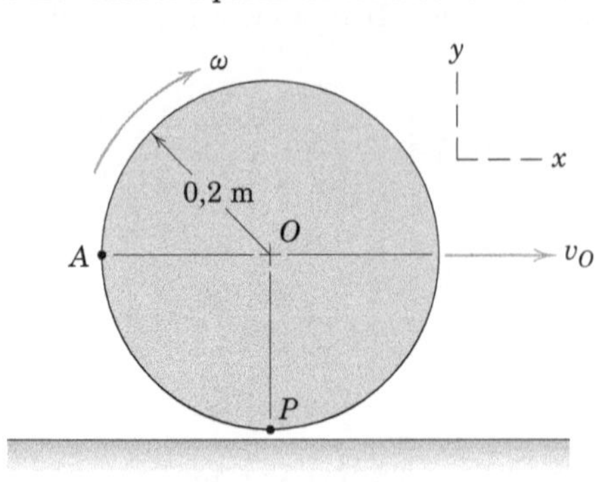

PROBLEMA 5/53

5/54 Por um curto intervalo, os anéis A e B deslizam ao longo do eixo vertical fixo com velocidades $v_A = 2$ m/s e $v_B = 3$ m/s nas direções mostradas. Determine o módulo da velocidade do ponto C para a posição $\theta = 60°$.

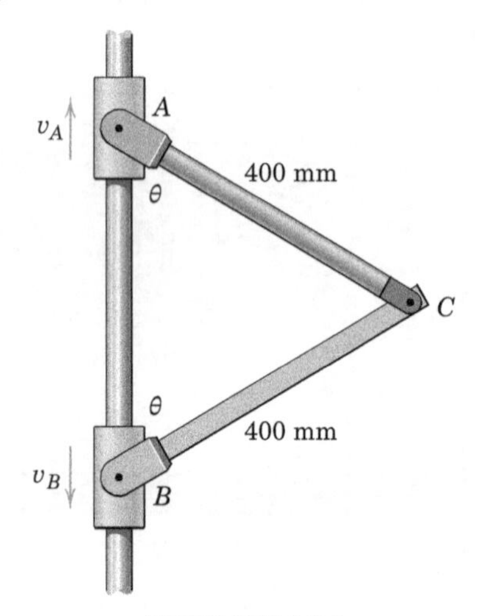

PROBLEMA 5/54

5/55 A intensidade da velocidade absoluta do ponto A no pneu de automóvel é de 12 m/s quando A está na posição mostrada. Qual é a velocidade v_O correspondente do carro e a velocidade angular da roda? (A roda gira sem escorregar.)

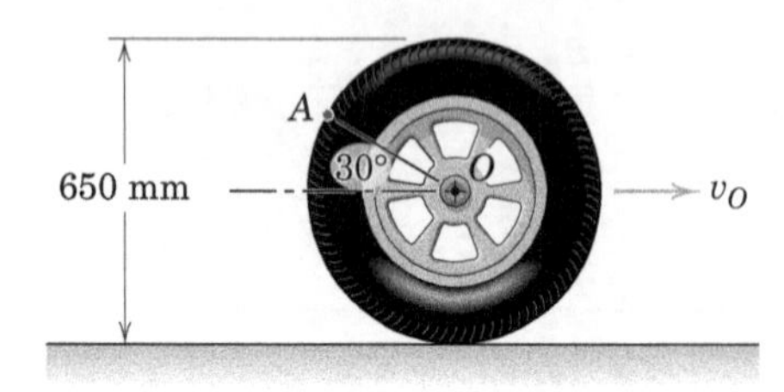

PROBLEMA 5/55

5/56 As duas polias são rebitadas de modo a formar uma única unidade rígida, e cada um dos dois cabos é firmemente enrolado ao redor de sua respectiva polia. Se o ponto A no cabo de elevação tiver uma velocidade $v = 0{,}9$ m/s, determine o módulo das intensidades da velocidade do ponto O e da velocidade do ponto B na polia maior para a posição mostrada.

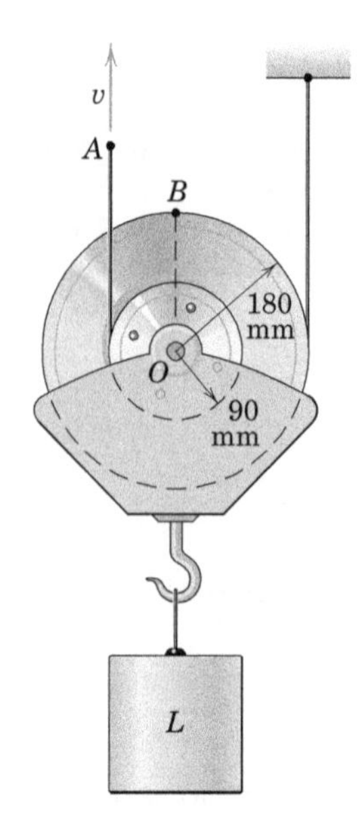

PROBLEMA 5/56

5/57 Determine a velocidade angular do braço telescópico AB para a posição mostrada, na qual os elos de acionamento têm as velocidades angulares indicadas.

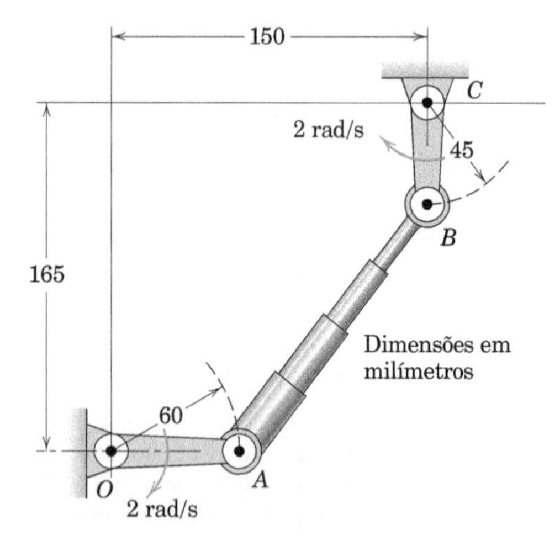

PROBLEMA 5/57

5/58 Determine a velocidade angular da barra AB logo após o cilindro B ter começado a subir a inclinação de 15°. No momento em consideração, a velocidade do cilindro A é v_A.

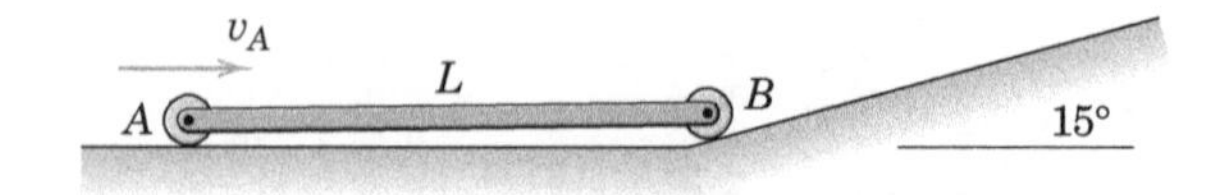

PROBLEMA 5/58

5/59 Para o instante representado, o ponto B cruza o eixo horizontal através do ponto O com velocidade descendente $v = 0{,}6$/s. Determine o valor correspondente da velocidade angular ω_{OA} do elemento de ligação OA.

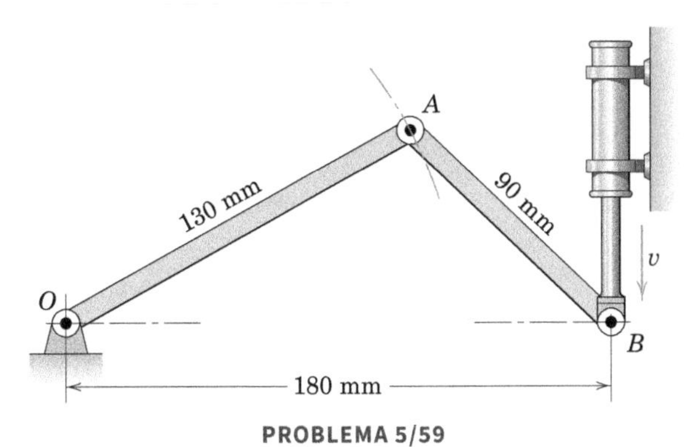

PROBLEMA 5/59

Problemas Representativos

5/60 A roda raiada de raio r é feita para rolar a inclinação pelo cordão enrolado firmemente em torno de uma ranhura rasa em sua borda externa. Para uma determinada velocidade do cordão v no ponto P, determine as velocidades dos pontos A e B. Não ocorre deslizamento.

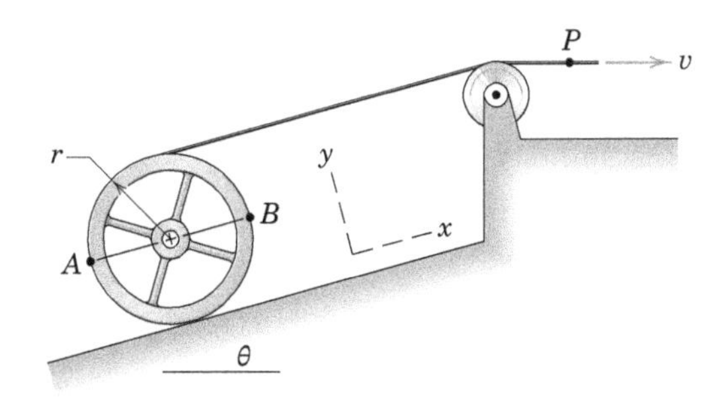

PROBLEMA 5/60

5/61 No instante representado, a velocidade do ponto A da barra de 1,2 m é de 3 m/s para a direita. Determine a velocidade v_B do ponto B e a velocidade angular ω da barra. O diâmetro das pequenas rodas nas extremidades pode ser desprezado.

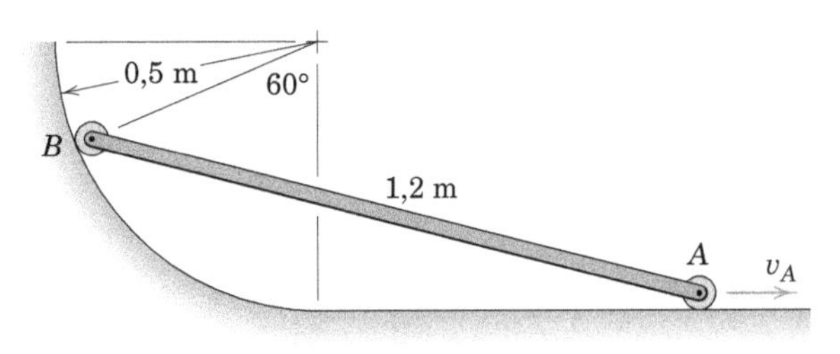

PROBLEMA 5/61

5/62 Determine a velocidade angular do segmento BC no instante indicado. No caso (a), o centro O do disco é um pivô fixo, enquanto no caso (b) o disco rola sem escorregar na superfície horizontal. Em ambos os casos, o disco tem velocidade angular ω no sentido horário. Despreze a pequena distância do pino A em relação à borda do disco.

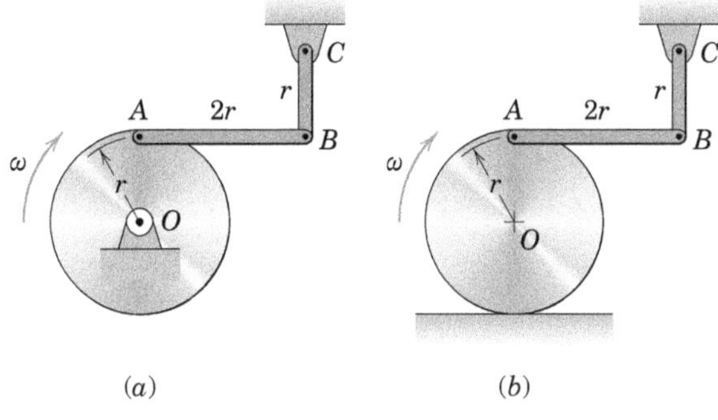

PROBLEMA 5/62

5/63 São mostrados os elementos de um dispositivo de comutação. Se a haste de controle vertical tiver uma velocidade descendente $v = 0{,}6$ m/s quando o dispositivo estiver na posição mostrada, determine a velocidade correspondente do ponto A. O rolete C está em contato contínuo com a superfície inclinada.

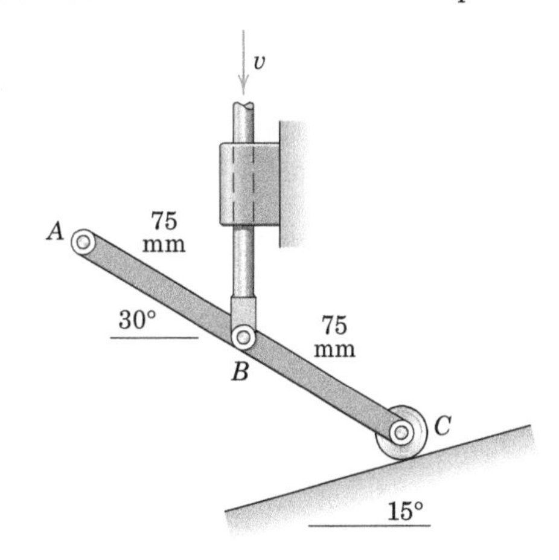

PROBLEMA 5/63

5/64 A rotação da engrenagem é controlada pelo movimento horizontal da extremidade A da cremalheira AB. Se a haste do pistão tiver uma velocidade constante $\dot{x} = 300$ mm/s durante um curto intervalo de movimento, determine a velocidade angular ω_0 da engrenagem e a velocidade angular ω_{AB} da AB no instante em que $x = 800$ mm.

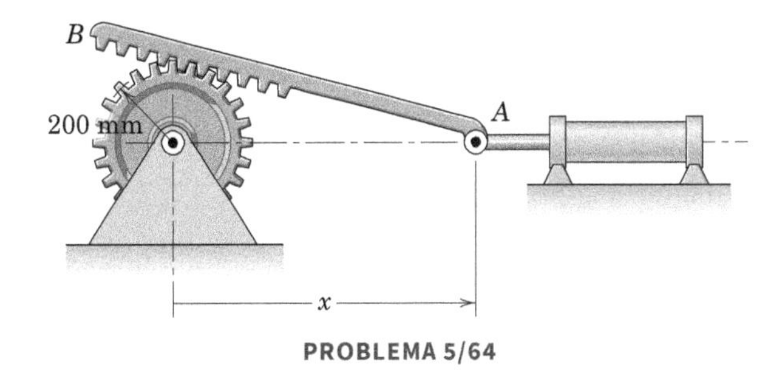

PROBLEMA 5/64

5/65 São mostrados os elementos de uma garra em concha para uma draga. O cabo que abre e fecha a garra passa através do bloco em O. Com O como ponto fixo, determine a velocidade angular ω das garras da concha quando $\theta = 45°$ enquanto elas estão fechando. A velocidade ascendente do cabo de controle é de 0,5 m/s enquanto ele passa pelo bloco.

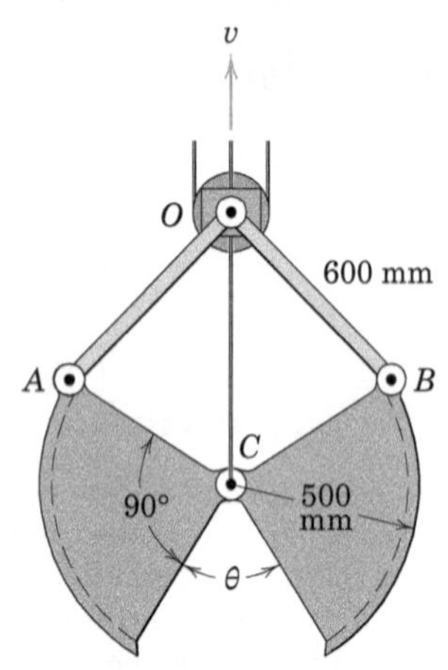

PROBLEMA 5/65

5/66 As extremidades da barra delgada de 0,4 m permanecem em contato com suas respectivas superfícies de apoio. Se a extremidade B tem uma velocidade $v_B = 0,5$ m/s na direção indicada, determine a velocidade angular da barra e a velocidade da extremidade A.

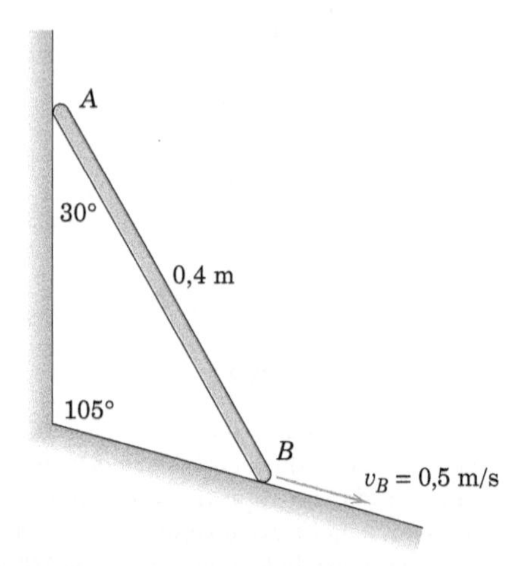

PROBLEMA 5/66

5/67 O movimento horizontal da haste do pistão do cilindro hidráulico controla a rotação da barra OB em torno de O. Para o instante representado, $v_A = 2$ m/s e OB está na horizontal. Determine a velocidade angular ω de OB para este instante.

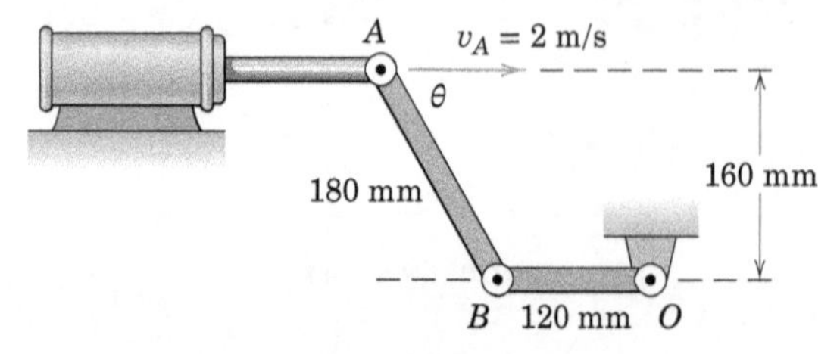

PROBLEMA 5/67

5/68 A haste vertical tem uma velocidade de descida $v = 0,8$ m/s quando o segmento AB está na posição de 30° mostrada. Determine a velocidade angular correspondente do segmento AB e a velocidade do cilindro B se $R = 0,4$ m.

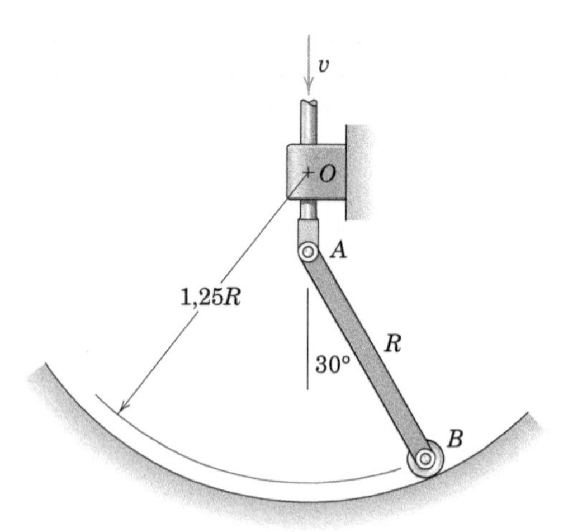

PROBLEMA 5/68

5/69 Um mecanismo de quatro barras é representado na figura (a "barra-solo" OC é considerada a quarta barra). Se a barra motora OA tem uma velocidade angular anti-horária $\omega_0 = 10$ rad/s, determine as velocidades angulares das barras AB e BC.

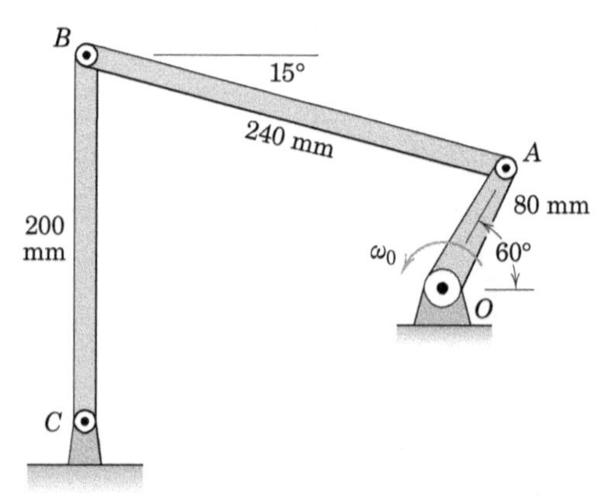

PROBLEMA 5/69

5/70 No instante representado, o elemento rotativo D tem uma velocidade angular $\omega = 2$ rad/s, e sua ranhura é vertical. Além disso, $\theta = 60°$ momentaneamente. Determine a velocidade da extremidade A do segmento AB neste instante.

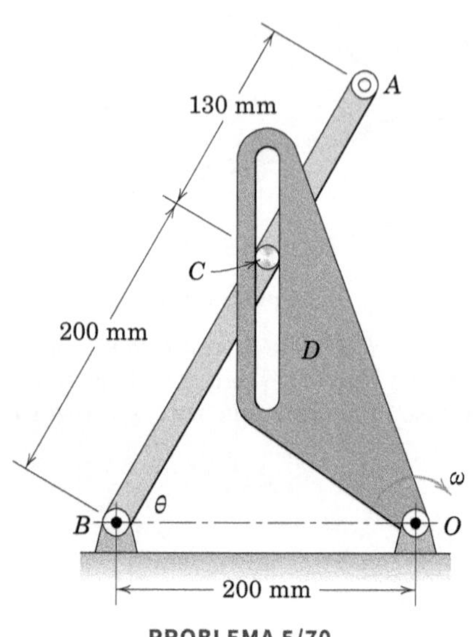

PROBLEMA 5/70

5/71 Os elementos do mecanismo para a implantação da lança do magnetômetro de uma nave espacial são mostrados. Determine a velocidade angular da lança quando o elemento de acionamento OB ultrapassa o eixo y com uma velocidade angular ω_{OB} = 0,5 rad/s se tan θ = 4/3 nesse instante.

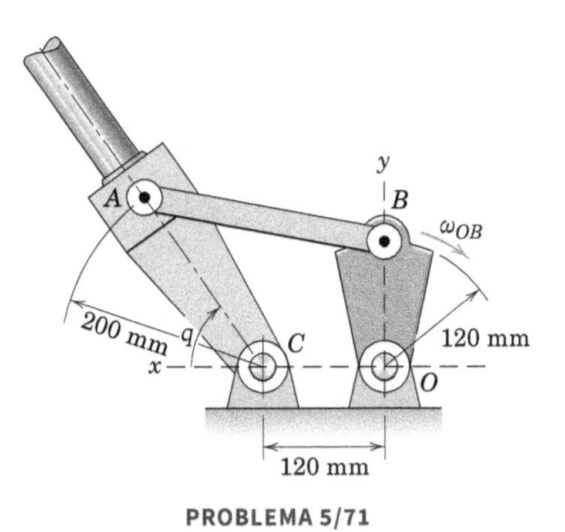

PROBLEMA 5/71

5/72 Um mecanismo para empurrar pequenas caixas de uma linha de montagem para uma esteira transportadora é mostrado com o braço OD e a manivela CB em suas posições verticais. A manivela gira no sentido horário a uma velocidade constante de 1 volta a cada 2 segundos. Para a posição mostrada, determine a velocidade na qual a caixa é empurrada horizontalmente sobre a esteira transportadora.

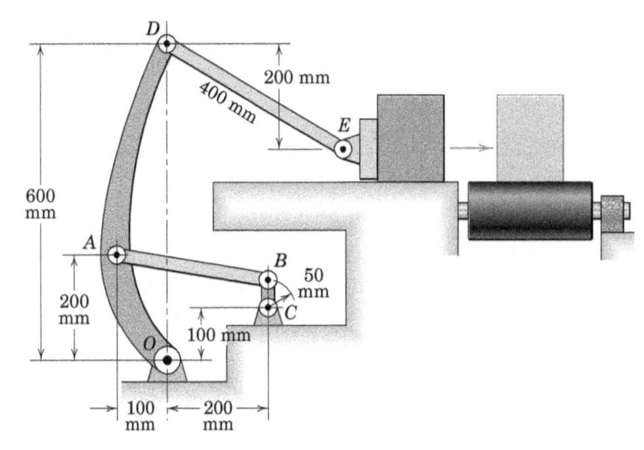

PROBLEMA 5/72

Problemas para a Seção 5/5

Problemas Introdutórios

5/73 A barra delgada se desloca em movimento plano geral, com as velocidades linear e angular indicadas. Localize o centro de velocidade nula e determine as velocidades dos pontos A e B.

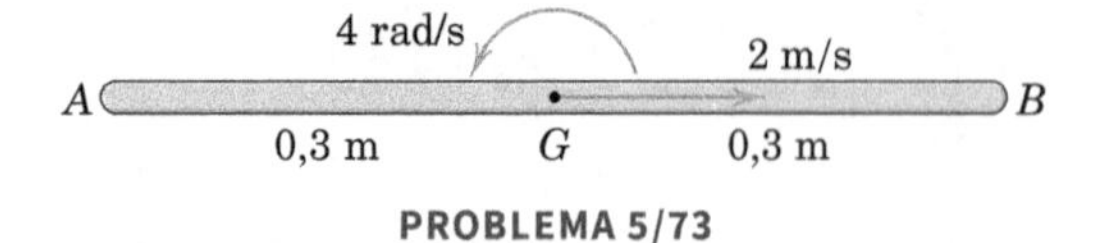

PROBLEMA 5/73

5/74 A barra delgada se desloca em movimento plano geral, com as velocidades linear e angular indicadas. Localize o centro de velocidade nula e determine as velocidades dos pontos A e B.

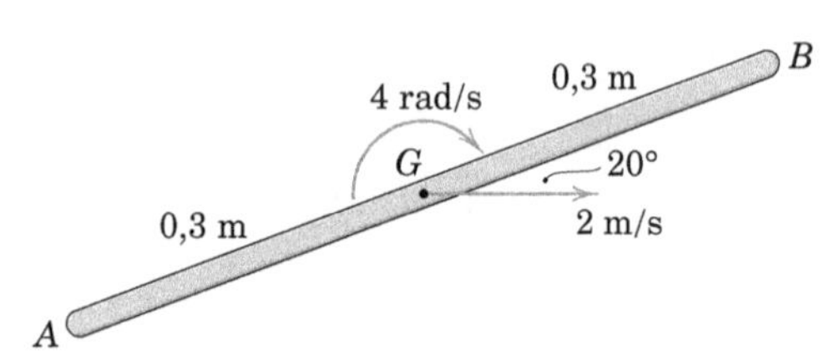

PROBLEMA 5/74

5/75 No instante representado, o canto A da placa retangular tem uma velocidade $v_A = 2{,}8$ m/s e uma velocidade angular no sentido horário $\omega = 12$ rad/s. Determine o módulo da velocidade correspondente do ponto B.

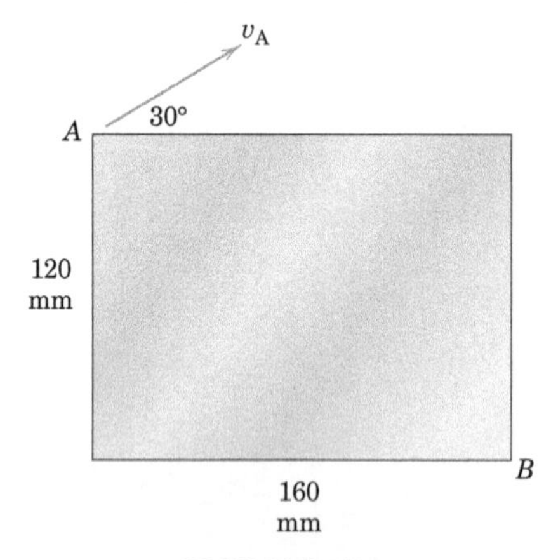

PROBLEMA 5/75

5/76 O cilindro B do segmento em quarto de círculo tem uma velocidade $v_B = 0{,}9$ m /s dirigida para baixo na inclinação de 15°. O segmento tem uma velocidade angular no sentido anti-horário $\omega = 2$ rad/s. Pelo método desta seção, determine a velocidade do cilindro A.

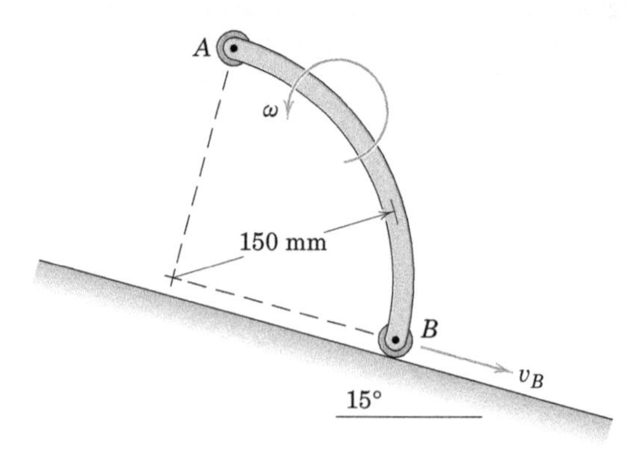

PROBLEMA 5/76

5/77 A barra do Probl. 5/66 é reproduzida aqui. Determine, pelo método desta seção, a velocidade da extremidade A. Ambas as extremidades permanecem em contato com suas respectivas superfícies de apoio.

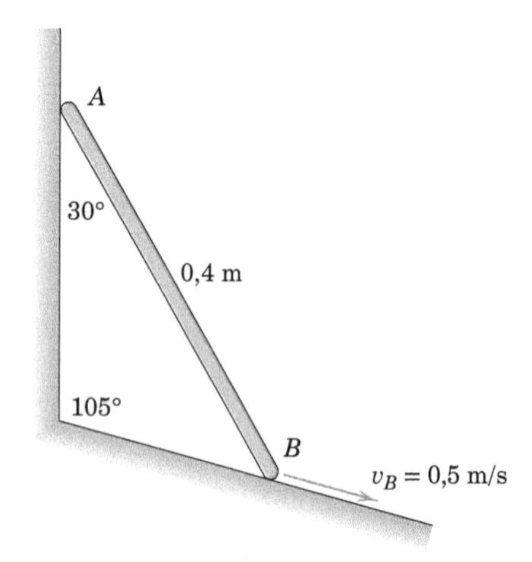

PROBLEMA 5/77

5/78 Para o instante representado, quando a manivela OA passa pela posição horizontal, determine a velocidade do centro G da barra AB pelo método desta seção

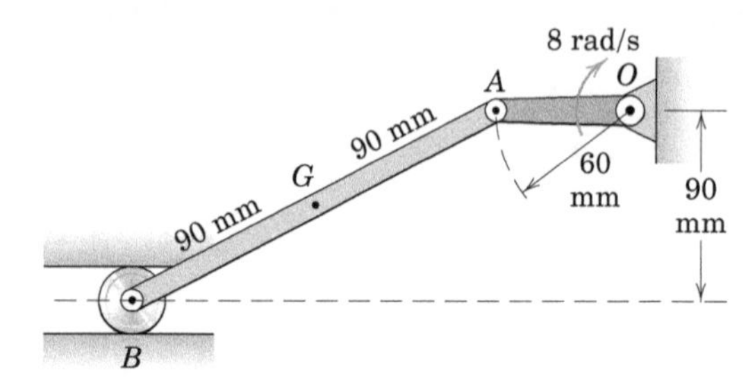

PROBLEMA 5/78

5/79 Em um determinado instante, o vértice B da placa em forma de triângulo-retângulo tem uma velocidade de 200 mm/s na direção mostrada. Se o centro instantâneo da velocidade zero da placa estiver a 40 mm do ponto B e se a velocidade angular da placa estiver no sentido horário, determine a velocidade do ponto D.

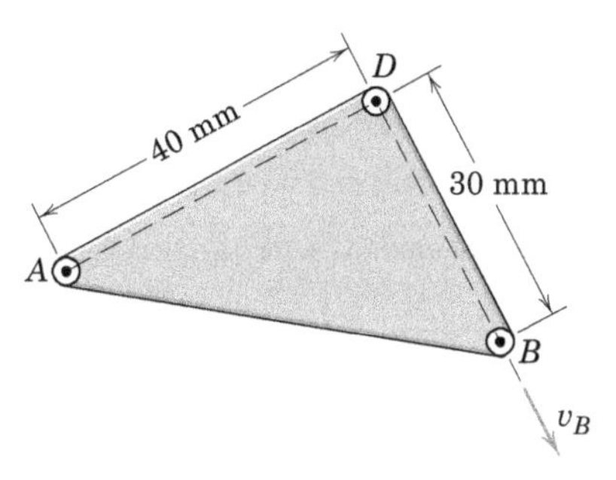

PROBLEMA 5/79

5/80 No instante representado, a manivela OB tem uma velocidade angular em sentido horário $\omega = 0{,}8$ rad/s e está passando pela posição horizontal. Determine, pelo método desta seção, a velocidade correspondente do rolete-guia A no rasgo inclinado a 20° e a velocidade do ponto C no ponto médio entre A e B.

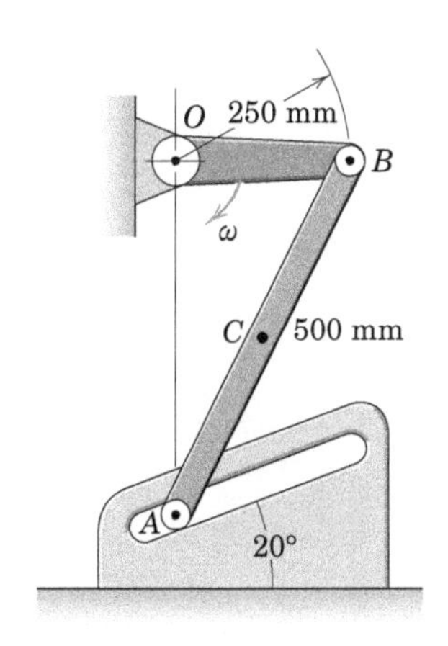

PROBLEMA 5/80

5/81 A manivela OA gira com uma velocidade angular no sentido anti-horário de 9 rad/s. Pelo método desta seção, determine a velocidade angular ω do *link* AB e a velocidade do cilindro B para a posição ilustrada. Além disso, encontre a velocidade do centro G do braço AB.

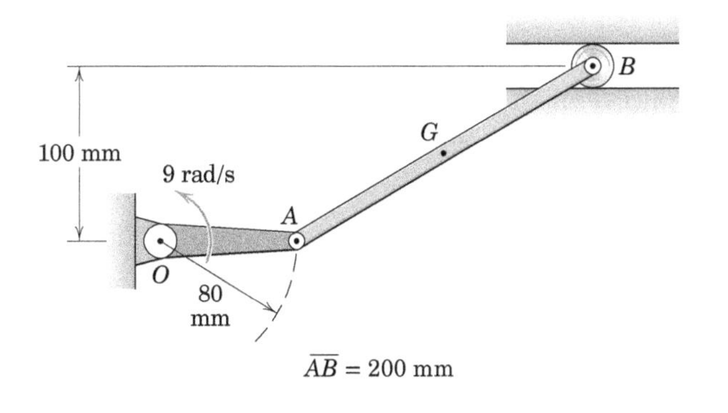

PROBLEMA 5/81

5/82 O mecanismo do Probl. 5/81 é agora mostrado em uma posição diferente, com a manivela OA 30° abaixo da horizontal, como ilustrado. Determine a velocidade angular ω do segmento AB e a velocidade do rolete B.

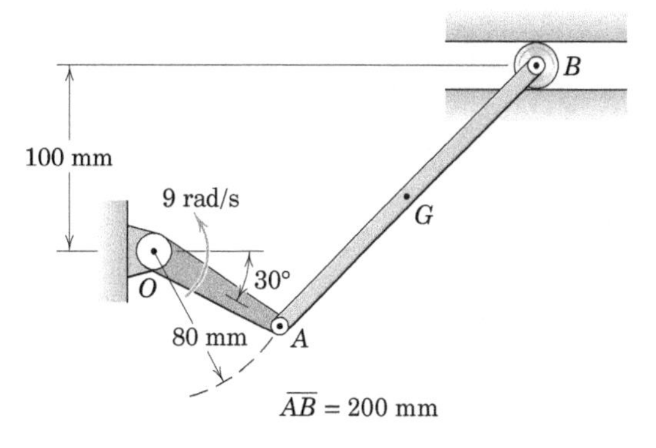

PROBLEMA 5/82

5/83 O movimento da barra é controlado pelos caminhos restritos de A e B. Se a velocidade angular da barra é de 2 rad/s no sentido anti-horário, pois a posição = 45° é passada, determine as velocidades dos pontos A e P.

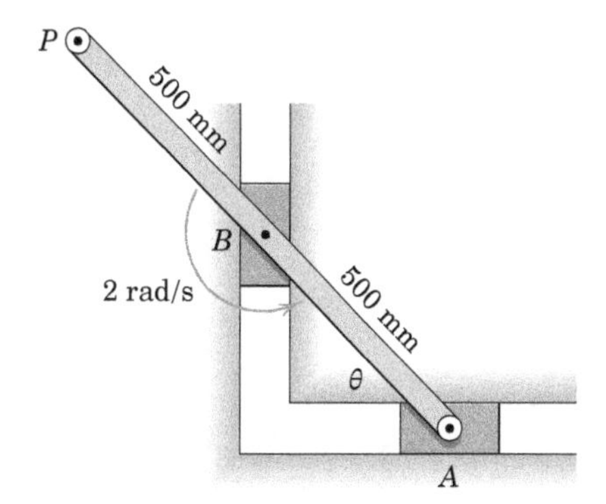

PROBLEMA 5/83

5/84 O dispositivo de comutação do Probl. 5/63 é repetido aqui. Se a haste de controle vertical tiver uma velocidade descendente $v = 0{,}6$ m /s quando o dispositivo estiver na posição mostrada, determine a velocidade correspondente do ponto A pelo método desta seção. O rolete C está em contato contínuo com a superfície inclinada.

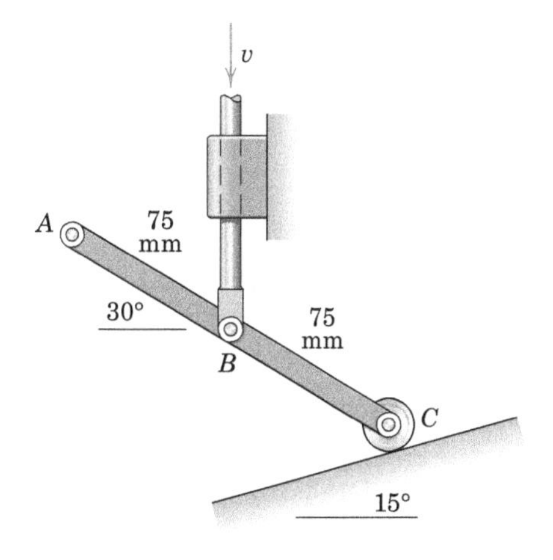

PROBLEMA 5/84

5/85 O eixo da roda rola sem escorregar na superfície horizontal fixa, e o ponto O tem uma velocidade de 0,8 m/s à direita. Pelo método desta seção, determine as velocidades dos pontos A, B, C, e D.

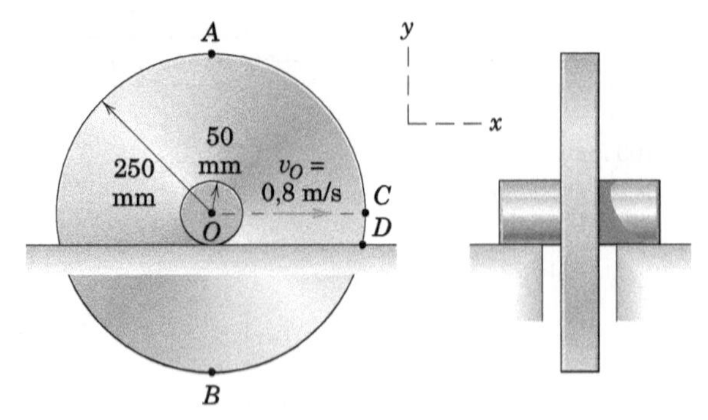

PROBLEMA 5/85

5/86 O centro D do carro segue a linha central da pista de esqui de 30 m. A velocidade do ponto D é v = 14 m /s. Determine a velocidade angular do carro e as velocidades dos pontos A e B do carro.

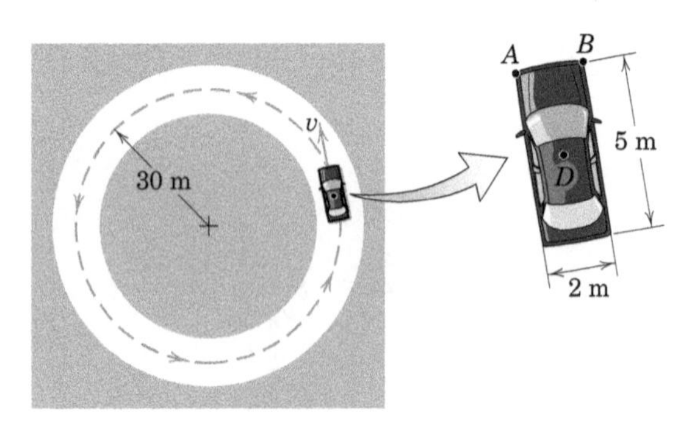

PROBLEMA 5/86

Problemas Representativos

5/87 As rodas acopladas rolam sem escorregar nas placas A e B, que estão se movendo em direções opostas, como mostrado abaixo. Se v_A = 60 mm/s para a direita e v_B = 200 mm/s para a esquerda, determine as velocidades do centro O e o ponto P na posição mostrada.

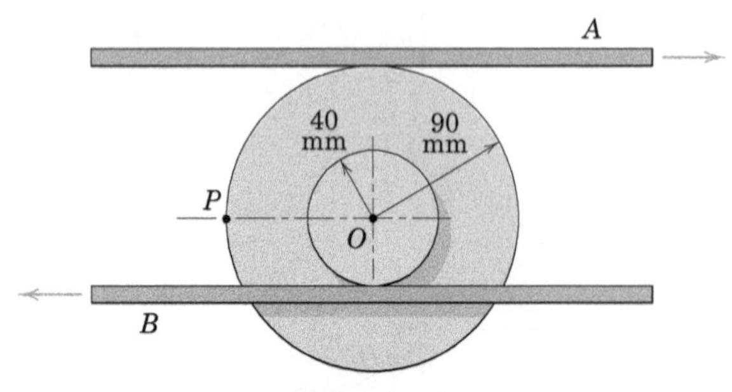

PROBLEMA 5/87

5/88 No instante em consideração, a haste do cilindro hidráulico está se estendendo à taxa v_A = 2 m/s. Determine a velocidade angular correspondente ω_{OB} do segmento OB.

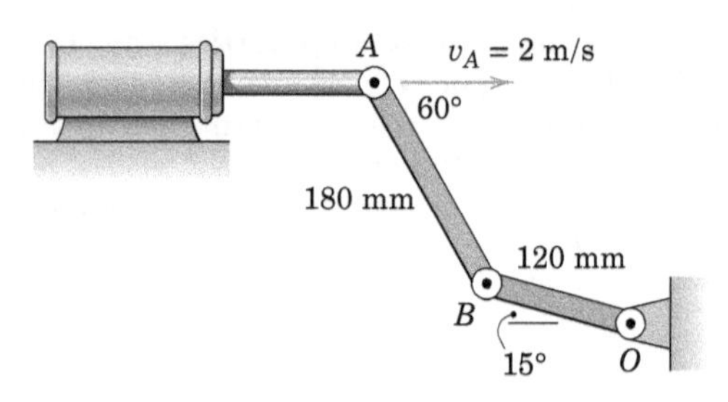

PROBLEMA 5/88

5/89 Imprime-se à extremidade A do bastão delgado uma velocidade v_A à direita ao longo da superfície horizontal. Mostre que o módulo da velocidade da extremidade B é igual a v_A quando o ponto médio M do bastão entra em contato com a obstrução semicircular.

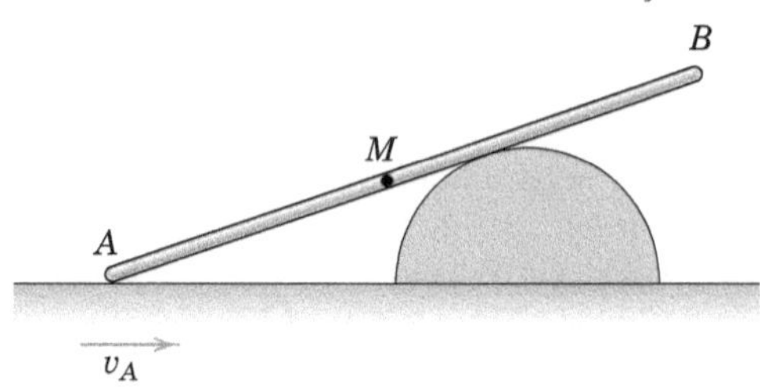

PROBLEMA 5/89

5/90 A banda flexível F é fixada em E ao setor rotativo e avança sobre a polia guia G. Determine as velocidades angulares dos segmentos AB e BD na posição mostrada se a banda tiver uma velocidade de 2 m/s.

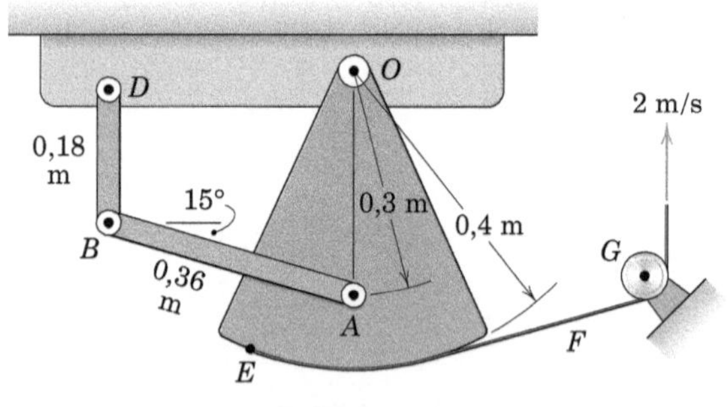

PROBLEMA 5/90

5/91 A roda motriz traseira de um automóvel tem um diâmetro de 650 mm e tem uma velocidade angular N de 200 rpm em uma estrada coberta de gelo. Se o centro instantâneo de velocidade nula está 100 mm acima do ponto de contato do pneu com a estrada, determine a velocidade v do carro e a velocidade de deslizamento v_d do pneu sobre o gelo.

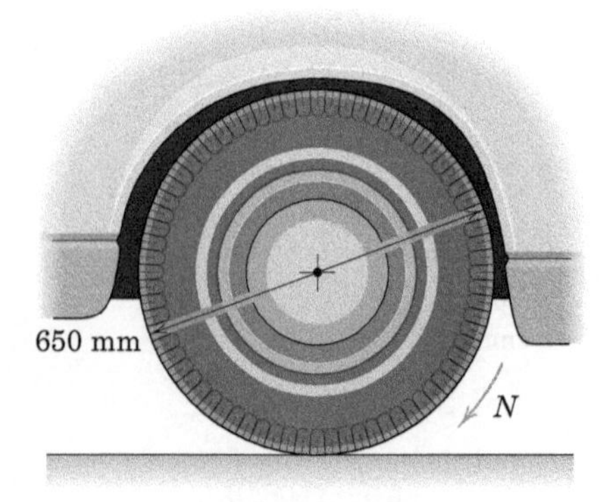

PROBLEMA 5/91

5/92 A oscilação horizontal do êmbolo E acionado por uma mola é controlada por meio da variação da pressão do ar no cilindro pneumático horizontal F. Se o êmbolo possui uma velocidade de 2 m/s para a direita quando $\theta = 30°$, determine a velocidade para baixo v_D do rolete D na guia vertical e encontre a velocidade angular ω de ABD para essa posição.

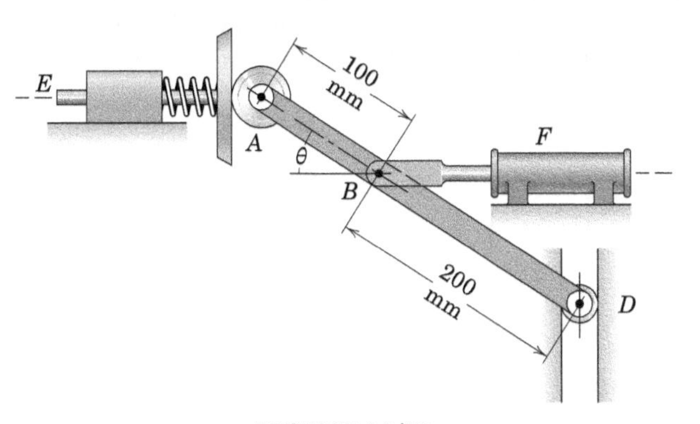

PROBLEMA 5/92

5/93 É mostrado um dispositivo que testa a resistência ao desgaste de dois materiais, A e B. Se o segmento EO tiver uma velocidade de 1,2 m/s à direita quando $\theta = 45°$, determine a velocidade de fricção v_A.

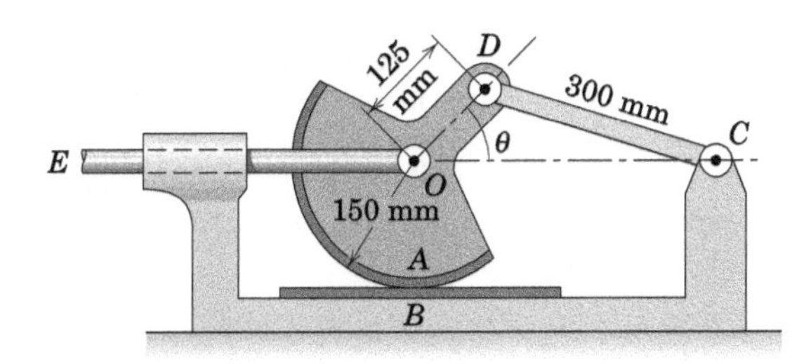

PROBLEMA 5/93

5/94 O movimento do rolete A contra sua mola restritiva é controlado pelo movimento descendente do êmbolo E. Para um intervalo de movimento, a velocidade de E é $v = 0{,}2$ m/s. Determine a velocidade de A quando θ se torna 90°.

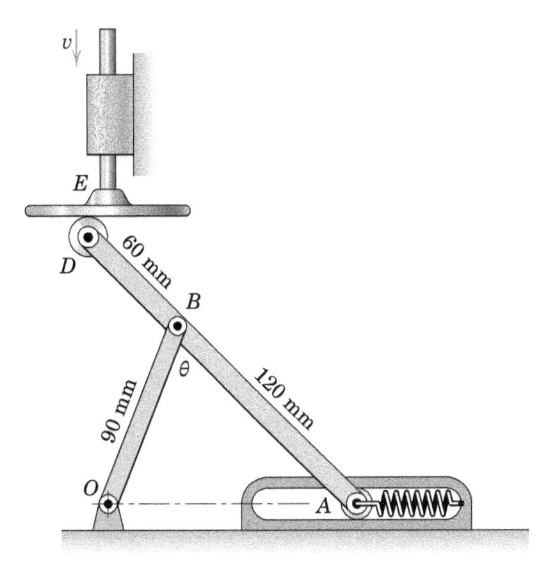

PROBLEMA 5/94

5/95 O cilindro hidráulico produz um movimento horizontal limitado do ponto A. Se $v_A = 4$ m/s quando $\theta = 45°$, determine o módulo da velocidade de D e da velocidade angular ω de ABD para essa posição.

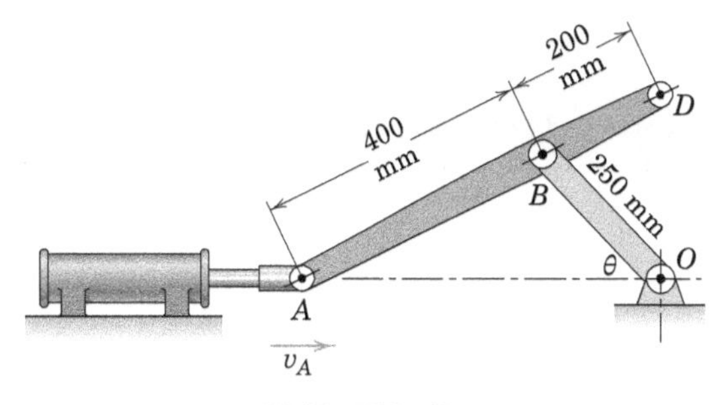

PROBLEMA 5/95

►5/96 Determine a velocidade angular ω do aríete AE do triturador de pedras na posição em que $\theta = 60°$. A manivela OB possui uma velocidade angular de 60 rpm. Quando B está na parte mais baixa do seu círculo, D e E e estão em uma linha horizontal através de F, e as linhas BD e AE estão verticais. As dimensões são $\overline{OB} = 100$ mm, $\overline{BD} = 750$ mm, e $\overline{AE} = \overline{ED} = \overline{DF} = 375$ mm. Construa graficamente a configuração e use o método desta seção.

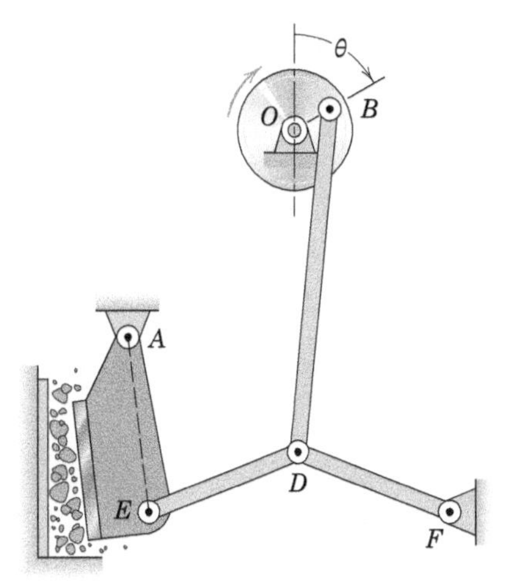

PROBLEMA 5/96

Problemas para a Seção 5/6

Problemas Introdutórios

5/97 O centro O da roda está montado sobre o bloco deslizante que tem uma aceleração $a_O = 8$ m/s₂ para a direita. No instante em que $\theta = 45°$, $\dot{\theta} = 3$ rad/s e $\ddot{\theta} = -8$ rad/s^2. Para esse instante, determine as intensidades das acelerações dos pontos A e B.

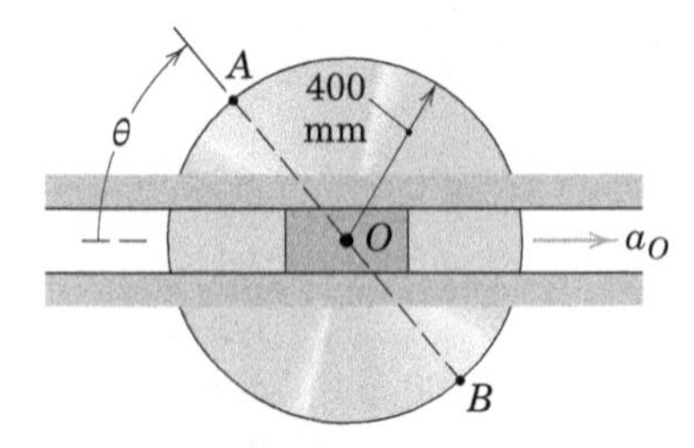

PROBLEMA 5/97

5/98 O rotor de duas lâminas, de 800 mm de raio, gira em sentido anti-horário, com uma velocidade angular constante $\omega = \dot{\theta} = 2$ rad/s em torno do eixo em O, montado sobre o bloco deslizante. Determine a intensidade da aceleração da ponta A da lâmina, quando (*a*) $\theta = 0$, (*b*) $\theta = 90°$ e (*c*) $\theta = 180°$. A velocidade de O ou o sentido de ω são necessários ao cálculo?

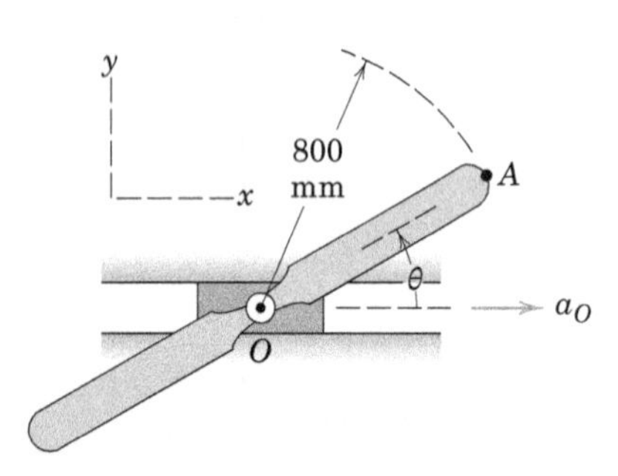

PROBLEMA 5/98

5/99 Com referência às lâminas do rotor e ao bloco deslizante do Probl. 5/98, em que $a_O = 3$ m/s^2, se $\ddot{\theta} = 5$ rad/s^2 e $\dot{\theta} = 0$ quando $\theta = 0$, determine a aceleração do ponto A, neste instante.

5/100 O centro O do disco tem a velocidade e a aceleração mostradas na figura. Se o disco rola sem escorregar na superfície horizontal, determine a velocidade de A e a aceleração de B no instante representado.

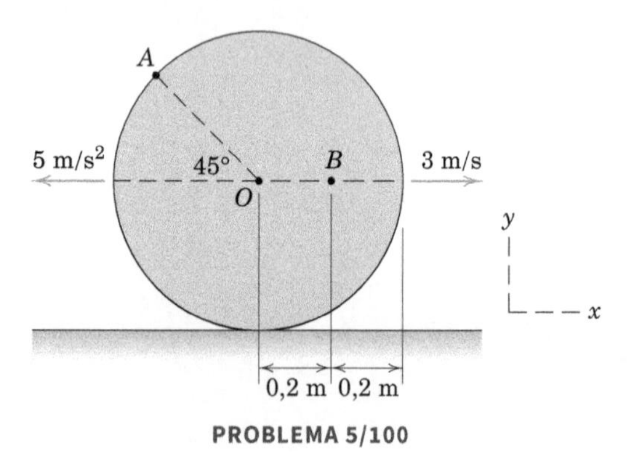

PROBLEMA 5/100

5/101 A viga de aço de 3,6 m está sendo levantada a partir de sua posição horizontal pelos dois cabos presos em A e B. Se as acelerações angulares iniciais dos tambores de elevação são $\alpha_1 = 0{,}5$ rad/s^2 e $\alpha_2 = 0{,}2$ rad/s^2, determine os valores iniciais (*a*) da aceleração angular da viga, (*b*) da aceleração do ponto C e (*c*) da distância d de A ao ponto da linha de centro da viga que possui aceleração nula.

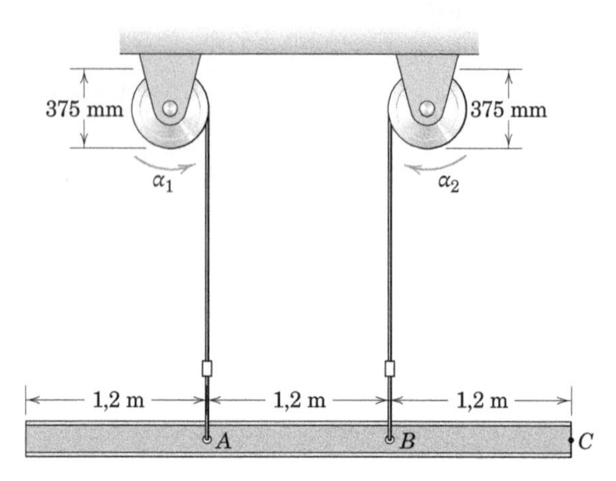

PROBLEMA 5/101

5/102 A barra do Probl. 5/66 é reproduzida aqui. As extremidades da barra de 0,4 m permanecem em contato com suas respectivas superfícies de apoio. A extremidade B tem uma velocidade 0,5 m/s e uma aceleração de 0,3 m/s^2 na direção representada. Determine a aceleração angular da barra e a aceleração da extremidade A.

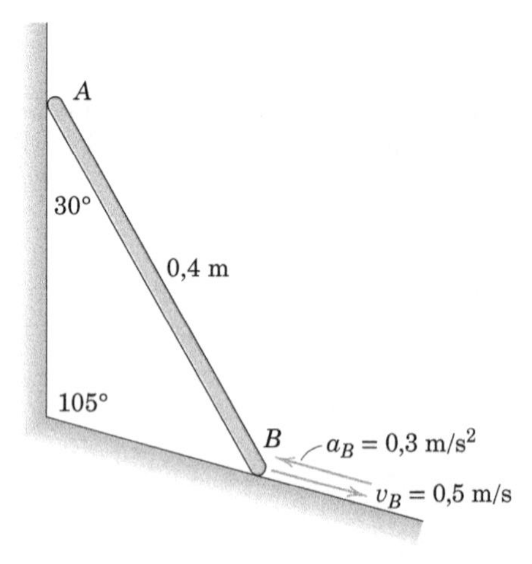

PROBLEMA 5/102

5/103 Determine a aceleração do ponto B no equador da Terra, trazido do Probl. 5/51. Utilize os dados fornecidos naquele problema e admita que a trajetória orbital da Terra é circular, consultando a Tabela D/2 quando necessário. Considere o centro do Sol fixo e despreze a inclinação do eixo da Terra.

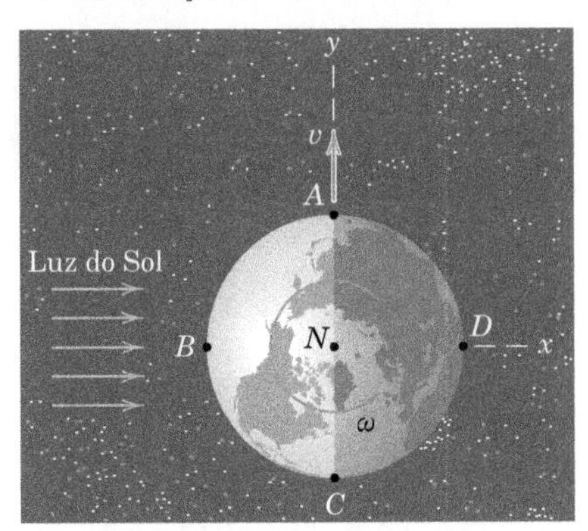

PROBLEMA 5/103

5/104 A roda raiada do Probl. 5/60 é repetida aqui com outras informações fornecidas. Para uma determinada velocidade do cabo v e aceleração a no ponto P e raio da roda r, determine a aceleração do ponto B em relação ao ponto A.

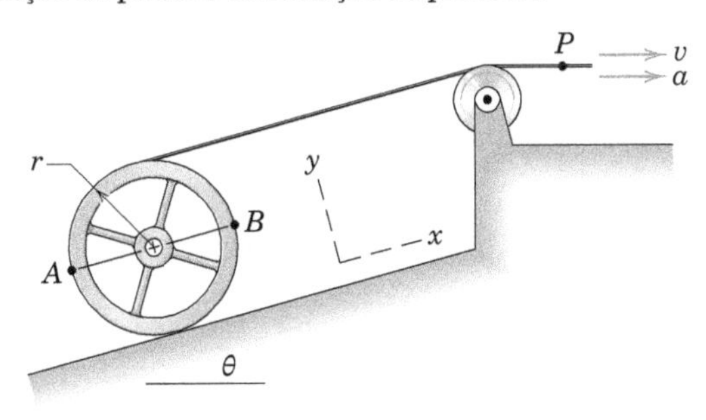

PROBLEMA 5/104

5/105 A barra AB de Probl. 5/58 é repetida aqui. No instante em consideração, o cilindro B acaba de começar a se mover na inclinação de 15°, e a velocidade e aceleração do cilindro A são fornecidas. Determine a aceleração angular da barra AB e a aceleração do cilindro B.

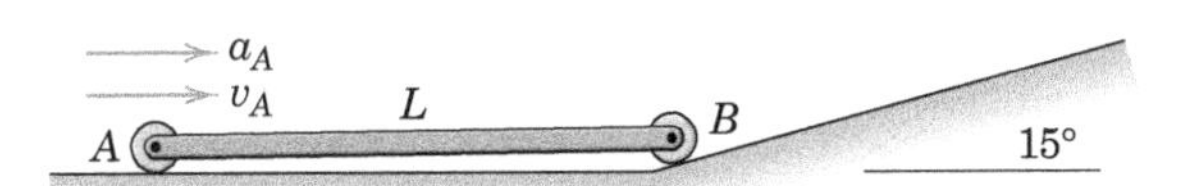

PROBLEMA 5/105

5/106 Determine a aceleração angular α_{AB} de AB para a posição representada, se a barra OB tem uma velocidade angular constante ω.

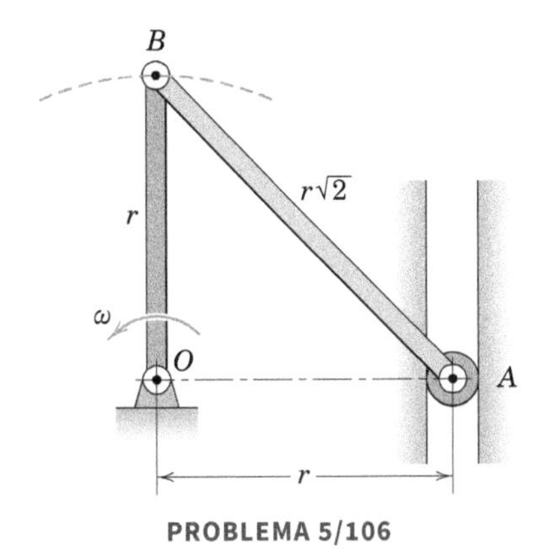

PROBLEMA 5/106

Problemas Representativos

5/107 Determine a aceleração angular da barra AB e a aceleração linear de A para $\theta = 90°$ se $\dot{\theta} = 4$ rad/s e $\ddot{\theta} = 0$ nessa posição.

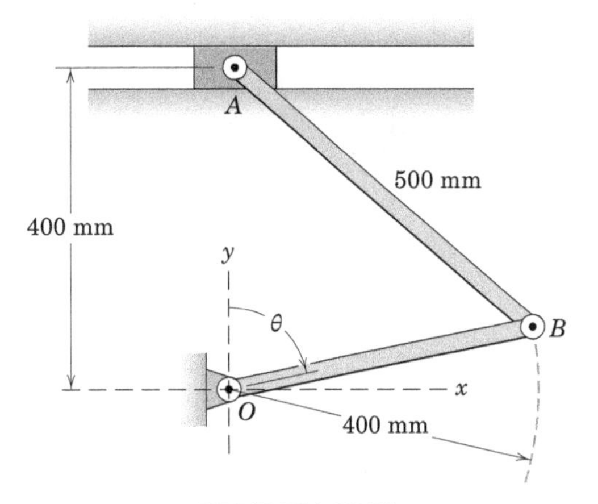

PROBLEMA 5/107

5/108 O dispositivo de comutação do Probl. 5/63 é repetido aqui. Se a haste de controle vertical tiver uma velocidade descendente v = 0,6 m /s e uma aceleração ascendente a = 0,36 m/s^2 quando o dispositivo estiver na posição mostrada, determine o módulo da aceleração do ponto A. O rolete C está em contato contínuo com a superfície inclinada.

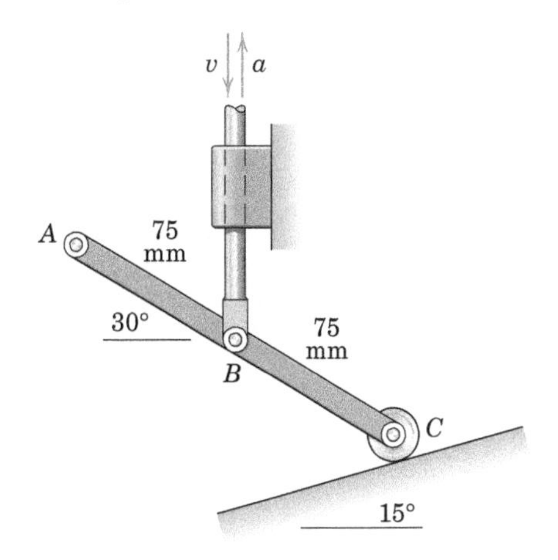

PROBLEMA 5/108

5/109 As duas rodas conectadas do Probl. 5/52 são mostradas novamente aqui. Determine o módulo da aceleração do ponto D na posição mostrada se o centro C da roda menor tem uma aceleração à direita de 0,8 m/s^2 e atingiu uma velocidade de 0,4 m/s neste instante.

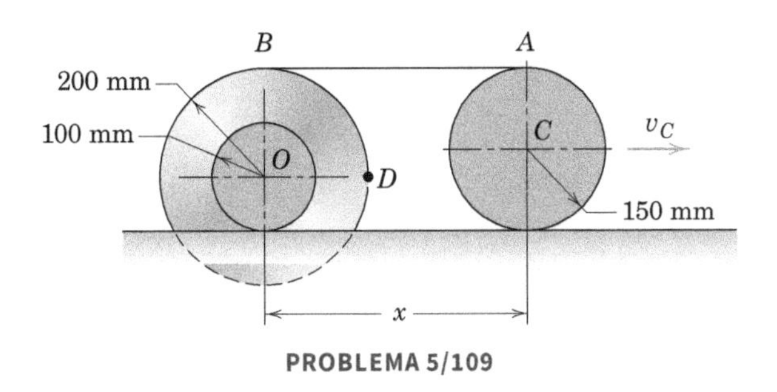

PROBLEMA 5/109

5/110 Os roletes nas extremidades da barra AB estão confinados ao rasgo representado. Se o rolete A tem uma velocidade para baixo de 1,2 m/s e essa velocidade é constante durante um pequeno intervalo de tempo, determine a aceleração tangencial do rolete B, quando ele passa pela posição mais elevada. O valor de R é 0,5 m.

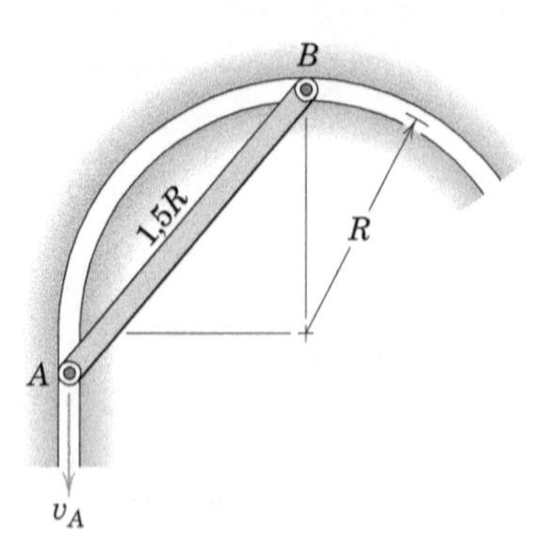

PROBLEMA 5/110

5/111 Se a roda em cada caso rolar sobre a superfície circular sem escorregar, determine a aceleração do ponto C na roda momentaneamente em contato com a superfície circular. A roda tem uma velocidade angular ω e uma aceleração angular α.

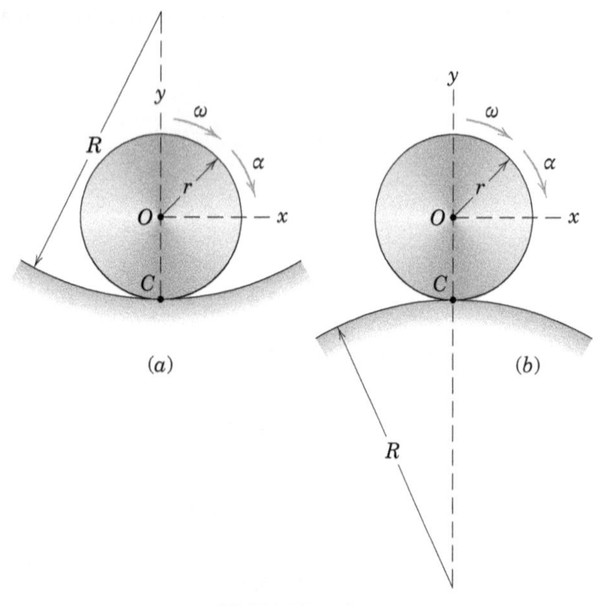

PROBLEMA 5/111

5/112 O sistema do Probl. 5/81 é repetido aqui. A manivela OA gira com uma velocidade angular constante no sentido anti-horário de 9 rad/s. Determine a aceleração angular α_{AB} do braço AB na posição mostrada.

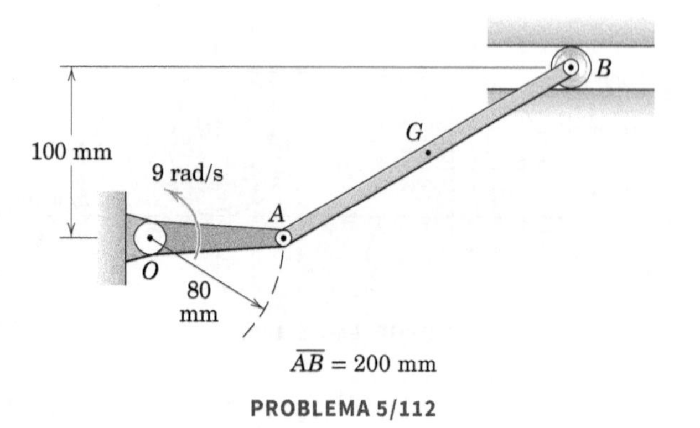

PROBLEMA 5/112

5/113 O sistema do Probl. 5/82 é repetido aqui. A manivela OA está girando a uma taxa angular no sentido anti-horário de 9 rad/s, e esta taxa está diminuindo a 5 rad/s^2. Determine a aceleração angular α_{AB} do braço AB na posição mostrada.

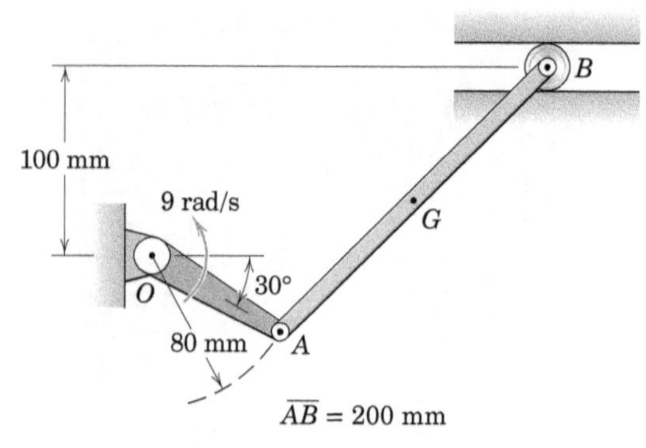

PROBLEMA 5/113

5/114 O centro O do carretel de madeira está se movendo verticalmente e para baixo com uma velocidade v_O = 2 m/s. Essa velocidade está aumentando a uma taxa de 5 m/s^2. Determine as acelerações dos pontos A, P e B.

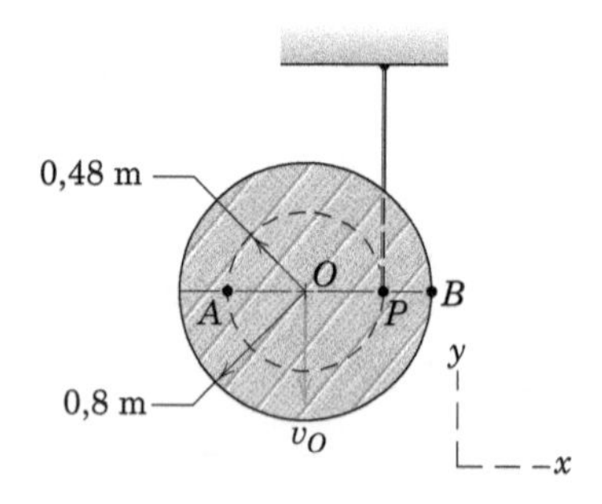

PROBLEMA 5/114

5/115 O sistema do Probl. 5/68 é repetido aqui. Se a haste vertical tiver uma velocidade descendente v = 0,8 m/s e uma aceleração ascendente a = 1,2 m /s^2 quando o dispositivo estiver na posição mostrada, determine a aceleração angular correspondente α da barra AB e o módulo da aceleração do cilindro B. O valor de R é 0,4 m.

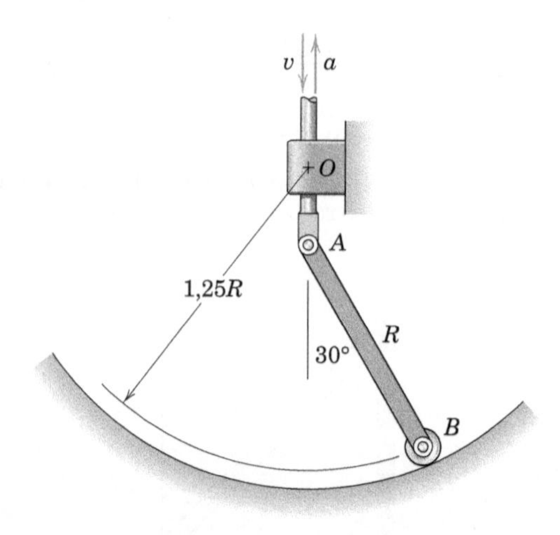

PROBLEMA 5/115

5/116 O eixo da unidade com roda rola sem deslizar sobre a superfície horizontal fixa. Se a velocidade e a aceleração do ponto O são 0,8 m/s para a direita e 1,4 m/s^2 para a esquerda, respectivamente, determine as acelerações dos pontos A e D.

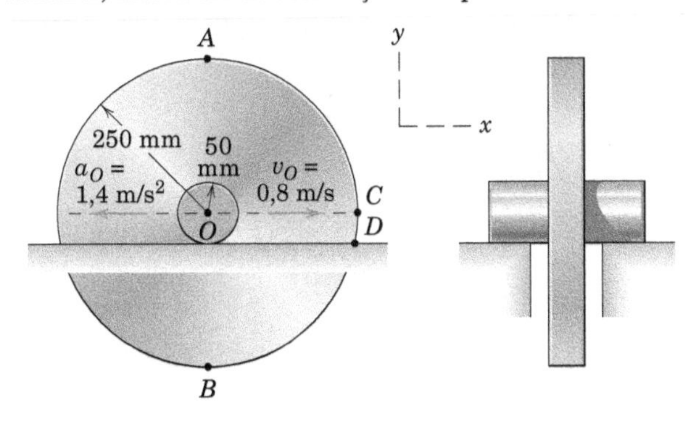

PROBLEMA 5/116

5/117 O sistema do Probl. 5/88 é repetido aqui. No instante em consideração, a haste do cilindro hidráulico está se estendendo à taxa constante $v_A = 2$ m/s. Determine a aceleração angular α_{OB} do segmento OB.

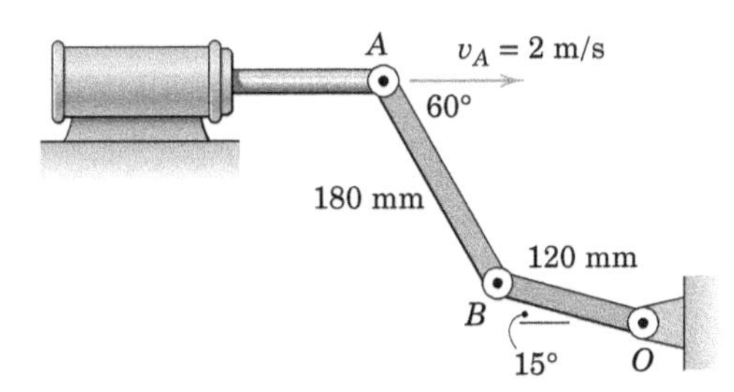

PROBLEMA 5/117

5/118 O mecanismo do Probl. 5/90 é repetido aqui. Se a banda tiver uma velocidade constante de 2 m/s como indicado na figura, determine a aceleração angular α_{AB} do link AB.

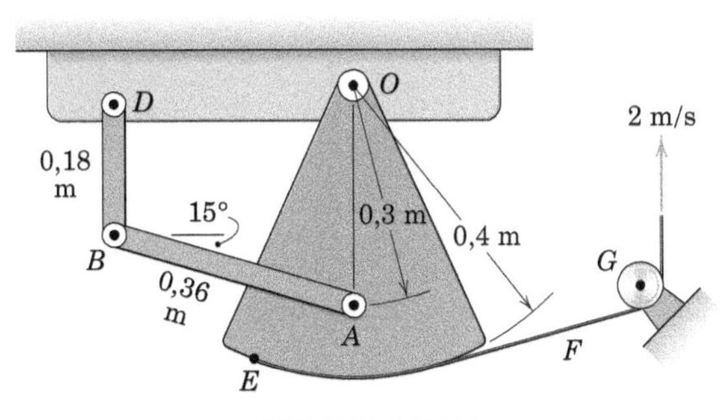

PROBLEMA 5/118

5/119 A barra AB do Probl. 5/61 é reapresentada aqui. Se a velocidade do ponto A é de 3 m/s para a direita e é constante para um intervalo incluindo a posição mostrada, determine a aceleração tangencial do ponto B ao longo de sua trajetória e a aceleração angular da barra.

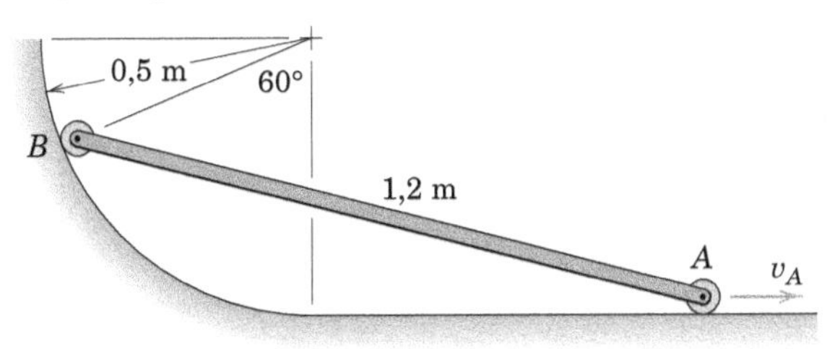

PROBLEMA 5/119

5/120 Se a barra AB do mecanismo de quatro barras possui uma velocidade angular constante no sentido anti-horário de 40 rad/s durante um intervalo que inclui o instante representado, determine a aceleração angular deAO e a aceleração do ponto D. Expresse seus resultados em notação vetorial.

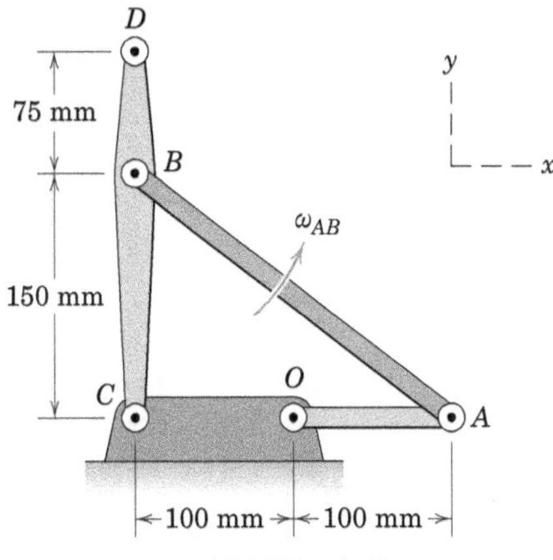

PROBLEMA 5/120

5/121 O mecanismo de implantação do *boom* do magnetômetro da nave espacial do Probl. 5 /71 é mostrado novamente aqui. O braço de acionamento OB tem uma velocidade angular constante no sentido horário ω_{OB} de 0,5 rad/s ao cruzar a posição vertical. Determine a aceleração angular $\boldsymbol{\alpha}_{CA}$ do *boom* para a posição mostrada, em que tan $\theta = 4/3$.

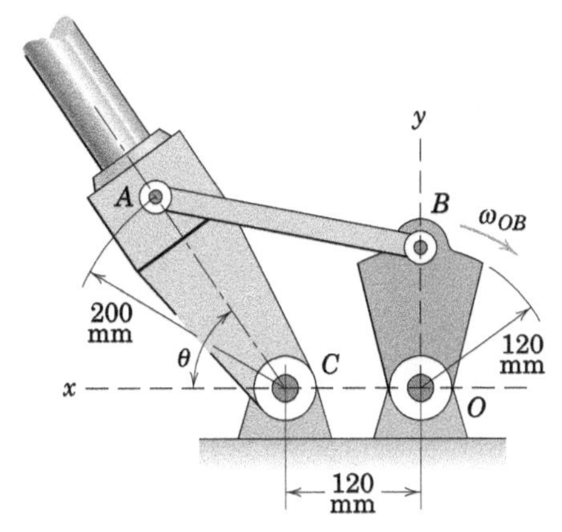

PROBLEMA 5/121

5/122 O mecanismo de quatro barras do Probl. 5/69 é reproduzido aqui. Se a velocidade angular e a aceleração angular da barra motora OA são, respectivamente, 10 rad/s e 5 rad/s^2, ambas em sentido anti-horário, determine as acelerações angulares das barras AB e BC para o instante representado.

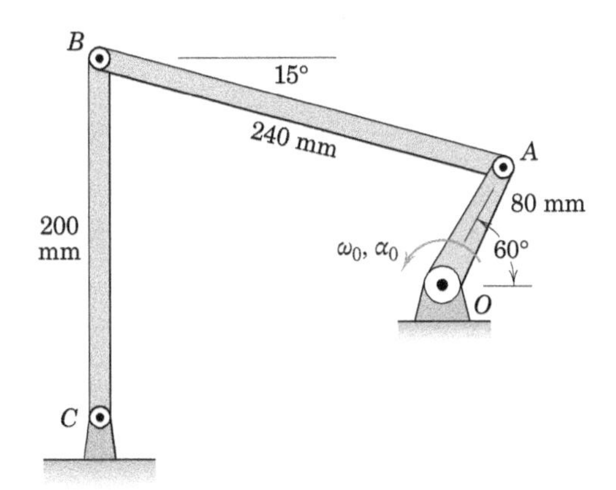

PROBLEMA 5/122

5/123 Os componentes de uma serra elétrica alternativa são apresentados na figura. A lâmina de serra é montada em um arco que desliza ao longo da guia horizontal. Se o motor gira o volante a uma velocidade constante no sentido anti-horário de 60 rpm, determine a aceleração da lâmina para a posição em que $\theta = 90°$, e encontre a aceleração angular correspondente da barra AB.

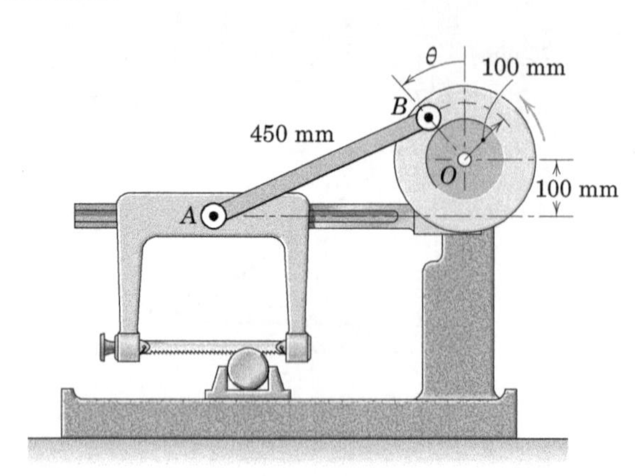

PROBLEMA 5/123

►5/124 Um mecanismo para empurrar pequenas caixas de uma linha de montagem para uma correia transportadora é apresentado com o braço OD e a manivela CB em suas posições verticais. Para a configuração mostrada, a manivela CB possui uma velocidade angular constante no sentido horário de π rad/s. Determine a aceleração de E.

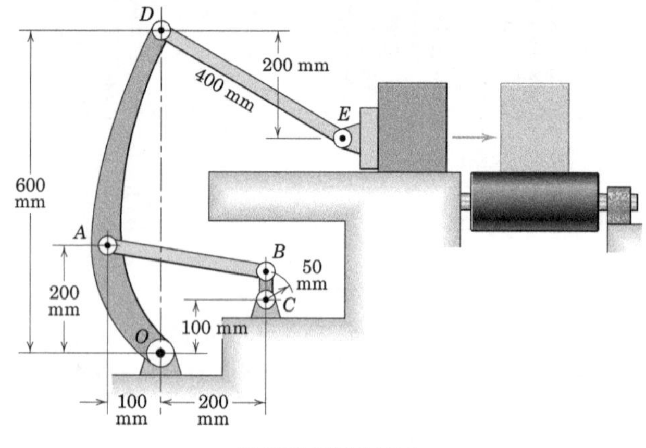

PROBLEMA 5/124

Problemas para a Seção 5/7

Problemas Introdutórios

5/125 O disco gira com velocidade angular $\omega = 2$ rad/s. A pequena bola A está se movendo ao longo do rasgo radial, com velocidade $u = 100$ mm/s relativa ao disco. Determine a velocidade absoluta da bola e o ângulo β entre esse vetor velocidade e o sentido positivo do eixo x.

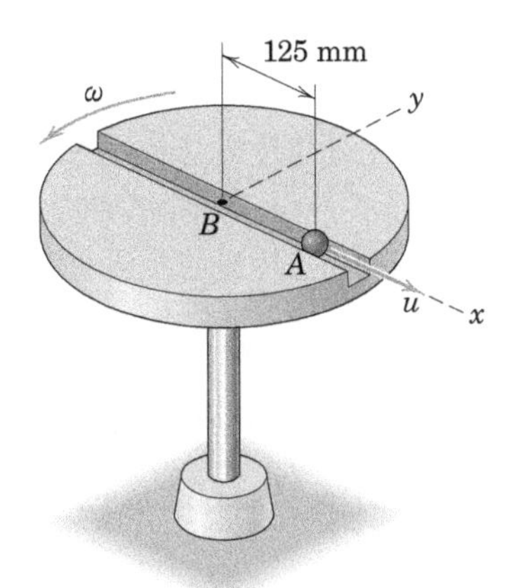

PROBLEMA 5/125

5/126 O setor gira com as quantidades angulares indicadas em torno de um eixo fixo através do ponto B. Simultaneamente, a partícula A se move na fenda curva com velocidade u constante em relação ao setor. Determine a velocidade absoluta e a aceleração da partícula A e identifique a aceleração de Coriolis.

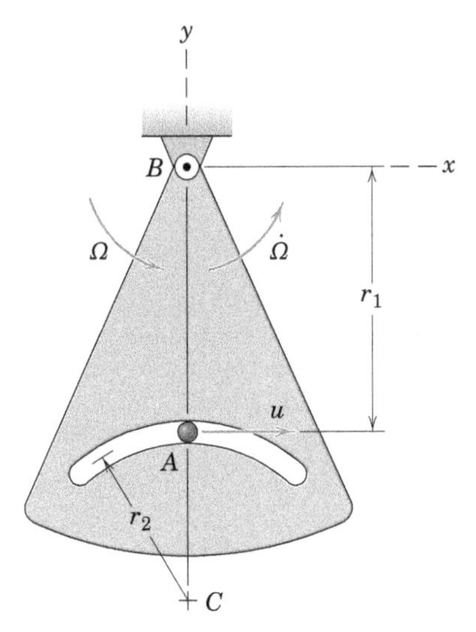

PROBLEMA 5/126

5/127 O disco rola sem deslizar sobre a superfície horizontal, e, no instante representado, o centro O possui a velocidade e a aceleração mostradas na figura. Para esse instante, a partícula A possui a velocidade indicada u e a taxa de variação no tempo da velocidade $\dot{u}$, as duas medidas consideradas em relação ao disco. Determine a velocidade e a aceleração absolutas da partícula A.

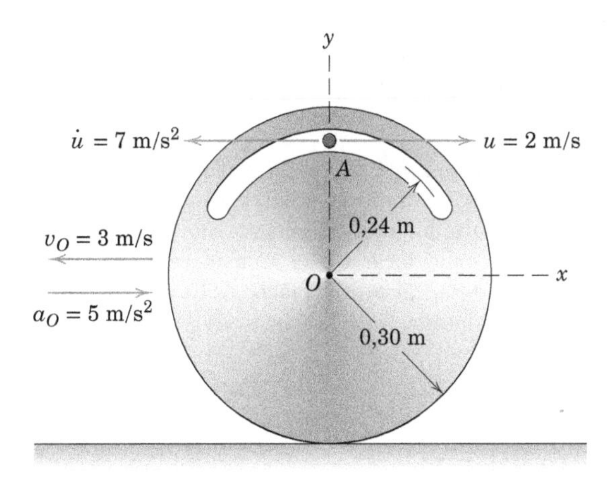

PROBLEMA 5/127

5/128 Os carros da montanha-russa têm uma velocidade $v = 7{,}5$ m/s no instante em consideração. Quando o passageiro B passa o ponto mais alto, ele observa um amigo estacionário A. Que velocidade de A ele observa? Na posição considerada, o centro de curvatura da trajetória do passageiro B é o ponto C.

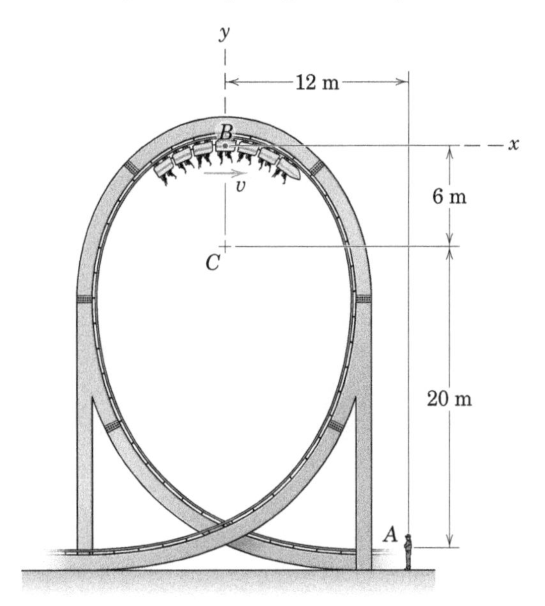

PROBLEMA 5/128

5/129 Os carros A e B estão fazendo as curvas com a mesma velocidade de 72 km/h. Determine a velocidade que A parece ter para um observador ocupante e fazendo a curva com o carro B no instante representado. A curvatura da estrada para o carro A afeta o resultado? Os eixos x-y são fixados ao carro B.

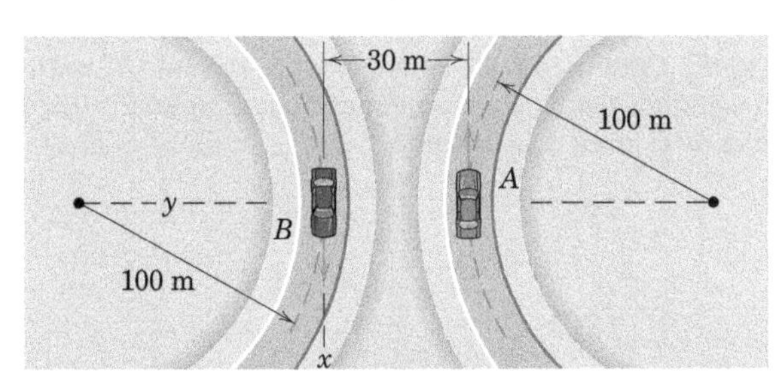

PROBLEMA 5/129

5/130 Se os carros da Probl. 5/129 têm uma velocidade constante de 72 km/h ao contornarem as curvas, determine a aceleração que A parece ter para um observador ocupante do carro B fazendo a curva no instante representado. Os eixos x-y são fixados ao carro B.

5/131 Um pequeno aro A está deslizando sobre a barra dobrada, com velocidade u, relativa à barra, conforme representado. Simultaneamente, a barra está girando com velocidade angular ω em torno da articulação B fixa. Considere os eixos x-y como fixos à barra e determine a aceleração de Coriolis do aro, para o instante representado. Interprete seu resultado.

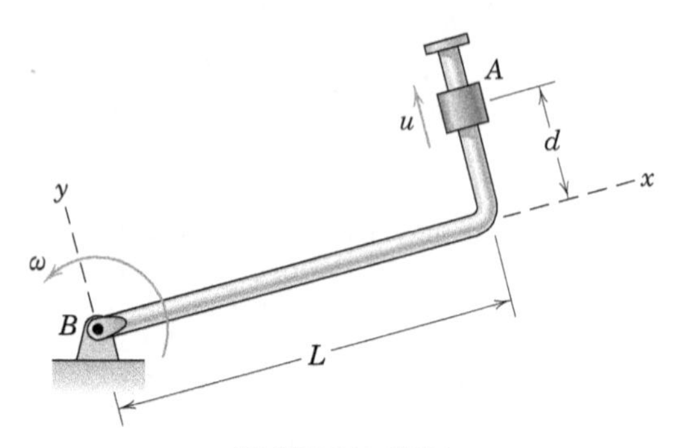

PROBLEMA 5/131

5/132 Um trem viajando a uma velocidade constante v = 40 km/h entrou numa porção circular da ferrovia com um raio R = 60 m. Determine a velocidade e a aceleração do ponto A do trem conforme observado pelo maquinista B, que está fixado à locomotiva. Use os eixos indicados na figura.

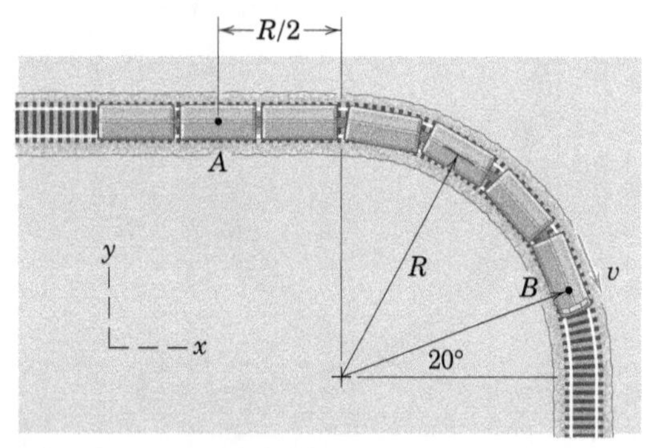

PROBLEMA 5/132

Problemas Representativos

5/133 O avião B tem uma velocidade constante de 540 km/h na parte inferior de uma curva de 400 m de raio. O avião A, que está voando horizontalmente no plano da curva, passa diretamente 100 m abaixo de B, com velocidade constante de 360 km/h. Com os eixos coordenados fixados em B, conforme representado, determine a aceleração que A aparenta ter para o piloto de B, para este instante.

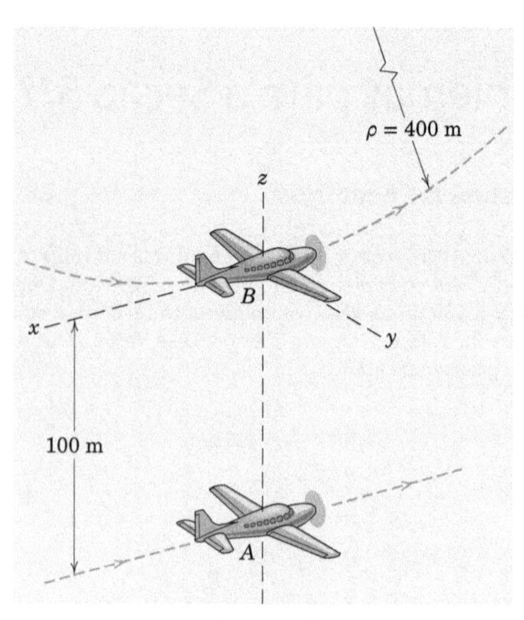

PROBLEMA 5/133

5/134 A barra OC gira com uma velocidade angular no sentido horário ω_{OC} = 2 rad/s. O pino A acoplado à barra OC segue a ranhura reta do setor. Determine a velocidade angular ω do setor e a velocidade do pino A em relação ao setor para o instante representado.

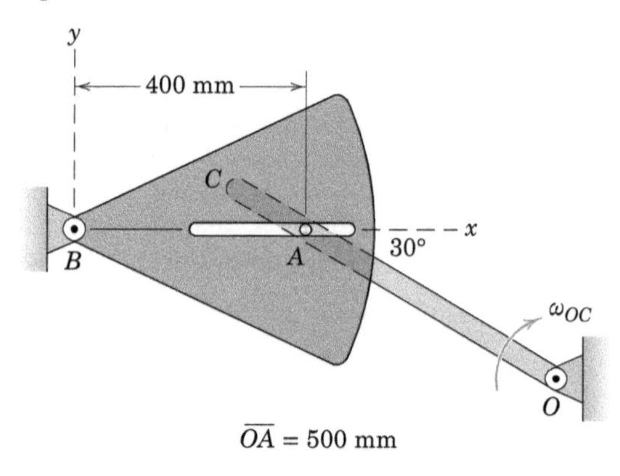

PROBLEMA 5/134

5/135 O sistema do Probl. 5/134 é modificado no sentido de que o OC é agora um membro com uma fenda que acomoda o pino A ligado ao setor. Se a barra OC girar com uma velocidade angular no sentido horário ω_{OC} = 2 rad/s e uma aceleração angular no sentido anti-horário α_{OC} = 4 rad/s^2, determine a velocidade angular ω e a aceleração angular α do setor.

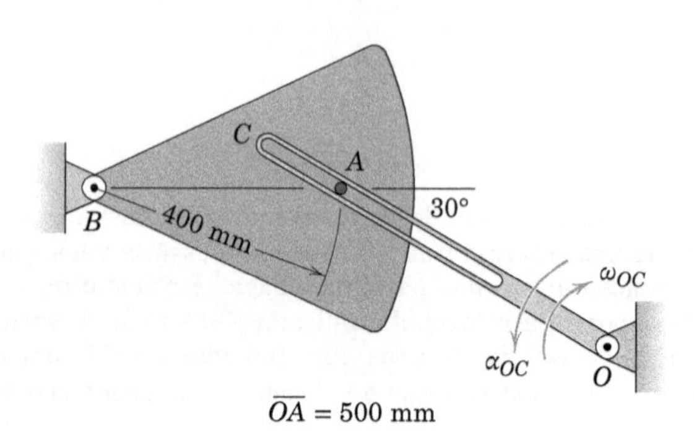

PROBLEMA 5/135

5/136 Uma pista de boliche lisa é orientada na direção norte-sul, como mostrado. Uma bola A é liberada com uma velocidade v ao longo da pista, conforme indicado. Em função do efeito de Coriolis, a bola desvia uma distância δ como indicado. Desenvolva uma expressão geral para δ. A pista de boliche está localizada em uma latitude θ no hemisfério norte. Avalie sua expressão para as condições L = 18 m, v = 4,5 m/s e θ = 40°. Os jogadores de boliche devem preferir pistas orientadas na direção leste-oeste? Explique quaisquer hipóteses.

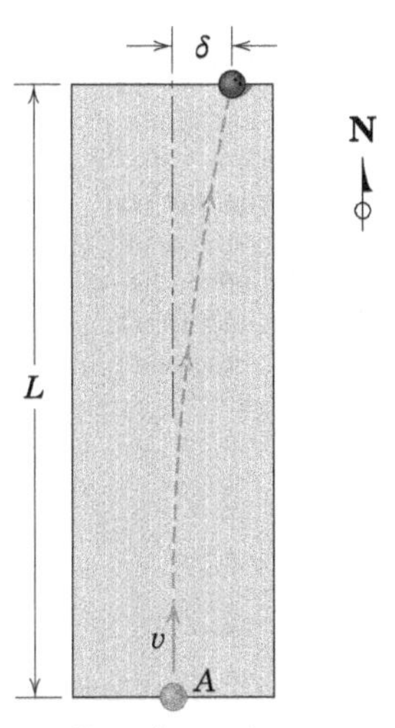

PROBLEMA 5/136

5/137 O navio de cruzeiro, sob a ação do leme e dos propulsores de estibordo na popa, tem uma velocidade de seu centro de massa B, v_B = 1 m/s e uma velocidade angular ω = 1 grau/s em torno do eixo vertical. A velocidade de B é constante, mas a taxa de variação angular ω é decrescente em 0,5 grau/s^2. Uma pessoa A está parada sobre a doca. Quais velocidade e aceleração de A serão observadas por um passageiro em posição fixa no navio e girando com ele? Trate o problema como bidimensional.

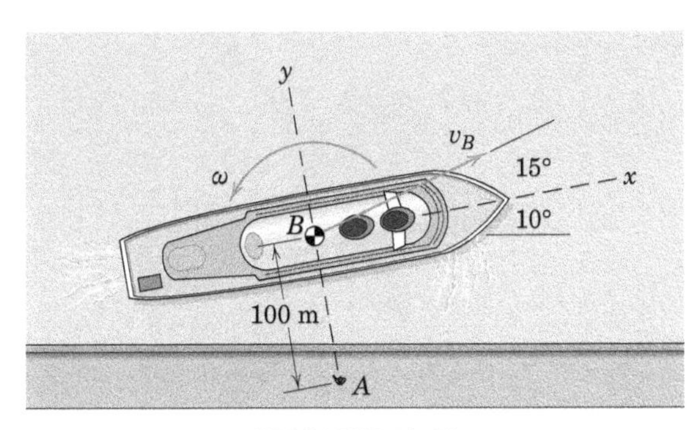

PROBLEMA 5/137

5/138 O transporte aéreo B está voando com uma velocidade constante de 800 km/h em um arco horizontal de 15 km de raio. Quando B atinge a posição mostrada, a aeronave A, voando para sudoeste a uma velocidade constante de 600 km/h, atravessa a linha radial de B até o centro da curvatura C de seu trajeto. Escreva a expressão vetorial, usando os eixos x-y ligados a B, para a velocidade de A, medida por um observador embarcado e fazendo a curva com B.

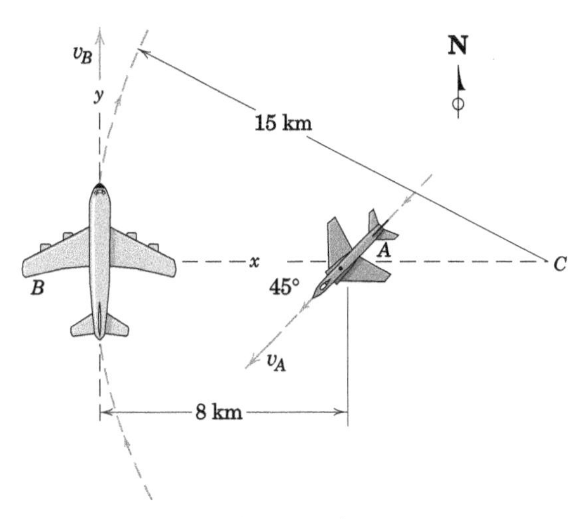

PROBLEMA 5/138

5/139 Para as condições do Probl. 5/138, obtenha a expressão vetorial para a aceleração que a aeronave A parece ter para um observador embarcando e fazendo a curva com a aeronave B, à qual os eixos x-y estão ligados.

5/140 O Carro A está viajando na reta com velocidade constante v. O Carro B está se movendo ao longo da rampa circular com velocidade constante $v/2$. Determine a velocidade e aceleração do carro A como visto por um observador embarcado no carro B. Use os valores v = 96 km/h e R = 60 m, e utilize as coordenadas x-y mostradas na figura.

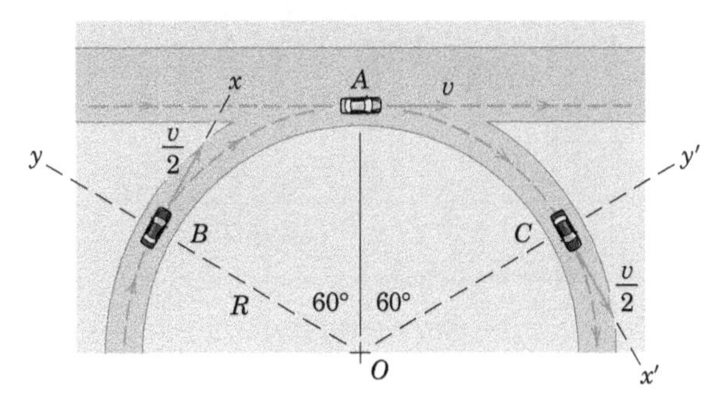

PROBLEMA 5/140

5/141 Consulte a figura do Probl. 5/140. O carro A está seguindo na via rápida com velocidade v, e esta velocidade está diminuindo a uma taxa a. O carro C está se movendo ao longo da rampa circular com velocidade $v/2$, e esta velocidade está diminuindo a uma taxa $a/2$. Determine a velocidade e a aceleração que o carro A parece ter para um observador embarcado no carro C. Use os valores v = 96 km/h, a = 3 m/s^2, e R = 60 m, e utilize as coordenadas x'-y' mostradas na figura.

5/142 Para o instante representado, a barra CB está girando no sentido anti-horário a uma razão constante $N = 4$ rad/s, e seu pino A provoca uma rotação no sentido horário do membro com rasgo ODE. Determine a velocidade angular ω e a aceleração angular α de ODE para esse instante.

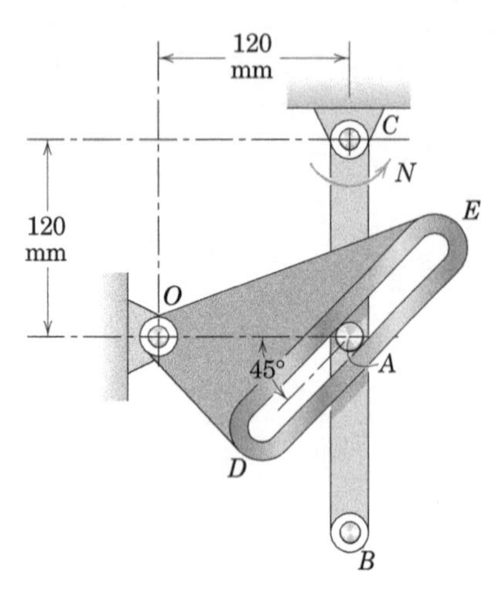

PROBLEMA 5/142

5/143 O disco gira em torno de um eixo fixo através do ponto O, com uma velocidade angular $\omega_0 = 20$ rad/s em sentido horário e com uma aceleração angular $\alpha_0 = 5$ rad/s^2 em sentido anti-horário, no instante sob consideração. O valor de r é 200 mm. O pino A está fixado ao disco, mas desliza livremente no interior do membro com fenda BC. Determine a velocidade e a aceleração de A relativa ao membro com fenda BC e a velocidade angular e a aceleração angular de BC.

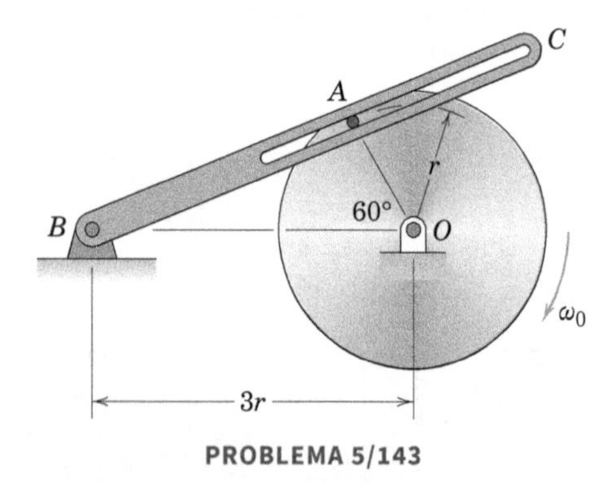

PROBLEMA 5/143

5/144 Todas as condições do problema anterior são mantidas, mas agora, em vez de girar em torno de um centro fixo, o disco rola, sem deslizar, sobre a superfície horizontal. Se o disco tem uma velocidade angular de 20 rad/s, em sentido horário, e uma aceleração angular de 5 rad/s^2, em sentido anti-horário, determine a velocidade e a aceleração do pino A relativa ao membro com rasgo BC e a velocidade angular e a aceleração angular de BC. O valor de r é 200 mm. Despreze a distância do centro do pino A até a borda do disco.

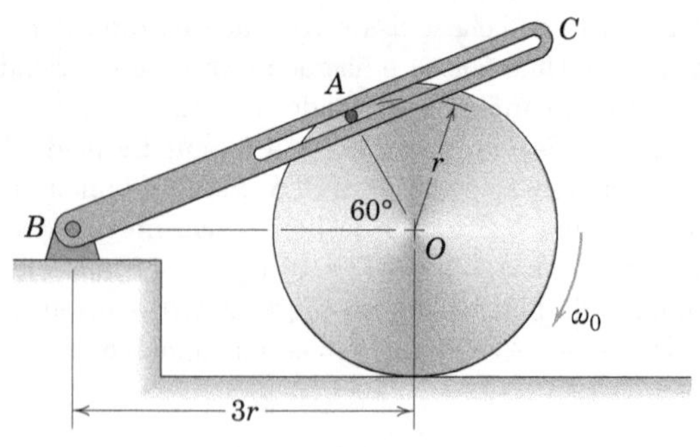

PROBLEMA 5/144

►5/145 O ônibus espacial A está em uma órbita circular equatorial de 240 km de altitude e está se movendo de oeste para leste. Determine a velocidade e a aceleração que ele parece ter para um observador B fixo no equador e girando com a Terra enquanto o ônibus espacial passa acima de sua cabeça. Use um raio da Terra $R = 6378$ km. Confira também na Fig. 1/1 o valor apropriado de g e faça seus cálculos para uma precisão de quatro algarismos significativos.

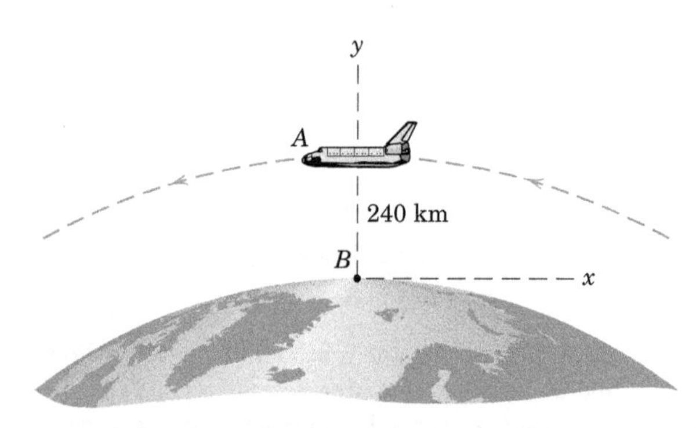

PROBLEMA 5/145

►5/146 Determine a aceleração angular do segmento CE na posição mostrada, em que $\omega = \dot{\beta} = 2$ rad/s e $\ddot{\beta} = 6$ rad/s^2 quando $\theta = \beta = 60°$. O pino A é fixado para ligar o CE. A fenda circular no segmento DO tem um raio de curvatura de 150 mm. Na posição mostrada, a tangente à fenda no ponto de contato é paralela a AO.

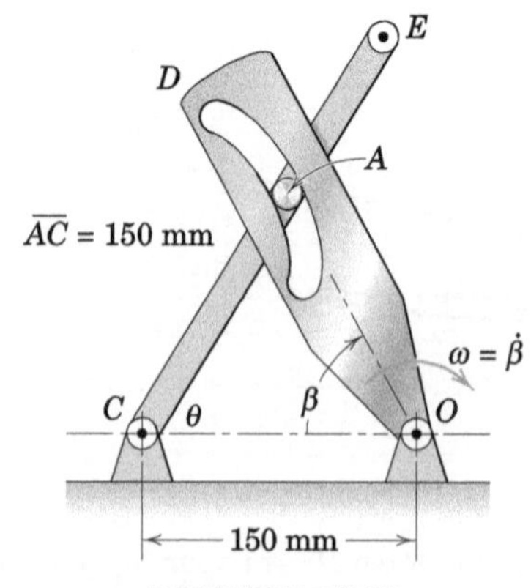

PROBLEMA 5/146

Problemas para a Seção 5/8 Revisão do Capítulo

5/147 A placa retangular gira sobre seu eixo z fixo. No instante considerado, sua velocidade angular é $\omega = 3$ rad/s e está diminuindo à razão de 6 rad/s por segundo. Para este instante, escreva as expressões vetoriais para a velocidade de P e suas componentes normais e tangenciais de aceleração.

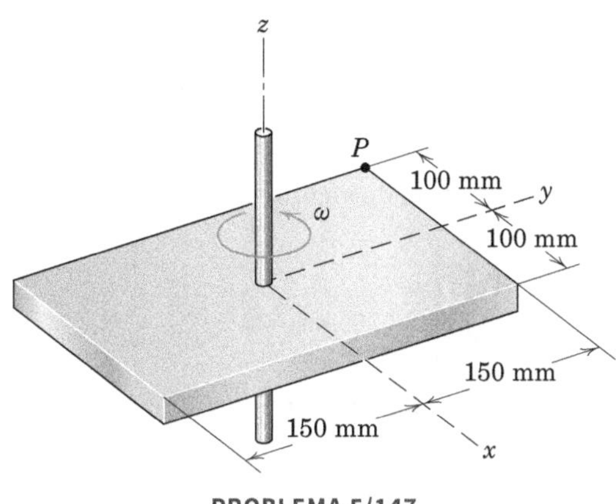

PROBLEMA 5/147

5/148 O disco circular gira sobre seu eixo z com uma velocidade angular $\omega = 2$ rad/s. Um ponto P localizado no aro tem uma velocidade dada por $v = -0{,}8\mathbf{i} - 0{,}6\mathbf{j}$ m/s. Determine as coordenadas de P e o raio r do disco.

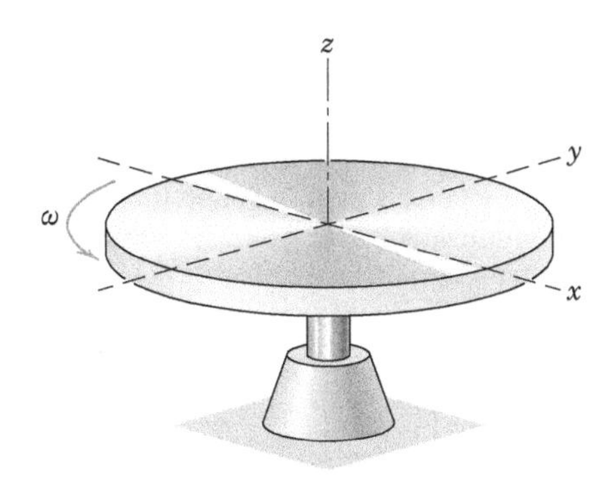

PROBLEMA 5/148

5/149 A resistência de atrito à rotação de um volante consiste em um retardo devido ao atrito do ar que varia como o quadrado da velocidade angular e um retardo de fricção constante no mancal. Como resultado, a aceleração angular do volante é dada por $\alpha = -K - k\omega^2$, em que K e k são constantes. Determine uma expressão para o tempo necessário para que o volante entre em repouso a partir de uma velocidade angular inicial ω_0.

5/150 Que velocidade angular ω da barra AC fará com que o ponto B tenha velocidade zero? Qual seria a velocidade correspondente do ponto C? Considere o comprimento L da barra e a velocidade v do anel como as quantidades fornecidas.

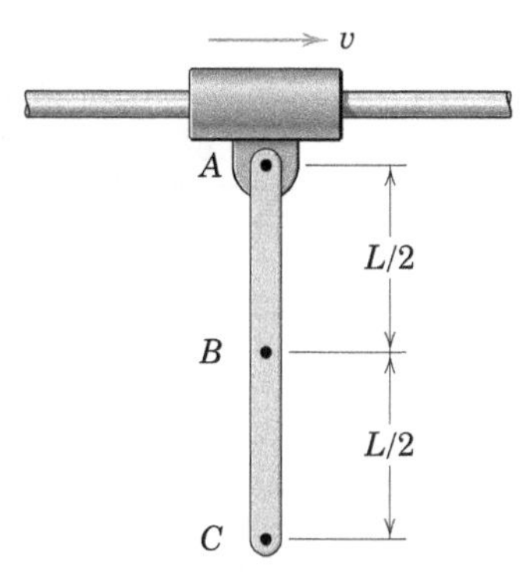

PROBLEMA 5/150

5/151 O rolete B do mecanismo tem uma velocidade de 0,75 m/s para a direita, quando o ângulo θ alcança 60° e a barra AB também faz um ângulo de 60° com a horizontal. Localize o centro instantâneo de velocidade nula para a barra AB e determine sua velocidade angular ω_{AB}.

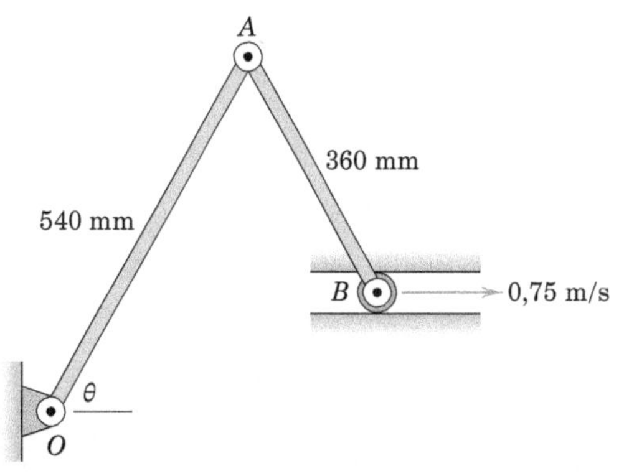

PROBLEMA 5/151

5/152 A rotação da barra ranhurada OA é controlada pelo parafuso guia que confere uma velocidade horizontal v ao anel C. O pino P está preso ao anel. Determine a velocidade angular ω da barra OA em termos de v e o deslocamento x.

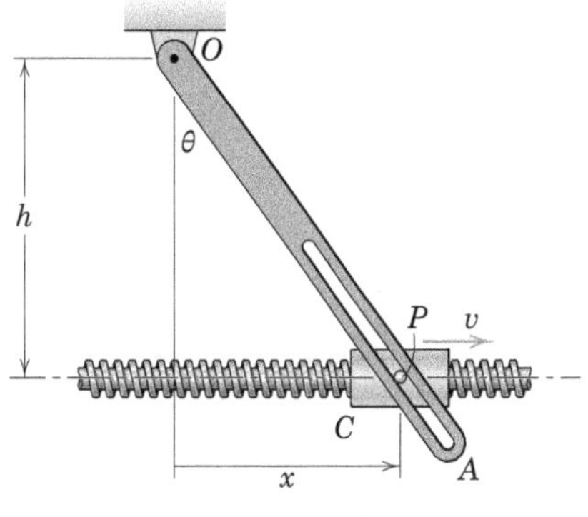

PROBLEMA 5/152

5/153 A grande bobina de cabo de força é rolada na rampa pelo veículo, como mostrado. O veículo parte do repouso com $x = 0$ para a bobina e acelera a uma taxa constante de 0,6 m/s^2. No instante em que $x = 1{,}8$ m, calcule o módulo da aceleração do ponto P sobre a bobina na posição mostrada.

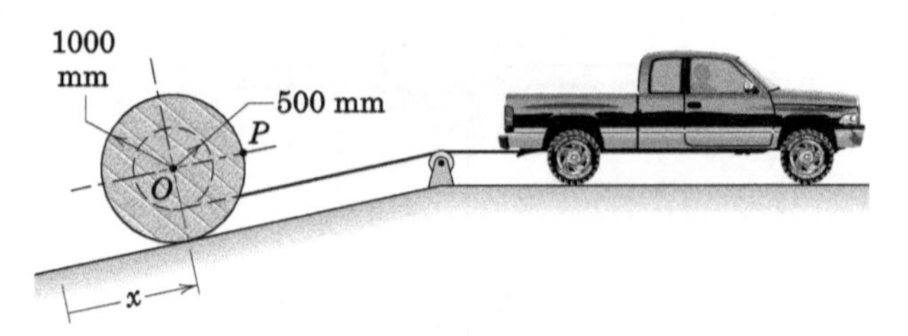

PROBLEMA 5/153

5/154 A placa em forma de triângulo equilátero é guiada pelos dois roletes de vértices A e B, cujos movimentos são limitados às ranhuras perpendiculares. A barra de controle dá a A uma velocidade constante v_A à esquerda para um intervalo de seu movimento. Determine o valor para o qual o componente horizontal da velocidade de C é zero.

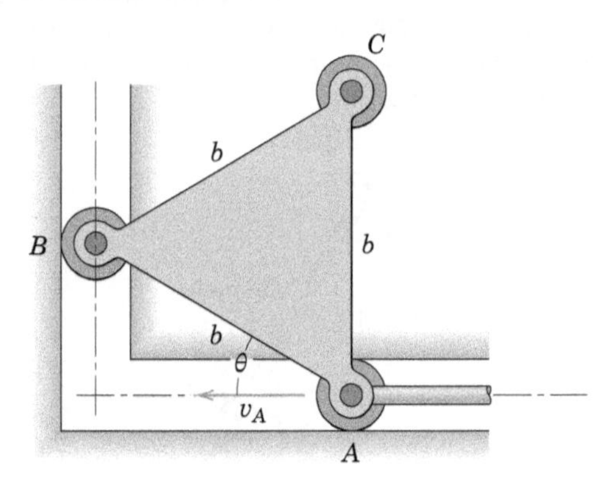

PROBLEMA 5/154

5/155 A carga L está sendo elevada de acordo com as velocidades de descida das extremidades A e B do cabo. Determine o módulo da aceleração do ponto P no topo da polia pelo instante em que $v_A = 0{,}6$ m/s, $\dot{v}_A = 0{,}15$ m /s^2, $v_B = 0{,}9$ m/s, e $\dot{v}_B = -0{,}15$ m/s^2.

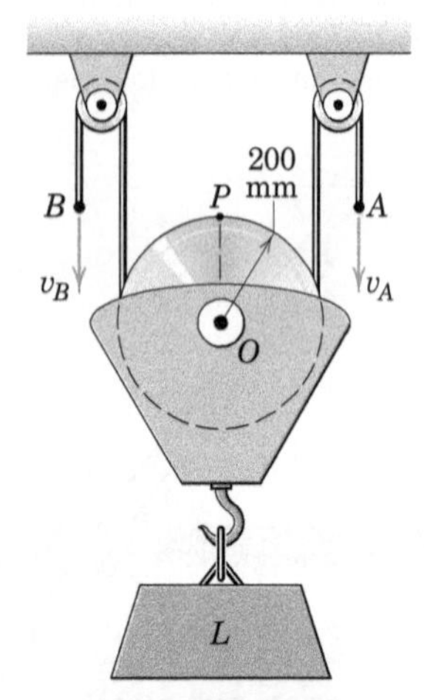

PROBLEMA 5/155

▸5/156 O cilindro hidráulico C impõe uma velocidade v ao pino B, na direção representada. O anel desliza livremente sobre a haste OA. Determine a velocidade angular resultante da haste OA em termos de v, do deslocamento s do pino B e da distância fixa d, para o ângulo $\beta = 15°$.

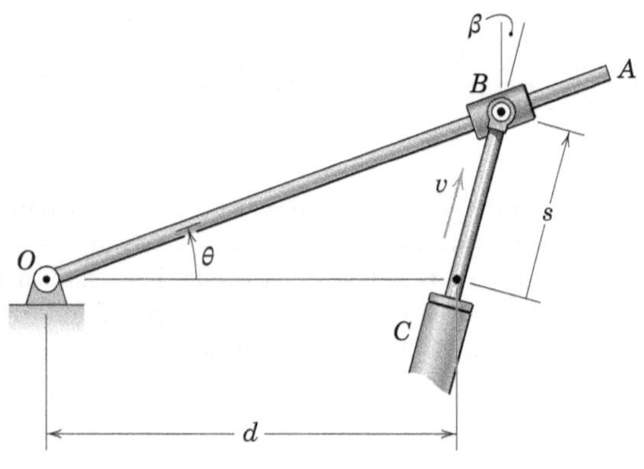

PROBLEMA 5/156

5/157 Os cilindros finais da barra dobrada ADB estão confinados às ranhuras mostradas. Se $v_B = 0{,}3$ m/s, determine a velocidade do cilindro A e a velocidade angular da barra.

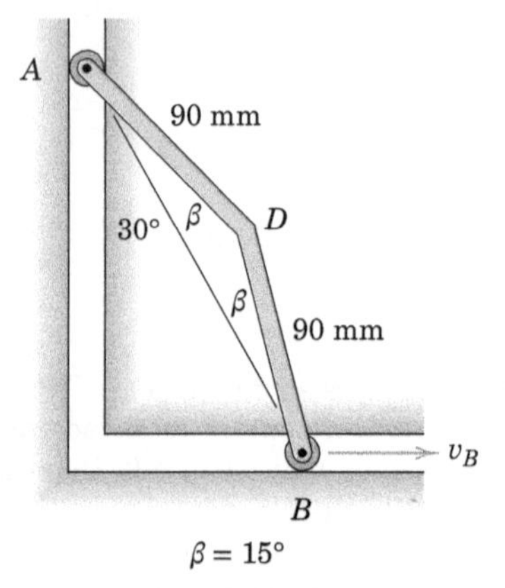

PROBLEMA 5/157

5/158 A figura ilustra um mecanismo de retorno rápido comumente empregado, que produz um movimento lento de corte da ferramenta (presa a D) e um movimento de retorno rápido. Se a manivela motora OA está girando a uma taxa constante $\dot{\theta} = 3$ rad/s, determine a intensidade da velocidade do ponto B, para o instante em que $\theta = 30°$.

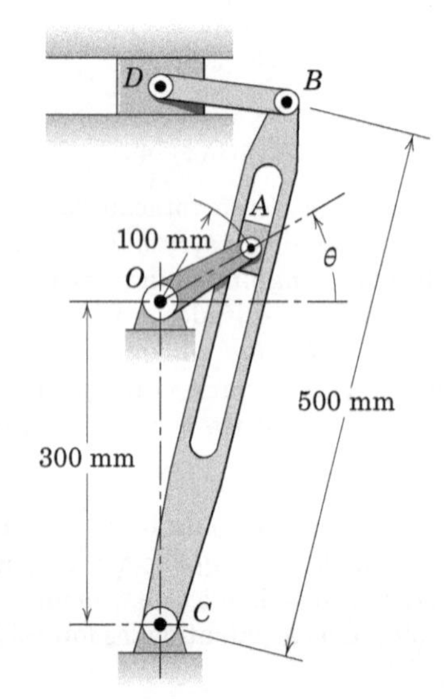

PROBLEMA 5/158

5/159 A roda rola sem deslizar, e sua posição é controlada pelo movimento do bloco deslizante B. Se B possui uma velocidade constante de 250 mm/s para a esquerda, determine a velocidade angular de AB e a velocidade do centro O da roda quando $\theta = 0$.

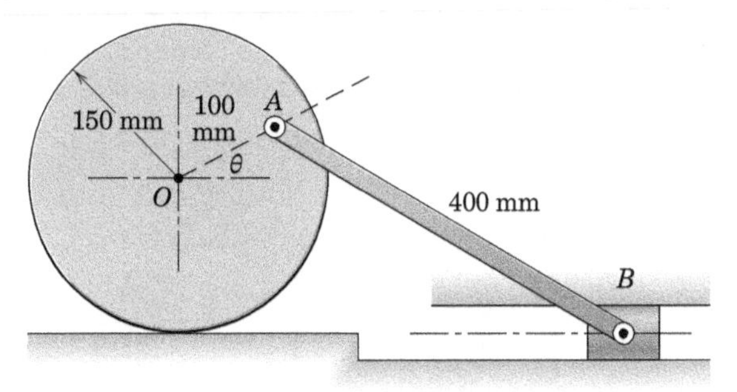

PROBLEMA 5/159

5/160 Uma estação de radar B situada no equador observa um satélite A em uma órbita circular equatorial de 200 km de altitude e se movendo de oeste para leste. Para o instante em que o satélite está 30° acima do horizonte, determine a diferença entre a velocidade do satélite em relação à estação de radar, quando medida a partir de um sistema de referência sem rotação, e a velocidade quando medida em relação ao sistema de referência do sistema de radar.

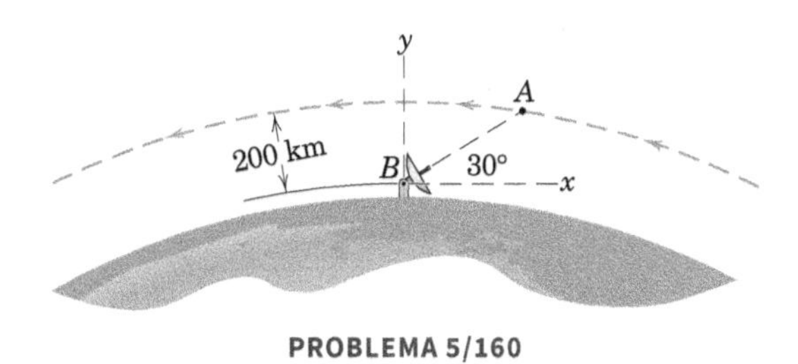

PROBLEMA 5/160

*Problemas para Resolução com Auxílio do Computador

*5/161 O disco gira em torno de um eixo fixo com uma velocidade angular constante $\omega_0 = 10$ rad/s. O pino A está preso ao disco. Determine e apresente graficamente as intensidades da velocidade e da aceleração do pino A relativas ao membro com rasgo BC, como funções do ângulo do disco θ no intervalo $0 \leq \theta \leq 360°$. Determine os valores máximo e mínimo e, também, os valores de t para os quais eles ocorrem. O valor de r é 200 mm.

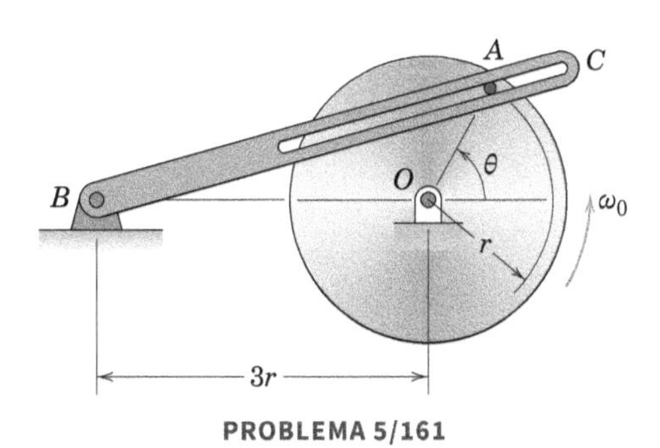

PROBLEMA 5/161

*5/162 Um torque constante M supera a quantidade de movimento em torno de O devido à força F no êmbolo, resultando em uma aceleração angular $\ddot{\theta} = 100(1 - \cos\theta)$ rad/s^2. Se a manivela OA for liberada do repouso em B, em que $\theta = 30°$, e atingir a parada em C, em que $\theta = 150°$, trace a velocidade angular $\dot{\theta}$ em função de θ e encontre o tempo t para a manivela girar de $\theta = 90°$ para $\theta = 150°$.

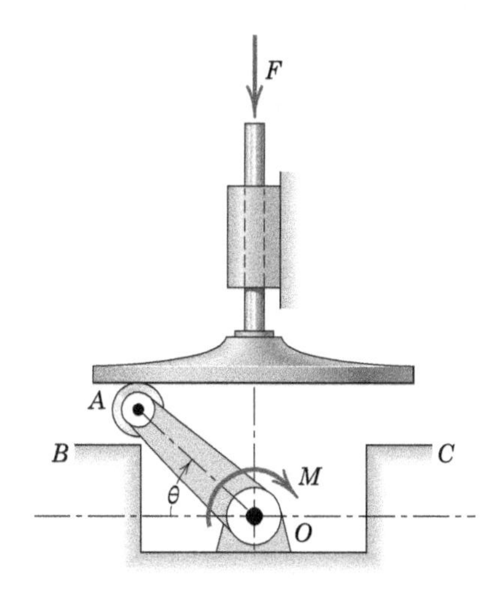

PROBLEMA 5/162

*5/163 A manivela OA do mecanismo de quatro barras é conduzida a uma velocidade angular constante e em sentido anti-horário $\omega_0 = 10$ rad/s. Determine e apresente graficamente, como funções do ângulo θ da manivela, as velocidades angulares das barras AB e BC no intervalo $0 \leq \theta \leq 360°$. Determine o valor máximo absoluto de cada velocidade angular e os valores de θ em que ocorrem.

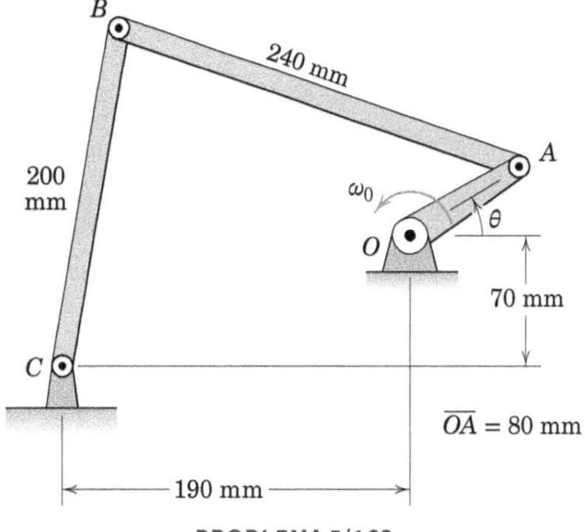

PROBLEMA 5/163

*5/164 Mantendo todas as condições do problema anterior, determine e apresente graficamente, como funções do ângulo θ da manivela, as acelerações angulares das barras AB e BC no intervalo $0 \leq \theta \leq 360°$. Determine o valor máximo absoluto de cada aceleração angular e os valores de θ em que ocorrem.

*5/165 Todas as condições do Probl. 5/163 permanecem as mesmas, exceto a velocidade angular em sentido anti-horário da manivela OA, que passa a ser 10 rad/s quando $\theta = 0$, e a aceleração angular constante e em sentido anti-horário da manivela, que passa a ser 20 rad/s^2. Determine e apresente graficamente, como funções do ângulo θ da manivela, as velocidades angulares das barras AB e BC no intervalo $0 \leq \theta \leq 360°$. Determine o valor máximo absoluto de cada velocidade angular e os valores de θ em que ocorrem.

*5/166 A barra OA gira sobre o pivô O fixo com velocidade angular constante $\dot{\beta} = 0{,}8$ rad/s. O pino A é fixado na barra OA e é acoplado na ranhura do membro BD, que gira em torno de um eixo fixo através do ponto B. Determine e trace na faixa $0 \leq \beta \leq 360°$ a velocidade angular e aceleração angular de BD e a velocidade e aceleração do pino A em relação ao membro BD. Determine o módulo e a direção da aceleração do pino A em relação ao membro BD para $\beta = 180°$.

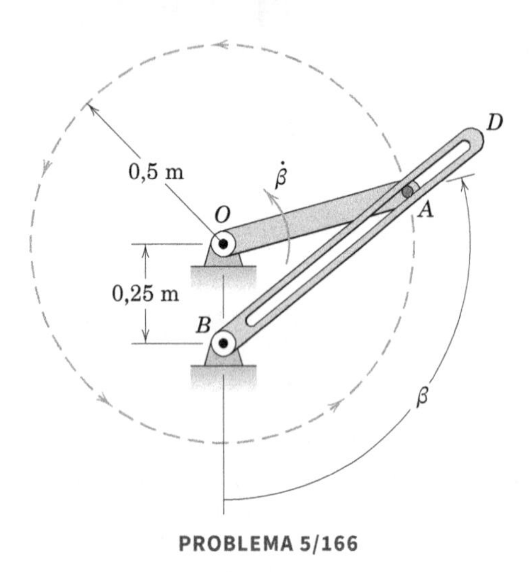

PROBLEMA 5/166

*5/167 Para a configuração de bloco deslizante e manivela apresentada, desenvolva a expressão para a velocidade v_A do pistão (admitida positiva para a direita) como uma função de θ. Substitua os dados numéricos do Exemplo 5/15 e calcule v_A como uma função de θ para $0 \leq \theta \leq 180°$. Represente graficamente v_A contra θ e encontre seu módulo máximo e o valor correspondente de θ. (Por simetria, estime os resultados para $180° \leq \theta \leq 360°$.)

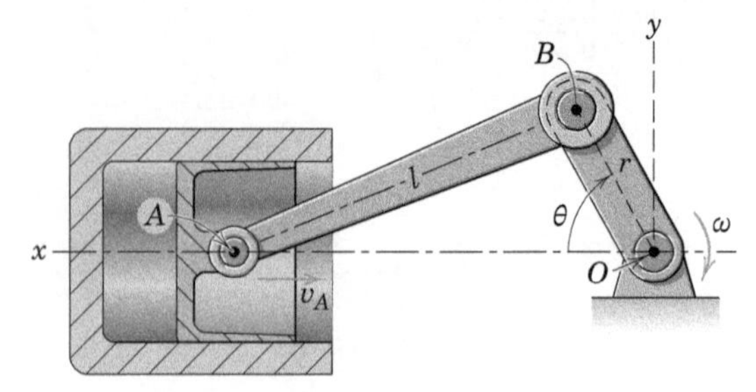

PROBLEMA 5/167

*5/168 Pensando no cursor e na manivela do Probl. 5/167, desenvolva a expressão para a aceleração a_A do pistão (admitida positiva para a direita) como uma função de θ para $\omega = \dot{\theta} =$ constante. Substitua os dados numéricos do Exemplo 5/15 e calcule a_A como uma função de θ para $0 \leq \theta \leq 180°$. Represente graficamente a_A contra θ e encontre o valor de θ para o qual $a_A = 0$. (Usando simetria, faça uma previsão dos resultados para $180° \leq \theta \leq 360°$.)

Capítulo 6

* Problema orientado para solução computacional

▶ Problema difícil

Problemas para as Seções 6/1–6/3

Problemas Introdutórios

6/1 A barra OB uniforme de 30 kg é fixada na posição vertical à estrutura acelerada pela dobradiça em O e o rolete em A. Se a aceleração horizontal da estrutura for a = 20 m/s^2, calcule a força FA no rolete e a componente horizontal da força suportada pelo pino em O.

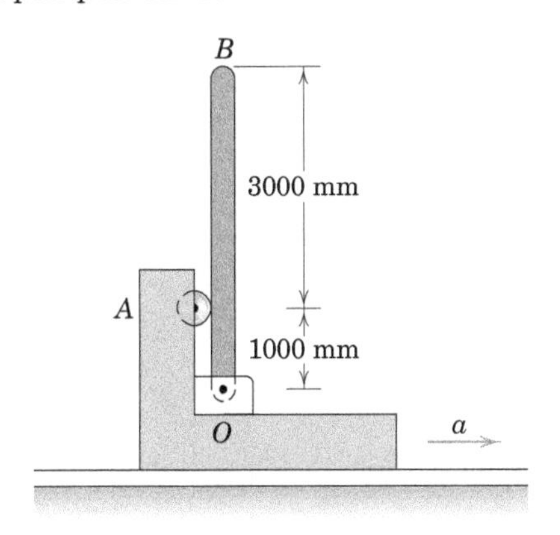

PROBLEMA 6/1

6/2 A barra com duas pernas iguais em ângulo reto tem 3 kg e está livremente articulada à placa no ponto C. A barra é impedida de rodar pelos dois pinos A e B fixados à placa. Determine a aceleração a da placa para a qual nenhuma força é exercida na barra por nenhum dos dois pinos A e B.

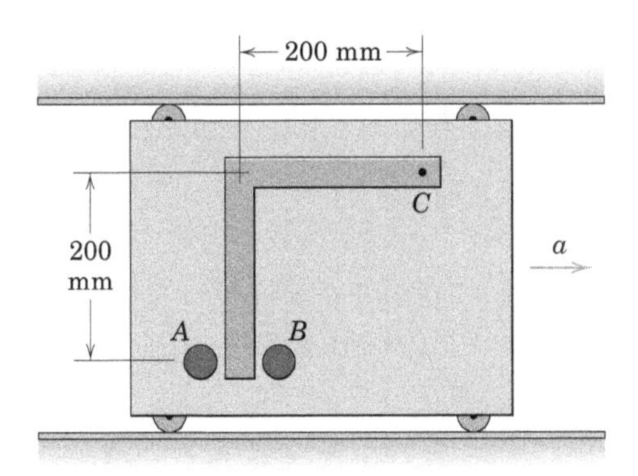

PROBLEMA 6/2

6/3 O motorista de uma caminhonete acelera do repouso até atingir uma velocidade de 72 km/h numa distância horizontal de 65 m com aceleração constante. O caminhão está transportando um reboque vazio de 225 kg com uma porta uniforme de 27 kg articulada em O e mantida na posição ligeiramente inclinada por duas cavilhas, uma de cada lado da estrutura do reboque em A. Determine a força máxima de cisalhamento desenvolvida em cada uma das duas cavilhas durante a aceleração.

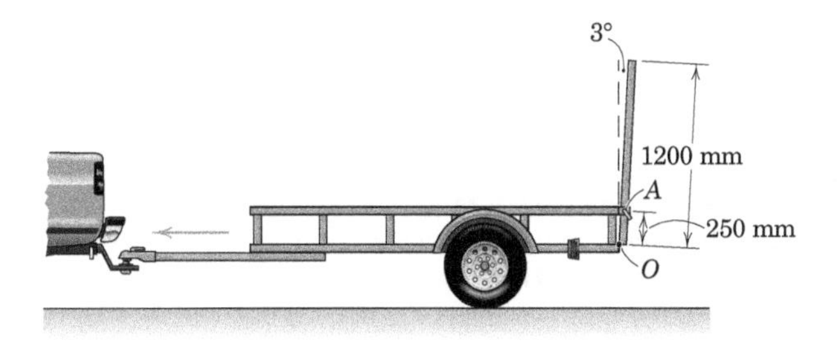

PROBLEMA 6/3

6/4 Qual é a aceleração a da moldura necessária para manter a haste delgada uniforme na orientação mostrada na figura? Desconsidere o atrito e a massa dos pequenos roletes em A e B.

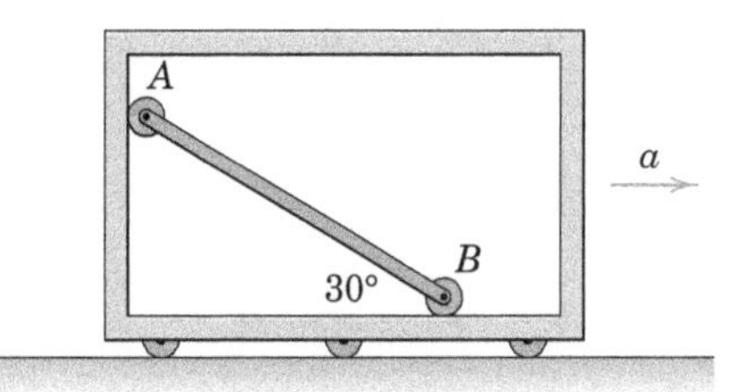

PROBLEMA 6/4

6/5 A estrutura consiste em uma haste uniforme que tem massa ρ por unidade de comprimento. Uma ranhura lisa embutida obriga os pequenos roletes em A e B a se deslocarem horizontalmente. A força P é aplicada à armação através de um cabo fixado a um cursor ajustável C. Determine os módulos e direções das forças normais que atuam sobre os roletes se (a) h = 0,3L, (b) h = 0,5L e (c) h = 0,9L. Avalie seus resultados para ρ = 2 kg/m, L = 500 mm e P = 60 N. Qual é a aceleração da estrutura em cada caso?

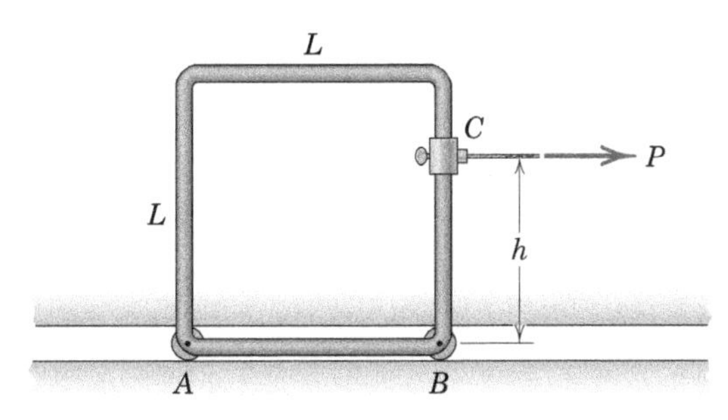

PROBLEMA 6/5

6/6 Uma haste esguia uniforme repousa sobre um banco de carro, como mostrado. Determine a desaceleração a na qual a haste começará a inclinar-se para frente. Suponha que o atrito em B é suficiente para evitar o escorregamento.

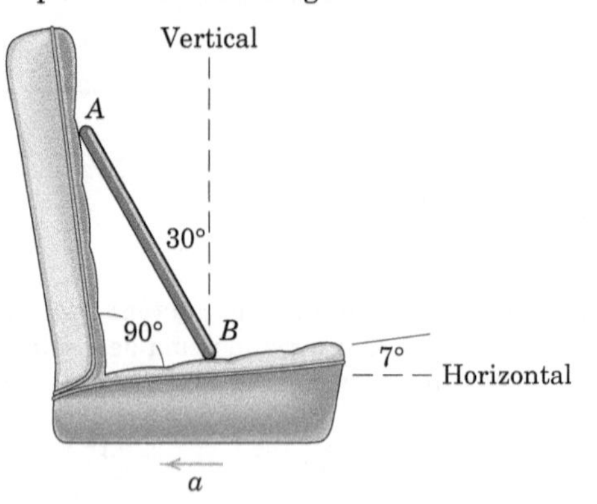

PROBLEMA 6/6

6/7 Determine o valor de P que irá levar o cilindro homogêneo a começar a rolar para fora da ranhura retangular. A massa do cilindro é m e a do carrinho é M. As rodas do carrinho têm massa e atrito desprezíveis.

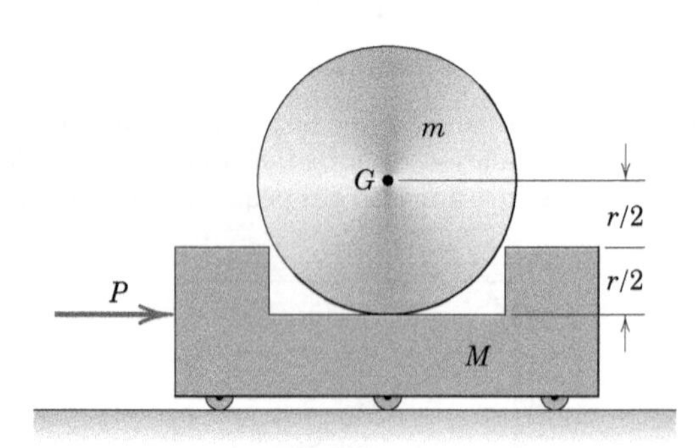

PROBLEMA 6/7

6/8 A estrutura de 6 kg AC e a barra delgada uniforme AB de comprimento l deslizam com atrito desprezível ao longo da haste horizontal sob a ação da força de 80 N. Calcule a tração T no fio BC e as componentes x e y da força exercida na barra pelo pino em A. O plano x-y é vertical.

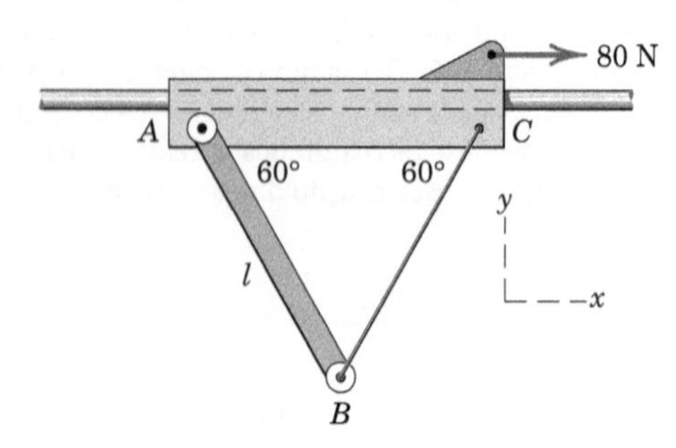

PROBLEMA 6/8

6/9 Se o cursor P do pêndulo receber uma aceleração constante a = 3 g para a direita, o pêndulo assumirá uma deflexão em estado estacionário de θ = 30°. Determine a rigidez k_T da mola torcional que permitirá que isso aconteça. A mola torcional não é deformada quando o pêndulo está na posição vertical.

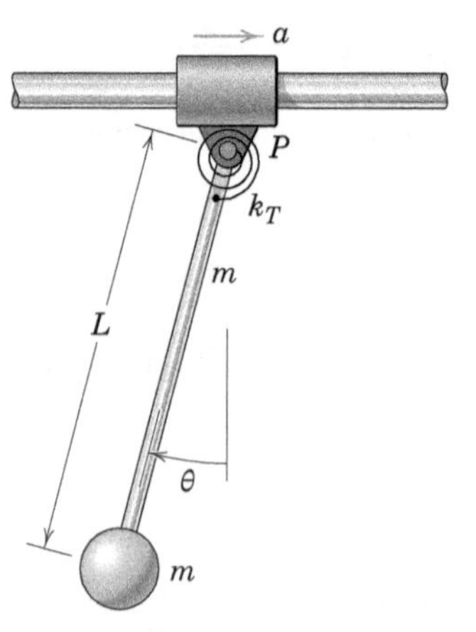

PROBLEMA 6/9

*6/10 Se o cursor P do pêndulo do Probl. 6/9 receber uma aceleração constante a = 5g, qual será a deflexão do pêndulo em estado estacionário em relação à vertical? Use o valor $k_T = 7\ mgL$.

6/11 A barra uniforme de 30 kg OB é presa à base acelerada na posição de 30° em relação à horizontal pela articulação em O e pelo rolete em A. Se a aceleração horizontal da base é $a = 20$ m/s², calcule a força F_A no rolete e as componentes x e y da força suportada pelo pino em O.

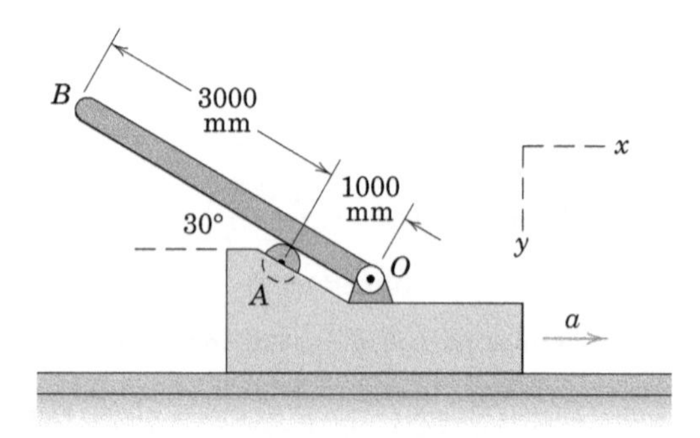

PROBLEMA 6/11

6/12 O ciclista aplica os freios enquanto desce a inclinação de 10°. Que desaceleração a causaria a condição perigosa de tombar sobre a roda dianteira A? O centro combinado de massa do ciclista e da bicicleta está em G.

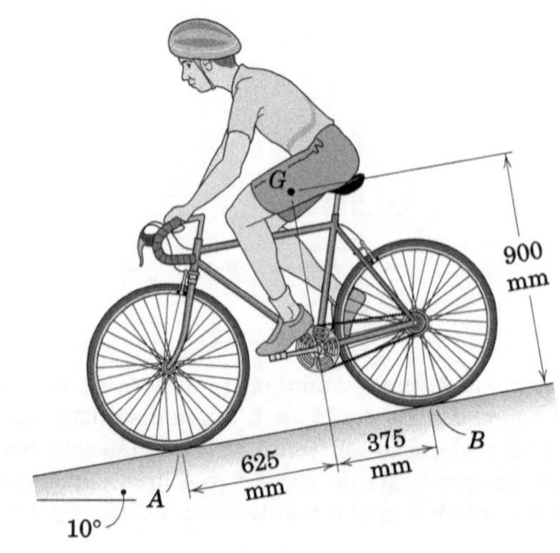

PROBLEMA 6/12

Problemas Representativos

6/13 O carro de 1650 kg tem seu centro de massa em G. Calcule as forças normais N_A e N_B entre a estrada e os pares de rodas dianteiras e traseiras sob condições de aceleração máxima. A massa das rodas é pequena em comparação com a massa total do carro. O coeficiente de atrito estático entre a estrada e as rodas traseiras é de 0,80.

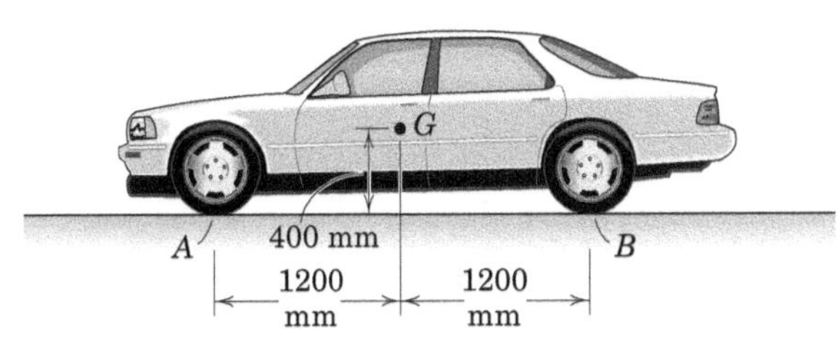

PROBLEMA 6/13

6/14 A lança uniforme de 4 m tem uma massa de 60 kg e é articulada na traseira do caminhão em A e fixada por um cabo em C. Calcule o módulo da força total suportada pela conexão em A se o caminhão parte do repouso com uma aceleração de 5 m/s².

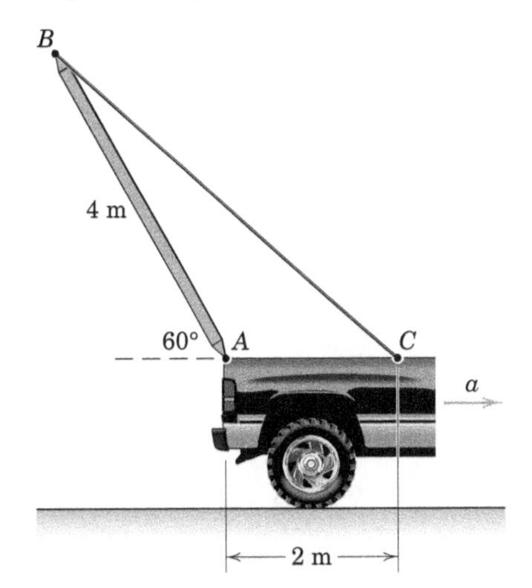

PROBLEMA 6/14

6/15 O veículo *all-terrain* com tração nas quatro rodas tem uma massa de 300 kg com centro de massa G_2. O motorista tem uma massa de 85 kg com centro de massa G_1. Se todas as quatro rodas giram momentaneamente enquanto o motorista tenta avançar, qual é a aceleração para frente do motorista e do veículo? O coeficiente de atrito entre os pneus e o solo é de 0,40. Determine também a força normal combinada no par de pneus dianteiros.

PROBLEMA 6/15

6/16 Uma esteira transportadora clivada transporta cilindros sólidos homogêneos em uma inclinação de 15°. O diâmetro de cada cilindro é metade de sua altura. Determine a aceleração máxima que a esteira pode ter sem tombar os cilindros quando ela dá a partida.

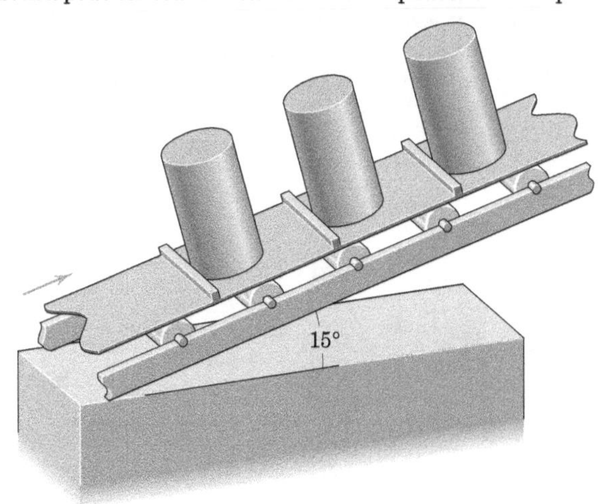

PROBLEMA 6/16

6/17 O tronco uniforme de 100 kg é suportado pelos dois cabos e usado como um aríete. Se o tronco é liberado a partir do repouso na posição mostrada, calcule a tração inicial induzida em cada cabo imediatamente depois da liberação e a aceleração angular correspondente α dos cabos.

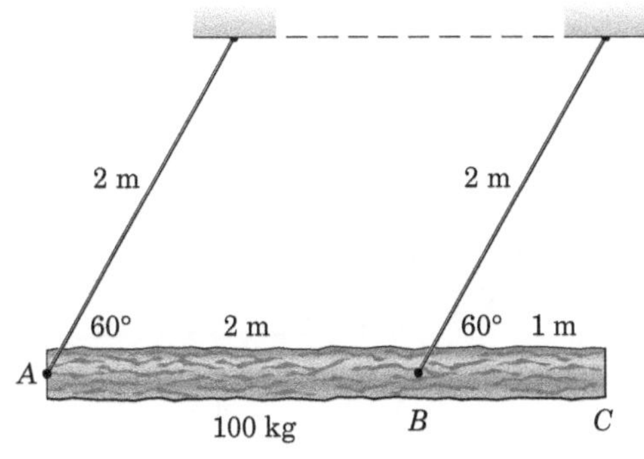

PROBLEMA 6/17

6/18 O fino aro de massa insignificante e raio r contém um semicilindro homogêneo de massa m rigidamente fixado no aro e posicionado de tal forma que sua face diametral é vertical. O conjunto está centrado na parte superior de um carrinho de massa M que rola livremente sobre a superfície horizontal. Se o sistema for liberado do repouso, qual força P deve ser aplicada ao carrinho na direção x para manter o aro e o semicilindro estacionários em relação ao carrinho, e qual é a aceleração resultante do carrinho? O movimento ocorre no plano x-y. Despreze a massa das rodas do carrinho e qualquer atrito nos rolamentos dessas rodas. Qual é o requisito de coeficiente de atrito estático entre o aro e carrinho?

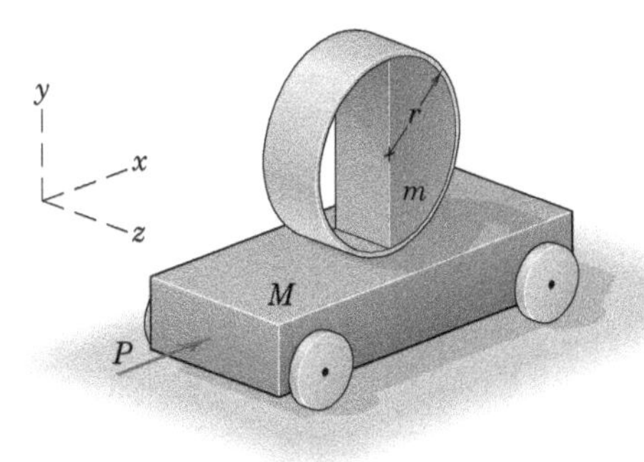

PROBLEMA 6/18

6/19 O reboque carregado tem uma massa de 900 kg com o centro de massa em G e está preso em A a um engate em um para-choque traseiro. Se o carro e o reboque atingem uma velocidade de 60 km/h, em uma estrada horizontal, em uma distância de 30 m a partir do repouso com aceleração constante, calcule a componente vertical da força suportada pelo engate em A. Despreze a pequena força de atrito exercida sobre as rodas relativamente leves.

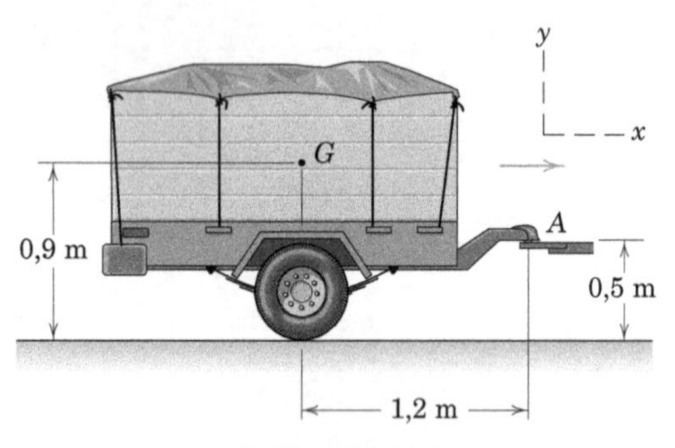

PROBLEMA 6/19

6/20 O bloco A e a haste acoplada têm, juntos, uma massa de 60 kg e estão limitados a se deslocar ao longo da guia de 60° sob a ação da força aplicada de 800 N. A haste uniforme horizontal possui uma massa de 20 kg e está soldada ao bloco em B. O atrito na guia é desprezível. Calcule o momento fletor M exercido pela solda sobre a haste em B.

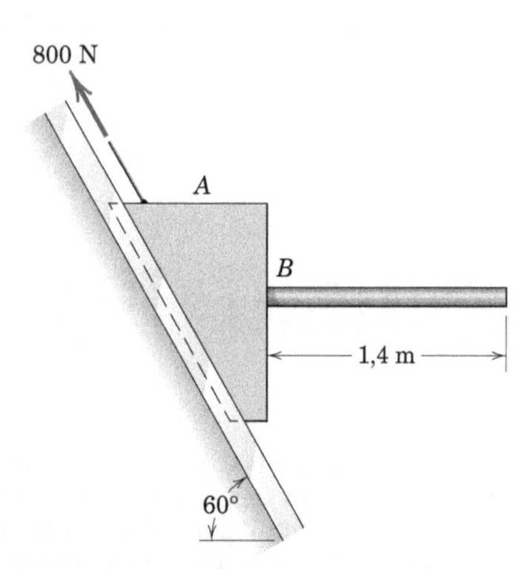

PROBLEMA 6/20

6/21 A placa retangular homogênea de 20 kg é suportada no plano vertical pelos elos paralelos leves mostrados. Se um par $M = 110$ N · m for aplicado ao final da ligação AB com o sistema inicialmente em repouso, calcule a força suportada pelo pino em C à medida que a placa se levanta de seu suporte com $\theta = 30°$.

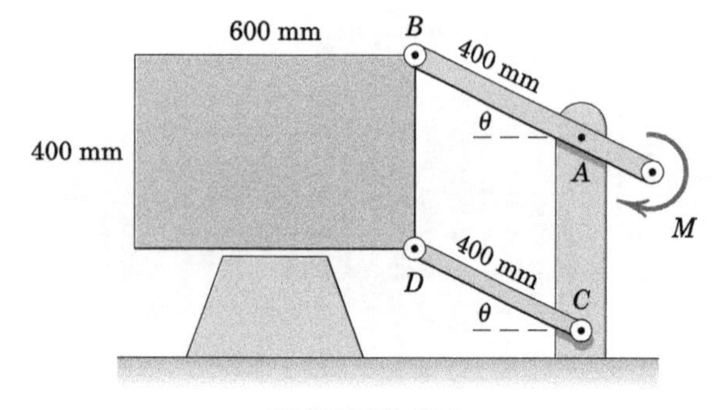

PROBLEMA 6/21

6/22 Um avião a jato com uma velocidade de aterrissagem de 200 km/h reduz sua velocidade para 60 km/h por meio de um empuxo negativo R proveniente de seus reversores de empuxo, em uma distância de 425 m ao longo da pista de pouso com desaceleração constante. A massa total da aeronave é de 140 Mg com o centro de massa em G. Calcule a reação N sob a roda dianteira B próximo do final do intervalo de frenagem e antes da aplicação do freio mecânico. Na velocidade mais baixa, as forças aerodinâmicas sobre a aeronave são pequenas e podem ser desprezadas.

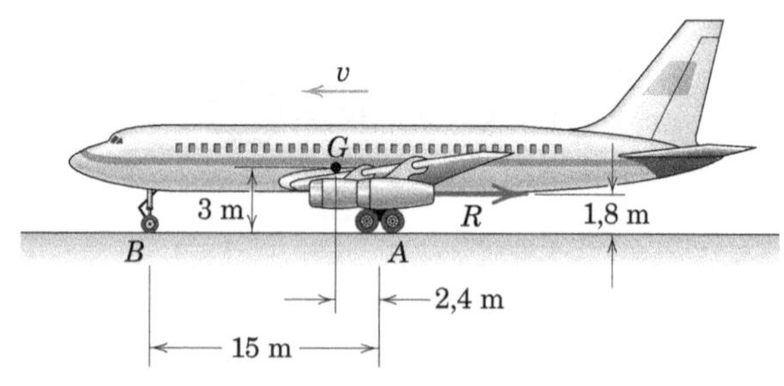

PROBLEMA 6/22

6/23 A barra uniforme em forma de L gira livremente no ponto P do cursor, que se move ao longo da haste horizontal. Determine o valor do ângulo θ no estado de regime permanente se (a) $a = 0$ e (b) $a = g/2$. Para que valor de a o valor do ângulo θ no estado de regime permanente seria zero?

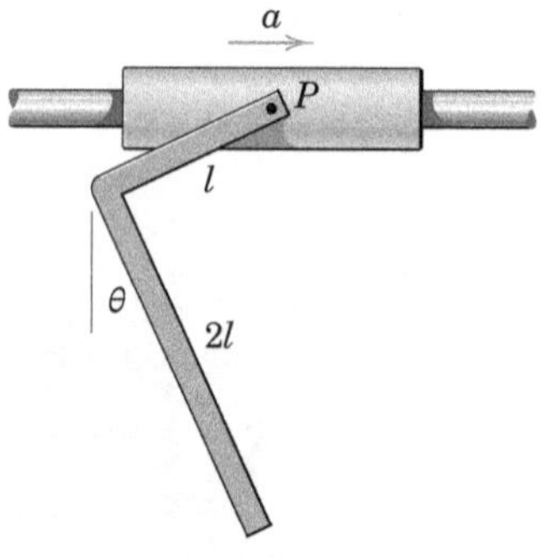

PROBLEMA 6/23

6/24 Determine a massa máxima m com a qual o vagão de carvão carregado pesando 2000 kg não irá capotar sobre as rodas traseiras B. Despreze a massa de todas as polias e rodas. (Note que a tensão no cabo em C não é de 2mg.)

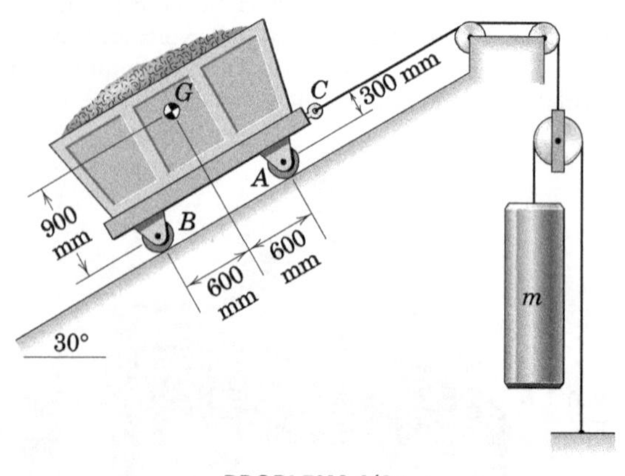

PROBLEMA 6/24

6/25 O carro de tração traseira de 1800 kg acelera para a frente a uma taxa de $g/2$. Se a constante elástica de cada uma das molas frontais e traseiras é 35 kN/m, estime o ângulo de inclinação da frente do carro para cima θ resultante dessa aceleração instantânea. (Esta inclinação para cima durante a aceleração é chamada de "empinada", enquanto a inclinação para baixo durante a frenagem é chamada de "mergulho"!) Despreze a massa não suspensa das rodas e dos pneus. (*Sugestão*: comece presumindo que veículo é rígido.)

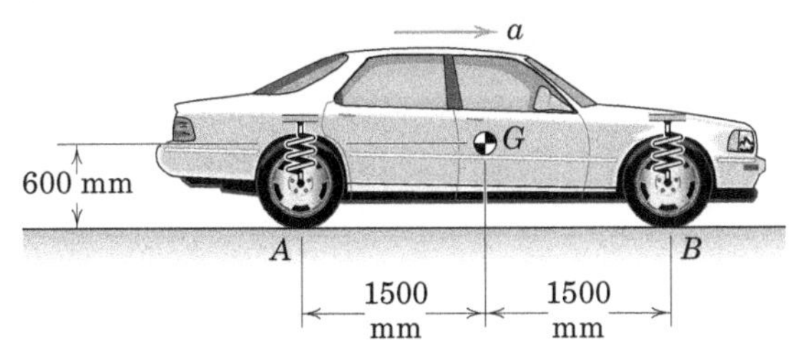

PROBLEMA 6/25

6/26 O carro de corrida experimental de Fórmula 1 está se deslocando a 300 km/h quando o motorista começa a frear para investigar o comportamento dos pneus de extrema aderência. Um acelerômetro no carro registra uma desaceleração máxima de $4g$ quando tanto os pneus dianteiros quanto os traseiros estão à beira do escorregamento. O carro e o motorista têm uma massa combinada de 690 kg com centro de massa G. O arrasto horizontal atuando sobre o carro a esta velocidade é 4 kN e pode-se presumir que passe pelo centro de massa G. A força descendente atuando sobre o corpo do carro a esta velocidade é 13 kN. Para simplificar, suponha que 35% dessa força atue diretamente sobre as rodas dianteiras, 40% atuem diretamente sobre as rodas traseiras e a parte restante atue no centro de massa. Qual é o coeficiente de atrito necessário μ entre os pneus e a pista para esta condição? Compare seus resultados com os dos pneus para carros de passeio. Determine também a força normal combinada atuando no par de pneus traseiros.

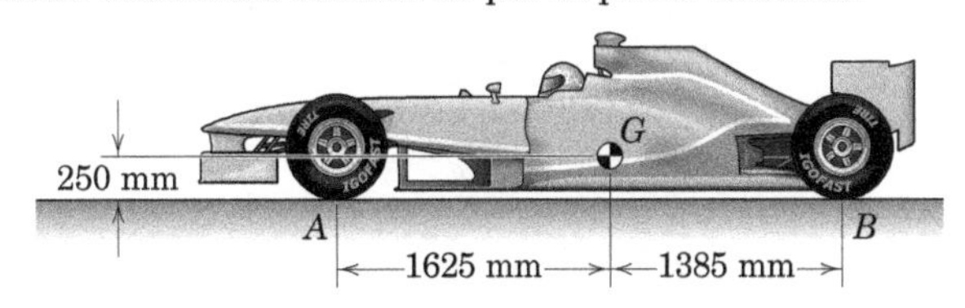

PROBLEMA 6/26

Problemas para a Seção 6/4

Problemas Introdutórios

6/27 A chapa de aço uniforme de 20 kg é livremente articulada em torno do eixo z como mostrado. Calcule a força suportada por cada um dos mancais em A e B imediatamente após a chapa ser liberada a partir do repouso no plano horizontal y-z.

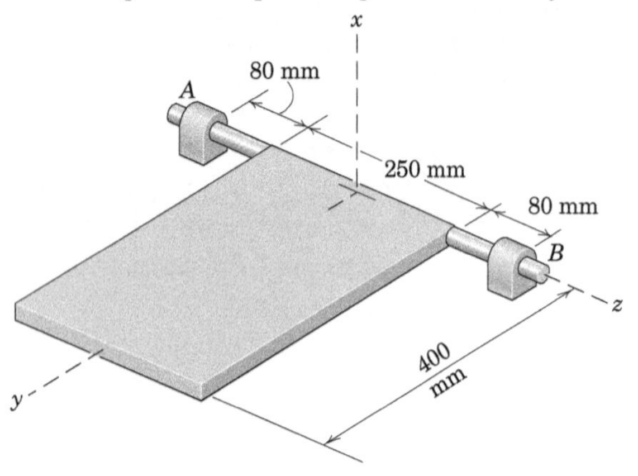

PROBLEMA 6/27

6/28 A figura mostra uma vista aérea de um portão operado hidraulicamente. Quando o fluido entra no lado do pistão do cilindro perto de A, a haste em B se estende fazendo com que o portão gire em torno de um eixo vertical através de O. Para um pistão de 50 mm de diâmetro, que pressão de fluido p dará ao portão uma aceleração angular inicial no sentido anti-horário de 4 rad/s^2? O raio de giração em torno de O para o portão de 225 kg é k_O = 950 mm.

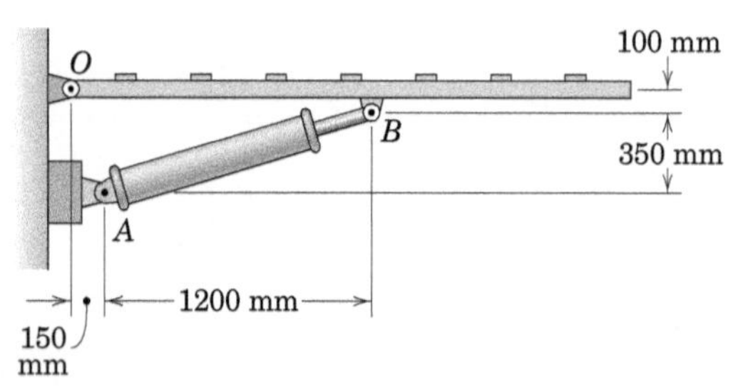

PROBLEMA 6/28

6/29 A viga uniforme de 100 kg é livremente articulada em torno da sua extremidade superior A e está inicialmente em repouso na posição vertical com θ = 0. Determine a aceleração angular inicial α da viga e o módulo F_A da força suportada pelo pino em A devido à aplicação da força P = 300 N no cabo conectado.

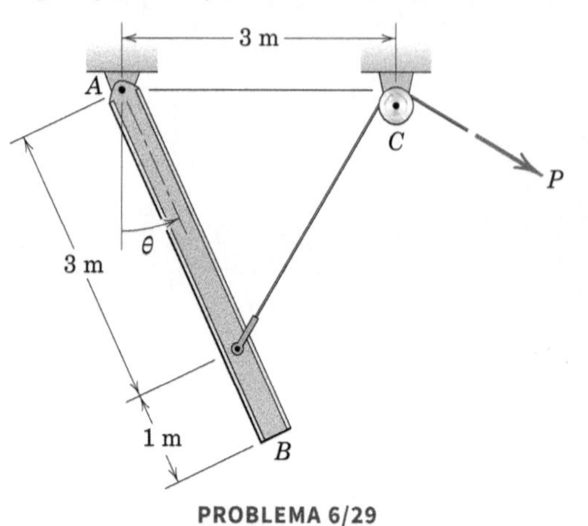

PROBLEMA 6/29

6/30 O motor M é usado para içar o painel do estádio de 5500 kg (raio de giração centroidal k = 1,95 m) em posição, girando o painel sobre seu canto A. Se o motor for capaz de produzir 6750 N · m de torque, que diâmetro de polia d dará ao painel uma aceleração angular inicial no sentido anti-horário de 1,5 grau/s^2? Despreze o atrito.

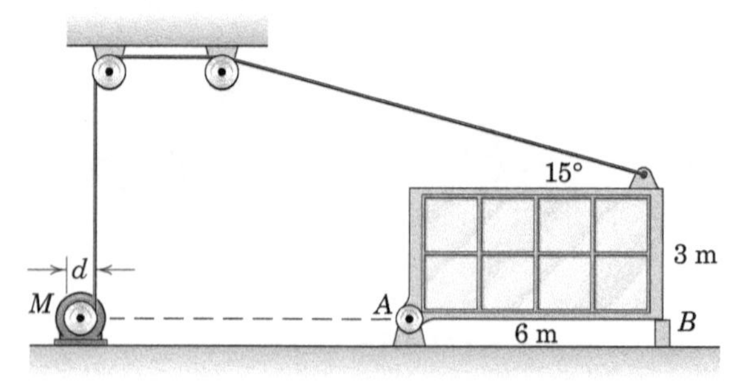

PROBLEMA 6/30

6/31 Uma roda de impulso para demonstrações em aulas de dinâmica é mostrada. Ela é basicamente uma roda de bicicleta modificada com aro reforçado, alças e polia para acionamento com um cabo. O aro pesado faz com que o raio de giração da roda de 3,2 kg seja igual a 275 mm. Se uma tração estática T de 45 N é aplicada na corda, determine a aceleração angular da roda. Despreze o atrito no mancal.

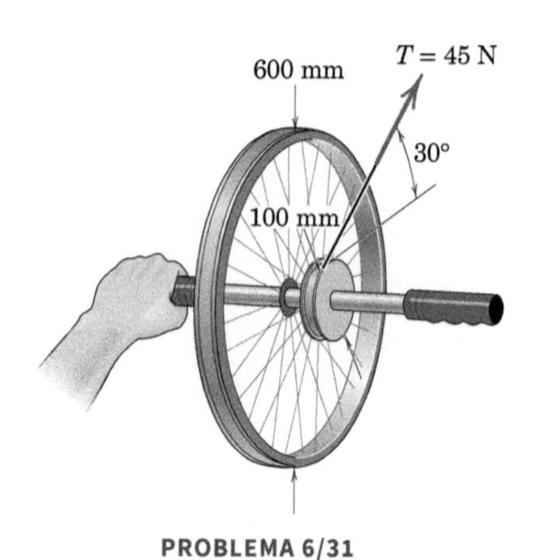

PROBLEMA 6/31

6/32 Cada um dos dois tambores e cubos de roda conectados de 250 mm de raio tem uma massa de 100 kg e um raio de giração em torno de seu centro de 375 mm. Calcule a aceleração angular de cada tambor. O atrito em cada rolamento é insignificante.

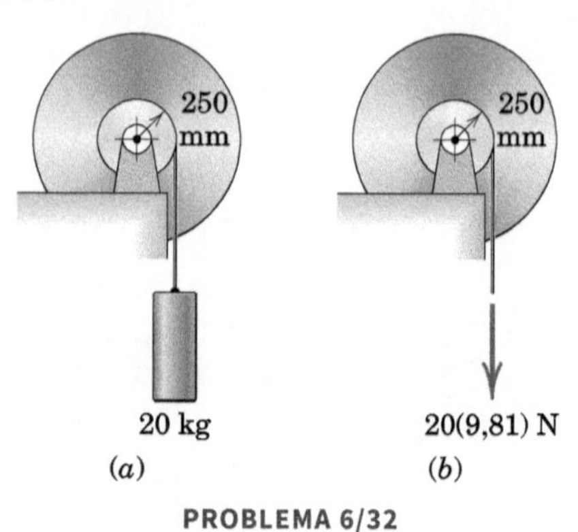

PROBLEMA 6/32

6/33 Determine a aceleração angular e a força no mancal em O para (a) o anel fino de massa m, e (b) o disco circular plano de massa m, imediatamente após cada um deles ser liberado a partir do repouso no plano vertical com OC horizontal.

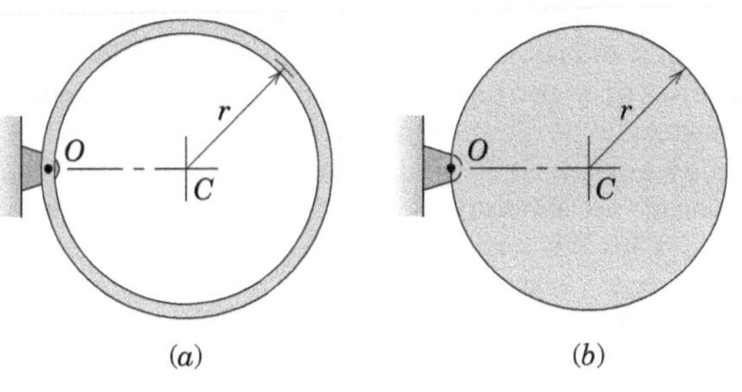

PROBLEMA 6/33

6/34 A porção uniforme de 5 kg de um aro circular é liberada do repouso enquanto na posição mostrada, onde a mola de torção de rigidez k_T = 15 N · m/rad foi torcida 90° no sentido horário a partir de sua posição não deformada. Determine a intensidade da força do pino em O no instante da liberação. O movimento ocorre em um plano vertical e o raio do aro é r = 150 mm.

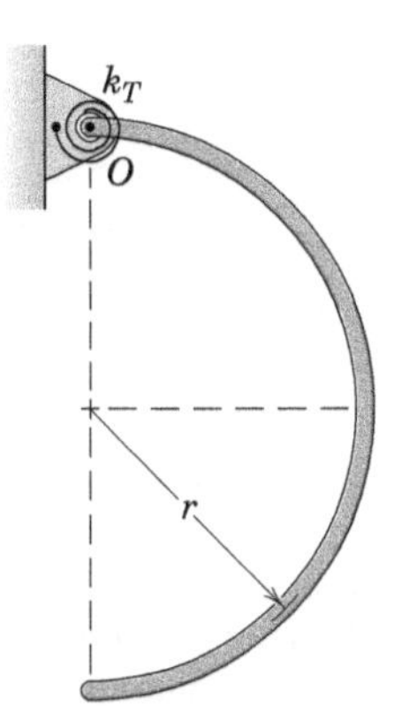

PROBLEMA 6/34

6/35 A barra delgada de 750 mm possui massa de 9 kg e está montada em um eixo vertical que passa por O. Se um torque M = 10 N · m é aplicado à barra por meio de seu eixo, calcule a força horizontal R no mancal quando a barra começa a girar.

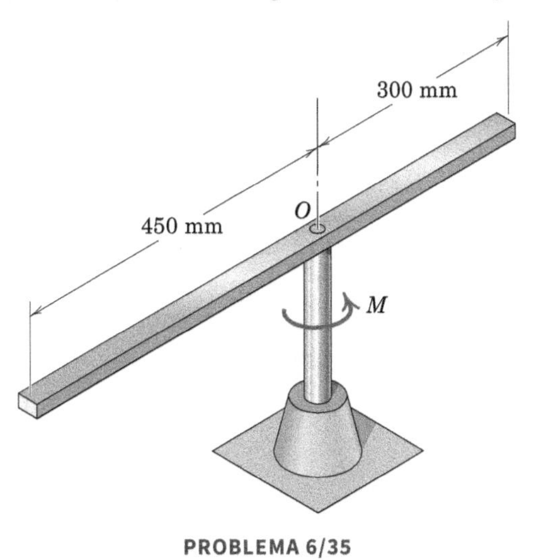

PROBLEMA 6/35

6/36 A placa uniforme de massa m é liberada do repouso enquanto na posição mostrada. Determine a aceleração angular inicial α da placa e o módulo da força suportada pelo pino em O. O eixo de rotação é horizontal.

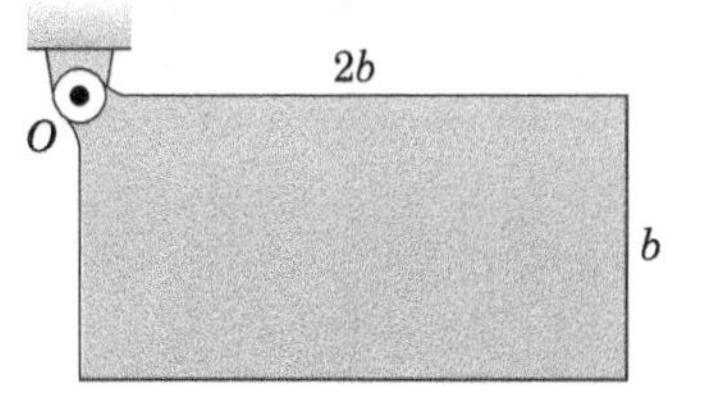

PROBLEMA 6/36

6/37 A barra delgada e uniforme AB tem uma massa de 8 kg e balança no plano vertical em torno do pino em A. Se $\dot{\theta}$ = 2 rad/s quando θ = 30°, calcule a força suportada pelo pino em A naquele instante.

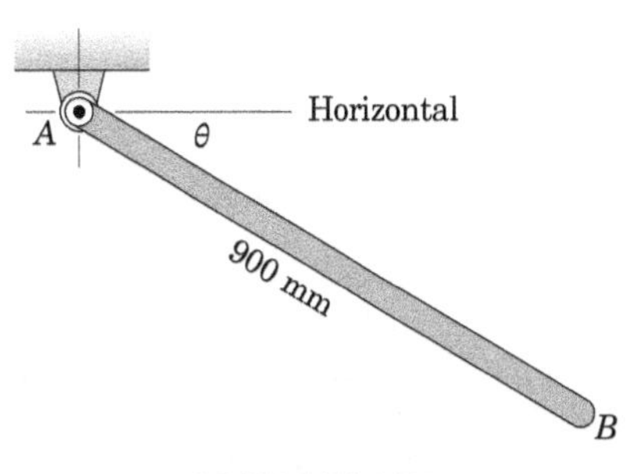

PROBLEMA 6/37

6/38 O setor circular de espessura uniforme e massa m é liberado a partir do repouso quando uma das bordas retas está na posição vertical, como mostrado. Determine a aceleração angular inicial em relação à articulação perfeita em O. Calcule a expressão geral para $\beta = \pi/2$ e $\beta = \pi$. Compare seus resultados com as respostas encontradas para o problema anterior.

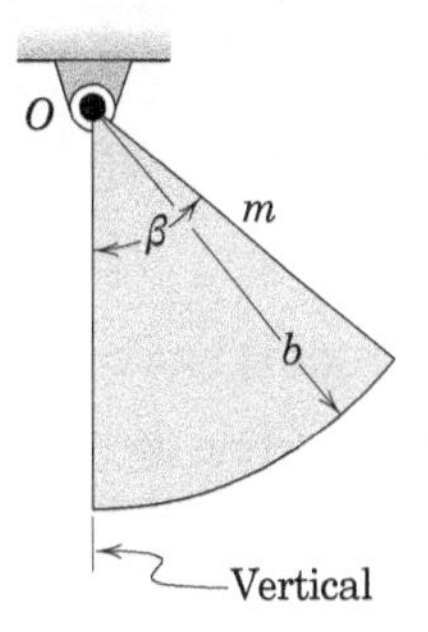

PROBLEMA 6/38

Problemas Representativos

6/39 Determine a aceleração angular do disco uniforme se (a) a inércia rotacional do disco é ignorada e (b) a inércia do disco é considerada. O sistema é liberado a partir do repouso, a corda não desliza sobre o disco e o atrito no mancal em O pode ser desprezado.

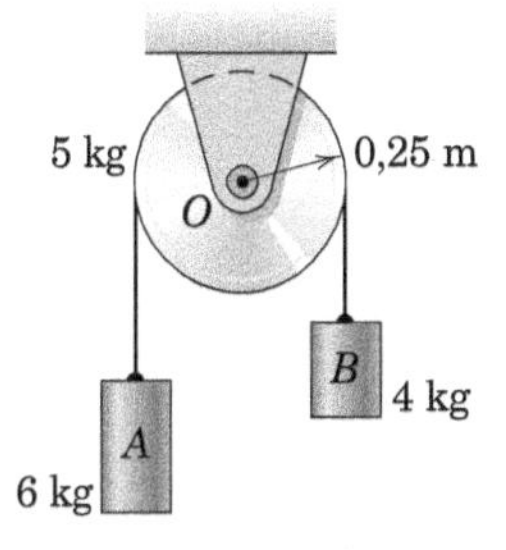

PROBLEMA 6/39

6/40 A armação quadrada, composta de quatro barras delgadas uniformes de igual comprimento e um pino bola em O, está suspensa em um soquete (não mostrado). Começando da posição mostrada, o conjunto é girado 45° em relação ao eixo A-A e liberado. Determine a aceleração angular inicial da armação. Repita para uma rotação de 45° em relação ao eixo B-B. Despreze a pequena massa, o deslocamento e o atrito do pino bola.

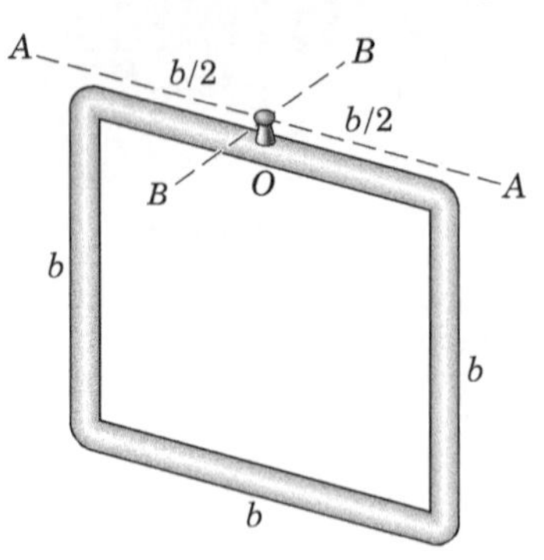

PROBLEMA 6/40

6/41 Uma bobina de cabo de força flexível é montada na carreta, que é fixada na posição. Há 60 m de cabo com uma massa de 0,65 kg por metro de comprimento enrolado no carretel em um raio de 375 mm. A bobina vazia tem uma massa de 28 kg e um raio de giração em torno de seu eixo de 300 mm. Uma tensão T de 90 N é necessária para superar a resistência de atrito ao giro. Calcule a aceleração angular α da bobina se for aplicada uma tensão de 180 N na extremidade livre do cabo.

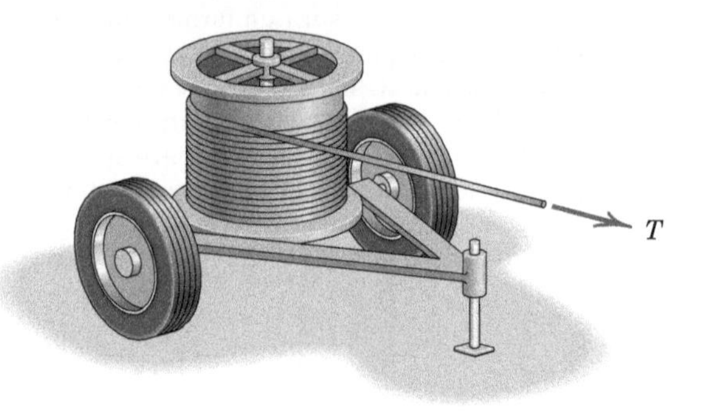

PROBLEMA 6/41

6/42 A barra dobrada uniforme de massa m é suportada pelo pino liso em O e é conectada ao cilindro de massa m_1 pelo cabo leve que passa sobre a polia leve em C. Se o sistema for liberado do repouso enquanto na posição mostrada, determine a tensão no cabo. Use os valores $m = 30$ kg, $m_1 = 20$ kg, e $L = 6$ m.

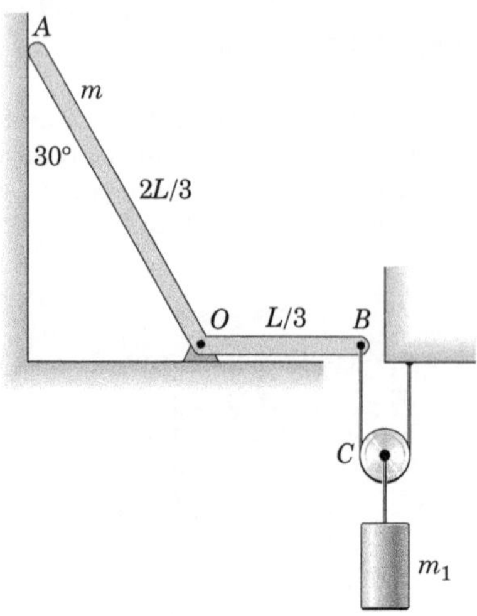

PROBLEMA 6/42

6/43 Uma *mesa de ar* é usada para estudar o movimento elástico de modelos flexíveis de espaçonaves. O ar pressurizado que escapa de numerosos furos pequenos na superfície horizontal fornece um colchão de ar para sustentação que elimina grande parte do atrito. O modelo apresentado é constituído por um núcleo cilíndrico de raio r e quatro hastes de comprimento l e pequena espessura t. O cilindro e as quatro hastes, todos têm a mesma profundidade d e são construídos do mesmo material com massa específica ρ. Suponha que a espaçonave é rígida e determine o momento M que deve ser aplicado ao cilindro para girar o modelo a partir do repouso até uma velocidade angular ω em um período de τ segundos. (Note que, para uma espaçonave com hastes muito flexíveis, o momento deve ser criteriosamente aplicado ao cilindro rígido para evitar grandes deflexões elásticas indesejáveis das hastes.)

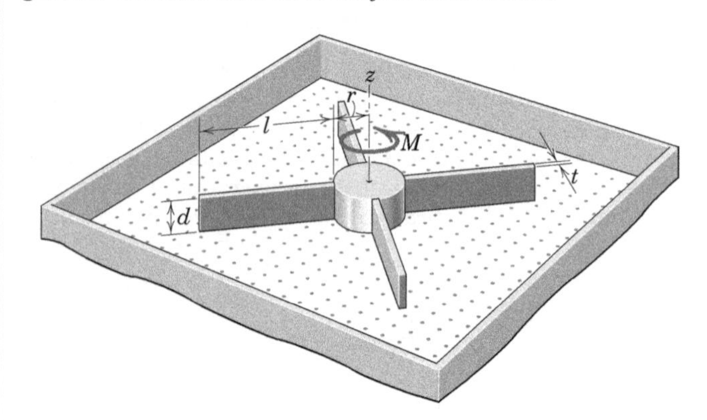

PROBLEMA 6/43

6/44 É realizado um teste de vibração para verificar a adequação do projeto dos mancais A e B. O rotor desbalanceado e o eixo acoplado têm uma massa combinada de 2,8 kg. Para localizar o centro de massa, um torque de 0,660 N · m é aplicado ao eixo para mantê-lo em equilíbrio na posição girada a 90° em relação àquela apresentada. O torque constante M = 1,5 N · m é então aplicado ao eixo, que atinge uma velocidade de 1200 rpm em 18 revoluções a partir do repouso. (Durante cada revolução, a aceleração angular varia, mas seu valor médio é o mesmo que em aceleração constante.) Determine (a) o raio de giração k do rotor e do eixo sobre o eixo de rotação, (b) a força F que cada rolamento exerce sobre o eixo imediatamente depois que M é aplicado, e (c) a força R exercida por cada rolamento quando a velocidade de 1200 rpm é atingida e M é removido. Despreze qualquer resistência de atrito e as forças de rolamento devidas ao equilíbrio estático. Para as partes (b) e (c), considere que o rotor está na posição mostrada.

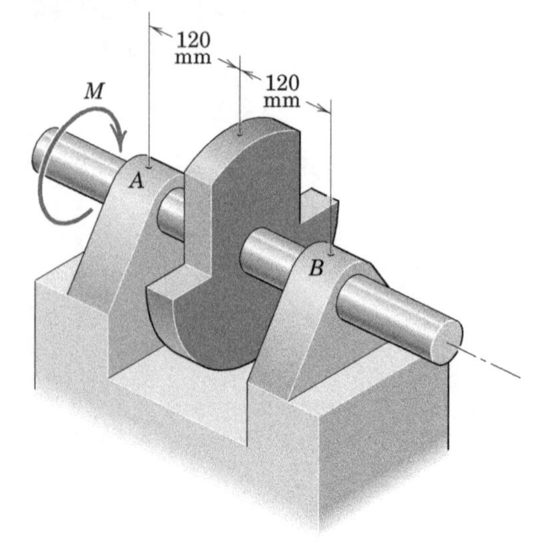

PROBLEMA 6/44

6/45 O rotor sólido cilíndrico B tem a massa de 43 kg e está montado sobre o seu eixo central C-C. A armação A gira em relação ao eixo vertical O-O sob aplicação do torque M = 30 N · m. O rotor pode ser desbloqueado da armação, retirando-se o pino de travamento P. Calcule a aceleração angular α da armação A se o pino está (a) travado e (b) destravado. Despreze todos os atritos e a massa da armação.

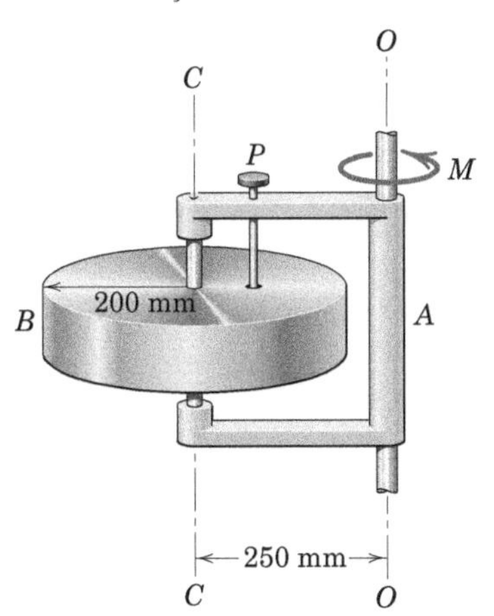

PROBLEMA 6/45

6/46 O corpo em ângulo reto é feito de barra delgada uniforme de massa m e comprimento L. Ele é liberado do repouso enquanto na posição mostrada. Determine a aceleração angular inicial α do corpo e o módulo da força suportada pelo pivô em O.

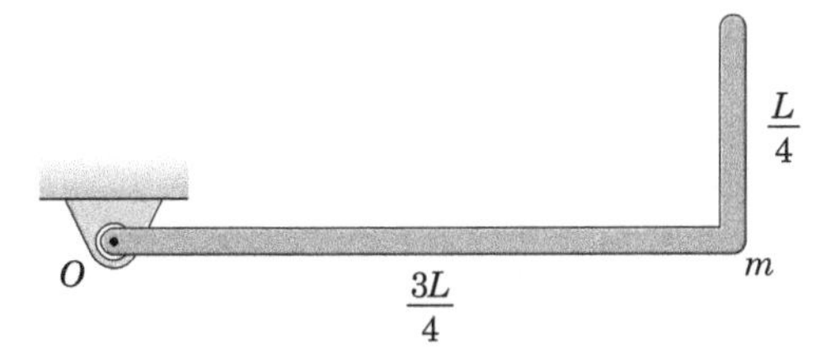

PROBLEMA 6/46

6/47 Cada um dos dois rebolos tem um diâmetro de 150 mm, uma espessura de 18 mm e uma massa específica de 6800 kg/m³. Quando ligada, a máquina acelera a partir do repouso para sua velocidade de operação de 3450 rpm em 5 s. Quando desligada, ela volta ao repouso em 35 s. Determine o torque do motor e o momento de atrito, assumindo que ambos sejam constantes. Despreze os efeitos da inércia de rotação do induzido do motor.

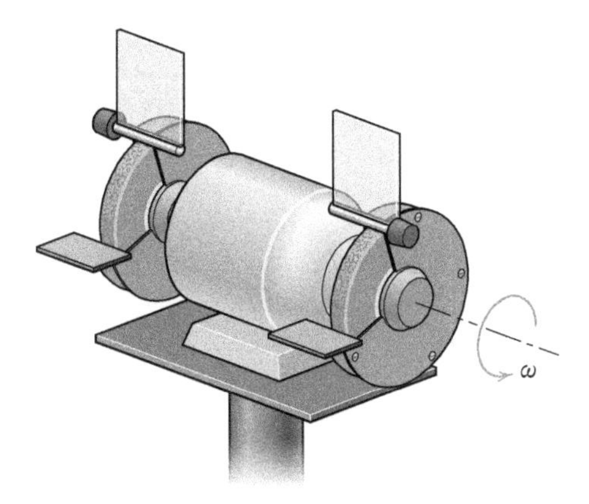

PROBLEMA 6/47

6/48 A barra uniforme delgada é liberada a partir do repouso na posição horizontal mostrada. Determine o valor de x, para o qual a aceleração angular é máxima, e determine a aceleração angular correspondente α.

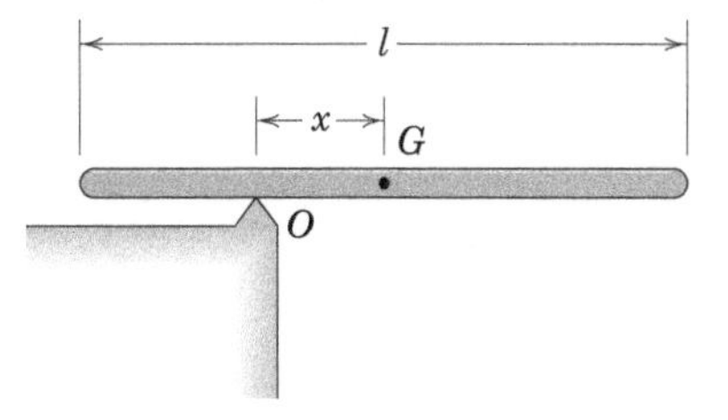

PROBLEMA 6/48

6/49 O anel de 2 kg em C tem um diâmetro externo de 80 mm e é prensado no eixo leve de 50 mm de diâmetro. Cada um tem uma massa de 1,5 kg e carrega uma esfera de 3 kg com um raio de 40 mm fixado à sua extremidade. A polia em D tem massa de 5 kg com um raio de giração centralizado de 60 mm. Se uma tensão T = 20 N for aplicada ao final do cabo enrolado com o conjunto inicialmente em repouso, determine a aceleração angular inicial do conjunto. Despreze o atrito nos rolamentos em A e B e declare quaisquer suposições.

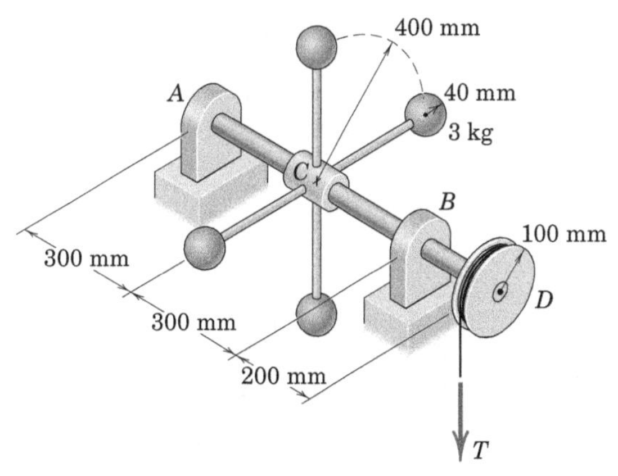

PROBLEMA 6/49

6/50 A placa em ângulo reto é formada a partir de uma placa plana com uma massa ρ por unidade de área e é soldada ao eixo horizontal montado no mancal em O. Se o eixo estiver livre para girar, determine a aceleração angular inicial α da placa quando ela for liberada do repouso com a superfície superior no plano horizontal. Determine também os componentes y e z da força resultante sobre o eixo em O.

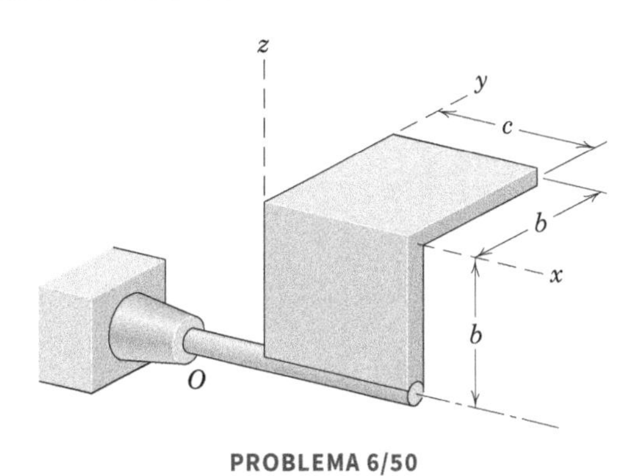

PROBLEMA 6/50

6/51 Um dispositivo para ensaio de impacto consiste em um pêndulo de 34 kg com centro de massa em G e raio de giração de 620 mm em relação a O. A distância b para o pêndulo é selecionada de modo que a força sobre o mancal em O tenha o menor valor possível durante o impacto com o corpo de prova na parte mais baixa da oscilação. Determine b e calcule o módulo da força total R sobre o mancal O logo após a liberação a partir do repouso em $\theta = 60°$.

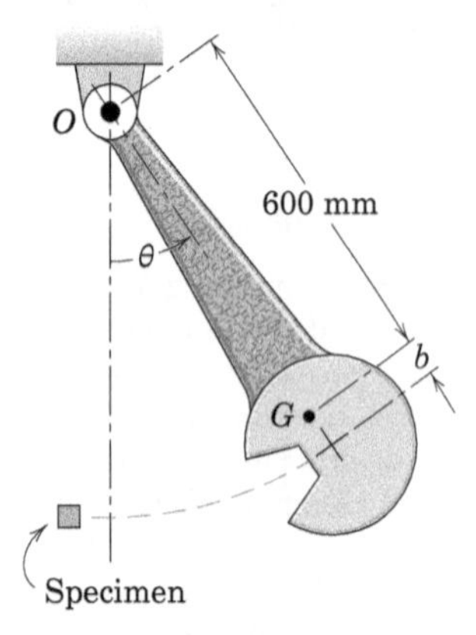

PROBLEMA 6/51

6/52 A massa da engrenagem A é de 20 kg e seu raio de giração centroidal é de 150 mm. A massa da engrenagem B é de 10 kg e seu raio de giração centroidal é de 100 mm. Calcule a aceleração angular da engrenagem B quando for aplicado um torque de 12 N · m ao eixo da engrenagem A. Despreze o atrito.

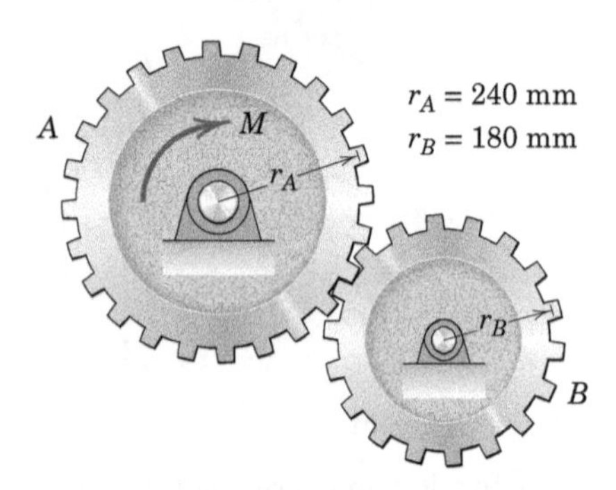

PROBLEMA 6/52

6/53 O disco B possui uma massa de 22 kg e um raio de giração centroidal de 200 mm. A unidade de potência C é composta por um motor M e um disco A, que é acionado a uma velocidade angular constante de 1600 rpm. Os coeficientes de atrito estático e dinâmico entre os dois discos são μ_e = 0,80 e μ_d = 0,60, respectivamente. O disco B está inicialmente parado quando o contato com o disco A é estabelecido pela aplicação da força constante P = 14 N. Determine a aceleração angular α de B e o tempo t necessário para B atingir sua velocidade de regime permanente.

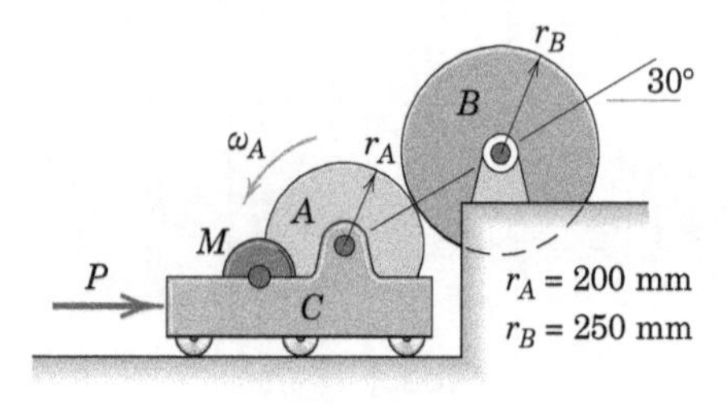

PROBLEMA 6/53

6/54 A mola não está comprimida quando a barra delgada uniforme está na posição vertical mostrada. Determine a aceleração angular inicial α da barra quando ela é liberada a partir do repouso em uma posição na qual ela se encontra girada 30° no sentido horário da posição mostrada. Despreze qualquer deflexão lateral da mola, que tem massa desprezível.

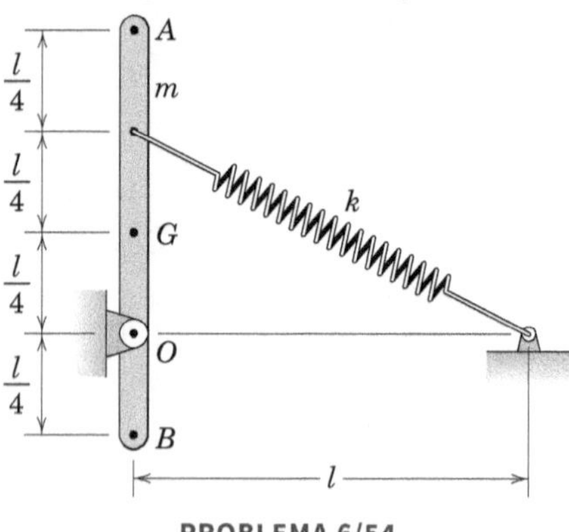

PROBLEMA 6/54

6/55 O mastro uniforme de 24 m tem uma massa de 300 kg e é articulado em sua extremidade inferior a um suporte fixo em O. Se o guincho C desenvolver um torque inicial de 1300 N · m, calcule a força total suportada pelo pino em O quando o mastro começar a levantar seu suporte em B. Ache também a aceleração angular α correspondente do mastro. O cabo em A é horizontal, e a massa das roldanas e do guincho é insignificante.

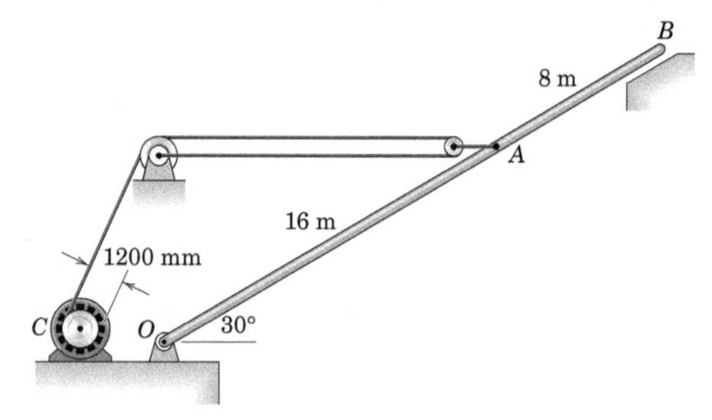

PROBLEMA 6/55

6/56 A barra delgada uniforme de massa m e comprimento l é liberada a partir do repouso na posição vertical e gira sobre sua extremidade plana em torno da quina em O. (a) Se a barra desliza quando $\theta = 30°$, determine o coeficiente de atrito estático μ_e entre a barra e a quina. (b) Se a extremidade da barra possui um entalhe de modo a não poder deslizar, determine o ângulo θ no qual o contato entre a barra e a quina termina.

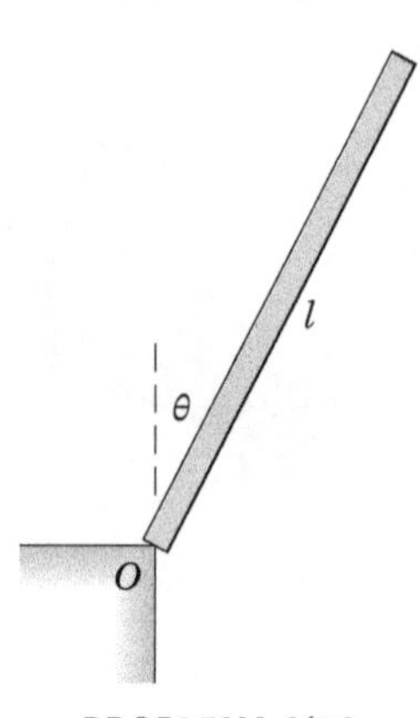

PROBLEMA 6/56

Problemas para a Seção 6/5

Problemas Introdutórios

6/57 A chapa de aço quadrada uniforme tem uma massa de 6 kg e está apoiada em uma superfície horizontal lisa no plano x-y. Se uma força horizontal $P = 120$ N for aplicada a um canto na direção indicada, determine o módulo da aceleração inicial do canto A.

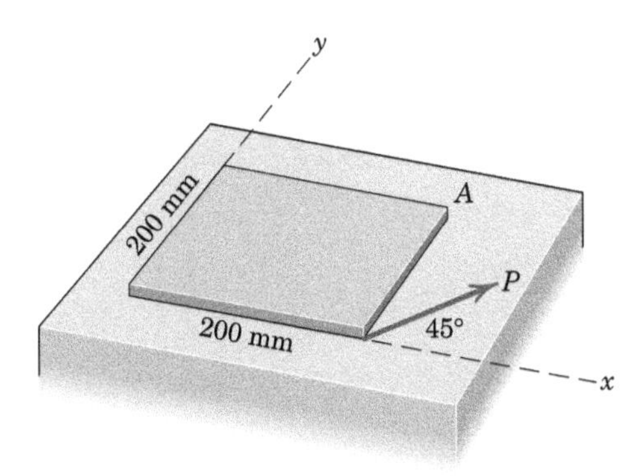

PROBLEMA 6/57

6/58 O disco circular sólido de 30 kg está inicialmente em repouso na superfície horizontal quando uma força P de 12 N, constante em módulo e direção, é aplicada ao cordão enrolado firmemente ao redor de sua periferia. O atrito entre o disco e a superfície é insignificante. Calcule a velocidade angular ω do disco após a aplicação da força 12 N durante 2 segundos e encontre a velocidade linear v do centro do disco após este ter se movido a 1,2 metros do repouso.

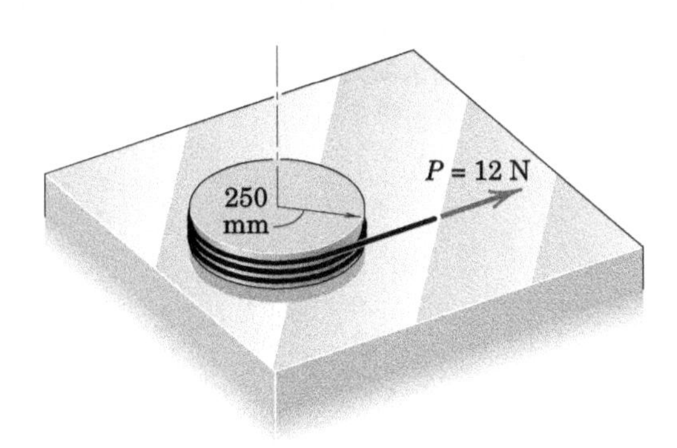

PROBLEMA 6/58

6/59 Um cabo longo de comprimento L e massa ρ por unidade de comprimento é enrolado ao redor da periferia de um carretel de massa desprezível. Uma extremidade do cabo é fixa, e a bobina é liberada do repouso na posição mostrada. Encontre a aceleração inicial a do centro da bobina.

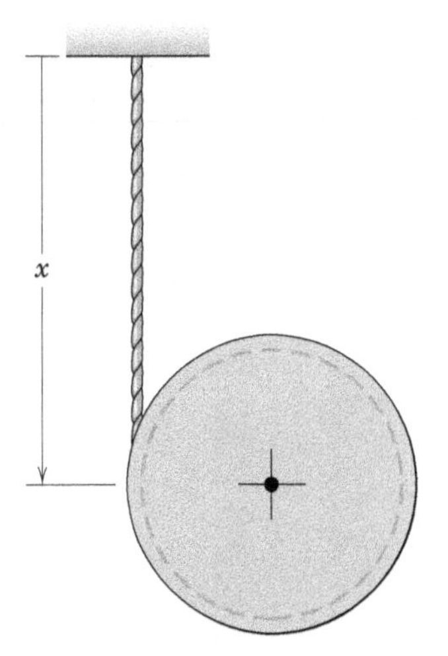

PROBLEMA 6/59

6/60 Acima da atmosfera da Terra a uma altitude de 400 km, onde a aceleração devida à gravidade é de 8,69 m/s^2, determinado foguete possui uma massa total restante de 300 kg e está direcionado a 30° da direção vertical. Se o impulso T do motor do foguete é de 4 kN e se o bocal do foguete está inclinado em um ângulo de 1° como mostrado, calcule a aceleração angular α do foguete e as componentes x e y da aceleração do seu centro de massa G. O foguete possui um raio de giração centroidal de 1,5 m.

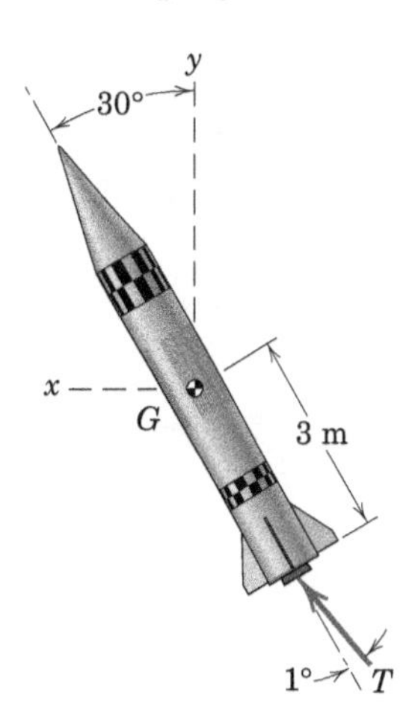

PROBLEMA 6/60

6/61 O corpo consiste em uma barra delgada uniforme e um disco uniforme, cada um de massa $m/2$. Ele repousa sobre uma superfície lisa. Determine a aceleração angular α e a aceleração do centro de massa do corpo quando a força $P = 6$ N é aplicada como mostrado. O valor de massa m do corpo inteiro é 1,2 kg.

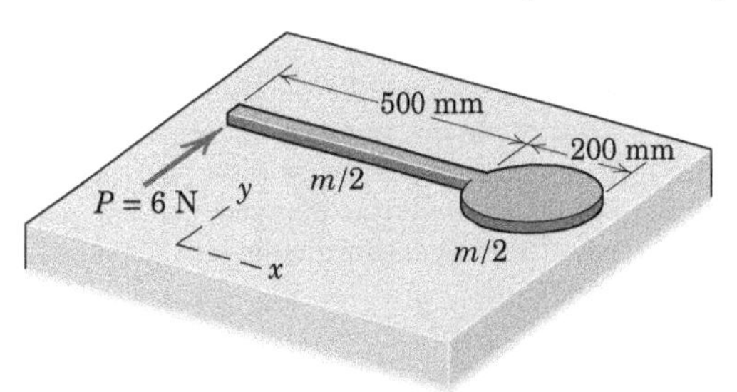

PROBLEMA 6/61

6/62 Determine a aceleração angular de cada uma das duas rodas, enquanto rolam sem deslizar para baixo nos planos inclinados. Para a roda A, examine o caso em que a massa do aro e dos raios é desprezível e a massa da barra está concentrada ao longo da sua linha de centro. Para a roda B, admita que a espessura do aro é desprezível em comparação com o seu raio, de modo que toda a massa está concentrada no aro. Especifique também o coeficiente de atrito estático mínimo μ_e necessário para evitar que cada uma das rodas deslize.

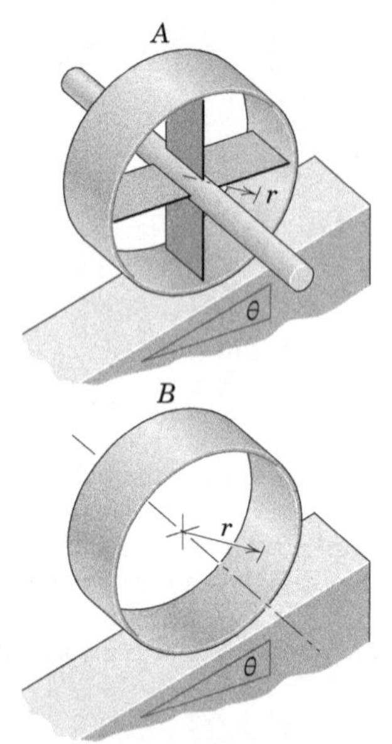

PROBLEMA 6/62

6/63 O cilindro maciço homogêneo é liberado a partir do repouso sobre a rampa. Se $\theta = 40°$, $\mu_e = 0{,}30$ e $\mu_d = 0{,}20$, determine a aceleração do centro de massa G e a força de atrito exercida pela rampa sobre o cilindro.

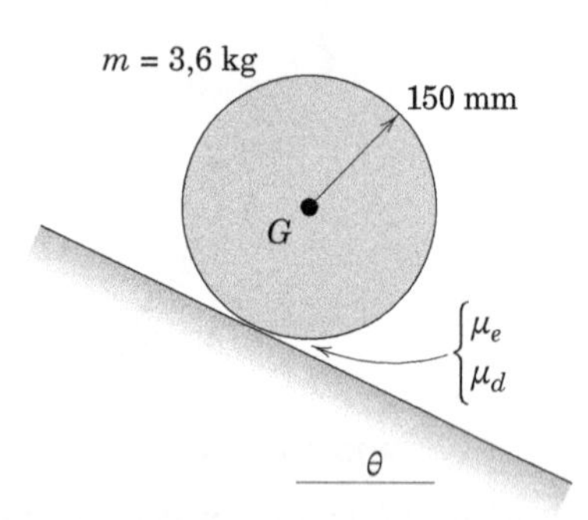

PROBLEMA 6/63

6/64 A bobina de 30 kg de raio externo $r_o = 450$ mm tem um raio de giração central $\bar{k} = 275$ mm e um eixo central de raio $r_i = 200$ mm. A bobina está em repouso sobre a inclinação quando uma tensão $T = 300$ N é aplicada ao final de um cabo que é enrolado com segurança ao redor do eixo central como mostrado. Determine a aceleração do centro da bobina G e o módulo e direção da força de atrito atuante na interface da bobina e do plano inclinado. Os coeficientes de atrito ali são $\mu_e = 0{,}45$ e $\mu_d = 0{,}30$. A tensão T é aplicada paralelamente ao plano inclinado e ao ângulo $\theta = 20°$.

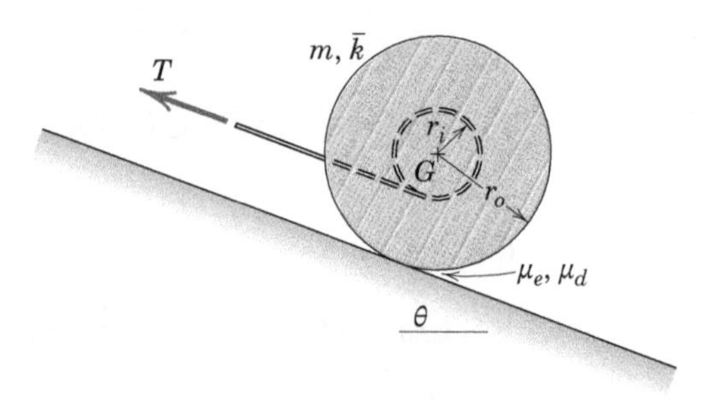

PROBLEMA 6/64

6/65 Repita o Probl. 6.64 para a situação em que a configuração do cabo foi modificada conforme a figura a seguir.

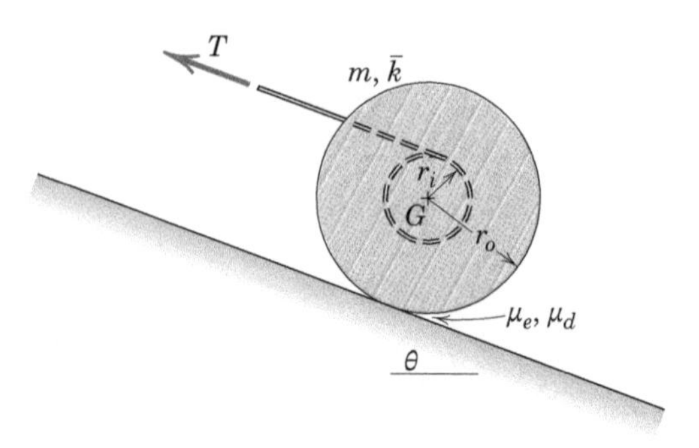

PROBLEMA 6/65

6/66 As carcaças que cobrem o compartimento da sonda no nariz do foguete são descartadas quando o foguete está no espaço, onde a atração gravitacional é desprezível. Um atuador mecânico move as duas metades lentamente da posição fechada I para a posição II, na qual as carcaças são liberadas para girar livremente em torno das suas articulações em O sob a influência da aceleração constante a do foguete. Quando a posição III é alcançada, a dobradiça em O é liberada e as carcaças se afastam do foguete. Determine a velocidade angular ω da carcaça em uma posição de 90°. A massa de cada carcaça é m com centro de massa em G e raio de giração k_O em relação a O.

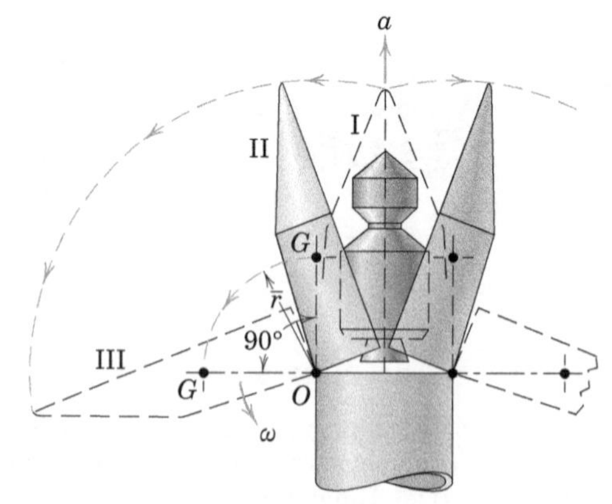

PROBLEMA 6/66

6/67 A viga de aço uniforme de massa m e comprimento l está suspensa pelos dois cabos em A e B. Se o cabo em B se rompe de repente, determine a tração T no cabo em A imediatamente depois de a ruptura ocorrer. Considere a viga uma haste delgada e mostre que o resultado é independente do comprimento da viga.

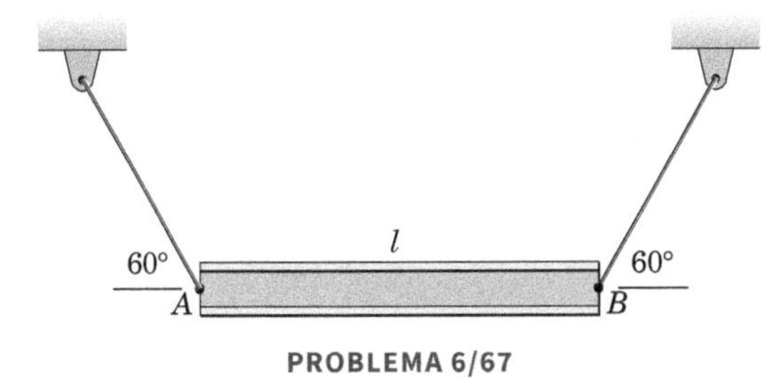

PROBLEMA 6/67

6/68 A haste delgada uniforme de massa m e comprimento L é liberada a partir do repouso na posição vertical invertida mostrada. Despreze o atrito e a massa do pequeno rolete na extremidade e ache a aceleração inicial de A. Calcule o seu resultado para $\theta = 30°$.

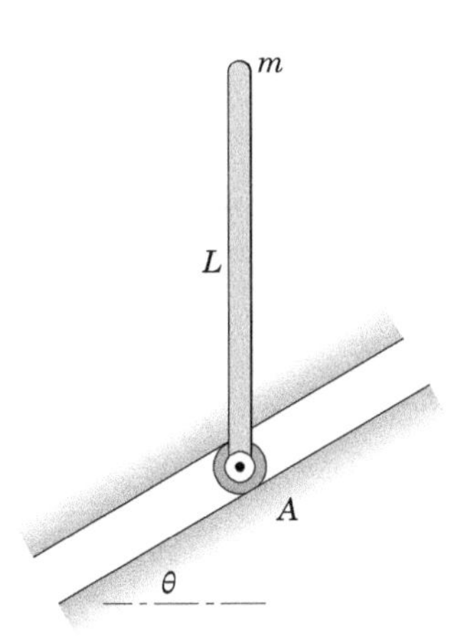

PROBLEMA 6/68

6/69 Durante um teste, o carro se desloca em um círculo horizontal de raio R e tem uma aceleração a tangencial para frente. Determine as reações laterais nos pares de rodas dianteiras e traseiras se (a) a velocidade do carro $v = 0$ e (b) na velocidade $v \neq 0$. A massa do carro é m e seu momento polar de inércia (aproximadamente um eixo vertical através de G) é I. Suponha que $R >> d$.

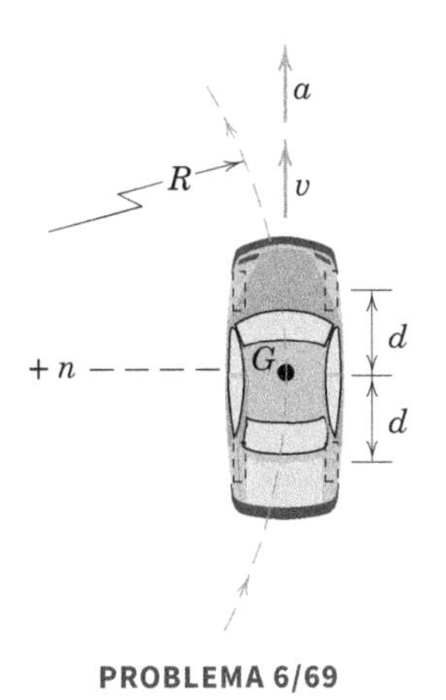

PROBLEMA 6/69

6/70 O sistema do Probl. 6/18 é repetido aqui. Se o aro e o semicilindro estiverem centrados no topo do carrinho estacionário e o sistema for liberado do repouso, determine a aceleração inicial a do carrinho e a aceleração angular α do aro e semicilindro. O atrito entre o aro e o carrinho é suficiente para evitar o escorregamento. O movimento se dá no plano x-y. Despreze a massa das rodas do carrinho e qualquer atrito nos rolamentos das rodas.

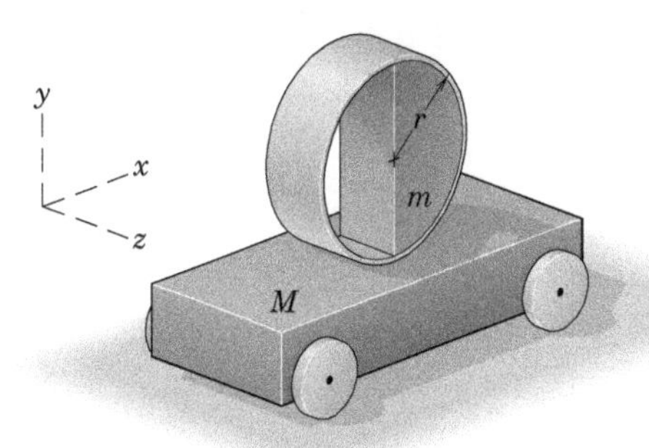

PROBLEMA 6/70

6/71 A viga de aço de 3,6 m tem uma massa de 125 kg e é içada do repouso onde a tensão em cada um dos cabos é de 613 N. Se os tambores de içamento tiverem acelerações angulares iniciais $\alpha_1 = 4\ \text{rad/s}^2$ e $\alpha_2 = 6\ \text{rad/s}^2$, calcule as tensões correspondentes T_A e T_B nos cabos. A viga pode ser tratada como uma barra delgada.

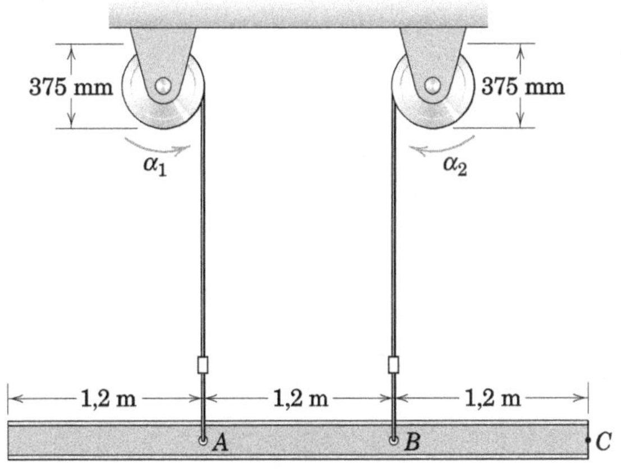

PROBLEMA 6/71

Problemas Representativos

6/72 O sistema é liberado a partir do repouso com o cabo esticado, e o cilindro homogêneo não desliza na rampa áspera. Determine a aceleração angular do cilindro e o menor coeficiente de atrito μ_e para o qual o cilindro não irá deslizar.

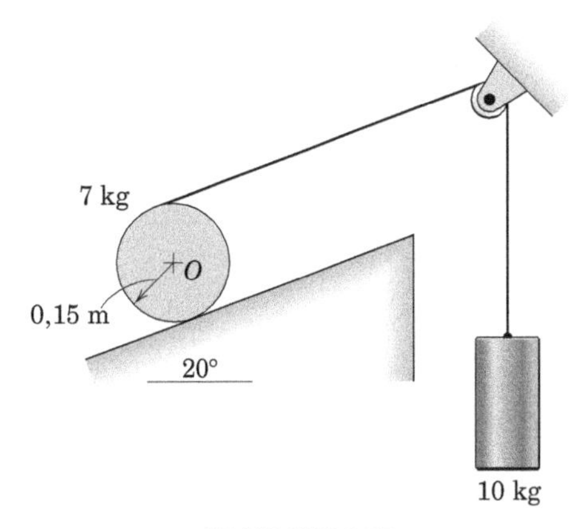

PROBLEMA 6/72

6/73 O centro de massa G do disco de 10 kg está fora do centro por 10 mm. Se G estiver na posição mostrada à medida que o disco gira sem escorregar pelo fundo da pista circular de 2 m de raio com uma velocidade angular ω de 10 rad/s, calcule a força P exercida pela pista sobre o disco. (Tenha cuidado para usar a aceleração correta do centro de massa.)

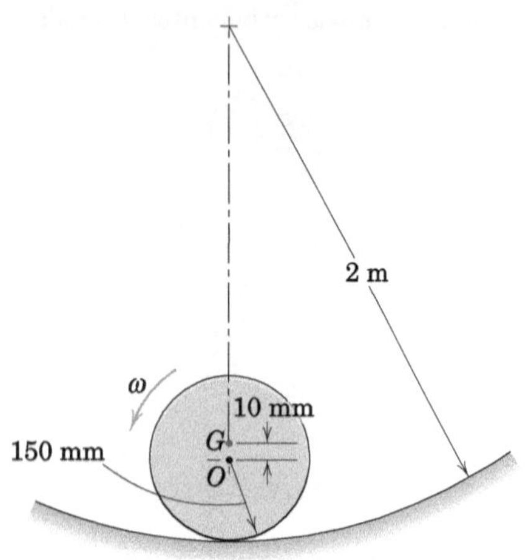

PROBLEMA 6/73

6/74 A extremidade A da barra uniforme de 5 kg é fixada livremente ao cursor, que tem uma aceleração a = 4 m/s^2 ao longo do eixo horizontal fixo. Se a barra tem uma velocidade angular no sentido horário ω = 2 rad/s, à medida que passa pela vertical, determine os componentes da força na barra em A neste instante.

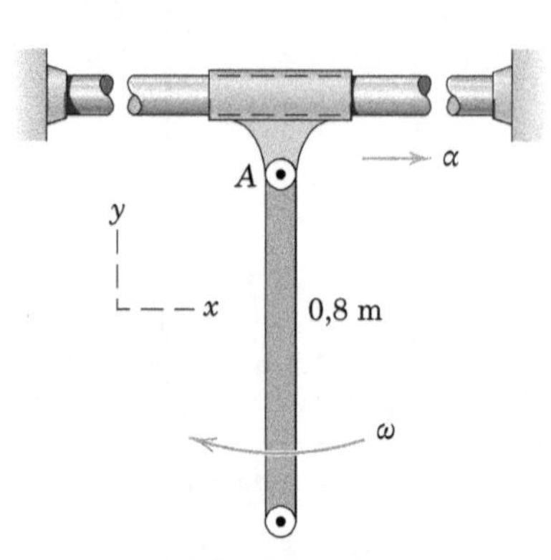

PROBLEMA 6/74

6/75 O painel retangular uniforme de massa m está se movendo para a direita quando a roda B se solta do trilho de suporte horizontal. Determine a aceleração angular resultante e a força T_A na alça em A imediatamente após a roda B rolar para fora do trilho. Despreze o atrito e a massa das pequenas alças e rodas.

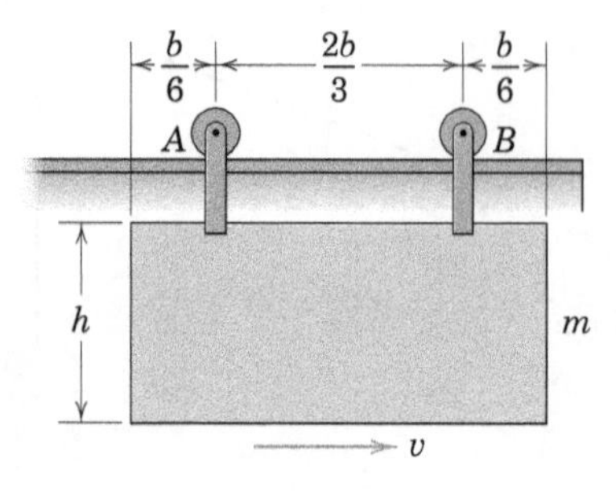

PROBLEMA 6/75

6/76 O caminhão, inicialmente em repouso, com um rolo cilíndrico sólido de papel na posição mostrada, avança com uma aceleração constante a. Encontre a distância s que o caminhão percorre antes que o papel role da borda de seu leito horizontal. O atrito é suficiente para evitar o escorregamento.

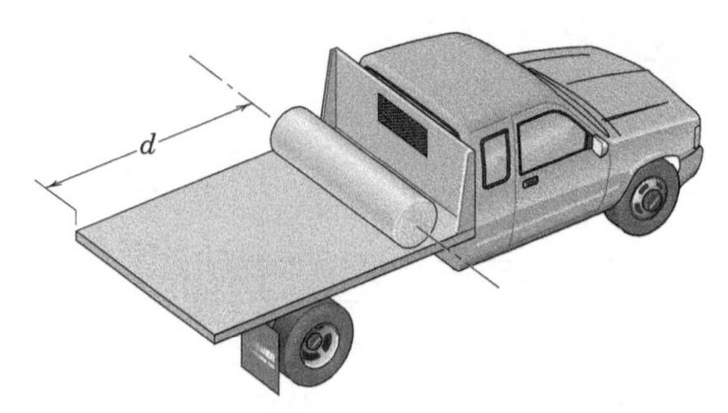

PROBLEMA 6/76

6/77 A manivela OA gira no plano vertical com a velocidade angular constante ω_0 de 4,5 rad/s no sentido horário. Para a posição onde OA está horizontal, calcule a força sobre o rolete leve B da barra delgada de 10 kg AB.

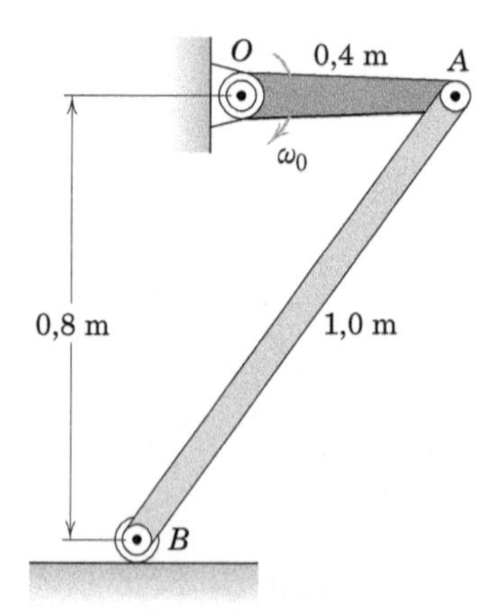

PROBLEMA 6/77

6/78 O dispositivo robótico consiste em um pedestal estacionário AO, um braço AB pivotado em A, um braço BC pivotado em B. O membro AB está girando em torno da articulação A com uma velocidade angular no sentido anti-horário de 2 rad/s, e essa velocidade está aumentando a 4 rad/s^2. Determine o momento M_B exercido pelo braço AB sobre o braço BC, se a articulação B for mantida travada. A massa do braço BC é de 4 kg, e o braço pode ser considerado como uma haste delgada uniforme.

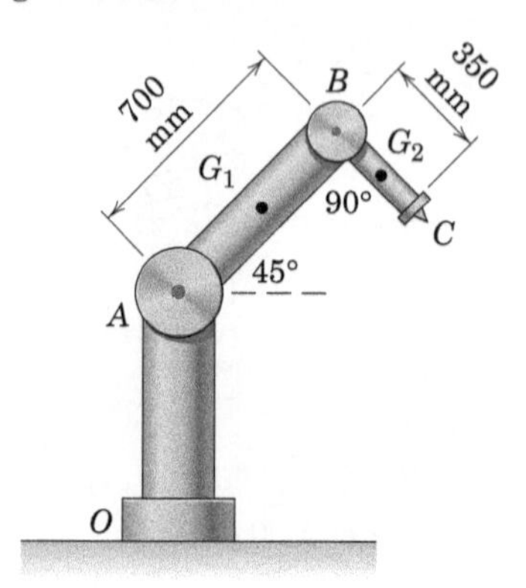

PROBLEMA 6/78

6/79 A barra uniforme de 15 kg está apoiada na superfície horizontal em A por um pequeno rolete de massa desprezível. Se o coeficiente de atrito dinâmico entre a extremidade B e a superfície vertical é 0,30, calcule a aceleração inicial da extremidade A quando a barra é liberada a partir do repouso na posição mostrada.

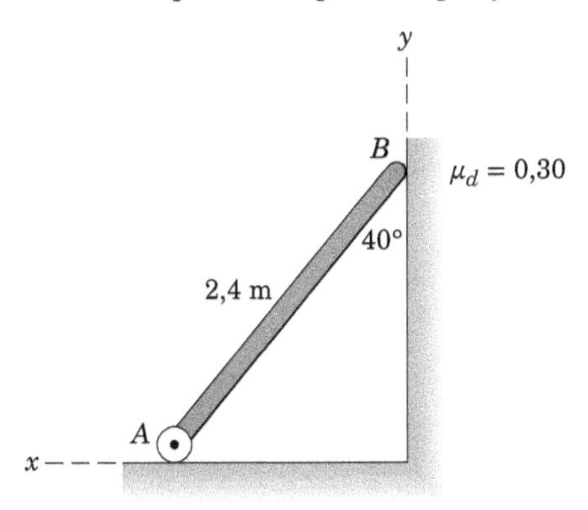

PROBLEMA 6/79

6/80 O conjunto composto por uma barra delgada uniforme (massa $m/5$) e um disco uniforme rigidamente acoplado (massa $4m/5$) é livremente articulado no ponto O do cursor que, por sua vez, desliza na guia horizontal fixa. O conjunto está em repouso quando o anel sofre subitamente a aceleração a para o lado esquerdo, como mostrado. Determine a aceleração angular inicial do conjunto.

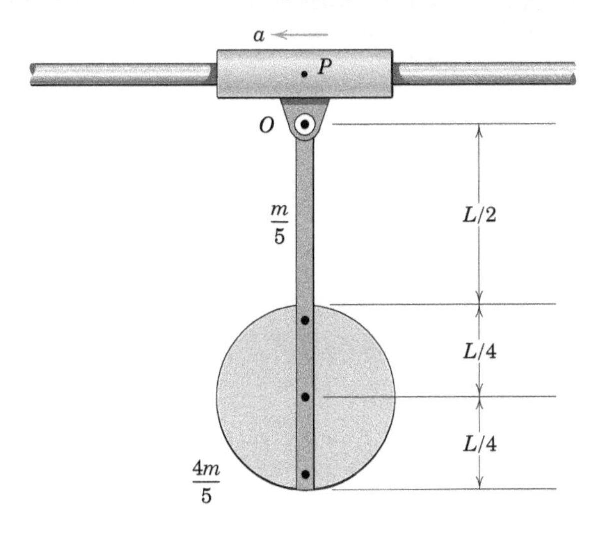

PROBLEMA 6/80

6/81 O mastro uniforme de 3,6 m é articulado à plataforma do caminhão e liberado a partir da posição vertical quando o caminhão parte do repouso com uma aceleração de 0,9 m/s^2. Se a aceleração permanece constante durante o movimento do mastro, calcule a velocidade angular ω do mastro quando atingir a posição horizontal.

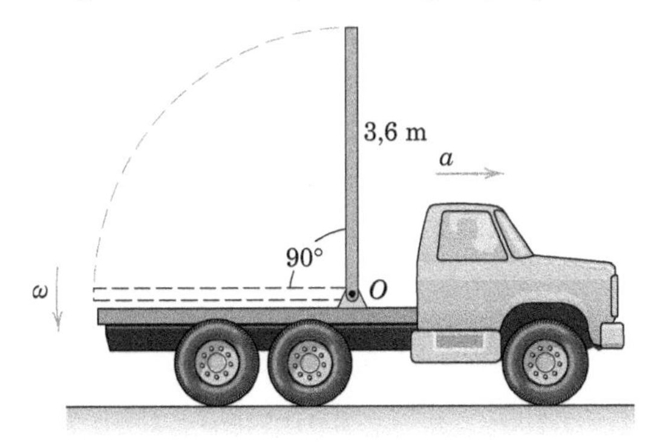

PROBLEMA 6/81

6/82 A barra uniforme de massa m é limitada pelos rolos leves que se movem na guia lisa, que se encontra em um plano vertical. Se a barra é liberada do repouso enquanto na posição mostrada, qual é a força em cada rolo um instante após a liberação? Utilize os valores m = 18 kg e r = 150 mm.

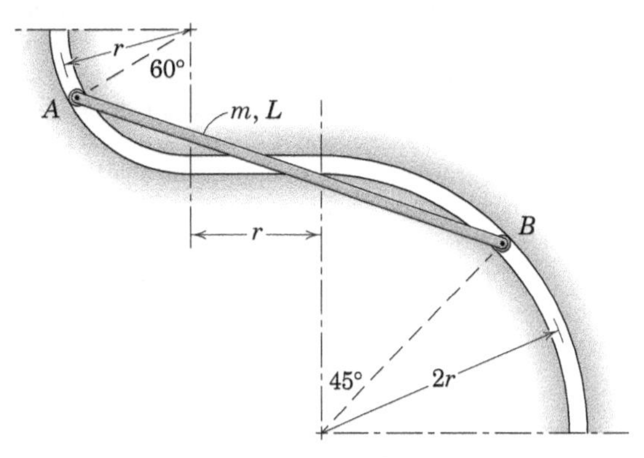

PROBLEMA 6/82

6/83 Uma bola de boliche de 6,4 kg com uma circunferência de 690 mm tem um raio de giração de 83 mm. Se a bola é lançada com uma velocidade de 6 m/s, mas sem velocidade angular quando toca o chão da pista, calcule a distância percorrida pela bola antes que comece a rolar sem deslizar. O coeficiente de atrito entre a bola e o piso é de 0,20.

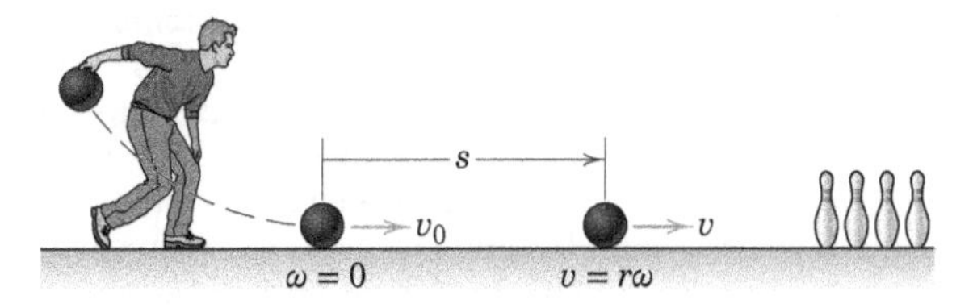

PROBLEMA 6/83

6/84 Em uma investigação do "efeito de chicote" resultante de colisões traseiras, a rotação brusca da cabeça é modelada utilizando uma esfera maciça homogênea de massa m e raio r articulada em torno de um eixo tangente (no pescoço) para representar a cabeça. Se o eixo em O recebe uma aceleração constante a com a cabeça inicialmente em repouso, determine expressões para a aceleração angular inicial α da cabeça e sua velocidade angular ω em função do ângulo θ de rotação. Presuma que o pescoço está relaxado de modo que nenhum momento é aplicado à cabeça em O.

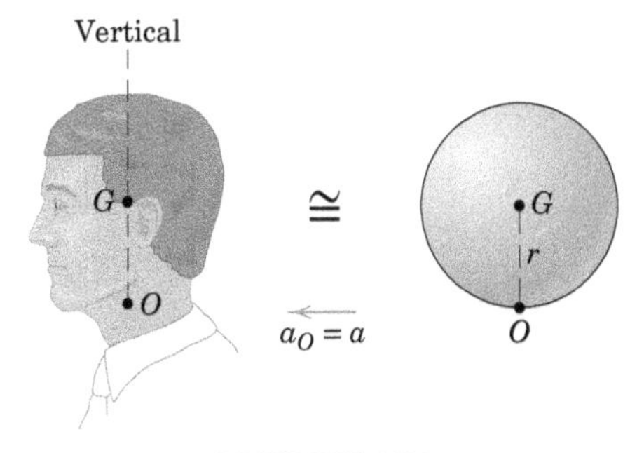

PROBLEMA 6/84

6/85 O modelo humano segmentado mostrado na figura é analisado em um estudo de lesão em acidentes no qual a cabeça bate contra o painel de um carro durante paradas bruscas ou em colisões nas quais cintos de segurança abdominais, sem alça no ombro, ou *airbags* são utilizados. Presume-se que a articulação do quadril O permanece fixa em relação ao carro, e o tronco acima do quadril é tratado como um corpo rígido de massa m livremente articulado em O. O centro de massa do tronco está em G com a posição inicial de OG adotada como vertical. O raio de giração do tronco em relação a O é k_O. Se o carro é forçado a uma parada súbita com desaceleração constante a, determine a velocidade v em relação ao carro com a qual a cabeça do modelo atinge o painel. Substitua os valores $m = 50$ kg, $\bar{r} = 450$ mm, $r = 800$ mm, $k_O = 550$ mm, $\theta = 45°$ e $a = 10g$ e calcule v.

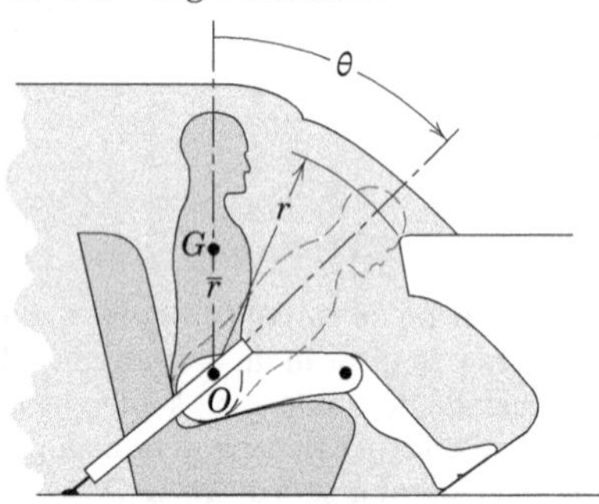

PROBLEMA 6/85

6/86 A biela AB de 0,6 kg de determinado motor de combustão interna possui centro de massa em G e um raio de giração em relação a G de 28 mm. O pistão e o pino A possuem uma massa total de 0,82 kg. O motor está funcionando a uma velocidade constante de 3000 rpm, de modo que a velocidade angular da manivela é de $3000(2\pi)/60 = 100\pi$ rad/s. Despreze os pesos dos componentes e a força exercida pelos gases de combustão no cilindro em comparação com as forças dinâmicas produzidas e calcule o módulo da força sobre o pino do pistão A para o ângulo da manivela $\theta = 90°$. (*Sugestão:* utilize a relação alternativa para o momento, Eq. 6/3, com B como o centro para os momentos.)

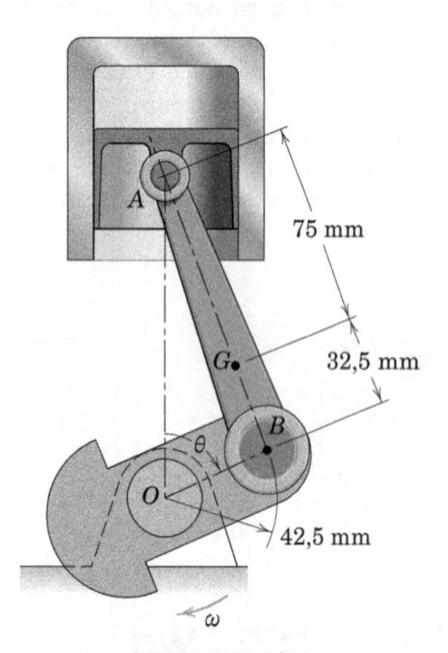

PROBLEMA 6/86

▶6/87 O mecanismo de quatro barras está em um plano vertical e é controlado por uma manivela OA, que gira no sentido anti-horário a uma taxa constante de 60 rpm. Determine o torque M que deve ser aplicado à manivela em O quando o ângulo da manivela for $\theta = 45°$. O acoplador uniforme AB tem uma massa de 7 kg, e as massas da manivela OA e do braço de saída BC podem ser desprezadas.

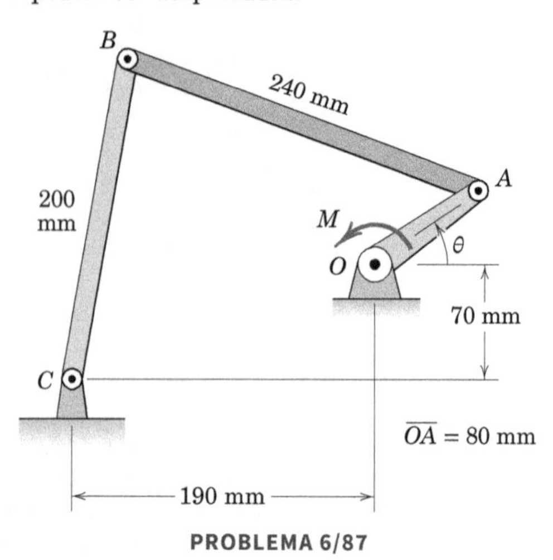

PROBLEMA 6/87

▶6/88 Repita a análise do Probl. 6/87 com a informação adicional de que a massa da manivela OA é 1,2 kg e a massa do braço de saída BC é 1,8 kg. Cada uma das barras pode ser considerada uniforme para esta análise.

Problemas para a Seção 6/6

(Nos seguintes problemas, despreze qualquer perda de energia devido ao atrito dinâmico, salvo instrução em contrário.)

Problemas Introdutórios

6/89 A haste uniforme e delgada, com massa m e comprimento L, é liberada, partindo do repouso, quando está na posição horizontal representada. Determine sua velocidade angular e a velocidade do centro de massa, quando ela passa pela posição horizontal

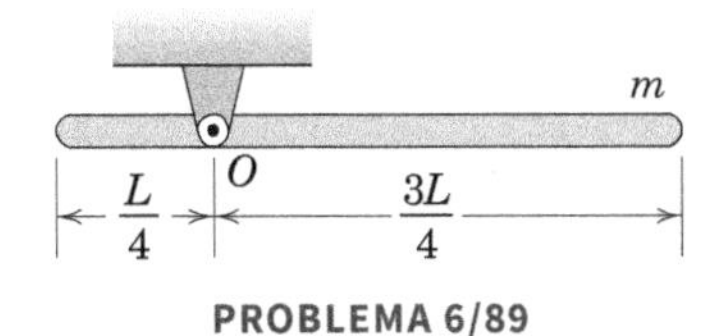

PROBLEMA 6/89

6/90 A haste delgada (massa m, comprimento L) possui uma partícula (massa $2m$) presa a uma de suas extremidades. Se o corpo é liberado, a partir de posição de equilíbrio vertical indicada, determine sua velocidade angular, depois de ter girado 180°.

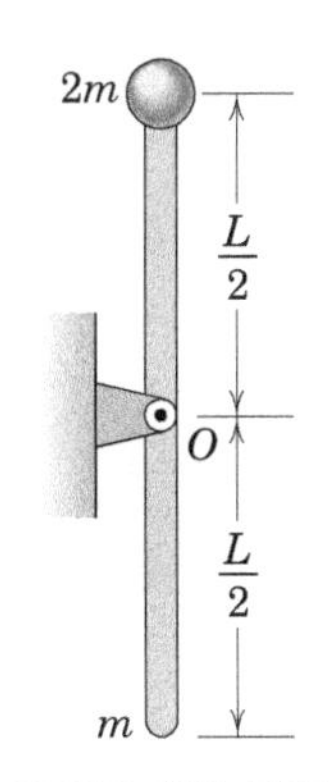

PROBLEMA 6/90

6/91 O tronco está suspenso por dois cabos paralelos de 5 m e é utilizado como um aríete. Em que ângulo θ o tronco deverá ser liberado, a partir do repouso, a fim de atingir o objeto a ser esmagado com uma velocidade de 4 m/s?

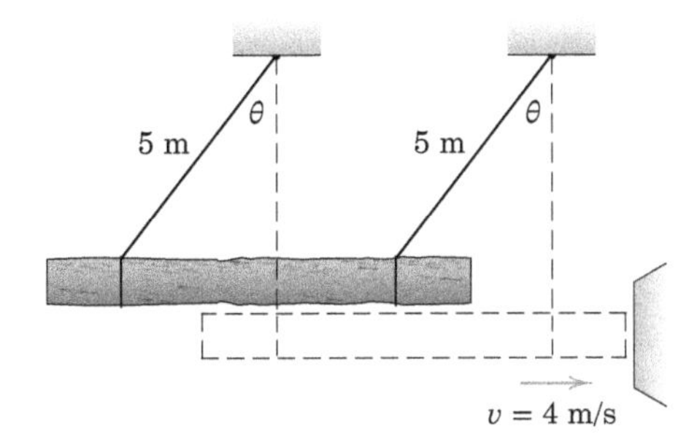

PROBLEMA 6/91

6/92 A velocidade do cilindro de 8 kg é de 0,3 m/s em determinado instante. Qual é a sua velocidade v após uma queda adicional de 1,5 m? A massa do tambor com o seu encaixe é de 12 kg, seu raio de giração centroidal é $\bar{k}$ = 210 mm, e o raio do seu encaixe é r_i = 200 mm. O momento de atrito em O é constante em 3 N · m.

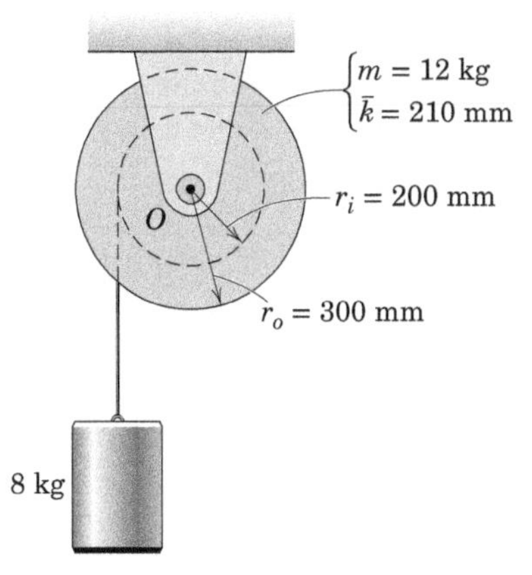

PROBLEMA 6/92

6/93 A barra semicircular uniforme de raio r = 75 mm e massa m = 3 kg gira livremente em torno de um eixo horizontal por meio do eixo O. A barra é inicialmente mantida na posição 1 contra a ação da mola de torção e, em seguida, liberada repentinamente. Determine a rigidez da mola k_T que dará à barra uma velocidade angular no sentido anti-horário ω = 4 rad/s quando ela atingir a posição 2, na qual a mola não está deformada.

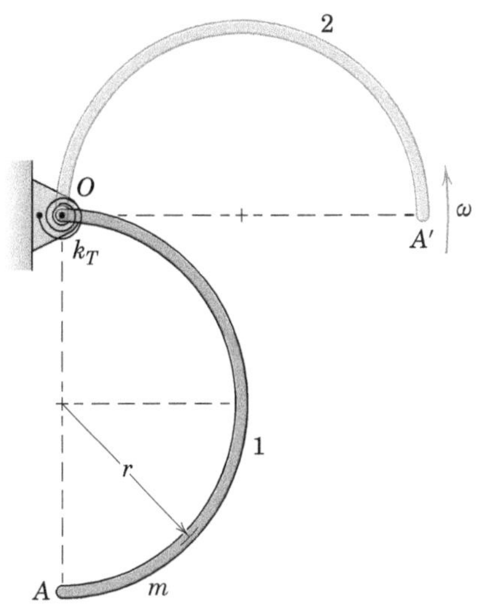

PROBLEMA 6/93

6/94 O corpo em forma de T, com massa total m, é construído com hastes uniformes. Se ele é liberado do repouso, quando está na posição representada, determine a força de reação vertical em O, quando o corpo passa pela posição vertical (120° após a liberação).

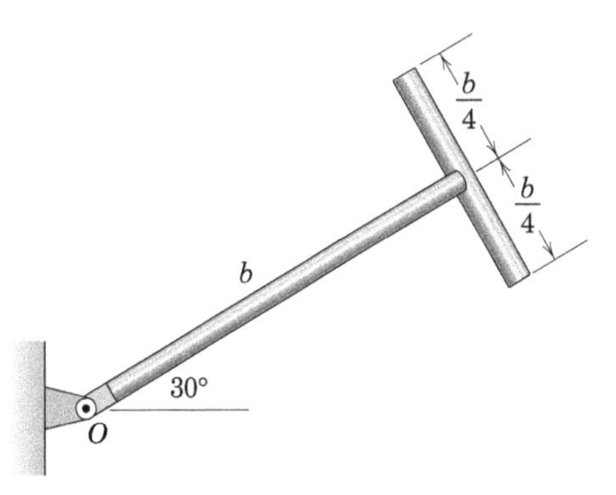

PROBLEMA 6/94

6/95 O disco de 10 kg está rigidamente fixado à barra de 3 kg OA, que é girada livremente em torno de um eixo horizontal através do ponto O. Se o sistema for liberado do repouso na posição indicada, determine a velocidade angular da barra e o módulo da reação do pino em O após a barra ter girado 90°.

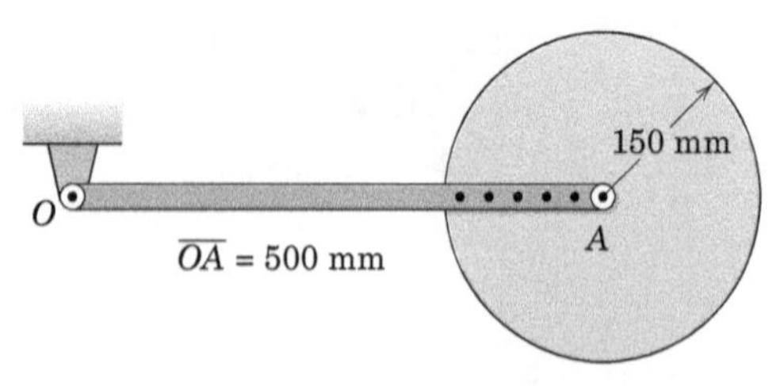

PROBLEMA 6/95

6/96 As duas rodas do Probl. 6/62, mostradas aqui novamente, representam duas condições extremas de distribuição de massa. Para o caso A, toda a massa m é assumida como concentrada no centro do aro, na barra axial de diâmetro desprezível. Para o caso B, toda a massa m é considerada como concentrada no aro. Determine a velocidade do centro de cada aro, após ter se deslocado uma distância x para baixo na inclinação a partir do repouso. Os aros rolam sem deslizar.

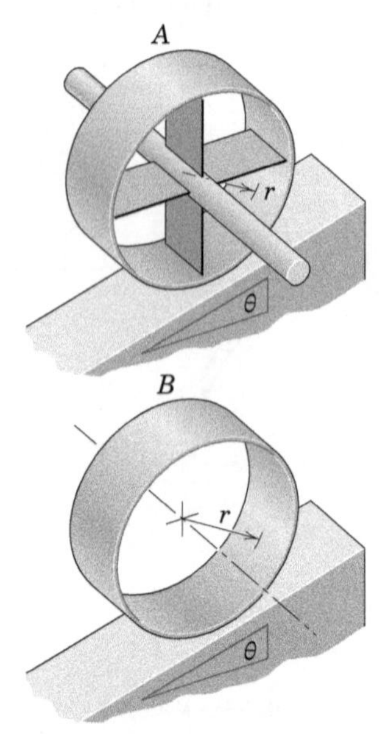

PROBLEMA 6/96

Problemas Representativos

6/97 A barra uniforme e esbelta de 1,2 kg pode girar livremente em torno de um eixo horizontal passando por O. O sistema é liberado, partindo do repouso, quando está na posição horizontal $\theta = 0$, em que a mola está não esticada. Se for observado que a barra para momentaneamente, para na posição $\theta = 50°$, determine a constante k da mola. Para o seu valor calculado de k, qual é a velocidade angular da barra quando $\theta = 25°$?

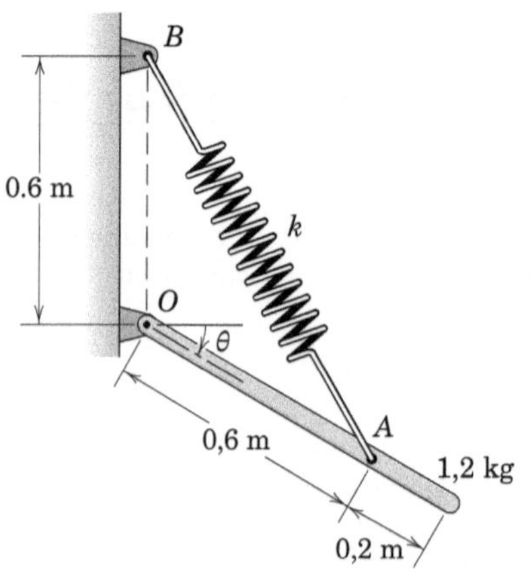

PROBLEMA 6/97

6/98 A figura mostra um testador de impacto usado no estudo da resposta do material a cargas de choque. O pêndulo de 30 kg é liberado do repouso e balança para baixo com resistência desprezível. No ponto inferior do movimento, o pêndulo atinge um exemplar de material entalhado A. Após o impacto com o exemplar, o pêndulo balança para cima até uma altura $\bar{h}' = 950$ mm. Se a capacidade de energia de impacto do pêndulo for 400 J, determine a mudança na velocidade angular do pêndulo durante o intervalo de pouco antes a pouco depois do impacto com o corpo de prova. A distância $\bar{r}$ do centro de massa a partir de O e o raio de giração k_O do pêndulo em O são ambos de 890 mm. (*Observação*: O posicionamento do centro de massa diretamente no raio de giração elimina cargas de choque sobre o rolamento em O e prolonga a vida do testador de forma significativa.)

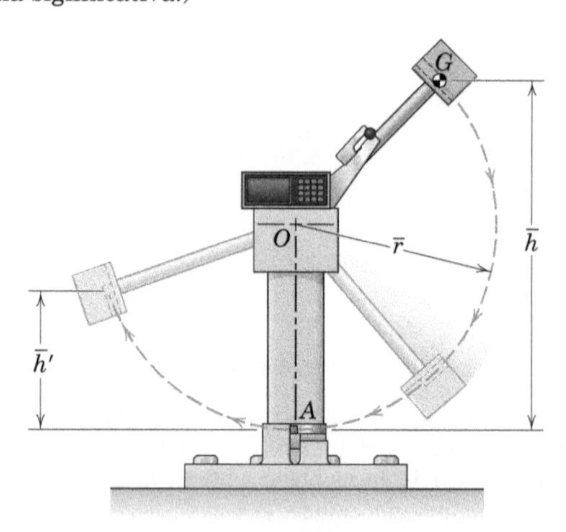

PROBLEMA 6/98

6/99 A placa retangular uniforme é liberada do repouso na posição mostrada. Determine a velocidade angular máxima ω durante o movimento subsequente. O atrito no pivô é insignificante.

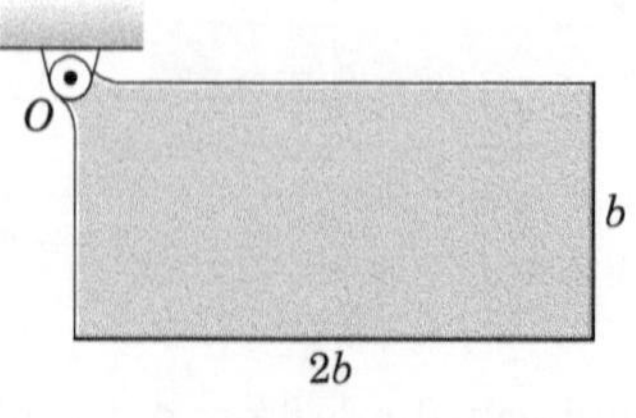

PROBLEMA 6/99

6/100 O volante de 50 kg tem um raio de giração $\overline{k}$ = 0,4 m em torno de seu eixo e está submetido ao torque $M = 2(1 - e^{-0,1\theta})$ N · m, em que θ está em radianos. Se o volante está em repouso, quando θ = 0, determine sua velocidade angular após 5 voltas.

PROBLEMA 6/100

6/101 A roda de 20 kg tem uma massa excêntrica que coloca o centro da massa G a uma distância $\overline{r}$ = 60 mm do centro geométrico O. Uma força constante M = 6 N · m é aplicada à roda inicialmente estacionária, que rola sem escorregar ao longo da superfície horizontal e entra na curva de raio R = 600 mm. Determine a força normal sob a roda imediatamente antes de sair da curva em C. A roda tem um raio de rolamento r = 100 mm e um raio de giração k_O = 75 mm.

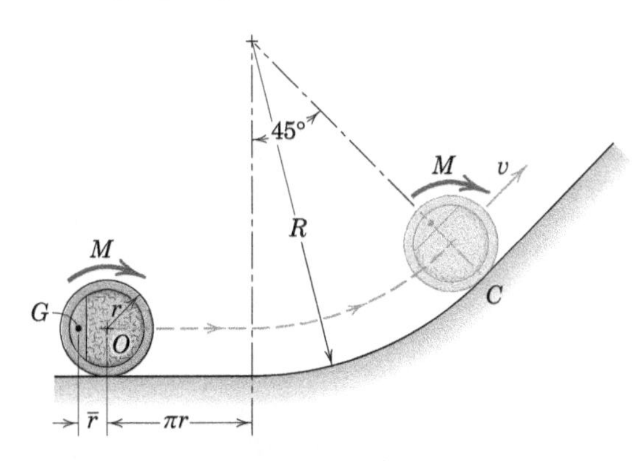

PROBLEMA 6/101

6/102 A barra uniforme de 20 kg com rodas de 5 kg é liberada do repouso quando θ = 60°. Se as rodas rolarem sem escorregar nas superfícies horizontal e vertical, determine a velocidade angular da barra quando θ = 45°. Cada roda tem um raio de giração centralizado de 110 mm.

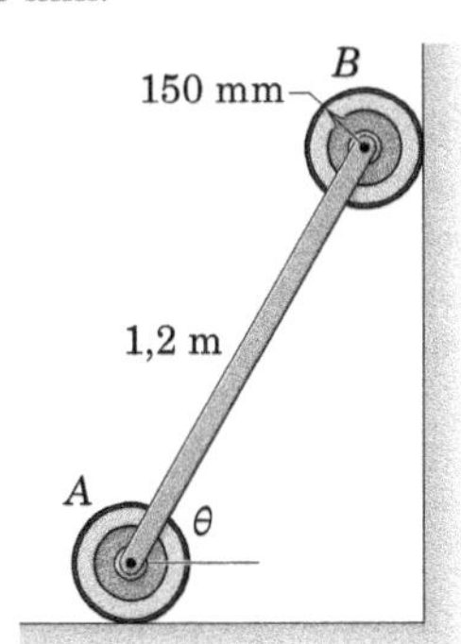

PROBLEMA 6/102

6/103 Um volante em inércia de 1200 kg, com um raio de giração de 400 mm, tem sua velocidade reduzida de 5000 para 3000 rpm durante um intervalo de 2 minutos. Calcule a potência média fornecida pelo volante de inércia. Expresse sua resposta tanto em quilowatts quanto em cavalos.

6/104 A roda é constituída por um aro de 4 kg com 250 mm de raio, cubo e raios de massa desprezível. A roda está montada no garfo OA de 3 kg com centro de massa em G e raio de giração em relação a O de 350 mm. Se o conjunto é liberado, a partir do repouso, da posição horizontal mostrada e se a roda rola sobre a superfície circular sem deslizar, calcule a velocidade do ponto A quando atinge A'.

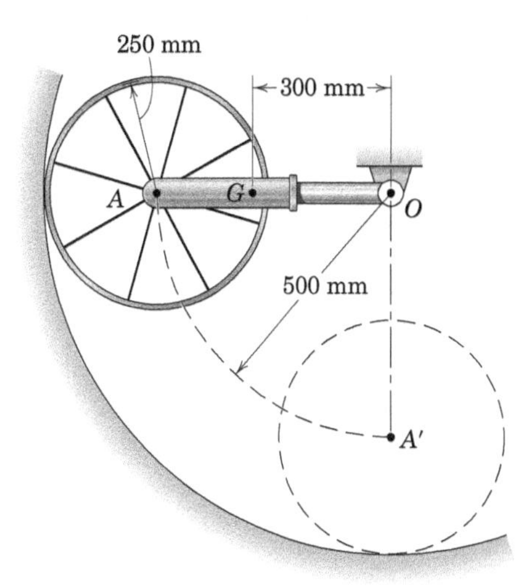

PROBLEMA 6/104

6/105 O disco semicircular de massa m = 2 kg é montado no arco leve de raio r = 150 mm e liberado do repouso na posição (a). Determine a velocidade angular ω do aro e a força normal N sob o aro ao passar na posição (b) depois de girar por 180°. O aro rola sem escorregar.

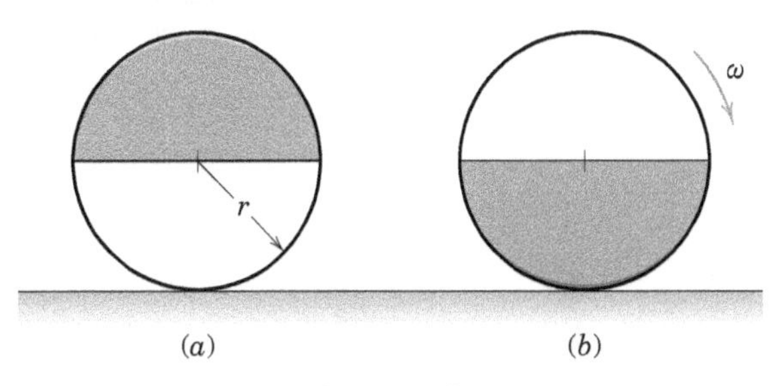

PROBLEMA 6/105

6/106 A barra ABC uniforme, esbelta e com 3 kg, está inicialmente em repouso, tendo um rolamento na sua extremidade A, apoiado contra a parte superior da guia horizontal. Quando um momento constante M = 8 N · m é aplicado à extremidade C, a barra gira, fazendo com que a extremidade A se choque contra a parte vertical da guia, com uma velocidade de 3 m/s. Calcule a perda de energia ΔE devida ao atrito entre as guias e os rolamentos. As massas dos rolamentos podem ser desprezadas.

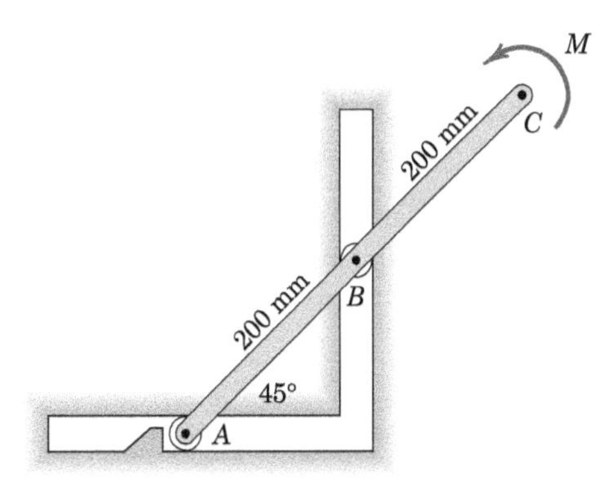

PROBLEMA 6/106

6/107 A mola de torção em A tem uma rigidez $k_T = 10$ N · m/rad e é indeformável quando as barras uniformes de 10 kg *OA* e *AB* estão na posição vertical e se sobrepõem. Se o sistema for liberado do repouso com $\theta = 60°$, determine a velocidade angular da roda *B* quando $\theta = 30°$. A roda de 6 kg em *B* tem um raio de giração centralizado de 50 mm e rola sem escorregar na superfície horizontal.

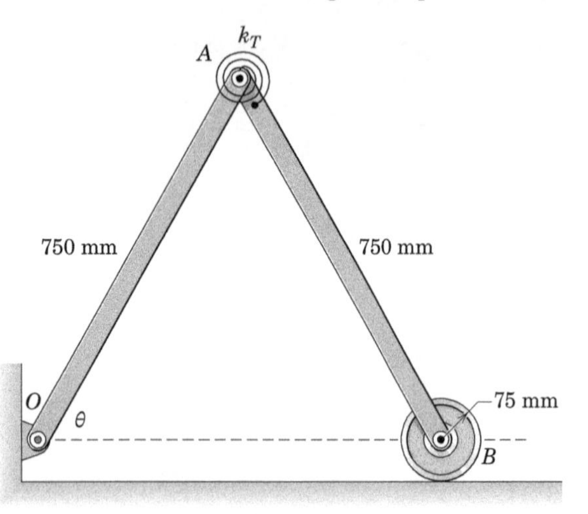

PROBLEMA 6/107

6/108 O sistema está em repouso, com as duas molas não esticadas, quando $\theta = 0$. A barra esbelta e uniforme de 5 kg recebe, então, um leve tranco, em sentido horário. O valor de *b* é 0,4 m. (*a*) Se a barra alcança o repouso momentaneamente, quando $\theta = 40°$, determine a constante de mola *k*. (*b*) Para o valor $k = 90$ N/m, determine a velocidade angular da barra, quando $\theta = 25°$.

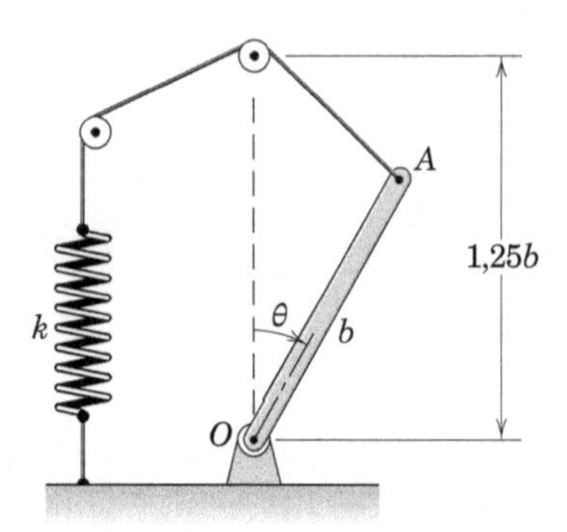

PROBLEMA 6/108

6/109 O sistema é liberado, partindo do repouso, quando $\theta = 90°$. Determine a velocidade angular da barra uniforme e esbelta, quando θ atinge 60°. Use os valores $m_1 = 1$ kg, $m_2 = 1,25$ kg e $b = 0,4$ m.

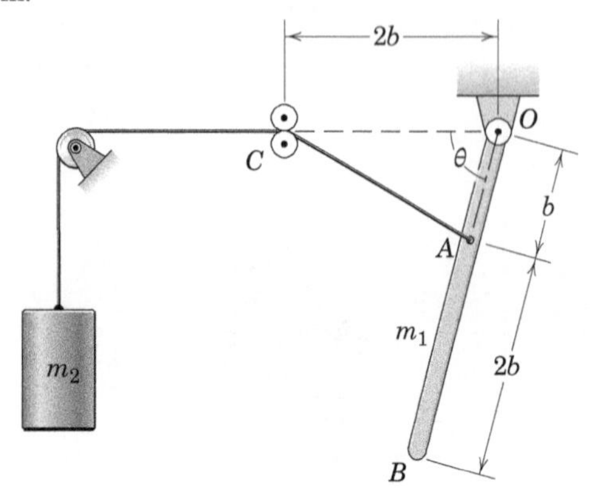

PROBLEMA 6/109

6/110 O toroide homogêneo e o anel cilíndrico são liberados do repouso e rolam sem escorregar pela inclinação. Determine uma expressão para a diferença de velocidade v_{dif} que se desenvolve entre os dois objetos durante o movimento em função da distância *x* que eles percorreram para baixo do plano inclinado. Suponha que as massas rolam em linha reta pelo plano inclinado e avalie sua expressão para o caso em que $a = 0,2R$. Qual objeto está na liderança? E o tamanho de *a* em relação a *R* alguma vez alterou a ordem de chegada?

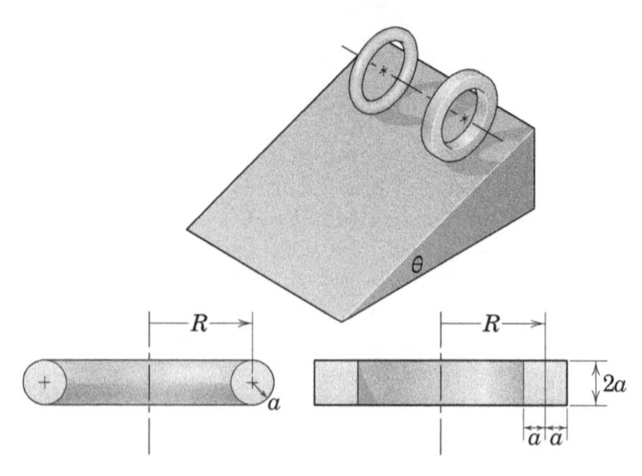

PROBLEMA 6/110

6/111 O disco uniforme de 6 kg gira livremente em torno de um eixo horizontal através de *O*. Uma barra delgada de 2 kg é presa ao disco como mostrado. Se o sistema for desviado do repouso enquanto estiver na posição mostrada, determine sua velocidade angular ω após ter girado 180°.

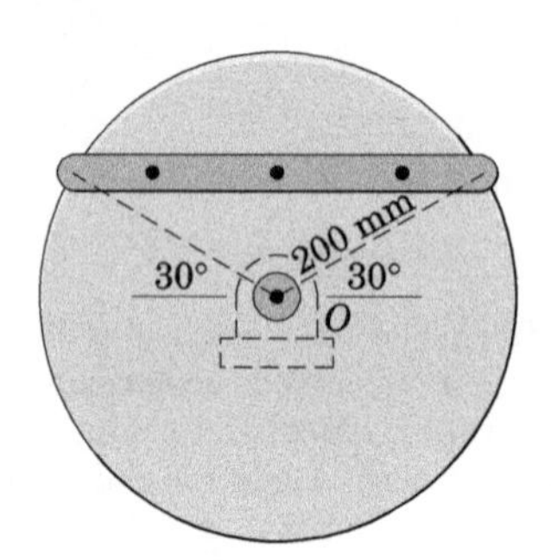

PROBLEMA 6/111

6/112 Para a haste delgada pivotada de comprimento *l*, determine a distância *x* na qual a velocidade angular será máxima à medida que a barra passar pela posição vertical após ser liberada da posição horizontal mostrada. Indique a velocidade angular correspondente.

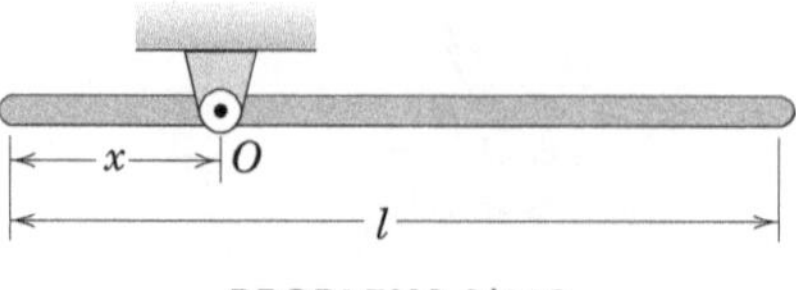

PROBLEMA 6/112

6/113 A roda tem massa m e um raio de giração k centralizado, e rola sem escorregar pela inclinação sob a ação de uma força P. A força é aplicada na extremidade de um cordão que é enrolado firmemente ao redor do cubo interno da roda, como mostrado. Determine a velocidade v_O do centro da roda O após ela ter percorrido uma distância d plano inclinado acima. A roda está em repouso quando a força P é aplicada pela primeira vez.

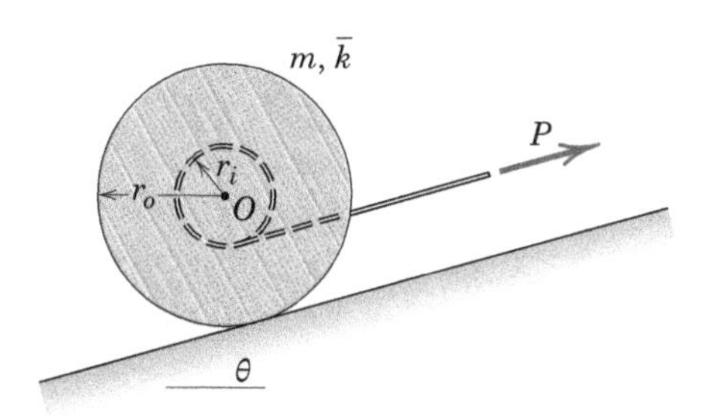

PROBLEMA 6/113

6/114 O braço articulado OA de 8 kg, com centro de massa em G e raio de giração, em torno de O, de 0,22 m, está ligado à barra delgada AB, uniforme e com massa 12 kg. Se o mecanismo é liberado, partindo do repouso na posição indicada, calcule a velocidade v da extremidade B quando OA balança, passando pela posição vertical.

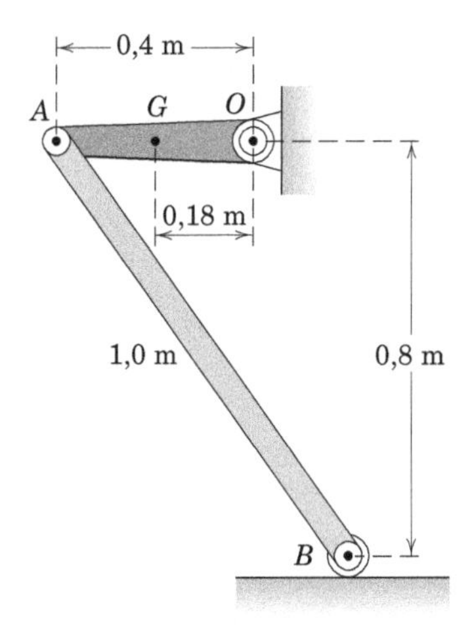

PROBLEMA 6/114

6/115 A roldana de 400 mm de raio tem uma massa de 50 kg e um raio de giração de 300 mm. A polia e sua carga de 100 kg são suspensas pelo cabo e pela mola, que tem uma rigidez de 1,5 kN/m. Se o sistema for liberado do repouso com a mola inicialmente esticada 100 mm, determine a velocidade de O após ter caído 50 mm.

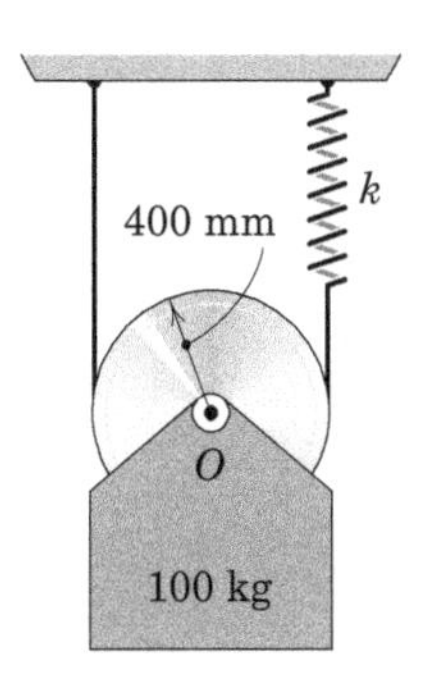

PROBLEMA 6/115

6/116 A potência motriz para o ônibus experimental de 10 Mg vem da energia armazenada em um volante giratório que ele transporta. O volante possui uma massa de 1500 kg e um raio de giração de 500 mm, e é colocado para girar a uma velocidade máxima de 4000 rpm. Se o ônibus parte do repouso e adquire uma velocidade de 72 km/h no alto de uma colina 20 metros acima da posição inicial, calcule a velocidade N reduzida do volante. Suponha que 10% da energia retirada do volante tenham sido perdidos. Despreze a energia de rotação das rodas do ônibus. A massa de 10 Mg inclui a massa do volante.

PROBLEMA 6/116

6/117 Um pequeno veículo experimental tem uma massa total m de 500 kg, incluindo rodas e motorista. Cada uma das quatro rodas tem uma massa de 40 kg e um raio de giração central de 400 mm. A resistência total ao atrito R ao movimento é de 400 N e é medida pelo reboque do veículo a uma velocidade constante em uma estrada nivelada com o motor desengatado. Determine a potência de saída do motor para uma velocidade de 72 km/h subindo uma inclinação de 10% (a) com aceleração zero e (b) com uma aceleração de 3 m/s^2. (*Sugestão*: a potência é igual à taxa de tempo de aumento da energia total do veículo mais a taxa à qual o trabalho do atrito é superado.)

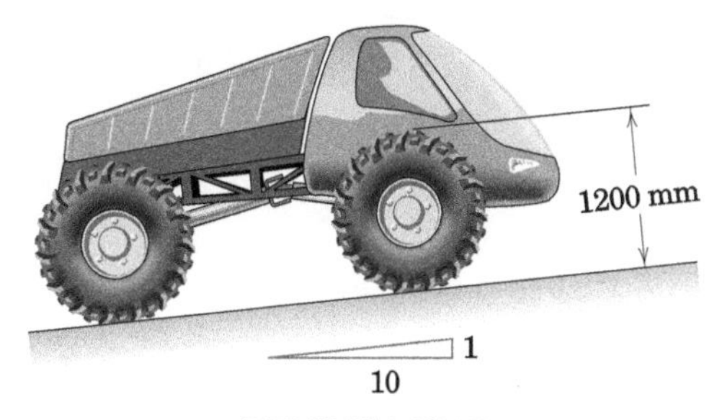

PROBLEMA 6/117

6/118 As duas barras esbeltas, cada uma de massa m e comprimento b, são fixadas uma à outra e se movem no plano vertical. Se as barras são liberadas do repouso na posição mostrada e movem-se juntas sob a ação de uma força M de módulo constante aplicada ao segmento AB, determine a velocidade de A ao atingir O.

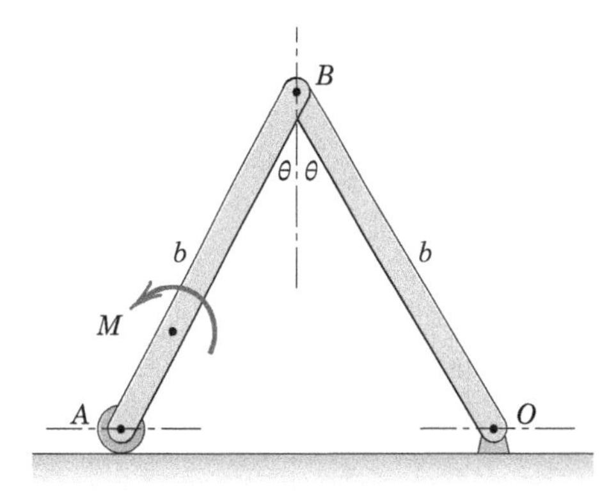

PROBLEMA 6/118

Problemas para a Seção 6/7

Problemas Introdutórios

6/119 A posição da plataforma horizontal de massa m_0 é controlada pelas hastes leves paralelas de massas m e $2m$. Determine a aceleração angular inicial α das barras quando elas partem de sua posição de sustentação mostrada, sob a ação de uma força P aplicada normalmente a AB em sua extremidade.

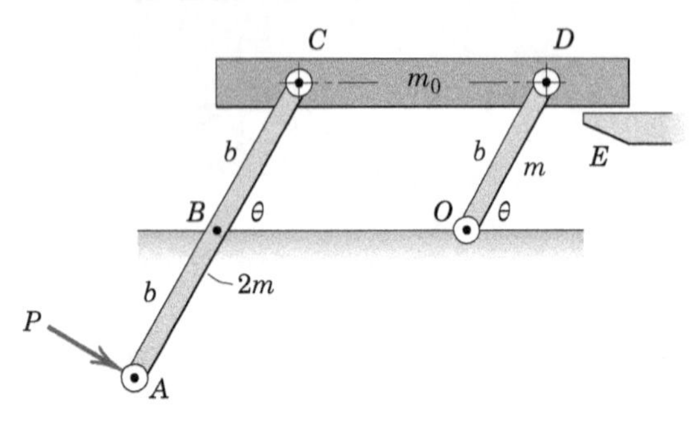

PROBLEMA 6/119

6/120 A barra esbelta uniforme de massa m é mostrada na sua configuração de equilíbrio, no plano vertical, antes de o momento M ser aplicado à extremidade da barra. Calcule a aceleração angular inicial α da barra após a aplicação de M. A massa de cada rolete-guia é desprezível.

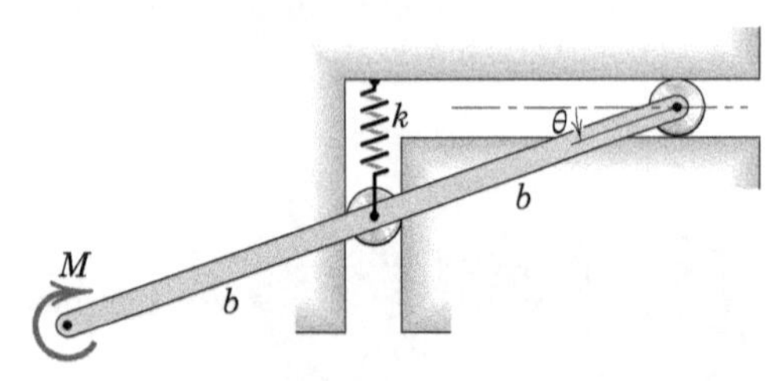

PROBLEMA 6/120

6/121 As duas barras esbeltas uniformes são articuladas em O e estão apoiadas sobre a superfície horizontal por seus roletes nas extremidades de massa desprezível. Se as barras são liberadas a partir do repouso na posição mostrada, determine a sua aceleração angular inicial α para que se fechem no plano vertical. (*Sugestão*: utilize o centro instantâneo de velocidade nula escrevendo a expressão para dT.)

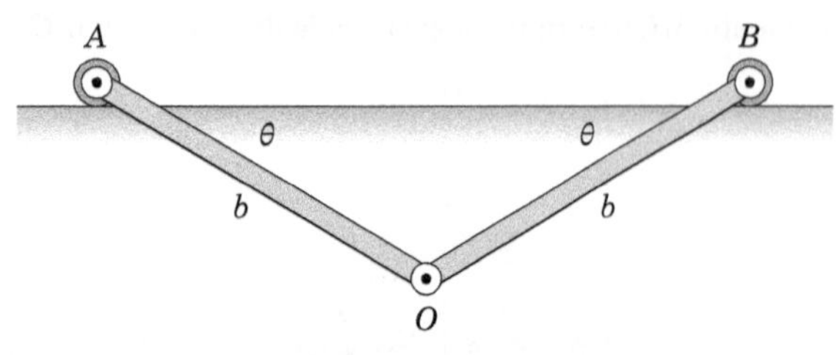

PROBLEMA 6/121

6/122 Cada uma das barras A e B tem uma massa de 4 kg, e a barra C tem uma massa de 6 kg. Calcule o ângulo θ alcançado pelas barras, se o corpo a que estão fixadas recebe uma aceleração horizontal constante a de 1,2 m/s^2.

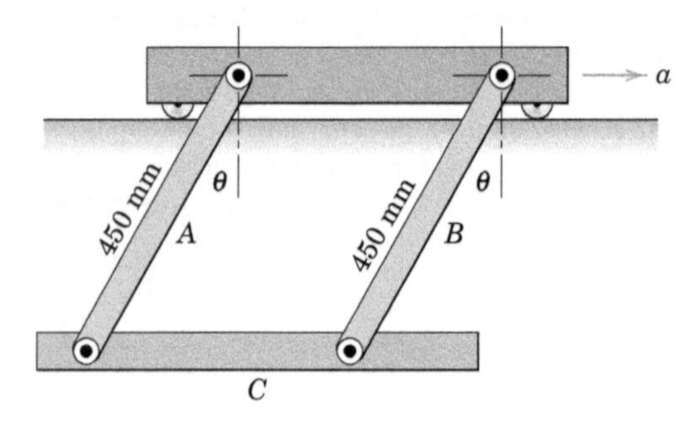

PROBLEMA 6/122

6/123 O mecanismo mostrado se move no plano vertical. A barra vertical AB tem uma massa de 4,5 kg, e cada uma das duas hastes tem uma massa de 2,7 kg com centro de massa em G e com um raio de giração de 250 mm em relação ao seu mancal (O ou C). A mola tem uma rigidez de 220 N/m e um comprimento sem deformação de 450 mm. Se o apoio em D é subitamente retirado, determine a aceleração angular inicial α das hastes.

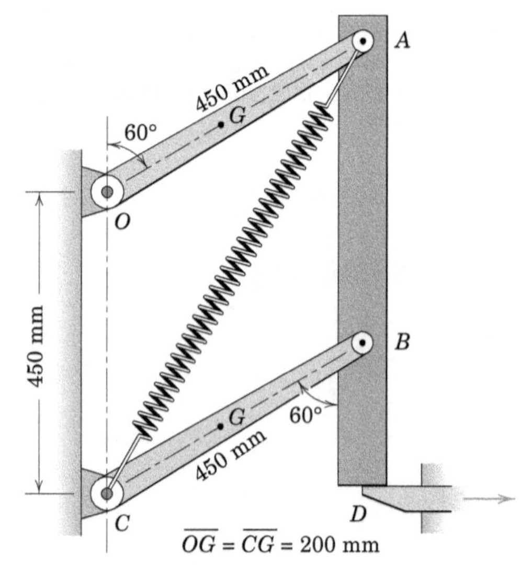

PROBLEMA 6/123

Problemas Representativos

6/124 A carga de massa m recebe uma aceleração ascendente a pela aplicação das forças P, a partir de sua posição de repouso apoiada nos suportes. Despreze a massa das hastes em comparação com m e determine a aceleração inicial a.

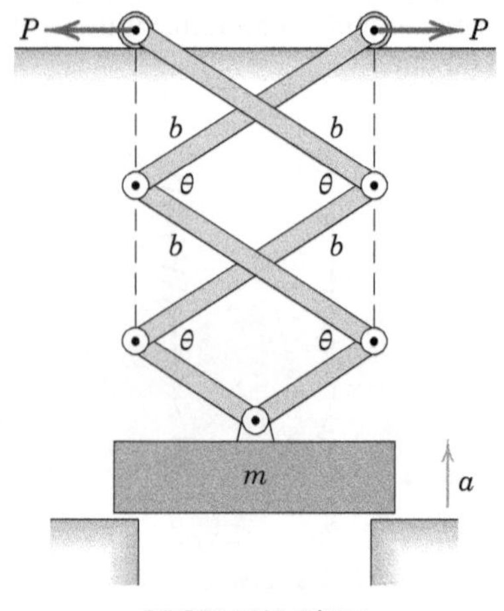

PROBLEMA 6/124

6/125 O contêiner do caminhão de entrega de alimentos para o suprimento de aeronaves tem uma massa m quando está carregado e é elevado por meio da aplicação de um momento M na extremidade inferior da barra, que é articulada ao chassi do caminhão. As ranhuras horizontais permitem que o mecanismo se estenda enquanto o contêiner é elevado. Determine a aceleração ascendente do contêiner em termos de h, para determinado valor de M. Despreze a massa das barras.

PROBLEMA 6/125

6/126 O bloco deslizante recebe uma aceleração horizontal à direita que é lentamente aumentada para um valor constante a. O pêndulo anexo de massa m e centro de massa G assume uma deflexão angular constante θ. A mola de torção em O exerce um momento $M = k_T\theta$ sobre o pêndulo para se opor à deflexão angular. Determine a rigidez de torção k_T que permitirá uma deflexão constante θ.

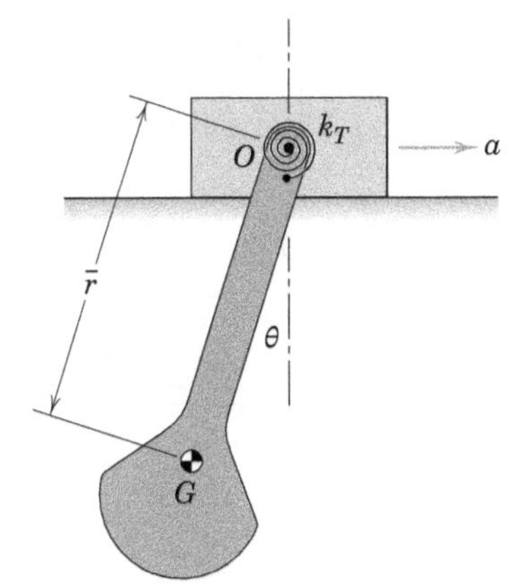

PROBLEMA 6/126

6/127 Cada uma das barras uniformes OA e OB possui uma massa de 2 kg e é articulada livremente em O ao eixo vertical, que recebe uma aceleração ascendente $a = g/2$. As hastes que conectam o bloco deslizante leve C às barras possuem massas desprezíveis, e o bloco desliza livremente sobre o eixo. A mola possui uma rigidez k = 130 N/m e está sem compressão para a posição equivalente a $\theta = 0$. Calcule o ângulo θ alcançado pelas barras na condição de aceleração constante.

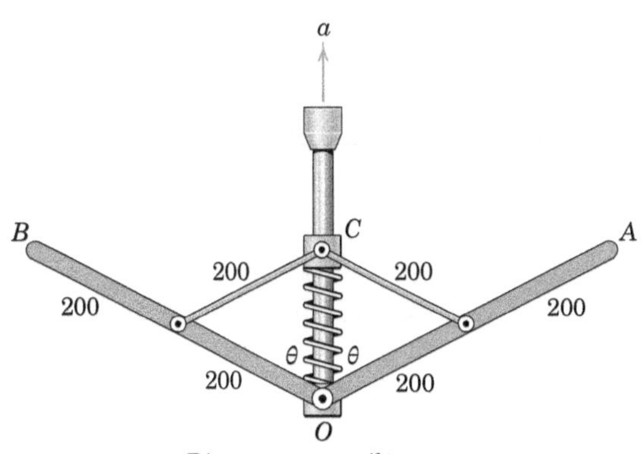

PROBLEMA 6/127

6/128 O mecanismo é constituído por duas barras delgadas e se move no plano horizontal sob a influência da força P. A barra OC tem uma massa m e a barra AC tem massa $2m$. O bloco deslizante em B tem massa desprezível. Sem desmembrar o sistema, determine a aceleração angular inicial α das barras quando P é aplicada em A, com as barras inicialmente em repouso. (*Sugestão*: substitua P pelo seu sistema força-momento equivalente.)

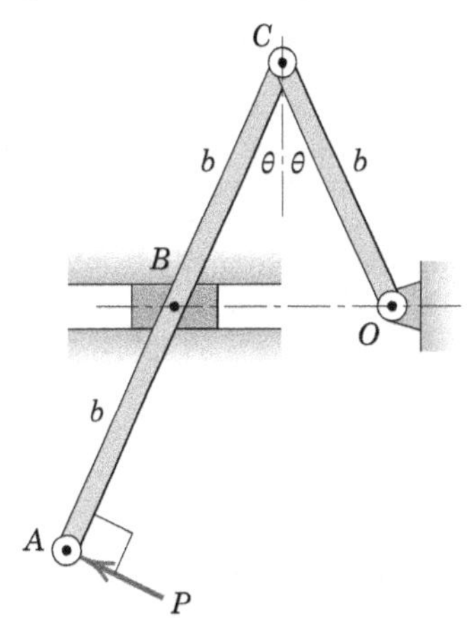

PROBLEMA 6/128

6/129 A plataforma móvel de trabalho é elevada por meio dos dois cilindros hidráulicos articulados nos pontos C. A pressão em cada cilindro produz uma força F. A plataforma, o homem e a carga têm uma massa combinada m, e a massa do mecanismo é pequena e pode ser desprezada. Determine a aceleração ascendente a da plataforma e mostre que ela é independente tanto de b quanto de θ.

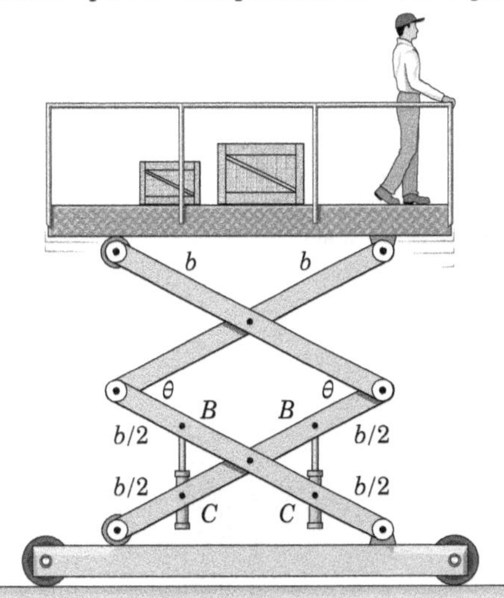

PROBLEMA 6/129

6/130 Cada um dos três painéis idênticos uniformes de uma porta industrial segmentada tem massa m e é conduzido nos trilhos (um mostrado em linha tracejada). Determine a aceleração horizontal a do painel superior sob a ação da força P. Despreze qualquer atrito nos roletes de guia.

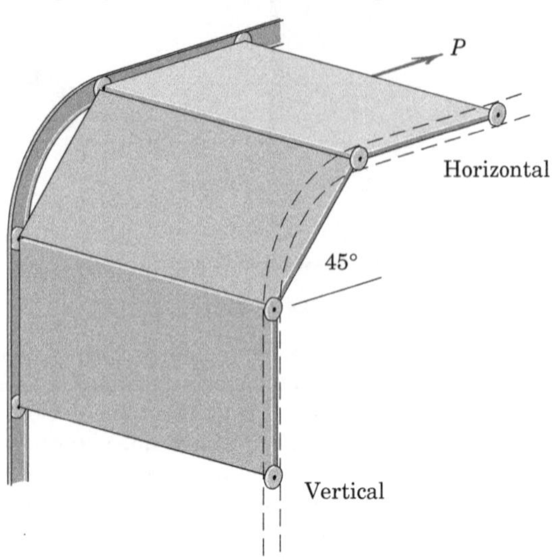

PROBLEMA 6/130

6/131 O tacômetro mecânico mede a velocidade de rotação N do eixo pelo movimento horizontal do bloco B ao longo do eixo que gira. Esse movimento é causado pela ação centrífuga das duas massas A de 350 g, que giram com o eixo. O cursor C está preso ao eixo. Determine a velocidade de rotação N do eixo para uma leitura $\beta = 15°$. A rigidez da mola é de 900 N/m, e está sem compressão quando $\theta = 0$ e $\beta = 0$. Despreze os pesos das hastes.

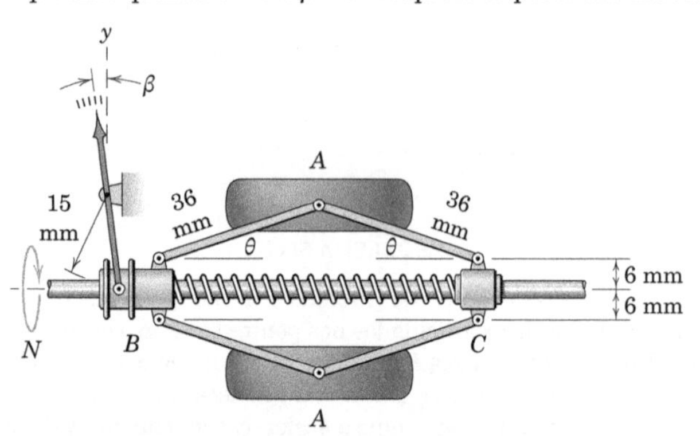

PROBLEMA 6/131

6/132 O setor circular e as rodas vinculadas são liberados a partir do repouso na posição mostrada no plano vertical. Cada roda é um disco circular maciço com uma massa de 5 kg e rola sobre a trajetória circular fixa sem deslizar. O setor circular tem uma massa de 8 kg e pode ser aproximado por um quadrante de um disco circular maciço de 400 mm de raio. Determine a aceleração angular inicial α do setor.

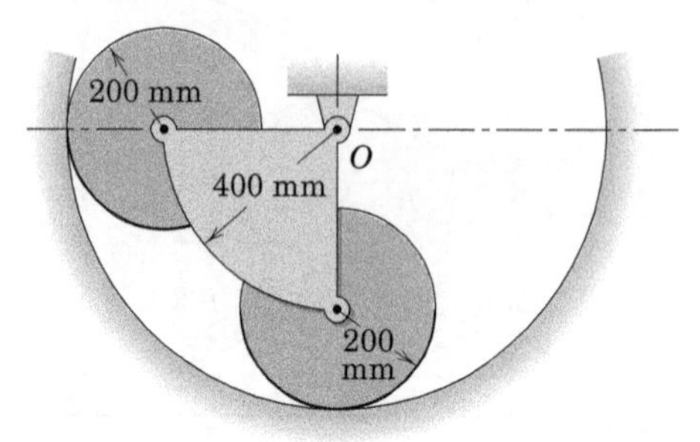

PROBLEMA 6/132

6/133 A torre aérea mostrada é projetada para elevar um operário em uma direção vertical. Um mecanismo interno em B mantém o ângulo entre AB e BC igual a duas vezes o ângulo θ entre BC e o solo. Se a massa combinada do homem e do cesto é de 200 kg e se todas as outras massas são desprezadas, determine o torque M aplicado a BC em C e o torque M_B na articulação em B necessário para fornecer ao cesto uma aceleração vertical inicial de 1,2 m/s^2 quando é colocado em movimento a partir do repouso na posição $\theta = 30°$.

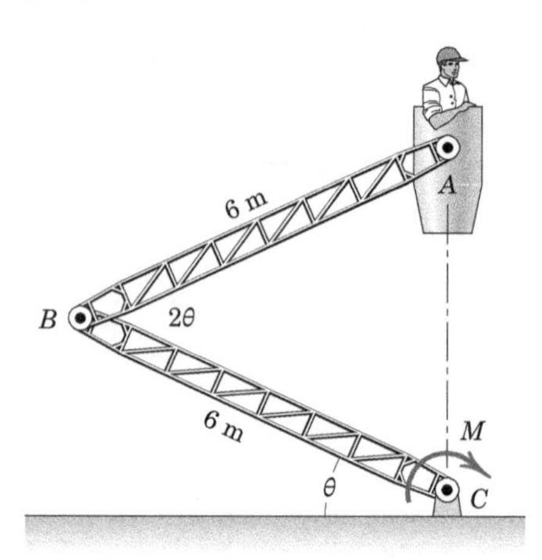

PROBLEMA 6/133

6/134 O braço uniforme OA tem uma massa de 4 kg e a engrenagem D tem uma massa de 5 kg com um raio de giração em relação ao seu centro de 64 mm. A engrenagem maior B é fixa e não pode girar. Se o braço e a engrenagem menor são liberados a partir do repouso na posição mostrada no plano vertical, calcule a aceleração angular inicial α de OA.

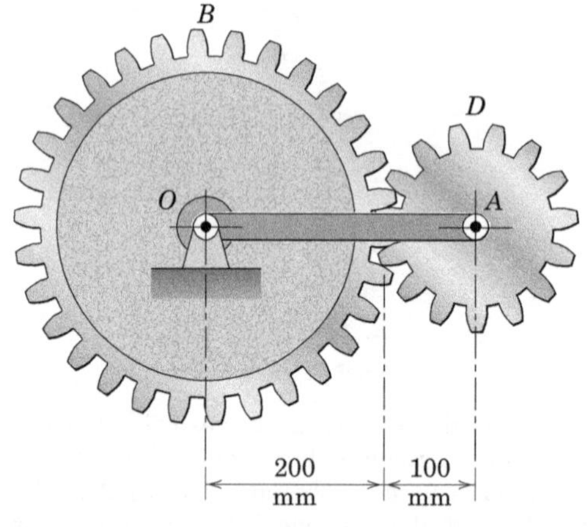

PROBLEMA 6/134

Problemas para a Seção 6/8

Problemas Introdutórios

6/135 O centro de massa G da barra esbelta de massa 0,8 kg e comprimento 0,4 m está caindo verticalmente com uma velocidade v = 2 m/s no instante representado. Calcule a quantidade de movimento angular H_O da barra em relação ao ponto O, se a velocidade angular da barra é (a) ω_a = 10 rad/s no sentido horário e (b) ω_b = 10 rad/s no sentido anti-horário.

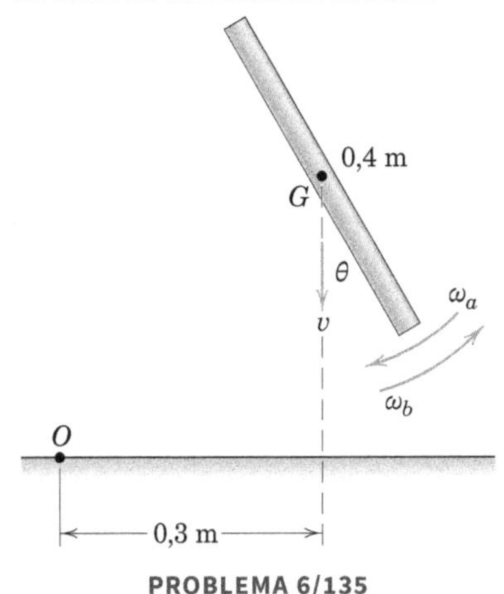

PROBLEMA 6/135

6/136 Uma pessoa que passa pela porta giratória exerce uma força horizontal de 90 N em um dos quatro painéis da porta e mantém o ângulo de 15° constante em relação a uma linha normal ao painel. Se cada painel for modelado por uma placa retangular uniforme de 60 kg que tenha 1,2 m de comprimento conforme a vista superior, determine a velocidade angular final ω da porta se a pessoa exercer a força durante 3 segundos. A porta está inicialmente em repouso e o atrito pode ser desprezado.

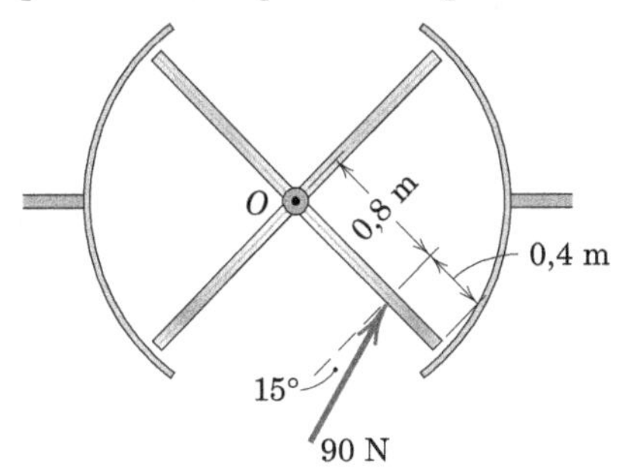

PROBLEMA 6/136

6/137 O volante de 75 kg tem um raio de giração em relação à linha de centro do seu eixo de k = 0,50 m e é submetido ao torque $M = 10(1 - e^{-t})$ N · m, em que t é expresso em segundos. Se o volante está em repouso no instante de tempo t = 0, determine a sua velocidade angular ω em t = 3 s.

PROBLEMA 6/137

6/138 Determine a quantidade de movimento angular da Terra em relação ao centro do Sol. Suponha que a Terra seja homogênea e uma órbita circular da Terra com raio $149{,}6(10^6)$ km; consulte a Tabela D/2 para outras informações necessárias. Comente sobre as contribuições relativas dos termos $\bar{I}\omega$ e $m\bar{v}d$.

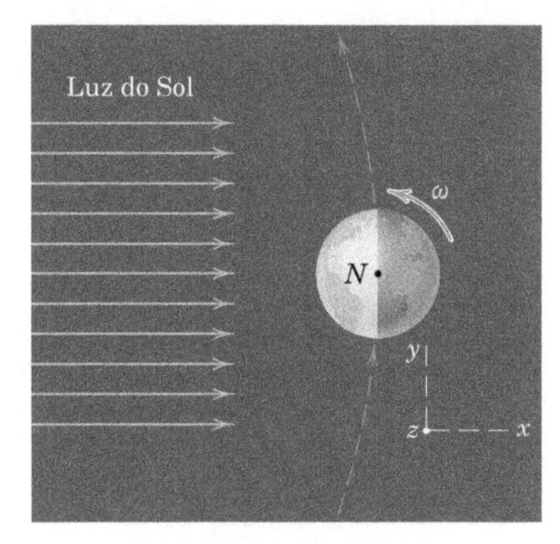

PROBLEMA 6/138

6/139 As forças de tração constante de 200 N e 160 N são aplicadas ao cabo de içamento, conforme indicado. Se a velocidade v da carga é 2 m/s, para baixo, e a velocidade angular ω da polia é 8 rad/s, em sentido anti-horário, no instante t = 0, determine v e ω, após as forças no cabo terem sido aplicadas por 5 s. Observe a independência dos resultados.

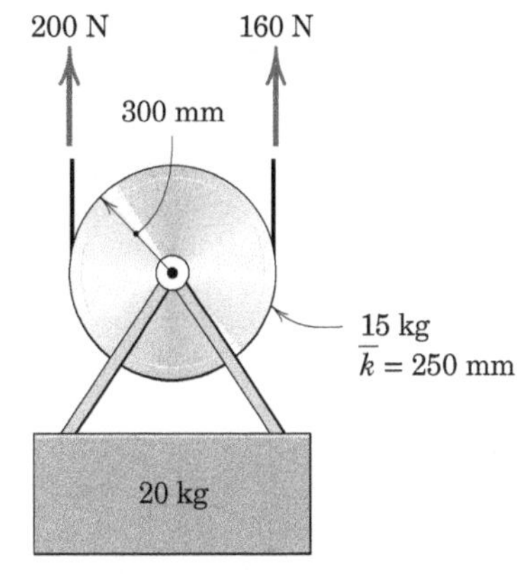

PROBLEMA 6/139

6/140 O homem está caminhando com velocidade v_1 = 1,2 m/s para a direita, quando ele topa com uma pequena irregularidade do terreno. Estime sua velocidade angular ω, logo após o impacto. Sua massa é 76 kg, com altura do centro de massa h = 0,87 m e seu momento de inércia em torno do ponto O do tornozelo é 66 kg · m^2. Todas as propriedades se referem à porção do corpo acima de O, isto é, tanto a massa quanto o momento de inércia não incluem o pé.

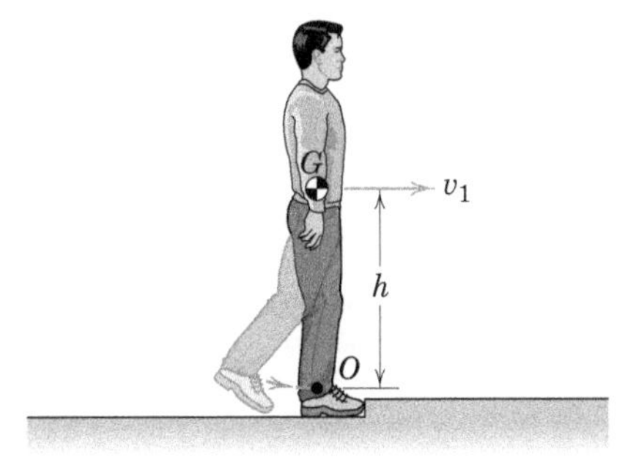

PROBLEMA 6/140

6/141 A força constante de 40 N é aplicada ao cilindro escalonado de 36 kg, conforme representado. O raio de giração do centroide do cilindro é $\bar{k}$ = 200 mm. Este rola sobre a rampa, sem deslizar. Se o cilindro está em repouso quando a força é inicialmente aplicada, determine sua velocidade angular ω oito segundos depois.

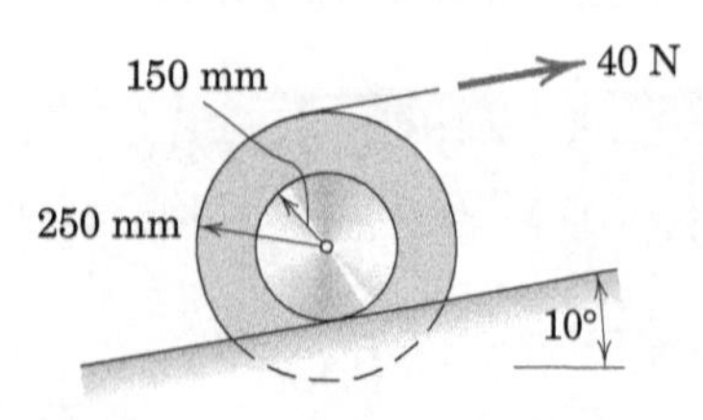

PROBLEMA 6/141

6/142 Uma barra esbelta e uniforme de massa M e comprimento L está se deslocando sobre o plano x-y liso com velocidade v_M quando uma partícula de massa m, movendo-se com velocidade v_m, conforme representado, se choca e se incorpora à barra. Determine as velocidades linear e angular finais da barra, com a partícula incorporada.

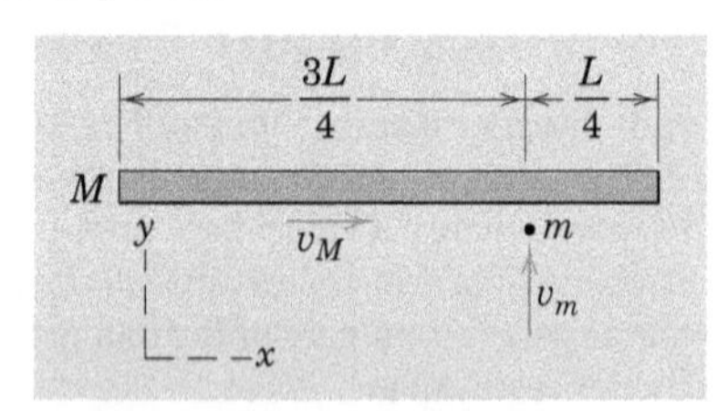

PROBLEMA 6/142

6/143 O cilindro circular homogêneo de massa m e raio R carrega uma haste delgada de massa m/2 anexada a ele, como mostrado abaixo. Se o cilindro rola na superfície sem escorregar com uma velocidade v_O de seu centro O, determine a quantidade de movimento angular H_G e H_O do sistema em torno do seu centro de massa G e em torno de O no instante mostrado.

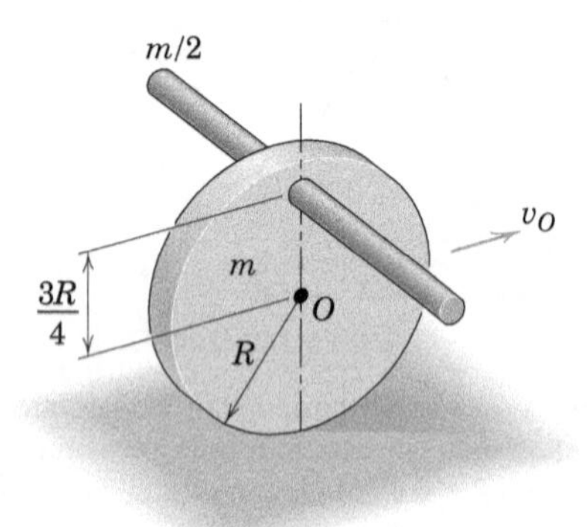

PROBLEMA 6/143

6/144 Uma força constante F atua sobre a polia ranhurada de massa m por meio de um cabo enrolado com segurança ao redor do exterior da polia. A polia suporta um cilindro de massa M que está preso à extremidade de um cabo enrolado com segurança em torno de um cubo interno. Se o sistema está em repouso quando a força F é aplicada pela primeira vez, determine a velocidade ascendente da massa suportada após 3 segundos. Use os valores m = 40 kg, M = 10 kg, r_o = 225 mm, r_i = 150 mm, k_O = 160 mm, e F = 75 N. Suponha que não há interferência mecânica para o período indicado e despreze o atrito no rolamento em O. Qual é o valor médio no tempo da força no cabo que suporta a massa de 10 kg?

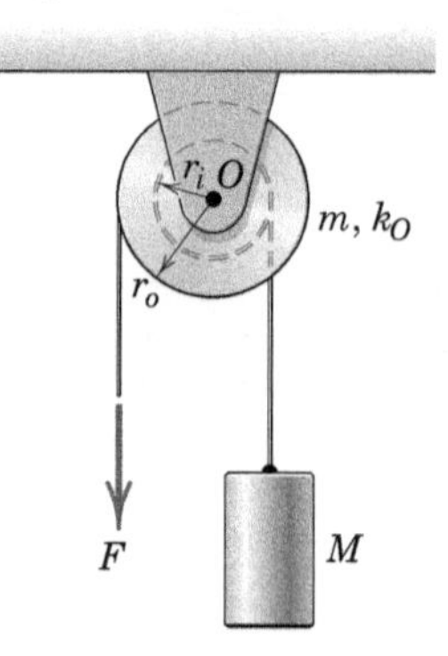

PROBLEMA 6/144

6/145 A porção de argila de massa m inicialmente está se movendo com uma velocidade horizontal v_1, quando se choca com a barra esbelta, uniforme, de massa M e comprimento L, inicialmente em repouso, e se adere a ela. Determine a velocidade angular final do corpo composto e a componente x do impulso linear aplicado ao corpo, pela articulação O, durante o impacto.

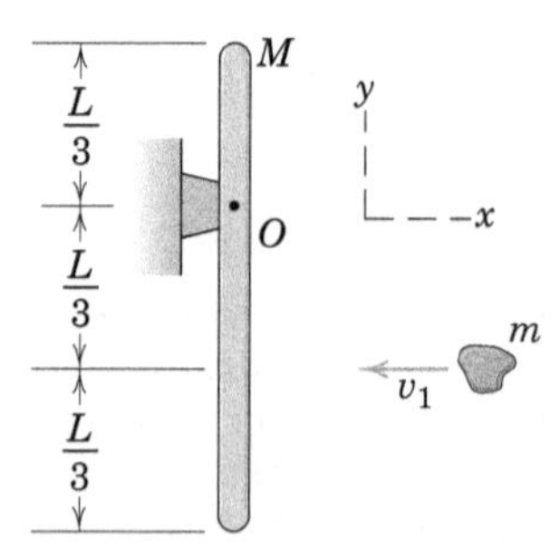

PROBLEMA 6/145

Problemas Representativos

6/146 Logo após deixar a plataforma de saltos ornamentais, o corpo do atleta de 80 kg, completamente estendido, possui uma velocidade de rotação de 0,3 rot/s, em relação a um eixo normal ao plano da trajetória. Estime a velocidade angular N durante o salto, quando o atleta tiver assumido a posição grupada. Proponha hipóteses razoáveis em relação ao momento de inércia de massa do corpo em cada configuração.

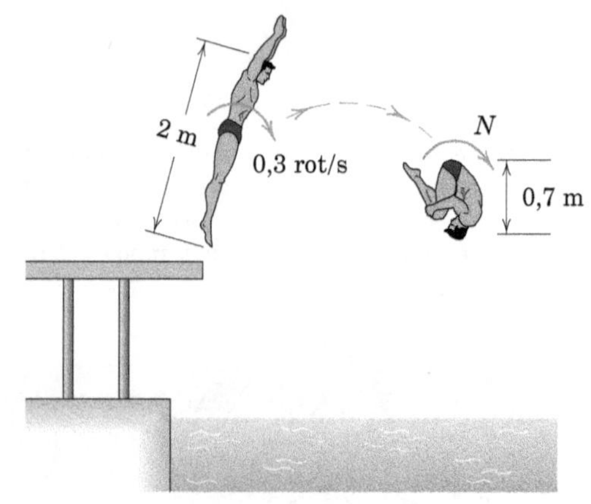

PROBLEMA 6/146

6/147 O dispositivo mostrado é um modelo simplificado de um brinquedo em um parque de diversões no qual os passageiros giram sobre o eixo vertical do poste central em uma determinada velocidade angular sentados em uma cápsula capaz de girar os ocupantes 360° sobre o eixo longitudinal do braço de conexão preso ao cursor central. Determine o aumento percentual n na velocidade angular entre as configurações (a) e (b), onde o módulo do passageiro rodou 90° em torno do braço de conexão. Para o modelo, m = 1,2 kg, r = 75 mm, l = 300 mm, e L = 650 mm. O poste e os braços de conexão giram livremente em torno do eixo z em uma velocidade angular inicial = 120 rpm e têm um momento de inércia em massa combinado em torno do eixo z de $30(10^{-3})$ kg · m^2.

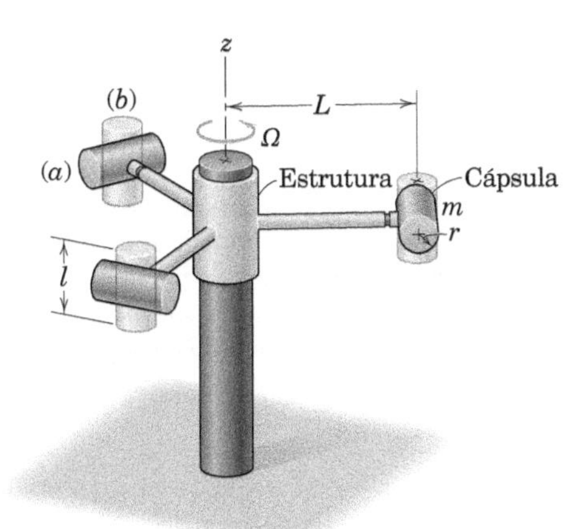

PROBLEMA 6/147

6/148 O bloco de concreto uniforme de 78 kg cai do repouso na posição horizontal mostrada, atinge o canto fixo A e se movimenta em torno dele sem ricochete. Calcule a velocidade angular ω do bloco imediatamente após atingir o canto e a porcentagem n de perda de energia devido ao impacto.

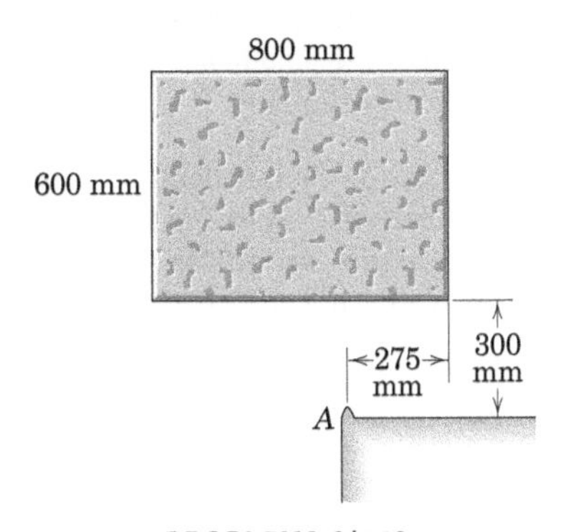

PROBLEMA 6/148

6/149 Dois pequenos jatos de empuxo variável são acionados para manter a velocidade angular da nave espacial em relação ao eixo z constante em ω_0 = 1,25 rad/s, enquanto as duas hastes telescópicas são prolongadas de r_1 = 1,2 m a r_2 = 4,5 m a uma razão constante durante um período de 2 min. Determine o empuxo necessário T para cada jato como uma função do tempo, em que t = 0 é o instante de tempo em que a ação de prolongamento é iniciada. Os pequenos módulos de experimentos com 10 kg nas extremidades das hastes podem ser tratados como partículas, e a massa das hastes rígidas é desprezível.

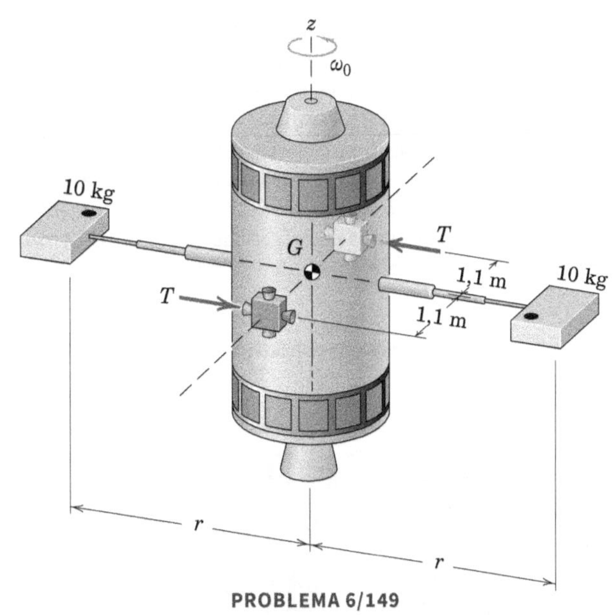

PROBLEMA 6/149

6/150 O corpo composto de hastes delgadas de massa ρ por unidade de comprimento está disposto sem movimento sobre a superfície horizontal lisa quando é aplicado um impulso linear $\int P\,dt$, como mostrado. Determine a velocidade v_B do canto B imediatamente após a aplicação do impulso se l = 500 mm, ρ = 3 kg/m, e $\int P\,dt$ = 8 N· s.

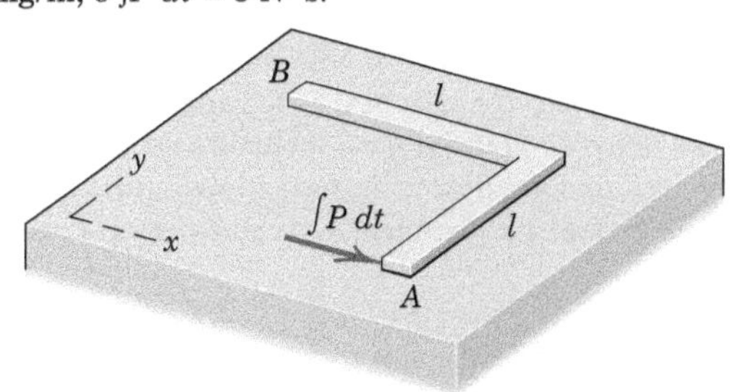

PROBLEMA 6/150

6/151 A base B tem uma massa de 5 kg e um raio de giração de 80 mm, em relação ao eixo vertical, central, representado. Cada placa P tem uma massa de 3 kg. Se o sistema está girando livremente em torno do eixo vertical, com uma velocidade angular N_1 = 10 rpm, com as placas na posição vertical, calcule a velocidade angular N_2, quando as placas tiverem se movido para as posições horizontais indicadas. Despreze o atrito.

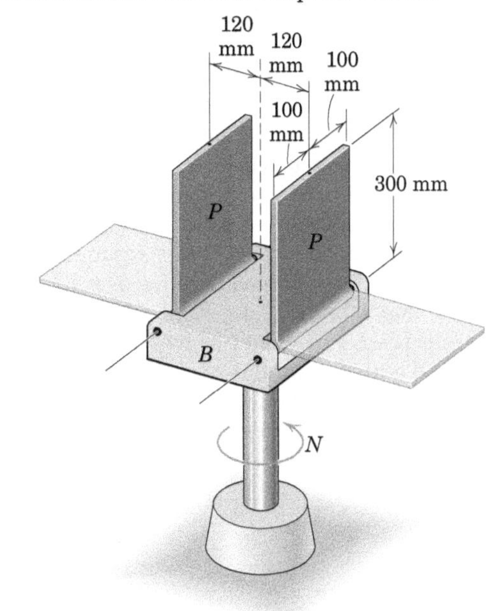

PROBLEMA 6/151

6/152 O fenômeno de "capotamento" de um veículo é investigado aqui. O veículo utilitário esportivo está deslizando para o lado com velocidade v_1 e sem velocidade angular, quando atinge um pequeno meio-fio. Admita que não ocorre retorno na colisão dos pneus no lado direito e estime a velocidade mínima v_1, que fará com que o veículo capote completamente para o seu lado direito. A massa do carro é de 2300 kg e seu momento de inércia de massa, em relação ao eixo longitudinal, em torno do centro de massa G, é de 900 kg · m^2.

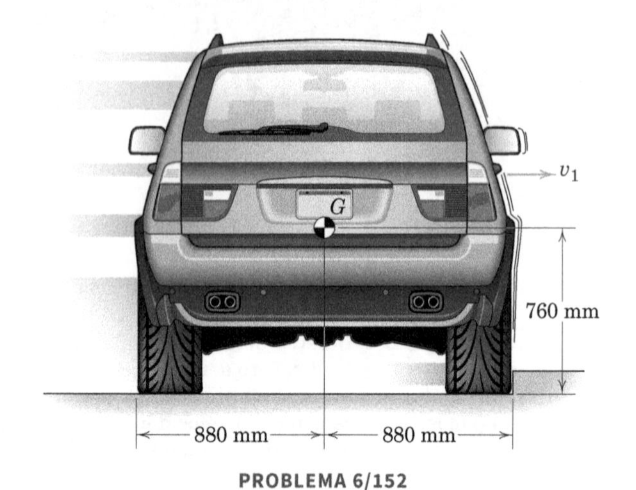

PROBLEMA 6/152

6/153 A barra delgada de massa m e comprimento l é liberada do repouso na posição horizontal mostrada. Se o ponto A da barra ficar preso ao pivô em B no momento do impacto, determine a velocidade angular ω da barra imediatamente após o impacto em termos da distância x. Avalie sua expressão para $x = 0, l/2$, e l.

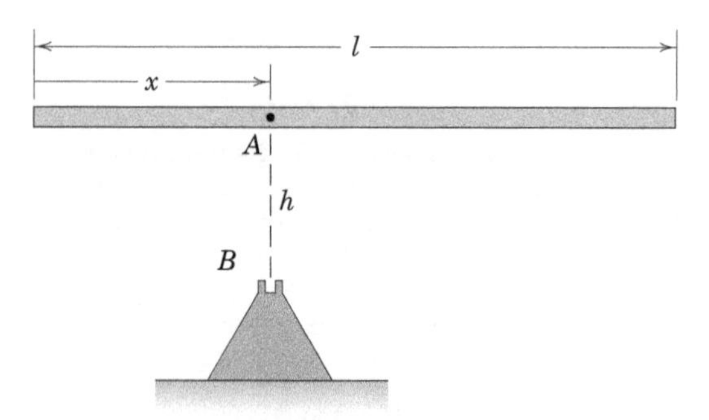

PROBLEMA 6/153

6/154 O sistema está inicialmente girando livremente com velocidade angular $\omega_1 = 10$ rad/s, quando a haste interna A é centrada, no sentido do comprimento, dentro do cilindro vazado B, conforme está indicado na figura. Determine a velocidade angular do sistema (a) se a haste interna A se moveu, de modo que um comprimento $b/2$ está se projetando para fora do cilindro, (b) imediatamente antes de a haste deixar o cilindro e (c) imediatamente depois de a haste haver saído do cilindro. Despreze o momento de inércia dos eixos do suporte vertical e o atrito nos dois mancais. Ambos os corpos são construídos do mesmo material uniforme. Use os valores $b = 400$ mm e $r = 20$ mm e se reporte aos resultados do Probl. B/30, conforme for necessário.

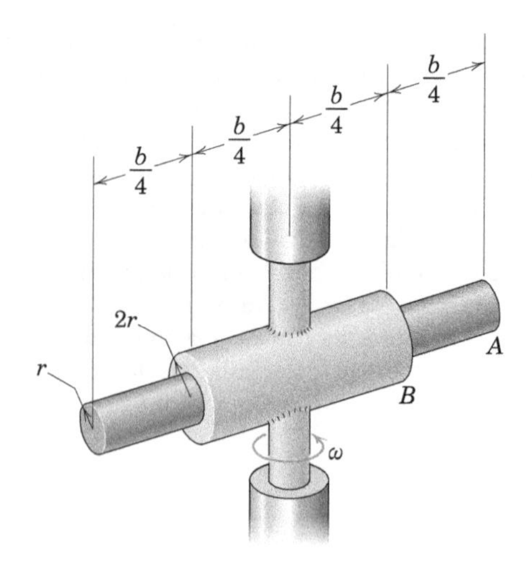

PROBLEMA 6/154

6/155 A esfera homogênea de massa m e raio r é projetada ao longo da rampa com inclinação θ, com uma velocidade inicial v_0 e velocidade angular nula ($\omega_0 = 0$). Se o coeficiente de atrito dinâmico é μ_d, determine o tempo de duração t do período de deslizamento. Além disto, determine a velocidade v do centro de massa G e a velocidade angular ω ao final do período de deslizamento.

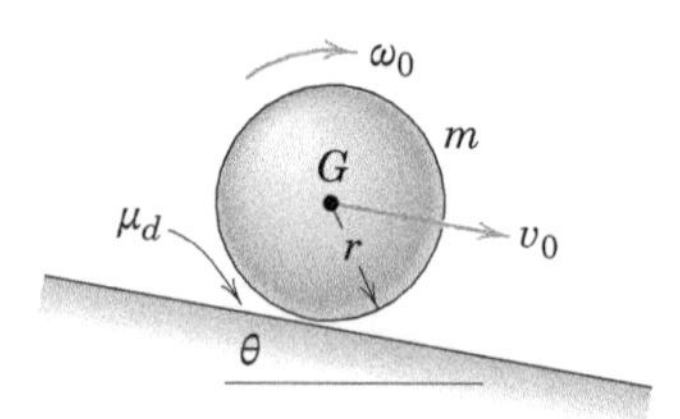

PROBLEMA 6/155

6/156 A esfera homogênea do Probl. 6/155 é colocada sobre a rampa, com uma velocidade angular em sentido horário ω_0, mas com velocidade linear de seu centro de massa nula ($v_0 = 0$). Determine o tempo de duração t do período de deslizamento. Além disto, determine a velocidade v e a velocidade angular ω ao final do período de deslizamento.

6/157 O poste uniforme, de comprimento L, inclinado em relação à vertical de θ, é largado e ambas as suas extremidades têm uma velocidade v, quando a extremidade A se choca com o solo. Se a extremidade A se articula em torno de seu ponto de contato durante o movimento remanescente, determine a velocidade v' com que a extremidade B se choca com o solo.

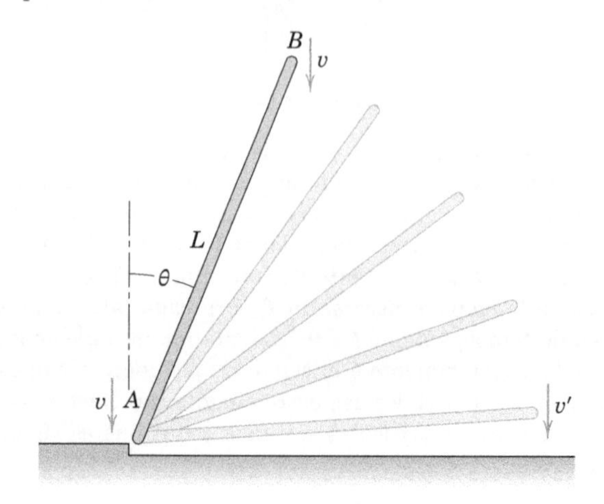

PROBLEMA 6/157

6/158 O patinador no gelo de 74 kg, com braços esticados horizontalmente, gira em torno de um eixo vertical com uma velocidade de rotação de 1 rot/s. Estime a sua velocidade de rotação N, se ele retrai, totalmente, os seus braços, trazendo as suas mãos para muito perto da linha de centro de seu corpo. Em uma aproximação aceitável, modele os braços esticados como barras esbeltas uniformes, cada uma com 680 mm de comprimento e uma massa de 7 kg. Modele o tronco como um cilíndrico maciço de 60 kg com 330 mm de diâmetro. Considere o homem com os braços retraídos como um cilíndrico maciço de 74 kg e 330 mm de diâmetro. Despreze o atrito na interface entre o gelo e os patins.

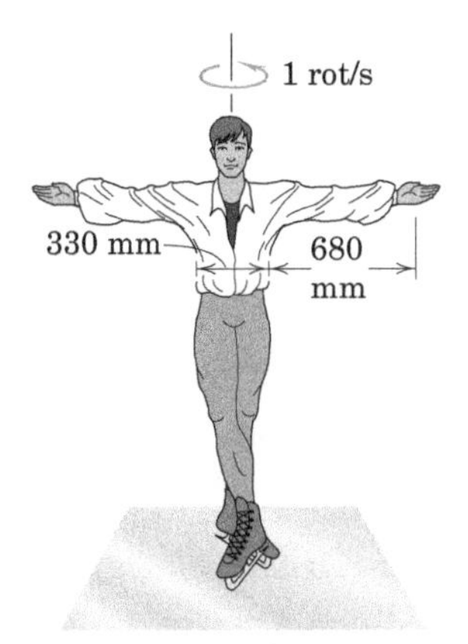

PROBLEMA 6/158

6/159 No conjunto rotativo mostrado, o braço OA e a carcaça do motor B conectada têm uma massa combinada de 4,5 kg e um raio de giração sobre o eixo z de 175 mm. A armadura do motor e o disco de 125 mm de raio acoplado têm uma massa combinada de 7 kg e um raio de giração de 100 m em torno do seu próprio eixo. O conjunto inteiro tem a liberdade de girar sobre o eixo z. Se o motor for ligado com OA inicialmente em repouso, determine a velocidade angular N de OA quando o motor tiver atingido a velocidade de 300 rpm em relação ao braço OA.

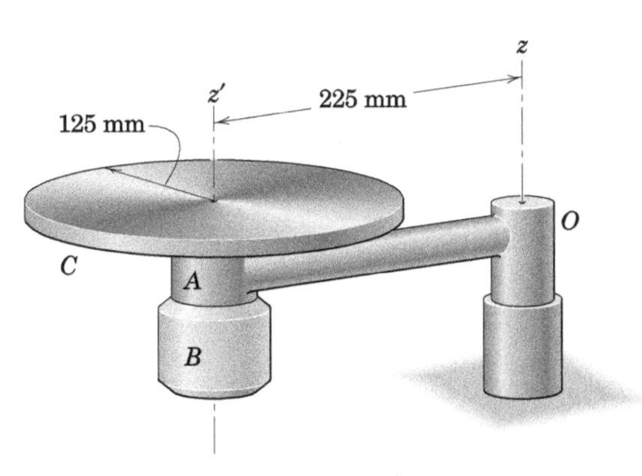

PROBLEMA 6/159

6/160 O motor em B fornece um torque M constante que é aplicado a um tambor interno de 375 mm de diâmetro, ao redor do qual é enrolado o cabo mostrado. Este cabo então é enrolado na polia de 80 kg acoplada a um carrinho de 125 kg com 600 kg de rocha. A partir do repouso, o motor é capaz de levar o carrinho carregado a uma velocidade de cruzeiro de 1,5 m/s em 3 segundos. Qual torque M o motor é capaz de fornecer e qual é a o valor médio da tensão em cada lado do cabo enrolado na polia em O durante o período de aceleração? O cabo não escorrega na polia e o raio central de giração da polia é de 280 mm. Qual é a potência de saída do motor quando o carrinho atinge sua velocidade de cruzeiro?

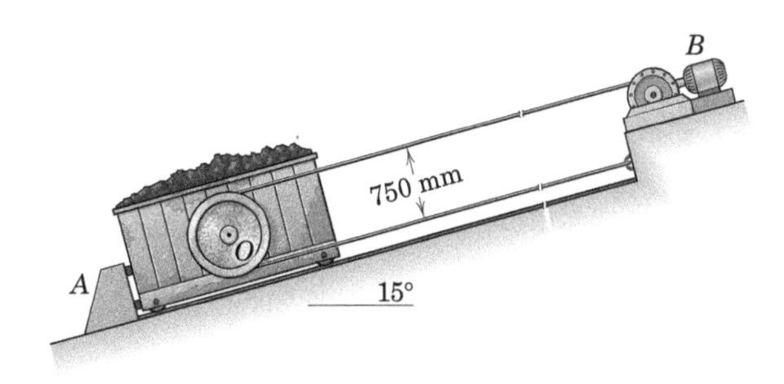

PROBLEMA 6/160

6/161 Os elementos de uma espaçonave, com simetria axial de massa e um sistema de controle com volante de reação, estão representados na figura. Quando o motor exercer um torque sobre o volante de reação, um torque igual e oposto é exercido sobre a espaçonave, alterando, como consequência, sua quantidade de movimento angular na direção z. Se todos os elementos do sistema partem do repouso e o motor exerce um torque constante M por um período t, determine a velocidade angular final de (a) a espaçonave e (b) o volante, em relação à espaçonave. O momento de inércia de massa em torno do eixo z da espaçonave, como um todo, incluindo o volante de reação, é I e o momento de inércia de massa do volante isolado é I_w. O eixo de rotação do volante é coincidente com o eixo z de simetria da espaçonave.

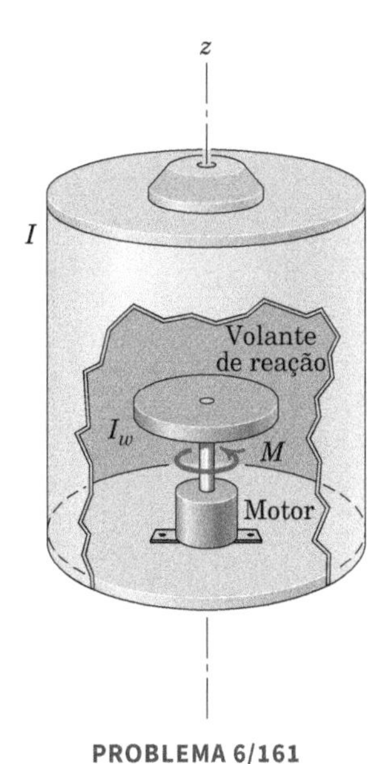

PROBLEMA 6/161

6/162 Uma professora de Dinâmica de 55 kg está demonstrando os princípios da quantidade de movimento angular para sua classe. Ela fica de pé sobre uma plataforma que gira livremente e seu corpo é alinhado com o eixo vertical da plataforma. Sem a plataforma estar girando, ela segura uma roda de bicicleta modificada de modo que o seu eixo seja vertical. Ela então gira o eixo da roda para uma orientação horizontal, sem variar a distância de 600 mm da linha de centro de seu corpo até o centro da roda, e seus alunos observam uma velocidade de rotação da plataforma de 30 rpm. Se a roda, que possui um aro pesado, tem uma massa de 10 kg e raio de giração centroidal $\bar{k}$ = 300 mm e está girando a uma velocidade aproximadamente constante de 250 rpm, estime o momento de inércia de massa I da professora (na posição mostrada) em relação ao eixo vertical da plataforma.

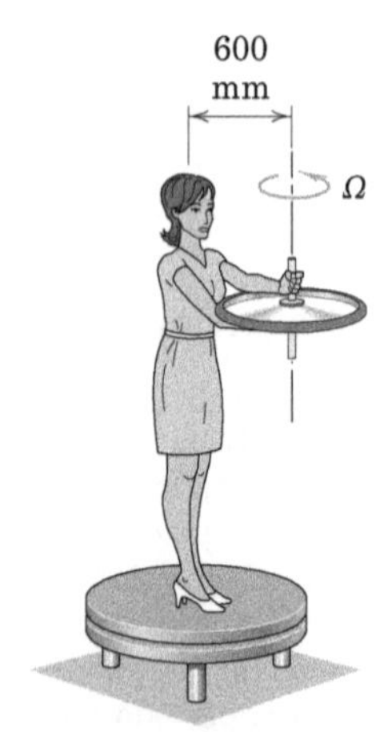

PROBLEMA 6/162

6/163 O disco circular com ranhura de 3,6 kg tem um raio de giração em torno do seu centro O de 150 mm e inicialmente está girando livremente sobre um eixo vertical fixo em O com uma velocidade N_1 = 600 rpm. A barra delgada uniforme A de 0,9 kg está inicialmente em repouso em relação ao disco na posição centralizada da ranhura, como mostrado. Um leve distúrbio faz com que a barra deslize para o final da ranhura, onde entra em repouso em relação ao disco. Calcule a nova velocidade angular N_2 do disco, supondo a ausência de atrito no mancal do eixo em O. A presença de qualquer atrito na ranhura afeta o resultado?

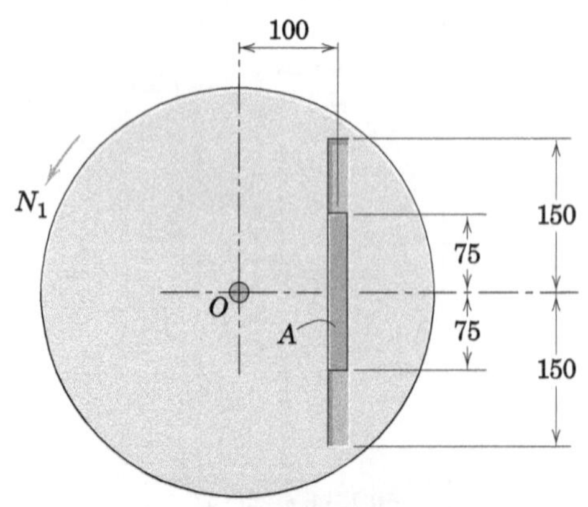

PROBLEMA 6/163

6/164 O sistema de transmissão mostrado parte do repouso e atinge uma velocidade de saída de ω_C = 240 rpm em 2,25 s. A rotação do sistema sofre a resistência de um momento constante de 150 N · m na engrenagem de saída C. Determine a potência de entrada necessária para o motor de 86% de eficiência em A pouco antes que a velocidade final seja atingida. As engrenagens têm massas m_A = 6 kg, m_B = 10 kg, e m_C = 24 kg, diâmetros de passo d_A = 120 mm, d_B = 160 mm, e d_C = 240 mm, e raios de giração centroidais k_A = 48 mm, k_B = 64 mm, e k_C = 96 mm.

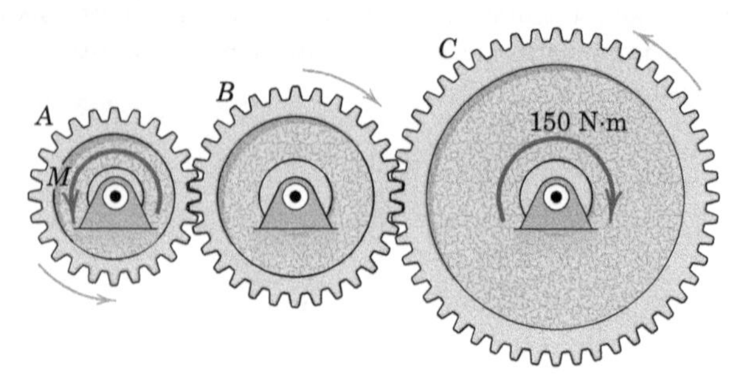

PROBLEMA 6/164

6/165 Um disco circular uniforme, que rola com uma velocidade v, sem deslizar, encontra uma mudança abrupta na direção de seu movimento, quando rola sobre uma rampa, com inclinação θ. Determine a nova velocidade v' do centro do disco, quando ele começa a subir a rampa, e determine a fração n da energia inicial que é perdida devido ao impacto com a rampa, se θ = 10°.

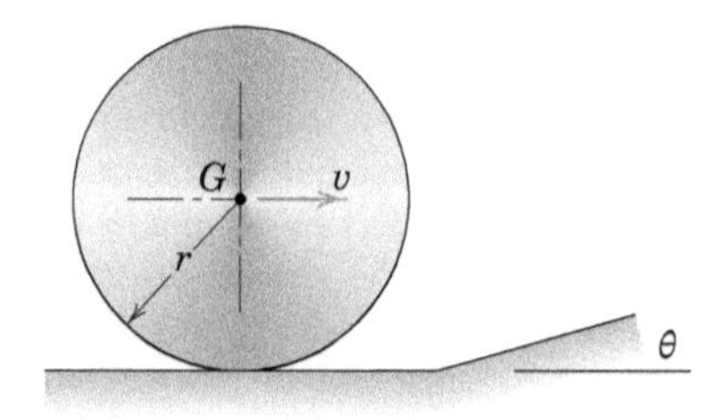

PROBLEMA 6/165

6/166 Uma lata de suco congelada está na prateleira horizontal da porta de um congelador, conforme representado. Qual a velocidade máxima Ω com que a porta pode ser batida contra a borracha de vedação, sem que a lata seja deslocada? Presuma que a lata pode rolar, sem deslizar, sobre a borda da prateleira e despreze a dimensão d em comparação com a distância de 500 mm.

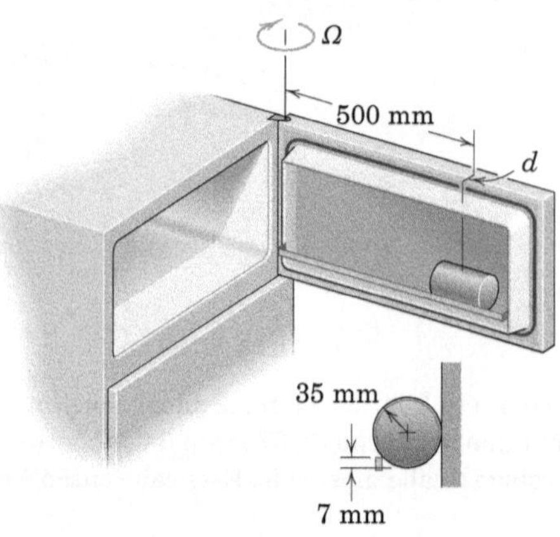

PROBLEMA 6/166

Problemas para a Seção 6/9 Revisão do Capítulo

6/167 A massa m se desloca viajando com velocidade v quando atinge o canto da placa de massa M. Se a massa se cola à placa, determine o ângulo máximo alcançado pela placa θ. Use os valores m = 500 g, M = 20 kg, v = 30 m/s, b = 400 mm e h = 800 mm.

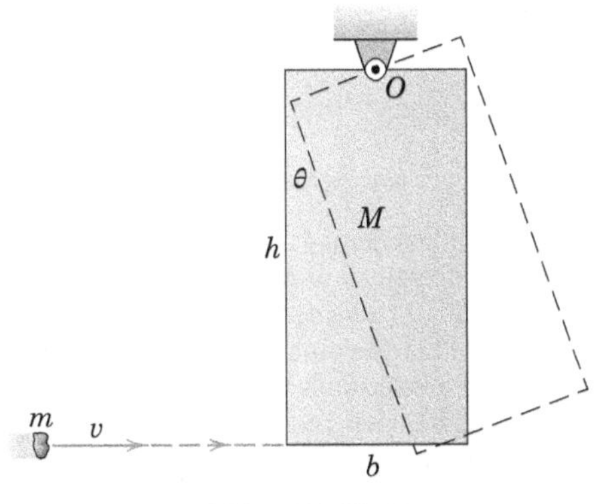

PROBLEMA 6/167

6/168 A barra de 5 kg é liberada do repouso enquanto na posição mostrada e seus cilindros finais se deslocam na fenda circular do plano vertical exibido. Se a velocidade do cilindro A for 3,25 m/s ao passar pelo ponto C, determine o trabalho feito pelo atrito no sistema sobre esta porção do movimento. A barra tem um comprimento l = 700 mm.

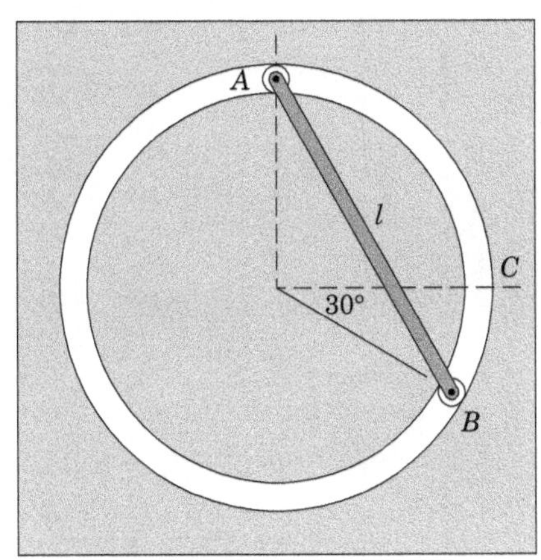

PROBLEMA 6/168

6/169 Uma pessoa que caminha atravessando uma porta giratória exerce uma força horizontal de 90 N em um dos quatro painéis da porta. Se cada painel é modelado por uma placa retangular uniforme de 60 kg, que tem 1,2 m de comprimento, conforme se pode ver na vista superior, determine a aceleração angular da porta como um todo. Despreze o atrito.

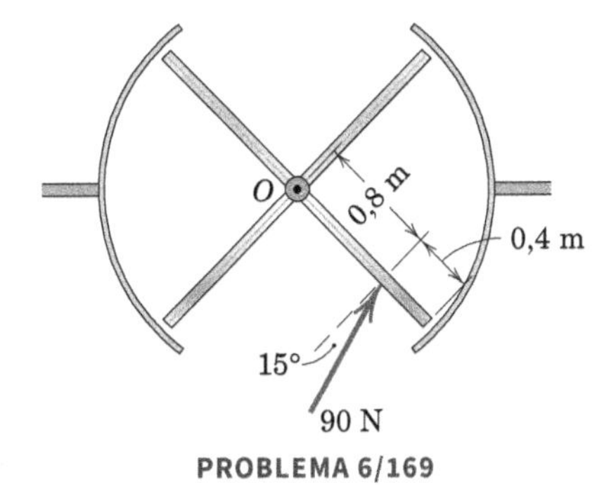

PROBLEMA 6/169

6/170 O regulador mecânico de esferas opera com um eixo vertical O-O. Quando a velocidade do eixo N é aumentada, o raio de rotação das duas esferas de 1,5 kg tende a aumentar, e a massa A de 9 kg é elevada pelo anel B. De- termine o valor de β em regime permanente para uma velocidade de rotação de 150 rpm. Despreze a massa dos braços e do anel.

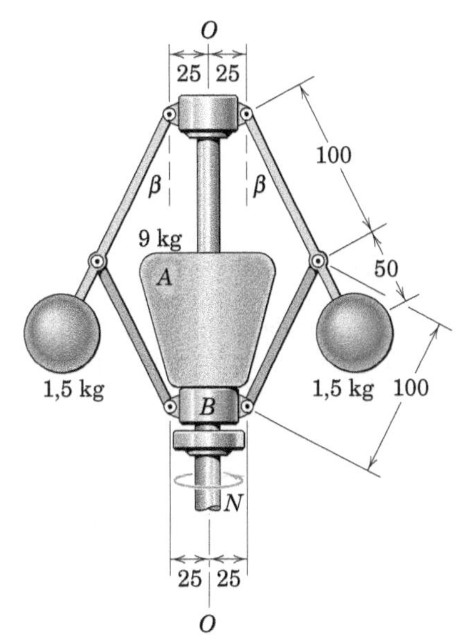

Dimensões em milímetros

PROBLEMA 6/170

6/171 O trem de pouso é levantado pela aplicação de um torque M para ligar BC através do eixo em B. Braço e roda AO têm uma massa combinada de 45 kg com centro de massa em G, e um raio de giração centroidal de 350 mm. Se o ângulo θ = 30°, determine o torque M necessário para girar o braço AO com uma velocidade angular de 10 graus/s no sentido anti-horário, que está aumentando à taxa de 5 graus/s. Além disso, determine a força total suportada pelo pino em A. A massa dos braços BC e CD pode ser desprezada para esta análise.

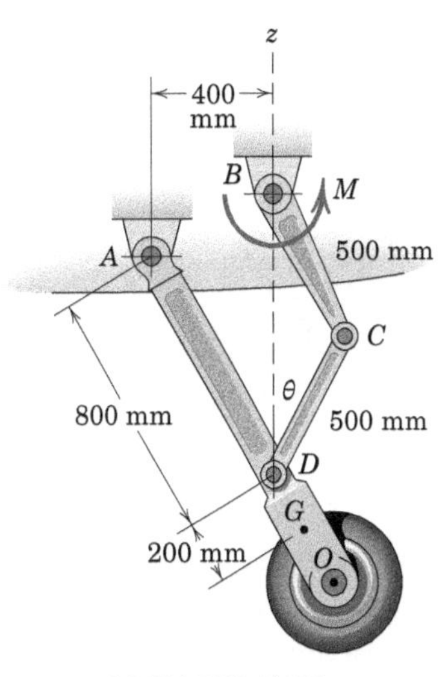

PROBLEMA 6/171

6/172 Cada um dos blocos quadrados maciços pode tombar girando no sentido horário a partir das posições de repouso mostradas. O suporte em O no caso (a) é uma rótula e no caso (b) é um pequeno rolete. Determine a velocidade angular ω de cada bloco quando o lado OC se torna horizontal, pouco antes de atingir a superfície de apoio.

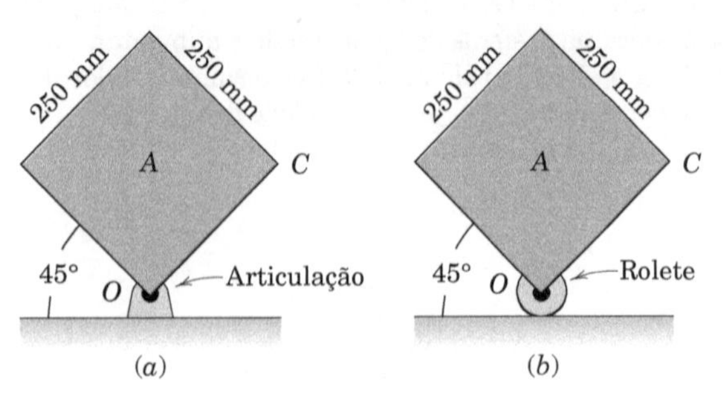

PROBLEMA 6/172

6/173 Quatro hastes esbeltas idênticas, cada uma de massa m, são soldadas em suas extremidades para formar um quadrado, e os vértices são em seguida soldados a um aro leve de metal com raio r. Se o conjunto rígido das hastes e do aro rola para baixo na inclinação, determine o valor mínimo do coeficiente de atrito estático que impedirá o deslizamento.

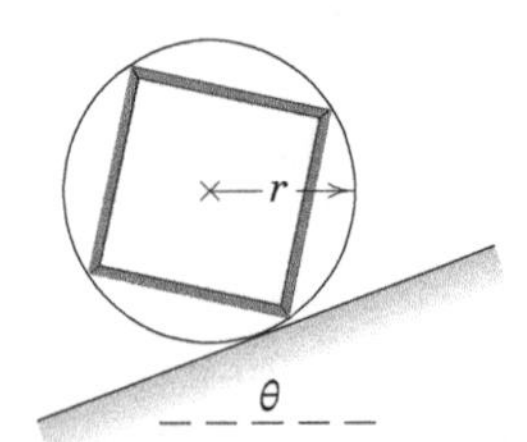

PROBLEMA 6/173

6/174 O sistema de transmissão opera em um plano horizontal a uma velocidade constante e recebe 4,5 kW de um motor em A para mover a cremalheira D contra uma carga L de 20 kN. A que velocidade a cremalheira se moverá se as engrenagens A, B e C tiverem diâmetros de passo d_A = 300 mm, d_B = 600 mm e d_C = 300 mm? A engrenagem C é encaixada no mesmo eixo que a engrenagem B e o atrito nos rolamentos é insignificante.

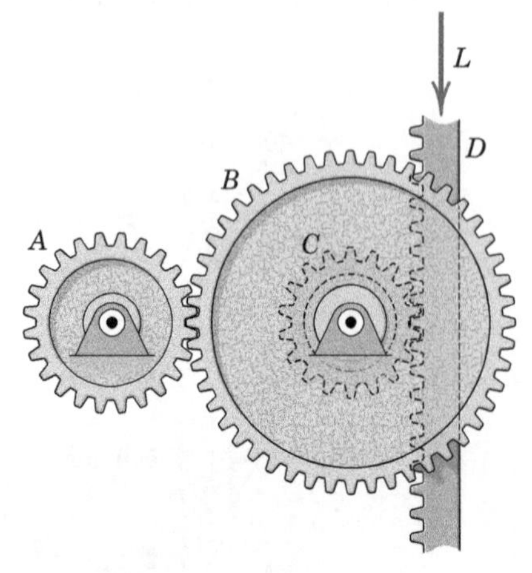

PROBLEMA 6/174

6/175 A barra delgada uniforme tem uma massa de 30 kg e está na posição quase vertical mostrada, onde a mola de rigidez 150 N/m não está esticada. Calcule a velocidade com que a extremidade A atinge a superfície horizontal.

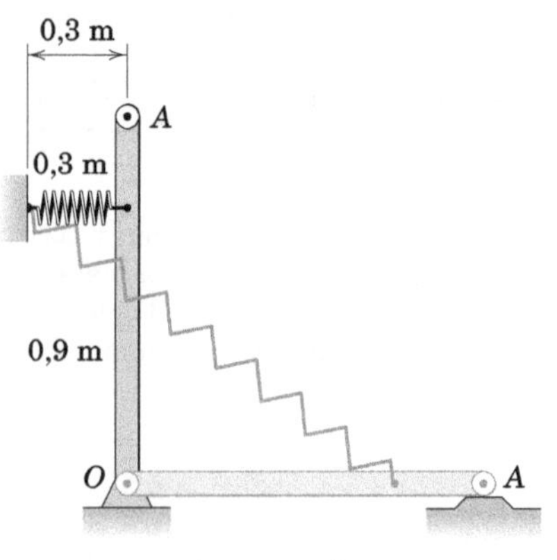

PROBLEMA 6/175

6/176 Um telescópio espacial é apresentado na figura. Um dos volantes de reação de seu sistema de controle de orientação angular está girando a 10 rad/s conforme indicado, e nessa velocidade o atrito no mancal do volante produz um momento interno de 10^{-6} N · m. Tanto a velocidade do volante quanto o momento de atrito podem ser considerados constantes ao longo de um período de várias horas. Se o momento de inércia de massa da nave espacial inteira em relação ao eixo x é de $150(10^3)$ kg · m^2, determine quanto tempo se passa antes que a linha de visão da nave espacial, inicialmente estacionária, se desvie de um segundo de arco, que é igual a 1/3600 graus. Todos os outros elementos estão fixos em relação à nave espacial, e nenhum torque do volante de reação mostrado é executado para corrigir o desvio de posição. Despreze os torques externos.

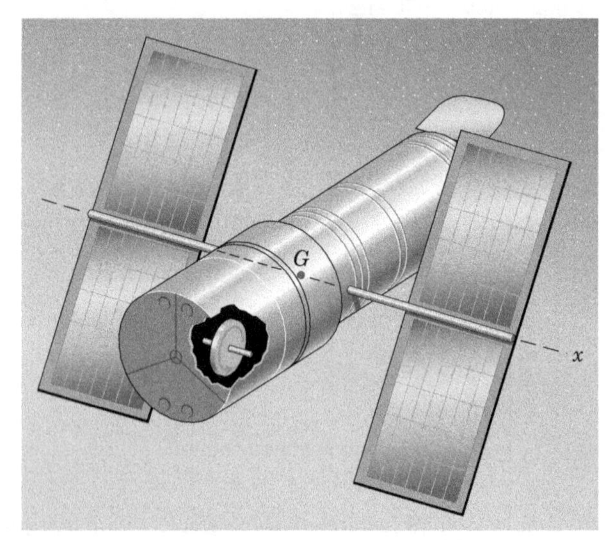

PROBLEMA 6/176

6/177 A placa semicircular uniforme está em repouso sobre a superfície horizontal lisa quando a força F é aplicada em B. Determine as coordenadas do ponto P na placa, que tem aceleração inicial zero.

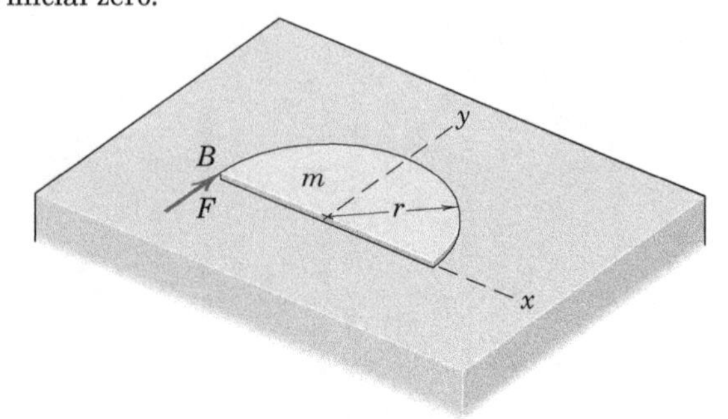

PROBLEMA 6/177

6/178 Em uma atração acrobática, um homem A de massa m_A pula de uma plataforma elevada sobre a extremidade da viga leve, porém resistente, com uma velocidade v_0. O menino de massa m_B é lançado para cima com uma velocidade v_B. Para determinada razão $n = m_B/m_A$, determine b em termos de L para maximizar a velocidade do menino para cima. Admita que tanto o homem quanto o menino se comportam como corpos rígidos.

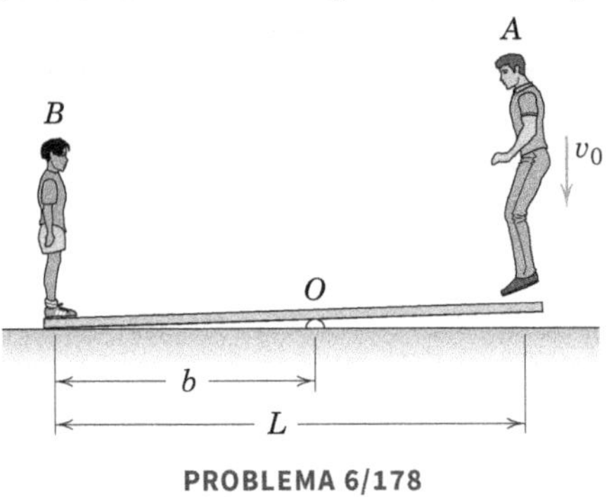

PROBLEMA 6/178

6/179 O pêndulo de 3 kg, com centro de massa em G, está articulado em A ao suporte fixo CA. Ele tem um raio de giração de 425 mm em torno de O-O e balança dentro de uma amplitude de $\theta = 60°$. Para o instante em que o pêndulo está na posição extrema, calcule os momentos M_x, M_y e M_z aplicados pelo suporte da base à coluna, em C.

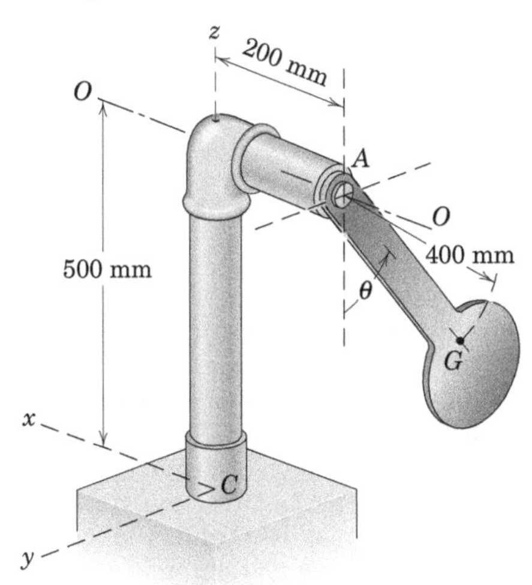

PROBLEMA 6/179

▶6/180 A barra uniforme de 20 kg com rodas de 5 kg é liberada do repouso na orientação mostrada. As rodas têm um raio de giração centroidal de 110 mm e os coeficientes de atrito estático e cinético entre as rodas e as superfícies horizontal e vertical são $\mu_d = 0{,}65$ e $\mu_e = 0{,}50$. O atrito pode ser desprezado nos pinos que ligam as rodas à barra. Determine os componentes de aceleração do centro de massa da barra no instante da liberação.

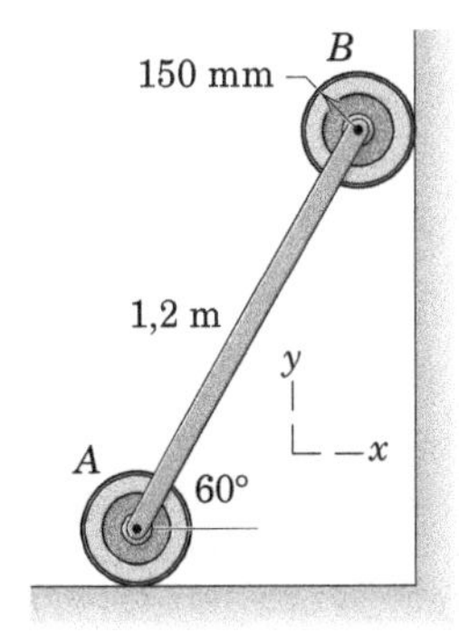

PROBLEMA 6/180

▶6/181 O mecanismo de quatro barras opera em um plano horizontal. No instante ilustrado, $\theta = 30°$ e a manivela OA tem uma velocidade angular constante no sentido anti-horário de 3 rad/s. Determine o módulo do acoplamento M necessário para acionar o sistema neste instante. O membro BCD tem uma massa de 8 kg com um raio de giração de 450 mm em torno do ponto C. A massa da manivela OA e do elo AB pode ser desprezada para esta análise.

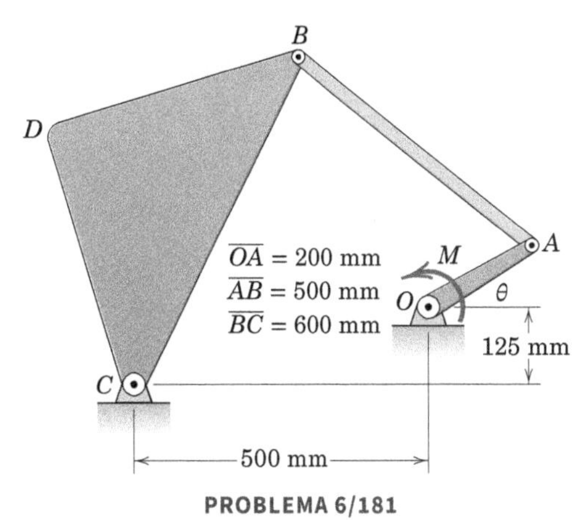

PROBLEMA 6/181

*Problemas Orientados para Solução Computacional

*6/182 A barra esbelta e uniforme tem uma partícula de 0,6 kg presa à sua extremidade. A constante de mola é $k = 300$ N/m e a distância $b = 200$ mm. Se a barra é liberada partindo do repouso na posição horizontal representada, para a qual a mola não está esticada, determine a deflexão angular $\theta_{máx}$ máxima da barra. Determine, também, o valor da velocidade angular em $\theta = \theta_{máx}/2$. Despreze o atrito.

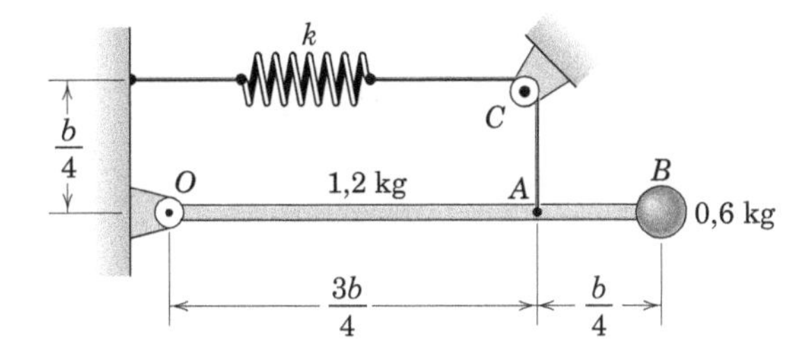

PROBLEMA 6/182

*6/183 A barra esbelta e uniforme de 1,2 m, com roletes leves nas extremidades, é liberada, partindo do repouso, no plano vertical, com θ sendo, essencialmente, zero. Determine a velocidade de A e trace um gráfico como uma função de θ, e determine a velocidade máxima de A e o ângulo θ correspondente.

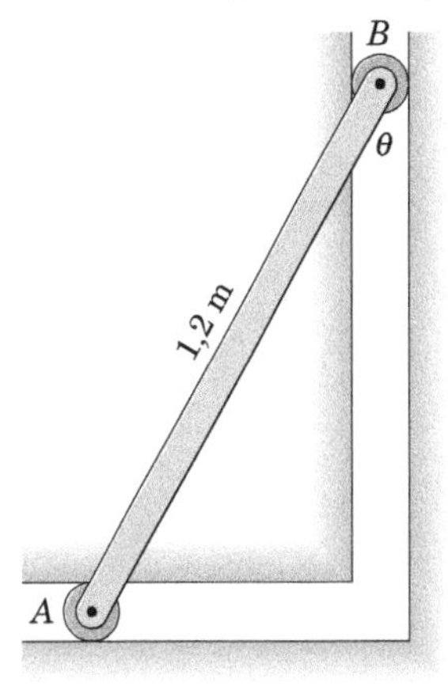

PROBLEMA 6/183

*6/184 O poste uniforme de potência com massa m e comprimento L é içado para uma posição vertical, com sua extremidade inferior sustentada por uma articulação fixa em O. Os cabos de sustentação do poste, acidentalmente, são soltos e o poste cai no solo. Trace um gráfico dos componentes x e y da força exercida sobre o poste no ponto O, em termos de θ, desde 0 até 90°. Você pode explicar por que O_y aumenta depois de ter alcançado o valor nulo?

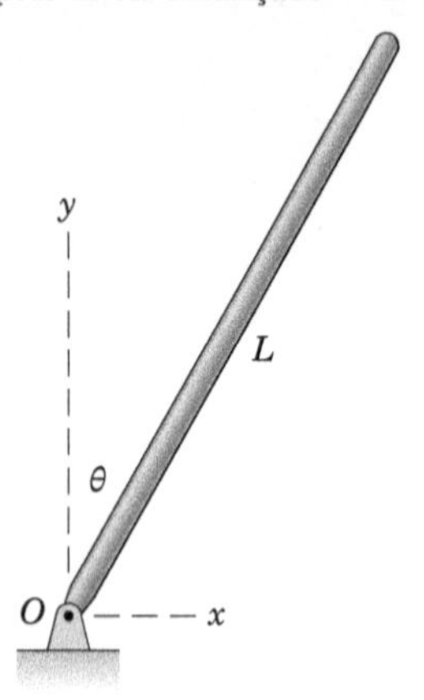

PROBLEMA 6/184

*6/185 O pêndulo composto consiste em uma haste esbelta uniforme de comprimento l e massa $2m$ à qual é fixado um disco uniforme de diâmetro $l/2$ e massa m. O corpo gira livremente em torno de um eixo horizontal através de O. Se o pêndulo tem uma velocidade angular no sentido horário de 3 rad/s quando $\theta = 0$ no tempo $t = 0$, determine o tempo t no qual o pêndulo passa pela posição $\theta = 90°$. O comprimento do pêndulo $l = 0{,}8$ m.

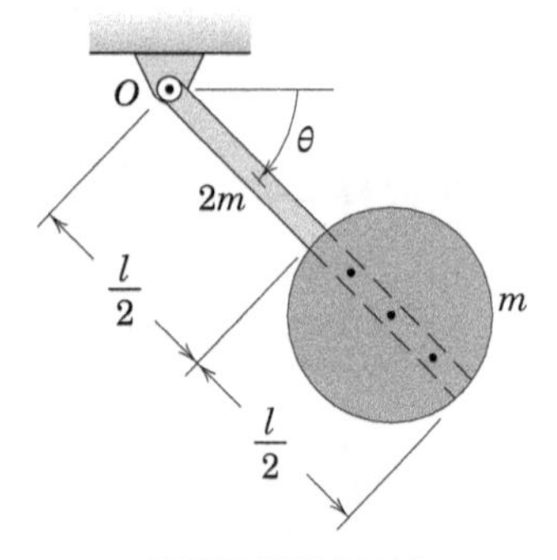

PROBLEMA 6/185

*6/186 A viga uniforme AB de 100 kg está pendurada inicialmente em repouso com $\theta = 0$ quando a força constante $P = 300$ N é aplicada ao cabo. Determine (*a*) a velocidade angular máxima atingida pela viga com o ângulo θ correspondente e (*b*) o ângulo máximo $\theta_{máx}$ alcançado pela viga.

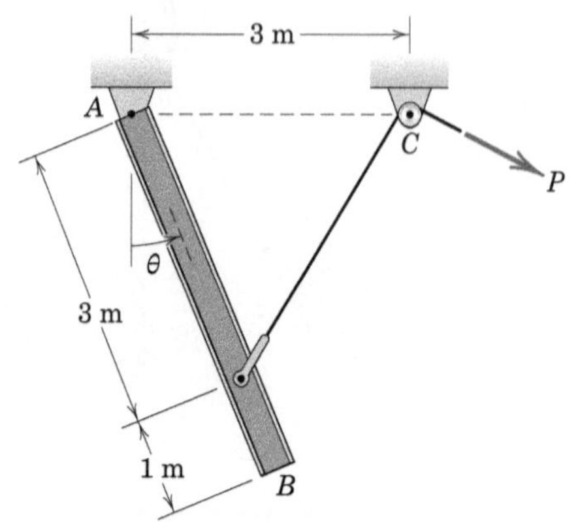

PROBLEMA 6/186

*6/187 O poste telefônico de 18 m, com diâmetro praticamente uniforme, está sendo erguido para a posição vertical por dois cabos fixados em B, conforme mostrado. A extremidade O repousa sobre um suporte fixo e não pode deslizar. Quando o poste está quase vertical, a montagem em B, inesperadamente, se rompe, liberando os dois cabos. Quando o ângulo θ atinge 10°, a velocidade da extremidade superior A do poste é de 1,35 m/s. A partir desse ponto, calcule o tempo t que o operário teria para sair do caminho antes que o poste atingisse o solo. Com qual velocidade v_A a extremidade A atinge o solo?

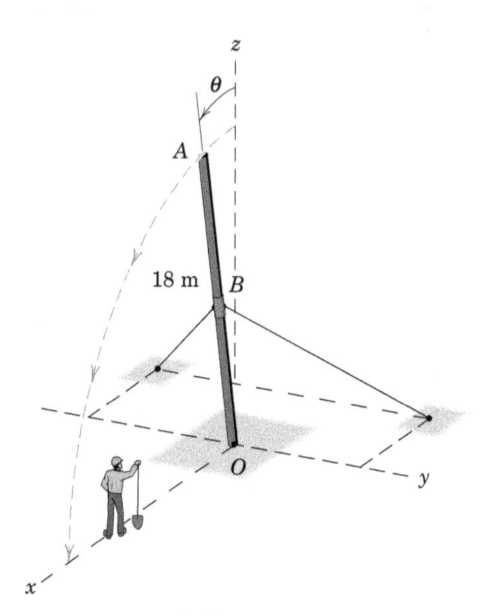

PROBLEMA 6/187

*6/188 O mecanismo de quatro barras do Probl. 6/87 é reapresentado aqui. O acoplador AB tem uma massa de 7 kg, e as massas da manivela OA e do braço de saída BC podem ser desprezadas. Determine e trace o torque M que deve ser aplicado à manivela em O, a fim de manter a velocidade da manivela estável em 60 rpm na faixa $0 \leq \theta \leq 2\pi$. Qual é o maior módulo M que ocorre durante este movimento, e em que ângulo θ isso ocorre? Além disso, trace o módulo da força em cada pino nesta faixa e indique o módulo máximo da força de cada pino junto com o correspondente ângulo da manivela θ em que ela ocorre.

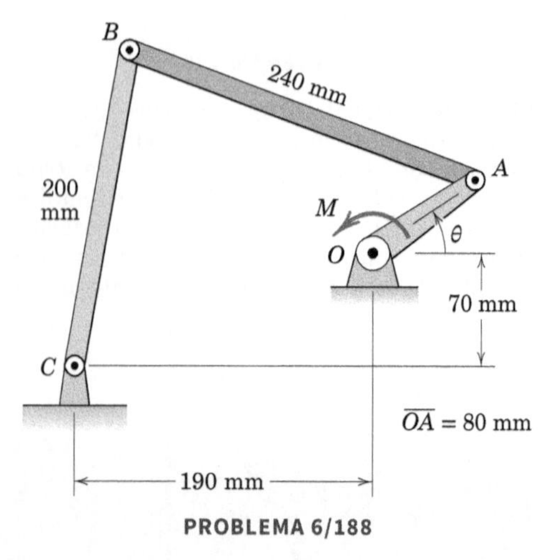

PROBLEMA 6/188

*6/189 Reconsidere o mecanismo do Probl. 6/188. Se a manivela OA agora partir do repouso e adquirir uma velocidade de 60 rpm em uma volta completa com aceleração angular constante, determine e trace o torque M que deve ser aplicado à manivela na faixa $0 \leq \theta \leq 2\pi$. Qual é o maior módulo M que ocorre durante este movimento e em que ângulo θ isso ocorre? Além disso, trace o módulo da força em cada pino nesta faixa e indique o módulo máximo de cada força de pino junto com o correspondente ângulo da manivela θ em que ocorre.

***6/190** Reconsidere o mecanismo básico do Probl. 6/188, só que agora a massa da manivela *OA* é de 1,2 kg e a do braço de saída uniforme *BC* é de 1,8 kg. Para simplificar, trate a manivela *OA* como uniforme. Determine e trace o torque *M* que deve ser aplicado à manivela em *O* a fim de manter a velocidade da manivela estável em 60 rpm em toda a faixa $0 \leq \theta \leq 2\pi$. Qual é o maior módulo *M* que ocorre durante este movimento e em que ângulo θ ele ocorre? Além disso, trace o módulo da força em cada pino nesta faixa e indique o módulo máximo de cada força de pino junto com o ângulo de manivela correspondente θ no qual ocorre.

Capítulo 7

* Problema orientado para solução computacional
▶ Problema difícil

Problemas para as Seções 7/1–7/5

Problemas Introdutórios

7/1 Coloque o seu livro-texto sobre sua mesa, com eixos fixos orientados como indicado. Gire o livro em torno do eixo x através de um ângulo 90° e, em seguida, a partir dessa nova posição gire-o 90° em torno do eixo y. Faça um esboço da posição final do livro. Repita o processo, mas inverta a ordem das rotações. A partir de seus resultados, apresente a sua conclusão a respeito da adição vetorial de rotações finitas. Compare suas observações com a Fig. 7/4.

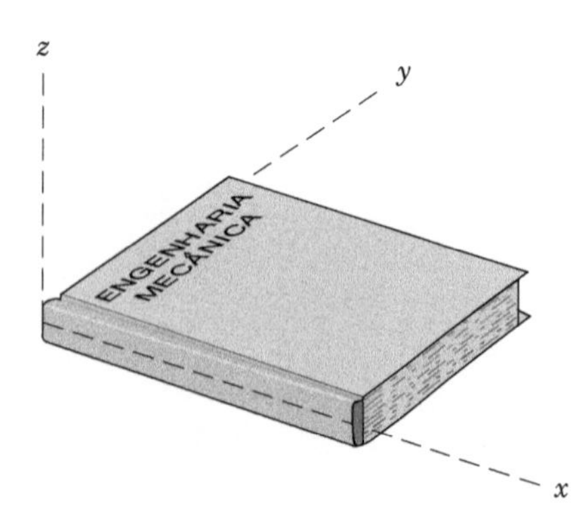

PROBLEMA 7/1

7/2 Repita o experimento do Probl. 7/1, mas use um ângulo de rotação pequeno, por exemplo, 5°. Observe as posições finais aproximadamente iguais para as duas sequências distintas de rotação. O que essa observação leva você a concluir a respeito da combinação de rotações infinitesimais e a respeito da derivada no tempo de grandezas angulares? Compare suas observações com a Fig. 7/5.

7/3 O ventilador de quatro pás gira em torno do eixo fixo OB com uma velocidade angular constante N = 1200 rpm. Escreva as expressões vetoriais para a velocidade **v** e aceleração **a** da ponta A da pá do ventilador no instante em que suas coordenadas x-y-z forem 0,260, 0,240, e 0,473 m, respectivamente.

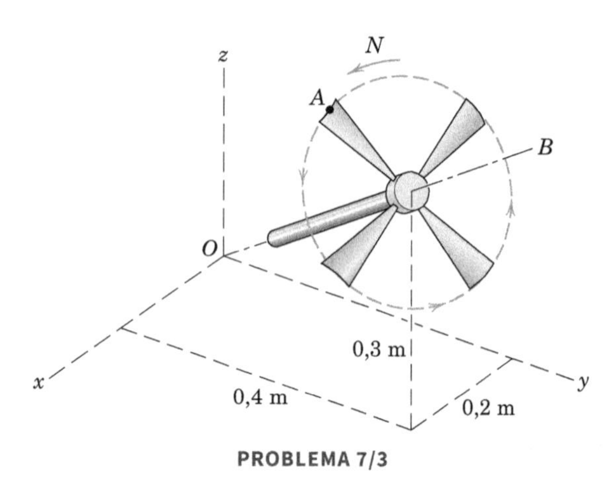

PROBLEMA 7/3

7/4 O eixo e o rotor estão montados em um suporte em U que pode girar em torno do eixo z com uma velocidade angular Ω. Com $\Omega = 0$ e θ constante, o rotor possui uma velocidade angular $\omega_0 = -4\mathbf{j} - 3\mathbf{k}$ rad/s. Encontre a velocidade $\mathbf{v}_A$ do ponto A sobre a borda, se o seu vetor posição nesse instante é $\mathbf{r} = 0{,}5\mathbf{i} + 1{,}2\mathbf{j} + 1{,}1\mathbf{k}$ m. Qual é a velocidade v_B de um ponto qualquer B na borda do rotor?

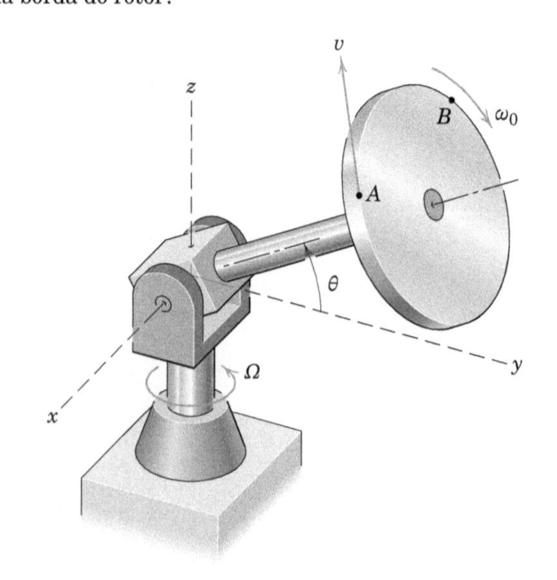

PROBLEMA 7/4

7/5 O disco gira com uma velocidade angular de 15 rad/s em torno de seu eixo horizontal z, inicialmente no sentido (a) e em seguida no sentido (b). O conjunto gira com uma velocidade N = 10 rad/s em torno do eixo vertical. Trace o cone espacial e o cone do corpo para cada caso.

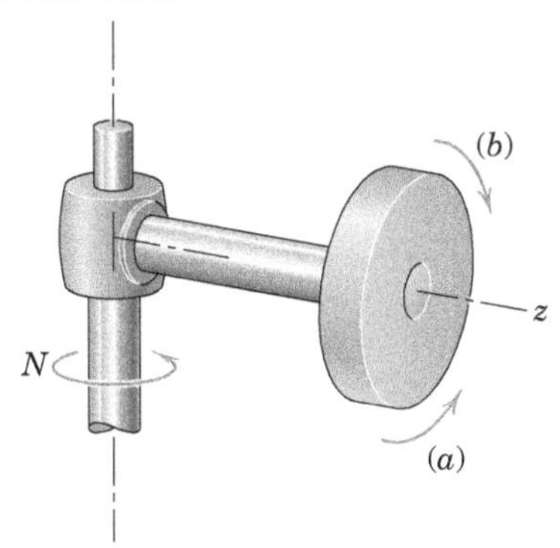

PROBLEMA 7/5

7/6 O rotor B gira em torno do seu eixo inclinado OA com uma velocidade N_1 = 200 rpm, em que β = 30°. Simultaneamente, o conjunto gira em torno do seu eixo vertical z com uma taxa N_2. Se a velocidade angular total do rotor tem uma intensidade de 40 rad/s, determine o valor de N_2.

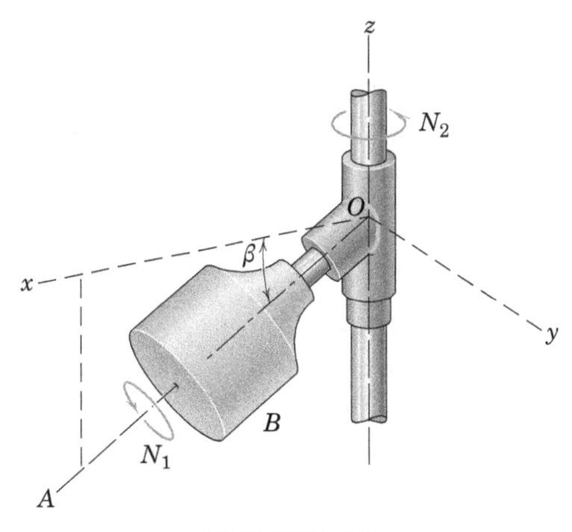

PROBLEMA 7/6

7/7 Uma barra esbelta dobrada na forma mostrada gira em torno da linha fixa CD com uma velocidade angular constante ω. Determine a velocidade e a aceleração do ponto A.

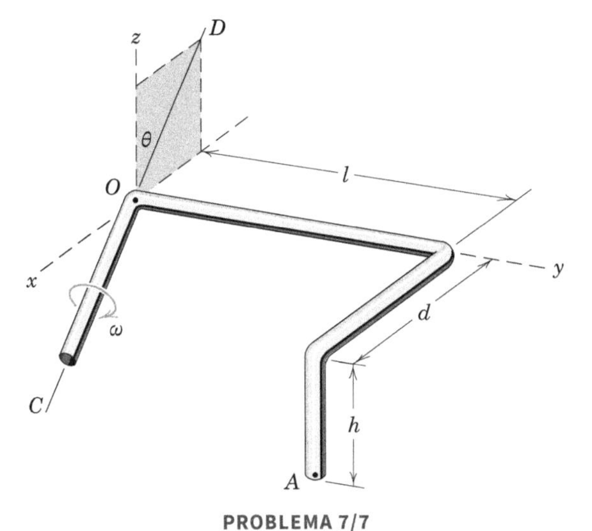

PROBLEMA 7/7

7/8 A barra é articulada em torno do eixo O-O do garfo, que está preso à extremidade do eixo vertical. O eixo gira com uma velocidade angular constante ω_0, conforme mostrado. Se θ está decrescendo com uma taxa constante $-\dot{\theta} = p$, escreva expressões para a velocidade angular ω e para a aceleração angular da barra.

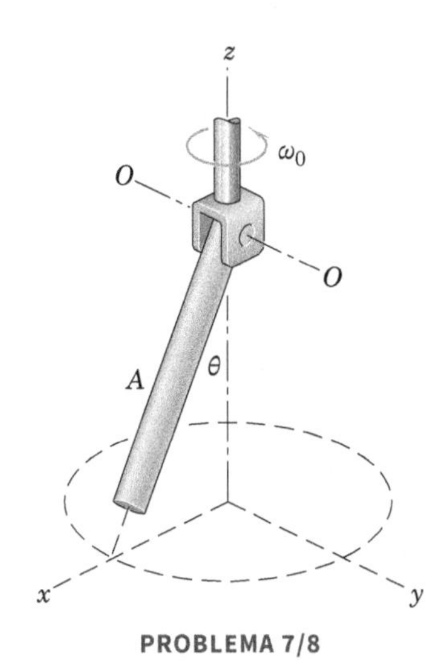

PROBLEMA 7/8

7/9 O conjunto de painéis e os eixos vinculados x-y-z giram com uma velocidade angular constante Ω = 0,6 rad/s em torno do eixo vertical z. Simultaneamente, os painéis giram em torno do eixo y, conforme mostrado, com uma taxa constante ω_0 = 2 rad/s. Determine a aceleração angular α do painel A e encontre a aceleração do ponto P para o instante em que β = 90°.

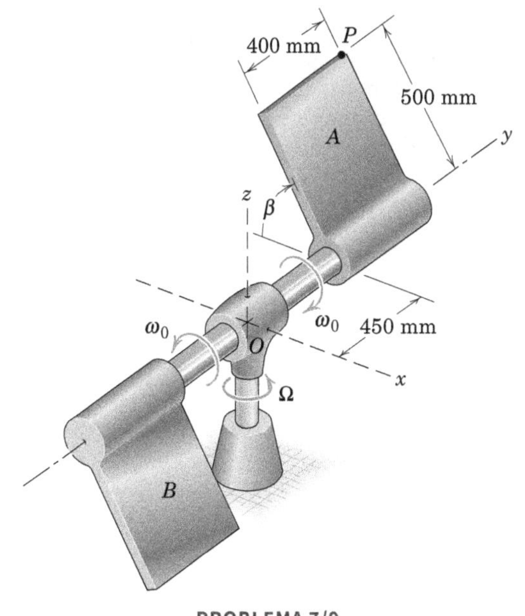

PROBLEMA 7/9

Problemas Representativos

7/10 O motor do Exemplo 7/2 é apresentado novamente aqui. Se o motor gira em torno do eixo x na taxa constante $\dot{\gamma} = 3\pi$ rad/s, sem rotação em torno do eixo Z ($N = 0$), determine a aceleração angular α do rotor e do disco no instante em que a posição $\gamma = 30°$ é cruzada. A velocidade constante do motor é de 120 rpm. Encontre também a velocidade e a aceleração do ponto A, que está posicionado na parte mais alta do disco para essa posição.

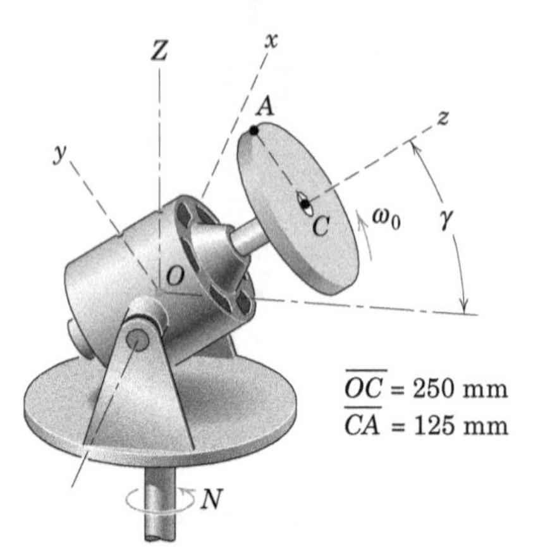

PROBLEMA 7/10

7/11 Se o motor do Exemplo 7/2, reapresentado no Probl. 7/10, atinge uma velocidade de 3000 rpm em dois segundos a partir do repouso com aceleração constante, determine a aceleração angular total do rotor e do disco 1/3 de segundo após ser ligado, se a base está girando a uma taxa constante N = 30 rpm. O ângulo $\gamma = 30°$ é constante.

7/12 A bobina A gira em torno de seu eixo com uma velocidade angular de 20 rad/s, inicialmente no sentido de ω_a e em seguida no sentido de ω_b. Simultaneamente, o conjunto gira em torno do eixo vertical com uma velocidade angular ω_1 = 10 rad/s. Determine o módulo ω da velocidade angular total da bobina e desenhe o cone do corpo e o cone espacial para a bobina em cada caso.

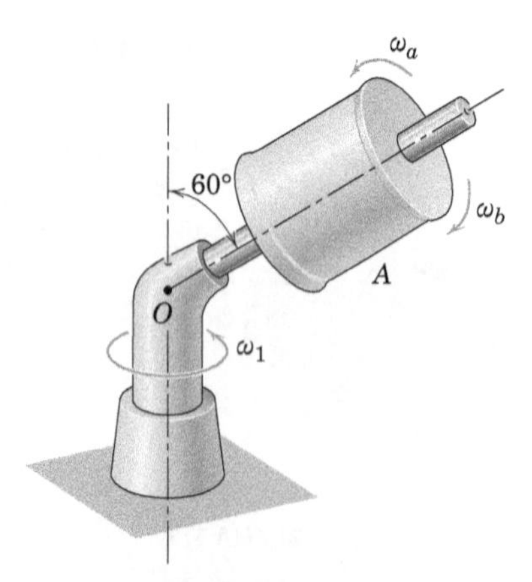

PROBLEMA 7/12

7/13 Enquanto manipula o haltere, as garras do dispositivo robótico possuem uma velocidade angular ω_p = 2 rad/s em torno do eixo OG com γ fixo em 60°. O conjunto inteiro gira em torno do eixo vertical Z na taxa constante Ω = 0,8 rad/s. Determine a velocidade angular ω e a aceleração angular α do haltere. Expresse os resultados em termos da orientação fornecida dos eixos x-y-z, quando o eixo y está paralelo ao eixo Y.

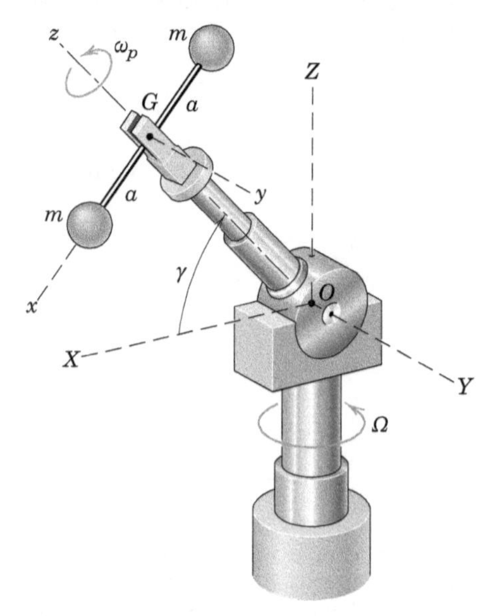

PROBLEMA 7/13

7/14 Determine a aceleração angular α do haltere do Probl. 7/13 para as condições apresentadas, exceto que Ω está aumentando na taxa de 3 rad/s^2 para o instante em consideração.

7/15 O robô apresentado possui cinco graus de liberdade de rotação. Os eixos x-y-z estão presos ao anel da base, que gira em torno do eixo z com a velocidade angular ω_1. O braço O_1O_2 gira em torno do eixo x com a velocidade angular $\omega_2 = \dot{\theta}$. O braço de controle O_2A gira em torno do eixo O_1-O_2 com a velocidade angular ω_3 e em torno de um eixo perpendicular através de O_2, que está instantaneamente paralelo ao eixo x, com a velocidade angular $\omega_4 = \dot{\beta}$. Finalmente as garras giram em torno do eixo O_2A com a velocidade angular ω_5. Os módulos de todas as velocidades angulares são constantes. Para a configuração mostrada, determine o módulo ω da velocidade angular total das garras para $\theta = 60°$ e $\beta = 45°$ se ω_1 = 2 rad/s, $\dot{\theta}$ = 1,5 rad/s e $\omega_3 = \omega_4 = \omega_5 = 0$. Expresse também a aceleração angular α do braço O_1O_2 como um vetor.

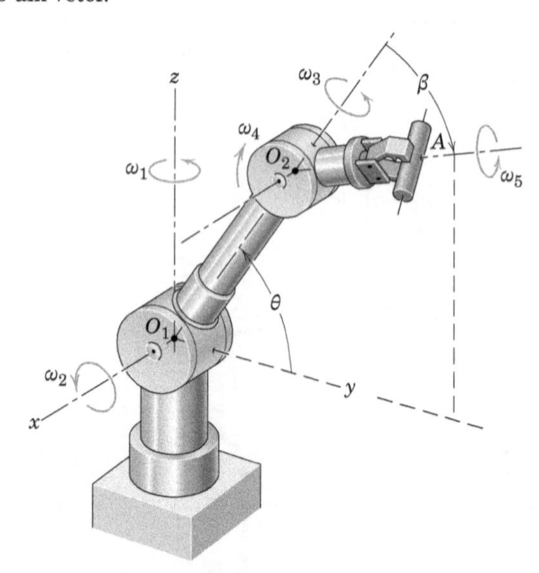

PROBLEMA 7/15

7/16 Para o robô do Probl. 7/15, determine a velocidade angular ω e a aceleração angular α das garras A se $\theta = 60°$ e $\beta = 30°$, ambos constantes, e se $\omega_1 = 2$ rad/s, $\omega_2 = \omega_3 = \omega_4 = 0$ e $\omega_5 = 0{,}8$ rad/s, todos constantes.

7/17 A roda rola sem deslizar em um arco circular de raio R e faz uma volta completa em torno do eixo vertical y com velocidade constante em um tempo τ. Determine a expressão vetorial para a aceleração angular α da roda e trace os cones espacial e do corpo.

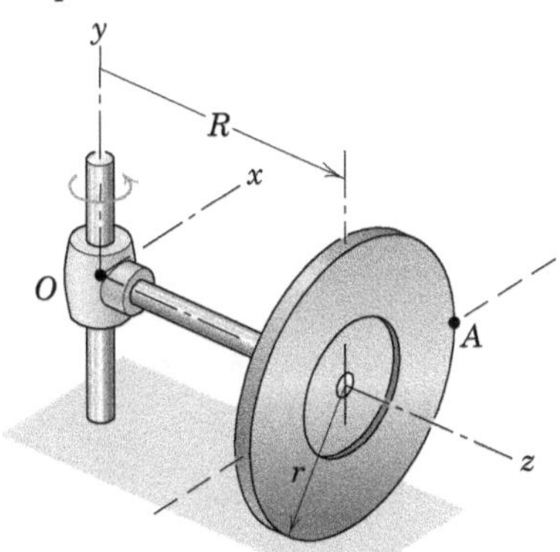

PROBLEMA 7/17

7/18 Determine expressões para a velocidade **v** e a aceleração **a** do ponto A sobre a roda do Probl. 7/17 para a posição mostrada, quando A atravessa a linha horizontal através do centro da roda.

7/19 O disco circular de 120 mm de raio gira em torno do eixo z na taxa constante $\omega_z = 20$ rad/s, e o conjunto inteiro gira em torno do eixo fixo x na taxa constante $\omega_x = 10$ rad/s. Calcule os módulos da velocidade **v** e da aceleração **a** do ponto B para o instante em que $\theta = 30°$.

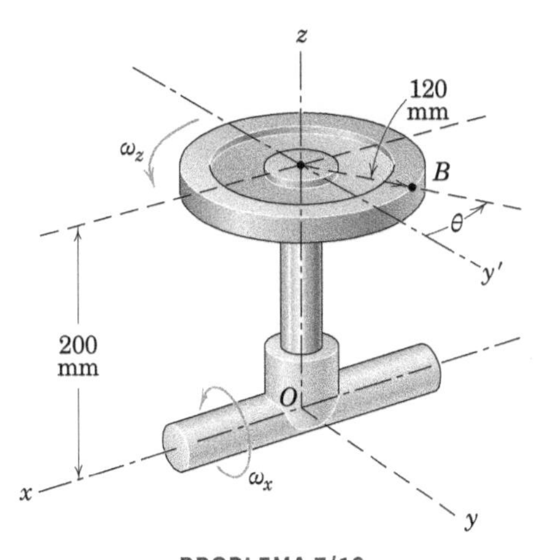

PROBLEMA 7/19

7/20 O guindaste possui uma lança de comprimento $\overline{OP} = 24$ m e está girando em torno do eixo vertical na taxa constante de 2 rpm no sentido indicado. Simultaneamente, a lança está sendo abaixada na taxa constante $\dot{\beta} = 0{,}10$ rad/s. Calcule os módulos da velocidade e da aceleração da extremidade P da lança para o instante em que passa pela posição $\beta = 30°$.

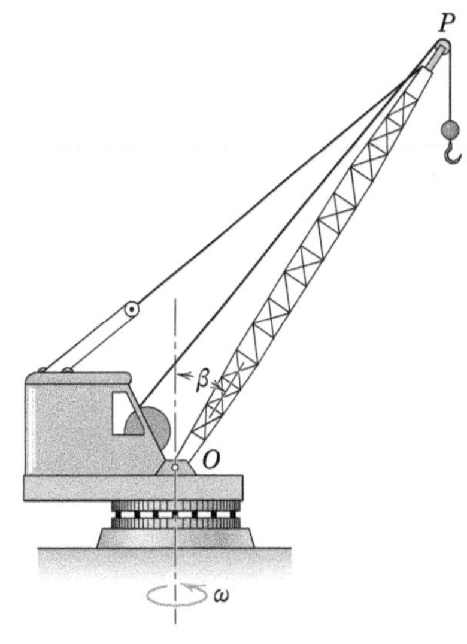

PROBLEMA 7/20

7/21 Se a velocidade angular $\omega_0 = -4\mathbf{j} - 3\mathbf{k}$ rad/s do rotor do Probl. 7/4 é constante em módulo, determine a aceleração angular α do rotor para (a) $\Omega = 0$ e $\dot{\theta} = 2$ rad/s (ambos constantes) e (b) $\theta = \tan^{-1}(\frac{3}{4})$ e $\Omega = 2$ rad/s (ambos constantes). Determine a amplitude da aceleração do ponto A para cada caso, em que A tem como vetor posição $\mathbf{r} = 0{,}5\mathbf{i} + 1{,}2\mathbf{j} + 1{,}1\mathbf{k}$ m no instante representado.

7/22 A haste vertical e o seu garfo vinculado giram em torno do eixo z na taxa constante $\Omega = 4$ rad/s. Simultaneamente, a haste B gira em torno de seu eixo OA na taxa constante $\omega_0 = 3$ rad/s e o ângulo γ está diminuindo à taxa constante de $\pi/4$ rad/s. Determine a velocidade angular ω e o módulo da aceleração angular α da haste B quando $\gamma = 30°$. Os eixos x-y-z estão presos ao garfo e giram com ele.

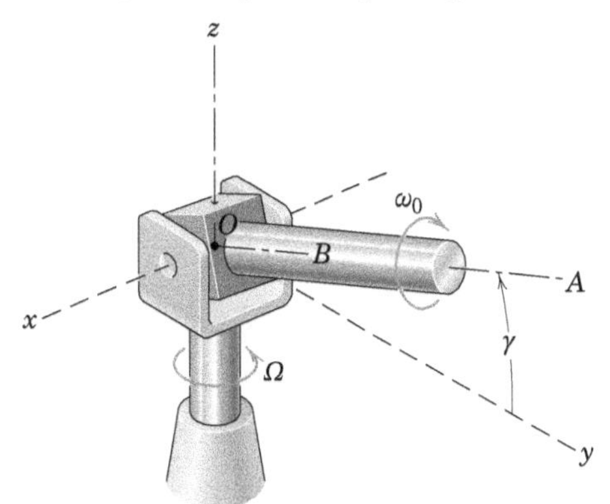

PROBLEMA 7/22

►7/23 O cone circular reto A rola sobre o cone circular reto fixo B a uma taxa constante e executa uma volta completa em torno de B a cada 4 segundos. Calcule o módulo da aceleração angular α do cone A durante o seu movimento.

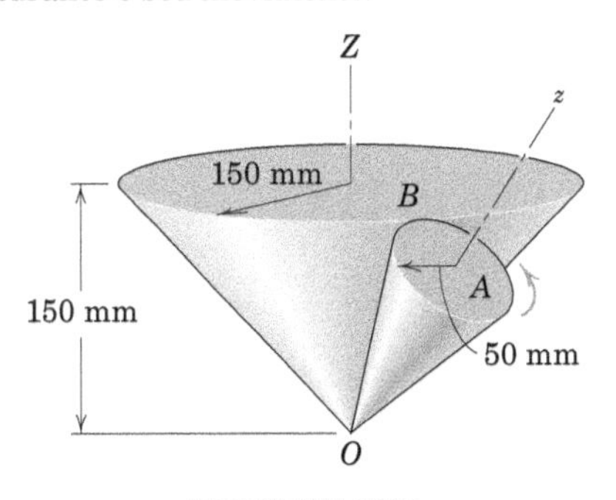

PROBLEMA 7/23

▶7/24 O pêndulo oscila em torno do eixo x de acordo com $\theta = \frac{\pi}{6}$ sen 3π radianos, em que t é o tempo em segundos. Simultaneamente, o eixo OA gira em torno do eixo vertical z na taxa constante $\omega_z = 2\pi$ rad/s. Determine a velocidade **v** e a aceleração **a** do centro B do pêndulo, bem como a sua aceleração angular α para o instante em que $t = 0$.

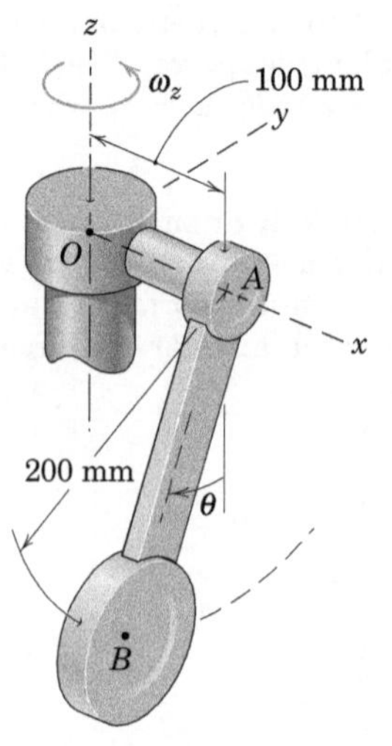

PROBLEMA 7/24

Problemas para a Seção 7/6

Problemas Introdutórios

7/25 O cilindro maciço possui um cone do corpo com um semiângulo do vértice de 20°. Em determinado instante, a velocidade angular ω tem um módulo de 30 rad/s e está situada no plano y-z. Determine a taxa p na qual o cilindro está girando em torno do seu eixo z e escreva a expressão vetorial para a velocidade de B em relação a A.

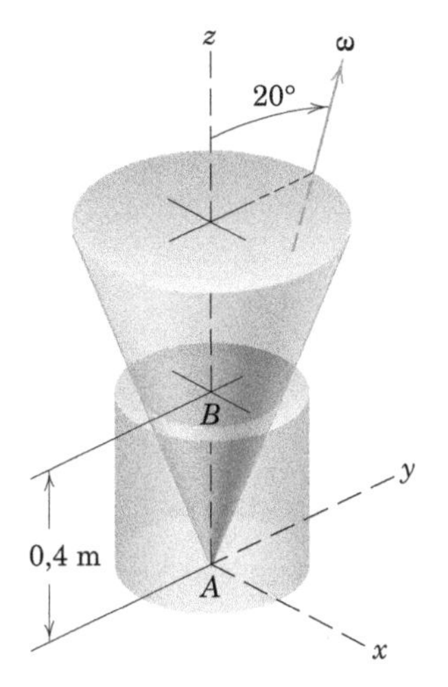

PROBLEMA 7/25

7/26 O helicóptero está baixando o nariz na taxa constante q rad/s. Se as hélices do rotor giram na velocidade constante p rad/s, escreva a expressão para a aceleração angular α do rotor. Suponha que o eixo y está fixo à fuselagem e apontando para a frente, em uma direção perpendicular ao eixo do rotor.

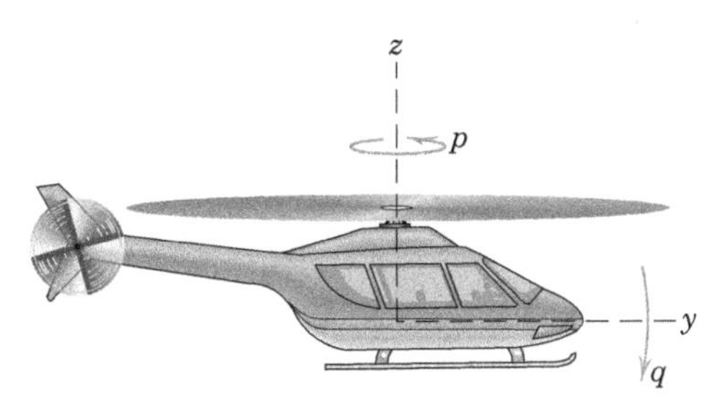

PROBLEMA 7/26

7/27 O cursor em O e a haste incorporada OC giram em torno do eixo fixo x_0 na taxa constante $\Omega = 4$ rad/s. Simultaneamente, o disco circular gira em torno de OC na taxa constante $p = 10$ rad/s. Determine o módulo da velocidade angular total ω do disco e encontre a sua aceleração angular α.

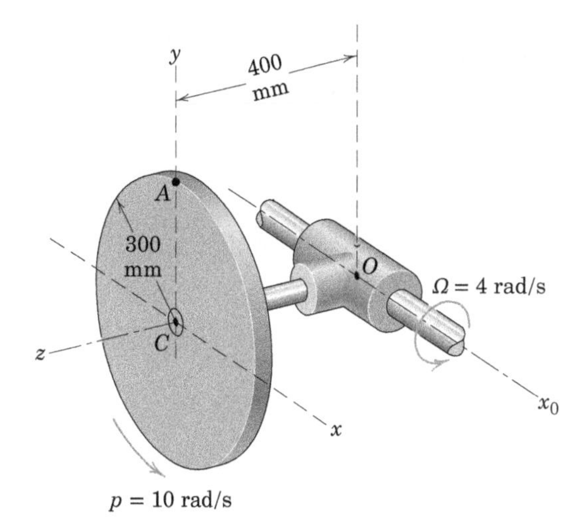

PROBLEMA 7/27

7/28 Se a velocidade angular p do disco no Probl. 7/27 está aumentando na taxa de 6 rad/s por segundo e se Ω permanece constante em 4 rad/s, determine a aceleração angular α do disco no instante em que p atinge 10 rad/s.

7/29 Nas mesmas condições do Probl. 7/27, determine a velocidade $\mathbf{v}_A$ e a aceleração $\mathbf{a}_A$ do ponto A no disco quando passa pela posição mostrada. Os eixos de referência x-y-z são fixados ao cursor em O e em sua haste OC.

7/30 Uma aeronave não tripulada controlada por rádio e com rotor de propulsão inclinável está sendo projetada para ser utilizada em missões de reconhecimento. A elevação vertical se inicia com $\theta = 0$ e em seguida o voo horizontal se desenvolve quando θ se aproxima de 90°. Se os rotores giram a uma velocidade constante N de 360 rpm, determine a aceleração angular α do rotor A para $\theta = 30°$ se Ω é constante em 0,2 rad/s.

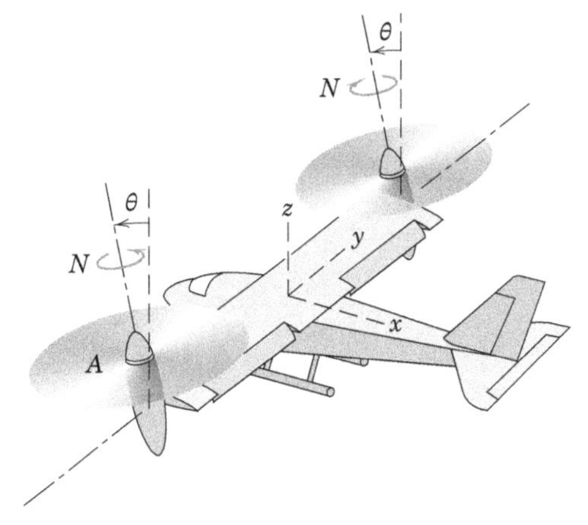

PROBLEMA 7/30

7/31 A extremidade A da haste rígida está limitada a se deslocar na direção x enquanto a extremidade B está limitada a se deslocar ao longo do eixo z. Determine a componente ω_n, normal a AB, da velocidade angular da haste quando esta passa pela posição mostrada com v_A = 0,3 m/s.

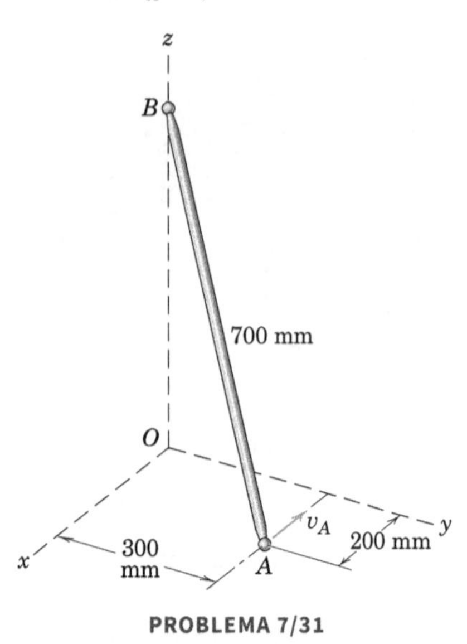

PROBLEMA 7/31

Problemas Representativos

7/32 O pequeno motor M é articulado em relação ao eixo x através de O e transmite ao seu eixo OA uma velocidade constante p rad/s, no sentido mostrado, em relação à sua carcaça. O conjunto inteiro é, em seguida, colocado para girar em torno do eixo vertical Z na velocidade angular constante Ω rad/s. Simultaneamente, o motor articula em torno do eixo x na taxa constante $\dot{\beta}$ para um intervalo de movimento. Determine a aceleração angular α do eixo OA em termos de β. Expresse seu resultado em termos dos vetores unitários para os eixos com rotação x-y-z.

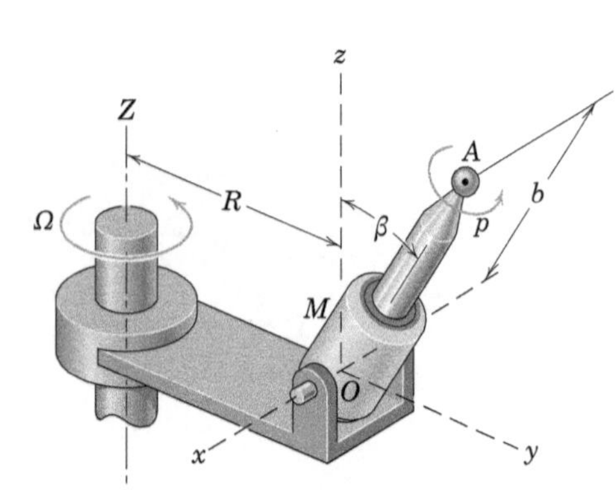

PROBLEMA 7/32

7/33 O simulador de voo é montado sobre seis atuadores hidráulicos conectados em pares aos seus pontos de fixação na parte inferior do simulador. Por meio da programação das ações dos atuadores, uma variedade de condições de voo pode ser simulada com deslocamentos de translação e de rotação ao longo de uma faixa limitada de movimentos. Os eixos x-y-z estão presos ao simulador, com a origem B posicionada no centro do volume. Para o instante representado, B possui uma velocidade e uma aceleração na direção horizontal y de 0,96 m/s e 1,2 m/s², respectivamente. Simultaneamente, as velocidades angulares e suas taxas de variação no tempo são ω_x = 1,4 rad/s, $\dot{\omega}_x$ = 2 rad/s², ω_y = 1,2 rad/s, $\dot{\omega}_y$ = 3 rad/s², $\omega_z = \dot{\omega}_z = 0$. Para esse instante, determine os módulos da velocidade e da aceleração do ponto A.

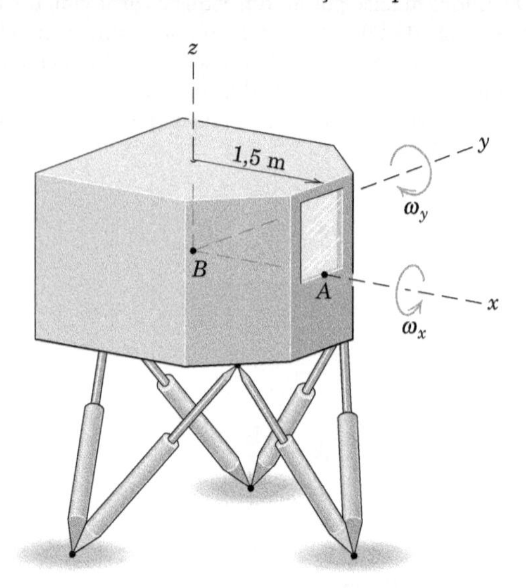

PROBLEMA 7/33

7/34 O robô do Probl. 7/15 é apresentado novamente aqui, sendo que o sistema de coordenadas x-y-z com origem em O_2 gira em torno do eixo X na taxa $\dot{\theta}$. Os eixos sem rotação X-Y-Z, orientados conforme indicado, têm sua origem em O_1. Se $\omega_2 = \dot{\theta}$ = 3 rad/s constante, ω_3 = 1,5 rad/s constante, $\omega_1 = \omega_5 = 0$, $\overline{O_1O_2}$ = 1,2 m, e $\overline{O_2A}$ = 0,6 m, determine a velocidade do centro das garras A para o instante em que θ = 60°. O ângulo β se situa no plano y-z e é constante em 45°.

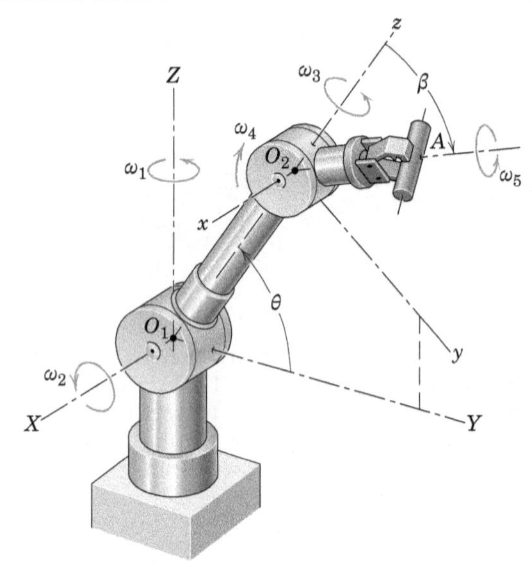

PROBLEMA 7/34

7/35 A nave espacial está girando em torno de seu eixo z, que possui uma orientação espacial fixa, na taxa constante $p = \frac{1}{10}$ rad/s. Simultaneamente, os seus painéis solares estão se desdobrando à taxa $\dot{\beta}$ que está programada para variar com β, conforme apresentado no gráfico. Determine a aceleração angular α do painel A para um instante (a) antes e para um instante (b) depois de atingir a posição $\beta = 18°$.

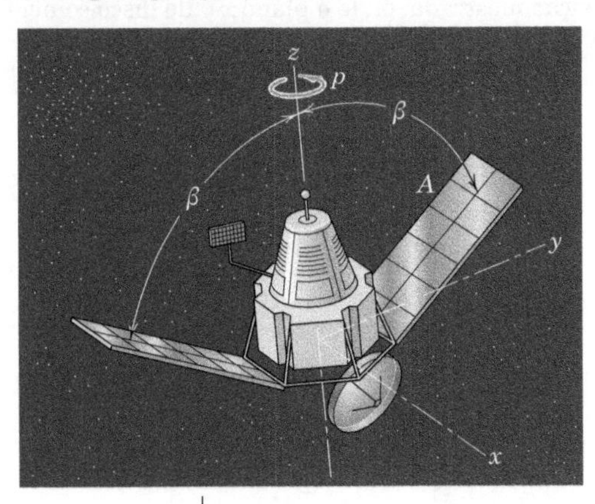

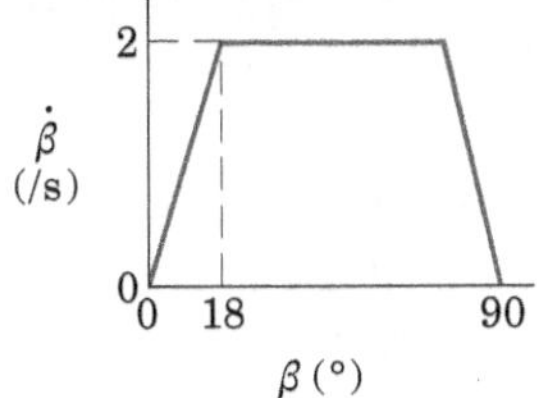

PROBLEMA 7/35

7/36 O disco possui uma velocidade angular constante p em torno de seu eixo z, e o garfo A tem velocidade angular constante ω_2 em torno de seu eixo, como mostrado. Simultaneamente, o conjunto inteiro gira em torno do eixo fixo X com uma velocidade angular constante ω_1. Determine a expressão para a aceleração angular do disco quando o garfo o conduz para o plano vertical na posição mostrada. Resolva representando as variações vetoriais nas componentes da velocidade angular.

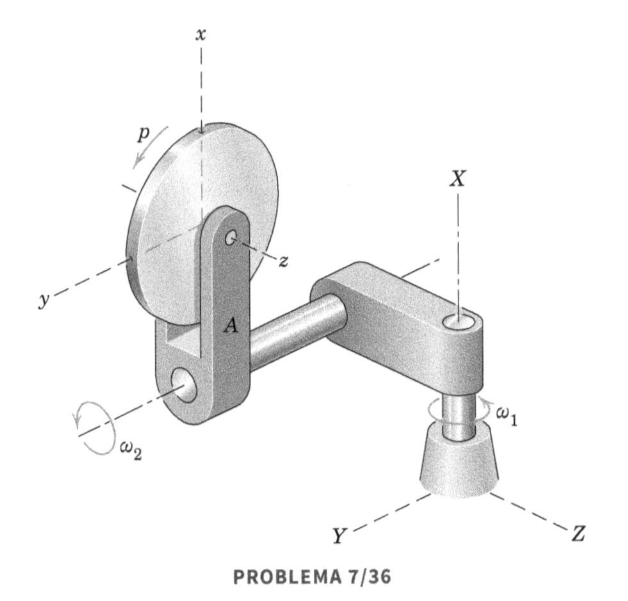

PROBLEMA 7/36

7/37 O cursor e o garfo A experimentam uma velocidade ascendente constante de 0,2 m/s durante um intervalo de movimento, fazendo com que a esfera na extremidade da barra deslize na ranhura radial no disco em rotação. Determine a aceleração angular da barra no instante em que ela passa pela posição em que z = 75 mm. O disco gira à razão constante de 2 rad/s.

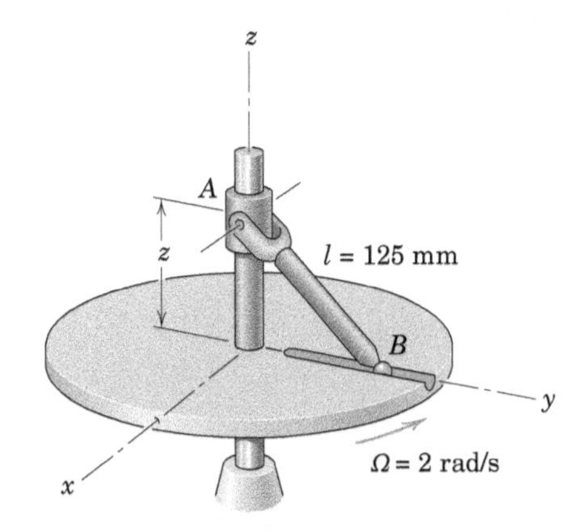

PROBLEMA 7/37

7/38 O disco circular com 100 mm de raio gira em torno de seu eixo z com uma velocidade constante p = 240 rpm, e o braço OCB gira em torno do eixo Y na velocidade constante N = 30 rpm. Determine a velocidade **v** e a aceleração **a** do ponto A sobre o disco quando passa pela posição mostrada. Utilize os eixos de referência x-y-z fixos no braço OCB.

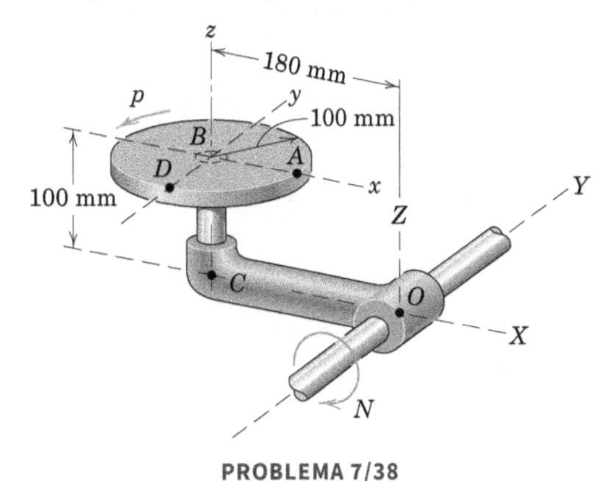

PROBLEMA 7/38

7/39 Para as condições descritas no Probl. 7/32, determine a velocidade **v** e a aceleração **a** do centro A da ferramenta esférica em termos de β.

7/40 O disco circular está girando em torno de seu próprio eixo (eixo y) com uma taxa constante $p = 10\pi$ rad/s. Simultaneamente, a estrutura está girando em torno do eixo Z com uma taxa constante $\Omega = 4\pi$ rad/s. Calcule a aceleração angular α do disco e a aceleração do ponto A na extremidade superior do disco. Os eixos x-y-z estão acoplados à estrutura, que possui a orientação instantânea mostrada, em relação aos eixos fixos X-Y-Z.

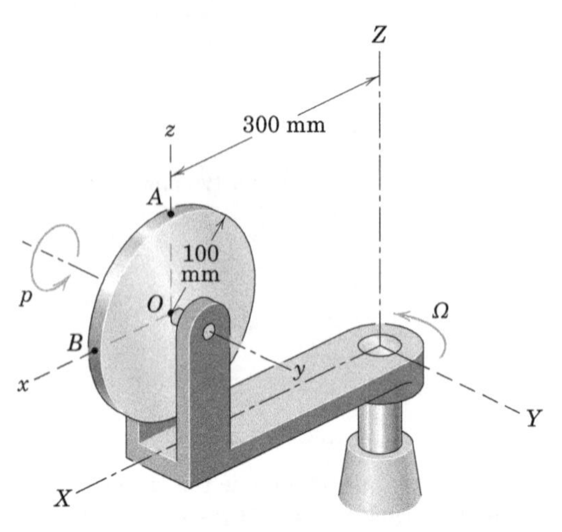

PROBLEMA 7/40

7/41 O centro O da nave espacial está se deslocando através do espaço com uma velocidade constante. Durante o período do movimento anterior à estabilização, a nave espacial possui uma taxa de rotação constante $\Omega = 0{,}5$ rad/s em relação ao seu eixo z. Os eixos x-y-z estão presos ao corpo da nave, e os painéis solares giram em torno do eixo y com uma taxa constante $\dot{\theta} = 0{,}25$ rad/s em relação à nave espacial. Se ω é a velocidade angular absoluta dos painéis solares, determine $\dot{\omega}$. Encontre também a aceleração do ponto A quando $\theta = 30°$.

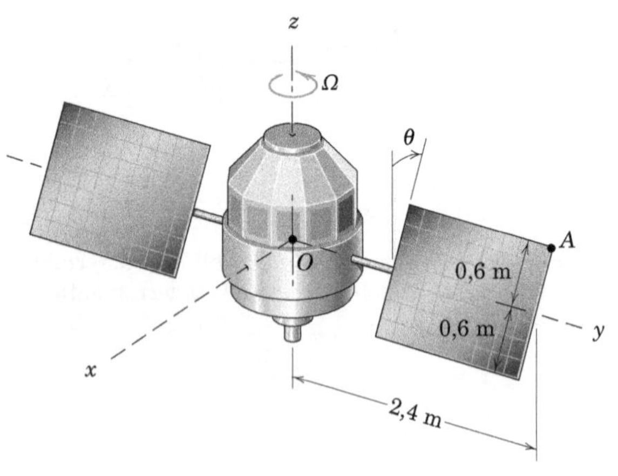

PROBLEMA 7/41

7/42 O disco circular fino de massa m e raio r está girando em torno de seu eixo z com uma velocidade angular constante p, e o garfo em que é montado gira em torno do eixo X através de OB com uma velocidade angular constante ω_1. Simultaneamente, o conjunto inteiro gira em torno do eixo fixo Y através de O com uma velocidade angular constante ω_2. Determine a velocidade $\mathbf{v}$ e a aceleração $\mathbf{a}$ do ponto A sobre a borda do disco, quando passa pela posição mostrada, onde o plano x-y do disco coincide com o plano X-Y. Os eixos x-y-z estão presos ao garfo.

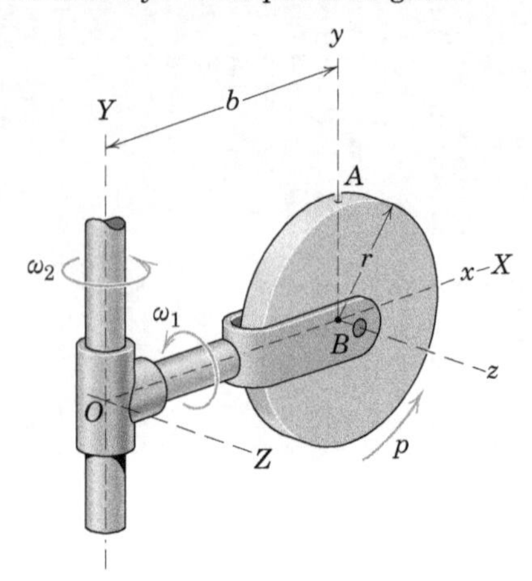

PROBLEMA 7/42

►7/43 Considerando as condições descritas no Exemplo 7/2, com exceção de que γ está aumentando com uma taxa constante de 3π rad/s, determine a velocidade angular ω e a aceleração angular α do rotor quando a posição $\gamma = 30°$ é ultrapassada. (*Sugestão:* aplique a Eq. 7/7 ao vetor ω para encontrar α. Observe que, no Exemplo 7/2, Ω não representa mais a velocidade angular completa dos eixos.)

►7/44 A roda de raio r é livre para girar em relação ao eixo curvo CO, que gira em torno do eixo vertical a uma taxa constante p rad/s. Se a roda rola sem deslizar sobre o círculo horizontal de raio R, determine as expressões para a velocidade angular ω e a aceleração angular α da roda. O eixo x permanece sempre na horizontal.

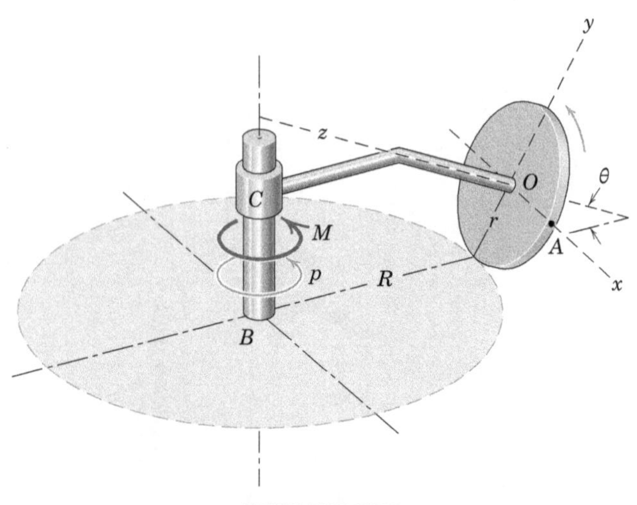

PROBLEMA 7/44

▶**7/45** O rotor do giroscópio mostrado está girando na taxa constante de 100 rpm em relação aos eixos *x*-*y*-*z*, no sentido indicado. Se o ângulo γ entre o anel de suspensão e o plano horizontal *X*-*Y* é levado a aumentar a uma taxa constante de 4 rad/s e se a unidade é obrigada a realizar precessão em relação à vertical com uma taxa constante N = 20 rpm, calcule o módulo da aceleração angular α do rotor quando γ = 30°. Resolva utilizando a Eq. 7/7 aplicada à velocidade angular do rotor.

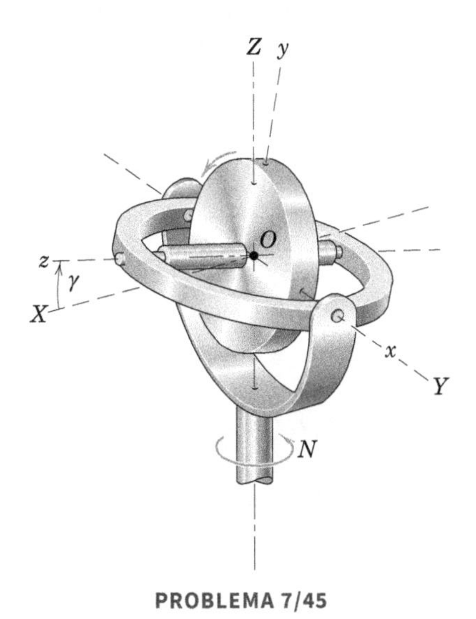

PROBLEMA 7/45

▶**7/46** A manivela com um raio de 80 mm gira com uma velocidade angular constante ω_0 = 4 rad/s e faz o cursor *A* oscilar ao longo do eixo fixo. Determine a velocidade do cursor *A* e a velocidade angular da ligação *AB* com o corpo rígido enquanto a manivela cruza a posição vertical mostrada. (*Sugestão*: A ligação *AB* não pode ter velocidade angular em torno de um eixo (vetor unitário *n*) que é normal tanto ao eixo *Y* quanto ao eixo do pino de engate. Assim, $\omega \cdot \mathbf{n} = 0$ em que **n** tem a direção do produto vetorial triplo $\mathbf{J} \times (\mathbf{r}_{AB} \times \mathbf{J})$.

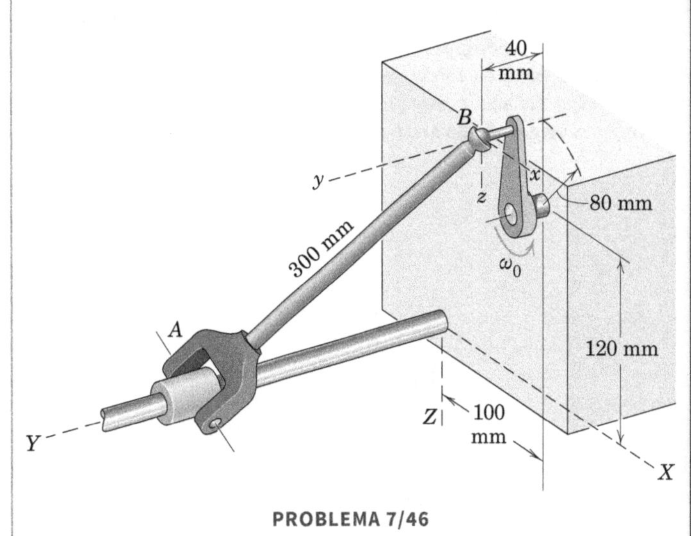

PROBLEMA 7/46

Problemas para as Seções 7/7–7/8

Problemas Introdutórios

7/47 As três pequenas esferas, cada uma de massa m, são montadas rigidamente ao eixo horizontal que gira com uma velocidade angular ω, conforme mostrado. Despreze o raio de cada esfera em comparação com as outras dimensões e escreva expressões para os módulos da sua quantidade de movimento linear $\mathbf{G}$ e da sua quantidade de movimento angular $\mathbf{H}_O$ em relação à origem O do sistema de coordenadas.

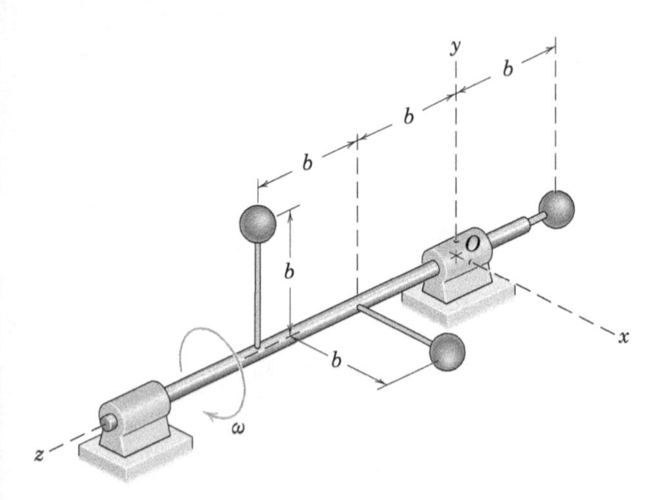

PROBLEMA 7/47

7/48 As esferas do Probl. 7/47 são substituídas por três cilindros, cada um com uma massa m e comprimento l, acoplados através de seus centros ao eixo, o qual gira com uma velocidade angular α, conforme mostrado. Os eixos dos cilindros estão posicionados, respectivamente, nas direções x, y e z, e as suas dimensões são desprezíveis em comparação com as outras dimensões. Determine a quantidade de movimento angular $\mathbf{H}_O$ dos três cilindros em relação à origem O do sistema de coordenadas.

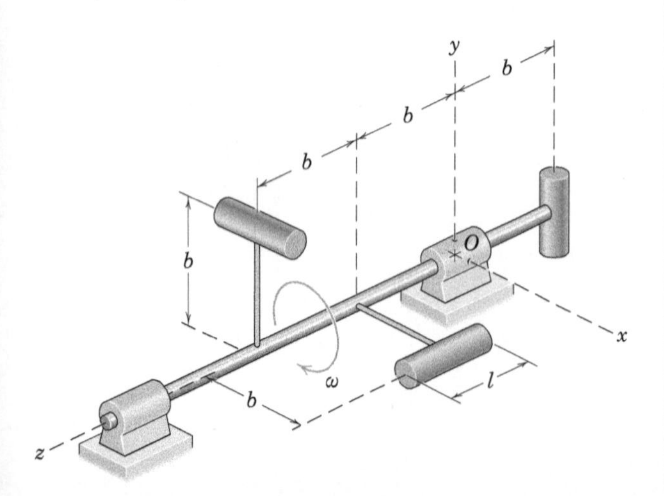

PROBLEMA 7/48

7/49 O trem de pouso de uma aeronave, visto de frente, é recolhido imediatamente após a decolagem, e a roda está girando na razão correspondente à velocidade de decolagem de 200 km/h. A roda de 45 kg tem um raio de giração em relação a seu eixo z de 370 mm. Despreze a espessura da roda e calcule a quantidade de movimento angular da roda em relação a G e em relação a A para a posição em que θ está aumentando na razão de 30° por segundo.

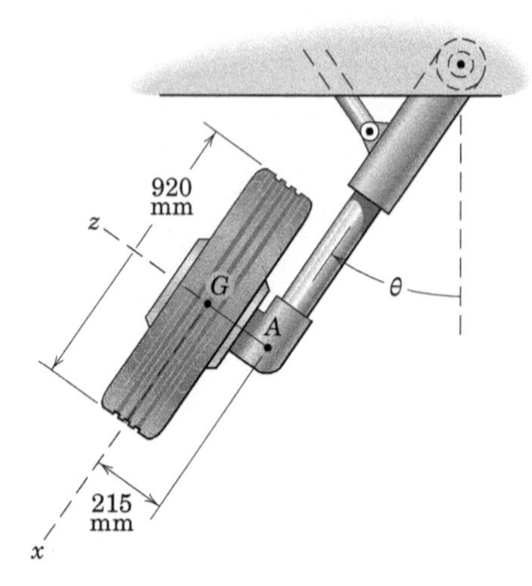

PROBLEMA 7/49

7/50 A barra dobrada possui uma massa ρ por unidade de comprimento e gira em relação ao eixo z com uma velocidade angular ω. Determine a quantidade de movimento angular $\mathbf{H}_O$ da barra em relação à origem fixa O dos eixos, que são presos à barra. Encontre também a energia cinética T da barra.

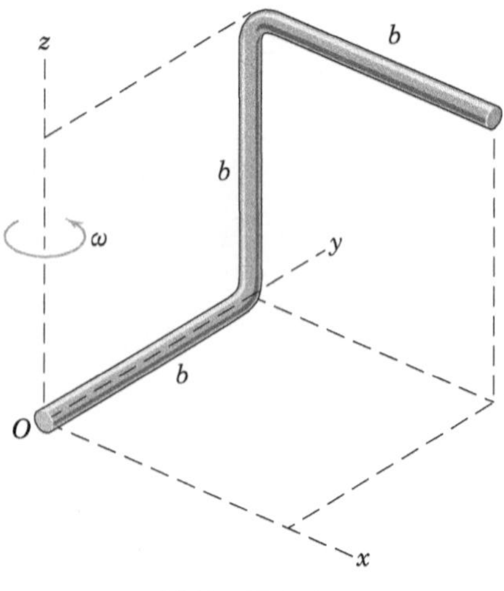

PROBLEMA 7/50

7/51 Utilize os resultados do Probl. 7/50 e determine a quantidade de movimento angular $\mathbf{H}_G$ da barra dobrada daquele problema em relação ao seu centro de massa G utilizando os eixos de referência fornecidos.

Problemas Representativos

7/52 O cilindro semicircular maciço de massa m gira em torno do eixo z com uma velocidade angular ω conforme indicado. Determine a sua quantidade de movimento angular **H** em relação aos eixos x-y-z.

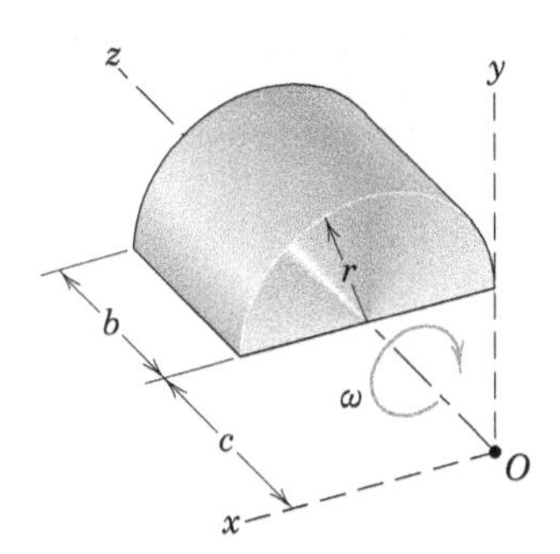

PROBLEMA 7/52

7/53 O cilindro circular maciço de massa m, raio r e comprimento b gira em torno do seu eixo geométrico a uma taxa angular p rad/s. Simultaneamente, o suporte e o eixo da haste anexa giram na taxa ω em torno do eixo x. Escreva as expressões para a quantidade de movimento angular $\mathbf{H}_O$ do cilindro em relação ao ponto O considerando os eixos de referência mostrados.

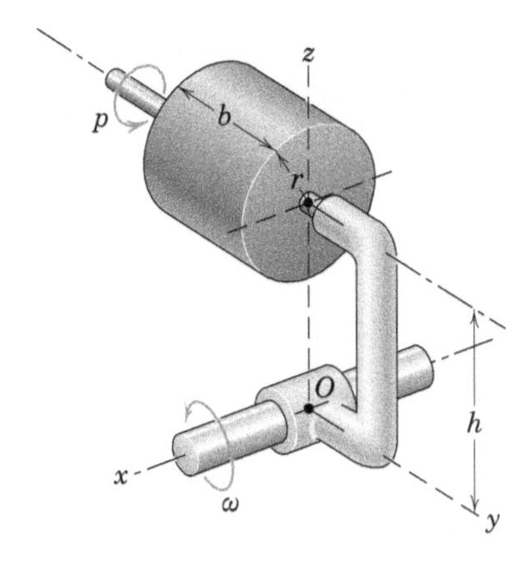

PROBLEMA 7/53

7/54 Os elementos de um sistema de controle da orientação angular com volantes de reação para uma nave espacial são apresentados na figura. O ponto G é o centro de massa para o sistema da nave espacial e dos volantes, e x, y, z são os eixos principais para o sistema. Cada volante possui uma massa m e um momento de inércia I em relação a seu próprio eixo e gira com uma velocidade angular relativa p no sentido indicado. O centro de cada volante, que pode ser considerado como um disco fino, está a uma distância b medida a partir de G. Se a nave espacial possui componentes de velocidade angular Ω_x, Ω_y e Ω_z, determine a quantidade de movimento angular $\mathbf{H}_G$ dos três volantes como uma unidade.

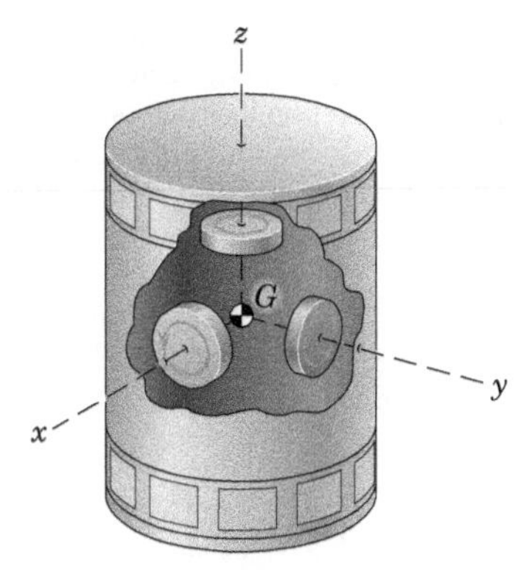

PROBLEMA 7/54

7/55 O rotor do giroscópio está girando na taxa constante p = 100 rpm em relação aos eixos x-y-z, no sentido indicado. Se o ângulo γ entre o anel de suspensão e o plano horizontal X-Y é aumentado com uma taxa de 4 rad/s e se a unidade é obrigada a realizar precessão em relação à vertical na taxa constante N = 20 rpm, calcule a quantidade de movimento angular $\mathbf{H}_O$ do rotor quando $\gamma = 30°$. Os momentos de inércia axial e transversal são $I_{zz} = 6(10^{-3})$ kg · m² e $I_{xx} = I_{yy} = 3(10^{-3})$ kg · m².

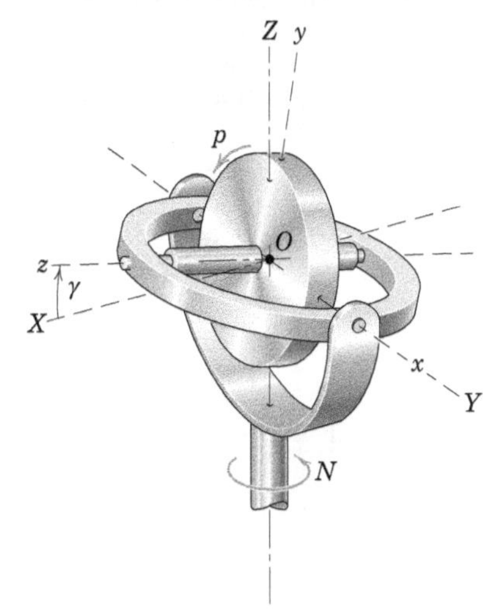

PROBLEMA 7/55

7/56 A barra de aço esbelta AB possui uma massa de 2,8 kg e está ligada ao eixo que gira através da barra OG e suas conexões em O e G. O ângulo β permanece constante em 30° e todo o conjunto rígido gira em torno do eixo z com uma taxa constante N = 600 rpm. Calcule a quantidade de movimento angular $\mathbf{H}_O$ de AB e sua energia cinética T.

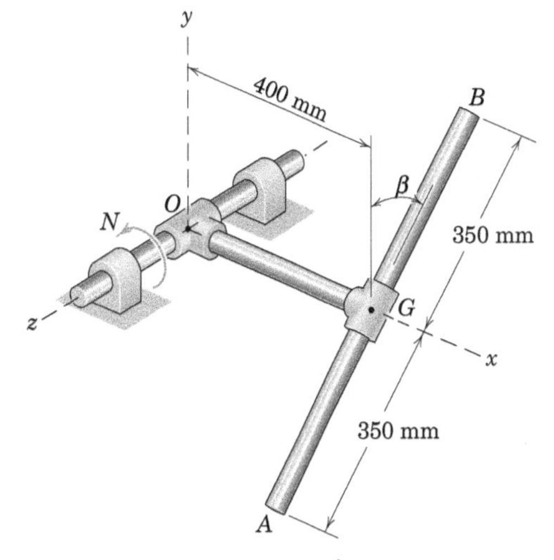

PROBLEMA 7/56

7/57 A placa retangular, com uma massa de 3 kg e uma pequena espessura uniforme, está soldada com um ângulo de 45° ao eixo vertical, que gira com a velocidade angular de 20π rad/s. Determine a quantidade de movimento angular **H** da placa em relação a O e encontre a energia cinética da placa.

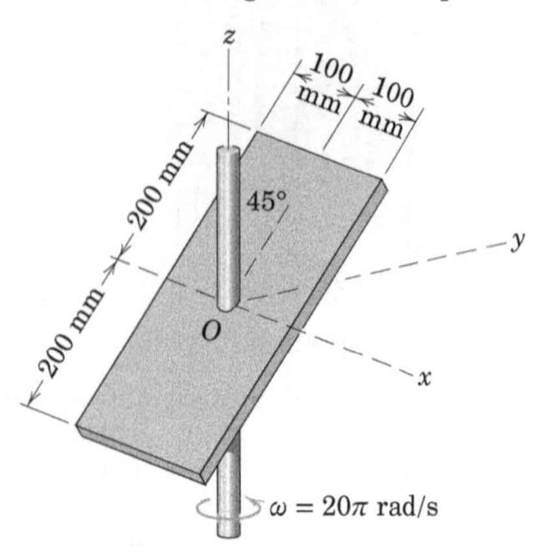

PROBLEMA 7/57

7/58 O disco circular de massa m e raio r está montado na haste vertical em uma posição que faz um ângulo α entre seu plano e o plano de rotação da haste. Determine uma expressão para a quantidade de movimento angular **H** do disco em relação a O. Encontre o ângulo β que a quantidade de movimento angular **H** faz com a haste para $\alpha = 10°$.

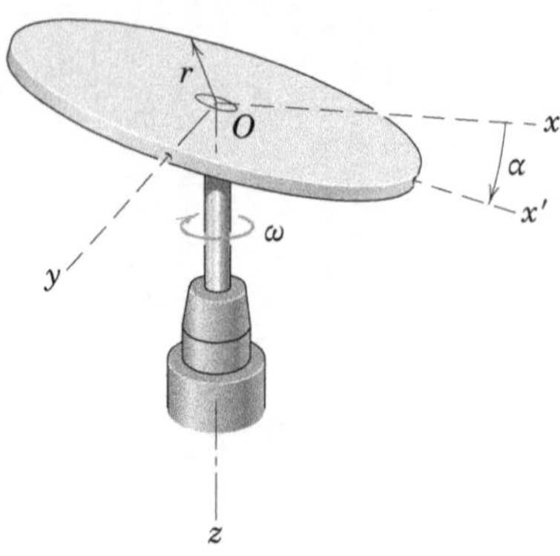

PROBLEMA 7/58

7/59 O cone circular reto de altura h e raio da base r gira em torno de seu eixo de simetria com uma velocidade angular p. Simultaneamente, o cone inteiro gira em torno do eixo x com velocidade angular Ω. Determine a quantidade de movimento angular $\mathbf{H}_O$ do cone em relação à origem O dos eixos x-y-z e a energia cinética T para a posição mostrada. A massa do cone é m.

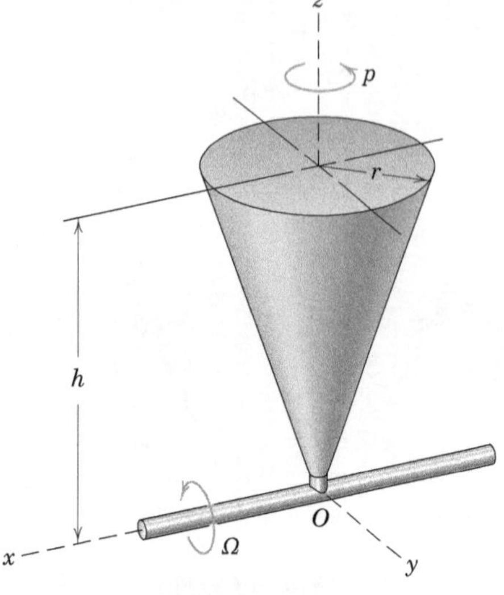

PROBLEMA 7/59

7/60 A nave espacial mostrada possui uma massa m com centro de massa G. Seu raio de giração em relação a seu eixo z de simetria rotacional é k e em relação a ambos os eixos x ou y é k'. No espaço, a nave gira no seu sistema de referência x-y-z com uma razão $p = \dot{\phi}$. Simultaneamente, um ponto C sobre o eixo z se desloca em um círculo em torno do eixo z_0 com uma frequência f (rotações por unidade de tempo). O eixo z_0 possui uma direção constante no espaço. Determine a quantidade de movimento angular $\mathbf{H}_G$ da nave espacial em relação aos eixos indicados. Observe que o eixo x se situa sempre no plano z-z_0 e que o eixo y é, consequentemente, perpendicular a z_0.

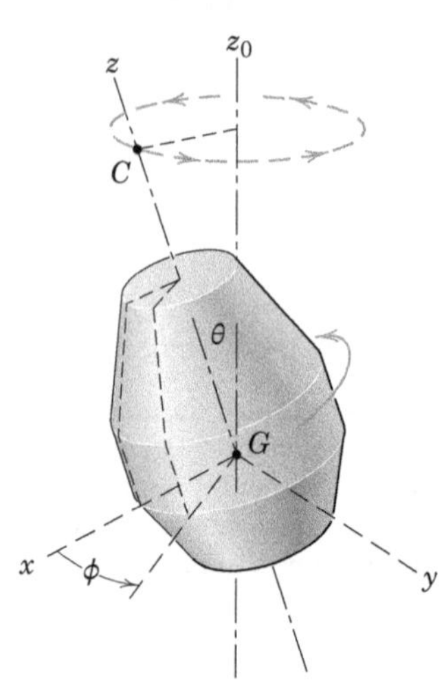

PROBLEMA 7/60

7/61 O disco circular uniforme do Probl. 7/42, com as três componentes de velocidade angular, é mostrado novamente aqui. Determine a energia cinética T e a quantidade de movimento angular $\mathbf{H}_O$ do disco, em relação a O, para o instante representado, quando o plano x-y coincide com o plano X-Y. A massa do disco é m.

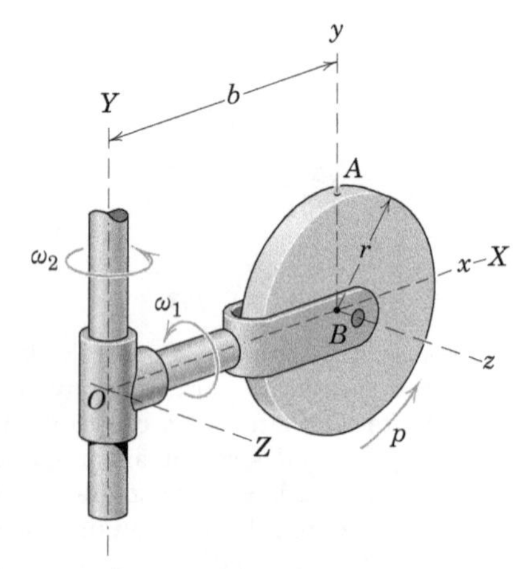

PROBLEMA 7/61

7/62 A roda com raio de 100 mm possui uma massa de 3 kg e gira em torno de seu eixo y' com uma velocidade angular $p = 40\pi$ rad/s no sentido indicado. Simultaneamente, o garfo gira em torno do eixo x de sua haste de suporte com uma velocidade angular $\omega = 10\pi$ rad/s conforme indicado. Calcule a quantidade de movimento angular da roda em relação a seu centro O'. Calcule também a energia cinética da roda.

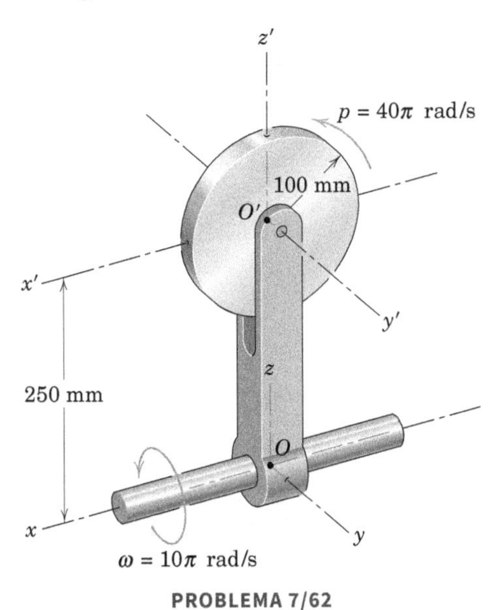

PROBLEMA 7/62

7/63 O conjunto composto pela esfera maciça de massa m e pela barra uniforme de comprimento $2c$ e de massa igual m gira em torno do eixo vertical z com uma velocidade angular ω. A barra de comprimento $2c$ tem um diâmetro que é pequeno em comparação com o seu comprimento e é perpendicular à haste horizontal na qual está soldada com a inclinação β indicada. Determine a quantidade de movimento angular $\mathbf{H}_O$ do conjunto composto pela esfera e pela barra inclinada.

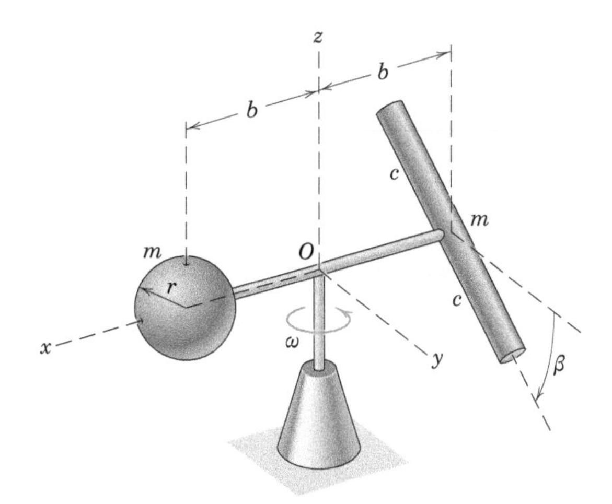

PROBLEMA 7/63

7/64 Em um teste dos painéis solares para uma nave espacial, o modelo apresentado está girando em torno do eixo vertical na velocidade angular ω. Se a massa por unidade de área do painel é ρ, escreva a expressão para a quantidade de movimento angular $\mathbf{H}_O$ do conjunto em relação aos eixos mostrados, em termos de θ. Determine também os valores máximo, mínimo, e intermediário dos momentos de inércia em relação aos eixos que passam por O. A massa total dos dois painéis é igual a m.

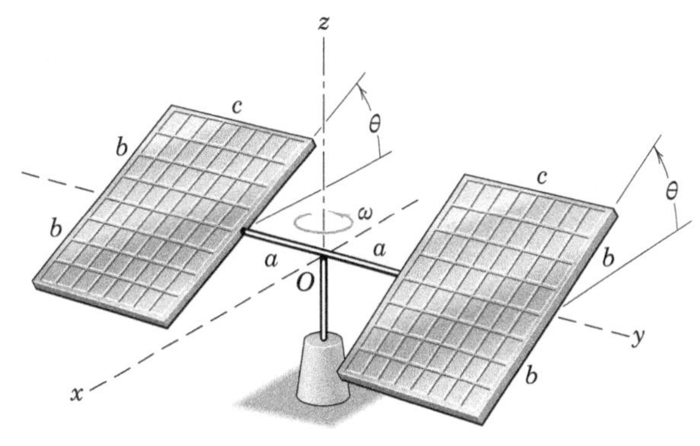

PROBLEMA 7/64

Problemas para as Seções 7/9–7/10

Problemas Introdutórios

7/65 Cada uma das duas hastes de massa m está soldada à face do disco que gira em torno do eixo vertical, com uma velocidade angular constante ω. Determine o momento fletor M que atua na base de cada uma das hastes.

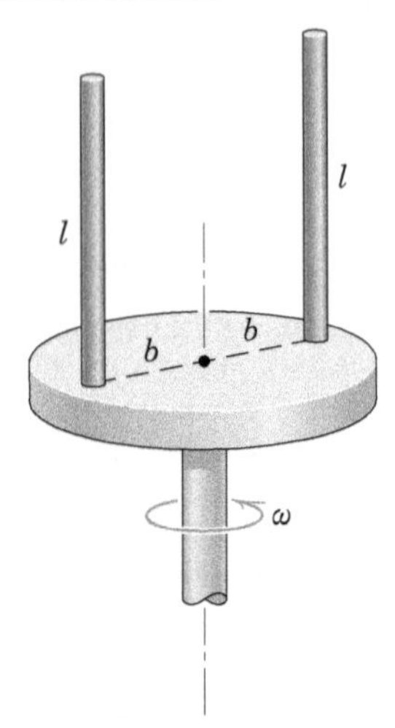

PROBLEMA 7/65

7/66 O eixo esbelto sustenta duas partículas deslocadas, cada uma de massa m, e gira em relação ao eixo z com a velocidade angular constante ω conforme indicado. Determine as componentes x e y das reações nos mancais em A e B, devidas ao desbalanceamento dinâmico do eixo para a posição mostrada.

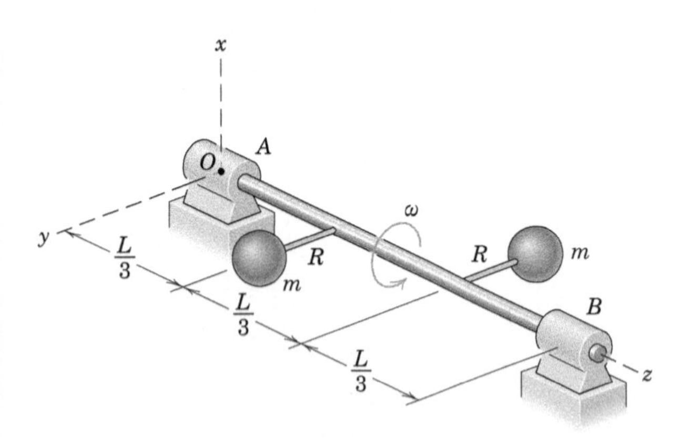

PROBLEMA 7/66

7/67 A barra esbelta uniforme de comprimento l e massa m está soldada ao eixo, que gira apoiado nos mancais A e B com uma velocidade angular constante ω. Determine a expressão para a força suportada pelo mancal em B como uma função de θ. Considere apenas a força devida ao desbalanceamento dinâmico e admita que os mancais podem suportar somente forças radiais.

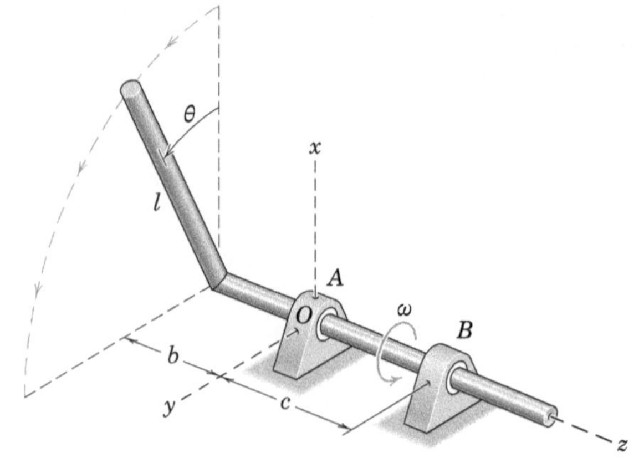

PROBLEMA 7/67

7/68 Se um torque $\mathbf{M} = M\mathbf{k}$ é aplicado ao eixo no Probl. 7/67, determine as componentes x e y da força suportada pelo mancal B quando a barra e o eixo partem do repouso na posição mostrada. Despreze a massa do eixo e considere apenas as forças dinâmicas.

7/69 O disco circular de 6 kg e o eixo acoplado giram a uma velocidade angular constante ω = 10 000 rpm. Se o centro de massa do disco está deslocado do centro em 0,05 mm, determine o módulo das forças horizontais A e B suportadas pelos mancais em razão do desbalanceamento rotacional.

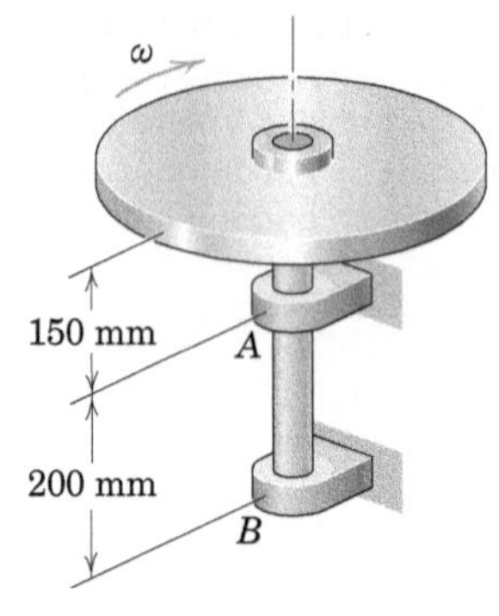

PROBLEMA 7/69

Problemas Representativos

7/70 Determine o momento fletor $\mathbf{M}$ no ponto de tangência A na barra semicircular de raio r e massa m, enquanto a barra gira em torno do eixo tangente com uma velocidade angular constante e elevada ω. Despreze do momento mgr produzido pelo peso da barra.

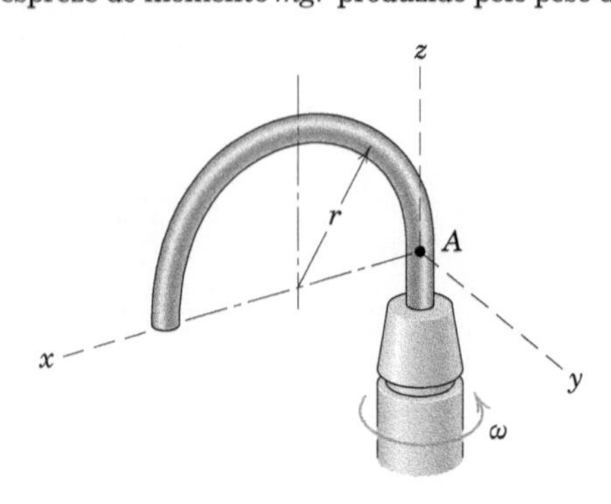

PROBLEMA 7/70

7/71 Se a barra semicircular do Probl. 7/70 parte do repouso sob a ação de um torque M_O aplicado através do anel em torno de seu eixo de rotação z, determine o momento fletor inicial **M** na barra em A.

7/72 A grande antena para rastreamento de satélites possui um momento de inércia I em relação a seu eixo z de simetria e um momento de inércia I_O em relação a cada um dos eixos x e y. Determine a aceleração angular α da antena em relação ao eixo vertical Z, provocada por um torque M aplicado em torno de Z pelo mecanismo de acionamento, para uma determinada orientação θ.

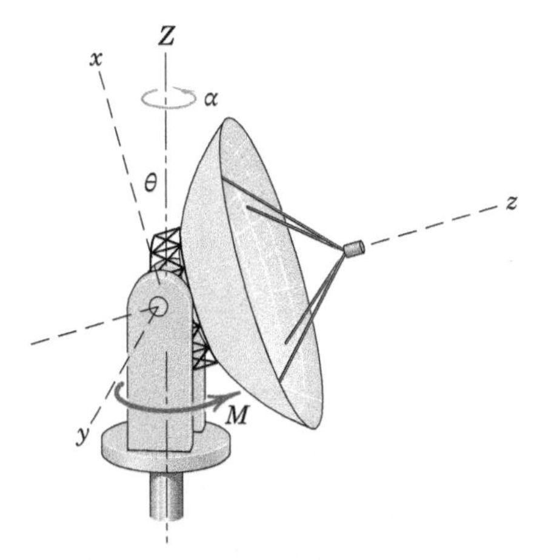

PROBLEMA 7/72

7/73 A placa possui uma massa de 3 kg e está soldada ao eixo vertical fixo, que gira com uma velocidade angular constante de 20π rad/s. Calcule o momento **M** aplicado *ao* eixo *pela* placa devido ao desbalanceamento dinâmico.

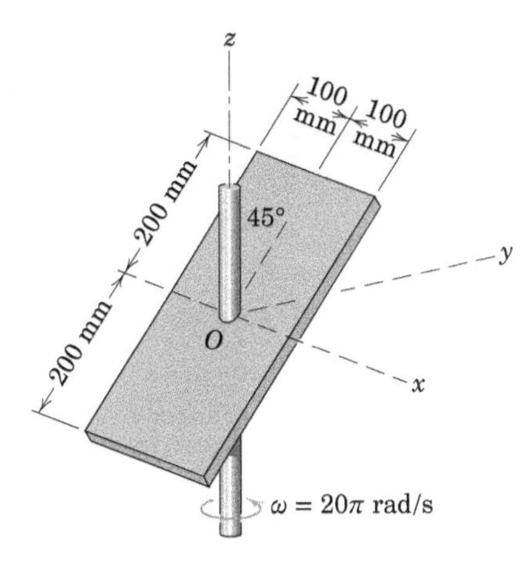

PROBLEMA 7/73

7/74 Cada um dos dois discos semicirculares possui uma massa de 1,20 kg e está soldado à haste apoiada nos mancais A e B, como mostrado. Calcule as forças aplicadas à haste pelos mancais para uma velocidade angular constante N = 1200 rpm. Despreze as forças de equilíbrio estático.

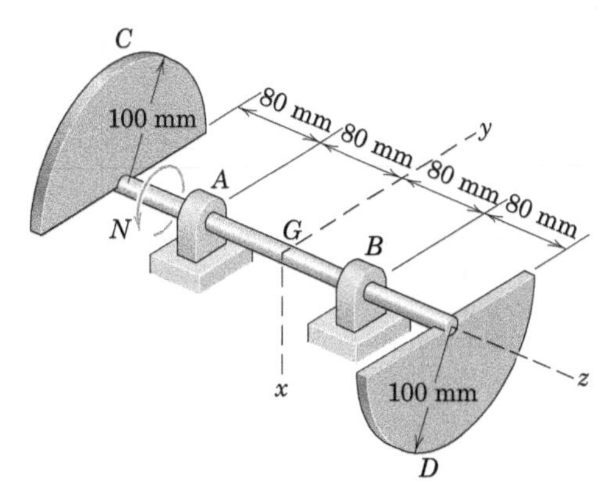

PROBLEMA 7/74

7/75 Resolva o Probl. 7/74 para o caso em que o conjunto parte do repouso com uma aceleração angular inicial α = 900 rad/s^2 como resultado de um torque de partida (binário) M aplicado à haste com o mesmo sentido de N. Despreze o momento de inércia da haste em relação ao seu eixo z e calcule M.

7/76 A barra uniforme esbelta de massa θ por unidade de comprimento está livre para girar rotulada em torno do eixo y do garfo, o qual gira em torno do eixo vertical fixo z com uma velocidade angular constante ω. Determine o ângulo em regime permanente θ assumido pela barra. O comprimento b é maior do que o comprimento c.

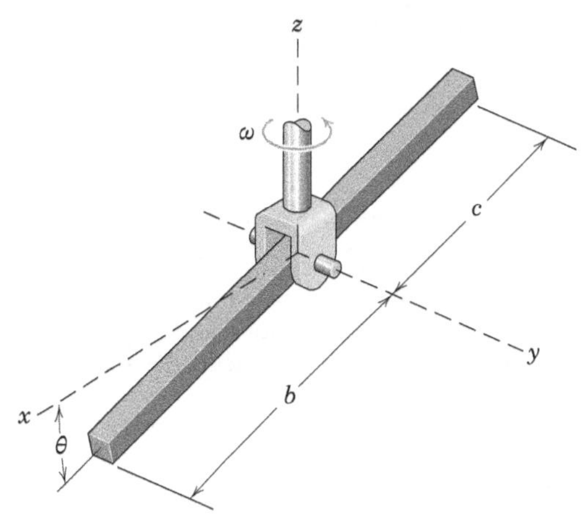

PROBLEMA 7/76

7/77 O disco circular de massa m e raio r é montado sobre um eixo vertical com um pequeno ângulo α entre o seu plano e o plano de rotação do eixo. Determine a expressão para o momento fletor **M** que atua *sobre* o eixo devido à oscilação do disco para uma velocidade do eixo de ω rad/s.

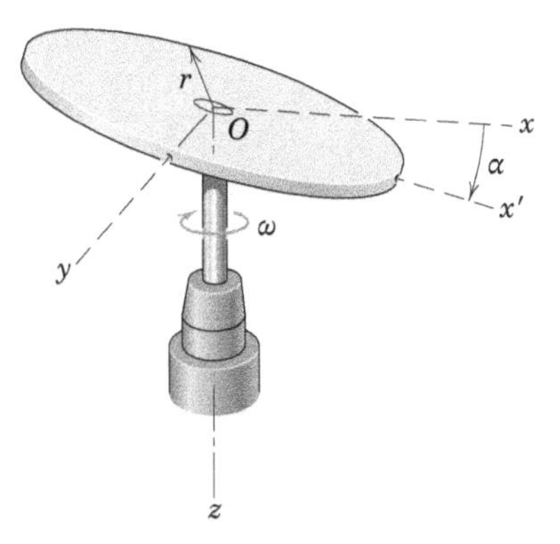

PROBLEMA 7/77

7/78 Determine as forças normais sob os dois discos do Exemplo 7/7 para a posição em que o plano da barra curva está na vertical. Admita que uma das extremidades da barra curva está na parte superior do disco A e a outra na parte inferior do disco B.

7/79 A placa uniforme quadrada de massa m está soldada em O à extremidade do eixo, o qual gira em torno do eixo vertical z com uma velocidade angular constante ω. Determine o momento aplicado à placa pela solda devido somente à rotação.

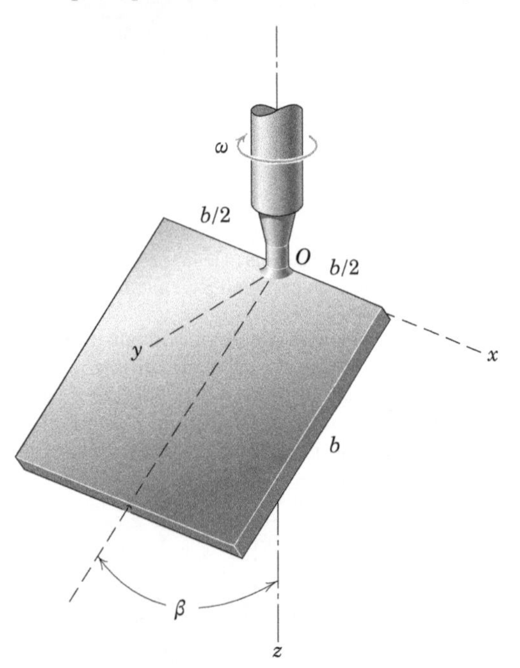

PROBLEMA 7/79

7/80 Para a placa de massa m do Probl. 7/79, determine as componentes y e z do momento aplicado à placa pela solda em O necessário para fornecer à placa uma aceleração angular $\alpha = \dot{\omega}$ a partir do repouso. Despreze o momento devido ao peso.

7/81 A haste esbelta uniforme de comprimento l está soldada ao suporte em A na parte inferior do disco B. O disco gira em torno de um eixo vertical com velocidade angular constante ω. Determine o valor de ω que resultará em um momento nulo suportado pela solda em A, para a posição $\theta = 60°$ com $b = l/4$.

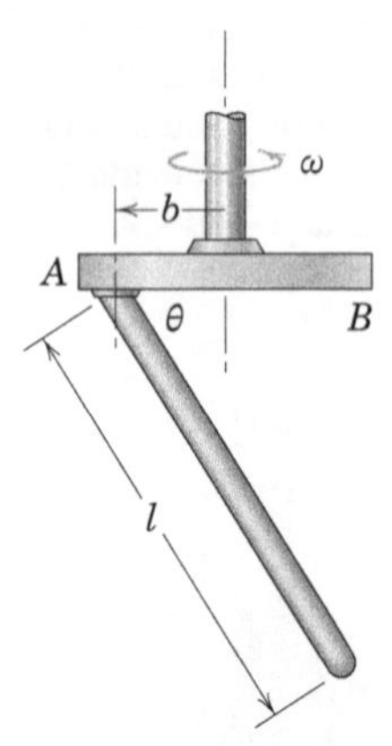

PROBLEMA 7/81

7/82 A casca semicilíndrica de raio r, comprimento $2b$ e massa m gira em torno do eixo vertical z com uma velocidade angular constante ω, conforme indicado. Determine o módulo M do momento fletor sobre o eixo em A devido ao peso e ao movimento rotacional da casca.

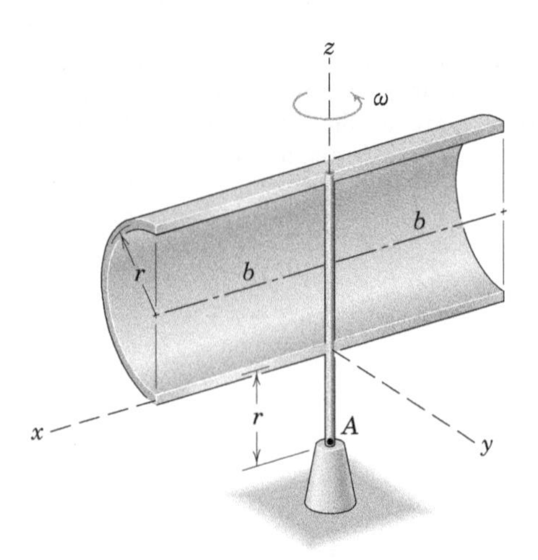

PROBLEMA 7/82

►7/83 A placa triangular fina homogênea de massa m está soldada ao eixo horizontal, que gira livremente nos mancais em A e B. Se a placa é liberada a partir do repouso na posição horizontal mostrada, determine o módulo da reação no mancal em A para o instante logo após a liberação.

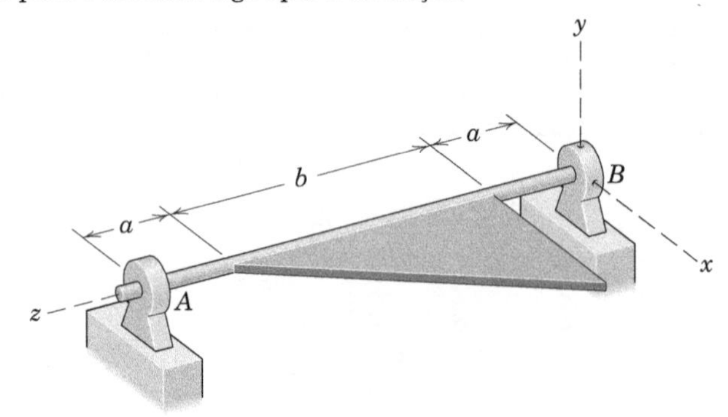

PROBLEMA 7/83

►7/84 Se a placa triangular homogênea do Probl. 7/83 é liberada a partir do repouso na posição mostrada, determine o módulo da reação no mancal em A após a placa ter girado 90°.

Problemas para a Seção 7/11

Problemas Introdutórios

7/85 Um professor de Dinâmica demonstra os princípios giroscópicos para seus alunos. Ele suspende uma roda que gira rapidamente com um fio preso a uma extremidade de seu eixo horizontal. Descreva o movimento de precessão da roda.

PROBLEMA 7/85

7/86 A aeronave a jato na parte inferior de um *loop* vertical interno tem uma tendência, devido à ação giroscópica do rotor do motor, de guinar para a direita (como visto pelo piloto e como indicado pelas setas tracejadas ao lado da ponta das asas). Determine a direção de rotação p_1 ou p_2 do rotor do motor, conforme representado na vista expandida.

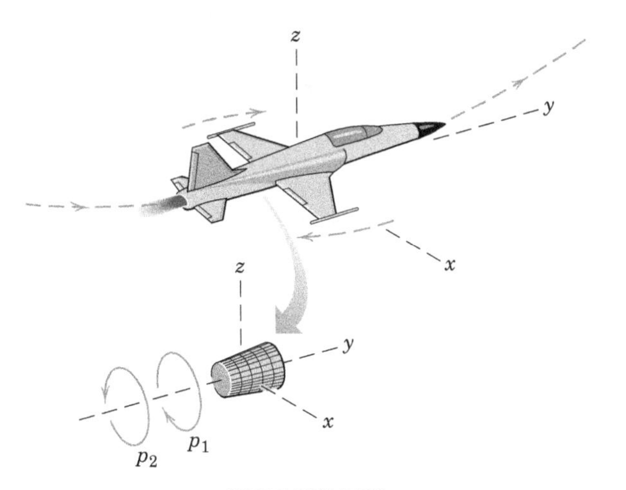

PROBLEMA 7/86

7/87 A estudante se ofereceu voluntariamente para auxiliar em uma demonstração na sala de aula envolvendo uma roda com quantidade de movimento, que está girando rapidamente com velocidade angular p, conforme mostrado. O professor pediu para ela segurar o eixo da roda na posição horizontal mostrada e, em seguida, tentar inclinar o eixo para cima em um plano vertical. Qual tendência de movimento do conjunto da roda que a estudante sentirá?

PROBLEMA 7/87

7/88 A roda de 50 kg formada por um disco circular maciço rola sobre um plano horizontal em um círculo de 600 mm de raio. O eixo da roda está articulado em torno do eixo O-O e é acionado pelo eixo vertical com uma taxa constante de $N = 48$ rpm em torno do eixo Z. Determine a força normal R entre a roda e a superfície horizontal. Despreze o peso do eixo horizontal.

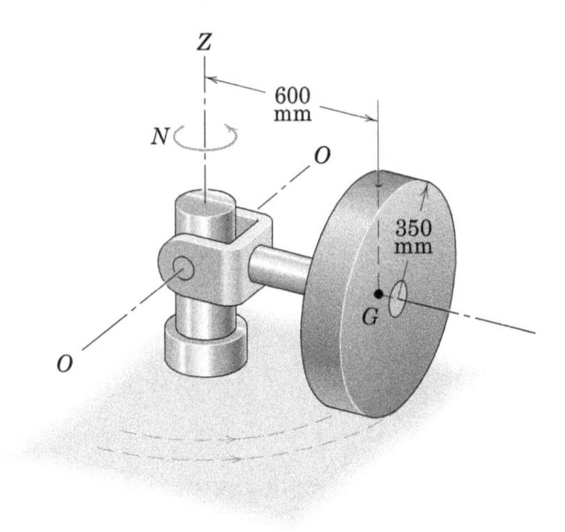

PROBLEMA 7/88

7/89 O ventilador desenvolvido para uma aplicação especial é montado conforme mostrado. O rotor do motor, o eixo e as pás têm uma massa combinada de 2,2 kg com raio de giração de 60 mm. A posição axial b do bloco A de 0,8 kg pode ser ajustada. Com o ventilador desligado, a unidade é balanceada em relação ao eixo x, quando b =180 mm. O motor e a hélice operam a 1725 rpm no sentido indicado. Determine o valor de b que produzirá uma precessão estacionária de 0,2 rad/s em relação ao eixo y no sentido positivo.

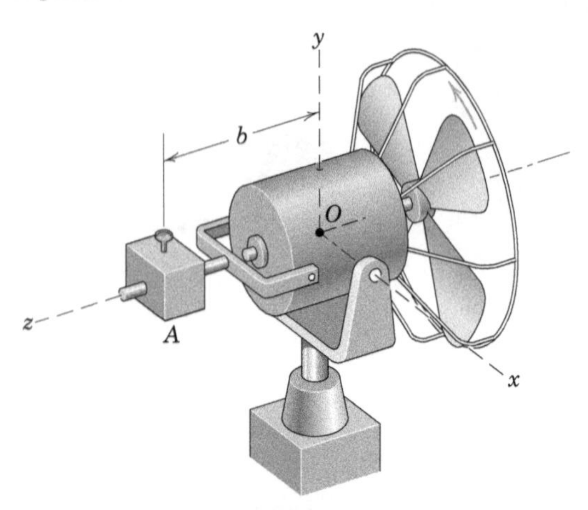

PROBLEMA 7/89

7/90 Um aeroplano acaba de deixar a pista com uma velocidade de decolagem v. Cada uma de suas rodas que gira livremente possui uma massa m, com um raio de giração k em relação a seu eixo. Quando observada da frente do avião, a roda executa uma precessão na velocidade angular Ω enquanto o trem de pouso é recolhido para dentro da asa em torno da sua articulação O. Como resultado da ação giroscópica, o elemento de suporte A exerce um momento de torção M sobre B para impedir o elemento tubular de girar na luva em B. Determine M e o identifique se é no sentido de M_1 ou de M_2.

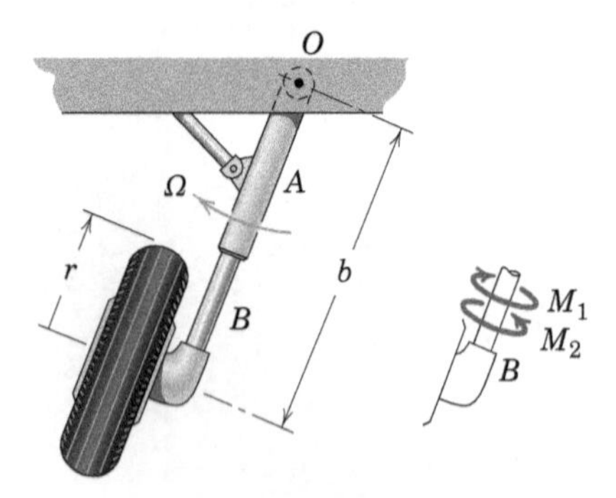

PROBLEMA 7/90

7/91 Um ônibus ecológico experimental é acionado pela energia cinética armazenada em um grande volante que gira com uma alta velocidade p no sentido indicado. Quando o ônibus encontra uma pequena rampa de subida, as rodas dianteiras se elevam, provocando assim a precessão do volante. Que variações ocorrem para as forças entre os pneus e a estrada durante essa variação súbita?

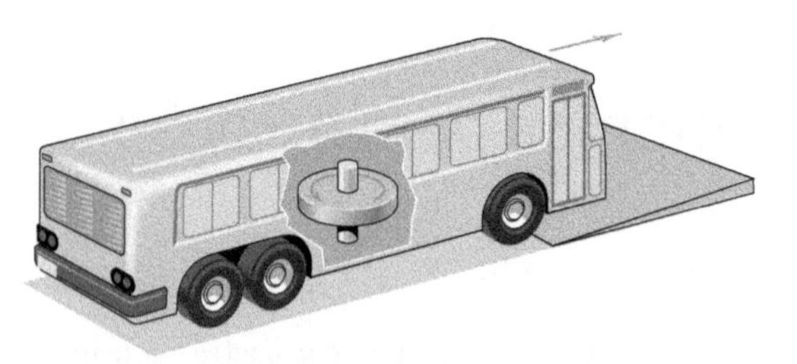

PROBLEMA 7/91

Problemas Representativos

7/92 Um pequeno compressor de ar para a cabine de um avião é composto pela turbina A de 3,50 kg, que aciona o soprador B de 2,40 kg a uma velocidade de 20.000 rpm. O eixo do conjunto está montado transversalmente à direção de voo e é visualizado a partir da traseira da aeronave na figura. Os raios de giração de A e B são 79,0 e 71,0 mm, respectivamente. Calcule as forças radiais exercidas sobre o eixo pelos mancais em C e D, se a aeronave executa um rolamento no sentido horário (rotação em torno do eixo longitudinal do voo) de 2 rad/s visto da parte traseira da aeronave. Despreze os pequenos momentos provocados pelos pesos dos rotores. Desenhe um diagrama de corpo livre do eixo quando visto de cima e indique a forma da deflexão de sua linha de centro.

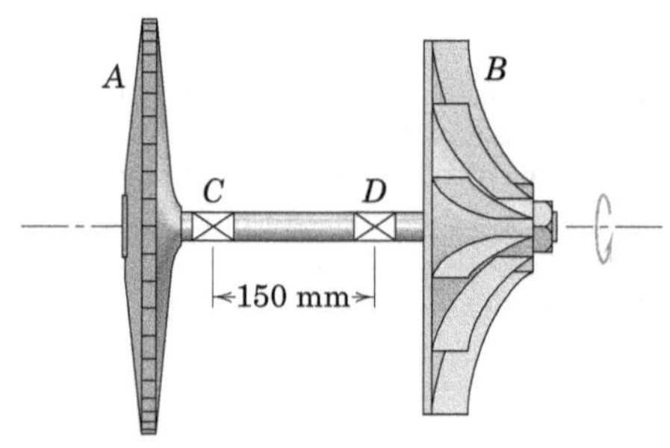

PROBLEMA 7/92

7/93 As pás e o cubo do rotor do helicóptero têm uma massa de 64 kg e um raio de giração de 3 m em relação ao eixo de rotação z. Com o rotor girando a 500 rpm durante um curto intervalo após a decolagem vertical, o helicóptero se inclina para a frente à taxa $\dot{\theta}$ = 10 graus/s, para adquirir velocidade para a frente. Determine o momento giroscópico M transmitido ao corpo do helicóptero por seu rotor e indique se o helicóptero tende a se desviar no sentido horário ou anti-horário, quando visto por um passageiro olhando para a frente.

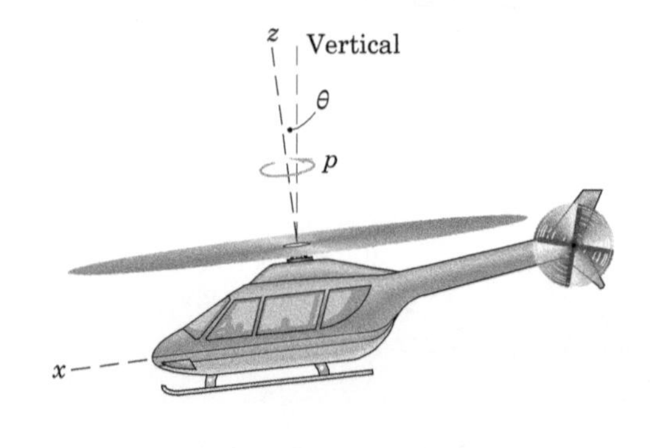

PROBLEMA 7/93

7/94 O pião de 120 g com raio de giração em relação a seu eixo de giro de 16 mm está girando com uma taxa p = 3600 rpm no sentido indicado, com seu eixo de giro fazendo um ângulo $\theta = 20°$ com a vertical. A distância de sua ponta O até o seu centro de massa G é $\bar{r}$ = 60 mm. Determine a precessão Ω do pião e explique por que θ diminui gradualmente enquanto a velocidade de giro se mantém elevada. Apresenta-se uma vista ampliada do contato na ponta.

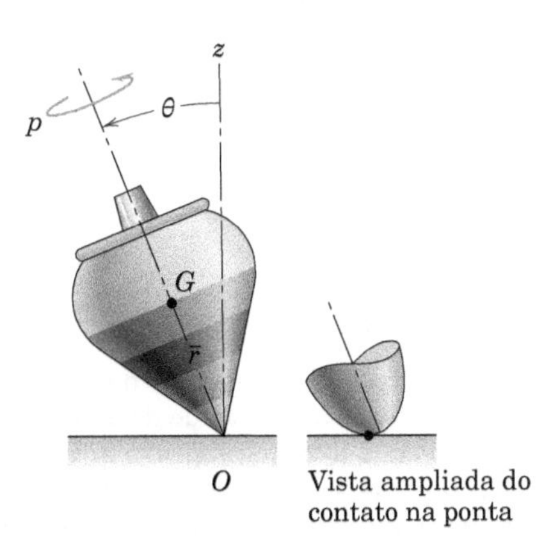

PROBLEMA 7/94

7/95 A figura mostra um giroscópio montado com um eixo vertical e utilizado para estabilizar um navio hospital contra o balanço. O motor A gira o pinhão que produz a precessão do giroscópio pela rotação da grande engrenagem de precessão B e do conjunto do rotor acoplado, em torno de um eixo transversal horizontal no navio. O rotor gira no interior de seu alojamento a uma velocidade no sentido horário de 960 rpm, quando visto de cima, e possui massa de 80 Mg com raio de giração de 1,45 m. Calcule o momento exercido sobre a estrutura do casco pelo giroscópio se o motor gira a engrenagem de precessão B com uma taxa de 0,320 rad/s. Em qual dos dois sentidos, (a) ou (b), o motor deve girar a fim de neutralizar o balanço do navio para bombordo?

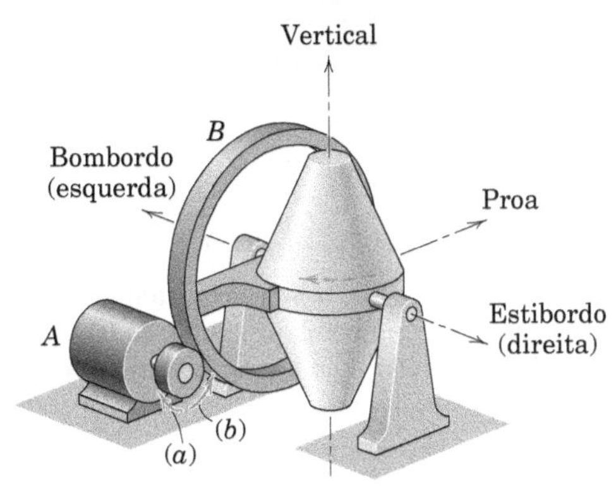

PROBLEMA 7/95

7/96 Cada uma das rodas idênticas tem uma massa de 4 kg e um raio de giração k_z = 120 mm e está montada sobre um eixo horizontal AB preso a um eixo vertical em O. No caso (a), o eixo horizontal está fixado a uma luva em O, que é livre para girar em torno do eixo y vertical. No caso (b), o eixo está preso à luva por um garfo articulado em torno do eixo x. Se a roda possui uma velocidade angular elevada p = 3600 rpm em torno de seu eixo z na posição mostrada, determine qualquer precessão que ocorra e o momento fletor M_A no eixo em A para cada caso. Despreze a pequena massa do eixo e da conexão em O.

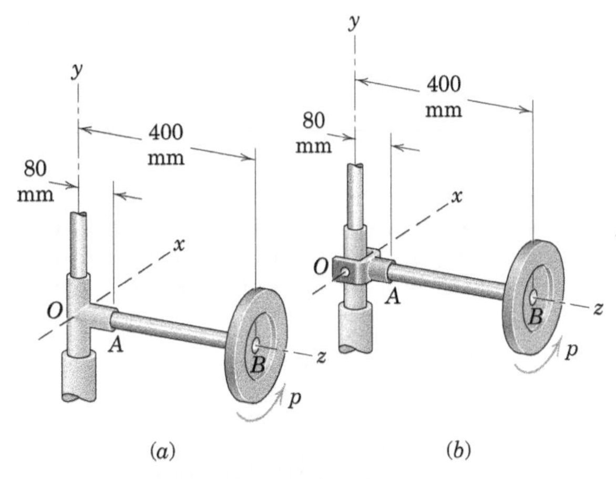

PROBLEMA 7/96

7/97 Se a roda no caso (a) do Probl. 7/96 é forçada a executar uma precessão em torno da vertical, através de um acionamento mecânico na taxa constante $\Omega = 2\mathbf{j}$ rad/s, determine o momento fletor no eixo horizontal em A. Na ausência de atrito, qual é o torque M_O aplicado à luva em O para manter esse movimento?

7/98 A figura mostra a vista lateral da estrutura das rodas (truque) de um vagão de passageiros onde a carga vertical é transmitida à estrutura na qual os assentos dos mancais das rodas estão localizados. A vista inferior mostra apenas um par de rodas e seu eixo que gira com as rodas. Cada uma das rodas, com 825 mm de diâmetro, tem uma massa de 250 kg e o eixo de 315 kg tem um diâmetro de 125 mm. Se o trem está viajando a 130 km/h enquanto contorna uma curva de 8° à direita (raio de curvatura de 218 m), calcule a variação ΔR na força vertical suportada por cada roda devido apenas à ação giroscópica. Fazendo uma boa aproximação, considere cada roda como um disco circular uniforme e o eixo como um cilindro maciço uniforme. Admita também que ambos os trilhos estão no mesmo plano horizontal.

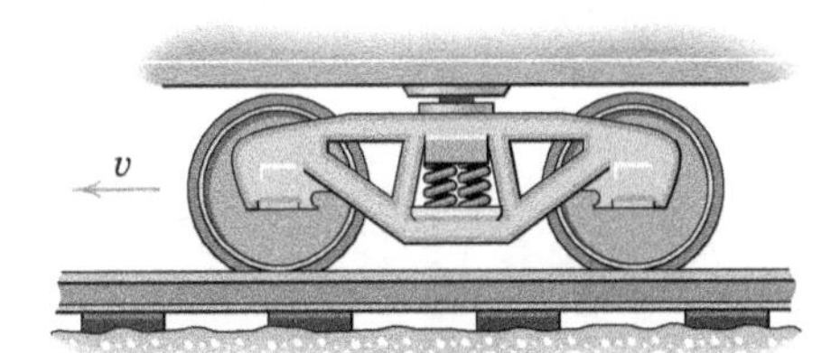

Vista lateral da estrutura das rodas

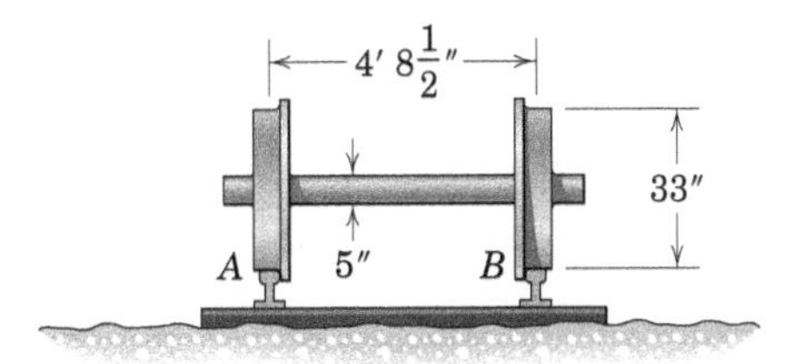

Vista frontal das rodas e do eixo

PROBLEMA 7/98

7/99 A estrutura principal de uma estação espacial proposta consiste em cinco cascas esféricas conectadas por raios tubulares. O momento de inércia da estrutura em relação a seu eixo geométrico A-A é duas vezes maior que aquele em relação a qualquer eixo que passa através de O e normal a A-A. A estação é projetada para girar em torno de seu eixo geométrico na taxa constante de 3 rpm. Se o eixo de giro A-A realiza precessão em torno do eixo Z, de orientação fixa, e faz um ângulo muito pequeno com ele, calcule a taxa $\dot{\psi}$ na qual a estação oscila. O centro de massa O possui uma aceleração desprezível.

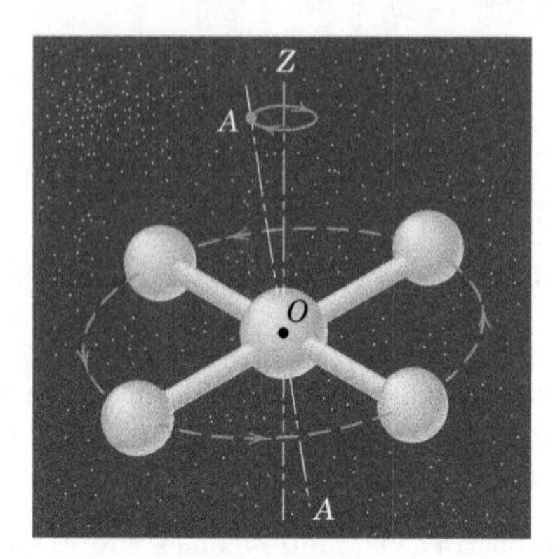

PROBLEMA 7/99

7/100 O motor elétrico possui uma massa total de 10 kg e é apoiado pelos suportes de montagem A e B presos à plataforma giratória. A armadura do motor possui uma massa de 2,5 kg e um raio de giração de 35 mm, e gira no sentido anti-horário a uma velocidade de 1725 rpm, quando visualizada de A para B. A plataforma gira em torno de seu eixo vertical a uma taxa constante de 48 rpm no sentido mostrado. Determine as componentes verticais das forças sustentadas pelos suportes de montagem em A e B.

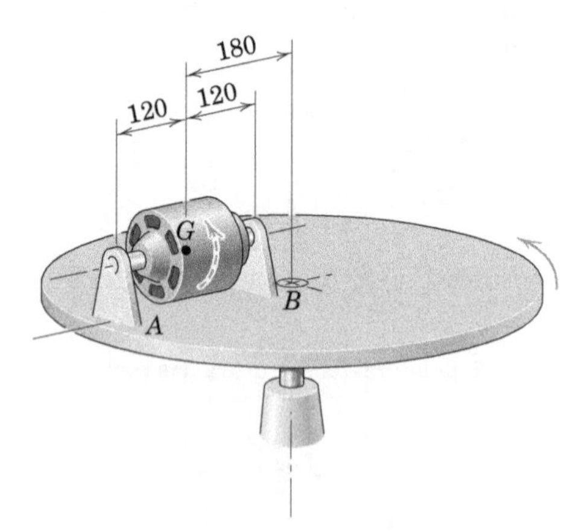

PROBLEMA 7/100

7/101 A nave espacial apresentada é simétrica em relação a seu eixo z e possui um raio de giração de 720 mm em relação a esse eixo. Os raios de giração em relação aos eixos x e y através do centro de massa correspondem ambos a 540 mm. Quando se desloca no espaço, observa-se que o eixo z gera um cone com um ângulo total do vértice de 4°, enquanto realiza precessão em torno do eixo da quantidade de movimento angular total. Se a nave espacial tem uma velocidade de giro $\dot{\phi}$ em torno de seu eixo z de 1,5 rad/s, calcule o período τ de cada precessão completa. O vetor giro é no sentido positivo ou negativo da direção z?

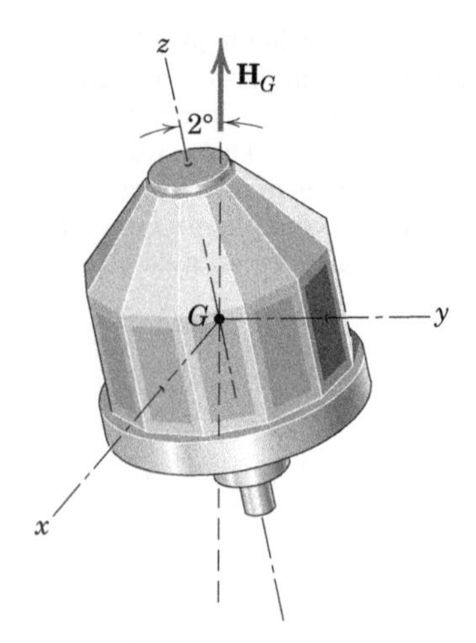

PROBLEMA 7/101

7/102 O rotor de 4 kg com raio de giração de 75 mm gira sobre rolamentos de esferas a uma velocidade de 3000 rpm em torno de seu eixo OG. O eixo é livre para girar em torno do eixo X, bem como para girar em torno do eixo Z. Calcule o vetor Ω para a precessão em torno do eixo Z. Despreze a massa do eixo OG e calcule o momento giroscópico $\mathbf{M}$ exercido pelo eixo sobre o rotor em G.

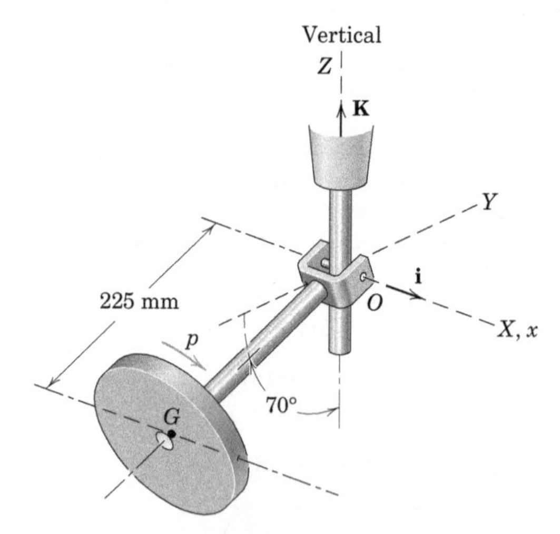

PROBLEMA 7/102

7/103 Os dois discos circulares idênticos, cada um de massa m e raio r, estão girando como uma unidade rígida sobre seu eixo comum. Determine o valor de b para o qual nenhum movimento precessional pode ocorrer se a unidade estiver livre para se mover no espaço.

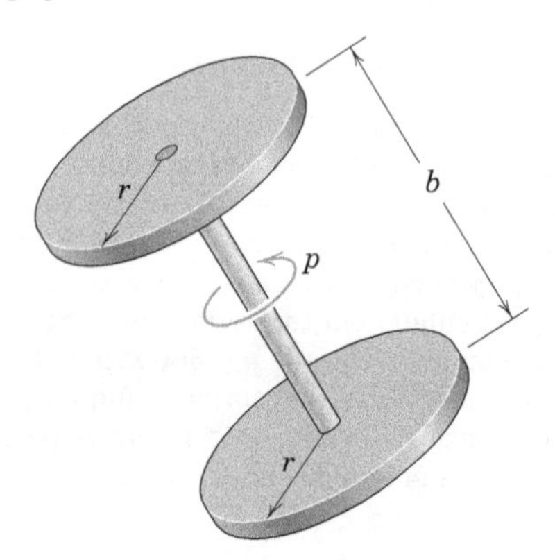

PROBLEMA 7/103

7/104 Um menino lança um disco circular fino (como um *frisbee*) com uma velocidade de giro de 300 rpm. Observa-se o plano do disco oscilar dentro de um ângulo total de 10°. Calcule o período τ da oscilação e indique se a precessão é direta ou retrógrada.

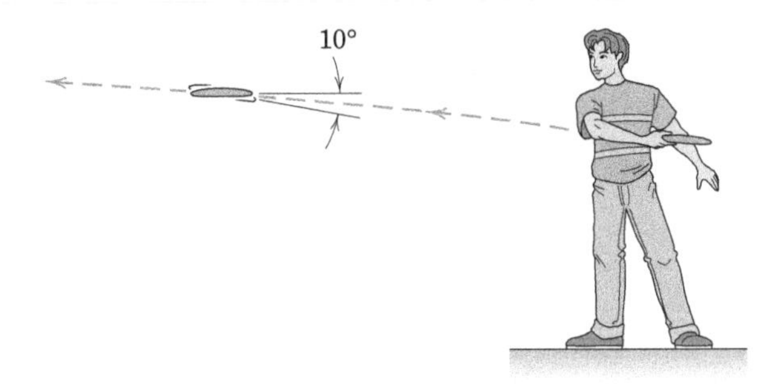

PROBLEMA 7/104

7/105 A figura mostra uma bola de futebol americano em três configurações comuns durante o voo. O caso (*a*) é um passe em espiral arremessado perfeitamente, com uma velocidade de giro de 120 rpm. O caso (*b*) é um passe em espiral com oscilação, novamente com velocidade de giro de 120 rpm em torno de seu próprio eixo, mas com o eixo oscilando em um ângulo total de 20°. O caso (*c*) é um chute dado na bola em repouso e que segue girando em torno de seu eixo transversal com uma velocidade de rotação de 120 rpm. Para cada caso, especifique os valores de p, θ, β e $\dot{\psi}$, conforme definidos nesta seção. O momento de inércia em relação ao eixo maior da bola é de 0,3 vez o valor daquele em relação ao eixo transversal de simetria.

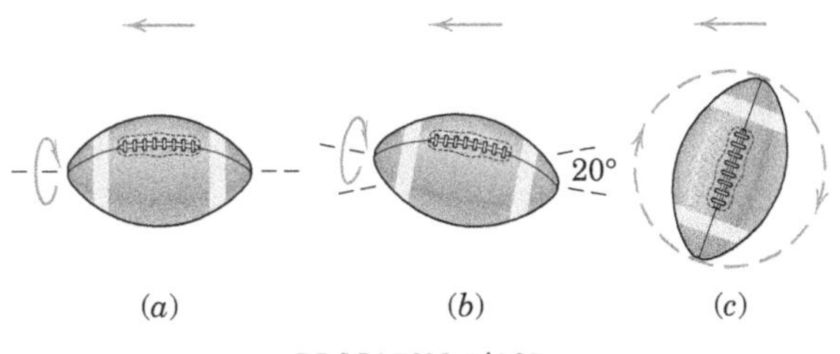

PROBLEMA 7/105

7/106 A barra retangular está girando no espaço em torno de seu eixo longitudinal com uma taxa p = 200 rpm. Se seu eixo oscila através de um ângulo total de 20° conforme mostrado, calcule o período τ da oscilação.

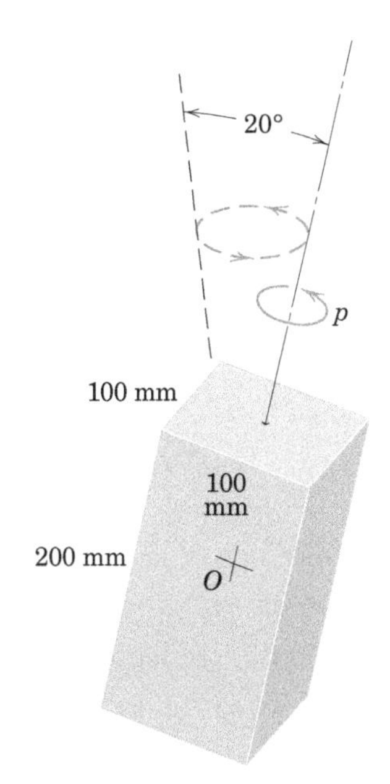

PROBLEMA 7/106

7/107 Cada uma das três pás de hélice idênticas e igualmente espaçadas tem um momento de inércia I sobre o eixo z da hélice. Além da velocidade angular $p = \dot{\phi}$ da hélice sobre o eixo z, o avião está girando para a esquerda na velocidade angular Ω. Desenvolva as expressões para as componentes x e y do momento fletor M aplicadas ao eixo da hélice no cubo como funções de ϕ. Os eixos x-y giram com a hélice.

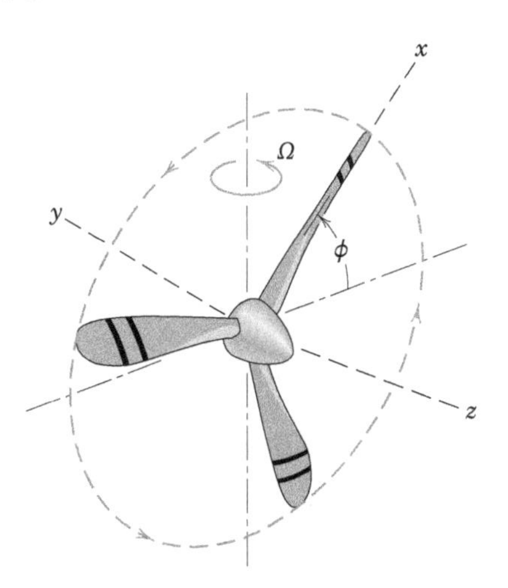

PROBLEMA 7/107

►7/108 O disco circular maciço de massa m e pequena espessura está girando livremente sobre seu eixo a uma taxa p. Se o conjunto é liberado na posição vertical em $\theta = 0$ com $\dot{\theta} = 0$, determine as componentes horizontais das forças A e B exercidas pelos respectivos mancais sobre o eixo horizontal quando a posição $\theta = \pi/2$ é atingida. Despreze a massa dos dois eixos em comparação com m e despreze todo o atrito. Resolva utilizando as equações de momento apropriadas.

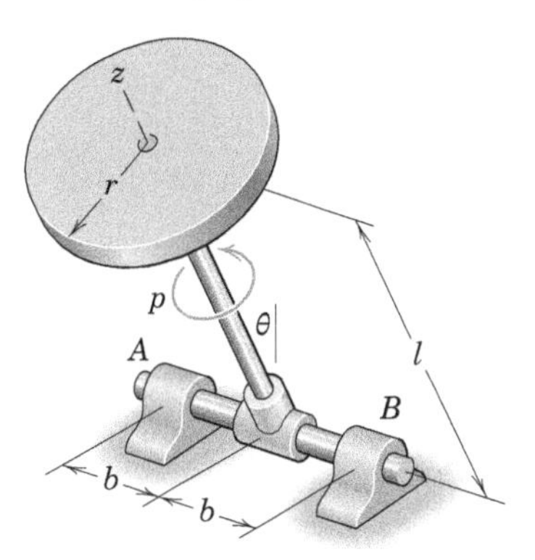

PROBLEMA 7/108

►7/109 O satélite de observação da Terra está em uma órbita circular de período τ. A velocidade angular do satélite em torno de seu eixo y ou eixo de arfagem é $\omega = 2\pi/\tau$, e as velocidades angulares em torno dos eixos x e z são nulas. Desse modo, o eixo x do satélite aponta sempre para o centro da terra. O satélite possui um sistema de controle da orientação angular com volantes de reação, constituído pelos três volantes mostrados, cada um dos quais pode receber um torque variável de seu motor individual. A velocidade angular Ω_z do volante z em relação ao satélite é Ω_0, no instante de tempo $t = 0$, e os volantes x e y estão em repouso em relação ao satélite em $t = 0$. Determine os torques axiais M_x, M_y e M_z que devem ser exercidos pelos motores sobre os eixos de seus respectivos volantes a fim de que a velocidade angular ω do satélite permaneça constante. O momento de inércia de cada volante de reação em relação ao seu eixo é I. As velocidades dos volantes de reação x e z são funções harmônicas do tempo, com um período igual ao da órbita.

Represente graficamente as variações dos torques e as velocidades relativas dos volantes Ω_x, Ω_y e Ω_z como funções do tempo durante um período da órbita. (*Sugestão:* o torque para acelerar o volante x é igual à reação do momento giroscópico sobre o volante z, e vice-versa.)

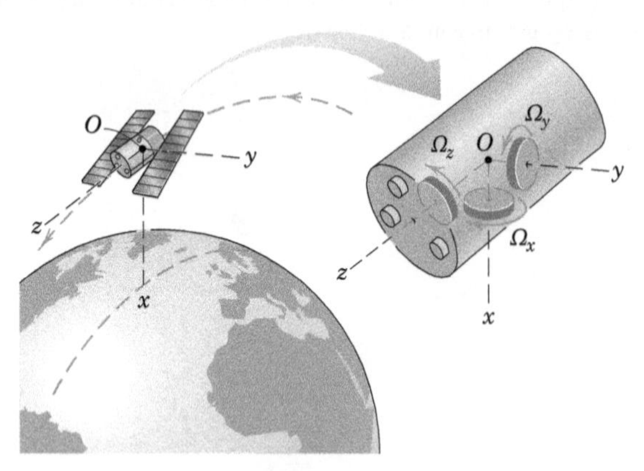

PROBLEMA 7/109

▶**7/110** Os dois cones circulares retos homogêneos maciços, cada um de massa m, são fixados um ao outro em seus vértices para formar uma unidade rígida e estão girando em torno de seu eixo de simetria radial à taxa p = 200 rpm. (a) Determine a razão h/r para a qual o eixo de rotação não realiza precessão. (b) Esboce os cones espacial e do corpo para o caso em que h/r é menor do que a razão crítica. (c) Esboce os cones espacial e do corpo quando $h = r$ e a velocidade de precessão é $\dot{\psi}$ = 18 rad/s.

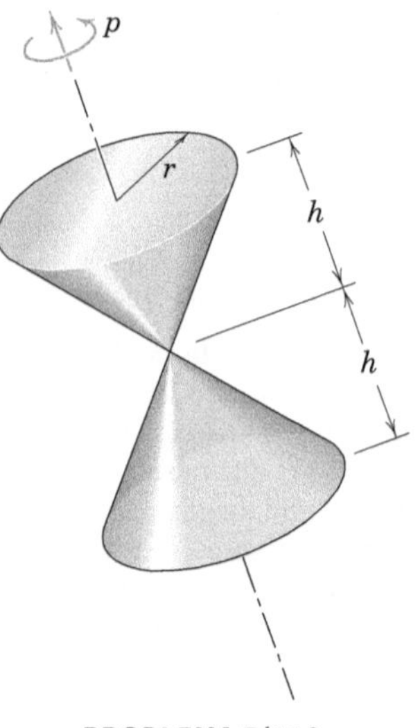

PROBLEMA 7/110

Problemas para a Seção 7/12 Revisão do Capítulo

7/111 A casca cilíndrica está girando no espaço em torno de seu eixo geométrico. Se o eixo sofre uma ligeira oscilação, para quais razões de l/r o movimento será de precessão direta ou retrógrada?

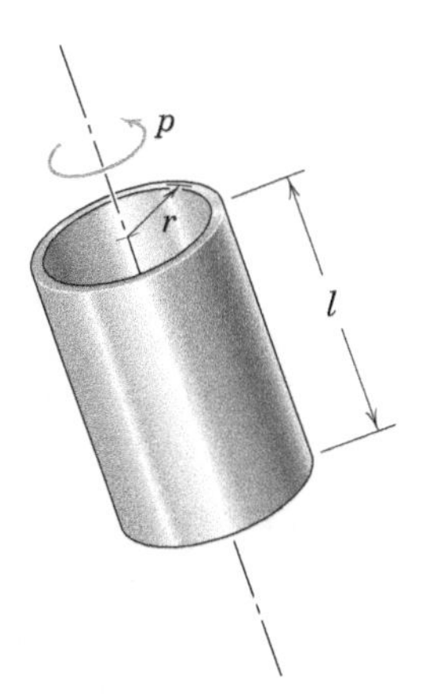

PROBLEMA 7/111

7/112 Um cubo sólido de massa m e lado a gira em torno de um eixo M-M localizado sobre uma diagonal com uma velocidade angular ω. Escreva a expressão para a quantidade de movimento angular **H** do cubo em relação aos eixos indicados.

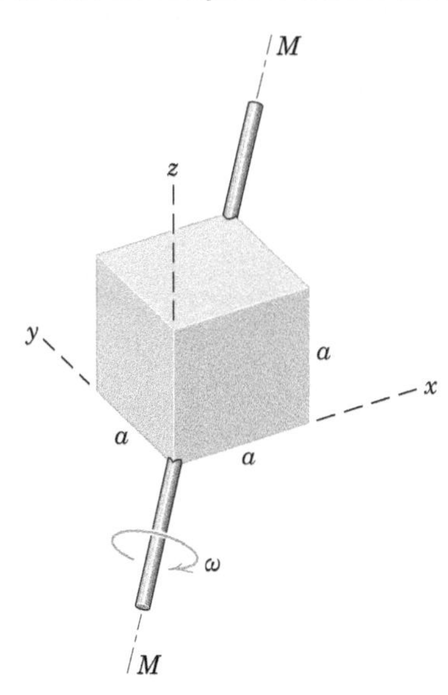

PROBLEMA 7/112

7/113 Um carro experimental é equipado com um estabilizador giroscópico para neutralizar completamente a tendência do carro a se inclinar ao realizar uma curva (sem variação na força normal entre os pneus e a pista). O rotor do giroscópio possui uma massa m_0 e um raio de giração k, e está montado em mancais fixos sobre um eixo que é paralelo ao eixo traseiro do carro. O centro de massa do veículo está a uma distância h acima da pista, e o carro está contornando uma curva horizontal sem inclinação lateral a uma velocidade v. A que velocidade p o rotor deve girar e em que sentido, para neutralizar completamente a tendência do carro a capotar, tanto em uma curva à direita como à esquerda? A massa combinada do carro e do rotor é m.

7/114 As rodas do avião a jato estão girando na velocidade angular correspondente a uma velocidade de decolagem de 150 km/h. O mecanismo de retração opera com θ aumentando à taxa de 30° por segundo. Calcule a aceleração angular α das rodas nessas condições.

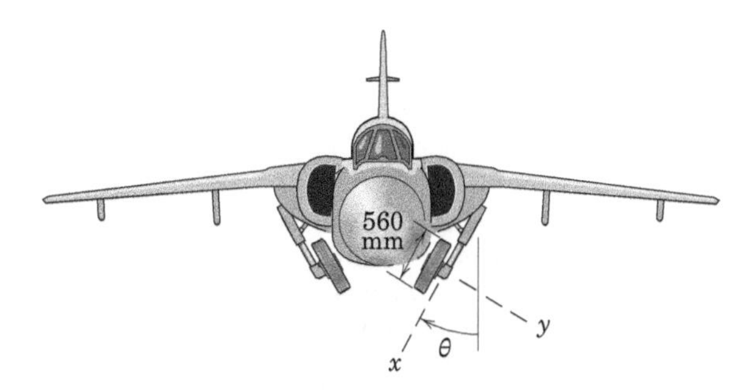

PROBLEMA 7/114

7/115 O motor gira o disco a uma velocidade constante p = 30 rad/s. O motor também rotaciona em relação ao eixo horizontal B-O (eixo y) com uma velocidade constante $\dot{\theta}$ = 2 rad/s. Simultaneamente, o conjunto está girando em torno do eixo vertical C-C com uma taxa constante q = 8 rad/s. Para o instante em que θ = 30°, determine a aceleração angular α do disco e a aceleração **a** do ponto A na parte inferior do disco. Os eixos x-y-z estão fixos à carcaça do motor e o plano O-x_0-y está na horizontal.

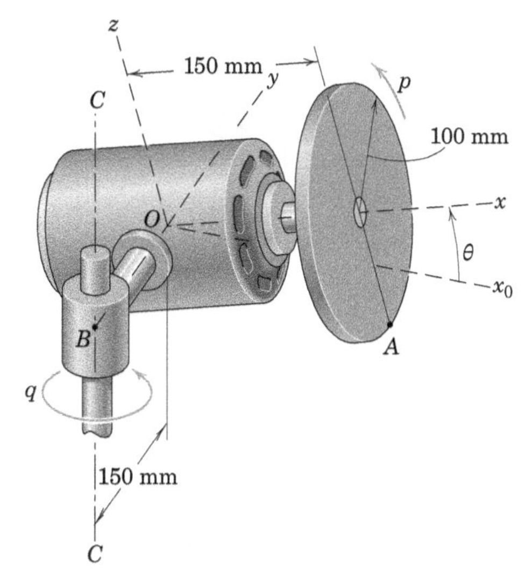

PROBLEMA 7/115

7/116 Os anéis nas extremidades da haste telescópica AB deslizam ao longo dos eixos fixos mostrados. Durante um intervalo de movimento, v_A = 125 mm/s e v_B = 50 mm/s. Determine a expressão vetorial para a velocidade angular ω_n da linha de centro da haste na posição em que y_A = 100 mm e y_B = 50 mm.

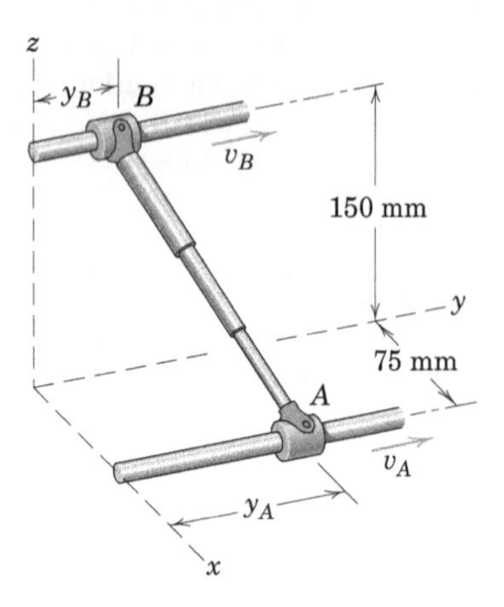

PROBLEMA 7/116

7/117 O cone maciço de massa m, raio da base r e altura h está girando a uma taxa elevada p em torno de seu próprio eixo e é liberado com o seu vértice O apoiado em uma superfície horizontal. O atrito é suficiente para impedir o vértice de deslizar no plano x-y. Determine o sentido da precessão Ω e o período τ de uma rotação completa em torno do eixo vertical z.

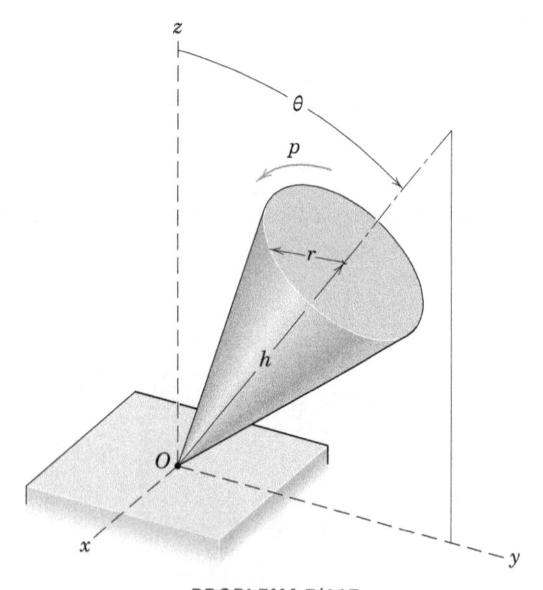

PROBLEMA 7/117

7/118 A placa de aço retangular com massa de 12 kg está soldada ao eixo com o seu plano girado de 15° em relação ao plano normal ao eixo (x-y). O eixo e a placa estão girando em relação ao eixo fixo z com uma taxa N = 300 rpm. Determine a quantidade de movimento angular $\mathbf{H}_O$ da placa em relação ao eixo dado e determine a sua energia cinética T.

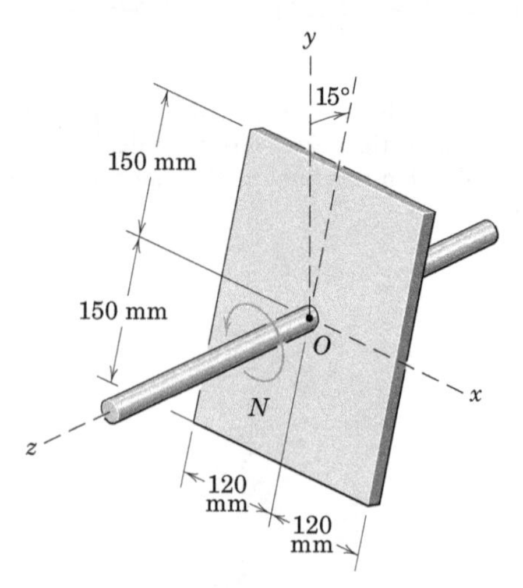

PROBLEMA 7/118

7/119 O disco circular de raio r está montado no eixo, que é articulado em O de modo que possa girar em torno do eixo vertical z_0. Se o disco rola com velocidade constante sem deslizar e realiza uma volta completa ao redor do círculo de raio R durante um intervalo de tempo τ, determine a expressão para a velocidade angular absoluta ω do disco. Utilize os eixos x-y-z que giram em torno do eixo z_0. (*Sugestão*: a velocidade angular absoluta do disco é igual à velocidade angular dos eixos adicionada (vetorialmente) à velocidade angular em relação aos eixos, observada mantendo- se x-y-z fixos e girando-se o disco circular de raio R a uma taxa de $2\pi/\tau$.)

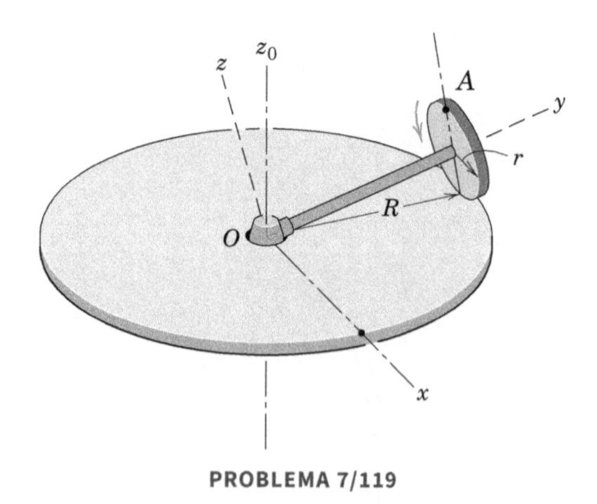

PROBLEMA 7/119

7/120 Determine a aceleração angular α para o disco circular que rola do Probl. 7/119. Utilize os resultados fornecidos na resposta para aquele problema.

7/121 Determine a velocidade $\mathbf{v}$ do ponto A sobre o disco do Probl. 7/119 para a posição mostrada.

7/122 Um pião constituído por um anel de massa $m = 0{,}52$ kg e raio médio $r = 60$ mm é montado sobre o seu eixo central pontiagudo com raios de massa desprezível. O pião recebe uma velocidade de giro de 10 000 rpm e é liberado sobre a superfície horizontal com o ponto O permanecendo em uma posição fixa. Observa-se que o eixo do pião faz um ângulo de 15° com a vertical enquanto realiza precessão. Determine o número N de ciclos de precessão por minuto. Identifique também o sentido da precessão e esboce os cones do corpo e espacial.

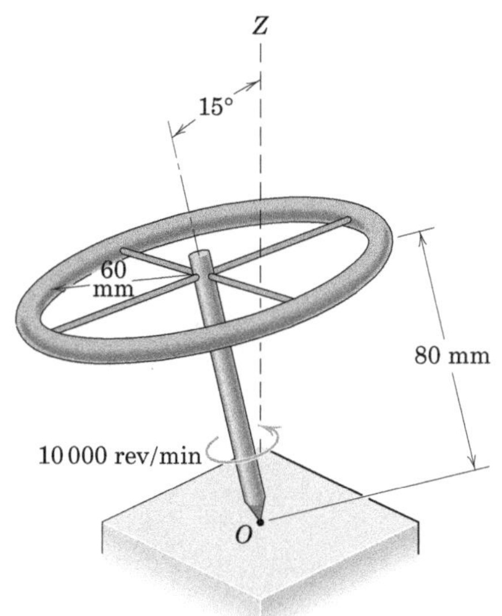

PROBLEMA 7/122

7/123 O disco circular uniforme com 100 mm de raio e pequena espessura possui uma massa de 3,6 kg e está girando em torno de seu eixo y' com uma taxa $N = 300$ rpm com seu plano de rotação inclinado em um ângulo constante $\beta = 20°$ em relação ao plano vertical x-z. Simultaneamente, o conjunto gira em torno do eixo fixo z com uma taxa $p = 60$ rpm. Calcule a quantidade de movimento angular $\mathbf{H}_O$ do disco isolado, em relação à origem O das coordenadas x-y-z. Calcule também a energia cinética T do disco.

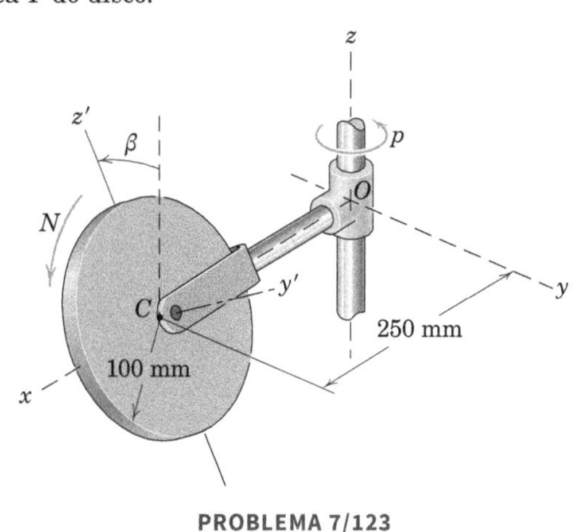

PROBLEMA 7/123

7/124 Resolva o Probl. 7/123 considerando que β, em vez de ser constante em 20°, está crescendo à taxa constante de 120 rpm. Encontre a quantidade de movimento angular $\mathbf{H}_O$ do disco para o instante em que $\beta = 20°$. Calcule também a energia cinética T do disco. T é dependente de β?

7/125 O desbalanceamento dinâmico de determinado virabrequim é estimado pelo modelo físico apresentado, no qual o eixo sustenta três esferas pequenas de 0,6 kg fixadas por hastes de massa desprezível. Se o eixo gira na velocidade constante de 1200 rpm, calcule as forças R_A e R_B que agem sobre os mancais. Despreze as forças gravitacionais.

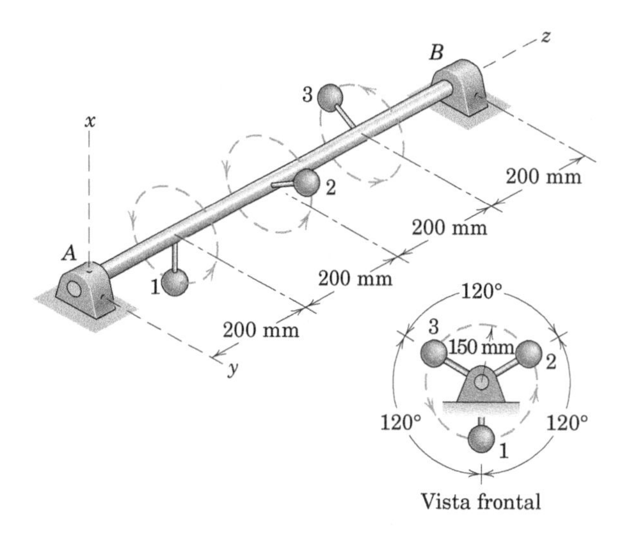

PROBLEMA 7/125

7/126 Cada uma das duas barras dobradas em ângulo reto possui uma massa de 1,2 kg e é paralela ao plano horizontal x-y. As barras estão soldadas à haste vertical, que gira em torno do eixo z com uma velocidade angular constante $N = 1200$ rpm. Calcule o momento fletor M na base O da haste.

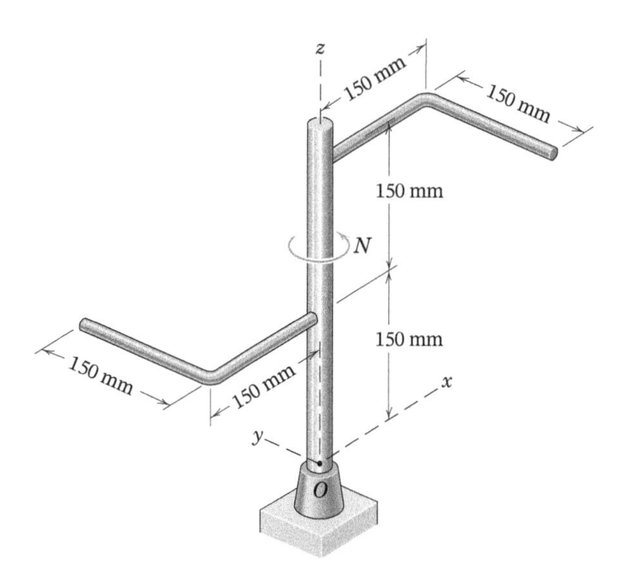

PROBLEMA 7/126

7/127 Cada uma das placas com o formato de um quadrante de círculo possui uma massa de 2 kg e está presa ao eixo vertical montado no mancal fixo em O. Calcule o módulo M do momento fletor no eixo em O, para uma velocidade de rotação constante $N = 300$ rpm. Considere as placas como tendo a forma exata de um quadrante de círculo.

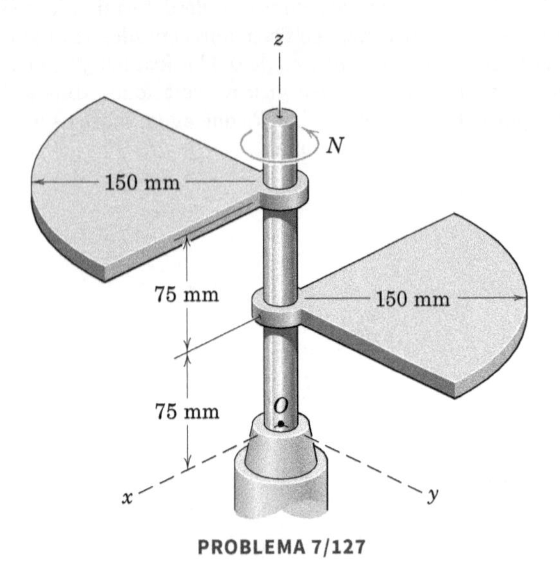

PROBLEMA 7/127

7/128 Calcule o momento fletor M no eixo em O para o conjunto em rotação do Probl. 7/127, quando parte do repouso com uma aceleração angular inicial de 200 rad/s^2.

Capítulo 8

* Problemas orientados para solução computacional

▶ Problemas difíceis

Problemas para as Seções 8/1–8/2

(Todas as variáveis são referenciadas à posição de equilíbrio, a menos que haja indicação em contrário.)

Vibrações livres, não amortecidas

8/1 Quando um anel de 3 kg é colocado sobre o prato da balança que está preso à mola de constante desconhecida, observa-se que a deflexão estática adicional é de 40 mm. Determine a constante da mola k em N/m, lbf/polegada e lbf/pé.

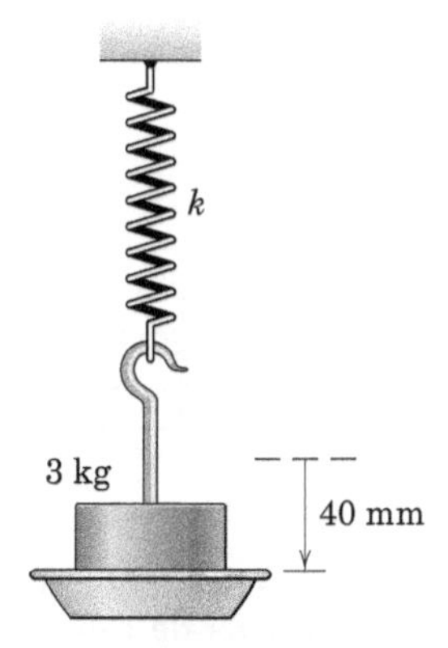

PROBLEMA 8/1

8/2 Determine a frequência natural do sistema massa-mola, tanto em radianos por segundo quanto em ciclos por segundo (Hz).

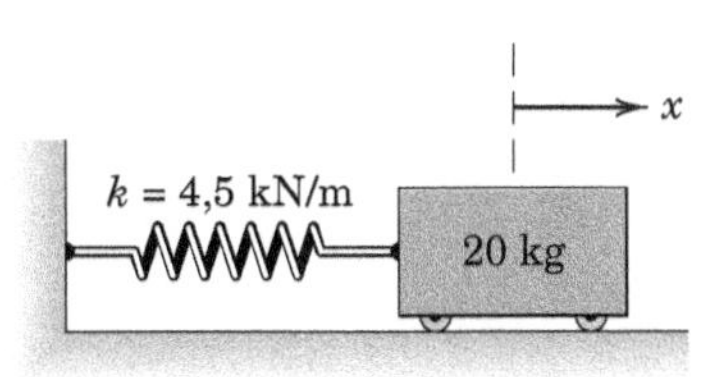

PROBLEMA 8/2

8/3 Para o sistema do Probl. 8/2, determine a posição x da massa como uma função do tempo se a massa é liberada a partir do repouso no instante de tempo $t = 0$ de uma posição 30 mm à direita da posição de equilíbrio.

8/4 Para o sistema massa-mola representado, determine a deflexão estática δ_{est}, o período τ e a velocidade máxima $v_{máx}$ que resultam quando o cilindro é deslocado 0,1 m para baixo a partir de sua posição de equilíbrio e é solto.

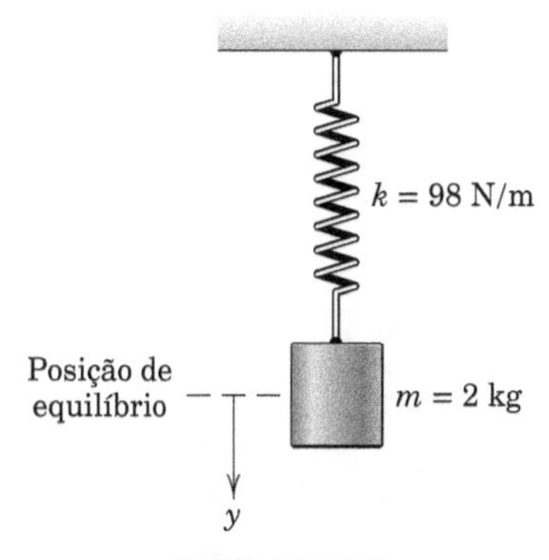

PROBLEMA 8/4

8/5 O cilindro do sistema do Probl. 8/4 é deslocado 100 mm para baixo da sua posição de equilíbrio e solto no tempo $t = 0$. Determine a posição y, a velocidade v e a aceleração a quando $t = 3$ s. Qual é sua aceleração máxima?

8/6 Determine a frequência natural em ciclos por segundo para o sistema representado. Despreze a massa e o atrito das polias. Admita que o bloco de massa m permanece horizontal.

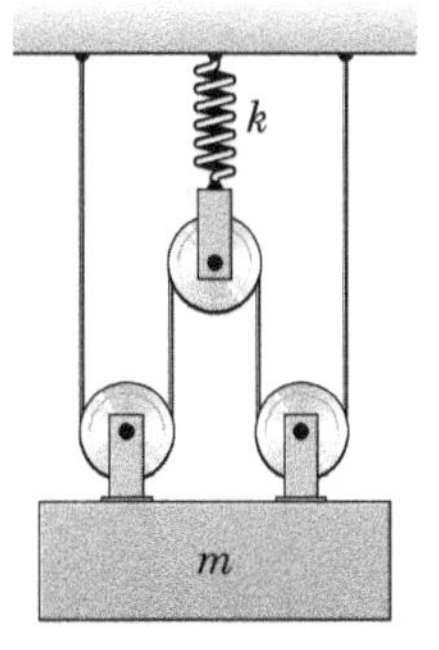

PROBLEMA 8/6

8/7 Se a massa de 100 kg tem uma velocidade para baixo de 0,5 m/s quando cruza a sua posição de equilíbrio, calcule o módulo $a_{máx}$ de sua aceleração máxima. Cada uma das duas molas possui uma rigidez k = 180 kN/m.

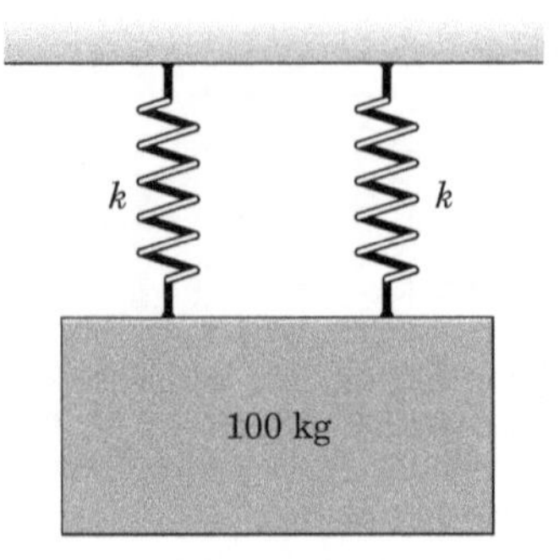

PROBLEMA 8/7

8/8 Na posição de equilíbrio, o cilindro de 30 kg causa uma deflexão estática de 50 mm na mola helicoidal. Se o cilindro é empurrado mais 25 mm a partir do repouso, calcule a frequência natural resultante f_n da vibração vertical do cilindro em ciclos por segundo (Hz).

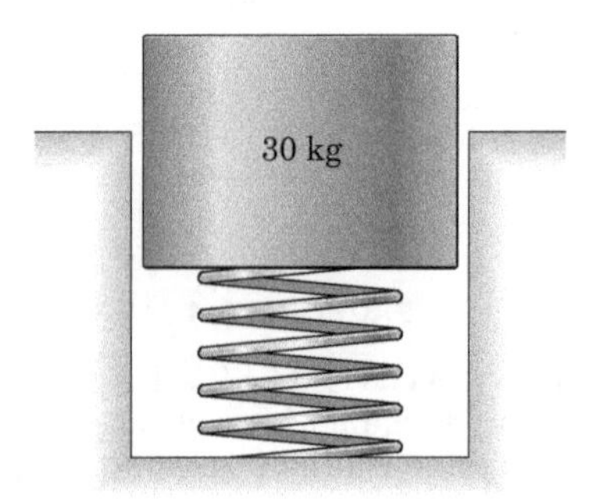

PROBLEMA 8/8

8/9 Para o cilindro do Probl. 8/8, determine o deslocamento vertical x medido positivamente para baixo em mm a partir da posição de equilíbrio, em termos do tempo t em segundos, medido a partir do instante em que o cilindro é solto da posição 25 mm abaixo do equilíbrio.

8/10 Determine a frequência natural em radianos por segundo para o sistema representado. Despreze a massa e o atrito das polias.

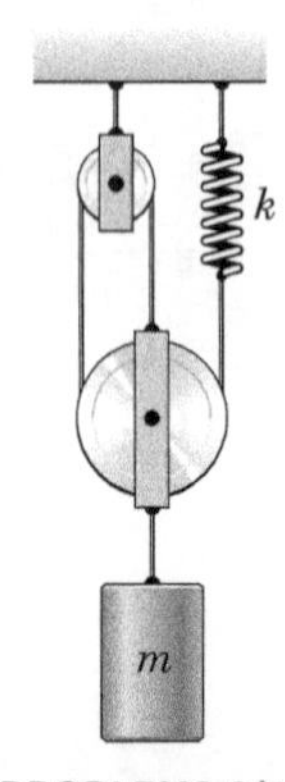

PROBLEMA 8/10

8/11 Um carro velho que está sendo erguido por um guindaste de captação magnética é solto a partir de uma pequena distância acima do solo. Despreze quaisquer efeitos de amortecimento dos seus amortecedores estragados pelo uso e calcule a frequência natural f_n em ciclos por segundo (Hz) da vibração vertical que ocorre após o impacto com o solo. Cada uma das quatro molas no carro de 1000 kg possui uma constante de 17,5 kN/m. Como o centro de massa está localizado na posição média entre os eixos e o carro está horizontal quando é liberado, não há movimento de rotação. Declare quaisquer hipóteses.

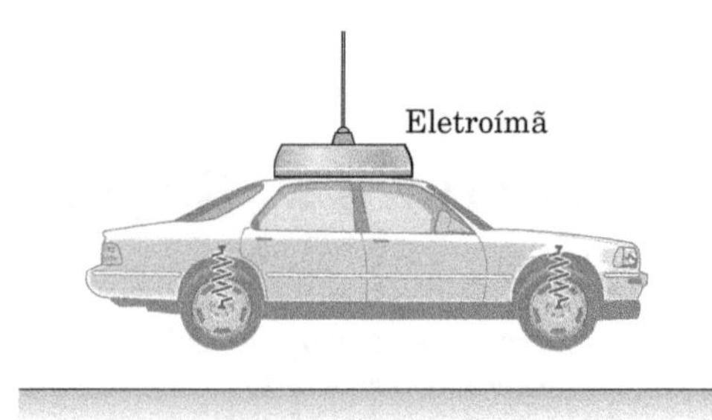

PROBLEMA 8/11

8/12 Durante o projeto do sistema de suporte de molas para a plataforma de pesagem de 4000 kg, foi decidido que a frequência de vibração livre vertical na condição descarregada não deverá ser superior a três ciclos por segundo. (*a*) Determine a máxima constante admissível da mola k para cada uma das três molas idênticas. (*b*) Para essa constante de mola, qual seria a frequência natural f_n da vibração vertical da plataforma carregada pelo caminhão de 40 Mg?

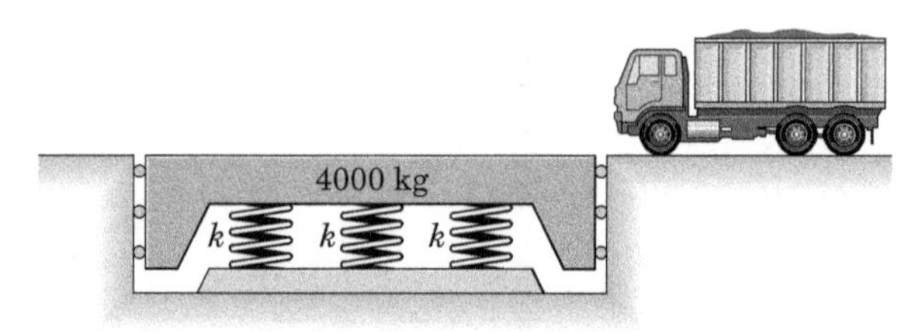

PROBLEMA 8/12

8/13 Substitua as molas, em cada um dos dois casos representados, por uma única mola de rigidez k (rigidez equivalente da mola), que fará com que cada massa vibre com sua frequência original.

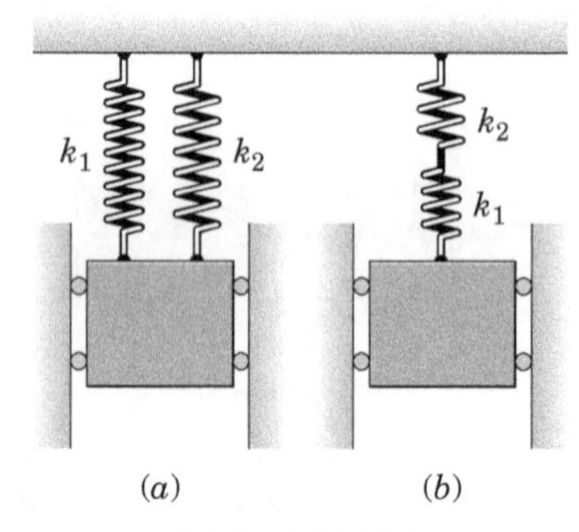

PROBLEMA 8/13

8/14 Com a hipótese de ausência de deslizamento, determine a massa m do bloco, que deve ser colocado em cima do carrinho de 6 kg, a fim de que o período do sistema seja de 0,75 s. Qual é o coeficiente de atrito estático mínimo μ_{est} para o qual o bloco não deslizará em relação ao carrinho, se este é deslocado de 50 mm a partir da posição de equilíbrio e liberado?

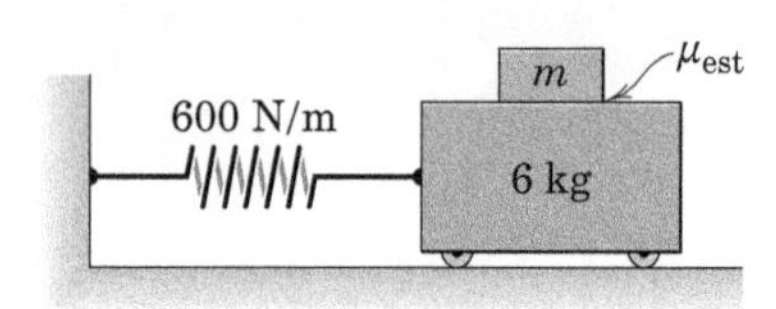

PROBLEMA 8/14

8/15 Um para-choque de automóvel que absorve energia, com suas molas inicialmente sem deformação, possui uma constante de mola equivalente de 525 kN/m. Se o carro de 1200 kg se aproxima de uma parede de grande massa com uma velocidade de 8 km/h, determine (*a*) a velocidade v do carro como uma função do tempo durante o contato com a parede, em que $t = 0$ é o instante de início do impacto, e (*b*) a deflexão máxima $x_{máx}$ do para-choque.

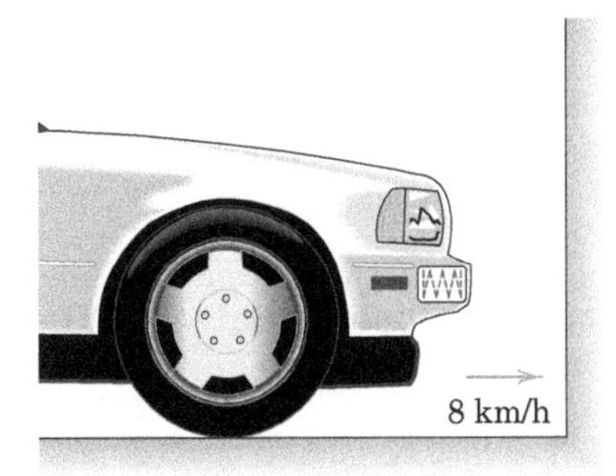

PROBLEMA 8/15

8/16 Uma mulher de 55 kg está em pé no centro de uma prancha que está apoiada nas extremidades e provoca uma deflexão vertical no centro da prancha de 22 mm. Se ela flexionar seus joelhos ligeiramente, de modo a causar uma oscilação vertical, qual será a frequência f_n do movimento? Considere a hipótese de que a prancha responde elasticamente e que sua massa relativamente pequena é desprezível.

PROBLEMA 8/16

8/17 Na figura, está representado um modelo de edifício de um andar. A barra de massa m é apoiada por duas colunas verticais elásticas leves, cujas extremidades superior e inferior estão impedidas de girar. Para cada coluna, se uma força P e o momento correspondente M forem aplicados conforme indicado na parte à direita da figura, o deslocamento δ será dado por $\delta = PL^3/12EI$, em que L é o comprimento efetivo da coluna, E é o módulo de Young e I é o momento de inércia de área da seção transversal da coluna em relação a seu eixo neutro. Determine a frequência natural de oscilação horizontal da barra, quando as colunas se flexionam como mostrado na figura.

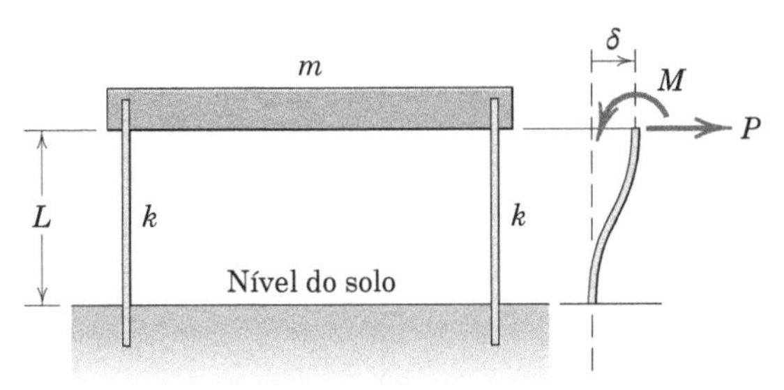

PROBLEMA 8/17

8/18 Calcule a frequência circular natural ω_n do sistema representado na figura. As massas das polias e o atrito são desprezíveis.

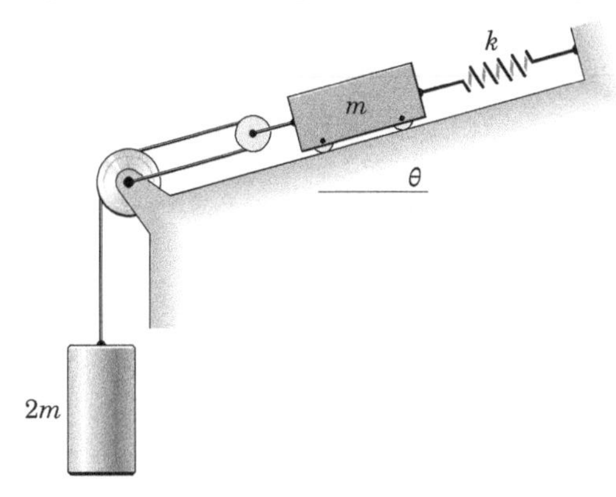

PROBLEMA 8/18

►8/19 O bloco deslizante de massa m está confinado no rasgo horizontal representado. As duas molas, cada qual com constante k, são lineares. Determine a equação de movimento não linear para pequenos valores de y, mantendo termos de ordem y^3 e superiores. Nenhuma das molas está esticada quando $y = 0$. Despreze o atrito.

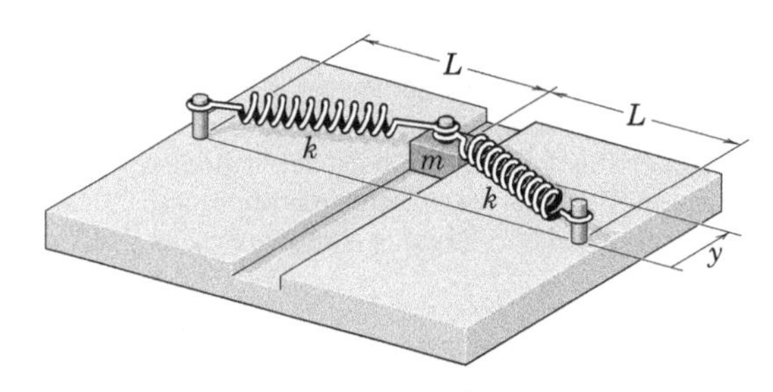

PROBLEMA 8/19

Vibrações livres e amortecidas

8/20 Determine o valor do fator de amortecimento ζ do sistema massa-mola-amortecedor simples mostrado.

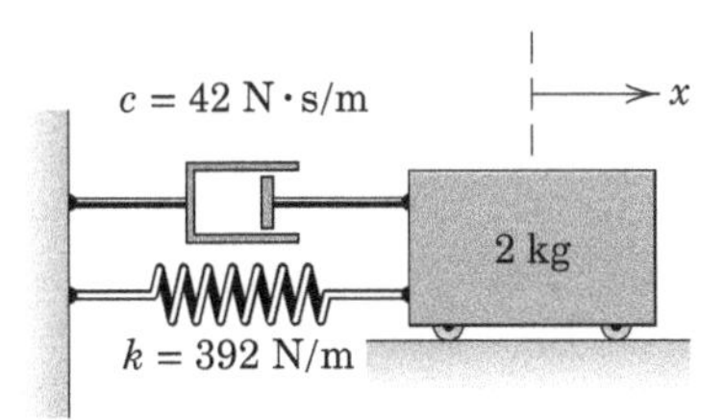

PROBLEMA 8/20

8/21 O período de oscilação linear amortecida τ_d para determinada massa de 1 kg é 0,3 s. Se a rigidez da mola linear que suporta a massa é 800 N/m, calcule o fator de amortecimento c.

8/22 Acrescenta-se amortecimento viscoso a um sistema massa-mola inicialmente não amortecido. Qual o valor da razão de amortecimento ζ que faz com que a frequência natural amortecida ω_d seja igual a 90% da frequência natural de sistema não amortecido original?

8/23 O acréscimo de amortecimento a um sistema massa-mola não amortecido faz com que seu período aumente 25%. Determine o valor do fator de amortecimento ζ.

8/24 Determine o valor do coeficiente de amortecimento viscoso c que faz com que o sistema mostrado seja amortecido.

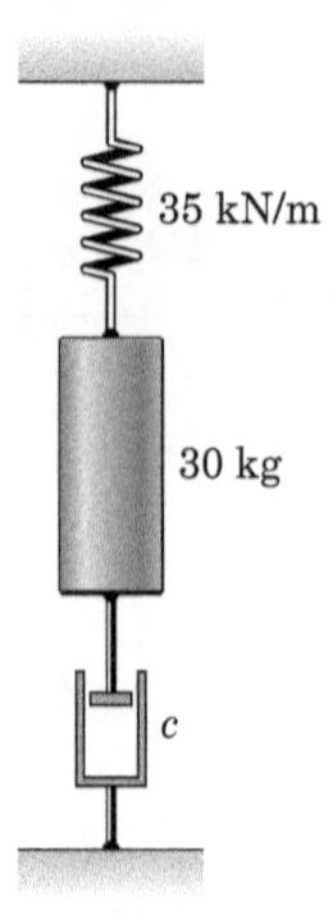

PROBLEMA 8/24

8/25 A massa de 2 kg do Probl. 8/20 é solta a partir da posição de equilíbrio a uma distância x_0 para a direita desta posição. Determine o deslocamento x como uma função do tempo t, em que $t = 0$ é o tempo da soltura.

8/26 A figura representa a relação deslocamento-tempo medida para uma vibração com um amortecimento pequeno, em que é impraticável alcançar resultados precisos medindo as amplitudes aproximadamente iguais de dois ciclos sucessivos. Modifique a expressão para o fator de amortecimento viscoso ζ baseado na medida das amplitudes x_0 e x_N que estão separadas por N ciclos,

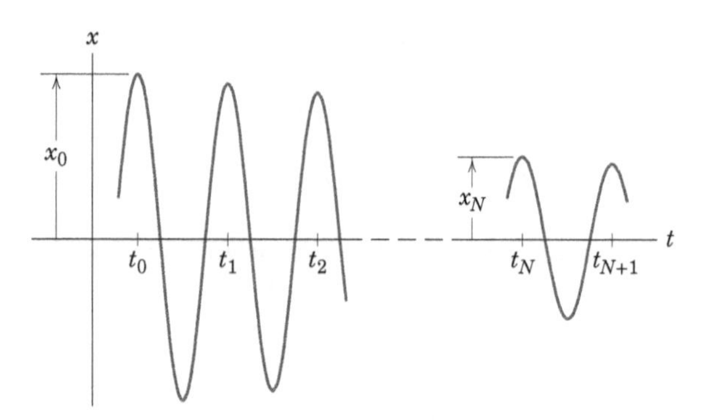

PROBLEMA 8/26

8/27 Um oscilador harmônico linear contendo massa de 1,10 kg é posto em movimento com amortecimento viscoso. Se a frequência é 10 Hz e duas amplitudes sucessivas separadas de um ciclo completo são medidas com 4,65 mm e 4,30 mm conforme indicado, respectivamente, calcule o coeficiente de amortecimento viscoso c.

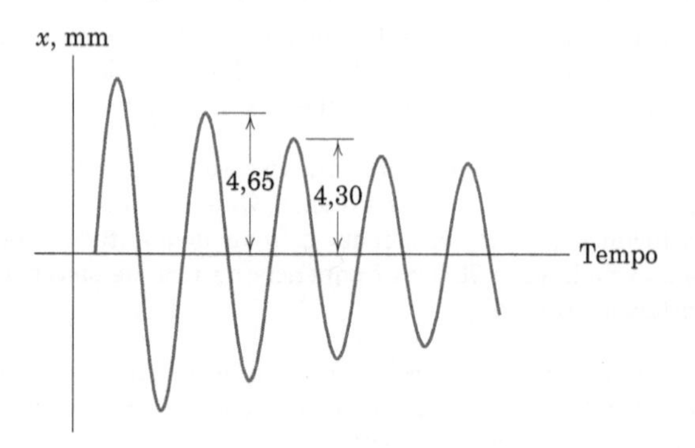

PROBLEMA 8/27

8/28 Apresenta-se aqui um aperfeiçoamento posterior do projeto para a plataforma de pesagem do Probl. 8/12 em que dois amortecedores viscosos foram adicionados para limitar a razão de sucessivas amplitudes positivas de vibração vertical para 4, na condição descarregada. Determine o coeficiente de amortecimento viscoso c necessário para cada um dos amortecedores.

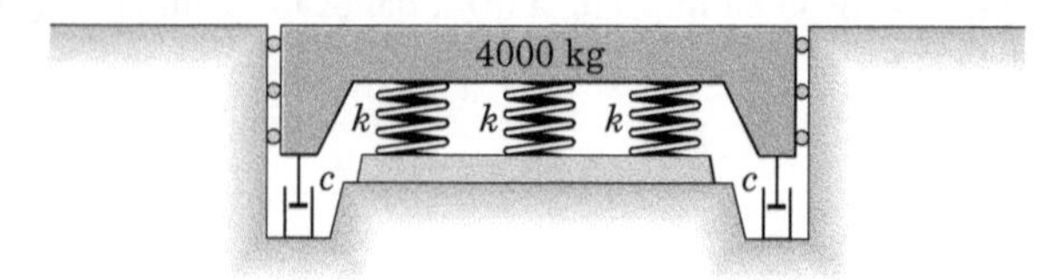

PROBLEMA 8/28

8/29 Determine a equação diferencial de movimento para o sistema representado em termos da variável x_1. Despreze o atrito e a massa das conexões.

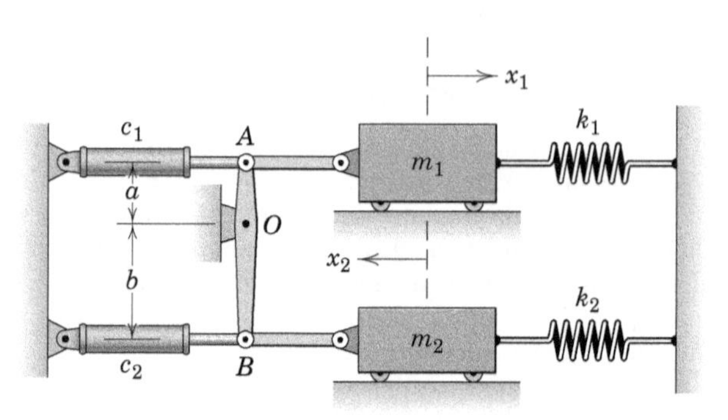

PROBLEMA 8/29

8/30 O sistema representado é liberado a partir do repouso de uma posição inicial x_0. Determine o deslocamento máximo x_1. Admita a hipótese de movimento de translação na direção x.

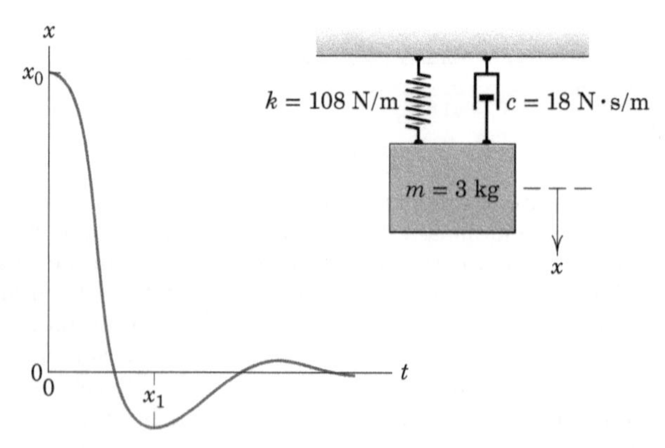

PROBLEMA 8/30

8/31 A massa de determinado sistema criticamente amortecido é liberada no instante de tempo $t = 0$ a partir da posição $x_0 > 0$ com uma velocidade inicial negativa. Determine o valor crítico $(\dot{x}_0)_c$ da velocidade inicial, abaixo do qual a massa ultrapassará a posição de equilíbrio.

8/32 A massa do sistema apresentado é liberada a partir do repouso em $x_0 = 150$ mm, quando $t = 0$. Determine o deslocamento x em $t = 0{,}5$ s, se (*a*) $c = 200$ N s/m e (*b*) $c = 300$ N·s/m.

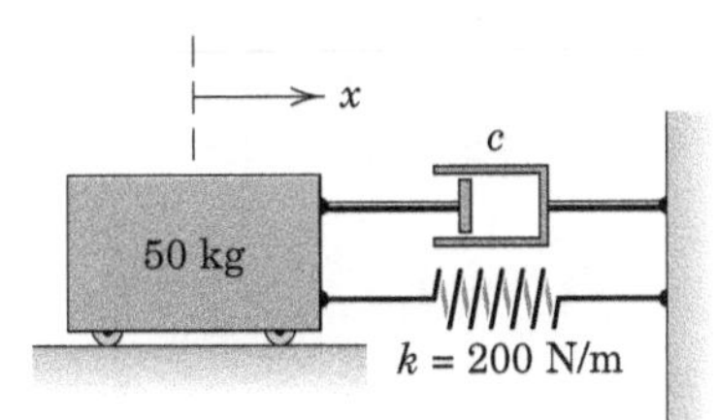

PROBLEMA 8/32

8/33 O proprietário de uma caminhonete de 1600 kg testa a ação dos amortecedores traseiros aplicando uma força constante de 450 N ao para-choque traseiro e medindo um deslocamento estático de 75 mm. Após a retirada súbita da força, o para-choque sobe e em seguida desce até um máximo de 12 mm abaixo da posição de equilíbrio sem carregamento do para-choque, no primeiro retorno. Considere a ação como um problema unidimensional, com uma massa equivalente igual à metade da massa da caminhonete. Determine o fator de amortecimento viscoso ζ para a extremidade traseira e o coeficiente de amortecimento viscoso c para cada amortecedor, presumindo que sua a ação é vertical.

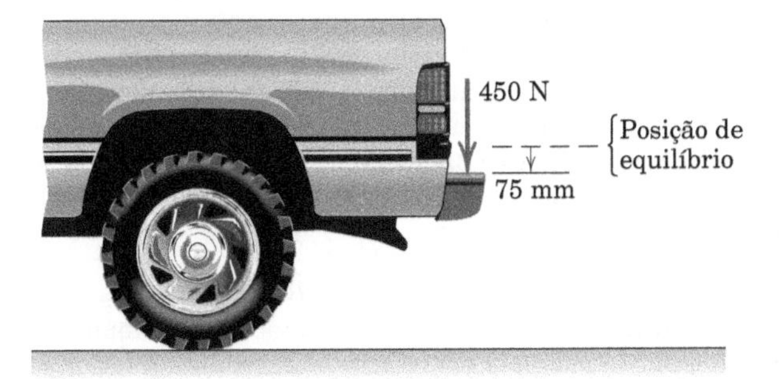

PROBLEMA 8/33

8/34 A massa de 2 kg é solta a partir da posição de equilíbrio a uma distância x_0 desta posição. Determine o deslocamento x como uma função do tempo.

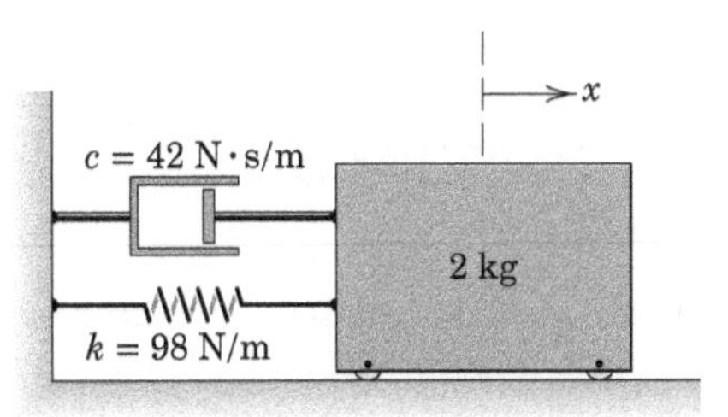

PROBLEMA 8/34

8/35 Desenvolva a equação do movimento em termos da variável x para o sistema apresentado. Determine uma expressão para o fator de amortecimento ζ em termos das propriedades conhecidas do sistema. Despreze a massa da barra curva AB e admita pequenas oscilações em torno da posição de equilíbrio mostrada.

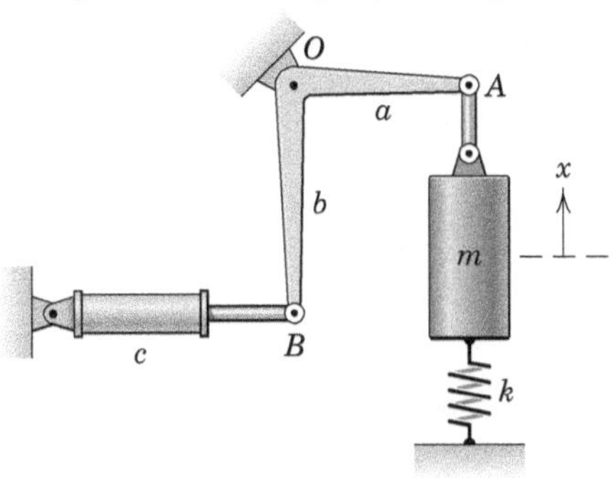

PROBLEMA 8/35

►8/36 Investigue o caso do amortecimento de Coulomb para o bloco representado, em que o coeficiente de atrito cinético é μ_c e cada mola tem constante de rigidez $k/2$. O bloco é deslocado de uma distância x_0 a partir da posição neutra e é liberado. Determine e resolva a equação diferencial de movimento. Apresente um gráfico da vibração resultante e indique a taxa de decaimento r da amplitude com o tempo.

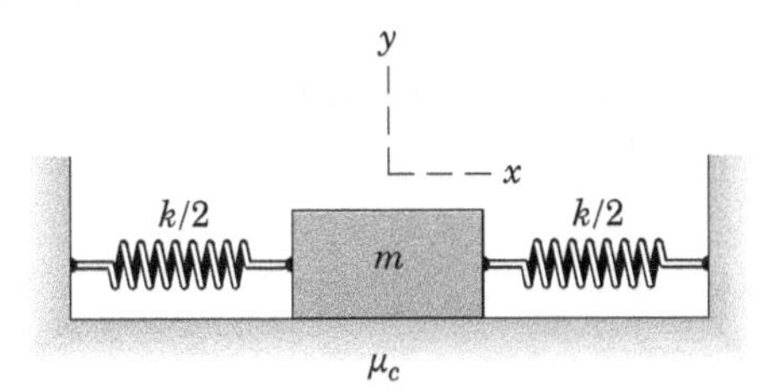

PROBLEMA 8/36

Problemas para a Seção 8/3

(Admita, a menos que haja indicação em contrário, que o amortecimento é de leve a moderado, de modo que a amplitude da resposta forçada seja máxima em $\omega/\omega_n = 1$.)

Problemas Introdutórios

8/37 Um sistema massa-mola com amortecimento viscoso é excitado por uma força harmônica de amplitude constante F_0, mas de frequência variável ω. Se a amplitude do movimento em regime permanente decresce por um fator de 8 quando a razão de frequências ω/ω_n é variada de 1 para 2, determine o fator de amortecimento ζ do sistema.

8/38 Determine a amplitude X do movimento em regime permanente da massa de 10 kg se (*a*) c = 500 N s /m e (*b*) c = 0.

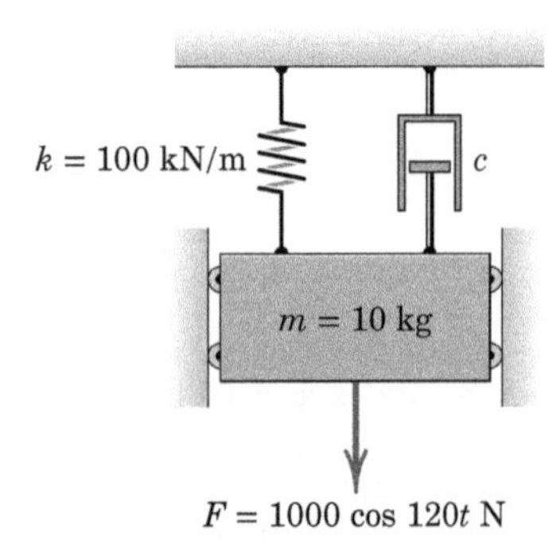

PROBLEMA 8/38

8/39 O carrinho de 30 kg é acionado pela força harmônica mostrada na figura. Se c = 0, determine a faixa das frequências de excitação ω para a qual o módulo da resposta em regime permanente é inferior a 75 mm.

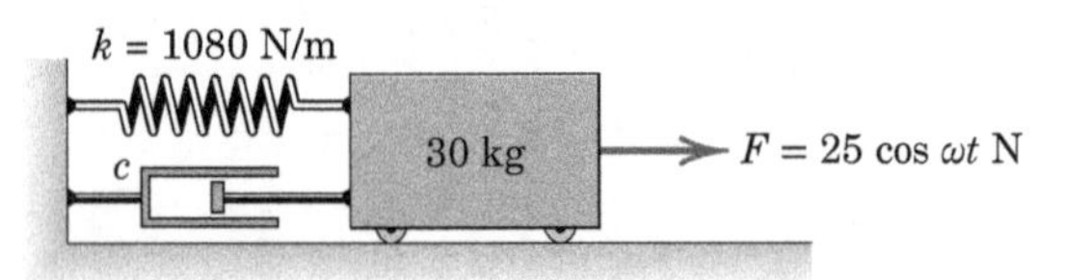

PROBLEMA 8/39

8/40 Se o coeficiente de amortecimento viscoso do amortecedor no sistema do Probl. 8/39 é c = 36 N · s/m, determine a faixa da frequência de excitação ω para a qual o módulo da resposta em regime permanente é inferior a 75 mm.

8/41 Se a frequência de excitação para o sistema do Probl. 8/39 é ω = 6 rad/s, determine o valor necessário do coeficiente de amortecimento c se a amplitude em regime permanente não deve exceder 75 mm.

8/42 O bloco de massa m = 45 kg sustenta-se por duas molas, cada uma com constante de rigidez k = 3 kN/m, e está sob a ação da força F = 350 cos 15t N, em que t é o tempo em segundos. Determine a amplitude X do movimento em regime permanente, se o coeficiente de amortecimento viscoso c é (*a*) 0 e (*b*) 900 N s/m. Compare essas amplitudes com a deflexão estática δ_{est}.

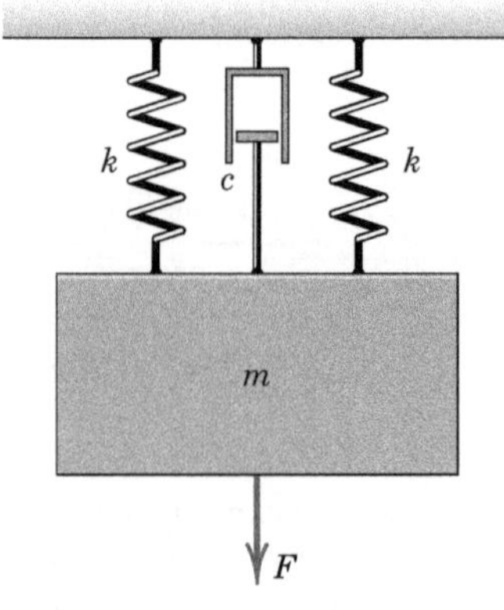

PROBLEMA 8/42

8/43 Um sistema massa-mola com amortecimento viscoso é forçado harmonicamente na frequência natural não amortecida (ω/ω_n = 1). Se o fator de amortecimento ζ é duplicado de 0,1 para 0,2, calcule a percentagem de redução R_1 na amplitude em regime permanente. Compare com o resultado R_2 de um cálculo semelhante para a condição ω/ω_n = 2. Verifique os seus resultados examinando a Fig. 8/11.

Problemas Representativos

8/44 Observou-se no texto que os valores máximos das curvas para um fator de amplificação M não estão localizadas em ω/ω_n =1. Determine uma expressão em termos de fator de amortecimento ζ para a razão de frequências em que os valores máximos ocorram.

8/45 O movimento do carrinho externo B é dado por $x_B = b$ sen ωt. Para qual faixa da frequência de excitação ω a amplitude do movimento da massa m em relação ao carrinho é inferior a $2b$?

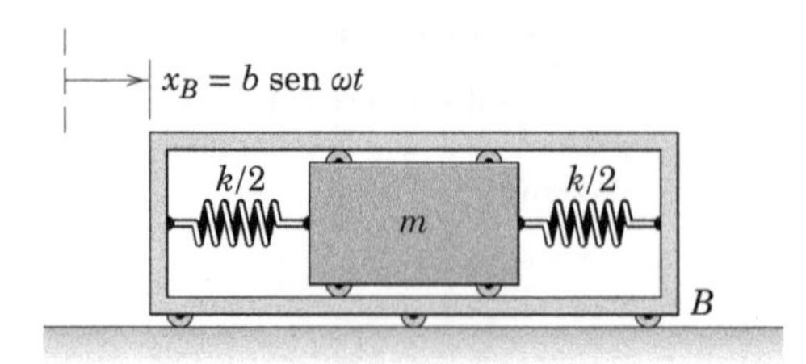

PROBLEMA 8/45

8/46 Quando uma pessoa está de pé sobre um piso conforme indicado, causa uma deflexão estática δ_{est} abaixo de seus pés. Se a pessoa caminha (ou corre rapidamente!) na mesma região, quantos passos por segundo seriam necessários para fazer o piso vibrar com a máxima amplitude vertical?

PROBLEMA 8/46

8/47 O instrumento mostrado possui uma massa de 43 kg e é ligado por molas à base horizontal. Se a amplitude de vibração vertical da base é de 0,10 mm, calcule a faixa de frequências f_n de vibração da base que deve ser impedida, se a amplitude de vibração vertical do instrumento não deve ser superior a 0,15 mm. Cada uma das quatro molas idênticas possui uma rigidez de 7,2 kN/m.

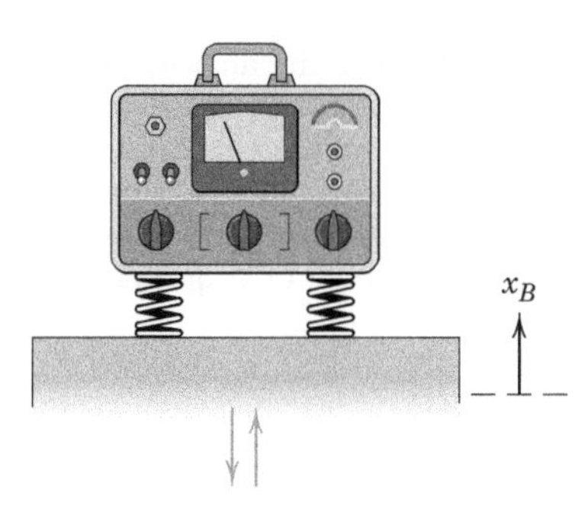

PROBLEMA 8/47

8/48 Determine a equação de movimento para o deslocamento inercial x_i da massa da Fig. 8/14. Comente, mas não desenvolva, a solução da equação de movimento.

8/49 A peça anexa B recebe um movimento horizontal $x_B = b$ cos ωt. Desenvolva a equação do movimento para a massa m e determine a frequência crítica ω_c para a qual as oscilações da massa tornam-se excessivamente grandes.

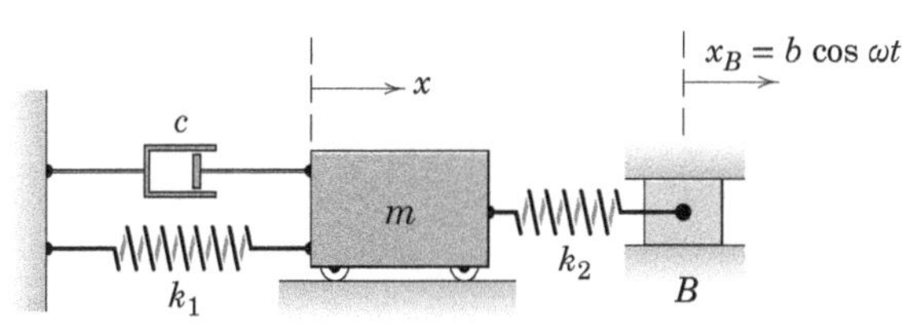

PROBLEMA 8/49

8/50 A peça anexa B recebe um movimento horizontal $x_B = b$ cos ωt. Desenvolva a equação do movimento para a massa m e determine a frequência crítica ω_c para a qual as oscilações da massa tornam-se excessivamente grandes.

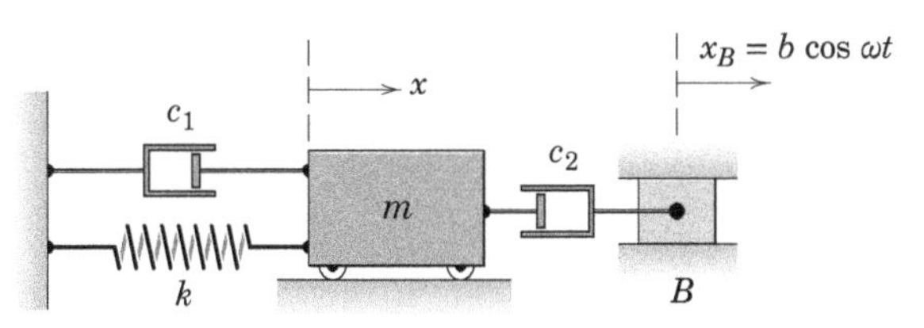

PROBLEMA 8/50

8/51 Um dispositivo para produzir vibrações é constituído de dois volantes que giram em sentidos opostos, cada um contendo uma massa excêntrica m_0 = 1 kg, com um centro de massa a uma distância e = 12 mm do seu eixo de rotação. Os volantes são sincronizados de modo que as posições verticais das massas desbalanceadas são sempre idênticas. A massa total do dispositivo é de 10 kg. Determine os dois valores possíveis da constante de mola equivalente k para a montagem, que permitirão que a amplitude da força periódica transmitida ao suporte fixo seja igual a 1500 N, devido ao desbalanceamento dos rotores a uma velocidade de rotação de 1800 rpm. Despreze o amortecimento.

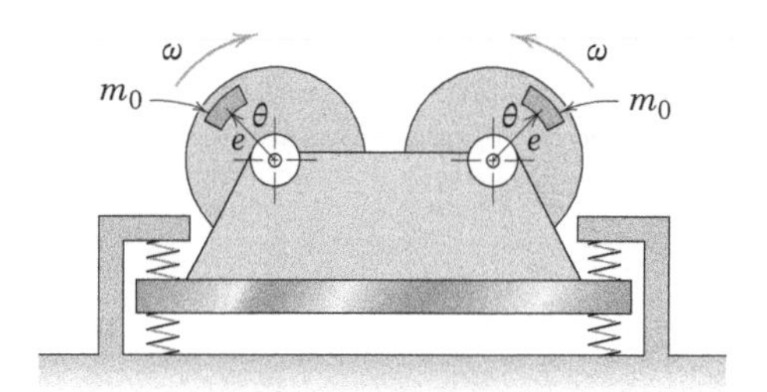

PROBLEMA 8/51

8/52 O instrumento sísmico mostrado está ligado a uma estrutura que vibra horizontalmente a 3 Hz. O instrumento tem uma massa m = 0,5 kg, uma constante de rigidez k = 20 N/m e um coeficiente de amortecimento viscoso c = 3 N · s/m. Se o máximo valor registrado de x em regime permanente é X = 2 mm, determine a amplitude b do movimento horizontal x_B da estrutura.

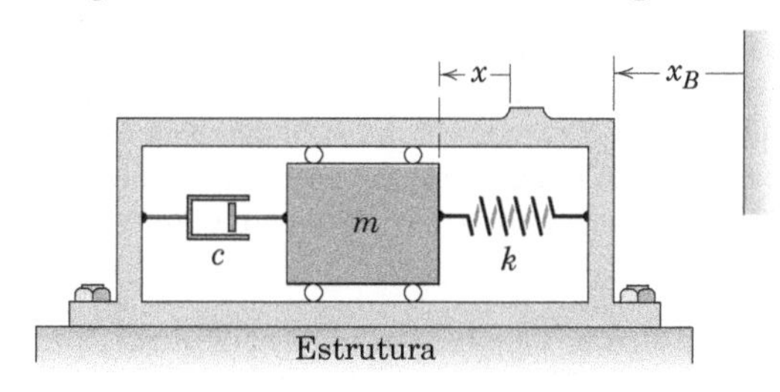

PROBLEMA 8/52

8/53 A posição de equilíbrio da massa m ocorre onde $y = 0$ e $y_B = 0$. Quando a peça anexa B é deslocada verticalmente em regime permanente segundo y_B =b sen ωt, a massa m vai oscilar verticalmente em regime permanente. Determine a equação diferencial de movimento para m e especifique a frequência angular ω_c para a qual as oscilações de m tendem a se tornar excessivamente grandes. A rigidez da mola é k, a massa e o atrito na polia são desprezíveis.

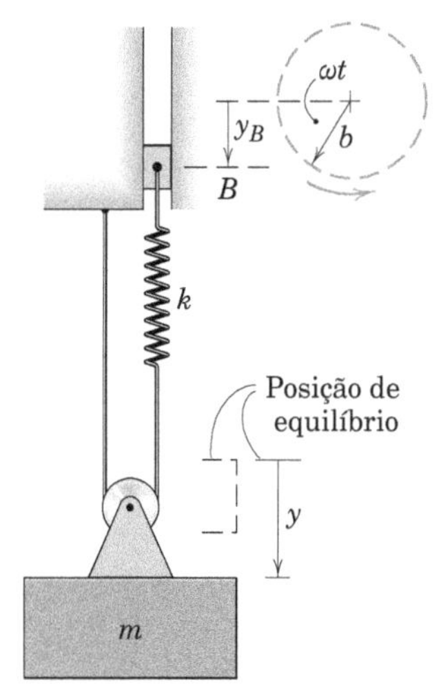

PROBLEMA 8/53

8/54 O instrumento sísmico está montado sobre uma estrutura que sofre uma vibração vertical com uma frequência de 5 Hz e uma amplitude dupla de 18 mm. O elemento sensor possui uma massa m = 2 kg, e a rigidez da mola é k = 1,5 kN/m. O movimento da massa em relação à base do instrumento é gravado em um tambor rotativo e mostra uma amplitude dupla de 24 mm durante a condição de regime permanente. Calcule a constante de amortecimento viscoso c.

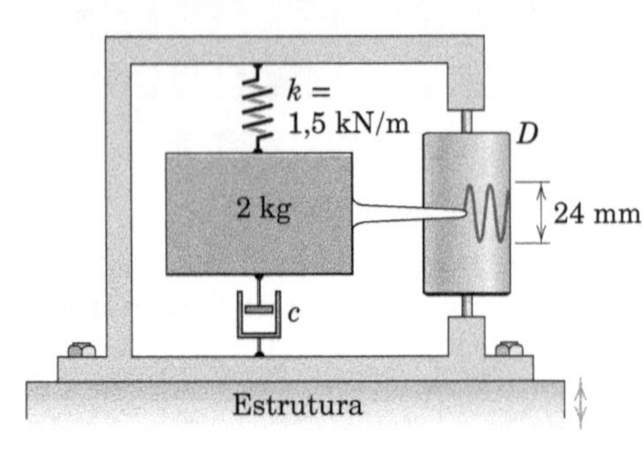

PROBLEMA 8/54

►8/55 Determine a expressão para a perda de energia E ao longo de um ciclo completo em regime permanente devida à dissipação de energia por atrito em um oscilador com amortecimento viscoso linear. A função de forçamento é F_0 sen ωt e a relação deslocamento-tempo para o movimento em regime permanente é $x_p = X$ sen $(\omega t - \phi)$, em que a amplitude X é dada pela Eq. 8/20. (*Sugestão:* a perda de energia por atrito durante um deslocamento dx é $c\dot{x}dx$, em que c é o coeficiente de amortecimento viscoso. Integre a expressão ao longo de um ciclo completo.)

►8/56 Determine a amplitude da vibração vertical do reboque com suspensão de molas, enquanto viaja a uma velocidade de 25 km/h sobre o caminho de troncos de árvore, cujo contorno pode ser expresso por um termo de seno ou cosseno. A massa do reboque é de 500 kg e a massa das rodas isoladas pode ser desprezada. Durante o carregamento, cada 75 kg adicionados à carga fazem com que o reboque desça 3 mm sobre suas molas. Admita que as rodas estão em contato com a estrada o tempo todo e despreze o amortecimento. A que velocidade crítica v_c a vibração do reboque é máxima?

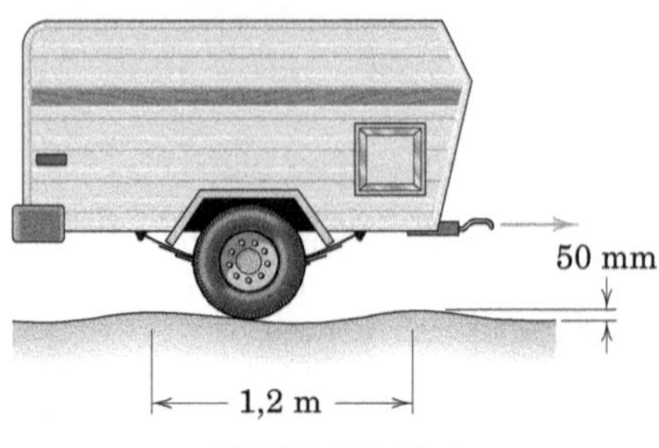

PROBLEMA 8/56

Problemas para a Seção 8/4

Problemas Introdutórios

8/57 A haste leve e a esfera de massa m vinculada a ela estão em repouso na posição horizontal indicada. Determine o período τ para pequenas oscilações no plano vertical em torno do pivô O.

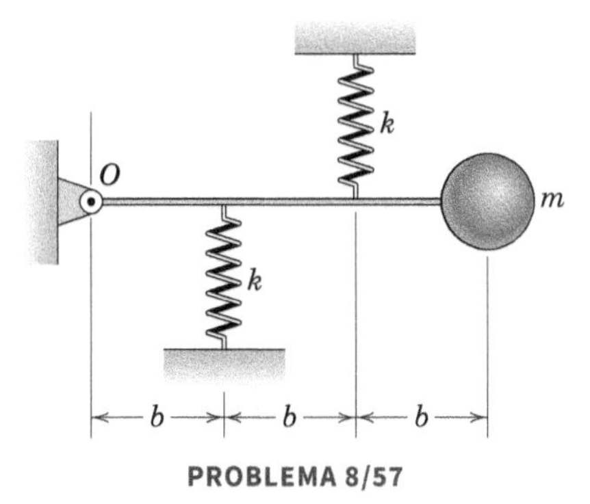

PROBLEMA 8/57

8/58 Uma placa retangular uniforme é articulada em torno de um eixo horizontal que atravessa um de seus vértices conforme mostrado. Determine a frequência natural ω_n para pequenas oscilações.

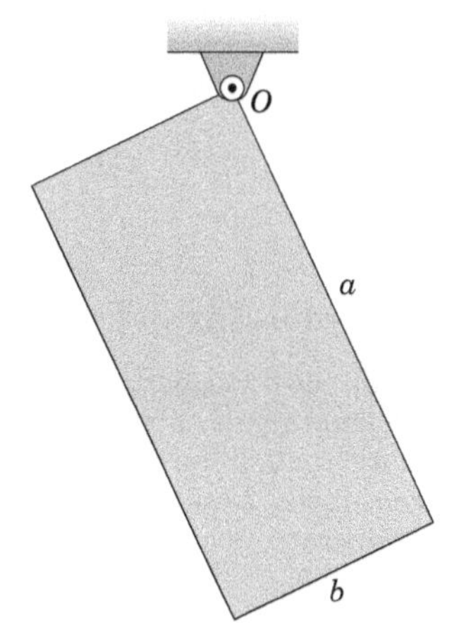

PROBLEMA 8/58

8/59 A placa quadrada fina está suspensa por uma cavidade (não mostrada) que se encaixa na pequena esfera de fixação em O. Se a placa é levada a oscilar em torno do eixo A-A, determine o período para pequenas oscilações. Despreze o pequeno deslocamento, massa e atrito da esfera.

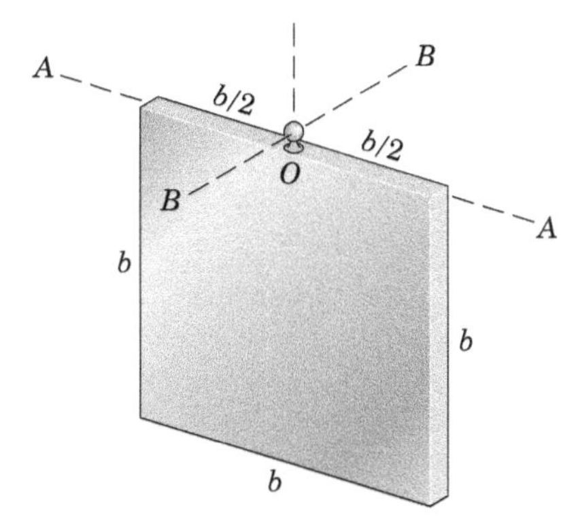

PROBLEMA 8/59

8/60 Se a placa quadrada do Probl. 8/59 é levada a oscilar em torno do eixo B-B, determine o período para pequenas oscilações.

8/61 O volante de 10 kg tem um raio de giração do centroide k = 150 mm. Uma mola de torção com constante k_T = 225 N · m/rad resiste à rotação em torno do mancal liso. Se um torque externo na forma $M = M_0 \cos \omega t$ é aplicado ao volante, qual é módulo do deslocamento angular em regime permanente? A intensidade do momento é M_0 = 12 N · m e a frequência de aplicação é ω = 25 rad/s.

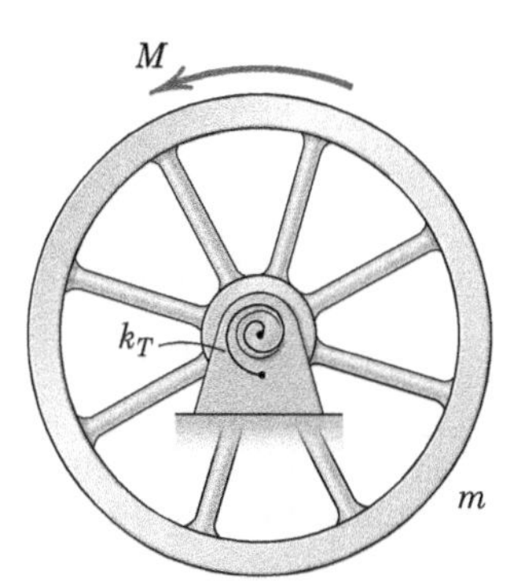

PROBLEMA 8/61

8/62 A haste uniforme de comprimento l e massa m está suspensa por seu ponto central por um fio de comprimento L. A resistência do fio à torção é proporcional ao seu ângulo de torção θ e é igual a $(JG/L)\,\theta$, em que J é o momento de inércia polar da seção reta do fio e G é o módulo elasticidade ao cisalhamento. Determine a expressão para o período de oscilação τ da barra quando é posta em rotação em torno do eixo do fio.

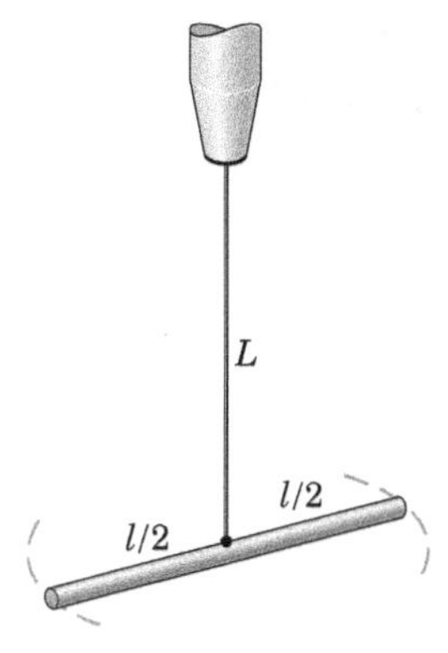

PROBLEMA 8/62

8/63 O setor angular uniforme tem massa m e está pivotado livremente em torno de um eixo horizontal através do ponto O. Determine a equação de movimento do setor para vibrações de grande amplitude em torno da posição de equilíbrio. Estabeleça o período τ para pequenas oscilações em torno da posição de equilíbrio se r = 325 mm e β = 45°.

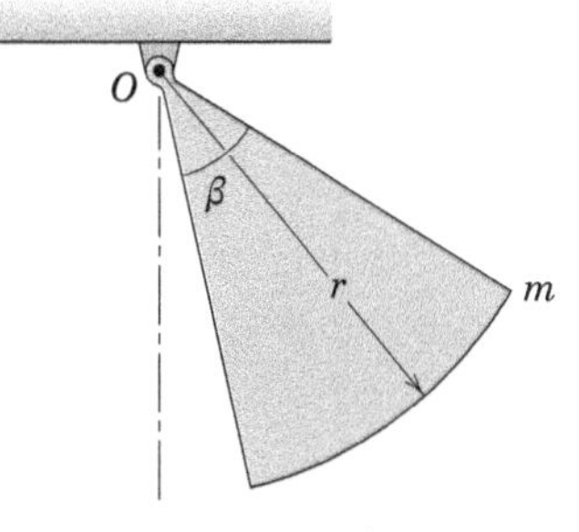

PROBLEMA 8/63

8/64 A casca cilíndrica de parede fina tem raio r e altura h e é soldada ao pequeno eixo em sua extremidade superior conforme indicado. Determine a frequência natural circular ω_n para pequenas oscilações da casca em torno do eixo y.

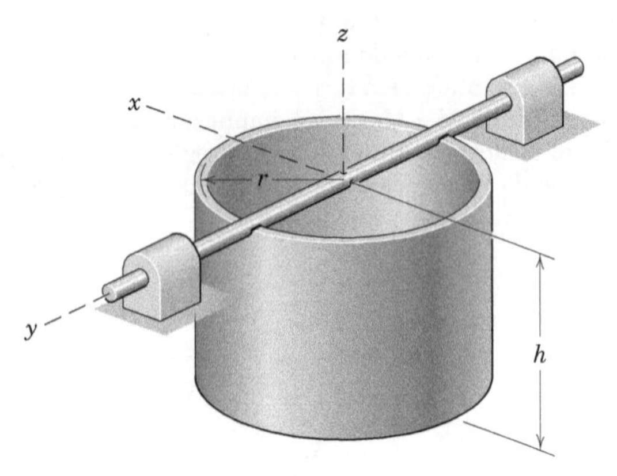

PROBLEMA 8/64

8/65 Determine o sistema de equações de movimento em termos da variável θ mostrada na figura. Admita um movimento angular pequeno para a barra AO e despreze a massa do conector CD.

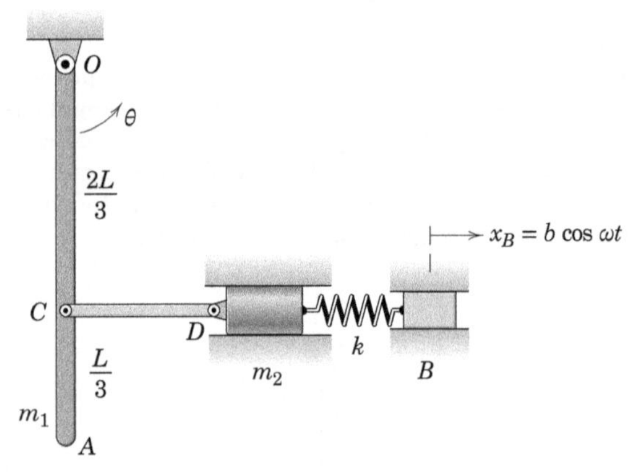

PROBLEMA 8/65

8/66 A massa de barra delgada uniforme é 3 kg. Determine a posição x para o bloco deslizante de 1,2 kg tal que o período do sistema seja 1 s. Admita oscilações pequenas em torno da posição horizontal de equilíbrio indicada.

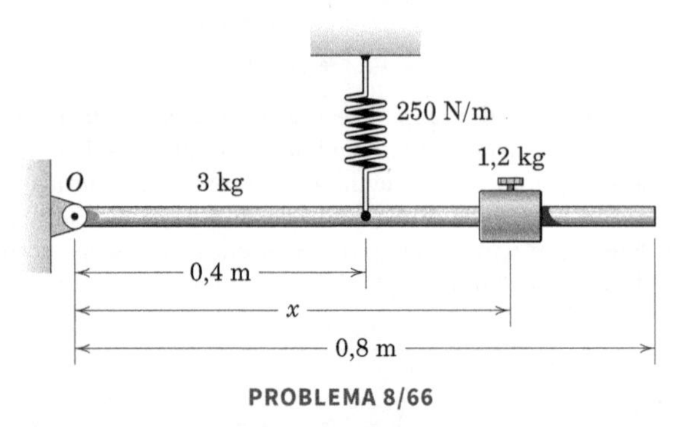

PROBLEMA 8/66

Problemas Representativos

8/67 A estrutura triangular de massa m é formada a partir de uma haste uniforme e esbelta e suspensa por um soquete (não representado) que assenta a pequena ponta esférica fixada em O. Se a estrutura é feita para balançar em torno do eixo A-A, determine a frequência natural circular ω_n para pequenas oscilações. Despreze a pequena projeção, massa, atrito da esfera. Avalie para $l = 200$ mm.

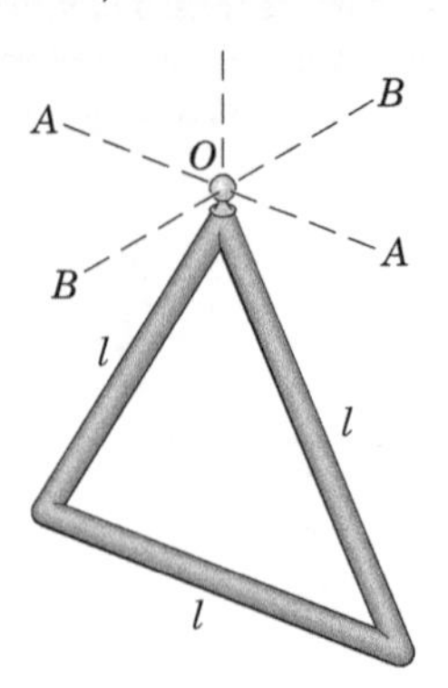

PROBLEMA 8/67

8/68 A haste uniforme de massa m está articulada livremente em torno do ponto O. Admita pequenas oscilações e determine uma expressão para o fator de amortecimento ζ. Para qual valor de c_{cr} do coeficiente c o sistema será criticamente amortecido?

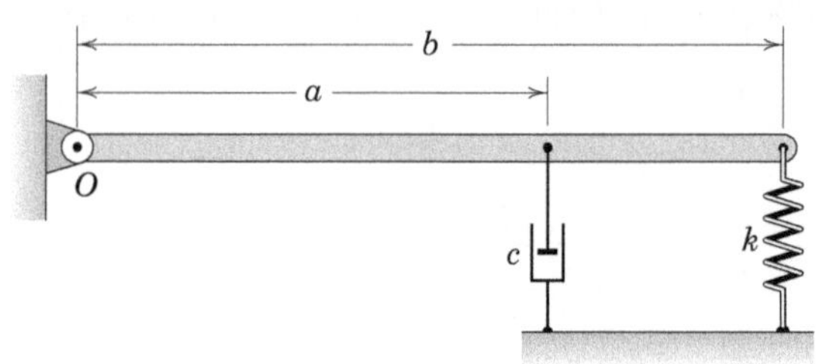

PROBLEMA 8/68

8/69 O mecanismo indicado oscila no plano vertical em torno do pivô O. As molas de igual rigidez k estão ambas comprimidas na posição de equilíbrio $\theta = 0$. Determine uma expressão para o período τ de pequenas oscilações em torno de O. O mecanismo tem uma massa m com centro de massa G, e o raio de giração do conjunto em torno de O é k_O.

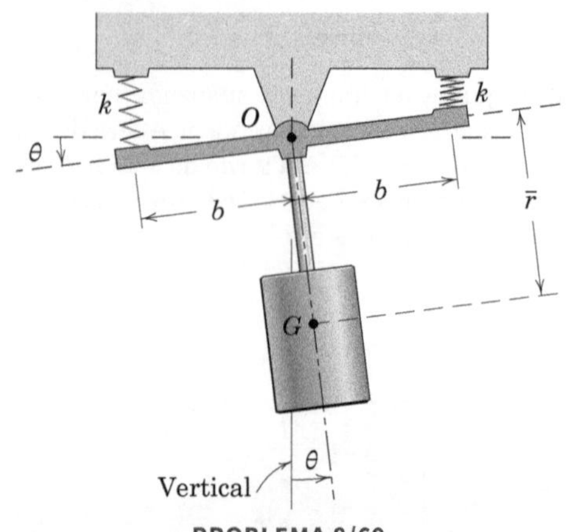

PROBLEMA 8/69

8/70 Quando o motor tem sua velocidade gradualmente elevada, uma oscilação vibratória muito grande de todo o motor em torno de *O-O* ocorre a uma velocidade de 360 rpm, o que mostra que essa velocidade corresponde à frequência natural de oscilação livre do motor. Se o motor possui uma massa de 43 kg e um raio de giração de 100 mm em relação a *O-O*, determine a rigidez k de cada um dos quatro suportes de molas idênticos.

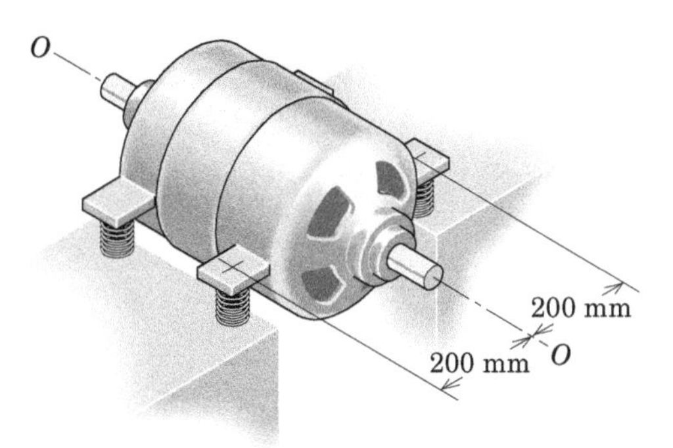

PROBLEMA 8/70

8/71 Duas barras uniformes e idênticas estão soldadas uma a outra em um ângulo reto e são articuladas em relação a um eixo horizontal que atravessa o ponto *O* como mostrado. Determine a frequência de excitação crítica ω_c do bloco *B*, que resultará em oscilações excessivamente grandes do conjunto. A massa do conjunto soldado é m.

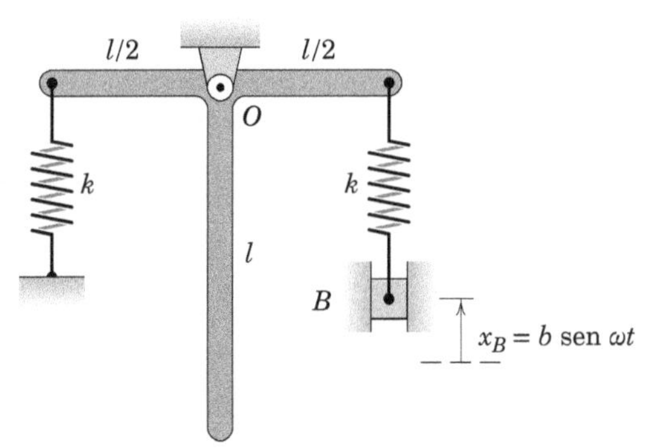

PROBLEMA 8/71

8/72 Determine o valor de m_{efet} da massa do sistema (*b*) para que a frequência (*b*) seja igual àquela do sistema (*a*). Observe que as duas molas são idênticas e que a roda do sistema (*a*) é um cilindro sólido homogêneo de massa m_2. A corda não escorrega sobre o cilindro.

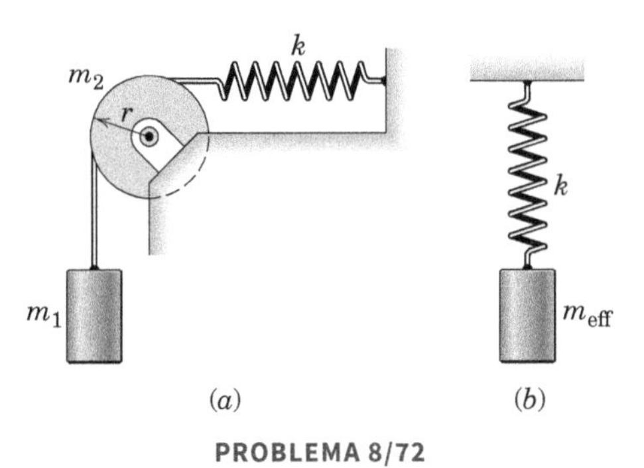

PROBLEMA 8/72

8/73 O sistema do Probl. 8/35 é reapresentado aqui. Se a biela *AB* tem, agora, massa m_2 e um raio de giração k_0 em torno do ponto *O*, determine expressões para a frequência natural não amortecida ω_n e para a razão de amortecimento ζ em termos das propriedades dadas do sistema. Admita pequenas oscilações. O coeficiente de amortecimento para o amortecedor é c.

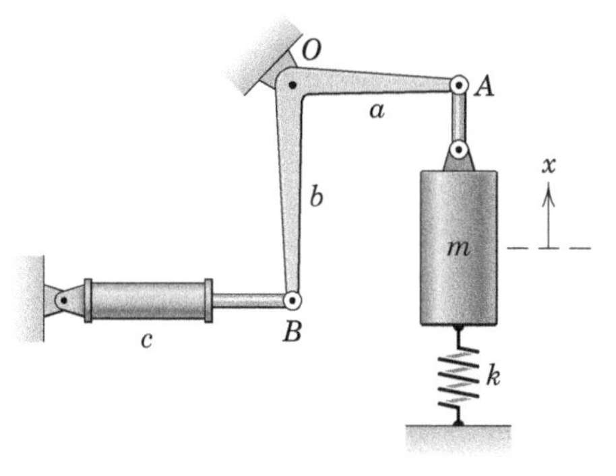

PROBLEMA 8/73

8/74 O cilindro maciço uniforme de massa m e raio r rola sem deslizar durante a sua oscilação sobre a superfície circular de raio R. Se o movimento está limitado a pequenas amplitudes $\theta = \theta_0$, determine o período τ das oscilações. Determine também a velocidade angular ω do cilindro, quando cruza a linha de centro vertical. (*Atenção*: não confunda ω com $\dot{\theta}$ ou com ω_n conforme utilizado nas equações de definição. Observe também que θ não é o deslocamento angular do cilindro.)

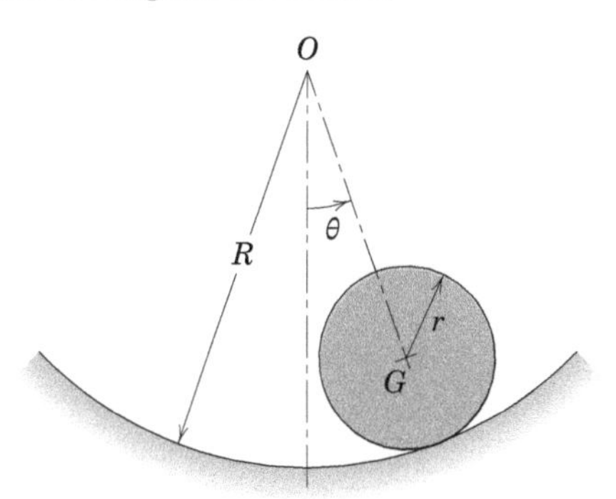

PROBLEMA 8/74

8/75 Aplica-se ao carro *B* o deslocamento harmônico $x_B = b$ sen ωt. Determine a amplitude de regime permanente Θ da oscilação periódica da barra esbelta e uniforme que está ligada ao carro por um pino, no ponto *P*. Admita pequenos ângulos e despreze o atrito na articulação. A mola de torção não apresenta deformação quando $\theta = 0$.

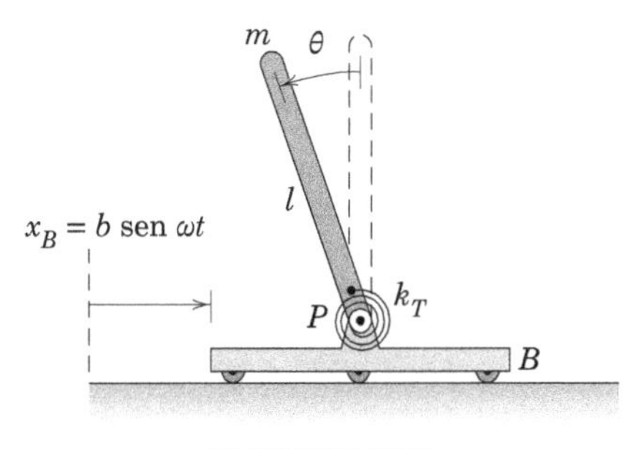

PROBLEMA 8/75

8/76 O boneco segmentado do Probl. 6/85 é reapresentado aqui. Assume-se que articulação do quadril O permanece fixa em relação ao carro, e o tronco acima do quadril é considerado como um corpo rígido de massa m. O centro de massa do tronco está em G e o raio de giração do tronco em relação a O é k_O. Admita que a resposta muscular atua como uma mola de torção interna que exerce um momento $M = K\theta$ sobre a parte superior do tronco, em que K é a constante de mola torcional e θ é o deslocamento angular a partir da posição vertical inicial. Se o carro é forçado a uma parada súbita com uma desaceleração constante a, desenvolva a equação diferencial para o movimento do tronco antes do seu impacto com o painel.

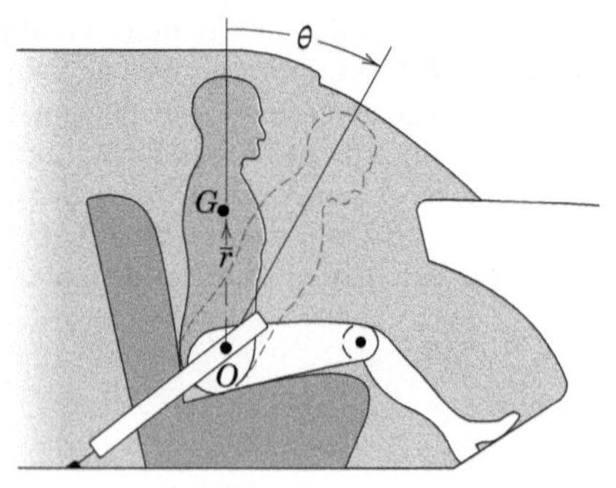

PROBLEMA 8/76

Problemas para a Seção 8/5

(Resolva os problemas a seguir pelo método da energia da Seção 8/5.)

Problemas Introdutórios

8/77 A barra AO de 1,5 kg está suspensa verticalmente a partir do mancal O e é contida pelas duas molas, cada uma com rigidez k = 120 N/m, sendo ambas pré-comprimidas com a barra na posição vertical de equilíbrio. Trate a barra como uma haste esbelta e uniforme e calcule a frequência natural f_n para pequenas oscilações em torno de O.

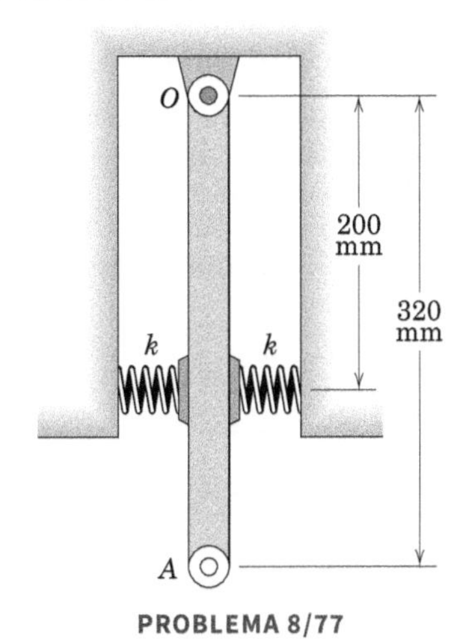

PROBLEMA 8/77

8/78 A haste leve e a esfera de massa m fixada à haste do Probl. 8/57 são reapresentadas aqui e estão em equilíbrio na posição horizontal indicada. Determine o período τ para pequenas oscilações no plano vertical em torno do pivô O.

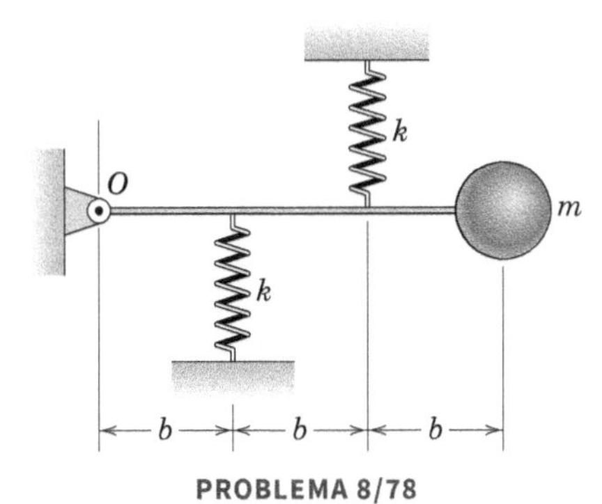

PROBLEMA 8/78

8/79 Uma das extremidades de uma haste de massa m e comprimento l está soldada a um aro circular leve de raio l. A outra extremidade está no centro do aro. Determine o período τ para pequenas oscilações em torno da posição vertical da haste, se o aro rola sobre a superfície horizontal sem deslizamento.

PROBLEMA 8/79

8/80 A roda raiada de raio r, massa m e raio de giração centroide $\overline{k}$ rola sem deslizar sobre a inclinação. Determine a frequência natural de oscilação e examine os casos limites de $\overline{k} = 0$ e $\overline{k} = r$.

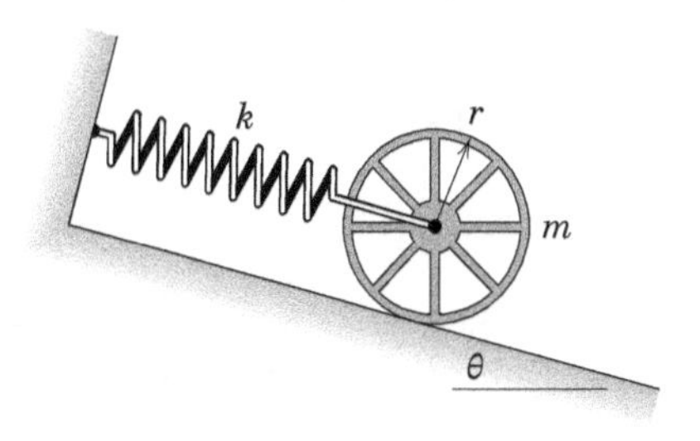

PROBLEMA 8/80

8/81 Determine o período τ para o aro circular uniforme de raio r enquanto oscila com amplitude pequena em torno da aresta afiada horizontal.

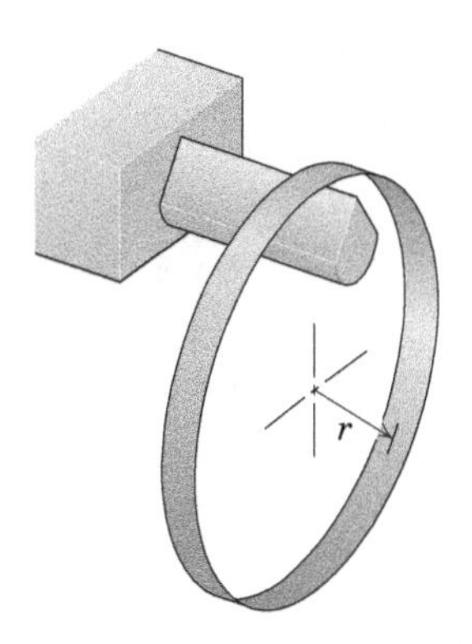

PROBLEMA 8/81

8/82 O comprimento da mola é ajustado de modo que a posição de equilíbrio do braço é horizontal, conforme mostrado. Despreze a massa da mola e do braço e calcule a frequência natural f_n para pequenas oscilações.

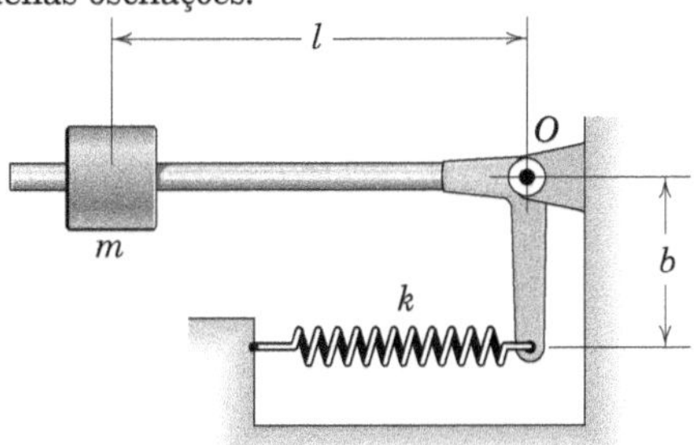

PROBLEMA 8/82

8/83 O corpo consiste em duas hastes esbeltas e uniformes que têm uma massa por unidade de comprimento ρ. As hastes são soldadas e pivotam em torno do eixo que atravessa O contra a ação de uma mola de torção com rigidez k_T. Para o método desta seção, determine a frequência ω_n para pequenas oscilações em torno do ponto de equilíbrio. A mola está não deformada quando θ =0 e o atrito no pivô em O é desprezível.

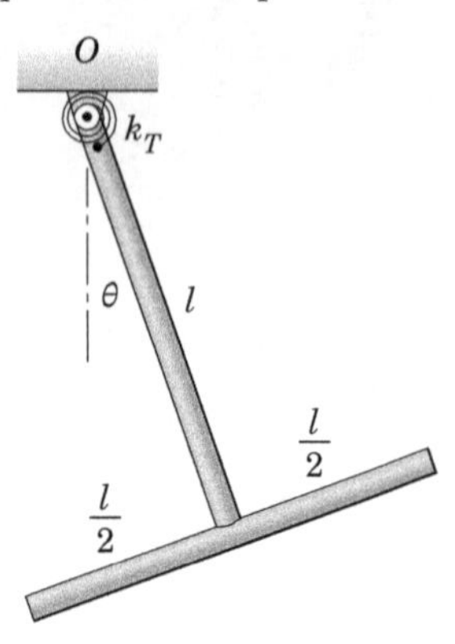

PROBLEMA 8/83

Problemas Representativos

8/84 Calcule a frequência f_n de oscilação vertical do sistema apresentado. A polia de 40 kg tem raio de giração em relação ao seu centro O de 200 mm.

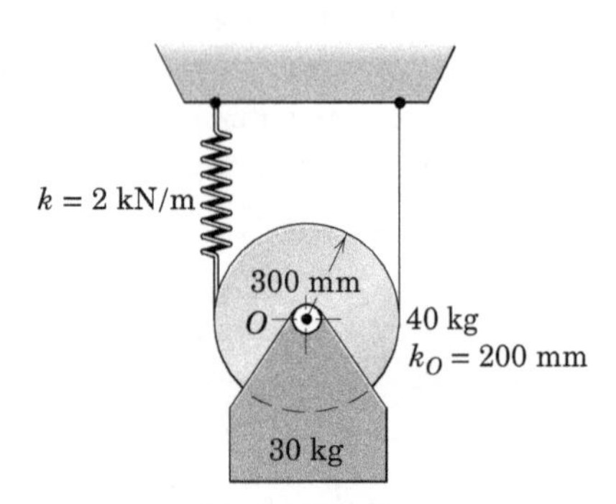

PROBLEMA 8/84

8/85 O cilindro circular homogêneo do Probl. 8/74, reapresentado aqui, rola sem deslizar sobre a trajetória de raio R. Determine o período τ para pequenas oscilações.

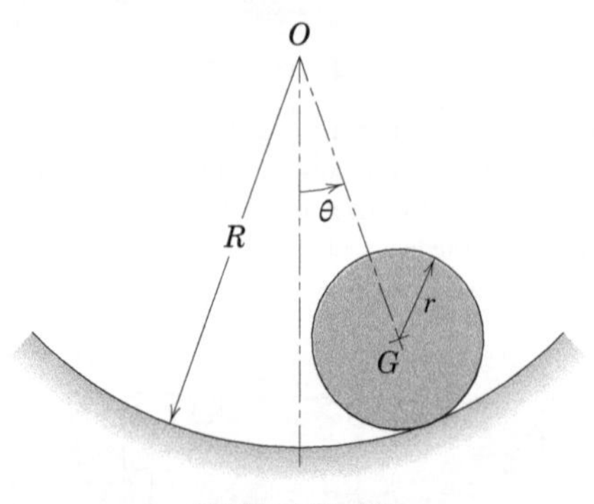

PROBLEMA 8/85

8/86 O disco tem um momento de inércia de massa I_O em torno de O e está sob a ação de uma mola de torção de constante k_T. A posição dos pequenos blocos deslizantes, cada qual com massa m, é ajustável. Determine o valor de x para o qual o sistema tem um período τ.

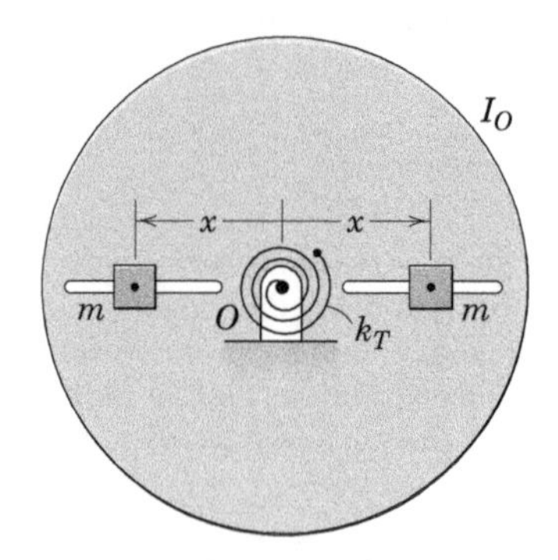

PROBLEMA 8/86

8/87 A haste esbelta uniforme de comprimento l e massa m_2 está fixada ao disco uniforme de raio $l/5$ e massa m_1. Se o sistema é apresentado em sua posição de equilíbrio, determine a frequência natural ω_n e a velocidade máxima ω para pequenas oscilações de amplitude θ_0 em torno do eixo O.

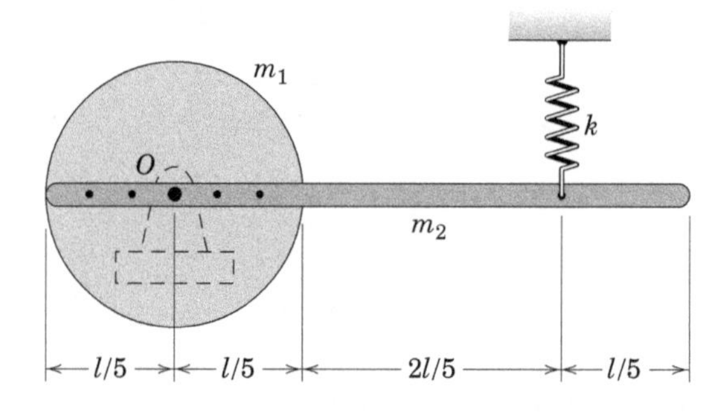

PROBLEMA 8/87

8/88 Desenvolva a expressão para a frequência natural f_n do sistema composto de dois cilindros circulares homogêneos, cada um de massa M, e o elemento de ligação AB de massa m. Admita pequenas oscilações.

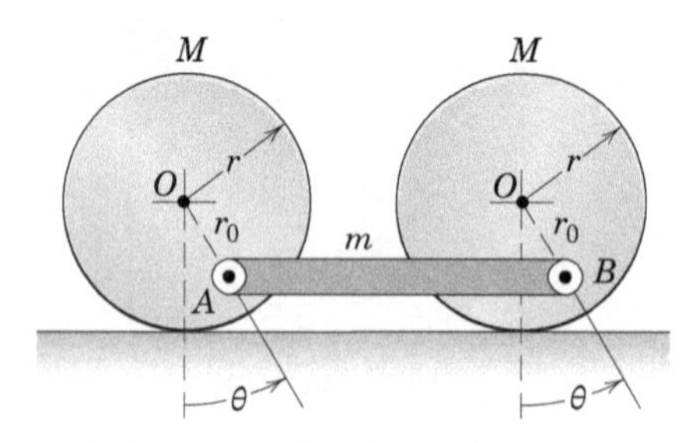

PROBLEMA 8/88

8/89 O prato giratório está inclinado fazendo um ângulo α com a vertical. O eixo do prato giratório pivota livremente em mancais que não estão representados. Se um pequeno bloco de massa m é colocado a uma distância r do ponto O, determine a frequência natural ω_n para pequenas oscilações rotacionais por τ. O momento de inércia de massa do prato giratório em torno do seu eixo é I.

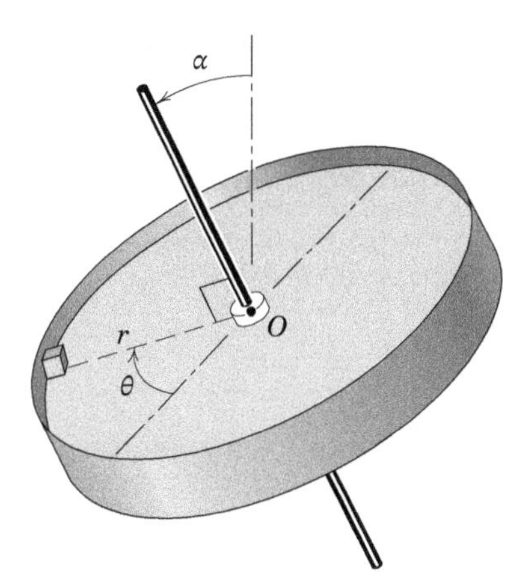

PROBLEMA 8/89

8/90 As extremidades da barra uniforme de massa m e comprimento L deslizam livremente nas ranhuras vertical e horizontal sob a ação de duas molas pré-comprimidas, cada uma com constante de rigidez k, como mostrado. Se a barra está em equilíbrio estático quando $\theta = 0$, determine a frequência natural ω_n das pequenas oscilações.

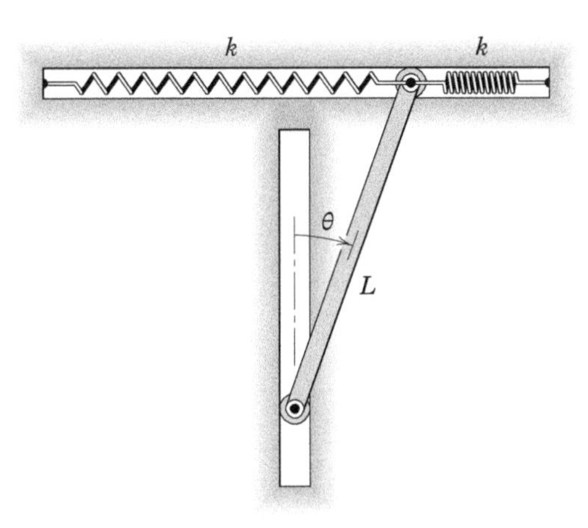

PROBLEMA 8/90

8/91 O bloco de 12 kg é apoiado pelas duas barras de 5 kg com duas molas de torção, cada uma de constante $K = 500$ N · m/rad, dispostas como apresentado. As molas são suficientemente rígidas de modo que o equilíbrio estável é verificado na posição mostrada. Determine a frequência natural f_n para pequenas oscilações em torno dessa posição de equilíbrio.

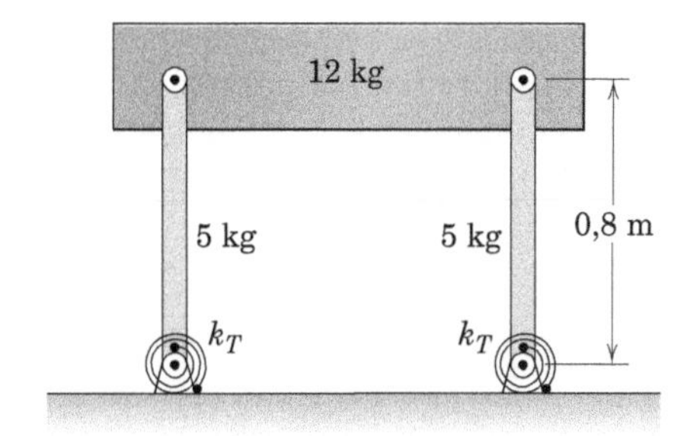

PROBLEMA 8/91

8/92 Se a estrutura carregada com molas sofrer uma leve perturbação vertical a partir de sua posição de equilíbrio indicada, determine sua frequência natural de vibração f_n. A massa do membro superior é 24 kg e as dos membros inferiores são desprezíveis. Cada mola tem uma rigidez de 9 kN/m.

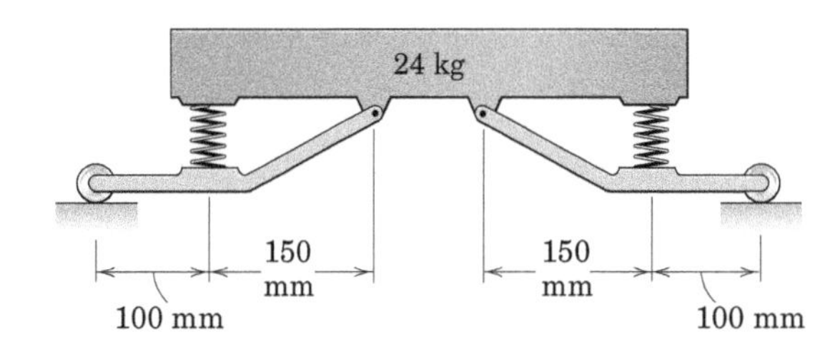

PROBLEMA 8/92

8/93 O sistema indicado apresenta uma mola não linear cuja força de resistência F cresce com o alongamento a partir de uma posição neutra, de acordo com o gráfico indicado. Determine a equação de movimento para o sistema pelo método desta seção.

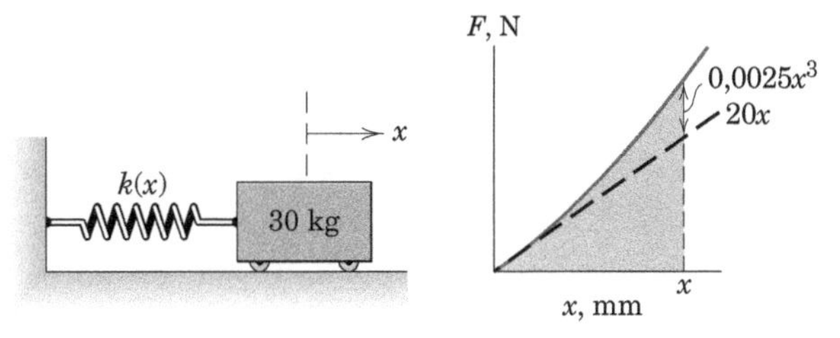

PROBLEMA 8/93

8/94 A casca cilíndrica semicircular de raio r, com espessura de parede fina, mas uniforme, é posta em oscilação de pequeno balanço sobre a superfície horizontal. Se não ocorre nenhum deslizamento, determine a expressão para o período τ de cada oscilação completa.

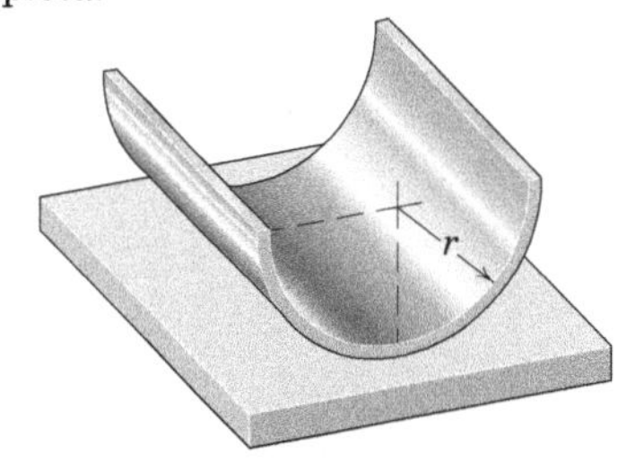

PROBLEMA 8/94

►8/95 Um furo de raio $R/4$ é aberto com uma broca através de um cilindro de raio R para formar um corpo de massa m, conforme representado. Se o corpo rola sobre a superfície horizontal sem deslizamento, determine o período τ para pequenas oscilações.

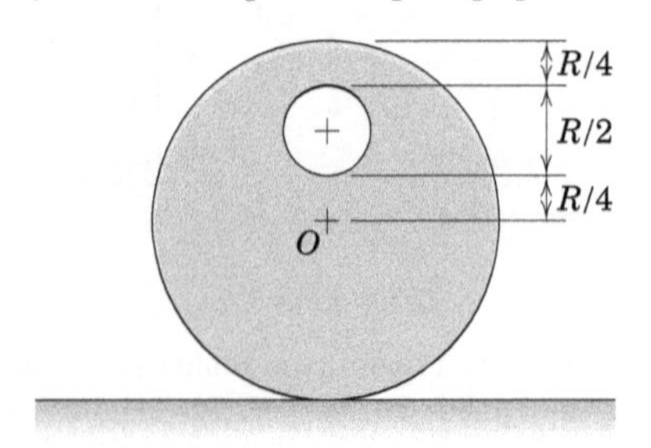

PROBLEMA 8/95

►8/96 O setor circular de um quarto de circunferência com massa m e raio r é posto a balançar oscilando sobre uma superfície horizontal. Se não ocorre deslizamento, determine a expressão para o período τ de cada oscilação completa.

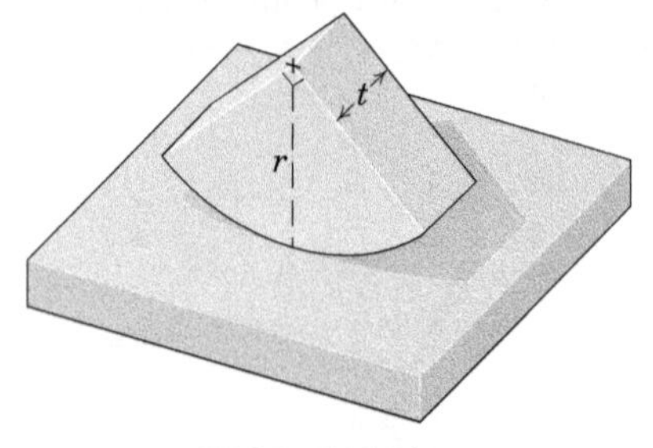

PROBLEMA 8/96

Problemas para a Seção 8/6 Revisão do Capítulo

8/97 Determine a frequência natural f_n do pêndulo invertido. Admita pequenas oscilações e registre quaisquer restrições para sua solução.

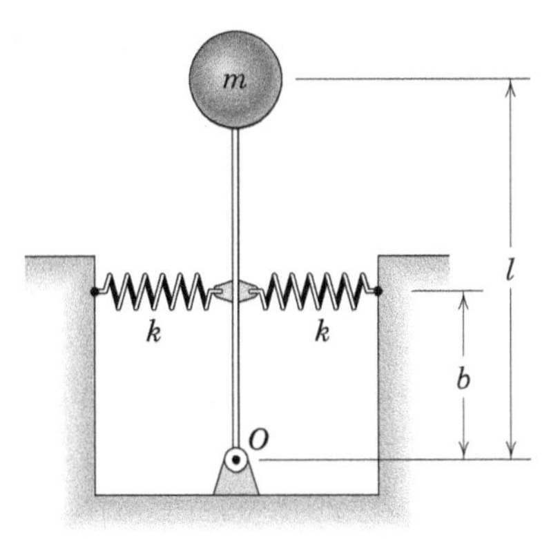

PROBLEMA 8/97

8/98 Determine o período τ de pequenas oscilações para o setor angular uniforme com massa m. A mola de torção com módulo k_T está sem deformação quando o setor está na posição representada.

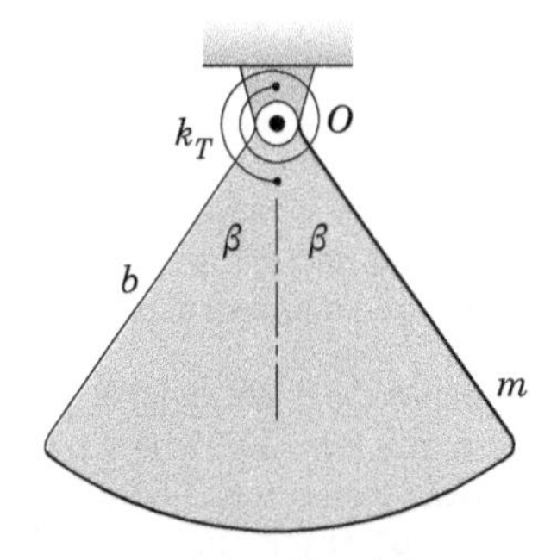

PROBLEMA 8/98

8/99 O projétil de 0,1 kg é disparado contra o bloco de 10 kg, que está inicialmente em repouso, e não há nenhuma força na mola. A mola é fixada nas duas extremidades. Calcule o deslocamento horizontal máximo X da mola e o período subsequente de oscilação do bloco e do projétil embutido.

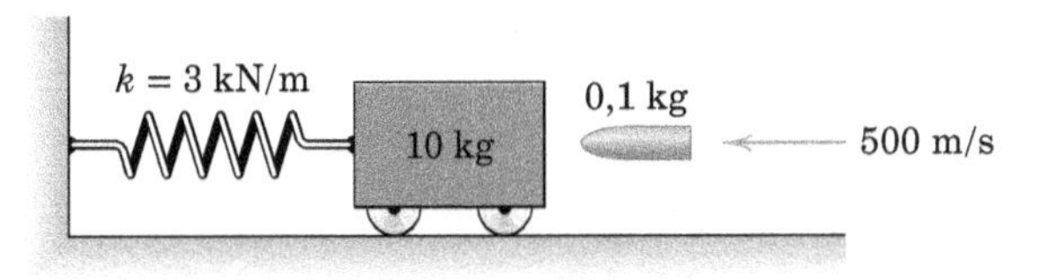

PROBLEMA 8/99

8/100 O disco circular uniforme está suspenso por uma cavidade (não mostrada) que se encaixa sobre a pequena esfera de fixação em O. Determine o período para movimentos pequenos, se o disco oscila livremente em torno (*a*) *A*-*A* e (*b*) do eixo *B*-*B*. Despreze o pequeno deslocamento, massa, e atrito da esfera.

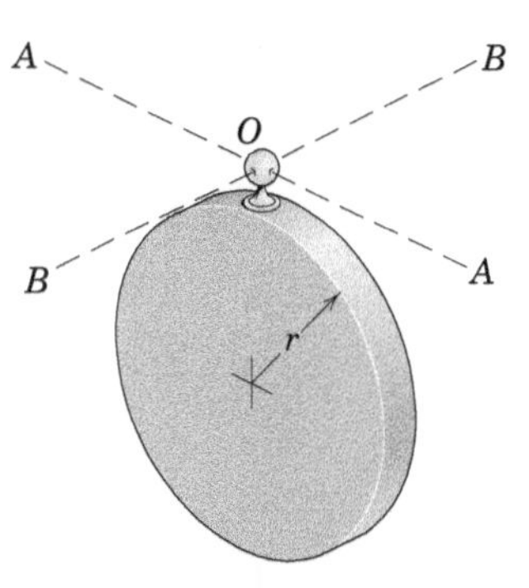

PROBLEMA 8/100

8/101 Uma barra esbelta possui o formato de um semicírculo de raio r como mostrado. Determine a frequência natural f_n para pequenas oscilações da barra enquanto está apoiada sobre a aresta da cunha horizontal, no ponto médio de seu comprimento.

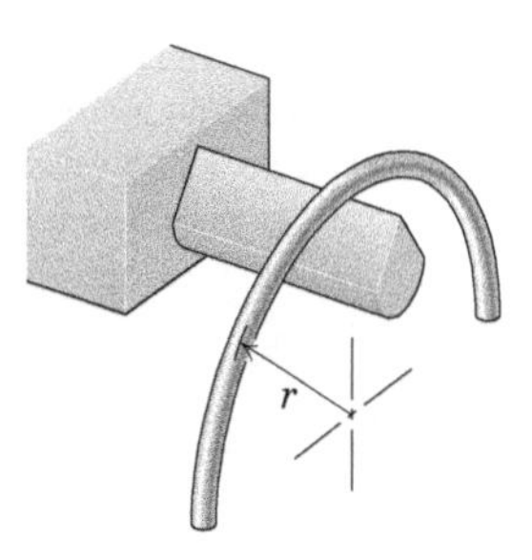

PROBLEMA 8/101

8/102 Um oscilador linear com massa m, constante de mola k e coeficiente de amortecimento viscoso c é posto em movimento quando liberado a partir de uma posição deslocada. Determine uma expressão para a perda de energia Q durante um ciclo completo em termos de amplitude x_1 no início do ciclo. (Veja a Fig. 8/7.)

8/103 Calcule o fator de amortecimento ζ do sistema apresentado, se a massa e o raio de giração do cilindro escalonado são m = 8 kg e $\bar{k}$ =135 mm, a constante de mola é k = 2,6 kN/m e o coeficiente de amortecimento do cilindro hidráulico é c = 30 N · s/m. O cilindro rola sem deslizar sobre o raio r = 150 mm e a mola pode suportar tanto tração como compressão.

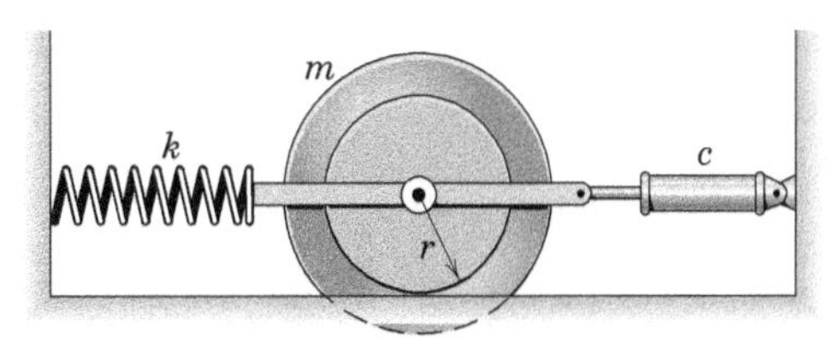

PROBLEMA 8/103

8/104 Determine o valor do coeficiente de amortecimento viscoso c para o qual o sistema será criticamente amortecido. A massa do cilindro é m = 2 kg e a constante de mola é k = 150 N/m. Despreze a massa e o atrito da polia.

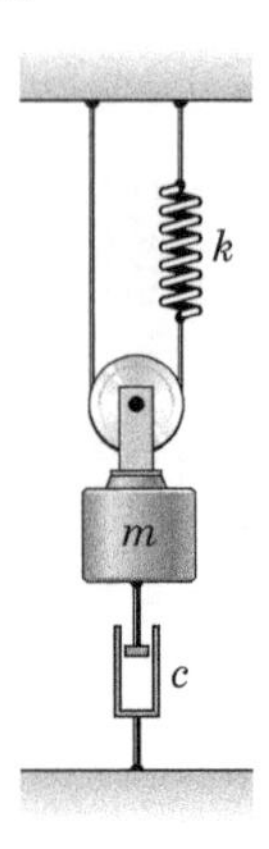

PROBLEMA 8/104

8/105 O instrumento sísmico mostrado está fixado no convés de um navio próximo da popa, onde a vibração induzida pela hélice é mais pronunciada. O navio possui uma única hélice com três pás que gira a 180 rpm e opera parcialmente fora da água, consequentemente provocando um choque no instante em que cada pá rompe a superfície. O fator de amortecimento do instrumento é ζ = 0,5, e sua frequência natural não amortecida é de 3 Hz. Se a amplitude medida de A em relação a sua estrutura é de 0,75 mm, calcule a amplitude δ_0 da vibração vertical do convés.

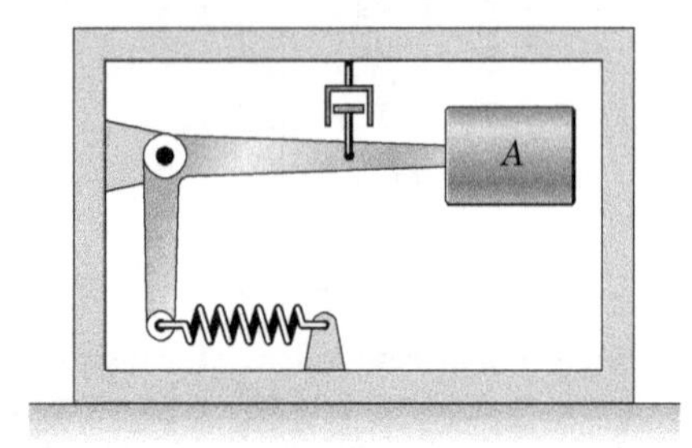

PROBLEMA 8/105

8/106 Um motor experimental de 220 kg está montado sobre um banco de ensaios com suportes elásticos em A e B, cada um com uma rigidez de 105 kN/m. O raio de giração do motor em relação a seu centro de massa G é de 115 mm. Com o motor desligado, calcule a frequência natural $(f_n)_y$ de vibração vertical e $(f_n)_\theta$ de rotação em torno de G. Se o movimento vertical é suprimido e ocorre um leve desbalanceamento em rotação, a que velocidade N o motor não deve operar?

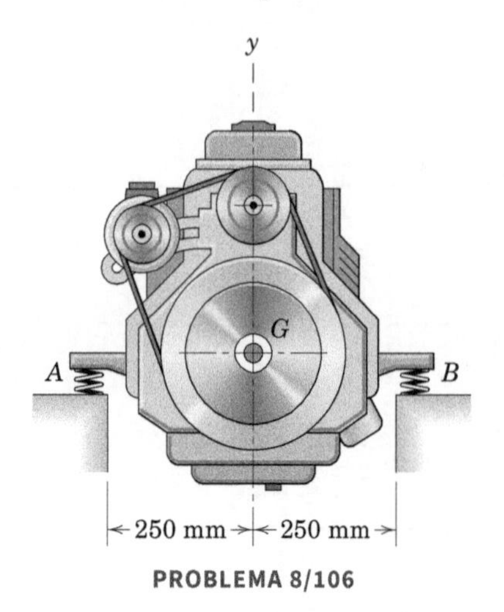

PROBLEMA 8/106

8/107 O cilindro A de raio r, massa m e raio de giração k é acionado por um sistema cabo-mola fixado ao cilindro acionador B, que oscila conforme indicado. Se os cabos não deslizam sobre os cilindros, e se ambas as molas estão esticadas até o ponto em que não se afrouxem durante um ciclo de movimento, determine uma expressão para a amplitude $\theta_{máx}$ da oscilação em regime permanente do cilindro A.

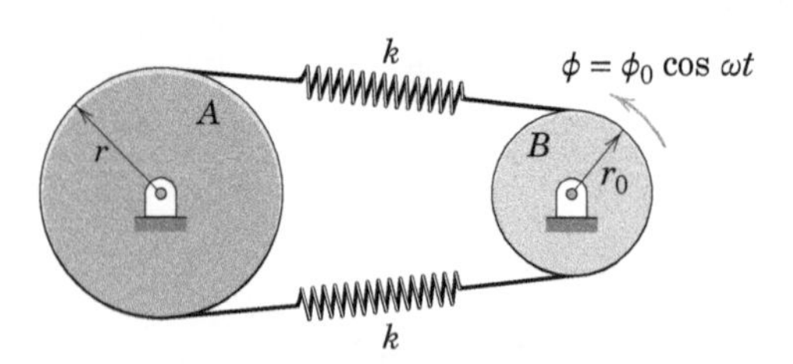

PROBLEMA 8/107

▶8/108 Uma máquina de 200 kg está em equilíbrio sobre quatro montantes no piso, cada qual com uma constante de mola k = 250 kN/m e uma coeficiente de amortecimento viscoso efetivo c = 1000 N · s/m. Sabe-se que o piso vibra verticalmente com uma frequência de 24 Hz. Qual seria o efeito sobre a amplitude da oscilação absoluta da máquina se os montantes fossem substituídos por outros que tivessem a mesma constante efetiva de mola, mas o dobro do coeficiente de amortecimento?

*Problemas Orientados para Solução Computacional

*8/109 A massa de um sistema criticamente amortecido tendo uma frequência natural ω_n = 4 rad/s é liberado a partir da condição de equilíbrio com um deslocamento inicial x_0. Determine o tempo t necessário para que a massa alcance a posição $x = 0{,}1\, x_0$.

*8/110 O setor uniforme do Probl. 8/63 é reapresentado aqui com m = 4 kg, r = 325 mm e β =45°. Seja θ a deflexão angular a partir da posição vertical. Se o setor é liberado a partir da posição de equilíbrio com θ_0 = 90°, trace um gráfico do valor de θ para o intervalo de tempo $0 \le t \le 6$ s. O atrito no pivô em O resulta em um torque resistivo com intensidade $M = c\dot{\theta}$, em que c = 0,35 N · m · s/rad. Compare seus resultados para grandes ângulos com os resultados para pequenos ângulos com uso da aproximação de sen $\theta \cong \theta$ e estabeleça o valor de θ quando t = 1 s para os casos de grandes e pequenos ângulos. (*Observação:* A solução para este problema é consideravelmente difícil e envolve integrais elípticas. Recomenda-se uma solução numérica utilizando *software* matemático adequado.)

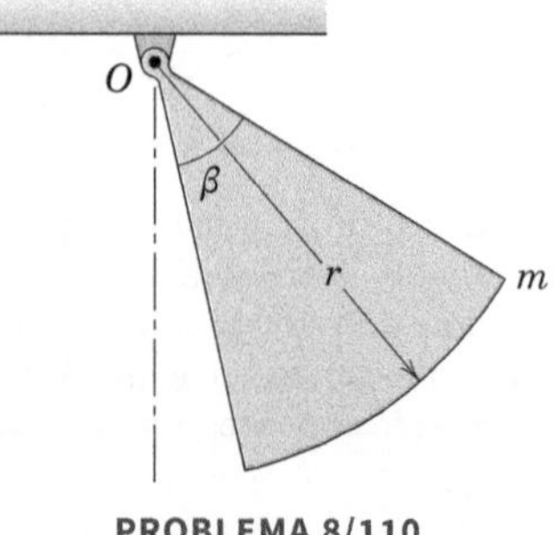

PROBLEMA 8/110

*8/111 A massa do sistema representado é liberada com condições iniciais $x_0 = 0{,}1$ m e $\dot{x}_0 = -5$ m/s, em $t = 0$. Represente graficamente a resposta do sistema e determine o(s) tempo(s) (se houver) em que o deslocamento $x = -0{,}05$ m.

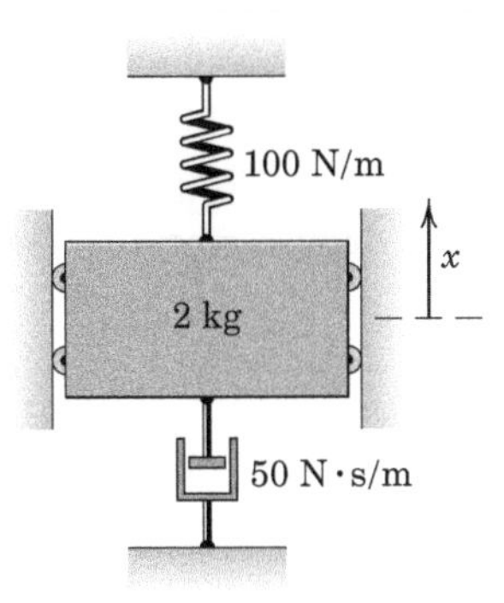

PROBLEMA 8/111

*8/112 Na figura, são apresentados os elementos de um medidor de deslocamentos usado para estudar o movimento $y_B = b$ sen ωt da base. O movimento da massa em relação à carcaça é registrado no cilindro giratório. Se $l_1 = 360$ mm, $l_2 = 480$ mm, $l_3 = 600$ mm, $m = 0{,}9$ kg, $c = 1{,}4$ N · s/m e $\omega = 10$ rad/s, determine a faixa para a constante de mola k por meio da qual a amplitude do deslocamento relativo registrado é inferior a $1{,}5b$. Assume-se que a razão ω/ω_n deve permanecer maior que a unidade.

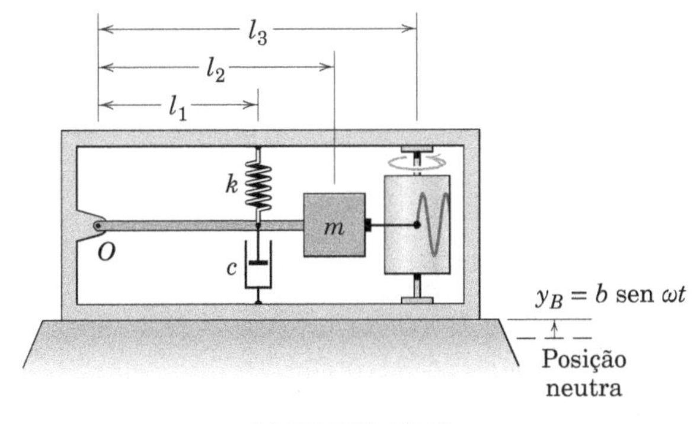

PROBLEMA 8/112

*8/113 O oscilador linear amortecido de massa $m = 4$ kg, constante de mola $k = 200$ N/m, e fator de amortecimento viscoso $\zeta = 0{,}1$ está inicialmente em repouso em uma posição neutra, quando é submetido a um carregamento impulsivo repentino F durante um intervalo muito curto de tempo, conforme mostrado. Se o impulso $I = \int F\,dt = 8$N· s, determine o deslocamento resultante x como uma função do tempo e trace um gráfico para os dois segundos imediatamente após o impulso.

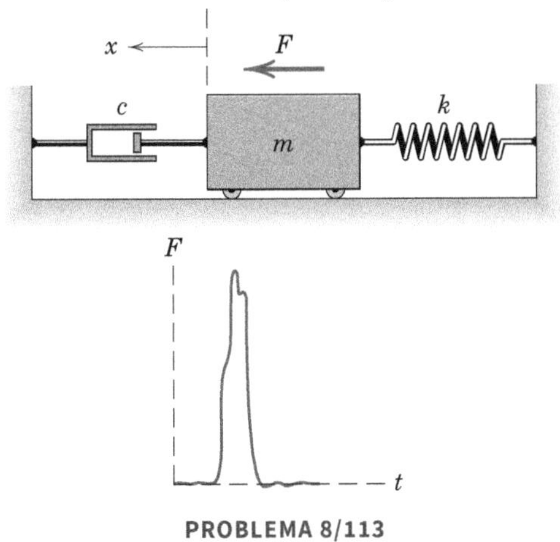

PROBLEMA 8/113

*8/114 Represente graficamente a resposta x do corpo de 20 kg ao longo do intervalo de tempo $0 \le t \le 1$ segundo. Determine os valores máximo e mínimo de x e seus respectivos instantes de tempo. As condições iniciais são $x_0 = 0$ e $\dot{x}_0 = 2$m m/s.

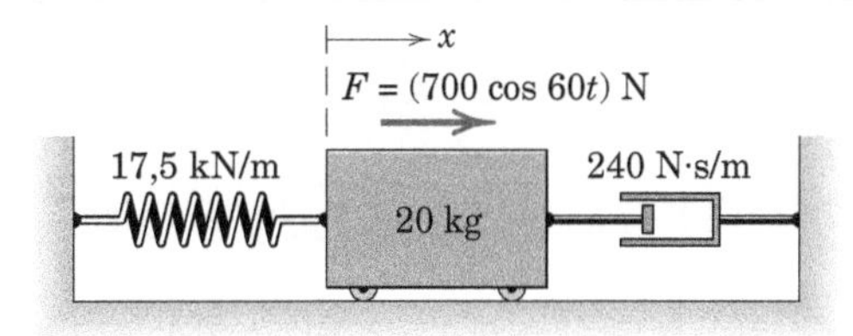

PROBLEMA 8/114

*8/115 Determine e represente graficamente a resposta x como uma função do tempo para o oscilador linear não amortecido, submetido à força F que varia linearmente com o tempo, durante os primeiros 3/4 de segundo, conforme indicado. A massa está inicialmente em repouso, com $x = 0$ no instante de tempo $t = 0$.

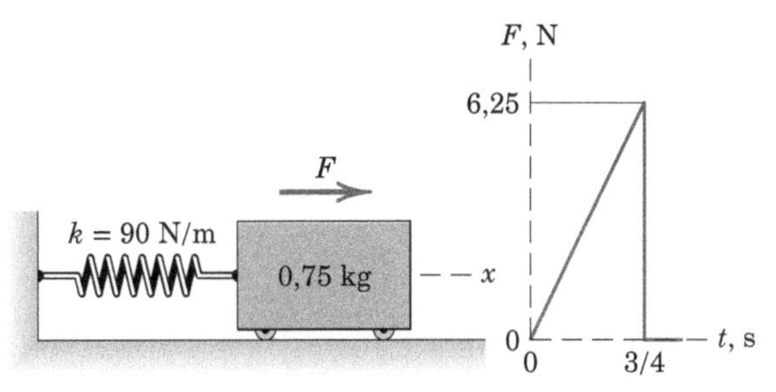

PROBLEMA 8/115

*8/116 O cilindro de 4 kg está preso a um amortecedor viscoso e à mola de rigidez $k = 800$ N/m. Se o cilindro é liberado a partir do repouso, no instante de tempo $t = 0$, da posição em que está deslocado de uma distância $y = 100$ mm em relação a sua posição de equilíbrio, trace o gráfico do deslocamento y em função do tempo, durante o primeiro segundo, para os dois casos em que o coeficiente de amortecimento viscoso é (a) $c = 124$ N · s/m e (b) $c = 80$ N · s/m.

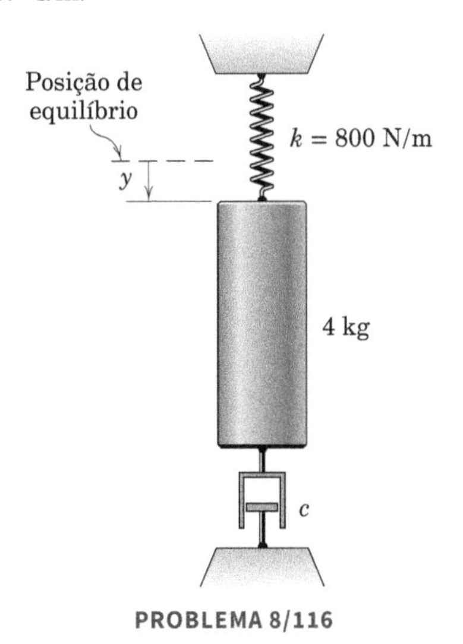

PROBLEMA 8/116

Apêndice B

* Problemas orientados para solução computacional

▶ Problemas difíceis

Problemas para a Seção B/1

Exercícios de integração

B/1 Determine os momentos de inércia de massa em torno dos eixos x, y e z da haste esbelta de comprimento L e massa m que mantém um ângulo β com o eixo x, conforme indicado.

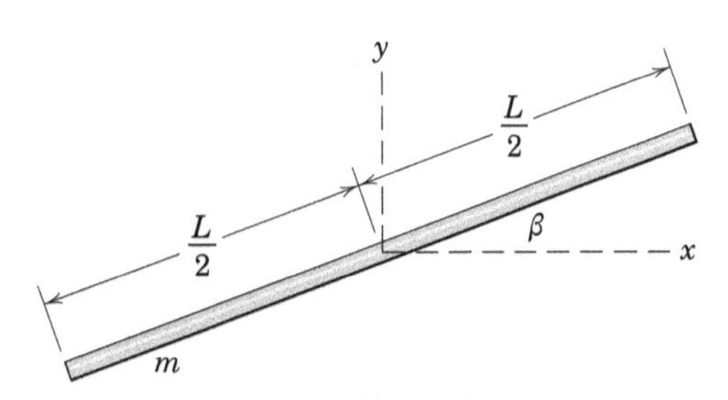

PROBLEMA B/1

B/2 Determine o momento de inércia de massa da placa triangular fina e uniforme, com massa m, em torno do eixo x. Determine também o raio de giração em torno do eixo x. Por analogia, determine I_{yy} e k_y. Determine, então, I_{zz} e k_z.

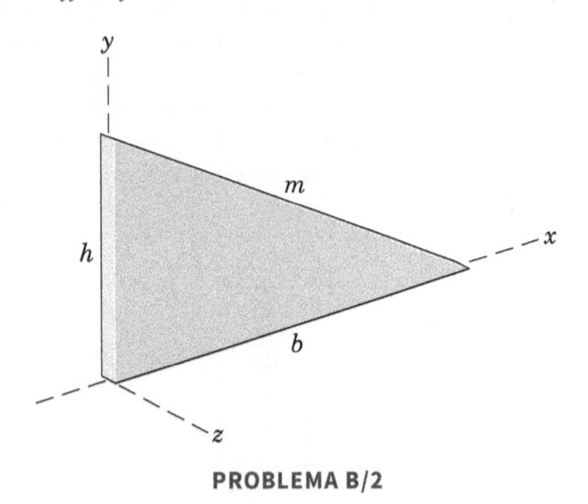

PROBLEMA B/2

B/3 Calcule o momento de inércia de massa do cone homogêneo, com seção transversal circular, massa m, raio r e altura h, em torno de seu eixo x e em torno do eixo y, através de seu vértice.

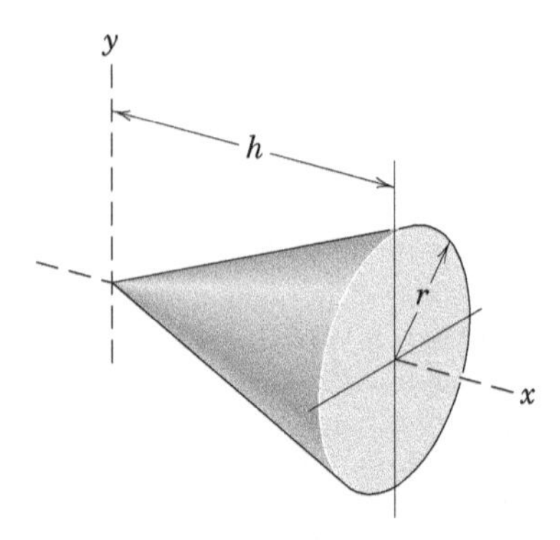

PROBLEMA B/3

B/4 Determine o momento de inércia de massa da placa fina, parabólica e uniforme, com massa m, em torno do eixo x. Determine o raio de giração correspondente.

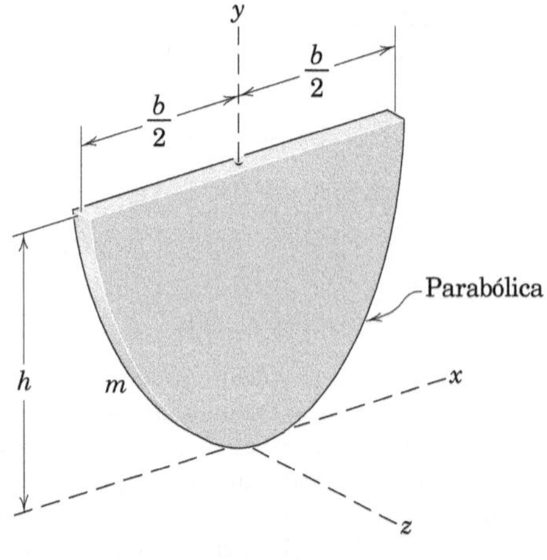

PROBLEMA B/4

B/5 Determine o momento de inércia de massa, em torno do eixo y, para a placa parabólica do problema anterior. Determine o raio de giração em torno do eixo y.

B/6 Determine os momentos de inércia em torno dos eixos x', y' e z' passando pela extremidade da placa em A, para a placa fina e homogênea, com espessura t. Consulte os resultados do Exemplo de Problema B/4 e a Tabela D/3 no Apêndice D, quando necessário.

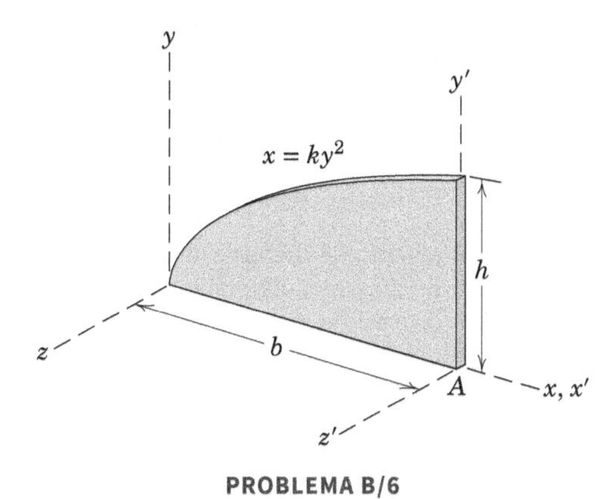

PROBLEMA B/6

B/7 Determine o momento de inércia de massa da placa elíptica, fina e uniforme (massa m), em torno do eixo x. Depois, por analogia, determine a expressão para I_{yy}. Finalmente, determine I_{zz}.

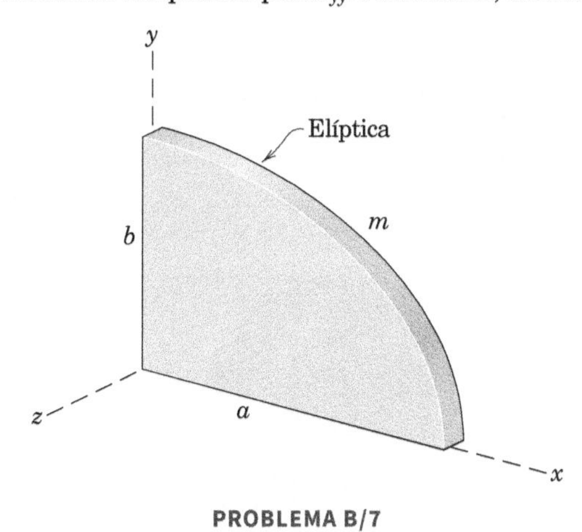

PROBLEMA B/7

B/8 Determine o momento de inércia de massa de um sólido de revolução, homogêneo e de massa m, em torno do eixo x.

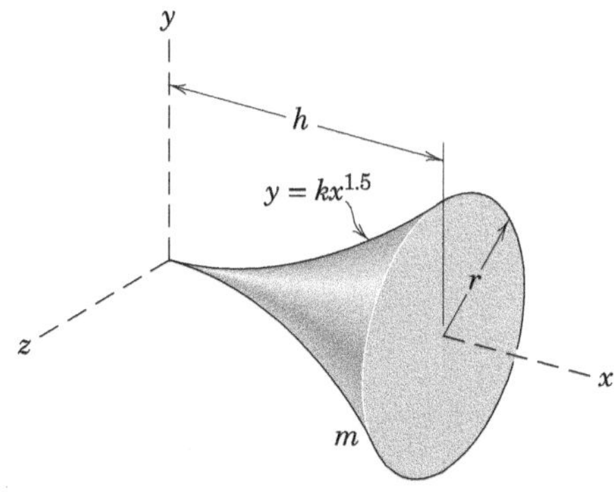

PROBLEMA B/8

B/9 Determine o momento de inércia de massa do sólido de revolução do problema anterior, em torno dos eixos y e z.

B/10 Um sólido homogêneo e de massa m é formado pela revolução do triângulo retângulo, fazendo o ângulo de 45° com o eixo z. Determine o raio de giração do sólido em torno do eixo z.

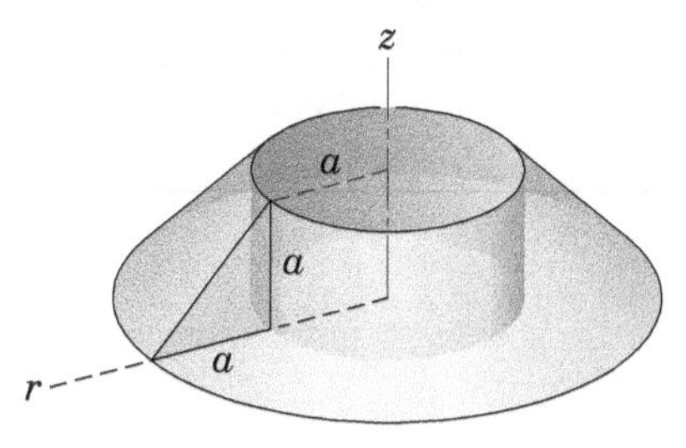

PROBLEMA B/10

B/11 Determine o raio de giração, em torno do eixo z, do paraboloide de revolução representado. A massa do corpo homogêneo é m.

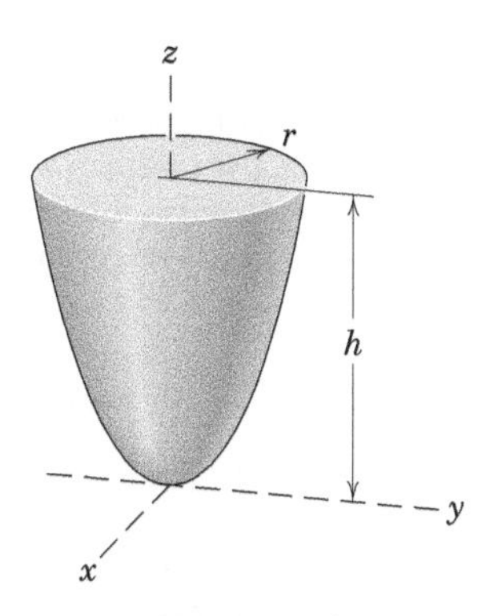

PROBLEMA B/11

B/12 Determine o momento de inércia em torno do eixo y para o paraboloide de revolução do problema anterior.

B/13 Desenvolva uma expressão para o momento de inércia do sólido de revolução homogêneo de massa m, em torno do eixo y.

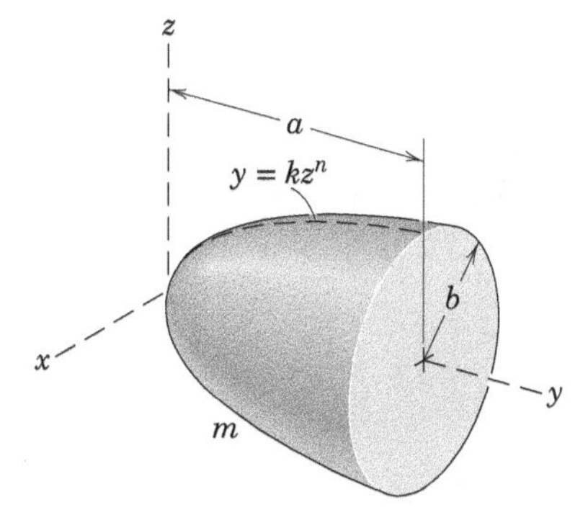

PROBLEMA B/13

B/14 Determine o momento de inércia e massa, em torno do eixo x, do segmento de sólido esférico de massa m.

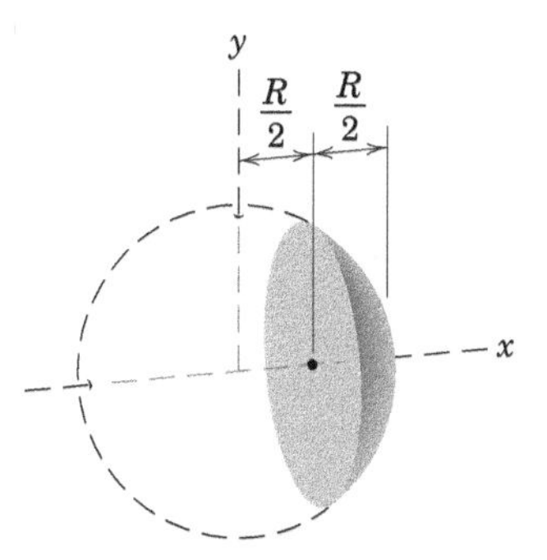

PROBLEMA B/14

B/15 Determine o momento de inércia de massa, em torno da geratriz, de um anel completo (toroide) de massa m que tem uma seção transversal circular, com as dimensões indicadas na vista em corte.

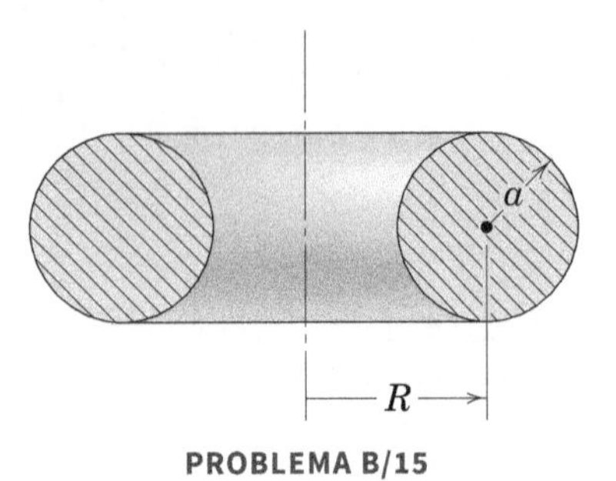

PROBLEMA B/15

B/16 A área plana representada na porção superior da figura é girada 180° em torno do eixo x, para formar o corpo de revolução, com massa m, representado na porção inferior da figura. Determine o momento de inércia de massa do corpo em torno do eixo x.

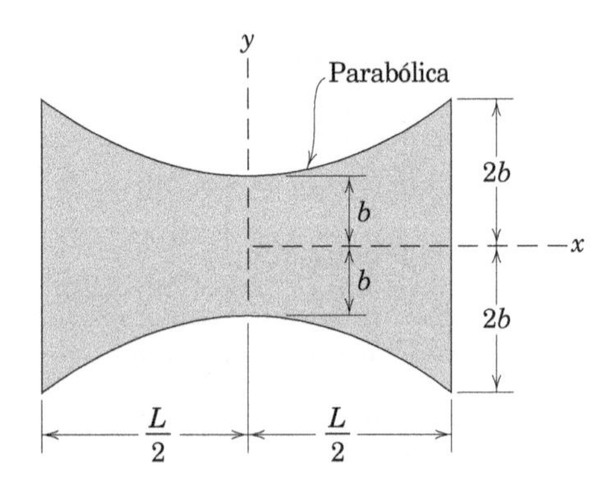

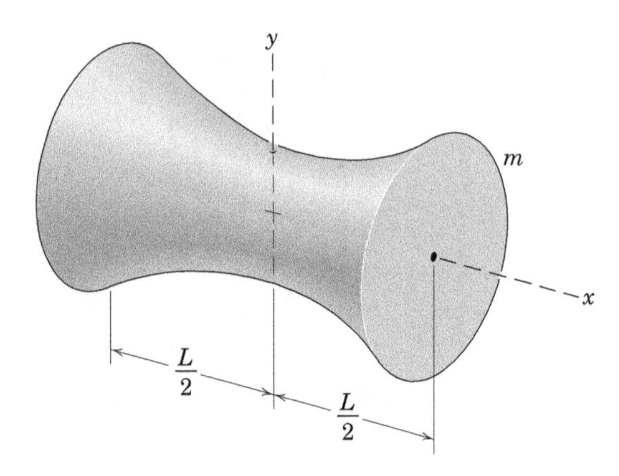

PROBLEMA B/16

B/17 Determine I_{yy} para o corpo de revolução homogêneo do problema anterior.

B/18 A espessura da placa triangular, fina, homogênea e de massa m varia linearmente com a distância do vértice até a base. A espessura a, na base, é pequena quando comparada com as demais dimensões. Determine o momento de inércia de massa da placa, em torno do eixo y, ao longo da linha de centro da base.

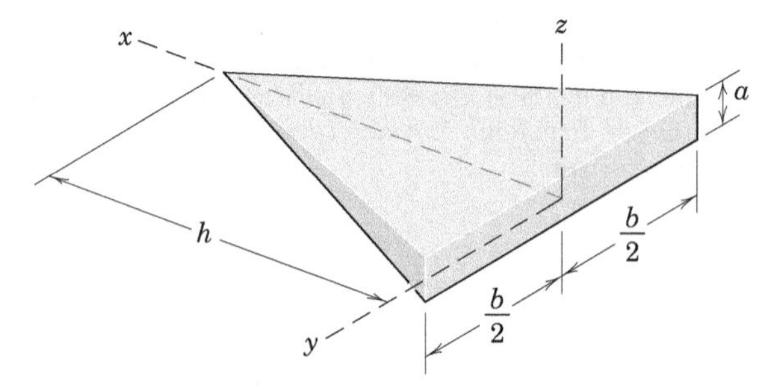

PROBLEMA B/18

B/19 Determine o momento de inércia em torno da geratriz, do tubo vazado circular de massa m obtido pela revolução completa em torno da geratriz do anel fino representado na vista em corte.

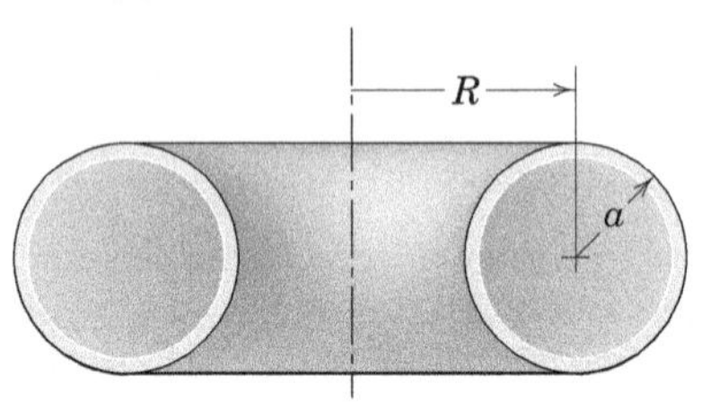

PROBLEMA B/19

B/20 Determine os momentos de inércia de massa da casca semiesférica, em relação aos eixos x e z. A massa da casca é m, e sua espessura é desprezível quando comparada com o raio r.

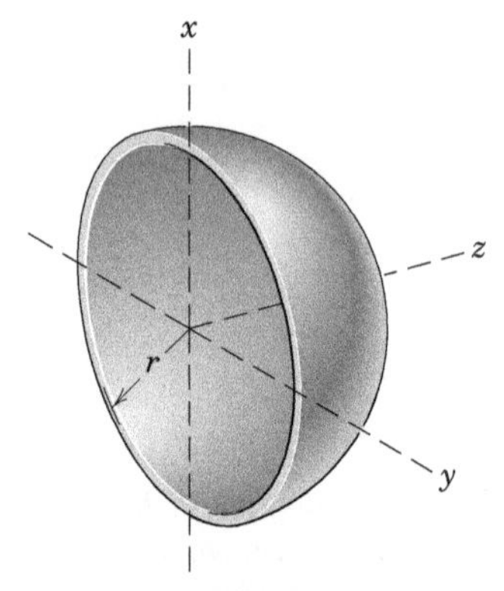

PROBLEMA B/20

B/21 A parte do sólido de revolução é formada pela rotação da área sombreada no plano x-y por 90° em torno do eixo z. Se a massa do sólido é m, determine seu momento de inércia em torno do eixo z.

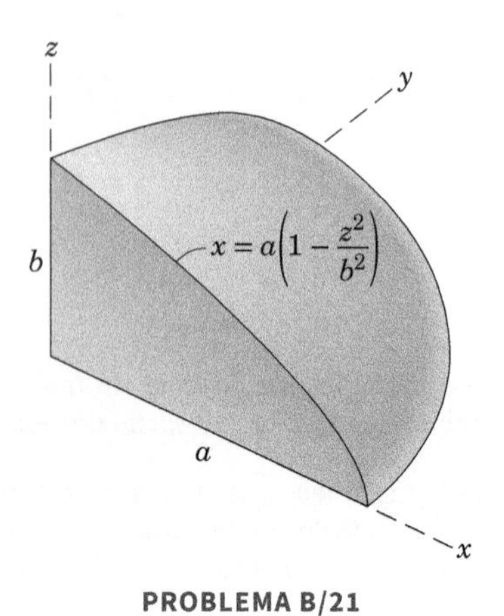

PROBLEMA B/21

B/22 Para a parte do sólido de revolução do Probl. B/21, determine o momento de inércia em torno do eixo y.

►B/23 A casca de massa m é obtida pela revolução da seção de um quarto de círculo em torno do eixo z. Se a espessura da casca é pequena quando comparada com a e se $r = a/3$, determine o raio de giração da casca em torno do eixo z.

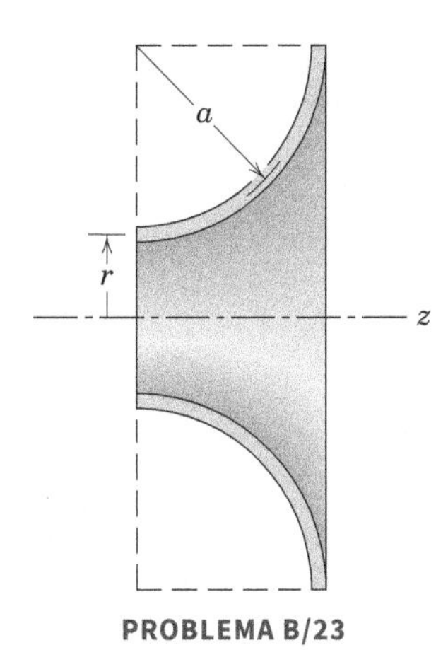

PROBLEMA B/23

►B/24 Determine o momento de inércia e o raio de giração correspondente da casca parabólica fina e homogênea em torno do eixo y. A casca tem dimensões $r = 70$ mm e $h = 200$ mm e é feita de chapa metálica com uma massa por unidade de área de 32 k/m^2.

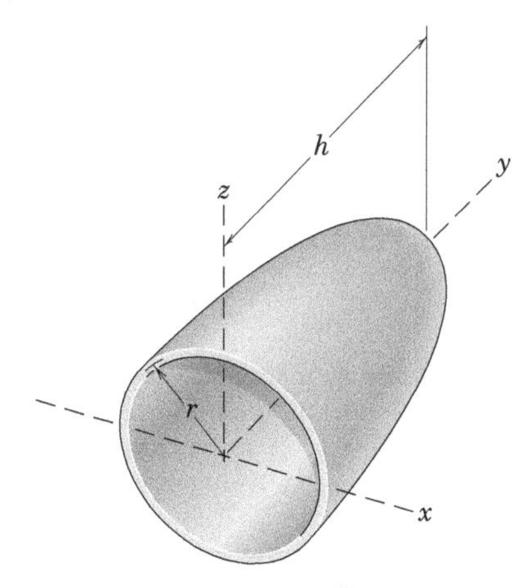

PROBLEMA B/24

►B/25 Para a casca parabólica do problema anterior, determine o momento de inércia de massa e o raio de giração correspondente em torno do eixo z.

Exercícios de Corpos Compostos e Eixos Paralelos

B/26 O momento de inércia de massa de cilindro sólido e homogêneo, em torno de um eixo paralelo ao seu eixo central, pode ser obtido, de forma aproximada, pela multiplicação da massa do cilindro pelo quadrado da distância d entre os dois eixos. Qual a percentagem de erro e resultante, se (*a*) $d = 10r$ e (*b*) $d = 2r$?

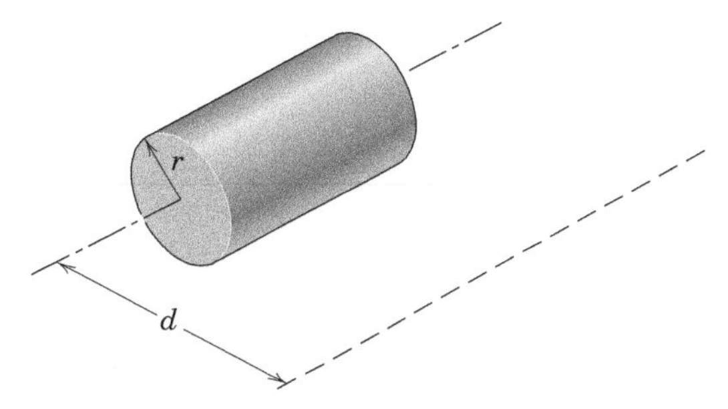

PROBLEMA B/26

B/27 As duas pequenas esferas, cada uma com massa m, estão ligadas por uma haste fina e rígida, que está no plano x-z. Determine os momentos de inércia de massa do conjunto em torno dos eixos x, y e z.

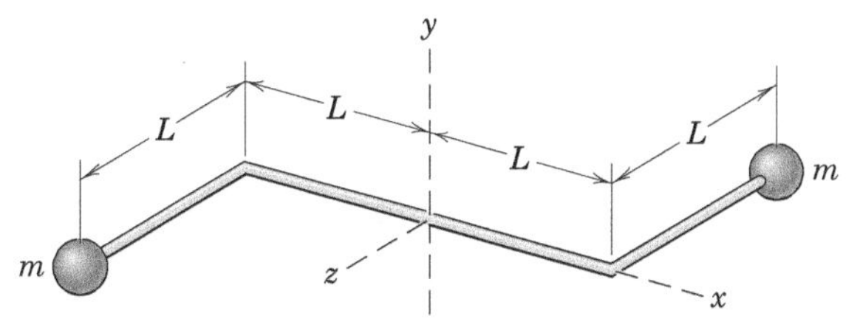

PROBLEMA B/27

B/28 O bloco plástico moldado tem massa específica de 1300 kg/m^3. Calcule o momento de inércia em torno do eixo y-y. Que percentagem de erro e é introduzida pelo uso da aproximação da relação $1/3ml^2$ para I_{xx}?

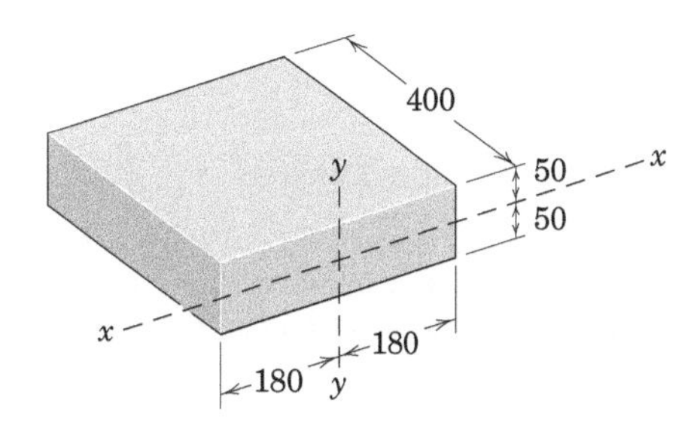

Dimensões em milímetros

PROBLEMA B/28

B/29 Determine I_{xx} para o cilindro vazado. A massa do corpo é m.

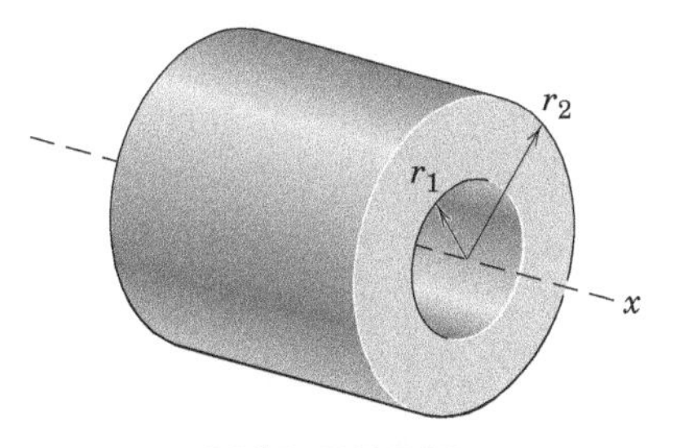

PROBLEMA B/29

B/30 Determine o momento de inércia de massa, em torno do eixo z, do cilindro vazado.

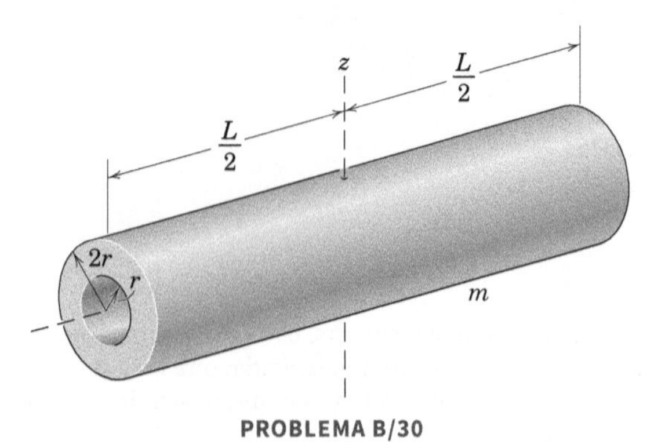

PROBLEMA B/30

B/31 Um cubo de aço de 150 mm é cortado ao longo do plano contendo sua diagonal. Calcule o momento de inércia de massa do prisma resultante, em torno da aresta x-x.

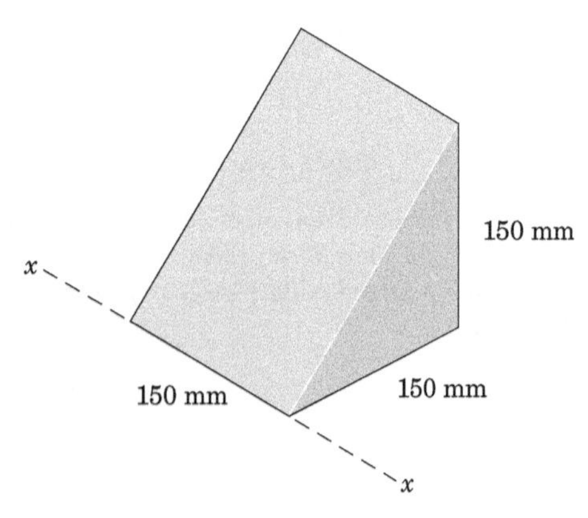

PROBLEMA B/31

B/32 Determine o comprimento L de cada haste esbelta de massa $m/2$, que deve ser presa, centralmente, às faces do disco homogêneo e fino, com massa m, para fazer com que os momentos de inércia de massa do conjunto em torno do eixo x e do eixo z sejam iguais.

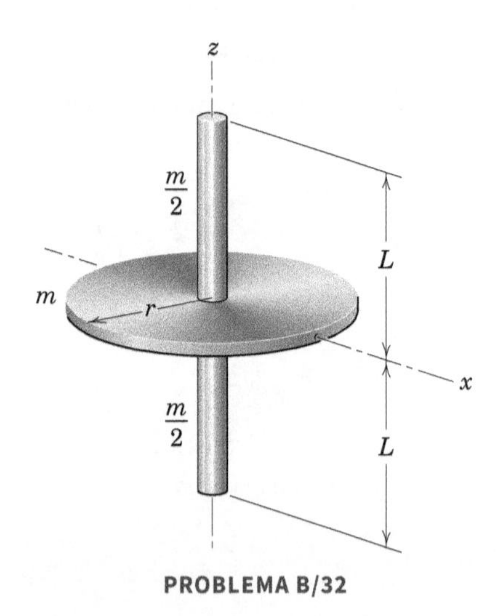

PROBLEMA B/32

B/33 Determine o momento de inércia de massa do martelo, em torno do eixo x. A massa específica do cabo de madeira é 800 kg/m^3 e a da cabeça de metal é 9000 kg/m^3. O eixo longitudinal da cabeça cilíndrica é normal ao eixo x. Estabeleça todas as hipóteses.

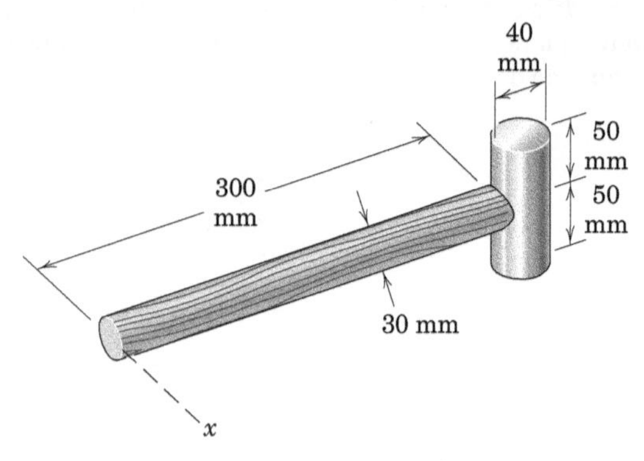

PROBLEMA B/33

B/34 Uma raquete de badminton é fabricada com hastes uniformes e finas, dobradas no formato representado. Despreze as cordas e o cabo construído de madeira e estime o momento de inércia de massa em torno do eixo y, através de O, que é a localização da mão do jogador. A massa por unidade de comprimento do material da haste é ρ.

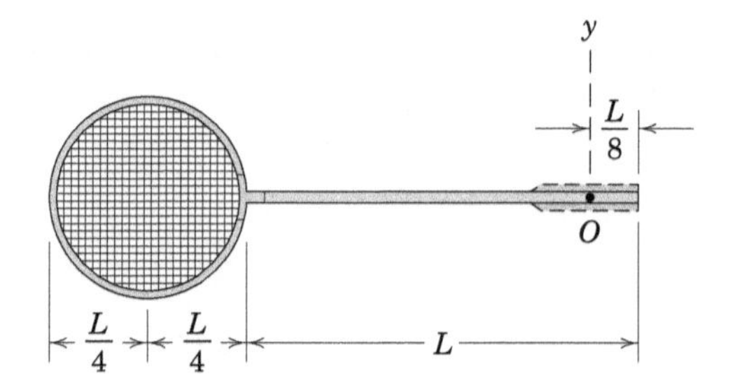

PROBLEMA B/34

B/35 Calcule o momento de inércia do volante de aço, representado em seção transversal, em torno de seu eixo central. Há oito braços, cada um com uma área de seção transversal constante de 200 mm^2. Qual a percentagem n do momento de inércia total fornecida pelo anel externo?

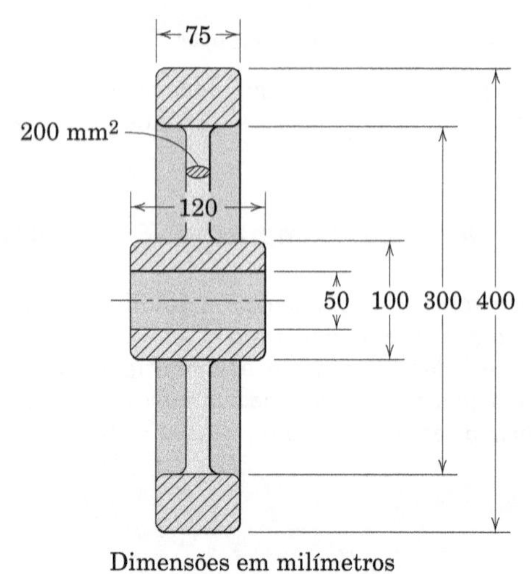

Dimensões em milímetros

PROBLEMA B/35

B/36 O conjunto soldado é fabricado a partir de uma haste uniforme que tem uma massa de 0,6 kg por metro de comprimento e a placa semicircular tem uma massa de 40 kg por metro quadrado. Determine o momento de inércia de massa do conjunto em torno dos três eixos coordenados indicados.

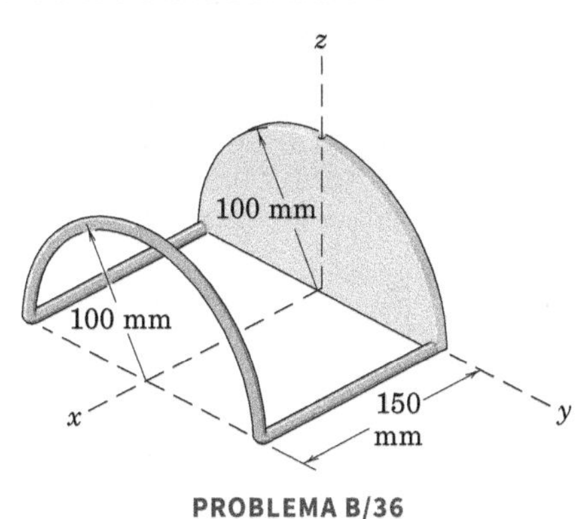

PROBLEMA B/36

B/37 A haste uniforme de comprimento $4b$ e massa m é dobrada no formato indicado. O diâmetro da haste é pequeno, quando comparado com seu comprimento. Determine os momentos de inércia da haste, em torno dos três eixos coordenados.

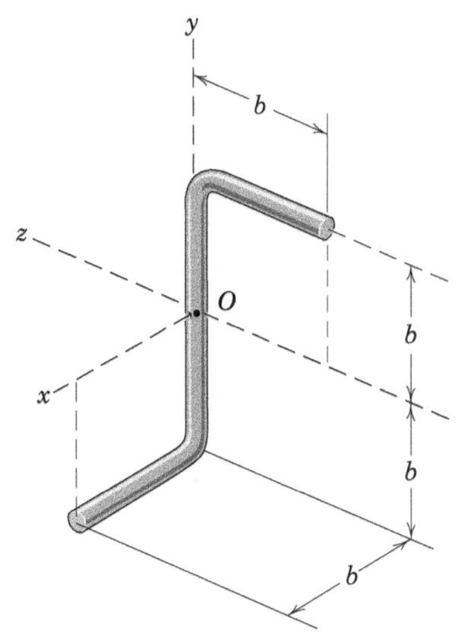

PROBLEMA B/37

B/38 O conjunto soldado representado é fabricado a partir de uma haste de aço que tem uma massa de 0,7 kg por metro de comprimento. Determine o momento de inércia e massa do conjunto (*a*) em torno do eixo y e (*b*) em torno do eixo z.

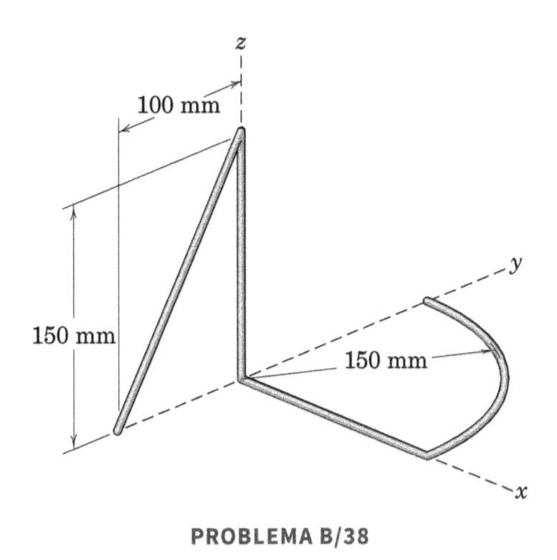

PROBLEMA B/38

B/39 Calcule o momento de inércia do sólido maciço semicilíndrico, em torno do eixo x-x e em torno do eixo paralelo x_0-x_0. (Veja a Tabela D/1 no Apêndice D para a massa específica do aço.)

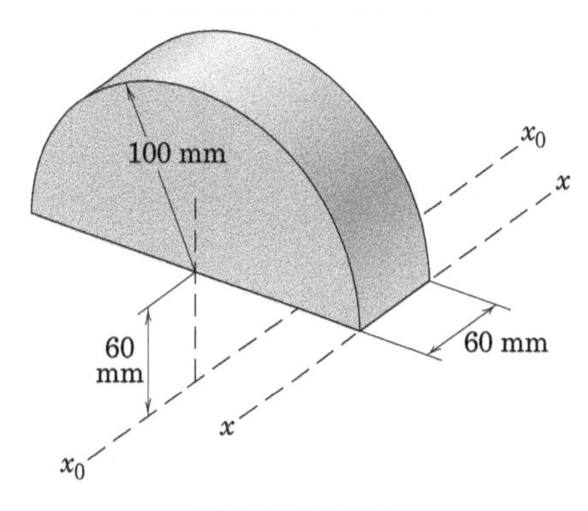

PROBLEMA B/39

B/40 O corpo é construído com uma placa quadrada, uma haste reta uniforme, uma haste em forma de quarto de círculo e uma partícula (dimensões desprezíveis). Se cada parte tem a massa indicada, determine o momento de inércia de massa do corpo em torno dos eixos x, y e z.

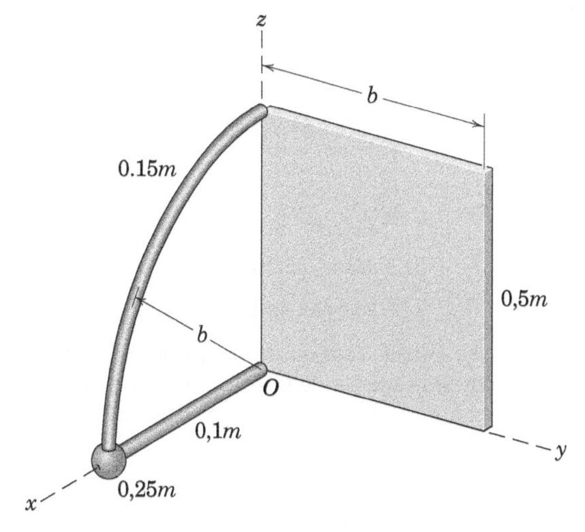

PROBLEMA B/40

B/41 O pêndulo de relógio consiste em uma haste esbelta de comprimento l, massa m e de um prumo de massa $7m$. Despreze os efeitos do raio do prumo e determine I_O em termos da posição x do prumo. Calcule o raio R de I_O calculado para $x = 3/4\ l$ para I_O avaliado em $x = l$.

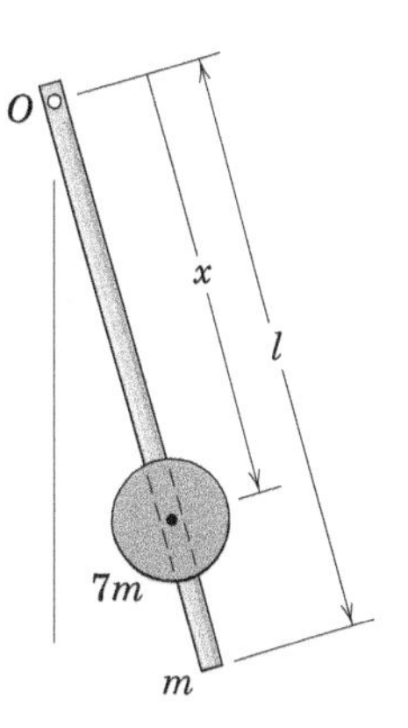

PROBLEMA B/41

B/42 Uma placa quadrada, de que foi removido um setor de um quarto de circunferência, tem uma massa resultante m. Determine o momento de inércia em torno do eixo A-A, normal ao plano da placa.

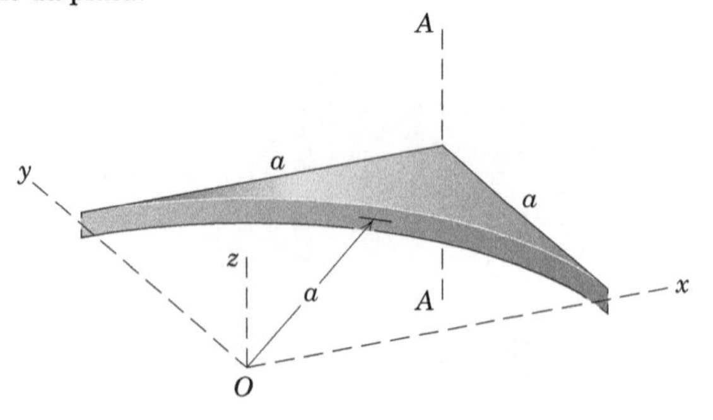

PROBLEMA B/42

B/43 O componente de máquina é feito de aço e projetado para girar em torno do eixo O-O. Calcule seu raio de giração k_O em torno deste eixo.

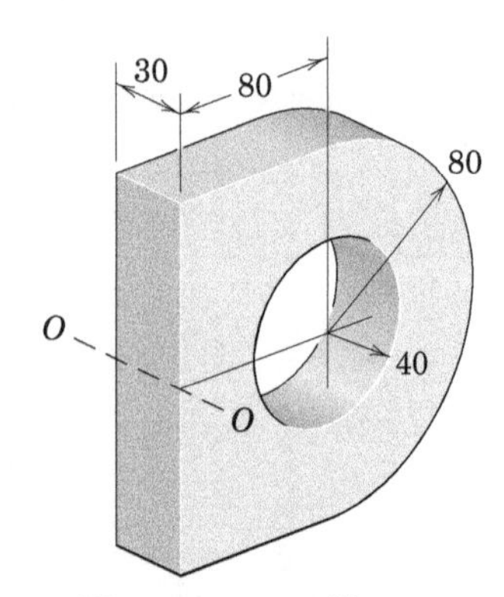

Dimensões em milímetros

PROBLEMA B/43

B/44 O conjunto soldado representado é formado por uma haste de aço que tem uma massa de 0,993 kg por metro de comprimento. Calcule o momento de inércia do conjunto em torno do eixo x-x.

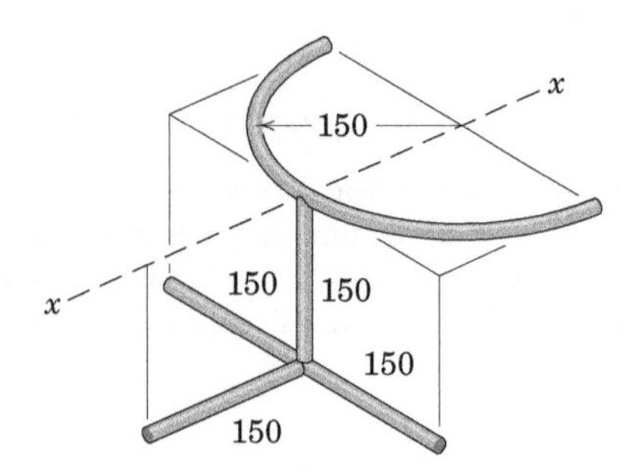

Dimensões em milímetros

PROBLEMA B/44

B/45 Determine I_{xx} para o tronco de cone, que tem raios da base r_1 e r_2 e massa m.

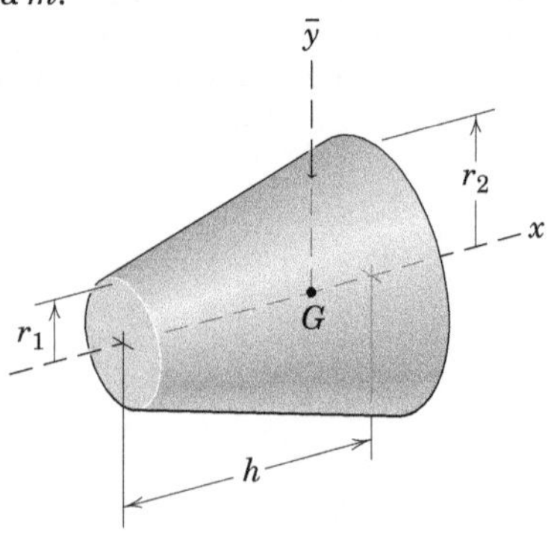

PROBLEMA B/45

B/46 Um modelo preliminar para uma espaçonave consiste em uma casca cilíndrica e dois painéis planos, conforme indicado. A casca e os painéis têm a mesma espessura e massa específica. Pode-se mostrar que, para que a espaçonave tenha uma rotação estável em torno do eixo 1-1, o momento de inércia em torno do eixo 1-1 deve ser menor do que o momento de inércia em torno do eixo 2-2. Determine o valor crítico de l que deve ser excedido para assegurar a rotação estável em torno do eixo 1-1.

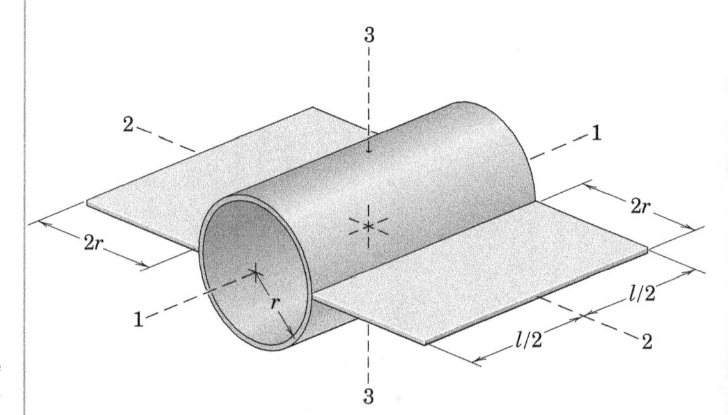

PROBLEMA B/46

Problemas para a Seção B/2

Problemas Introdutórios

B/47 Determine os produtos de inércia em relação aos eixos coordenados para o conjunto formado por quatro pequenas esferas, cada uma de massa m, ligadas por barras esbeltas, mas rígidas.

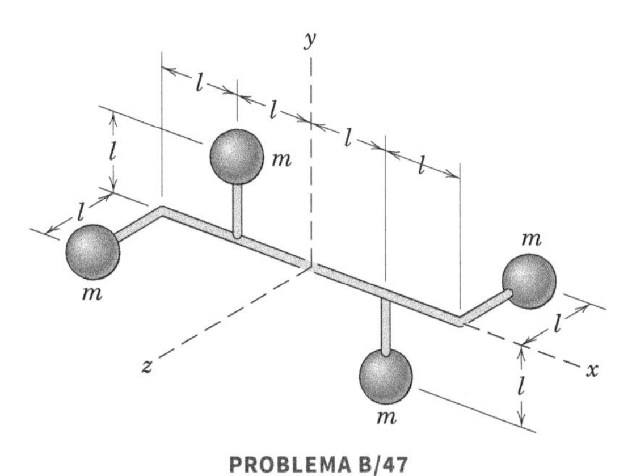

PROBLEMA B/47

B/48 Determine os produtos de inércia em relação aos eixos coordenados para o conjunto formado por três pequenas esferas, cada uma de massa m, ligadas por barras esbeltas, mas rígidas.

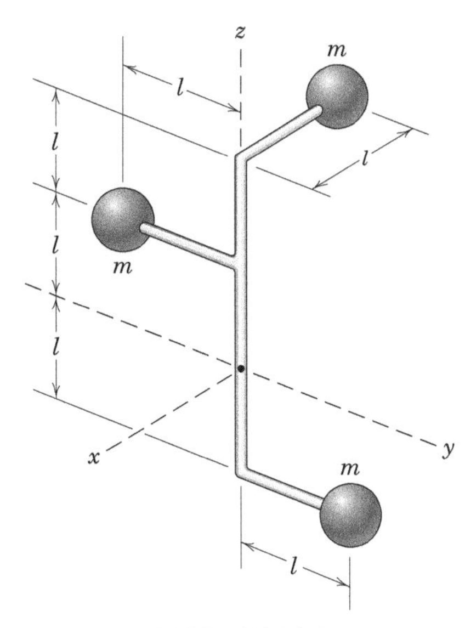

PROBLEMA B/48

B/49 Determine o produto de inércia I_{xy} para a barra esbelta de massa m.

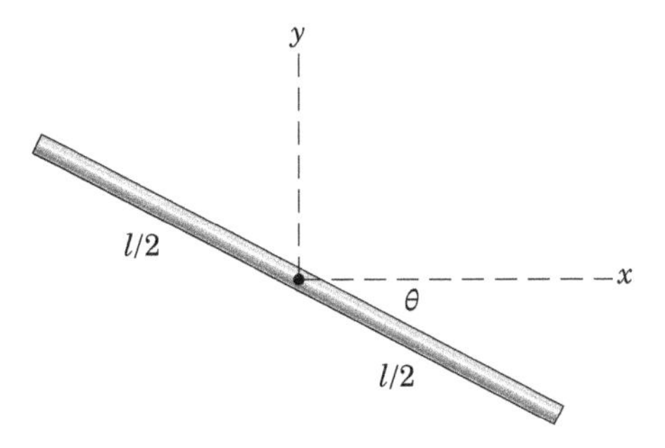

PROBLEMA B/49

B/50 A barra esbelta de massa m está conformada em um quarto de arco circular de raio r. Determine os produtos de inércia da barra em relação aos eixos dados.

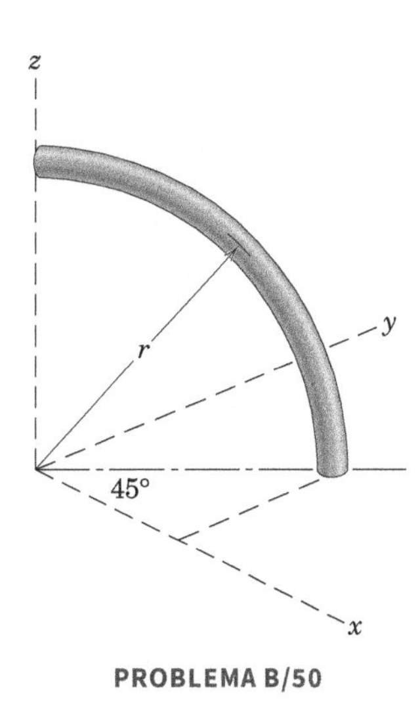

PROBLEMA B/50

B/51 Determine os produtos de inércia da barra esbelta uniforme, de massa m, em relação aos eixos coordenados mostrados.

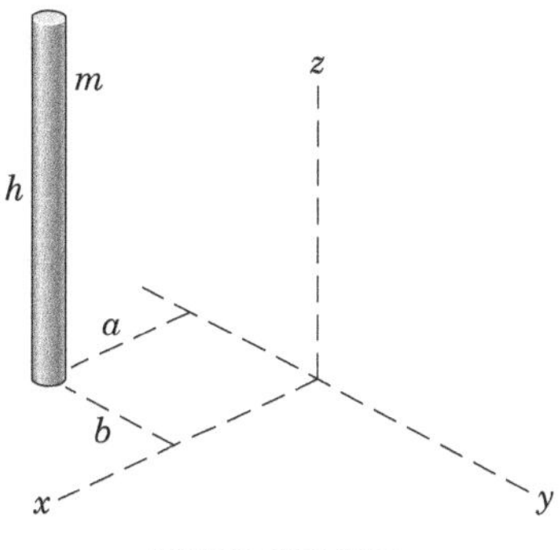

PROBLEMA B/51

B/52 Determine os produtos de inércia em relação aos eixos coordenados para a placa quadrada fina, que tem dois furos circulares. A massa do material da placa, por unidade de área, é ρ.

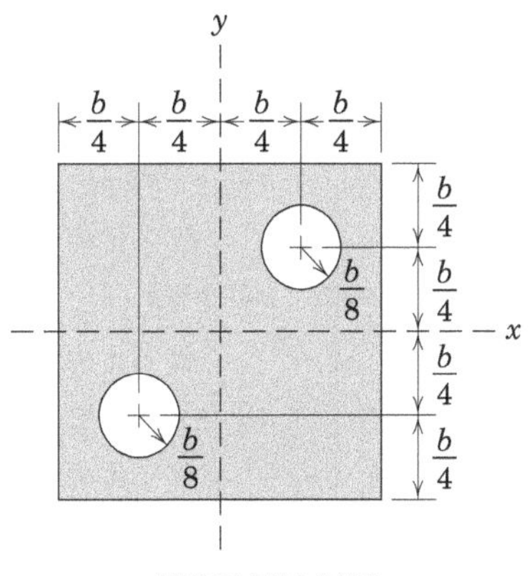

PROBLEMA B/52

B/53 Determine os produtos de inércia do sólido semicilíndrico homogêneo de massa m para os eixos indicados.

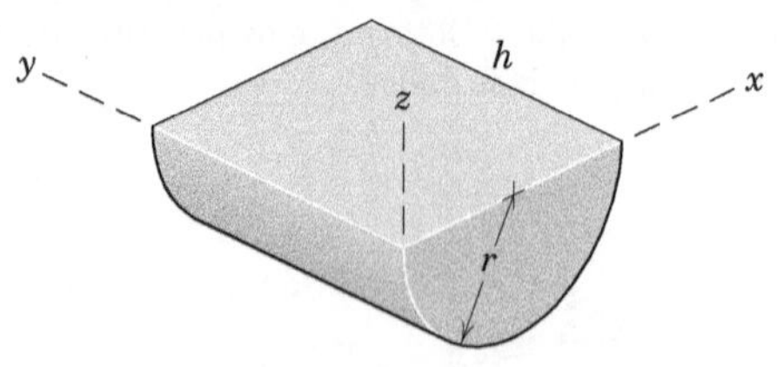

PROBLEMA B/53

B/54 A placa homogênea do Probl. B/6 é reapresentada aqui. Determine o produto de inércia da placa em torno dos eixos x-y. A placa tem massa m e espessura t.

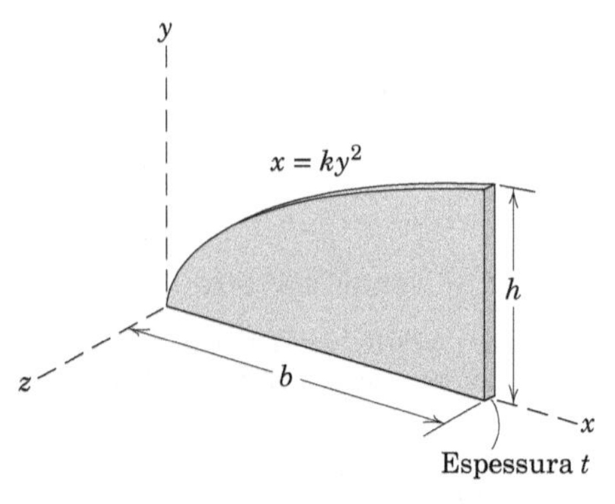

PROBLEMA B/54

B/55 Determine, por integração direta, o produto de inércia da placa triangular fina e homogênea de massa m em torno dos eixos x e y. Em seguida, use o teorema dos eixos paralelos para determinar o produto de inércia da placa em torno dos eixos x'- y' e dos eixos x''-y''. Qual é o produto de inércia em torno do centroide da placa?

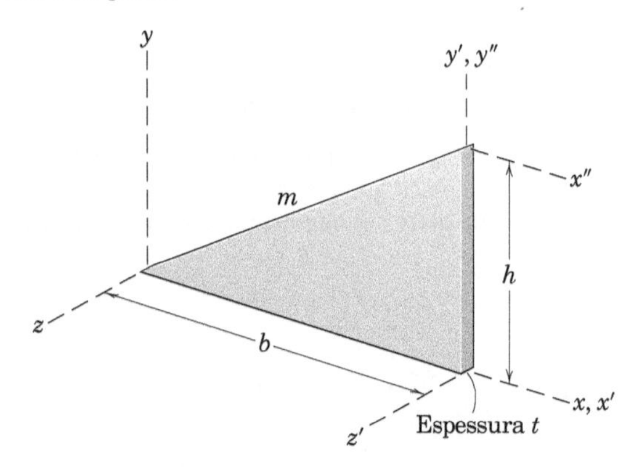

PROBLEMA B/55

Problemas Representativos

B/56 O bloco retangular uniforme tem massa de 25 kg. Calcule seus produtos de inércia em torno dos eixos coordenados indicados.

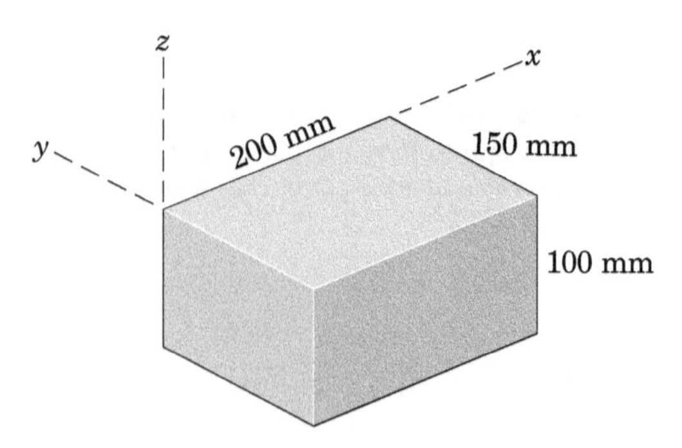

PROBLEMA B/56

B/57 Determine os produtos de inércia para a barra do Probl. B/37, repetida aqui.

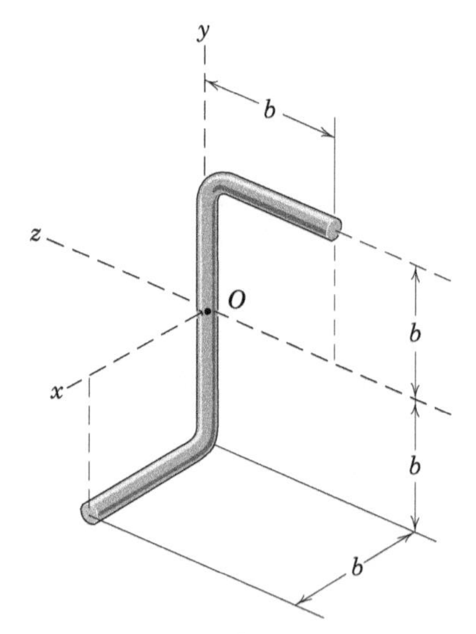

PROBLEMA B/57

B/58 A peça em formato de S é formada a partir de uma haste de diâmetro d dobrada em dois formatos semicirculares. Determine os produtos de inércia da haste cujo diâmetro d é pequeno em comparação com r.

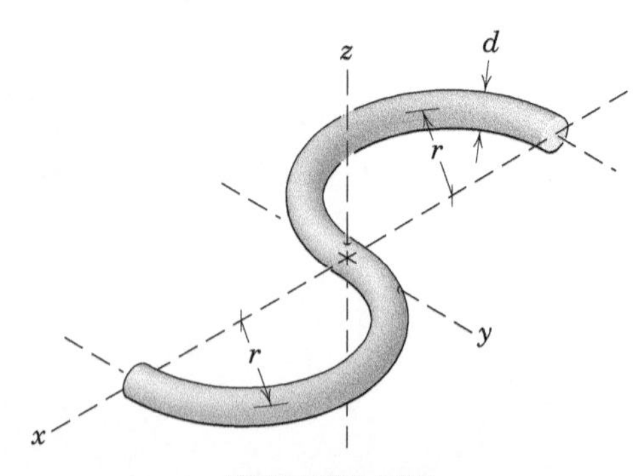

PROBLEMA B/58

*Problemas Orientados para Solução Computacional

*B/59 A peça de formato em L é cortada a partir de uma placa com 160 kg/m^2 de massa por área. Determine e apresente graficamente o momento de inércia da peça em torno do eixo A-A como uma função de θ desde $\theta = 0$ até $\theta = 90°$ e determine seu valor mínimo.

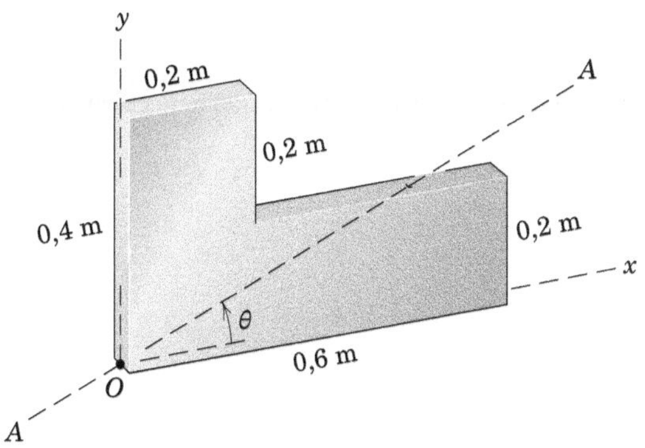

PROBLEMA B/59

*B/60 Determine o momento de inércia I em relação ao eixo OM para a barra esbelta uniforme, dobrada na forma mostrada. Faça um gráfico de I contra θ, de $\theta = 0$ a $\theta = 90°$ e determine o valor mínimo de I e o ângulo α que seu eixo faz com a direção x. (*Nota*: como a análise não envolve a coordenada z, as expressões desenvolvidas para os momentos de inércia de área, Eqs. A/9, A/10 e A/11, no Apêndice A do Vol. 1 *Estática*, podem ser usadas para esse problema, em vez das relações tridimensionais do Apêndice B.) A barra tem uma massa ρ por unidade de comprimento.

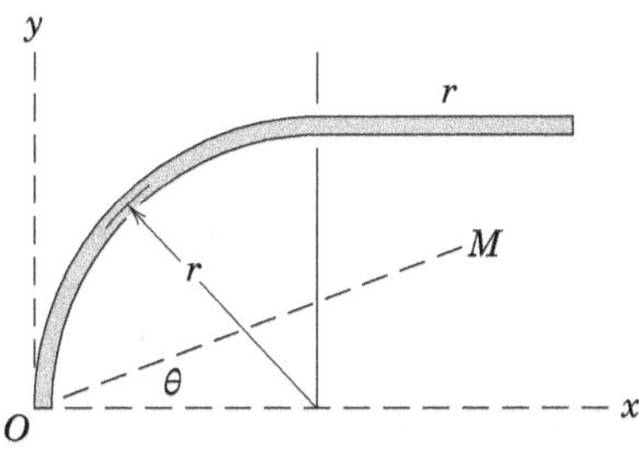

PROBLEMA B/60

*B/61 O conjunto de três pequenas esferas ligadas por barras rígidas leves do Probl. B/48 é repetido aqui. Determine os momentos de inércia principais e os cossenos diretores associados aos eixos do momento de inércia máximo.

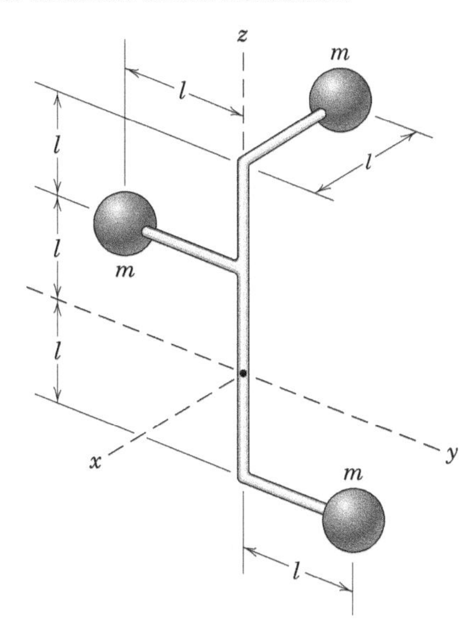

PROBLEMA B/61

*B/62 Determine o tensor de inércia para a placa fina e homogênea em torno dos eixos x, y e z. A placa tem massa m e espessura uniforme t. Qual o mínimo ângulo, medido a partir do eixo x, que fará a placa girar nas direções principais?

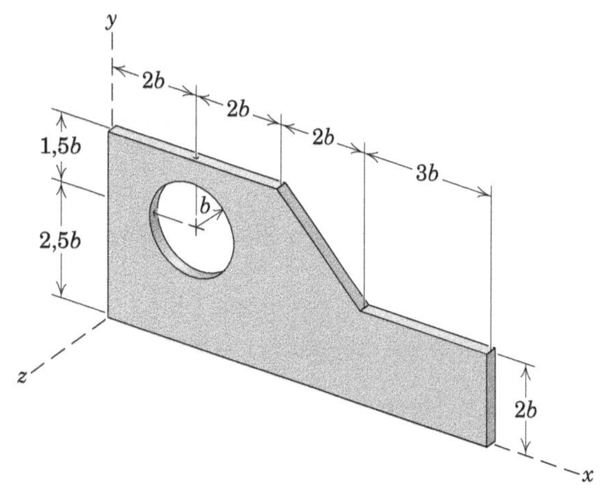

PROBLEMA B/62

*B/63 A placa fina tem uma massa por área ρ e apresenta o formato indicado. Determine os momentos principais de inércia da placa em torno do eixo O.

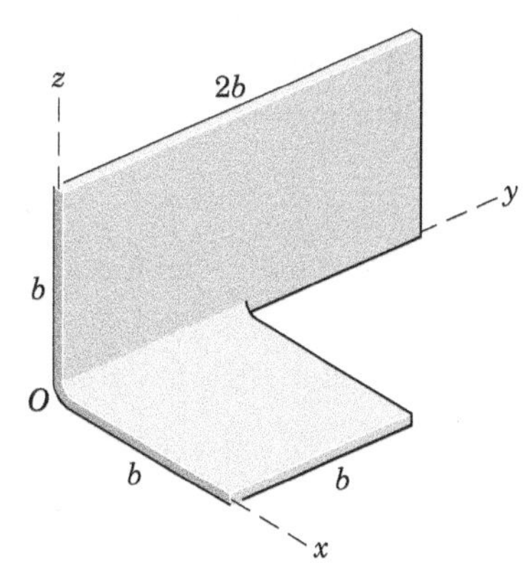

PROBLEMA B/63

*B/64 O conjunto soldado é fabricado a partir de uma folha de metal uniforme com uma massa de 32 kg/m^2. Determine os momentos principais de inércia para o conjunto e os cossenos diretores correspondentes para cada eixo principal.

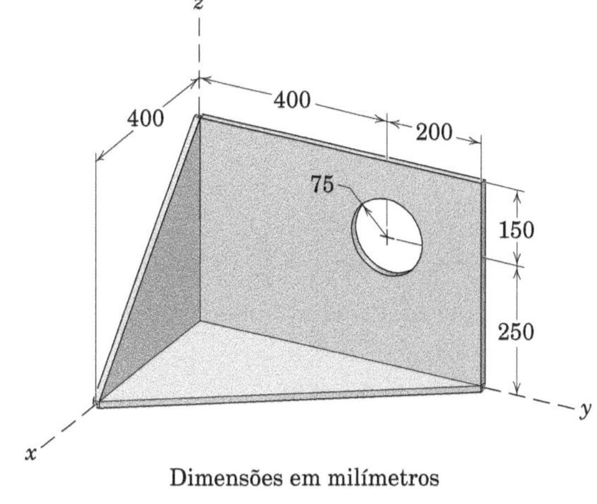

Dimensões em milímetros

PROBLEMA B/64

Respostas dos Problemas

Quando em um problema pede-se um resultado geral e, também, um resultado específico, apenas o resultado específico deverá estar listado a seguir.

▶ Indica um problema com maior grau de dificuldade.

* Indica um problema cuja melhor solução é numérica.

Capítulo 1

1/1 Para uma pessoa com 180 lbm: $m = 5{,}59$ slugs ou 81,6 kg. $W = 801$ N

1/2 $W = 14\ 720$ N ou 3310 lb, $m = 102{,}8$ slugs

1/3 $V_1 + V_2 = 27$, $\mathbf{V}_1 + \mathbf{V}_2 = 1{,}392\mathbf{i} + 18\mathbf{j}$, $\mathbf{V}_1 - \mathbf{V}_2 = 19{,}39\mathbf{i} - 6\mathbf{j}$, $\mathbf{V}_1 \times \mathbf{V}_2 = 178{,}7\mathbf{k}$, $\mathbf{V}_2 \times \mathbf{V}_1 = -178{,}7\mathbf{k}$, $\mathbf{V}_1 \cdot \mathbf{V}_2 = -21{,}5$

1/4 $W = 1{,}635$ N ou 0,368 lb

1/5 $\mathbf{F} = (-2{,}19\mathbf{i} - 1{,}535\mathbf{j})10^{-8}$ N

1/6 $h = 0{,}414R$

1/7 $W_{\text{abs}} = 589$ N, $W_{\text{rel}} = 588$ N

1/8 $g = 8{,}96$ m/s^2, $W_h = 804$ N

1/9 $h = 1{,}644(10^5)$ km

1/10 $\theta = 1{,}770°$

1/11 $R_A = 2{,}19$, $R_B = 2{,}21$

1/12 SI: $[E] = \text{kg} \cdot \text{m}^2/\text{s}$, US: $[E] = \text{lbf-ft-s}$

1/13 $[Q] = \text{ML}^{-1}\,\text{T}^{-2}$

Capítulo 2

2/1 $v = -75$ m/s

2/2 $t = 2{,}69$ s

2/3 $s = 72$ m, $v = 42$ m/s, $a = 15$ m/s^2

2/4 $v = 3 - 10t + t^2$ m/s, $s = -4 + 3t - 5t^2 + \frac{1}{3}t^3$ m

2/5 $v = \sqrt{v_0^2 - \frac{2}{3}k(s^3 - s_0^3)}$, $v = 9{,}67$ m/s

2/6 $s = s_0 + \frac{1}{c_2^2}\left[c_2(v - v_0) + c_1 \ln\left(\frac{c_1 + c_2 v_0}{c_1 + c_2 v}\right)\right]$

$s = s_0 + \frac{c_1 + c_2 v_0}{c_2^2}(e^{c_2 t} - 1) - \frac{c_1}{c_2}t$

2/7 $s = 66{,}0$ m

2/8 $s = \frac{1}{4}(0{,}2t + 30)^2$ mm, $v = \frac{1}{10}(0{,}2t + 30)$ mm/s

$a = 0{,}02$ mm/s^2, Para $v = 15$ mm/s: $t = 600$ s

$s = 5620$ mm

2/9 $v_2 = 42{,}4$ m/s, decrescente

2/10 $a = 1{,}2$ m/s^2

2/11 $t_{AC} = 2{,}46$ s

2/12 $h = 16{,}86$ m, $t = 4{,}40$ s

$v_B = 18{,}19$ m/s para baixo

2/13 (*a*) $v = 21{,}9$ m/s, (*b*) $v = 25{,}6$ m/s

2/14 $s = 393$ m, $t = 14{,}16$ s

2/15 $\Delta a = 0{,}5$ m/s^2, $\Delta s = 64$ m

2/16 $v = 4{,}51$ m/s

2/17 $s = 3{,}26$ m, $t = 3{,}26$ s

2/18 $a = 4{,}94$ m/s^2, $v_1 = 11{,}76$ m/s, $t_1 = 2{,}38$ s

2/19 $v = 43{,}6$ m/s, $\frac{dv}{ds} = 0{,}0918$ s^{-1}

2/20 $a = 0{,}280$ m/s^2, $v = 144{,}6$ km/h

2/21 $h = 2{,}61$ m

2/22 $s = 713$ m

2/23 $d = 21{,}9$ m

2/24 $v = 7{,}21$ m/s

2/25 $h = 125{,}4$ m, $t = 157{,}9$ s

2/26 $s = 3{,}65t^2 - 0{,}1t^3 + t^{3/2}$ m, $s(10) = 297$ m

2/27 $t = 108{,}9$ s

2/28 $s = 1761$ m

2/29 $s = 1119$ m

2/30 $k_1 = 42{,}1$ s^{-2}, $k_2 = 42{,}0$ m^{-2}s^{-2}

2/31 (*a*) $v = 1972$ m/s, (*b*) $v = 1517$ m/s

*2/32 $t = 1{,}238$ s

2/33 $y = 8{,}05$ m, $v_{\text{terminal}} = 1{,}871$ m/s

2/34 $c = \frac{3v_0^2 + 6gy_m}{2y_m^{\ 3}}$

2/35 $h = 36{,}5$ m, $v_f = 24{,}1$ m/s

2/36 $t_u = 2{,}63$ s, $t_d = 2{,}83$ s

2/37 $t_1 = 0{,}782$ s, $t_{10} = 0{,}1269$ s, $t_{100} = 0{,}0392$ s

2/38 $t_1 = 0{,}788$ s, $t_{10} = 0{,}1567$ s, $t_{100} = 0{,}1212$ s

2/39 (*a*) $s = 1206$ m, (*b*) $s = 1268$ m

2/40 $D = \frac{\ln 2}{k}$, $t = \frac{1}{kv_0}$

2/41 $x = 0{,}831$ m

2/42 *A* conduz *B* por 198,7 m

2/43 $x_f = 61{,}6$ mm (estiramento)

▶2/44 $x_f = -23{,}2$ mm (compressão)

2/45 $t_1 = 0{,}886$ s, $v_1 = 67{,}3$ m/s para cima

$t_2 = 14{,}61$ s, $v_2 = 67{,}3$ m/s para baixo

▶2/46 $t_1 = 0{,}918$ s, $v_1 = 62{,}6$ m/s para cima
$t_2 = 12{,}63$ s, $v_2 = 52{,}9$ m/s para baixo

2/47 $v_{méd} = 20{,}6$ m/s, $\theta = 76{,}0°$

2/48 $a_{méd} = 5$ m/s^2, $\theta = 53{,}1°$

2/49 $(x, y) = (24, 32{,}4)$ mm

2/50 $v = 2{,}24$ mm/s, $a = 2{,}06$ mm/s^2

2/51 $t = 25{,}6$ s, $h = 3{,}08$ km

2/52 $R_{máx} = \dfrac{v_0^2}{g}$

2/53 $u = 343$ m/s

2/54 0,848 m acima de B

2/55 $v_0 = 39{,}6$ m/s, $d = 76{,}6$ m, $t = 3{,}50$ s

2/56 $v_0 = 5{,}04$ m/s, $\theta = 64{,}7°$

2/57 $E = \dfrac{mu^2 \operatorname{sen}^2\theta}{eb}$, $s = 2b \cot\theta$

2/58 $s = 3{,}10$ m, $\theta = 54{,}1°$

2/59 $d = 2{,}07$ m

2/60 $\theta = 21{,}7°$

2/61 $\theta = 15{,}43°$

2/62 $d = 1{,}971b$, $0{,}986\sqrt{bg} < u < 1{,}394\sqrt{bg}$

2/63 $v = 21{,}2$ m/s, $s = 3{,}55$ m

2/64 12,16 m para cima da árvore em B

2/65 (*a*) $t = 1{,}443$ s, $h = 0{,}525$ m, (*b*) $t = 1{,}704$ s
$h = 0{,}813$ m

2/66 $d = 107{,}6$ m, $t_f = 2{,}92$ s

2/67 $R = 46{,}4$ m, $\theta = 23{,}3°$

2/68 $\theta = 2{,}33°$

2/69 (*a*) $(x_f, y_f) = (42, -10{,}27)$ m
(*b*) $(x_f, y_f) = (47{,}0, -6)$ m

2/70 $R = 2970$ m

2/71 $6{,}15 \leq v_0 \leq 6{,}68$ m/s

2/72 $R = \dfrac{2u^2}{g} \tan\theta \sec\theta$

2/73 $\alpha = 47{,}2°$

▶2/74 $h = 174{,}7$ m, $t_f = 12{,}49$ s
$d = 225$ m

▶2/75 $\theta = \dfrac{90° + \alpha}{2}$, $\alpha = 0$: $\theta = 45°$
$\alpha = 30°$: $\theta = 60°$, $\alpha = 45°$: $\theta = 67{,}5°$

▶2/76 $v_x = (v_0 \cos\theta)e^{-kt}$, $v_y = \left(v_0 \operatorname{sen}\theta + \dfrac{g}{k}\right)e^{-kt} - \dfrac{g}{k}$

$x = \dfrac{v_0 \cos\theta}{k}(1 - e^{-kt})$

$y = \dfrac{1}{k}\left(v_0 \operatorname{sen}\theta + \dfrac{g}{k}\right)(1 - e^{-kt}) - \dfrac{g}{k}t$

Em $t \longrightarrow \infty$, $v_x \longrightarrow 0$ e $v_y \longrightarrow -\dfrac{g}{k}$

2/77 $v = 1{,}590$ m/s, $a_n = 7{,}49$ m/s^2

2/78 $a = 6{,}77$ m/s^2

2/79 Sem resposta

2/80 $v_A = 11{,}75$ m/s, $v_B = 13{,}46$ m/s

2/81 $\rho = 105{,}8$ m

2/82 $v = 19{,}81$ m/s

2/83 $a_n = 3{,}25$ m/s^2, $a_t = 0{,}909$ m/s^2

2/84 $a = 3{,}26$ m/s^2 quando o corredor alcança a marca de 60 m.

2/85 $\rho = 266$ m

2/86 (*a*) $a_{méd} = 4{,}94$ m/s^2, 1,138% de diferença
(*b*) $a_{méd} = 4{,}99$ m/s^2, 0,285% de diferença
(*c*) $a_{méd} = 4{,}998$ m/s^2, 0,0317% de diferença
$a_n = 5$ m/s^2 em cada caso

2/87 $\rho_B = 163{,}0$ m

2/88 $a_{P_1} = 338$ m/s^2, $a_{P_2} = 1{,}5$ m/s^2

2/89 $v = 356$ m/s, $a = 0{,}0260$ m/s^2

2/90 $v = 20$ m/s ou 72 km/h

2/91 $\rho = 1709$ m

2/92 Lançamento: $a_t = -2{,}04$ m/s^2, $\rho = 540$ m
Ápice: $a_t = 0$, $\rho = 506$ m

*2/93 $t = 0{,}243$ s e 2,81 s

2/94 $v = 41{,}3$ km/s ou $148{,}8(10^3)$ km/h

2/95 O carro cruza primeiro, $\delta = 7{,}76$ m

2/96 $a = 63{,}2$ m/s^2

2/97 $t = 1$ s: $\dot{v} = -1{,}935$ m/s^2, $\rho = 41{,}8$ m
$t = 2$ s: $\dot{v} = 2{,}80$ m/s^2, $\rho = 44{,}8$ m

2/98 (*a*) $a = 19{,}62$ m/s^2, $\theta_x = 0$
(*b*) $a = 38{,}9$ m/s^2, $\theta_x = -59{,}7°$
(*c*) $a = 97{,}3$ m/s^2, $\theta_x = -168{,}4°$

2/99 $a_n = 66{,}0$ mm/s^2, $a_t = 29{,}7$ mm/s^2

2/100 $\rho = 18\,480$ km

2/101 $a_n = 288$ mm/s^2, $a_t = 346$ mm/s^2, $\rho = 190{,}6$ mm

▶2/102 $L = 46{,}1$ m

▶2/103 $(x_C, y_C) = (22{,}5, -22{,}9)$ m

*2/104 $(a_n)_{máx} = 11{,}01$ m/s^2 em $t = 9{,}62$ s
$|a_t|_{máx} = 9{,}72$ m/s^2 em $t = 0$
$\rho_{mín} = 288$ ft em $t = 9{,}62$ s

2/105 $\dot{r} = 13{,}89$ m/s, $\dot{\theta} = -39{,}8$ deg/s

2/106 $v = 10{,}91$ m/s, $\dot{r} = 9{,}76$ m/s

2/107 Sem resposta

2/108 $\dot{r} = -9{,}31$ m/s, $\dot{\theta} = -0{,}568$ rad/s

2/109 $\ddot{r} = 2{,}07$ m/s^2, $\dot{\theta} = -1{,}653$ rad/s^2

2/110 $\dot{r} = 15$ mm/s, $\dot{\theta} = 0{,}1$ rad/s

2/111 $\ddot{r} = -1$ mm/s^2, $\dot{\theta} = -0{,}035$ rad/s^2

2/112 $\mathbf{v} = 0{,}5\mathbf{e}_r + 0{,}785\mathbf{e}_\theta$ m/s
$\mathbf{a} = -1{,}269\mathbf{e}_r + 0{,}401\mathbf{e}_\theta$ m/s^2

2/113 Sem resposta

2/114 $\mathbf{v} = 150\mathbf{e}_r + 305\mathbf{e}_\theta$ mm/s
$\mathbf{a} = -103{,}3\mathbf{e}_r + 52{,}4\mathbf{e}_\theta$ mm/s^2

2/115 (*a*) $\mathbf{v}_A = v\mathbf{e}_r + l\Omega\mathbf{e}_\theta$, $\mathbf{a}_A = -l\Omega^2\mathbf{e}_r + 2v\Omega\mathbf{e}_\theta$
(*b*) $\mathbf{v}_B = 4v\mathbf{e}_r + 2l\Omega\mathbf{e}_\theta$, $\mathbf{a}_B = -2l\Omega^2\mathbf{e}_r + 8v\Omega\mathbf{e}_\theta$

2/116 $\dot{r} = -14{,}17$ m/s, $\ddot{r} = 7{,}71$ m/s^2
$\dot{\theta} = 0{,}388$ rad/s, $\ddot{\theta} = 0{,}222$ rad/s^2

2/117 $v = 0{,}377$ m/s, $a = 0{,}272$ m/s^2, $\alpha = 19{,}44°$

2/118 $v_A' = 109{,}3$ km/h, $v_B' = 107{,}1$ km/h

2/119 $\dot{r} = 10{,}85$ m/s, $\ddot{\theta} = 0{,}1764$ rad/s

2/120 $\ddot{r} = -0{,}558$ m/s^2, $\ddot{\theta} = -0{,}1025$ rad/s^2

2/121 $v = 360$ m/s, $a = 20{,}1$ m/s^2

*2/122 Na entrada: $\dot{\theta} = -2{,}13$ rad/s, $\ddot{\theta} = 1{,}565$ rad/s^2
$|\dot{\theta}|_{\text{máx}} = 2{,}19$ rad/s em $t = 1{,}633$ s
$|\ddot{\theta}|_{\text{máx}} = 3{,}34$ rad/s^2 em $t = 1{,}373$ s

2/123 $v = 52{,}0$ m/s, $\dot{\theta} = -0{,}0866$ rad/s

2/124 $a = 2{,}31$ m/s^2, $\ddot{\theta} = 0{,}0221$ rad/s^2

2/125 $\ddot{r} = 12{,}15$ m/s^2, $\ddot{\theta} = 0{,}0365$ rad/s^2

2/126 $v = 0{,}296$ m/s, $a = 0{,}345$ m/s^2
$\mathbf{v} = 0{,}064\mathbf{i} + 0{,}289\mathbf{j}$ m/s
$\mathbf{a} = -0{,}328\mathbf{i} - 0{,}1086\mathbf{j}$ m/s^2

2/127 $r = d$, $\theta = 0$, $\dot{r} = v_0 \cos \alpha$
$$\dot{\theta} = \frac{v_0 \operatorname{sen} \alpha}{d},\ \ddot{r} = \frac{v_0{}^2 \operatorname{sen}^2 \alpha}{d}$$
$$\ddot{\theta} = -\frac{1}{d}\left[\frac{2v_0{}^2}{d} \cos \alpha \operatorname{sen} \alpha + g\right]$$

2/128 $\dot{r} = 2500$ m/s, $\ddot{r} = -0{,}388$ m/s^2
$\dot{\theta} = 2{,}70(10^{-4})$ rad/s, $\ddot{\theta} = -8{,}43(10^{-8})$ rad/s^2

2/129 (a) $v = 37{,}7$ km/s, $\beta = 32{,}0°$
(b) $v = 37{,}7$ km/s, $\beta = 17{,}01°$

2/130 $r = 21\,900$ m, $\dot{r} = -73{,}0$ m/s, $\ddot{r} = -2{,}07$ m/s^2
$\theta = 43{,}2°$, $\dot{\theta} = 0{,}00312$ rad/s, $\ddot{\theta} = -9{,}01(10^{-5})$ rad/s^2

▶2/131 $r = 15{,}40$ m, $\dot{r} = 27{,}3$ m/s, $\ddot{r} = -3{,}35$ m/s^2
$\theta = 32{,}5°$, $\dot{\theta} = -0{,}353$ rad/s, $\ddot{\theta} = 0{,}717$ rad/s^2

▶2/132 $v = 50{,}2$ m/s, $\dot{v} = 6{,}01$ m/s^2, $\rho = 50{,}5$ m, $\beta = 12{,}00°$

2/133 $\theta = 74{,}6°$, $v = 1{,}571$ m/s^2 $\rho = 8{,}59$ m

2/134 $x = -1026$ m, $y = 2820$ m, $z = 3230$ m
$v_x = -51{,}3$ m/s, $v_y = 141{,}0$ m/s, $v_z = 63{,}6$ m/s
$a_x = 0$, $a_y = 0$, $a_z = -9{,}81$ m/s^2

2/135 $a = 27{,}5$ m/s^2

2/136 $v_\theta = -u \operatorname{sen} \theta$, $v_R = u \cos \theta \cos \phi$, $v_\phi = -u \cos \theta \operatorname{sen} \phi$

2/137 $a_{\text{máx}} = \sqrt{r^2\omega^4 + 16n^4\pi^4 z_0{}^2}$

2/138 $\dot{R} = 12{,}26$ m/s, $\dot{\theta} = 0{,}1234$ rad/s, $\dot{\phi} = 0{,}0281$ rad/s

2/139 $\ddot{R} = 5{,}69$ m/s^2, $\ddot{\theta} = 9{,}52(10^{-4})$ rad/s^2
$\ddot{\phi} = -4{,}61(10^{-3})$ rad/s^2

2/140 $v_P = \sqrt{\dot{l}^2 + (l_0 + l)^2\omega^2 + \dot{h}^2}$
$a_P = \sqrt{(\ddot{l} - (l_0 + l)\omega^2)^2 + 4\dot{l}^2\omega^2 + \ddot{h}^2}$

2/141 $a = 219$ mm/s^2

2/142 $a_r = -6{,}58$ m/s^2, $a_\theta = -0{,}826$ m/s^2
$a_z = -0{,}1096$ m/s^2

2/143 $a_R = -5{,}10$ m/s^2, $a_\theta = 7{,}64$ m/s^2
$a_\phi = -0{,}3$ m/s^2

2/144 $a_P = 17{,}66$ m/s^2

▶2/145 $a_R = \ddot{R} - R\dot{\phi}^2 - R\dot{\theta}^2 \cos^2$
$$a_\theta = \frac{\cos \phi}{R}\frac{d}{dt}(R^2\dot{\theta}) - 2R\dot{\theta}\dot{\phi} \operatorname{sen} \phi$$
$$a_\phi = \frac{1}{R}\frac{d}{dt}(R^2\dot{\phi}) + R\dot{\theta}^2 \operatorname{sen} \phi \cos \phi$$

2/146 $$v_R = 0,\ v_\theta = R\omega\sqrt{1 - \left(\frac{h}{2R}\right)^2},\ v_\phi = \frac{h\omega}{\sqrt{1 - \left(\frac{h}{2R}\right)^2}}$$

▶2/147 $a_r = b\dot{\theta}^2(\tan^2 \gamma \operatorname{sen}^2 \beta - 1)e^{-\theta \tan \gamma \operatorname{sen} \beta}$
com $\beta = \tan^{-1}\left(\frac{b}{h}\right)$

▶2/148 $a_P = 0{,}904$ m/s^2

2/149 $\mathbf{v}_{A/B} = 15\mathbf{i} - 22{,}5\mathbf{j}$ m/s, $\mathbf{a}_{A/B} = 4{,}5\mathbf{j}$ m/s^2

2/150 $v_B = 47{,}6$ km/h

2/151 $v_A = 1200$ km/h, $v_{A/B} = 1039$ km/h

2/152 (a) $\mathbf{v}_{W/R} = -19{,}66\mathbf{i} - 29{,}8\mathbf{j}$ km/h
$v_{W/R} = 35{,}7$ km/h, 33,4° de sul para oeste
(b) $\mathbf{v}_{W/R} = -19{,}66\mathbf{i} + 2{,}23\mathbf{j}$ km/h
$v_{W/R} = 19{,}79$ km/h, 6,48° de oeste para norte

2/153 $\beta = 281°$, $t = 1{,}527$ hr

2/154 $\mathbf{v}_{A/B} = 3{,}00\mathbf{i} + 1{,}999\mathbf{j}$ m/s
$\mathbf{a}_{A/B} = 3{,}63\mathbf{i} + 0{,}628\mathbf{j}$ m/s^2

2/155 $v_B = 6{,}43$ m/s

2/156 $\theta = 28{,}7°$ abaixo do normal

2/157 Em C: $\mathbf{v}_{A/B} = -597\mathbf{i} - 142{,}5\mathbf{j}$ km/h
Em E: $\mathbf{v}_{A/B} = -492\mathbf{i} + 247\mathbf{j}$ km/h

2/158 $\mathbf{v}_B = 163{,}9\mathbf{i} + 5\mathbf{j}$ m/s

2/159 $v_W = 14{,}40$ nós

2/160 $\dot{r} = -15{,}43$ m/s, $\dot{\theta} = 0{,}01446$ rad/s

2/161 $\ddot{r} = -1{,}668$ m/s^2, $\ddot{\theta} = 0{,}0352$ rad/s^2

2/162 $v_{B/A} = 21{,}2$ km/h

2/163 Se $v_B = 30$ km/h: $\alpha = 31{,}3°$ ou $74{,}3°$
Se $v_B = 0$: $\alpha = 34{,}0°$ ou $65{,}4°$

2/164 $\mathbf{a}_{B/A} = 0{,}222\mathbf{i} + 8{,}91\mathbf{j}$ m/s^2

2/165 $\alpha = 32{,}0°$, $\mathbf{v}_{A/B} = 21{,}9\mathbf{i} + 21{,}9\mathbf{j}$ m/s

2/166 $v_{A/B} = 36{,}0$ m/s, $\dot{r} = -15{,}71$ m/s, $\dot{\theta} = 0{,}1079$ rad/s

2/167 $\ddot{r} = 2{,}57$ m/s^2, $\ddot{\theta} = 0{,}01131$ rad/s^2

2/168 $\mathbf{v}_{A/B} = 21{,}5\mathbf{i} - 14{,}19\mathbf{j}$ m/s

▶2/169 $\ddot{r} = -0{,}637$ m/s^2, $\ddot{\theta} = 0{,}1660(10^{-3})$ rad/s^2

▶2/170 (a) $\mathbf{v}_{A/B} = 50\mathbf{i} + 50\mathbf{j}$ m/s, $\mathbf{a}_{A/B} = 1{,}25\mathbf{j}$ m/s^2
(b) $\dot{v}_r = 0{,}884$ m/s^2, $\rho_r = 5660$ m

2/171 $v_B = 1{,}8$ m/s para baixo

2/172 $\mathbf{v}_A = -0{,}5\mathbf{j}$ m/s, $\mathbf{v}_B = 3\mathbf{j}$ m/s

2/173 $v_A = 1{,}8$ m/s para cima, $a_A = 3$ m/s^2 para baixo

2/174 $v_A = 0{,}4$ m/s rampa acima

2/175 $t = 20$ s

2/176 $t = 3$ min 20 s

2/177 $$v_A = \frac{2\sqrt{x^2 + h^2}}{x} v_B$$

2/178 $$v_B = -\frac{3y}{2\sqrt{y^2 + b^2}} v_A$$

2/179 $v_{B/A} = 0{,}4$ m/s, $a_{B/A} = 0{,}667$ m/s^2, $v_C = 1{,}6$ m/s
(todos direcionados rampa acima)

2/180 $4v_A + 8v_B + 4v_C + v_D = 0$, 3 graus de liberdade

2/181 $$a_x = -\frac{L^2 v_A{}^2}{(L^2 - y^2)^{3/2}}$$

2/182 $v_A = 2{,}76$ m/s

2/183 $$v_A = \frac{2y}{\sqrt{y^2 + b^2}} v_B$$

2/184 $$v_B = \frac{s + \sqrt{2}\,x}{x + \sqrt{2}\,s} v_A$$
(um sinal negativo indica uma orientação para a esquerda)

2/185 $h = 300$ mm

2/186 $v = \dfrac{\dot{l}\sqrt{4y^2 + b^2}}{16y}, a = \dfrac{b^2\dot{l}^2}{256y^3}$

2/187 $v_B = \dfrac{1}{2^n}v_A$

2/188 $(v_A)_y = \dfrac{l\sqrt{2(1+\cos\theta)}}{b\tan\theta}v_B$

2/189 $v_B = 62{,}9$ mm/s para cima

▶2/190 $a_B = 11{,}93$ mm/s^2 para cima

2/191 $v = -7{,}27$ m/s

2/192 $t = 8{,}38$ s

2/193 $\mathbf{v}_{B/A} = 569\mathbf{i} - 24{,}3\mathbf{j}$ km/h
$\mathbf{a}_{B/A} = 22{,}5\mathbf{i} + 21{,}5\mathbf{j}$ m/s^2

2/194 $t_1 = 2{,}24$ s, $t_2 = 8{,}35$ s

2/195 (*a*) $\mathbf{v}_{W/B} = -24{,}8\mathbf{i} - 2{,}06\mathbf{j}$ km/h
(*b*) $v_B = 20{,}6$ km/h, $v_{W/B} = 24{,}5$ km/h

2/196 $v_P = 2{,}72$ m/s

2/197 $t = 2{,}32$ s, $v_A = 1{,}439$ m/s para baixo

2/198 $v = 414$ km/h

2/199 $\dot{r} = 15$ m/s, $\dot{\theta} = 0{,}325$ rad/s
$\ddot{r} = 4{,}44$ m/s^2, $\ddot{\theta} = -0{,}0352$ rad/s^2
$a_n = 6{,}93$ m/s^2, $a_t = 4$ m/s^2
$\rho = 129{,}9$ m

2/200 $v = 7{,}51$ mm/s, $\mathbf{v} = 7{,}37\mathbf{i} - 1{,}470\mathbf{j}$ mm/s
$a = 7{,}24$ mm/s^2, $\mathbf{a} = -5{,}28\mathbf{i} - 4{,}96\mathbf{j}$ mm/s^2
$\mathbf{e}_t = 0{,}981\mathbf{i} - 0{,}1957\mathbf{j}$, $\mathbf{e}_n = -0{,}1957\mathbf{i} - 0{,}981\mathbf{j}$
$a_t = -4{,}20$ mm/s^2, $\mathbf{a}_t = -4{,}12\mathbf{i} + 0{,}822\mathbf{j}$ mm/s^2
$a_n = 5{,}90$ mm/s^2, $\mathbf{a}_n = -1{,}154\mathbf{i} - 5{,}78\mathbf{j}$ mm/s^2
$\rho = 9{,}57$ mm, $\dot{\beta} = 0{,}785$ rad/s

2/201 $v = 7{,}51$ mm/s, $\mathbf{v} = 7{,}37\mathbf{i} - 1{,}470\mathbf{j}$ mm/s
$a = 7{,}24$ mm/s^2, $\mathbf{a} = -5{,}28\mathbf{i} - 4{,}96\mathbf{j}$ mm/s^2
$\mathbf{e}_r = 0{,}795\mathbf{i} + 0{,}607\mathbf{j}$, $\mathbf{e}_\theta = -0{,}607\mathbf{i} + 0{,}795\mathbf{j}$
$v_r = 4{,}96$ mm/s, $\mathbf{v}_r = 3{,}95\mathbf{i} + 3{,}01\mathbf{j}$ mm/s
$v_\theta = -5{,}64$ mm/s, $\mathbf{v}_\theta = 3{,}42\mathbf{i} - 4{,}48\mathbf{j}$ mm/s
$a_r = -7{,}20$ mm/s^2, $\mathbf{a}_r = -5{,}73\mathbf{i} - 4{,}37\mathbf{j}$ mm/s^2
$a_\theta = -0{,}743$ mm/s^2, $\mathbf{a}_\theta = 0{,}451\mathbf{i} - 0{,}591\mathbf{j}$ mm/s^2
$r = 45{,}7$ mm, $\dot{r} = 4{,}96$ mm/s, $\ddot{r} = -6{,}51$ mm/s^2
$\theta = 37{,}3°$, $\dot{\theta} = -0{,}1233$ rad/s, $\ddot{\theta} = 0{,}01052$ rad/s^2

2/202 $(x, y, z) = (-383, 357, 0)$ m

2/203 $h = 6048$ km

2/204 $v_B = 46{,}8$ mm/s para cima

*2/205 $a_B = 7{,}86$ mm/s^2 para cima

▶2/206 (*a*) $a = b\sqrt{K^4 + \omega^4\theta_0{}^2\cos^2\phi}$
(*b*) $a = bK\sqrt{K^2 + 4\omega^2\theta_0{}^2}$

*2/207 Em $t = 9$ s: $v_r = 90{,}6$ m/s, $v_\theta = -42{,}8$ m/s
$a_r = -2{,}39$ m/s^2, $a_\theta = -9{,}51$ m/s^2

*2/208 $t' = 0{,}349$ s

*2/209 $k = 0{,}01029$ m^{-1}, $v_t = 30{,}9$ m/s, $v' = 34{,}3$ m/s

*2/210 $v_{1\,\text{mi}} = 11{,}66$ nós, $v_{\text{máx}} = 14{,}49$ nós

*2/211 $\theta_{\text{máx}} = 111{,}3°$ em $t = 0{,}837$ s
$\dot{\theta}_{\text{máx}} = 3{,}67$ rad/s em $t = 0{,}343$ s
$\theta = 90°$ em $t = 0{,}546$ s

*2/212 $\alpha = 42.2°, R = 101{,}3$ m

*2/213 $(v_{A/B})_{\text{máx}} = 70$ m/s em $t = 47{,}1$ s e $s_B = 1264$ m
$(v_{A/B})_{\text{mín}} = 10$ m/s em $t = 23{,}6$ s e $s_B = 557$ m
$(a_{A/B})_{\text{máx}} = 6{,}12$ m/s^2 em $t = 0$ e $s_B = 0$
$(a_{A/B})_{\text{mín}} = 2{,}52$ m/s^2 em $t = 10$ s e $s_B = 150$ m

*2/214 Com arrasto: $R = 202$ m, Sem arrasto: $R = 405$ m

Capítulo 3

3/1 $t = 1{,}529$ s, $x = 4{,}59$ m

3/2 (*a*) $a = 1{,}118$ m/s^2 rampa abaixo, (*b*) $a = 0$
(*c*) $a = 2{,}04$ m/s^2 rampa acima

3/3 $a = 1{,}44$ m/s^2 para cima

3/4 $T = 13{,}33$ kN, $a = 0{,}667$ m/s^2

3/5 $R = 846$ N, $L = 110{,}4$ N

3/6 $F = 2890$ N

3/7 $\mu_c = 0{,}0395$

3/8 $\alpha = \tan^{-1}\left[\dfrac{P}{(M+m)g\cos\theta}\right]$, Para $P = 0$: $\alpha = 0$

3/9 Subindo: $s = 807$ m, Descendo: $s = 751$ m

3/10 $N_A = m\left[g + \dfrac{P}{\sqrt{3}(M+m)}\right]$
$N_B = m\left[g - \dfrac{P}{\sqrt{3}(M+m)}\right]$

3/11 $\mathbf{v}_{A/B} = -29{,}5\mathbf{i} - 3{,}47\mathbf{j}$ m/s, $\mathbf{a}_{A/B} = -2{,}35\mathbf{i}$ m/s^2

3/12 $T_1 = 176\,500$ N, $T_{100} = 1765$ N

3/13 $P = 227$ N

3/14 $t = 6{,}16$ anos, $s = 2{,}84(10^9)$ km

3/15 (*a*) $a = 0{,}457$ m/s^2 rampa abaixo
(*b*) $a = 0{,}508$ m/s^2 rampa acima

3/16 (*a*) $a = 0$, (*b*) $a = 1{,}390$ m/s^2 direita

3/17 $F_A = 19{,}99$ kN

3/18 (*a*) $a = 0{,}0348g$ rampa abaixo
(*b*) $a = 0{,}0523g$ rampa acima

3/19 $s = 64{,}2$ m

3/20 $T_1 = 248$ N, $T_2 = 497$ N, $T_3 = 994$ N

3/21 (*a*) $a = 3{,}27$ m/s^2 para cima, (*b*) $a = 0.892$ m/s^2 para cima

3/22 $a_A = 1{,}450$ m/s^2 rampa abaixo
$a_B = 0{,}725$ m/s^2 para cima, $T = 105{,}4$ N

3/23 $a = 0{,}532$ m/s^2

3/24 $k = 818$ N/m

3/25 $x = 201$ m

3/26 $R = 1{,}995$ MN, $L = 1{,}947$ MN, $D = 435$ kN

3/27 $v = \sqrt{\dfrac{2P}{\rho} - \mu_c gL}$

3/28 $a_A = 1{,}364$ m/s^2 direita, $a_B = 9{,}32$ m/s^2 para baixo
$T = 46{,}6$ N

3/29 $v = 0{,}490$ m/s, $x_{\text{máx}} = 100$ mm

3/30 $0{,}0577(m_1 + m_2)g \le P \le 0{,}745(m_1 + m_2)g$

3/31 (*a*) $h = 55{,}5$ m, (*b*) $h = 127{,}4$ m

3/32 $a_B = 2{,}37$ m/s^2 fenda abaixo
$T = 8{,}21$ N T

3/33 $v = 2100$ m/s
3/34 $t = 0{,}589$ s, $s_2 = 0{,}1824$ m
▶3/35 (*a*) $T = 8{,}52$ N, (*b*) $T = 16{,}14$ N
▶3/36 $t = 13$ h 33 min, $v = 4{,}76(10^{-5})$ m/s
3/37 $N_A = 10{,}89$ N, $N_B = 8{,}30$ N
3/38 $N_B = 14{,}54$ N, $\dot{v} = -4{,}90$ m/s^2
3/39 $N = 1791$ N
3/40 (*a*) $R = 1{,}177$ N, (*b*) $R = 1{,}664$ N
3/41 $\rho = 6370$ m
3/42 $N = 8{,}63$ rev/min
3/43 $v = 29{,}1$ m/s, $N = 12{,}36$ kN
3/44 $N = 0{,}350$ N
3/45 (*a*) $v_B = 195{,}3$ km/h, (*b*) $N_A = 241$ N
3/46 $\omega = 1{,}064$ rad/s
3/47 $N = 720$ N, $a = 8{,}63$ m/s^2
3/48 $v = 3{,}13$ m/s, $T = 0{,}981$ N
3/49 $\omega = \sqrt{\dfrac{g}{\mu_c r}}$
3/50 $a_n = 0{,}793g$, $F = 10{,}89$ kN
3/51 $a_t = -6{,}36$ m/s^2
3/52 $v = 18{,}05$ m/s ou 65,0 km/h
3/53 $v_A = 154{,}8$ km/h, $v_B = 180{,}1$ km/h
3/54 $T = 1{,}901$ N, $v = 0.895$ m/s
3/55 $N_A = 3380$ N para cima
$N_B = 1617$ N para baixo
3/56 $N = 2{,}89$ N na direção de O', $R = 1{,}599$ N
3/57 $F = 165{,}9$ N
3/58 $T = 1{,}76$ N, $F_\theta = 3{,}52$ N (contato com o lado de cima)
3/59 $F_{OA} = 2{,}46$ N, $F_{\text{fenda}} = 1{,}231$ N
3/60 $F_{OA} = 3{,}20$ N, $F_{\text{fenda}} = 1{,}754$ N
3/61 $h = 35\,800$ km
3/62 $F = 0{,}424$ N
3/63 $P = 27{,}0$ N, $P_s = 19{,}62$ N
3/64 $N_A = 1643$ N, $N_B = 195{,}8$ N
3/65 $\rho = 3000$ km, $\dot{v} = 6{,}00$ m/s^2
3/66 Dinâmica: $F_r = 4{,}79$ N, $F_\theta = 14{,}00$ N
Estática: $F_r = 5{,}89$ N, $F_\theta = 10{,}19$ N
3/67 $3{,}41 \leq \omega \leq 7{,}21$ rad/s
3/68 $F = 4{,}39$ N
3/69 $T = 16{,}20$ N, $N = 2{,}10$ N no lado B
3/70 (*a*) e (*c*) $F = 7{,}83$ kN
(*b*) $F = 11{,}34$ kN
3/71 $N = \dfrac{1}{4\pi}\sqrt{\left(\dfrac{\mu_s g}{r\alpha}\right)^2 - 1}$
3/72 $r = r_0 \cosh \omega_0 t$, $v_r = r_0\omega_0 \operatorname{senh} \omega_0 t$, $v_\theta = r_0\omega_0 \cosh \omega_0 t$
3/73 $\beta = \cos^{-1}\left(\dfrac{2}{3} + \dfrac{{v_0}^2}{3gR}\right)$, $\beta = 48{,}2°$
3/74 $\dot{r} = 3078$ m/s, $\dot{\theta} = 1{,}276(10^{-4})$ rad/s
$\ddot{r} = -0{,}401$ m/s^2, $\ddot{\theta} = -3{,}45(10^{-8})$ rad/s^2
▶3/75 $N = 81{,}6$ N, $R = 38{,}7$ N
▶3/76 $s = \dfrac{r}{2\mu_c} \ln\left(\dfrac{{v_0}^2 + \sqrt{{v_0}^4 + r^2g^2}}{rg}\right)$

3/77 (*a*) $(U_{A\text{-}B}))_W = 1{,}570$ J, (*b*) $(U_{A\text{-}B})_s = -4{,}20$ J
3/78 $v_B = 3{,}05$ m/s
3/79 $k = 164{,}6$ kN/m
3/80 (*a*) sem movimento, (*b*) $v_B = 5{,}62$ m/s
3/81 $v_F = -827$ J
3/82 $P = 259$ W
3/83 $s_{AB} = 65{,}8$ m, $s_{BA} = 80{,}4$ m
3/84 (*a*) $v = 2{,}56$ m/s, (*b*) $x = 98{,}9$ mm
3/85 $k = 1957$ N/m
3/86 (*a*) $v = 1{,}889$ m/s, (*b*) $v = 2{,}09$ m/s
3/87 $v_B = 4{,}25$ m/s
3/88 $P = 291$ W
3/89 $v = 1{,}881$ m/s
3/90 $P = 0{,}992$ kW
3/91 $e = 0{,}744$
3/92 (*a*) $P = 40{,}5$ kW, (*b*) $P = 63{,}0$ kW
3/93 $v = 566$ m/s
3/94 (*a*) $N_B = 48$ N direita, (*b*) $N_B' = 29{,}4$ N direita
(*c*) $N_C = 17{,}63$ N para baixo, (*d*) $N_D = 29{,}4$ N esquerda
3/95 Com termo não linear: $\delta = 114{,}9$ mm
Sem termo não linear: $\delta = 124{,}1$ mm
3/96 $e = 0{,}892$
3/97 $P = 101{,}4$ W
3/98 $v_0 = 6460$ m/s
3/99 (*a*) $F = 271$ kN, (*b*) $P = 2410$ kW
(*c*) $P = 4820$ kW, (*d*) $P = 1962$ kW
3/100 $P = 40{,}4$ kW
3/101 (*a*) $N_B = 4mg$, (*b*) $N_C = 7mg$
(*c*) $s = \dfrac{4R}{1 + \mu_c\sqrt{3}}$
3/102 $x = 53{,}2$ m
3/103 (*a*) $s = 0{,}221$ m rampa abaixo
(*b*) $s = 0{,}1713$ m rampa acima
3/104 (*a*) $s = 0{,}621$ m rampa abaixo
(*b*) $s = 0{,}425$ m rampa abaixo
3/105 $P = 20$ kW
3/106 $P_{\text{in}} = 36{,}8$ kW
3/107 $v = 2{,}38$ m/s
3/108 $\delta = 29{,}4$ mm
3/109 $s = 0{,}1445$ m
3/110 (*a*) $P_5 = 4{,}34$ kW, $P_{100} = 13{,}89$ kW
(*b*) $P_{\text{acima}} = 28{,}6$ kW, $P_{\text{abaixo}} = -800$ W
(*c*) $v = 105{,}6$ km/h
3/111 $v = 1{,}537$ m/s
3/112 (*a*) $v_B = 9{,}40$ m/s, (*b*) $\delta = 54{,}2$ mm
3/113 $v = 0{,}371$ m/s
3/114 $v_B = 1{,}343$ m/s
3/115 $L = 1222$ mm
3/116 $N_B = 14{,}42$ N
3/117 (*a*) $k = 393$ N/m, (*b*) $v = 1{,}370$ m/s, $\dot{\theta} = 2{,}28$ rad/s
3/118 (*a*) $v = 1{,}162$ m/s, (*b*) $x = 12{,}07$ mm
3/119 $\dot{\theta} = 4{,}22$ rad/s

3/120 (*a*) $k_T = 25{,}8$ N · m/rad, (*b*) $v = 1{,}255$ m/s

3/121 $v = 0{,}885$ m/s para baixo, $d = 222$ mm

3/122 $v = 4{,}93$ m/s

3/123 $\dot{\theta} = 9{,}90$ rad/s

3/124 $h = \frac{3}{2}R, N_B = 6mg$ para cima

3/125 $\theta = 43{,}8°$

3/126 $v_0 = 6460$ m/s

3/127 $v_A = 2{,}30$ m/s

3/128 $v_B = 26\,300$ km/h

3/129 $v = 32{,}8$ km/h

3/130 $v = 0{,}990$ m/s

3/131 $v_2 = 35{,}1$ km/h

3/132 $v_A = \sqrt{v_P^2 - 2gR^2\left(\frac{1}{r_P} - \frac{1}{r_A}\right)}$

3/133 $(v_B)_{máx} = 0{,}962$ m/s

3/134 (*a*) $v = 0{,}635$ m/s, (*b*) $d_{máx} = 0{,}1469$ m

3/135 $v = 6740$ km/h

3/136 $v = 0{,}972$ m/s

3/137 (*a*) $k = 111{,}9$ N/m, (*b*) $v = 0{,}522$ m/s

▶3/138 (*a*) $v = 0{,}865\sqrt{gr}$, (*b*) $v_{máx} = 0{,}908\sqrt{gr}$
(*c*) $\theta_{máx} = 126{,}9°$

3/139 1,7 N · s

3/140 $F = 3{,}03$ kN

3/141 $\mathbf{G} = 14{,}40\mathbf{i} - 11{,}52\mathbf{j} + 6\mathbf{k}$ kg · m/s
$G = 19{,}39$ kg · m/s
$\mathbf{R} = 21{,}6\mathbf{i} - 14{,}4\mathbf{j}$ N

3/142 $|\Delta E| = 13\,480$ J, $n = 99{,}9\%$

3/143 $\mu_c = 0{,}302$

3/144 $v = 3{,}42$ m/s

3/145 $\mathbf{v}_2 = 188{,}5\mathbf{i} - 74\mathbf{j} + 47\mathbf{k}$ m/s

3/146 $v_C = 1{,}231$ m/s esquerda

3/147 (*a*) $v = 2$ m/s, (*b*) $v = -2{,}5$ m/s

3/148 $d = 1{,}326$ m

3/149 $v = 1{,}218$ m/s para baixo

3/150 $\dot{x}_1 = 2{,}90$ m/s direita, $\dot{x}_2 = 0{,}483$ m/s esquerda

3/151 $T = 2780$ N

3/152 $v = 28{,}5$ km/h, $\theta = 54{,}6°$ noroeste

3/153 (*a*) e (*b*) $v' = \frac{v}{3}, n = \frac{2}{3}$

3/154 $N = 25\,900$ N

3/155 $v_2 = v_1 + \frac{F}{mk}(1 + \mu_c) - \frac{\mu_c \pi g}{2k}, F = \frac{\mu_c \pi mg}{2(1 + \mu_c)}$

3/156 $v = 190{,}9$ m/s, $|\Delta E| = 17{,}18$ kJ (loss)

3/157 $v_3 = 17\,970$ km/h

3/158 $t_s = 3{,}46$ s

3/159 $t_s = 3{,}69$ s

3/160 $D = 38{,}8$ kN

3/161 $v_f = 0{,}00264$ m/s, $F_{av} = 59{,}5$ N

3/162 $P = 3{,}30$ kN

3/163 $v = 12{,}83$ m/s, $t = 18{,}74$ s

3/164 (*a*) $v' = 20$ km/h
(*b*) $a_A = 27{,}8$ m/s^2 esquerda, $a_B = 55{,}6$ m/s^2 direita
(*c*) $R = 50$ kN

3/165 $R = 2110$ N, $a = 46\,000$ m/s^2 (4690g)
$d = 23$ mm

3/166 $F = 147{,}8$ N, $\beta = 12{,}02°$

3/167 $R_x = 2490$ N, $R_y = 978$ N

3/168 $\theta = 23{,}4°$, $n = 99{,}7\%$

3/169 $R = 43{,}0$ N, $\beta = 8{,}68°$

3/170 $v = 3{,}85$ m/s, $N = 2{,}44$ kN

3/171 $d = 1{,}462$ m

▶3/172 $v_2 = 40{,}0$ mm/s direita

3/173 $H_O = 128{,}7$ kg · m^2/s

3/174 $\mathbf{H}_O = mv(b\mathbf{i} - a\mathbf{j}), \dot{\mathbf{H}}_O = \mathbf{F}(-c\mathbf{i} + a\mathbf{k})$

3/175 (*a*) $\mathbf{G} = -12{,}99\mathbf{i} - 7{,}5\mathbf{j}$ kg · m/s
(*b*) $\mathbf{H}_O = -21{,}2\mathbf{k}$ kg · m^2/s, (*c*) $T = 37{,}5$ J

3/176 (*a*) $H_O = mr\sqrt{2gr}, \dot{H}_O = mgr$
(*b*) $H_O = 2mr\sqrt{gr}, \dot{H}_O = 0$

3/177 $v_P = 28\,510$ km/h

3/178 $\dot{\theta} = 26{,}0$ rad/s

3/179 $\dot{\theta} = 65{,}1$ rad/s

3/180 $\frac{d\omega}{dr} = -\frac{2\omega}{r}$

3/181 $|\mathbf{H}| = 389$ N · m · s, $|\mathbf{M}| = 260$ N · m

3/182 $\omega = 0{,}1721$ rad/s sentido horário

3/183 $\mathbf{H}_{O_2} = 34\mathbf{i} + 0{,}1333\mathbf{j} + 19{,}6\mathbf{k}$ kg · m^2/s

3/184 $\omega = \frac{\omega_0}{4}, n = \frac{3}{4}$

3/185 $v_B = 5{,}43$ m/s

3/186 $\omega = \frac{5v}{3L}$

3/187 $\mathbf{H}_O = -\frac{1}{2}mgut^2\mathbf{k}$

3/188 $\dot{\theta} = \left(\frac{2m_1}{m_1 + 4m_2}\right)\frac{v_1}{L}$

3/189 (*a*) $H_A = 0$, $H_D = m\sqrt{g\rho^3}$ sentido anti-horário
(*b*) $H_A = 0{,}714m\sqrt{g\rho^3}$ sentido anti-horário
$H_D = 1{,}126m\sqrt{g\rho^3}$ sentido anti-horário

3/190 $v_r = 27{,}1(10^3)$ m/s, $v_\theta = 38{,}3(10^3)$ m/s

3/191 $\omega' = 2{,}77$ rad/s sentido anti-horário, $\theta = 52{,}1°$

3/192 $\theta = 52{,}9°$

3/193 $\omega = 9$ rad/s, $U'_{1\text{-}2} = 0{,}233$ J

▶3/194 $\omega = 3{,}00$ rad/s, $U = 5{,}34$ J

3/195 $e = 0{,}829$, $n = 31{,}2\%$

3/196 $v_1' = 0{,}714$ m/s esquerda, $v_2' = 4{,}09$ m/s direita

3/197 $F = 107{,}0$ N esquerda

3/198 $\frac{m_1}{m_2} = e$

3/199 $\theta' = 31{,}0°$, $v' = 0{,}825v$

3/200 $e = \left(\frac{h_2}{h}\right)^{1/4}$

3/201 Para $\theta = 40°$: $e = 0{,}434$

3/202 $h = 379$ mm, $s = 339$ mm

3/203 $\delta = \left(\frac{1+e}{2}\right)v\sqrt{\frac{m}{k}}$

3/204 $\frac{|\Delta T|}{T} = \frac{m_B}{m_A + m_B}$

3/205 $R = 1{,}613$ m

3/206 $x = 0{,}1088d$

3/207 $\delta = 52{,}2$ mm

3/208 $\theta = 2{,}92(10^{-4})$ deg

3/209 (a) $x = \frac{d}{3}$, (b) $x = 0{,}286d$

3/210 $e = \sqrt{\frac{h'}{h'+h}}$, $v_x = \frac{\sqrt{\frac{g}{2}}d}{\sqrt{h'} + \sqrt{h'+h}}$

3/211 $v_A' = 2{,}46$ m/s, $\theta_A = 40{,}3°$
$v_B' = 9{,}16$ m/s, $\theta_B = -88{,}7°$

3/212 $v_A' = 5{,}12$ m/s, $\theta_A = 77{,}8°$
$v_B' = 9{,}67$ m/s, $\theta_B = 38{,}4°$, $n = 12{,}06\%$

3/213 $v_A' = 5{,}20$ m/s, $\theta_A = 106{,}1°$
$v_B' = 7{,}84$ m/s, $\theta_B = 49{,}9°$, $n = 12{,}72\%$

3/214 $h = 14{,}53$ mm, $e = 0{,}405$

▶3/215 $v_B' = 30{,}0$ m/s, $\beta = 45{,}7°$

▶3/216 $\alpha = 11{,}55°$ ou $78{,}4°$

▶3/217 $v' = 6{,}04$ m/s, $\theta = 85{,}9°$, $\delta = 165{,}0$ mm

▶3/218 $2{,}04 < v_0 < 3{,}11$ m/s

3/219 $v = 107\ 114$ km/h

3/220 $v = 7569$ m/s ou 27 250 km/h

3/221 Veja Prob. 1/11 e sua resposta.

3/222 $\Delta h = 88{,}0$ km

3/223 $v_P = 6024$ km/h

3/224 $\Delta E = 2{,}61(10^{12})$ J

3/225 $\Delta v = 534$ m/s

3/226 (a) $v = 7544$ m/s, (b) $v = 7912$ m/s
(c) $v = 10\ 398$ m/s, (d) $v = 10\ 668$ m/s

3/227 $\Delta v = 3217$ m/s, $v = 7767$ m/s quando $\theta = 90°$

3/228 $h_{máx} = 1348$ km

3/229 $\tau_f = 21{,}76(10^6)$ s, $\tau_{nf} = 20{,}74(10^6)$ s

3/230 $H = 35\ 800$ km, $\beta = 162{,}6°$

3/231 $\tau' = 1$ h 36 min 25 s
$\tau' - \tau = 6$ min 4 s

3/232 $\Delta t = 71{,}6$ s

3/233 $v_r = 284$ m/s, $\theta = 98{,}0°$

3/234 $h_{máx} = 53{,}9$ km

3/235 $\Delta v = 115{,}5$ m/s

3/236 $\beta = 153{,}3°$

3/237 $\tau_f = 658{,}69$ h, $\tau_{nf} = 654{,}68$ h

3/238 $\Delta v_A = R\sqrt{\frac{g}{R+H}}\left(1 - \sqrt{\frac{R}{R+h}}\right)$

3/239 $p = 0{,}0514$ rad/s

*3/240 $h = 1{,}482(10^6)$ km

▶3/241 $\Delta v_A = 2370$ m/s, $\Delta v_B = 1447$ m/s

▶3/242 $a = 6572$ km (paralela ao eixo x), $\tau = 5301$ s
$e = 0{,}01284$, $v_a = 7690$ m/s, $v_p = 7890$ m/s
$r_{máx} = 6{,}66(10^6)$ m, $r_{mín} = 6{,}49(10^6)$ m

▶3/243 $a = 7462$ km, $\alpha = 72{,}8°$, No

▶3/244 $\beta = 109{,}1°$

3/245 $\mu_c = 0{,}382$

3/246 $a_{rel} = k\delta\left(\frac{1}{m_1} + \frac{1}{m_2}\right)$

3/247 $\mathbf{G} = 9\mathbf{i}$ kg·m/s, $\mathbf{G}_{rel} = 3\mathbf{i}$ kg·m/s
$T = 13{,}5$ J, $T_{rel} = 1{,}5$ J
$\mathbf{H}_O = -4{,}5\mathbf{k}$ kg·m²/s, $(\mathbf{H}_B)_{rel} = -1{,}5\mathbf{k}$ kg·m²/s

3/248 $P = 66{,}9$ kN

3/249 $F = 1778$ N

3/250 $F = 194{,}0$ kN

3/251 $x_{C/T} = 2{,}83$ m, $v_{rel} = 2{,}46$ m/s

3/252 Sem resposta

3/253 $(v_{rel})_{máx} = a_0\sqrt{\frac{m}{k}}$

3/254 $a_0 = 16{,}99$ m/s², $R = 0$

3/255 (a) e (b) $T = 112$ J

3/256 $T = 3ma_0$ sen θ, $T_{\pi/2} = 90$ N

3/257 $T_0 = m(g + a_0)(3 - 2\cos\theta_0)$, $T_{\pi/2} = 3m(g + a_0)$

3/258 $P_{rel} = 77{,}9$ W

▶3/259 (a) e (b) $h_2 = e^2 h_1$

▶3/260 $v_A = \sqrt{v_0^2 + 2gl\,\text{sen}\theta + 2v_0\cos\theta\sqrt{2gl\,\text{sen}\theta}}$

▶3/261 $v_B = 2{,}87$ m/s, $v_G = 1{,}533$ m/s

3/262 $\theta = \tan^{-1}\frac{a}{g}$

3/263 $R = 46{,}7$ N

3/264 $v = 2{,}2$ m/s

3/265 $v_A = 7451$ m/s, $e = 0{,}0295$

3/266 $P = 454$ kW

3/267 $u = \frac{5}{2}\sqrt{gR}$, $x_{mín} = 2R$

3/268 $N_A = 89{,}1$ N, $N_B = 703$ N

3/269 $M = 18{,}96$ kN·m

3/270 $v = 13{,}01$ m/s

3/271 $T = 424$ N

3/272 $\delta = \frac{Pm}{k(M+m)}$, $P_{eq} = (M+m)g\,\text{sen}\theta$, $\delta_{eq} = \frac{mg\,\text{sen}\theta}{k}$

3/273 $L = 2540$ N, $D = 954$ N

3/274 $F = 327$ kN

3/275 $\delta = 65{,}9$ mm

3/276 (a) $a_t = -10{,}75$ m/s², (b) $a_t = -14{,}89$ m/s²

3/277 $s = 2{,}28$ m

3/278 $t' = 8{,}47$ s

3/279 $v_{rel} = \sqrt{\frac{7}{3}gl}$ esquerda

3/280 (a) $v = 0{,}657$ m/s, (b) $v' = 0{,}849$ m/s

▶3/281 $v' = 293$ km/h

3/282 $\Delta v = 9000$ km/h

3/283 $x = 4{,}02$ m ou 13,98 m

*3/284 (*a*) $\dot{\theta} = 1{,}414$ rad/s, (*b*) $\theta_{máx} = 43{,}0°$

*3/285 $|v_A|_{máx} = 3{,}86$ m/s em $s_B - s_{B_0} = 0{,}0767$ m
$|v_B|_{máx} = 3{,}25$ m/s em $s_B - s_{B_0} = 0{,}0635$ m

*3/286 $38{,}7° \leq \theta \leq 65{,}8°$

*3/287 $\theta_{máx} = 53{,}1°$

*3/288 $e = 0{,}617, y = 0{,}427$ m

*3/289 $t = 1{,}069$ s, $\theta = 30{,}6°$

*3/290 Para $e = 0{,}5$: $R = 92{,}6$ m, $v_B' = 30{,}0$ m/s

Capítulo 4

4/1 $\bar{\mathbf{r}} = \frac{d}{6}(8\mathbf{i} + 5\mathbf{j}), \dot{\bar{\mathbf{r}}} = \frac{v}{6}(4\mathbf{i} + 3\mathbf{j}), \ddot{\bar{\mathbf{r}}} = \frac{F}{6m}\mathbf{i}$
$T = \frac{11}{2}mv^2, \mathbf{H}_O = 2mvd\mathbf{k}, \dot{\mathbf{H}}_O = -Fd\mathbf{k}$

4/2 $\mathbf{H}_G = \frac{4}{3}mvd\mathbf{k}, \dot{\mathbf{H}}_G = -\frac{Fd}{6}\mathbf{k}$

4/3 $\bar{\mathbf{r}} = b(\mathbf{i} + 3{,}61\mathbf{j} + 2{,}17\mathbf{k})$
$\dot{\bar{\mathbf{r}}} = v(0{,}556\mathbf{i} + 0{,}748\mathbf{j} + 0{,}385\mathbf{k})$
$\ddot{\bar{\mathbf{r}}} = \frac{F}{3m}\left(-\mathbf{j} + \frac{2}{3}\mathbf{k}\right), T = 16{,}5mv^2$
$\mathbf{H}_O = mvb(-15\mathbf{i} + 2{,}07\mathbf{j} - 1{,}536\mathbf{k})$
$\dot{\mathbf{H}}_O = Fb(14{,}50\mathbf{i} - 4\mathbf{j} + 3\mathbf{k})$

4/4 $\mathbf{H}_G = mvb(-12{,}92\mathbf{i} - 5{,}30\mathbf{j} + 9{,}79\mathbf{k})$
$\dot{\mathbf{H}}_O = Fb(0{,}778\mathbf{i} - 2\mathbf{j} + 6\mathbf{k})$

4/5 $a_C = 12{,}5$ m/s^2

4/6 $F = 2{,}92$ N

4/7 $|\mathbf{M}_O|_{méd} = 0{,}7$ N·m

4/8 $T = 316$ N

4/9 $D_x = 9{,}18$ N esquerda, $D_y = 193{,}0$ N para cima, $N_E = 138{,}4$ N para cima

4/10 $\mathbf{G} = 8{,}66\mathbf{i} + 5\mathbf{j}$ kg·m/s, $\mathbf{H}_G = 0{,}225\mathbf{k}$ kg·m^2/s
$\mathbf{H}_O = -0{,}971\mathbf{k}$ kg·m^2/s

4/11 $\bar{a} = 15{,}19$ m/s^2

4/12 $\mathbf{H}_O = 2m(r^2\omega - vy)\mathbf{k}$

4/13 $P = 2{,}59$ kW

4/14 $t = \frac{4mr^2\omega}{M}$

4/15 $\dot{\theta}' = 80{,}7$ rad/s

4/16 $v_A = 1{,}015$ m/s, $v_B = 1{,}556$ m/s

4/17 $v = 0{,}205$ m/s

4/18 $v = 0{,}355$ km/h, $n = 95{,}0\%$

4/19 $s = \frac{(m_1 + m_2)x_1 - m_2 l}{m_0 + m_1 + m_2}$

4/20 $x = 0{,}0947$ m

4/21 $\Delta Q = 2{,}52$ J, $I_x = 12{,}87$ N·s

4/22 $v = 4{,}71$ m/s ambas as esferas

4/23 $v = 0{,}877$ m/s

4/24 $v = 72{,}7$ km/h

▶4/25 $v = 1{,}186$ m/s

▶4/26 $(x_A, y_A) = (2270, -1350)$ m

▶4/27 $v_{b/c} = \sqrt{\left(1 + \frac{m_1}{m_2}\right)2gl(1 - \cos\theta)}$
$v_c = \frac{2gl(1 - \cos\theta)}{\sqrt{\frac{m_2}{m_1}\left(1 + \frac{m_2}{m_1}\right)}}$

▶4/28 $v_A = 30$ m/s

4/29 $u = 625$ m/s

4/30 $\alpha = 17{,}22°$

4/31 $F = 24{,}1$ N

4/32 $F = 12{,}29$ N

4/33 $R = 1885$ N

4/34 $T = 2{,}85$ kN

4/35 $T = \rho u \frac{\pi d^2}{4}(u + v\cos\theta)$

4/36 $T = 32{,}6$ kN

4/37 $F_x = 442$ N, $F_y = 442$ N

4/38 $p = 840$ kPa

4/39 $F = \rho A v^2 \text{sen}\,\theta, Q_1 = \frac{Q}{2}(1 + \cos\theta), Q_2 = \frac{Q}{2}(1 - \cos\theta)$

4/40 $h = 4{,}86$ m

4/41 $n = 0{,}638$

4/42 $M = 29{,}8$ kN·m

4/43 $T = 28{,}7$ kN

4/44 $T = 9{,}69$ kN, $V = 1{,}871$ kN, $M = 1{,}122$ kN·m

4/45 $R = 5980$ N

4/46 $p = 1{,}035$ kPa

4/47 $M = 5{,}83$ N·m sentido anti-horário

4/48 $R = mg + \rho\frac{\pi d^2}{4}u(u - v\cos\theta)$

4/49 $a = 4{,}83$ m/s^2

4/50 $P = 5{,}56$ kN, $R = 8{,}49$ kN

4/51 $P = 0{,}671$ kW

4/52 $\theta = 38{,}2°$

4/53 $v = \frac{1}{r}\sqrt{\frac{mg}{\pi\rho}}, P = \frac{mg}{2r}\sqrt{\frac{mg}{\pi\rho}}$

4/54 $M = \rho Q\left[\frac{Qr\cos\phi}{4A} - \omega(r^2 + b^2 + 2rb\,\text{sen}\,\phi)\right]$
$\omega_0 = \frac{Qr\cos\phi}{4A(r^2 + b^2 + 2rb\,\text{sen}\,\phi)}$

4/55 $\theta = 2{,}31°, a_y = 1{,}448$ m/s^2

4/56 $R_x = 311$ lbf, $R_y = -539$ lbf

4/57 $m = 12{,}52$ Mg

4/58 $a = 4{,}70$ m/s^2, $m' = 448$ kg/s

4/59 $m = m_0 e^{-\frac{a+g}{u}t}$

4/60 (*a*) $P = 5310$ N, (*b*) $P = 6000$ N

4/61 $a = 56{,}9$ m/s^2, $v_{máx} = 53{,}3$ m/s

4/62 $F = \rho(x\ddot{x} + \dot{x}^2)$

4/63 $P = 209$ N

4/64 $R = \rho g x + \rho v^2$

4/65 1% redução de massa: 1,967% aumento de velocidade
5% redução de massa: 10,04% aumento de velocidade

4/66 $a = 0{,}518$ m/s^2

4/67 $P = 4{,}55$ kN

4/68 $P = 20{,}4$ N

4/69 $a = -1{,}603$ m/s^2

4/70 $v = 4{,}84$ m/s

4/71 $a = \dfrac{P}{\rho x} - \mu_d g - \dfrac{\dot{x}^2}{x}$

4/72 $x = 6{,}18$ m

4/73 $v = \sqrt{gL\,\text{sen}\,\theta}$

4/74 $v = 7{,}90$ m/s

4/75 $(a)\ v_1 = \sqrt{2gh\ln\left(\dfrac{L}{h}\right)}$, $(b)\ v_2 = \sqrt{2gh\left[1+\ln\left(\dfrac{L}{h}\right)\right]}$

$Q = \rho gh\left(L - \dfrac{h}{2}\right)$

4/76 $v = \dfrac{v_0}{1+\dfrac{2\rho l}{m}}$, $x = \dfrac{m}{\rho}\left(\sqrt{1+\dfrac{2v_0\rho t}{m}} - 1\right)$

4/77 $\bar{\mathbf{r}} = \dfrac{d}{7}(\mathbf{i}+4\mathbf{j}+6\mathbf{k})$, $\dot{\bar{\mathbf{r}}} = \dfrac{2v}{7}(2\mathbf{i}+\mathbf{j}+3\mathbf{k})$, $\ddot{\bar{\mathbf{r}}} = \dfrac{F}{7m}\mathbf{k}$

$T = 13mv^2$, $\mathbf{H}_O = 2mvd\,(6\mathbf{i}+3\mathbf{j}+\mathbf{k})$, $\dot{\mathbf{H}}_O = -Fd\mathbf{j}$

4/78 $\mathbf{H}_G = \dfrac{4mvd}{7}(18\mathbf{i}+6\mathbf{j}+7\mathbf{k})$, $\dot{\mathbf{H}}_G = -\dfrac{2Fd}{7}(2\mathbf{i}+3\mathbf{j})$

4/79 $\bar{a} = 16{,}67$ m/s^2

4/80 $\omega = 14{,}56$ rad/s sentido anti-horário

4/81 $v = u\ln\left(\dfrac{m_0}{m_0 - m't}\right) - gt$

4/82 $F = 3730$ N

4/83 $a_n = 4{,}67$ m/s^2, $a_t = 19{,}34$ m/s^2

4/84 $v = 133{,}3$ m/s

4/85 $t = 60$ s: $a = 5{,}64$ m/s^2, $a_{\text{máx}} = 69{,}3$ m/s^2 em $t = 231$ s

4/86 $F = 938$ N

4/87 $\Delta Q = \rho g r^2$

4/88 $T = 21{,}1$ kN, $F = 12{,}55$ kN

4/89 $R = \dfrac{3\rho}{2}(a+g)^2t^2$

4/90 $(a)\ a = \dfrac{g}{L}x$, $(b)\ T = \rho gx\left(1 - \dfrac{x}{L}\right)$, $(c)\ v = \sqrt{gL}$

4/91 $M = 2830$ N·m

▶4/92 $a = \dfrac{h}{H}g$, $v = h\sqrt{\dfrac{g}{H}}$, $R = 2\rho g\left(H - \dfrac{2h^2}{H}\right)$

▶4/93 $C = 4340$ N para cima, $D = 3840$ N para baixo

▶4/94 $R = \rho gx\dfrac{4L - 3x}{2(L - x)}$

Capítulo 5

5/1 $N = 60$ rev

5/2 $\mathbf{v}_A = \omega(h\mathbf{i} + b\mathbf{j})$

$\mathbf{a}_A = -(b\omega^2 + h\alpha)\mathbf{i} + (h\omega^2 - b\alpha)\mathbf{j}$

5/3 $\mathbf{v}_A = 1{,}332\mathbf{i} + 2{,}19\mathbf{j}$ m/s

$\mathbf{a}_A = -6{,}42\mathbf{i} + 9{,}16\mathbf{j}$ m/s^2

5/4 $N = 3{,}66$ rev

5/5 $r = 75$ mm

5/6 Início: $\Delta\theta = 172{,}5$ rev, 43,1 rev

Final: $\Delta\theta = 920$ rev, 690 rev

5/7 $|\dot{\theta}|_{\text{máx}} = \theta_0\omega_0$ quando $\theta = 0$, $|\ddot{\theta}|_{\text{máx}} = \theta_0\omega_0^2$ quando $\theta = \theta_0$

5/8 $\boldsymbol{\omega} = 4\mathbf{k}$ rad/s, $\boldsymbol{\alpha} = \pm 21{,}3\mathbf{k}$ rad/s^2

5/9 $\Delta\theta = 10{,}99$ rad, $t = 1{,}667$ s

5/10 $\mathbf{v}_B = -11\mathbf{i}$ m/s, $\mathbf{a}_B = 22\mathbf{i} - 220\mathbf{j}$ m/s^2

5/11 $F = 4{,}33$ N, $\Delta\theta = 9$ rad

5/12 $\alpha = 300$ rad/s^2, $a_B = 37{,}5$ m/s^2

$a_C = 22{,}5$ m/s^2

5/13 $\mathbf{v}_A = 1{,}121\mathbf{i} + 0{,}838\mathbf{j}$ m/s

$\mathbf{a}_A = -4{,}48\mathbf{i} + 0{,}1465\mathbf{j}$ m/s^2

5/14 $t = 9{,}57$ s

5/15 $N = 513$ rev/min

5/16 $\mathbf{v}_A = -0{,}382\mathbf{i} - 0{,}1025\mathbf{j}$ m/s

$\mathbf{a}_A = 0{,}540\mathbf{i} + 0{,}718\mathbf{j}$ m/s^2

5/17 $(a)\ \Delta\theta_B = 90$ rev, $(b)\ \omega_B = 70{,}7$ rad/s
$(c)\ \Delta\theta_B = 22{,}5$ rev

5/18 $\mathbf{v}_A = -0{,}374\mathbf{i} + 0{,}1905\mathbf{j}$ m/s

$\mathbf{a}_A = -0{,}757\mathbf{i} - 0{,}605\mathbf{j}$ m/s^2

5/19 $\mathbf{v}_A = -0{,}223\mathbf{i} - 0{,}789\mathbf{j}$ m/s

$\mathbf{a}_A = 3{,}02\mathbf{i} - 1{,}683\mathbf{j}$ m/s^2

5/20 $\mathbf{v}_A = -0{,}0464\mathbf{i} + 0{,}1403\mathbf{j}$ m/s

$\mathbf{a}_A = -0{,}1965\mathbf{i} + 0{,}246\mathbf{j}$ m/s^2

5/21 $\theta = 0{,}596$ rad

5/22 $N_B = 415$ rev/min

5/23 $\omega_{OA} = \dfrac{dv}{s^2 + d^2}$ sentido anti-horário se > 0

5/24 $v_P = 0{,}3$ m/s para baixo, $v_C = 0{,}25$ m/s para baixo

$\omega = 0{,}5$ rad/s sentido horário

5/25 $v_B = 0{,}1760$ m/s para baixo

5/26 $v_P = -r\omega\,\text{sen}\,\theta$, $a_P = -r\alpha\,\text{sen}\,\theta - r\omega^2\cos\theta$

(um valor negativo está orientado para a esquerda)

5/27 $v_P = -r\omega\,(\text{sen}\,\theta + \cos\theta\tan\beta)$

$a_P = -r\alpha(\text{sen}\,\theta + \cos\theta\tan\beta)$
$\quad - r\omega^2(\cos\theta - \text{sen}\,\theta\tan\beta)$

(um valor negativo está orientado para a esquerda)

5/28 $v = v_O\sqrt{2(1 + \text{sen}\,\theta)}$, $a = \dfrac{v_O^2}{r}$

5/29 $v_B = 0{,}755$ m/s

5/30 $a_B = 789$ mm/s^2 para baixo

5/31 $\omega_{BC} = 1{,}903$ rad/s sentido horário

5/32 $v_O = 1{,}2$ m/s direita

$\omega = 1{,}333$ rad/s sentido horário

5/33 $\omega = -\dfrac{v}{x}\dfrac{r}{\sqrt{x^2 - r^2}}$

5/34 $\dot{\theta} = 0{,}1639$ rad/s sentido anti-horário

$\ddot{\theta} = 0{,}0645$ rad/s^2 sentido horário

5/35 $h = 4g\left(\dfrac{b}{\pi v}\right)^2$, $h = 128{,}8$ mm

5/36 $\omega = 3$ rad/s sentido horário, $v_A = 480$ mm/s, $v_O = 180$ mm/s

$a_C = 540$ mm/s^2 em direção a O

5/37 $v_C = 0{,}289$ m/s direita

5/38 $a_C = 0{,}920$ m/s^2 esquerda

5/39 $v = 2\dfrac{\sqrt{b^2 + L^2 - 2bL\cos\theta}}{L\tan\theta}\dot{s}$

5/40 $\dot{x} = \frac{L + x}{b} \frac{\tan\theta}{\cos\left(\frac{\theta + \delta}{2}\right)} \dot{c}$, quando $\delta = \text{sen}^{-1}\left(\frac{h}{b}\right)$

5/41 Sem resposta

5/42 $\alpha_2 = \frac{\dot{r}_1 r_2 - r_1 \dot{r}_2}{r_2^2} \omega_1$

5/43 $v_C = \frac{v_B}{2}\sqrt{8 + \sec^2\frac{\theta}{2}}$

5/44 $\omega_{OA} = 1{,}056$ rad/s sentido horário

$\alpha_{OA} = 0{,}500$ rad/s^2 sentido anti-horário

▶5/45 $\omega_2 = 1{,}923$ rad/s sentido anti-horário

▶5/46 $\alpha = 0{,}1408$ rad/s^2 sentido anti-horário

5/47 $\mathbf{v}_B = -1{,}386\mathbf{i} + 1{,}2\mathbf{j}$ m/s

5/48 $\mathbf{v}_A = 3\mathbf{i} - \mathbf{j}$ m/s, $\mathbf{v}_B = 3{,}6\mathbf{i} + \mathbf{j}$ m/s

5/49 (*a*) $N = 91{,}7$ rev/min sentido anti-horário
(*b*) $N = 45{,}8$ rev/min sentido anti-horário
(*c*) $N = 45{,}8$ rev/min sentido horário

5/50 $v_A = 58{,}9$ mm/s

5/51 $\mathbf{v}_A = -1672\mathbf{i} + 107\ 257\mathbf{j}$ km/h, $\mathbf{v}_B = 105\ 585\mathbf{j}$ km/h

$\mathbf{v}_C = 1672\mathbf{i} + 107\ 257\mathbf{j}$ km/h, $\mathbf{v}_D = 108\ 929\mathbf{j}$ km/h

5/52 $\mathbf{v}_D = 0{,}596$ m/s, $\dot{x} = 0{,}1333$ m/s

5/53 $\mathbf{v}_A = 0{,}7\mathbf{i} + 0{,}4\mathbf{j}$ m/s, $\mathbf{v}_P = 0{,}3\mathbf{i}$ m/s

5/54 $v_C = 1{,}528$ m/s

5/55 $v_O = 6{,}93$ m/s, $\omega = 21{,}3$ rad/s sentido horário

5/56 $v_O = 0{,}6$ m/s, $v_B = 0{,}849$ m/s

5/57 $\omega_{AB} = 0{,}96$ rad/s sentido anti-horário

5/58 $\omega_{AB} = 0{,}268\frac{v_A}{L}$ sentido anti-horário

5/59 $\omega_{OA} = -3{,}33\mathbf{k}$ rad/s

5/60 $\mathbf{v}_A = \frac{v}{2}(\mathbf{i} + \mathbf{j})$, $\mathbf{v}_B = \frac{v}{2}(\mathbf{i} - \mathbf{j})$

5/61 $v_B = 4{,}38$ m/s, $\omega = 3{,}23$ rad/s sentido anti-horário

5/62 (*a*) $\omega_{BC} = \omega$ sentido anti-horário,
(*b*) $\omega_{BC} = 2\omega$ sentido anti-horário

5/63 $v_A = 1{,}372$ m/s

5/64 $\omega_0 = 1{,}452$ rad/s sentido horário,
$\omega_{AB} = 0{,}0968$ rad/s sentido anti-horário

5/65 $\omega = 0{,}722$ rad/s

5/66 $\omega = 1{,}394$ rad/s sentido anti-horário,
$v_A = 0{,}408$ m/s para baixo

5/67 $\omega = 8{,}59$ rad/s sentido anti-horário

5/68 $\omega = 16{,}39$ rad/s sentido anti-horário, $v_B = 6{,}19$ m/s

5/69 $\omega_{AB} = 1{,}725$ rad/s sentido anti-horário,
$\omega_{BC} = 4$ rad/s sentido anti-horário

5/70 $v_A = 600$ mm/s

5/71 $\boldsymbol{\omega}_{AC} = 0{,}429\mathbf{k}$ rad/s

5/72 $v_E = 0{,}514$ m/s

5/73 $d = 0{,}5$ m acima de G

$v_A = v_B = 2{,}33$ m/s, $\beta = 31{,}0°$

5/74 $v_A = 1{,}949$ m/s em ∡35,4°, $v_B = 2{,}66$ m/s em ∡335°

5/75 $v_B = 1{,}114$ m/s

5/76 $v_A = 0{,}671$ m/s em ∡318°

5/77 $v_A = 0{,}408$ m/s para baixo

5/78 $v_G = 277$ mm/s

5/79 $v_D = 250$ mm/s

5/80 $v_A = 226$ mm/s, $v_C = 174{,}7$ mm/s

5/81 $\omega = 4.16$ rad/s sentido horário, $v_B = 0{,}416$ m/s direita

$v_G = 0{,}416$ m/s em ∡60°

5/82 $\omega = 4{,}37$ rad/s sentido horário, $v_B = 0{,}971$ m/s direita

5/83 $v_A = 0{,}707$ m/s, $v_P = 1{,}581$ m/s

5/84 $v_A = 1{,}372$ m/s

5/85 $v_A = 4{,}8$ m/s direita, $v_B = 3{,}2$ m/s esquerda

$v_C = 4{,}08$ m/s em ∡281°, $v_D = 3{,}92$ m/s para baixo

5/86 $\omega = 0{,}467$ rad/s sentido anti-horário, $v_A = 13{,}58$ m/s

$v_B = 14{,}51$ m/s

5/87 $v_O = 120$ mm/s, $v_P = 216$ mm/s

5/88 $\omega_{OB} = 11{,}79$ rad/s sentido anti-horário

5/89 Sem resposta

5/90 $\omega_{AB} = 0$, $\omega_{BD} = 8{,}33$ rad/s sentido anti-horário

5/91 $v = 4{,}71$ m/s direita

$v_s = 2{,}09$ m/s esquerda

5/92 $v_D = 2{,}31$ m/s

5/93 $v_A = 2{,}76$ m/s direita

5/94 $v_A = 0{,}278$ m/s direita

5/95 $\omega_{ABD} = 7{,}47$ rad/s sentido anti-horário

▶5/96 $\omega = 1{,}11$ rad/s sentido horário

5/97 $a_A = 9{,}58$ m/s^2, $a_B = 9{,}09$ m/s^2

5/98 (*a*) $a_A = 0{,}2$ m/s^2

(*b*) $a_A = 4{,}39$ m/s^2

(*c*) $a_A = 6{,}2$ m/s^2

5/99 $a_A = 5$ m/s^2

5/100 $\mathbf{v}_A = 5{,}12\mathbf{i} + 2{,}12\mathbf{j}$ m/s

$\mathbf{a}_B = -16{,}25\mathbf{i} + 2.5\mathbf{j}$ m/s^2

5/101 (*a*) $\alpha_{\text{viga}} = 0{,}0625$ rad/s^2 sentido anti-horário

(*b*) $a_C = 0{,}1875$ m/s^2 para cima, (*c*) $d = 0{,}6$ m

5/102 $\alpha = 0{,}286$ rad/s^2 sentido anti-horário,
$a_A = 0{,}653$ m/s^2 para baixo

5/103 $\mathbf{a}_B = 0{,}0279\mathbf{i}$ m/s^2

5/104 $\mathbf{a}_{B/A} = -\frac{v^2}{2r}\mathbf{i} - a\mathbf{j}$

5/105 $\alpha_{AB} = 0{,}268\frac{a_A}{L} - 0{,}01924\frac{v_A^2}{L^2}$

$a_B = 1{,}035a_A - 0{,}0743\frac{v_A^2}{L}$ sentido anti-horário, se positivo

5/106 $\alpha_{AB} = \omega^2$ sentido anti-horário

5/107 $\boldsymbol{\alpha}_{AB} = -37{,}9\mathbf{k}$ rad/s^2, $\mathbf{a}_A = 17{,}30\mathbf{i}$ m/s^2

5/108 $a_A = 13{,}13$ m/s^2

5/109 $a_D = 1{,}388$ m/s^2

5/110 $(a_B)_t = 2{,}46$ m/s^2 esquerda

5/111 (*a*) $\mathbf{a}_C = \frac{r\omega^2}{1 - \frac{r}{R}}\mathbf{j}$, (*b*) $\mathbf{a}_C = \frac{r\omega^2}{1 + \frac{r}{R}}\mathbf{j}$

5/112 $\alpha_{AB} = 9{,}98$ rad/s^2 sentido anti-horário

5/113 $\alpha_{AB} = 1{,}578$ rad/s^2 sentido horário

5/114 $\mathbf{a}_A = 8{,}33\mathbf{i} - 10\mathbf{j}$ m/s^2

$\mathbf{a}_P = -8{,}33\mathbf{i}$ m/s^2

$\mathbf{a}_B = -13{,}89\mathbf{i} + 3{,}33\mathbf{j}$ m/s^2

5/115 $\alpha = 696$ rad/s^2 sentido horário, $a_B = 298$ m/s^2

5/116 $\mathbf{a}_A = -8{,}4\mathbf{i} - 64\mathbf{j}$ m/s^2
$\mathbf{a}_D = -62{,}7\mathbf{i} + 19{,}66\mathbf{j}$ m/s^2

5/117 $\alpha_{OB} = 628$ rad/s^2 sentido horário

5/118 $\alpha_{AB} = 14{,}38$ rad/s^2 sentido horário

5/119 $(a_B)_t = -23{,}9$ m/s^2, $\alpha = 36{,}2$ rad/s^2 sentido horário

5/120 $\alpha_{OA} = 0$, $\mathbf{a}_D = -480\mathbf{i} - 360\mathbf{j}$ m/s^2

5/121 $\boldsymbol{\alpha}_{AC} = -0{,}0758\mathbf{k}$ rad/s^2

5/122 $\alpha_{AB} = 16{,}02$ rad/s^2 sentido horário,
$\alpha_{BC} = 13{,}31$ rad/s sentido anti-horário

5/123 $a_A = 4{,}89$ m/s^2 direita,
$\alpha_{AB} = 0{,}467$ rad/s^2 sentido anti-horário

▶5/124 $a_E = 0{,}285$ m/s^2 direita

5/125 $\mathbf{v}_A = 0{,}1\mathbf{i} + 0{,}25\mathbf{j}$ m/s, $\beta = 68{,}2°$

5/126 $\mathbf{v}_A = (r_1\Omega + u)\mathbf{i}$
$\mathbf{a}_A = r_1\dot{\Omega}\mathbf{i} + \left(r_1\Omega^2 + 2\Omega u - \dfrac{u^2}{r_2}\right)\mathbf{j}$, $\mathbf{a}_{\text{Cor}} = 2\Omega u\mathbf{j}$

5/127 $\mathbf{v}_A = -3{,}4\mathbf{i}$ m/s, $\mathbf{a}_A = 2\mathbf{i} - 0{,}667\mathbf{j}$ m/s^2

5/128 $\mathbf{v}_{\text{rel}} = 25\mathbf{i} + 15\mathbf{j}$ m/s

5/129 $\mathbf{v}_{\text{rel}} = -46\mathbf{i}$ m/s, No

5/130 $\mathbf{a}_{\text{rel}} = 9{,}2\mathbf{j}$ m/s^2

5/131 $\mathbf{a}_{\text{Cor}} = -2\omega u\mathbf{i}$

5/132 $\mathbf{v}_{\text{rel}} = -5{,}56\mathbf{j}$ m/s, $\mathbf{a}_{\text{rel}} = 1{,}029\mathbf{i} + 2{,}06\mathbf{j}$ m/s^2

5/133 $\mathbf{a}_{\text{rel}} = -4{,}69\mathbf{k}$ m/s^2

5/134 $\omega = 2{,}17$ rad/s sentido anti-horário, $v_{\text{rel}} = 0{,}5$ m/s direita

5/135 $\omega = 2{,}89$ rad/s sentido anti-horário,
$\alpha = 5{,}70$ rad/s^2 sentido anti-horário

5/136 $\delta = \dfrac{\Omega L^2}{v}\,\text{sen}\,\theta$, $\delta = 3{,}37$ mm

5/137 $\mathbf{v}_{\text{rel}} = -2{,}71\mathbf{i} - 0{,}259\mathbf{j}$ m/s
$\mathbf{a}_{\text{rel}} = 0{,}864\mathbf{i} + 0{,}0642\mathbf{j}$ m/s^2

5/138 $\mathbf{v}_{\text{rel}} = -117{,}9\mathbf{i} - 222\mathbf{j}$ m/s

5/139 $\mathbf{a}_{\text{rel}} = 5{,}03\mathbf{i} - 3{,}49\mathbf{j}$ m/s^2

5/140 $\mathbf{v}_{\text{rel}} = 6{,}67\mathbf{i} - 11{,}55\mathbf{j}$ m/s, $\mathbf{a}_{\text{rel}} = 7{,}70\mathbf{i} + 4{,}44\mathbf{j}$ m/s^2

5/141 $\mathbf{v}_{\text{rel}} = 6{,}67\mathbf{i}' + 11{,}55\mathbf{j}'$ m/s
$\mathbf{a}_{\text{rel}} = -8{,}45\mathbf{i}' + 3{,}15\mathbf{j}'$ m/s^2

5/142 $\omega = 4$ rad/s sentido horário,
$\alpha = 64$ rad/s^2 sentido anti-horário

5/143 $v_{\text{rel}} = 3{,}93$ m/s at $\measuredangle 19{,}11°$
$a_{\text{rel}} = 15{,}22$ m/s^2 em $\measuredangle 19{,}11°$
$\omega_{BC} = 1{,}429$ rad/s sentido anti-horário,
$\alpha_{BC} = 170{,}0$ rad/s^2 sentido horário

5/144 $v_{\text{rel}} = 7{,}71$ m/s em $\measuredangle 19{,}11°$
$a_{\text{rel}} = 13{,}77$ m/s^2 em $\measuredangle 19{,}11°$
$\omega_{BC} = 1{,}046$ rad/s sentido horário,
$\alpha_{BC} = 117{,}7$ rad/s^2 sentido horário

▶5/145 $\mathbf{v}_{\text{rel}} = -26\,220\mathbf{i}$ km/h, $\mathbf{a}_{\text{rel}} = -8{,}02\mathbf{j}$ m/s^2

▶5/146 $\alpha_{EC} = 12$ rad/s^2 sentido anti-horário

5/147 $\mathbf{v}_P = -0{,}45\mathbf{i} - 0{,}3\mathbf{j}$ m/s, $(\mathbf{a}_P)_t = 0{,}9\mathbf{i} + 0{,}6\mathbf{j}$ m/s^2
$(\mathbf{a}_P)_n = 0{,}9\mathbf{i} - 1{,}35\mathbf{j}$ m/s^2

5/148 $(x_P, y_P) = (-0{,}3,\ 0{,}4)$ m, $r = 0{,}5$ m

5/149 $t = \dfrac{1}{\sqrt{Kk}}\tan^{-1}\left(\omega_0\sqrt{\dfrac{k}{K}}\right)$

5/150 $\omega = \dfrac{2v}{L}$ sentido horário, $v_C = v$ esquerda

5/151 $\omega_{AB} = 1{,}203$ rad/s sentido anti-horário

5/152 $\omega = \dfrac{vh}{x^2 + h^2}$ sentido anti-horário

5/153 $a_P = 3{,}34$ m/s^2

5/154 $\theta = 60°$

5/155 $a_P = 0{,}1875$ m/s^2

▶5/156 $\omega_{OA} = \dfrac{0{,}966dv}{d^2 + s^2 + 0{,}518ds}$ sentido anti-horário se $v > 0$

5/157 $v_A = 0{,}1732$ m/s para baixo,
$\omega = 1{,}992$ rad/s sentido anti-horário

5/158 $v_B = 288$ mm/s

5/159 $\omega_{AB} = 0{,}354$ rad/s sentido horário,
$v_O = 0{,}1969$ m/s esquerda

5/160 $\Delta\mathbf{v}_{\text{rel}} = -50{,}3\mathbf{i} + 87{,}1\mathbf{j}$ km/h

*5/161 $(v_{\text{rel}})_{\text{mín}} = -2$ m/s em $\theta = 109{,}5°$
$(v_{\text{rel}})_{\text{máx}} = 2$ m/s em $\theta = 251°$
$(a_{\text{rel}})_{\text{mín}} = -15$ m/s^2 em $\theta = 0$ e $360°$
$(a_{\text{rel}})_{\text{máx}} = 30$ m/s^2 em $\theta = 180°$

*5/162 $t = 0{,}0701$ s

*5/163 $|\omega_{AB}|_{\text{máx}} = 6{,}54$ rad/s em $\theta = 202°$
$|\omega_{BC}|_{\text{máx}} = 7{,}47$ rad/s em $\theta = 215°$

*5/164 $|\alpha_{AB}|_{\text{máx}} = 88{,}6$ rad/s^2 em $\theta = 234°$
$|\alpha_{BC}|_{\text{máx}} = 112{,}2$ rad/s^2 em $\theta = 182{,}1°$

*5/165 $|\omega_{AB}|_{\text{máx}} = 10{,}15$ rad/s em $\theta = 203°$
$|\omega_{BC}|_{\text{máx}} = 11{,}83$ rad/s em $\theta = 216°$

*5/166 $a_{\text{rel}} = 0{,}1067$ m/s^2 na direção de B

*5/167 $(v_A)_{\text{máx}} = 20{,}9$ m/s em $\theta = 72{,}3°$

*5/168 $a_A = 0$ quando $\theta = 72{,}3°$

Capítulo 6

6/1 $F_A = 1200$ N direita, $O_x = 600$ N esquerda

6/2 $a = 3g$

6/3 $N_A = 116{,}2$ N

6/4 $a = g\sqrt{3}$

6/5 (*a*) $N_A = 31{,}6$ N para cima, $N_B = 7{,}62$ N para cima
(*b*) $N_A = N_B = 19{,}62$ N para cima
(*c*) $N_A = 4{,}38$ N para baixo, $N_B = 43.6$ N para cima
$a = 15$ m/s^2 para a direita em todos os casos

6/6 $a = 5{,}66$ m/s^2

6/7 $P = \sqrt{3}(M + m)g$

6/8 $A_x = 18{,}34$ N, $A_y = 15{,}57$ N, $T = 27{,}3$ N

6/9 $k_T = 6{,}01mgL$

*6/10 $\theta = 39{,}5°$

6/11 $F_A = 1{,}110$ kN em $\measuredangle 60°$, $O_x = 45$ N, $O_y = 667$ N

6/12 $a = 5{,}01$ m/s^2

6/13 $N_A = 6{,}85$ kN para cima, $N_B = 9{,}34$ kN para cima

6/14 $A = 1192$ N

6/15 $a = 3{,}92$ m/s^2, $N_f = 1460$ N

6/16 $a = 0{,}224g$

6/17 $T_A = 212$ N, $T_B = 637$ N

6/18 $P = \frac{4}{3\pi}(M + m)g,\ a = \frac{4g}{3\pi}$ direita, $\mu_c \geq \frac{4}{3\pi}$

6/19 $A_y = 1389$ N

6/20 $M = 196{,}0$ N·m

6/21 $C = 218$ N

6/22 $N = 257$ kN para cima

6/23 (*a*) $\theta = 51{,}3°$, (*b*) $\theta = 24{,}8°$; $a = \frac{5}{4}g$

6/24 $W = 3{,}23$ Mg

6/25 $\theta = 0{,}964°$

6/26 $\mu = 1{,}167,\ N_r = 8690$ N

6/27 $F_A = F_B = 24{,}5$ N

6/28 $p = 873$ kPa

6/29 $\alpha = 1{,}193$ rad/s^2 sentido anti-horário, $F_A = 769$ N

6/30 $d = 366$ mm

6/31 $\alpha = 9{,}30$ rad/s^2

6/32 (*a*) $\alpha = 3{,}20$ rad/s^2 sentido horário,
(*b*) $\alpha = 3{,}49$ rad/s^2 sentido horário

6/33 (*a*) $\alpha = \frac{g}{2r}$ sentido horário, $O = \frac{1}{2}mg$,

(*b*) $\alpha = \frac{2g}{3r}$ sentido horário, $O = \frac{1}{3}mg$

6/34 $O = 109{,}1$ N

6/35 $R = 14{,}29$ N

6/36 $\alpha = \frac{3g}{5b}$ sentido horário, $O = \frac{1}{2}mg$

6/37 $A = 56{,}3$ N

6/38 $\beta = \frac{\pi}{2} : \alpha = \frac{8g}{3b\pi}$ sentido horário

$\beta = \pi : \alpha = \frac{8g}{3b\pi}$ sentido horário

6/39 (*a*) $\alpha = 7{,}85$ rad/s^2 sentido anti-horário
(*b*) $\alpha = 6{,}28$ rad/s^2 sentido anti-horário

6/40 A–A: $\alpha = \frac{3\sqrt{2}}{5}\frac{g}{b}$, B–B: $\alpha = \frac{3\sqrt{2}}{7}\frac{g}{b}$

6/41 $\alpha = 4{,}22$ rad/s^2

6/42 $T = 91{,}1$ N

6/43 $M = \frac{\omega\rho d}{\tau}\left[\frac{1}{2}\pi r^4 + 4lt\left(\frac{1}{3}l^2 + rl + r^2\right)\right]$

6/44 (*a*) $k = 87{,}6$ mm, (*b*) $F = 2{,}35$ N, (*c*) $R = 531$ N

6/45 (*a*) $\alpha = 8{,}46$ rad/s^2, (*b*) $\alpha = 11{,}16$ rad/s^2

6/46 $\alpha = \frac{18g}{11L}$ sentido horário, $O = 0{,}239mg$

6/47 $M_{motor} = 1{,}005$ N·m, $M_f = 0{,}1256$ N·m

6/48 $x = \frac{l}{2\sqrt{3}},\ \alpha = \sqrt{3}\frac{g}{l}$

6/49 $\alpha = 0{,}893$ rad/s^2

6/50 $\alpha = \frac{3g}{10b},\ O_y = \frac{9}{20}\rho bcg,\ O_z = \frac{37}{20}\rho bcg$

6/51 $b = 40{,}7$ mm, $R = 167{,}8$ N

6/52 $\alpha_B = 25{,}5$ rad/s^2 sentido anti-horário

6/53 $\alpha = 4{,}22$ rad/s^2 sentido horário, $t = 31{,}8$ s

6/54 $\alpha = \frac{6g}{7l} - \frac{12k}{7m}(\sqrt{5} - \sqrt{3})$

6/55 $O = 5260$ N, $\alpha = 0{,}0709$ rad/s^2 sentido anti-horário

6/56 (*a*) $\mu_c = 0{,}1880$, (*b*) $\theta = 53{,}1°$

6/57 $a_A = 63{,}2$ m/s^2

6/58 $\omega = 6{,}4$ rad/s, $v = 0{,}980$ m/s

6/59 $a = \frac{g}{2}$ para baixo

6/60 $\alpha = 0{,}310$ rad/s^2 sentido horário
$\bar{a}_x = 6{,}87$ m/s^2, $a_y = 2{,}74$ m/s^2

6/61 $\alpha = 48{,}8$ rad/s^2 sentido horário a partir de cima
$\bar{a}_x = 0,\ \bar{a}_y = 5$ m/s^2

6/62 A: $\alpha_A = \frac{g}{r}\,\text{sen}\,\theta,\ \mu_s = 0$

B: $\alpha_B = \frac{g}{2r}\,\text{sen}\,\theta,\ \mu_s = \frac{1}{2}\tan\theta$

6/63 $\bar{a} = 4{,}20$ m/s^2 rampa abaixo
$F = 7{,}57$ N rampa acima

6/64 $a_G = 3{,}88$ m/s^2 rampa acima, $F = 83{,}0$ N rampa abaixo

6/65 $a_G = 8{,}07$ m/s^2 rampa acima, $F = 42{,}9$ N rampa acima

6/66 $\omega = \frac{1}{k_O}\sqrt{2a\bar{r}}$

6/67 $T = \frac{2\sqrt{3}}{13}mg$

6/68 $a_A = 1{,}143g$ fenda abaixo

6/69 (*a*) $R_f = \frac{\bar{I}a}{2dR},\ R_r = -\frac{\bar{I}a}{2dR}$

(*b*) $R_f = \frac{mv^2d + \bar{I}a}{2dR},\ R_r = \frac{mv^2d - \bar{I}a}{2dR}$

6/70 $a = \frac{8mg}{3\pi(m + 3M)}$ esquerda

$\alpha = \frac{8(m + M)g}{3\pi r(m + 3M)}$ sentido horário

6/71 $T_A = 637$ N, $T_B = 707$ N

6/72 $\alpha = 22{,}8$ rad/s^2 sentido horário, $\mu_c = 0{,}275$

6/73 $P = 100{,}3$ N

6/74 $A_x = 5$ N, $A_y = 57{,}1$ N

6/75 $\alpha = \frac{12bg}{7b^2 + 3h^2}$ sentido horário, $T_A = \frac{3(b^2 + h^2)}{7b^2 + 3h^2}mg$

6/76 $s = \frac{3d}{2}$

6/77 $N_B = 36{,}4$ N para cima

6/78 $M_B = 3{,}55$ N·m sentido anti-horário

6/79 $a_A = 5{,}93$ m/s^2

6/80 $\alpha = \frac{84a}{65L}$ sentido anti-horário

6/81 $\omega = 2{,}99$ rad/s sentido anti-horário

6/82 $N_A = 53{,}6$ N, $N_B = 53{,}1$ N

6/83 $s = 5{,}46$ m

6/84 $\alpha = \frac{5a}{7r}$ sentido horário

$\omega = \sqrt{\frac{10}{7r}}\sqrt{g(1 - \cos\theta) + a\,\text{sen}\,\theta}$

6/85 $v = 11{,}73$ m/s

6/86 $A = 1522$ N

▶6/87 $M = 2{,}58$ N·m sentido anti-horário

▶6/88 $M = 3{,}02$ N·m sentido anti-horário

6/89 $\omega = \sqrt{\frac{24g}{7L}}$ CW, $v_G = \sqrt{\frac{3gL}{14}}$

6/90 $\omega = \sqrt{\frac{48g}{7L}}$

6/91 $\theta = 33{,}2°$

6/92 $v = 3{,}01$ m/s

6/93 $k_T = 3{,}15$ N·m/rad

6/94 $O = \frac{91mg}{27}$ para cima

6/95 $\Delta\omega = 6{,}28$ rad/s sentido horário, $O = 354$ N

6/96 $v_A = \sqrt{2gx\,\mathrm{sen}\theta}$, $v_B = \sqrt{gx\,\mathrm{sen}\theta}$

6/97 $k = 92{,}6$ N/m, $\omega = 2{,}42$ rad/s sentido horário

6/98 $\omega = -0{,}951$ rad/s

6/99 $\omega_{\text{máx}} = 0{,}861\sqrt{\frac{g}{b}}$

6/100 $\omega = 3{,}31$ rad/s

6/101 $N_C = 123{,}2$ N

6/102 $\omega = 1{,}648$ rad/s sentido horário

6/103 $P = 140{,}4$ kW ou 188,2 hp

6/104 $v_A = 2{,}45$ m/s direita

6/105 $\omega = \sqrt{\frac{g}{r}\frac{32}{9\pi - 16}}$

$N = mg\left(1 + \frac{128}{3\pi(9\pi - 16)}\right)$

6/106 $\Delta E = 0{,}0592$ J

6/107 $\omega_B = 13{,}54$ rad/s sentido horário

6/108 (*a*) $k = 93{,}3$ N/m, (*b*) $\omega = 1{,}484$ rad/s sentido horário

6/109 $\omega = 2{,}23$ rad/s sentido horário

6/110 $v_{\text{dif}} = 2{,}18(10^{-3})\sqrt{xg\,\mathrm{sen}\,\theta}$, conduzido pelo Toroide

6/111 $\omega = 7{,}00$ rad/s

6/112 $x = 0{,}211l$, $\omega_{\text{máx}} = 1{,}861\sqrt{\frac{g}{l}}$ sentido horário

6/113 $v_O = \sqrt{\frac{2r_o d}{m(\bar{k}^2 + r_o^2)}}\sqrt{P(r_o - r_i) - mgr_o\,\mathrm{sen}\theta}$

6/114 $v = 2{,}29$ m/s direita

6/115 $v_O = 0{,}757$ m/s para baixo

6/116 $N = 3720$ rev/min

6/117 (*a*) $P = 17{,}76$ kW, (*b*) $P = 52{,}0$ kW

6/118 $v_A = \sqrt{3}\sqrt{\frac{M\theta}{m} - gb(1 - \cos\theta)}$ direita

6/119 $\alpha = \dfrac{P - \left(\frac{m}{2} + m_0\right)g\cos\theta}{b(m + m_0)}$ sentido anti-horário

Se $P > \left(\frac{m}{2} + m_0\right)g\cos\theta$; caso contrário $\alpha = 0$

6/120 $\alpha = \dfrac{M}{mb^2\left(\cos^2\theta + \frac{1}{3}\right)}$ sentido horário

6/121 $\alpha = \frac{3g\cos\theta}{2b}$

6/122 $\theta = 6{,}97°$

6/123 $\alpha = 34{,}2$ rad/s² sentido horário

6/124 $a = \frac{2P}{5m}\tan\frac{\theta}{2} - g$ (para cima, se positivo)

6/125 $a = \dfrac{M}{2mb\sqrt{1 - \left(\frac{h}{2b}\right)^2}} - g$ (para cima, se positivo)

6/126 $k_T = \frac{m\bar{r}}{\theta}(a\cos\theta - g\,\mathrm{sen}\,\theta)$

6/127 $\theta = 64{,}3°$

6/128 $\alpha = \dfrac{P(2\cos^2\theta + 1)}{mb(8\cos^2\theta + 1)}$

6/129 $a = \frac{F}{2m} - g$ (para cima, se positivo)

6/130 $a = \frac{3}{8}\left(\frac{P}{m} - \frac{3g}{2}\right)$ (para direita, se positivo)

6/131 $N = 132{,}8$ rev/min

6/132 $\alpha = 10{,}84$ rad/s² sentido anti-horário

6/133 $M = 0$, $M_B = 11{,}44$ kN·m

6/134 $\alpha = 27{,}3$ rad/s² sentido horário

6/135 (*a*) $H_O = 0{,}587$ kg·m²/s sentido horário

(*b*) $H_O = 0{,}373$ kg·m²/s sentido horário

6/136 $\omega = 1{,}811$ rad/s sentido anti-horário

6/137 $\omega = 1{,}093$ rad/s

6/138 $\overline{H} = 2{,}66(10^{40})$ kg·m²/s

6/139 $v = 0{,}379$ m/s para cima, $\omega = 56{,}0$ rad/s sentido horário

6/140 $\omega = 1{,}202$ rad/s sentido horário

6/141 $\omega = 24{,}2$ rad/s sentido horário

6/142 $\mathbf{v} = \frac{Mv_M\mathbf{i} + mv_m\mathbf{j}}{M + m}$,

$\omega = \frac{12v_m}{L}\left(\frac{m}{4M + 7m}\right)$ sentido anti-horário

6/143 $H_G = \frac{11}{16}mRv_O$ sentido horário,

$H_O = \frac{37}{32}mRv_O$ sentido horário

6/144 $v = 0{,}778$ m/s, $T_{\text{méd.}} = 100{,}7$ N

6/145 $\omega = \frac{3mv_1}{(M + m)L}$ sentido horário,

$\int_{t_1}^{t_2} O_x\,dt = \frac{M}{2(M + m)}mv_1$ para direita

6/146 $N = 2{,}04$ rev/s

6/147 $n = 1{,}405\%$

6/148 $\omega = 1{,}605$ rad/s sentido anti-horário, $n = 91{,}7\%$

6/149 $T = 0{,}750 + 0{,}01719t$ N

6/150 $\mathbf{v}_B = 0{,}267\mathbf{i} - 7{,}2\mathbf{j}$ m/s

6/151 $N_2 = 2{,}59$ rev/min

6/152 $v_1 = 4{,}88$ m/s

6/153 $\omega = \dfrac{\left(\dfrac{l}{2} - x\right)\sqrt{2gh}}{\dfrac{1}{3}l^2 - lx + x^2}$

$x = 0$: $\omega = \dfrac{3}{2l}\sqrt{2gh}$ sentido horário

$x = \dfrac{l}{2}$: $\omega = 0$

$x = l$: $\omega = \dfrac{3}{2l}\sqrt{2gh}$ sentido anti-horário

6/154 (*a*) $\omega_2 = 6{,}57$ rad/s, (*b*) $\omega_3 = 1{,}757$ rad/s
(*c*) $\omega_4 = 1{,}757$ rad/s

6/155 $t = \dfrac{2v_0}{g(7\mu_c \cos\theta - 2\,\mathrm{sen}\theta)}$

$v = \dfrac{5v_0\mu_c}{7\mu_c - 2\tan\theta}$ rampa abaixo

$\omega = \dfrac{5v_0\mu_c}{r(7\mu_c - 2\tan\theta)}$ sentido horário

6/156 $t = \dfrac{2r\omega_0}{g(2\,\mathrm{sen}\theta + 7\mu_c\cos\theta)}$

$v = \dfrac{2r\omega_0(\mathrm{sen}\,\theta + \mu_c\cos\theta)}{2\,\mathrm{sen}\,\theta + 7\mu_c\cos\theta}$ rampa abaixo

$\omega = \dfrac{2\omega_0(\mathrm{sen}\,\theta + \mu_c\cos\theta)}{2\,\mathrm{sen}\theta + 7\mu_c\cos\theta}$ sentido horário

6/157 $v' = \sqrt{\dfrac{9v^2}{4}\mathrm{sen}^2\theta + 3gL\cos\theta}$

6/158 $N = 4{,}89$ rev/s

6/159 $N = 37{,}4$ rev/min

6/160 $M = 231$ N·m, $T_{\text{superior}} = 1234$ N
$T_{\text{inferior}} = 1212$ N, $P = 3700$ W

6/161 $\omega_s = \dfrac{-Mt}{(I - I_W)}$

$\omega_{w/s} = \dfrac{I}{I_w}\dfrac{Mt}{(I - I_w)}$

6/162 $I = 3{,}45$ kg·m^2

6/163 $N_2 = 569$ rev/min, No

6/164 $P_{\text{in}} = 4500$ W

6/165 $v' = \dfrac{v}{3}(1 + 2\cos\theta)$, $n_{10°} = 0{,}0202$

6/166 $\Omega = 1{,}135$ rad/s

6/167 $\theta = 35{,}5°$

6/168 $U_f = -0{,}336$ J

6/169 $\alpha = 0{,}604$ rad/s^2 sentido anti-horário

6/170 $\beta = 22{,}5°$

6/171 $M = 140{,}7$ N·m sentido anti-horário, $A = 228$ N

6/172 (*a*) $\omega = 4{,}94$ rad/s
(*b*) $\omega = 6{,}25$ rad/s

6/173 $(\mu_c)_{\text{mín}} = \dfrac{2}{5}\tan\theta$

6/174 $v = 0{,}225$ m/s

6/175 $v_A = 3{,}70$ m/s

6/176 $t = 1206$ s

6/177 $(x_P, y_P) = (0{,}320r, 0{,}424r)$

6/178 $b = \dfrac{L}{1 + \sqrt{n}}$

6/179 $M_x = -5{,}64$ N·m, $M_y = 1{,}976$ N·m
$M_z = -2{,}26$ N·m

▶6/180 $\bar{a}_x = -2{,}22$ m/s^2, $\bar{a}_y = -1{,}281$ m/s^2

▶6/181 $M = 0{,}482$ N·m sentido anti-horário

*6/182 $\theta_{\text{máx}} = 39{,}9°$, $\omega = 4{,}50$ rad/s sentido horário

*6/183 $(v_A)_{\text{máx}} = 2{,}29$ m/s em $\theta = 48{,}2°$

*6/184 $O_x = \dfrac{3mg}{4}\,\mathrm{sen}\,\theta(3\cos\theta - 2)$, $O_y = \dfrac{mg}{4}(3\cos\theta - 1)^2$

*6/185 $t = 0{,}302$ s

*6/186 $\omega_{\text{máx}} = 0{,}680$ rad/s sentido anti-horário em
$\theta = 22{,}4°$, $\theta_{\text{máx}} = 45{,}9°$

*6/187 $t = 2{,}83$ s, $v_A = 22{,}9$ m/s

*6/188 $|M|_{\text{máx}} = 3{,}93$ N·m em $\theta = 145{,}6°$
$A_{\text{máx}} = 88{,}2$ N em $\theta = 181{,}2°$
$B_{\text{máx}} = C_{\text{máx}} = 91{,}7$ N at $\theta = 184{,}2°$

*6/189 $|M|_{\text{máx}} = 3{,}61$ N·m em $\theta = 360°$
$A_{\text{máx}} = 63{,}8$ N em $\theta = 287°$
$B_{\text{máx}} = C_{\text{máx}} = 73{,}7$ N em $\theta = 185{,}3°$

*6/190 $|M|_{\text{máx}} = 4{,}64$ N·m em $\theta = 144{,}6°$
$A_{\text{máx}} = 105{,}0$ N em $\theta = 181{,}5°$
$B_{\text{máx}} = 108{,}0$ N em $\theta = 184{,}1°$
$C_{\text{máx}} = 121{,}7$ N em $\theta = 183{,}8°$
$O_{\text{máx}} = 107{,}4$ N em $\theta = 180{,}7°$

Capítulo 7

7/1 Rotações finitas não podem ser somadas apropriadamente como vetores

7/2 Rotações infinitesimais podem ser somadas apropriadamente como vetores

7/3 $\mathbf{v} = 27{,}3\mathbf{i} - 3{,}87\mathbf{j} - 13{,}07\mathbf{k}$ m/s
$\mathbf{a} = -949\mathbf{i} + 2520\mathbf{j} - 2730\mathbf{k}$ m/s^2

7/4 $\mathbf{v}_A = -0{,}8\mathbf{i} - 1{,}5\mathbf{j} + 2\mathbf{k}$ m/s, $v_B = 2{,}62$ m/s

7/5 Sem resposta

7/6 $N_2 = 440$ rev/min

7/7 $\mathbf{v} = \omega[-l\cos\theta\mathbf{i} + (d\cos\theta - h\,\mathrm{sen}\,\theta)\mathbf{j} - l\,\mathrm{sen}\,\theta\mathbf{k}]$
$\mathbf{a} = \omega^2[(h\,\mathrm{sen}\,\theta\cos\theta - d\cos^2\theta)\mathbf{i} - l\mathbf{j} + (h\,\mathrm{sen}^2\,\theta - d\cos\theta\,\mathrm{sen}\,\theta)\mathbf{k}]$

7/8 $\boldsymbol{\omega} = p\mathbf{j} + \omega_0\mathbf{k}$, $\boldsymbol{\alpha} = -p\omega_0\mathbf{i}$

7/9 $\boldsymbol{\alpha} = -1{,}2\mathbf{i}$ rad/s^2, $\mathbf{a}_P = 894\mathbf{j} - 2000\mathbf{k}$ mm/s^2

7/10 $\boldsymbol{\alpha} = 12\pi^2\mathbf{j}$ rad/s^2, $\mathbf{v}_A = 0{,}125\pi(-4\mathbf{i} + 6\mathbf{j} - 3\mathbf{k})$ m/s
$\mathbf{a}_A = -0{,}125\pi^2(25\mathbf{j} + 18\mathbf{k})$ m/s^2

7/11 $\boldsymbol{\alpha} = 50\pi\left(\dfrac{\pi}{2\sqrt{3}}\mathbf{i} + \mathbf{k}\right)$ rad/s^2

7/12 (*a*) $\omega = 26{,}5$ rad/s, (*b*) $\omega = 17{,}32$ rad/s

7/13 $\boldsymbol{\omega} = -0{,}4\mathbf{i} + 2{,}69\mathbf{k}$ rad/s, $\boldsymbol{\alpha} = 0{,}8\mathbf{j}$ rad/s^2

7/14 $\boldsymbol{\alpha} = -1.5\mathbf{i} + 0{,}8\mathbf{j} + 2{,}60\mathbf{k}$ rad/s^2

7/15 $\omega = 2{,}5$ rad/s, $\boldsymbol{\alpha} = 3\mathbf{j}$ rad/s^2

7/16 $\boldsymbol{\omega} = 0{,}693\mathbf{j} + 2{,}40\mathbf{k}$ rad/s, $\boldsymbol{\alpha} = -1{,}386\mathbf{i}$ rad/s^2

7/17 $\boldsymbol{\alpha} = -\left(\dfrac{2\pi}{\tau}\right)^2\dfrac{R}{r}\mathbf{i}$

7/18 $\mathbf{v}_A = \frac{2\pi R}{\tau}\left(\mathbf{i} - \mathbf{j} - \frac{r}{R}\mathbf{k}\right)$

$\mathbf{a}_A = -\left(\frac{2\pi}{\tau}\right)^2 R\left[\left(\frac{R}{r} + \frac{r}{R}\right)\mathbf{i} + \mathbf{k}\right]$

7/19 $v_B = 3{,}95$ m/s, $a_B = 72{,}2$ m/s^2

7/20 $v_P = 3{,}48$ m/s, $a_P = 1{,}104$ m/s^2

7/21 (*a*) $\boldsymbol{\alpha} = 6\mathbf{j} - 8\mathbf{k}$ rad/s^2, $a_A = 21{,}2$ m/s^2

(*b*) $\boldsymbol{\alpha} = 8\mathbf{i}$ rad/s^2, $a_A = 10{,}67$ m/s^2

7/22 $\boldsymbol{\omega} = -0{,}785\mathbf{i} - 2{,}60\mathbf{j} + 2{,}5\mathbf{k}$ rad/s, $\alpha = 11{,}44$ rad/s^2

▶7/23 $\alpha = 6{,}32$ rad/s^2

▶7/24 $\mathbf{v}_B = -359\mathbf{j}$ mm/s, $\mathbf{a}_B = 8{,}45\mathbf{i} + 4{,}87\mathbf{k}$ m/s^2

$\boldsymbol{\alpha} = -31{,}0\mathbf{j}$ rad/s^2

7/25 $p = 28{,}2$ rad/s, $\mathbf{v}_{B/A} = 4{,}10\mathbf{i}$ m/s

7/26 $\boldsymbol{\alpha} = pq\mathbf{j}$

7/27 $\omega = 10{,}77$ rad/s, $\boldsymbol{\alpha} = -40\mathbf{j}$ rad/s^2

7/28 $\boldsymbol{\alpha} = -40\mathbf{j} + 6\mathbf{k}$ rad/s^2

7/29 $\mathbf{v}_A = -3\mathbf{i} - 1{,}6\mathbf{j} + 1{,}2\mathbf{k}$ m/s
$\mathbf{a}_A = -34{,}8\mathbf{j} - 6{,}4\mathbf{k}$ m/s^2

7/30 $\boldsymbol{\alpha} = -1{,}2\pi(\sqrt{3}\,\mathbf{i} + \mathbf{k})$ rad/s^2

7/31 $\boldsymbol{\omega}_n = \frac{1}{49}(-3\mathbf{i} + 20\mathbf{j} + 9\mathbf{k})$ rad/s

7/32 $\boldsymbol{\alpha} = -\Omega p \operatorname{sen}\beta\mathbf{i} + \dot\beta(p\cos\beta - \Omega)\mathbf{j} - p\dot\beta\operatorname{sen}\beta\mathbf{k}$

7/33 $v_A = 2{,}04$ m/s, $a_A = 6{,}23$ m/s^2

7/34 $\mathbf{v}_A = -0{,}636\mathbf{i} - 4{,}87\mathbf{j} + 1{,}273\mathbf{k}$ m/s

7/35 (*a*) $\boldsymbol{\alpha} = -(3{,}88\mathbf{i} + 3{,}49\mathbf{j})10^{-3}$ rad/s^2

(*b*) $\boldsymbol{\alpha} = -3{,}49(10^{-3})\mathbf{j}$ rad/s^2

7/36 $\boldsymbol{\alpha} = p\omega_2\mathbf{i} - p\omega_1\mathbf{j} + \omega_1\omega_2\mathbf{k}$

7/37 $\boldsymbol{\alpha} = -3\mathbf{i} - 4\mathbf{j}$ rad/s^2

7/38 $\mathbf{v}_A = \pi(0{,}1\mathbf{i} + 0{,}8\mathbf{j} + 0{,}08\mathbf{k})$ m/s

$\mathbf{a}_A = -\pi^2(6{,}32\mathbf{i} + 0{,}1\mathbf{k})$ m/s^2

7/39 $\mathbf{v}_A = -\Omega(R + b\operatorname{sen}\beta)\mathbf{i} + b\dot\beta\cos\beta\mathbf{j} - b\dot\beta\operatorname{sen}\beta\mathbf{k}$

$\mathbf{a}_A = -2b\Omega\dot\beta\cos\beta\mathbf{i}$

$\quad - [\Omega^2(R + b\operatorname{sen}\beta) + b\dot\beta^2\operatorname{sen}\beta]\mathbf{j} - b\dot\beta^2\cos\beta\mathbf{k}$

7/40 $\boldsymbol{\alpha} = -40\pi^2\mathbf{i}$ rad/s^2, $\mathbf{a}_A = 2\pi^2(-2{,}4\mathbf{i} + 4\mathbf{j} - 5\mathbf{k})$ m/s^2

7/41 $\dot{\boldsymbol{\omega}} = \frac{1}{8}\mathbf{i}$ rad/s^2

$\mathbf{a}_A = 0{,}0938\mathrm{i} - 0{,}730\mathrm{j} - 0{,}0325\mathrm{k}$ m/s^2

7/42 $\mathbf{v}_A = -rp\mathbf{i} - (r\omega_1 + b\omega_2)\mathbf{k}$

$\mathbf{a}_A = -\omega_2(2r\omega_1 + b\omega_2)\mathbf{i} - r({\omega_1}^2 + p^2)\mathbf{j} + 2rp\omega_2\mathbf{k}$

▶7/43 $\boldsymbol{\omega} = \pi(-3\mathbf{i} + \sqrt{3}\mathbf{j} + 5\mathbf{k})$ rad/s

$\boldsymbol{\alpha} = \pi^2(4\sqrt{3}\,\mathbf{i} + 9\mathbf{j} + 3\sqrt{3}\,\mathbf{k})$ rad/s^2

▶7/44 $\boldsymbol{\omega} = p\left[\cos\theta\mathbf{j} + \left(\operatorname{sen}\theta + \frac{R}{r}\right)\mathbf{k}\right]$, $\boldsymbol{\alpha} = \frac{p^2R}{r}\cos\theta\mathbf{i}$

▶7/45 $\alpha = 42{,}8$ rad/s^2

▶7/46 $\mathbf{v}_A = 0{,}160\mathbf{j}$ m/s, $= 0{,}32(-2\mathbf{i} + 4\mathbf{j} - \mathbf{k})$ rad/s

7/47 $G = \sqrt{2}\,mb\omega$, $H_O = 3mb^2\omega$

7/48 $\mathbf{H}_O = mb^2\omega\left[\mathbf{i} + 2\mathbf{j} - \left(\frac{l^2}{6b^2} + 2\right)\mathbf{k}\right]$

7/49 $\mathbf{H}_G = -1{,}613\mathbf{j} - 744\mathbf{k}$ kg·m^2/s

$\mathbf{H}_A = -2{,}70\mathbf{j} - 744\mathbf{k}$ kg·m^2/s

7/50 $\mathbf{H}_O = \rho b^3\omega\left(-\frac{1}{2}\mathbf{i} - \frac{3}{2}\mathbf{j} + \frac{8}{3}\mathbf{k}\right)$, $T = \frac{4}{3}\rho b^3\omega^2$

7/51 $\mathbf{H}_G = \frac{1}{4}\rho b^3\omega(-\mathbf{i} - \mathbf{j} + 2\mathbf{k})$

7/52 $\mathbf{H}_O = mr\omega\left[-\frac{2}{3\pi}(b + 2c)\mathbf{j} + \frac{r}{2}\mathbf{k}\right]$

7/53 $\mathbf{H}_O = m\omega\left(\frac{b^2}{3} + \frac{r^2}{4} + h^2\right)\mathbf{i} + \frac{1}{2}mr^2p\mathbf{j}$

7/54 $\mathbf{H}_G = Ip(\mathbf{i} + \mathbf{j} + \mathbf{k}) + 2(I + mb^2)\boldsymbol{\Omega}$
em que $\boldsymbol{\Omega} = \Omega_x\mathbf{i} + \Omega_y\mathbf{j} + \Omega_z\mathbf{k}$

7/55 $\mathbf{H}_O = -0{,}012\mathbf{i} + 0{,}00544\mathbf{j} + 0{,}0691\mathbf{k}$ kg·m^2/s

7/56 $\mathbf{H}_O = 3{,}11\mathbf{j} + 33{,}5\mathbf{k}$ kg·m^2/s, $T = 1054$ J

7/57 $\mathbf{H}_O = \pi(-0{,}4\mathbf{j} + 0{,}6\mathbf{k})$ kg·m^2/s, $T = 59{,}2$ J

7/58 $\mathbf{H}_O = \frac{1}{4}mr^2\omega[-\operatorname{sen}\alpha\cos\alpha\mathbf{i}$

$\quad + (\operatorname{sen}^2\alpha + 2\cos^2\alpha)\mathbf{k}]$, $\beta = 4{,}96°$

7/59 $\mathbf{H}_O = \frac{3}{10}mr^2\left[\left(\frac{1}{2} + \frac{2h^2}{r^2}\right)\Omega\mathbf{i} + p\mathbf{k}\right]$

$T = \frac{3}{10}mr^2\left[\left(\frac{1}{4} + \frac{h^2}{r^2}\right)\Omega^2 + \frac{p^2}{2}\right]$

7/60 $\mathbf{H}_G = -2\pi mfk'^2\operatorname{sen}\theta\mathbf{i} + mk^2(p + 2\pi f\cos\theta)\mathbf{k}$

7/61 $\mathbf{H}_O = \frac{1}{4}mr^2\left[-\omega_1\mathbf{i} + \left(1 + \frac{4b^2}{r^2}\right)\omega_2\mathbf{j} + 2p\mathbf{k}\right]$

$T = \frac{1}{8}mr^2\left[{\omega_1}^2 + \left(1 + \frac{4b^2}{r^2}\right){\omega_2}^2 + 2p^2\right]$

7/62 $\mathbf{H}_{O'} = 0{,}236(\mathbf{i} + 8\mathbf{j})$ kg·m^2/s, $T = 215$ J

7/63 $\mathbf{H}_O = m\omega\left[\frac{1}{6}c^2\operatorname{sen}2\beta\mathbf{j} + \left(\frac{2}{5}r^2 + \frac{1}{3}c^2\cos^2\beta + 2b^2\right)\mathbf{k}\right]$

7/64 $\mathbf{H}_O = \frac{1}{6}mb^2\omega\operatorname{sen}2\theta\mathbf{i}$

$\quad + m\omega\left(\frac{1}{3}c^2 + \frac{1}{3}b^2\cos^2\theta + a^2 + ac\right)\mathbf{k}$

$I_{\text{máx}} = m\left(\frac{c^2 + b^2}{3} + a^2 + ac\right)$, $I_{\text{mín}} = \frac{1}{3}mb^2$

$I_{\text{int}} = m\left(\frac{1}{3}c^2 + a^2 + ac\right)$

7/65 $M = \frac{1}{2}mbl\omega^2$

7/66 $A_x = B_x = 0$, $A_y = -\frac{1}{3}mR\omega^2$, $B_y = \frac{1}{3}mR\omega^2$

7/67 $\mathbf{B} = \frac{mbl\omega^2}{2c}(\cos\theta\mathbf{i} + \operatorname{sen}\theta\mathbf{j})$

7/68 $B_x = \frac{3Mb}{2lc}\operatorname{sen}\theta$, $B_y = -\frac{3Mb}{2lc}\cos\theta$

7/69 $A = 576$ N, $B = 247$ N

7/70 $\mathbf{M} = -\frac{2}{\pi}mr\omega^2\mathbf{j}$

7/71 $\mathbf{M} = -\frac{4M_O}{3\pi}\mathbf{i}$

7/72 $\alpha = \frac{M}{I_O\cos^2\theta + I\operatorname{sen}^2\theta}$

7/73 $\mathbf{M} = -79{,}0\mathbf{i}$ N·m

7/74 $\mathbf{A} = 1608\mathbf{i}$ N, $\mathbf{B} = -1608\mathbf{i}$ N

7/75 $\mathbf{A} = -91{,}7\mathbf{j}$ N, $\mathbf{B} = 91{,}7\mathbf{j}$ N, $M = 10{,}8$ N·m

7/76 $\theta = \text{sen}^{-1}\left(\frac{3g}{2^2}\frac{b^2 - c^2}{b^3\omega + c^3}\right)$ se $\omega^2 \geq \frac{3g}{2}\frac{b^2 - c^2}{b^3 + c^3}$

ou então $\theta = 90°$

7/77 $\mathbf{M} = \frac{1}{8}mr^2\omega^2 \text{sen}\ 2\alpha\mathbf{j}$

7/78 $N_A = \frac{mg}{2} - \frac{m_2v^2}{2\pi r}, N_B = \frac{mg}{2} + \frac{m_2v^2}{2\pi r}$

7/79 $M_x = \frac{1}{6}mb^2\omega^2 \text{sen}\ 2\beta$

7/80 $M_y = -\frac{1}{6}mb^2\alpha\ \text{sen}\ 2\beta, M_z = \frac{1}{12}mb^2\alpha(1 + 4\text{sen}^2\beta)$

7/81 $\omega = 2\sqrt{\frac{\sqrt{3}g}{l}}$

7/82 $M = \frac{2mr}{\pi}(g + 2r\omega^2)$

▶7/83 $A = \frac{mg}{6}$

▶7/84 $A = \frac{mg}{3}\left(\frac{7a + 2b}{2a + b}\right)$

7/85 Sentido anti-horário conforme observado acima

7/86 p_1

7/87 Tendência a girar para a direita do estudante

7/88 $R = 712$ N

7/89 $b = 216$ mm

7/90 $M = M_1 = mk^2\Omega\frac{v}{r}$

7/91 Aumento das forças normais do lado direito

7/92 $C = D = 948$ N

7/93 $M = 5{,}26$ kN·m, desvio no sentido anti-horário

7/94 $\mathbf{\Omega} = 6{,}10\mathbf{k}$ rad/s

7/95 $M = 5410$ kN·m, (b)

7/96 (a) Sem precessão, $M_A = 12{,}56$ N·m

(b) $\Omega = 0{,}723$ rad/s, $M_A = 3{,}14$ N·m

7/97 $M_A = 30{,}9$ N·m, $M_O = 0$

7/98 $\Delta R_A = 436$ N aumenta, $\Delta R_B = 436$ N diminui

7/99 $\dot{\psi} = -6$ rev/min (precessão retrógrada)

7/100 $R_A = 37{,}5$ N para cima, $R_B = 60{,}6$ N para cima

7/101 $\tau = 1{,}831$ s, sentido negativo de z

7/102 $\mathbf{\Omega} = -1{,}249\mathbf{K}$ rad/s, $\mathbf{M} = 8{,}30\mathbf{i}$ N·m

7/103 $b = r$

7/104 $\tau = 0{,}0996$ s, Precessão retrógrada

7/105 (a) $p = 4\pi$ rad/s, $\theta = 0$, $\beta = 0$, $\dot{\psi} = 0$

(b) $p = 4\pi$ rad/s, $\theta = 10°$, $\beta = 3{,}03°$

$\dot{\psi} = 5{,}47$ rad/s

(c) $p = 0$, $\theta = 90°$, $\beta = 90°$, $\dot{\psi} = 4\pi$ rad/s

7/106 $\tau = 0{,}443$ s

7/107 $M_k = 3I\Omega p \cos\phi$

$M_y = -3I\Omega p\ \text{sen}\ \phi$, $M = 3I\Omega p$

▶7/108 $A_z = -\frac{m\dot{\theta}}{2}\left(\frac{r^2p}{2b} + l\dot{\theta}\right), B_z = \frac{m\dot{\theta}}{2}\left(\frac{r^2p}{2b} - l\dot{\theta}\right)$

em que $\dot{\theta} = 2\sqrt{\frac{2gl}{r^2 + 4l^2}}$

▶7/109 $M_x = -I\omega\Omega_0 \cos\omega t, M_y = 0, M_z = -I\omega\Omega_0\ \text{sen}\ \omega t$

▶7/110 (a) $\frac{h}{r} = \frac{1}{2}$

7/111 Precessão direta: $\frac{l}{r} > \sqrt{6}$

Precessão retrógrada: $\frac{l}{r} < \sqrt{6}$

7/112 $\mathbf{H} = \frac{ma^2\omega}{6\sqrt{3}}(\mathbf{i} + \mathbf{j} + \mathbf{k})$

7/113 $p = \frac{mvh}{m_0k^2}$, Contrária às das rodas do carro

7/114 $\boldsymbol{\alpha} = 77{,}9\mathbf{i}$ rad/s²

7/115 $\boldsymbol{\alpha} = 8\sqrt{3}\mathbf{i} + 120\sqrt{3}\mathbf{j} + 52\mathbf{k}$ rad/s²

$\mathbf{a}_A = -52{,}1\mathbf{i} - 9{,}23\mathbf{j} + 120{,}2\mathbf{k}$ m/s²

7/116 $\boldsymbol{\omega}_n = \frac{9}{49}(2\mathbf{i} + \mathbf{k})$ rad/s

7/117 $\mathbf{\Omega} = \Omega\mathbf{k}, \tau = \frac{4\pi r^2 p}{5gh}$

7/118 $\mathbf{H}_O = 0{,}707\mathbf{j} + 4{,}45\mathbf{k}$ kg·m²/s, $T = 69{,}9$ J

7/119 $\boldsymbol{\omega} = \frac{2\pi}{\tau}\left[\left(\frac{r}{R} - \frac{R}{r}\right)\mathbf{j} + \frac{\sqrt{R^2 - r^2}}{R}\mathbf{k}\right]$

7/120 $\boldsymbol{\alpha} = \left(\frac{2\pi}{\tau}\right)^2\frac{\sqrt{R^2 - r^2}}{r}\mathbf{i}$

7/121 $\mathbf{a}_A = \left(\frac{2\pi}{\tau}\right)^2\left[\sqrt{R^2 - r^2}\left(\frac{2r^2}{R^2} - 3\right)\mathbf{j}\right.$

$\left. + \left(3r - \frac{R^2}{r} - \frac{2r^3}{R^2}\right)\mathbf{k}\right]$

7/122 $N = 1{,}988$ ciclo/min

7/123 $\mathbf{H}_O = 0{,}550\mathbf{j} + 1{,}670\mathbf{k}$ kg·m²/s, $T = 14{,}74$ J

7/124 $\mathbf{H}_O = 0{,}1131\mathbf{i} + 0{,}550\mathbf{j} + 1{,}670\mathbf{k}$ N·m·s

$T = 15{,}45$ J

7/125 $R_A = R_B = 615$ N

7/126 $M = 337$ N·m

7/127 $M = 13{,}33$ N·m

7/128 $M = 2{,}70$ N·m

Capítulo 8

8/1 $k = 736$ N/m, $k = 4{,}20$ lb/in, $k = 50{,}4$ lb/ft

8/2 $\omega_n = 15$ rad/s, $f_n = 2{,}39$ Hz

8/3 $x = 31{,}0$ sen $(15t - 1{,}310)$ mm, $C = 31{,}0$ mm

8/4 $\delta_{st} = 0{,}200$ m, $\tau = 0{,}898$ s, $v_{máx} = 0{,}7$ m/s

8/5 $y = -0{,}0548$ m, $v = -0{,}586$ m/s, $a = 2{,}68$ m/s²

$a_{máx} = 4{,}9$ m/s²

8/6 $f_n = \frac{1}{\pi}\sqrt{\frac{k}{m}}$

8/7 $a_{máx} = 30$ m/s²

8/8 $f_n = 2{,}23$ Hz

8/9 $x = 25 \cos 14{,}01t$ mm

8/10 $\omega_n = 3\sqrt{\dfrac{k}{m}}$

8/11 $f_n = 1{,}332$ Hz

8/12 (*a*) $k = 474$ kN/m, (*b*) $f_n = 0{,}905$ Hz

8/13 (*a*) $k = k_1 + k_2$, (*b*) $k = \dfrac{k_1 k_2}{k_1 + k_2}$

8/14 $m = 2{,}55$ kg, $\mu_c = 0{,}358$

8/15 (*a*) $v = 2{,}22 \cos 20{,}9t$ m/s, (*b*) $x_{\text{máx}} = 106{,}2$ mm

8/16 $f_n = 3{,}30$ Hz

8/17 $\omega_n = 2\sqrt{\dfrac{6EI}{mL^3}}$

8/18 $\omega_n = \dfrac{1}{3}\sqrt{\dfrac{k}{m}}$

▶8/19 $\ddot{y} + \dfrac{k}{mL^2}y^3 = 0$

8/20 $\zeta = 0{,}75$

8/21 $c = 38{,}0$ N·s/m

8/22 $\zeta = 0{,}436$

8/23 $\zeta = 0{,}6$

8/24 $c = 2240$ N·s/m

8/25 $x = x_0(\cos 9{,}26t + 1{,}134 \operatorname{sen} 9{,}26t)e^{-10{,}5t}$

8/26 $\zeta = \dfrac{\delta_N}{\sqrt{(2\pi N)^2 + \delta_N^{\,2}}}$, em que $\delta_N = \ln\left(\dfrac{x_0}{x_N}\right)$

8/27 $c = 1{,}721$ N·s/m

8/28 $c = 16{,}24(10^3)$ N·s/m

8/29 $\ddot{x}_1 + \dfrac{a^2c_1 + b^2c_2}{a^2m_1 + b^2m_2}\dot{x}_1 + \dfrac{a^2k_1 + b^2k_2}{a^2m_1 + b^2m_2}x_1 = 0$

8/30 $x_1 = -0{,}1630x_0$

8/31 $(\dot{x}_0)_c = -\omega_n x_0$

8/32 (*a*) $x = 110{,}4$ mm, (*b*) $x = 118$ mm

8/33 $\zeta = 0{,}280$, $c = 613$ N·s/m

8/34 $x = x_0\,(1{,}171e^{-2{,}67t} - 0{,}1708e^{-18{,}33t})$

8/35 $\ddot{x} + \dfrac{b^2c}{a^2m}\dot{x} + \dfrac{k}{m}x = 0,\ \zeta = \dfrac{b^2c}{2a^2\sqrt{km}}$

▶8/36 $r = \dfrac{2\mu_c g}{\pi}\sqrt{\dfrac{m}{k}}$

8/37 $\zeta = 0{,}1936$

8/38 (*a*) $X = 13{,}44$ mm, (*b*) $X = 22{,}7$ mm

8/39 $\omega < 4{,}99$ rad/s e $\omega > 6{,}86$ rad/s

8/40 $\omega < 5{,}18$ rad/s e $\omega > 6{,}61$ rad/s

8/41 $c = 55{,}6$ N·s/m

8/42 (*a*) $X = 84{,}8$ mm, (*b*) $X = 19{,}43$ mm; $\delta_{st} = 73{,}6$ mm

8/43 $R_1 = 50\%$, $R_2 = 2{,}52\%$

8/44 $\dfrac{\omega}{\omega_n} = \sqrt{1 - 2\zeta^2}$

8/45 $\omega < \sqrt{\dfrac{2}{3}}\omega_n$ e $\omega > \sqrt{2}\omega_n$

8/46 $f = \dfrac{1}{2\pi}\sqrt{\dfrac{g}{\delta_{st}}}$

8/47 $2{,}38 < f < 5{,}32$ Hz

8/48 $\ddot{x}_i + 2\zeta\omega_n\dot{x}_i + \omega_n^{\,2}x_i = \dfrac{k}{m}b \operatorname{sen}\omega t + \dfrac{c}{m}b\omega\cos\omega t$

8/49 $\ddot{x} + \dfrac{c}{m}\dot{x} + \dfrac{k_1 + k_2}{m}x = \dfrac{k_2}{m}b\cos\omega t,\ \omega_c = \sqrt{\dfrac{k_1 + k_2}{m}}$

8/50 $\ddot{x} + \dfrac{c_1 + c_2}{m}\dot{x} + \dfrac{k}{m}x = -\dfrac{c_2}{m}b\omega \operatorname{sen}\omega t,\ \zeta = \dfrac{c_1 + c_2}{2\sqrt{km}}$

8/51 $k = 227$ kN/m ou 823 kN/m

8/52 $b = 1{,}886$ mm

8/53 $\ddot{y} + \dfrac{4k}{m}y = \dfrac{2k}{m}b \operatorname{sen}\omega t,\ \omega_c = 2\sqrt{\dfrac{k}{m}}$

8/54 $c = 44{,}6$ N·s/m

▶8/55 $E = \pi c\omega X^2$

▶8/56 $X = 14{,}75$ mm, $v_c = 15{,}23$ km/h

8/57 $\tau = 6\pi\sqrt{\dfrac{m}{5k}}$

8/58 $\omega_n = \sqrt{\dfrac{3g}{2\sqrt{a^2 + b^2}}}$

8/59 $\tau = 2\pi\sqrt{\dfrac{2b}{3g}}$

8/60 $\tau = 2\pi\sqrt{\dfrac{5b}{6g}}$

8/61 $\Theta = 0{,}1422$ rad

8/62 $\tau = 2\pi\sqrt{\dfrac{ml^2L}{12JG}}$

8/63 $\ddot{\theta} + \dfrac{8g\operatorname{sen}\dfrac{\beta}{2}}{3r\beta}\operatorname{sen}\theta = 0,\ \tau = 1{,}003$ s

8/64 $\omega_n = \sqrt{\dfrac{3gh}{3r^2 + 2h^2}}$

8/65 $\ddot{\theta} + \dfrac{\frac{1}{2}m_1gL + \frac{4}{9}kL^2}{\frac{1}{3}m_1L^2 + \frac{4}{9}m_2L^2}\theta = \dfrac{\frac{2}{3}kLb\cos\omega t}{\frac{1}{3}m_1L^2 + \frac{4}{9}m_2L^2}$

8/66 $x = 0{,}558$ m

8/67 $\omega_n = 8{,}24$ rad/s

8/68 $\zeta = \dfrac{a^2c}{2b^2}\sqrt{\dfrac{3}{km}},\ c_{cr} = \dfrac{2b^2}{a^2}\sqrt{\dfrac{km}{3}}$

8/69 $\tau = \dfrac{2\pi k_O}{\sqrt{\dfrac{2kb^2}{m} + g\bar{r}}}$

8/70 $k = 3820$ N/m

8/71 $\omega_c = \sqrt{\dfrac{6}{5}\left(\dfrac{2k}{m} + \dfrac{g}{l}\right)}$

8/72 $m_{\text{eff}} = m_1 + \dfrac{m_2}{2}$

8/73 $\omega_n = \sqrt{\dfrac{k}{m_1 + \dfrac{k_O^{\,2}}{a^2}m_2}},\ \zeta = \dfrac{\dfrac{b^2}{a^2}c}{2\sqrt{k\left(m_1 + \dfrac{k_O^{\,2}}{a^2}m_2\right)}}$

8/74 $\tau = \pi\sqrt{\dfrac{6(R - r)}{g}},\ \omega = \dfrac{\theta_0}{r}\sqrt{\dfrac{2g(R - r)}{3}}$

8/75 $\Theta = \dfrac{-\dfrac{3b}{2l}\omega^2}{\omega_n^2 - \omega^2}$, em que $\omega_n = \sqrt{\dfrac{3k_T}{ml^2} - \dfrac{3g}{2l}}$

8/76 $mk_O^2\,\ddot{\Theta} + K\Theta - m\bar{r}(g \text{ sen } \theta + a \cos \theta) = 0$

8/77 $f_n = 2{,}43$ Hz

8/78 $\tau = 6\pi\sqrt{\dfrac{m}{5k}}$

8/79 $\tau = 2\pi\sqrt{\dfrac{2l}{3g}}$

8/80 $\omega_n = \sqrt{\dfrac{k}{m\left(1 + \dfrac{\bar{k}^2}{r^2}\right)}}$, $\bar{k} = 0$: $\omega_n = \sqrt{\dfrac{k}{m}}$

$\bar{k} = r$: $\omega_n = \sqrt{\dfrac{k}{2m}}$

8/81 $\tau = 2\pi\sqrt{\dfrac{2r}{g}}$

8/82 $f_n = \dfrac{b}{2\pi l}\sqrt{\dfrac{k}{m}}$

8/83 $\omega_n = \sqrt{\dfrac{12k_T + 18\rho g l^2}{17\rho l^3}}$

8/84 $f_n = 1{,}519$ Hz

8/85 $\tau = \pi\sqrt{\dfrac{6(R-r)}{g}}$

8/86 $x = \sqrt{\dfrac{\dfrac{\tau^2 k_T}{4\pi^2} - I_O}{2m}}$

8/87 $\omega_n = 3\sqrt{\dfrac{6k}{3m_1 + 26m_2}}$, $\omega = 3\theta_0\sqrt{\dfrac{6k}{3m_1 + 26m_2}}$

8/88 $f_n = \dfrac{1}{2\pi}\sqrt{\dfrac{mgr_0}{3Mr^2 + m(r - r_0)^2}}$

8/89 $\omega_n = \sqrt{\dfrac{mgr \text{ sen}\,\alpha}{I + mr^2}}$

8/90 $\omega_n = \sqrt{\dfrac{6k}{m} + \dfrac{3g}{2l}}$

8/91 $f_n = 1{,}496$ Hz

8/92 $f_n = 2{,}62$ Hz

8/93 $30\ddot{x} + 20(10^3)x + 2{,}5(10^6)x^3 = 0$, com x em metros

8/94 $\tau = 2\pi\sqrt{\dfrac{(\pi - 2)r}{g}}$

▶8/95 $\tau = 41{,}4\sqrt{\dfrac{R}{g}}$

▶8/96 $\tau = 4{,}44\sqrt{\dfrac{r}{g}}$

8/97 $f_n = \dfrac{1}{2\pi}\sqrt{\dfrac{2kb^2}{ml^2} - \dfrac{g}{l}}$, $k > \dfrac{mgl}{2b^2}$

8/98 $\tau = \dfrac{2\pi}{\sqrt{\dfrac{2k_T}{mb^2} + \dfrac{4g \text{ sen}\,\beta}{3b\beta}}}$

8/99 $X = 0{,}287$ m, $\tau = 0{,}365$ s

8/100 (*a*) $\omega_n = 2\sqrt{\dfrac{g}{5r}}$, (*b*) $\omega_n = \sqrt{\dfrac{2g}{3r}}$

8/101 $f_n = \dfrac{1}{2\pi}\sqrt{\dfrac{g}{2r}}$

8/102 $Q = \dfrac{1}{2}kx_1^2(1 - e^{-2\delta})$, em que $\delta = \dfrac{\pi}{\sqrt{\dfrac{km}{c^2} - \dfrac{1}{4}}}$

8/103 $\zeta = 0{,}0773$

8/104 $c = 69{,}3$ N·s/m

8/105 $\delta_0 = 0{,}712$ mm

8/106 $(f_n)_y = 4{,}92$ Hz, $(f_n)_\theta = 10{,}69$ Hz, $N = 641$ rev/min

8/107 $\theta_{\text{máx}} = \phi_0 \dfrac{r_0 r}{1 - \left(\dfrac{\omega}{\omega_n}\right)^2}$,

em que $\omega_n = \dfrac{r}{\bar{k}}\sqrt{\dfrac{2k}{m}}$

▶8/108 28,9% aumenta em amplitude

*8/109 $t = 0{,}972$ s

*8/110 Ângulo grande: $\theta = 28{,}0°$ em $t = 1$ s

Ângulo pequeno: $\theta = 38{,}8°$ em $t = 1$ s

*8/111 $t = 0{,}0544$ s ou 0,442 s

*8/112 $0 < k < 27{,}4$ N/m

*8/113 $x = 0{,}284e^{-0{,}707t}$ sen $7{,}04t$

*8/114 $x_{\text{máx}} = 62{,}5$ mm em $t = 0{,}0445$ s

$x_{\text{mín}} = -20{,}7$ mm em $t = 0{,}1207$ s

*8/115 $x = 0{,}0926(t - 0{,}0913 \text{ sen } 10{,}95t)$ m

*8/116 (*a*) $y = 0{,}1722e^{-9{,}16t} - 0{,}0722e^{-21{,}8t}$ m

(*b*) $y = 0{,}1414e^{-10t}$ sen $(10t + 0{,}785)$ m

Apêndice B

B/1 $I_{xx} = \dfrac{1}{12}mL^2 \text{ sen}^2\beta$, $I_{yy} = \dfrac{1}{12}mL^2 \cos^2\beta$

$I_{zz} = \dfrac{1}{12}mL^2$

B/2 $I_{xx} = \dfrac{1}{6}mh^2$, $k_x = \dfrac{h}{\sqrt{6}} = 0{,}408h$

$I_{yy} = \dfrac{1}{6}mb^2$, $k_y = \dfrac{b}{\sqrt{6}} = 0{,}408b$

$I_{zz} = \dfrac{1}{6}m(h^2 + b^2)$, $k_z = 0{,}408\sqrt{h^2 + b^2}$

B/3 $I_{xx} = \dfrac{3}{10}mr^2$, $I_{yy} = \dfrac{3}{5}m\left(\dfrac{r^2}{4} + h^2\right)$

B/4 $I_{xx} = \dfrac{3}{7}mh^2$, $k_x = 0{,}655h$

B/5 $I_{yy} = \dfrac{1}{20}mb^2$, $k_y = 0{,}224b$

B/6 $I_{x'x'} = \dfrac{1}{5}mh^2$, $I_{y'y'} = \dfrac{8}{35}mb^2$, $I_{z'z'} = m\left(\dfrac{h^2}{5} + \dfrac{8b^2}{35}\right)$

B/7 $I_{xx} = \dfrac{1}{4}mb^2$, $I_{yy} = \dfrac{1}{4}ma^2$

$I_{zz} = \dfrac{1}{4}m(a^2 + b^2)$

B/8 $I_{xx} = \dfrac{2}{7}mr^2$

B/9 $I_{yy} = I_{zz} = m\left(\frac{r^2}{7} + \frac{2h^2}{3}\right)$

B/10 $k = \frac{a}{2}\sqrt{\frac{39}{5}}$

B/11 $k_z = \frac{r}{\sqrt{3}}$

B/12 $I_{yy} = \frac{1}{2}m\left(h^2 + \frac{r^2}{3}\right)$

B/13 $I_{yy} = \frac{1}{2}\left(\frac{2+n}{4+n}\right)mb^2$

B/14 $I_{xx} = \frac{53}{200}mR^2$

B/15 $I = m\left(R^2 + \frac{3}{4}a^2\right)$

B/16 $I_{xx} = \frac{166}{147}mb^2$

B/17 $I_{yy} = m\left(\frac{83}{147}b^2 + \frac{23}{196}L^2\right)$

B/18 $I_{yy} = \frac{1}{10}mh^2$

B/19 $I = \frac{1}{2}m(2R^2 + 3a^2)$

B/20 $I_{xx} = I_{zz} = \frac{2}{3}mr^2$

B/21 $I_{zz} = \frac{8}{21}ma^2$

B/22 $I_{xx} = m\left(\frac{4}{21}a^2 + \frac{1}{7}b^2\right)$

▶B/23 $k_z = 0{,}890a$

▶B/24 $I_{yy} = 5{,}66(10^{-3})$ kg · m², $k_y = 53{,}8$ mm

▶B/25 $I_{zz} = 21{,}5(10^{-3})$ kg · m², $k_z = 104{,}9$ mm

B/26 (a) $d = 10r$: $e = 0{,}498\%$
(b) $d = 2r$: $e = 11{,}11\%$

B/27 $I_{xx} = I_{zz} = 2mL^2$, $I_{yy} = 4mL^2$

B/28 $I_{yy} = 1{,}201$ kg · m², $e = 1{,}538\%$

B/29 $I_{xx} = \frac{1}{2}m({r_1}^2 + {r_2}^2)$

B/30 $I_{zz} = \frac{1}{12}m(15r^2 + L^2)$

B/31 $I_{xx} = 0{,}1982$ kg · m²

B/32 $L = \frac{r\sqrt{3}}{2}$

B/33 $I_{xx} = 0{,}1220$ kg · m²

B/34 $I_{yy} = \rho L^3\left(\frac{43}{192} + \frac{83\pi}{128}\right)$ ou $2{,}26\rho L^3$

B/35 $I = 1{,}031$ kg · m², $n = 97{,}8\%$

B/36 $I_{xx} = 6{,}83(10^{-3})$ kg · m²
$I_{yy} = 8{,}10(10^{-3})$ kg · m²
$I_{zz} = 9{,}90(10^{-3})$ kg · m²

B/37 $I_{xx} = I_{zz} = \frac{3}{4}mb^2$, $I_{yy} = \frac{1}{6}mb^2$

B/38 (a) $I_{yy} = 4{,}38(10^{-3})$ kg · m²
(b) $I_{zz} = 4{,}92(10^{-3})$ kg · m²

B/39 $I_{xx} = 0{,}1107$ kg · m², $I_{x_0x_0} = 0{,}1010$ kg · m²

B/40 $I_{xx} = 0{,}408mb^2$, $I_{yy} = 0{,}6mb^2$, $I_{zz} = 0{,}525mb^2$

B/41 $I_O = m\left(7x^2 + \frac{1}{3}l^2\right)$, $R = 0{,}582$

B/42 $I_A = 0{,}1701ma^2$

B/43 $k_O = 97{,}5$ mm

B/44 $I_{xx} = 18{,}67(10^{-3})$ kg · m²

B/45 $I_{xx} = \frac{3}{10}m\left(\frac{{r_2}^5 - {r_1}^5}{{r_2}^3 - {r_1}^3}\right)$

B/46 $l > 4{,}89r$

B/47 $I_{xy} = -2ml^2$, $I_{xz} = -4ml^2$, $I_{yz} = 0$

B/48 $I_{xy} = 0$, $I_{xz} = I_{yz} = -2ml^2$

B/49 $I_{xy} = -\frac{1}{24}ml^2 \operatorname{sen} 2\theta$

B/50 $I_{xy} = \frac{1}{4}mr^2$, $I_{xz} = I_{yz} = \frac{1}{\pi\sqrt{2}}mr^2$

B/51 $I_{xy} = -mab$, $I_{xz} = \frac{1}{2}mah$, $I_{yz} = -\frac{1}{2}mbh$

B/52 $I_{xy} = -\frac{\rho\pi b^4}{512}$, $I_{xz} = I_{yz} = 0$

B/53 $I_{xy} = \frac{1}{2}mrh$, $I_{xz} = -\frac{4}{3\pi}mr^2$, $I_{yz} = -\frac{2}{3\pi}mrh$

B/54 $I_{xy} = \frac{1}{4}mbh$

B/55 $I_{xy} = \frac{1}{4}mbh$, $I_{x'y'} = -\frac{1}{12}mbh$, $I_{x''y''} = \frac{1}{4}mbh$
$\bar{I}_{xy} = \frac{1}{36}mbh$

B/56 $I_{xy} = -0{,}1875$ kg · m²
$I_{xz} = 0{,}09375$ kg · m²
$I_{yz} = -0{,}125$ kg · m²

B/57 $I_{xy} = I_{yz} = -\frac{1}{8}mb^2$, $I_{xz} = 0$

B/58 $I_{xy} = \frac{2}{\pi}mr^2$, $I_{xz} = I_{yz} = 0$

*B/59 $(I_{AA})_{\text{mín}} = 0{,}535$ kg · m² em $\theta = 22{,}5°$

*B/60 $I_{\text{mín}} = 0{,}1870\rho r^3$ em $\alpha = 38{,}6°$

*B/61 $I_1 = 9ml^2$, $I_2 = 7{,}37ml^2$, $I_3 = 1{,}628ml^2$
$l_1 = 0{,}816$, $m_1 = 0{,}408$, $n_1 = 0{,}408$

*B/62 $I_{xx} = 3{,}74mb^2$, $I_{yy} = 22{,}5mb^2$, $I_{zz} = 26{,}2mb^2$
$I_{xy} = 5{,}55mb^2$, $I_{xz} = I_{yz} = 0$
$\theta = 15{,}30°$ em torno do eixo $+z$

*B/63 $I_1 = 3{,}78\rho b^4$, $I_2 = 0{,}612\rho b^4$, $I_3 = 3{,}61\rho b^4$

*B/64 $I_1 = 1{,}509$ kg · m², $l_1 = 0{,}996$, $m_1 = -0{,}0876$
$n_1 = 0{,}00514$
$I_2 = 1{,}431$ kg · m², $l_2 = -0{,}0433$, $m_2 = -0{,}439$
$n_2 = 0{,}897$
$I_3 = 0{,}406$ kg · m², $l_3 = 0{,}0764$, $m_3 = 0{,}894$
$n_3 = 0{,}441$

Índice Alfabético

T

V

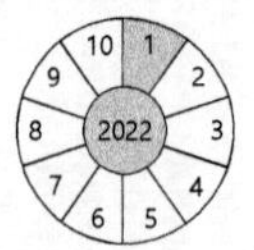
10
1
2
3
4
5
6
7
8
9
2022